中国石化催化裂化及汽油吸附脱硫技术交流会论文集

（2024）

周建华　主编

中国石化出版社
·北京·

内 容 提 要

本书汇编了中国石化2024年催化裂化及汽油吸附脱硫技术交流会征集到的100篇文章，涵盖了催化裂化及汽油吸附脱硫生产运行与总结、工艺技术与优化、催化剂和助剂使用、设备材料与防腐蚀、烟气脱硫脱硝与循环再生、节能与环保排放等内容，对从事催化裂化和汽油吸附脱硫领域工作的管理人员、技术人员、操作人员等有很强的指导和参考意义。

图书在版编目(CIP)数据

中国石化催化裂化及汽油吸附脱硫技术交流会论文集. 2024 / 周建华主编. — 北京 ：中国石化出版社, 2024. 8. — ISBN 978-7-5114-7625-8

Ⅰ. TE624. 4-53；TE626. 21-53

中国国家版本馆 CIP 数据核字第 2024P1C240 号

中国石化出版社出版发行

地址:北京市东城区安定门外大街 58 号
邮编:100011 电话:(010)57512500
发行部电话:(010)57512575
http://www. sinopec-press. com
E-mail:press@ sinopec. com
北京中石油彩色印刷有限责任公司印刷
全国各地新华书店经销

*

889 毫米×1194 毫米 16 开本 34. 5 印张 1103 千字
2024 年 8 月第 1 版　2024 年 8 月第 1 次印刷
定价:238. 00 元

前　言

催化裂化技术是炼油的核心技术之一，不仅是重油轻质化的主要手段，更在炼化一体化和低碳烯烃生产方面发挥着不可替代的作用。目前，我国催化裂化装置的总加工能力接近2.5亿t/a，中国石化系统内的总加工能力也达到约8000万t/a，催化裂化装置的高水平运转对中国石化乃至我国炼油行业都至关重要。

1965年，我国第一套自主开发的60万t/a同高并列式流化催化裂化装置在抚顺石油二厂投料试车成功，近60年来，我国催化裂化装置从无到有，技术水平由低到高，装置加工能力从小到大，研究思路从跟踪模仿到自主创新，新技术不断涌现，老技术长盛不衰，取得了巨大的成就，已跻身国际先进水平。继催化裂解(DCC)技术开发成功之后，2023年，首套300万t/a重油高效催化裂解(RTC)装置在安庆石化投产，标志着中国石化完全掌握了大型化快速流化床催化裂解工程技术，为炼化企业由传统燃料型炼油厂向化工型炼油厂转变提供了支撑；与此同时，占据国内汽油生产总量半壁江山的MIP技术经过20余年的发展，也不断与时俱进，持续获得技术许可，展现出历久弥新的生命力。

汽油吸附脱硫(S Zorb)技术是中国石化催化汽油质量升级的关键技术之一，得到广泛应用，为我国汽油质量升级作出了重要贡献。该技术由中国石化引进，经过消化吸收和再创新，形成了具有自主知识产权的第二代S Zorb技术，见证了我国汽油质量升级的历程。目前，我国已建成41套S Zorb装置，加工了我国近50%的催化汽油。

自2016年起，中国石化炼油事业部恢复举办中断十年之久的催化裂化技术交流会。会议对进一步发挥催化裂化装置在炼油生产中的核心作用，促进炼油生产企业、科研、设计单位间的技术交流，提升炼油生产运行和管理水平，起到了非常好的作用。本书汇编了中国石化2024年催化裂化及汽油吸附脱硫技术交流会征集到的100篇文章，涵盖了催化裂化装置、S Zorb装置生产运行与总结、工艺技术与优化、催化剂和助剂使用、设备材料与防腐蚀、烟气脱硫脱硝与循环再生、节能与环保排放等内容，对从事催化裂化、S Zorb技术领域工作的管理人员、技术人员、科研设计人员、操作人员等有很强的指导和参考意义。新时代，中国石化将继续深耕催化裂化、S Zorb技术，为迎接新中国成立75周年贡献科技力量。

中国石化炼油事业部　周建华

目　　录

优秀论文

一、生产运行与总结

二、工艺技术与优化

三、催化剂和助剂使用

四、设备材料与防腐蚀

五、烟气脱硫脱硝与循环再生

六、节能与环保排放

优秀论文

催化裂化装置催化剂损耗问题及其解决方案研究

刘瑞广

（中国石化齐鲁石化公司　山东淄博　255499）

摘　要　80 万 t/a 催化裂化装置催化剂出现损耗，期间采取了一系列措施来进行排查和原因分析：①催化剂方面：从新鲜剂、低磁剂、平衡剂和细粉的物性分析，助剂的加注等数据进行排查。②操作条件方面：从再生压力、二密风量、线速计算等来进行调整。分析出可能出现跑损的原因是再生器二级旋分料腿开裂。停工后进入再生器发现两组二级旋分灰斗与料腿连接处开裂，与停工前分析的跑剂原因二级旋分料腿焊缝开裂是一致的。

关键词　细粉粒径分布；待生剂粒径分析；低磁复活剂；平均粒径；催化剂流化；再生器旋分器；电镜分析；颗粒大小；跑剂量

1　引言

本研究旨在探讨一套催化裂化装置的运行情况及其面临的问题。装置自 1986 年 11 月建成投产，处理能力 80 万 t/a，主要原料为加氢渣油和加氢蜡油，掺渣比例为 54%。关键运行设备为反应器和再生器。装置存在显著的催化剂损耗，主要归因于再生器旋风分离器（简称旋分）料腿开裂。之前对造成催化剂损耗进行了一系列原因分析，包括催化剂磨损指数的变化，再生器操作参数的调整，催化剂性质分析，各部位线速计算，等等。

综上所述，该催化裂化装置面临的主要问题是催化剂的快速损耗，其原因包括磨损指数上升、粒径分布不均、油浆灰分高以及操作参数的影响。解决方法主要包括优化操作条件、改进催化剂质量和调整工艺流程，以减少损耗并提高装置的稳定性和效率。

2　装置背景与运行情况

2.1　装置背景

胜利炼油厂第二催化裂化装置于 1986 年 11 月建成投产，其设计处理能力为 60 万 t/a。该装置采用了高低并列、前置烧焦罐的结构形式，采用的是 MIP 工艺。经过多次改造，处理能力已提升至 80 万 t/a，主要原料包括加氢渣油、加氢蜡油，掺渣比例约为 54%。

2.2　跑剂期间装置情况

针对装置的日补充剂量及催化剂日常损耗量的监测数据表明，正常情况下装置每日补充剂量约为 2.5~3t，而催化剂的日常损耗量约为 0.4t。然而，当前装置的日损耗量已增至约 9t，相应地，补充剂量也增至约 12t，以确保催化剂总藏量的稳定，并为卸剂置换提供支持。

2022 年 12 月 15 日，在三旋（三级旋风分离器）细粉异常增多后，迅速对再生剂和细粉进行了采样，并开展了粒径分析。结果显示，再生剂中小于 20μm 的含量为 3.4%，小于 40μm 的含量为 25.7%，均高于正常水平；同时，细粉中大于 40μm 的催化剂占比为 11.5%，表明存在较大颗粒，从而揭示了旋风分离器的潜在问题。此外，结合本年 11 月 22 日新鲜剂的物性分析，初步分析了跑剂的原因，发现当日新鲜主催化剂的磨损指数为 2.1，较先前新鲜催化剂的磨损指数 1.2 有显著提高，表明了主催化剂间可能存在相互磨损现象。油浆灰分的较高值（5466μg/g）进一步证实了催化剂间的磨损。

鉴于此，装置加快了系统内催化剂的置换频率，以减少因磨损导致的跑剂，并通过采样分析对催化剂性质进行实时监控，同时增加了三旋卸剂频次，以更好地掌握跑剂状况。2023 年 1 月 19 日新鲜剂的磨损指数降至 1.4，随后将其加入系统进行置换。

在2023年2月3日、13日、17日和22日，装置调整了再生器二密料位，以观察跑剂情况。在2月7日、10日、19日和23日，装置调整了二密风量。在2月7日、12日、3月1日、12日和20日，装置调整了再生压力，并稳定控制在235kPa。

尽管参数调整未能显著改善跑剂状况，但系统中催化剂细粉含量逐渐减少，导致催化剂出现流化问题。从3月8日开始，再生斜管推动力出现波动。为解决这一问题，装置在3月12日、13日和14日连续三天加注低磁复活剂，并在当天卸出，共计卸出41t催化剂，使系统流化状况有所改善。然而，大量快速置换虽然改善了催化剂流化，却增加了三旋负荷，导致烟机入口细粉含量上升，对烟机振动产生了一定影响。

3 装置跑剂现象

3.1 三旋细粉卸剂量和转剂频率增加

2022年12月6~15日，三旋细粉收集罐V003在9天内卸载了6袋(每袋700kg)，相较于正常的每月6~8袋，卸剂量较大。随后，三旋细粉收集罐V003的卸剂量显著增加，三旋转剂频率从原先的一周一次转变为每天一次。

3.2 再生器旋分压降PDI114波动频繁

自2022年11月起，再生器旋分压降PDI114开始频繁波动，表明再生器存在跑剂现象。起初为间歇性波动，不太明显；但到了1月份，波动变为持续性的，跑剂量增加，且波动幅度也有所增大。

由图1可以看出再生器正常时，旋分器压降PDI114波动幅度在0.5kPa左右，跑剂时(见图2)旋分器压降PDI114波动幅度在1kPa左右，而且波动频繁。

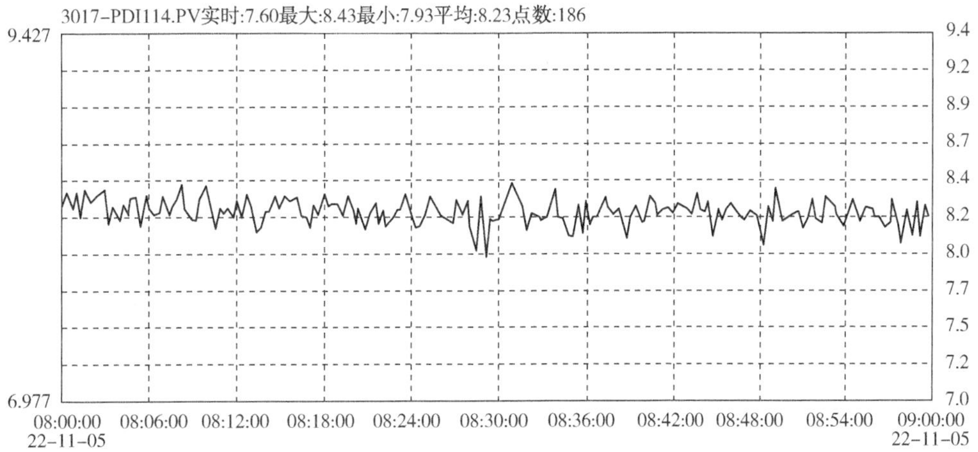

图1 再生器旋分压降正常时趋势

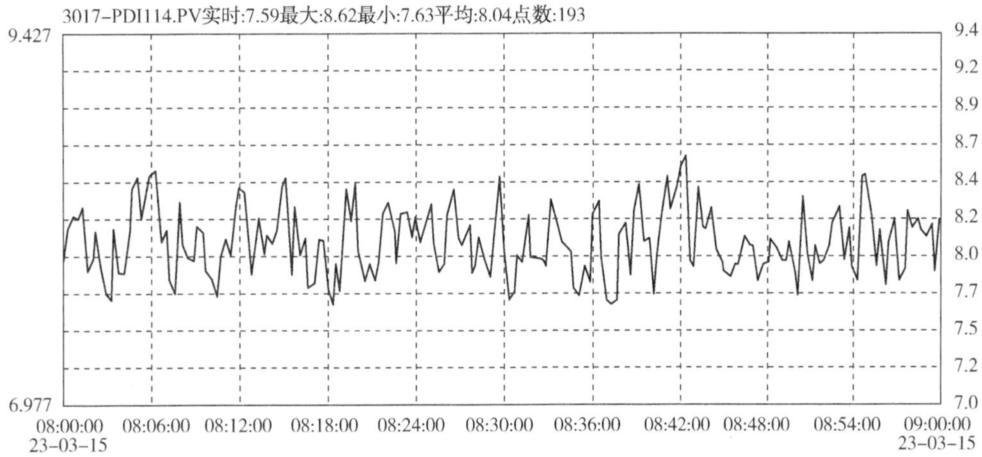

图2 再生器旋分压降跑剂时趋势

3.3 三旋压降 PDI1601 波动

2022 年 11 月 29 日 0：24 三旋压降 PDI1601 开始波动。说明再生器一级、二级旋分工况出现问题，进入三旋的催化剂量增加，造成三旋负荷增加，压降出现波动，如图 3 所示。

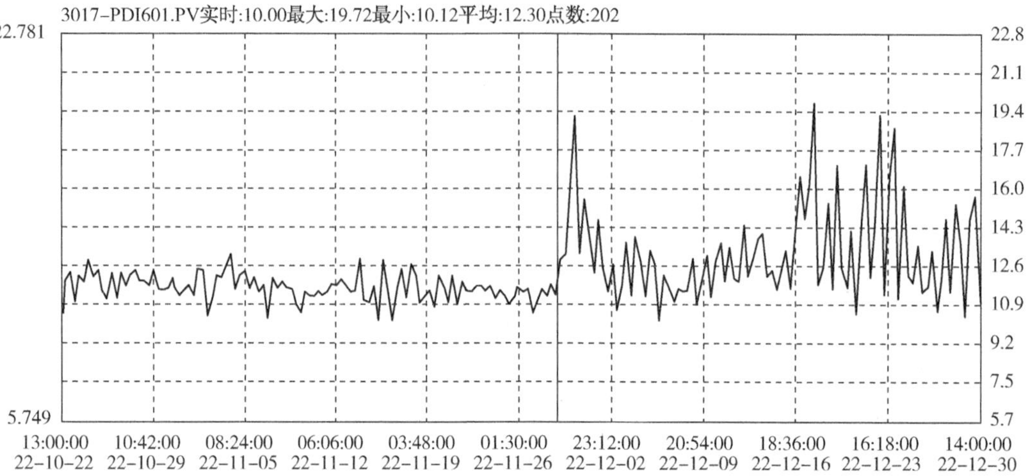

图 3　三旋压降 PDI1601 变化趋势

4 催化剂分析情况

4.1 新鲜剂

从新鲜剂分析来看，有变化的是 2022 年 11 月 22 日至 2023 年 1 月 19 日这几批催化剂，其中，磨损指数变化最大，其次是硫酸根和灼烧减量。磨损指数的变化直接导致了主催化剂之间的相互磨损，是造成再生器跑剂初期的主要原因，见表 1。

表 1　新鲜剂性质

日　期	氧化钠/%（质）	硫酸根/%（质）	灼烧减量/%（质）	孔体积/（mL/g）	比表面积/（m^2/g）	表观松密度/（g/mL）	磨损指数/[%（质）/h]	粒径分布/%（体）		
								0～20μm	0～40μm	0～149μm
2022/9/29	0.12	1.1	12.1	0.36	264	0.79	1.7	1.8	14.8	90.9
2022/9/29	0.093	0.68	12.1	0.37	274	0.8	1.2	0.8	14.5	92.9
2022/10/21	0.093	0.68	12.1	0.37	274	0.8	1.2	0.8	14.5	92.9
2022/11/10	0.093	0.68	12.1	0.37	274	0.8	1.2	0.8	14.5	92.9
2022/11/22	0.14	0.91	11.6	0.36	253	0.75	2.1	1.6	16.1	91.9
2022/12/15	0.14	0.91	11.6	0.36	253	0.75	2.1	1.6	16.1	91.9
2023/1/8	0.14	0.91	11.6	0.36	253	0.75	2.1	1.6	16.1	91.9
2023/1/19	0.14	0.91	11.6	0.36	253	0.75	2.1	1.6	16.1	91.9
2023/1/19	0.13	0.65	12	0.36	264	0.77	1.4	1.5	14.3	90.2

4.2 再生剂

随着再生器跑剂的发展，再生器系统内再生剂 40μm 以下的催化剂颗粒越来越少，通过表 2 可以判断现在的跑剂不是初期跑剂主催化剂互磨造成的，而是一、二级旋分工况出现了问题。这是目前跑剂的主要原因。随着 40μm 以下催化剂的减少，系统内催化剂的平均粒径增加，催化剂的流化性能变差，进一步加剧了跑剂的发展（判断催化剂具有良好流化性能的条件之一是平均颗粒直径<80μm）。目前再生剂平均粒径已达 82μm，实际生产操作中最先受影响的是再生斜管推动力，波动频次和幅度比较明显，对反应温度影响比较大。

表 2 再生剂粒径分布

采样日期	粒径分布/%(体)					平均粒径/μm
	0~20μm	0~40μm	0~80μm	0~105μm	0~149μm	
2023/3/15	0.0	9.6	60.1	81.0	96.2	71.3
2023/3/12	0.0	7.6	56.4	78.3	95.3	74.4
2023/3/10	0.0	9.1	59.2	80.4	96.1	72.0
2023/3/7	0.0	9.1	59.1	80.3	96.0	72.1
2023/3/5	0.8	11.4	62.0	82.2	96.7	69.6
2023/3/2	0.9	14.4	61.9	80.7	95.5	68.7
2023/2/27	2.9	18.5	65.1	82.6	96.2	65.4
2023/2/25	1.0	16.3	64.4	82.5	96.3	66.4
2023/2/23	0.1	14.6	62.8	81.2	95.6	67.9
2023/2/21	0.1	12.1	58.7	78.1	94.2	71.6
2023/2/19	1.7	16.5	63.4	81.5	95.7	67
2023/2/17	0.1	14.7	66.9	85.3	97.5	65.3
2023/2/15	0.8	10.8	56.4	76.6	93.7	73.9
2023/2/13	0.4	13.6	60.8	79.8	95.0	69.7
2023/2/10	0.9	19.0	67.3	84.1	96.5	63.4
2023/2/8	1.4	19.2	67.2	84.2	96.7	63.5
2023-02-01	0.90	16.50	64.10	82.00	95.90	66.50
2023-01-27	0.60	17.80	65.70	83.00	96.00	64.90
2023-01-19	1.20	18.90	67.00	83.90	96.50	63.70
2023-01-12	0.80	20.80	69.60	85.80	97.20	61.30
2023-01-05	1.90	22.20	70.20	86.20	97.40	60.60
2022-12-15	3.40	25.70	72.40	87.30	97.60	57.90

从再生剂中金属的分析来看，镁含量比较高，可能与加注硫转移剂或丙烯助剂有关。铁含量比正常偏高可能与原料有关，2 月 3 日分析的原料中铁含量高达 23210μg/g，容易造成催化剂铁中毒，但每月只有 1 个分析结果，无法判断原料性质对催化剂的影响程度。镁含量偏高容易在系统内部结垢，铁含量偏高影响催化剂流化。经过催化剂置换，系统内催化剂的镁含量逐步降低。因补入低磁剂置换系统，系统内催化剂铁含量变化不大，见表 3。

表 3 再生剂金属含量 μg/g

采样日期	钒	钠	铁	镍	钙	镁
2023/3/15	1890	788	3451	1336	1651	2000
2023/3/12	1961	797	3467	1440	1727	2700
2023/3/10	2154	807	3632	1832	2012	
2023/3/8	2128	792	3563	1735	1942	
2023/3/6	2300	700	4400	2300	1800	
2023/3/2	2400	600	4500	2400	1900	
2023/2/27	2237	856	3639	1843	2205	
2023/2/25	2230	891	3661	1832	2038	
2023/2/23	2291	1019	3670	2029	2157	
2023/2/20	2274	4230	3709	2014	2142	2964
2023/2/18	2432	809	3847	2151	2344.	

续表

采样日期	钒	钠	铁	镍	钙	镁
2023/2/16	2493	849	3951	2422	2556	3459
2023/02/01	2552	814	3777	2303	2429	
2023/01/27	2485	930	3687	2068	2260	
2023/01/19	2749	828	3902	2640	2954	4201
2023/01/12	2803	759	3989	2784	3106	
2023/01/05	2832	767	4074	2886	3332	
2022/12/15	2801	782	4025	2826.00	3324	

从1月12日和2月23日再生剂电镜分析来看，1月份再生剂存在较多破碎颗粒，可以间接证明主催化剂间的磨损，2月份催化剂细粉较少，大颗粒较多，主要是细粉随着跑剂量增多而减少，且部分颗粒球形度较差，影响催化剂流化。

4.3 待生剂

通过对待生剂的粒径分布和电镜分析结果来判断，沉降器内催化剂不存在破损情况，导致再生器跑剂。

表4 待生剂粒径分析

采样日期	粒径分布/%(体)					
	0~20μm	0~40μm	0~80μm	0~105μm	0~149μm	平均粒径/μm
2023/3/6	1.01	21.14	73.12	89.30	98.12	64.41

4.4 低碳复活剂

3月12日开始加注处理后的平衡剂，从分析来看，铁含量偏高，粒度分布没有问题。连续加注三天后，系统内催化剂流化得以改善。

4.5 细粉

从表5中看出细粉中40μm以上颗粒越来越多，存在大颗粒，细粉的平均粒径由最初跑剂时的28μm变为现在的45μm，表明再生器旋分器工况有变差趋势，跑剂量增加。而且从电镜分析看，1月份细粉大颗粒较少，跑剂量不大，2月份的电镜分析中看到细粉中的大颗粒增加，跑剂量增加。

表5 细粉粒径分布

采样日期	粒径分布/%(体)					平均粒径/μm
	0~20μm	0~40μm	0~80μm	0~105μm	0~149μm	
2023/3/15	7.9	41.0	87.0	96.3	100.0	45.3
2023/3/11	7.3	42.2	88.7	97.2	100.0	44.4
2023/3/9	8.1	44.0	90.1	97.9	100.0	43.3
2023/3/7	6.5	42.7	89.2	97.4	100.0	44.0
2023/3/6	6.3	41.8	89.0	97.4	100.0	44.5
2023/3/2	14.4	52.6	92.5	98.5	100.0	38.6
2023/2/27	14.4	51.4	91.8	98.2	100.0	39.2
2023/2/23	18.2	56	94.65	99.73	100.0	40.38
2023/2/21	19	58.05	94.7	99.58	100.0	39
2023/2/15	24	64.3	95.8	99.4	100.0	32.1
2023/2/13	20.2	57.9	93.4	98.7	100.0	35.4
2023/2/9	31.6	70.3	96.8	99.6	100.0	28.4

续表

采样日期	粒径分布/%(体)					平均粒径/μm
	0~20μm	0~40μm	0~80μm	0~105μm	0~149μm	
2023/01/30	31.50	70.60	97.20	99.80	100.00	79.8
2023/01/18	83.70	96.50	99.50	99.80	100.00	95.9
2023/01/14	43.60	78.80	98.30	99.90	100.00	84.1
2022/12/26	50.50	82.80	98.60	99.90	100.00	86.4
2022/12/19	47.80	81.30	98.50	99.90	100.00	85.5
2022/12/15	61.80	89.50	99.20	99.90	100.00	90.1
2022/12/06	88.60	100.00	100.00	100.00	100.00	97.7

4.6 油浆灰分和粒径分布

从对油浆灰分和粒径分析看，1 月 9 日油浆灰分较高，主要原因是主催化剂互磨导致，最后趋于正常。粒径分布中存在 40~80μm 的催化剂颗粒，占比 2.5%。说明沉降器内旋分基本没有问题，不存在跑剂情况。

5 原料性质分析

从近半年的数据来看(见图 4)，只有 2 月 3 日的原料中铁含量超高，达 23.21μg/g，其余月份相差不大(因每月只有一次样，存在偏差)。可以判断原料问题不是造成跑剂的原因。

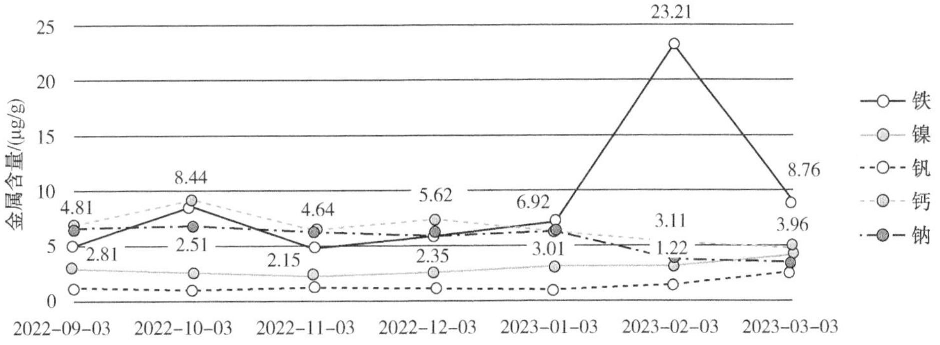

图 4 原料金属含量变化趋势

6 跑剂量计算

跑剂月份泥浆量和卸剂量见表 6、表 7。

表 6 跑剂月份泥浆量

时　间	2022 年 12 月	2022 年 1 月	2022 年 2 月	2022 年 3 月 1~22 日	备　注
数量/t	9	9	26	16	计算日均跑剂量需减去正常跑剂量，正常跑剂量按 5t/月计算
日均跑剂量/t	0.13	0.13	0.75	0.59	

表 7 跑剂月份卸剂量

时　间	2022 年 12 月	2022 年 1 月	2022 年 2 月	2022 年 3 月 1~20 日	备　注
卸剂量/t	10.5	21	74	123.9	计算日均跑剂量需减去正常跑剂量，正常跑剂量按 3.2t/月计算
日均跑剂量/t	0.23	0.57	2.52	6.03	

三旋细粉卸剂量逐月增加，跑剂量增加。

装置总跑剂量计算(按月平均)见表 8。

表 8　装置总跑剂量计算

月份	2022 年 12 月	2022 年 1 月	2022 年 2 月	2022 年 3 月 1~20 日	备　注
日均跑剂量/t	0.36	0.7	3.27	6.62	泥浆脱水+三旋细粉

由表 8 可以看出，跑剂量逐月增加，自 3 月 10 日开始，对三旋细粉进行抽真空转至废剂罐，每两天转一次，发现跑剂量每天在 8~9t 左右。

7　跑剂排查过程

7.1　催化剂物性改变

刚发现跑剂时对跑剂原因进行了初步分析：11 月 22 日新鲜剂罐 V101 装入 65t 新鲜剂，此新鲜剂磨损指数在 2.1，而之前新鲜剂磨损指数在 1.2，主剂之间的相互磨损产生大量细粉(磨损指数见表 1)。由 1 月 9 日的油浆中灰分为 5466μg/g(正常在 3000μg/g 左右)也可以判定主剂之间存在互相磨损的情况。后油浆灰分正常，沉降器跑剂明显改善。

7.2　反再两器蒸汽系统排查

为了排查是否有大量蒸汽进入再生器，对再生器蒸汽系统进行了排查。

① 所有的斜管松动点目前使用非净化风，未使用蒸汽，检查松动蒸汽集合管，未发现泄漏迹象。

② 对主风事故蒸汽阀门和切断阀进行了细致检查，仅发现联锁切断阀的小副线阀门开启程度略高，其余无异常状况。

③ 燃烧油喷嘴的雾化蒸汽系统也被检查，未发现任何问题。此外，还核实了装置的蒸汽消耗量，提升管反应器、分馏塔底搅拌蒸汽和柴油汽提塔的汽提蒸汽流量，以及含硫污水的外送量，所有数据与跑剂问题发生前一致，这表明反应器和再生器内部不存在未知的蒸汽串入情况。

④ 对外取热管束进行排查，未发现管束泄漏情况。

7.3　再生器旋分线速计算

烟气量为 $1927Nm^3/min=32.11Nm^3/s$。

旋分入口温度为 703℃，压力为 235kPa，旋分入口气体量=32.11×(703+273)/273×101.3/(101.3+235)=33.63(m^3/s)。

旋分入口面积：

一级入口面积：0.3019m^2；

二级入口面积：0.2616m^2。

旋分入口线速：

一级入口气速=气体量/截面积=33.63/0.3019/6=18.56(m/s)

二级入口气速=气体量/截面积=33.63/0.2616/6=21.42(m/s)

按照旋分通常的推荐线速一级入口线速 18~22m/s、二级入口线速 22~25m/s 来看，再生器旋风分离器的一级入口线速在合理范围之内，二级入口线速偏低一点。依照经验，旋分线速如果不是与设计值偏差很大，不会造成大量的催化剂跑损。

7.4　沉降器旋分线速计算

经过计算沉降器粗旋线速 15.36m/s，单旋线速 19.50m/s，沉降器粗旋入口线速设计范围 14~16m/s，单旋入口线速设计范围 16~20m/s，在设计范围内，不存在跑剂情况。

7.5　原料喷嘴线速计算

按照喷嘴的线速要求不大于 70m/s，不低于 45m/s，一般控制在 50~60m/s，本装置喷嘴线速 61.5m/s，在范围内，不存在催化剂破碎导致跑剂情况。

7.6　再生器旋分效率计算

催化裂化装置旋分入口浓度一般用差压法测定。测定时，一方面应扣除旋风分离器内烟气的密度，另一方面应加上反吹风本身的空气柱产生的静压差。需要注意的是，反吹风自身密度产生的静压差，该密度应按测量点处的实际压力进行换算，因再生器一级旋分入口密度的两个测量点高差很小，不考虑仪表变送器安装位置的影响，取再生器稀相压力作为计算压力。

因此，催化剂密度的实际值应为：

$$\rho_{实}=\rho_{测}+(\rho_{反吹风}-\rho_{介质})$$

式中 $\rho_{实}$——旋分入口浓度的实际值，kg/m^3；

$\rho_{测}$——旋分入口浓度的测量值，kg/m^3；

$\rho_{反吹风}$——反吹风在测压点的操作压力和反吹风本身温度下的密度，kg/m^3；

$\rho_{介质}$——旋分内烟气或油气在测压点操作条件下的密度，kg/m^3。

再生器一级旋分入口密度测量值为 5. 7kg/m³，已知反吹风温度 20℃（即 293. 15K），测压点压力 335kPa（绝），空气的平均相对分子质量为 28. 959，代入方程：$\rho_{反吹风}=PM/RT=3.98kg/m^3$，烟气密度为 1. 25kg/m³，则一级旋分实际入口催化剂浓度 = 8. 43kg/m³。

一级旋分入口烟气量为 33. 63m³/s，一级旋分入口催化剂浓度为 5. 7kg/m³，一级旋分入口催化剂量为 33. 63×8. 43 = 283. 5kg/s。一般一级旋分效率为 99. 4%。

进入二级旋分入口的催化剂量 = 283. 5×(1-99. 4%) = 1. 7(kg/s)

跑剂时再生器催化剂跑损量 = 458kg/h÷3600 = 0. 127kg/s

两级旋分的总效率：(283. 5kg/s-0. 127kg/s)÷283. 5kg/s×100% = 99. 95%

二级旋分效率：(1. 7-0. 127/1. 7)×100% = 92. 53%

一个二级旋分失效跑剂量：1. 7kg/s÷6×3600×24 = 24. 48t/d

目前跑剂量为 9t/d，说明旋分效率下降。

8 调整措施

对二密风量 FIC103、二密料位 WIC102、再生压力 PIC101 进行调整，见图 5~图 7。

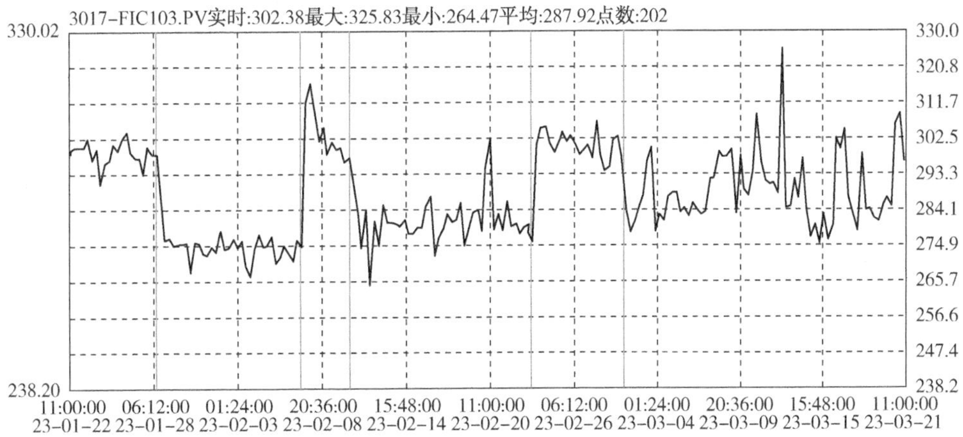

图 5 二密风量 FIC103 变化趋势

由图 5 可以看出二密风流量 FIC103 在多个时间段进行了多次调整，调整幅度在 325~265m³/min，经过调整发现对减少跑剂没有效果。

装置为了排除翼阀卡涩造成的跑剂，将二密料位 WIC102 由 45%提至 50%，后又提至 55%（见图 6），经过长时间观察和判断，对减少跑剂没有影响，但主风机出口背压有一定增加。

装置多次对再生器压力 PIC101 进行降压操作，对二密床层进行人为扰动，观察二密催化剂的流化，发现效果不明显，后提压操作，将再生压力由 230kPa 提至 236kPa，目前一直维持在 236kPa。

经过长时间观察和调整操作，发现二密床层流化不好，波动较大，波动幅度在 7%左右，对整个系统催化剂的流化影响较大，而且系统内催化剂 40μm 以下跑损较多，造成了再生斜管推动力波动，使反应温度大幅波动，影响装置的平稳运行。为此采用低磁复活剂，置换系统内催化剂，以改善催化剂流化状态。

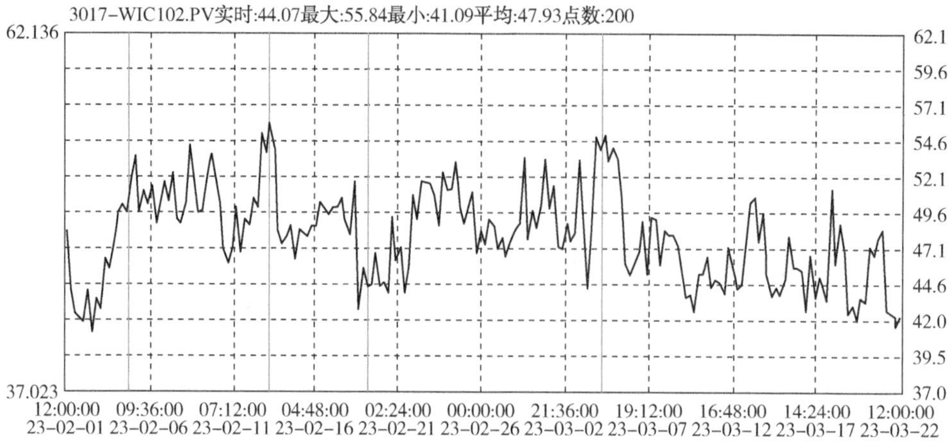

图 6　二密料位 WIC102 变化趋势

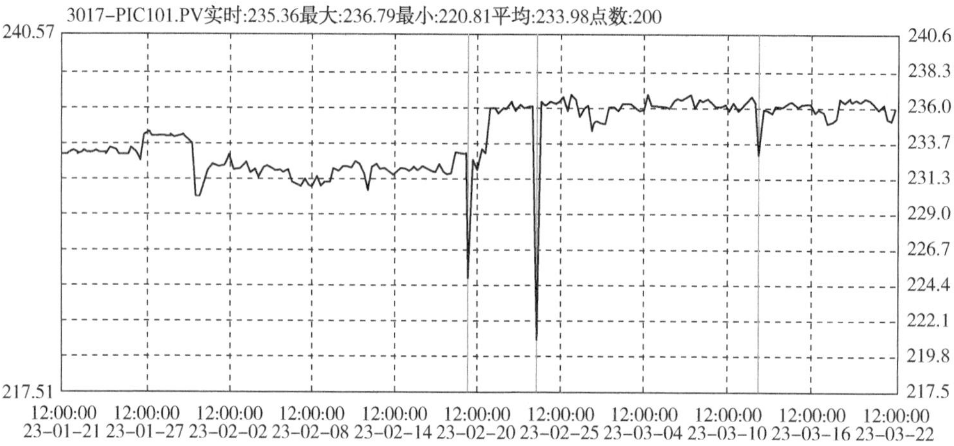

图 7　再生压力 PIC101 变化趋势

图 8 为再生斜管推动力 PDI105 趋势图，经过连续加注复活剂置换后，再生斜管推动力波动幅度和频率明显减少，反应温度波动幅度也随之降低，并且能够投自动控制状态。但连续加注大量的复活剂后，跑剂量也随之增加，经过计算，3 月 14 日之后每天跑剂量在 9t 左右。需要进一步调整加剂速度和思路。

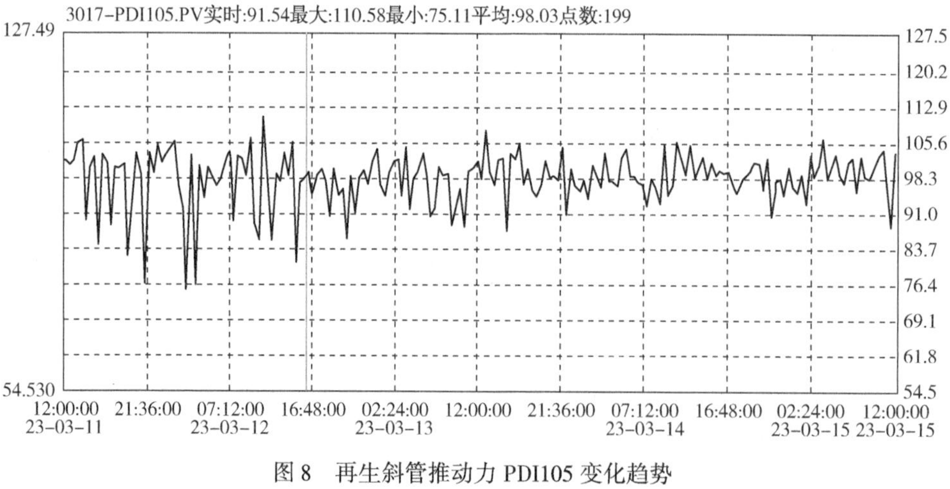

图 8　再生斜管推动力 PDI105 变化趋势

9　跑剂原因分析

9.1　催化剂流化性能差

平衡剂在取样时，发现部分样品容易黏壁形成吸附现象，表观流化性能较差。

在跑剂发生前，平衡剂的采样显示未出现类似问题，但在后续处理中观察到结块现象，表明流化性能显著下降。这种恶化可能在二密区域导致床层固化，对翼阀操作带来困难，进而可能影响料腿内催化剂的流态化，最终造成催化剂损失。在调整二密风量期间，发现随着料位上升，增加风量变得困难，风阀需要开至38%，而正常情况下相同料位只需开到30%，这揭示了二密床层存在流化障碍的死区，进一步加剧了催化剂的流化问题并导致跑剂。

9.2 再生器二级旋分效率变差

9.2.1 料腿或翼阀结垢卡涩，下料不畅，烟气反串造成跑剂

通过对再生剂金属成分分析，发现再生剂中的镁含量较高，这可能导致结垢，进而引发料腿堵塞和翼阀卡涩的问题。进一步对系统内卸出的催化剂结块进行金属分析，发现镍含量为4049μg/g，钒含量为5455μg/g，分别比正常值高出2倍。

9.2.2 再生器二级旋分料腿开裂

在对其他企业在催化剂流失情况下的运行状况进行详细排查的基础上，结合本装置的旋分压降变化、三旋细粉筛分变化以及催化剂消耗持续增加的趋势进行了综合分析。特别是，后期的三旋细粉检测结果显示，40μm以上的颗粒比例超过了50%，40~80μm的细粉比例达到了约40%，而大于80μm的细粉比例则达到了约9%。这些数据表明，催化剂流失的原因可能是二级旋分灰斗与料腿连接处的开裂，导致携带催化剂的烟气走短路所致。

10 停工后跑剂原因

5月25日装置停工处理跑剂问题，停工后进入再生器发现2组二级旋分料腿焊缝开裂，与停工前分析的跑剂原因中二级旋分灰斗与料腿连接处开裂是一致的。

在停工期间，已对二级旋分料腿的开裂处进行了修复，并对所有旋分灰斗与料腿连接处加固了加强筋板。6月15日恢复生产后，装置运行正常。6月19日进行了再生剂、待生剂及细粉的采样分析。结果显示再生剂的平均粒径为68μm，细粉平均粒径为7μm，这些数值与未发生跑剂问题时的粒径基本一致。这次的检修工作成功地解决了再生器的跑剂问题，确保了装置的安全稳定运行。

11 结论

该催化裂化装置自1986年11月完工以来，经过改造，目前处理能力达到80万t/a，主要处理加氢渣油和加氢蜡油。装置面临的主要问题是催化剂量的损耗加剧，日损耗量达9t。为应对这一问题，采取了加快催化剂更换频率、监控催化剂性质、增加三旋卸剂频次等措施，并联系催化剂供应商调整新鲜剂的磨损指数。同时，注意到再生器和三旋的相关参数如再生压力、二密料位、风量及复活剂注入量等也在进行调整以优化运行。三旋卸载细粉频率增加，再生器旋分压降和三旋压降PDI1601的波动显示了装置内部流动状态的变化和负担加重。再生剂镁含量高也可能是一个影响因素。5月25日，装置因跑剂问题停工处理，停工后发现2组二级旋分料腿焊缝开裂，这与之前分析的跑剂原因一致。总之，装置运行面临挑战，需要持续监控和优化操作参数，以保持稳定的运行并减少催化剂损耗。

参 考 文 献

[1] 白小春. FCC再生器跑剂原因分析及对策[J]. 山东化工，2019，48(13)：132-133.
[2] 白长盛. 催化裂化再生器二级旋风分离器料腿顶端结垢分析与对策[J]. 炼油技术与工程，2020，50(11)：21-23，64.
[3] 徐玉棠，徐成裕. 催化裂化再生器稀相密度异常分析与处置[J]. 石油炼制与化工，2019，50(1)：63-68.
[4] 刘初春，樊继磊，李德生. 催化裂化再生器旋风分离器失效分析与对策[J]. 炼油技术与工程，2020，50(4)：46-49.
[5] 何晓京，王强. 催化裂化装置催化剂铁中毒分析及应对措施[J]. 安全、健康和环境，2019，19(11)：37-41.
[6] 焦峰，崔苗，张新华，等. 催化裂化装置催化剂铁中毒原因分析及对策[J]. 四川化工，2020，23(4)：11-15，26.

[7] 陈文武，王建军，张伟亚，等. 催化裂化装置关键设备故障分析及对策[J]. 石油化工设备技术，2022，43(5)：23-27，5.

[8] 夏志远，钱振，孙国刚. 催化裂化装置跑剂的诊断分析[J]. 中国化工装备，2021，23(6)：35-39.

[9] 刘洁，李晓东，周石磊. 催化裂化装置跑剂原因探究及措施[J]. 化学工程与装备，2020(1)：177-179.

[10] 杨智勇，王菁，赵建章，等. 催化裂化装置旋风分离器机械故障的原因分析[J]. 炼油技术与工程，2019，49(2)：37-41，49.

[11] 杨智勇，蔡香丽，仇鹏，等. 催化裂化装置旋风分离器料腿断裂的原因分析[J]. 化工机械，2018，45(4)：471-473.

[12] 马明亮，卢朝鹏，赵静. 催化裂化装置旋风分离器运行情况分析及对策[J]. 石油与天然气化工，2020，49(6)：34-39.

[13] 李玉飞，周志航，李宏勋，等. 催化裂化装置再生器跑剂分析及应对措施[J]. 中外能源，2017，22(7)：67-70.

[14] 夏明川，常培廷，王建军，等. 催化裂化装置再生器跑剂分析与对策[J]. 炼油技术与工程，2017，47(4)：48-50.

[15] 王建禹，白晓磊. 催化裂化装置再生器跑剂原因分析[J]. 石化技术，2021，28(8)：31-32.

[16] 彭芳. 催化裂化装置再生器跑剂原因分析及应对策略[J]. 广东化工，2017，44(18)：149-153.

[17] 罗勇，张瑞弛. 荆门催化裂解装置催化剂磨损和跑剂的控制[J]. 石油炼制与化工，2001(12)：25-28.

[18] 蔡香丽，杨智勇，王菁，等. 旋风分离器气相旋转流流场动态特性的研究进展[J]. 化工进展，2019，38(11)：4805-4814.

[19] 申建华，刘惠斌，周序. 原料油中铁对重油催化裂化的影响[J]. 炼油技术与工程，2004(9)：34-37.

[20] 崔秋凯，张强，李春义，等. 再生条件对硫转移剂脱硫性能的影响[J]. 中国石油大学学报：自然科学版，2009，33(5)：151-155.

[21] 刘志强，曹传洋，韩笑，等. 重油催化裂化装置催化剂循环系统运行问题研究[J]. 辽宁化工，2021，50(9)：1378-1381.

[22] 赵贺. 重油催化裂化装置两器跑剂问题的技术改造及效果[J]. 中国石油和化工标准与质量，2020，40(17)：43-44，47.

催化裂化装置跑剂故障分析及对策

毛海瑞

（中国石化镇海炼化公司　浙江宁波　315200）

摘　要　本文对某石化企业催化裂化装置再生系统二级旋风分离器故障造成的催化剂跑剂原因进行了分析，通过对跑剂后运行参数的研究，判断出二级旋风分离器故障是跑剂的原因，并在检修过程中得到了验证。通过严格把控焊接质量、外部增贴防护板加固、增加4块加强筋板等措施，修复旋风分离器本体缺陷，从而彻底解决了再生器跑剂的问题。结果表明，经过上述措施的实施，再生器二级旋风分离器运行稳定，再生器出口烟气中催化剂粉尘等相关参数在工艺控制指标范围。本次成功修复案例为催化裂化装置再生器二级旋风分离器的长周期运行提供了参考。

关键词　催化剂；跑剂；旋风分离器；长周期

1　引言

催化裂化装置催化剂的单耗一直是装置运行过程中重点监控的指标。催化剂的大量跑损势必会造成催化剂单耗过高，加工量和产品收率降低，从而影响到加工成本，又或是装置系统内催化剂的藏量难以维持，导致装置必须停工处理。若沉降器发生催化剂的跑损，那么大颗粒的催化剂将进入分馏塔后油浆系统对油浆泵和管道造成磨损并导致油浆泄漏的事故发生[1]。若再生器发生催化剂的跑损，则会导致催化剂进入烟气轮机，对烟机叶片造成冲蚀，从而影响烟机的安全稳定运行，或进入余热锅炉导致换热效率降低和吹灰次数增加，并对烟气脱硫装置造成较大的运行压力。本文将通过分析某催化裂化装置催化剂跑损案例对催化剂跑损诊断流程、工艺操作与设备维护方面的注意事项进行概括分析，为今后催化裂化装置的长周期运行提供一定的参考。

2　催化剂跑剂常见原因综述

导致催化剂跑剂的因素有很多，常见原因如工艺操作不当导致的催化剂热崩、设备运行故障导致的旋风分离器分离效率下降、原料油及催化剂本身质量的影响等。因此，系统地对催化剂跑剂原因进行分析，并实行针对性的改进措施就显得尤为重要[2]。

2.1　工艺操作对催化剂的影响

在日常工艺操作过程中，流化床密相床高与旋分分离器料腿平衡料封高度差一般需控制在大于1～2m，否则可能导致料腿溢流跑剂。对于催化剂床层来说，首先，催化剂床层高度越高，埋入催化剂部分的料腿就越深，旋分压降增加，料腿内催化剂堆积增多，易引起催化剂跑损增大；其次，催化剂床层料位高度增加，使稀相催化剂颗粒沉积高度减少，因而进入旋分器的催化剂颗粒增多，也会加剧催化剂跑损。装置加工量大幅增加或降低，超出旋风分离器设计范围，使得分离器入口线速过高或过低都会造成旋分效率降低以及催化剂的跑损。反应或再生压力波动大，会增加油气或烟气中催化剂细粉浓度，使催化剂跑损增加[3]。

2.2　设备故障

由于内、外取热器热管发生泄漏，催化剂遇水热崩造成细粉含量升高；提升管底部预提升干气或者蒸汽环管损坏会造成局部线速高，从而击碎催化剂颗粒；原料油喷嘴线速过高，喷嘴安装不对称会导致在喷嘴处流化异常，使催化剂及提升管器壁磨损加剧；主风分布管/板损坏、偏流、存在死区导致流化异常，会导致催化剂跑损增加。旋风分离器翼阀卡涩、安装角度偏离、阀板磨损或穿孔；料腿被胶块或衬里堵塞、断裂、穿孔，集气室有裂缝或穿孔，拉杆的断裂，吊架的变形等设备故障也是造成旋风分离器的效率降低并导致跑剂的原因[4]。

2.3 原料油及催化剂本身质量的影响

原料油和催化剂本身的质量也是影响催化剂跑损的因素之一。原料油中钠和钒的含量偏高，将生成偏钒酸钠、焦钒酸钠、β-氧钒基钒酸钠、γ-氧钒基钒酸钠等共熔物，此类共熔物的熔点都在 700℃以下，低于实际再生器操作温度，这些共熔物的累积会影响到催化剂的担体结构，使催化剂的热稳定性下降，在高于 700℃的再生条件下；催化剂发生崩碎，造成跑损[5]。此外，原料油中带水也会造成催化剂的热崩破碎，同时还会造成反应压力波动。

催化剂磨损指数越低、催化剂颗粒球形度越好、颗粒表面越光滑、磨损产生的细粉量越少。而耐磨性差的催化剂会在催化剂颗粒自身间以及与设备之间的运动过程中产生大量细粉，两种磨损指数相差较大的催化剂在系统中流化碰撞和摩擦时，磨损指数高的催化剂会首先被磨碎，致使细粉的含量增加。此外，催化剂湿度在一定程度上也会影响催化剂跑损，湿度大、灼减高的催化剂加入系统后易热崩碎裂，增大其损耗量，因此，生产催化剂过程中含水量不能太大，而且在储备运输过程中催化剂不能受潮[6]。

3 催化剂跑剂案例分析

3.1 催化剂跑损过程介绍

某催化裂化装置正常反应再生系统催化剂藏量日均上升 2t，但自 2021 年 11 月 12 日开始反再系统藏量未正常上升，且在 11 月 21 日凌晨开始藏量走低，下降幅度约 3t/d。由此判断反应再生系统内存在跑剂问题。

对于跑剂问题的出现，首先需要确定跑剂的位置，从而可以做出相应的控制措施。一般可以根据油浆灰分和固含量是否超标来判断是否为沉降器侧的跑剂。从该装置 2021 年 11 月油浆固含量化验数据来看，油浆固含量不大于 10g/L，且油浆灰分数值均在正常值范围内波动，因此排除沉降器侧跑剂的可能。出于再生器侧跑剂的判断，可以观察到的参数较多，比如三旋收料量是否正常，三旋入口或出口烟气的颗粒浓度及粒度是否正常，再生器旋风压降有无明显变化等。本次该装置再生器旋分压降与主风量的变化趋势基本吻合，再生器旋分压降无明显变化。三旋入口细粉粒度分布在 11 月 7 日以来开始出现双峰，20~40μm 细粉含量浓度明显增加，60μm 以上粗颗粒浓度呈上升趋势。

同时，11 月以来三旋卸剂量占新鲜剂加入量明显上升，具体数据见表 1(因 6 月至 9 月为每月三旋卸剂两次，其余月份为每月四次，所以暂不做对比)。且在 11 月 11 日至 18 日内三旋卸剂量有 17t(折 2.4t/d)，较正常每月 20t(折 0.6t/d)提高了约 2t/d(见表 2)，三旋回收物明显增加。

表 1 三旋回收物重量变化数据

每月总计	三旋卸剂质量/t	占催化剂加入量占比/%	每月总计	三旋卸剂质量/t	占催化剂加入量占比/%
1 月	13.728	7.8	5 月	24	12.83
2 月	27.84	15.3	10 月	28.8	18.58
3 月	19.488	8.51	11 月	34.08	36.65
4 月	23.808	13.23			

表 2 11~18 日催化剂平衡

11.11~11.18	归一前数据/t	归一后数据/t	占比/%
加剂量	33.6	33.6	100
三旋卸剂量	17.3	18.09	53.84
油浆跑损	6.1	6.34	18.88
泥饼	6	6.28	18.69
烟气跑损	0.26	0.27	0.8
两器藏量上升	2.5	2.62	7.79

同步对比水汽偏差也未见增加，基本可排除取热器泄漏的可能。因此，综合上述分析判断可以得出，本次跑剂是在再生器内部，并且跑损量较低。

3.2 跑剂根源的分析

对比跑剂时与正常运行时平衡催化剂细粉含量的变化，将装置跑剂分为平衡剂细粉含量减少增加或不变，对两类跑剂问题分别进行针对性的诊断分析。对三旋回收物、三旋出口细粉、平衡剂筛分加样分析，平衡剂细粉 40μm 以下的有所下降，平衡剂筛分 40μm 以下的比例下降。并且从催化剂放大镜显示图片可以看出，平衡剂没有明显破碎的情况，细粉较少，新鲜剂球形度总体还可以，粒度分布正常。

从表 3 新鲜催化剂物理性质数据表可以看出，新鲜剂细粉含量、磨损指数没有明显异常，排除新鲜剂的影响。

表 3　新鲜催化剂合格证数据

新鲜剂进厂时间	2021.7.8	7.29	8.6	8.17	9.1	9.9	9.24	9.28	10.22	11.2
磨损指数	1.2	1.4	1.5	1.5	1.3	1.2	1.1	1.2	1	1.3
0~20μm/%(体)	1.1	0.9	1.1	1.3	1	1.4	1.2	1.4	0.5	1.7
0~40μm/%(体)	14.9	14.2	14.9	16	15.2	16.4	16.6	16.5	10.8	14
0~149μm/%(体)	90.1	89.9	89.9	91.8	91	90.5	90.8	90.6	91.9	89.7

最终根据图 1 可以看出，三旋回收物颗粒浓度有增大趋势。但基本还是单峰正态分布的平滑曲线，没有出现双峰。再生催化剂细粉颗粒度向右偏移。100μm 以上粗颗粒浓度变化不明显。跑损的催化剂主要集中在 20~40μm 细粉。因此，初步判断本次再生催化剂跑损应该主要是由二级旋风分离器故障引起的。

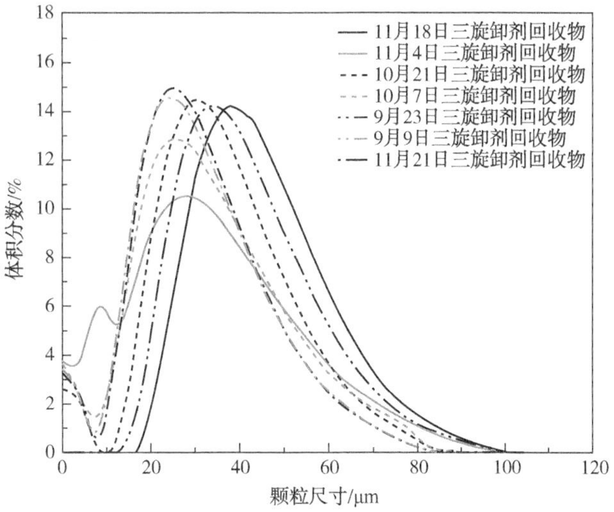

图 1　三旋卸剂回收物颗粒浓度图

4　设备故障描述与分析

4.1 设备问题描述

该装置在 2022 年 3 月 1 日开始进行停工消缺检修。再生器 12 组二级旋分焊缝处存在不同程度的缺陷分布情况如图 2 所示。

再生器 7#二级旋风分离器升气管与虾米弯直管段焊缝完全开裂，开口 5mm，错边 8mm，四处筋板全部拉断、错位，对应一级旋分顶部吊架有倾斜角度。

其余 11 只二级旋分顶部虾米弯与大小头连接处筋板全部拉裂，有 7 只(1#、4#、5#、6#、8#、9#、11#)二级旋分顶部虾米弯与大小头连接焊缝处在筋板拉裂的同时出现 0.3~1mm 不等焊缝裂纹，裂纹均

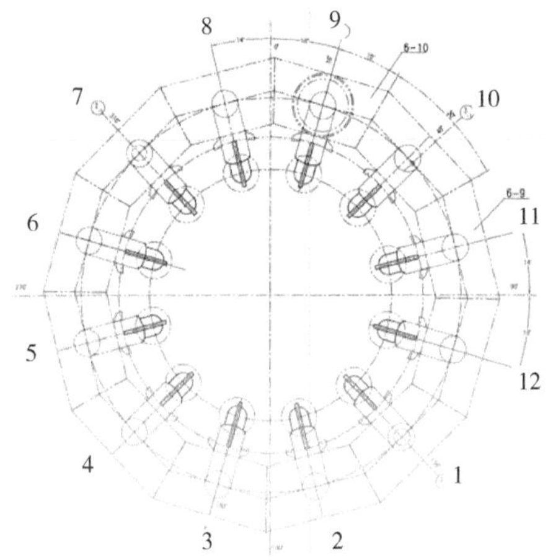

图 2　再生器 12 组二级旋分升气管缺陷位置分布图

在三分之一圈以上。

4.2　设备故障原因分析

4.2.1　结构应力影响

本装置 2016 年再生器改造，7#二级旋分升气管与虾米弯现场连接处对口时受再生器空间限制导致错边大，最大错边达 8mm，对接焊缝变成了角焊缝，焊缝强度变弱，且虾米弯焊缝相对密集、一级旋风与二级旋分为硬连接，这些因素综合起来造成整个旋风结构体系应力较大，二级旋分升气管极易在拉应力作用下产生开裂[7]。

4.2.2　原始设计影响

如图 3 所示，2016 年装置改造时一级旋风顶部的吊板设计为上下双销轴结构，上销轴最大仅能吸收 8mm 的轴向间隙位移，下销轴设计修改后因增加两块密封板，催化剂易沉积造成净空变小，影响轴向间隙位移。通过计算，吊板的可膨胀量为 20mm[吊板净空间为 55+55-16-16-30-20-20=8(mm)。304 材料按再生器温升 700℃计，一级、二级旋风的中心距为 1570mm，按 1000m 304 不锈钢温度每提升 1℃，平均膨胀增量为 18.4mm 计，估算膨胀量为：1570/1000×700×18.4/1000=20(mm)]，故吊板存在部分膨胀量无法吸收的情况。

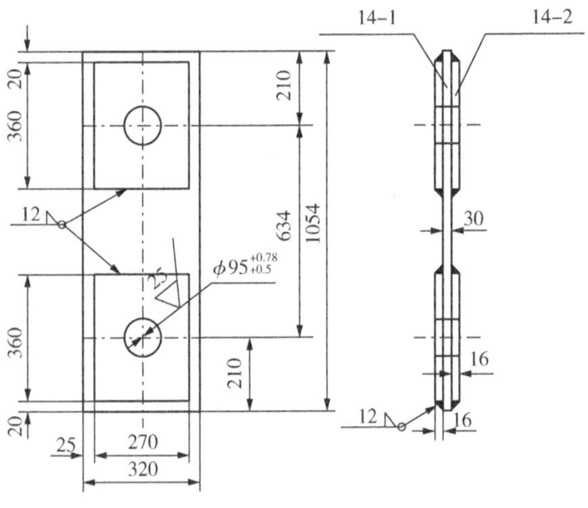

图 3　吊板原始设计与现场图

4.2.3　施工质量影响

2016 年更换虾米弯，厂家整体预制焊缝，拉有立板加强筋(外弯、内弯两块)，但为两块立板对接焊接而成，未使用整块加强筋板进行加强，间接导致本次除 7#二级旋分外，所有立板加强筋均拉裂。

4.2.4　异常操作的影响

2019 年 10 月 1 日 22：40，该装置因烟机入口蝶阀故障关闭，主风机跳车，装置切断进料，至 10 月 3 日 22：08 提升管喷油，在整个开停工过程温度变化较大，再生器顶部温度由 10 月 1 日 22：29 的 710℃突降至 10 月 2 日 12：01 的 392℃后，在 10 月 2 日 16：30 突升至 802℃。且当月 10 日发现再生器后三级旋风分离器 CY1104 出口膨胀节焊缝半圈开裂。

由于再生器二级旋风分离器材质是 S30409(C≥0.04%)，其母材及焊缝金属长期在 650~700℃高温环境中运行。该运行温度恰好处于金属间相 σ 相的析出温度区间。有研究表明，长期在此温度下运行，在铁素体上将会析出大量的针状或块状析出物——脆性 σ 相[8]。σ 相硬而脆，在奥氏体钢或焊接接头中出现少量 σ 相就会使其韧性和塑性急剧下降。σ 相的析出使焊缝变脆，从而引发蠕变延展性大幅降低，一旦出现微裂纹就会迅速扩大，最终断裂，酿成事故。因此，此次温度的骤变产生的温差应力，会进一步加剧对再生器旋分本体结构及其相连管线产生的冲击损伤。

5 后续措施及建议

5.1 本次处理措施

① 对所有二级旋分升气管与虾米弯焊缝进行无损检测。

② 优化本次修复时的焊接工艺，基于 σ 相形成温度因素控制原理，采用低热输入和降低层间温度的焊接方法及工艺措施，施焊时应采用小电流、短弧焊接，控制层间温度不超过 150℃，同时尽量缩短焊件在 600~900℃停留时间，抑制 σ 相的形成。

③ 再生器 7#二级旋分升气管与虾米弯直管段焊缝开裂处理措施：开裂处打磨坡口、错边矫正 7mm，纵向间隙调整 5mm、按照原图纸要求，旋分垂直度保证不大于 5mm、确保升气管内部无错边，平滑过渡、无催化剂磨损、原加强立板割除、外部增贴防护板加固(304，板宽 120mm，厚度 12mm)，同时增加 4 块加强筋板(304，板宽 180mm，厚度 20mm)。

④ 针对其余 11 个旋分虾米弯与大小头连接处处理措施：旧筋板开裂处焊缝去除，打磨坡口，补焊；大小头小头处开裂焊缝去除，重新打磨坡口补焊；新增 4 块加强筋板。

5.2 后续改造方案

由于本次为短停消缺，后期将利用装置大修改造或旋风分离器更新的机会，对再生器 12 组一级旋分吊挂结构进行整体改进，将原来的板式吊挂结构改为圆柱形螺杆吊挂结构(见图 4)，使旋分膨胀时能自由伸缩不受阻碍，减少应力水平。并将 12 组二级旋分出口升气管由弯头改为直管出再生器，减少弯曲应力。

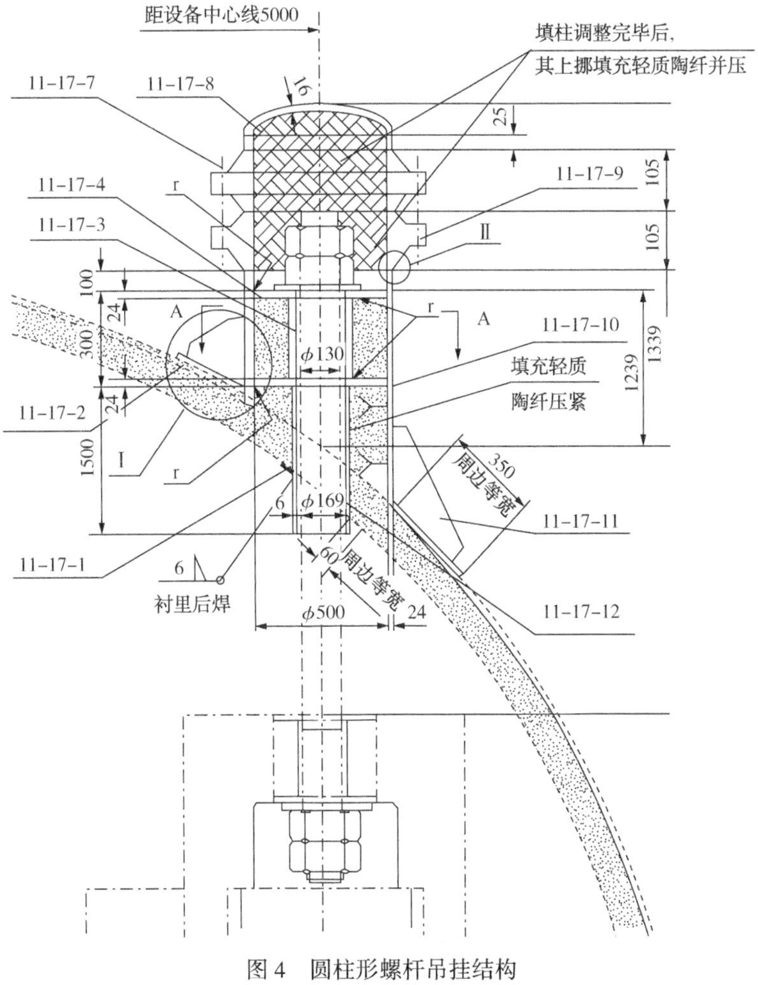

图 4 圆柱形螺杆吊挂结构

本次检修完成开工后，催化剂跑剂现象已消除，进一步稳定了再生器运行工况，降低了日常催化剂的消耗，还有效减少了烟机入口粉尘绝对量和颗粒大小，从而降低了粉尘对烟机叶片的磨损与叶片上的结垢对烟机动平衡的影响，也为烟机的长周期平稳运行提供了保障。

6 结论

本文结合催化裂化装置再生系统跑剂的现场实际情况，从三旋入口细粉粒度开始出现双峰，20~40μm细粉含量浓度明显增加、60μm以上粗颗粒浓度呈上升趋势、平衡剂细粉40μm以下含量减少、三旋回收颗粒物浓度增大等现象得出二级旋风分离器功能性失效的结论。针对上述问题，在检修过程中重点检查了再生器二级旋风，并针对旋分故障特征分析出其存在的结构应力原因、施工质量的影响、异常操作等因素。通过优化焊接工艺、增贴防护板、重新固定并增加加强筋板数量等措施弥补了旋风分离器存在的缺陷。结果表明，再生器旋风分离器现运行工况稳定，三旋出入口催化剂粉尘浓度、颗粒度等相关参数均在指标控制范围内，有效延长了催化裂化装置反再系统的运行周期，也为同类装置二级旋风分离器的安全平稳运行提供了重要参考。

参 考 文 献

[1] 张红. 反应器内旋风分离器工况异常原因分析及解决办法[J]. 石油化工设备技术，2000，21(5)：12-14.

[2] 滕升光. 催化装置催化剂跑损诊断和处理[J]. 工业催化，2015，23(7)：555-558.

[3] 夏志远，钱振，孙国刚. 催化裂化装置跑剂的诊断分析[J]. 中国化工装备，2021(6)：35-39.

[4] 杨智勇，王菁，赵建章，等. 催化裂化装置旋风分离器机械故障的原因分析[J]. 炼油技术与工程，2019，49(2)：37-41.

[5] 卢海峰. 催化裂化装置催化剂跑损原因分析[J]. 化工技术与开发，2019，48(10)：64-68.

[6] 郭翠翠，李正，张金庆，等. 催化裂化装置催化剂跑损诊断方法[J]. 工业催化，2019，29(9)：62-66.

[7] 刘宗良. 催化裂化装置旋风分离器设计的有关问题[J]. 炼油技术与工程，2006，36(11)：17-21.

[8] 孙长海，郭超，郝相民，等. 炼油厂催化裂化装置第二再生器旋风分离器断裂分析[J]. 中国机械工程学会金属热处理，2011(S1)：215-218.

预提升介质对催化裂化操作及产品分布的影响与分析

孙士勇

（中国石化镇海炼化公司　浙江宁波　315207）

摘　要　本文介绍了某公司3.4Mt/a催化裂化装置预提升气流程，对比了富气、干气分别作为预提升气时装置操作和产品分布情况。实践证明，采用富气为预提升气时：吸收塔压降减少16.7%，再吸收塔出口干气流量下降30.8%，利于装置提高加工负荷和反应深度；产品干气中C_{3+}由2.89%下降至2.18%，干气中丙烯体积含量由1.67%下降至1.07%，可有效降低干气中C_{3+}含量；相近工况下，干气收率下降6.01%，丙烯收率下降12.03%，轻循环油收率上升3.31%，不利于增产丙烯。文中对产品分布情况进行了分析，并结合实际操作数据提出了富气预提升工艺流程使用建议。

关键词　预提升；富气；干气

1　前言

在催化裂化生产过程中，提升管下部设催化剂预提升段，催化剂在预提升段经提升介质提前加速后可使其分布更加均匀，为原料油与催化剂均匀接触提供了一个较为理想的接触和反应环境，有利于改善产品分布。在传统预提升工艺中，催化裂化装置催化剂预提升介质通常采用蒸汽或干气，采用水蒸气作为预提升介质时，可以有效降低提升管反应器油气分压、降低反应产物浓度，增加汽油产率、降低生焦率，此外，还可以作为增产汽油和气体烯烃，提高汽油辛烷值的一种手段，但同时也存在高温再生催化剂水热失活、热崩，分馏塔顶冷却负荷增加、装置能耗增加等不利因素。采用干气作为预提升介质时，可以增加催化裂化液体产品收率，降低氢气产率并降低氢气/甲烷比，同时还能起到钝化催化剂上重金属的作用[1]，但干气由吸收稳定单元返回至预提升段，也造成了气压机负荷和吸收塔负荷增加的问题。

某公司3.4Mt/a催化裂化装置同时具有蒸汽和干气两条预提升气流程，开工、停工期间和事故状态下采用蒸汽作为预提升介质，正常运行期间采用干气作为预提升介质。采用干气为预提升气时，装置存在吸收塔负荷大、干气中C_{3+}含量高等问题，因此，操作上尝试摸索改变预提升介质，使用气压机出口富气替代干气，以实现降低吸收塔负荷和干气中C_{3+}含量的目的。本文重点考察富气、干气两种预提升介质工况下吸收塔负荷、产品分布的变化情况，并对相关因素进行分析。

2　预提升气使用现状与工艺流程

2.1　预提升气使用现状

装置产品干气出装置量为18500Nm³/h，预提升干气流量为10500Nm³/h，用干气作预提升介质后，干气在反应、分馏、气压机和吸收解析部分的循环量增加了56.8%，干气循环量的大幅增加，主要影响如下：

① 预提升干气循环流量大，造成吸收塔、再吸收塔负荷高。

② 干气中C_{3+}组分含量增加，丙烯含量约1.66%(体)。

2.2　工艺流程

干气自催化裂化装置吸收稳定单元再吸收塔T1303顶来，经预提升控制阀组进入提升管反应器底部，与再生催化剂接触后将催化剂输送至提升管反应器。预提升介质改变后，所采用富气自气压机出口冷后富气分液罐出口来，在干气管排处并入预提升干气线，经预提升控制阀组进入提升管反应器底部，与再生催化剂接触后将催化剂输送至提升管反应器，干气、富气在并入点前设隔离阀，预提升介质均为单独使用。预提升干气及富气工艺流程示意如图 1 所示。

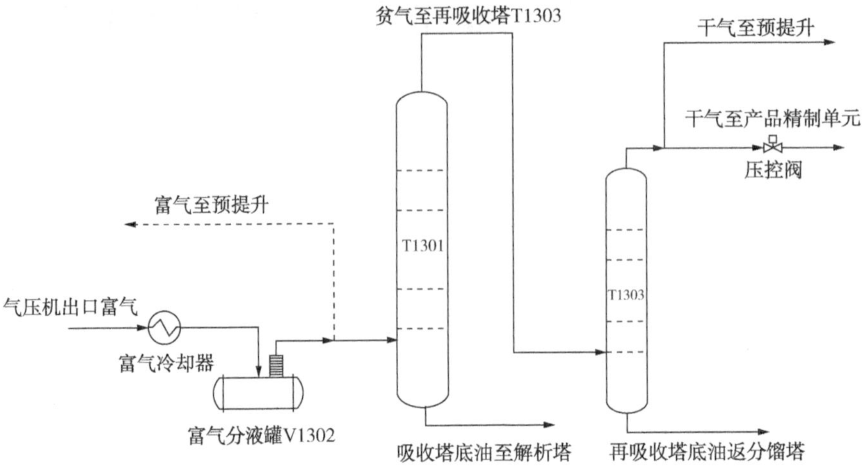

图 1　预提升干气及富气工艺流程示意图

3　操作工况参数对比

为提高数据可比性，在分别采用干气、富气两种预提升介质时，操作上尽量保持工况条件的一致性，选取时间段不少于 30 天，基于数据可靠性要求，本文中取值均为时间段内平均值，选取富气工况为 2018 年 9 月 10 日至 11 月 10 日，干气工况为 2018 年 11 月 20 日至 12 月 30 日，装置于 11 月 13 日由富气工况切换至干气工况进行考察。典型操作数据见表 1。

表 1　富气、干气工况下操作参数对照表

序号	项目	富气工况	干气工况
1	加工量/(t/h)	401. 2	399. 5
2	原料油密度(工况)/(kg/m^3)	824. 1	827. 7
3	反应温度/℃	511. 7	512. 7
4	反应压力/kPa	218. 7	225. 3
5	再吸收塔压力/MPa	1. 3	1. 3
6	再生催化剂比表面积/(m^2/g)	87. 67	87. 83
7	预提升干气量/(Nm^3/h)	10412. 8	10290. 0
8	汽轮机耗汽量/(kg/h)	90454. 3	94283. 2
9	解析塔低温度/℃	108. 1	108. 9
10	再吸收塔贫吸收油量/(t/h)	108. 4	112. 5

由表 1 可以看出，两种工况下装置负荷相同，富气工况原料油密度低 3. 6kg/m^3，油性轻于干气工况。反应温度、再生催化剂比表面积、再吸收塔压力等基本相同，富气工况下反应压力比干气工况下低 10kPa，主要是为增产低碳烯烃的主动性进行操作调整。在富气工况下，解析塔底温度、再吸收塔贫吸收油流量均有所下降。

4　预提升富气流程应用结果及分析

4.1　吸收塔负荷降低，吸收单元操作苛刻度下降

预提升气自气压机出口富气分液罐顶引出后，在流程上缩短了预提升介质的循环流程，极大地降低了吸收塔、再吸收塔的运行负荷，吸收塔压降由 22. 2kPa 下降至 18. 5kPa，再吸收塔出口干气流量由约 27848Nm^3/h 下降至 19276Nm^3/h，趋势变化如图 2 所示。

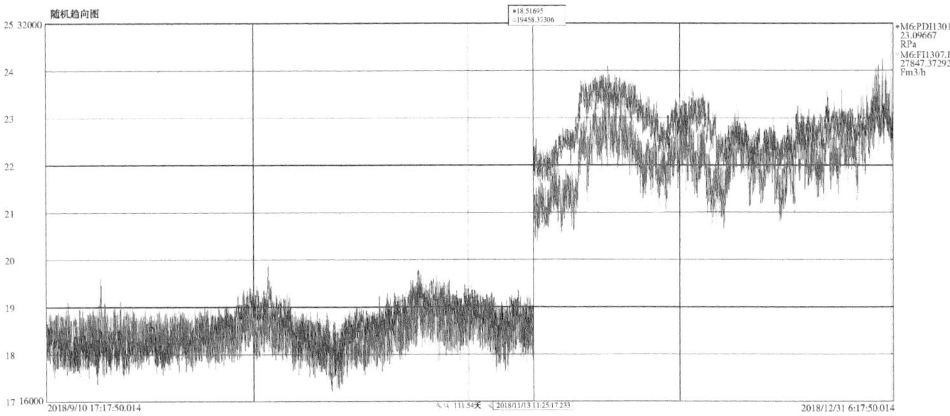

图 2　吸收塔压降(实线)、再吸收塔出口干气流量(虚线)趋势图

可见，采用富气为预提升介质时，吸收塔压降减少 16.7%，再吸收塔出口干气流量下降 30.8%，吸收单元气相负荷得以较大程度释放，为装置加工负荷提升、提高反应深度创造了有利条件。

4.2　干气中 C_{3+}含量下降，干气中丙烯回收率提高

吸收单元气相负荷下降后，吸收塔、再吸收塔操作弹性增加，由化验分析数据可以看出，富气工况下干气中 C_{3+}体积含量由 2.89%下降至 2.18%，如图 3 所示；干气中丙烯体积含量由 1.67%下降至 1.07%，下降趋势如图 4 所示。

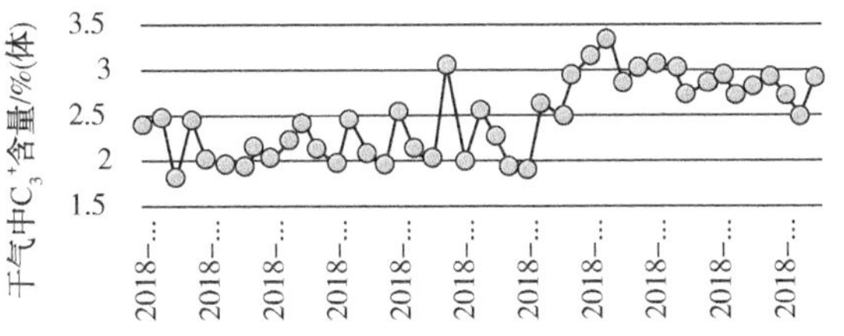

图 3　干气中 C_{3+}含量变化趋势图

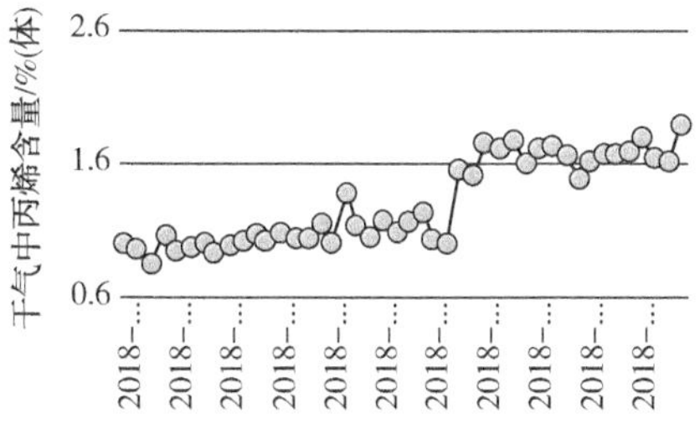

图 4　干气中丙烯含量变化趋势图

干气在线分析仪表显示丙烯、丙烷组分变化趋势与化验分析数据趋势一致，见表 2，数据较为可靠。

表 2　干气中丙烯、丙烷数据表　　%

序号	参数	富气工况	干气工况
1	干气中丙烯(在线)	1.0	1.6
2	干气中丙烷(在线)	0.2	0.3

可见改用富气为预提升气后，对干气中 C_{3+}含量的控制更加有利，也为吸收稳定单元操作优化创造了条件。在实际操作中，随着吸收塔、再吸收塔气相负荷的降低，吸收塔中段回流量、再吸收塔贫吸收油流量均进行了降量操作，如图 5 所示。

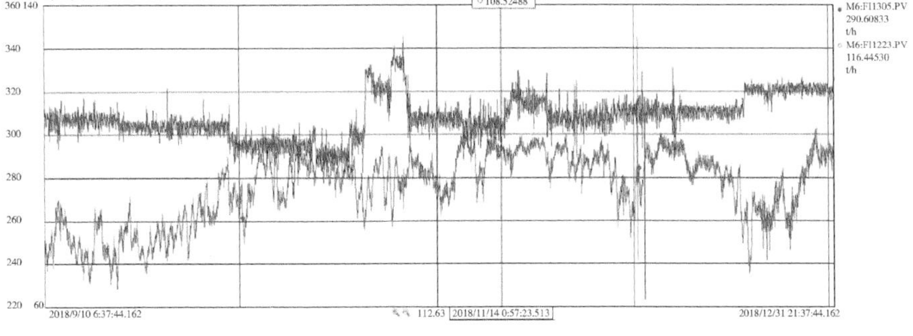

图 5　吸收塔中段回流(实线)、再吸收塔贫吸收油流量(虚线)趋势图

4.3 富气预提升工况对产品分布的影响

采用富气预提升流程时，干气收率下降 6.01%，丙烯收率下降 12.03%，轻循环油收率上升 3.31%，其他产品收率变化不大，具体产品分布情况见表 3。

表 3　不同预提升气工况下产品分布情况

项目		富气工况		干气工况		产品收率变化率/%
		t	%(质)	t	%(质)	
原料	精制蜡油	289.0	72.02	284.4	71.18	—
	蜡油	75.2	18.74	81.3	20.36	—
	渣油	37.1	9.24	33.8	8.46	—
	原料合计	401.2	100.0	399.5	100.0	—
产品	干气	14.7	3.66	15.6	3.90	-6.01
	酸性气	0.4	0.10	0.4	0.10	-0.71
	液化气	54.2	13.52	52.9	13.23	2.16
	丙烯	21.0	5.24	23.8	5.96	-12.03
	轻循环油	89.5	22.30	86.2	21.59	3.31
	焦炭	21.7	5.41	21.4	5.35	1.20
	汽油	176.4	43.96	175.6	43.96	0.00
	污油	0.2	0.06	0.1	0.01	—
	油浆	22.8	5.67	23.3	5.83	-2.75
	损失	0.3	0.06	0.3	0.06	-1.01
	产品合计	401.2	100	399.5	100	—
转化率	—	71.80%	—	72.40%	—	

① 干气收率略有下降。主要原因一是富气工况时原料油密度低于干气工况 3.6kg/m³，反应温度低控 1℃，利于降低干气产率；二是在总加工负荷不变的前提下，反应压力低控约 6.7kPa，油气停留时间缩短，油气与再生催化剂的接触时间同步缩短，减少了二次裂化反应，利于干气产率降低。

② 丙烯收率下降 12.03%，下降幅度较大。统计数据显示，富气工况下稳定塔顶液化气中丙烯含量平均为 33.0%(体)，在干气工况下液化气中丙烯含量为 36.1%(体)，最高可达 40%(体)以上，预提升气采用富气时产品丙烯收率下降明显。主要原因分析如下：

a. 富气组分中丙烯占比 67.91%(体)，远高于干气中丙烯比例，见表 4，采用富气作为预提升气时提高了催化反应油气中丙烯组分分压，在等转化率下，油气分压增加将导致该组分收率下降[2]，如图 6 所示。

表 4　富气、干气组分数据

项目	丙烯/%(质)	丙烷/%(质)	C_3以上组分/%(质)
V1302 顶富气	67.91	7.35	10.42
T1303 顶干气	3.11	0.54	3.55

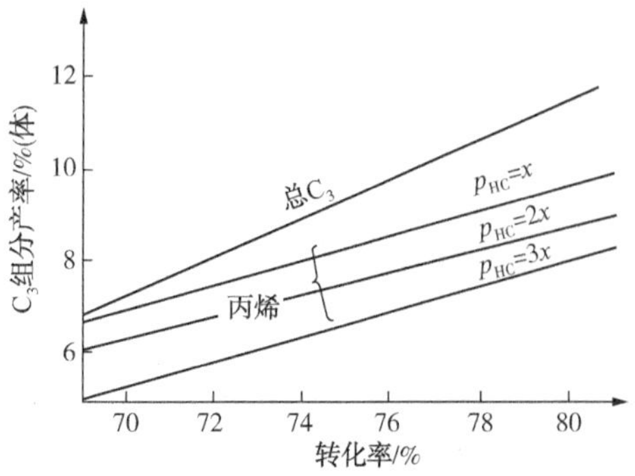

图 6　油气分压对 C_3产率的影响

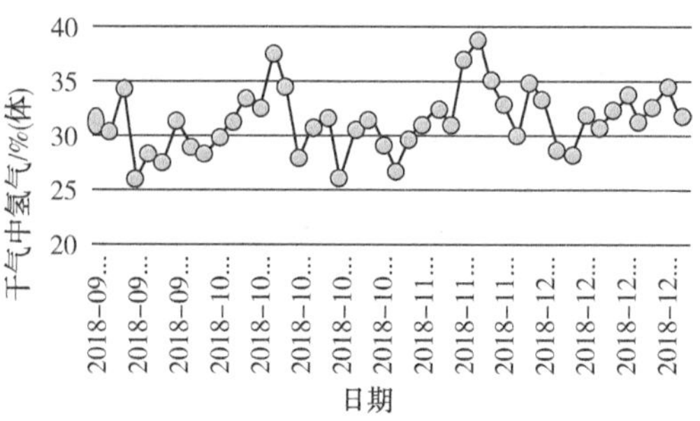

图 7　干气中氢气体积含量

b. 富含丙烯的富气作为预提升干气时，从提升管底部进入反应器后，与高温、高活性再生催化剂接触，在反应区发生氢转移反应，将预提升气中 C_3及以上烯烃组分饱和。富气预提升期间，产品干气中氢含量有下降情况，如图 7 所示，富气工况下干气中氢气体积占比约 30.5%，干气预提升工况下占比约 32.2%。

c. 在一定反应条件下，乙烯、丙烯和丁烯等小分子低碳烯烃很容易在沸石催化剂上发生异构化反应、齐聚反应、裂化反应以及环化或芳构化反应[3]。有研究表明，丙烯在 ZSM-5 分子筛催化剂上可以发生齐聚反应，小晶粒的 ZSM-5 分子筛催化剂活性较高，但对柴油馏段的选择性较低，而大晶粒的 ZSM-5 分子筛催化剂活性较低，但对柴油馏段的选择性较高[4]。

③ 轻循环油收率上升。分析主要原因为富气作为预提升气时转化率比干气预提升工况低 0.6%，在原料油性、操作条件基本稳定的工况下，轻循环油收率增加；其次，当丙烯接触大晶粒 ZSM-5 分子筛时，推测其存在发生齐聚反应生成轻循环油的可能。

5 结论

本文以降低吸收单元负荷为出发点，探索了采用富气替代干气作为预提升气的新操作模式。文中结合装置实操数据，分析了富气工况对装置操作和产品分布情况的影响，并归纳总结如下：

① 吸收塔压降减少 16.7%，再吸收塔出口干气流量下降 30.8%，吸收单元气相负荷得以较大程度释放，为装置加工负荷提升、提高反应深度创造了有利条件。

② 产品干气中 C_{3+}由 2.89%下降至 2.18%，干气中丙烯含量由 1.67%(体)下降至 1.07%(体)，可有效降低干气中 C_{3+}含量，为吸收稳定单元操作优化提供空间。

③ 在工况条件相近的前提下，干气收率下降 6.01%，丙烯收率下降 12.03%，液化气收率 3.61%，轻循环油收率上升 3.31%，富气作为预提升气工况不利于装置增产丙烯。

④ 富气作为预提升气工况时，产品丙烯收率明显下降，对增产丙烯方案的装置不建议使用。操作上，可大幅降低吸收塔、再吸收塔负荷，对存在吸收单元高负荷瓶颈的装置可考虑使用富气预提升工艺流程。

参 考 文 献

[1] 张晓松，徐春明，高金森. 重油催化裂化反应装置预提升段工艺研究进展[C]//第九届全国化学工艺年会论文集. 北京：中国石化出版社，2005：237-241.

[2] 陈俊武，许友好. 催化裂化工艺与工程[M]. 3 版. 北京：中国石化出版社，2015.

[3] 王峰，房克功，董琳，等. 丙烯在 ZSM-5 催化剂上的齐聚反应[J]. 石油化工，2003，32(增刊)：548-550.

高金属污染平衡剂中毒特点分析

郭　伟[1]　刘倩倩[2]

（1. 中国石化海南炼化公司　海南洋浦　578101；2. 中石化石油化工科学研究院有限公司　北京　100083）

摘　要　钒、镍、铁、钙等金属污染对催化剂及装置运行造成越来越严重的影响。选取典型的金属污染平衡剂样品，利用SEM-EDS、EPMA等表征手段，对其颗粒形貌、金属位置分布进行表征，可以看出铁中毒平衡剂具有典型的瘤状表面，钙中毒平衡剂具有较为光滑的表面，铁、钙在颗粒表面富集，钒在颗粒内部均匀分布，镍的分布具有随机性。进一步利用热力学计算手段研究了平衡剂组分的熔融温度和熔渣的组成。对于深入理解金属中毒机理具有指导作用。

关键词　催化裂化；金属污染；平衡剂

1　前言

原油价格的不断攀升大幅增加了炼油厂的加工成本，炼油厂一方面购进低价的劣质油，降低成本；另一方面深度加工重质油，增加收益。近年来，随着催化裂化原料的日益重质化、劣质化，很多炼油企业的原料油中的金属含量处于较高的水平，这对催化裂化催化剂的抗金属污染能力提出了越来越高的要求。

随着“反应-汽提-再生”循环的不断进行，镍、钒、铁、钙等污染金属不断沉积在催化剂上，尤其进入再生器的高温、氧化气氛后，污染金属会与催化剂的多个组分发生相互作用，其中，铁中毒会引起催化剂烧结、崩塌甚至流化困难等问题[1]；钒中毒会造成分子筛骨架崩塌、催化剂活性下降；镍中毒会造成干气、焦炭产率上升。鉴于金属中毒机理的复杂性，抗金属催化剂的设计也具有极大挑战，既要考虑单一金属的污染规律，也要兼顾多个金属的综合影响。本文利用一些先进的表征手段，对典型的高金属平衡剂进行深入研究，包括平衡剂的形貌特征、金属分布及迁移规律、熔融特性等，这将为抗金属催化剂的设计提供理论参考。

2　平衡剂的形貌特征

选取7个典型金属污染平衡剂样品，其组成见表1。由表1可知，1#、2#、3#、7#是高铁污染平衡剂，4#、5#是高钒污染平衡剂，6#是高钙污染平衡剂，7#是高镍污染平衡剂。同时，该7个平衡剂的总金属污染量均较高，属于典型的高金属污染平衡剂。

表1　平衡剂主要元素组成

项目	1#	2#	3#	4#	5#	6#	7#
La_2O_3/%(质)	0.86	0.85	0.82	1.06	1.13	0.58	1.22
CeO_2/%(质)	1.56	1.63	1.65	2.28	2.32	1.88	0.75
Al_2O_3/%(质)	50.7	50.9	50.5	52.5	52.7	47.8	49.3
SiO_2/%(质)	39.9	41.2	40.8	36.0	35.8	40.5	39.6
Fe/%(质)	0.73	1.26	0.97	0.37	0.61	0.42	1.24
Ni/%(质)	0.44	0.42	0.40	0.45	0.51	0.64	1.49
V/%(质)	0.43	0.38	0.35	0.56	0.96	0.14	0.11
Ca/%(质)	0.11	0.10	0.13	0.13	0.15	0.68	0.11
Sb/%(质)	0.12	0.15	0.13	0.16	0.21	0.11	0.37

不同金属污染平衡剂的形貌如图1所示，由图1(a)看出，新鲜剂的表面较平整且球形度好；由图1(b)看出，钒污染的平衡剂表面较为平整、光滑，表面形貌未遭到明显破坏；由图1(c)看出，钙污染平衡剂的表面也是光滑的；由图1(d)、(e)看出，在催化剂表面有鳞状结构和明显的瘤状凸起，这是典型铁中毒平衡剂的形貌特征，该瘤状表面会造成平衡剂堆比下降、催化剂流化困难；由图1(f)高铁平衡剂的断面进一步看出，铁中毒平衡剂的表面形成一个致密壳层，该壳层厚约1~2μm，而在壳层的内部出现分子筛、基质等组分的小颗粒，说明熔融仅造成表面的烧结，并未对催化剂内部的组分造成破坏。该致密壳层将导致重油大分子难以扩散进入催化剂颗粒，进而降低活性中心可接近性，极大降低催化转化效率。Yaluris等[2]认为在钠和钙的共同作用下，铁会和基质中的二氧化硅形成低熔点共熔物，覆盖在催化剂表面，催化剂颗粒核内的分子筛和基质不受铁的影响，但是由于表面形成的扩散障碍使得它们不能再用于裂化反应。由形貌表征结果看出，除铁中毒平衡剂形貌较为特殊外，其他平衡剂形貌规整，也初步表明，铁中毒催化剂更易发生流化问题。

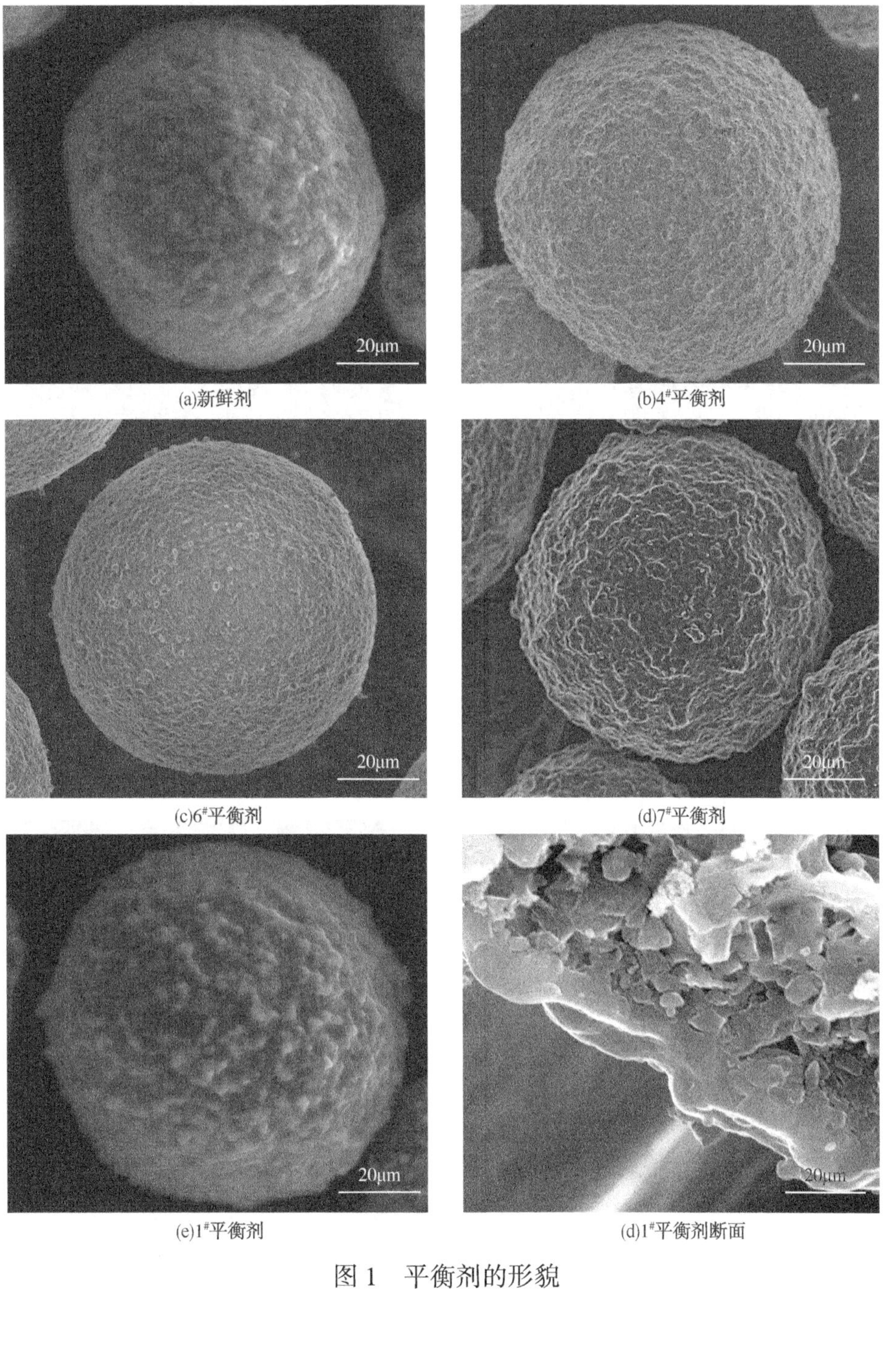

(a)新鲜剂　(b)4#平衡剂

(c)6#平衡剂　(d)7#平衡剂

(e)1#平衡剂　(d)1#平衡剂断面

图1　平衡剂的形貌

3 污染金属的位置分布

镍、钒、铁、钙等污染金属一旦在催化剂上沉积，其分布位置并不是固定不变的，有些金属具有一定的流动性，而这种流动性会进一步加剧其对催化剂的破坏。在几种污染金属中，流动性最强的是钒。在高温、水蒸气存在的再生过程中，高价态的钒形成低熔点或易挥发的钒化合物，具有较大的流动性，不断与分子筛的骨架铝结合，致使骨架铝脱除，分子筛结构崩塌，进而丧失活性[3-5]。钒的迁移既有颗粒内部的流动(Intra-particle Mobility)，也有颗粒间的迁移(Inter-particle Mobility)，而钒的流动性与钒的价态、再生器温度、氧浓度、水蒸气分压等有直接关系，随着钒在催化剂上沉积时间越长、循环周期越多，其流动性也会变差，最终在催化剂内部呈均匀分布，工业平衡剂上钒的分布情况如图 2(a)所示。

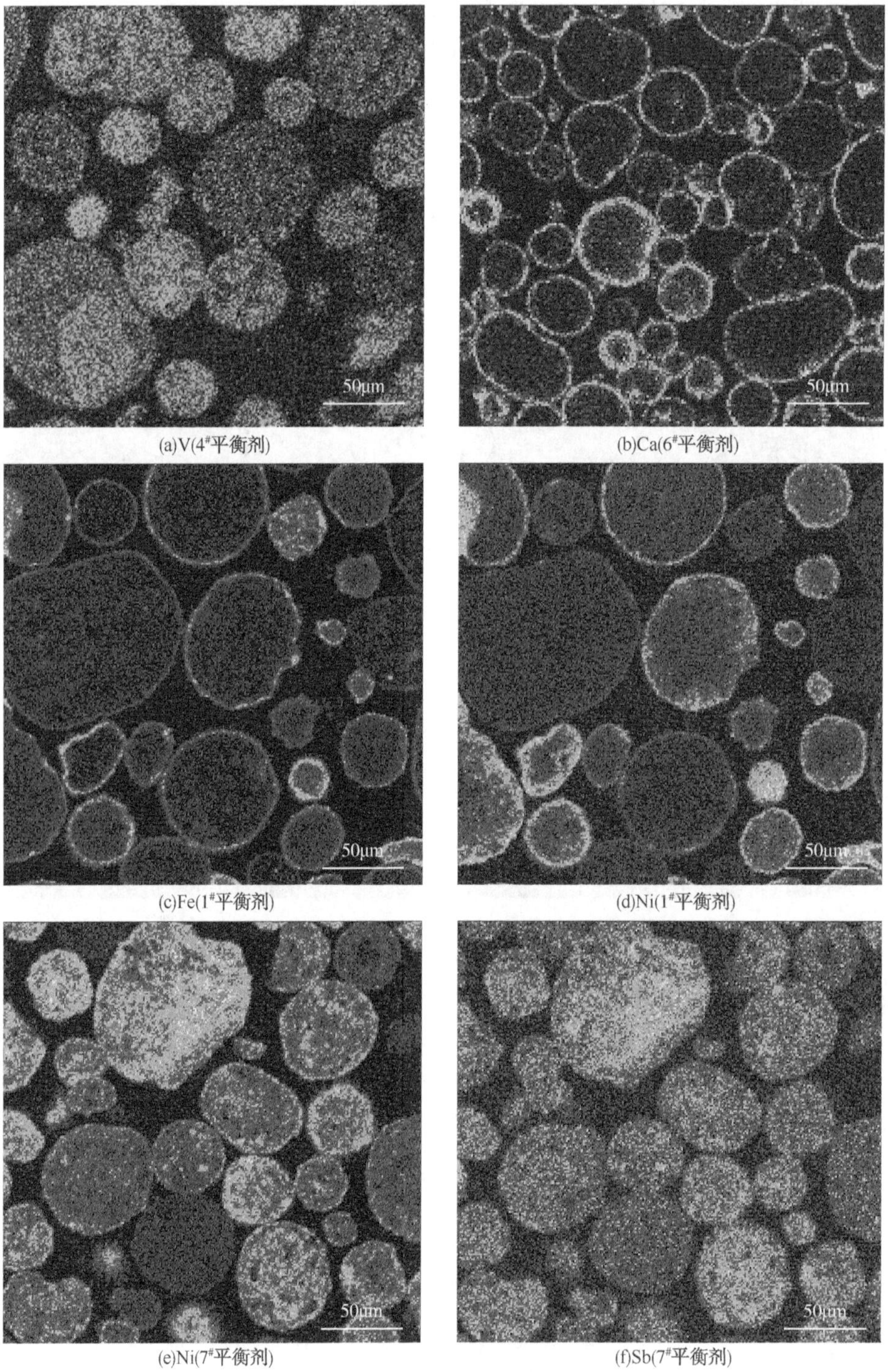

(a)V(4#平衡剂)　(b)Ca(6#平衡剂)

(c)Fe(1#平衡剂)　(d)Ni(1#平衡剂)

(e)Ni(7#平衡剂)　(f)Sb(7#平衡剂)

图 2　污染金属的位置分布

与钒不同，一般认为镍、铁、钙的迁移活性较低，因而对分子筛的晶体结构影响不大，主要堵塞催化剂表面的孔道以及降低活性中心可接近性。大多数情况下，钙、铁、镍的分布分别如图 2(b)、(c)、(d)所示，主要分布在催化剂外表面约 1~2μm 的位置，也表明其难以向催化剂颗粒内部迁移。除堵塞孔道外，这几种金属的脱氢作用会使干气的产率升高，尤其是氢气的产率大幅增加。金属镍的脱氢作用较强，会使部分 FCC 原料和裂化产物生成多环芳烃聚合物或焦炭，使汽油的收率下降，进而影响催化剂的选择性。但在研究高镍污染量的平衡剂时发现，在某些颗粒的内部镍含量也很高，如图 2(e)所示，将镍分布与锑分布进行关联时发现，镍在催化剂内部的分布位置与锑的位置高度重合；如图 2(f)所示，推测镍的不同分布状态与原料中镍的化合物形态有关，一般认为卟啉镍的分子较小，可进入催化剂颗粒内部发生裂化，进而镍的沉积呈现较均匀的状态，当镍以更大分子的非卟啉镍形式存在时，镍更倾向于在催化剂颗粒表面沉积[6]。

4 细粉中的金属

为了进一步研究污染金属在细粉中的分布特点，对系列平衡剂和细粉进行组成分析，结果见表 2。由结果看出，对于含钒的平衡剂 8#、10#而言，平衡剂和细粉中的钒含量相近，这主要是因为钒具有较高的迁移活性，在平衡剂颗粒内部均匀分布，因此，细粉中的钒含量也与平衡剂的接近。由 4 个平衡剂和细粉的铁含量看出，细粉中铁含量均高于平衡剂，其中，10#-XF 的铁含量约是平衡剂的 2 倍，这也与平衡剂上铁主要在外表面分布有关。而镍的分布出现两个特点，对于平衡剂 8#、10#而言，细粉中镍含量约是平衡剂的 2 倍，这也与镍沉积在平衡剂外表面有关；而对于平衡剂 9#、11#而言，细粉中镍含量低于平衡剂，这可能是因为该平衡剂中的镍已进入催化剂内部，导致进入细粉中的镍并不高。

表 2 不同炼油厂平衡剂和细粉的组成 %(质)

项目	8#	8#-XF	9#	9#-XF	10#	10#-XF	11#	11#-XF
La_2O_3	2.53	2.4	1.4	1	1.04	0.91	0.99	0.93
CeO_2	0.73	0.66	2	1.76	1.79	1.55	0.6	0.55
Al_2O_3	57.9	52.5	49.6	49	44.4	44.6	50.2	49.4
SiO_2	30.2	36.3	39.8	39.6	43.9	41.2	40.6	41
Fe	0.64	0.9	0.98	1.11	0.97	1.8	1.26	1.73
Ni	0.47	0.82	0.62	0.5	0.76	1.42	1.49	1.16
V	0.57	0.6	0.13	0.12	0.53	0.5	0.11	0.14
Ca	0.11	0.12	0.17	0.39	0.11	0.46	0.13	0.12
Sb	0.15	0.17	0.27	0.22	0.19	0.27	0.32	0.18

进一步对 10#-XF 进行了形貌的表征，结果如图 3 所示，由结果看出，细粉中的颗粒除了常规催化剂细粉，还有一些形貌特殊的颗粒，如图 3(b)所示，该细粉具有疏松多孔的结构，颗粒尺寸约 5~10μm，还有一种细粉如图 3(c)、(d)所示，具有三角形或长棒状的形貌，颗粒尺寸约 10~20μm。颗粒的组成见表 3，由结果看出，特殊形貌细粉的铁和钙含量较高，这可能来自原料中某些钙、铁含量较高的罐底油泥。

表 3 图中不同位置的 EDS 元素分析结果 %(质)

元素	1	2	3	元素	1	2	3
Al	2.21	7.57	2.02	Fe	47.47	51.89	1.87
Si	1.58	3.89	10.68	Ca	4.16	0.91	21.26

为了进一步研究细粉中金属的分布特点，对 10#-XF 进行了全面扫描分析，结果如图 4 所示，由结果可知，铁和钙在某些细粉颗粒上高度富集，这与图中颗粒组成接近，而且铁和钙的分布并不一致，说明二者分布在不同的颗粒上，进一步推测可能与原料有关。镍和钒则分布均匀，说明其主要来自平衡剂，这与表中组成的结果一致。

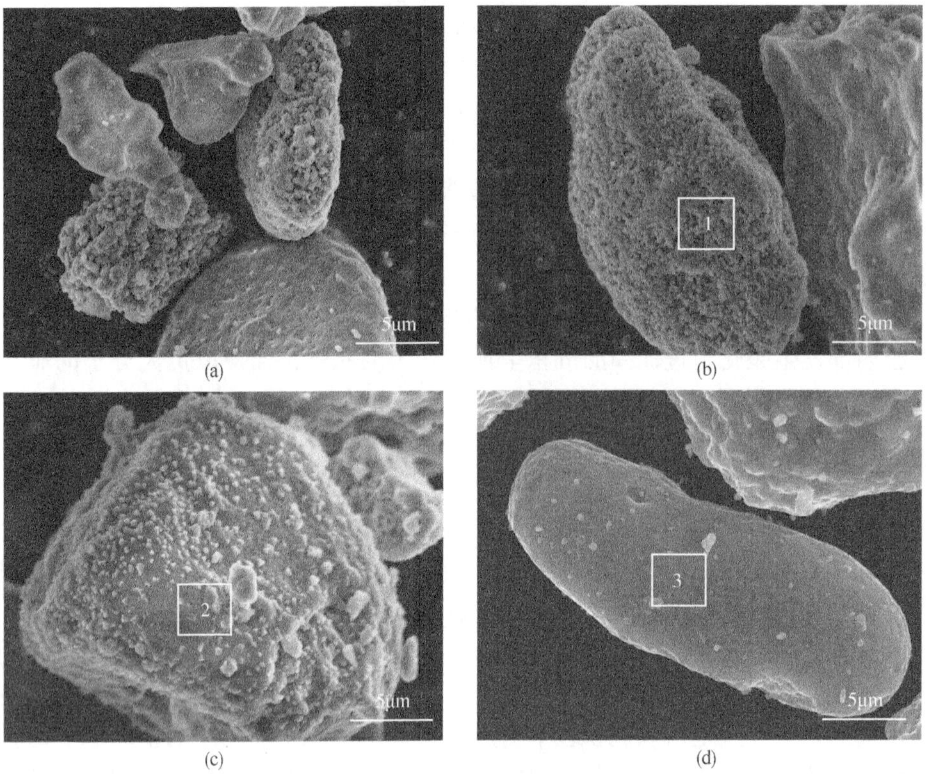

图 3　SEM 表征细粉 10$^{\#}$-XF 形貌

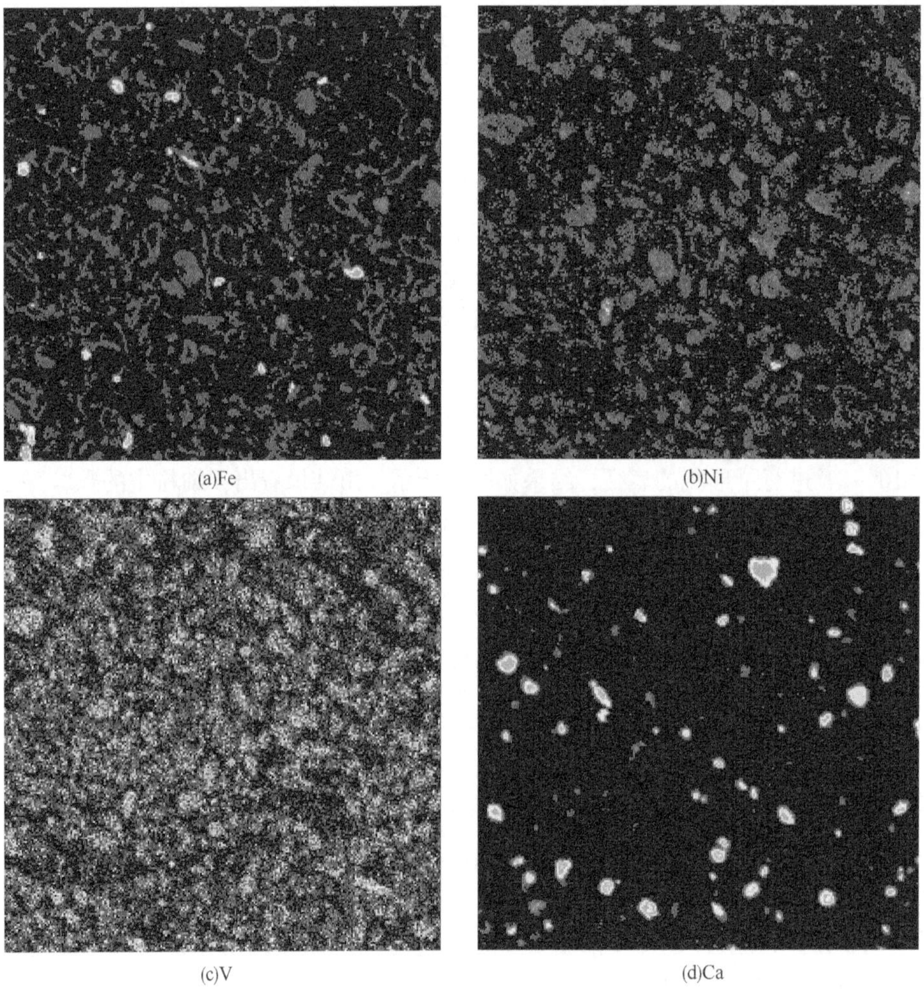

图 4　细粉 10$^{\#}$-XF 中金属的分布

5 平衡剂的高温熔融特性及对孔体积的影响

随着镍、钒、铁、钙等综合金属污染量的不断增加，再生过程的高温、氧化气氛下催化剂的熔融失活规律成为研究的重点，尤其铁、钙等金属在表面的富集易造成催化剂组分的熔融烧结，由此导致催化剂不可逆失活，因此，需要对再生过程催化剂组分与污染金属间的相互作用进行更深入的研究，主要包括熔融组分的组成特点、生成温度、再生时的颗粒温度等。深入揭示催化剂的高温熔融特性，将有助于新型抗金属催化剂的研发。

鉴于 FCC 催化剂组成的复杂性及 FCC 再生工况的多样性，首先运用热力学软件模拟在再生条件下各种污染金属与催化剂之间的相互作用，计算结果有助于解释催化剂的长瘤结渣倾向以及探明 Fe/V/Ni 与催化剂组分之间可能的相互作用规律。基于 5 个高金属含量平衡剂的组成，利用 Factsage 计算软件对不同温度下不同平衡剂上熔渣的生成量进行了计算，结果如图 5 所示。由结果看出，对于不同金属含量的平衡剂而言，熔渣出现的温度均在 900℃左右，随着温度进一步升高，5 个平衡剂的熔渣生成量均快速增加，在 1150℃时出现较大幅度的增加。进一步将熔渣生成量与铁污染量关联，由图 5 看出，在相同温度下，熔渣生成量随铁污染量的增加而增加，尤其在 1200℃时，铁含量增加导致熔渣生成量迅速增加，说明铁污染对催化剂上熔融组分的形成有较大影响。进一步利用 Factsage 分析熔渣的组成，由结果看出，熔渣主要由硅、铝、钠、铁、镍、钙等元素构成，是一种组成复杂的化合物，同时，铁、镍、钙的含量并不高，这也解释了用常规表征手段难以解析其结构的原因。当进一步对铁的物相转变进行追踪时，结果如图 6 所示，发现原始组分中的氧化铁最初在 800℃左右开始减少，随之出现的是钒酸铁的增加，当温度升高至 950℃时，FeO 开始出现在熔渣中，随着温度进一步升高，进入熔渣的 FeO 的含量逐渐增加，当温度升高至 1150℃时，进入熔渣的 FeO 的含量迅速增加。

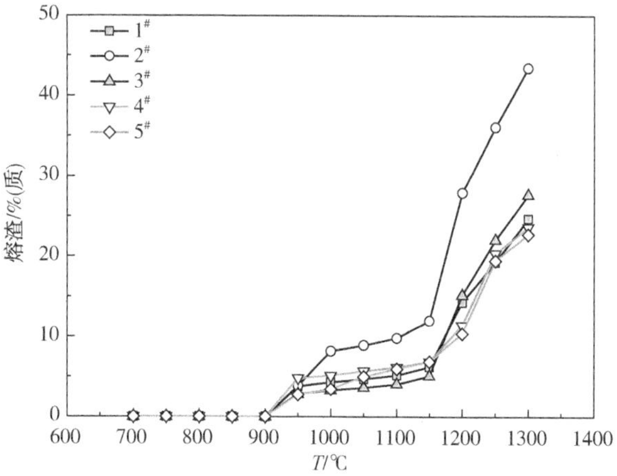

图 5 Factsage 计算不同组成平衡剂熔渣生成量

为了验证计算的结果，采用热分析的手段研究平衡剂熔融组分的生成量随温度的变化规律。热机械分析仪(TMA)用于测量样品在升温过程中由于相变而引起的尺寸上的变化，对于每次分析，将大约 100mg 的样品与有机黏合剂混合，造粒，然后从室温逐渐加热至 1300℃，实时记录由于熔化而造成的颗粒高度的变化，由此记录样品的熔化分数随温度的变化，分析结果如图 7 所示。由结果看出，5 个平衡剂的熔融组分出现在 850~900℃，在温度高于 900℃后，熔融组分的质量分数随温度的升高而迅速增加，这一规律由熔融组分的增加速率可更直接看出，如图 5 所示，即在 950℃左右出现第一次峰值，在 1150℃左右出现第二次峰值，与计算结果的规律一致。

由熔融机理可知，多种金属之间形成的低温共融物会造成催化剂熔融烧结、孔道崩塌，由此降低活性中心可接近性。选取了几种不同金属含量的平衡剂，对其金属含量及孔体积进行分析，结果见表 4。由结果看出，随着平衡剂上铁含量及总金属含量的升高，三种方法测得的孔体积数据均下降，表明金属沉积对催化剂的堵孔作用非常明显。

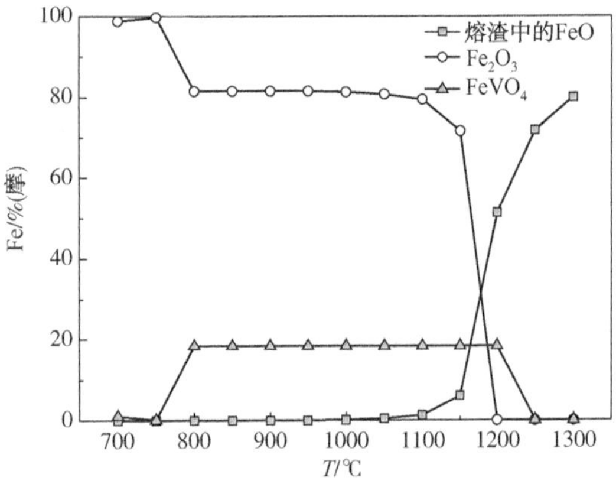

图 6　Factsage 计算平衡剂上铁物相的转变

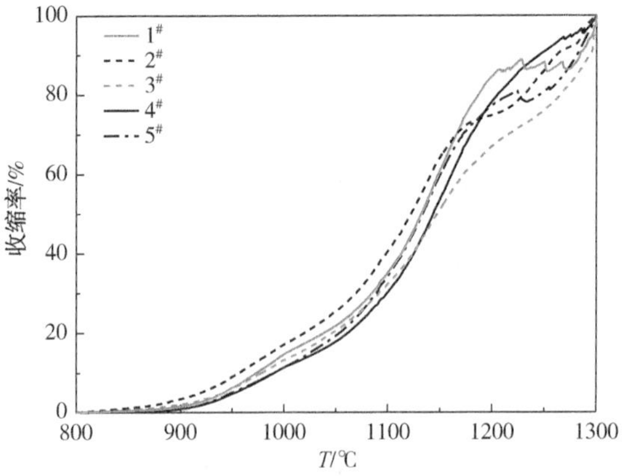

图 7　TMA 表征不同温度时平衡剂上熔融组分的含量

表 4　平衡剂金属含量及孔体积分析

项目	8#	9#	10#	11#
w(Fe)/(μg/g)	7845	8128	8601	9486
w(Ni)/(μg/g)	6243	6691	7870	8555
w(V)/(μg/g)	4164	4253	4832	4819
w(Ca)/(μg/g)	1069	1190	1113	1303
w(Na)/(μg/g)	1521	1405	1185	1210
w(Fe+Ni+V+Ca+Na)/(μg/g)	20842	21667	23601	25373
BET 法孔体积/(cm^3/g)	0.15	0.14	0.13	0.13
压汞法孔体积/(cm^3/g)	0.25	0.23	0.22	0.22
水滴法孔体积/(cm^3/g)	0.29	0.27	0.26	0.26

6　小结

通过利用系列先进的表征手段，包括 SEM-EDS、EPMA 等，并结合热力学计算手段 Factsage，对系列典型重金属污染平衡剂进行了研究。由结果看出，钒中毒平衡剂的典型特征是钒在催化剂颗粒上均匀分布，这与钒的高迁移活性有关，而钒在催化剂颗粒内及颗粒间的迁移大大增加了钒与分子筛的接触，由此造成分子筛骨架脱铝及活性下降，因此强化钒捕集及固定能力是提高催化剂抗钒能力的关键。

镍中毒平衡剂的典型特征是镍在催化剂表面富集，以氧化物或镍铝尖晶石存在，在反应器的还原性气氛下，部分被还原为低价态化合物或金属态，由此具有较高的脱氢活性。常规的氧化铝基质具有一定的钝镍效果，但当镍污染量高时会出现抗镍性能下降的问题，而且铝和镍的迁移活性均较低，二者接触的概率也大大下降，因此新型钝镍组元应能够与镍形成难以被还原的化合物，以此提升现有基质的容镍量，另外还要有适当的迁移活性，以提高与镍的接触概率，由此将其捕捉并钝化。

铁中毒平衡剂的典型特征是铁在催化剂表面富集，平衡剂具有瘤状表面，这主要由平衡剂在再生过程的高温熔融、崩塌烧结造成，因此催化剂中应使用与铁形成高熔点化合物组分，尽量减缓高铁污染造成的烧结堵孔。除此之外，金属沉积及熔融烧结均会造成催化剂孔道崩塌、堵塞，因此，抗金属催化剂还应具有大孔容的特点。

参 考 文 献

[1] 李宁，刘倩倩，郭伟，等. 催化裂化平衡剂铁含量偏高的原因分析[J]. 石油炼制与化工，2018，49(3)：7-12.

[2] Yaluris G，Cheng W，Peters M，et al. Mechanism of fluid cracking catalysts deactivation by Fe[J]. Studies in Surface Science and Catalysis，2004，149：139-163.

[3] 陈俊武. 催化裂化工艺与工程[M]. 2版. 北京：中国石化出版社，2005.

[4] 李凤艳，赵天波，萨学理. 钒对催化裂化催化剂的中毒机理[J]. 石油化工，1996，25(6)：433-438.

[5] Zhu Y，Du Q，Wei L，et al. Studies of iron effects on FCC catalysts[J]. Studies in Surface Science and Catalysis，2007，166(7)：201-212.

[6] 杜晓辉，唐志诚，张海涛，等. 镍钒污染对催化裂化催化剂的影响[J]. 化学工程与装备，2011(5)：1-5.

新型高效催化裂解(RTC)装置设计优化浅析

华仲炯

(中国石化镇海炼化公司　浙江宁波　315207)

摘　要　新型高效催化裂解工艺技术(RTC)是中石化石油化工科学研究院有限公司(石科院)最新开发的多产烯烃的催化工艺，在"油转化"的大背景下，对炼油行业结构调整有着重要作用，本文通过某已投产和在建的大型 RTC 装置为基础，分析了第二提升管及第二提升管进料设置、反应压力、反应注汽等重要参数的设计优化，合理设置第二提升管的进料结合 RTC 装置的特点，配合反应压力、注汽的优化设置和调整，能使该工艺的竞争力获得进一步提升，本文对上述内容进行了详细的阐述。

关键词　高效催化裂解；RTC；第二提升管；反应压力；反应注汽；干气；设计优化

1　前言

多年来，流化催化裂化(FCC)是炼化企业汽油二次加工的核心装置，在我国，催化裂化装置所生产的汽油和柴油组分分别占全国汽油和柴油成品总量的 70%和 30%左右，并副产大量丙烯。但在"双碳"背景下随着油品市场的饱和及新能源的冲击，"十四五"期间中国油品需求总量将进入峰值平台期，成品油市场将由之前的增量市场转变为存量市场，油品消费将逐步被电力、氢能等清洁能源替代，油品销售的市场空间将逐步缩小[1]。调整产品结构，按"油转化"要求布局规划成为各大炼油企业所需面对的问题。

2018 年石科院在催化裂解(DCC)工艺的基础上，为了适应原料日益劣质化的趋势及市场的需求变化，进一步提高重油催化裂解高价值产品的选择性，成功地开发出了以重油为原料、以生产丙烯为主要目的的新型高效催化裂解工艺技术(Resid to Chemicals，RTC)，并于 2020 年在某石化企业成功进行工业试验[2]。在此基础上某大型国有石化集团公司"十四五"期间布局多套大型 RTC 装置，首套装置于 2023 年建成投产。RTC 装置的设计优化对未来装置运行及全厂的结构调整有着至关重要的影响，本文以国内某已投产和在建的大型 RTC 装置为基础，针对装置设计过程中的重点优化内容进行讨论，并提出建议。

2　RTC 工艺简介及设计优化重点

图 1　RTC 反应器示意

RTC 装置将预热的劣质重油从快速流化床的下部引入快速流化床中与催化裂解催化剂接触并由下至上进行第一催化裂解反应，得到第一反应产物和半待生催化剂；将所得第一反应产物和半待生催化剂引入湍流流化床的底部与补充的第二催化裂解催化剂接触并由下至上进行第二催化裂解反应，得到第二反应产物和待生催化剂；将所得第二反应产物进行分离，得到干气、液化气、裂解汽油、裂解柴油和裂解重油[2]。其产品分布较常规催化有较大差别，主要体现在液化气收率能达到 35%左右，汽油收率约为 30%，干气收率达到 7.5%，同时目标产物丙烯可以达到 15%以上，其反应器示意如图 1 所示[3]。

RTC 装置的成功工业应用，使催化裂化家族工艺进一步丰富，但尚有较多需要讨论优化的方面，在装置设计前期需要进行深入的探讨和分析，其中是否设置第二提升管及第二提升管进料设置、反应压力范围的选择、稀释蒸汽比例、干气预提升的设置和使用等对装置日后运行平稳及经济性有着非常重要的影响。

3 第二提升管及第二提升管进料设置

第二提升管技术，是在充分认识常规催化裂化不同原料在同一反应器存在恶性竞争等缺点的基础上，在反应工程理论的指导下开发成功的一项新型催化裂化技术，将单一催化反应器拆分为两个，分别与再生器构成两路循环。一段反应生成的油气，分离出目的产物后，进入第二段提升管反应器，与再生剂接触继续进行反应，从而实现短反应时间、催化剂接力、大剂油比和新鲜原料及循环油在不同的反应器中以各自理想的条件进行反应。其典型工艺如 FDFCC、DCC-PLUS、Maxofin-FCC、PetroRiser 等，均有工业应用案例。其中 FDFCC 主要回炼粗汽油以降低汽油产量，DCC-PLUS 主要回炼轻汽油和 C_4，最大化生产丙烯。工业应用表明 DCC-PLUS 相较于无第二提升管的 DCC 装置而言，乙烯丙烯收率可大幅度上升，乙烯和丙烯产率最大分别可以达到 5.16%和 21.55%[4]。

但值得注意的是，当 C_4 回炼时，所得的丙烯大部分来自 C_4 中的丁烯叠合和裂化。研究表明，采用 HZSM-5 分子筛催化剂，当温度达到 550℃时混合 C_4 混合烃的转化率为 33%，原料中 C_4 烯烃的转化率达到 70.42%，而烷烃的含量变化不大。说明在 HZSM-5 分子筛上 C_4 烃的烷基化反应能力较弱，反应产物中低碳烯烃的主要来源是 C_4 烯烃的裂解反应[5]。所以在设计之初需要评估 C_4 烯烃的利用价值，根据下游丁烯利用装置的配置，评估回炼 C_4 的经济性。以 MTBE 及醚后 C_4 价值为例，当丙烯和 MTBE 价差小于 2000 元/t 时，回炼基本处于盈亏平衡点，所以在设计之初需充分论证。

近年来各企业在原 FDFCC 双提升管催化裂化装置基础上开展了加氢催柴回炼试验，相比于加氢催柴回主反应器回炼，进第二提升管显示出明显的优点。加氢催柴的转化率达到 63%以上，汽油收率可达 53.5%[6]，在降柴汽比的大背景下显示出良好的经济效益。但局限于常规催化裂化装置，所产的汽油中芳烃含量 55.9%，苯含量 1.45%，芳烃含量及苯含量较高，汽油密度较大，超过汽油质量标准，成为装置的制约因素。RTC 装置因其反应特点，汽油产品一般将切割轻汽油后的重汽油去加氢和芳烃抽提装置，增产芳烃和苯是全厂的效益增长点。所以在第二提升管回炼加氢柴油具有较好的经济效益和总流程优化潜能。

根据上述分析，RTC 装置在设计之初需充分考虑全厂的优化和上下游的配置，适当地控制 C_4、C_5 回炼的设计点，以避免第二提升管设计尺寸和沉降器旋风线速和后续运行不匹配，在有降低柴汽比需求的企业，需要充分考虑利用第二提升管转化柴油，多产 BTX。同时对于没有乙烯裂解的企业，也可以考虑外售乙烯原料在第二提升管回炼。

4 反应压力的选择

在设计阶段，反应压力是关键的输入条件。反应压力影响产品分布和选择性、再生器的烧焦强度、烟气能量回收系统及气压机能耗以及反再系统和分馏系统设备尺寸，进而影响装置投资。因催化裂化为分子膨胀反应，从产品角度希望尽可能降低操作压力及产品分压，但从装置能耗及设备投资角度，希望适当提高设计操作压力，目前常规催化裂化新建装置一般设计压力在 160~260kPa。RTC 装置作为催化裂解装置较常规催化装置的气体产率更高，反应压力的设计对产品分布更加敏感，张执刚等[7]对 DCC 的反应压力影响进行试验研究，选取 80~90kPa 为基准压力，结果表明随着反应压力的升高，最初的转化率相应提高，当反应压力高于某值后，转化率反而下降。对于气体产品干气和液化气，随着反应压力增加，干气产率下降不明显，C_3 和 C_4 组分产率则随着反应压力增加而降低，特别是 C_3 下降更明显，如图 2 所示。

RTC 装置和 DCC 装置所用催化剂属于同一体系，具有一定的参考意义，所以基于产品收率考虑需要控制反应压力在基准和基准+0.4MPa 之间。

以某在建 RTC 装置产品分布为例，通过基准能耗计算方法，拟定反应压力对产品收率不产生影响，评估能耗的变化。在基准能耗计算中反应压力对气压机和烟机能耗产生影响，计算结果表明当压力从 80kPa 增加到 180kPa 时，能耗降低到 4.7kgEO/t，如图 3 所示。

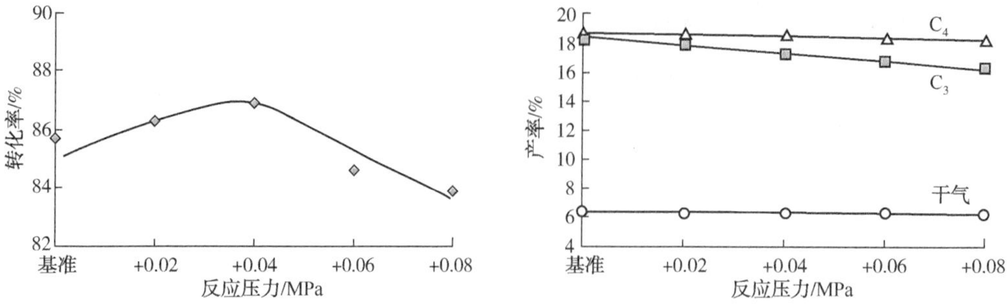

图 2　反应压力对转化率及 C_3、C4 产品产率的影响

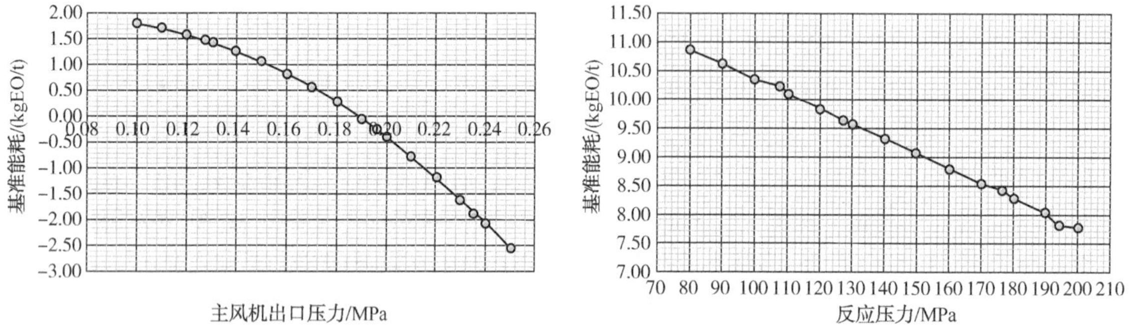

图 3　反应压力对主风机组及气压机组能耗的影响

反应压力高低对装置的操作弹性有较大影响，某已建成的大型 RTC 装置运行后在 80%负荷下操作，从保证分离效率及降低反应注汽消耗考虑，操作压力比设计压力低 30kPa，装置出现操作瓶颈，所以设计之初也许考虑装置操作的灵活性。

根据上述讨论，结合考虑降低投资，建议反应压力设计点设置在 130~160kPa，通过补入稀释蒸汽进一步降低油气分压，以实现产品收率和能耗平衡，同时增加装置运行的弹性。

5　反应注汽比例设置

常规催化裂化装置反应部分用汽除必要的提升蒸汽、雾化蒸汽外反应部分一般不额外注入蒸汽，但 RTC 装置考虑进一步降低分压的需求，需要注入一定比例的稀释蒸汽，这和乙烯裂解炉炉管注汽作用类似，关于反应注汽比例的设置重点需要兼顾能耗、蒸汽价格、产品分布等因素，同时需要考虑对催化剂的影响。某 DCC 装置设计反应总注汽比例 25%，装置开工后出现催化剂破损跑损，分析原因和注汽比例高有关[8]。

基于反应压力的讨论，在反应压力足够低的前提下，稀释蒸汽可以减少，甚至停用，但工程上又限制了反应压力进一步降低。某已建成 RTC 装置反应注汽比例 25%，在装置运行后降低注汽比例相比 DCC 装置表现出良好的适应性，目标产品的收率降低在可接受范围内。

因注汽比例的设计点影响反应分离快分及旋分的尺寸，初始条件的选择对装置运行的节能优化有诸多限制，建议 RTC 装置设计注汽比例相比 DCC 装置可以适当降低，结合反应压力的设置，建议控制在 20%以内。

6　干气进反应器的设置和使用

在常规催化裂化装置中，使用干气作为预提升介质主要是利用富余的富气压缩机能力，减少预提升蒸汽的使用，从而降低能耗、减少催化剂破碎，同时能在一定程度上抑制干气产率。和常规催化裂化不同，RTC 工艺干气产率高，一般在 7%以上，且干气中的乙烯也是目标产品之一。使用干气作为预提升介质时，需要注意乙烯的氢转移反应。根据某已建成的 RTC 装置工业运行数据，当使用部分干气作为预提升介质时，乙烯的损失率在 10%以上。同时，若气压机能力不富余，用干气作为预提升介质，会增加气压机能耗，以及吸收稳定部分能耗。因此，在RTC装置使用干气作为预提升介质存在一定的效益损失。

基于上述考虑，结合RTC装置特点，建议将干气作为稀释蒸汽的补充，相比预提升段，稀释蒸汽补入位置温度低140℃左右，乙烯的氢转移反应会被抑制，在压缩机有富余的情况下，具有一定的节能潜能。

7 结论

本文对已建成投运和在建的大型高效催化裂解装置进行分析，结合与DCC装置的对比，提出在设计过程中需要重点关注的问题及优化建议，主要结论如下：

① 合理设置第二提升管，建议少量回炼C_4、C_5，根据全厂需求设置氢油回炼流程。

② 合理设置反应压力，建议反应压力选择在130～160kPa，兼顾装置能耗及产品选择性，增加装置操作弹性。

③ 合理设置稀释蒸汽比例，建议控制在20%以内。

④ 建议设置干气做稀释蒸汽流程，降低催化剂水汽失活，提升低负荷操作灵活性。

参考文献

[1] 马冠晓. "双碳"背景下国有石油销售企业应对挑战发展路径探索[J]. 国际石油经济，2022(10)：106-112.

[2] 龚剑洪，张执刚，魏晓丽，等. 一种采用快速流化床进行催化裂解的方法和系统 CN：110724550B[P]. 2021-04-06.

[3] 龚剑洪. 新型高效重油催化裂解(RTC)技术的工业应用[J]. 石油炼制与化工，2021(7)：1-5.

[4] 马文明. DCC-plus技术及其产品灵活性[J]. 石油学报：石油加工，2019(2)：217-223.

[5] 王睿. 炼厂混合C_4烃催化裂解制低碳烯烃催化剂及工艺条件的研究[D]. 西安：西北大学，2010.

[6] 李秋芝. 催化柴油回炼多产汽油工艺研究[J]. 炼油与化工，2016(6)：9-11.

[7] 张执刚. 反应压力对催化裂解工艺的影响及反应机理研究[J]. 炼油技术与工程，2010(3)：6-9.

[8] 王国昇. DCC催化裂解装置油浆固含量高分析[J]. 广东化工，2015(16)：178-179，190.

增强型 RFS09 硫转移剂在重油催化裂化装置的工业应用

沈　兴[1]　朱　凯[2]　苏　宇[3]　孟祥坤[1]　李剑敏[1]　周作鹏[1]　汪　洋[1]
马海霞[1]　石　磊[1]　宋海涛[2]

(1. 中国石化催化剂有限公司　北京　100029；
2. 中石化石油化工科学研究院有限公司　北京　100083；
3. 中国石油兰州石化公司　甘肃兰州　730060)

摘　要　某公司 120 万 t/a 重油催化裂化(FCC)装置因原料性质变化导致再生烟气中 SO_x 含量上升，外排烟气蓝烟拖尾问题严重。为改善烟羽外观，避免外排废水 TDS 超标并降低湿法脱硫塔操作负荷，开展了运用增强型 RFS09 硫转移剂并优化装置操作，消除外排烟气蓝烟拖尾的工业试验。结果表明：在原料硫含量 0.4%~0.7%(质)，硫转移剂占系统藏量的 3.5%(质)时，烟羽蓝烟拖尾现象得以控制，脱硫塔入口烟气 SO_2 稳定控制在 500mg/m^3 以下、碱液消耗量降低 48.5%(质)、外排废水 TDS 由 41400mg/L 下降到 6400mg/L，废水 COD 浓度改善，烟气中的硫大幅向气体产品中转移。增强型 RFS09 硫转移剂的应用对产物分布、产品性质和装置运行均无负面影响。该工业试验也进一步表明，增强型 RFS09 硫转移剂能很好地实现 FCC 再生烟气污染物源头减排，并显著降低后处理措施负荷，减少二次污染。

关键词　硫转移剂；催化裂化烟气；蓝烟；SO_3；碱耗

1　引言

催化裂化装置再生烟气中含有 SO_2、SO_3、NO_x、粉尘[1]等污染物，其中 SO_3 主要源自富氧再生及下游 SCR 烟气脱硝床层 SO_2 的二次反应[2]。现阶段，国内 FCC 装置多数备有再生烟气湿法洗涤脱硫设施。这些设施通过从上至下喷淋的碱性浆液雾滴与烟气逆向吸收，使烟气中 SO_2 和粉尘得到有效控制。但实际应用中湿法洗涤脱硫技术也逐步暴露出一些不足[3]：①由于 SO_3 易形成气溶胶，碱液对其喷淋捕集效率较低，最终引发蓝烟问题；②碱液与烟气中的 SO_x 反应会生成大量硫酸盐和亚硫酸盐，导致循环液和废水盐含量和 COD 升高，这些盐类还能进入烟羽，形成拖尾问题；③消耗大量新鲜水和碱液，运行成本高并引发设备露点腐蚀等[4]。大量工业应用案例表明[5-6]，FCC 装置在再生器中添加硫转移剂，可有效捕集再生烟气中的 SO_3，显著降低 SO_2 浓度，明显减少碱液用量和降低脱硫塔运行成本，并减少循环浆液和污水盐含量，从而彻底解决脱硫塔蓝烟拖尾问题。本文着重介绍了某公司 120 万 t/a 重油催化裂化装置利用增强型 RFS09 硫转移剂技术，同时科学地优化装置操作，成功解决 FCC 装置外排烟气蓝烟拖尾问题的实况。

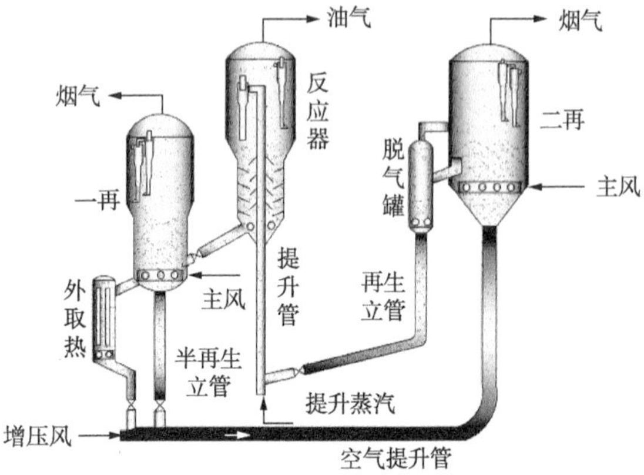

图 1　催化裂化装置反再示意图

2　装置基础情况

120 万 t/a 重油催化裂化装置反应-再生系统结构见图 1，以常压蜡油和渣油为主要原料，处理量 130t/h，原料硫含量约 0.5%(质)，残炭约 3%(质)，密度约 890kg/m^3，催化剂系统总藏量 280~300t，新鲜剂补充量约 5t/d。再生器采用两段并列式再生工艺，一再贫氧再生，二再富氧再生，待生催化剂通过斜管引入一再，主风分配器采用大小环状分布管；一再的半再生催化剂通过外取热和半再生立管下流进入空气提升管内，在输送风作用下输送至二再。一再烟气与二再烟气混合燃烧后，进入余热回收锅炉。再生烟气采用 SCR 和湿法脱硫进行处理后外排。目前，虽然外排烟气在线仪表 SO_2 和 NO_x 示数符合环保排放标准要求，但外排烟羽存在蓝烟现象且时常降落到厂区附近。

3 增强型 RFS09 硫转移剂的作用机理及工业试验方案

硫转移剂技术[7]较为成熟。在再生器中，硫转移剂利用再生空气中的 O_2 促进烟气中 SO_2 生成 SO_3，其碱性活性组分与 SO_3 结合形成高温稳定的硫酸盐，随再生催化剂循环进入提升管反应器。在 H_2 及还原性烃类作用下，进入提升管反应器中的硫酸盐发生两类还原反应：一类被直接还原成硫转移剂初始态和 H_2S；另一类是先还原生成中间硫化物，与主催化剂到沉降段，然后在水蒸气的作用下生成硫转移剂和 H_2S 的初始形态，最后在硫转移剂的初始形态下与待生剂在再生器内循环，完成硫转移剂与 SO_x 的吸附还原、脱硫、再生还原的全反应过程。

为彻底控制蓝烟拖尾现象，同时降低外排废水盐含量，减轻脱硫塔负荷，于 2023 年 10 月 9 日开始试用增强型 RFS09 硫转移剂。结合硫转移剂在不完全再生装置中的应用经验，根据当前工况条件，预计硫转移剂在系统藏量为 3.5%(质)时，可有效控制蓝烟拖尾现象，同时使脱硫塔入口烟气总 SO_x 大幅降低，脱硫塔碱液消耗大幅降低。

4 增强型 RFS09 硫转移剂试用效果与操作条件优化

硫转移剂加注分两个阶段。快速投注期：从 2023 年 10 月 9 日开始，每天投注 600kg，连续 18d，最终达到系统总量的 3.5%(质)(按系统总量 300t 计)。稳定投注期：从 2023 年 10 月 30 日起，按每日添加 5t 新鲜剂计，按 180kg/d 投注助剂，助剂占新鲜剂的 3.5%(质)。硫转移剂加注过程中进行多次现场烟气采样分析，收集了较完整的原料和产品组成数据，并于 2023 年 11 月进行总结标定。

4.1 原料性质

FCC 催化裂化装置原料性质见表 1。

表 1 FCC 催化裂化装置原料性质

取样时间	加剂前	加剂后
密度/(kg/m³)	895	896
残炭/%(质)	3.2	3.8
硫含量/%(质)	0.465	0.517
2%馏出温度/℃	290	296
10%馏出温度/℃	406	413
50%馏出温度/℃	463	465
500℃馏出量/mL	49	52

加注增强型 RFS09 硫转移剂前后原料性质对比见表 1。硫转移剂加注后原料中的硫和残炭略有增加，而原料密度和原料馏程变化不大，因此整体原料中的硫进入焦炭的比例以及烟气中 SO_x 浓度较加剂前略有上升，但总的来说，加剂前后原料性质总体具有可比性。

4.2 操作条件

加注硫转移剂前后主要操作条件对比见表 2。以加剂前和稳定加剂后七日数据均值为例，硫转移剂加入前后，反应及再生温度基本稳定，装置加工量小幅增加。另外，再生主风总量等影响烟气 SO_x 质量浓度的因素变化不大。硫转移剂应用前后标定结果具有可对比性。

4.3 物料平衡

表 3 比较了硫转移剂投注前后物料平衡。数据显示，主要产品收率基本稳定，变动不大，这说明硫转移剂的应用不会对产品分布造成负面影响。

表 2　增强型 RFS 硫转移剂加注前后主要操作条件对比

项目	加剂前	加剂后
加工量/(t/h)	128	134
反应温度/℃	503	505
一再主风总量/(Nm^3/h)	69344	71244
二再主风总量/(Nm^3/m)	47921	48232
一再 CO 含量/%(体)	5.3	5
二再过剩含量/%(体)	11	10.2
烟气脱硫入口过剩氧含量/%(体)	3.5	3.8
预提升干气量/(Nm^3/m)	4867	4323
反再系统总藏量/t	280	282

表 3　增强型 RFS09 硫转移剂加注前后物料平衡对比　　%(质)

物料	加注前收率	加注后收率
干气	3.2	3.3
液化气	19.8	19.3
汽油	46.1	46.5
柴油	18.9	19.4
油浆	5.4	5.1
焦炭	6.6	6.4
转化率	75.7	75.5
总液收	84.8	85.2

硫转移剂加注前后硫的分布变化见表 4。数据表明，使用硫转移剂后，硫在烟气中分布减少，而干气和液态烃中均有增加，表明硫转移剂有效将烟气中的 SO_x 经氧化还原过程以 H_2S 的形式最终转移至干气和液态烃中。

表 4　增强型 RFS 硫转移剂加注前后硫的分布变化　　%(质)

产品	加注前硫分布	加注后硫分布	变化值
干气	6.09	10.28	4.19
液化气	22.14	29.7	7.56
汽油	3.37	3.17	-0.2
柴油	23.26	22.49	-0.77
油浆	13.7	13.91	0.21
烟气	21.32	8.69	-12.63
污水	10.12	11.76	1.64

4.4　脱硫塔前 SO_2 浓度和脱硫塔碱液消耗量

脱硫塔采用的是纯碱稀释后的 18%(质)的 NaOH 溶液，当硫转移剂藏量基本建立后，SO_2 浓度可以稳定控制在 500mg/m^3 以下。随着硫转移剂系统藏量占比的提高，在保持塔底浆液 pH 值相同的条件下，烟气 SO_2 浓度快速降低，纯碱的消耗总量也随之降低，由加剂前的约 5.83t/d 降低到稳定加剂时的 3t/d，耗碱量降低 48.5%(质)。碱液与烟气 SO_2 同步降低，说明增强型硫转移剂可显著降低脱硫塔的运行成本和负荷，并减轻设备的腐蚀。

4.5 脱硫塔外排污水 TDS 和 COD 变化情况

湿法脱硫过程会不可避免地产生巨量外排废水，对硫转移剂加注前后烟气脱硫外排含盐废水中含盐量的分析对比。加剂前测得湿法脱硫污水 TDS 为 41400mg/L，加剂后测得 TDS 为 6400mg/L。TDS 显著下降主要是由于烟气中 SO_x 经硫转移剂脱除后显著减少，耗碱量随之减少，导致水中 Na_2SO_3、Na_2SO_4 等盐含量相应下降。高浓度的亚硫酸盐含量降低，也会降低氧化罐的运行负荷，进而改善废水 COD 浓度。总的来说，加注硫转移剂可使外排水 TDS 以及 COD 浓度降低，有利于降低废水处理压力，减缓设备腐蚀，避免浆液系统结垢风险，有利于装置长周期平稳运行。

4.6 再生烟气现场实测与分析

除了对外排烟气在线仪表 SO_2 示数进行统计，还进行了不同位置的现场烟气实测，以便分析导致蓝烟拖尾的控制因素，从而指导对装置操作进行科学优化，进一步改善装置蓝烟拖尾。采用 Testo 350 型烟气分析仪测定现场烟气 SO_2 浓度，按中国石化企业标准 Q/SH 3360 278—2018 的方法进行测定 SO_3 质量浓度，结果见表 5、表 6。

表 5　实测再生器出口烟气组成

项目	一再烟气组成			二再烟气组成		
	O_2/%(体)	SO_2/(mg/m^3)	H_2S/(mg/m^3)	O_2/%(体)	SO_2/(mg/m^3)	SO_3/(mg/m^3)
加剂前	0.02	245.8	462	10.8	568	247
加剂后	0.05	58.6	337	11.2	11	9

表 6　实测锅炉前后烟气组成

项目	锅炉前混合烟气			锅炉后混合烟气		
	O_2/%(体)	SO_2/(mg/m^3)	SO_3/(mg/m^3)	O_2/%(体)	SO_2/(mg/m^3)	SO_3/(mg/m^3)
加剂前	3.1	1537	543	3.5	1474	637
加剂后	2.9	426	37	3.3	409	62

从再生器出口实测烟气分析结果来看，加注硫转移剂后，二再几乎没有 SO_2，说明二再 SO_x 基本脱除。而一再 H_2S 含量仍然较高。该部分 H_2S 与二再的过剩氧在混合烟道中完全燃烧生成少量 SO_3，最终进入脱硫塔导致蓝烟的形成。根据硫转移剂的催化作用机理，一再出口中的 H_2S 只有在一再密相充分氧化成 SO_x 才能被硫转移剂高效捕集。

在同一时间对锅炉前后进行了烟气实测，详见表 6。可见，硫转移剂的前期应用取得了显著效果。锅炉后采样点的 SO_2 略有下降，说明在混合烟气依次经过瓦斯燃烧段和 SCR 床层时，由于 SCR 床层催化剂的催化作用，部分 SO_2 会发生转化反应生成 SO_3，并进入脱硫塔，脱硫塔内的 SO_3 气溶胶最终加重蓝烟现象。

4.7 优化装置操作和蓝烟改善情况

结合现场烟气采样分析结果，明确了装置操作优化方向，核心是：在保证二再再生气氛不变的情况下，优化一再操作。一方面，提高一再主风分配器出口瞬间富氧氛围，提高硫转移剂一再脱除效率，降低烟气总 SO_x 浓度；另一方面，通过控制鼓风机补风量和炉膛火嘴的燃烧强度，抑制 SCR 床层中 SO_2 向 SO_3 的转化，进一步改善装置蓝烟拖尾情况。

通过远近多角度拍摄烟羽照片对比如图 2 所示。左图拍摄于加剂前的 9 月 14 日，右图拍摄于 11 月 15 日。对比说明，添加硫转移剂结合优化装置操作工况后，蓝色烟羽现象显著好转。

4.8 经济效益核算

模拟相关成本计算如下：

① 成本增加项：硫转移助剂稳定加入后按 180kg/d 计，全年消耗助剂费用约 314 万元。

② 成本降低项 1：按目前价格计算，折合纯碱消耗量减少 2.9t/d，纯碱液按 2800 元/t 计，每日可降低注碱费用 0.812 万元，年降低费用为 296.38 万元。

图 2　加注硫转移剂前后烟气烟羽对比图

③ 成本降低项 2：硫黄回收酸性气负荷增加，每天折合硫黄 2.41t，按照硫黄 1000 元/t 计算。可实现年增收 87.96 万元。

如果忽略加快阶段助剂增加成本，年增效 70.34 万元。如考虑污水外排含盐量降低的减排成本，则经济效益更加明显。

5　结论

① 脱硫塔入口烟气在加注增强型 RFS09 硫转移剂后，再生烟气总 SO_x 和碱液消耗量下降明显，脱硫塔入口烟气 SO_2 稳定控制在 500mg/m^3 以下、碱液消耗量降低 48.5%(质)、脱硫塔操作负荷减小，运行成本大幅降低，结合调节锅炉段操作和再生器内主风分布情况等优化措施，脱硫塔外排烟气蓝烟、拖尾现象明显改善。

② 脱硫塔外排废水 TDS 由加剂前的 41400mg/L 下降到加注硫转移剂后的 6400mg/L，高浓度的亚硫酸盐含量降低，也会降低氧化罐的运行负荷，进而改善废水 COD 浓度，有利于降低废水处理压力，减缓设备腐蚀，避免浆液系统结垢风险，利于装置长周期平稳运行。

③ 硫转移剂加注前后，产物分布、产品性质组成没有明显改变，装置运行稳定，未对产品分布、两器流化和烟机运行等造成影响。不考虑含盐废水 TDS 降低带来的减排效果下，年经济效益为 70.34 万元。

参 考 文 献

[1] 陈俊武，许友好. 催化裂化工艺与工程[M]. 3 版. 北京：中国石化出版社，2015.

[2] 潘丹萍，吴昊，鲍静静，等. 电厂湿法脱硫系统对烟气中细颗粒物及 SO_3 酸雾脱除作用研究[J]. 中国电机工程学报，2016，36(16)：4356-4362.

[3] 梁柱. EDV 法烟气脱硫技术的工业应用[J]. 石化技术与应用，2015，33(6)：522-524.

[4] 刘晓敏. 炼油厂中余热锅炉省煤器损坏原因分析及对策[J]. 炼油技术与工程，2018，48(6)：49-52.

[5] 白锐，沙昊，杨进华，等. RFS09 硫转移剂在催化裂化装置上的工业应用[J]. 化工环保，2022，42(1)：50-54.

[6] 贺安新，谢海峰，刘学川，等. 增强型 RFS09 硫转移剂工业应用[J]. 炼油技术与工程，2019，49(7)：57-60.

[7] 邹圣武，陈齐全，杨轶男，等. RFS09 硫转移剂在催化裂化装置上的工业应用[J]. 炼油技术与工程，2012，42(2)：52-55.

催化裂化装置滑阀导轨螺栓失效分析研究及预防措施

武　科

（中国石化茂名石化公司　广东茂名　525000）

摘　要　催化裂化装置反再系统的滑阀作为两器催化剂循环流程中的关键设备之一，在反应再生及烟气系统生产中，对催化裂化反应温度控制、物料调节以及压力控制起到关键作用。因滑阀长期在460℃以上工况运行，并受催化剂冲刷等影响，在催化裂化运行中出现滑阀导轨螺栓断裂、导轨脱落等现象，本文针对该断裂原因进行深入分析，并提出可行措施。

关键词　滑阀；导轨螺栓；失效分析；预防措施

1　前言

2022年12月初，某石化公司催化裂化装置在检修过程中发现再生循环滑阀、外取热器上滑阀、再生滑阀、双动滑阀导轨螺栓发生断裂，断裂部位如图1～图4所示。

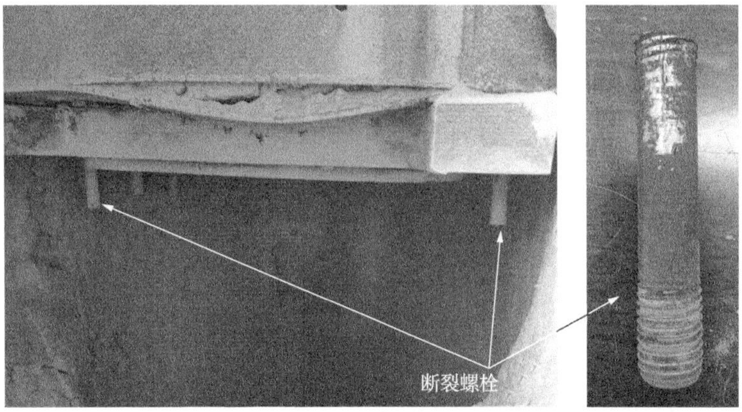

图1　再生循环滑阀导轨断裂螺栓

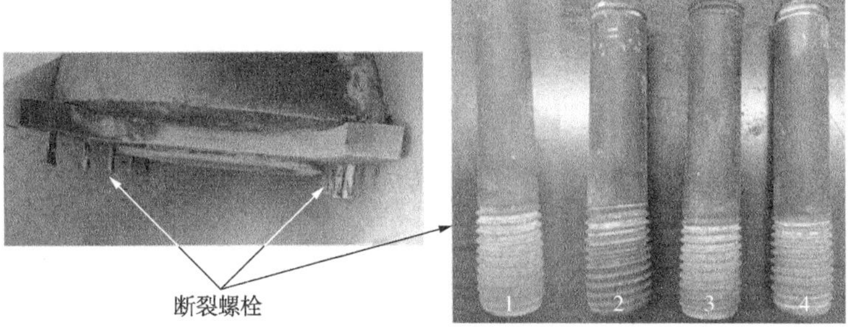

图2　外取热器上滑阀导轨断裂螺栓

导轨螺栓材料为GH4033（GH33），规格为M22、M20等，螺栓实际使用约为2.5年（据了解，在装置运行过程中已经发现再生循环滑阀、外取热器上滑阀操作不灵，可能导轨螺栓已断裂）。

根据断裂情况对催化装置再生循环滑阀、外取热器上滑阀、再生滑阀、双动滑阀导轨螺栓发生断裂原因进行分析。

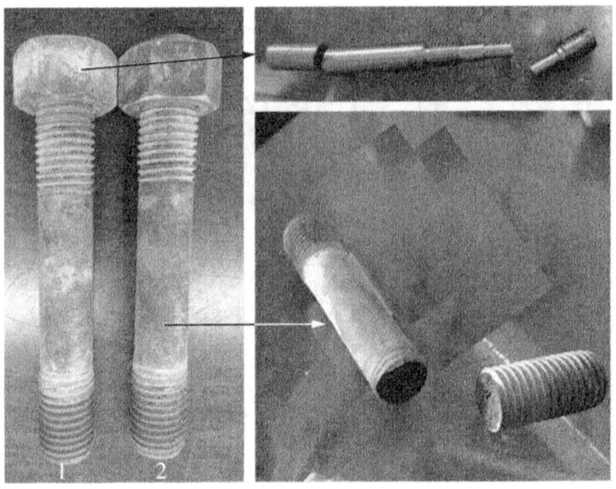

图 3　双动滑阀导轨断裂螺栓

图 4　再生滑阀导轨断裂螺栓

2　试验分析

2.1　宏观观察

如图 1~图 4 和图 5~图 8 所示，再生循环滑阀、外取热器上滑阀、再生滑阀、双动滑阀导轨螺栓断裂部位和断裂形貌基本一致。断裂螺栓均没有明显的弯曲和塑性变形，断裂均位于螺栓根部应力集中部位，断口表面凹凸不平，呈高低起伏状，具有脆性断裂特征；局部还存在碾压痕迹。表面覆有黑色氧化膜，为长时间在高温环境下氧化所致。

从宏观形貌推测，螺栓断裂可能为高温蠕变脆断，或高温下材料脆性断裂。

图 5　再生循环滑阀断裂螺栓宏观形貌

(a)断裂螺栓宏观形貌

图 6　外取热器上滑阀断裂螺栓宏观形貌

(b)螺栓1断口宏观形貌

(c)螺栓2断口宏观形貌

(d)螺栓3断口宏观形貌

(e)螺栓4断口宏观形貌

图 6　外取热器上滑阀断裂螺栓宏观形貌(续)

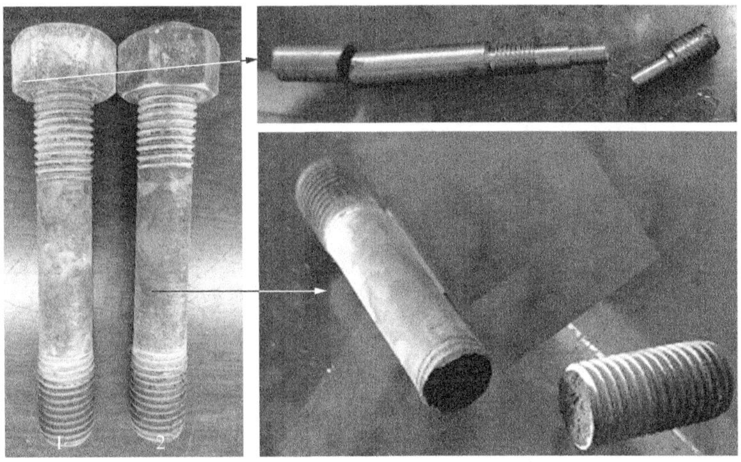

图 7　双动滑阀断裂螺栓宏观形貌

2.2　化学成分分析

对来样螺栓取样进行化学成分分析，试验结果见表 1。分析结果显示，外取热器上滑阀螺栓 Al、Ti、Pb 含量高于标准要求，再生循环滑阀螺栓 C、Al、Ti、Pb 含量高于标准要求，双动滑阀螺栓 Al、Ti、Pb 含量高于标准要求，再生滑阀螺栓 C、Ti、Pb、Sn 含量高于标准要求，其他化学成分符合标准要求。

图 8　再生滑阀断裂螺栓宏观形貌

表 1　螺栓化学成分分析结果　　%(质)

项　目	元素含量/%												
	C	Si	Mn	P	S	Cr	Fe	Ni	Al	Ti	Al+Ti	Pb	Sn
外取热器上滑阀螺栓(断)	0.07	0.04	0.0005	0.009	0.001	20.31	0.45	74.7	1.09	2.91	4.00	0.0117	<0.001
再生循环滑阀螺栓(断)	0.10	0.04	0.0005	0.010	0.001	20.33	0.44	74.7	1.12	2.84	3.96	0.012	<0.001
双动滑阀(断)	0.076	0.04	0.0005	0.010	0.001	20.26	0.424	74.8	1.10	2.81	3.91	0.0124	<0.001
2 楼再生滑阀	0.088	0.13	0.062	0.012	0.001	20.16	3.05	71.5	0.851	3.02	3.87	0.0101	0.0013
2 楼再生滑阀(断)	0.083	0.13	0.061	0.012	0.001	20.24	3.07	71.4	0.847	3.00	3.85	0.0098	0.0011
GH4033 GJB 1953A	0.03~0.08	0.65	0.35	0.015	0.007	19.00~22.00	≤4.00	余量	0.60~1.00	2.40~2.80	3.1~3.4(经验值)	≤0.001	0.0012

2.3 机械性能分析

对来样螺栓取样进行硬度、常温冲击、高温短时拉伸、高温持久检测，试验结果见表 2~表 5。

分析结果显示，外取热器上滑阀螺栓、再生循环滑阀螺栓、双动滑阀螺栓、再生滑阀螺栓硬度均高于标准高限，常温冲击功低于标准要求，不符合标准的要求；高温短时试验结果表明，700℃时外取热器上滑阀螺栓抗拉强度符合标准要求，但断后伸长率偏低，不符合标准要求；高温持久试验表明，外取热器上滑阀螺栓 700℃，430MPa 条件下的断裂时间为 19.37h，远低于标准大于 60h 的指标，不符合标准要求。

表 2　硬度测量值　　HB

项　目	硬　度				
外取热器上滑阀螺栓(断)	341	333	335	326	340
再生循环滑阀螺栓(断)	323	313	326	329	315
双动滑阀(断)	333	331	338	339	343
2 楼再生滑阀	354	337	343	327	340
2 楼再生滑阀(断)	362	364	365	369	355
GH4033 GJB 1953A	255~321				

表 3　常温冲击试验结果

项　目	冲击功(测量值)Ak_v/J	冲击功(平均值)Ak_v/J	备注
外取热器上滑阀螺栓(断)	10/12/10	10.7	小试样
再生循环滑阀螺栓(断)	14/13/11	12.7	小试样
双动滑阀(断)	11/11/8	10	小试样
2 楼再生滑阀	14/13/12	13	小试样
2 楼再生滑阀(断)	11/11/10	10.7	小试样
GH4033 GJB 1953A	31(小试样 15.5)		标准试样

表 4　高温短时试验结果

项　　目	屈服强度/MPa	抗拉强度/MPa	断后伸长率/%
外取热器上滑阀螺栓(断)	561	863	11
GH4033(700℃)	/	685	15

表 5　高温持久试验结果

项　　目	断裂时间/h	项　　目	断裂时间/h
外取热器上滑阀螺栓(断)	19.37	GH4033(700℃，430MPa)	≥60

2.4　金相分析

2.4.1　外取热器上滑阀断裂螺栓

在外取热器上滑阀螺栓 1 上取样进行金相观察，图 9 为螺栓的金相组织，为奥氏体+少量碳化物，平均晶粒度约为 4~5 级，但晶粒不均匀，存在粗大晶粒，个别晶粒长度达 312μm。(正常 GH4033 高温合金内部晶粒度平均晶粒尺寸约为 150μm，晶界呈锯齿状，晶内有多边化亚晶，从而使 GH4033 合金有较高的持久强度)

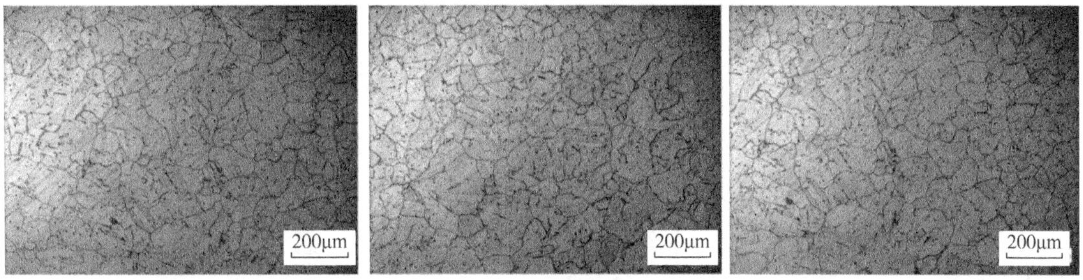

(a)50X

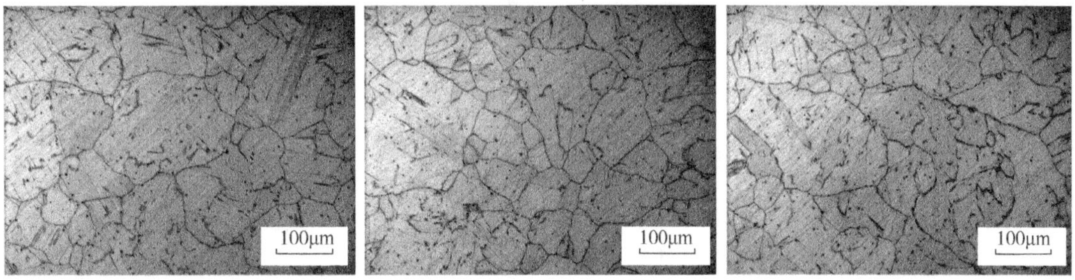

(b)100X

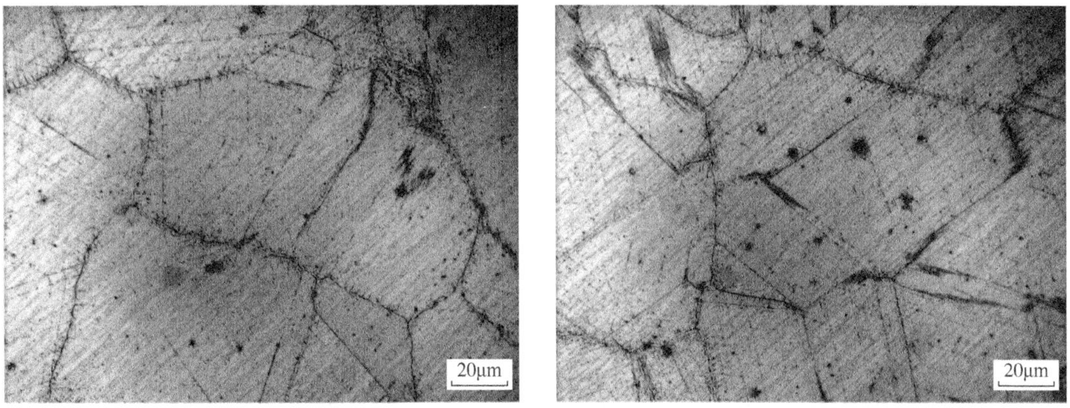

(c)500X

图 9　外取热器上滑阀螺栓 1 金相组织

图 10 为外取热器上滑阀断裂螺栓 1 心部裂纹宏观形貌，图 11 为外取热器上滑阀断裂螺栓 1 心部裂纹金相形貌，可见该螺栓除了断裂面裂纹外，在其中心部位也存在裂纹，裂纹沿晶开裂，且沿晶裂纹为孔洞型，晶间存在断链状物质，可能为沿晶析出的碳化物颗粒，具有明显的蠕变损伤特征，说明裂纹为蠕变裂纹。

图 10　外取热器上滑阀螺栓 1 心部裂纹宏观形貌

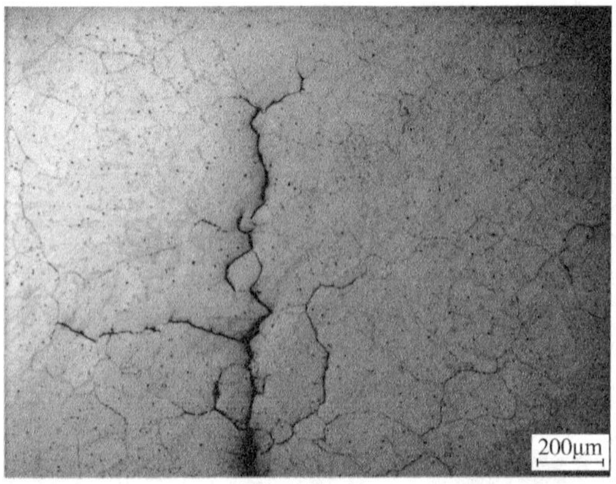

(a)裂纹尖端1，50×

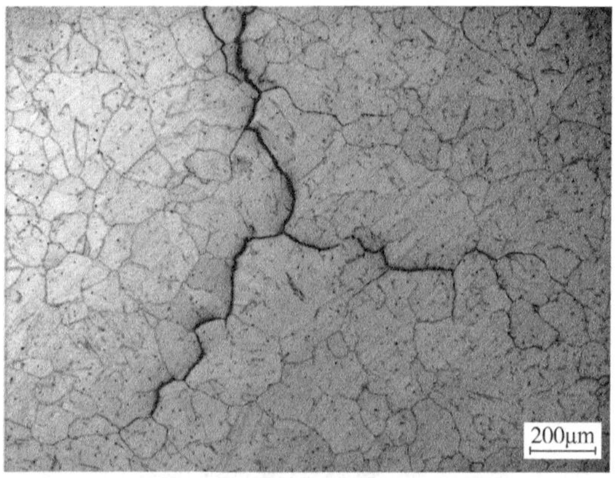

(b)裂纹尖端2，50×

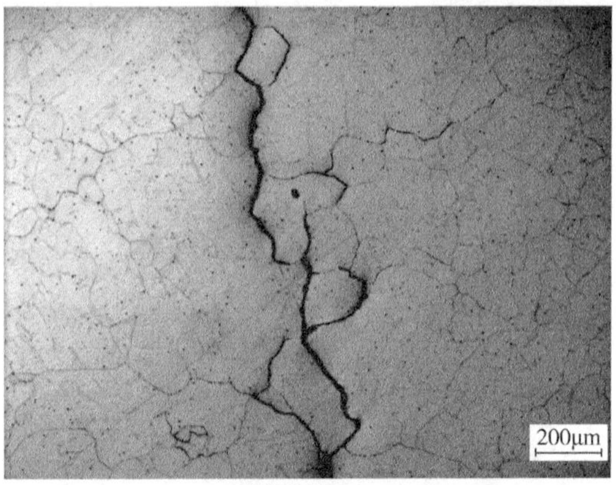

(c)裂纹中部1，50×

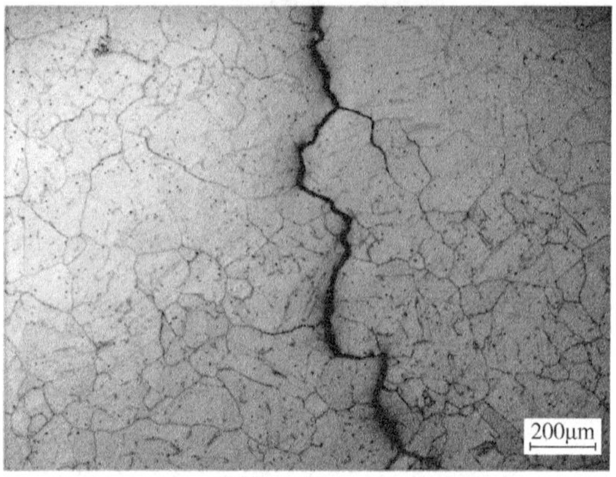

(d)裂纹中部2，50×

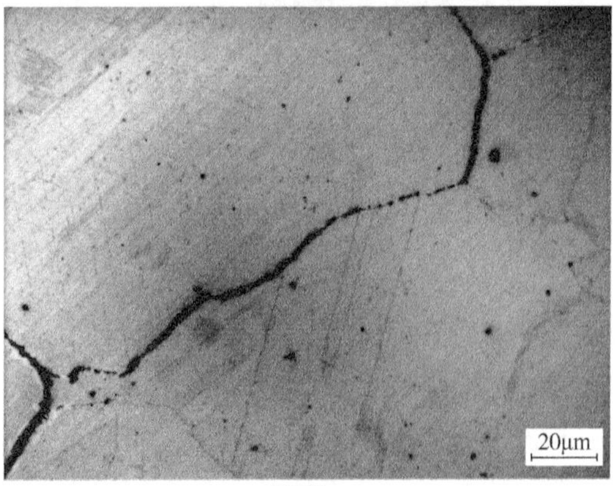

(e)500×

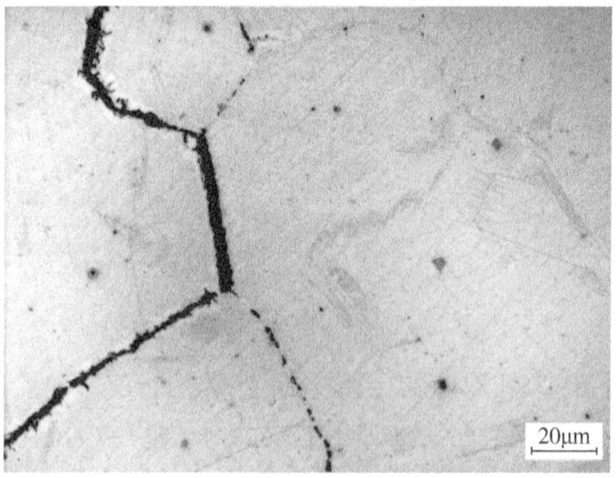

(f)50×

图 11　外取热器上滑阀螺栓 1 心部裂纹金相形貌

2.4.2 双动滑阀断裂螺栓

对双动滑阀断裂螺栓取样进行金相观察，图 12 为螺栓的金相组织，为奥氏体+少量碳化物，平均晶粒度约为 4~5 级，但晶粒不均匀，存在粗大晶粒，个别晶粒长度达 380μm。

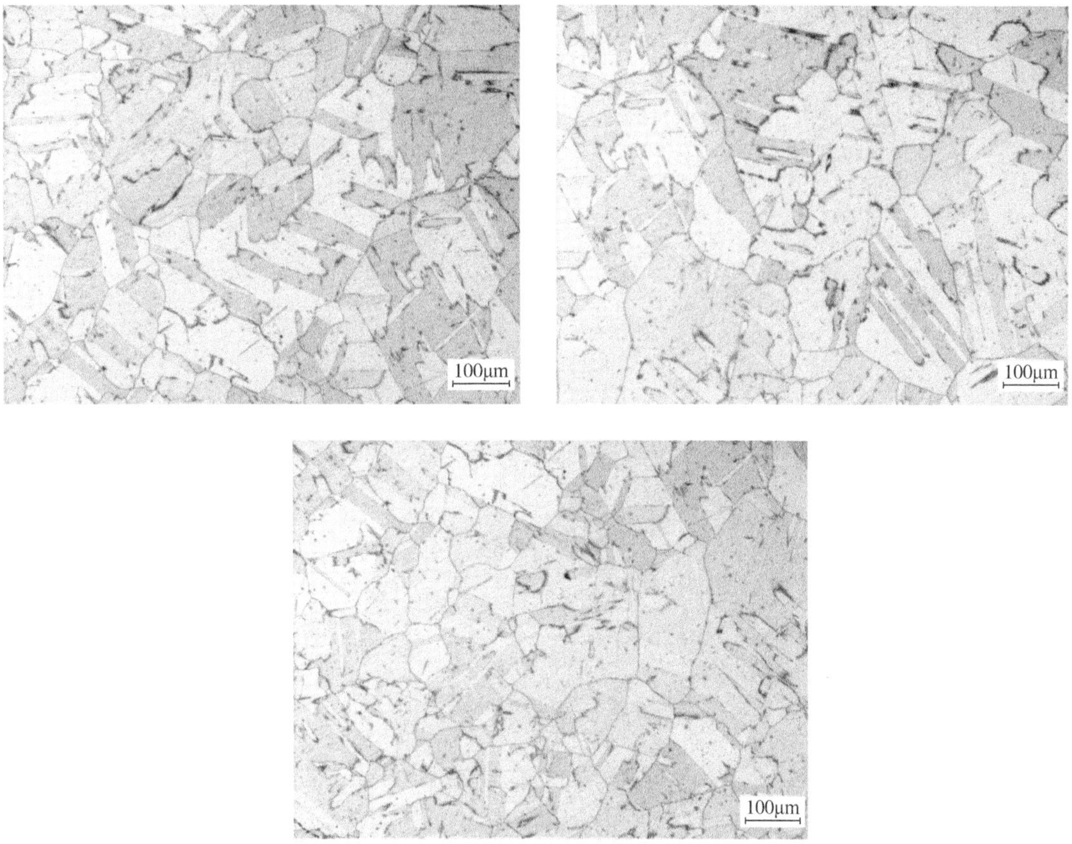

100X

图 12 双动滑阀螺栓金相组织

2.4.3 再生滑阀断裂螺栓

对再生滑阀断裂螺栓取样进行金相观察，图 13 为螺栓的金相组织，为奥氏体+少量碳化物，平均晶粒度约为 4~5 级，但晶粒不均匀，个别晶粒长度达 350μm。图 14 为再生滑阀未断裂螺栓金相组织，为奥氏体+少量碳化物，平均晶粒度约为 3 级，且晶粒不均匀，个别晶粒长度达 500μm。

图 13 再生滑阀断裂螺栓金相组织

2.5 断口电镜扫描分析

为了进一步分析断裂的过程和特征，对外取热器上滑阀导轨断裂螺栓 1 断口进行电镜扫描分析。图 15 为电镜扫描部位。

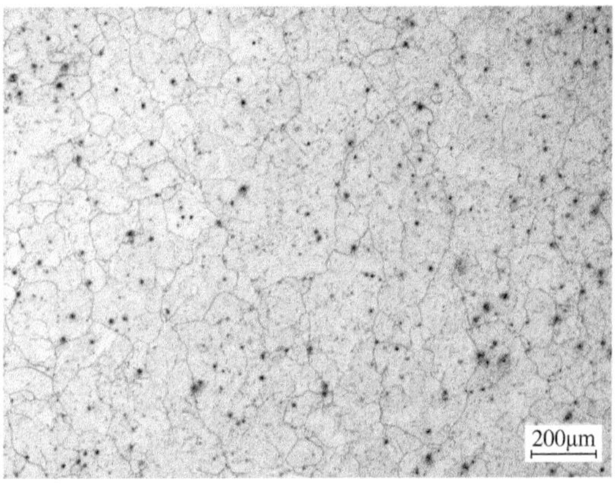

50×

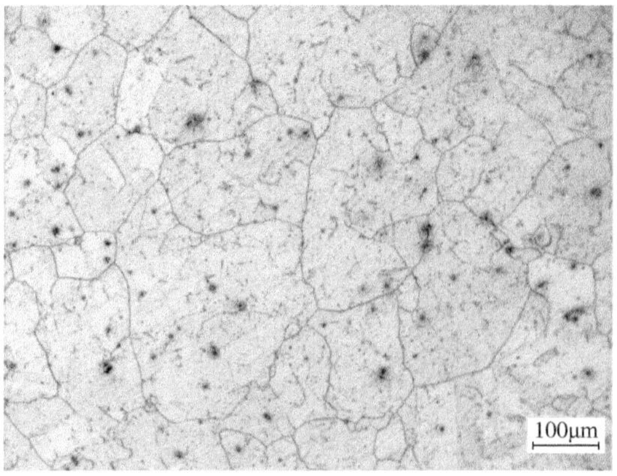

100×

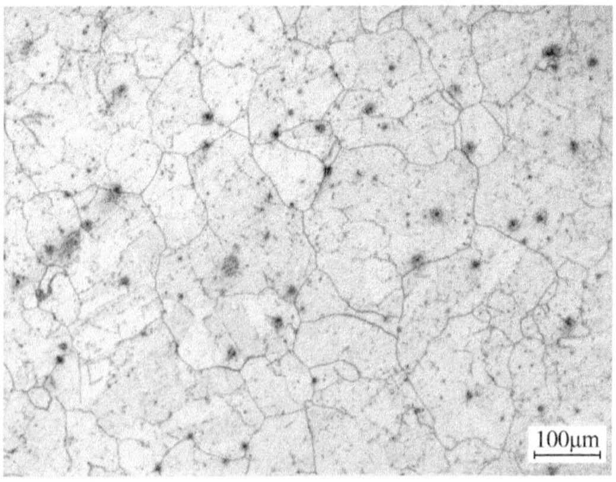

100×

图 14　再生滑阀未断裂螺栓金相组织

图 15　电镜扫描部

图 16~图 18 为部位 1、2、3 断口微观形貌，可见断口呈冰糖状沿晶断裂形貌，局部存在空洞和微小的韧窝，为典型的蠕变断口。

图 19 为部位 4 断口微观形貌，可见该部位断口呈河流状解理脆性断裂形貌，局部存在碾压痕迹，因此推测该区域为瞬断区，即当螺栓蠕变裂纹扩展至剩余截面不足以承受载荷时发生瞬时断裂的区域，河流状解理脆性断裂形貌说明材料脆性大，碾压痕说明除了拉伸、剪切应力外，还存在交变应力的作用。

图 20~图 22 为断口能谱分析结果，可见断口上主要为金属氧化物和硫化物，其中氧含量较高，说明断裂时间较长，断口高温氧化严重。

综合上述断口微观形貌和能谱分析结果，推断该螺栓断裂主要机制为蠕变断裂。

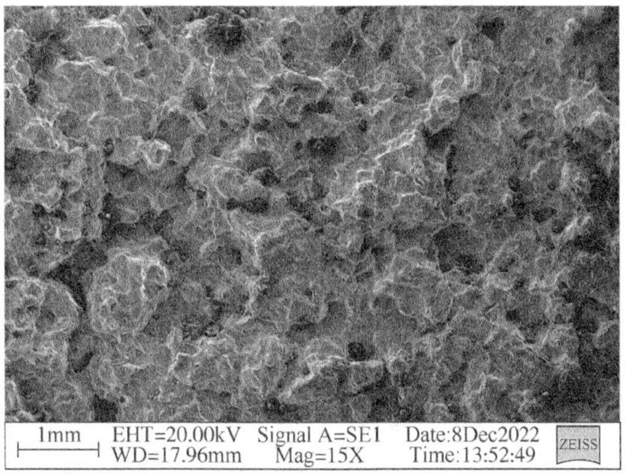

30X

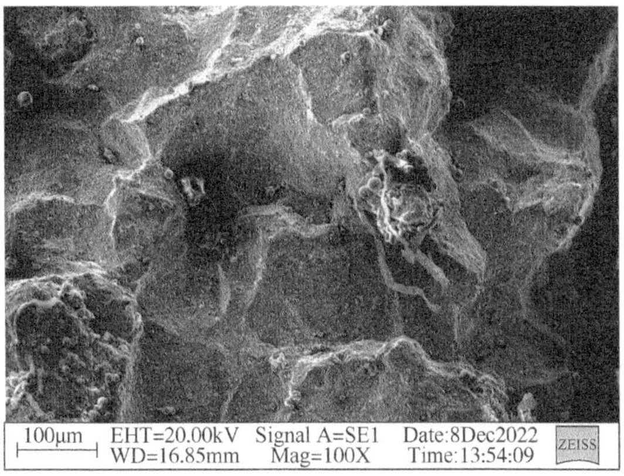

100X

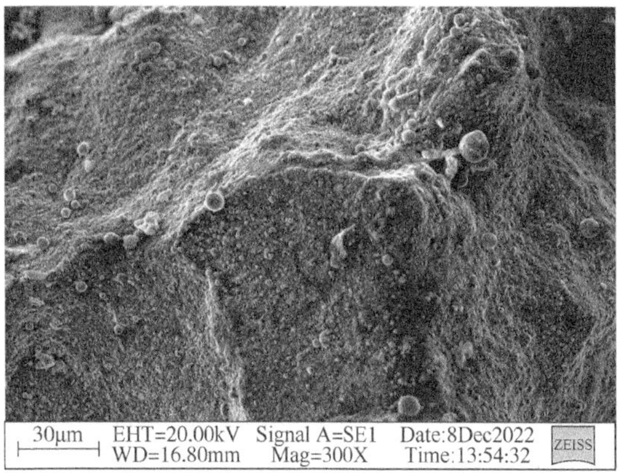

300X

图 16 部位 1 微观形貌

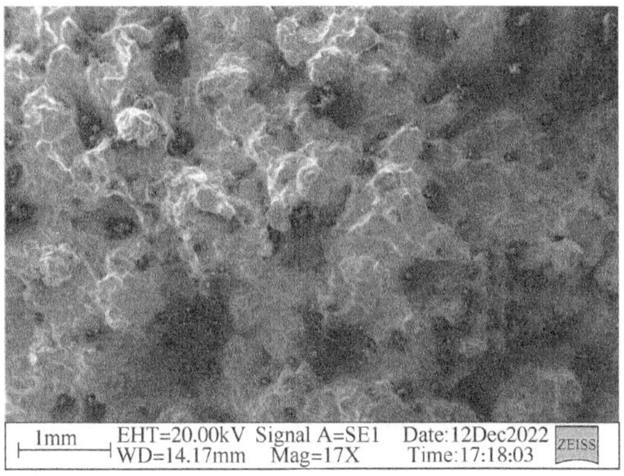

17X

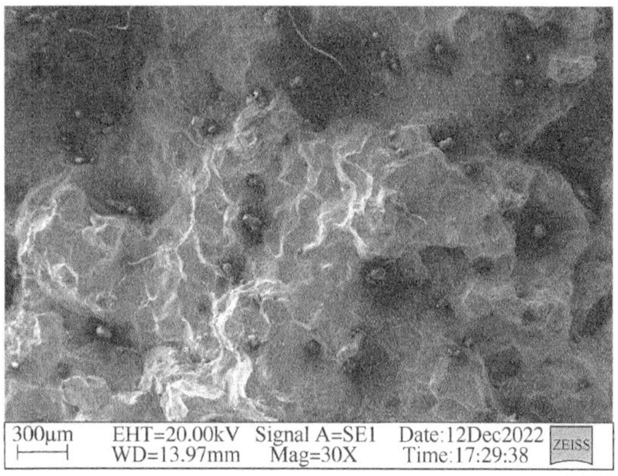

30X

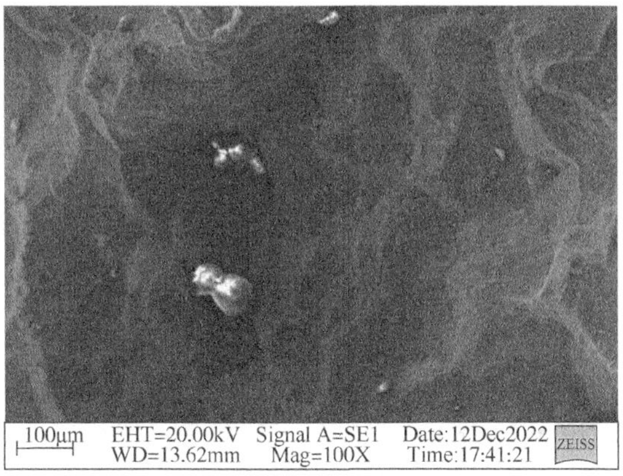

100X

图 17 部位 2 微观形貌

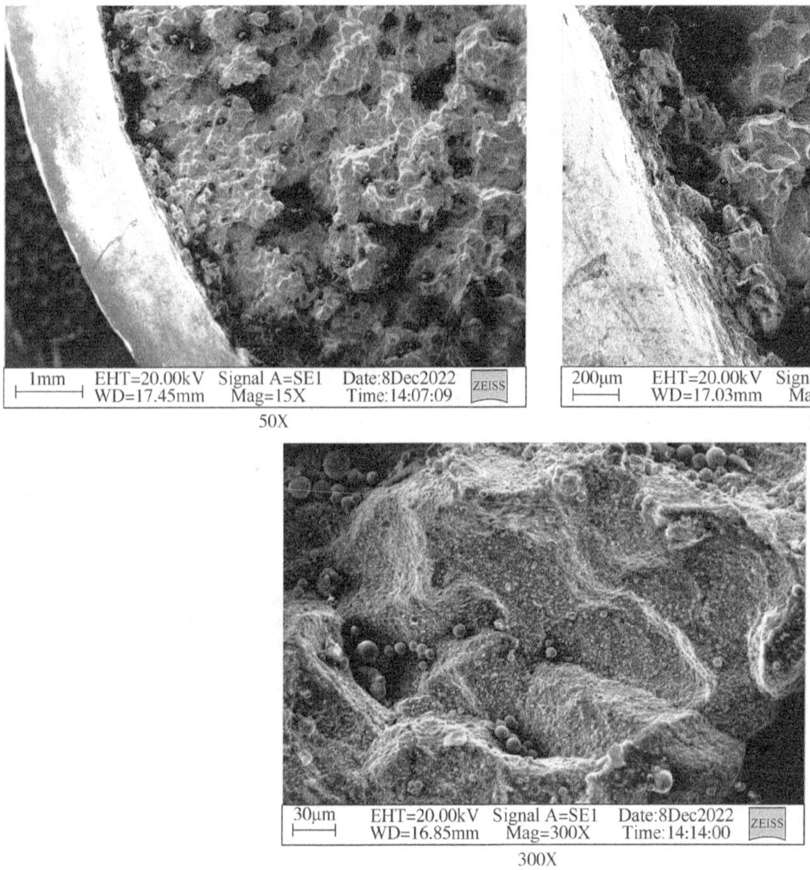

图 18　部位 3 微观形貌

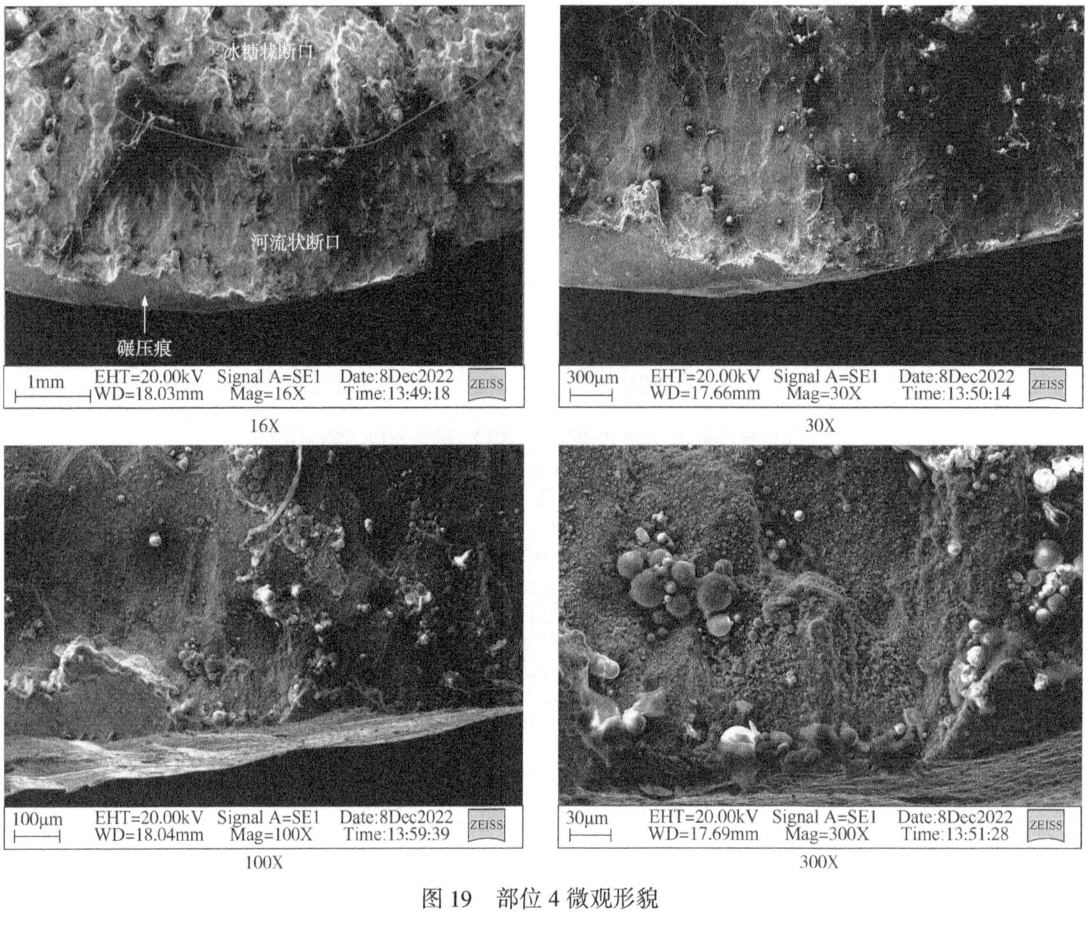

图 19　部位 4 微观形貌

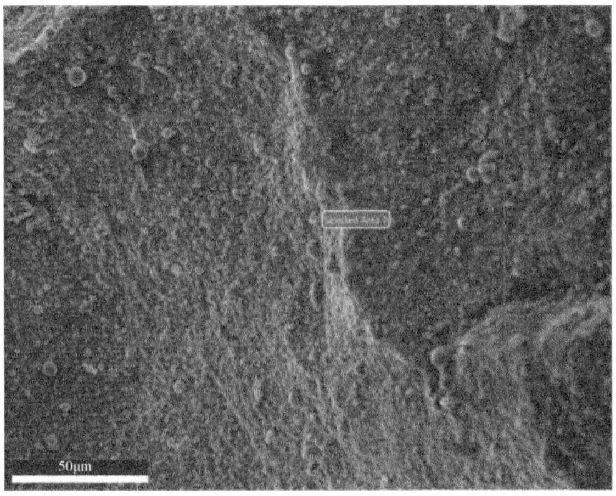

(a)能谱分析区域

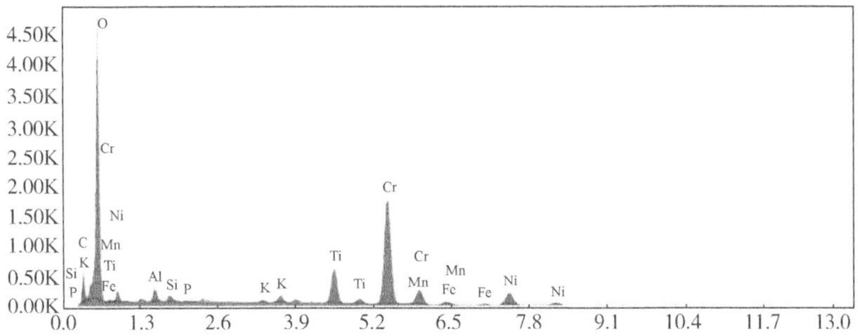

元素	质量分数/%	原子百分比/%
CK	6.2	13
OK	37.15	58.49
AlK	1.81	1.69
SiK	0.78	0.7
PK	0.11	0.09
KK	0.32	0.21
TiK	8.04	4.23
CrK	36	17.44
MnK	0.56	0.26
FeK	1.37	0.62
NiK	7.67	3.29

(b)区域1分析结果

图 20　部位 1 能谱分析结果

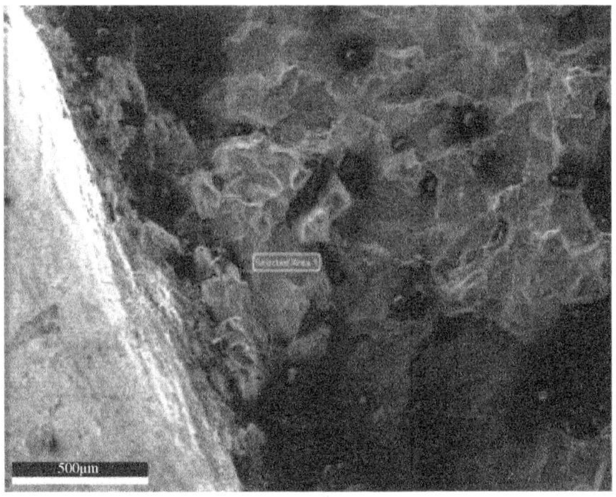

(a)能谱分析区域

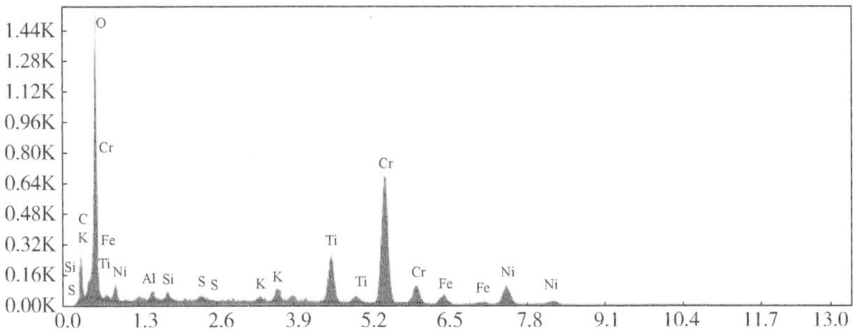

元素	质量分数/%	原子百分比/%
CK	9.27	19.38
OK	33	51.79
AlK	1.37	1.27
SiK	0.78	0.69
SK	0.61	0.48
KK	0.63	0.41
TiK	8.35	4.38
CrK	33.56	16.21
FeK	3.5	1.58
NiK	8.94	3.82

(b)区域1分析结果

图 21　部位 3 能谱分析结果

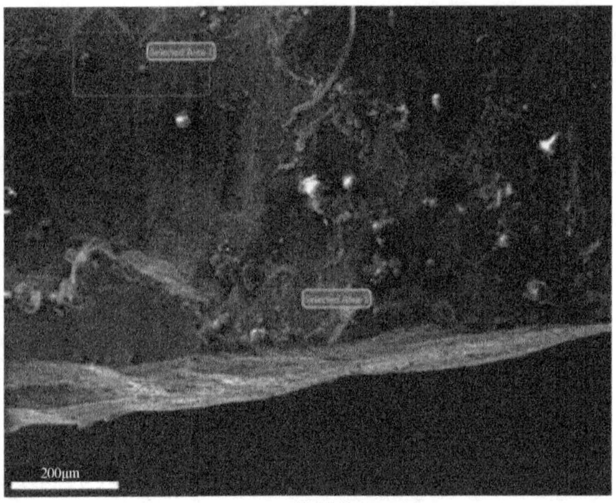

(a)能谱分析区域

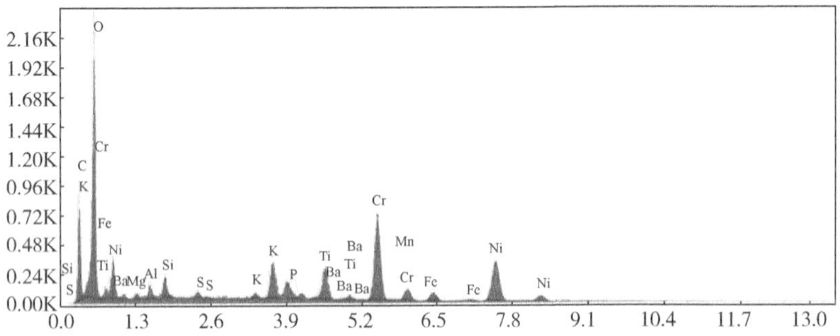

元素	质量分数/%	原子百分比/%
CK	18.03	34.85
OK	29.43	42.7
MgK	0.72	0.69
AlK	1.28	1.1
SiK	1.62	1.34
SK	0.56	0.41
KK	0.64	0.38
BaL	6.77	1.14
TiK	2.29	1.11
CrK	18.45	8.24
FeK	2.75	1.14
NiK	17.45	6.9

(b)区域1分析结果

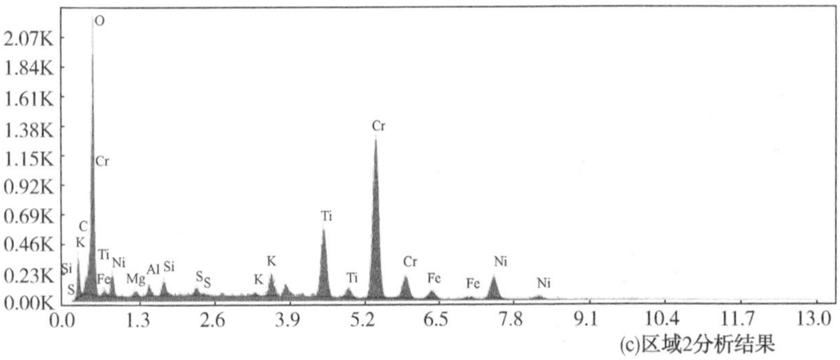

元素	质量分数/%	原子百分比/%
CK	6.41	14.64
OK	29.02	49.73
MgK	0.79	0.89
AlK	0.98	1
SiK	1.14	1.12
SK	0.74	0.63
KK	0.36	0.25
TiK	11.06	6.33
CrK	37.05	19.53
FeK	2.85	1.4
NiK	9.6	4.48

(c)区域2分析结果

图 22　部位 4 能谱分析结果

3　分析讨论

① 宏观观察表明，再生循环滑阀、外取热器上滑阀、再生滑阀、双动滑阀导轨螺栓断裂部位和断裂形貌基本一致。断裂螺栓均没有明显的弯曲和塑性变形，断裂均位于螺栓根部应力集中部位，断口表面凹凸不平，呈高低起伏状，具有脆性断裂特征；局部还存在碾压痕迹。表面覆有黑色氧化膜，为长时间在高温环境下氧化所致。从宏观上推测螺栓断裂可能为高温蠕变脆断，或高温下材料脆性断裂。

② 化学成分分析结果表明：外取热器上滑阀螺栓 Al、Ti、Pb 含量高于标准要求，再生循环滑阀螺栓 C、Al、Ti、Pb 含量高于标准要求，双动滑阀螺栓 Al、Ti、Pb 含量高于标准要求，再生滑阀螺栓 C、Ti、Pb、Sn 含量高于标准要求，其他化学成分符合标准要求。

据相关研究资料，GH4033 合金是以 Ni-Cr 为基体的，主要强化元素为 C、Al 和 Ti，以 γ′相[Ni3(A1，Ti)]强化，因而 C、Al 和 Ti 成分控制是关键。C 的析出相对 GH4033 合金晶界有钉扎作用，可有效阻止晶粒长大，并提高 GH4033 合金强度，但过高的 C 含量可使碳化物增多，甚至集聚和长大，因而降低 700℃拉伸塑性及持久性能。某钢厂经验表明，C 含量控制在 0.045%～0.06%是可行的。本次断裂的螺栓 C 含量较高，处于 0.07%～0.10%，其中再生循环滑阀、再生滑阀螺栓 C 含量超过了标准上限值，可能会降低螺栓材料的高温塑性。

在 GH4033 合金的实际生产过程中，因 Al 和 Ti 均是易烧损元素，存在相互影响，尤其在电渣重熔过程中“烧 Al 增 Ti”规律表现十分明显，因而在电极冶炼过程中，Al 含量的配入为标准要求的上限，而 Ti 含量的配入则在标准的中下限，但在大气环境下的电渣重熔为 Al 和 Ti 成分控制带来一定困难。因而在 GH4033 合金冶炼过程中将 Al 和 Ti 含量总和进行考虑，当 w(Al+Ti)偏低时，持久性能易不满足标准要求；当 w(Al+Ti)偏高时，因 γ′相[Ni3(A1，Ti)]强化相增多，强度增加，但可能出现 700℃拉伸塑性偏低，因而需要将 w(Al+Ti)含量控制在一定区间内才能使 GH4033 合金持久寿命和高温塑性偏低问题得到改善；据某钢厂生产统计：w(Al+Ti)含量控制在 3.1%~3.4%，GH4033 合金持久寿命和高温塑性合格可能性最大。本次断裂的螺栓 Ti、Al 含量基本超过了标准上限，且 w(Al+Ti)含量均达到 3.9%左右，高于经验值 3.1%~3.4%，也可能会降低螺栓材料的高温塑性。

而且 Ti 元素含量超标会形成 TiN 夹杂物析出并聚集分布，TiN 夹杂物是脆性相，硬度高，呈棱角状，聚集分布后会破坏钢材连续性造成应力集中，导致螺栓脆性增大，降低螺栓的塑性、韧性和抗疲劳性，在外力作用下容易成为裂纹源。

微量杂质含量对高温合金的高温性能和寿命有重大影响，标准对 GH4033 合金的微量杂质含量有严格规定，要求 Pb≤0.001%，Bi≤0.001%，Sn≤0.0012%，As≤0.0025%，Sb≤0.0025%。检测到该批断裂螺栓 Pb 含量 0.01%以上，约是标准要求的 10 倍，严重超标，可能对螺栓的高温寿命造成影响(由于标样限制，本次检测中只对 Pb、Sn 进行检测)。

③ 常温机械性能及硬度分析结果表明，外取热器上滑阀螺栓、再生循环滑阀螺栓、双动滑阀螺栓、再生滑阀螺栓硬度均高于标准高限，常温冲击功低于标准要求，不符合标准的要求。说明螺栓材料经高温使用后，塑性和韧性下降，脆性增大，更易于产生断裂。

④ 高温短时拉伸试验结果表明，700℃时外取热器上滑阀螺栓抗拉强度符合标准要求，但断后伸长率偏低，不符合标准要求；说明螺栓材料在高温下塑性和韧性不足，易于产生脆性断裂。

⑤ 高温持久试验表明，外取热器上滑阀螺栓在 700℃、430MPa 条件下的断裂时间为 19.37h，远低于标准大于 60h 的指标，不符合标准要求。说明螺栓材料经高温使用后，持久强度已经大幅下降。

⑥ 金相组织观察结果表明：

a. 外取热器上滑阀断裂螺栓中心部位存在裂纹，裂纹沿晶开裂，且沿晶裂纹为孔洞型，晶间存在断链状沿晶析出的碳化物颗粒，具有明显的蠕变损伤特征，说明裂纹为蠕变裂纹。

b. 外取热器上滑阀断裂螺栓的金相组织均为奥氏体+少量碳化物，平均晶粒度约为 4~5 级，且晶粒不均匀，存在粗大晶粒，个别晶粒长度达 312μm。

c. 再生循环滑阀、双动滑阀、再生滑阀断裂螺栓的金相组织与外取热器上滑阀断裂螺栓相似，晶粒度约为 4~5 级，晶粒不均匀，存在粗大晶粒，个别晶粒长度达 300~500μm。

d. 再生滑阀未断裂螺栓金相组织，为奥氏体+少量碳化物，平均晶粒度约为 3 级，且晶粒不均匀，个别晶粒长度达 500μm。

据相关资料介绍，GH4033 合金是 Ni-Cr 基、γ′相弥散强化、碳化物晶界强化的沉淀强化型变形高温合金，其蠕变持久性能与晶粒尺寸、γ′相、晶界碳化物等组织形貌特征密切相关。GH4033 高温合金内部晶粒度平均晶粒尺寸约为 150μm(约为 2 级)，晶界呈锯齿状，晶内有多边化亚晶，从而使 GH4033 合金有较高的持久强度。而本次断裂的螺栓存在晶粒偏小(晶粒度约为 4~5 级)和晶粒不均匀现象，可能是导致该批螺栓材料高温持久性能偏低、寿命过短的原因之一。

⑦ 断口电镜扫描分析表明，外取热器上滑阀断裂螺栓断口主要呈冰糖状沿晶断裂形貌，局部存在空洞和微小的韧窝，为典型的蠕变断口，因此推断该螺栓断裂主要机制为蠕变断裂。瞬断区断口呈河流状解理脆性断裂形貌，局部存在碾压痕迹，说明材料脆性大，且除了拉伸、剪切应力外，还存在交变应力的作用。

综合以上分析，可以推断如下：

外取热器上滑阀、再生循环滑阀、再生滑阀、双动滑阀导轨螺栓断裂机制为蠕变断裂。由于该螺栓要固定基座底和滑道，在竖直方向上受较大拉应力，同时由于滑阀阀板在其轨道上的滑动使得螺栓在水平方向上受较大剪切应力。该螺栓在650~700℃下服役，在应力的作用下通过晶界的错动和塑性变形产生孔洞，然后这些孔洞又在应力作用下沿晶界继续增长、聚合连接形成微裂纹，微裂纹连通形成宏观裂纹，最终导致螺栓沿晶蠕变断裂。而导致该批螺栓过早发生蠕变断裂的原因包括：

① 螺栓化学成分不符合标准要求，其中C、Al、Ti、Pb含量高于标准要求，导致螺栓脆性大，塑性、韧性和抗疲劳性不足，在外力作用下容易产生裂纹。

② 螺栓材料经高温使用后，硬度偏高、冲击功偏低、高温短时伸长率偏低，均说明螺栓材料在高温下塑性和韧性不足，易于产生脆性断裂。

③ 螺栓材料经高温使用后，持久强度已经大幅下降，说明螺栓高温持久强度不足，导致高温蠕变寿命短。(外取热器上滑阀螺栓在700℃、430MPa条件下的断裂时间为19.37h，远低于标准大于60h的指标)

④ 螺栓材料组织存在晶粒偏小(晶粒度约为4~5级)和晶粒不均匀现象，可能是导致该批螺栓材料高温持久性能偏低，寿命过短的原因之一。

4 结论

① 螺栓化学成分不符合标准要求，其中C、Al、Ti、Pb含量高于标准要求；螺栓存在晶粒偏小(晶粒度约为4~5级)和晶粒不均匀现象；螺栓材料经高温使用后，硬度偏高、冲击功偏低、高温短时伸长率偏低，持久强度大幅下降，均不符合标准要求。

② 滑阀导轨螺栓断裂机制为蠕变断裂。

参 考 文 献

[1] GB/T 222—2006 钢的成品化学分析允许偏差.

[2] GB/T 14203—2016 火花放电原子发射光谱分析法通则.

[3] GB/T 13298—2015 金属显微组织检验方法.

[4] GB/T 17359—2012 微束分析能谱法定量分析.

[5] JB/T 6842—1993 扫描电子显微镜试验方法.

[6] GB/T 228.1—2010 金属材料拉伸试验：室温试验方法.

[7] GBT 229-2007 金属材料夏比摆锤冲击试验方法.

[8] GB/T 4338 金属材料高温拉伸试验方法.

[9] GB/T 2039 金属拉伸蠕变及持久试验方法.

[10] GB/T 30579—2014 承压设备损伤模式识别.

[11] GB/T 3098.1—2010 紧固件机械性能螺栓、螺钉和螺柱.

[12] SH/T 3404—2013 石油化工钢制管法兰用紧固件.

[13] GJB 1953A—2008 航空发动机转动件用高温合金热轧棒材规范.

[14] GB/T 14992—2005 高温合金和金属间化合物高温材料的分类和牌号标准.

[15] YB/T 5245—1993 普通承力件用高温合金热轧和锻制棒材.

[16] GB/T 20878—2007 不锈钢和耐蚀钢牌号及化学成分.

[17] GB 1220—2007 不锈钢棒.

浅析轻催装置回炼重整碳九馏分油对生产及效益的影响

马发萍

（中国石化广州石化公司　广东广州　510705）

摘　要　为实现最大化生产高辛烷值汽油，解决重整二甲苯塔底 C_{9+} 馏分油过剩问题，根据生产计划，广州石化公司蜡油催化裂化装置（简称轻催装置）回炼 C_{9+} 馏分油入分离单元。本文研究了回炼 C_{9+} 馏分油对轻催装置的稳定汽油收率及质量指标、生产效益及分离单元运行工况的影响。回炼后，分馏塔负荷增大，产气降低，装置的汽油收率由44.10%提高至48.17%，汽油的研究法辛烷值由92.83提高至95.19，增产汽油日增经济效益约205.87万元。

关键词　催化裂化；C_{9+} 馏分油；汽油收率；辛烷值；生产效益

1　引言

近年来市场对汽油的需求日益增大，但随着世界原油重质化、劣质化趋势愈加明显，高硫原油比例增加，轻质油收率随着原油变重而下降。石脑油作为轻质油品，是重整装置生产高辛烷值汽油调和组分的原料。蒸馏装置为提高石脑油收率，进行深拔操作，使得石脑油终馏点偏高，再经过苛刻的连续重整反应后，导致产品二甲苯塔底 C_{9+} 馏分油终馏点偏高，无法作为出厂汽油的调和组分。为保证生产经济效益最大化，提高汽油收率和质量，2020年8月26日，轻催装置开始回炼 C_{9+} 馏分油。

2　轻催装置回炼 C_{9+} 馏分油的主要生产影响及效益分析

图1为分馏塔简要流程图，如图所示，C_{9+} 馏分油（流程图中简称重整 C_9）经连续重整出来后，经过轻催装置分馏塔一中段返塔管线进入分馏塔。大部分的 C_{9+} 馏分油（约进料的80%）作为汽油组分抽出，提高了汽油收率和质量，保证生产经济效益最大化。

自回炼开始，由于来料温度在70~80℃，冷料的进入给分馏塔带来了一定的影响，特别是对分离单元的影响明显。为保证生产稳定和产品质量，进行了相应操作调整。

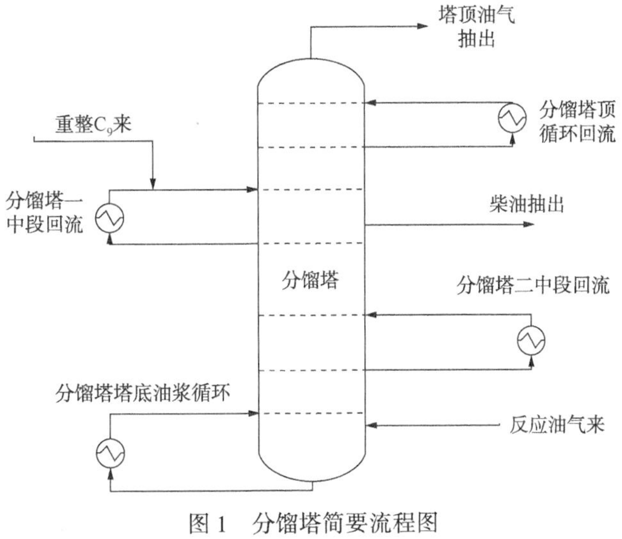

图1　分馏塔简要流程图

2.1　C_{9+} 馏分油的主要特性

表1、表2为 C_{9+} 馏分油的样品分析均值，从表1中得知 C_{9+} 馏分油的密度介于汽、柴油密度之间，馏

程也与汽、柴油馏程均有重叠，但与汽油重叠度较高，因此 C_{9+}馏分油的回炼对稳定汽油的质量产生了较明显的影响。表 2 为 C_{9+}馏分油的组分含量，由表得知含芳烃 98.77%、烷烃 0.68%、环烷烃 0.31%。

表 1　C_{9+}馏分油馏程分析数据表

检测项目	二甲苯塔底 C_{9+}馏分油 SN605	检测项目	二甲苯塔底 C_{9+}馏分油 SN605
密度(20℃)/(kg/m^3)	878.2	90%馏出温度/℃	181.5
初馏点/℃	159.13	终馏点/℃	264.7
10%馏出温度/℃	163.5	馏出量/%	98
50%馏出温度/℃	167.63		

表 2　C_{9+}馏分油的组分分析表　　%(质)

检测项目	含量	检测项目	含量
苯含量	0.001	C_{10}环烷烃	0.26
		C_{11}环烷烃	0.05
甲苯	0.002	C_{12}环烷烃	<0.01
C_9 烷烃	0.03	环烷烃	0.31
C_{10}烷烃	0.25	C_9 芳烃	74.53
C_{11}烷烃	0.07	C_{10}芳烃	20.23
C_{12}烷烃	0.33	C_{11}芳烃	0.6
		C_{12}芳烃	<0.01
烷烃	0.68	芳烃	98.77

2.2　回炼 C_{9+}馏分油对产品收率的影响

由 C_{9+}馏分油的主要特性可以得出，回炼 C_{9+}馏分油可以提高汽油收率和质量。受原料配比及操作影响限制，C_{9+}馏分油回炼量一般为 10~18t/h。由于轻催装置 2020 年 8 月份回炼 C_{9+}馏分油以来，更换了新型催化剂，还进行了加注催化裂化装置丁烯助剂、回炼航煤等一系列操作调整，无法单独准确查证轻催装置回炼 C_{9+}馏分油后产品收率变化。2022 年 4 月 1 日至 15 日，C_{9+}馏分油回炼量较稳定(最高为 432t/d，最低为 383t/d)的时段作为回炼 C_{9+}馏分油的生产数据，取 2022 年 6 月 1 日至 15 日，C_{9+}馏分油回炼量为 0 的时段作为停回炼 C_{9+}馏分油的生产数据进行对比，相关数据见表 3。(注：2022 年 4 月 16 日至 5 月份装置间断回炼 C_{9+}馏分油和稳定汽油，工况差异，故不取这时段的数据作对比)

从表 3 回炼 C_{9+}馏分油前后产品收率对比表可以看出，回炼 C_{9+}馏分油期间，干气、液化气和柴油收率略有降低，汽油收率变化最明显，升高了 4.07%。轻收升高 3.14%，液收升高了 0.42%。干气和液化气收率按实际折算后，回炼 C_{9+}馏分油期间，气体收率相比降低了 2.52%。从表 3 还可以看到，2022 年 4 月 1~15 日共回炼 C_{9+}馏分油 6388t，汽油产出统计增加了 6307t(扣除多处理蜡油 278.11t 产生的汽油 278.11×44.10%=122.65t 后，汽油产出增加了 6184t)。由于 C_{9+}馏分油的成本(5429.95 元/t)比催化汽油组分成本(4896.28 元/t)高，理论上经济效益为负收益。但轻催装置回炼 C_{9+}馏分油的主要目的是解决蒸馏装置多产石脑油，深拔石脑油终馏点，使得重整二甲苯塔底 C_{9+}馏分油过剩这个问题，并实现最大化生产高辛烷值汽油。

表 3　回炼 C_{9+}馏分油前后产品收率对比表

项目	侧线名称	4 月 1~15 日(回炼 C_{9+}馏分油后)		6 月 1~15 日(回炼 C_{9+}馏分油前)		回炼 C_{9+}馏分油后-回炼 C_{9+}馏分油前	
		累计量/t	收率/%	累计量/t	收率/%	累计量/t	收率/%
进料	蜡油	84554.33		84832.44		-278.11	
	C_{9+}馏分油	6388.00		0.00		6388.00	
	轻污	1156.26		1160.32		-4.06	
	蒸馏-液化气	1314.47		1741.40		-426.93	
	总处理量	93413.06		87734.16		5678.90	

项目	侧线名称	4月1~15日(回炼 C_{9+} 馏分油后)		6月1~15日(回炼 C_{9+} 馏分油前)		回炼 C_{9+} 馏分油后-回炼 C_{9+} 馏分油前	
		累计量/t	收率/%	累计量/t	收率/%	累计量/t	收率/%
出料	干气(出)	3552.57	3.80	3498.34	3.99	54.23	-0.18
	液化气(出)	18095.12	19.37	19381.63	22.09③	-1286.51	-2.72
	汽油(出)	44999.31	48.17	38692.08	44.10	6307.23	4.07
	轻柴油(出)	18530.84	19.84	18222.06	20.77	308.78	-0.93
	油浆(出)	3669.98	3.93	3647.64	4.16	22.34	-0.23
	催化烧焦	4483.30	4.80	4210.34	4.80	272.96	0.00
	总产量	93331.12		87652.09		5679.03	0.00
	损失	81.94	0.09	82.07	0.09	-0.13	0.00
	轻收①		68.01		64.87		3.14
	液收②		87.38		86.96		0.42

① 轻收=汽油收率+柴油收率。

② 液收=液化气收率+汽油收率+柴油收率。

③ 停回炼 C_{9+} 馏分油期间，蒸馏一液化气进轻催装置处理量增加了426.93t，扣除后液化气收率折算为(19381.63-426.93)/(87734.16-426.93)×100%=21.71%，比回炼 C_{9+} 馏分油期间液化气收率提高了2.34%。

2.3 回炼 C_{9+} 馏分油对稳定汽油产品质量的影响

结合 C_{9+} 馏分油自身性质和产品收率变化，可知回炼 C_{9+} 馏分油主要影响到的产品是稳定汽油，所以得知稳定汽油的性质也会变化。从表4回炼 C_{9+} 馏分油前后稳定汽油产品主要质量分析项目统计表可以看出，回炼 C_{9+} 馏分油期间，稳定汽油研究法辛烷值平均为95.19，比停回炼期间平均值92.83上升了2.36；苯含量和芳烃含量分别上升了0.02%(体)和4.15%(体)；烯烃含量下降了6.55%(体)。这与 C_{9+} 馏分油的主要特性相对应。

表4 回炼 C_{9+} 馏分油前后稳定汽油产品主要质量分析项目统计表

采样日期	研究法辛烷值(*RON*)	苯含量/%(体)	芳烃/%(体)	烯烃/%(体)
2022/6/15	92.6			
2022/6/13	93.0	0.84	33.1	15.9
2022/6/10	92.8			
2022/6/9		0.86		
2022/6/8	92.9			
2022/6/6	92.8	0.89	33.0	16.0
2022/6/3	92.8			
2022/6/2		0.83		
2022/6/1	92.9	0.85		
停回炼 C_{9+} 馏分油期间稳定汽油平均值	92.83	0.854	33.05	15.95
2022/4/15	95.7			
2022/4/14		0.91		
2022/4/13	94.6			
2022/4/11	95.1	0.84	37.8	9.6
2022/4/8	95.3			
2022/4/7		0.89		
2022/4/6	95.5			
2022/4/4	94.8	0.85	36.6	9.2

续表

采样日期	研究法辛烷值(*RON*)	苯含量/%(体)	芳烃/%(体)	烯烃/%(体)
2022/4/1	95.3			
回炼 C_{9+}馏分油期间稳定汽油平均值	95.19	0.873	37.2	9.4
回炼 C_{9+}馏分油前后稳定汽油质量平均值差	2.36	0.02	4.15	-6.55

回炼 C_{9+}馏分油前后产品收率对比示意图见图 2。

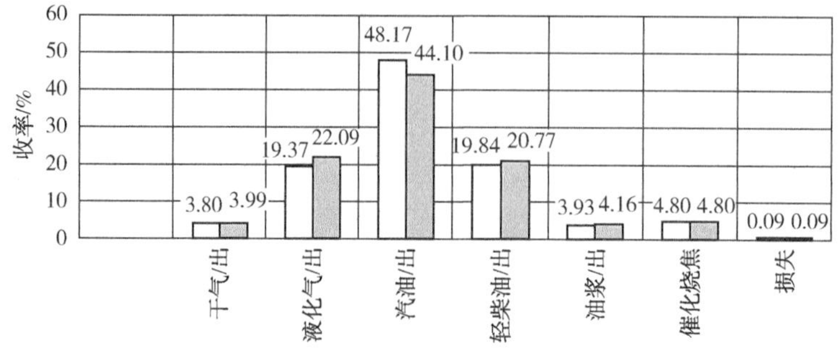

图 2 回炼 C_{9+}馏分油前后产品收率对比示意图

汽油的辛烷值表示其抗爆性能，辛烷值越高，汽油的抗爆性能越好，汽油质量越高。根据测定条件，研究法辛烷值(*RON*)是轻催装置目前常用的稳定汽油辛烷值。这种辛烷值主要反映汽车在市区慢速行驶时的汽油抗爆性。从图 3 可以明显看出，回炼 C_{9+}馏分油后，稳定汽油的 *RON* 值由原先的 92.83 提高到了 95.19。研究表明，碳原子数在 8 以上的芳烃对辛烷值的贡献起关键作用[1]，C_{9+}馏分油的组成中 C_9 以上的芳烃占比为 98.77%(质)，经过分离大部分馏分油作为稳定汽油出装置时，使得稳定汽油的芳烃含量上升，这正是稳定汽油 *RON* 显著上升的主要原因。

如图 4 所示，在富含芳烃的 C_{9+}馏分油掺入后，稳定汽油中芳烃含量由 30.05%(体)提高至 37.20%(体)，烯烃含量则由 15.95%(体)降低至 9.4%(体)。烯烃和芳烃是汽油辛烷值的重要贡献因子，但由于烯烃易氧化聚合成胶质，影响汽油质量，所以烯烃含量的降低对于轻催装置的稳定汽油是有利的。芳烃含量升高会导致汽油燃烧后的尾气中存在多环有机物，所以稳定汽油芳烃含量必须通过后面工序进行控制和调和，以满足目前国Ⅵ汽油标准中芳烃含量(不大于 35%)和烯烃含量(不大于 15%)的要求。

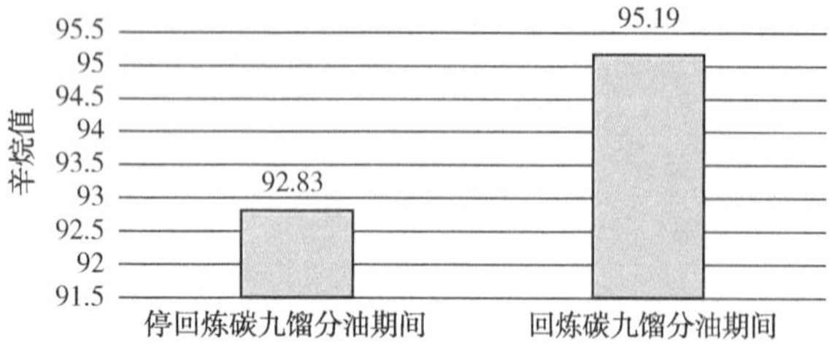

图 3 回炼 C_{9+}馏分油前后稳定汽油辛烷值对比图

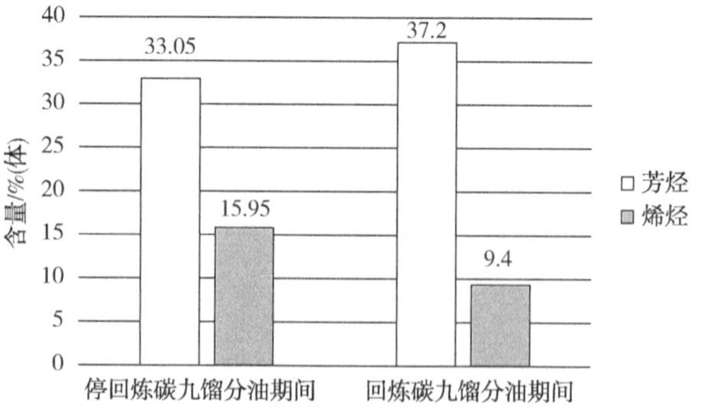

图 4 回炼 C_{9+}馏分油前后稳定汽油产品芳烃和烯烃含量对比图

2.4 回炼 C_{9+}馏分油对运行操作的影响

2.4.1 回炼 C_{9+}馏分油对分离操作条件的影响

轻催装置分馏塔的进料为 510~516℃的高温过热油气全气相过热进料，正常操作充分利用高温位热量换热和产生蒸汽，尽量减少上部回流的取热量。C_{9+}馏分油和分馏塔一中段回流汇合，返回分馏塔第12/14层。C_{9+}馏分油回炼流量5~18t/h，由于冷料进入打破了分馏塔原有的热量平衡，给操作上带来考验，容易造成分馏塔操作波动。

在处理量不变的情况下，70~80℃的C_{9+}馏分油进入超过200℃的分馏塔上部时瞬间汽化，带走大量热量，相近塔板的温度也明显降低。分馏塔的整体负荷随着回炼C_{9+}馏分油而增加，为了抵消掉从一中返塔的冷料影响，保持分馏塔的热平衡，整个塔的温度调整均呈现明显上升的趋势。鉴于一中返塔塔板和柴油抽出塔板的重叠，出现了柴油上下抽出口温度明显降低的情况。而油浆循环系统也有相应变化，油浆返塔温度和分馏塔底温度均有十分明显的上升。

2.4.2　回炼C_{9+}馏分油对分馏塔操作流量的影响

在分馏塔各回流温度均调整升高的情况下，为保证更好的气液两相接触状态，使经过一中段回流的油气热量保持，二中段回流、油浆循环、顶循回流流量皆有所降低。一中段作为稳定塔底再沸器的热源，C_{9+}馏分油的回炼使得热源热量降低，相应的稳定塔底温度降低，为了维持稳定塔底温度，回炼后一中段的流量较之前有明显增加。

2.4.3　回炼C_{9+}馏分油对蒸气压的影响

轻催装置稳定汽油的终馏点和饱和蒸气压调整在工艺卡片指标范围内按照全厂下达的生产计划进行调整，但回炼C_{9+}馏分油后明显增加了蒸气压不合格频次，不合格的分析数值大多超出了控制指标的高限，这是因为稳定塔底温度降低所致。

2.4.4　回炼C_{9+}馏分油对油浆的影响

油浆密度的工艺卡片指标为不大于1150kg/m^3，为防止结焦最好低于1100kg/m^3。回炼后，由于油浆循环流量降低，返塔温度和分馏塔底温度升高，油浆密度平均为1156kg/m^3，超过指标范围，芳烃含量升高5%，残炭量升高4%。多环芳烃容易聚合是生焦的主要原因，长此以往，容易造成油浆系统结焦，给装置运行带来风险[2]。

2.4.5　回炼C_{9+}馏分油对装置蒸汽产耗的影响

如表5所示，回炼后的中压蒸汽产汽降低1.8t/h，低压蒸汽产汽降低1t/h，作为热源的低压蒸汽用量增加0.8t/h。分析发现，中压蒸汽的产汽源于油浆回炼量和油浆返塔温度的变化，二中返塔温度的升高和流量降低是二中低压蒸汽产汽降低的主要原因，稳定塔底温度的降低使得解吸塔塔底再沸器热源负荷增加，解析塔底再沸器亦采用低压蒸汽作为热源，所以回炼C_{9+}馏分油给产、耗汽带来影响。

表5　回炼C_{9+}馏分油前后蒸汽变化表

项　目	回炼前	回炼后	项　目	回炼前	回炼后
油浆中压蒸汽发生/(t/h)	19	17.2	解吸塔底再沸耗汽/(t/h)	13.5	14.3
二中低压蒸汽发生/(t/h)	6.5	5.3			

2.5　回炼C_{9+}馏分油的装置经济效益的分析

分离单元在装置能耗方面受回炼C_{9+}馏分油的最大影响是蒸汽的能耗，低压蒸汽效益按2022年4月份成本表单价238.29元/t计，因产、耗汽带来的经济损失为：238.29×4×24=2.29(万元/d)。

分离单元在产品收率方面受回炼C_{9+}馏分油的最大影响是稳定汽油产量，稳定汽油属出厂半成品，效益按2022年4月份成本表单价4896.28元/t计，增收稳定汽油带来的经济效益为：(6307/15)×4896.28=205.87(万元/d)。

由此可见，回炼C_{9+}馏分油增收汽油带来了较大的经济效益。但从操作条件的改变来看，回炼C_{9+}馏分油使得分馏塔各中段回流温度升高，尤其是油浆系统，容易造成油浆系统结焦，给装置运行带来不利影响。从产品质量来看，稳定汽油的质量变好，但也同时造成稳定汽油饱和蒸气压和油浆密度质量、芳烃含量超标，为解决这些问题，保证经济效益最大化，寻找最适宜操作条件，针对油浆密度等问题，采取了一系列措施进行改进。

3 回炼 C_{9+}馏分油存在问题的解决措施

3.1 油浆系统调整

3.1.1 油浆密度调整

每天采样监测油浆密度，在不影响整体产品收率的前提下，增加油浆外甩流量，加强置换，降低油浆中固体含量。若油浆密度居高不下，可定期提高油浆循环量或在油浆换热器管线上稍加入冲洗油，有利于溶焦后排出。

3.1.2 调整分馏塔底气液相温度分布

调整油浆上下返塔流量，控制分馏塔底液相温度低于350℃，最高不超过355℃。因2017年有过下返塔堵塞现象，导致塔底温度偏高，根据当时经验，可适当调整上返塔流量，通过压力将下返塔憋通，或切换油浆泵，提高油浆泵出口压力。

若上述调整皆不能降低油浆密度，则必要时可联系调度降低 C_{9+}馏分油回炼量或更换质量较好的原料油。

3.2 稳定汽油饱和蒸气压控制

3.2.1 分馏一中调整

根据 C_{9+}馏分油回炼量逐步调整分馏一中段温度和循环流量，提高稳定塔底再沸器热源热量。

3.2.2 稳定塔调整

在不影响液化气质量的前提下，降低稳定塔的压力，使更多的轻组分从塔底分离出来。降低稳定塔顶冷回流的流量，缓慢形成倒反馈，逐步将稳定塔底温度提高。另外，在不造成过度解吸的前提下，增加解吸塔底热源，提高稳定塔进料温度。稳定塔底出料管线上换热器走副线，降低取热负荷，提高出料出装置温度。

3.3 稳定汽油芳烃含量的控制

回炼 C_{9+}馏分油后，稳定汽油芳烃含量高达37.20%(体)，超过了目前国Ⅵ汽油标准中芳烃含量[不大于35%(体)]的要求。必须控制好回炼量，一般控制在18t/h以内，并通过后面工序进行控制和调和。

4 结论

通过以上对重整 C_{9+}馏分油入分馏塔回炼对操作条件、汽油产品收率、稳定汽油产品质量、蒸汽产耗、经济效益等方面的影响分析可得出以下结论：

① 回炼重整 C_{9+}馏分油后，装置的汽油收率由44.10%提高至48.17%，汽油的研究法辛烷值由92.83提高至95.19，增产汽油日增经济效益约205.87万元。

② 回炼重整 C_{9+}馏分油会引起分馏塔的操作环境变化，易造成产品质量波动。

③ 回炼重整 C_{9+}馏分油造成分馏塔负荷增大，产汽降低。因产、耗汽带来的经济损失2.29万元/d。

④ 经过优化调整，油浆密度和稳定汽油饱和蒸气压、芳烃含量等问题得到了较大改善，能够保证轻催装置的长周期安全平稳运行。

参 考 文 献

[1] 李长秀，王亚敏，田松柏. 成品汽油组成及馏程与计算辛烷值的分布关系[J]. 石油学报：石油加工，2017，33(1)：6.

[2] 马伯文. 催化裂化装置技术问答[M]. 2版. 中国石化出版社，2013.

催化裂化沉降器结焦对比分析及改进措施

韩吉飞

（中国石化九江石化公司　江西九江　332004）

摘　要　沉降器结焦一直以来都是影响催化裂化装置长周期运行的重要因素之一，某公司两套催化裂化装置加工能力相近，原料性质相同，近十年沉降器腔体结焦状况不同，1#催化沉降器结焦严重，装置运行风险高，2#催化沉降器少量结焦。针对该公司两套催化装置结焦的情况不同，通过对比相关参数，分析发现不同料腿排料形式、不同沉降器汽提/防焦蒸汽温度、油气中重组分含量、回炼比会对沉降器结焦造成影响。通过采取提高汽提/防焦蒸汽温度、提高反应深度、提高单程转化率等措施可以预防和降低催化裂化装置沉降器结焦，降低装置运行风险。

关键词　催化裂化；沉降器；结焦；旋风分离器

1　前言

某公司1#催化裂化装置（以下简称1#催化）建于1980年，设计加工量1.2Mt/a，2011年改造采用多产异构烷烃的催化裂化工艺技术（MIP）-降低干气和焦炭产率的催化裂化新技术（DCR）工艺技术，沉降器设有三组粗旋和三组单旋，粗旋和单旋之间采用一对一软连接形式，改造后历次检修鉴定均发现沉降器腔体结焦严重。该公司2#催化裂化装置（以下简称2#催化）1997年建成投产，设计加工量1.0Mt/a，2004年改造采用MIP工艺技术，2010年改造为MIP-DCR技术，沉降器设有两组粗旋和四组单旋，粗旋和单旋之间采用二对四的软连接形式，改造后出现过单旋料腿结焦的现象，沉降器腔体少量结焦。

2　两套催化结焦情况

沉降器旋风分离器（以下简称旋分）料腿结焦直接影响装置正常运行，造成装置非计划停工。沉降器结焦也会带来较高的运行风险，在装置运行过程中可能因沉降器焦块断裂掉落而堵塞滑阀及沉降器汽提段，造成装置非计划停工[1]。

2020年2月，1#催化在检修期间发现沉降器腔体内结焦严重（见图1），内壁及集气室均有大量焦块，清理焦块约200t。分析原因是粗旋出口面积为0.25m²，粗旋入口面积为0.22m²，粗旋出口面积大于单旋入口面积，部分油气从软连接处外溢至沉降器腔体，油气中的重组分遇到冷壁液化、缩合结焦。本次检修粗旋出口尺寸由326mm×766mm改为306mm×718mm，与单旋入口尺寸相同。装置运行至2021年4月，检修发现旋分外壁仍结焦严重。

图1　1#催化沉降器腔体结焦严重

2014年2月和8月，2#催化装置发生两次停工清焦。设备鉴定发现沉降器腔体及旋分外壁轻微结焦（见图2），单旋料腿结焦堵塞，旋分失效造成催化剂大量跑损装置停工。通过调节再生斜管松动点改善再生斜管流化状态和减少DCR冷催化剂循环量的方式，从2015年至2022年旋分料腿结焦明显改善，期间历次检修沉降器腔体结焦量均在10t以内，仅旋分外壁挂有3块到5块200mm×200mm×50mm的焦块。

综上所述，1#催化沉降器腔体结焦严重，2#催化沉降器少量结焦。

3 沉降器结焦现象分析

3.1 沉降器结焦部位分析

2021 年 4 月，1#催化检修鉴定，沉降器内集气室 3 个旋分口结焦，穹顶和升气管四周以上结厚 50mm 珊瑚状焦块，焦块轻、脆、多孔；集气室出口大油气管线结有厚 20mm 焦块，焦块较硬；单旋和粗旋软连接口处外壁结有厚 250mm 焦块；单旋内壁和料腿无明显挂焦现象；粗旋料腿内壁布满鱼鳞状的焦块，厚度约为 10mm；粗旋料腿出口防倒锥挡板上挂有少量的焦块；单旋和粗旋外壁旋分料腿与灰斗连接处开始，由下向上结焦逐渐增多。本次鉴定装置运行周期为 1a，沉降器清焦约 60t。

3.2 焦块组成分析

1#催化沉降器旋分外壁焦块外观呈现灰黑色（见图 3），切面呈现颗粒状，说明该焦块催化剂含量相对较高，且为层状结构，可以推断该焦块是重油组分冷凝所产生的液滴黏附在催化剂颗粒表面，在器壁和旋分间隙处沉积并发生高温缩合反应而形成[2-4]，采样分析该处焦炭灰分约 20%。沉降器集气室焦块从外观看（见图 4），呈亮而脆的珊瑚状，灰分小于 3%，主要是油气中胶质缩合而成。

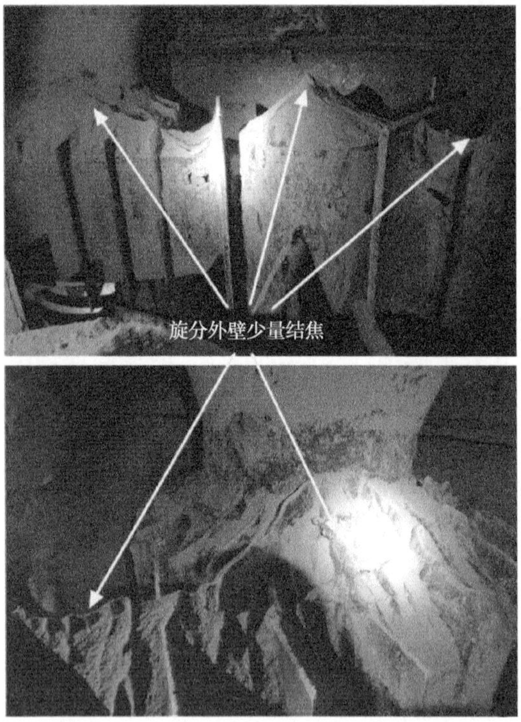

图 2　2#催化沉降器仅旋分外壁少量结焦

图 3　1#催化沉降器焦块

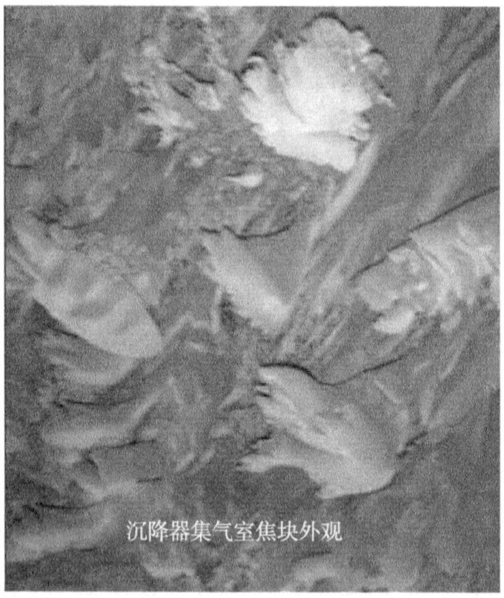

图 4　1#催化集气室焦块

4 结焦原因对比分析

4.1 原料参数对比

重组分多，特别是多环芳烃含量高的催化原料，会增加装置结焦倾向。两套催化原料均以加工渣油加氢的加氢重油为主，占比原料 60%，掺炼占比原料 15%的加裂尾油和 25%的罐区冷蜡油。两套催化原料终馏点均为 736℃左右，1#催化密度较 2#催化高 4.7kg/m^3，1#催化胶质加沥青质较 2#催化低 0.6%，100℃的运动黏度分别为 12.5mm^2/s 和 12.4mm^2/s，残炭 2.9%持平，原料中芳烃含量较高分别为42.4%和40.3%。在这种原料条件下，产生的回炼油和油浆中芳烃占比较高，含有较多的结焦前身物。分析对比两套催化原料组分相近，结焦倾向相近，均属于易结焦原料。两套催化原料性质对比见表1。

表1 两套催化原料性质对比

项　目	1#催化	2#催化	项　目	1#催化	2#催化
初馏点/℃	311.3	304.3	钠/(mg/kg)	1.1	1.1
10%馏出温度/℃	365.7	362.0	钙/(mg/kg)	3.3	1.9
30%馏出温度/℃	415.8	416.7	钒/(mg/kg)	2.6	2.6
50%馏出温度/℃	467.0	470.8	铜/(mg/kg)	0.1	0.1
70%馏出温度/℃	532.7	538.3	碱性氮/(mg/kg)	810.2	840.4
90%馏出温度/℃	634.8	641.0	氮/(mg/kg)	2125.0	2330.2
终馏点/℃	736.0	736.3	碳/%(质)	88.7	88.6
350℃馏出体积/mL	6.0	7.2	氢/%(质)	10.7	10.5
500℃馏出体积/mL	60.4	58.7	运动黏度(100℃)/(mm^2/s)	12.5	12.4
575℃馏出体积/mL	79.8	78.6	饱和烃/%(质)	52.3	53.7
密度(20℃)/(kg/m^3)	916.1	911.4	芳烃/%(质)	42.4	40.3
硫/%(质)	0.4	0.4	沥青质/%(质)	2.1	2.5
残炭/%(质)	2.9	2.9	胶质/%(质)	3.2	3.4
镍/(mg/kg)	5.1	4.2	酸值/(mgKOH/g)	0.6	0.6
铁/(mg/kg)	2.2	2.0			

4.2 原料雾化效果

原料以渣加重油为主，原料终馏点较高，其中大分子、高黏度的组分难以雾化。难以雾化组分进入提升管会有两种情况[5]：一是油滴穿透循环催化剂，喷射在提升管喷嘴上部的器壁上，造成提升管喷嘴上部结焦，两套催化均无此现象；二是油滴与高温催化剂经过长时间接触后终于完成气化，此时催化裂化反应已接近尾声，催化剂活性下降，该部分油气难以进行催化裂化反应，热裂化反应占比增加，可能形成二烯烃、大分子缩合物等，成为结焦的前身物。两套催化使用的原料油喷嘴均是洛阳森德公司生产的CS-Ⅱ型两段雾化喷嘴，根据公司催化原料性质和负荷制作与之匹配的喷嘴，按设计要求流量给定雾化蒸汽流量，1#催化8.2t/h，2#催化7.8t/h。每个检修周期更新原料油喷嘴，历次检修鉴定未发现改善管喷嘴上方结焦的现象，总液收相对较高，喷嘴运行效果良好。因此两套催化装置不存在原料油喷嘴雾化不好的情况。

4.3 反应深度

加氢重油中的重组分较蜡油要重得多，为了提高反应转化率，需要提高反应深度来获得较好的产品分布。反应深度不足，造成重质油难以裂化，结焦倾向随之增加。两套催化均为MIP-DCR工艺技术，装置性能相差不大，加工原料相同。催化剂活性在62%~63%，反应温度1#催化522℃，2#催化527℃，反应转化率可达到76.11%和75.74%。1#催化反应温度较低，但反应转化率偏高，催化剂性能较好，液化气收率较2#催化低5.3%，说明1#催化反应深度较2#催化低。

1#催化油浆收率高，油气中的重组分多，油气的结焦倾向增加。从产品分布看，1#催化汽油收率高，2#催化液化气收率高；两套催化焦炭收率6.57%、6.96%，油浆收率5.36%、4.92%。相比2#催化，1#催化生焦率低，油浆收率偏大，1#催化间断回炼油浆，回炼比为2%，会进一步提高油气中的重组分含量。1#催化反应深度低，又有油浆回炼，沉降器结焦倾向大。

两套催化操作参数和产品分布对比见表2。

表 2　两套催化操作参数和产品分布对比

项　　目	1#催化	2#催化	项　　目	1#催化	2#催化
处理量/(t/h)	150.62	136.53	液化气收率/%	15.48	20.78
原料预热温度/℃	217	220	汽油收率/%	50.42	44.57
再生温度/℃	695	690	柴油收率/%	18.53	19.34
催化剂活性/%	65	65	油浆收率/%	5.36	4.92
汽提/防焦蒸汽温度/℃	377	461	焦炭收率/%	6.57	6.96
沉降器腔体温度/℃	498	500	提升管蒸汽/(t/h)	10.3	9.5
反应温度/℃	522	527	干气中烟气量/(t/h)	1.28	1.25
产品分布			回炼比/%	0	0
干气收率/%	3.64	3.43			

4.4　油浆性质对比

催化油浆终馏点可达 550~580℃，两套催化 90%馏出温度为 498.3℃和 499.2℃，油浆密度分别为 1108kg/m^3 和 1094kg/m^3，沥青质和胶质含量分别为 7.28% 和 8.82%，芳烃总量达到 77.51% 和 80.95%。研究表明[6]油浆中多环芳烃占比在 56%左右，这些结焦前身物在反应中只有少部分会裂化，大部分缩合结焦或不参加反应，随反应油气带到下游设备，在线速较低的环境中，遇到冷壁液化、缩合结焦，挂在沉降器内构件上。

数据显示 1#催化油浆终馏点低、密度大，表明重芳烃含量高，性质相对较差，结焦倾向大。

两套催化油浆性质对比见表 3。

表 3　两套催化油浆性质对比

项　　目	1#催化	2#催化	项　　目	1#催化	2#催化
初馏点/℃	276	291.7	运动黏度(80℃)/(mm^2/s)	71.65	63.7
10%馏出温度/℃	355.3	385.7	残炭/%(质)	8.815	8.5
30%馏出温度/℃	396.6	402.7	氢含量/%(质)	6.65	7.35
50%馏出温度/℃	417	422.7	碳含量/%(质)	90.15	90.1
70%馏出温度/℃	446.6	452.5	密度(20℃)/(kg/m^3)	1108	1094
90%馏出温度/℃	498.3	499.2	饱和烃/%(质)	15.21	10.23
终馏点/℃	556	578	芳烃/%(质)	77.51	80.95
350℃馏出体积/mL	8.1	3.4	沥青质/%(质)	1.32	1.45
500℃馏出体积/mL	91.1	89.7	胶质/%(质)	5.96	7.37
575℃馏出体积/mL	98.8	98.5			

4.5　沉降器操作温度

两套催化沉降器的汽提/防焦蒸汽为 280℃的 1.0MPa 蒸汽经进一步过热，过热为温度与沉降器温度相近的高品质蒸汽，再注入反应沉降器中，以减少反应沉降器内的温降。1#催化 1.0MPa 蒸汽过热盘管在再生器二再稀相，过热蒸汽温度为 377℃；2#催化 1.0MPa 蒸汽过热盘管在提升管二反段，过热蒸汽温度为 461℃。相比 2#催化，1#催化汽提/防焦蒸汽温度低，使油气在沉降器内结焦倾向增加。

4.6　工艺参数对比

沉降器旋分外壁的结焦主要源于可汽提焦和粗旋料腿携带油气中的重组分，该部分油气在汽提段或粗旋料腿出口向上流动经过沉降器内部低温点的位置液化、缩合结焦，挂在旋分外壁。通过对比两套催化沉降器内油气流量分析两套催化结焦量不同的原因。

利用氮气平衡法计算反应生焦量和催化剂循环量，结果见表 4。

$$K_C=\frac{V\times V_N}{22.4\times(1+\varphi)\times(100-c_{O_2}-c_{CO}-c_{CO_2})}\times M_C\times c_{CO_2}$$

式中 K_C——烧炭量，t/h；

V——进再生器风量，Nm^3/min；

V_N——空气中氮气体积比；

φ——空气分子湿度，取0.3；

M_C——碳摩尔质量；

c_{O_2}——烟气中氧气含量,%；

c_{CO}——烟气中一氧化碳含量,%；

c_{CO_2}——烟气中二氧化碳含量,%。

$$K_H=\left[\frac{V\times(V_O-V_{O_2})}{22.4\times烟风比}-W_O\right]\times M_{氢气}\times 2$$

式中 K_H——烧氢量，t/h；

V_O——空气中氧气浓度,%；

V_{O_2}——烟气中氧气浓度,%；

W_O——二氧化碳中氧的摩尔流量，kmol/h；

$M_{氢气}$——氢气摩尔质量，kmol/h。

$$K_{cat}=\frac{K_C}{C_d-C_z}$$

K_{cat}——催化剂循环量，t/h；

C_d——待生剂定碳,%；

C_z——再生剂定碳,%。

表4 反应生焦量和催化剂循环量计算

项目	1#催化	2#催化	项目	1#催化	2#催化
烟气 O_2 含量/%	3.59	3.68	烧氢量/(t/h)	0.76	0.77
烟气 CO 含量/%	0	0	生焦量/(t/h)	9.21	10.39
烟气 CO_2 含量/%	14.05	14.56	待生剂定碳/%	1.16	1.12
进再生器风量/(Nm^3/min)	2000	2193	再生剂定碳/%	0.04	0.02
烧炭量/(t/h)	8.45	9.62	催化剂循环量/(t/h)	754	875

粗旋油气携带量计算方式采用每千克催化剂的携带油气量公式计算。计算得粗旋料腿携带的油气摩尔流量1#催化为162.27kmol/h，2#催化为46.82kmol/h，具体计算见表5。其中料腿密度按照料腿外部密度进行核算，查1#催化设计图纸，沉降器料腿高度为EL 37600mm，沉降器汽提段藏量量程为0~80t，操作控制在45t，占比56.25%，料位计的压降为0~86.96kPa，汽提段密度为500kg/m^3，通过计算得知汽提段料位在料位计下反吹点EL 27300mm上部10.186m的位置，未封住粗旋料腿排尘口，稀密相床层交界处属于扬尘层，密度约为200kg/m^3；2#催化粗旋料腿排尘口处设置溢流斗，溢流斗密度为695kg/m^3。料腿密度近似取排尘口处溢流斗密度。

$$W_G=1.2\times10^5\times\frac{M_G P}{T}\times\left(\frac{1}{\rho_B}-\frac{1}{\rho_s}\right)$$ [7]

式中 W_G——催化剂夹带的油气占催化剂的重量分率，kg/1000kg催化剂；

M_G——油气平均相对分子质量；

P——粗旋料腿压力，kPa；

T——粗旋料腿温度,℃；

ρ_B——料腿床层密度，kg/m^3；

ρ_s——催化剂骨架密度，kg/m^3。

表 5　粗旋料腿携带气量计算

项　　目	1#催化	2#催化	项　　目	1#催化	2#催化
催化剂骨架密度/(kg/m^3)	2660	2660	吨催化剂携带油气量/(kg/1000kg)	14.97	3.36
料腿床层密度/(kg/m^3)	200	695	总的油气量/(kg/h)	11287.38	2940
料腿温度/℃	498	500	油气摩尔流量/(kmol/h)	162.27	46.82
料腿压力/kPa	180	210	泄气率/%	7.25	1.97
油气平均相对分子质量	69.56	62.8			

提升管出口油气与催化剂为快速分离形式，从最初的倒三角型、伞帽型、弹射型、出口型，发展到目前旋流型和粗旋分型。气-固分离效率从70%~75%提高到90%以上，目前常用的粗旋分工业运行效率达85%~90%。粗旋分在催化裂化工艺上常设计为正压排料，最简单的结构只有筒体和锥体，末端安装排料管，正压排料的下泄气量高达入口气量的5%~6%[8]。1#催化粗旋料腿卸气率7.25%，2#催化粗旋料腿卸气率1.97%，1#催化粗旋催化剂携带油气量较2#催化多8.34t/h，1#催化料腿内油气反混严重，气-固分离效率较低。2#催化沉降器粗旋料腿安装了溢流斗，同时PLY型粗旋优化了结构设计，排气口面积大于排出口面积，料腿泄气量降低，料腿内油气反混程度被减轻。

1#催化油气随催化剂进入沉降器汽提段，在蒸汽汽提作用下随着汽提蒸汽一同上升，在线速低、温度低的沉降器稀相空间内沉积结焦。所以油气和长停留时间是结焦的关键因素，反应油气中的重组分是结焦的根本因素。

5　结焦量表征

沉降器温度按照500℃计算，油浆中大于500℃组分占比约10%，按照该部分油浆有10%~100%结焦，通过计算1#催化每天的结焦量为18.14~181.4kg，2#催化每天的结焦量为4.35~43.5kg。

$$\text{估算结焦量}=\frac{\text{粗旋料腿卸气率}\times\text{油浆收率}\times\text{处理量}\times\text{油浆中大于 500℃ 馏分占比}}{1-20\%}$$

2014年两套催化装置检修后，1#催化每个检修周期清焦量为180~200t，2#催化每个检修周期的清焦量约为10t。检修周期以三年半计算，反推日结焦量1#催化为140.9kg，2#催化为7.8kg。不考虑开停工影响，1#催化油浆中大于500℃组分在沉降器腔体结焦率为77.67%，2#催化油浆中大于500℃组分在沉降器腔体结焦率为17.93%。造成此差别的原因为两套催化装置沉降器汽提/防焦蒸汽温度差异。(此表征方法仅限于本文两套催化结焦量对比分析)

6　防结焦的对策

6.1　改造粗旋正压排料形式

将粗旋料腿深入到密相床层中，使粗旋料腿中的催化剂以密相床层的形式进行输送，可减少催化剂携带油气量。两种方案：一是提高沉降器催化剂藏量，使催化剂淹没粗旋料腿排料口，但需要进一步核算粗旋压降和效率，不建议使用此方案；二是在粗旋排料口增加溢流斗，控制溢流斗内密相床层密度，减少油气夹带。

6.2　提高汽提/防焦蒸汽温度

将1.0MPa蒸汽过热盘管换热面积增加，提高取热量，将换热终温提高至450℃，理论估算1#催化一个生产周期沉降器结焦量可降至50t以下。

6.3　提高反应深度

提高催化剂循环量、反应温度、催化剂活性，可以提高催化裂化反应深度，减少反应油气中重组分的占比。

6.4　反应单程转化

停止回炼回炼油及油浆，可以减少焦炭前身物的产生、降低反应油气中重组分浓度，同时也可以降低生焦、减少热损失、提高轻液收率。

7 结论

1#催化沉降器结焦严重主要原因是粗旋料腿催化剂携带占总反应油气量7.25%的油气进入沉降器汽提段，汽提/防焦蒸汽温度377℃，偏低，汽提出来的油气向上输送的过程中，重组分遇到偏低温蒸汽形成的冷壁，在冷壁处在催化剂的作用下液化、缩合结焦，最终导致沉降器结焦严重。对比两套催化装置，2#催化粗旋料腿增设了溢流斗，粗旋料腿催化剂携带的油气量为总反应油气量的1.97%，较1#催化携带油气量少8.34t/h。此外2#催化汽提/防焦蒸汽温度可以达到461℃，减少了沉降器内冷壁的产生，有效减少装置结焦。

通过对两套催化裂化装置原料、操作条件、操作数据进行核算及比对分析，明确了导致催化裂化装置沉降器结焦情况不同的主要原因，并从改变沉降器粗旋料腿排料形式、提高1.0MPa蒸汽过热温度、提高反应深度、提高单程转化率等方面提出了预防和降低装置结焦措施建议。通过采取以上措施可减缓结焦速率，降低装置运行风险，保证装置长周期运行。

参 考 文 献

[1] 许杰，黄智勇，刘晓桐. 催化裂化装置沉降器防结焦长周期运行分析[J]. 化工管理，2019(24)：120-121.
[2] 于春军，王俊宏. 某重油催化裂化装置结焦主要原因分析及应对措施[J]. 中国石油和化工标准与质量，2018(24)：14-15.
[3] 马世涛. 重油催化裂化装置反应器结焦的原因及对策探索[J]. 石化技术，2020(6)：52-53.
[4] 魏耀东，宋健斐，张锴. 催化裂化装置沉降器内结焦的微观结构及其生长过程的分析[J]. 燃料化学学报，2005(4)：445-449.
[5] 徐文长. 催化裂化装置反应系统结焦原因及对策[C]//中国石化中国石油催化裂化协作组第十届年会论文集.2004：186-193.
[6] 毛树梅. FCCU反应分馏系统结焦调查报告[J]. 催化裂化，1997，16(4)：13.
[7] 曹汉昌，郝希仁，张韩. 催化裂化工艺计算与技术分析[M]. 北京：石油工业出版社，2000：153-154.
[8] 陈俊武，许友好. 催化裂化工艺与工程[M]. 3版. 北京：中国石化出版社，2015：1286.

LTAG 工艺生产低硫船燃的装置实践

林春阳　公绪春　杜玉秀　侯和乾

（中国石化济南炼化公司　山东济南　250101）

摘　要　本文介绍中国石化济南炼化公司 120 万 t/a 重油+88 万 t/a LTAG 催化裂化装置采用双反应器、双分馏塔的工艺流程：主反应器采用生产清洁汽油的 MIP 工艺方案，副反应器采用 LTAG 工艺方案。双反应器、双分馏塔工艺流程解决了重油催化原料与劣质柴油加氢后两种差异性原料同时进行高选择性裂化反应的难题。装置原设计主分馏塔和副分馏塔，柴油馏出后共进一个汽提塔汽提，但由于副分馏塔柴油质量相对较差（十六烷值低、芳烃含量高、硫含量低、黏度低，可以作为船燃等的调和组分），2021 年利用装置检修之际增上副柴油汽提塔，副塔柴油可以调和生产低硫高附加值船燃产品，优化了柴油利用状况，同时减少了柴油加氢耗氢量。

关键词　LTAG 工艺；双汽提塔；低硫；船燃

1　前言

近年来，航运业逐步复苏，中国国内船供油市场的发展将更加迅速，供需规模也将继续增长。而随着社会对环境保护的关注日益增强，船舶行业的环保问题也引起了广泛关注。低硫重质船燃业务成为新的炼油增长点，而船用燃料油低硫化政策为我国炼油业提供了新的发展空间。

济南炼化根据炼油结构调整、提质升级的总体规划，原 80 万 t/aFDFCC 催化裂化装置扩能升级改造为 120 万 t/a 重油+88 万 t/a LTAG 的催化裂化装置，2021 年装置进行改造，增上副柴油汽提塔，副塔柴油具有低硫、芳烃含量较高等特点。为实现副塔柴油经济效益的最大化，济南分公司探索用副塔柴油调和生产低硫船燃，降低了柴油加氢装置能耗。

2　船用低硫燃料油及前景

燃料油作为成品油的一种，是石油加工过程中在汽、煤、柴油之后从石油中分离出来的较重的剩余产品，主要由石油的裂化残渣油和直馏残渣油制成，全球燃料油最大的需求领域来自于交通运输行业的船用油市场。船用燃料油是运输交通的动力来源，其品质必须符合船舶内燃机使用的各项要求。低硫燃料油与高硫燃料油主要在于硫含量不同，也就是燃料油在燃烧后排放气体对大气的污染程度不同。根据硫含量，含硫量小于 0.5%（质）的燃料油就是低硫燃料油。自 2020 年 1 月 1 日起，国际海事组织（International Maritime Organization，IMO）正式开始在全球范围内实施船用燃料油硫含量不超过 0.50%（质）的规定，即全球限硫令，强制要求所有远洋船舶必须将航运燃料油中的硫含量由 3.50%（质）降低至 0.50%（质）。

自 2020 年全球船用燃料年消费规模将稳定在 3 亿 t 左右，而我国船用燃料油过去 90%以上依赖进口，市场需求空间较大。低硫船用燃料油主要有三种生产途径：一是使用低硫原油经过蒸馏工艺生产；二是使用低硫渣油和高硫重质燃油进行混兑、调和生产；三是通过渣油加工装置将高硫渣油中的硫含量降低用于生产船燃。

3　LTAG 工艺介绍

LTAG（LCO To Aromatics and Gasoline）工艺技术是将劣质催化裂化柴油转化为高辛烷值催化裂化汽油或轻质芳烃的工艺，通过对催化裂化柴油中的多环芳烃进行选择性加氢饱和，然后再返回催化裂化装置进行催化裂化反应，以实现最大化生产高辛烷值汽油和降低柴汽比。LTAG 是石油化工科学研究院（石科院）近期开发的将劣质催化裂化柴油转化为高辛烷值汽油或芳烃料新技术。其主要是利用加氢单元和催化单元组合，将催化装置的LCO馏分先加氢后进行催化裂化，通过优化匹配加氢和催化裂化的工艺参数等，实现最大化生产高辛烷值汽油和/或 $C_6 \sim C_8$ 芳烃。LTAG技术在加氢处理单元通过对LCO中的芳烃进行定向加氢饱和，将LCO中双环以上芳烃选择性加氢饱和为单环芳烃，其加氢产物在催化裂化单元通过工艺参数等的优化来抑制氢转移反应的比例，而最大化开环裂化反应，最终实现LCO转化为富含芳烃的高辛烷值汽油。该项技术通过对加氢反应深度的控制，同时调整催化裂化单元和加氢单元的条件，实现尽量多产高辛烷值汽油，具有较高的LCO转化率、高汽油选择性、低氢耗等优势特点，产物汽油烯烃的含量降低4~5个百分点，辛烷值(RON)可以增加0.5~1.0单位，采用循环操作时基本实现LCO全部轻质化。

济南炼化根据炼油结构调整、提质升级的总体规划，将原80万t/a使用FDFCC的重油催化裂化装置采用MIP与LTAG组合工艺技术进行扩能升级改造，装置主反应器部分采用石科院开发的多产汽油的MIP工艺，加工减压渣油和常减压蜡油等，催化剂为与MIP工艺配套设计的专用分子筛催化剂；副反应器采用将催化裂化劣质柴油(LCO)转化为高辛烷值汽油或轻质芳烃的LTAG技术。该技术改变了现有炼油厂LTAG技术的应用都是加氢改质LCO(LTAG原料)与重油原料共用一个提升管反应器的工艺方案，采用双反应器各自处理重油原料与LTAG原料，实现了催化裂化装置生产方案的灵活变化和原料的高选择性转化，达到了增产高辛烷值汽油的目标，解决了外甩劣质重催化裂化柴油的用途问题，具有重要的实际意义和应用价值。

4 副塔柴油调和生产低硫船燃产品

LTAG工艺中，催化柴油加氢后杂原子以及多环芳烃含量下降，裂化后得到的LTAG催化柴油的硫、氮含量明显低于重油催化柴油，芳烃含量高，黏度与重油催化柴油基本一致。LTAG副塔柴油常规性质分析见表1。

表1 LTAG催化柴油常规性质分析

项目样品	LTAG催化柴油	分析方法
密度(20℃)/(kg/m^3)	950.6	GB/T 1884
黏度/(mm^2/s)		GB/T 265
40℃	1.35	
100℃	0.79	
折射率(40℃)	1.6290	
相对分子质量	169	SH/T 0583
苯胺点/℃	<5	GB/T 262—1988
酸度/(mgKOH/g)	0.007	GB/T 258—1977
闪点/℃	98	GB/T 267—1988
倾点/℃	-37	GB/T 3535
总氮/(mg/kg)	63	GB/T 17674
总硫/(mg/kg)	42	GB/T 17040

为应对成品油市场需求的变化，同时充分利用副塔柴油低硫、低黏度、高芳烃的特点，济南炼化探索通过调和方式生产RMG180和RMG380船用残渣燃料油。

根据GB 17411—2015《船用燃料油》技术指标，RMG180和RMG380船用残渣燃料油要求50℃运动黏度≤180mm^2/s和≤380mm^2/s、硫含量≤0.5%，20℃密度≤987.6kg/m^3。济南炼化结合各装置馏出口样品的性质，采用常减压装置减压渣油和催化装置油浆等高硫、高密度、高黏度组分、减五线和蜡下油等中黏度组分与低黏度组分副塔柴油调和，调和出的产品满足RMG180和RMG380船用残渣燃料油技术指标要求。不同调和组分主要物理性质见表 2。

表 2 不同调和组分主要物理性质

样品名称	20℃密度/(kg/m³)	硫含量/%(质)	100℃运动黏度/(mm²/s)	50℃运动黏度/(mm²/s)
一蒸馏减渣	994.5	0.99	565.0	—
二蒸馏减渣	996.5	0.83	650.0	—
四线蜡下油	851.7	—	—	29.43
一催副塔柴油	932.5	0.21	—	2.784(20℃)
中润	867.6	—	—	18.056

由于油品间调和时硫含量的线性加和性较好，首先计算出高硫组分与低硫组分调和时能基本满足硫含量要求的比例，再根据 RMG180 和 RMG380 黏度要求调整方案，必要时调入适量的中黏度组分。

采用减渣、蜡下油和副塔柴油组分在不同调和比例下，形成 4 个方案，方案 1、方案 2 调和 RMG380，方案 3、方案 4 调和 RMG180。调和出的船用燃料油性质满足 RMG180 和 RMG380 船用残渣燃料油技术指标。调和船用燃料油的性质分析和 RMG180、RMG380 船用残渣燃料油技术指标指标见表 3和表 4。

表 3 副塔柴油调和船用残渣燃料油的性质分析

项目	RMG380		RMG180	
	方案 1	方案 2	方案 3	方案 4
运动黏度(50℃)/(mm²/s)	212.0	192.4	123.0	113.7
20℃密度/(kg/m³)	933.0	943.2	941.9	945.1
碳芳香度指数(CCAI)	802.9	814.1	818.2	822.4
硫含量/%(质)	0.48	0.48	0.50	0.50
净热值/(MJ/kg)	41.5	41.4	41.4	41.3
倾点/℃	<23	<23		

表 4 RMG180 和 RMG380 船用残渣燃料油技术指标指标

项目		质量指标		试验方法
		RMG180	RMG380	
运动黏度(50℃)/(mm²/s)		≤180	≤380	GB/T 11137
密度/(kg/m³) (满足下列要求之一)	15℃	≤991		GB/T 1884 和 GB/T 1885、SH/T 0604
	20℃	≤987.6		
碳芳香度指数(CCAI)		≤870		GB 17411—2015 附录 F
硫含量/%(质)		≤0.5		GB/T 17040、GB/T387、GB/T11140、SH/T 0172
闪点(闭口)/ ℃		≤60		GB/T 261(步骤 B)
硫化氢/(mg/kg)		≤2		IP 570(步骤 A)
倾点/℃		≤30		GB/T 3535

5 结语

副塔柴油作船燃调和组分，降低了柴油在催化-加氢装置之间的重复循环，部分减少了二加氢加工量和装置 LTAG 回炼量，降低了氢耗和能耗总量。济南炼化充分利用 120 万 t/a 重油+88 万 t/aLTAG 催化装置双反应器、双分馏塔、双汽提塔的工艺优势，将劣质催化柴油转化为高辛烷值催化汽油和低硫船燃，为企业调整产品结构、提升产品价值提供了强有力的技术支持，加快了分公司“油转化”“油转特”转型发展的步伐。

参 考 文 献

[1] GB 17411—2015《船用燃料油》.

[2] 蔡新恒，龙军，王乃鑫，等. 催化裂化柴油中多环芳烃加氢转化的分子水平表征[J]. 石油学报：石油加工，2017(3)：23-30.

[3] 倪前银，黄波林. LTAG 技术在重油催化裂化装置的工业应用[J]. 石油炼制与化工，2017，48(11)：46-49.

[4] 李兆贤. MIP 重油催化与 LTAG 组合工艺运行情况分析[J]. 中外能源，2019，24(6)：32-36.

某劣质蜡油进催化裂化装置配炼探索研究

许浩兵

（中国石化茂名石化公司　广东茂名　525000）

摘　要　劣质蜡油的特点是杂质多、氢含量低，加工途径少、加工困难。对于催化裂化装置来讲，劣质蜡油组分不是好的原料，因为其含有较多的多环芳烃和短侧链多环环烷烃，直接进入催化裂化装置后，目的产品收率差，而且生焦严重，一定程度上还占用了剂油比。本公司某二次加工装置减压侧线蜡油（简称“劣质蜡油”）性质差，如果进入固定床渣油加氢配炼，由于加氢深度大，容易导致反应产物 NH_4HS 含量高，高压空冷容易结盐腐蚀，影响装置安全生产。经过探索研究，劣质蜡油组分经过蜡油加氢加工后进入催化裂化装置配炼，转化成汽油+液化气收率提高了 15.43%。如果单独进入催化裂化装置，在加注 20%重油裂解助剂的情况下，转化成汽油+液化气收率可以提高 5.17%。

关键词　杂质；氢含量；芳烃含量；劣质蜡油

1　劣质蜡油性质

劣质蜡油组分氮含量偏高，饱和烃很低，芳烃和胶质含量较高。如果大量直接进入催化裂化装置回炼，可能会导致催化剂碱氮中毒；如果少量配炼，可能会因为芳烃含量高导致目的产品收率低；为了探索其最佳的加工路线，通过对几种工况进行对比，详细情况见表 1、表 2。

表 1　劣质蜡油组分的性质

项目	2021-2-19	2021-2-5	2021-2-4	2021-1-28	2021-1-5	2021-1-5
饱和烃含量/%	—	37.61	38.38	33.72	33.17	30.99
芳烃含量/%	—	53.93	52.52	57.73	59.28	62.27
沥青质含量/%	—	0.1	0.09	0.12	0.12	0.1
胶质含量/%	—	8.36	9.01	8.43	7.43	6.64
碱性氮/(mg/kg)	1922.05	—	—	—	—	—
氮含量/(mg/kg)	5700	6400	—	5900	—	—
氢含量/%	—	—	—	—	—	10.9

表 2　劣质蜡油细组分的性质

组分	链烷烃	单环烷烃	多环烷烃	单环芳烃	多环芳烃	胶质
含量/%(质)	14.3	7.2	10	17.8	44.2	6.6

2　加工路线

2.1　直接进催化裂化装置

与原料油混合，直接进入 MIP 催化裂化原料喷嘴配炼；劣质蜡油配炼量 20t/h，处理量 250t/h；反应温度 530℃。在其他操作条件基本相当的情况下，各产品的收率见表 3；通过计算，得出劣质蜡油的转化率见表 4。

表 3　产品收率 %

收率	空白	催化裂化配炼 20t/h	变化
干气	3.10	3.23	0.13
液化气	22.10	21.39	-0.71
汽油	37.89	35.05	-2.84
柴油	23.20	24.26	1.06
油浆	6.20	7.69	1.49
烧焦	7.50	8.38	0.87
转化率	70.60	68.05	-2.55

表 4　劣质蜡油转化产品收率情况 %

产品	收率	产品	收率
干气	4.76	柴油	36.74
液化气	13.06	油浆	25.26
汽油	1.48	烧焦	18.70

由表 3 和表 4 可以看出，劣质蜡油直接进催化裂化装置配炼，目的产品收率低，转化成汽油+液化气收率非常低，只有 14.54%，重油+焦炭收率达到 80.7%。

目的产品收率低分析：

① 催化剂碱氮中毒。

从表 1 可以看出，劣质蜡油氮含量达到 6000mg/kg，碱性氮含量达到 2000mg/kg，但是由于配进催化裂化装置的量少，只有 8%，相当于催化裂化原料总氮含量上升 480mg/kg，碱氮增加 160mg/kg；从文献查得，Topsoe 公司的研究结果表明[1]，催化裂化进料碱氮每增加 100mg/kg，转化率降低 0.3%～0.5%，而当前碱氮上升 160mg/kg，转化率就降低了 2.65%，所以，催化剂氮中毒不是根本原因。

② 饱和烃含量低，氢含量低。

劣质蜡油氢含量 10.9%，比正常催化原料氢含量 12.5%低了 1.6%；H/C 原子比只有 1.477。从文献查得，H/C 原子比从 1.71 下降至 1.477，原料中的主要组分是多环芳烃，难以裂化[2]。同时从表 2 可知，劣质蜡油组分多环芳烃占比 44.2%，可见，氢含量低是目的产品收率低的根本原因。

2.2　蜡加+催化裂化

劣质蜡油先进入蜡油加氢装置加氢后再进入 MIP 催化裂化配炼。配炼量 25t/h，蜡油加氢装置处理量 255t/h，经计量，加氢后的劣质蜡油进入该催化裂化装置约 14t/h。配炼后，在其他操作条件基本相当的情况下，各产品的收率见表 5；通过计算，得出劣质蜡油的转化率见表 6。

表 5　产品收率 %

收率	空白	蜡油加氢配炼 25t/h	变化
干气	3.10	3.12	0.02
液化气	22.10	21.80	-0.30
汽油	37.89	36.67	-1.23
柴油	23.20	23.79	0.59
油浆	6.20	6.56	0.36
烧焦	7.50	8.06	0.56
转化率	70.60	69.65	-0.95

表 6 劣质蜡油转化产品收率 %

产品	收率	产品	收率
干气	3.49	柴油	34.75
液化气	16.23	油浆	13.34
汽油	13.75	烧焦	18.45

由表 6 可以看出，通过加氢之后再进入催化裂化装置配炼，相比于直接进入催化裂化装置配炼，劣质蜡油转化成汽油+液化气收率提高了 15.43%。

目的产品收率提高原因分析：

① 氮含量变化：

从表 7 可以看出，配炼后，原料氮含量从 1400mg/kg 上涨至平均 1800mg/kg，产品氮含量从平均 420mg/kg 上升至平均 665mg/kg，按照处理量 255t/h 计算，可以得出 A 蜡油在蜡油加氢装置脱氮率约 50%，相当于催化原料总氮含量上升 168mg/kg，碱性氮约上升 112mg/kg，从文献查得，Topsoe 公司的研究结果表明[1]，催化裂化进料碱氮每增加 100mg/kg，转化率降低 0.3%~0.5%；相比于直接进催化裂化装置，转化率可提高 0.3%~0.5%，而实际转化率提高了 13.9%，说明碱性氮减少不是主要的贡献。

② 饱和烃含量变化：

从表 7 可以看出，配炼后，原料饱和烃含量从 46.08%降低至 43.33%，产品饱和烃含量从 57.64%降低至 57.61%，可以计算得出劣质蜡油进入蜡油加氢装置后饱和烃含量从 34.77%上升至 57.33%，氢含量大幅度上升后，转化率大幅度提高。

可以看出，劣质蜡油进入蜡油加氢装置后，通过加氢饱和以及脱氮后再进入催化裂化装置，可以大幅度地提高转化率，尤其是饱和烃含量上升作用显著。

表 7 蜡油加氢原料和产品性质变化情况

采样点	组分	配炼 25t/h					空白	
精制蜡油	氮含量/(mg/kg)	—	790	—	540	—	480	360
	饱和烃含量/%	—	—	57.6	—	—	57.9	57.3
	芳烃含量/%	—	—	41.2	—	—	41.7	41.7
	沥青质含量/%	—	—	0.03	—	—	0	0.03
	胶质含量/%	—	—	1.2	—	—	0.38	0.93
混合蜡油原料	氮含量/(mg/kg)	2000	1700	—	1700		1400	1400
	饱和烃含量/%	43.5	—	—	—	43.16	45.9	46.2
	芳烃含量/%	50.7	—	—	—	52.2	51.1	47.6
	沥青质含量/%	0.08	—	—	—	0.08	0.05	0.1
	胶质含量/%	5.7	—	—	—	4.56	2.9	6.1

2.3 催化裂化+20%重油裂解剂

由于客观原因，此路线没有在生产装置试验，只通过了小试装置模拟；在模拟现有生产装置的操作条件下，原料为纯劣质蜡油，反应温度 530℃，重油裂解剂加注 20%，剂油比一致；模拟结果见表 8。

表 8 加注重油裂解剂情况 %

收率	空白	加注 20%重油裂解剂	变化
干气	6.38	5.81	-0.57
液化气	18.31	25.81	7.5

续表

收率	空白	加注 20%重油裂解剂	变化
汽油	24.81	22.48	-2.33
柴油	14.18	11.26	-2.92
油浆	23.63	17.73	-5.9
烧焦	12.9	15.89	2.99
转化率	62.4	69.99	7.59

注：小试装置剂油比高，加入裂解剂后汽油可能存在过裂化现象。

从表 8 可以看出，加注 20% 重油裂解剂后，转化率提高了 7.59%，液化气+汽油收率提高了 5.17%。

由于劣质蜡油的特点就是多环烷烃和芳烃含量高、侧链短，由表 2 分析数据可以看出，基本上都是两环以上环烷烃和芳烃，例如双环饱和环烷烃，十氢萘，动力学分子直径为 0.56~1nm，刚刚好能进入 Y 形分子筛，如果再增加一个环，基本上就只能在载体和二次孔上发生裂化反应，而载体或者二次孔上基本是 B 酸，酸性弱，如果组分饱和度低，则难以发生裂化反应，大部分只能发生缩合生焦反应。芳香组分可裂化性能差，在催化裂化条件下不仅难以转化为轻质的高价值产物，而且重质的芳烃分子还容易吸附在催化剂活性位表面，进而发生结焦反应，造成催化剂对原料中其他组分转化能力的下降[3]。所以对于这种大分子且饱和烃含量低的组分，难以在普通催化剂上发生理想的催化裂化反应。

而重油裂解剂，从酸中心和孔径分布两方面改善了催化剂性能，提高了重油裂解性：①控制助剂的酸中心类型和强度。L 酸中心比 B 酸中心对不饱和化合物有较强的吸附，有足够的时间进行聚合反应最终生成焦炭和氢气，大分子烷烃和环烷烃化合物非常易于裂化，弱 B 酸中心就足可诱发反应，因此重油裂解剂的 B 酸和 L 酸中心数之比应较高，且只需有弱酸中心强度，这样可以控制好反应和吸附的关系减少焦炭和干气的生成。②控制助剂的孔分布，增加中孔比例。改善油气分子的扩散性能，可以使油气大分子进入孔道在酸中心上进行反应，又可以使产物分子尽快地离开孔道[4]。

2.4 几种加工路线与催化裂化无配炼劣质蜡油的对比

从表 9 以及结合表 8 可看出，无论是直接配炼还是经过蜡油加氢配炼还是通过加注 20%重油裂解助剂，目的产品汽油+液化气收率都是下降的，尤其是直接配炼的工况，目的产品汽油+液化气收率下降了 3.55 个百分点。

表 9　产品收率 %

收率	无配炼劣质蜡油	催化裂化配炼 20t/h	蜡油加氢配炼 25t/h
干气	3.10	3.23	3.12
液化气	22.10	21.39	21.80
汽油	37.89	35.05	36.67
柴油	23.20	24.26	23.79
油浆	6.20	7.69	6.56
烧焦	7.50	8.38	8.06
转化率	70.60	68.05	69.65

3 结论

通过数据可看出，该劣质蜡油不是理想的催化裂化原料，无论是直接配炼还是经过蜡油加氢配炼还是通过加注 20%重油裂解助剂，目的产品汽油+液化气收率都是下降的。但是，为了解决劣质蜡油加工问题，通过各种配炼途径的对比可以看出，蜡油加氢+催化裂化和催化裂化+重油裂解剂两种组合工艺均能不同程度地提高汽油+液化气收率。

① 通过蜡油加氢+催化裂化组合工艺，相比于直接进入催化裂化装置配炼，劣质蜡油转化成汽油+

液化气收率提高了 15.43%。

② 通过催化裂化+20%重油裂解剂组合工艺，汽油+液化气收率提高了 5.17%。

③ 下一步可以摸索优化固定床渣油加氢操作以及注水条件，在高压空冷不产生 NH_4HS 腐蚀的情况下，可以考虑进入固定床渣油加氢进行深度加氢饱和，提高催化裂化的裂解能力。

参 考 文 献

[1] 陈文艺，栗锡林，等．我国焦化蜡油的组成和特性巨[J]．石油化工，2000，29(8)：607-612.

[2] 许友好．催化裂化化学与工艺[M]．北京：科学出版社，2013：961.

[3] 辛利，刘鑫鑫，杨振东，等．富芳重油加氢前后催化裂化性能的研究[J]．石化技术与应用，2018，36(4)：222.

[4] 许明德．塔底油裂解助剂[J]．炼油设计，2001，31(1)：59.

CMT-C 抗金属重油裂化催化剂在催化裂化装置的工业应用

崔学敏[1]　吕令玮[1]　马文杰[1,4]　王　宇[1]　沈　兴[2]　徐志成[3]　于　波[1]
王　蕊[1]　李剑敏[2]　周作鹏[2]　邓　阳[2]

（1. 中国石油青海油田格尔木炼油厂　青海格尔木　816000；
2. 中国石化催化剂有限公司　北京　100029；
3. 中石化石油化工科学研究院有限公司　北京　100083；
4. 西安石油大学化学化工学院　陕西西安　710065）

摘　要　中国石油青海油田格尔木炼油厂重油催化裂化装置在加工铁含量较高的减压渣油后出现铁中毒现象，为提高轻收同时减少重金属铁污染的影响，进行了 CMT-C 抗金属重油裂化催化剂的工业应用。结果表明：随着新配方催化剂在系统藏量中的占比逐渐增加，液化气收率呈上涨趋势，油浆收率减少，轻质油收率增加，催化剂单耗有所下降，说明新配方催化剂抗金属能力较强，在平衡剂铁含量超过 13000μg/g 时仍然可以维持较大的孔体积和比表面积。在提高汽油烯烃，提高液化气中正丁烯、异丁烯含量方面具有较好的选择性，符合燃料型炼油厂汽油加工流程要求，有助于全厂汽油池辛烷值的提高及高标号汽油的调和，进一步满足青藏地区对高标号汽油的需求，大大增加了经济效益。

关键词　催化裂化；重油裂化；催化剂；工业应用

1　引言

中国石油青海油田（以下简称青海油田）格尔木炼油厂重油催化裂化装置由中石化洛阳工程有限公司设计，于 1993 年建成投产，经多次改造后处理量达到 90 万 t/a[1]。结构形式为沉降器与第一再生器同轴，设立待生立管和待生塞阀流化。第一再生器内半再生催化剂通过半再生线路进入前置烧焦罐高效烧焦后自大孔分布板进入第二再生器。第一、第二再生器均有外取热器汽包。第一再生器烟气进入烟机做功后进入 CO 焚烧炉，再进入一再余热锅炉产生饱和蒸汽后去烟气脱硫单元，第二再生器烟气直接进入二再余热锅炉后与第一再生器烟气混合后进入烟气脱硫装置洗涤塔。装置加工原料为青海油田自产石蜡基轻质原油，自 2019 年初起原油中铁含量逐渐增加，催化裂化装置逐渐出现平衡剂铁含量高、产品分布差、流化困难等现象。催化裂化装置作为炼油厂规模最大的重油二次转化装置，在装置生产优化中也应首先考虑[2]。

为解决平衡剂铁含量高导致的流化异常、产品分布差和油浆系统结焦等问题，重油催化裂化装置于 2023 年 8 月开始使用新配方 CMT-C 抗金属重油裂化催化剂逐渐代替旧配方 CDOS 催化剂，此时仍和旧配方催化剂共同加注。加注第一阶段（2023 年 8 月 6 日—2023 年 8 月 29 日），每日加注新配方催化剂 1t、旧配方催化剂 3t，截至阶段末期系统占比 14. 5%。加注第二阶段（2023 年 8 月 29 日—2023 年 10 月 2 日），每日加注新配方催化剂 2t、旧配方催化剂 1. 48t，截至阶段末期系统占比 55. 7%。加注第三阶段（2023 年 10 月 2 日—2023 年 11 月 2 日），每日加注新配方催化剂 3. 5t、旧配方催化剂 0t，截至阶段末期系统占比 100%。为了研究并验证新配方催化剂在本装置的使用性能，对 2023 年 8 月至 11 月期间反应物料平衡数据及产品性质进行分析对比。

2　催化剂理化性质

CMT-C 抗金属重油裂化催化剂属于中石化石油化工科学研究院有限公司研发，中国石化催化剂有限公司长岭分公司生产的 CMT 系列抗金属重油裂化催化剂，该系列催化剂中含有非稀土型金属捕集组元，有效改善催化剂的综合抗金属污染能力；采用基质酸性及孔结构调变技术，提高基质对重油大分子的预裂化活性，提高重油转化能力；在催化剂制备方面，着重增大催化剂的孔体积，控制催化剂中细筛分的含量，提高平均粒径[3]。

CMT-C 抗金属重油裂化催化剂的理化性质见表 1。由表 1 可知，该剂孔体积指标较大，有利于缓解铁堵塞催化剂孔道，0~40μm 细分含量适中，有利于改善本装置流化性能较差的现状。

表 1　CMT-C 抗金属重油裂化催化剂的质量指标

项目	质量指标	实测值
氧化铝(Al_2O_3)/%(质)	≥45.0	51.1
氧化钠(Na_2O)/%(质)	≤0.25	0.24
灼烧减量/%(质)	≤13.0	12.8
孔体积/(mL/g)	≥0.33	0.38
表观松密度/(g/mL)	0.70~0.85	0.75
磨损指数/%(质)	≤2.9	2.9
粒度分布 φ/%		
0~20μm	≤3.0	1.0
0~40μm	≤19.0	14.7
0~149μm	≥88.0	92.4
D(V, 0.5)/μm	70.0~85.0	71.7
微反活性指数(800℃/4h)/%(质)	≥72	74

3　原料性质

格尔木炼油厂加工原油为青海油田自产石蜡基轻质原油，催化进料为馏程 10%点>410℃的减压渣油，三个阶段催化裂化装置原料油性质的平均值见表 2，可以看出原料油铁含量较高，超过 20μg/g，其余性质较为平稳。

表 2　催化裂化装置进料的性质

项目	第一阶段	第二阶段	第三阶段
盐含量/%	18.76	18.06	18.77
残炭/%	5.39	5.57	5.51
密度(20℃)/(kg/m^3)	901.6	902.1	901.7
氮含量/%	0.86	0.85	0.88
硫含量/%	0.46	0.42	0.42
氯含量/%	1.00	1.75	2.00
酸值/(mgKOH/g)	0.25	0.25	0.25
金属质量分数/(μg/g)			
Ni	15.30	20.05	22.67
Fe	21.21	22.84	23.04
Cu	2.20	2.41	2.41
V	0.94	0.82	0.98
馏程/℃			
初馏点	357	244	272
10%馏出温度	401	396	405
20%馏出温度	422	419	427

续表

项目	第一阶段	第二阶段	第三阶段
30%馏出温度	440	438	448
40%馏出温度	460	458	471
50%馏出温度	482	483	490

4 主要操作条件

2023年8月至11月初的主要操作参数见表3，由表3可以看出，三个阶段中主要操作参数：原料油进料量、原料预热温度、反应温度、反应压力、再生器床温等变化不大，终止剂量略有变化，主要原因为8月初，再生线路流化有所好转，在第二再生器床温不变的情况下，反应温度有所上升，用终止剂进行降温，来保证反应温度在510℃左右。

表3 主要操作参数

项目	第一阶段	第二阶段	第三阶段
原料油进料量/(t/h)	88.69	88.40	88.90
原料预热温度/℃	251	248	246
反应温度/℃	512	511.7	509
反应压力/MPa	0.212	0.210	0.210
一再压力/MPa	0.172	0.178	0.173
二再压力/MPa	0.17	0.172	0.172
一再密相温度/℃	687	688	685
二再密相温度/℃	654	655	651
预提升段温度/℃	651	652	648
一再主风量/(Nm^3/min)	1050	1050	1050
二再主风量/(Nm^3/min)	817	858	867
终止剂量/(t/h)	2	3.5	3.5

5 工业应用结果分析

5.1 平衡剂性质

使用新配方催化剂后系统内平衡剂的性质见表4。由表4可以看出，系统平衡剂孔体积、比表面积有所增长，CMT-C催化剂的高比表面积和孔体积对容金属、强化重油转化均有利[4]。铁、镍、钒等重金属含量有所下降，催化剂单耗下降0.24kg/t。

表4 平衡催化剂性质及单耗

项目	第一阶段	第二阶段	第三阶段
粒度分布 φ/%			
0~30μm	0.75	0.70	0.58
0~40μm	6.20	5.83	5.28
0~80μm	55.40	54.33	52.75
0~105μm	77.75	76.73	75.60
0~149μm	95.05	94.47	94.10
D(V, 0.5)/μm	75.4	76.2	77.6

项目	第一阶段	第二阶段	第三阶段
比表面积/(m^2/g)	114	121	126
孔体积/(mL/g)	0.29	0.29	0.30
金属质量分数/(μg/g)			
铁	12758	13250	13691
镍	11364	11935	12334
钒	837	870	901
催化剂单耗/(kg/t)	1.88	1.64	1.64

5.2 产品分布

产品分布见表5。从表5数据可以看出，在使用新配方催化剂后，汽油收率增加1.29百分点，油浆收率降低1.60百分点，总液体收率增加1.66百分点，结果表明CMT-C抗金属裂化催化剂目标产物选择性好。

表5 产品分布

项目	第一阶段	第二阶段	第三阶段
产品分布/%(质)			
干气	3.99	4.01	4.03
液化气	12.86	12.47	13.36
稳定汽油	40.93	41.42	42.22
轻柴油	25.76	26.48	25.63
油浆	9.22	8.55	7.62
烧焦+损失	7.24	7.07	7.14
合计	100	100	100
总液收/%(质)	79.55	80.36	81.21

5.3 稳定汽油性质

稳定汽油性质见表6。由表6可见，在工艺操作参数无较大变化的情况下，汽油烯烃含量增加0.2百分点，辛烷值增加0.2个单位。

表6 稳定汽油的主要性质

项目	第一阶段	第二阶段	第三阶段
馏程/℃			
初馏点	36.8	36.0	34.4
10%馏出温度	47.7	46.5	45.7
50%馏出温度	89.6	87.4	85.3
90%馏出温度	172.8	169.9	166.1
终馏点	197.8	195.5	195.8
RON	91.7	91.7	91.9
φ(烯烃)/%	45.9	45.7	46.1
φ(芳烃)/%	16.9	16.5	16.4
φ(烷烃)/%	37.2	37.9	37.5

5.4 液化气性质

液化气性质见表7。由表7可见，异丁烷上涨1.84百分点，有助于提高烷基化油产率及烷基化油辛烷值，异丁烯体积分数上涨0.48个百分点，也有助于MTBE装置产量提高，液化气性质的改善对高标号汽油的调和起积极作用。

表7 液化气的主要组成数据

项目	第一阶段	第二阶段	第三阶段
组成 φ/%			
丙烷	10.74	10.36	9.57
丙烯	36.74	35.78	35.16
异丁烷	18.61	19.73	20.45
正丁烷	4.95	4.99	4.76
反丁烯	6.72	6.81	7.02
正丁烯	6.99	7.10	7.41
异丁烯	9.80	9.72	10.28
顺丁烯	4.87	4.82	4.92

5.5 油浆性质

催化裂化油浆的性质见表8。由表8可见，在使用新配方催化剂期间，油浆收率减少，油浆密度增加2.18个单位，性质变重变差。说明新配方催化剂在铁污染较严重的情况下仍然具有较强的重油转化和裂化反应能力。

表8 催化裂化油浆的性质

项目	第一阶段	第二阶段	第三阶段
密度/(kg/m^3)	924.56	924.42	926.74

6 结论

① 催化裂化装置使用新配方抗金属裂化催化剂后，随着新配方催化剂在系统藏量中的占比逐渐增加，液化气收率呈上涨趋势，油浆收率减少，轻质油收率增加，催化剂单耗有所下降，说明新配方催化剂抗金属能力较强，在平衡剂铁含量超过13000μg/g时仍然可以保持较大的孔体积和比表面积。

② 抗金属裂化CMT-C催化剂在提高汽油烯烃，提高液化气正丁烯、异丁烯方面具有较好的选择性，符合企业燃料型炼油厂汽油加工流程，有助于全厂汽油池辛烷值的提高及高标号汽油调和要求，进一步满足青藏地区对高标号汽油的需求，大大增加了经济效益。

参考文献

[1] 王宇. 制约催化裂化装置长周期运行的问题分析及改造措施[J]. 石化技术，2018，25(5)：87-91.

[2] 沈兴，武利春，刘建，等. 重油高效转化FCC催化剂的工业应用[J]. 石油炼制与化工，2015，46(12)：10-13.

[3] 李宁，任飞，刘守军，等. CMT-1HN催化剂在高含量铁污染条件下的工业应用[J]. 石油炼制与化工，2019，50(2)：63-67.

[4] 徐志成，陈振宇，刘倩倩，等. CMT催化剂在加工高铁原料下的工业应用[J]. 炼油技术与工程，2022，52(1)：54-58.

S Zorb 装置吸附剂系统磨蚀泄漏分析与改进

张胜会　刘科文　赵连川　李　雷

（中国石化石家庄炼化公司　河北石家庄　050000）

摘　要　某公司 S Zorb 装置吸附剂循环输送过程，出现过多次吸附剂相关设备磨蚀现象，磨蚀现象发生后，出现吸附剂及其输送介质的内漏、外漏、内外漏，可导致吸附剂损失、介质燃烧着火、设备堵塞等问题，威胁装置安全生产。本文通过对不同部位的泄漏分析，剖析泄漏原因为输送线速高、设备结构不合理、流化状况不佳等，并提出优化操作参数、改进设备结构、局部改造等解决方案，提升装置运行的安全性。

关键词　S Zorb；磨蚀；泄漏；吸附剂

1　引言

催化裂化汽油吸附脱硫 S Zorb 技术具有耗氢量少、脱硫率高、辛烷值损失小等特点，非常适宜我国催化裂化汽油占汽油来源 70%以上的现状，尤其是该技术能够直接生产硫质量分数低于 10μg/g 的超低硫汽油，对于国内日益提高的环保要求具有良好的适应性[1]。某公司 150 万 t/a 的 S Zorb 装置，承担了该公司全部催化汽油的加工任务，为该公司汽油升级提供有力保障。该 S Zorb 装置自 2014 年 8 月建成投产以来，累计运转超过 8a，期间经历了两个完整的运转周期，目前处于第三运转周期。

该 S Zorb 装置在过去的运行过程中，出现过数次因吸附剂系统磨蚀泄漏的问题。反应器和闭锁料斗存在高温高压氢气和汽油介质，吸附剂系统磨蚀泄漏后，可燃介质泄漏至环境中，立即出现着火现象，严重威胁装置安全生产。再生部分虽然不存在可燃介质，但是一旦出现泄漏，高达 24 万元/t 的吸附剂外漏，也可直接导致装置出现经济损失。同时，含有重金属的吸附剂泄漏至环境中，不仅污染环境，还影响现场工作人员身体健康。

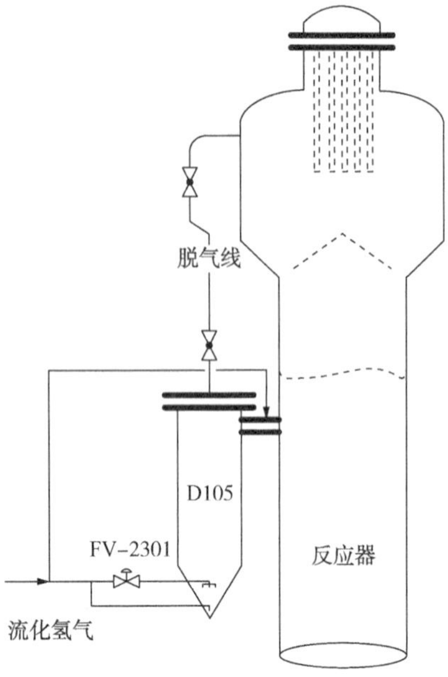

图 1　脱气线相关流程图

2　反应器脱气线磨蚀

2.1　脱气线简介及泄漏过程

S Zorb 装置吸附剂循环过程中，反应器内的吸附剂需要先通过溢流横管进入反应器接收器（D-105）内，然后再进入闭锁料斗进行输送。为改善 D-105 的收料效果，D-105 顶部设置有脱气线，D-105 内硫化氢气可以通过脱气线进入反应器顶部，这样可确保 D-105 顶压力与反应器顶压力保持一致。该状况下，反应器内吸附剂床层高度只要高于 D-105 溢流横管，吸附剂即可顺利进入 D-105 内。相关流程见图 1。

根据系统内部信息显示，其他分公司 S Zorb 装置的 D-105 脱气线弯头曾经出现过磨穿泄漏的情况。为有效监测 D-105 脱气线磨蚀情况，该公司设备管理技术人员通过对比，选取了脉冲涡流检测的技术对该管线壁厚进行定期检测。据了解，脉冲涡流检测技术有以下技术特点：脉冲涡流探头较大，单点检测的覆盖长度相对较长；脉冲涡流测厚显示的是探头覆盖范围内的平均厚度，对于弯头部位冲刷导致的减薄情况，采取脉冲涡流测厚比较适宜[2]。2018 年 9 月，装置技术人员决定对脱气线弯头进行测厚检查。通过测厚检查，装置技术人员发现该弯头部位确实存在较为严重的减薄现象，随即制定了检修方案，组织施工人员采取包盒子的方式进行处理。在盒子包完后，对盒子与管线间的缝隙进行注胶密封前，管线出现了磨穿泄漏，高温、高压的氢气与汽油气体混合物外漏着火，装置采取了紧急停工处理。装置停工后，将该弯头进行更换。

2.2 脱气线泄漏分析与改进措施

在闭锁料斗运行期间，反应器内部吸附剂，通过溢流横管进入反应器接收器 D-105，在 D-105 底部硫化氢气的作用下，将吸附剂颗粒间及颗粒孔道内存留的反应油气置换为氢气，以提高产品收率。同时通过 D-105 的缓冲作用，为闭锁料斗存储吸附剂，以便于料斗运行 1.2 步时，提供足够的吸附剂。D-105 内部吸附剂存量随着料斗运行呈现周期性变化。当料斗运行 1.2 步时，D-105 内部储存的部分吸附剂进入闭锁料斗。此时，D-105 吸附剂料位下降，即 D-105 料位降低至溢流横管以下。料斗收料结束后，反应器 R-101 内吸附剂通过溢流横管自流进 D-105，D-105 内吸附剂料位逐步升高。D-105 料位呈现周期性变化，变化趋势如图 2 所示。

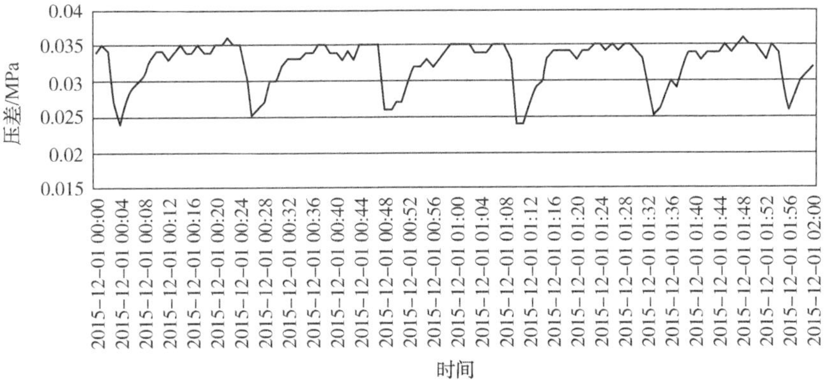

图 2 D-105 料位变化趋势图

D-105 通过顶部脱气线与反应器相连，反应器顶压力低于溢流横管处压力，D-105 内气体可全部通过顶部脱气线进入反应器顶。通过分析 D-105 相关参数(见表 1)可发现，气体流经脱气线的流速达到 4.18m/s，该线速已经具备了输送吸附剂颗粒的能力。因此，当 D-105 满料位状况下，D-105 内的吸附剂在硫化氢气的作用下，输送至反应器顶部。研究表明，在气力输送过程中被输送物料与输送管道管壁的摩擦和碰撞所引起的磨损破坏是输送管道磨损的主要原因。而弯管又是输送管道中最容易磨损的部位。弯管部位的磨损率可比直管部分高 50 倍[3]。因此进入反应器前弯头处，管壁磨蚀剧烈，长时间磨蚀，引起管线泄漏。

表 1 D-105 相关参数

D-105 相关参数			
温度/℃	D-105 内氢气总量/(Nm^3/h)	压力/MPa	脱气线直径/mm
420	1300	2.5	100

通过以上分析，针对脱气线弯头泄漏采取如下应对措施：

① 对 D-105 内部硫化氢气量进行限制，控制 D-105 硫化氢气总量至 600Nm^3/h 以下，降低脱气线内气体线速，以减缓固体颗粒的磨蚀速度。

② 脱气线扩径至 150mm，在相同气体量的情况下，降低脱气线线速 55%，配合降低 D105 硫化氢气量的措施，最终可降低脱气线线速至 1m/s 左右，避免脱气线形成输送床。

③ 在满足脱硫操作的基础上降低反应器藏量，以降低吸附剂进入 D-105 速度，缩短 D-105 满料位时间，减少脱气线形成输送床的时间段。

④ 规定每个检修周期(4a)，对该弯头进行更换，以缩短弯头使用年限。

⑤ 定期对该弯头进行涡流检测，建立检测台账，发现管线减薄至最小允许厚度后，立即采取补救措施。

⑥ 针对脱气线弯头处易泄漏的问题，在该部位增上摄像头、火焰探测器、瓦斯报警仪、灭火蒸

汽、远程切断阀等措施。

总之，D-105 满料位、硫化氢气量大，脱气线变转剂线是脱气线磨蚀的根本原因。以上几个因素相互影响，操作中通过控制流化气体量、减少溢流横管以上料位、控制 D-105 满料位时间，都对减缓脱气线磨蚀有利。

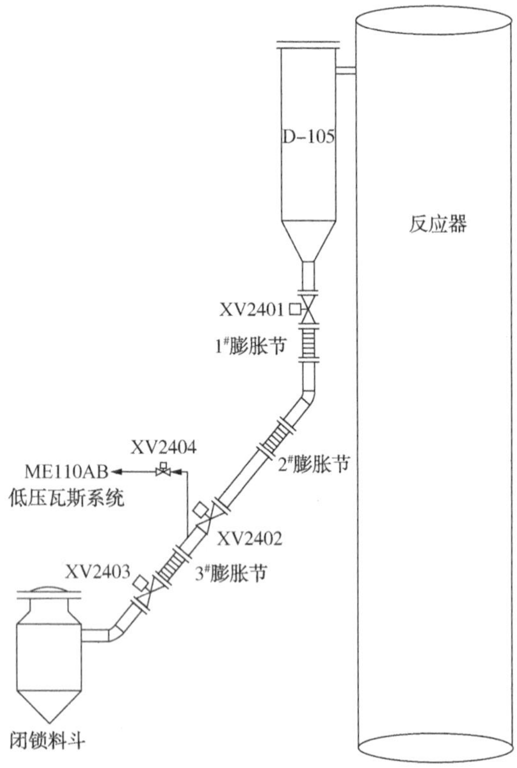

图 3　闭锁料斗膨胀节及相关设备位置关系图

3　闭锁料斗膨胀节磨蚀

3.1　闭锁料斗膨胀节简介及泄漏过程

S Zorb 装置反应器为热壁设备，冷热态温差高达 400℃，同时反应器总高度超过 35m，反应器冷热态的高度变化明显。因此，与反应器相连的设备，在设计过程必须考虑热膨胀的问题。闭锁料斗与反应器连接管线间设置了三个膨胀节，以吸收反应器冷热态变化过程产生的膨胀量，防止因反应器膨胀损坏设备，甚至导致泄漏事故的发生。相关设备位置关系如图 3 所示。2022 年 11 月，外操巡检过程发现 3#膨胀节的波纹管处出现砂眼，高温高压氢气向外泄漏，所幸未发生着火事故。该位置膨胀节首个运行周期为 3a，于 2017 年更换，2021 年度检修阶段再次进行更换。前两个运行周期从未发生类似问题，而本次仅仅运行 1a 左右就出现了泄漏。

3.2　闭锁料斗膨胀节线泄漏分析与改进措施

S Zorb 装置反应系统为高压氢气环境，再生系统是低压的含氧环境，闭锁料斗是负责 S Zorb 装置吸附剂在反应和再生系统转运的关键设备。闭锁料斗相关设备始终处于压力交替变换的过程，其中就包含 3#膨胀节。仔细研究 3#膨胀节的工作过程发现，3#膨胀节的压力在 0.02MPa 和 2.6MPa 之间频繁转换，平均约为 20min 转换一次，同时 3#膨胀节的升压和降压速度极快，几乎就在瞬间完成。因此，膨胀节处的气体具备膨胀、压缩的条件。对故障膨胀节进行拆解，其结构如图 4 所示。观察其结构可发现，在波纹管内部有一护筒，该护筒与波纹管内部波峰紧密贴合，而外部波峰与护筒之间的空腔，为存留气体提供了空间，即图 4 中的圆球示意处。当膨胀节随着管道内压力上升时，管道内含有吸附剂颗粒的气体，通过波纹管与护筒之间的缝隙，进入两者之间的空腔内；当压力下降时，含颗粒的气体再次排出。因此护筒与波峰紧密贴合的缝隙越小，气体通过的线速越快；同时压力变化速度越快，气体通过的线速也越快。当高速气流通过时，固体颗粒不断对护筒和波纹管进行磨蚀。久而久之，将波纹管磨穿，导致泄漏。

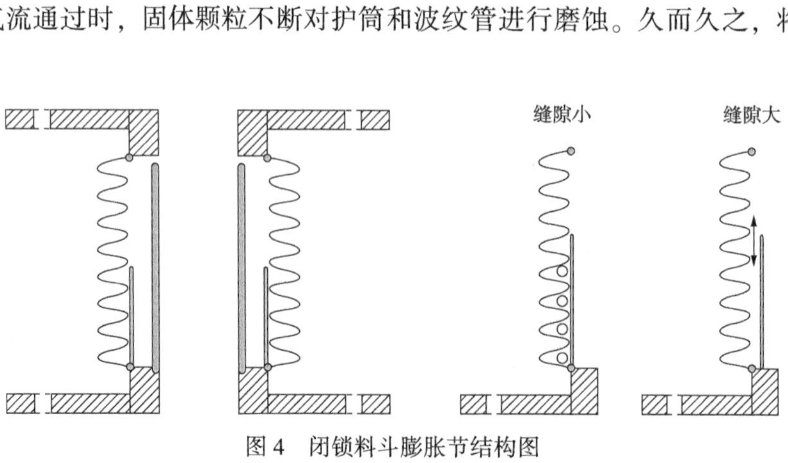

图 4　闭锁料斗膨胀节结构图

图 5 是故障膨胀节的实物解剖图。图中护筒外侧有一圈圈的沟槽，沟槽对应波纹管的内部波峰。分析认为，上述该沟槽就是气体夹带颗粒快速通过时留下的磨痕。波纹管的漏点清晰可见，并且对应

的护筒位置也有一道深深的磨痕，该磨痕恰恰在波纹管的焊缝位置。原因如下，波纹管与护筒内壁相对光滑，两个光滑内壁紧密贴合，泄压时，气体流通量小，磨蚀的程度相对较轻。而焊缝处凹凸不平，导致波纹管与护筒之间的间隙大，并且也不存在吸附剂堵塞问题，该缝隙气体流通量大，磨蚀相对严重。

图5　闭锁料斗膨胀节实物解剖图

通过以上分析，针对3#膨胀节泄漏采取如下应对措施：

① 对当前的供货厂家提出以下三项整改措施：第一，对比前两周期波纹管厂家的制造工艺，改进波纹管结构，加大护筒与波纹管之间间隙，以降低压力交变过程气体通过的线速，降低磨蚀速率；第二，提高波纹管耐磨性能，提高波纹管使用寿命；第三，缩短护筒长度，减少气体存留的空间。

② 根据该膨胀节的运行工况，对闭锁料斗参数进行优化。主要是延长了1#阀门与2#、3#阀门关闭的间隔时间，目的是当1#阀门关闭后，延长管线内吸附剂的沉降时间，减少3#膨胀节相关管路内的吸附剂存留量，减少进入膨胀节内部的吸附剂颗粒数量。

③ 建立运行过程的定期检测机制，定期对该膨胀节进行检测，发现减薄立即更换膨胀节。继续按照以往经验，每个检修周期对该3#膨胀节进行更换。

4　再生转剂线磨蚀

4.1　再生转剂线简介及泄漏过程

反应器内部的吸附剂通过闭锁料斗进行一系列处理后，先进入D-107，吸附剂先在D-107内经过缓冲，在输送氮气作用下，通过管线C2501送至再生器进行氧化再生，再生后的吸附剂在输送氮气的作用下，通过管线C2601送至D-110内，如图6所示。其中管线C2501连接D-107与R-102，管线C2601连接R-102与D-110。上述两根管线自2014年开工以来，多次发生磨蚀泄漏现象。漏点主要集中在管线水平段和斜管段，并且泄漏点全部位于管线上部。

4.2　再生转剂线泄漏分析与改进措施

再生部分吸附剂输送管线相关参数见表2，通过表2参数可核算出管线C2601和C2501内的表观气速分别为2.73m/s、1.04m/s。有文章指出[4]，水平管输送过程中，表观气速大于最小压降速度时，管道压降随着表观气速的增大而增大；当表观气速小于最小压降速度时，管道压降随着表观气速的增大而减小。实际操作中，在保持输送吸附剂量不变的情况下，改变输送气量(FI2601)，当降低输送气量时，输送压降(PDI-2607)明显上升；增加输送气量时，输送压降明显下降，如图7所示。这一实验证明，管线C2601和C2501的管道内的操作气速小于最小压降速度。有实验表明[4]，在气速大于最小压降速度时，固相颗粒呈稀相悬浮流动，气速低于该速度时，颗粒开始在管道底部沉积形成沉积层。也就是，在管线C2601和C2501水平段的横截面上，出现了明显的分层现象。

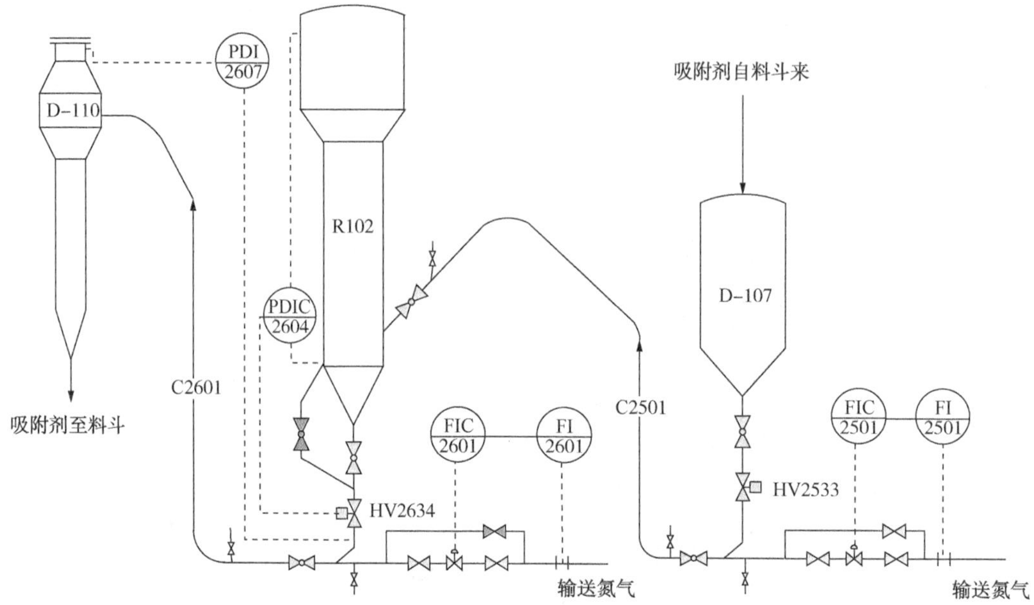

图 6　再生部分吸附剂流程图

表 2　再生部分吸附剂输送管线相关参数

管线	操作温度/℃	输送气量/(Nm³/h)	操作压力/MPa	管线直径/mm
C2601	420	85	0. 18	100
C2501	270	40	0. 17	100

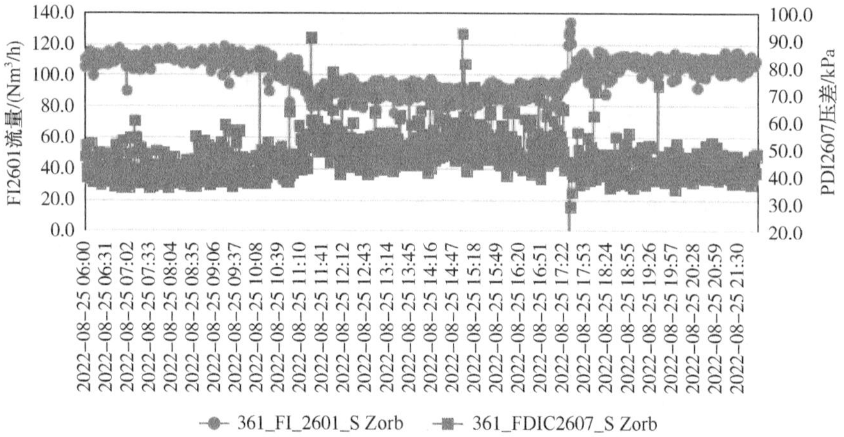

图 7　输送气量与输送差压对应关系图

有文献指出[5]，韧性材料在大角度(接近 90°)冲蚀时具有良好的耐冲蚀性，但是在小角度冲蚀时磨损严重。一般而言，最严重的冲蚀发生在 15°~20°处。韧性材料的冲蚀磨损主要是由于颗粒作用下的表面塑性变形、疲劳以及硬颗粒的不断切割。在管线 C2601 和 C2501 内，气体携带着吸附剂颗粒在水平管线内部流动时，水平管内的流动速度在同一横截面上存在较大的差距。管线顶部的气体含量大，流速明显高于底部，同时顶部的流速还明显高于表观气速。尤其管线内出现沙丘流时，沙丘顶与管线顶部之间的间隙变窄，气体通过速度将更快。该位置处，吸附剂颗粒快速小角度撞击管线顶部，加速了管线磨蚀速率。

为解决吸附剂水平段磨蚀问题，吸附剂与输送氮气结合部位设计了特殊结构，如图 8 所示，即吸附剂管线插入输送氮气线的 1/2 处。输送氮气通过节流部位后加速，与吸附剂充分混合，混合介质初始阶段未发生吸附剂的沉积现象，整体流速相对稳定，吸附剂对管线的磨蚀速度慢。但是混合介质流动达到一定水平距离后，吸附剂发生沉积现象，管线内出现不均匀流动，也就是管线底部流速减慢，上部流速加快，流速快的管线顶部发生严重磨损。管线 C2501 水平段相对较短，约为 C2601 水平段长度的 50%，因此，吸附剂混合物在未发生沉积现象时刻，即转向垂直流动。因此该管线磨蚀速度相对 C2601 的磨蚀速度低。实际生产中，管线 C2501 水平段的泄漏次数确实明显低于管线 C2601。该特殊结构在日常运行中会被不断磨蚀消耗，若不及时进行修补，随着运行周期的加长，逐步消耗殆尽。而在检修过程中，施工人员对管线局部结构不清楚，装置人员也未及时提醒施工人员，因此 HV2634 后的特殊结构的磨蚀状况未能得到及时修复。随着该特殊结构的不断消耗，吸附剂在水平段输送较短距离后就发生沉积现象，沉积部位管线内出现了沙丘流，在该部位磨蚀随之加剧，泄漏相继发生。近期漏点前移也证明了上述论断。

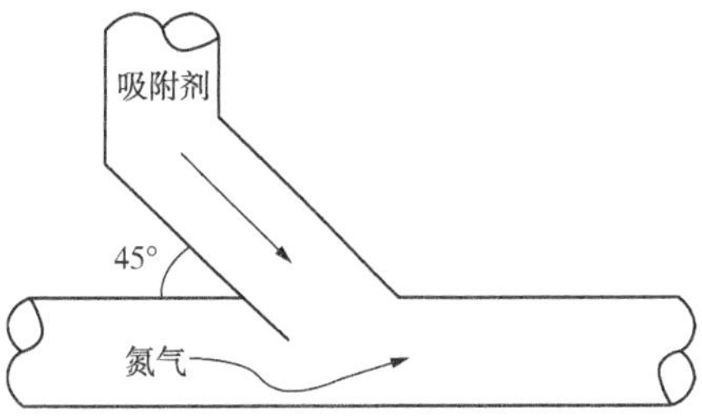

图 8　吸附剂与输送氮气混合段结构图

通过以上分析，针对再生部分吸附剂管线水平段泄漏可采取如下应对措施：

① 利用常规检修的机会，检查吸附剂混合段特殊结构，发现该部位出现缺损后，立即进行修补。同时日常生产中，发现漏点明显地前移后，利用堵漏的机会，对该部位的特殊结构进行检查修补。

② 采取涡流检测的手段，定期检测该管线厚度，发现减薄后，采用贴板的手段进行补强处理。

③ 对该位置管线进行升级改造，更换为陶瓷内衬管线，增强管线的耐磨性，减少管线泄漏次数。

④ 改进输送氮气注入点，采取分段注入的方式，如图 9 所示。这样，在保持总输送氮气量（FI-2601）不变的情况下，部分氮气沿切线方向注入水平管底部，减少管线底部吸附剂堆积，保持管线内均匀流动，减缓管线顶部磨蚀速度。

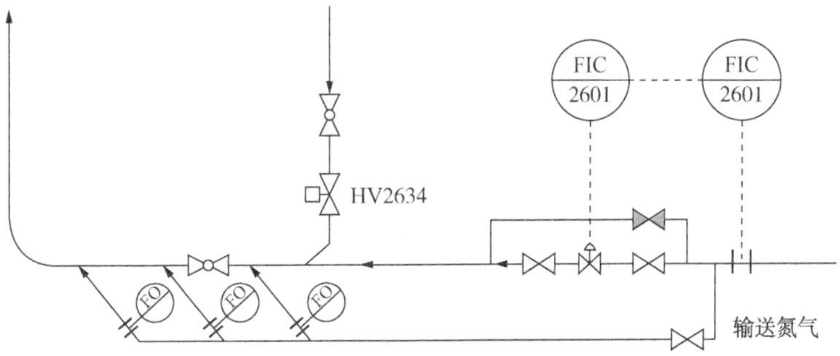

图 9　输送氮气改进示意图

⑤ 该部位磨蚀主要发生在水平段上部，为此，建议将 HV2634 后手阀移位到立管段，如图 10 所示。HV2634 至后手阀间的管线进行预制，根据以往经验，每 18 个月进行预防性更换。

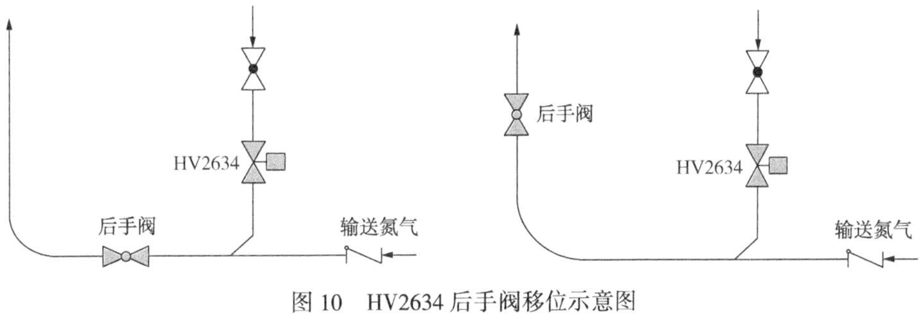

图 10　HV2634 后手阀移位示意图

5　总结

S Zorb 装置作为一套相对较新的炼油生产装置，运行过程暴露的问题还不充分，尤其是吸附剂的磨蚀情况时有发生，严重威胁装置的安全运行。针对吸附剂的磨蚀问题，当前主要采取的措施包括改进设备结构和性能、优化相关部位运行参数、建立设备定期检测制度、定期更换相关部件等。今后，还需要我们不断地对磨蚀问题进行总结分析，制定更为完善的应对方案和措施，杜绝吸附剂磨蚀泄漏的发生，减少安全生产事故次数，提升装置的综合经济效益。

参 考 文 献

[1] 吴德飞，庄剑，袁忠勋，等. S Zorb 技术国产化改进与应用[J]. 石油炼制与化工，2012，43(7)：76-79.

[2] 毛国均，张翰林，李斌彬，等. 基于脉冲涡流检测技术的弯管冲刷减薄试验研究[J]. 化工机械，2021，48(1)：12-29.

[3] 李永祥. 气力输送弯管的磨损及磨损机理研究[J]. 河南工业大学学报：自然科学版，2005，26(1)：68-74.

[4] 谢锴，郭晓镭，丛星亮，等. 工业级水平管粉煤气力输送的最小压降速度和稳定性[J]. 化工学报，2013，64(6)：1969-1975.

[5] 李辉. S Zorb 装置再生系统转剂线泄漏原因及对策[J]. 炼油技术与工程，2016，46(10)：19-23.

S Zorb 装置进料换热器结焦原因分析与对策

黄喜阳　谢清峰　陈文良

（中国石化湖南石化公司　湖南岳阳　414000）

摘　要　本文介绍了 S Zorb 装置进料换热器结焦情况，通过分析认为进料换热器结焦主要原因为汽油中活性较高的二烯烃在高温部位聚合结焦。某公司联合研究院开展了催化汽油脱二烯烃工艺和催化剂研究，取得了满意的效果，并在 S Zorb 装置进行原料汽油预处理技术改造，采用自主开发的 FITS 加氢工艺及专用催化剂，该设施流程简单，占地少，投资低，能与 S Zorb 装置现有流程较好地耦合。S Zorb 原料汽油预处理设施于 2022 年 9 月正式投用，连续稳定运行至今。工业应用结果表明：原料汽油预处理设施投用后原料汽油二烯烃脱除率>75%，进料换热器管程出入口差压未有明显上升趋势，管程换热终温基本维持不变，热端温差稍有上涨并趋于平稳，二烯烃脱除有效减缓进料换热器等高温部位结焦堵塞等问题，预计在一个运行周期内无须清焦处理；除可深度脱除二烯烃，还能兼顾额外降低汽油烯烃 2%~4%(体)，且 RON 损失/烯烃饱和量≤0.25，通过调节操作温度可灵活控制汽油烯烃含量，以满足汽油质量升级要求；有利于吸附剂脱硫性能发挥，降低了装置能耗及油品损耗，缓解了因二烯烃聚合造成汽油干点上升的局面，提高了 S Zorb 装置的运行水平。

关键词　S Zorb；二烯烃；进料换热器；预处理；加氢

1　引言

催化裂化汽油吸附脱硫(S Zorb)技术作为生产超低硫清洁汽油的核心技术之一，其主要用于催化汽油全组分的脱硫过程。该技术具有脱硫深度高、氢耗低以及辛烷值损失少等优点。目前，在国内已经建成了 39 套工业装置，总加工能力超过 40Mt/a，其应用范围广泛，产生了重大的经济效益和社会效益[1]。

在 S Zorb 技术创新与发展过程中，通过结合工程设计及实际运行经验，已经成功解决了严重影响装置长周期运行的主要问题，如反应器过滤器运行周期短、吸附剂结块等，在降低装置剂耗和能耗方面也取得了显著进步[2-4]，然而在运行过程中大部分装置进料换热器出现了结焦现象，导致换热效率降低，进料换热后温度较低、能耗增加。为避免因进料换热器结焦导致装置停工，一般采取装置降量后切出单列清洗，另一列保持正常运行，在此过程中存在换热器切断阀内漏切出难度大、单列换热器运行超负荷振动大、切出投入过程中因温度压力大幅变化易泄漏等问题。此外，由于频繁检修近几年换热器法兰发生泄漏，状况日益严重，存在安全隐患。从装置安全平稳运行和节能降耗上考虑，S Zorb 装置进料换热器结焦问题亟待解决。

2　进料换热器结焦情况

S Zorb 装置进料换热器采用两列并联形式，每列串联 3 台或者 4 台。换热器为 U 形管换热器，采用热反应产物走壳程，冷反应进料走管程的换热方式，冷反应进料分两路自下而上依次经过各台换热器。

S Zorb 装置进料换热器在运行中出现了严重结焦情况[5-9]，通过调研 24 家企业 S Zorb 装置进料换热器清洗周期来看，在两年及以下的大约占到三分之二，最短为 3 个月。以某公司 S Zorb 装置进料换热器为例，清洗周期为 1~2 年，管程出入口压差变化如图 1 所示，管程进料换热终温及热端温差如图 2 所示。

从图 1、图 2 可以看出：

① 管程出入口压差上涨明显，6 个月时间吨油进料差压由 1.14kPa 上升至 2.22kPa。按照 150t/h 进料计算，管程出入口差压上升速度为 27kPa/月。

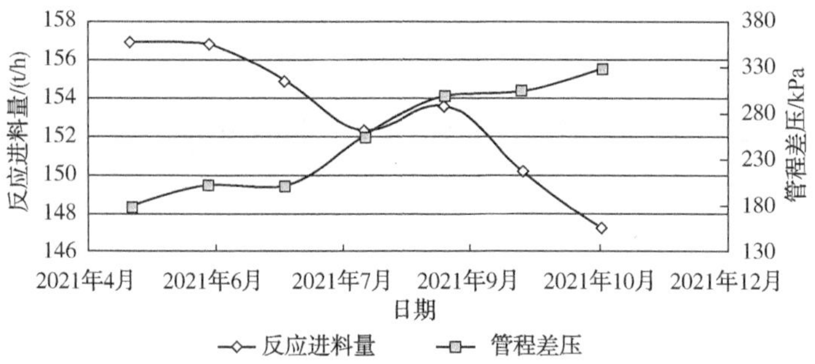

图 1　进料换热器管程出入口压差

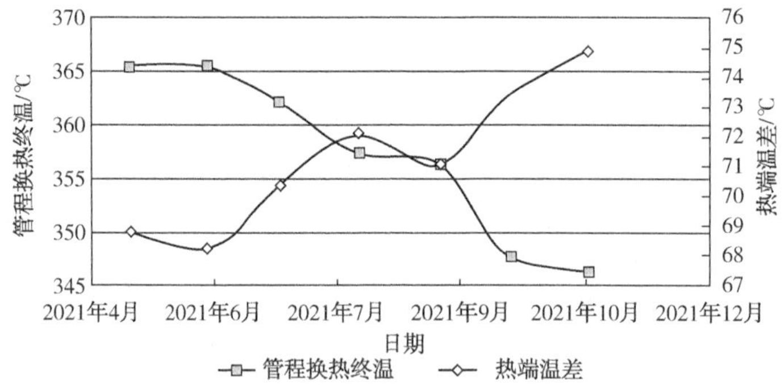

图 2　进料换热器管程换热终温及热端温差

② 热端温差上升明显，6 个月时间由 68.8℃上升至 74.9℃，平均速度为 1.02℃/月。管程进料换热终温受壳程热端温度、结焦等影响，6 个月下降幅度近 20℃。

检修拆开发现进料换热器高温部位管束结焦严重。对管程及管程隔板处的垢样进行化验分析，结果显示主要为硫、铁、碳、氢等元素，其中碳质量分数达 70%以上，灼烧残余物占 10%左右，主要为汽油组分高温聚合结焦。

3　结焦原因分析

各企业根据自身 S Zorb 装置实际运行情况，分析出了原料汽油转输过程与氧接触、汽油夹带重组分或抗氧剂、汽油胶质含量高、进料换热器偏流、汽油烯烃高温聚合等原因，在采取汽油直输、罐区加氮封、控制汽油品质、调整两列换热器流量均匀、使用防焦阻垢剂[10-11]等措施后，结焦情况得到了明显改善。某公司催化汽油的化验分析显示胶质为 1mg/100mL，二烯值在 0.67%～1.2%，分析认为进料换热器结焦主要原因为汽油中活性较高的二烯烃在临氢、高温(280～380℃)的条件下易在设备、管线聚合结焦[12]。因此有必要在 S Zorb 装置增加低温加氢脱二烯烃措施，以进一步解决进料换热器结焦问题。

4　采取的对策

某公司联合研究院开展了催化汽油脱二烯烃工艺和催化剂研究，取得了满意的效果，并于 2022 年在 S Zorb 装置进行了原料汽油预处理技术改造，采用自主开发的 FITS 加氢工艺及专用催化剂。

该设施以单元模块形式镶嵌在 S Zorb 装置进料泵与进料换热器之间，主体设备配备一台反应器、三台换热器。原料汽油(60～70℃)自 S Zorb 装置反应进料泵出口来，在换热器 E115 与蒸汽、E114 与进热高分反应产物(170～200℃)换热，达到加氢所需反应温度(脱二烯烃为 130～160℃，兼顾脱烯烃为 130～180℃)后进入加氢反应器底部；自 S Zorb 装置循环氢压缩机来的氢气一部分在换热器 E116 与蒸汽换热后进入反应器底部，与原料汽油在加氢反应器底部混合段内进行高效混合，混合物料自下向上流经管式反应器内催化剂床层，在催化剂的作用下发生加氢反应。反应产物经反应器出口与 S Zorb 装置循环氢混合去进料换热器。E115、E116 正常运行期间可不投用，作为开停工、冷进料提温手段。该流程不改变原 S Zorb 装置主体流程，可单独切出，原 S Zorb 装置主要操作参数基本不受影响，工艺流程见图 3。

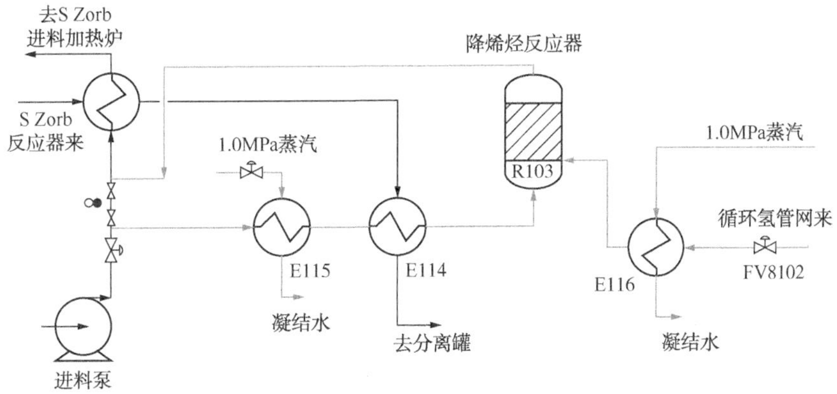

图 3　S Zorb 装置原料汽油预处理流程

S Zorb 装置原料汽油预处理设施于 2022 年 9 月一次投用正常，并平稳运行至今。前期(2022 年 9 月~2023 年 9 月)因汽油池总烯烃含量较高，设施在苛刻条件下运行，主要以脱除二烯烃及降低烯烃为目标；中期(2023 年 10 月~2024 年 3 月)由于汽油池性质改善，设施在正常条件下运行，降低反应温度后以脱除二烯烃为目标，主要运行参数见表 1。

表 1　S Zorb 装置原料汽油预处理的主要运行参数

项目	进料量/(t/h)	压力/MPa	反应入口温度/℃	氢油体积比	氢气流量/(Nm^3/h)	重量空速/h
苛刻条件	155	3.0~3.4	157	15	4600	4
正常条件	155	3.0~3.4	145	15	4600	4

5　实施效果

5.1　二烯烃脱除的情况

原料汽油中二烯烃含量为 0.268%~0.332%(质)，主要以戊二烯、环戊二烯、环已二烯等二烯为主，通过加氢反应器预加氢后，C_5、C_6、C_7 中绝大多数二烯烃被加氢脱除，预加氢产品二烯烃含量低于 0.05%(质)，二烯烃脱除率平均大于 75%，典型数据见表 2、表 3、表 4。

表 2　苛刻条件下加氢反应器进出口单体二烯烃典型数据对比

碳数	单体烯烃	二烯烃含量/%(体)			
		加氢入口	加氢出口	脱除量	脱除率/%
C_5	碳五二烯	0.038	0	0.038	100
	1,3-戊二烯	0.086	0	0.086	100
	1,3-环戊二烯	0.024	0	0.024	100
C_6	2,3-二甲基-1,4-戊二烯	0.031	0.01	0.020	67.74
	1,3-环已二烯	0.027	0	0.027	100
C_7	2,3-二甲基-1,4-戊二烯	0.028	0.013	0.015	53.57
合计		0.234	0.023	0.210	89.74

表 3　正常条件下加氢反应器进出口单体二烯烃典型数据对比

碳数	单体烯烃	二烯烃含量/%(体)			
		催化汽油原料	FITS 加氢出口	脱除量	脱除率/%
C_5	碳五二烯	0.058	0	0.058	100
	1,3-戊二烯	0.096	0	0.096	100
	1,3-环戊二烯	0.044	0	0.044	100

碳数	单体烯烃	二烯烃含量/%(体)			
		催化汽油原料	FITS 加氢出口	脱除量	脱除率/%
C_6	2,3-二甲基-1,4-戊二烯	0.041	0.029	0.012	70
	1,3-环己二烯	0.047	0	0.047	100
C_7	2,3-二甲基-1,4-戊二烯	0.048	0.026	0.022	55
合计		0.334	0.055	0.279	83.53

表 4　正常条件下加氢反应器进出口二烯值典型数据对比

项　　目	催化汽油原料	FITS 加氢出口	稳定汽油
二烯值/(gI^2/100g)	0.57	0.13	0.10

5.2　进料换热器的情况

S Zorb 装置原料汽油预处理设施投用后，进料换热器热端温差由 75℃下降至 50℃，管程进料换热终温上升，加热炉进料温度提高降低了加热炉负荷，炉膛温度由 600℃下降至 520℃。瓦斯用量降低，节约瓦斯约 300Nm^3/h，降本增效约 500 万元/a。进料换热器管程出入口压差变化如图 4 所示，管程进料换热终温及热端温差如图 5 所示。

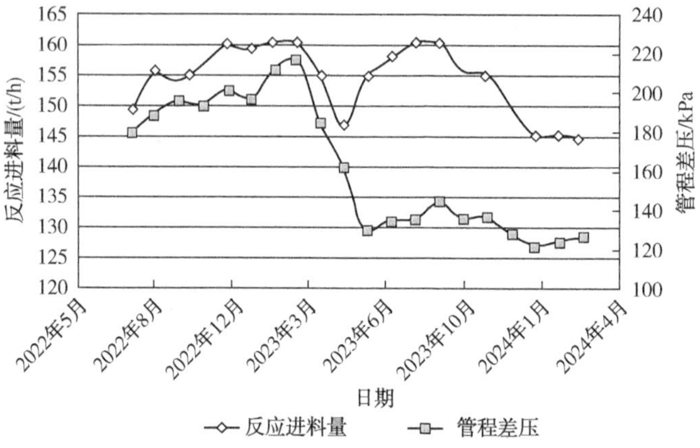

图 4　进料换热器管程出入口压差

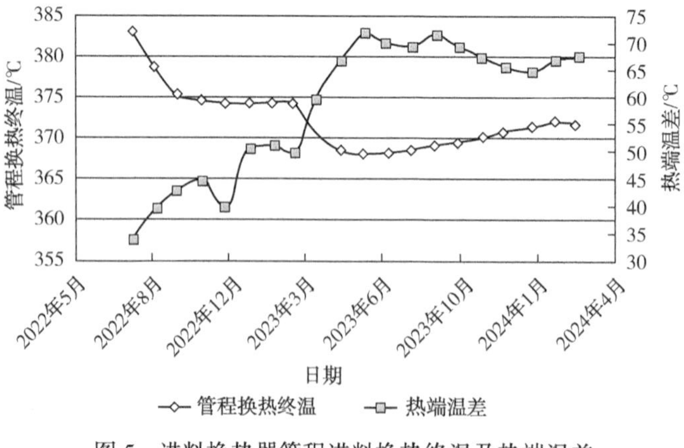

图 5　进料换热器管程进料换热终温及热端温差

从图 4、图 5 可以看出：

① 管程出入口压差未有明显上升趋势，在反应进料量为 150t/h 左右时，压差维持在 130kPa 左右，吨油进料差压约 0.86kPa。

② 管程换热终温未见明显下降趋势，管程冷进料约 40℃情况下维持在 380℃左右；热端温差稍有上涨并趋于 55℃维持平稳，不考虑其他因素影响，上升平均速度为 0.37℃/月。

进料换热器压力、温度等运行参数表明，S Zorb 装置原料汽油预处理设施投用后可延缓进料换热器结焦，预计在一个运行周期(4a)内无须清焦处理。

5.3 S Zorb 装置其他的情况

5.3.1 降烯烃及辛烷值损失的情况

2022 年 1 月至 2024 年 3 月 S Zorb 装置原料汽油烯烃含量 15.5%~25.5%，*RON* 为 89.8~93.5，期间原料汽油、预加氢后汽油、稳定汽油的烯烃含量及 *RON* 平均值见表 5。

表 5 原料汽油、预加氢后汽油、稳定汽油的烯烃含量及 *RON* 平均值

项目	2022 年 1 月~2022 年 8 月		2022 年 9 月~2023 年 8 月		2023 年 9 月~2024 年 3 月	
	烯烃含量/%(体)	*RON*	烯烃含量/%(体)	*RON*	烯烃含量/%(体)	*RON*
原料汽油	19.83	91.38	20.02	91.81	20.33	91.29
预加氢后汽油			18.38	91.43	20.46	91.23
稳定汽油	15.76	90.43	14.25	90.42	14.88	89.93
预加氢前后差值			1.64	0.38	-0.13	0.06
原料稳定差值	4.07	0.95	5.77	1.39	5.45	1.36
预加氢后 *RON* 损失/烯烃饱和量			0.23			
原料稳定 *RON* 损失/烯烃饱和量	0.23		0.24		0.25	
原料汽油硫含量/(mg/kg)	340		366		398	

从表 5 可以看出：

① 原料汽油经预加氢后，选择性脱除异构烯烃，降烯烃幅度 1.64%(体)情况下，辛烷值损失 0.38 个单位，*RON* 损失/烯烃饱和量为 0.23，与 S Zorb 装置基本相当。脱二烯烃工况条件下，原料汽油经预加氢后烯烃含量变化很小，一般≤0.3%(体)，有略微增加情况可能与分析误差、不饱和烃类如炔烃被饱和有关，*RON* 损失<0.1 个单位。

② 从 S Zorb 装置整体运行情况来看，原料汽油硫含量上涨约 17%、烯烃饱和量上升约 42%，*RON* 损失/烯烃饱和量略有上涨约 8.7%，达到了降烯烃同时保留辛烷值的目的。

③ S Zorb 装置原料汽油烯烃含量 20%(体)左右，预处理设施投用前稳定汽油烯烃含量平均值约 16.0%(体)，投用并稳定运行后稳定汽油烯烃含量平均值约 14%(体)，满足国 VIB 汽油质量升级要求，稳定汽油烯烃含量调整更为灵活。

5.3.2 稳定汽油硫含量的情况

S Zorb 装置反应进料量约为 150t/h，预处理设施投用前后，稳定汽油硫含量平均值为 5mg/kg，满足产品质量要求，如图 6 所示。对比来看，原料汽油平均硫含量由投用前的 340mg/kg 逐步提高至投用后的 398mg/kg，稳定汽油硫含量仍控制较为稳定，未出现大幅度波动，脱硫率由 98.53% 提高至 98.99%。带来此有益效果的原因可能是原料汽油预处理设施预加氢可脱除原料汽油中的部分二烯烃及烯烃，烯烃的减少可减缓 S Zorb 吸附剂积炭的趋势，更有利于吸附剂脱硫性能的发挥。

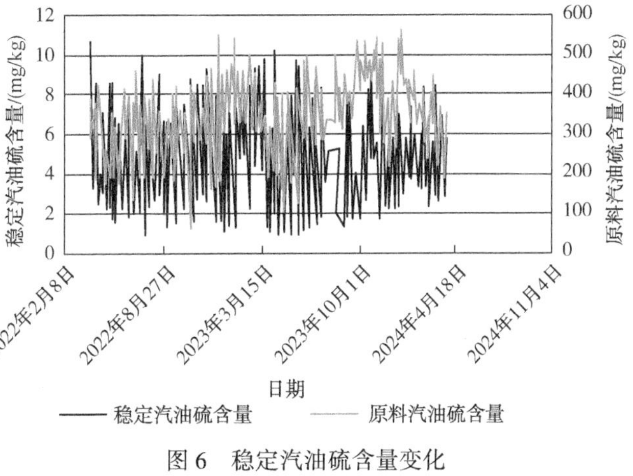

图 6 稳定汽油硫含量变化

5.3.3 待生吸附剂碳含量的情况

S Zorb 原料汽油预处理设施投用前后待生吸附剂积炭含量变化如图 7 所示。数据表明，原料汽油经预加氢降烯烃后，待生吸附剂碳含量明显下降，从 2.91%下降至 1.03%，延缓了 S Zorb 吸附剂的积炭速率，有利于吸附剂性能发挥，提高了 S Zorb 装置脱硫效果及处理负荷。另外，投用前待生吸附剂和再生吸附剂碳差为 0.75%，投用后碳差为 0.36%，根据吸附剂循环量(约 2t/h)推算，每年可多增产 65t 汽油，减少吸附剂再生烧碳过程中的 CO_2排放，增加了效益。

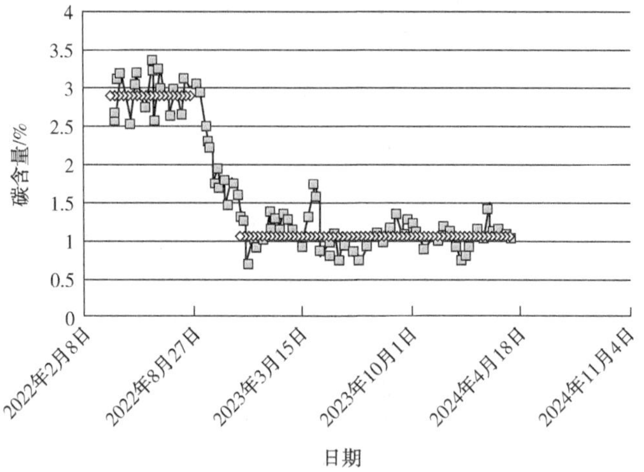

图 7 待生吸附剂碳含量变化

5.3.4 运行能耗的情况

S Zorb 装置 2022 年 1~8 月平均运行能耗为 5.39kgEO/t，原料汽油预处理设施投用后，平均运行能耗出现了明显下降，平均运行能耗为 4.36kgEO/t，降低了 1.03kgEO/t，下降幅度为 19.11%，其中燃料气单耗由 2.97kgEO/t 下降至 2.03kgEO/t，1.0MPa 蒸汽单耗由 1.26kgEO/t 上升至 1.94kgEO/t。

6 结论

S Zorb 装置原料汽油预处理设施于 2022 年 9 月正式投用，连续稳定运行至今。该设施流程简单，占地少，投资低，能与 S Zorb 装置现有流程较好地耦合。工业应用结果表明：

① 原料汽油预处理设施投用后有效解决了进料换热器结焦问题。原料汽油二烯烃脱除率>75%，进料换热器管程出入口压差未有明显上升趋势，管程进料换热终温基本维持不变，二烯烃脱除有效减缓进料换热器等高温部位结焦堵塞等问题，预计在一个运行周期(4a)内无须清焦处理。

② 原料汽油预处理设施同时可兼顾脱除烯烃功能。反应温度控制在 140℃条件时，可达到深度脱除二烯烃的目的(二烯烃脱除率>75%)，且辛烷值损失<0.1 个单位；维持其他条件不变，将反应温度提高至 160℃，除可深度脱除二烯烃，还能兼顾额外降低烯烃含量 2%~4%(体)，且 *RON* 损失/烯烃饱和量≤0.25，通过调节操作温度可灵活控制汽油烯烃含量，以满足汽油质量升级要求。

③ S Zorb 原料汽油预处理设施投用后，提升了装置的运行水平：

a. 提高了进料换热器换热效率，降低了加热炉负荷，燃料气用量减少约 300Nm^3/h，降低了装置的能耗；

b. 降低了油品的损耗，S Zorb 装置待生吸附剂积炭量由 2.91%降至 1.03%，待生吸附剂和再生吸附剂碳差由 0.75%降至 0.36%，提高了清洁汽油产量约 65t/a，减少了企业碳排放；

c. 缓解了因二烯烃聚合造成的汽油干点上升的局面，有利于高控催化汽油干点，从而提高催化汽油的收率，降低柴油收率；

d. 有利于 S Zorb 装置吸附剂脱硫性能发挥，提高了脱硫效果及处理负荷，稳定汽油硫含量控制更加平稳。

参 考 文 献

[1] 于磊. S Zorb 装置运行情况调研与分析[J]. 炼油技术与工程，2021，51(12)：23-28.

[2] 吴德飞，庄剑，袁忠勋，等. S Zorb 技术国产化与应用[J]. 石油炼制与化工，2012，43(7)：76-79.

[3] 段玉亮，刘锋，尹威威. S Zorb 装置长周期运行分析[J]. 石油炼制与化工，2015，46(11)：47-51.

[4] 吴言泽，柴剑锋，颜世山，等. S Zorb 装置消缺及扩能改造项目的实施[J]. 炼油技术与工程，2014，44(2)：38-40.

[5] 宁玮，彭晨，张学恒，等. S Zorb 汽油精制脱硫装置运行常见问题分析及解决方法[J]. 石油炼制与化工，2018，49(3)：60-65.

[6] 于晓玲. S Zorb 装置原料换热器结焦问题分析研究[J]. 石油石化绿色低碳，2022，7(5)：45-49.

[7] 郭良，齐万松，张建兵. S Zorb 装置进料换热器结焦原因分析及解决措施[J]. 炼油技术与工程，2015，45(11)：47-49.

[8] 刘进平，张聪玲，李亚娟. S Zorb 装置进料换热器压力降增大原因分析及对策[J]. 炼油技术与工程，2014，44(11)：18-20.

[9] 胡跃梁，孙启明. S Zorb 吸附脱硫装置运行过程中存在问题分析及应对措施[J]. 石油炼制与化工，2013，44(7)：69-72.

[10] 乐武阳. S Zorb 装置运行存在问题分析及对策[J]. 石油石化绿色低碳工，2019，4(2)：21-25.

[11] 成会改，蒋新建，王金伟. S Zorb 装置阻垢剂的使用效果分析[J]. 石油化工安全环保技术，2019，35(6)：42-44.

[12] 刘建明. 汽油分馏塔聚合结垢的形成与防止[J]. 乙烯工业，2010，22(1)：17-22.

S Zorb 装置加工高硫高烯烃原料的应对措施

唐士贵

（中国石化海南炼化公司　海南儋州　578001）

摘　要　本文简要介绍了海南炼化 S Zorb 装置在 RDS 装置停工换剂期间，催化汽油原料硫含量、烯烃含量频繁超标的情况，分析了影响装置脱硫率及烯烃饱和的因素，通过调整装置反应、再生、稳定系统关键运行参数，实现装置在加工高硫、高烯烃原料期间，产品质量合格率 100%，满足 S Zorb 汽油硫含量≤8mg/kg、烯烃含量<25%的内控指标，保障全厂的汽油正常调和。

关键词　S Zorb；催化汽油；烯烃；硫

1　引言

中国石化海南炼油化工有限公司 S Zorb 装置以催化汽油为原料，主要生产低硫、高辛烷值汽油组分。2017 年装置加工负荷由 120 万 t/a 扩能改造至 140 万 t/a，扩能后设计原料最大硫含量为 350mg/kg。在装置运行中，受 RDS 装置换剂影响，催化汽油烯烃含量、硫含量大幅升高，导致产品质量频繁出现波动，同时国 VI(B)汽油标准的实施，对 S Zorb 汽油的生产也带来新的挑战。

2　原料性质

装置生产期间均维持催化汽油直供料作为装置原料，原料性质见表 1，由表 1 可知，在正常生产期间，催化汽油硫含量约 142mg/kg，原料烯烃含量约 25.5%，均在控制指标范围内，产品硫含量（内控≤8mg/kg）及烯烃含量（内控<25%）均能满足全厂汽油调和要求。

表 1　装置原料性质表

组分名称	指标	检测值	2023 年 RDS 换剂期间	2024 年 RDS 换剂期间
硫含量/(mg/kg)	≤350	142	458	434
初馏点/℃		33.6	31.5	34.2
10%蒸发温度/℃		47	47.9	48.1
50%蒸发温度/℃		97.1	97.3	100.4
90%蒸发温度/℃		179.3	177.9	180.3
终馏点/℃		207.2	205.9	206.5
密度(20℃)/(kg/m^3)		735.8	736.3	740.3
RON		91.8	93	93.4
蒸气压(37.8℃)/kPa		58.4	57.8	61.1
芳烃/%(体)		26.4	24.9	25.7
烯烃/%(体)	≤30.00	25.5	29.8	30.7

RDS 装置停工换剂期间，催化裂化装置加工原料组分变重、硫含量升高，导致催化汽油烯烃含量及硫含量大幅升高，硫含量涨至 400mg/kg 以上，烯烃含量也升高至 30%左右。原料性质的变化引起 S Zorb 产品汽油质量频繁出现波动，进而影响全厂的汽油调和。RDS 装置换剂周期约 18 个月/次，每次持续约 45d，原料的深度脱硫和烯烃部分饱和成为装置在 RDS 换剂期间的关键任务。

3 S Zorb 吸附脱硫速率与烯烃饱和影响因素

3.1 氢分压

从反应动力学角度分析，增加反应氢分压，烯烃加氢反应速率随之增大，正常情况下，可以通过提高反应系统压力、增加氢油比以及提高循环氢纯度等措施提高反应氢分压，以实现降低汽油烯烃含量的目的[1]。

3.2 反应温度

吸附脱硫是一个微放热反应，烯烃饱和是强放热反应，根据反应动力学，提高反应温度将增加脱硫率、改善产品质量，同时较高的反应温度将会抑制烯烃饱和[2]。

3.3 质量空速

反应器内吸附剂藏量越高，单位质量的吸附剂处理的原料量越少，降低质量空速可有效促进吸附脱硫速率，提高烯烃饱和。

3.4 吸附剂性质

吸附剂上的硫和碳越少，吸附剂活性越高，烯烃饱和程度也越高，汽油辛烷值损失会越大[3]。

4 操作调整思路

S Zorb 汽油作为汽油产品的关键调和组分，占出厂汽油的 50%以上，出厂汽油的辛烷值指标可由其他汽油组分调和满足，总硫和烯烃含量无过多调节手段，若 Z Sorb 汽油总硫或烯烃含量超标将会影响汽油的正常出厂。

S Zorb 汽油吸附脱硫技术的特点为具备深度脱硫能力，但烯烃饱和率低，为实现深度脱硫的同时尽量降低烯烃含量，降低汽油调和压力，装置从反应、再生、稳定系统以及吸附剂活性等方面进行操作调整。

4.1 反应系统

表 2 为装置在 2024 年 1 月(原料性质正常)和 4 月(RDS 装置换剂)生产的关键参数控制情况。

表 2 操作参数表

参 数	2024 年 1 月	2024 年 4 月	参 数	2024 年 1 月	2024 年 4 月
新氢种类	重整氢	纯氢	反应温度/℃	425	420
氢分压/MPa	2.2	2.5	反应器藏量/t	13	18
反应压力/MPa	2.6	2.6	质量空速/h^{-1}	9.7	8.0
氢油比	0.20	0.23			

① 提高氢气分压。根据脱硫、烯烃饱和反应机理，提高系统压力、提高补充氢纯度可提高氢气分压，进而促进反应深度，但考虑 M101 的运行，未对压力进行调整。在 4 月份将补充氢调整为纯氢，循环氢纯度提高至 90%以上，氢油比由 0.20 提高至 0.23 以上。

② 降低反应温度。根据吸附剂特性，当温度超过 426℃时脱硫率将会下降，并且由于烯烃加氢反应是放热反应，提高温度将会抑制反应，为此，将反应温度入口温度降至 410℃，反应器温度控制在 420℃。

③ 降低质量空速。反应器质量空速越低，单位质量的吸附剂处理的原料量越小，反应深度越高，通过提高反应器藏量来降低质量空速，维持质量空速约 8.0h^{-1}。

4.2 再生系统

4.2.1 吸附剂性质

吸附剂是实现汽油脱硫的关键因素之一，在 RDS 装置换剂，催化汽油性质劣化期间根据吸附剂性质补充吸附剂，维持吸附剂硫差大于 5%，细粉含量小于 0.1%，吸附剂性质控制见表 3。

表 3　吸附剂性质表

吸附剂	控制范围	指　标	吸附剂	控制范围	指　标
待生剂	0~20μm/%(体)	<1%	催化剂	硫含量/%(质)	<4%
	70~80μm/%(体)	>40%	再生剂	0~20μm/%(体)	<1%
	$ZnSO_4$/%(质)	<12%		70~80μm/%(体)	>40%
				$ZnSO_4$/%(质)	<12%

4.2.2　系统预防性维护

再生系统是装置核心系统之一，也是故障率最高的系统，为此，装置制定系统的季度性常规检查工作，每月进行管线测厚，并在 RDS 装置换剂前，提前检查管道、法兰密封面等易磨损部位，拆建程控阀内构件，消除隐患，在本年度 4 月份 RDS 装置换剂 45d 内，再生系统未出现一起系统故障。

4.3　稳定塔系统

产品 PONA 显示，调整后产品汽油中的 C_5 占比约 27%，C_5 烯烃含量占产品汽油烯烃含量约 50%，通过提高稳定塔温度、降低塔顶压力，产品 C_5 含量减少约 3%，产品烯烃含量下降约 1.0%。

经反再、稳定系统优化调整后，2024 年 4 月 RDS 换剂期间再生系统运行稳定，精制汽油平均总硫为 4.1mg/kg，烯烃含量下降约 7%。

5　结论

S Zorb 装置在原料硫含量、烯烃含量大幅升高期间，通过调整反应温度、氢分压、吸附剂藏量等手段，产品平均硫含量约为 4.1mg/kg，烯烃平均含量约为 23%，质量合格率 100%，满足 S Zorb 汽油硫含量≤8mg/kg、烯烃含量<25%的内控指标，保障了全厂汽油的正常调和。

参　考　文　献

[1] 包江滔. S Zorb 装置生产国Ⅵ(B)汽油措施及建议[J]. 化工设计通讯，2023，49(5)：7-8，50.

[2] 刘丛林，林坤. S Zorb 装置适应国Ⅵ(B)汽油升级生产优化探讨[J]. 山东化工，2023，52(13)：50-53，58.

[3] 于善宝，郭宏，孙同根，等. 加强工艺管理降低 S Zorb 置精制汽油辛烷值损失[J]. 石油炼制与化工，2018，49(10)：15-19.

S Zorb 装置运行过程中的主要问题分析及对策

阚艳雷　王登朝　吴建军　马全成

（中国石化青岛炼化公司　山东青岛　266500）

摘　要　本文主要针对 S Zorb 装置在生产运行过程中发现的典型问题进行了系统的分析与总结，其中主要包括吸附剂循环系统中吸附剂对管线的冲蚀、反应进料换热器的管程结焦以及再生器底部下料中断三种典型问题。同时结合理论分析与生产运行过程中的实践经验，不断探究具体原因以及改进措施，有针对性地从工艺操作以及设备选材、管理等方面提出了相应的改进措施，并在装置的后期运行过程中得到了很好的应用效果，对同类装置的稳定运行具有较好的借鉴意义。

关键词　S Zorb 装置；冲蚀；结焦；下料中断；对策

1　引言

某公司 150 万 t/a S Zorb 装置由中国石化工程建设有限公司（SEI）设计，2015 年 9 月投料开工，经两次扩能改造，目前处理量可达 180 万 t/a。装置由进料与脱硫反应、吸附剂再生、吸附剂循环和产品稳定四个部分组成，主要产品为超低硫精制汽油，副产少量燃料气，含二氧化硫的再生烟气送至硫黄回收装置处理。本文重点研究了影响装置平稳运行的三种重典型问题，并提出了相应的改进措施。

2　吸附剂循环系统的冲蚀

吸附剂循环系统是将已在反应器中的含硫吸附剂自反应部分输送到再生部分，同时将再生后已脱硫的再生吸附剂自再生部分送回到反应系统，通过闭锁料斗控制吸附剂的循环速率。吸附剂在循环过程中的转移通过重力+系统压差及气体输送实现。运行过程中发现吸附剂管线在气体输送过程中易发生冲蚀，尤其在管线弯头、程控球阀的高压侧和膨胀节导流筒处。

冲蚀通常是指腐蚀流体冲刷金属材料表面而引起材料局部的金属腐蚀。在发生这种腐蚀时，金属离子或腐蚀产物因受高速腐蚀流体冲刷而离开金属材料表面，使金属材料内部与腐蚀流体进一步直接接触，从而加速腐蚀过程。若流体中悬浮较硬的固体颗粒，则将加速材料的损坏。

2.1　冲蚀泄漏故障描述

S Zorb 装置自开工以来，在运行过程中吸附剂循环系统曾出现过反应器接收器顶部气相线弯头减薄泄漏、闭锁料斗至还原器管段膨胀节波纹管泄漏、再生器至再生接收器转剂线顶部弯头泄漏等运行故障。

2.2　原因分析

以上几起泄漏皆因吸附剂管线的冲蚀导致，高速流动的气体夹带着吸附剂对管线进行冲刷，尤其在弯头部位，因其冲刷角大，对管线的冲刷最为严重，长期积累导致泄漏。

对于相同材料的设备管线，气体输送速度是其磨损率最重要的影响因素。气体输送速度和磨损率之间有如下关系式：

$$\varepsilon = kV^n$$

式中　ε——磨损率，%；

V——气速，m/s；

k、n——常数，n 值在 1~2。

磨损率将随着气速的增大而增高，而且气速越高，磨损率增加的速率就越快[1]。

反应器接收器参数见表 1。

表1　反应器接收器参数

项　目	参　数	项　目	参　数
管径/mm	100	操作压力/MPa	2.0~4.0
材质	低碳钢	气提氢气流量/(Nm^3/h)	1000~1600
操作介质	氢气+吸附剂+汽油		

经计算反应器接收器顶部脱气线线速最高达 3.3m/s，过高的线速加上弯头处过大的冲刷角度使夹带吸附剂的高速气体迅速冲刷管线弯头，吸附剂与管道内壁存在强烈摩擦和撞击，使弯管的磨损率大于直管段。经过长时间的冲刷累计，导致弯头处最先发生泄漏。

2.3 解决对策

针对吸附剂循环系统的冲蚀问题，采取的对策是在满足装置其他工艺条件不变的基础上，尽量降低气提、输送气体的量，从而降低吸附剂管线内介质线速。同时，通过控制反再系统循环的细粉量，来减少顶部气相线的气固夹带[2]。此外，将顶部的气相线管径变大，也能达到降低管线内部气体线速的效果；对于设备管理方面，可通过增加管壁厚度、增设预防性堵漏措施、采用高精度检测手段、增大弯管曲径等方法来延长管线运行时间，进而提高装置运行效果。

3 反应进料换热器管程结焦

S Zorb 装置反应进料换热器的管程中的介质是来自原料区的催化汽油与混合的氢气，与壳程中来自反应器出口的高温低硫精制汽油换热，然后进入加热炉加热到反应温度后进入反应器进行脱硫反应，管壳程出入口温差约 300℃，最大限度地利用了反应热量。基于热量的高效回收利用，反应进料换热器均采用 U 形管换热器。

3.1 管程结焦的影响

在装置长期的运行过程中发现，换热器管程结焦是影响装置平稳运行比较典型的问题，装置在运行过程中曾出现因换热器结焦严重而导致装置降量、单列切除检修的情况。

管程结焦具有以下两方面影响：

一方面是增加能耗。对于管程反应进料侧，其是利用反应器出口热量加热反应物，管程结焦势必会降低换热效果，导致管程出口温度降低，物料经过加热炉时，为达到反应温度需消耗更多的燃料气进行加热，造成燃料气的使用量增加；而对于壳程反应产物侧，低的换热效率势必引起壳程出口热的反应产物达不到冷却温度，为达到冷却温度要求，需增大后路风冷和水冷系统的能耗。所以，综合管壳程两侧考虑，换热器的结焦会导致装置能耗的增加。

另一方面是引起装置降量，甚至非计划停工，影响装置正常运行。轻度的结焦会引起装置能耗的增加，重度的结焦将导致装置降量运行，甚至非计划停工。这也是换热器采用两列并连的原因，一旦某一列发生严重的结焦，可通过装置降量将此列切除进行检修，不至于装置非计划停工。但单系列运行势必会增加一定的风险，一旦出现特殊情况将导致装置停工。比如，阀门内漏无法切出、单列检修过程中另一列发生管束内漏等，S Zorb 装置作为决定公司合格汽油出场的关键装置，其运行的平稳性直接决定着公司的汽油效益，所以，反应进料换热器结焦问题的严重性不言而喻。

3.2 结焦原因分析

对于管程结焦问题，具体有以下原因：原料携带杂质，原料过滤器过滤精度不足，致使未过滤掉的杂质黏附在管束壁上，成为焦炭中心或生焦载体；催化裂化稳定汽油中未洗胶质、二烯烃在换热高温部位发生缩合、聚合反应，引起积炭结焦[3]；换热器管束采用 U 形管，虽提高了换热效率，但管束较细，管程较长，内部流速较低，也为结焦提供了便利条件；换热器采用两列并联式，存在一定的偏流情况，偏流将导致换热不均匀、管束内流速不等，流速低的位置更容易产生结焦中心。

3.3 解决措施

针对以上具体原因，在生产运行中分别采取了相应的管控措施，从而在根本上控制了换热器的结焦，具体措施如下：

首先，严格控制原料汽油中未洗胶质和二烯烃的含量。S Zorb 装置作为催化裂化的下游装置，原料汽油的性质影响着装置的平稳运行，某炼化公司 S Zorb 装置严格控制未洗胶质含量不超出工艺控制指标，并且严格控制烯烃含量，从装置开工至大检修期间，从未发生过因结焦严重而导致装置停工事件。

其次，严格监控管程出入口差压以及管壳程出入口温度情况。管程压差是反映管程堵塞情况的直观数据，因此，在装置生产运行过程中，要注意监控压差数据，及时掌握管程运行情况；而管壳程的出入口温差，一方面反映换热效率，另一方面能判断是否存在偏流，如果发现出现较大的偏流，立即进行调整，避免因偏流导致管程结垢的恶性循环。

最后，通过向其加入阻垢剂，能够明显改善结焦情况，延长装置寿命。所以，结合生产实际及装置运行效果，可以借取其他炼化企业的生产经验，尝试加入阻垢剂，提高装置的运行周期。

4 再生器下料中断

为维持吸附剂的活性，使装置反应系统能够连续操作，S Zorb 装置设有吸附剂连续再生系统。再生过程是以空气作为氧化剂，自系统管网来的再生空气，依次经过再生空气预热器和再生气体电加热器加热后送入再生器底部，与再生器进料罐来的待生吸附剂发生氧化再生反应；再生器内的吸附剂为流化床，再生后的吸附剂用氮气提升到再生器接受器后送至闭锁料斗进行循环。

4.1 原因分析

在装置生产以及开工初期发现再生器经常出现下料中断现象，这不仅给生产操作上带来了不便，而且严重影响了装置的平稳运行。在检查滑阀时发现再生器底部吸附剂结块，判断结块的吸附剂堵塞底部滑阀是再生器下料中断的直接原因。

吸附剂结块具体有以下几方面原因：再生器中含有一定量的水且局部低温，即再生空气中带有少量的水；待生吸附剂上的烃类在燃烧过程中也会产生少量的水；再生器中吸附剂的混合偏弱，且再生器锥体部位流化较弱，常出现低温状况。吸附剂结块时，块状物堵塞下料管，造成吸附剂循环中断[4]，而且再生器滑阀内径较小，平时操作中滑阀开度也相对较小，一旦有轻微结块后将堵塞滑阀，导致下料中断。

4.2 下料中断的影响

再生器下料中断不仅对吸附剂循环以及反应器脱硫效果造成影响，也会对相应设备产生不可逆的损害。首先，再生器下料中断后，室内操作人员将通过大幅度调节滑阀来解决，频繁地大幅度活动滑阀将对阀板与阀杆的连接部位造成一定的损害，严重时将会造成阀板脱落。其次，当大幅度活动滑阀无法发挥作用时，一般采用憋压反吹的办法，即关闭再生器至再生器接收器下料滑阀后手阀，通过开大底部输送氮气将结块的吸附剂反吹至再生器内部，以此来疏通下料线，此种方法不仅对滑阀产生一定的损害，而且高速的气流夹带着吸附剂也会对管线造成一定的冲蚀。

4.3 水造成的吸附剂结块及应对措施

再生器内部水的存在也是吸附剂结块的主要原因。水主要来自于两部分：一部分是外界进入的，一部分是系统内部反应生成的。而对于反应产生的水，一般无法通过具体措施来有效控制，所以只能控制外部带入的水。

一般来说再生器外部带入的水，主要分为再生风带入以及取热盘管泄漏带入。对于再生风带入的水，重点从再生风干燥系统把控。监控好干燥系统的运行情况，严格监控空气干燥系统的正常运行，将再生风的露点温度降至不大于-70℃[5]。同时，关注干燥剂的破损以及吸水情况，如果发现干燥剂不能发挥干燥作用，应及时进行更换。

对于取热盘管泄漏问题则应更引起重视，因为一旦发生泄漏，其泄漏量相对于再生风带的水来说是巨大的，因此，在实际操作过程中，一方面应保持再生器具有一定比例的料位，避免取热盘管暴露在吸附剂上部，无法进行取热；另一方面，对于不投用的取热盘管，采用保护蒸汽进行保护，防止单程受热。装置运行实践证明，增设取热盘管保护蒸汽后，在装置正常运行过程中从未发生取热盘管泄漏，应用有益效果十分明显。

5 结论

对于 S Zorb 装置在运行过程中出现的吸附剂循环系统的冲蚀、反应进料换热器的管程结焦以及再生器下料中断的问题，可以通过增加管径、降低气提线速、控制原料性质、增加保护蒸汽、严控再生风含水量等具体措施应对改进，装置运行结果显示这些措施可以极大降低装置在运行过程中的故障率，并且通过对装置运行状况的长期监测，更加有力地证明了上述改进措施的有效性和可靠性，为装置的长、稳、优运行提供了有效保障。

参 考 文 献

[1] 郭丰涛. S Zorb 装置的腐蚀与防护[J]. 齐鲁石油化工，2020，48(2)：138.

[2] 王虎庆. S Zorb 装置 D105 脱气线减薄原因分析及对策[J]. 山东化工，2018，47(6)：114.

[3] 吴军，黄军相，聂兵权. S Zorb 装置原料换热器结焦原因分析及对策[J]. 石油炼制与化工，2023，54(6)：121.

[4] 段玉亮，刘锋，尹威威. S Zorb 装置长周期运行分析[J]. 石油炼制与化工，2015，46(11)：48.

[5] 张胜. S Zorb 装置运行问题分析及优化[J]. 齐鲁石油化工，2023，51(4)：290.

S Zorb 装置脱硫能力分析及改进措施

甘竞文

(中韩(武汉)石化公司 湖北武汉 430082)

摘 要 某公司催化汽油吸附脱硫(S Zorb)装置建设规模为150万t/a，自2016年8月首次开车后，处理量和原料硫含量均处于较低水平，脱硫量平均为20kg/h，约为设计脱硫负荷的18.9%。由于新建催化裂化装置即将开车，S Zorb装置脱硫负荷将大幅增加，为保证产品汽油产品质量合格，对装置进行脱硫能力测试，得出装置目前最大脱硫能力约为81.3kg/h，提出相应改进措施。

关键词 负荷；大幅增加；最大脱硫能力；改进措施

1 某石化催化汽油吸附脱硫(S Zorb)装置情况介绍

自首次开车以来，装置处于低处理量、低硫生产工况，脱硫量为20kg/h，仅为设计脱硫负荷的18.9%。根据公司炼油结构调整安排，新建3#催化裂化装置，设计处理量为280万t/a，将大量掺炼未经加氢的减压渣油，汽油硫含量预计将上升至600mg/kg，脱硫量约为81.0kg/h，是现有脱硫负荷的4.05倍。为确保原料性质大幅变化之后，S Zorb装置精制汽油质量合格，进行脱硫能力测试分析，找到瓶颈、提出建议改进措施。

2 装置脱硫能力测试

2.1 测试主要思路

① 通过降低再生主风量，提高吸附剂载硫量，结合分析数据验证装置平衡剂性能；

② 提高产品硫含量至10~12mg/kg，计算此时反应器内吸附剂硫容与原料硫含量关系，得到原料硫上升时需要的最低硫容以及吸附剂藏量，验证反应器最大脱硫能力；

③ 吸附剂循环量提高至2t/h，逐步提高再生主风流量，过程中再生烟气氧含量<1%，得到再生器最大主风量，根据风量与烧硫关系，计算再生器最大烧硫能力。

2.2 吸附剂性能分析

12月4~12日，通过回炼高硫罐区汽油、降低再生主风量等措施，逐步提高吸附剂载硫量。

根据化验分析结果，待生吸附剂载硫量由7.2%逐步上升至11.3%，吸附剂吸硫能力整体性能较好；吸附剂中特殊物相$Zn_3O(SO_4)_2$、Zn_2SiO_4含量(<2%)正常。

2.3 反应器脱硫能力分析

2.3.1 反应器内吸附剂藏量最大值计算

根据设计要求，反应器内吸附剂床层高度距离扩径段下部自由空间≥5ft[1]。

根据设备尺寸，得到反应器床层最大高度≤24.4m。

满负荷工况下，反应器进料量为175t/h；根据最低氢油比(摩尔比)要求不低于0.29，循环氢流量按14000Nm^3/h控制；反应温度430℃；反应器压力2.85MPa；根据7月原料汽油PONA分析结果，计算汽油相对分子质量为93.75；循环氢纯度80%时，相对分子质量6.37、密度0.28kg/m^3。

查设计文件，反应器质量空速控制范围3~6h，反应器藏量最大为60t。

计算满负荷生产时，反应器藏量60t时的床层流化高度为23.4m，满足设计≤24.4m要求，反应器内吸附剂最大藏量为60t。

2.3.2 平衡剂硫容分析

新鲜吸附剂加入反再系统后，部分氧化锌很快转化为铝酸锌，且在装置运行中铝酸锌含量较稳定

[约 20%(质)][2]。氧化锌转化为铝酸锌过程，吸附剂总量不变。

$$ZnO+Al_2O_3 \longrightarrow ZnAl_2O_4$$

生成 20%(质)铝酸锌，消耗氧化锌量计算：

$$\omega_{ZnO}=20\%\times\frac{M_{ZnO}}{M_{ZnAl_2O_4}}=20\%\times\frac{81}{185}=8.8\%$$

因铝酸锌生成，平衡吸附剂中氧化锌含量变为：54%-8.8%=45.2%。

平衡剂中氧化锌全部转化为硫化锌时，硫化锌含量计算(假定平衡剂总量为 100)：

$$m_{ZnS}=45.2\times\frac{M_{Zn}}{M_{ZnO}}\div\frac{M_{Zn}}{M_{ZnS}}=45.2\times\frac{65}{81}\div\frac{65}{97}=54.1$$

此时，硫化锌质量占比为：

$$\omega_{ZnS}=\frac{54.1}{100-45.2+54.1}=49.7\%$$

平衡剂理论硫容为：

$$\omega_S=\omega_{ZnS}\times\frac{M_S}{M_{ZnS}}=49.7\%\times\frac{32}{97}=16.4\%$$

吸附剂在酸性水热环境下，易生成硅酸锌，造成吸附剂永久性失活。化学反应方程式为：

$$2ZnO+SiO_2 \longrightarrow Zn_2SiO_4$$

每生成 1%(质)硅酸锌，损失氧化锌量计算：

$$m_{ZnO}=1\%\times\frac{2M_{ZnO}}{M_{Zn_2SiO_4}}=1\%\times\frac{2\times81}{222}=0.73\%$$

每损失 0.73%(质)氧化锌，硫化锌生成量降低计算(假定平衡剂总量为 100)：

$$m_{ZnS}=0.73\times\frac{M_{Zn}}{M_{ZnO}}\div\frac{M_{Zn}}{M_{ZnS}}=0.73\times\frac{65}{81}\div\frac{65}{97}=0.87$$

每损失 0.73%(质)氧化锌，硫化锌质量占比降低：

$$\omega_{ZnS}=\left(\frac{0.87}{100-0.73+0.87}\right)\times100\%=0.87\%$$

每损失 0.73%(质)氧化锌，平衡剂硫容降低：

$$\omega_S=\omega_{ZnS}\times\frac{M_S}{M_{ZnS}}=0.87\%\times\frac{32}{97}=0.29\%$$

2.3.3 根据硫容计算反应器最大脱硫能力

12 月 9 日，装置产品硫含量长期维持在 9~12mg/kg，反应器内吸附剂硫容与进料硫含量达到动态平衡，产品硫含量趋势见图 1。

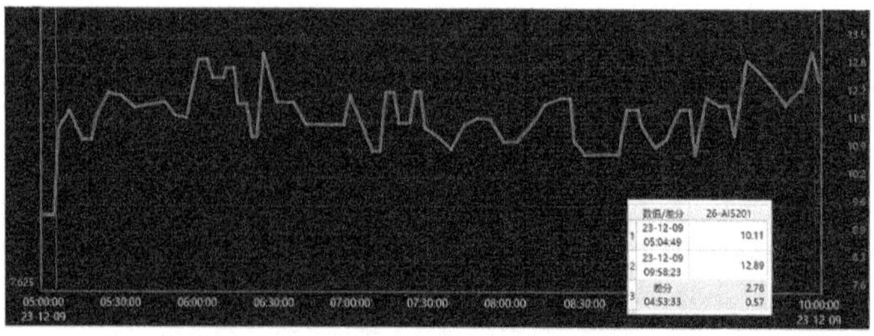

图 1　12 月 9 日产品硫含量趋势图

此时装置进料硫质量为 27.44kg/h、待生吸附剂载硫为 10.9%、硅酸锌含量为 2%、吸附剂剩余硫容为 0.92%、反应器藏量为 30t。

假定高硫生产时，待生吸附剂载硫为 10%、硅酸锌含量为 2%、吸附剂剩余硫容为 1.82%、反应器藏量按理论最大藏量 60t 计算，此时装置脱硫负荷最大达到 108.5kg/h，满负荷生产原料硫含量为 609.5mg/kg。

2.4 再生器烧硫能力分析

S Zorb 装置吸附剂再生为贫氧环境，再生烟气中氧含量严格控制≤1%，吸附剂在过氧环境下失活，严重影响脱硫效果。12 月 13 日，吸附剂循环速率提高至最大值(2t/h)，逐步增加再生主风流量，观察再生烟气氧含量变化情况，得到再生器最大主风量，计算求得再生器最大烧硫能力。

图 2 为再生主风量与再生烟气氧含量在线分析仪趋势图。

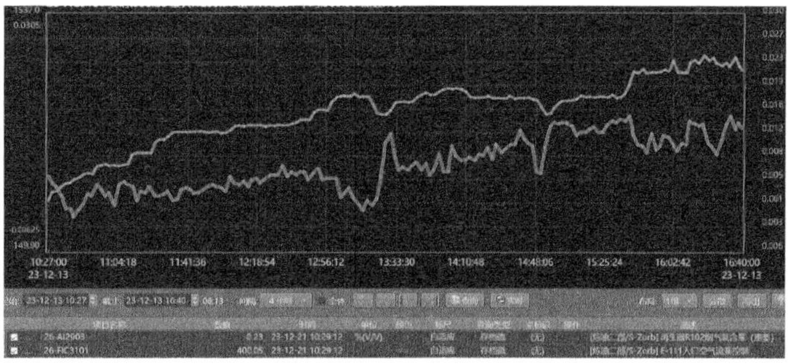

图 2　再生风量与再生烟气氧含量趋势图

表 1 为再生烟气氧含量分析结果。

表 1　再生烟气氧含量化验分析结果

采样日期	位置	采样点	样品名称	氧气/%(体)
12/13 15：30：01	S Zorb 装置	再生尾气	再生尾气	0.98
12/13 16：30：01	S Zorb 装置	再生尾气	再生尾气	1.08
12/13 17：00：01	S Zorb 装置	再生尾气	再生尾气	0.58

通过趋势图和化验分析结果可知，随着再生风量的提高，再生烟气中氧含量在线分析仪数值逐步上升，当再生风量达到 1300Nm^3/h 时，再生烟气氧含量化验分析结果为 1.08%，恢复正常风量采样分析再生烟气中氧含量仅为 0.58%。再生风量最大不应超过 1300Nm^3/h。

吸附剂再生发生的反应有镍的氧化、硫的燃烧生成二氧化硫、碳的燃烧生成二氧化碳和少量的一氧化碳。当再生烟气氧浓度保持最低水平并且也能达到再生效果的时候，即为再生器最适宜的操作条件，当氧浓度较高时，还生成少量的硫酸锌及过氧化物。在正常运行时，消耗风量与脱硫负荷、转剂速率、吸附剂碳差、硫酸锌和过氧硫酸锌生成量、再生烟气剩余氧含量等因素相关。脱硫负荷(kg/h)＊配风系数=再生风量(Nm^3/h)。通过吸附剂长期大数据和经验总结，吸附剂烧硫平衡的前提下，装置配风系数一般取 16，即以烧掉 1kg 硫需要消耗 16Nm^3 空气为操作基点。经过试验得到再生器烧硫最大风量为 1300Nm^3/h，此时再生器烧硫量为 1300/16=81.25kg/h。

2.5 吸附剂循环量与硫差分析

根据硫平衡计算，理论上原料硫质量-产品硫质量=吸附剂硫差＊吸附剂循环量[3]，表 2 列出试验期间吸附剂循环量与吸附剂硫差情况，并计算得到理论脱硫能力。

表 2　试验期间理论脱硫能力

时间	待剂硫含量/%(质)	再剂硫含量/%(质)	吸附剂硫差/%(质)	吸附剂循环量/(t/h)	理论脱硫量/(kg/h)
12 月 4 日	7.15	5.86	1.29	1.50	19.35
12 月 5 日	7.54	5.36	2.18	1.32	28.86
12 月 6 日	7.74	4.89	2.85	1.20	34.30
12 月 7 日	8.61	5.05	3.56	1.54	54.84
12 月 8 日	8.78	5.91	2.87	1.88	54.03
12 月 9 日	10.10	9.04	1.06	1.85	19.61
12 月 10 日	10.10	9.18	0.92	1.81	16.64
12 月 11 日	10.65	8.96	1.69	2.05	34.58

续表

时间	待剂硫含量/%(质)	再剂硫含量/%(质)	吸附剂硫差/%(质)	吸附剂循环量/(t/h)	理论脱硫量/(kg/h)
12月12日	11.30	9.16	2.14	1.71	36.52
12月13日	11.90	10.20	1.70	1.87	31.75
12月13日	12.10	8.28	3.82	1.87	71.34
12月13日	11.30	8.12	3.18	1.87	59.39
12月14日	11.30	6.51	4.79	1.68	80.54
12月15日	10.95	6.78	4.17	1.62	67.44

试验期间，吸附剂硫差最大达到4.79%，此时循环量为1.68t/h，脱硫量为80.54kg/h。理论上在原料硫含量上升，吸附剂循环量维持在最大量2t/h时，最大脱硫能力能达到95.8kg/h。但闭锁料斗共有31台程控阀门，任一出现故障，顺控程序停运，吸附剂循环中断；长期维持最大循环量，程控阀门及料斗内构件故障率将大幅上升，根据装置长周期运行经验，吸附剂循环量1.7t/h较为合适，此时最大脱硫能力为81.43kg/h。

3 装置现有脱硫能力分析结论

① 反应器理论上最大脱硫能力为108.5kg/h，但此时反应器吸附剂床层高度已达到设计最上限；吸附剂性能最优，硅酸锌含量仅为2%。但原料硫含量的增加、再生负荷的增大，都将导致吸附剂中硅酸锌含量大幅上升，高硫装置吸附剂中硅酸锌含量7%左右，此时吸附剂载硫需要降低至9%左右，才能维持反应系统81.7kg/h的脱硫负荷。

② 受制于再生器尺寸限制，再生器最大烧硫能力约为81.3kg/h；再生器烧硫试验期间，取热盘管6组投用其中4组，再生器温度可控，取热能力满足试验工况要求。

③ 经过试验，吸附剂硫差最大达到4.79%，理论上在原料硫含量上升，吸附剂循环量维持在最大量2t/h时，最大脱硫能力能达到95.8kg/h。但根据装置长周期运行经验，为保证闭锁料斗平稳运行，降低闭锁料斗程控阀及内构件故障率，维持吸附剂循环平稳，循环量控制在1.7t/h较为合适，此时最大脱硫能力为81.43kg/h。

④ 综上所述，受制于再生器尺寸较小、吸附剂循环量较高硫装置偏低限制，装置目前最大脱硫负荷为81.3kg/h，能满足3#催化裂化装置开工后原料硫含量的升高，但装置脱硫能力没有富裕度，出现任何生产波动都将导致产品硫含量超标。

4 建议改进措施

① 建议增大闭锁料斗容积，提高吸附剂循环量，增大闭锁料斗转剂料位的操作弹性，降低对闭锁料斗内构件的冲击，提高装置处理原料汽油硫含量的操作弹性。

② 加强备件管理，增加对程控阀和转剂线的备件数量、提高程控阀的检修质量，为故障时及时更换做好基础。

③ 考虑再生器扩径，提高再生器烧焦能力；对再生器接收器取热系统进行改造，提高取热能力，保证吸附剂温度在控制范围内，保障吸附剂正常循环。

④ 由于反应器吸附剂床层流化高度的大幅增加(从6.1m上升至23.4m左右)，对反应器过滤器ME-101的冲击较大，建议大检修时更换使用新的过滤器，再生清洗后的过滤器作为应急使用，提高装置长周期运行能力。

参 考 文 献

[1] 侯晓明，庄剑. S Zorb催化汽油吸附脱硫装置技术手册[M]. 北京：中国石化出版社，2013.
[2] 孙丽丽. 汽油吸附脱硫工艺与工程[M]. 北京：中国石化出版社，2019.
[3] 陈尧焕. 汽油吸附脱硫(S Zorb)装置技术问答[M]. 北京：中国石化出版社，2015.

S Zorb 装置降低氢耗分析及措施

陆方源　王文菊

（中国石化中科炼化公司东兴分部　广东湛江　524500）

摘　要　氢耗是 S Zorb 装置重要物耗之一，降低氢耗能显著降低 S Zorb 装置的操作费用。S Zorb 装置的氢耗主要分为两部分，第一部分为化学耗氢，是由于发生烯烃加氢反应、汽油脱硫、吸附剂还原，化学耗氢是装置最大的氢耗；第二部分是排废氢，包括汽油溶解氢、稳定塔顶气和闭锁料斗运行中的排放，这部分氢耗占比 10% 左右。本文通过对装置氢耗的计算，得到烯烃加氢反应、汽油脱硫反应、吸附剂还原反应的理论氢耗；跟踪统计化验分析稳定塔顶气和闭锁料斗排气中氢气含量的实际消耗，随后对各个氢耗环节有针对性制定控制措施，达到降低装置氢耗提高经济效益的目的。

关键词　降低；氢耗；分析

1　背景

S Zorb 装置采用 S Zorb 吸附脱硫专利技术，基于吸附作用原理对汽油进行脱硫，通过吸附剂选择性地吸附含硫化合物中的硫原子而达到脱硫目的，脱硫反应的吸附剂经过闭锁料斗输送去再生器，经过氧化再生，除去吸附剂上的硫；S Zorb 吸附脱硫过程中主要发生的化学反应有硫的吸附、烯烃加氢、烯烃加氢异构化、吸附剂还原、吸附剂氧化。氢气的消耗主要发生在前四个反应和过程排氢、溶解氢等方面。

某 S Zorb 装置设计产能为 120 万 t/a，由于上游催化汽油不足，装置负荷只有设计负荷的 80% 左右；装置日常处理量 120t/h，由于装置一直存在降烯烃操作，氢气消耗量平均在 2500Nm^3/h。当炼油厂大量加工朱比利原油时，上游催化裂化装置原料变重，催化汽油的烯烃就会达到 32%(体)以上，由于国六汽油对烯烃做了严格的限制，为调和产品汽油，S Zorb 装置需将原料汽油烯烃含量降低 10 个单位左右，在装置深度降烯烃操作时，装置氢气消耗量平均在 3200Nm^3/h，和同类装置相比，氢耗量大。表 1 是装置 2023 年 1 月至 9 月和 2024 年 1 月至 3 月氢耗表。

表 1　装置氢气消耗情况

月份	1	2	3	4	5	6	7	8	9	1	2	3
处理量/(t/h)	100	118	106	98	103	100	124	125	131	127	122	119
氢耗/(Nm^3/h)	2123	2514	2822	2388	2459	2445	1927	2755	2986	2245	2931	2983

如表 1 所示，装置 2023 年 1 月至 9 月、2024 年 1 月至 3 月平均氢耗基本在 2450Nm^3/h 以上，氢耗较大。因为 2023 年 10 月、11 月装置检修没有氢耗，12 月装置刚开工氢耗不具代表性，所以未列入表格。

2　装置主要氢耗分析

2.1　烯烃加氢耗氢

装置处理量为 120000kg/h，烯烃含量 32%(体)，经过反应后产品汽油烯烃含量 23.5%(体)；根据中石化石油化工科学研究院有限公司对东兴分部催化汽油的平均分析，汽油相对分子质量为 98，密度为 725kg/m^3。由于催化汽油烯烃种类多，无法全部详细计算，本次烯烃加氢按如下化学反应公式计算：

$$R—C=C+H_2\longrightarrow R—C—C$$

原料烯烃摩尔质量 $M_{原}$：

$$M_{原}=120000\times0.32\div98=391.84(kg/mol)$$

产品烯烃摩尔质量 $M_{产}$：

$$M_{产}=120000\times0.235\div98=287.76(kg/mol)$$

在 120t/h 的处理量时，装置原料、产品的烯烃摩尔质量差为：

$$M_{原}-M_{产}=391.84-287.76=104.08(kg/mol)$$

理论上 120t/h 的催化汽油含 32%(体)的烯烃，饱和率为 26.5%时烯烃加氢氢耗为：

$$M_{氢}=104.08\times2\div0.089=2338.88(Nm^3/h)$$

2.2 脱硫和还原反应耗氢

吸附剂为本装置的主要化工原材料，属于专利吸附剂，型号为 FCAS，原料中的硫通过与吸附剂有效组分发生化学反应，使原料中的硫"转移"到吸附剂上，经再生后，吸附剂上的硫转化为二氧化硫排至硫黄装置(或催化烟气脱硫装置)进行处理。而再生的吸附剂经氢气还原，恢复活性。吸附剂的主要物性见表 2、表 3。

表 2　吸附剂性质表

项目	性质	项目	性质
吸附剂名称	S Zorb SRT sorbent	颜色	灰绿色粉末
载体	氧化锌、硅石和氧化铝混合物	粒度	65μm
组分	锌、镍/硅、铝	重度	约 1.001g/cm³

表 3　吸附剂组成

组分	Al_2O_3	SiO_2	Cl	K_2O	CaO	TiO_2	Fe_2O_3	NiO	ZnO
含量/%	12.3	7.8	0.06	0.75	0.11	0.20	0.28	24.3	54.1

根据表 3 可知，1t 吸附剂含 24.3%的氧化镍(相对分子质量 74.71)日常生产装置吸附剂运行速率是 1000kg/h，装置处理量 120000kg/h、含硫 200mg/kg，带入反应器的硫为 24kg/h(0.75kg/mol)，产品含硫 1mg/kg。化学反应如下：

$$NiO(s)+H_2\longrightarrow Ni(s)+H_2O\quad(镍还原反应方程式)$$

$$R-S+Ni+H_2\longrightarrow R-2H+NiS(s)$$

$$NiS(s)+ZnO(s)+H_2\longrightarrow Ni(s)+ZnS(s)+H_2O\quad(脱硫反应方程式)$$

氧化镍还原反应消耗的氢摩尔质量 $M_{氢}$：

$$M_{氢}=1000\times0.243\div74.71=3.25(kg/mol)$$

脱硫反应消耗的氢摩尔质量 $M_{氢}$：

$$M_{氢}=120000\times0.0002\div32=0.75(kg/mol)$$

理论上 120t/h 处理量含量 200mg/kg 的情况下脱硫和氧化镍还原氢耗为：

$$M_{氢}=(3.25+0.75)\times2\div0.089=89.89Nm^3/h$$

2.3 稳定塔、闭锁料斗排氢

装置稳定塔顶气排放量为 1000Nm³/h，通过日常采样的分析数据得到其中氢气体积含量为 70%，则塔顶气排氢量为 700Nm³/h；闭锁料斗运行排氢主要发生在 1.1 步至 2.2 步期间，平均排气量为 100Nm³/h，通过日常采样的分析数据得到其中氢气体积含量为 95%，则闭锁料斗排氢量为 95Nm³/h 左右。

2.4 精制汽油溶解氢

加氢精制工艺流程的特点是压力逐步降低，所有油品中的氢气逐步释放，假设每一个压力等级下都处于平衡态，以各液相油品出装置状态进行计算，出装置按 45℃计算。通过查气体在石油中的溶解度图，从而求出溶解氢量。

产品汽油的相对密度 $d_{15.6}^{15.6}$为 0.731g/cm³，温度 45℃，压力为稳定塔的操作压力 0.58MPa，查图得到溶解度为 0.0001，产品汽油流量 120000kg/h，则：

$$V_{H产品汽油}=120000\times0.0001\div0.089=134.83(Nm^3/h)$$

通过理论计算，装置在 120t/h 的处理量下、原料含硫 200mg/kg、烯烃含量 32%(体)，烯烃饱和率为 26.5%，装置总氢耗理论数为：

$$V_{总}=2338.76+89.88+700+95+134.83=3358.47(Nm^3/h)$$

经过上述计算，得出装置总耗氢，见表 4。

表 4　装置耗氢计算汇总表

项目	装置耗氢/(Nm^3/h)	占比/%
精制汽油溶解氢	134.83	4.01
闭锁料斗排放氢气量	95	2.83
稳定塔顶气排放氢气量	700	20.84
氧化镍还原耗氢	73	2.17
脱硫耗氢	16.85	0.50
烯烃加氢耗氢	2338.76	69.64
总耗氢	3358.44	100

在实际生产中，装置处理量为 122t/h，烯烃饱和率平均为 25%，装置新氢孔板流量计测得新氢流量为 2931Nm³/h，理论计算比新氢孔板流量计高 427.47Nm³/h。

2.5　新氢流量校正

新氢测量是用孔板流量计，其精度为 1%。因其测量结果与介质密度直接相关，如果仪表后台设定的密度与介质实际的密度存在偏差，将造成孔板流量计的测量误差不止 1%。因此，需要对孔板流量计进行校核。表 5 为对新氢的孔板流量计进行校核数据。

表 5　新氢分析数据校正

组分名称	体积分数/%(体)	归一后 体积分数/%(体)	相对分子质量	校正后 平均相对分子 质量 M
硫化氢	0	0.00	34	0.00
氢气	96.29	97.68	2	1.95
氧气	0.25			
氮气	1.11			
一氧化碳	0			
二氧化碳	0			
甲烷	0.84	0.85	16	0.14
乙烷	0.77	0.78	30	0.23
乙烯	0	0.00	28	0.00
丙烷	0.44	0.45	44	0.20
丙烯	0	0.00	42	0.00
异丁烷	0.12	0.12	58	0.07
正丁烷	0.08	0.08	58	0.05
异丁烯	0	0.00	56	0.00
正丁烯	0	0.00	56	0.00
反丁烯	0	0.00	56	0.00
顺丁烯	0	0.00	56	0.00
异戊烷	0.03	0.03	72	0.02

续表

组分名称	体积分数/%(体)	归一后 体积分数/%(体)	相对分子质量	校正后 平均相对分子 质量 *M*
正戊烷	0.01	0.01	72	0.01
碳五	0.03			
C_3 及以下	0.71			
C_5 及以上	0.07			
总计	100.75	100.00	平均相对分子质量 M	2.67

通过各组分的体积分数，计算得到新氢的校正的平均相对分子质量 M 为 2.67。

$$\rho_{实}=2.67\div22.4=0.12(kg/m^3)$$

查找新氢的 FE-1501 仪表规格书和实际运行参数，见表 6。

表 6 新氢流量孔板设计参数和运行参数

$P_{设}$/kPa	2500	$P_{实}$/kPa	1900
$T_{设}$/K	298.15	$T_{实}$/K	313.15
$\rho_{设}$/(kg/m³)	0.22	$\rho_{实}$/(kg/m³)	0.12
$V_{设}$/(Nm³/h)	3682	$V_{实}$/(Nm³/h)	

根据孔板流量计测量公式，体积流量为：

$$V=\alpha\times\varepsilon\times F_0\sqrt{\frac{2}{\rho}\times\Delta P}$$

式中 α——流量系数；

ε——膨胀校正系数；

F_0——节流装置的开孔截面积，m^2；

ρ——介质密度，kg/m^3；

ΔP——实际测得的压力差，kPa。

在实际测量过程中，除密度外，气体密度与温度和压力有关，根据理想气体状态方程 $PV=nRT$，可得到：$\frac{PV}{T}=\frac{P_1V_1}{T_1}$，又 $\rho=M/V$，令 $M=M_1$，因此可得到：$\rho=\rho_1\frac{PT_1}{P_1T}$。其余各系数均为固定值。因此，体积流量的实际值与测量值之间的关系为：

$$V_{实}=V_{设}\times\sqrt{\frac{\rho_{设}\ P_{实}\ T_{设}}{\rho_{实}\ P_{设}\ T_{实}}}$$

式中 $P_{实}$、$P_{设}$——实际操作条件下和设计条件下气体绝对压力，kPa；

$T_{实}$、$T_{设}$——实际操作条件下和设计条件下温度，K；

$\rho_{实}$、$\rho_{设}$——实际操作条件下和设计条件下气体密度，kg/m^3；

$V_{实}$、$V_{设}$——校正前后混合干气的标准条件下体积流量，Nm^3/h。

根据表 2~表 5 各参数，校正后的新氢流量为：

$$V_{氢气}=3682\times\sqrt{\frac{0.22\times1900\times298.15}{0.12\times2500\times313.15}}=4043.48(Nm^3/h)$$

综上，装置理论计算耗氢为 3358.44Nm³/h，实际耗氢为 4043.48Nm³/h，因为理论计算，只是计算一个双键加氢，因此会比实际氢耗低。通过理论计算得出装置主要耗氢在烯烃加氢和稳定塔顶气的排放，这两项各占到装置氢耗的 69.64%和 20.84%，因此降低装置发生烯烃加氢反应和塔顶气的氢气含氢可有效降低装置氢耗。

3 装置降低氢耗的主要措施

3.1 减少烯烃加氢反应

在实际生产中，当原料催化汽油烯烃含量较高时，为调和产品汽油烯烃，装置需通过提高反应压力、缩短闭锁料斗循环时间、提高循环氢量等相关操作来实现原料汽油烯烃含量的下降。烯烃含量的下降主要由于烯烃加氢反应的发生，而烯烃加氢反应是导致装置氢耗较高的关键所在。装置降烯烃和氢气消耗见表7。

表7 装置降烯烃和氢气消耗表

月份	7	8	9	1	2	3
处理量/(t/h)	124.5	125	131.2	127.2	122.4	119.4
原料烯烃/%(体)	28.55	28.4	29.4	28.8	30.47	31.9
产品烯烃/%(体)	23.05	22.12	22.4	22.9	22.17	23.1
原料产品烯烃差	5.5	6.3	7	5.9	8.3	8.8
氢耗/(Nm^3/h)	1927	2755	2986	2245	2931	2983

如表8所示，装置在处理量相对稳定的情况下，原料烯烃比产品烯烃下降了7个单位以上，装置氢耗明显上升。

3.1.1 控制适当的反应器入口温度

FCAS吸附剂为本装置的专利吸附剂，该吸附剂在高温下，有利于装置脱硫反应；由于烯烃加氢反应属于强放热反应，较高的反应温度有利于抑制烯烃加氢。2024年3月7日至12日，对装置反应器入口温度进行了记录，在装置处理量相同，反应器氢油比、反应压力、吸附剂藏量、再生风、闭锁料斗运行时间等操作参数维持不变的情况下，统计了装置加热炉出口温度改变后原料和产品烯烃含量差值，在改变反应器入口温度时的变化。见表8。

表8 装置反应器入口温度和降烯烃关系表

项目	7日	8日	9日	10日	11日	12日
处理量/(t/h)	125	125	125	125	125	125
氢油比(摩尔氢油比)	0.3	0.3	0.3	0.3	0.3	0.3
反应器藏量/t	22	22	22	22	22	22
反应压力/MPa	2.6	2.6	2.6	2.6	2.6	2.6
再生风/(Nm^3/h)	280	280	280	280	280	280
闭锁料斗运行时间/min	40	40	40	40	40	40
反应温升/℃	29	31	36	38	37	35
反应器入口温度/℃	400	395	390	385	380	375
原料烯烃/%(体)	31.2	31.5	32.3	31.5	31.8	32.0
产品烯烃/%(体)	25.0	23.9	22.8	21.5	22.1	23.1
原料产品烯烃差	6.2	7.6	9.5	10	9.7	8.9
原料产品辛烷值差值	1.9	2.1	2.5	2.7	2.7	2.7
氢耗/(Nm^3/h)	1890	2650	3120	3220	3105	2988

如表9所示，装置在处理量稳定、其他参数不变的情况下，改变反应器入口温度，反应温升和产品的烯烃会出现明显变化；反应器入口温度在400℃时，其他参数不变的情况下，原料烯烃比产品烯烃下降6.2个单位，反应温升只有29℃，当降低反应器入口温度到385℃时，反应器反应温升上涨到38℃，原料烯烃比产品烯烃下降10个单位，装置氢耗明显上升；继续把反应器入口温度往下降，降到

375℃的时候，反应温升还是上涨，但是原料与产品烯烃差别没继续扩大，装置氢耗也没上升。经过对反应参数的记录分析和结合装置吸附剂的特性，过高、过低的反应入口温度都会影响装置降烯烃操作，由于烯烃发生饱和反应，因烷烃的辛烷值通常低于烯烃的辛烷值，烯烃加氢反应会降低汽油产品的辛烷值，辛烷值损失越大证明烯烃加氢反应发生的越多，如图 1 所示。

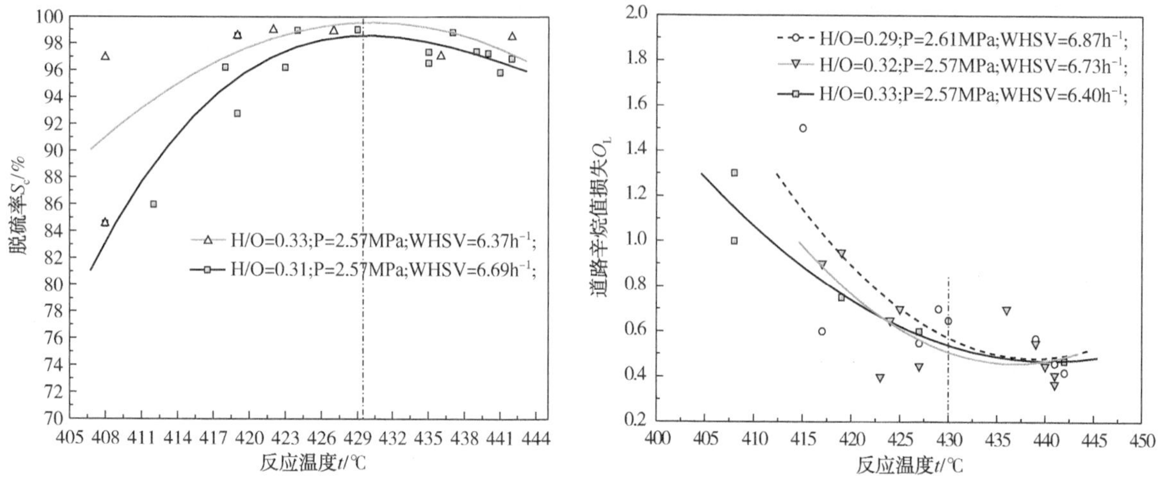

图 1　反应器温度和脱硫率关系图

如图 1 所示，当反应温度在 430℃时，脱硫效率最高辛烷值损失最小，装置烯烃加氢反应被抑制；当反应温度超过 435℃时，脱硫效率明显下降，烯烃加氢被抑制会更明显，因此低原料含硫，不需要降烯烃操作的装置，反应温度操作应该往 430℃控制。当反应温度低于 420℃时，产品汽油辛烷值损失增大，反应器反应温升上涨，装置耗氢明显增加，原料、产品烯烃差增大。因此没有降烯烃操作的装置，想降低装置的氢耗，反应温度控制在 428~435℃较为合适。

3.1.2　控制适当的氢分压

氢分压的控制一般通过调节反应压力来实现。为提高脱硫效率，会加大氢分压，同时烯烃加氢反应速率也随之增大。在满足脱硫效果的前提下，选择适当地减小氢分压有利于减小烯烃加氢反应速率。

装置 4 月初处理量在 118t/h，配合降烯烃操作，对反应压力进行了调整，见表 9。

表 9　反应压力和氢耗关系表

项目	4 月 1 日	4 月 2 日	4 月 3 日	4 月 4 日	4 月 5 日	4 月 6 日
冷高分顶压力/MPa	2. 45	2. 48	2. 54	2. 54	2. 55	2. 50
原料油烯烃/%	34. 1	34. 2	34. 3	34. 1	34. 2	34. 2
精制油烯烃/%	25. 6	24. 7	23. 8	24. 0	23. 7	24. 3
烯烃降量/%	8. 5	9. 5	10. 5	10. 1	10. 5	9. 9
新氢量/(Nm^3/h)	2537	2618	2715	2772	2768	2684

如表 10 所示，随着反应压力的上升，烯烃损失逐渐增加，氢气消耗量变大。反应压力提高 0. 2MPa，氢气消耗量变大 200Nm^3/h，所以在满足装置脱硫要求的情况下适当降低反应压力可有效降低氢气消耗。

3. 2　减少稳定塔顶气中氢含量

装置原料罐补压为稳定塔顶气，在不影响脱硫率的情况下，改为氮气补压可降低循环氢的氢气浓度和塔顶气中氢气含量。原料罐改氮气补压前和改氮气补压后，塔顶气含氢量见表 10。

表 10　稳定塔顶气氢含量对照表　%(体)

项目	改氮气补压前	改氮气补压后
循环氢含氢量	97. 8	84. 6
塔顶气含氢量	71. 3	55. 9

如表 10 所示，装置原料罐将补压由稳定塔顶气改为氮气后，循环氢含氢量下降 13.2%，塔顶气含氢量下降 15.4%，装置在处理量、降烯烃强度、脱硫率不变的情况下，新氢耗量下降 200Nm^3/h。

4 结论

S Zorb 装置主要耗氢在烯烃加氢和稳定塔顶气的排放，这两项各占到装置氢耗的 60%和 20%以上，因此减少装置发生烯烃加氢反应和降低塔顶气的氢气含氢是可有效降低装置氢耗。在装置不需要降烯烃操作的情况下，通过控制反应温度在 428~435℃，降低反应压力、降低反应氢油比和降低吸附剂活性可以有效抑制烯烃加氢反应。通过原料罐改氮气补压和适当往上限控制冷高冷罐温度有利于降低稳定塔顶气中氢气含量。

经过上述计算分析得出，S Zorb 装置降烯烃操作对全厂经济效益是巨大的浪费，不只增加了装置的氢耗和能耗，还增加了全厂辛烷值的调和费用。因此降烯烃操作应该放在上游催化装置进行。

参 考 文 献

[1] 李立权．加氢裂化装置工艺计算与技术分析[M].2 版．北京：中国石化出版社，2020.
[2] 孙丽丽．汽油吸附脱硫工艺与工程[M]. 北京：中国石化出版社，2019.
[3] 陈尧焕．汽油吸附脱硫(S Zorb)装置技术问答[M]. 北京：中国石化出版社，2015.

S Zorb 装置新增 C_5 加氢反应器温控探讨

作　档

（中国石化镇海炼化公司　浙江宁波　315207）

摘　要　镇海炼化炼油因改扩建需要，在原有 150 万 t/a S Zorb 装置反应器出口增加一台 C_5 加氢反应器 R103。为满足 R103 中催化剂活性要求，R103 入口温度需要控制在 125～145℃。通过 Aspen Plus 建立了 S Zorb 装置新增 C_5 加氢反应器 R103 的流程模拟，定量分析了 C_5 进料量、汽油原料温度及进料量、反应进料换热器 E101 壳层跨线分流率、脱硫反应器 R101 反应温度等因素对 R103 入口温度的影响，为 S Zorb 装置生产过程中平稳控制 R103 温度提供参考。

关键词　S Zorb；流程模拟；C_5加氢反应器；温控

1　引言

为配合镇海炼化炼油改扩建项目，在原有 150 万 t/a S Zorb（简称 1#S Zorb）装置脱硫反应器 R101 出口增加一台 C_5加氢反应器 R103，将乙烯 C_5抽余油（以下简称 C_5）约 10200kg/h（最大处理量 15000kg/h）与脱硫后的混氢汽油混合对其中的二烯烃进行选择性加氢，作为国Ⅵ汽油产品的调和组分处理。R103 中 C_5加氢反应所需催化剂对温度有着严格要求，提高反应温度有利于二烯烃加氢反应的进行，随着反应温度的提高，反应产物中的二烯烃含量随之降低，当反应温度较高（>150.0℃）时，易发生结焦反应造成催化剂失活。因此 R103 的入口温度控制（125.0～145.0℃）尤为重要。

通过 Aspen Plus 建立了 1#S Zorb 装置新增 C_5加氢反应器 R103 的流程模拟，定量分析了 C_5 进料量、汽油原料温度及进料量、反应进料换热器 E101 壳层跨线分流率及 R101 反应温度等因素对 R103 入口温度的影响，为 1#S Zorb 装置生产过程中平稳的控制 R103 的温度提供参考。

2　过程介绍

2.1　原料

新增的乙烯 C_5抽余油组分复杂，炔烃和二烯烃含量为 6.75%，单烯烃含量为 33.87%，其组成见表 1，催化汽油原料组成见表 2。C_5抽余油组分中二烯烃及炔烃选择性加氢是强放热反应，主要反应式如下：

$$C_5H_6+H_2 \longrightarrow C_5H_8 \quad (1)$$

$$C_5H_8+H_2 \longrightarrow C_5H_{10} \quad (2)$$

$$C_4H_6+H_2 \longrightarrow C_4H_8 \quad (3)$$

表 1　C_5抽余油原料组成

组分	组成/%（质）	组分	组成/%（质）
1,4-戊二烯	4.35	单烯烃	33.87
2-丁炔	1.73	总碳四	3.01
反-1,3-戊二烯	0.01	总碳六	12.47
环戊二烯	0.20	其他 C_5	43.26
顺-1,3-戊二烯	0.01	其他	0.64
异戊二烯	0.45	总计	100

表 2　吸附脱硫后催化汽油原料性质

原料油	吸附脱硫后催化汽油
密度(20℃)/(g/cm^3)	0.7300
初馏点/℃	38
10%馏出温度/℃	52
50%馏出温度/℃	87
90%馏出温度/℃	169
干点/℃	204
烯烃含量/%(体)	23.8

2.2　加氢工艺

由于C_5抽余油烯烃尤其是二烯烃含量高的特点，加氢操作中必须使用大量的稀释料，以降低原料中二烯烃的含量，减少结焦[1,2]。将C_5原料首先与脱硫反应后混氢汽油混合稀释，然后进入R103，同时严格控制R103入口温度，防止反应温度过高，引发单烯烃剧烈反应，床层飞温，而且会导致烯烃(尤其是二烯烃)的聚合与结焦，影响催化剂的使用寿命。

反应初期催化剂活性较高，R103入口温度控制在125.0℃左右即可满足生产质量要求；随装置运行时间增加，R103中催化剂活性逐渐降低，此时需要提高R103入口温度，以保持双烯烃加氢转化率；装置运行末期催化剂结焦，失活较严重，可将R103入口温度控制在145.0℃左右，尽量减缓烯烃加氢转化率的降低，以达到产品质量要求。C_5抽余油加氢工艺的流程见图1。

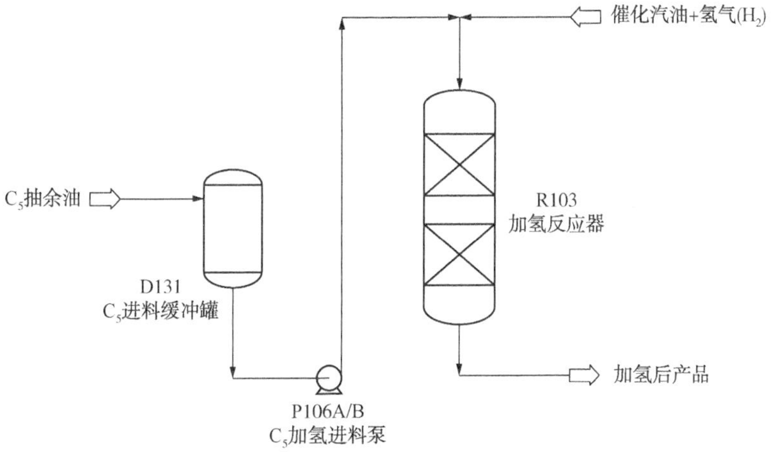

图1　C_5抽余油与催化汽油混合加氢装置流程图

3　流程模拟

3.1　建立模型

C_5加氢反应采用反应转化率的化学计量反应器模型Rstic；对气液分离器用Flash3闪蒸模型模拟，该模型允许在确定的热和相态条件下，对闪蒸过程进行模拟计算；换热器用HeateX模型，对两股物流之间的换热进行模拟；C_5原料与反应脱硫后汽油以及H_2多股物料的混合用Mixer模型，物料分流分配用F Split分流器模型模拟，压缩机用Compr模型模拟[3-4]。如图2所示。

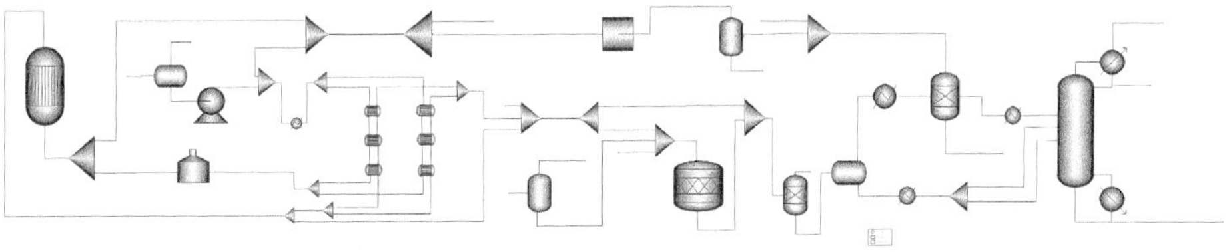

图2　1# S Zorb新增C_5加氢反应器R103模拟流程图

3.2 物性计算方法

通过 Aspen Plus 建立了 1# S Zorb 装置新增 C_5 加氢反应器 R103 的流程模拟，物性的计算主体采用 GRAYSON 方法，部分用 PENG-ROB 方法。

4 结果与讨论

模拟工况与实际工况对比见表 3。

表 3 模拟工况与实际工况对比

名称	模拟工况	实际工况
汽油进料量 FIC1101/(t/h)	170	169
循环氢气量 FIC1102/(Nm^3/h)	15103	14976
混氢汽油原料温度 TI1105/℃	74.0	73.3
F101 出口温度 TIC1606/℃	414.0	414.2
F101 出口压力 PI1601/MPa(表)	2.70	2.70
R101 反应出口温度 TI2104/℃	433.0	432.7
E101(A 列)壳层出口 TI1106/℃	106.2	107.2
E101(D 列)壳层出口 TI1107/℃	131.7	133.4
E101(A 列)管程出口 TI1103/℃	378.3	378.6
E101(D 列)管程出口 TI1104/℃	388.2	387.9
R103 入口压力 PI1233/MPa(表)	2.47	2.47
R103 出口压力 PI1232/MPa(表)	2.40	2.40
R103 入口温度 TI1237/℃	128.1	126.2

4.1 C_5 进料量对 R103 入口温度影响

脱硫反应后的混氢汽油通过反应进料换热器 E101 与混氢汽油原料换热后温度为 132.6℃，然后与 C_5 原料温度为 30.0℃混合进入 R103。图 3 为 R103 入口温度随 C_5 原料进料量变化，可以看出随 C_5 原料进料量增加，R103 入口温度呈线性降低，C_5 进料量由 1000kg/h 到 15000kg/h 时，R103 入口温度从 132.1℃降到 126.0℃，C_5 进料每增加 1000kg，R103 入口温度降低 0.44℃。C_5 进料为 10200kg/h 时，R103 入口温度为 128.1℃，无须其他操作调整，就可以满足 R103 入口初期运行温度要求。

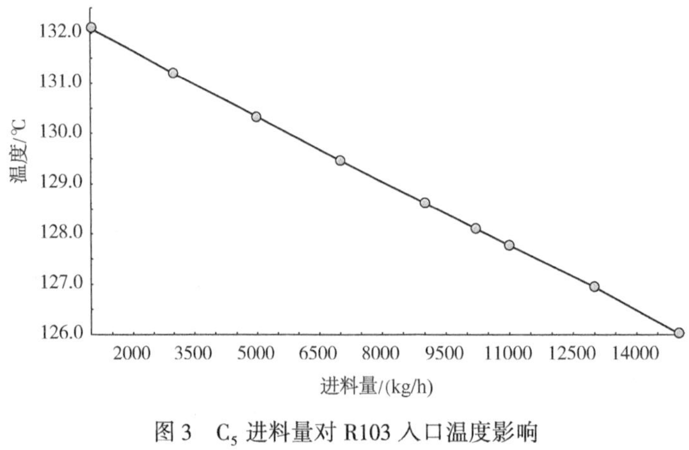

图 3 C_5 进料量对 R103 入口温度影响

4.2 汽油原料温度及进料量对 R103 入口温度影响

混氢汽油原料经过 E101 预热后，通过加热炉 F101 进一步加热以满足 R101 入口温度要求，因此汽油原料温度和进料量变化会影响与脱硫反应后混氢汽油的换热，进而影响 R103 的入口温度，同时 F101 负荷也会受到影响。通过图 4(a)可以看出，汽油原料温度每增加 5.0℃，R103 入口温度会升高

3.4℃，F101 负荷会降低 310kW，因受 P101 入口温度限制(≤80℃)，改变汽油原料温度最高可使 R103 入口温度达到 132.5℃；通过图 4(b)可以看出，汽油原料进料量每增加 5000kg/h，R103 入口温度会升高 0.39℃左右，F101 负荷会增加 387kW，处理量变化对 R103 入口温度影响并不明显，但会显著影响 F101 负荷。

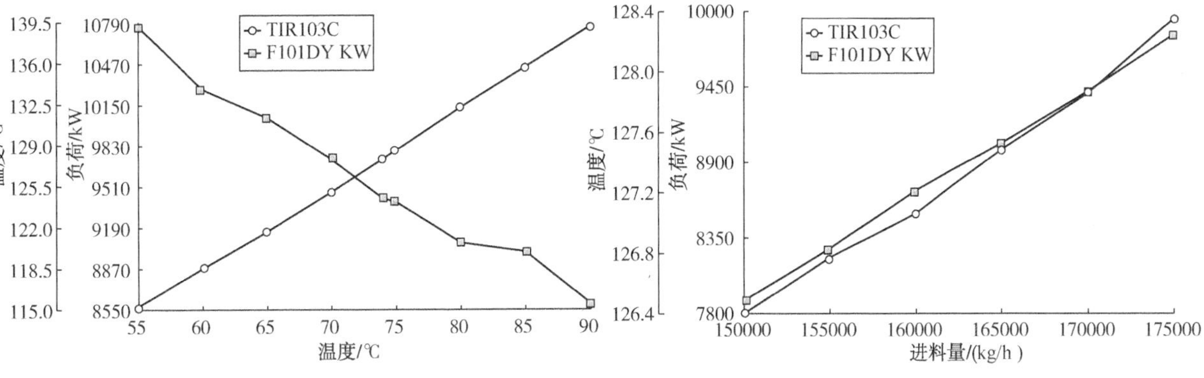

图 4 (a)汽油原料温度对 R103 入口温度和加热炉负荷影响；(b)汽油进料量对 R103 入口温度和加热炉负荷影响

4.3 E101 壳层跨线分流率 R103 入口温度影响

图 5 为 E101 壳层跨线分流率对 R103 入口温度和 F101 负荷影响。E101 壳层跨线分流率从 0.00 到 0.45 时，R103 入口温度从 122.8℃增加到 220.5℃，可以看出 E101 壳层跨线分流率对 R103 入口温度影响范围较宽，E101 壳层跨线分流率在 0.20 时，R103 入口温度为 147.4℃，可以满足 R103 运行后期入口温度要求，但 E101 壳层跨线分流率增加，F101 负荷也会同步增加，从 7225kW 增加到 42639kW。

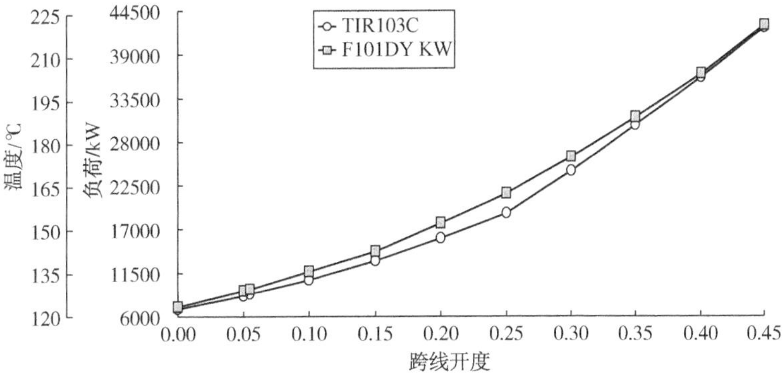

图 5 E101 跨线开度对 R103 入口温度和加热炉负荷影响

4.4 R101 反应温度对 R103 入口温度影响

图 6 为 R101 反应温度对 R103 入口温度的影响。R101 反应温度从 415.0℃到 436.0℃时，R103 入口温度由 125.1℃增加到 128.6℃，反应温度每增加 6.0℃，R103 入口温度会增加 1.0℃，加热炉负由 14369kW 降低到 8648kW。因此 R101 反应温度不仅会影响到催化汽油脱硫效果，还应综合考虑 R103 入口温度和 F101 负荷。

4.5 双烯烃和炔烃加氢反应对 R103 温升影响

如式(4)~式(9)将 C_5 组分中 1,4 戊二烯、2-丁炔、异戊二烯、反-1,3 戊二烯、环戊二烯、顺-1,3 戊二烯加氢反应生成相应单烯烃，转化率均设为 100%，此时 C_5 组分中二烯烃和炔烃完全加氢反应 R103 温度上升 0.9℃。实际运行过程中无 C_5 进料时 R103 温升已有 4.8℃，是因为脱硫后汽油组分中的单烯烃总体量较大，有一部分单烯烃进行加氢反应放热；C_5 进料后 R103 温升有 6.4℃，说明 C_5 进料使 R103 温升增加 1.6℃。因此模拟结果与实际结果基本符合，进一步说明 C_5 组分中双烯烃和炔烃完全加氢反应放热不会使 R103 温升过大，控制 R103 入口温度防止脱硫后汽油组分中大量单烯烃加氢反应放热，才是控制 R103 温度的关键。

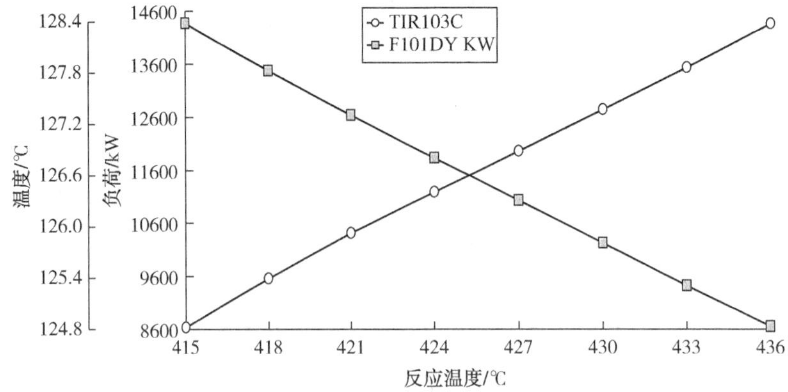

图 6 R101 反应温度对 R103 入口温度和加热炉负荷影响

1：4-P-01+H2-->1-PEN-01 (4)

2-BUT-01+H2-->1-BUT-01 (5)

2-MET-03+H2-->1-PEN-01 (6)

1-TRA-01+H2-->1-PEN-01 (7)

CYCLO-01+H2-->CYCLO-02 (8)

CIS-1-01+H2-->1-PEN-01 (9)

5 结论

根据模拟结果，可定量预判并调控 R103 入口温度，C_5 进料量每增加 1000kg/h，R103 入口温度降低 0.44℃；汽油原料温度每增加 5.0℃，R103 入口温度会升高 3.4℃；汽油原料进料量每增加 5000kg/h，R103 入口温度会升高 0.39℃；反应温度每增加 6.0℃，R103 入口温度会增加 1℃；E101 壳层跨线分流率从 0.0 到 0.2 时，R103 入口温度从 122.9℃增加到 147.7℃。

C_5 正常进料 10200kg/h 时：R103 运行初期，无须其他操作调整，就可以满足 R103 入口温度要求；受 P101 入口温度限制（≤80℃），改变汽油原料温度最高可使 R103 入口温度达到 132.5℃，可满足 R103 运行初期、中期入口温度要求，F101 负荷也会随 R103 入口温度的提高而降低；E101 壳层跨线分流率在 0 到 0.2 时，可满足 R103 任何运行阶段的入口温度要求，但 F101 负荷会随 R103 入口温度的提高而增加。

参 考 文 献

[1] 张兆豪. 浅谈裂解 C_5综合利用现状与发展前景[J]. 轻工科技，2020，36(1)：28-29，31.

[2] 郭蓉，姚运海，周勇. FH-40C 轻质馏分油加氢精制催化剂的开发[J]. 当代化工，2007，36(3)：3.

[3] 闫雨. 乙烯装置裂解汽油加氢系统的 Aspen 建模优化[J]. 广州化工，2017，45(17)：3.

[4] 张龙. C_5 汽液平衡测定与分离流程模拟研究[D]. 天津：天津大学，2010.

S Zorb 装置长周期运行存在的问题及对策

王建国

（中国石化扬子石化公司　江苏南京　210048）

摘　要　S Zorb 技术作为一种提高汽油产品质量的重要工艺技术，其长周期运行过程中的平稳性对生产高质量汽油具有关键作用。通过对中国石化扬子石化公司 0.9Mt/a 的 S Zorb 装置近两年生产运行中遇到的原料与反应产物换热器偏流、反应器过滤器差压上涨和闭锁料斗程控阀磨损故障的分析，总结了长周期运行过程中需要控制原料性质、及时调整反应器过滤器反吹系统的工艺参数和反应系统压力、加强吸附剂管理和吸附剂循环速率的调控、加强设备的检测与更换，以实现 S Zorb 装置长周期稳定运行。

关键词　长周期运行；原料与反应产物换热器；反应器过滤器；闭锁料斗程控阀

1　引言

随着人们环保意识的日益深入，环保法规越来越严格，汽油作为一种日常的使用能源，社会对汽油的质量要求也日益增高。目前，我国汽油实行的是国Ⅵ标准，汽油中硫含量不高于 10μg/g。为了汽油品质达到合格，催化裂化汽油吸附脱硫（S Zorb）技术发挥了重要的作用，该技术具有脱硫率高、辛烷值损失小、能耗低等优点[1]。S Zorb 技术作为提高汽油品质的重要工艺技术，国内现已建设了 38 套 S Zorb 装置[2-3]。S Zorb 装置的原料主要是催化裂化汽油，通过吸附剂选择性地吸附汽油中的硫原子从而对汽油进行脱硫，基本工艺流程如图 1 所示[4]。S Zorb 装置长周期运行的稳定性对发挥工艺特点、延长设备使用年限和生产高质量汽油具有重要作用。

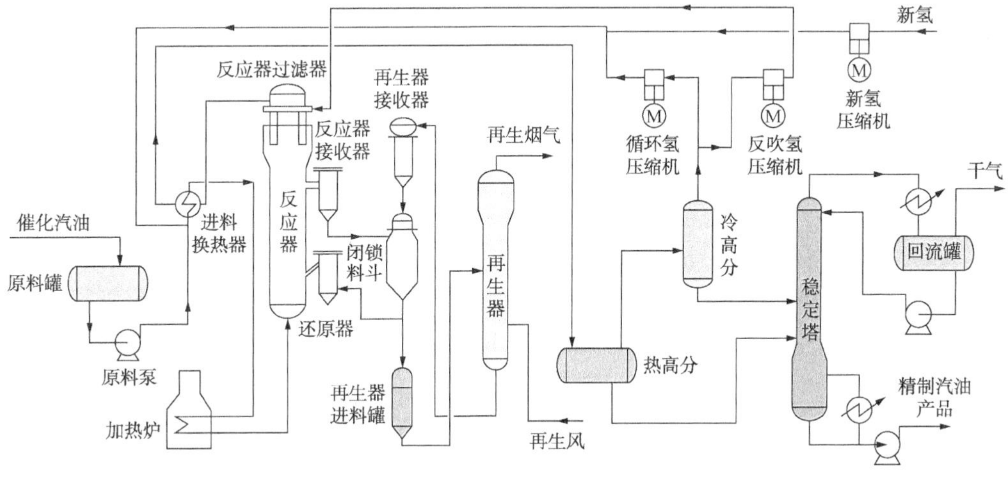

图 1　S Zorb 装置流程图

中国石化扬子石化 90 万 t/a 的 S Zorb 装置近 2 年的运行结果见表 1，从表 1 中可以看出 S Zorb 装置可以稳定生产低硫汽油，辛烷值损失保持在一个稳定合适范围内，装置的能耗在下降。

表 1　S Zorb 装置运行数据

项　　目	2022 年	2023 年	项　　目	2022 年	2023 年
负荷率/%	91.8	96.7	*RON*	90.89	89.99
进料			精制汽油收率/%	98.83	99.00
w(硫)/(mg/kg)	150.01	239.19	*RON* 损失	0.62	0.62
RON	91.51	90.61	能耗/(kgEO/t)	6.53	4.37
产品					
w(硫)/(mg/kg)	6.58	6.05			

2 S Zorb 装置运行存在问题及对策

由于S Zorb装置日常处于一种高温高压的状态，还有吸附剂在装置内循环使用，因此在日常运行中S Zorb装置不可避免地存在一些问题，如：原料与反应产物换热器偏流、反应器过滤器差压升高、闭锁料斗程控阀故障等。这些问题影响装置的平稳运行，下面介绍这些问题出现的原因及处理措施。

2.1 原料与反应产物换热器偏流

2.1.1 原料与反应产物换热器运行状况

原料与反应产物换热器由两列换热器并联组成，每列有3台换热器。换热器采用了U形管式换热器结构，管程流动介质为氢气、原料混合物，壳程流动介质为汽油。通过管程流动介质与壳程流动介质形成逆流传热，提高换热器的传热效率。

大多数S Zorb装置的原料与反应产物换热器都存在换热器管程结焦的情况，管程结焦使得管程压差上涨。同时由于两列换热器管程结焦程度不同，导致每列换热器换热效果不一样，各列换热器管程、壳程出口温度不同，产生偏流现象。

随着装置的运行，原料与反应产物换热器的偏流情况越来越严重，截至2023年12月5日，换热器管程出口温差、壳程出口温差均出现增加的情况，见表2。管程和壳程出口温差都为A~C列出口温度减去D~F列出口温度。

表2 原料与反应产物换热器管程、壳程温差 ℃

日期	管程温差	壳程温差	日期	管程温差	壳程温差
2023.10.09	11	28	2023.11.10	35	34
2023.10.24	12	29	2023.12.05	34	37

2.1.2 原料与反应产物换热器偏流的原因

原料中烯烃含量的控制是原料管理中重要的因素，如果原料中汽油烯烃含量高，会使得换热器结焦，影响装置的平稳运行[5]。由于上游加氢装置的停工检修，导致S Zorb原料的烯烃含量大幅增加。烯烃通常在100~300℃范围内可以发生聚合反应，形成高分子聚合物。原料与反应产物换热器的管程温度范围在60~360℃，这个温度区间满足了烯烃反应所需的温度条件。因而随着原料中烯烃含量的升高，该换热器结焦情况会增强。如图2所示，*a*点处循环氢流量5600Nm^3/h、反应进料量115t/h，*b*点处循环氢流量5100Nm^3/h、反应进料量115t/h，通过反应进料量相同、循环氢量下降的*b*点压差与*a*点压差相比，换热器管程压差明显增大，这表明了在加氢装置停工检修前后换热器管程结焦情况出现增强。而在加氢装置停工检修导致S Zorb装置原料中烯烃含量增加的期间，换热器管程压差未发生明显上涨的原因是S Zorb装置反应进料量下降至105t/h左右，因而换热器管程压差未发生明显变化。当加氢装置的正常运行后，S Zorb装置反应进料量上涨至115t/h，换热器管程压差出现增长。

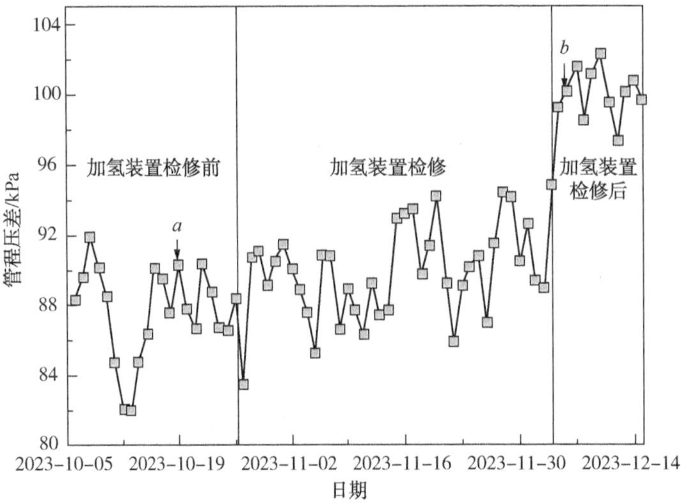

图2 原料与反应产物换热器管程出口压差

如图 3 所示，随着原料中烯烃含量的增加，换热器结焦加重了偏流现象，原料与反应产物换热器壳程出口温差增大。

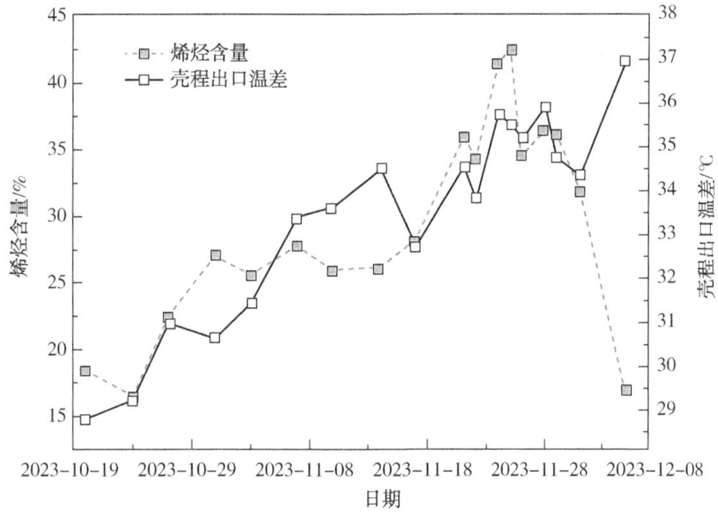

图 3　原料烯烃含量和原料与反应产物换热器壳程出口温差

2.1.3　原料与反应产物换热器偏流处理措施

① 针对原料性质变化引起的问题，要加强原料管理，尽量保证原料中胶质含量≤2mg/100mL、烯烃含量≤25%(体)。对于罐区汽油要确保油罐氮封完好，降低汽油中胶质生成的可能性。

② 工艺人员通过调节 A~C 列和 D~F 列手动阀开度，改变两列换热器的流量，降低换热器的偏流程度。如图 4 所示，调节之后换热器管程温差、壳程温差都出现了明显的下降。

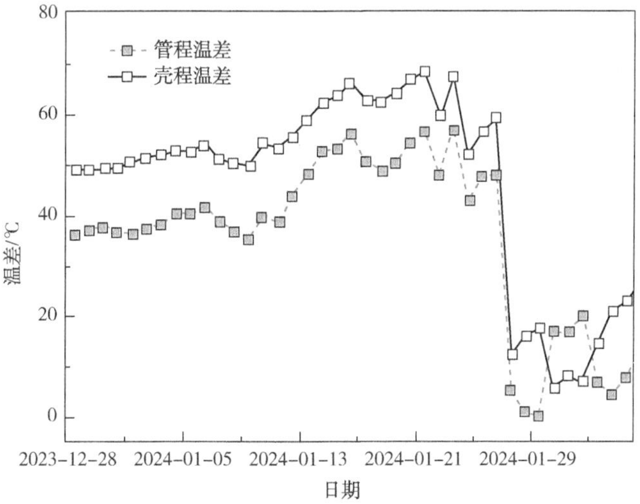

图 4　原料与产品换热器管程、壳程温差

③ 日常工作中及时监控换热器管程压差，一旦压差达到 200kPa，将换热器单列切出检修。

2.2　反应器过滤器差压上涨

2.2.1　反应器过滤器运行状况

反应器过滤器是影响 S Zorb 装置长周期运行的重要设备，其作用是通过内装的高精度滤芯过滤出反应器顶部出口产物中夹带的吸附剂颗粒，使得过滤后的产物进入后续设备中，工艺要求反应器过滤器对反应产物中 1.3μm 及以上的颗粒去除率为 99.97%。

反应器过滤器运行过程中需要关注过滤器压差和压差增长的速率，当过滤器压差达到联锁值 150kPa 时，S Zorb 装置需要停工更换新的过滤器。2022 年 5 月，扬子石化 S Zorb 装置刚开工后反应器起始过滤器压差为 15kPa 左右，装置运行两年后，过滤器压差上涨至 23kPa 左右，如图 5 所示。

2.2.2　反应器过滤器压差上涨的原因

在脱硫反应过程中，吸附剂中的氧化锌先在反应器中吸附硫原子变成硫化锌，通过闭锁料斗将含有硫的吸附剂输送至再生器中进行烧硫处理，除去硫化锌中的硫，恢复吸附剂活性。然而吸附剂再生过程中，硫化锌除了生成氧化锌还会生成硅酸锌等含锌尖晶石结构的物质。研究显示，在无水条件下，吸附剂中形成硅酸锌的反应温度需要达到 800℃；在水蒸气分压达到 10kPa 条件下，吸附剂在 500℃就可生成硅酸锌，同时随着水蒸气分压的增加，硅酸锌的生成速率也增加。由于吸附剂再生和还原过程中不可避免地会生成水，因而硅酸锌也会生成，如图 6 所示，吸附剂中存在一定的硅酸锌。硅酸锌形成后导致吸附剂硬度降低，吸附剂之间磨损程度增大，吸附剂中的细粉含量增加。

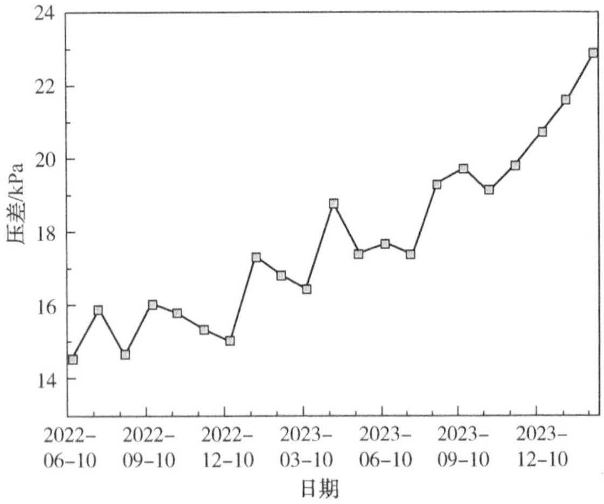

图 5　反应器过滤器压差

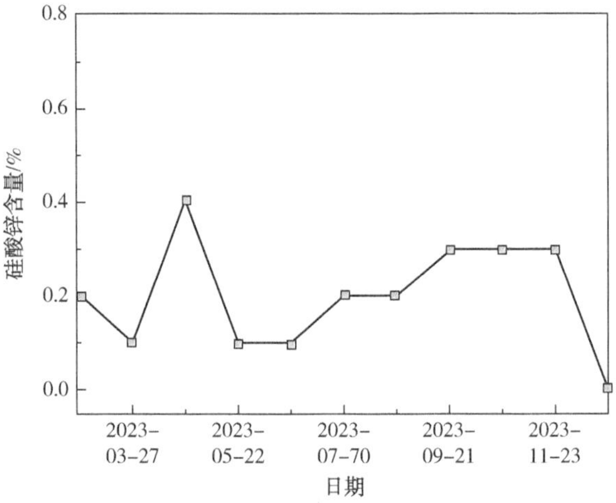

图 6　硅酸锌含量

当装置内吸附剂藏量降低或者吸附剂活性不足时，会向装置中补充新鲜吸附剂，置换出系统中旧的吸附剂。新鲜吸附剂的圆度较差，边缘处呈棱角状结构较多，在流化、输送过程中容易发生磨损，从而产生新的吸附剂细粉。

由于以上的操作中不可避免地会生成新的吸附剂细粉，吸附剂细粉在反应器中随着产物的携带而进入反应器过滤器中，导致反应器过滤器压差的增加。参考其他单位 S Zorb 装置反应器过滤器压差上涨的情况，过滤器压差上涨的因素还包括：①反应器压力波动；②反应进料量波动；③反吹等待时间、反吹启动压差未及时随过滤器压差进行调整；④反吹阀故障。

2.2.3　反应器过滤器压差上涨处理措施

为了延长反应器过滤器使用时长，降低过滤器压降上升速率，需要注意以下方面。

① 控制系统内的水分压和新鲜吸附剂的平均粒度，减少系统中细粉的生成，生成的细粉通过再生系统排出。

② 反应压力控制。反应压力越高，床层的流化高度越低，延缓过滤器压差上涨速率。但由于床层高度低也会导致反应器接收器收料困难，延长吸附剂循环的周期，降低吸附剂循环速率，因此需要根据装置运行状态合理调整反应压力。

③ 反应进料量调整。反应器进料操作必须以平稳为原则，特别是装置提降负荷过程中的平稳操作。装置提量或者降负时，必须以反应器线速基本不变为原则，做到提量前先提压，分次缓慢进行，确保反应器线速平稳。

④ 反吹等待时间、反吹启动压差是否合适。在反吹压力、反吹温度稳定的条件下，根据过滤器压差的上涨趋势及时调整反吹等待时间、反吹启动压差。如图 7 所示，在压差较低时，反吹等待时间为 200min，随着压差的增大，反吹等待时间也逐渐缩短为 90min。反吹启动压差也随着过滤器压差增大，从刚开工时 18kPa 慢慢调整为 23kPa。

⑤ 反吹阀开关的时间监控。反吹是依靠反吹阀门打开瞬间的巨大压差进行过滤器反吹，如果阀门打开时间过长或者阀门打开故障，会造成过滤器压差增加，甚至会导致过滤器上发生吸附剂架桥情况，

影响过滤器的使用情况，因此需要对阀门打开时间进行监控。目前设定的反吹阀开启时间为 1.4s。

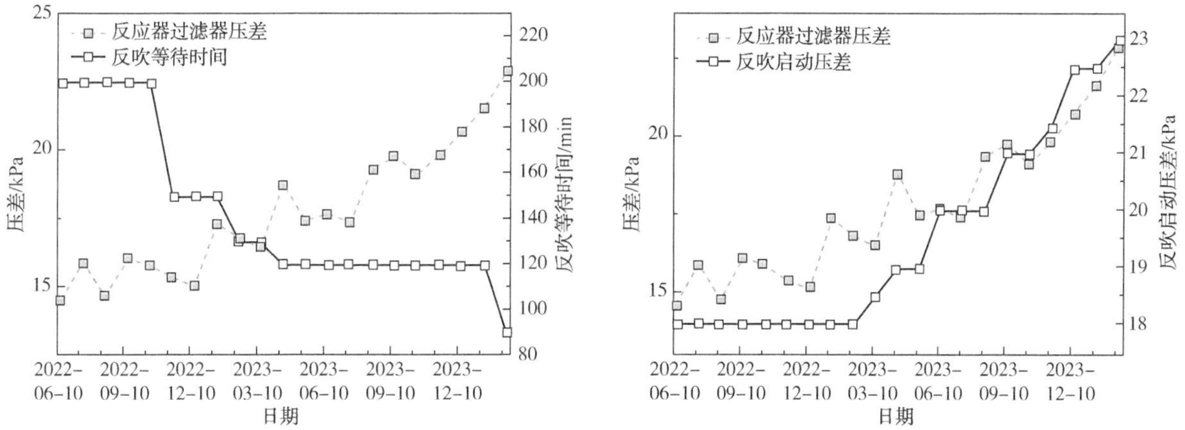

图 7　反吹等待时间、反吹启动压力随反应器过滤器压差变化

2.3　闭锁料斗程控阀磨损故障

2.3.1　闭锁料斗程控阀运行状况

闭锁料斗是吸附剂循环使用的重要设备，其作用是通过程控阀的开关和内部压力的调节，将载硫的吸附剂从含氢气的高压反应系统转送至含空气、氮气的低压再生系统进行脱硫，之后再将脱硫后的吸附剂输送回反应系统，从而实现吸附剂的循环使用。闭锁料斗料腿中的吸附剂颗粒排放到氢气、氮气过滤器后定期卸剂到吸附剂废剂罐。从 2022 年 5 月大修后至现在，S Zorb 装置已对多个程控阀进行检修，见表 3。

表 3　闭锁料斗程控阀故障情况

时　间	位　号	故障现象	吸附剂循环间隔/min
2022.08.22	XV2416	回讯器故障	35
2022.09.15	XV2403	阀门内漏	35
2022.10.14	XV2410	阀门内漏	40
2022.11.07	XV2405	阀门开关时间长	35
2022.12.18	XV2409	阀门不动作	30
2022.12.24	XV2414	阀门不动作	35
2022.12.30	XV2424	阀门开关时间长	30
2023.02.28	XV2415	阀门盘根漏	37
2023.04.14	XV2417	回讯器故障	35

2.3.2　闭锁料斗程控阀磨损故障原因分析

由于阀门运行工况恶劣，流通介质为高温吸附剂，且阀门长期高频动作，造成阀芯球面磨损。吸附剂颗粒导致阀芯与阀座之间摩擦力增大，使程控阀出现不同的故障，这造成了闭锁料斗系统难以正常操作，影响装置的运行。

由表 3 可以看出在 2022 年 12 月期间，程控阀故障频率较高。这是由于 12 月吸附剂循环间隔相较于其他月份更短，吸附剂循环速率更快，造成程控阀开关频繁，增加了程控阀阀芯球面与吸附剂接触的频率，提高了程控阀故障率。

2.3.3　闭锁料斗程控阀磨损故障处理措施

① 程控阀备用件的准备。确保不同型号的程控阀有备用件，遇到特殊情况时可以及时更换，尽量缩短抢修时间。

② 保证氢气、氮气过滤器正常使用，减少闭锁料斗料腿中残存的吸附剂颗粒对程控阀的磨损，定期对氢气、氮气过滤器进行切换。

③ 控制吸附剂循环速率，保证吸附剂循环速率在一个合适的范围内，减少吸附剂对程控阀阀芯球面的磨损。

④ 定期检查程控阀运行情况并对故障的程控阀进行处理，避免影响装置运行。

3 结论

① 原料汽油中的烯烃含量过高会导致原料与反应产物换热器管程结焦，加重换热器偏流。因而在日常运行中需要控制好原料中胶质含量≤2mg/100mL、烯烃含量≤25%(体)，当换热器管程压差高于200kPa时，将换热器单列切出检修。

② 反应器过滤器是装置长周期运行的重要设备，因此在日常生产运行中，需要控制系统中水分压和吸附剂粒径、调整反应压力、稳定反应进料量和及时调整反吹系统参数，延缓压差上涨趋势。

③ 闭锁料斗程控阀长期受到吸附剂的磨损，容易出现程控阀故障，需要提前准备好程控阀的备用阀，对阀出现的故障及时处理，定期对阀进行检测，控制好吸附剂循环速率。

参 考 文 献

[1] 徐相伟，张伟，崔永刚，等. S Zorb装置长周期优化运行分析及问题处理[J]. 炼油技术与工程，2020，50(4)：15-19.

[2] 李鹏，田健辉. 汽油吸附脱硫S Zorb技术进展综述[J]. 炼油技术与工程，2014，44(1)：1-6.

[3] Song Ye，Peng Bo，Yang Xue，et al. Trail of sulfur during the desulfurization via reactive adsorption on Ni/ZnO[J]. Green Energy & Environment，2020，6(4)：597-606.

[4] 杜佳楠. 催化裂化汽油烯烃含量对S Zorb装置长周期运行影响分析[J]. 炼油技术与工程，2023，53(3)：38-42.

[5] 张建民. S Zorb装置生产难点及控制[J]. 石化技术，2022，29(5)：224-228.

一、生产运行与总结

S Zorb 装置程控阀故障分析与应对

徐艳龙　徐方宁　郭政坤

（中国石化沧州炼化公司　河北沧州　061000）

摘　要　S Zorb 装置吸附剂循环再生流程中有多台程控阀，一旦发生卡涩、回迅异常、开关超时等状况，就会导致闭锁料斗停运，吸附剂循环中断，如果不能及时排除故障恢复吸附剂循环，将会导致产品硫含量超标，装置改内循环，不仅影响装置平稳运行，还影响公司汽油生产计划，影响经济效益。因此，在 S Zorb 装置设备日常管理过程中，要重视程控阀的运行维护和检修质量，降低程控阀故障率。

关键词　S Zorb；程控阀；故障；分析与应对

1　引言

随着环保要求日益苛刻，汽油质量不断升级，S Zorb 装置精制汽油成为清洁汽油的一种重要调和组分。S Zorb 装置以催化裂化装置生产的催化汽油为原料，采用管网氢作为氢源，生产硫含量低于 10μg/g 的低硫清洁汽油产品，同时副产少量燃料气。本文针对 S Zorb 装置生产实际运行过程中程控阀出现的各种故障进行了原因分析并制定了应对措施，取得了明显效果。

2　装置概况

S Zorb 装置主要包括进料与脱硫反应、吸附剂再生、吸附剂循环、产品稳定和公用工程五个系统。在进料与脱硫反应系统，高活性吸附剂在氢气环境中吸附原料中的硫，其反应过程如下[1]：

$$R\text{-}S+Ni+H_2 \longrightarrow R\text{-}2H+NiS(s)$$

$$NiS(s)+ZnO(s)+H_2 \longrightarrow Ni(s)+ZnS(s)+H_2O$$

在吸附剂再生系统，将吸附了硫的待生吸附剂在再生器内氧化再生，恢复其脱硫活性，其反应过程如下：

$$ZnS(s)+1.5O_2 \longrightarrow ZnO(s)+SO_2$$

$$3ZnS(s)+5.5O_2 \longrightarrow Zn_3O(SO_4)_2(s)+SO_2$$

$$Ni(s)+0.5O_2 \longrightarrow NiO(s)$$

闭锁料斗是吸附剂循环系统的核心设备，共有程控阀 31 台，其中有 10 台分布在输送主管线上。闭锁料斗每 30min 左右完成一次吸附剂循环，程控阀要在规定的时间内完成开关动作，否则将导致闭锁料斗系统停运。闭锁料斗一旦停运时间超过 30min，将对装置产生不利影响，比如精制汽油硫含量超标，装置改内循环；再生器压力、温度、烟气氧含量大幅波动，等等。

3　程控阀运行故障及原因分析

3.1　阀门开关卡涩

阀门开关过程顿挫、不能全关或全开均属于阀门卡涩现象，主要是由于球体与阀座磨损、异物进入、装配不当、装配过紧和气缸与阀体连接异常等原因造成的。

3.1.1　球体与阀座磨损造成卡涩

程控阀在长期的使用过程中，如果球体、阀座出现过度磨损和拉伤，就会导致开关出现卡涩现象。这是因为装置检修施工后，工艺管道还未吹扫处理，存在铁屑、焊渣等坚硬的异物，在程控阀调试时会导致球体、阀座的磨损。

3.1.2　异物进入造成卡涩

程控阀为双向密封的浮动球结构，在程控阀的日常运行中，由于球体与阀座之间装配缝隙较大，粒径小于20μm的吸附剂细粉会慢慢渗入弹簧与阀座的间隙，间隙被塞满后，会导致弹簧失效，造成开关卡涩。

3.1.3 阀体装配不当造成卡涩

阀门检修装配过紧，弹簧余量较小，闭锁料斗运行过程中程控阀温度变化较大，长期热胀冷缩过程也会导致阀门卡涩。

3.1.4 气缸与阀体装配不当造成卡涩

由于闭锁料斗程控阀安装空间过于紧促，无法保证全部水平安装，在垂直或者倾斜安装的程控阀中，沉重的程控阀气缸在重力作用下，气缸与阀体连接处发生形变，导致阀门开关卡涩。

3.2 程控阀阀体内漏

闭锁料斗工艺特点是压力、温度变化较大，程控阀长期在高温、高压和吸附剂的工况下运行。在阀门开启过程中，前后压差15kPa，平均粒径60~70μm的吸附剂在压差作用下，会对球体和阀座造成冲刷磨损，随着使用时间的增加，冲刷磨损加剧，会导致阀门内漏。若闭锁料斗收料控制不当导致过滤器的滤芯出现折断，吸附剂进入放空系统，或者吸附剂磨损严重，小于20μm的粒径增加，大量吸附剂粉进入放空管线，控制气相的阀门也会出现冲刷磨损导致内漏问题。

3.3 程控阀回讯器故障

在闭锁料斗系统运行过程中，程控阀回讯故障是导致闭锁料斗停运的主要原因。

3.3.1 回讯器开关故障

闭锁料斗每30min运行一个循环，31台程控阀都要进行开关，阀门动作频率最高为5min/次，程控阀回讯器采用非接触感应式微动开关，可以避免机械接触触点开关因阀门动作频繁导致使用寿命低的问题。但是非接触磁感应式微动开关对位置的精度要求高，微量的偏差都会造成回讯开关无法被感应。程控阀长时间使用后气缸限位器会发生微小偏差，阀门开关正常，阀体也不内漏，但是回讯不到位，这种现象更换回讯器也不能解决问题，只能更换阀门。

3.3.2 回讯器支架问题导致回讯不到位

回讯器用四条六角螺栓固定在支架上，支架再固定在气缸执行机构处，由于固定支架的螺栓在支架内部，空间狭小安装困难，螺栓紧固力度不够，在使用一段时间后，会导致螺栓松动，回讯器松动导致开关不到位。

3.3.3 回讯器连杆断裂

回讯器通过连杆连接在气缸执行机构上，长时间的工作，回讯器与程控阀执行机构连接角度发生偏差，在连杆上形成应力，长时间使用会导致连杆断裂。

3.4 程控阀开关时间超时

程控阀的风压低、气源管线弯曲变形导致通量小、排气阀过滤器堵塞、执行机构卡涩和气缸弹簧老化等会影响程控阀的开关时间，造成程控阀开关时间超时。

3.5 程控阀不动作

程控阀不动作是指闭锁料斗程序发出打开命令发出后程控阀仍然处于关闭状态。主要原因是打开命令没有传达到程控阀或者程控阀没有动力。

4 程控阀故障应对措施

4.1 程控阀开关卡涩

4.1.1 球体与阀座磨损造成卡涩

做好装置开车前吹扫工作，减少阀门的磨损。在阀门安装前，应手动将阀门全开；阀门安装后，在阀门管道吹扫前，严禁对阀门进行操作，以防止管道内杂质对阀座及球体表面造成划伤，影响阀门运行效果；在阀体外委检修的过程中，对球体、阀座表面不应过度研磨，防止耐磨层磨损过度造成强度下降，在使用过程中加快阀门磨损速度，造成阀门密封失效。当程控阀出现卡涩现象并且带有明显杂音时，需要尽快更换阀门下线检修，防止阀门抱死，无法开关。

4.1.2 异物进入造成卡涩

可以通过阀门开关时间变化来监控，当阀门开关时间逐渐增加时，应考虑更换阀门下线检修。

4.1.3 阀体装配不当造成卡涩

需要保证检修质量。

4.1.4 气缸与阀体装配不当造成卡涩

需调整安装角度以及增加支架来解决。

4.2 程控阀内漏

对阀门内漏的判断需要大量操作经验，当待生剂油气吹扫不干净时，需停运闭锁料斗系统，手动逐台对阀门排查，来判断阀门内漏情况。一般确定程控阀内漏后需要择机更换，但发现氢、氧环境隔离的程控阀出现内漏时，需要立即更换。

4.3 程控阀回讯器故障

4.3.1 回讯器开关故障

采样机械微动开关式回讯器，在气缸限位器出现偏差时可手动调整，不会出现机械触电式开关疲劳损坏问题，可延长程控阀使用周期。

4.3.2 回讯器支架问题导致回讯不到位

进行改造，将回讯器支架由一体式改成分体式，并且将固定气缸执行机构处的支架螺栓由支架内部调整到支架外部，方便安装保证螺紧固力度，同时分体式支架可以通过支架对回讯器进行微调，有利于消除应力，延长回讯器连杆的使用寿命。

4.3.3 回讯器连杆断裂

采取分体式回讯器支架可以微调安装角度，消除应力，延长连杆使用寿命。

另外，回讯器保险故障、回讯器接线松动接触不良和安全栅故障等也会导致开关回讯故障，当回讯器出现故障时也要进行相应排查。当程控阀回讯器本身出现问题时，如果能够很快处理的要立刻进行处理；如果需要更换回讯器，处理时间较长造成吸附剂循环中断，可能对产品质量造成影响，为了缩短吸附剂循环中断时间，可以先将故障回讯器的信号线接到新回讯器上，调试好开关回讯信号后，再启动闭锁料斗运行，当阀门动作时，手动调整回讯器状态，待旧回讯器拆下后安装新回讯器，此操作可减少拆卸和安装回讯器对吸附剂循环的影响。

4.4 程控阀开关时间超时

提高程控阀开关速度、缩短开关时间的措施：

程控阀执行机构改双作用。原本程控阀执行机构一端为气动另一端为弹簧，对此进行改造，将弹簧端增加气动，在弹簧和气动双作用下，程控阀关闭速度可由6~10s降至5s以下。

程控阀风线加粗。将程控阀风线直径由 $\phi6$ 提高至 $\phi10$，加快进风速度，加快程控阀汽缸动作时间1~2s。

增加储气罐，多个程控阀同时动作时会导致风压低，影响阀门动作时间，增加储气罐稳定风压，减少风压的影响。

程控阀执行机构增加电伴热和保温。在冬季时温度变化大，热胀冷缩作用下程控阀执行机构易卡涩影响阀门时间，增加电伴热和保温，稳定执行机构运行环境，减少影响。

闭锁料斗区域增加围挡。冬季极寒天气以及大风降温对程控阀影响较大，增加围挡可减少影响。

4.5 程控阀不动作

没有命令。要检查命令信号是否传达到位。首先考虑电磁阀故障，仪表工对电磁阀进行检测是否有输出信号，其次检查机柜间内输出信号等其他问题，针对问题逐一解决。

没有动力。要检查程控阀各路风线，确保风线畅通，压力满足要求。风线阀门关闭或关小、减压阀故障、排气阀过滤器堵塞、风线堵塞电磁阀故障等都会造成动力中断。

4.6 程控阀的预防性维修

随着闭锁料斗运行时间的增加，程控阀会出现阀门动作卡涩、阀门开关时间超时、回讯器故障、阀门内漏等问题。为了及时发现问题，减少闭锁料斗系统停运次数，提前预判程控阀的故障，运行部成立了以岗位操作人员、仪表维修人员、电修人员相结合的特护小组，采取日常巡检和定期维护相结合的预防性维护模式。

4.6.1　每日的检查项目

每日对程控阀外观检查，程控阀有无杂音、盘根有无外漏、风线有无泄漏、冬季电伴热和蒸汽伴热是否运行正常、保温是否破损和各信号电缆密封性等，发现问题及时处理。

4.6.2　每周的检查项目

每周对所有程控阀门开关时间进行检查，当发现程控阀开关时间增加时，对开关时间增加的阀门重点关注，组织特护小组对开关时间增加的原因进行分析，并对发现的问题进行消除，当存在的问题无法在线消除时，加强对阀门的监控，并做好更换阀门准备，当阀门运行状态持续变差时，需立即对阀门进行更换。

4.6.3　每月的检查项目

① 检查程控阀的减压阀、电磁阀、风压表和消音器等阀门附件完好性，确保程控阀气路畅通，发现问题立即处理，并做好记录。保持良好的气路环境，能保证程控阀驱动力的稳定，有助于对程控阀开关时间变化的分析。

② 检查回讯器密封性，发现防水出现问题及时整改，并针对问题整改过程做好记录。回讯器进水，会导致回讯器内的电子元件损坏，同时在回讯器连杆上出现结垢现象，最终应力增大连杆折断。

4.6.4　每半年的检查项目(需停闭锁料斗)

阀门内漏情况判断。合适时机停运闭锁料斗系统，对程控阀内漏情况逐个进行排查，对内漏较大程控阀，进行更换阀门。

4.6.5　每年的检查项目

每年对备用程控阀及配件情况进行检查，并根据年度程控阀故障记录，对故障进行分类统计，针对故障率高的配件和故障率高的阀门，提前上报更新计划，确保备品、备件完好。

5　取得的效果

通过采取以上措施，因回讯器更换导致料斗停运时间由1.5h缩短至30min；因程控阀更换料斗停运时间由4h缩短至2.5h；程控阀故障率大幅降低，阀门更换次数大幅降低，程控阀年更换次数由2018年的27次降至2022年的1次，装置运行稳定性增强。避免料斗停运导致不合格产品打循环，平均每年节约能耗折合11.2万元；避免吸附剂循环中断造成再生器内吸附剂因过烧失活，每年节约吸附剂费用200万元；降低循环期间辛烷值损失，每年节约费用6.2万元；每年可减少程控阀更新费用200万元；避免因再生器取热盘管泄漏造成装置局部停车，延长装置运行周期；避免再生烟气氧含量超标冲击硫黄回收装置，不发生环保事件。

6　结语

程控阀在S Zorb装置中占据着核心地位，发挥着关键作用，其运行情况和使用寿命直接影响装置正常生产。闭锁料斗程控阀在正常运行过程中，若出现阀门开关时间超时、卡涩、回讯故障等问题，会导致吸附剂循环中断，造成产品含硫量超标，影响装置产品质量，也影响装置长周期平稳运行，进而影响了经济效益。为了及时发现问题，减少闭锁料斗系统停运次数，提前预判程控阀的故障，运行部成立了以岗位操作人员、仪表维修人员、电修人员相结合的特护小组，采取日常巡检和定期维护相结合的预防性维护模式，对程控阀进行日常维护和预防性维修，保证程控阀工作性能的稳定，装置生产运行稳定。

参　考　文　献

孙丽丽. 汽油吸附脱硫工艺与工程技术[M]. 北京：中国石化出版社，2019.

双级烟机振动波动的原因分析与改进措施

丁一刚[1]　杨南喜[2]

(1. 中韩(武汉)石化公司　湖北武汉　430000；2. 武汉检安石化工程有限公司　湖北武汉　430000)

摘　要　2#催化装置双级烟机轴系振动频繁，波动幅值超报警值，给安全运行带来困扰。文章采用正向推理，从振动原因分析入手，分析结论为振动波动的主要诱发因素是转子结软垢导致转子动不平衡，双级烟机结构特性导致其更容易产生波动，加之该烟机轴承箱刚度不足的综合因素导致瓦振敏感。通过改进轴承型式提高对转子的抑振能力，提出烟机长周期运行措施。

关键词　烟气轮机；强迫振动；四油叶；刚度；阻尼

1　引言

烟机是催化装置关键能量回收设备，机组布置为烟机-电机共同驱动轴流风机。烟机功率大、转速高，其介质为再生器烧焦后经过旋分的650℃高温烟气，烟气含催化剂粉尘。该烟机主要问题为不稳定强迫振动问题，通过开盖清理、在线主动波动等方式脱垢消振，开机后又能够恢复正常的运行状态，振动波动反复发生。进行轴瓦改型后解决了轴振问题，但瓦振更敏感。烟机具体参数见表1。

表1　烟机

项　　目	参　　数	项　　目	参　　数
烟机型号	YLII10000L	一阶临界转速	8089r/min
输出功率	9662kW	烟气温度	680℃
工作转速	6000r/min	投运时间	2005年

2　振动原因分析

2.1　振动故障类型

烟机在检修(或停机清垢)后运行初期振动指标正常，运行一段时间后发生振动大幅度波动，通过在线波动等措施有可以恢复正常。如图1所示，联轴器端(位号XYIA1801A、XYIA1801B)轴系振动的波动幅度相比轮盘端更明显，机壳烈度也同步波动，振动方向性为水平>轴向>垂直。图2所示为同侧探头相对相位关系，振动波动过程中，相位差基本保持在90°±10°。振动正常与否主振成分均以工频率为主，高次谐波分量极小，无明显1/2X和2X倍频。检查基础螺栓未松动，这种振动反复波动的可能性不符合机械故障的特征，综合判断振动激振力来源为转子动不平衡。

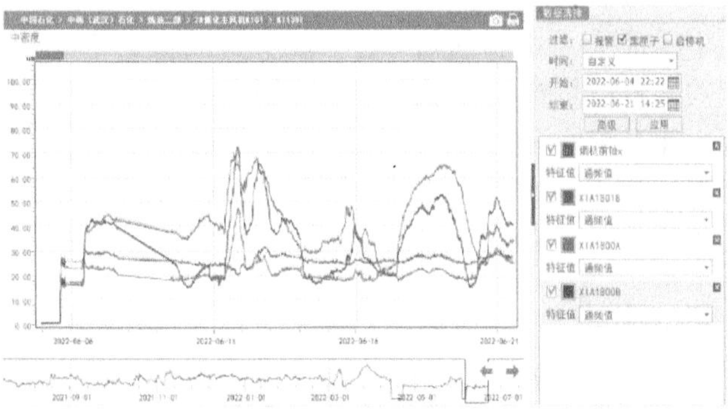

图1　轴系振动趋势

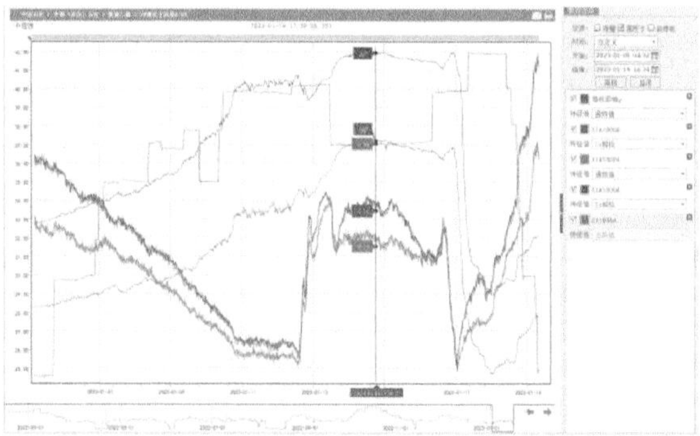

图2　同侧探头的相位关系

2.2 结垢分析

① 烟气中催化剂粉尘平均浓度为 78.12mg/m^3，粒径全部在 10μm 以下，合格烟气为粉尘浓度≤200mg/m^3，催化剂粒径超 10μm 的质量分数<3%。超细粉占比高，其中粒径小于 5μm 占比为 94.2%。普遍认为三旋出口烟气中含有较高浓度粒径<3μm 的催化剂颗粒更容易沉积和结垢，催化剂细粉特别是其中的 Ca、Fe、Na、Ni 等金属在 600℃左右的高温环境中易形成低熔物，在烟机低速区沉积、黏结，再通过烧培作用逐渐增厚，细粉含量越高则烟机越容易结垢。

② 催化剂球形度、耐磨指数、灼减等数据均在正常范围内，烟机振动波动问题在 2022 年更换催化剂之前已经出现。关于丙烯助剂，在停用半年以上的时间段内仍发生了振动波动，因此与助剂相关性不大。

③ 烟机运行初期轴系正常，说明转子原始状态没有问题。催化剂结垢初期，垢逐渐均匀附着在动叶片上，转子动平衡不会迅速劣化。随运行时间延长在烧培作用下垢逐渐增厚，达一定厚度后受到冲击等影响会局部脱落导致转子动不平衡。该烟机没有振动“阶跃”变化特征，结合多次开盖检查情况看，一般在 400 天以内打开均未发现过硬垢迹象，排除结硬垢的可能。

④ 结合双级烟机转子特点看，二级静叶和二级动叶更容易结垢，垢随负荷波动或在停机过程中容易脱落，随时间积累振动波动的故障现象呈负荷结软垢的特征。烟机“在线波动”是基于软垢可除风险可控原则，达到延长烟机运行周期的目的。

机组转速不变，但随时间改变或工况变化，机组工频振幅出现不稳定情况，影响振动的一般是激振力和轴承座刚度不足两个方面。烟气中催化剂细粉含量偏多容易结软垢，振动波动的诱发因素为烟机叶片结软垢(或轮盘催化剂堆积)导致转子动不平衡，产生振动激振力。当烟机负荷稳定时也会发生波动，因此三机组功率分配变化虽然与振动有一定相关性，但更多是影响轴瓦油膜效果。

2.3 转子结构特征

① YL 型烟机转子为悬臂式，图 3 与图 4 中 A、B 为轴承位，为将转子重心向支撑轴承中间移，设计上会调整转子配重，但依然会“头重脚轻”。图 3 为某单级烟机转子结构，图 4 为某双级烟机转子结构，表 2 为轴承载荷。显然，双级转子多一级轮盘，相比单级转子而言，联轴器端轴承比压更小(比压=载荷/承压面积)，这会导致运行中其稳定性更容易受外界因素影响，这些因素包括油膜、负荷和转子动不平衡等。

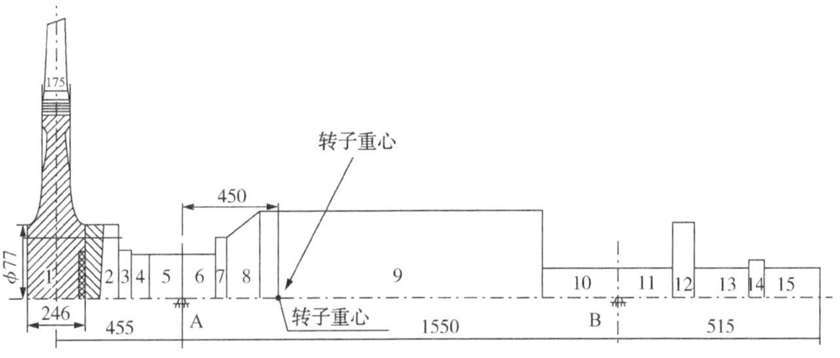

图 3　单级轮盘烟机转子结构

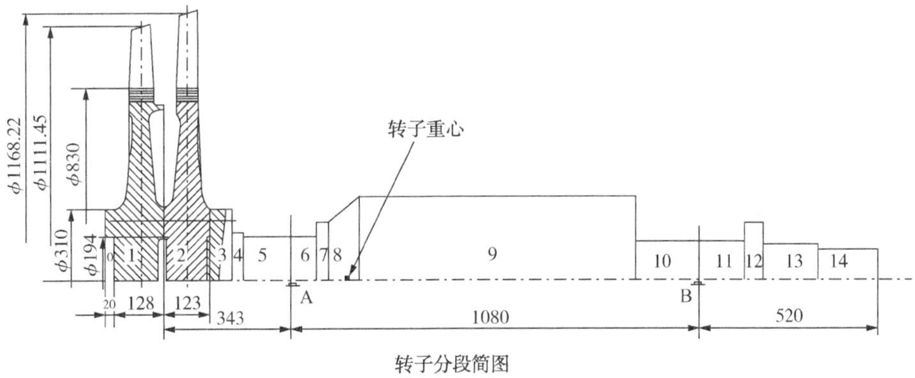

图 4　双级轮盘烟机转子结构

表 2　轴承载荷

项　目	转子质量/kg	A 轴承质量/kg	B 轴承质量/kg	轴承质量比(A/B)
单级	706	553	153	3. 6
双级	1662	1408	254	5. 5

② 双级转子比单级转子更容易结垢。当烟气通过动、静叶时，会在其端壁面上形成附面层，由于附面层气流所产生的离心力不足以平衡自叶片正面至背面的横向作用力，在这个横向压力梯度作用下，附面层内的气流便产生了自叶片正面至背面的横向运行，即二次流动，使叶片背面端壁面的交角处形成旋涡区，细小黏稠的催化剂细粉会在这个区域内沉积下来，气流在拐弯处或当气流遇到流阻时也会造成涡流而沉积。单级烟机也具有这个气动特点，但双级烟机多一级轮盘，在气动结构上更复杂，结垢倾向更大。

2.4　静子分析

① 更换过烟气入口管线，出口管线与烟机排气机壳应力正常。

② 烟机投用 18 年，经历约 70 次开停机(最多一年开停 13 次)，必然发生热疲劳，已发现轴承箱盖轻微变形、排气机壳变形。也针对可能存在轴承紧力不当、轴系对中不良等进行了排查，不是导致烟机振动波动的因素。

③ 轴承箱为直立型，新烟机轴承箱改进为上小下大的梯形结构，增设冷却水夹套来消除烟机排气蜗壳热量聚集导致的箱体受热不均，消除热机可能存在对热态对中不良的影响。轮盘端轴承箱表面温度为 50℃，轮盘端为 158℃，估算运行时轮盘端较联轴器端轴承多向上伸长 0. 03mm。联轴器型号 HBD6-3300-00Z，径向补偿能力为 2mm，该热膨胀差对热态对中效果影响极小。

双级转子联轴器端轴承承载负荷小，最终体现为其稳定性比轮盘端差，与故障现象相符。老烟机的轴承箱等基础设计存在一定缺陷、刚度不足与热膨胀影响等，综合因素导致其对转子产生更多激振力干扰时发生强迫振动。

2.5　支撑轴承设计缺陷

径向轴承为双向四油叶型(见图 5)，与单向四油叶(见图 6)相比有如下劣势。

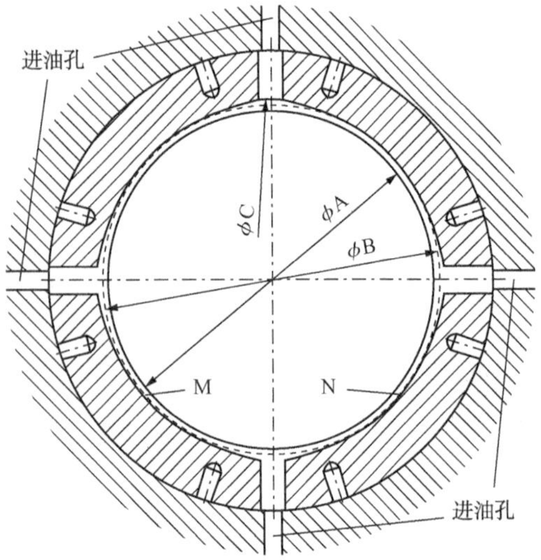

图 5　双向四油叶结构

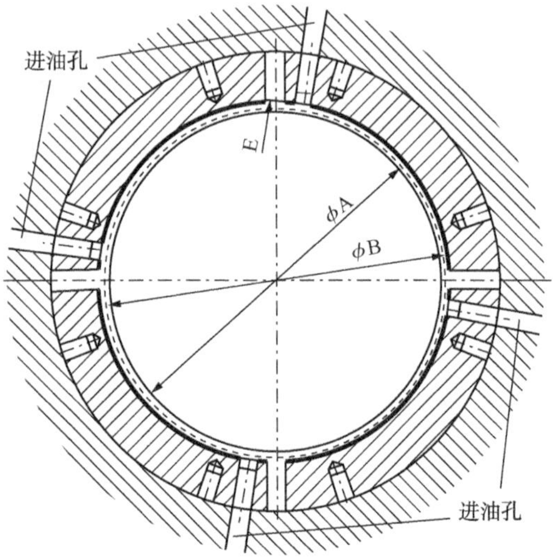

图 6　单向四油叶结构

① 从油楔长度看，每个瓦块分成了两个收敛方向相反的楔形，工作时只有一侧有效。M、N 两个支点位置有大约宽度为 10mm 最小间隙不形成油膜，因此有效油膜长度小于瓦长度的一半。

② 烟机启停、油膜不稳时会发生轴瓦磨损，导致最小间隙增大。滑动轴承的性能与瓦几何形状相关性大，轴瓦间隙是油膜承载性能的重要参数。新旧瓦对比发现，磨损后轴与瓦的接触型线已被破坏(原型瓦更换未消除振动波动)。

③ 当时瓦加工精度不高，而且因为烟机轴承箱孔加工精度问题，在安装新瓦时往往需要人工进行瓦面刮削，可能使其综合性能变差。

3　改进措施

防止烟机结垢是延长烟机长周期运行的有效途径，进行烟机单级改造也可以解决振动问题。从改造的可行性出发，先对轴瓦进行升级，按轴承优选原则应选可倾瓦，但因供货周期等原因将支撑瓦由双向四油叶改为单向四油叶，改进后新旧轴承外形尺寸对比见表 3。

表 3　实测新旧轴瓦尺寸　　mm

瓦类别	瓦位	轴径	瓦宽	最大直径	最大半径间隙	最小直径	最小半径间隙
双向瓦	轮盘端	185	85	185.77	0.385	185.25	0.125
单向瓦				185.35	0.175	185.24	0.122
双向瓦	联轴器端	160	70	160.69	0.345	160.25	0.125
单向瓦				160.4	0.2	160.25	0.125

3.1　轴瓦性能分析

轴承分析包括静特性和动特性，滑动轴承的润滑油膜不仅可以起到承受载荷减轻摩擦的作用，还对整个转子-支撑-基础系统的动力学特性有很大的影响。从表 4 中计算结果看，改进后轴承的最大油膜厚度增加，轴承功耗有所增加，最高油温有所降低，说明抑制转子轴承振动的能力将有所增强。动特性中主要是阻尼能力大幅提高，顶部两块瓦油膜承载力显著增强。

设油膜在 x 与 y 方向油膜压力为 F_x 和 F_y，转子中心小范围扰动产生的位移和速度会对油膜压力造成扰动力为 ΔF_x 和 ΔF_y，扰动压力的大小与转子中心位移和速度之间的关系成为轴承的刚度和阻尼系数，如图 7 所示。

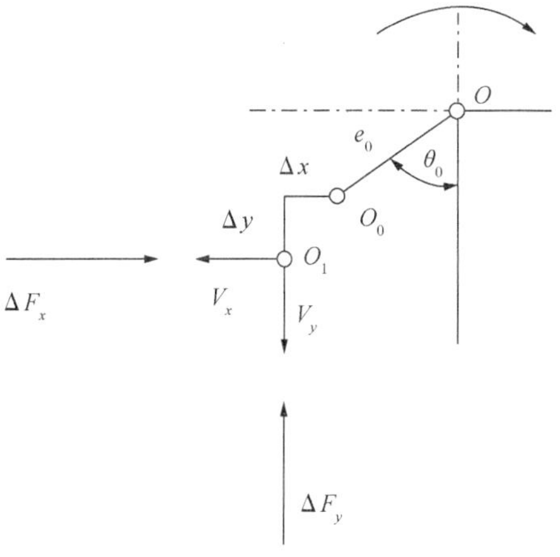

图 7　滑动轴承刚度与阻尼系数示意

表 4　联轴器端新轴瓦特性

性能比较项目		改造前双向瓦	改造后单向瓦
静特性	偏心率	0.366	0.128
	偏位角	59.5°	73.9°
	摩擦功耗/W	18128.29	22906.58
	泄油量/(L/min)	1.46	2.59
	最小膜厚/μm	64.0	88.4
	最大压力/MPa	1.168	1.000
	最高温度/℃	62.27	59.95
动特性	刚度/(N/m)	$k_{xx}=0.9683\times10^8$ $k_{xy}=-0.7195\times10^8$ $k_{yx}=0.1132\times10^9$ $k_{yy}=0.2266\times10^8$	$k_{xx}=0.6581\times10^8$ $k_{xy}=-0.1703\times10^9$ $k_{yx}=0.1970\times10^9$ $k_{yy}=0.7262\times10^8$
	阻尼/[(N·s)/m]	$b_{xx}=0.2646\times10^6$ $b_{xy}=0.1373\times10^6$ $b_{yx}=0.1374\times10^6$ $b_{yy}=0.3001\times10^6$	$b_{xx}=0.5374\times10^6$ $b_{xy}=0.7867\times10^4$ $b_{yx}=0.8297\times10^4$ $b_{yy}=0.5833\times10^6$

3.2 受力分析

原有双向四油叶轴承结构只有下面两块瓦受力(见图8、图9)，主承载主要在单瓦块的四分之一区域，上面两块瓦为油膜破裂区。单向四油叶轴承主承载区在下面两瓦块，同时上面两块瓦也有油膜压力。从承载面的大小和角度来看，在水平方向受力分布，改进结构的稳定性明显好于原结构轴承，而振动超标主要体现在水平方向。从动特性数据来看，对于高速重载设备，轴系受力方向与重力方向一致，主刚度系数对此种受力方式的轴系稳定性影响不大，交差刚度系数则是轴系稳定的主要参考值，交差刚度系数越大，稳定性越差，从交差刚度计算数据看，改进型瓦明显好于原瓦。

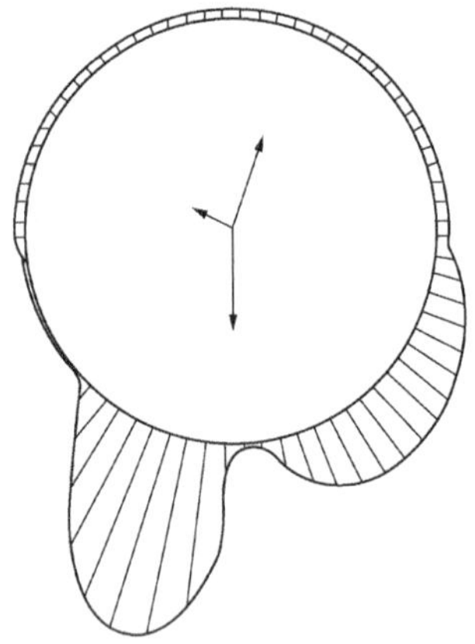

图8 双向四油叶油膜力分布

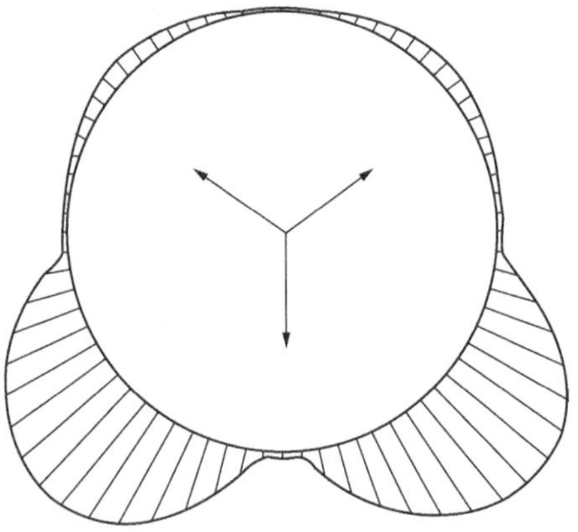

图9 单向四油叶油膜力分布

4 改造效果

改造后运行到一个月时又发生了振动波动，但波幅明显减小，基本解决了轴系振动问题，这是正面效果。后轴振动改造前后对比见表5。

表5 后轴振动改造前后对比 μm

项目	改造前	改造后
振动初始值	45/50	30/31
波动幅度	40~100	30~55

随着轴系振动被抑制，烟机出现了轴系振动波动不大时机壳烈度大幅波动。转子激振力通过油膜传递给轴瓦，油膜没能完全消除激振力影响。轴振和瓦振存在一定联系，包括幅值、相位、频率等，这种因果关系也表明轴承箱(轴承支撑系统)存在刚性不足的问题。

5 结语

通常认为机械方面的故障包括超常磨损、对中不良、超应力等，所引发的故障是不可逆转的，与振动故障时好时坏的现象不符，排查结果也没有发现异常。烟机振动高有多方面原因：烟气细粉含量高结软垢倾向大，双级烟机具有联轴器端轴承比压小和二级叶片易结垢的特点，加之双向轴承抑振能力差。换瓦后体现出支撑系统刚度差，综合因素导致烟机随时间改变或工况变化机组工频振幅不稳定情况，发生典型的强迫振动故障。

单向四油叶轴瓦虽然解决了轴振问题，但瓦振变得过于敏感，一方面说明支撑刚度不足，另一方面也表明新瓦油膜的抑振能力(阻尼)效果还有提升空间。可倾瓦所形成的油膜作用可最大限度地适应烟机运行的特殊工况，为改造优选方案。

解决烟机振动问题除了要减少烟气细粉含量，还可对烟机进行双级改单级，经核算改造后效率提升5%，可提高回收功率800kW/h，年收益约417万元。或者部件改造，更换轴承箱或进行轴承箱内部拉筋等措施以提高轴承箱刚度。

参 考 文 献

[1] 全国化工机械与设备标准化技术委员会. 烟气轮机技术条件：HG/T 3650[S]. 北京：中国标准出版社，2012.
[2] 李双平. 催化烟机结垢原因分析及对策[J]. 炼油技术与工程，2012，42(10)：41-44.
[3] 张家灿，冀江. 烟气轮机结垢机理及结垢过程浅析[J]. 石油化工设备技术，2021，42(2)：31-37.
[4] 杜玉朋，赵辉. 烟气轮机叶片间隙中 FCC 催化剂细粉运动规律——叶片上的磨损与结垢[J]. 化学工程，2012(9)：52-55.
[5] 盛兆顺，尹琦岭. 设备状态监测与故障诊断技术及应用[M]. 北京：化学工业出版社，2003：127-184.
[6] 卢鹏飞，冀江，杨龙文. 烟气轮机沉积、冲蚀、腐蚀特性研究[J]. 中外能源，2008(S1)：34-36.

S Zorb 装置生产运行中吸附剂存在问题的原因分析及对策

陈继鹏

（中国石化荆门石化公司　湖北荆门　448000）

摘　要　本文简述了 S Zorb 装置的反应原理和工艺流程，着重对装置运行过程中吸附剂存在的问题进行了分析，并提出了解决方法，对降低设备运行风险、提升产品质量有着重要意义。

关键词　S Zorb 装置；吸附剂；辛烷值损失

1　前言

荆门石化 150 万 t/a S Zorb 催化汽油吸附脱硫装置由进料与脱硫反应、吸附剂再生、吸附剂循环和产品稳定四个部分组成。原料为重油催化裂化装置稳定汽油组分，设计原料最大硫含量为 600mg/kg。主要产品是低硫精制汽油，副产少量的燃料气。自 2023 年 1 月 8 日开工以来，由于渣油加氢装置掺渣比上升，S Zorb 装置原料汽油的硫含量降低至 200～300mg/kg，脱硫负荷降低，给装置生产运行中的吸附剂操作带来了新的挑战。

2　吸附剂循环过程

在反应器中，吸附剂有镍及氧化锌两种成分在脱硫过程中先后发挥作用，氧化锌与硫原子的结合能力大于镍。因此，单质镍将汽油中的硫原子“拽”出来后，硫原子即与氧化锌发生反应，生成硫化锌，自由的镍原子再从汽油中吸附出其他硫原子，该反应需要在反应器中有气态氢的条件下进行。反应过后的吸附剂需要在再生器中完成吸附剂的高温再生过程，把其中的硫化锌组元转变为氧化锌组元，脱除存在于吸附剂中的硫，恢复脱硫活性。经过氧化的吸附剂还需要进入还原器内回到还原态以保持活性，之后再进入反应系统，完成整个吸附剂循环。

3　吸附剂发生的反应

S Zorb 装置反应器内发生的脱硫反应主要机理如下：

$$R-S+Ni+H_2 \longrightarrow R-2H+NiS$$

$$NiS+ZnO+H_2 \longrightarrow Ni+H_2O+ZnS$$

单质 Ni 为反应的活化中心，而 ZnO 为吸附剂的主要容硫成分，Ni 在氢气的氛围下与硫化物直接发生反应生成 NiS，金属 Ni 活性位上吸附态 H_2S 一经生成，由于 ZnO 与 S 原子的结合能力大于 Ni，H_2S 便能顺利地从金属 Ni 的活性位上脱附，并被 ZnO 稳定吸收，从而完成脱硫反应。

S Zorb 装置再生器中主要发生的为吸附剂氧化反应，反应式如下：

$$ZnS(s)+1.5O_2 \longrightarrow ZnO(s)+SO_2$$

$$C_mH_n+(2m+0.25n)O_2 \longrightarrow mCO_2+0.5nH_2O$$

$$Ni(s)+0.5O_2 \longrightarrow NiO(s)$$

此外，在再生器中还可能发生会导致吸附剂结构变化的反应，主要有：

$$3ZnS(s)+5.5O_2 \longrightarrow Zn_3O(SO_4)_2(s)+SO_2$$

$$ZnS+SO_2+0.5O_2 \longrightarrow ZnSO_4$$

$$SiO_2+2H_2O \longrightarrow H_4SiO_4$$

$$H_4SiO_4+2ZnO \longrightarrow Zn_2SiO_4+2H_2O$$

$$Al_2O_3+H_2O \longrightarrow H_2Al_2O_4$$

$$H_2Al_2O_4+ZnO \longrightarrow ZnAl_2O_4+H_2O$$

吸附剂在再生环境下首先进行的是吸附水的脱除，然后进行烃类化合物或积炭燃烧，随着温度升高才开始 ZnS 物相氧化再生过程。烃类化合物燃烧会生成大量 H_2O 和 CO_2，其与再生产生的 SO_2 和 SO_3 混合形成了酸性水热环境，易导致吸附剂的失活[1]。

S Zorb 装置还原器内发生还原反应，反应式如下：

$$NiO(s)+H_2 \longrightarrow Ni(s)+H_2O$$

其目的是使氧化了的吸附剂回到还原状态以保持其活性，所谓“还原”就是使金属化合物中的金属回到单质状态。

除了镍的还原反应外，还有锌的硫氧化物在还原器内的转变，生成水、氧化锌和硫化锌：

$$Zn_3O(SO_4)_2+8H_2 \longrightarrow 2ZnS(s)+ZnO(s)+8H_2O$$

因此，还原器中的水分压较高，硅酸锌的生成速率较快。

4 吸附剂循环中断影响再生器操作问题

4.1 吸附剂结块导致再生器下料不畅

荆门石化 S Zorb 装置自 2023 年 1 月 8 日开工以来，发生过数次因吸附剂结块、块状物堵塞阀门导致再生器下料不畅的情况。当再生器不下料时，再生器床层差压持续上涨，再生器接收器料位不上升，再生器与再生器接收器之间的平衡线压差控制阀开度持续降低。停止下料时间过长还会导致再生器温度持续下降，吸附剂在再生器中的流化状态也会受到影响，使不下料的情况更加恶化。

4.2 吸附剂结块的原因分析

① 待生剂中带有少量的烃类在燃烧过程中会生成水，再生器中的吸附剂与二氧化硫和水在氧气条件下反应生成硫酸锌，吸附剂会结块失活，块状物(见图 1)会聚集在再生器的器壁及锥体处，而小的块状物会随吸附剂循环堵在下料管线中。

② 还原器的水分压过高，吸附剂生成硅酸锌失活。由于还原器的空间相对较小，且还原反应会生成水，所以还原器中的水分压是反应器的数十倍，吸附剂在高温高湿环境下极易形成硅酸锌。

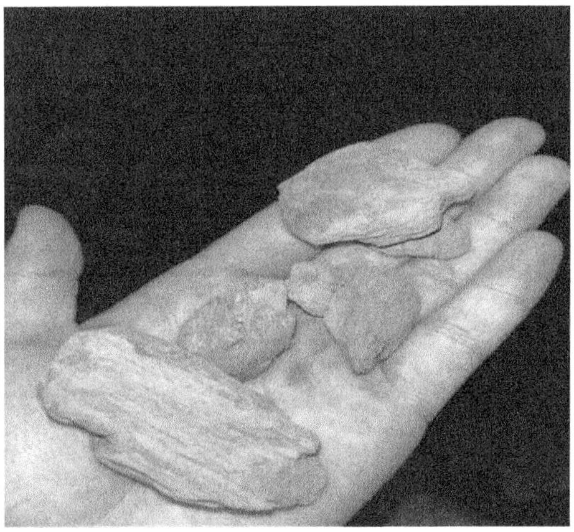

图 1 吸附剂结块情况

4.3 吸附剂结块的对策与建议

在日常生产中，再生器下料不畅的主要原因是吸附剂结块，导致管线堵塞。为了抑制硫酸锌的生成，再生器必须贫氧操作，并严格控制再生器中水的含量。

① 严格控制再生风量，日常生产中再生器贫氧操作，氧含量需控制在 0.5%以下。在原料硫为 200mg/kg、反应进料量为 150t/h、产品硫含量为 5mg/kg 的情况下，可计算出装置脱硫负荷为 $150\times1000\times(200-5)\div1000000=29.25(kg/h)$，每千克硫消耗风约 $5.25Nm^3/h$，加上 C、Ni 等物质的燃烧，初步估算需再生风 $250Nm^3/h$[2]。

② 严格控制吸附剂上的烃类化合物含量。①反应器接收器不能空罐操作，要让吸附剂在容器内有足够的停留时间，降低吸附剂上烃类化合物含量。可通过用闭锁料斗 1.2 步的收料时间来判断反应器接收器是否空罐，若收料时间大于 100s，闭锁料斗还未收到剂，则可判断反应器接收器是空罐。②闭锁料斗 3.0 步的吹烃时间必须在 200s 以上，且吹扫用的氮气量和温度必须达到要求，才能保证吸附剂上的烃类化合物含量保持在较低水平。

③ 严格控制还原器温度在 240~260℃，将还原反应控制在反应器中完成，降低还原反应所产生的水分压。

5　吸附剂活性过高导致辛烷值损失偏大问题

5.1　吸附剂活性过高导致辛烷值损失偏大

如图 2 所示，2023 年 1~7 月装置辛烷值损失基本在 1 个单位以上，损失较大。由于反应器中吸附剂载硫量低、活性偏高，加速了汽油烯烃饱和反应，从而增加了汽油吸附脱硫过程中的辛烷值损失。

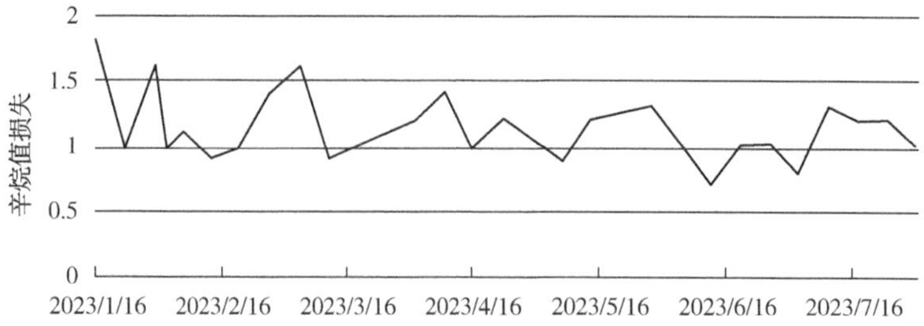

图 2　2023 年 1~7 月装置辛烷值损失

从图 3 和图 4 中可以看出，2023 年 1~7 月再生吸附剂硫含量基本在 4%~9%，待生吸附剂硫含量基本在 7%~11%。若要降低反应器中吸附剂活性，有必要进一步提高吸附剂硫含量。

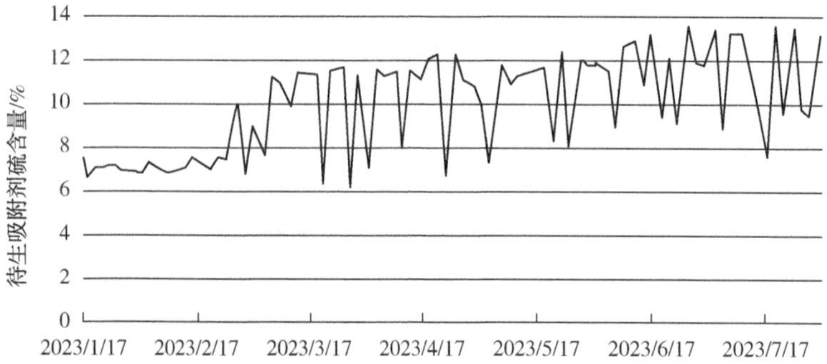

图 3　2023 年 1~7 月待生吸附剂硫含量

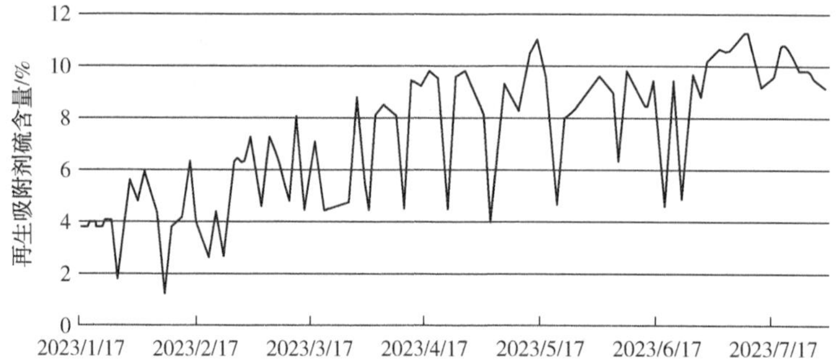

图 4　2023 年 1~7 月再生吸附剂硫含量

5.2　吸附剂活性过高原因分析

① 再生风配比较高，再生器温度及压力偏高，加深了吸附剂烧焦程度，其中的硫、碳脱除较多，吸附剂活性变高。

② 吸附剂循环速率较快，单位时间内烧焦的吸附剂较多，提高了吸附剂的整体活性。

5.3　吸附剂活性过高的对策及建议

① 降低再生风量及再生器压力，调节再生器取热盘管的取热量，将再生器温度控制在 500~510℃。

② 降低吸附剂的循环速率，将闭锁料斗的循环时间延长，减少单位时间吸附剂烧焦的数量。

5.4　采取措施后的效果

在采取一系列措施来降低吸附剂活性后，从图 5 和图 6 中可以看出，2023 年 8 月~2024 年 2 月再生吸附剂硫含量提高至 6%~11%，待生吸附剂硫含量提高至 8%~13%，整体活性明显降低。

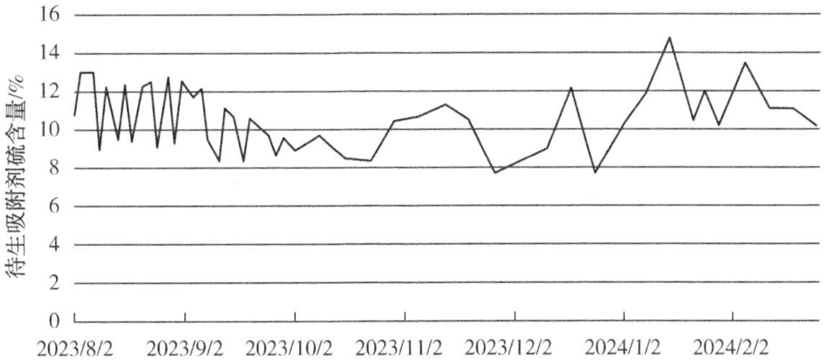

图 5 2023 年 8 月~2024 年 2 月待生吸附剂硫含量

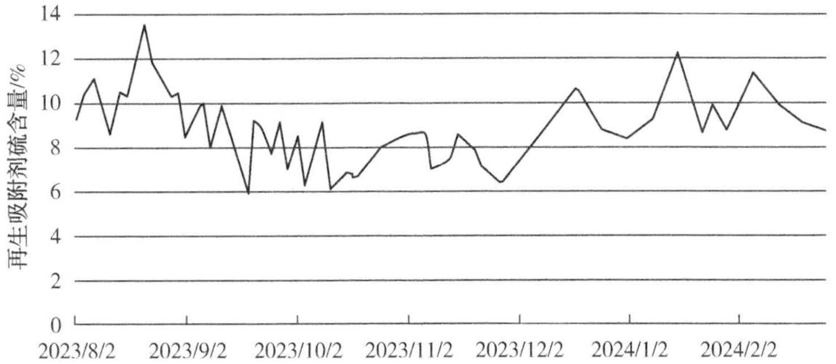

图 6 2023 年 8 月~2024 年 2 月再生吸附剂硫含量

如图 7 所示，2023 年 8 月~2024 年 2 月辛烷值损失基本上降低至 1 个单位以下，成功实现了目标。

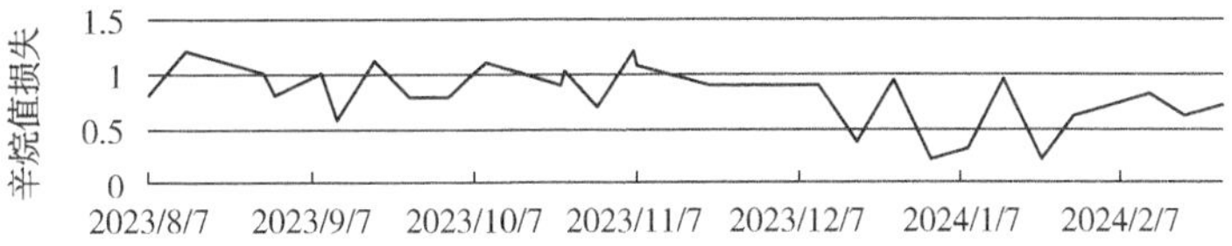

图 7 2023 年 8 月~2024 年 2 月辛烷值损失

6 结语

对 S Zorb 装置吸附剂在运行过程中存在的问题进行了原因分析，并提出了一些对应的解决方案。只有控制好相关的工艺参数才能保证吸附剂的性质稳定，装置的平稳生产。需要在日后的工作中不断总结经验，完善对吸附剂的管控措施，从而确保装置的正常生产。

参 考 文 献

[1] 孙丽丽. 汽油吸附脱硫工艺与工程[M]. 北京：中国石化出版社，2019.

[2] 陈尧焕. 汽油吸附脱硫(S Zorb)装置技术问答[M]. 北京：中国石化出版社，2015.

低负荷运行期间原料油性质变化对催化裂化装置的影响分析

邓慧臻

（中国石化扬子石化公司　江苏南京　210048）

摘　要　由于催化裂化装置上游渣油加氢装置计划停车检修，进入装置的原料由渣加直供热料为主变成由外购蜡油、加裂尾油、清江渣油、一级减二线和二常渣油组成的混合原料。而不断调整各原料的给付量及比例，造成混合原料性质(残炭值和胶质含量，重金属含量，硫含量，538℃馏出百分数)起伏较大、稳定性也持续变差。基于以上原因，催化裂化装置保持低负荷(180t/h，76%左右负荷率)运行，且装置平稳性受到原料性质变化影响明显。主要存在反应压力波动、再生-外取热系统调整频繁、反再系统催化剂失活跑损、油浆外甩量大幅变化、产品分布改变等情况。通过统计近一个月内的原料性质变化情况，及对装置生产的影响进行分析；对低负荷运行期间原料油带水频繁情况提出操作建议，供同类装置借鉴。

关键词　催化裂化；原料油性质；生产影响

1　引言

原料油的性质对催化裂化装置的生产运行影响巨大，由于当前油品的重质化和来源差异化，其给装置的平稳运行带来较大挑战。中国石化扬子石油化工有限公司200万t/a 2#催化裂化装置由中国石化洛阳工程有限公司总设计，采用中国石化石油化工科学研究院有限公司开发的MIP-CGP工艺技术。装置于2014年建成投产，以渣油加氢尾油为原料和多产汽油模式催化剂，主要生产低烯烃、高辛烷值汽油，兼顾提升液化气(LPG)和丙烯产率。反应-再生部分采取高低并列布式、快速床+湍流床型式进行富氧再生。由于上游装置1#渣油加氢2023年10月停工检修40天，在无渣加直供热料的情况下，采用外购蜡油、加裂尾油、清江渣油、一级减二线和二常渣油来料混合进装置，保持2#催化裂化装置的低负荷(180t/h，76%左右负荷率)运行，因此导致混合原料性质变化明显，给装置操作带来较大困难。通过统计催化裂化装置低负荷运行期间原料油的性质，本文尝试从原料密度与重金属含量、538℃馏出百分数、残炭值和四族组成(饱和烃、芳香烃、沥青质、胶质)等特性参数[1]综合讨论原料油性质的变化对催化裂化装置生产运行的具体影响；针对低负荷运行期间原料油带水频繁情况，提出建议性处理措施。

2　催化裂化原料的性质变化及分析

2.1　原料密度、重金属含量

原料密度是原料油性质最直观的综合性体现。催化进料性质不稳定，原料密度波动较大(见图1)，对装置平稳造成影响。如图2所示，随着原料中镍、铁、钒金属含量增高(指标镍≥10mg/kg，钒≥5mg/kg，铁≥3mg/kg)，且铁含量一直超标，易造成催化剂中毒。而通过取样分析，反再部分出现一定的催化剂中毒现象：催化剂重金属含量增多(见表1)、氢甲比升高、汽油烯烃上升(见表2)，脱氢反应增强。

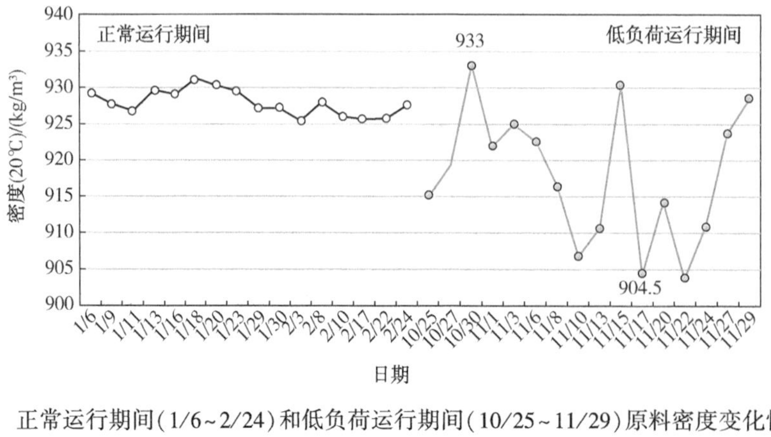

图1　正常运行期间(1/6~2/24)和低负荷运行期间(10/25~11/29)原料密度变化情况

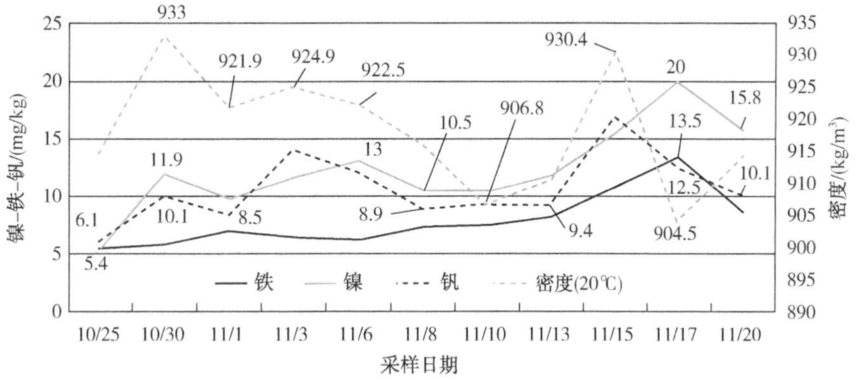

图 2　原料密度及原料中重金属含量变化情况

表 1　正常运行期间(1/23~2/27)和低负荷运行期间(10/23~11/27)再生催化剂中重金属含量变化情况

重金属/(mg/kg)	1/23	1/30	2/6	2/13	2/20	2/27	平均值/(mg/kg)
钒	4570	5100	4510	5230	4270	4305	4664.167
镍	3770	3890	3855	3490	3230	3275	3585
铁	5340	6000	5450	5385	4950	4985	5351.667
钒+镍+铁	13680	14990	13815	14105	12450	12565	13600.83
重金属/(mg/kg)	10/23	10/30	11/6	11/13	11/20	11/27	平均值/(mg/kg)
钒	5650	5505	5925	6015	6210	5650	5825
镍	3720	3510	4380	3835	4755	3015	3869
铁	4825	4415	5020	4665	5630	4040	4765
钒+镍+铁	14195	13430	15325	14515	16595	12705	14460

表 2　正常运行期间(1/20~2/27)和低负荷运行期间(10/27~11/25)S Zorb 原料中烯烃含量变化情况　%(体)

时间	1/20	1/24	1/31	2/3	2/7	2/10	2/14	2/17	2/21	2/24	2/28	平均值
烯烃	20.8	21.6	20.2	21.5	21.4	19	19	20.3	20	21.5	16.1	20.1
时间	10/27	10/31	11/3	11/7	11/10	11/14	11/17	11/21	11/22	11/24	11/25	平均值
烯烃	22.4	27.1	25.6	27.9	26	26.2	28.1	35.9	34.3	41.5	42.5	30.7

干气中氢甲比最大值 1.56，最小值 1.0，由图 3(a)可以看出氢甲比波动较大且呈上升趋势。由于氢甲比受催化剂中的重金属含量影响较大(主要是镍含量)，可与再生催化剂中镍-铁-钒含量[图 3(b)]变化趋势相对应，再生催化剂中的重金属含量增多造成脱氢反应增强、干气量变大；而金属钒含量过大，则不利于增产汽油，会造成目标产品减少[2]。

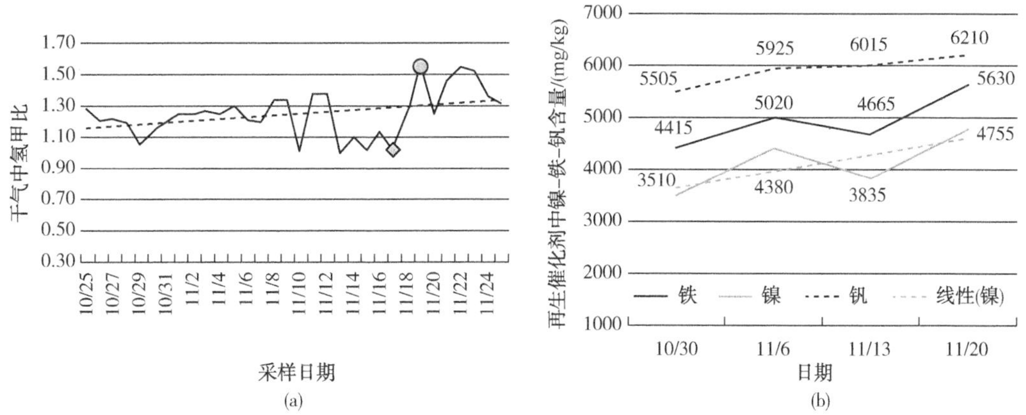

图 3　氢甲比及再生催化剂中镍-铁-钒含量变化情况

2.2 四组分分析

由图 4 可以看出，原料中芳烃含量增加，沥青质偶有超标、胶质[指标胶质≥8.4%(质)]持续处于 16%左右，残炭值高低起伏，变化较大，原料变重，造成再生温度、富气量波动较大，再生器烧焦罐温度上下起伏，取热操作调整频繁，增加产汽系统负荷，反再系统波动较大。

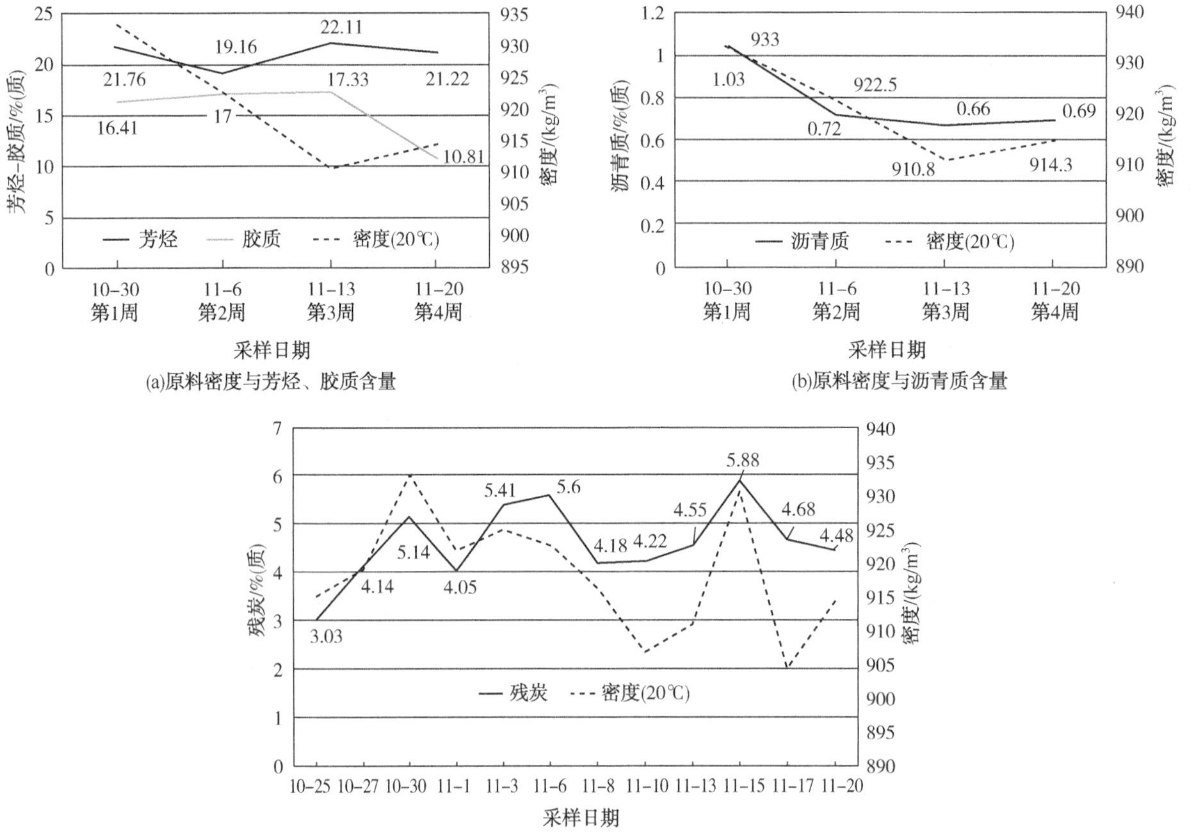

(a)原料密度与芳烃、胶质含量

(b)原料密度与沥青质含量

(c)原料密度与残炭值

图 4　原料密度与生焦相关因素变化情况

2.3 硫、氮、氯元素含量

从图 5 可以看到原料中硫、氮、氯元素含量的波动变化。氯通常是以有机氯的形式存在，随原料进入催化反应后会形成活性的无机氯离子，与 H^+、NH_4^+离子结合，会对装置形成氯腐蚀；在原料密度较大时，硫、氮含量也会增加(硫、氮与主要来自二常渣油，氯主要是外购蜡油)进而需增大碱液的消耗量，导致烟脱装置脱硫、氮负荷变大；如图 6 所示，催化装置原料中的硫过高，会随稳定汽油进入下游装置，对 S Zorb 装置的脱硫效果造成影响，可能会导致精制汽油硫含量超标。因此，需控制好各原料来源的质量及配比以保证原料中硫、氮、氯元素含量不超标[3]。

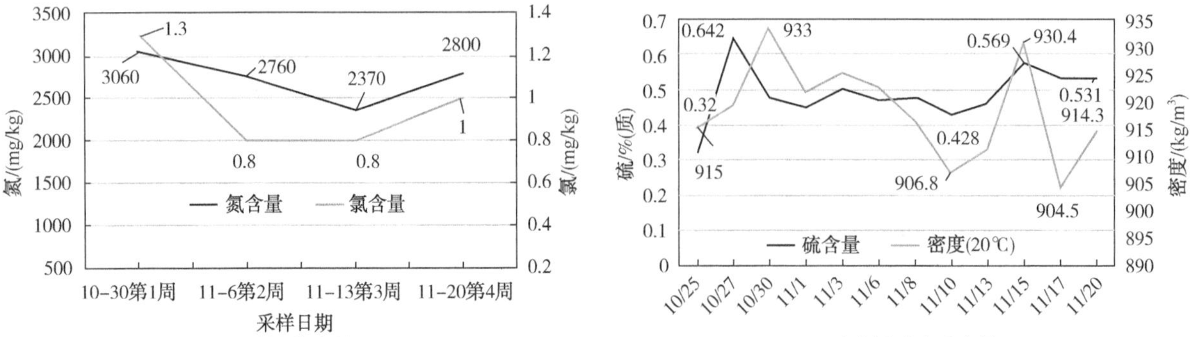

(a)氯和氮含量

(b)原料密度与硫含量

图 5　原料密度与硫、氯含量变化情况

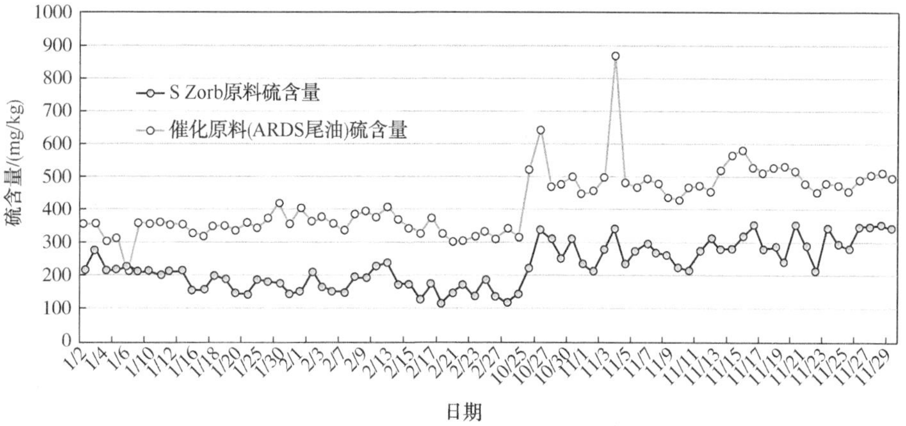

图6　催化装置原料中硫含量与S Zorb装置原料中硫含量的关系

2.4　538℃馏出百分数

538℃馏出百分数衡量了原料油在一定条件下的可气化程度，从掺炼渣油的角度理解，538℃馏出百分数反映了掺渣百分数及重油催化裂化装置的深度加工水平。由图7可以看出，原料油538℃馏出量并不稳定，最大值为75%，最小值为55.5%，表明原料油掺渣比起伏较大，掺渣控制不平稳。而低的538℃馏出量会使原料油分子在反应过程中与高温催化剂接触的一瞬间充分气化程度降低，并且会伴随相当多的热裂化反应发生，导致生成更多的干气和焦炭，不利于汽油和液化气的生产。

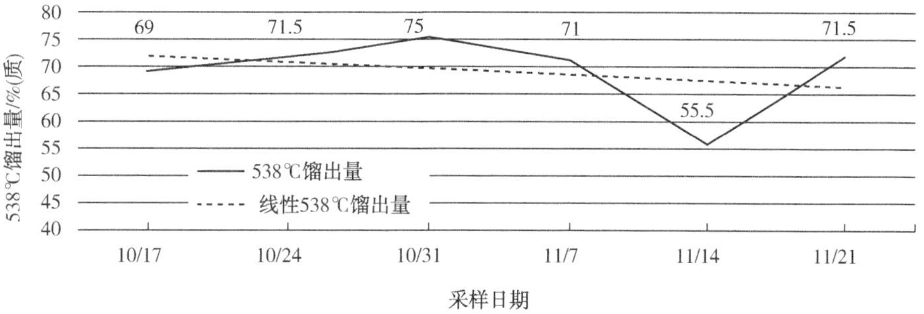

图7　催化原料油538℃馏出量变化情况

2.5　原料性质变化对操作的影响及分析

原料在线密度值频繁波动，最大值936.495kg/m^3，最小值898.474kg/m^3。由于生焦的不稳定会影响再生温度[4]，导致再生滑阀操作调整频繁，引起反应沉降器压力日常波动加剧，造成沉降器粗旋差压波动，沉降器催化剂跑损；而重组分油气携带跑损催化剂进入分馏系统，使油浆密度及灰分波动大(见图8)，原料性质的变化和反应油气温度的波动进而导致分馏系统随之调整的外甩油浆量起伏变大，最高达22.177t/h，最低则只有5.972t/h。原料油性质的频繁变化，会导致各产物分布的改变(见图9)。

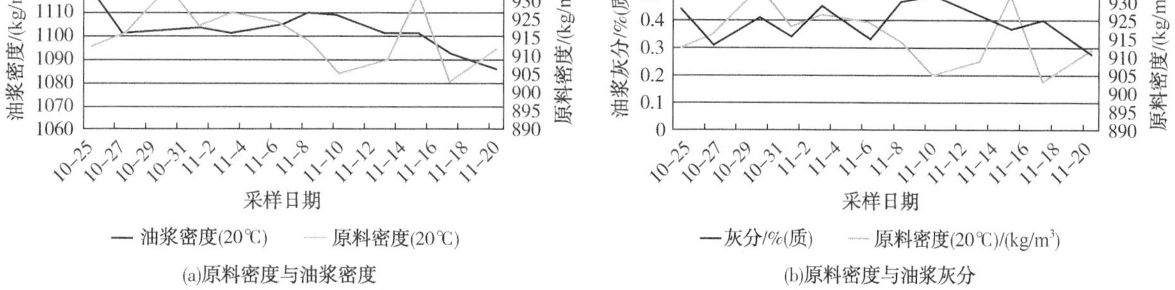

图8　2#催化原料密度与油浆密度、油浆灰分变化情况

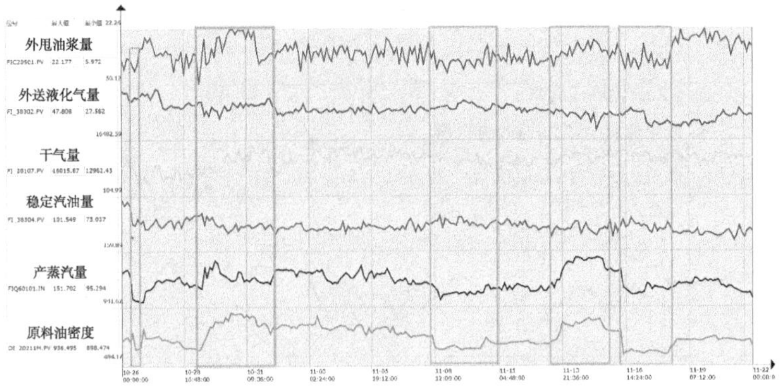

图 9　原料密度与各产品量实时变化情况

3　原料性质变化对操作的影响及分析

由图 9 原料密度与各产品量实时变化情况可以看出，原料油密度变大时，干气量增多，外甩油浆量上升，产蒸汽量增加，外送液化气量及送 S Zorb 稳定汽油量降低；而原料油密度变小时，则变化相反。

通过统计正常运行期间(9/26～10/25，负荷 230t/h 左右)和低负荷运行期间(10/26～11/30，负荷 180t/h 左右)各产品平均收率(见表 3)可以看出：①在低负荷运行期间干气、催化中油和催化油浆收率，分别达到 4.41%、25.26%和 8.26%，相较于正常运行期间明显增大；②低负荷运行期间的稳定汽油产率低于正常运行时收率，相差达 2.2%；③两者的 LPG 和焦炭收率相差较小，低负荷运行期间 LPG 收率略少，而焦炭产率略高。由此可与前述的原料油相关性质变化的数据分析前后对应。

表 3　正常运行期间(9/26～10/25)和低负荷运行期间(10/26～11/30)各产品平均收率变化情况　　%

日期	干气	液化石油气	催化汽油	催化中油	催化油浆	催化烧焦
9/26～10/25	3.84	19.37	44.06	18.48	5.93	8.13
10/26～11/30	4.41	19.13	41.8	25.26	8.26	8.30

4　总结与建议

4.1　低负荷运行期间总结

① 原料性质较差。原料密度起伏大，在线密度最大值 936.495kg/m^3，最小值 898.474kg/m^3；重金属含量超标，钒、镍、铁含量之和平均值达 14460mg/kg，引起反再系统波动及产品分布变差。

② 原料中的硫含量过高。催化装置原料硫增加，会随催化稳定汽油进入下游装置，对 S Zorb 装置的脱硫负荷和效果造成影响。

③ 产品选择性变差。在低负荷运行期间干气、催化中油和催化油浆收率增大，分别达到 4.41%、25.26%和 8.26%；稳定汽油产率降低、LPG 收率略少，而焦炭产率增大到 8.3%。

④ 原料性质变化造成操作频繁、影响装置稳定。再生器取热、再生滑阀开度调整频繁，造成产蒸汽系统负荷高低变化；可能会导致旋风分离器分离效果变差，催化剂中毒等。

4.2　优化建议

通过采取一定措施，可优化产品选择性，提高稳定汽油的收率，同时降低干气、油浆产率以保证装置平稳运行。

① 改善催化裂化原料性质。加强切水，优化来料配比，降低重金属、硫氯氮含量，增加链烷烃占比，协调做好催化原料管控，力求降低原料油变化对催化裂化装置和烟脱装置的影响。

② 改善催化剂性能。高温、水蒸气环境会使催化剂水热失活加剧。为提高催化剂性能，可提高新鲜催化剂加注量，同时提高再生器卸剂频次，采用低藏量控制，使失活的催化剂得到快速置换。

③ 提高原料油雾化效果。原料油雾化的效果主要取决于预热温度和雾化蒸汽量的大小，适度提高

原料油预热温度、降低原料油的黏度，使原料油更易于汽化成微小颗粒、改善原料油的雾化状态。

④ 优化汽提蒸汽量。汽提的作用就是利用高温蒸汽解吸出残留在催化剂孔道里的轻烃组分，可提高轻质油收率，降低焦炭产率。

⑤ 针对重金属含量增加可提高金属钝化剂加注量。根据干气中 H_2/CH_4 比值以及平衡催化剂中 Sb/Ni 比两项指标，适当提高金属钝化剂加注量，抑制镍的脱氢作用，延长催化剂使用寿命，可使干气中 H_2/CH_4 比值得到合理控制。

参 考 文 献

[1] 郑长波. 重油催化裂化原料油性质的综合表征及其应用[J]. 石油炼制与化工，1992(11)：51-56.

[2] 马伯文. 催化裂化装置技术问答[M]. 2 版. 北京：中国石化出版社，2007.

[3] 毛安国. 针对原料油性质优化催化裂化操作[J]. 石油炼制与化工，2006(10)：36-41.

[4] 周志航，李宗杰，王春林. 原料油带水对催化裂化装置的影响及防控[J]. 中外能源，2015，20(11)：90-93.

影响催化裂化催化剂烧焦效果的原因分析及对策

陈秋月

（中国石化扬子石化公司　江苏南京　210000）

摘　要　对于中国石化某公司2.8Mt/a催化裂化装置再生催化剂活性低，轻质油收率过低，催化剂单耗量高，存在催化烧焦不足的情况，根据现场生产实际情况和传统烧焦理论，从该装置的原料油性质、烧焦主风配比、操作线速、催化剂循环量等方面分析探讨烧焦不足的原因，结合实际运行工况提出了原料性质、烧焦风配比、操作线速、催化剂循环量等具体操作建议。

关键词　催化裂化；催化剂；烧焦

1　前言

催化裂化再生器种类很多，再生工艺复杂，但究其根本目的是最大程度减少再生催化剂上的碳含量，简而言之，就是通过烧焦去除催化剂活性中心上的积炭，恢复催化剂活性中心的活性。烧去积炭程度的大小则直接决定催化剂的再生效果，即再生活性。再生烧焦过程的好坏程度决定了催化剂的再生活性，再生烧焦效果好，轻质油收率提高，催化剂单耗量低。

中国石化某公司280万t/a催化裂化装置(简称3#催化)再生器采用重叠式两段再生，一再与二再采用同轴布置的方式，一再分布在二再上部，一再、二再均采用湍流床操作。第一再采用贫氧的操作方式，CO在第一再生器中被部分燃烧。此外，第一再生器底部的主风分布器管束呈树枝状分布，4根Φ377mm×10mm主管以十字形的形状对称分布焊在中间一根直立的锥管上，并有60根Φ108mm×8mm的支管均匀分布在焊在Φ377mm×10mm主管上。待催化剂经过第一再生器烧掉催化剂活性中心上的部分焦炭，再通过半再生斜管以及外取热器两种方式进入第二再生器继续烧焦。在第二再生器中，催化剂经过高温、高过剩氧完全再生，经过二再烧焦的烟气携带部分催化剂通过顶部的旋风分离设施，再穿过二再顶端的大孔径烟气分布板进入一再床层，至此，二再的过剩氧与一再的大小环主风同时为一再床层烧焦供氧。本文从原料性质、烧焦主风配比、操作线速、催化剂循环量等方面分析影响装置烧焦效果原因及采取的对策。

2　装置现状

3#催化反应部分采用MIP-CGP工艺，该工艺主要优势在于提高催化裂化提升管的一次、二次反应效率，减少反应过程中的干气和焦炭产率，改善产品分布。预设LTAG进料喷嘴，能够最大化地将LCO转化为富含芳烃的高辛烷值汽油或者轻质芳烃。再生部分采用重叠式两段再生器，第一再生器贫氧操作，第二再生器富氧操作，将空气中的氧最大限度地合理利用，降低烧焦主风量和主风机耗功。催化烟气处理采用SCR脱硝+布袋除尘+碱洗脱硫技术。反应再生系统主要操作条件见表1，3#催化反应再生主要流程如图1所示。

表1　反应再生系统主要操作条件

项　　目	操作指标	项　　目	操作指标
反应压力(VQS封闭罩内)/MPa	0.22	反应器总藏量/t	128
再生压力/MPa	0.26	再生器总藏量/t	686
反应温度/℃	530	原料处理量/(t/h)	300
再生温度/℃	685		

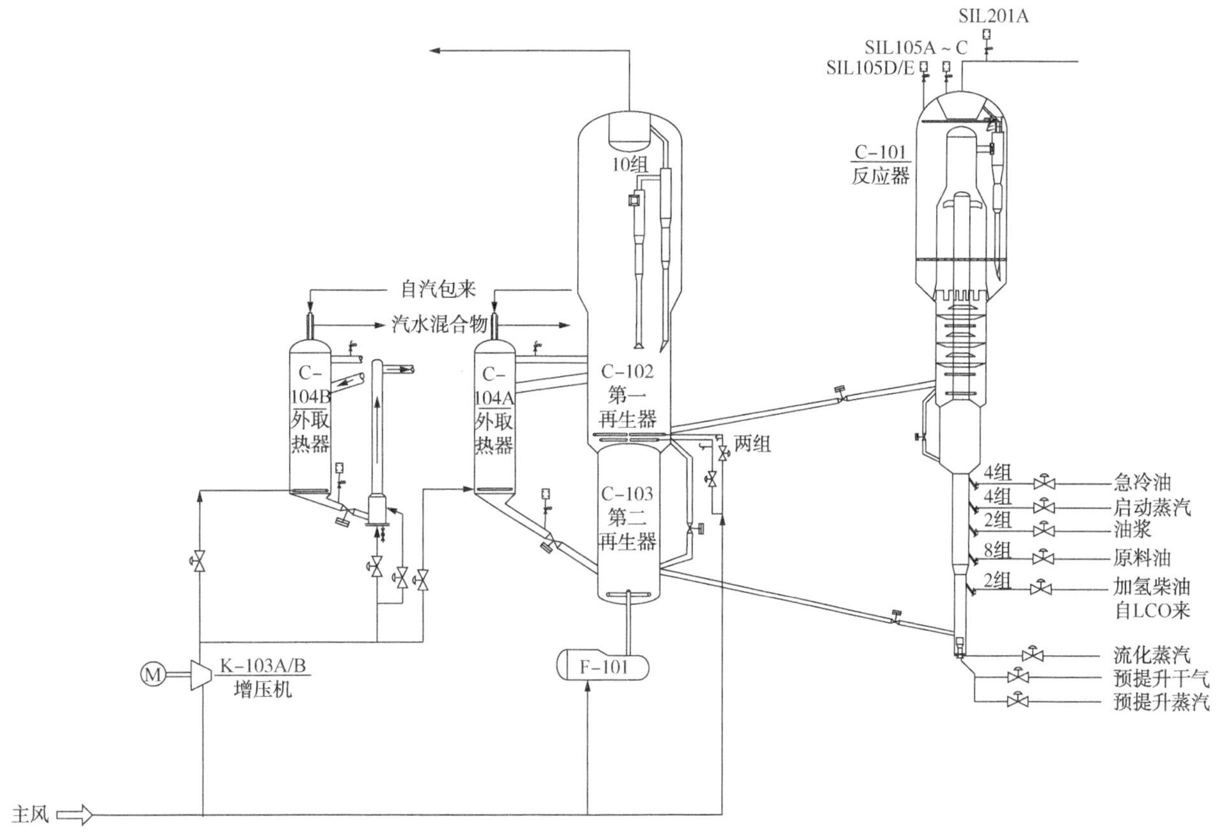

图 1　3#催化反应再生原则流程图

3　影响烧焦效果原因分析及对策

3.1　反应生焦量

烧焦量的大小主要取决于进入再生器中焦炭的量，而这些焦炭是通过不同途径产生的。催化裂化烧焦所说的焦是指以不同生成途径生成的四种焦炭的统称。第一种是原料焦，也被称为附加焦，即进料残碳生焦，普遍认为进料中的残碳有九成可变为焦炭。第二种是可汽提焦，即通常说的剂油比焦，主要是指催化剂在整个反应再生循环过程中，催化剂孔隙和颗粒之间从反应器携带进入再生器的油气分子。可汽提焦中富含 C/H 组分，对焦炭含氢量以及反应生焦率均有很大影响。第三种是芳烃缩合反应的最终产物，催化反应不管是从烷烃、烯烃还是芳烃开始，最终生成的催化焦都是双分子反应的产物。因为反应性能低于烷烃，所以芳烃相较烷烃来说，反应深度增大转化率大幅提高，简而言之参加反应的芳烃量大幅上升，从而生焦量大大提高，生焦与转化率随着参加反应芳烃量的上升均呈指数上升。第四种是污染焦，原料油中含有害金属、钒、钠等成分，最终沉积在催化剂表面，从而增加生焦，而因重金属堆积增加的这部分焦炭称为污染焦[1]。3#催化加工原料为上游 2#渣油加氢来的加氢重油。表 2 为 3#催化原料油性质。

表 2　3#催化原料油性质

项　　目	实际指标	项　　目	实际指标
硫含量/%	0.412	铜/(mg/kg)	0.1
残炭/%	4.77	密度(20℃)/(kg/m³)	925.4
钙/(mg/kg)	7.7	沥青质/%	0.76
铁/(mg/kg)	34.8	饱和烃/%	55~67
钠/(mg/kg)	1.2	芳烃/%	22~29
镍/(mg/kg)	1.2	胶质/%	7~17
钒/(mg/kg)	7.4		

从表2可知，原料油中残炭含量为4.77%，即产生4.53%的进料残炭焦，按照日常装置处理量300t/h，则进料残炭生焦量为13.59t/h。

$$Q(\text{原料焦})=300\times4.53=13.59(t/h)$$

此外，3#催化原料油中钙含量为7.7mg/kg，铁含量为34.8mg/kg，钠含量为1.2mg/kg，镍含量为1.2mg/kg，钒含量为7.4mg/kg，铜含量为0.1mg/kg，即重金属含量为52.4mg/kg，则污染焦生焦量为0.015t/h。

$$Q(\text{污染焦})=300\times52.4=0.015(t/h)$$

原料中芳烃含量、饱和烃含量在指标范围占比上升时，参加反应的芳烃量大幅上升，反应深度增大，从而生焦量大大提高，生焦与转化率随着参加反应芳烃量的上升呈指数上升。

3.2 烧焦主风配比

逆流两段再生器和二再主风分布器的组合决定了烟气分布板喷嘴降压的特点，因此它没有稳定和均匀风的能力。同时，二再主风气环的主气嘴受强气流喷淋干扰，烟气分布板上总是有若干个工作孔处于闲置状态，催化剂经过这些闲置的孔进入一再。当主风流量小于一定值时，烟气分布板的非功能孔数量会突然增大，并且大量的一再催化剂会在短时间内通过分布孔落入第二再生器中，使得二再流化状态异常甚至死床，阻断第二再主风，甚至直接导致主风机停机。上述现象时的分布板烟气线速度称为坍塌线速度(经验值为9.5~11.4m/s)。在实际生产中发现，影响坍塌线速度主要有以下三个原因：一是平衡催化剂密度，两者呈正相关；二是一再床层催化剂藏量，两者亦呈正相关；三是一再主风流量，坍塌线速度随着流量变小而变小[2]。主风分布比例见表3。

表3 再生器烧焦主风分布

项　目	操作参数/(Nm^3/h)	占比/%	项　目	操作参数/(Nm^3/h)	占比/%
二再主风	88000	38.39	C-104A提升风	7000	3.05
一再小环主风	39000	17.02	C-104B提升风	6700	2.92
一再大环主风	76000	33.16	C-105提升风	12500	5.46

由表可知，二再主风占总主风总量38.39%，一再小环主风占主风总量17.02%，一再大环主风占主风总量33.16%。在烧焦所需总风量一定的前提下，一再主风越高则二再主风量越低，二再主风量低则反过来使得二再烟气分布板崩塌线速升高，要求一再主风量升高。经调整，在总主风量不变的前提下，提高一再小环主风量占比19.2%，即44000Nm^3/h，再生剂活性由58提高至61，再生烟气出口CO含量由1.73%降至1.41%，烧焦能力相较之前有所提升。一般主风控制指标为一再小环主风量占比19%，一再大环主风量占比36%，二再主风占主风量38%。

3.3 操作线速

操作线速度对催化反应再生烧焦的影响体现在以下几个方面：一是对催化剂床层的稳定性，较高的线速度容易维持催化剂床层的稳定性，即催化剂床层内的温度呈均匀分布状态。若催化剂床层各处温度分布偏差较大，则说明再生器内存在短流或者偏流的现象。上述情况极大可能是催化剂分布不均匀造成的，部分催化剂流经床层，回各斜管内风量不同。床层不稳定可导致再生催化剂结焦不均匀的情况出现，部分催化剂因流动时间短而烧焦不完全。此外，催化剂床层温度升高，外取热器取热量提高，大量温度相对较低的催化剂会回流到下部，从而增加短流和局部偏流的现象出现。二是对携氧率的影响，线路速度越高，携氧率越高。表4为再生器温度分布。

表4 再生器温度分布

项　目	平均温度/℃		项　目	平均温度/℃	
一再稀相	650	644	二再稀相	656	671
一再密相	633	630	二再密相	685	681

注：以上项目各有三处测点，表中取值为平均温度。

由表4可知，再生器内催化剂存在偏流的现象，一再稀相线速0.66m/s，一再密相线速0.98m/s，一级旋风线速17.33m/s，二级旋风线速19.77m/s，二再平均线速0.67m/s。一级旋风、二级旋风线速低于设计值19m/s、22m/s。由于密相床的空气线速度比低，其无法支撑大直径的催化剂床层，并且无法抵抗催化剂和外部热催化剂进入床层而产生的冲击力，导致床层流动短、床层渗透，直接影响催化剂再生效果。当一再、二再密相温度相差较小，外取热器催化剂(550℃左右)需要经加热至二再密相温度，此过程所需要的热量大致等于外取热器的取热量，即二再烧焦量占总烧焦量的比例必须大于外取热器取热量占烧焦放热总量的比例。第二再生器烧焦产生的热量还得用于为二再主风和催化剂加热。显然，稀相温度随着第二再生器主风量的增加而提高，则主风量加热热量越高，催化剂吸收热量越大，相应地需要烧焦的催化剂配比也越高。经调整，提高主风量，但保证各风量占比不变，使一级旋风线速升至设计值19m/s，二级旋风线速升至22m/s，一再稀相温度左右偏差由14℃降至9℃，一再密相温度左右偏差由3℃升至5℃，二再稀相温度左右偏差由15℃降至8℃，二再密相温度左右偏差仍保持4℃，从各处温度分布总体情况可知，操作线速升至设计值后，偏流情况大幅减少，有利于更好的烧焦效果。一般情况下，一级旋风线速控制在17~19m/s，二级旋风速度控制在21~22m/s。

3.4 催化剂循环量

催化剂在再生器内的循环量的大小直接影响整个烧焦的温度分布。如果催化剂循环量过小，将导致烧焦底部温度低于660℃，同时导致烧焦速率大幅降低；催化剂内循环量太低将导致一再、二再催化剂藏量过低，催化剂停留时间缩短，从而直接影响催化剂再生烧焦效果，第二再生器密相催化剂床层较高，容易导致稀相催化剂浓度升高，CO进入稀相在高浓度的热催化剂中发生燃烧，导致尾燃。

$$G(\text{催化剂循环量})=300\times7=2100(t/h)$$

以装置目前剂油比为7计算，催化剂循环量为2100t/h。

维持剂油比不变，装置负荷增加，催化剂内循环量增大，催化剂颗粒轴向再混合系数增大，使得催化剂的停留时长相差很大，降低了炭的总燃烧强度，也造成再生过程中气体分布不均匀，使催化剂烧焦不均匀。高碳催化剂颗粒进入第二密相床后，虽然氧含量相对较低，但没有气泡相和乳化相，氧渗透阻力低，环境温度高，炭更容易燃烧[3]。

4 结论

① 对于催化裂化反应，原料油的性质对焦炭的生成有重要影响，为提高催化烧焦能力，可以从源头提高生焦量，即提高原料中的掺渣量。

② 对于主风重叠式两段再生器，实际操作中在保证一再烟气分布板烟气线速高于崩塌线速的前提下，应尽量提高二再大环主风量。这样一则可以提高二再烧焦比例特别是烧碳比例，减少二再烧氢生成的水蒸气对催化剂的老化作用，二则可以减少二再烟气携带的催化剂量，从而降低半再生立管负荷。一般主风控制指标为一再小环主风量占比19%，一再大环主风量占比36%，二再主风占主风量38%。

③ 适当调整各风量，即提高一级旋风以及二级旋风的操作线速度至设计线速度，由再生剂活性以及再生烟气中CO含量可知，有助于提高催化烧焦能力。一般情况下一级旋风线速控制在17~19m/s，二级旋风速度控制在21~22m/s。

④ 适当调整催化剂循环量，调整烧焦分布，可以达到控制二再催化剂碳含量的目的，目前装置催化剂循环量为2100t/h。

参考文献

[1] 童三和. 催化裂化装置再生器烧焦效果分析及改进措施[J]. 中外能源，2009，14(1)：87-92.
[2] 王明胜. 催化裂化装置再生器尾燃原因分析及优化措施[J]. 石油炼制与化工，2017，47(8)：29-33.
[3] 董肖昱，郝希仁. 评价催化裂化再生器床层烧焦的一种方法[J]. 炼油技术与工程，2006，36(6)：7-9.

渣油加氢装置检修对催化裂化联合装置的影响分析

束云飞

（中国石化扬子石化公司　江苏南京　210000）

摘　要　某炼油厂渣油加氢装置停工检修，催化裂化装置原料由渣油加氢直供变更为罐区混合物料。从原料性质、操作调整、产品分布等多方面分析原料变化对催化裂化装置的影响，发现罐区混合物料虽能基本满足装置运行需求，但高附加值的液化气、汽油产率分别降低了1.3%和2.5%，而适量掺炼常减压装置的一级减二线可保障液化气和汽油产率，只汽油产率降低了1.8%。同时，渣油加氢停工期间催化裂化装置和S Zorb装置操作条件较渣油加氢直供物料时更为苛刻，催化裂化装置的一反入口温度上升了11℃，剂油比平均提高了0.42，而S Zorb装置的剂耗由0.024kg/t上涨至0.084kg/t，辛烷值损失由0.6加大至0.79。

关键词　催化裂化；S Zorb；催化原料；工艺操作

1　引言

某炼油厂催化裂化联合装置包括200万t/a催化裂化装置、90万t/a S Zorb装置。其中，200万t/a催化裂化装置由洛阳工程公司设计，反应部分采用MIP-CGP工艺技术，再生部分采用快速床-湍流床主风串联再生技术。90万t/a S Zorb装置采用吸附脱硫专利技术，通过吸附剂选择性地吸附含硫化合物中的硫原子而达到脱硫目的。2023年11月，上游渣油加氢装置(简称渣加)停工换剂，为维持装置的稳定运行，催化裂化装置进料由渣油加氢装置直供[1]，改进罐区渣油、蜡油和清江常渣的混合物料，掺炼一级减二线。

2　催化裂化装置的相应变化

本装置在渣油加氢装置停工期间进料模式由渣油加氢直供量和罐供冷料合计235t/h，转化为混合物料185t/h。渣油加氢停工期间未掺炼一级减二线时的催化原料组成为：罐区渣油80t/h、蜡油70t/h和清江常渣35t/h；掺炼一级减二线时的催化原料组成为：罐区渣油70t/h、蜡油80t/h、清江常渣5t/h和一级减二线30t/h。

2.1　*原料情况*

渣加停工后，催化原料油性质变化较大(见表1)，初馏点-50%馏程温度较渣加未停工时有较大降低，未掺炼一级减二线时，初馏点由262℃降至188℃，10%馏程温度由329.6℃降至316.5℃，30%馏程温度由418.1℃降至401.6℃，50%馏程温度由481.8℃降至469.1℃。同时，70%馏程温度由546.1℃升至552.7℃，500℃馏出量由55.8%(质)升至56.3%(质)，说明原料油中轻重组分分布差异加大，轻组分更轻，重组分更重。538℃馏出量由67.1%(质)降至63.6%(质)，说明原料油掺渣量变大，原料油性质变差，在处理时需要更高的反应温度和剂油比。

表1　渣加停工前后催化原料性质对比表

项　目	渣加停工前	渣加停工后	
		掺炼一级减二线	未掺炼一级减二线
密度/(kg/m^3)	920	925	912
初馏点/℃	262	229	188
10%馏出温度/℃	329.6	322.7	316.5
30%馏出温度/℃	418.1	390.5	401.6

续表

项　　目	渣加停工前	渣加停工后	
		掺炼一级减二线	未掺炼一级减二线
50%馏出温度/℃	481.8	444.5	469.1
70%馏出温度/℃	546.1	526.5	552.7
500℃馏出/%(质)	55.8	63.7	56.3
538℃馏出/%(质)	67.1	73	63.6
镍/(mg/kg)	6.4	11.5	12.3
钒/(mg/kg)	8.3	11.1	9.96
铁/(mg/kg)	3.2	6.3	9.88
芳烃/%(质)	17	20.8	21.6
饱和烃/%(质)	70.1	61.2	62.2
沥青质/%(质)	1.28	0.83	0.656
胶质/%(质)	11.4	17.1	15.4
氮含量/(mg/kg)	1543	3080	2828
硫含量/%(质)	0.5	0.47	0.48
残炭/%(质)	4.1	4.92	4.1

当掺炼一级减二线时，通过将部分清江常渣改为常减压的一级减二线，催化原料油的馏程有部分上涨，初馏点由188℃升至229℃，10%馏程温度由316.5℃升至322.7℃，30%馏程温度由401.6℃降至390.5℃，50%馏程温度由469.1℃降至444.5℃，70%馏程温度由552.7℃降至526.5℃，说明催化原料油组分在掺炼一级减二线时，轻重组分向中部馏程集中，同时，500℃馏出量由56.3%(质)升至63.7%(质)，538℃馏出量由63.6%(质)升至73%(质)，掺渣量降低，原料油性质较未掺炼一级减二线时有所提升。

原料中重金属镍(Ni)含量由6.4mg/kg分别变至11.5mg/kg和12.3mg/kg，钒(V)含量由8.3mg/kg分别变至11.1mg/kg和9.96mg/kg，铁(Fe)含量由3.2mg/kg分别变至6.3mg/kg和9.88mg/kg。说明渣加停工后的原料油重金属含量有明显增加。胶质占比也有较大增加，掺炼一级减二线的原料上升了5.7%(质)，未掺炼一级减二线的原料油增加了4%(质)。

2.2 操作条件变化

渣加停工前后，催化裂化装置反应-再生系统主要操作条件见表2。

表2　渣加停工前后催化装置操作条件对比表

项　　目	停工前	停工后	
		掺炼一级减二线	未掺炼一级减二线
进料量/(t/h)	235	185	185
一反入口温度/℃	517	528	530
反应压力/kPa	255	225	217
烧焦罐上部温度/℃	690	685	680
原料油预热温度/℃	228	215	213
再生器烟气出口温度/℃	698	695	680
汽包发汽量/(t/h)	174	128	106
分馏塔顶温度/℃	133	128	127
轻柴油抽出温度/℃	213	215	222
催化剂活性	59	60	55
剂油比	8.15	8.79	8.36

渣加停工后，由于原料油受限，平均负荷由235t/h降至185t/h，为保证反应线速和反应时间，反应压力也同步从255kPa降低至220kPa左右，同时受停渣油加氢直供量影响，原料预热温度由228℃降至215℃左右且受原料组成进一步变差影响，一反入口温度由517℃增加至528℃和530℃，同时降低烧焦罐上部温度由690℃降至685℃和680℃，进一步提高剂油比提高原料油和催化剂的有效接触活性中心，提高反应苛刻度；因受原料预热温度降低和原料油变重影响，原料雾化蒸汽在装置负荷降低后仍维持较大的雾化蒸汽量从而提高原料雾化效果；当出现再生器尾燃时，适当添加助燃剂以缓解再生器尾燃。分馏稳定部分操作总体平稳，油浆固含调整期间未出现明显上升趋势，各产品质量控制合格[2]。

2.3 产品分布变化

渣加停工前后，催化裂化装置产品分布见表3。

表3 渣加停工前后催化装置产品分布对比表 %

项目	渣加停工前	渣加停工后	
		掺炼一级减二线	未掺炼一级减二线
干气收率	3.86	4.55	4.42
液化气收率	19.9	20.15	18.62
汽油收率	44.03	42.23	41.57
柴油收率	17.83	16.85	19.27
油浆收率	5.86	7.9	8.76
生焦率	8.52	8.3	7.34

从表3可以看出，渣油加氢停工后，汽油收率有明显下降，而干气收率有明显上升。在未掺炼一级减二线时，汽油收率由44.03%降至41.57%，干气收率由3.86%升至4.42%，在掺炼一级减二线时，汽油收率由44.03%降至42.23%，干气收率由3.86%升至4.55%。这主要是因为渣加停工后的催化原料油中轻组分更轻，催化原料10%~50%馏出温度较未掺炼时有所降低，平均降低10℃以上，更有利于干气的产出。同时催化反应的苛刻度增大，裂化生成的干气量增加，汽油收率降低。油浆收率大幅增加，以是否掺炼一级减二线，其油浆收率由5.86%分别升至7.9%和8.76%。这主要由于原料油中胶质含量上升，催化原料油中的胶质含量由11.4%(质)分别升至17.1%(质)和15.4%(质)。

掺炼一级减二线后，汽油收率由41.57%升至42.23%，干气收率由4.42%升至4.55%，这主要是因为掺炼一级减二线的催化原料中可裂化组分含量更多，其500℃馏出量由56.3%(质)升至63.7%(质)，538℃馏出量由63.6%(质)升至73%(质)。同时，掺炼一级减二线时，催化剂活性为60，而未掺炼一级减二线时，催化剂活性为55，更高的催化剂活性更有利于汽油和干气的产出。

3 S Zorb装置的相应变化

3.1 原料情况

渣油加氢停工期间，是否掺炼一级减二线对S Zorb装置的影响较小[3]，期间S Zorb装置原料性质的变化可整体归纳为：干点平均为214℃，比停工前下降约0.15℃。原料硫含量平均为294.91mg/kg，比停工前平均上升56.23mg/kg；原料辛烷值91.95，比停工前上升0.93。

3.2 操作条件变化

催化原料分析显示渣加停工前后，原料中硫含量占比有所降低，但由于原料中常减压直供的罐区渣油中的硫未经加氢处理，其硫组分中难以脱除的烷基噻吩占比大[4]，难以通过催化裂化装置进一步降低其硫含量，导致S Zorb装置的硫负荷加大[5]。

为保证S Zorb产品汽油硫含量在控制指标内(<13mg/kg)，操作上通过将20t精制汽油循环，避免S Zorb装置低负荷运行造成吸附剂循环异常等问题，同时降低了装置的硫处理难度。另外，通过增加反应深度、增加吸附剂活性等方式，使反应温升控制在5~9℃，保证较高的脱硫率。具体调整措施见表4。

表 4　渣加停工前后 S Zorb 装置操作条件对比表

项　　目	停工前	停工后	项　　目	停工前	停工后
循环量/(t/h)	0	20	再生风量/(Nm^3/h)	210	400~450
反应温升/℃	2	5~9	吸附剂碳差/%(质)	0.69	0.93
反应压力/MPa	2.6	2.7	吸附剂硫差/%(质)	3.73	3.73
氢油比	0.21	0.24	再生吸附剂残炭量/%(质)	1.54	0.83
反应器剂藏量/t	16	19	再生吸附剂残硫量/%(质)	6.89	4.31

将反应压力从 2.6MPa 提高至 2.7MPa，增加氢分压的同时，将反应线速由 3.1m/s 降低至 2.9m/s，从而延长反应时间。另外调整氢油比，由 0.21 提高至 0.24，促进主反应正向进行，增加反应深度。

通过加入新鲜吸附剂，反应器的剂藏量由 16t 增至 19t，同时缩减闭锁料斗循环时间，提高吸附剂循环速率。并维持较高的再生风量，再生风量由 210Nm^3/h 增至 400Nm^3/h，甚至高达 450Nm^3/h，保证吸附剂始终保持较高的吸附活性，促进吸附脱硫反应的进行。

4　运行中出现的问题与措施

① 对于催化裂化装置而言，外购蜡油水分沉积时间较长，导致催化原料油存在带水现象，造成装置生产波动，反应存在催化剂跑损现象。措施：增加罐区蜡油切水时间，外付前分析水分含量，合格后外付。

② 对于 S Zorb 装置而言，在加强再生强度以提高吸附剂活性时，因再生强度大、再生线速高导致了剂耗加剧，由停工前的 0.024kg/t 上涨至 0.084kg/t。措施：增加系统吸附剂的置换频次，通过加入新鲜吸附剂，增加了整体的吸附剂活性，避免了系统原有吸附剂的过度再生，另外，通过再生系统适量卸剂，将系统内因再生和还原反应生成的水与吸附剂形成的硅酸锌大颗粒置换出来，减少吸附剂之间的磨损消耗，以降低剂耗。

5　总结与建议

渣油加氢原料停供，催化裂化装置原料 10%~50%馏出温度平均降低 20℃，胶质含量平均上升 5%(质)，通过提高一反出口温度 11℃、烧焦罐出口温度降低 10℃等一系列操作增加反应苛刻度和剂油比使催化裂化装置汽油和液化气收率分别只降低 2.5%和 1.3%。S Zorb 装置，通过将氢油比提高 0.03、反应压力提高 0.1MPa、反应器剂藏量增加 3t 以及再生风量提高 190~240Nm^3/h 来保证精制汽油的硫含量在控制指标内，但会造成剂耗上升 0.06kg/t 以及辛烷值损失增加 0.16，辛烷值损失由 0.6 增加至 0.76。

对于这些问题有以下建议：①对于催化裂化装置汽油和液化气收率下降的问题，可适当掺炼常减压的一级减二线，增加可裂化组分含量，液化气和汽油收率较未掺炼一级减二线时，分别可提高 1.53%和 0.66%。②对于 S Zorb 装置而言，可加大吸附剂置换频率，保证吸附剂活性，增强装置的硫处理能力，保证产品质量。同时，新鲜剂的加入可以降低再生强度要求，降低剂耗。

参　考　文　献

[1] 陶炎. 扬子石化渣油加氢反应器达到国际先进水平[J]. 乙醛醋酸化工，2018(7)：1.
[2] 谢涛，冯茂生，李志军. 加氢渣油作重油催化裂化装置进料工业应用[J]. 炼油设计，2001，31(11)：5.
[3] 王杰，程顺，刘松，等. S Zorb 装置原料油的聚类研究[J]. 石油炼制与化工，2020，51(10)：6.
[4] 马晓，赵加民，袁迎，等. 渣油加氢过程中硫转化规律研究进展[J]. 石油学报：石油加工，2022，38(4)：10.
[5] 周维勇. 渣油加氢脱硫拓宽了渣油催化裂化的应用[J]. 世界石油工业，1996，3(9)：6.

浅析催化裂化装置中油浆结焦的原因与处理方法

徐　昕　李新华　范江通　张有才

（中国石化青岛炼化公司　山东青岛　266500）

摘　要　近年来，在众多催化裂化装置中，油浆结焦的问题直接影响到了催化裂化装置的长周期运转。油浆结焦产生的焦块降低了换热器的热转化效率，从而导致油浆系统中多余的热量无法取出，进而造成反再系统热量平衡被打破，严重情况下会直接造成油浆系统的堵塞，最终导致催化裂化装置无法正常生产。本文研究了催化裂化装置结焦的原因，并从实际操作出发提出了预防结焦的相关措施，以达到优化生产的目的。

关键词　催化裂化；油浆系统；结焦

1　油浆结焦过程及危害

油浆结焦是指催化剂与高温油气形成的混合原料经旋风分离器分离后进入分馏塔人字挡板底部，分馏塔底部的油浆经上下返塔脱去多余热量和洗涤催化剂颗粒和胶质，胶质物、重金属和重质烯烃含量较高的油浆非常容易在温度上升后发生转变而结焦，使油浆系统的运行受到影响。油浆结焦直接造成油浆中的各个组分发生变化，尤其是在温度改变后，油浆中的烷烃类物质均发生脱氢反应形成烯烃聚合物、芳烃类聚合物等大分子物质。这些聚合物再与金属无机物结合，最终形成焦炭。上述高分子聚合物在装置运行的过程中一部分无法在水中充分溶解，大多吸附于设备表面，逐渐积累，最后在设备表面形成残渣。另一部分在水中与催化剂作用后形成大颗粒并相互黏结，形成聚集结块，最后形成沉积的颗粒[1]，而沉积的颗粒不断聚集从而形成“焦块”，结焦后的油浆系统运转困难，严重影响到了装置的平稳运行，造成了极其重大的生产隐患。

2　油浆结焦的位置分布

2.1　油浆换热器（油浆蒸汽发生器）

催化裂化油浆蒸汽发生器的结焦是不可避免的。油浆在换热器中受制于流速等因素，在管束等死角区域会发生热裂化反应，最终导致结焦。油浆蒸汽发生器的结焦直接降低了换热器的热转化效率，提高了管道中油浆输送的阻力，油浆结焦最明显的现象是油浆汽包上水量以及发汽量严重下滑。同时伴随着油浆系统换热器出口温度升高。其中管箱、小浮头的结焦以重力沉积的方式进行，结焦程度由油浆中的固体含量和流速决定；而管束的结焦过程则以冷却沉积的方式进行，结焦程度以油浆中的固体含量，生焦倾向物与流速决定。

2.2　分馏塔底部

分馏塔塔径较大，并且塔底液面在实际操作中也较为平稳，因此油浆在分馏塔中有较长的停留时间。分馏塔内存在缓流区和死区，塔壁存在滞留边界层，线速度并不均匀，使固体颗粒的沉积有了必要条件[3]。分馏塔在脱过热段洗涤和与反应油气的传热中有着全塔最高的热量，塔底温度高，生焦倾向物的热聚反应就会增加，加上塔底的长时间停留，稠环化合物会发生更多的热缩合反应，使塔壁、管壁结焦。分馏塔底的结焦大致可分为三层：第一层为堆积层，质地松软易除去；第二层为过渡层，质地松软，但有黏性；第三层为焦层，质地坚硬难以去除。严重时可能会导致沉降器压力上升，分馏塔处理量下降[4]。

3　油浆结焦的原因分析

3.1　分馏塔底温度对油浆结焦的影响

分馏塔底温度是导致油浆结焦的直接原因。随着塔底温度的升高，轻组分也在蒸发，油浆在高温下极易浓缩，生焦性能增强。同时油浆中的多环芳烃、烯烃等有机物缩合反应加剧，生焦能力也大大提高。所以控制分馏塔底的温度在很大程度上会减少结焦的可能。

3.2 油浆的流速及停留时间

催化裂化反应器出来的油气以过热状态进入分馏塔，带有少量的催化剂颗粒，而油浆中的催化剂颗粒对稠环芳烃有吸附作用，在低流速下更易发生沉淀聚集，其易附着在分馏塔塔壁以及换热器的管束中。所以，油浆在管线以及换热器中应保持较高的流速，尽量将流量保持在油浆泵的上限，即维持较大的油浆循环量，油浆的停留时间取决于所需维持的较低的分馏塔液位。而油浆的流速对于油浆的停留时间起到关键作用，所以，保证油浆的流速也就减少了油浆的停留时间。因此在实际生产中将流速控制在 1.3m/s 以上，油浆停留时间一般可低于 5min。

3.3 油浆自身的性质

油浆结焦与其本身性质有着必然联系，黏度越大，流动性越差。用来表征油浆性质的参数有密度、固含、黏度等，油浆系统的组成饱和烃、芳烃、沥青、胶质等[5]。对于 MIP-CGP 工艺的催化裂化，更要关注油浆的运动黏度这一化验指标，运动黏度的高低表征沥青质的含量多少，也可以说明因沥青质的存在分馏塔底发生热裂化的缩合反应。随着油浆中多环芳烃的增加，相对密度增大，因而缩合生焦的能力增强，见表 1。

表 1　催化油浆化验分析数据

分析项目	样品序号					
	1	2	3	4	5	6
残炭/%(质)	7.57	5.54	6.38	5.18	6.59	6.76
初馏点/℃	220	237	223.5	218	223.5	221
5%馏出温度/℃	329	325	323.5	318	326	328.5
10%馏出温度/℃	346	339	338.5	337.5	341	346.5
20%馏出温度/℃	365	356	356	355.5	359	366
30%馏出温度/℃	379	368.5	368.5	367.5	371.5	379.5
40%馏出温度/℃	391	378	379	380	383	391
50%馏出温度/℃	403.5	391	392	392	395.5	404
60%馏出温度/℃	416.5	403.5	405	404	408.5	416.5
70%馏出温度/℃	431.5	419	420	418.5	424	431.5
80%馏出温度/℃	453.5	440	442	438	445.5	452.5
90%馏出温度/℃	490	474	479	469.5	482	485
95%馏出温度/℃	548	519	536.5	506	537	529
终馏点/℃	665.5	623.5	666	650.5	692.5	662
350℃馏出量/%(质)	11.5	15.4	15.3	16.2	14	11.3
500℃馏出量/%(质)	91.5	93.6	92.6	94.5	92.5	92.5
538℃馏出量/%(质)	94.5	96.1	95.1	96.7	95.1	95.5
750℃馏出量/%(质)	100	100	100	100	100	100
硫含量/%(质)	1.62	1.74	1.7	1.81	1.74	1.57
催化剂含量/(g/L)	1.6	1.1	1.4	1.6	1.6	1.4
运动黏度(100℃)/(mm^2/s)	11.93	10.41	10.41	8.753	10.55	11.14
密度(20℃)/(kg/m^3)	1132	1120	1127.7	1118.1	1121.7	1128.3

4 油浆结焦处理方法

结合分馏塔的操作，提出如下对策：

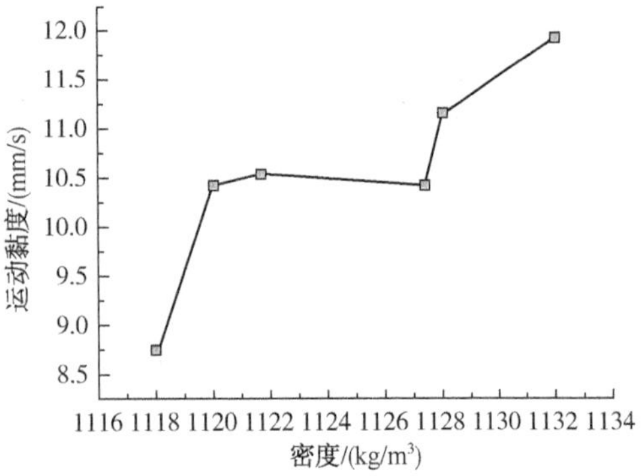

图1 催化油浆密度和运动黏度关系

① 保证反应器 VQS 的正常线速，VQS 全名为 Vortex Quick Separation(旋流式快分系统)，此类旋风分离器对线速、压降很敏感，通常情况下 VQS 线速应在 16~20m/s，否则将会产生二次扬吸作用，造成油气携带催化剂，进而带到分馏塔，导致油浆的密度以及运动黏度的增加。如图 1 所示。

② 控制较低的塔底温度，对油浆系统循环量实行最大量控制。油浆结焦的主要条件是塔底温度，加大油浆循环量可以增大油浆线速、降低分馏塔底温度及缩短油浆在分馏塔底、管线的停留时间。

③ 为使油浆循环系统的管道和设备不结焦应保持较快的油浆流速。油浆在管道中的流速不低于 1.1~2m/s，换热器的管程内流速控制在 1.2~2m/s，以防油浆在换热过程中，由于温度降低，黏度增大而结焦。

以现阶段油浆循环量 1010t/h，油浆上返塔 360t/h，油浆下返塔 560t/h，油浆密度 1030kg/m^3 为例，利用 $V=Q/A$ 计算可得相应的数据，见表 2。

式中 V 为流速，m/s；Q 为体积流量，m^3/h；A 为管道截面积，m^2。

表 2 各单元温度和流速统计表

	油浆换热器管程	油浆蒸发器管程	油浆上返塔	油浆下返塔
温度/℃	295.5	251.3	252.8	253.3
流速/(m/s)	0.97	0.68	0.55	1.08

经过计算，可以看出油浆在管线中的流速未能达到要求，所以说在保证分馏塔底温度的同时，适当加大油浆上返塔的流量，既能保证油浆与携带催化剂的高温油气充分逆向接触，洗涤催化剂，可以适当提高油浆流速，尽可能少结焦。

④ 增大油浆外甩量，油浆外甩量应占总进料的 3%~10%(现占比 5%)，将分馏塔底积存的催化剂通过外甩油浆的方式排出。

⑤ 加大油浆阻垢剂注入量。在日常生产中，按照催化装置的需求对阻垢剂进行控制，保证其效益最大化。阻垢剂的添加对油浆系统结焦不仅可以起抑制聚集物生成的作用，还可以顺带清洗管道，有显著的经济利益。同时，可以降低胶质、沥青质等聚合物的黏度，可在不同环境与温度中清理沉淀物与控制沉淀趋势。

5 结论

油浆结焦是由油浆性质、油浆系统置换速率、分馏塔底温三者综合作用的结果。所以在日常生产中，保证反应器 VQS 正常线速，控制较低的分馏塔底温度，维持油浆合理的流速，进而减少油浆结焦，可以为装置的长周期平稳运行做好保障。

参 考 文 献

[1] 张利广. 分馏塔油浆系统结焦问题分析及处理[J]. 山东化工，2017，46(22)：87.
[2] 马伯文，马晓君，秦翔，等. 催化裂化装置技术问答[M]. 2 版. 北京：中国石化出版社，2003：235.
[3] 吕良露. 重油催化裂化装置油浆系统结焦原因分析及优化措施[J]. 安徽化工，2017，43(3)：67.
[4] 刘奎生，綦敬，郭丽光. 催化裂解装置油浆系统结焦原因分析[J]. 当代化工，2004，33(3)：150.
[5] 毛英臣，陶晓勇，陈亚辉. 浅析重油催化裂化油浆系统结焦的因素与处理方法[J]. 中国化工贸易，2020，12(1)：210.

S Zorb 装置原料换热器管束结垢分析及控制措施

王明远　赵连川　黄喜阳

（中国石化石家庄炼化公司　河北石家庄　050000）

摘　要　S Zorb 装置原料换热器 E101 结垢堵塞是影响装置安全平稳运行的重要问题，通过对原料换热器 E101 中垢样和原料数据分析，得出原料换热器管束结垢堵塞原因，结合部分装置实践应用情况，提出延长原料换热器运行周期的控制措施，提高装置安全运行水平。

关键词　S Zorb；换热器；结垢

1　引言

汽油吸附脱硫装置(以下称 S Zorb 装置)采用 S Zorb 专利技术。通过吸附剂选择性地吸附含硫化合物中的硫原子而达到脱硫目的，该技术具有脱硫率高、辛烷值损失小、操作费用低的优点。

某企业 S Zorb 装置原料换热器 E101 共 6 台，编号为 E101A~F，E101A/B/C 与 E101D/E/F 两列并联运行。当换热器出现结垢堵塞现象，管程压差上升、换热后温度下降达一定程度时，需降低处理量并切出一列换热器清洗，对全厂生产统筹造成一定影响。

原料换热器 E101 管程堵塞是影响 S Zorb 装置安全平稳运行的重要问题。随着换热器管束不断结焦结垢堵塞，换热器偏流现象加剧，导致偏离设计运行工况，泄漏风险增加。同时，随着换热效率的不断下降，加热炉负荷不断增加，不仅增加装置能耗，也影响加热炉的安全稳定运行。E101 切出、投用过程因温度压力变化大，泄漏风险较高。换热器抽装管束时相连接的管线受力也存在泄漏风险。

下文根据分析数据及运行经验对换热器管程结垢原因进行分析并提出控制措施和建议，以延长换热器运行周期、减少检修次数，提高装置安全运行水平。

2　换热器管束结垢分析

2.1　垢样分析

采集某企业 E101A/B/C 换热器管程中垢样进行 XRF 半定量分析，结果见表 1。

表 1　E101 管程垢样 XRF 分析结果　　%(质)

组　分	E101A 管程	E101B 管程	E101C 管程
Cl	0. 0595	0. 0824	
MgO	3. 22	0. 117	0. 247
Al_2O_3	5. 88	0. 542	1. 33
SiO_2	2. 19	0. 599	0. 972
P_2O_5	0. 0533		
SO_3	15. 7	45. 6	44. 1
K_2O	0. 216		0. 0773
CaO	0. 189	0. 114	
Cr_2O_3	0. 266	0. 173	0. 596
MnO	0. 325	0. 247	0. 324

续表

组　分	E101A 管程	E101B 管程	E101C 管程
Fe_2O_3	63.4	51.0	51.7
NiO	2.82	0.659	0.0817
CuO	0.253	0.0535	0.0616
ZnO	5.29		
MoO_3	0.0948		0.363
Na_2O			

根据分析结果所示，结垢物质主要为 FeS。E101A 中结垢物质组成与 E101B/C 稍有不同，E101 中结垢物质组成除 Fe、S，还含有少量 Ni、Zn、Al 等吸附剂成分。产生原因是装置内循环时微量吸附剂颗粒混入原料中，最后在 E101A 中沉积。

2.2 结焦分析

某企业 S Zorb 装置原料胶质含量为 1mg/100mL，烯烃组成分析结果见表 2。

表 2　原料各烯烃质量分数　　%

C 数	异构烯烃	正构烯烃	环烯烃	二烯烃	合计
2	0	0	0	0	0
3	0	0	0	0	0
4	0.07	0.56	0	0	0.63
5	4.21	2.14	0.22	0.06	6.63
6	1.5	0.68	0.72	0.07	2.97
7	0.8	0.12	0.4	0.02	1.34
8	0.42	0.52	0.13	0	1.07
9	0.32	0.17	0	0.02	0.51
10	0.3	0.02	0	0	0.32
11	0.22	0	0	0	0.22
12	0	0	0	0	0
合计	7.84	4.21	1.47	0.17	13.69

通过分析数据可见，S Zorb 原料中烯烃主要为正构烯烃、异构烯烃，同时含有少量环烯烃及微量二烯烃。根据相关研究[1]，异戊二烯在 130℃反应 8h 自聚转化率为 18.38%，E101A 管程出口温度约为 160℃，因此在 E101A 管程出口开始出现少量结焦，随温度不断升高，自聚反应加剧，E101B、E101C 中结焦物呈不断增加趋势。

2.3 结垢原因

通过上述分析数据可以得出，E101 管束结垢主要从以下方面产生：

① 原料汽油中胶质、二烯烃等易结焦物质在原料换热器管程内随升温不断聚合、淤积；

② 原料汽油携带的硫化亚铁、铁锈等杂质进入换热器中与结焦物质混合沉积；

③ 当出现产品内循环时，产品中微量吸附剂粉末进入原料中，在换热器中沉积。

3　结焦控制措施

3.1 原料预加氢

催化汽油经低温加氢可以有效去除二烯烃，选择原料经过预加氢处理的 S Zorb 装置与未处理的装置进行对比，其反应进料及操作条件见表 3。

表 3　不同装置操作条件对比

项　　目	装置 A	装置 B	项　　目	装置 A	装置 B
进料量/(t/h)	145	145	进料烯烃/%(体)	20.0	14.2
循环氢量/(Nm^3/h)	9900	9950	进料二烯烃/%(体)	0.02	0.17
原料预处理措施	低温加氢	无	进料胶质/(mg/100mL)	1	1

E101 热端温差趋势见图 1。

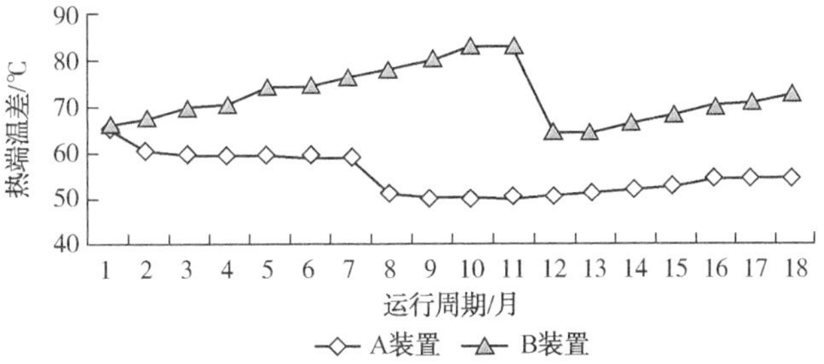

图 1　热端温差趋势对比

通过对比可见，原料中二烯烃含量高低对换热器运行周期影响很大，经过原料预加氢，进入 E101 中的汽油二烯烃含量大幅降低，在进料量、氢油比相近的情况下，进料二烯烃含量更低的装置热端温差上升趋势较缓，换热器可以更长时间地保持高效运行。

3.2　注阻垢剂

在 S Zorb 装置使用阻垢剂可达到抑焦阻垢、有效延长原料换热器的检修周期、降低检修风险和检修费用的目的[2-4]。收集部分企业注阻垢剂前后 E101 清洗周期情况，由于各企业原料、操作、阻垢剂配方差异，效果有所差异，初步统计情况见表 4。

表 4　阻垢剂注入效果统计

编号	效果	注剂前清洗周期/月	注剂后清洗周期/月	周期延长/%
1	明显改善	2	18	800.0
2		13	53	307.7
3		3	12	300.0
4		3	8	166.7
5	轻微改善	8	12	50.0
6		10	12	20.0
7		20	24	20.0
8		20	24	20.0
9	不明显	3	3	0.0
10		15	15	0.0

对于阻垢剂的注入可根据各装置实际情况选择适合阻垢剂进行试用。

3.3　原料氧含量控制

根据相关研究[1]，二烯烃自聚产生高聚物与氧含量有很大关系，若反应体系无氧存在，单纯的热源不能引发丁二烯及异戊二烯自由基聚合反应，仅二聚反应发生，结焦情况将有所改善。因此对于原料氧含量控制可遵循以下原则：

① 催化裂化汽油直供 S Zorb 装置，罐区汽油设置氮封且储存时间不宜过长，否则进催化提升管；

② 含氧汽油不进 S Zorb 装置，必要时先进催化提升管回炼再直供进料。

3.4　原料杂质控制

未洗胶质含量>2mg/100mL 或含有机械杂质的原料应避免直接进入 S Zorb 装置。应监控原料过滤器 ME104 压差变化，长时间压差无明显上升情况要对 ME104 进行切换并检查过滤器滤芯及密封情况。

4 结论

S Zorb 装置原料换热器结垢堵塞是影响装置安全平稳运行的重要因素，通过分析得出结垢生成的主要原因有胶质和二烯烃等易结焦物质聚合生成、原料杂质混合、吸附剂粉末经内循环返回原料等。提出针对结焦和杂质的控制措施和建议，有助于延长 E101 的运行周期，有助于 S Zorb 装置安全平稳运行。

参 考 文 献

[1] 王帅. 典型共轭二烯烃受热聚合过程及阻聚剂阻聚效果的研究[D]. 杭州：浙江大学，2015.

[2] 刘志凯. 防焦阻垢剂在 S Zorb 装置中的试验及工业应用[J]. 能源化工，2019，40(3)：7-11.

[3] 成会改，蒋新建，王金伟. S Zorb 装置阻垢剂的使用效果分析[J]. 石油化工安全环保技术，2019，35(6)：42-44.

[4] 吴军，黄军相，聂兵权. S Zorb 装置原料换热器结焦原因分析及对策[J]. 石油炼制与化工，2023，54(6)：120-125.

关于 2[#] S Zorb 装置转剂线弯头冲刷减薄速度过快的探究与对策

郝文渊

（中国石化燕山石化公司　北京　102500）

摘　要　2[#]S Zorb 装置反再区再生进料罐 D107 底部至再生器 R102 转剂线 50-C-2501、再生器 R102 底部至再生器接收器 D110 转剂线 80-C-2601，工作中由于被氮气携带的高速流动的吸附剂冲刷，造成管线尤其是弯头部分减薄速度很快而引起管道穿孔，不得不频繁停车补焊。

关键词　氮气；转剂线；寿命

1　概述

2[#]S Zorb 装置反再区吸附剂在各台设备之间的流转，除了依靠相关设备之间的高度差流转外，其余都是依靠氮气携带着在各台设备之间的转剂线内进行流转的。局部流程如图 1、图 2 所示。

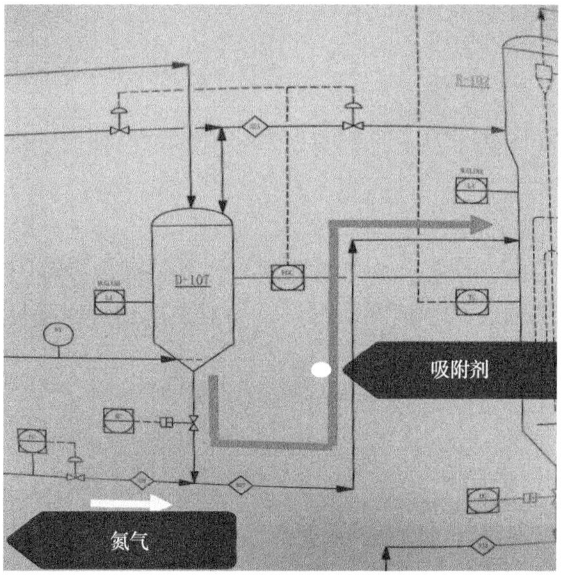

图 1　再生进料罐与再生器间转剂线 C-2501

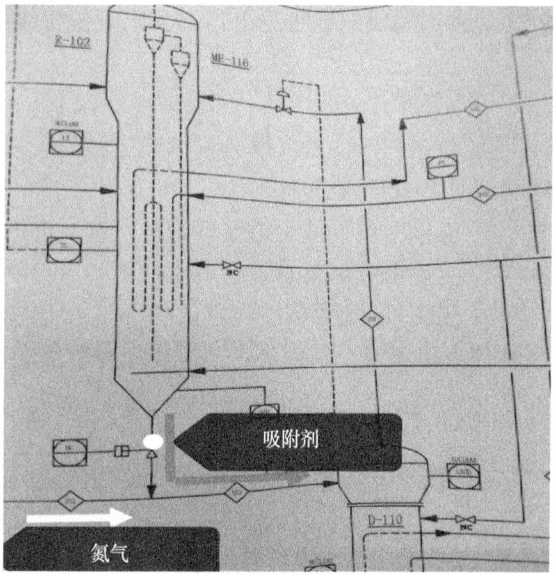

图 2　再生器与再生器接收器间转剂线 C-2601

由于热氮气（0.5MPa）携带的高速流动的吸附剂温度达 230℃，使得转剂线 C-2501 上的弯头长期被冲刷，壁厚减薄速度很快，经常产生穿孔，不得不停闭锁料斗 D106，装置空转来补焊破损管道。

而冷氮气（1.3MPa）携带的高速流动的吸附剂温度超过 500℃，并且该管线较长，使得转剂线 C-2601 内的吸附剂流速远超 C-2501，因此该条管线的破损频率要高得多，基本上 4d 左右就需要停再生补焊一次下料线弯头，生产及维保苦不堪言。

2　缺陷调查

针对该类管线磨损穿孔故障频发的实际状况，我们委托专业人员，对减薄部位进行测厚，结果发现，最先穿孔的位置都是转剂线上的弯头外侧优先减薄处，呈片状且两端有沟槽，尤其在吸附剂来料方向最明显。

3 成因分析

通过测厚，并结合以前反复补焊消缺成效，可以确定转剂线破损穿孔的首要原因是氮气携带高温吸附剂冲刷，另外也不排除管道材质选型不当，尽管在以前配管时曾经对这些弯头内表面做过耐磨陶瓷喷涂，但参照2013年10月以来运行情况看整体效果不是很理想。

4 应对措施

由于转剂线负责在再生系统内各台设备之间流转吸附剂，如果发生管道穿孔泄漏，只能停再生系统来消缺，造成装置空转，生产成本会大幅增加，另外由于涉及现场动火作业，使得风险很高，多年来生产人员苦不堪言，维保压力也很大，这已经成为困扰2#S Zorb装置安全稳定长周期运行的一块心病。

为了确保装置安全稳定长周期运行，就应该先入为主，首先根据投产以来的各次故障发生的时间、部位、破损状况，梳理出转剂线最容易发生冲刷破损的部位，并编号登记；其次，定期(1~2次/月)对该类管道上的编号内的高危点进行测厚，以便掌握冲刷减薄情况，进而得到减薄速度，为检修提供支持；最后要改变之前反复补焊的消缺措施，经过一年来的实践，可以确定采用包盒子注胶在线加固是完全合理的。比如2017年9月，对R102下料转剂线C-2601上的45°弯头进行在线包盒子注胶(耐高温密封剂JFD-8)处理，一年来未发生过一次再次冲刷穿孔；11月对D107底部转剂线C-2501上135°弯头进行在线包盒子注胶(耐高温密封剂JFD-8)处理，一年来未发生过一次再次冲刷穿孔。而且即使盒子内原来的转剂线弯头磨穿直至盒子穿孔，也可以再次多次从盒子上预先预留的注胶咀适当注胶而达到消漏目的，理论上可以无限延长管线服役时间。

5 几点启示

① 通过一年多的实践，可以确定转剂线采用这种方法在线不动火加固是可行的，也可以推广到类似管线日常管理维护中；

② 应该对转剂线管道材料进行筛选，推进国产化应用；

③ 定期对类似管道进行厚度检测，以得到腐蚀速度的量性数据，为管道使用寿命提供直接参考；

④ 吸附剂输送氮气压力不宜过高，应以在确保吸附剂输送正常情况下尽量低为宜，这样可以降低吸附剂流速流量，从而进一步减小其对管道的冲刷力度。

参 考 文 献

[1] 化工机械手册编委会. 化工机械手册—通用零部件和化工机器的维护检修[M]. 北京：化学工业出版社，1989.

基于提高 S Zorb 装置处理量的原因分析及其优化措施

王　磊　耿子硕　张泮才　魏在兴

（中国石化燕山石化公司　北京　102500）

摘　要　本文以提高燕山石化 2#S Zorb 装置处理量为目的，提出了 3 个限制处理量提升的原因：①原料管理不善引起原料换热器 E101 结垢；②原料换热器 E101 结焦；③反应器过滤器 ME101 压差增长趋势较快；随后针对以上 3 个原因进行分析并提出了有效的解决措施。经过调整后，装置处理量能够维持在 125~135t/h；反应器过滤器压差保持在 10~20kPa 范围内，且波动较小，实现了 2#S Zorb 的长周期高负荷平稳运行。

关键词　S Zorb 装置；处理量；换热器结垢；换热器结焦；反应器过滤器压差

1　引言

燕山石化 120 万 t/a 2#S Zorb 装置自 2013 年 9 月建成开工以来，已经连续稳定运行了 2 个周期。2021 年 3 月 7 日，装置检修完毕后开始运行第 3 个周期。装置开工后陆续出现了因原料管理不善引起的换热器结垢、原料换热器 E101 结焦、反应器过滤器（ME101）压差较高无法满足装置长周期生产，使得 2#S Zorb 装置处理量达不到设计值。

经过对 2#S Zorb 装置产生的问题进行分析，并做了一系列操作调整后，对催化汽油进行了源头控制，规范了 S Zorb 装置的原料管理、原料换热器 E101 结焦现象大大减少、反应器过滤器（ME101）压降稳定。最终 2#S Zorb 装置的处理量由 85~100t/h 提高到了 125~135t/h。

2　影响 S Zorb 装置处理量提高的原因分析

2.1　原料管理不善引起的吸附剂失活及换热器结垢

最适合 S Zorb 装置的原料是催化裂化装置直供的稳定汽油。但由于炼厂物料供应的多元化，如催化装置进行污油回炼、罐供汽油组分做装置原料、含二烯烃馏分油进装置加工等，会对装置生产稳定性带来不利影响[1]。石化系统内也曾有多套装置出现因原料中汽油胶质、二烯烃含量高，致使 E101 压降升高频繁切出检修的情况。

催化裂化装置提供的稳定汽油含杂质过多会导致原料换热器结垢。杂质主要包括机械杂质（铁渣、铁锈等）和油泥等。2021 年 2#S Zorb 大检修期间，对原料换热器 E101 的垢样进行了元素分析，结果见表 1。

表 1　2#S Zorb 原料换热器垢样多元素分析

原料换热器 E101 垢样/（mg/kg）		原料换热器 E101 垢样/（mg/kg）	
Mg	/	Co	435
Al	448	Fe	152000
Si	362	Cu	85.6
P	2230	Zn	801
S	22700	As	99
Cl	446	Se	27.1
Cr	67.4	Br	117
Ca	1580	Mn	893
Ni	39.2	Sn	33.3

续表

原料换热器 E101 垢样/(mg/kg)		原料换热器 E101 垢样/(mg/kg)	
Sr	3.21	Th	15
Sb	/	Hf	/
Tb	/	Ta	/
Ga	9.9	Pb	
I	61.6		

由表 1 可得，E101 垢样中 Fe 和 S 的含量偏高，分别为 152000mg/kg、22700mg/kg。这表明 E101 结垢主要由管线中的铁渣、铁锈及催化汽油中较高的硫含量导致。

2.2 原料换热器 E101 结焦

在装置运行过程中原料换热器 E101 换热效果变差，原料换热终温由 380℃下降至 345℃，反应热产物换热后温度分别由 98℃/107℃，升高至 125℃/152℃，同时反应器过滤器压差上升趋势变快。这是因为含氧汽油或重汽油进入装置造成换热器结焦堵塞。

2.3 反应器过滤器(ME101)压差高

反应器过滤器的影响主要体现在过滤器压差上升较快，运行时间达不到设计运行周期，这成为装置处理量提升及装置长周期运行的主要瓶颈[2,3]。此外，提高反应压力可以抑制反应器过滤器压差上升。但提高反应器压力会增加反应器中的氢分压，反应器中的烯烃加氢反应发生数量增多，进而导致产品汽油的辛烷值损失增加。2#S Zorb 装置自开工后，在相同处理量前提下，反应器过滤器 ME101 压差较之前偏高。当装置进行负荷调整时，反应器过滤器压差波动较大。出于装置安全运行及保护设备的考虑，反应器过滤器压差增长过快严重限制了装置的高处理量运行。

通过对 2#S Zorb 装置专用的吸附剂进行分析后发现，此次开工后吸附剂中的细粉含量较检修前有明显增加。通常情况下，吸附剂中的细粉反应活性较差且流化性能较差。吸附剂筛分的具体情况见表 2、表 3。

表 2　检修前后待生剂的粒度分析对比表

粒度/μm	0~20.0	0~30.0	0~40.0	0~61.6	0~80.0	0~95.9	0~105	0~111	0~129	0~149
检修前/%(质)	20.34	29.17	38.80	60.38	75.23	84.47	88.41	90.58	95.30	98.30
检修后/%(质)	26.45	37.18	47.65	68.03	80.72	88.21	91.34	93.01	96.63	98.87

表 3　检修前后再生剂的粒度分析对比表

粒度/μm	0~20.0	0~30.0	0~40.0	0~61.6	0~80.0	0~95.9	0~105	0~111	0~129	0~149
检修前/%(质)	19.06	27.60	37.14	58.75	73.87	83.39	87.48	89.74	94.72	97.94
检修后/%(质)	24.13	35.20	46.06	67.01	79.99	87.67	90.88	92.61	96.34	98.65

由表 2 和表 3 分析可知：

待生剂中的细粉(0~40μm)比检修前增加了 8.85%，再生剂中的细粉(0~40μm)比检修前增加了 8.92%。当反应器过滤器周围空间内吸附剂细粉量超过正常水平后，将导致过滤器表面形成的滤饼较厚且不均匀，过滤器的压差将升高，负荷达不到设计值。通过详细考察装置状况，研究近期装置操作与分析结果，并通过调整部分操作参数进行细致筛查后初步确定再生器中线速过高导致细粉大量产生，可能为造成当前反-再系统中细粉含量较高的原因之一。

此外，还有下列产生压降的原因：①开工初期，反应器过滤器滤饼未建立好，后期反应器过滤器压差上升快；②正常运行中因反吹阀门内漏或其他故障，未达到反吹效果，造成反应器过滤器压差上升快；③正常运行中，反应进料量波动频繁或原料性质发生改变，气相流量增加时，由于反应器压力调整不及时，造成反应器过滤器压差上升快[4,5]。

3 调整 S Zorb 装置的优化措施

3.1 强化原料管理，增强上游控制

针对引起换热器结垢的机械杂质问题(铁锈、铁渣)，目前装置设置原料过滤器压差高报警值为50kPa，在压差接近 50kPa 时，及时切换备用原料过滤器并对原过滤器进行吹扫。

针对引起换热器结垢的催化汽油硫含量问题，严格控制上游催化装置油品种类，对不合格汽油组分在单罐储存后，通过专线进催化装置分馏塔顶循环流程进行回炼；与催化装置及时沟通，降低催化装置污油回炼量、原料中的渣油掺渣量以降低催化汽油硫含量。此外，密切关注常减压装置常四线、减四线、减五线产品硫含量，蜡油加氢进催化装置精制蜡油硫含量，一旦硫含量偏高，及时与各装置沟通调整，对催化汽油硫含量实现源头控制。

3.2 重视原料优化，细化操作调整

通过降低原料中的烯烃含量，优化现阶段原料，减少设备使用阶段出现的结焦现象。

S Zorb 工艺对于原料的要求较高，应该重视对原料的优化，从而减少设备使用阶段出现的结焦现象。催化汽油在中间罐区长期储存，容易出现部分原料氧化生成胶质，严重影响原料的质量，不利于脱硫工序正常进行，还会出现一定的结焦现象。现阶段在日常工作中，应该关注原料的变质现象，做好罐区原料的氮封工作。

在当前设备使用阶段，必须关注原料换热器偏流情况，出现偏流现象时及时进行调整。2#S Zorb 目前拥有两组原料换热器(E101ABC/DEF)，并联使用。目前采取关小 E101A 列管程或 E101D 列管程入口手阀的措施，将两列换热器管程出口的温差控制在 20℃ 范围内，避免其中的一列温度严重偏高，导致管程结焦进一步加剧，出现大量结焦现象。此外，还可以尽量保持较高的反应进料量，适当提高循环氢的流量，以提高流速，强化换热，减缓结焦。

3.3 提高反应器藏量，保持溢流横管下料

提高装置反应器内的吸附剂藏量，以保持反应器与反应接收器间的溢流横管下料，从而将反应系统内的细粉尽可能地导出。在提高反应器藏量的同时，发现过滤器压差的波动随藏量的提高逐渐减小，反应器滤器压差和藏量的关系如图 1 所示。

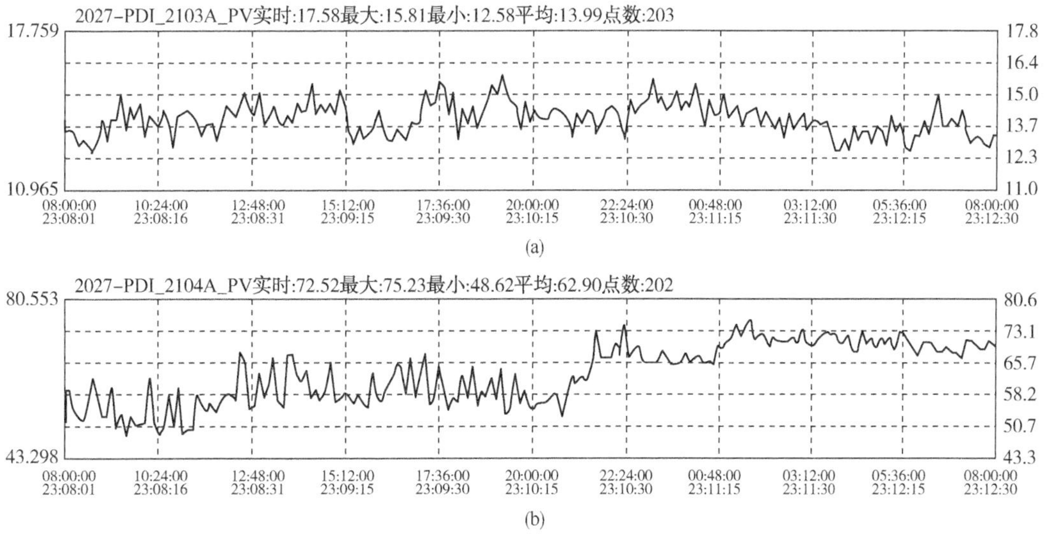

图 1 反应器吸附剂藏量对过滤器压差的影响

图 1 为 2023 年 8—12 月 2#S Zorb 过滤器压差(a)随反应器吸附剂藏量(b)的变化趋势，处理量维持在 130t/h。在提高反应器吸附剂藏量过程中，发现当反应器的压降在 65kPa(藏量 18.90t)及以上时，反应器过滤器 ME101 的压差波动范围变小。且处理量维持在 130t/h 左右时，过滤器的压差平均水平有下降趋势。在之后的运行过程中反应器藏量保持在 65～70kPa，反应器过滤器差压在 14～17kPa 范围内。

4 结论

经过上述操作调整后，装置进料量维持在125～135t/h，循环氢量控制在6000～10000Nm³/h，反应温度和压力分别为420℃和2.53MPa，吸附剂藏量维持在65～70kPa，反应器过滤器反吹压力5.59MPa；再生器温度控制在505℃左右，吸附剂藏量维持在50～55kPa，再生器主风量最高可提至600Nm³/h，再生氮气用量控制在0～200Nm³/h，在再生温度得到控制后可以不投用再生氮气。再生冷氮气用量降低后，可以减小因再生线速过高对吸附剂造成冲击的可能。目前反应过滤器压差控制在10～20kPa范围内，且波动较小，装置整体运行情况趋于好转，产品硫含量可以控制在10mg/kg以下，抗爆损失在0.4～0.5。

参 考 文 献

[1] 张胜. S Zorb装置运行问题分析及优化[J]. 齐鲁石油化工，2023，51(4)：287-291.
[2] 徐相伟，张伟，崔永刚，等. S Zorb装置长周期优化运行分析及问题处理[J]，炼油技术与工程，2020，50(4)：15-19.
[3] 赵聪，秦正军. S Zorb装置反应器顶过滤器长周期运行研究[J]. 河南化工，2019(7)：34-36.
[4] 胡跃梁，孙启明. S Zorb吸附脱硫装置运行过程中存在问题分析及应对措施[J]. 石油炼制与化工，2013，44(7)：69-72.
[5] 范强. S Zorb吸附剂长周期优化运行方案[J]. 石油化工设计，2017，34(1)：20-22.

S Zorb 装置闭锁料斗运行问题分析及改进措施

陆方源　曾华坤

（中国石化中科炼化公司东兴分部　广东湛江　524500）

摘　要　S Zorb 装置是目前中国石化生产超低含硫汽油的主体装置，其中闭锁料斗是 S Zorb 装置的核心设备。闭锁料斗故障会导致装置吸附剂循环中断，从而影响到反应器的脱硫能力，导致产品不及格。本文以某公司 120 万 t/a S Zorb 装置为例，总结了该装置闭锁料斗运行中出现的常见问题，如程控球阀故障、过滤器损坏、1.2 步、6.2 步无法收料等，同时对问题进行了详细分析，对分析出的原因提出工艺优化和技改措施，从根本上解决问题，使闭锁料斗长周期安全平稳运行。

关键词　闭锁料斗；程控阀；过滤器

1　引言

S Zorb 技术基于吸附作用原理对汽油进行脱硫，通过吸附剂选择性地吸附含硫化合物中的硫原子而达到脱硫目的，S Zorb 装置是目前中国石化生产超低含硫汽油的主体装置，承担了全国 50% 的催化汽油加工总量，截至 2018 年底全国已建成在运的 S Zorb 装置有 35 套。而闭锁料斗是 S Zorb 装置的核心设备，其作用是将反应器里的待生吸附剂从高压的烃、氢环境转送至低压的氧环境下的再生系统，并将再生后的吸附剂由低压的氧环境转回去高压的烃、氢环境的反应器。闭锁料斗顶部设有过滤器，以防止吸附剂被携带去后面的系统里。闭锁料斗通过设计的步序进行吹扫、充压、装剂、泄压、吹扫置换、排剂，使吸附剂在反应系统和再生系统循环。其工况的平稳运行直接决定装置的脱硫效果，由于闭锁料斗的程控阀频繁地开关和周而复始地装、卸吸附剂，因此闭锁料斗的过滤器及其相关程控阀在运行过程中是故障最频繁的部位。本文以某石化公司的 120 万 t/a 吸附脱硫装置为例，分析出现故障的原因及提出改进措施。

2　S Zorb 装置闭锁料斗工艺技术特点和工艺路线

装置的工艺技术路线采用 S Zorb 专利技术，该技术具有辛烷值损失小、能耗低、氢耗低、液收高的优点。该技术基于吸附作用原理对汽油进行脱硫，通过吸附剂选择性地吸附含硫化合物中的硫原子达到脱硫目的；采用全馏分汽油单段脱硫工艺，不产生 H_2S，原料汽油中的硫在反应器中被吸附剂吸附后，经过闭锁料斗输送去再生器燃烧，经再生烟气以 SO_2 方式排出。再生系统是本装置吸附剂再生的关键和核心部分，吸附剂通过闭锁料斗的操作，将反应器内的待生吸附剂送往再生器，将再生器内的再生吸附剂送回反应器，完成吸附剂的循环。首先参与反应脱硫的载硫吸附剂自反应器（R101）上部的反应器接收器（D105）压送到闭锁料斗，降压置换后送到再生器进料罐，由再生器进料罐通过滑阀和氮气提升到再生器（R102），再生器把已再生完的吸附剂送回再生器接收器，再生器接收器把吸附剂送到闭锁料斗，最后由闭锁料斗送回反应器还原器，闭锁料斗工艺流程见图 1。

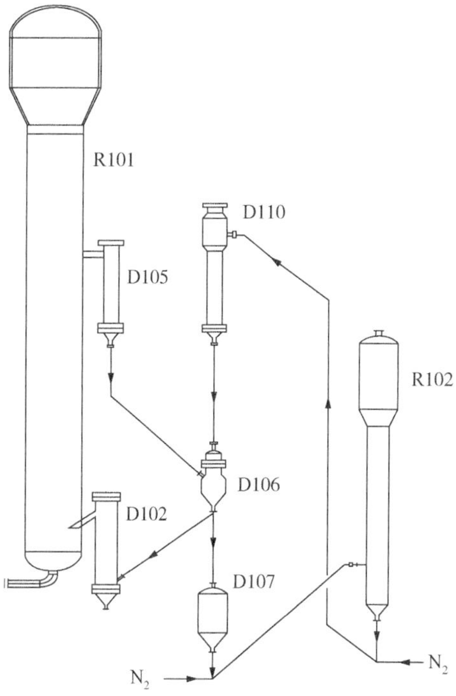

图 1　S Zorb 系统闭锁料斗工艺流程图

闭锁料斗的作用是将含硫较高的吸附剂（待生剂）在闭锁

料斗控制系统(LMS)控制下从反应系统送到再生系统，并将经过循环再生的吸附剂(再生剂)送回到反应系统，为了防止吸附剂被气体携带出去，故闭锁料斗设有过滤器。闭锁料斗主要的运行方式：反应器接收器与闭锁料斗连接采用氢气充压密封的方式，再生器接收器与闭锁料斗连接采用氮气充压密封的方式。同时，闭锁料斗配备烃、氧分析仪，确保容器内的烃、氧含量低于0.5%才能进行下一步序，这样就隔离了烃、氧环境，然后从程控球阀漏出的物料则流向氢气/氮气过滤器，通过容器储存进行回收利用。

3 闭锁料斗运行中常见故障分析

闭锁料斗作为S Zorb装置的核心部件，整套控制系统由LMS控制系统、检测设备、执行设备组成。复杂的工况环境和严苛的工作条件，造成闭锁料斗出现了较高的故障率，最为常见的是程控球阀故障和闭锁料斗过滤器损坏两方面的问题。

3.1 程控球阀故障分析

S Zorb装置闭锁料斗能实现吸附剂烃、氧环境的隔离，在转剂中最重要的隔离是仪表的各类程控阀和调节阀，它们在转剂过程中扮演着导通/切断物料、泄放/提升压力、控制流量、平衡压差等重要角色，其阀体材料的选择、执行机构力矩的计算、泄漏量的大小、阀位回讯时间的长短、阀门的重量等都与转剂过程密切相关。闭锁料斗程控阀包括分析仪预处理系统所带的一台AV-2401在内，闭锁料斗周围一共有31台程控球阀和3台调节阀，各阀门位置见图2。

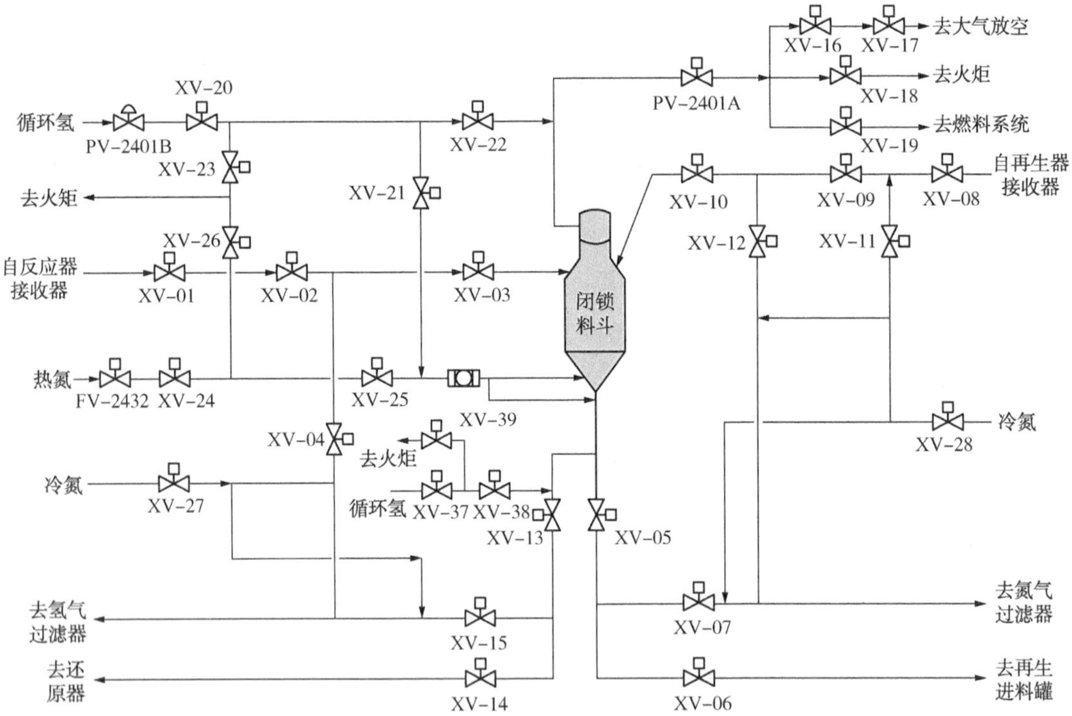

图2 S Zorb系统闭锁料斗主要程控阀位置图

在这31台程控阀当中位于四条料腿上的14台球阀，分别为XV01、XV02、XV03、XV04、XV05、XV06、XV07、XV08、XV09、XV10、XV12、XV13、XV14、XV15，运行条件最为苛刻，不仅要受到温度、压力变化和吸附剂磨损冲蚀，还要在关闭时达到相应级数密封状态。因为这些程控球阀的运行条件苛刻，而且实际生产中运行频次高，运行在高低压、高低温相互交替的氢、氮压力环境下，循环次数的增加，球阀的故障问题也会增多，其中出现最多的问题有阀体内漏和动作超时等故障，这些故障都会导致闭锁料斗停运，影响装置的正常生产。装置为了找到程控球阀内漏、延时关闭的原因，于2018年1月至2022年12月，对这五年内装置闭锁料斗程控阀的故障进行了统计，见表1。

表 1　程控球阀故障统计表

年份	内漏的阀门(次)	阀门开关故障(次)	阀门回信器故障(次)	阀门填料泄漏
2018 年	XV03 阀/2 次、XV04 阀/1 次	XV01 阀/5 次、XV02 阀/4 次、XV09 阀/4 次、XV08 阀/5 次		
2019 年	XV03 阀/1 次、XV04 阀/1 次、XV10 阀/1 次、XV05 阀/1 次		XV12 阀/1 次、XV05 阀/1 次	XV12 阀/1 次
2020 年	XV04 阀/1 次、XV09 阀/1 次		XV10 阀/1 次	XV25 阀/1 次、XV09 阀/1 次
2021 年	XV14 阀/2 次、XV13 阀/1 次、XV04 阀/2 次		XV16 阀/1 次、XV17 阀/1 次、XV22 阀/1 次、XV27 阀/1 次	XV09 阀/1 次、XV11 阀/1 次
2022 年	XV04 阀/1 次、XV10 阀/1 次、XV13 阀/1 次、XV14 阀/1 次、XV15 阀/1 次			XV10 阀/1 次、XV09 阀/1 次

在统计中发现，反应卸料去闭锁料斗的 4 个程控阀中：XV03、XV04 这两个程控阀内漏次数分别是 3 次和 6 次；再生卸料：XV05 阀出现 1 次；再生进料：XV09 阀出现 1 次、XV10 阀出现 2 次；反应卸料：XV13 阀出现 2 次、XV14 阀出现 3 次、XV15 阀出现 1 次；经过统计发现内漏的程控阀都集中在 4 条料腿上，内漏次数最多的是 XV04 阀为 5 次，平均 1 年 1 次，其次是 XV03 阀和 XV14 阀都是 3 次。

2018 年出现了 18 次的阀门延迟关闭故障，操作人员现场确认阀门是动作不到位，不是回讯器问题，集中在 4 个阀门，分别是 XV01、XV02、XV08、XV09，而这 4 个阀门都有一个共同特征，XV01 阀和 XV08 阀是根部切断阀，XV02 和 XV09 都是根部阀下的第二道切断阀，第一道切断阀关闭延时说明阀球没关到位，管线会有很多存剂，因此关阀的摩擦系数增大，第二道阀也大概率出现阀门执行机构动作慢，造成延迟关阀的故障。2018 年对 4 条料腿的 14 个程控阀的气缸都安装了双驱动气源，来增大程控阀的关阀作用力；对接触吸附剂的 19 台程控阀的气缸安装可调节支撑，从而减少阀门在开关时由于气缸自身晃动影响阀门开关动作。经过上述调整，2019 年后程控阀都没出现过延迟开关的情况。

程控阀回信器故障在 5 年时间里总共出现了 7 次，7 次中有 5 次都是安装压坏回讯信号线导致；剩下的两次是日晒雨淋，回信器进水导致。分析出回信器故障原因后，对维保单位提出了安装要求和所有回信器按时做好日常保养、防水措施，2022 年后没出现回信器故障问题。

程控阀填料泄漏最多的是 XV09 阀为 3 次，XV10、XV11、XV12、XV25 各一次，除了 XV09 阀填料泄漏经过在线处理后，后面运行还发生过泄漏；XV10、XV11、XV12、XV25 这 4 个程控阀填料泄漏紧完后都运行良好，没出现泄漏。XV09 阀填料在 2022 年再次泄漏，拆卸阀门下来检查，发现填料剩余非常少，经分析，得出结论是安装时压填料不足导致，因此，对于拆卸下来送去维修的阀门，要对维修厂家提出安装填料的要求。

经过对内漏的程控阀拆解，发现所有内漏的球阀有一个共同特征，就是发生了密封面的磨损以及球体和阀体有明显的冲刷。在统计表 1 中，XV04 阀是故障次数最多的，而 XV15 阀运行工况和 XV04 阀是一样的，会在第九步压完剂时，在高流速携带吸附剂气体环境下球阀突然进行开、关动作一次，这样的开、关动作理论上经过阀体的流速 80m/s❶，但是 XV15 阀 5 年内只有一次故障，而 XV04 阀就频繁故障，带着这个疑问，对故障阀门进行了分类分析，见表 2。

---

❶ 根据理想气体状态方程为 $PV=nRT$，可以推导得出 $P_1V_1/T_1=P_2V_2/T_2$，XV04 阀前管线体积 $V_{04}=0.785\times0.08\times0.08\times0.5=0.002512(m^3)$，XV04 阀前压力 $P_1=3.0MPa=31kg$、阀后压力 $P_2=0.1MPa=2kg$，因为 XV04 阀前后是同一股气体因此 $T_1=T_2$，求出 $V_2=P_1V_1/P_2=31\times0.002512/2=0.038936(m^3)$，XV04 阀为 $DN25$，因此 XV04 阀的流通面积 $=0.785\times0.025\times0.025=0.00049(m^2)$。求出 XV04 阀体瞬时速度 $V=0.038936/0.00049=80(m/s)$。

表 2 故障阀门分类表

项目	内漏次数/次	运行环境	温度/℃，压力/MPa	是否单边受压	阀门开关时是否一定接触吸附剂	球阀关闭时，在阀体上的气体流量/(Nm^3/h)	吸附剂在阀体中理论流动速度/(m/s)	阀门是否瞬间开关
XV01	0	氢气吸附剂	400/3.0	否	一定	1500	6.6	否
XV02	0	氢气吸附剂	400/3.0	否	不一定	1500	6.6	否
XV03	3	氢气吸附剂	400/3.0	是	不一定	1500	6.6	否
XV04	6	氢气吸附剂	400/3.0	是	不一定		80	是
XV05	1	氮气吸附剂	200/0.15	是	不一定	40	1.2	否
XV06	0	氮气吸附剂	200/0.15	否	不一定	40	1.2	否
XV07	0	氮气吸附剂	200/0.15	否	不一定	0.05	0.0016	否
XV08	0	氮气吸附剂	200/0.15	否	一定	60	1.9	否
XV09	1	氮气吸附剂	200/0.15	否	不一定	60	1.9	否
XV10	2	氮气吸附剂	200/0.15	是	不一定	60	1.9	否
XV11	0	氮气吸附剂	200/0.15	否	不一定	6	0.19	否
XV12	0	氮气吸附剂	200/0.15	否	不一定	0.05	0.0016	否
XV13	2	氢气吸附剂	400/3.0	是	不一定	600	2.7	否
XV14	3	氢气吸附剂	400/3.0	是	不一定	600	2.7	否
XV15	1	氢气吸附剂	400/3.0	是	不一定	注 1	80 注 1	是

经过表 2 的统计分析，出现泄漏的阀门 XV03、XV04、XV05、XV10、XV13、XV14、XV15 都有一个共同特点就是球阀都存在单边受压的情况，而且受的压力非常大，前后压差高达 30kg，而且上述这 7 个阀在单边受压时都是在高温、高压的吸附剂和氢气环境下，如果阀门发生了细微的泄漏，阀体就会被高速的氢气携带吸附剂流过。根据表 2 的统计和闭锁料斗的运行特征，结合内漏阀门安装的位置和内漏阀门拆检的图片进行动力学分析，XV01 阀运行工况是最苛刻的，但是实际运行中它没出现内漏的故障，主要是 XV01 阀下面的 XV02 阀对 XV01 阀泄漏的气体进行了有效的拦截，降低了阀体泄漏面的气体流速，如果没有 XV02 阀对 XV01 阀泄漏的气体进行拦截，XV01 阀泄漏球面的线速会高达 25m/s；XV03 阀发现泄漏时球体理论线速度，见表 3。

表 3 XV03 阀前后温度和压力参数

项　　目	阀前温度/℃	阀后温度/℃	阀前压力/MPa	阀后压力/MPa
XV03	400	30	3.0	1.0

压力差为速度的平方除以 2 个重力加速度（$\Delta P = V^2/2g$），求出 $V = 25m/s$，就是说当球阀发生了细小的泄漏时，这时候由于压力差，球面的流速会高达 25m/s，这么高的流速携带一些非常细小的吸附剂冲刷出球面时，就会对球体或者阀体冲刷损坏。

经过以上计算分析得出造成程控球阀磨损的主要原因为以下三个方面：

第一，吸附剂的长期冲刷腐蚀，吸附剂主要组成成分是氧化锌和氧化镍，平均直径为 65μm，密度为 1.0kg/L，这样的吸附剂细粉混合性介质，极易吸附在程控球阀球体表面，在 450℃高温的气固物料作用下，球体与阀座之间非常容易发生金属黏结，不仅仅会导致阀球、阀座损伤，若阀球或阀座的硬化层与基体间结合强度不够，还有可能导致硬化层脱落，直接影响阀门密封性能，即微观焊接；当渗硼层磨损后，球体基材就会暴露于吸附剂介质中，几次开关动作后阀球体密封面就会出现刮花现象，且闭锁料斗的程控阀开关频率高，还要在规定时间内开关到位，达到相应的密封等级，因此当吸附剂吸附于程控球阀阀体上，球阀在开、关工作后极易破坏渗硼层，导致球阀内漏。

在这个工况下运行的典型阀门是 XV03 阀和 XV04 阀，闭锁料斗运行到 1.2 步程控阀 XV01、XV02、XV03 打开，XV04 阀关闭，闭锁料斗装反应的待生吸附剂，装好剂后先关 XV01 阀，延迟 10s

后关闭 XV02 阀和 XV03 阀，然后 XV04 阀马上进行一次开、关动作，在 1s 内完成；XV01 至 XV03 这段管线有 4.5m，XV01 至 XV03 这条管线和闭锁料斗是 45°连接，因此当 XV01 阀关闭后，吸附剂是无法靠自身重力全部掉落去闭锁料斗里面，管线中存在吸附剂，由于 XV03 阀刚好处于闭锁料斗的入口，这一小段管线包括 XV03 阀的阀体在内，在伦理计算中是吸附剂密度最高的，在这个环境下 XV03 阀频繁地开、关就容易损坏阀体表面的耐磨层，当阀体耐磨层损坏后阀体内漏，闭锁料斗在高压环境下，高速的氢气携带吸附剂冲击阀体，从而导致阀体损坏。由于管线有存剂，XV04 阀在这样的环境下进行瞬间的开、关动作，在阀体关阀时，高达 80m/s 的高速流动吸附剂和阀体产生激烈的碰撞，因此阀体非常容易损坏。

XV13、XV14 两个阀所在的料腿和闭锁料斗连接也是 45°连接，阀门损坏次数明显比 XV03、XV04 阀少，这是因为第九步是压送吸附剂，闭锁料斗监测到氢气把吸附剂压送完毕后，XV13 阀才关闭，因此管线中存在吸附剂的概率不高，XV13 阀关闭后延时 10s 关闭 XV14 阀，同时进行 XV15 阀瞬间开、关一次；因此经过对比分析，XV02、XV03、XV04 阀运行频次、温度、压力和 XV13、XV14、XV15 阀是一样的，唯一区别就是管线中吸附剂浓度。XV02、XV03、XV04 阀在实际运行中，每次进行开、关动作肯定会接触吸附剂，因此球阀表面涂层容易损坏；XV13、XV14、XV15 阀在实际运行中，每次进行开、关动作几乎不会接触吸附剂，因此球阀表面涂层使用寿命明显比 XV02、XV03、XV04 阀的长。

第二，闭锁料斗在氢、氮环境切换时温度变化大，对阀体膨胀系数产生影响，反应过来的吸附剂高达 400℃，再生过来的吸附剂只有 200℃左右，在日常生产中造成部分程控阀球体两端受热不一致，从而导致阀体的密封面短暂疲劳，容易使吸附剂进入程控阀的球面，增加了球面的磨损，这个典型球阀是 XV03 阀和 XV10 阀。

第三，闭锁料斗 XV03、XV04、XV05、XV10、XV13、XV14、XV15 这 7 个程控阀存在单边受压。闭锁料斗运行是氢、氮环境交替，在交替时压力会在 1kg 至 30kg 之间切换，所以在程控阀球体两端出现极大的压差，引起阀球两端受力不均发生移动，但程控阀阀座处无碟簧且为固定结构，无法跟随阀球移动，此时阀球和下游阀座间就会出现间隙。吸附剂颗粒很容易进入间隙，并吸附在阀球表面。当有上游到下游正向力时，阀球和下游阀座之间就无法实现紧密贴合，从而导致阀门出现内漏。

根据前面三方面的分析，程控球阀在生产过程中，极易出现内漏的情况，因此当程控球阀发生内漏时，而所在安装的位置处于单边受压的环境下，高流速携带吸附剂气体环境下球阀非常容易被冲刷损坏，导致无法修复。

3.2 闭锁料斗过滤器故障分析

闭锁料斗的作用是将吸附剂从高压的反应系统输送至低压的再生系统（包括将氢/烃环境与氮/氧环境隔绝）。闭锁料斗顶部设置过滤器以防止吸附剂被排出的气体携带走。其设计参数见表 4。

表 4　闭锁料斗过滤器设计操作参数

名称	介质	操作参数		设计参数		规格说明	材质
		温度/℃	压力/MPa	温度/℃	压力/MPa		
闭锁料斗过滤器	吸附剂、氮气、氢气	427	2.971	470	4.26	流量 $144m^3/h$，金属烧结过滤精度 1.3μm	1.25Cr

闭锁料斗过滤器 ME102 安装在闭锁料斗的顶部，滤芯通过螺纹连接固定在管板上。闭锁料斗过滤器工作的条件较为苛刻，在日常生产中待生和再生吸附剂分批地交替通过，闭锁料斗的压力在不同过程之间进行相应调整，造成闭锁料斗要承受循环压力，需按疲劳设备设计。

ME102 过滤器处于压力、温度和气体环境的交变工况中，在实际生产中以 20~60min 为一周期进行循环，氮气环境和氢气环境不断变化，运行温度、压力变化范围大，在循环的过程中，如果 ME102 发生泄漏会体现在这两方面：第一，闭锁料斗的烃氧分析仪容易出现问题，经常会出现吸附剂堵塞，导致烃氧分析故障无法工作；第二，ME102 泄漏后，会对闭锁料斗顶部压控阀 PV2401A 冲刷腐蚀造成内漏，从而导致闭锁料斗第 8.0 步冲压时间过长和第 9.0 步下料不畅。如果闭锁料斗出现上述情况应该对闭锁料斗 ME102 过滤器进行拆检。经过拆修后，发现闭锁料斗过滤器滤芯不仅根部焊接部位存在裂纹，而且滤芯还发生了断裂。螺纹和内丝以及滤芯表面也出现了一定程度的磨损。

经过对闭锁料斗运行参数分析，结合现场 ME102 的检修情况，得出 ME102 滤芯磨损的主要原因有以下五点：

第一，反应接收器空罐，导致闭锁料斗 1.2 步收不到待生吸附剂，装置日常生产中没去解决 D105 空罐的问题，而是人为把 1.1 步装剂压差调整到大于设计值，调大 1.1 步的压差，通过大量高速流动的油气把反应器里面的待生吸附剂带去闭锁料斗，使用这样的方法来收待生吸附剂，大量高速流动的油气快速流过 ME102，导致 ME102 超负荷运行，滤芯产生振动，从而造成滤芯的断裂。

第二，闭锁料斗顶部 PV2401A 阀 PID 设置不当，在 1.1 步设置好压差后，操作人员日常生产中不关注 PV2401A 阀的 PID 参数，阀门在 1.2 步装剂时，PV2401A 由于 PID 参数设置不合理，导致闭锁料斗压力波动非常大，压差控不稳，这样闭锁料斗 1.2 步在装剂时，对 ME102 形成冲击，导致滤芯振动会更频繁，更容易损坏滤芯。

第三，闭锁料斗填充料位高，吸附剂直接把 ME102 过滤器滤芯埋住，降低了滤芯的通气面积，同时闭锁料斗 8.0 步高压氢气对 ME102 进行反吹，由于闭锁料斗装剂过高，ME102 滤芯被吸附剂埋住，反吹氢对 ME102 反吹时 ME102 会出现高频振动，日常生产中闭锁料斗平均每 35min 运转一次，因此极易导致 ME102 滤芯疲劳断裂。

第四，闭锁料斗的程控步骤对滤芯的影响，闭锁料斗在 2.1 步和 2.2 步分别向燃料气管网与火炬管网泄压，2.1 步的操作压力从 2.6MPa 降到 0.55MPa，然后 2.2 步向火炬泄压到 0.15MPa；因此在日常生产中，设置 2.1 步和 2.2 步的泄压速率，会影响 ME102 过滤器的使用寿命，泄压速率过快，会导致闭锁料斗过滤器冲击增大，造成过滤器滤芯晃动，长期的冲击会造成在连接处的薄弱处破损。

第五，设计缺陷主要是滤芯设计制造采用螺纹连接无固定措施，在 1.2 步和 9.0 步时高压工况下吸附剂快速进出闭锁料斗容易造成滤芯摆动，使其造成疲劳破坏。另外，推测闭锁料斗过滤器松动过程，长时间的轴向和横向不稳定载荷周期性冲击，容易使过滤器滤芯发生塑性形变，造成螺纹松动。

4 改进和优化

4.1 程控球阀故障解决方案

4.1.1 阀球和阀座密封材料的选择

经过阀门拆卸维修得出，可以从密封面处理工艺入手，对阀门预防性维修，发现阀门有细微的泄漏时需要维修，可以优先选择超音速喷涂超硬涂层工艺，因为超音速喷涂工艺结合强度高，耐磨性、抗腐蚀性好，涂层厚度比渗硼处理工艺大，这样可以大大提高阀门耐磨性和延长使用时间。

4.1.2 阀座采用双向密封结构

为使阀门实现双向密封，需采用浮动球双浮动阀座设计，上下游阀座均需配有碟簧，无论正反向压力时，均能保证阀座与阀球紧密结合，同时阀座需采用定量浮动结构，避免碟簧过载，保证碟簧使用寿命；某 240 万 t/a 的 S Zorb 装置，4 条料腿上的 19 个程控阀都使用上述双向密封的程控球阀，该装置从 2020 年运行至今，闭锁料斗程控阀运行良好，只出现过 XV04、XV08 两个阀内漏故障，其余阀运行 4a 都是良好。

4.1.3 工艺参数调整

经过上述分析，XV03、XV04 程控球阀容易发生内漏的原因之一是关阀时管线存在大量吸附剂，因此闭锁料斗 1.2 步装剂时，装剂料位不要设置过高，经过装置的经验测试，40%以下为好；1.2 步装完剂后关 XV01 阀，延迟 10s 关 XV02、XV03 阀，把延时 10s，改为 20s，经过计算可以得出当 XV01 关阀时，在 XV02、XV03 阀中的吸附剂线速达 1.38m/s[1]，延加 XV02、XV03 关阀的时间，可以增加吸

[1] 根据理想气体状态方程为 $PV=nRT$，可以推导得出 $P_1V_1/T_1=P_2V_2/T_2$，200Nm³/h 转化为工况流量为 24.6m³/h，则管径为 $DN80$，通过流量 $Q=V_{面}\ T$，而 $V_{面}=V_{线}\ T$，则可求出线速为 $V_{线}=1.38m/s$。

附剂的落程，从而确保吸附剂可以从阀体落到闭锁料斗内，通过表5对比，证明时间设长有利于管线吸附剂下落。其次日常生产中班组人员要时刻关注闭锁料斗第九步运行时间，如果出现时间超时导致第九步结束，说明闭锁料斗里面的吸附剂没压完，这时候就会导致XV13、XV14、XV15阀在有吸附剂的环境下关阀，因此当第九步出现超时运行时，要找出原因(压缩机出口压力不足，无法把吸附剂压去还原器；还是有阀门内漏，导致闭锁料斗冲压不足等)，把超时问题解决。设置ME110、ME111后流量高报警，当出现流量报警时及时查出报警原因，发现阀门内漏导致的及时对内漏阀门进行预防性维修，不要错过维修时间，导致阀门冲刷损坏，无法修复。

表5　在相同流速(1.38m/s)下不同关阀时间的流程

延时关阀时间/s	10	20
吸附剂的落程/m	13.8	27.6

4.1.4　建立程控球阀台账

建立程控球阀的台账，在球阀上做好标识，便于识别跟踪，详细记录阀门品牌、型号、验收、使用、故障、维修等情况，运用好DCS和现场人工巡检来时刻监控程控球阀的运行状态，提高阀门的预防性维修效率。同时定期关闭27、28号阀，对ME110的排气量和各松动点的氮气量作出比较计算，判断程控球阀有没有发生内漏。

4.2　过滤器泄漏故障处理及优化

根据上文分析，过滤器泄漏故障处理及优化主要包括闭锁料斗运行优化和设计优化两部分。

4.2.1　运行优化

为延长闭锁料斗过滤器使用周期，针对其泄漏原因而采用优化运行措施：

第一，当反应器接收器空罐时，不能强行人为设置大压差来给闭锁料斗收剂，要找出反应器接收器空罐原因，是反应器料位不足，或者是反应器接收器横管堵，要找出根本原因。时刻检查PV2401阀的运行状况，如果发现PV2401阀运行中PID不符合实际运行工况，应马上调整，最好把PV2401A阀的运行情况进行交班管理，因为闭锁料斗都是自动运行，操作人员很多时候不太关注闭锁料斗的运行。

第二，确保闭锁料斗料位计准确，控制好闭锁料斗的料位，闭锁料斗料位过高，里面的吸附剂会直接对过滤器滤芯造成冲击，平常操作中，控制料位不超60%，在保证生产质量的前提下，应尽可能降低料斗装剂量，这样可以降低闭锁料斗过滤器的工作负荷。同时，在2.1步和2.2步设置合理的泄压值和泄压时间，在8.0步时每隔2~3次循环对ME102进行反吹，降低反吹频率，关注过滤器的反吹效果，严格控制闭锁料斗过滤器的压差；进行循环氢冲压时，阀门开度要注意不能一下子开得过大，减小对滤芯的冲击，减少装置手动操作，避免闭锁料斗填充过量，造成满罐。确保程控阀开关及时到位和LMS各参数设置合理，要时刻关注闭锁料斗装卸料速度，及时优化调整LMS各参数。

4.2.2　设计优化

首先，考虑在过滤器滤芯增加定位盘，因为过滤器滤芯长期受周期气体的冲劲，容易松动脱落，对过滤器滤芯增加定位盘，不仅可以降低振动幅度，还可以限位和平衡受力，这样可以延长滤芯的使用寿命。其次，对滤芯根部进行满焊加固处理，对滤芯根部进行补焊加固处理，一方面可以减小振动幅度，另一方面隔离吸附剂微粒和滤芯的直接接触，避免因滤芯松动和加工精度问题，使内外丝存在裂缝而发生泄漏。最后，及时沟通厂家，尽量提高过滤器连接螺纹的制造精度，使用更为精密的密封方案，降低泄漏的概率。

5　结论

① 闭锁料斗运行参数设置不当和闭锁料斗运行过程中装剂料位>50%以上，容易导致XV03、XV10程控球阀和ME102过滤器损坏。

② 闭锁料斗4条料腿上的14个程控阀故障率高，故障的类型多为内漏，如果内漏不及时处理，

就会把球阀冲刷损坏，导致无法修复。因此当发现球阀发生内漏时，要及时更换，做好预防性维修。

③ 闭锁料斗过作为S Zorb装置的核心部件，运行条件苛刻，因此采用双密封球阀，可以有效降低程控球阀的故障率，为装置安全生产提供保障。

参 考 文 献

[1] 李立权. 加氢裂化装置工艺计算与技术分析[M]. 2版. 北京：中国石化出版社，2020.

[2] 孙丽丽. 汽油吸附脱硫工艺与工程[M]. 北京：中国石化出版社，2019.

[3] [美]史蒂文·特雷斯，[美]彼得·R. 普加多，[英]大卫·S. J. 琼斯. 石油加工手册(上册)[M]. 李鹏，译. 2版. 北京：中国石化出版社，2022.

[4] 陈尧焕. 汽油吸附脱硫(S Zorb)装置技术问答[M]. 中国石化出版社，2015.

S Zorb 装置再生进料罐提升管线穿孔分析与优化措施

陆方源　尹秀婷

（中国石化中科炼化公司东兴分部　广东湛江　524500）

摘　要　本文介绍 S Zorb 装置在运行中再生进料罐底部提升管在生产中被吸附剂冲刷，造成减薄穿孔的详细原因，同时对原因进行分析以及通过工艺优化和技改措施来解决上述问题，从根本上解决 S Zorb 装置再生进料罐底部吸附剂输送管线被冲刷穿孔问题，使装置长周期安全平稳运行。

关键词　再生提升管；穿孔；优化

1　引言

S Zorb 技术基于吸附作用原理对汽油进行脱硫，通过吸附剂选择性地吸附含硫化合物中的硫原子而达到脱硫目的，S Zorb 装置是目前中国石化生产超低含硫汽油的主体装置，承担了全国 50%的催化汽油加工总量，截至 2018 年底，全国已建成在运的 S Zorb 装置有 35 套。由于 S Zorb 装置反应器和再生器都是流化床，在生产运行过程中要时刻保持吸附剂的输送，因此全国在运的 S Zorb 装置都存在一个共性问题，吸附剂输送管线被冲刷穿孔从而影响装置的安全、平稳运行。而管线穿孔中再生器进料罐底部提升管和再生器底部提升管又是全国 S Zorb 装置出现最频繁、最普遍的问题。某 S Zorb 装置于 2017 年 11 月建成投产，自投产以来，再生系统的再生下料管线经常发生冲刷穿孔的情况，造成吸附剂泄漏，再生吸附剂循环中断，影响装置平稳、安全生产，本文以这个装置的再生系统吸附剂输送管线穿孔分析与优化措施展开探究。

2　S Zorb 装置工艺技术特点和工艺路线

装置的工艺技术路线采用 S Zorb 专利技术，该技术具有辛烷值损失小、能耗低、氢耗低、液收高的优点。该技术基于吸附作用原理对汽油进行脱硫，通过吸附剂选择性地吸附含硫化合物中的硫原子达到脱硫目的，采用全馏分汽油单段脱硫工艺，不产生 H_2S，原料汽油中的硫在反应器中被吸附剂吸附后转换进入连续吸附、再生、还原工艺路线。再生系统是本装置吸附剂再生的关键和核心部分，吸附剂通过闭锁料斗的操作，将反应器内的待生吸附剂送往再生器，经过闭锁料斗输送去再生器进行燃烧，经再生烟气以 SO_2方式排出；吸附剂经过闭锁料斗在反应器和再生器之间来回再生器内的再生吸附剂送回反应器，完成吸附剂的循环。首先参与反应脱硫的载硫吸附剂自反应器（R101）上部的反应器接收器（D105）压送到闭锁料斗，降压置换后送到再生器进料罐，由再生器进料罐通过滑阀和氮气提升到再生器（R102），再生器把已再生完的吸附剂送回再生器接收器，再生器接受收器把吸附剂送到闭锁料斗，最后由闭锁料斗送回反应器还原器，装置工艺流程见图 1。

3　吸附剂输送泄漏穿孔原因分析

3.1　再生进料罐提升管道介绍和泄漏情况

该 S Zorb 装置于 2017 年 11 月建成投产，从投产至 2021 年发生了 4 次再生进料提升管被冲刷穿孔导致装置再生停运的事故，D107 到 R102 的管道信息规格见表 1，提升管容易磨穿泄漏分布位置见图 2 中的 26#和 29#，而装置再生进料罐的提升管道磨穿泄漏点，即再生进料罐底部至再生器的管道，在吸附剂斜插管与氮气提升管道相交的水平管道的上部容易受到冲刷磨穿造成泄漏。而吸附剂从水平变为垂直向上的管道却没有发现泄漏。观察经过检修更换下来管道的冲刷形态，其冲刷主要发生在氮气提升管和吸附剂下料管的氮气和吸附剂交汇处的管线上壁处。

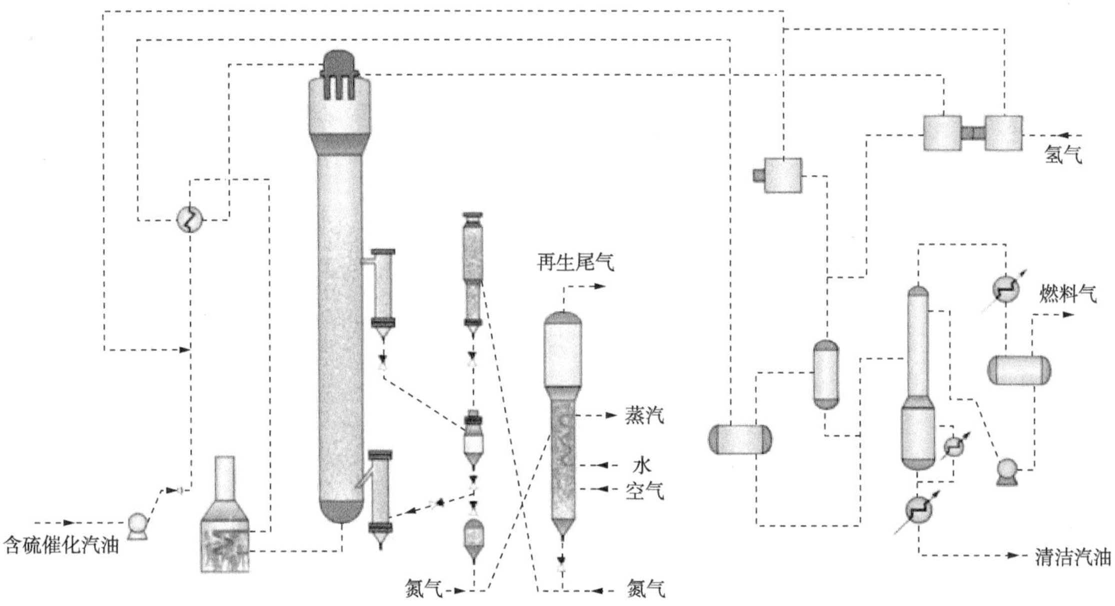

图 1　S Zorb 装置工艺流程图

表 1　D107 到 R102 的气提管道规格信息

名　　称	D107 再生进料提升管	名　　称	D107 再生进料提升管
管线规格	ϕ48. 3×7. 14	压力	0. 17～0. 25MPa
材料	P11(低合金耐热钢)	介质	气提氮气+吸附剂
温度	250℃		

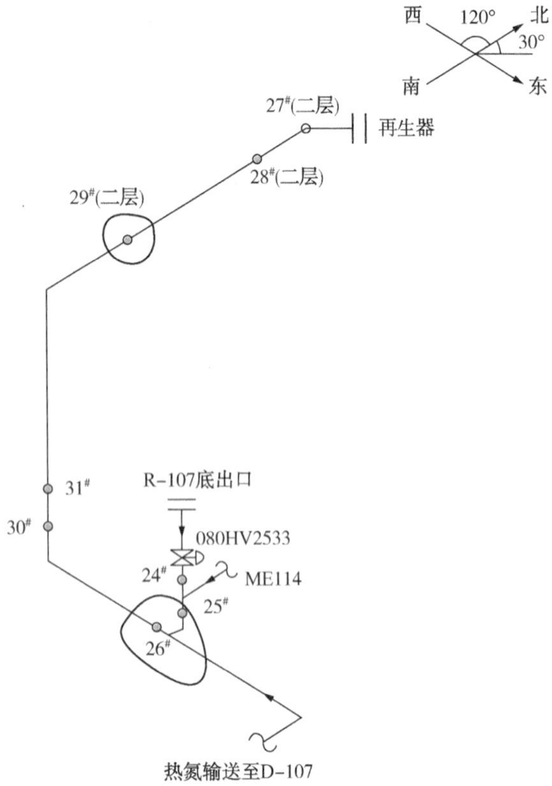

图 2　漏点现场分布位置图

3.2　基于机理分析泄漏因素

3.2.1　冲刷腐蚀机理

在吸附剂运送过程中，吸附剂会对管道的转弯内壁产生强烈摩擦和撞击，而吸附剂在输送管道过程中主要会产生磨损，包括冲击磨损、表面疲劳磨损。冲击磨损是指当氮气和吸附剂两相一起混合后撞击管道的内面产生的冲击磨损，从而使管道内面容易发生塑性变形；而部分吸附剂也会被管道的内壁面反弹出去，壁面就会受不间断的应力而发生疲劳。表面疲劳磨损是由吸附剂表面滚动和滑动而引起的。表面疲劳磨损可以发生在输送管道中吸附剂与管道内壁有接触的地方及管道内壁。经过分析，造成管道泄漏的主要原因是冲击磨损，在吸附剂与提升氮气管道的相交处，吸附剂与氮气混合结构见图 3，由于气流的交汇，突然出现大量吸附剂，管路流通截面积突然下降，因此交汇处管道内上部气流会突然下降，而下部的气流速度会突然增加，根据伯努利方程，流速增加压降下降，在交汇处管线下部会出现一个瞬间的低压区，吸附剂由于自身重力会进入这个低压区，吸附剂进入管线底部低压区，混合后由于吸附剂重力作用，会沉降在下部管线，提升氮气会在这瞬间由提升管底部转向上部，在这改变流向的过程中，由于管道内压力的变化，提升氮气就会携带吸附剂对提升管上侧进行冲刷，从斜插管流入的吸附剂直冲管段的下部，继而被气提氮气吹向管道上侧，以一个较小的角度和速度碰撞管道上表面。从而形成冲刷腐蚀，吸附剂和氮气混合速度矢量如图 4 所示；因此造成装置 D107 下料提管和提升管交汇处约 20cm 的管线上部出现明显的冲刷。

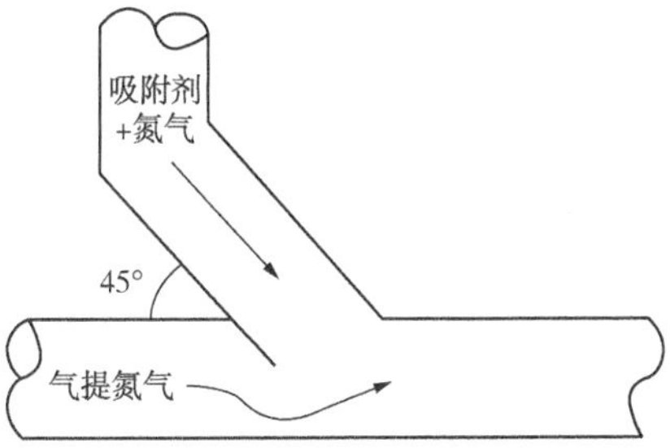

图 3　吸附剂与氮气混合特殊结构

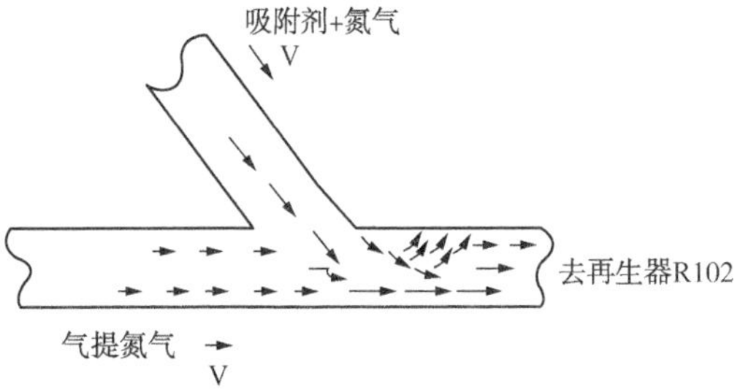

图 4　吸附剂与氮气混合速度矢量图

3.2.2　冲刷腐蚀主要影响因素

在管道输送固体颗粒的过程中，固体颗粒与管道表面会存在摩擦和撞击，而输送管道中流速突变的位置是冲击的高度敏感部位。冲蚀造成的金属损伤率取决于冲击介质(吸附剂颗粒、气固两相流)的速度及浓度、冲击颗粒大小和硬度、处于冲蚀下材料的硬度以及冲击角度。对于相同材料的设备管线，气体输送速度是其磨损率最重要的影响因素。气体输送速度和磨损率之间有如下关系式：

$$\varepsilon = kV^n$$

式中　ε——磨损率；

V——气速，m/s；

k、n——常数，n 值在 1～2。

由上述公式可以看出磨损率和提升气速密切相关，气速越高磨损率越大，因此得出结论：本装置再生进料罐底部至再生器的管道，在吸附剂斜插管与氮气提升管相交处穿孔的原因是冲刷腐蚀，冲刷腐蚀主要由气提氮气与吸附剂的流速大小决定，影响因素主要有气提氮气 FIC2501、FIC2502 的流量和再生进料罐下料时的压差 PDIC2502，如图 5 所示；提升管的提升氮气量大及再生下料管的压差控制大，当两股物料交汇时，在 26# 和 29# 的两个位置，吸附剂会在管道下部形成堆积，管道实际管径会变小，因此管道里面的吸附剂流速会瞬间加快，同时闭锁料斗 4.2 不下料开阀时，D107 的压力波动过大，开阀瞬间压差从原来的 45kPa 可以达到 100kPa，这时吸附剂流速提高，在气提氮气的带动下，吸附剂聚集向上冲击着管道中央，因此就出现管道上部被冲刷腐蚀。装置在 2017 年 11 月原始开工至 2021 年运行过程中，为了提高吸附剂输送能力，提升氮气量 FIC2501 给的较大为 40Nm^3/h，流速偏高，再生进料罐压差设置在 70kPa，所以容易对管道上壁面造成冲刷。

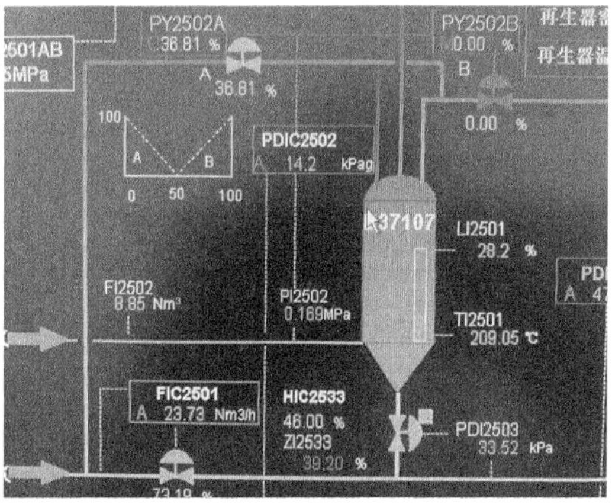

图 5　工艺影响因子参数图

4　优化措施

通过以上分析，可以得出造成管道泄漏的主要原因是冲击磨损，因此将从管道自身优化、工艺调整和定点测厚、贴板来降低冲击磨损，减少吸附剂管线磨损和泄漏的频率。

4.1　管道自身优化

S Zorb 装置在设计时对卸剂线的设计磨损考虑较少，随着装置的运行时间越来越长，无论是反应系统的卸剂线，还是再生系统的转剂线，冲刷腐蚀泄漏问题日渐暴露。可以通过优化设备自身来防止泄漏。

4.1.1　材质升级

材质优化可以通过吸附剂提升管线进行材质升级，例如使用新的表面铸造技术，利用贴布表面铸造技术在吸附剂管道内壁增加镍钴基高熵合金涂层，提升管线的耐磨性。贴布表面铸造技术是利用液态固溶体合金在基体金属上的润湿和铺展，在基体表面形成一层新合金，用以改善工件材料性能的涂层技术。将合金粉颗粒与有机黏结剂充分混合，并用轧机轧制成不同厚度的柔性贴布，然后将布贴于基体表面，通过真空炉梯度升温重熔的方法在零件表面形成耐磨涂层；2019 年大修，装置对 PDCV2502B 阀后管线进行了耐磨涂层喷涂，该管线喷涂后由 2019 年使用到 2023 年，经过测厚没发生减薄情况。还可以使用内衬陶瓷管，本装置在再生进料提升线上的弯头使用内衬陶瓷管，陶瓷内衬成型方法为干压浇筑烧结成型，内衬陶瓷与基材结合层采用特种纤维+耐高温媒体层(高温硅胶)缓冲，内衬层莫氏硬度大于 9 级。非晶-陶瓷耐磨技术，其防护层与基体的结合强度为 70MPa 以上，不存在冲刷疲劳脱落现象，防护层硬度为 HV1100 以上，非晶材料中大量弥散了自增强陶瓷相，使其具有极高的抗冲刷性能。在实际使用中再生进料管线由 2019 年大修增加陶瓷弯管后使用到 2023 年没出现过泄漏事故，测厚没出现减薄，再生进料提升管测厚管线数据见表 2。

表 2　吸附剂到再生器提升管道检测厚度　　mm

检测时间	2020. 03	2020. 07	2021. 03	2021. 06	2022. 04	2022. 07	2023. 03
检测厚度(±0. 1mm)	5. 9	6	5. 8	5. 8	5. 9	6	5. 8

4. 1. 2　优化管道壁厚等级和增大管径

提高吸附剂管道的壁厚等级也可以对冲刷腐蚀起到一定的防护作用，目前再生进料罐下料的管道壁厚等级是 SCH80 可以通过增加吸附剂管道的壁厚，提升到 SCH160，壁厚由 5mm 增加到 8mm，可以延缓冲刷腐蚀的时间。增大管径在相同提升氮气下，管道流速会下降，因此磨损率会下降，对管道长周期运行有利。某装置再生进料罐底部提升管为 *DN*80，自 2020 年 7 月投用到 2023 年没发生过冲刷穿孔事故，而该装置再生进料罐底部提升管的运行参数和本装置一样，就是管径不一样，以管道氮气流量 $30Nm^3/h$ 为准，对比某装置和本装置的管道流速，详见表 3。

表 3　相同提升氮下不同管径流速对比

氮气流量/($30Nm^3/h$)	某装置提升管(*DN*80)	本装置提升(*DN*50)
管道流速/(m/s)	1. 6	4. 2

4. 2　工艺参数调整优化

从上述磨损率公式分析可知，管道磨损率和气体流速成正比关系，合理调整氮气和吸附剂气体流速，是问题解决的关键。如果能降低提升氮气的流量和再生进料罐的进料压差，就能降低提升管的线速，这样就能降低管道的磨损率，因此调整提升氮气量和再生系统 DCS 参数优化，减缓冲刷，将磨损率控制在合理范围成为优化的主要目标，由上面的冲刷腐蚀机理分析可得出，影响冲刷的工艺因素主要有气提氮气的流速及再生进料罐的进料压差。

4. 2. 1　合理调整提升氮气的流速

在前面的分析中，管道磨损的主要影响因素是提升氮气的流速，所以在满足闭锁料斗转剂速率、满足吸附剂输送的前提下，尽量减小吸附剂输送管线氮气的流量、降低吸附剂和氮气混合气体的流速，可以减缓管道磨损。在平时生产中，可以根据实际操作，以设计给出的气提量为依据，本装置结合实际情况，逐渐降低气提量，目前气提氮气量 FIC2501 由开工的 $30Nm^3/h$ 逐渐下降到 $22Nm^3/h$，再生进料罐压差 PDIC2502 由开工初期 50kPa 下降到 10kPa；再生器压力 PIC2601 由开工时的 0. 12MPa 提高到 0. 18MPa，提升氮气压力 PIC2902 由开工时的 0. 35MPa 降低到 0. 25MPa，经过这样的工艺参数优化后，吸附剂斜插管与氮气提升管相交处的磨损率大大降低，见表 4，效果作用非常显著，上述调整后由 2021 年运行至 2023 年，吸附剂斜插管与氮气提升管相交处测厚没发生减薄。

表 4　工艺调整前后的管道磨损率(k=0. 02，n=2)

项　　目	工艺调整前(氮气流量 $30Nm^3/h$)	工艺调整后(氮气流量 $22Nm^3/h$)
管道磨损率/%	0. 08	0. 06

4.2.2　降低吸附剂输送密度

上面提到降低气提氮气量来降低管线的磨损率，在生产中可以降低吸附剂输送密度，来减少吸附剂对管路的冲击；在生产中可以根据实际操作，提高反应器的藏量，每个月固定置换5%的反应器吸附剂，这样保持反应器里面吸附剂的高活性，可以降低闭锁料斗的循环频率，经过这样的调整闭锁料斗的循环时间从开工时每小时转剂1.2t，调整到现在的每小时0.6t，降低闭锁料斗循环速率，从而降低提升管线上吸附剂的密度，详见表5，提升管吸附剂密度降低，对管道的冲刷腐蚀就大大减少。

表5　工艺调整前后的吸附剂密度

项　　目	调整前(1.2t/h)	调整后(0.6t/h)
管道吸附剂密度/(kg/m^2)	170	85

4.2.3　工艺技改措施

对于29#容易磨穿点，在上文分析中主要是吸附剂在管道沉淀下来，导致管道孔径变小从而使线速度发生改变造成磨穿，经过分析，可以在图2中31#位置增加一路辅助提升氮气，定时定期打开辅助氮气对其管道进行辅助提升，把沉下来的吸附剂提升去再生器内，这样就保证了29#位置管径不会由于吸附剂的下沉而变小，线速度就可以保持在一定的范围波动。造成磨损的概率大大下降。

4.3　定点定时测厚

做好吸附剂输送管线的定点定时测厚工作，如果测厚没减薄、生产工艺参数没变化，建议3个月进行一次测厚；如果生产参数发生变化，建议每个月进行测厚跟踪，连续三个月，以评估参数调整对吸附剂输送管线的影响。由上面分析可知再生进料罐管道泄漏部位主要发生于转剂线管道中的吸附剂和氮气混合区的水平段上测和提升管的弯头，因此测厚这些部位是重点检查部位。主要做好监控管道工作，定点定时进行测厚。经大修技改后，把提升管后球阀位置由原来的水平位置改为垂直位置。经过上面分析可知，D107下料管线和氮气提升管交汇处的水平管线吸附剂沉降管径变小，线速度高，冲击管线上部，就算加大管径能减缓，但是长时间运行，还是有冲击穿孔的风险。在垂直管道的受力向上，冲刷腐蚀穿孔的概率非常小，所以通过技改把球阀从水平管道改到垂直管道，如果测厚发现D107下料管线和氮气提升管交汇处的水平管线减薄，可以及时进行贴板或者直接整体更换，这样不需要在现场动火补焊，提高处理效率，降低生产波动。

5　结论

本文主要对再生进料罐的下料提升管容易发生冲刷泄露原因进行了分析，经过分析得出结论：提升管的冲刷磨损和提升氮气流量是正相关，是造成下料管道磨损的主要原因；下料管道特殊的结构以及管道的设计也会影响下料管道在使用过程中的耐磨损程度。因此综合实践给出优化方案：首先对吸附剂输送管道进行工程管道技改优化，其次结合DCS工艺参数调整优化，最后通过定点定时测厚贴板等可靠优化措施解决再生进料罐的下料管道冲刷腐蚀问题。

参 考 文 献

[1] 李立权. 加氢裂化装置工艺计算与技术分析[M]. 2版. 北京：中国石化出版社，2020.

[2] 孙丽丽. 汽油吸附脱硫工艺与工程[M]. 北京：中国石化出版社，2019.

[3] [英]大卫·S. J. 琼斯，[美]史蒂文·特雷斯，[美]彼得·R. 普加多. 石油加工手册(上册)[M]. 2版. 李鹏，译. 北京：中国石化出版社，2020.

[4] 陈尧焕. 汽油吸附脱硫(S Zorb)装置技术问答[M]. 北京：中国石化出版社，2015.

S Zorb 装置高硫原料运行问题分析及对策

黄军相

（中国石化北海炼化公司　广西北海　536016）

摘　要　本文对中国石化北海炼化有限责任公司 150 万 t/a S Zorb 催化汽油吸附脱硫装置在高硫汽油原料下运行出现的原料换热器结焦、转剂线磨损泄漏、吸附剂硅酸锌含量高等问题进行了分析，采取了减少汽油与氧气接触、改善阻垢剂加注方式、转剂线弯管更换为耐磨陶瓷材料、控制反应系统水分压等一系列应对措施和优化调整，保证了装置长、稳、优运行。

关键词　S Zorb；高硫汽油；换热器结焦；硅酸锌

1　引言

中国石化北海炼化有限责任公司 150 万 t/a S Zorb 催化汽油吸附脱硫装置由中国石化工程建设有限公司(SEI)设计，年操作 8400h，操作弹性 60%～110%。采用 S Zorb 专利技术，基于吸附作用的原理，通过吸附剂选择性地吸附汽油组分中含硫化合物的硫原子达到脱硫目的，生产低含硫汽油，从而满足“国六”汽油对硫含量的严格要求。装置于 2017 年 6 月 22 日开工建设，2018 年 10 月 8 日实现投料试车一次成功。2020 年进行了首次大检修，第一周期累计运行 16 个月，装置关键设备反应器过滤器 ME-101 压差稳定在 15kPa 的良好水平。2020 年 6 月 5 日实现第二周期的开工运行。原料汽油平均硫含量 988mg/kg，反应进料量 140t/h，平均脱硫负荷达到 138kg/h，是中国石化系统内平均脱硫负荷最高的装置。本文对 S Zorb 装置在原料硫含量高的运行过程中出现的各类问题进行了总结分析，提出了有效的应对措施，确保了装置长周期安全平稳运行。

2　原料换热器 E-101 结垢问题及解决措施

2.1　原料换热器 E-101 结垢的现象和危害

原料换热器 E-101 是装置的关键换热设备，由六台换热器组成，三台换热器串联组成一列，再将两列换热器并联，低温原料走管程，与壳程的高温反应油气进行换热，原料换热后进入加热炉，再进入反应器进行反应。装置自 2018 年 10 月首次开工至 2019 年 1 月运行平稳，原料换热器 E-101 管程压差平稳在 60kPa 左右，两列换热器未出现偏流。由于 1#催化裂化装置停工消缺，S Zorb 装置于 2019 年 1 月 12 日陪停待料。2019 年 3 月重新开工之后，原料换热器 E-101 管程压差呈现快速上涨趋势(见图 1)，截至 6 月底换热器管程压差由开工初期 70kPa 上涨至 320kPa。在换热器出入口阀全开的情况下，两列换热器出现偏流，管程出口温差由 5℃快速上涨到 30℃，管程出口温度由开工初期的 367℃和 372℃分别下降到 310℃和 342℃，加热炉入口温度下降了 40℃，加热炉燃料气用量大幅增加。同时，现场管程

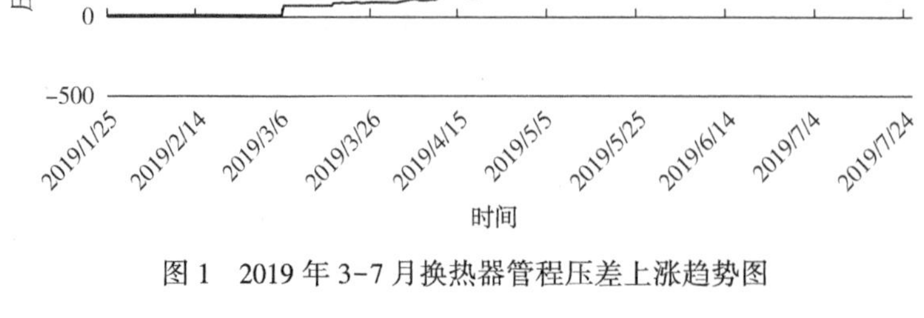

图 1　2019 年 3-7 月换热器管程压差上涨趋势图

入口管线震动加剧，带动管程入口垫油线(DN40)震动加剧，存在管线焊缝疲劳撕裂的风险，不得不降量切换清洗。至此，原料换热器 E-101 平均每运行 3 个月需切出清洗一次，以免严重影响装置长稳优运行。

2.2 对生产的影响

2019 年 7 月将换热器 A/B/C 切出，抽芯后发现管程结焦严重，部分管束已经完全堵塞。沿着换热器管程进料方向从下往上，结焦逐渐加剧，管程管板上的沉积物也逐渐增多。换热器上聚集的焦炭沉积物严重影响到换热器的换热效果，当把 A/B/C 换热器切除清洗时，D/E/F 列换热器单列运行，管程压差上涨至 600kPa，管程入口管线振动加剧，反应器进料量被迫降低至 120t/h。由于管程压差高，换热器管束通道变窄，循环氢注入受阻，精制汽油硫含量出现超标，需要提高还原器还原氢气流量和从反应器底部卸剂线补入循环氢，以提高反应氢油比，确保精制汽油硫含量合格。

在换热器检修过程中发现，A/B/C 3 台换热器管箱部分螺栓预紧力大，高温状态下螺纹咬合变形，换热器拆除过程中螺杆断裂，最终对难以拆除的螺栓全部予以割除处理。切出的 A/B/C 列换热器采用 40MPa 高压水枪清洗。该换热器为 U 形管换热器，长达 7.5m，部分完全堵塞的管束在管道弯头处难以疏通，加大了检修的难度。

2.3 原料换热器 E-101 结垢的原因分析及对策

对原料换热器 E-101C 清理出的样品进行了 XRF 半定量荧光，分析结果见表 1。

表 1　E-101C 垢样 XRF 半定量分析结果　　%(质)

类　型	BHE101C-1	类　型	BHE101C-1
Na_2O 含量	6.77	Cr_2O_3 含量	0.26
MgO 含量	0.06	MnO 含量	0.25
Al_2O_3 含量	1.28	Fe_2O_3 含量	64.20
SiO_2 含量	1.77	NiO 含量	0.29
P_2O_5 含量	0.06	CuO 含量	0.15
SO_3 含量	23.70	ZnO 含量	0.22
CaO 含量	0.14	MoO_3 含量	0.84

由表 1 中数据可看出，结块 E101C-1 样品中主要元素为 Fe、S，其中 Fe_2O_3 和 SO_3 的含量分别高达 64.20% 和 23.70%。

对原料性质进行化验分析，汽油原料胶质含量变化趋势如图 2 所示。装置汽油原料中胶质含量较高，最高值 6.5mg/100mL，最低值 0.5mg/100mL，平均值 2.5mg/100mL，70% 以上的数据均高于原料性质要求的 2mg/100mL。

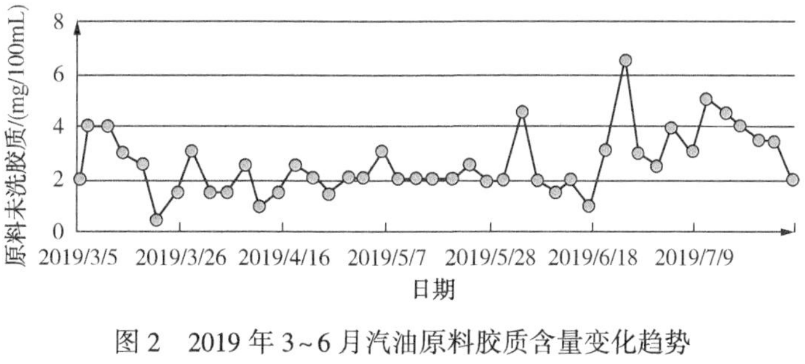

图 2　2019 年 3~6 月汽油原料胶质含量变化趋势

综合以上分析可知，原料换热器 E-101 结焦速度快的原因是：高硫汽油原料中胶质含量高，当高硫汽油进入换热器后，汽油组分在原料换热器中被加热汽化，但汽油中的少量金属杂质和胶质物质无法被汽化，在换热器管壁内沉积形成不溶性物质[1]。

针对原料换热器 E-101 结焦导致运行工况变差，本装置采取了以下应对措施：

① 装置负荷较低时，换热器采用单列运行的方式，提高换热器管程线速，缩短混氢汽油在换热器

管程内停留时间，从而减缓结焦。

② 原料进行严格管理，加强原料性质分析，避免原料中杂质或胶质含量高造成 E-101 结焦，同时注意避免原料中含有水等其他杂质对生产过程产生影响。具体措施如下：

a. 降低催化裂化汽油中的胶质含量。运行过程中合理控制焦化汽油进入催化裂化装置掺炼比例，降低催化裂化汽油的胶质含量。

b. 尽量保持催化裂化汽油直接进装置，罐区汽油尽快安排回炼，缩短在罐区的停留时间；加强对罐区原料胶质、微量元素(氯、氧、重金属离子等)、水含量等项目的分析，胶质、微量元素、水含量高的罐区汽油，进催化裂化装置回炼之后再进 S Zorb 装置。

c. 其他易引起结焦堵塞的原料不安排进 S Zorb 装置加工。

③ 改进换热器管束清洗方式。设置 S Zorb 原料换热器备用管束，E-101B、E-101C 各备用一套。换热器管束清洗改为抽芯清洗，清洗水压由原来的 40MPa 提高到 60MPa，同时明确清洗合格标准，组织各专业人员联合验收，保证清洗效果。2020 年 6 月至 2021 年 12 月期间原料换热器压差的变化趋势如图 3 所示。从图 3 可以看出，随着清洗效果的好转，原料换热器投用初始压力明显降低(由大于 210kPa 降低到 150kPa)，换热器运行周期得到延长。

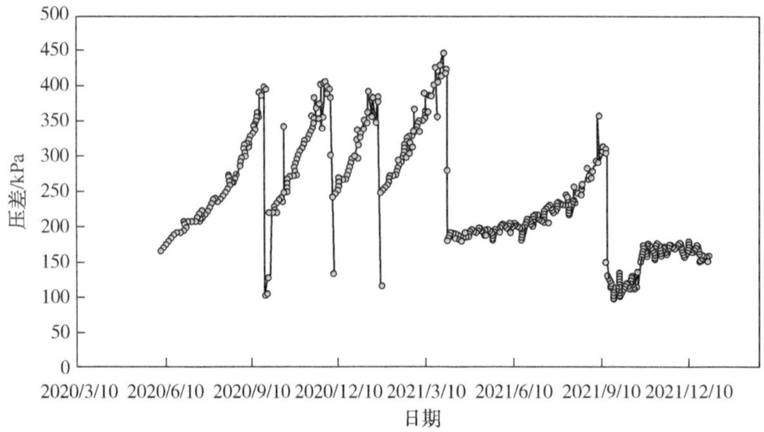

图 3　2020 年 6 月~2021 年 12 月原料换热器压差变化趋势

④ 监控原料过滤器 ME-104 压差上涨情况，及时切换反吹，避免汽油原料携带杂质进入装置使换热器结垢或堵塞。针对原料携带杂质，ME104 堵塞严重的情况，采取以下具体措施：a. 新装置开工或者装置大修之后开工，将管线吹扫冲洗干净，并将开工初期的汽油引入罐区，避免原料汽油携带杂质进入装置；b. 间断性使用的管线，先用物料将管线内杂质和铁锈冲洗干净之后再投用；c. 装置进料避免大幅度调整，避免将管线内沉积的杂质带入装置；d. 在 ME104 底部定期排出部分污油，将过滤器拦截下来的杂质排至地下污油罐。

⑤ 2020 年 1 月 3 日开始，本装置选用 ZG-002 型 S Zorb 专用防焦阻垢剂，在换热器清洗后投用初期加大阻垢剂用量至 140mg/kg(对进料)，持续加注 10d，待管束镀膜完成后降低用量至 60mg/kg，减缓换热器结焦的同时减少阻垢剂消耗。

经过以上措施和调整，本装置原料换热器 E-101 结焦速度得到减缓，换热器连续运行周期由此前的 2 个月一次延长至 17 个月以上。2021 年 9 月 15 日，装置切换投用 E-101 D/E/F 后，初始压差为 155kPa，在采取各项改进措施和持续加注阻垢剂之后，截至 2023 年 2 月 25 日，持续运行 528d，管程压差稳定在 235kPa 左右，较好地实现了长周期安全稳定运行。此期间的换热器压差变化趋势如图 4 所示。

3　吸附剂管线磨损泄漏问题及解决措施

3.1　吸附剂管线磨损泄漏

装置自 2018 年 10 月首次开工以来，截至 2022 年 10 月，吸附剂转剂线出现多次穿孔泄漏，主要

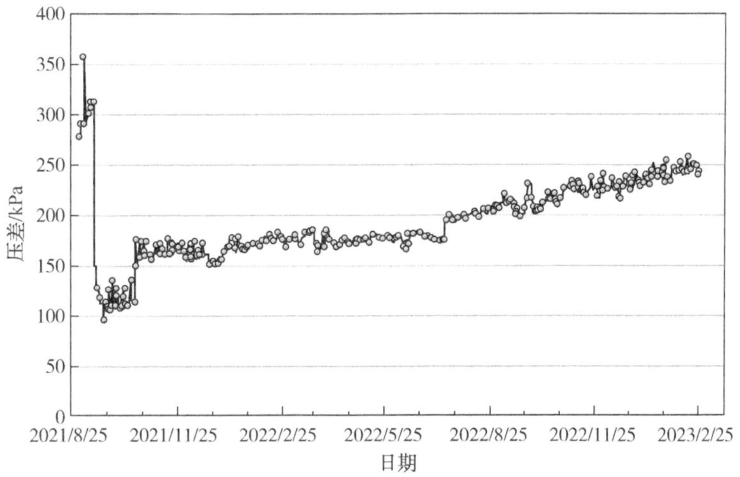

图 4　E-101 管程压差变化趋势

集中在再生进料罐转剂线至再生器前 90°弯头及下料口与输送线交接的水平段、再生器至再生接收器转剂线下料口水平段、再生进料罐压控阀 PDV2502 后法兰、再生接收器压控阀 PDV2702 后法兰等部位。转剂线磨损穿孔泄漏情况统计见表 2。

表 2　转剂线磨损穿孔泄漏情况统计表

序号	管线名称及位置	磨损/泄漏情况
1	D107 转剂线进 R102 前 90°弯头	2019 年 10 月和 2021 年 6 月两次出现穿孔泄漏
2	XV2401 至 XV2402 间弯头和斜直管	2020 年大修检查磨损减薄严重
2	D107 转剂线 45°弯头	2021 年 9 月穿孔泄漏
3	D107 转剂线 1 层 90°弯头	2021 年 10 月穿孔泄漏
4	D107 下料三通后水平段	2021 年 12 月穿孔泄漏
5	R102 下料三通后水平段	2022 年 3 月穿孔泄漏
6	D107 压控阀 PDV2502B 及后法兰	2018~2023 年共穿孔更换 6 次
7	D110 压控阀 PDV2702 及后法兰	2018~2023 年共穿孔更换 4 次
8	D106 锥体三通后松动环	2023 年 8 月法兰磨损泄漏

2021 年 6 月 22 日 10：20 左右，S Zorb 装置再生进料罐转剂线进再生器前 90°弯头磨穿泄漏，经对管线弯头测厚，发现该弯头设计厚度为 7.5mm，磨损处最薄只有 2.67mm，管线其他部位弯头也有不同程度磨损减薄情况。泄漏位置处于待生转剂线进入再生器 R102 前 90°弯头外沿，该弯头于 2019 年 8 月穿孔泄漏更换过一次，2020 年 6 月大检修后开工前再次更换，至 2021 年 7 月共运行 13 个月。

3.2　待生剂提升线弯头磨损泄漏原因分析及对策

检查切割下来的弯头内部发现，弯头内壁有明显的沟壑，判断为吸附剂冲刷所致。磨损处管道弯头处转角为 90°，转弯幅度较大，经测厚比较，冲刷严重程度明显大于其他弯头。同时，装置硫含量高，按原料硫含量 988mg/kg、反应进料量 140t/h、吸附剂硫差 2.8%计算，吸附剂循环量达到 4.94t/h，对吸附剂提升管线的冲刷磨损大，最终将管线磨损泄漏。

针对吸附剂管线磨损泄漏问题，采取了以下应对措施：

① 装置运行中优化工艺参数，采用“大硫差，低循环量”的操作方法，降低吸附剂循环量；输送氮气流量由 8080Nm^3/h 降低至 65Nm^3/h，以降低输送线速，减缓管线磨损。

② 对 S Zorb 装置内所有吸附剂管线易磨损部位建立台账，定期进行测厚，监控管壁厚度变化，一旦发现管壁厚度减薄超过 40%，则采取贴板包焊或包盒子等措施防止管线穿孔泄漏。

③ 2021 年 10 月将再生器进料罐转剂线进再生器前 90°弯头更换为内部衬陶瓷弯头，提高管线耐磨能力，运行至 2023 年 2 月停工消缺前，期间弯头未出现过磨损泄漏。

4　吸附剂硅酸锌含量高及解决对策

4.1　吸附剂硅酸锌含量高

本周期装置开工后，装置吸附剂保持了较好的状态，再生剂组分分析见表3。

表3　再生剂组分分析　　%(质)

分析日期	ZnO	ZnS	Zn_2SiO_4	$ZnAl_2O_4$
2019/11/26	23.2	13.6	7.1	24.4
2020/1/1	26	10.1	7.8	24.6
大修				
2020/6/21	30	6.4	7.6	23.8
2020/7/16	23.6	11.3	10.1	23.6
2020/9/8	25.9	4.3	17	22.1
2020/9/21	24.6	2.1	19.2	25.9
2020/11/3	28.7	2.5	15.9	21.3
2021/2/23	27.3	5.3	13.2	22.9

从表3可看出，在2020年7月之前，吸附剂中硅酸锌含量稳定保持在8%以下的较低水平，但从7月底开始吸附剂硅酸锌缓慢上涨。2020年8月12日，装置精制汽油硫含量大幅度升高，提高反应强度仍难以使其降低至合格范围，在加热炉出口温度保持不变的情况下，床层上部温度TI2103下降了约3℃。采样送至中国石化催化剂有限公司(南京)做组成分析发现，再生剂中硅酸锌含量由7月份10.1%上涨至16%。吸附剂中硅酸锌是在有水存在时，水和吸附剂中二氧化硅先生成硅酸，硅酸再与氧化锌生成的，该反应在再生器内500℃下就可以进行，且该过程是不可逆的[2]。吸附剂中硅酸锌含量上涨使吸附剂活性大幅下降，最终造成产品硫含量超标。

4.2　吸附剂硅酸锌含量高失活处理及分析

对工艺参数进行调整，将反应入口温度提高至415℃，再生配风比由10∶1提高至11∶1，加强反应强度和再生活性，并向系统中补充新鲜吸附剂以提高吸附剂活性，随后产品硫含量达到合格。

水是硅酸锌生成的主要“毒物”，排查水是查找硅酸锌生成原因的关键。对再生取热盘管、再生风、原料油等可能携带明水进入反应再生系统的部位进行排查，均未发现异常。在核算反应生成工艺水时，发现2020年大修开工后原料汽油平均硫含量为1050mg/kg，相比上周期汽油平均硫含量上涨了200mg/kg左右，脱硫负荷大幅增加，为保证脱硫率，需将吸附剂循环量加大，还原反应生成水量增加。经计算，反应器内还原反应生成水分压高达17.34kPa，远大于文献规定的6.89kPa[3]，导致硅酸锌加速生成。同时原料硫含量波动大，截取2020年8月1日至10月31日的化验分析数据，如图5所示，原料硫含量最低800mg/kg，最高1250mg/kg，为避免产品硫含量超标，以及满足质量卡边操作降低辛烷值损失的要求，再生风用量和吸附剂循环量需要频繁调整，容易造成再生剂过烧，加速硅酸锌生成。

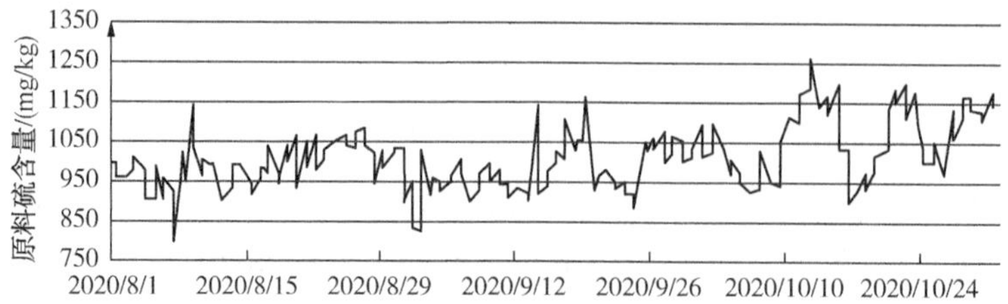

图5　原料硫含量变化趋势

为降低吸附剂硅酸锌含量，采用“少量多次”的方法，装置总共添加了20t新鲜吸附剂，置换系统内旧吸附剂，吸附剂硅酸锌含量由最高19.2%下降到12%左右。同时吸附剂置换量控制在4t/月以上，以控制吸附剂中硅酸锌含量稳定。吸附剂硅酸锌含量变化趋势，如图6所示。

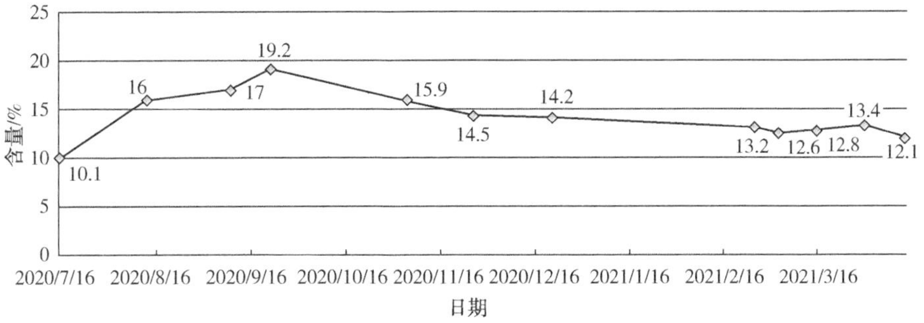

图6 硅酸锌含量变化趋势

综上分析，本次吸附剂硅酸锌含量高是汽油原料硫含量高且波动大导致，高硫汽油原料在脱硫反应中生成的工艺水多，反应器内水分压高，硅酸锌含量增长速度快，需要通过大量新鲜吸附剂进行置换，降低吸附剂中硅酸锌含量，保持吸附剂活性，确保汽油产品硫含量合格。

5 结论

① 高硫汽油的胶质含量高，原料换热器结焦速度快。通过采用单列运行提高换热器管程线速、加强原料管理、改善换热器清洗方式、使用防焦阻垢剂等措施，减缓原料换热器结焦，延长了换热器运行周期。

② 优化吸附剂管线输送氮气，采用“小循环量，大硫差”的方法，减少吸附剂循环量，减小吸附剂管线磨损。容易受吸附剂管线冲刷的管线、弯头、三通等，建立台账，定期对管线进行测厚监控，及时对磨损部位采取贴焊或者包盒子等措施，对温度较低且变化不大部位更换成衬陶瓷耐磨管，防止管线穿孔泄漏。

③ 高硫汽油原料装置脱硫负荷大，吸附剂循环量大，脱硫反应和吸附剂还原反应生成工艺水多，生成硅酸锌的趋势大，关注吸附剂性质变化，尤其是硅酸锌含量的变化，保证一定的吸附剂置换量以确保吸附剂活性稳定。

参 考 文 献

[1] 姚立松，戴天林. 煤油加氢反应产物换热器结垢分析[J]. 炼油技术与工程，2014(9)：44-46.
[2] 陈尧焕. 汽油吸附脱硫(S Zorb)装置技术问答[M]. 北京：中国石化出版社，2015：55.
[3] 徐广通，刁玉霞，邹气，等. S Zorb装置汽油脱硫过程中吸附剂失活的原因分析[J]. 石油炼制与化工，2011，42(12)：1-5.

催化裂化 RTC 装置再生器尾燃的原因分析及处理措施

薛孟珂

（中国石化镇海炼化公司　浙江宁波　315200）

摘　要　镇海炼化公司 RTC 装置仍处于建设之中，并未有相应的经验数据进行分析，本文主要以炼油一部一段富氧再生的催化裂化装置作为分析对象，通过这套催化裂化装置在运行过程中尾燃原因分析及处理经验，分析 RTC 装置可能存在的尾燃的处理措施。本文分析了再生器稀相尾燃的危害，从烧焦负荷、烧焦罐的偏流、烧焦罐内循环量、烧焦罐的起始温度、CO 助燃剂等方面分析尾燃的原因，分析了炼油七部 RTC 装置避免尾燃的设计，并提出控制尾燃现象可采取控制生焦量、调节内循环量以及提高主风量和加 CO 助燃剂的措施。

关键词　催化裂化；尾燃；CO；再生器；烧焦

1　尾燃概述

1.1　尾燃定义

尾燃就是尾部燃烧，指在催化装置在生产过程中，因烧焦效果不好再生器上部烟气中会含较多的 CO，当再生器氧含量充足时由于稀相段线速高，CO 会在尾部烟道处发生二次燃烧的现象。

1.2　尾燃的现象

①再生器因稀相段 CO 含量高，致使再生器顶部氧气均供给 CO 的尾部燃烧，致使再生器顶部氧含量降低；②在正常生产过程中稀密相平均温差较为平稳，但尾燃发生后稀相温度陡增，稀密相温差可达到 50℃以上。

1.3　尾燃的危害

①在再生器稀相严重超温时，易造成再生器上部构件发生严重变形，造成设备使用寿命减损；②尾燃导致的超温，容易造成部分密相催化剂温度过高裂解过度，使催化剂跑剂严重，加重后续水处理负荷，外排水悬浮物增加，泥饼产率变多；③尾燃也会导致催化裂化装置的运行周期减短，检修费用增加。[1]

2　尾燃原因分析

2.1　烧焦负荷对尾燃的影响

在催化裂化装置中对原料油的分析（见表 1）主要包含残碳、硫含量、密度、重金属镍钒的含量以及四组分的组成，通过这些数据可以反映出烧焦负荷的变化趋势。随着上游渣油掺渣量提高，尤其当残碳、胶质以及沥青质的含量变高时，原料油性质会变差，会造成烧焦罐的烧焦量超过再生器的最高烧焦负荷，烧焦量大时就会产生 CO，到达稀相段就会与 O_2继续反应造成尾燃。[2] 从 2#催化装置的操作经验来看，对于上游装置原料油性质的变化，一般可采取改变快速掺渣的量来改变烧焦负荷。

表 1　2#催化装置原料油性质参数（2023/9/13～2023/9/18）

项　目	数　据	项　目	数　据
残炭/%（质）	1.48	胶质/%（质）	1.47
硫含量/%（质）	0.354	沥青质/%（质）	1.67
密度（20℃）/（kg/m^3）	910.5	碳含量/%（质）	86.83
饱和烃/%（质）	56.21	镍/（mg/kg）	2.91
芳香烃/%（质）	40.65	钒/（mg/kg）	1.37

2.2　烧焦罐的偏流

烧焦罐烧焦不匀由床层的催化剂分布不均引起，一般烧焦罐底部床层的偏流情况由温度分布来显示。若是催化剂存在偏流情况，就会导致一部分催化剂穿透床层造成短流而使催化剂烧焦不充分，依据2#催化装置经验，偏流情况一直都存在，可能是因为主风分布管出风口斜向下，以及烧焦罐下部管件较多造成主风分布遇到阻力，致使主风存在一定的偏流。通过调整待生斜管、外循环斜管上的输送风量可以改善催化剂偏流情况，但对于稀密相温差的改善效果较小，且调整较为缓慢。

2.3 烧焦罐的内循环量

烧焦罐的内循环量影响着烧焦罐的温度及藏量。如果内循环量小，烧焦罐的藏量就不会高，且烧焦罐底部的温度较低，往往会使催化剂的停留时间缩短、烧焦温度提不上来、烧焦强度变差，影响烧焦效果，而随着二密相藏量变高，稀相段催化剂浓度升高，一部分烧焦不完全的CO就会在稀相段尾燃。烧焦循环量过大又会导致颗粒在烧焦罐内的气体分布不均匀，虽然总烧焦强度增加，但会造成催化剂在烧焦罐的停留时间分布变宽，致使部分焦炭可能烧焦不均[3]。

2.4 烧焦罐的起始温度

在烧焦罐烧焦时，底部待生催化剂的烧焦效果是最好的，因而烧焦的起始温度对催化剂的烧焦效果有着极大的影响。正常工况下烧焦罐底部的催化剂温度为680℃左右，在2#催化装置改造之前，外取的下滑阀返至烧焦罐底部，二密相690℃左右的催化剂经过除氧水取热发汽后温度下降至550℃，当冷的催化剂直接返至烧焦罐底部严重影响着烧焦效果。在2023年停工改造之后，2#催化装置外取下滑阀的注入口移至烧焦罐上部，再生器的烧焦效果有了明显改善。

2.5 CO助燃剂

CO助燃剂主要是通过Pt金属的物理和化学特性来吸附CO，其易与空气中的O_2结合生成PtO从而将CO吸附氧化为CO_2。因为助燃剂存在跑损、水热失活，以及烟气中的含硫、含氮化合物会对其活性有抑制作用，故而需要定时加剂以防止尾燃，提高烧焦效果。依据2#催化装置经验，在应用CO助燃剂后可使再生器的烧焦效果得到改善，再生温度升高，可有效改善尾燃的情况。

3 RTC装置针对尾燃的设计及相应的处理措施

3.1 控制生焦量

控制反应器的生焦负荷小于再生器的烧焦负荷，就是控制附加焦、污染焦、可汽提焦和催化焦的生成量。控制附加焦就是要依据油性及时调整快速掺渣线的流量，在日常操作中主要通过氧含量分析以及再生器温度去直观地观察原料油的油性变化，采样数据也是一个重要的分析原料油油性变化的重要手段，分馏部分的油浆液位、回炼油罐的液位也可作为辅助的观察手段。减少烧焦负荷还可以通过提高汽提蒸汽的量来调节，通过汽提将催化剂颗粒里的油气分离出来，从而减少生焦量、减少炭堆积，但这种方法势必会使后路分馏系统波动。从理论上来讲，也可以适当减少油浆补烧焦的量，但油浆补烧焦的量很大程度上影响着烧焦热量的大小，降低补烧焦量可能短时会有效，但长期来看可能会使反再系统热量无法平衡，使烧焦温度不足，进而导致反应温度不足使原料油生焦量增加，故而RTC装置不采用调节补烧焦的量调控尾燃。

控制污染焦就要保证催化剂的活性，分析催化剂的活性在60左右，比表面积不低于$90m^2/g$。通过向原料油中注入钝化剂来降低金属对催化剂的毒害作用，其原理主要是通过锑基提高镍的价态从而降低镍的脱氢活性，利用铈与钒形成高熔点化合物避免其向沸石相中的迁移，降低钒对催化剂骨架的破坏。在日常的化验数据中的镍钒含量需要紧密关注，据此调整注入钝化剂的量，将催化剂的锑镍比控制在0.2~0.4。

还可以通过调整汽提蒸汽的量来调节汽提段的油气分压，从而调节可汽提焦的量；通过反应器循环滑阀控制反应器内催化剂的密度和反应温度来调整催化焦的生成量。

3.2 RTC针对尾燃的设计

在偏流方面，采用了待生斜管后的船型分布器用来进行催化剂的均布，催化剂偏流情况可以得到改善，加之我们的烧焦罐是采用快速床技术，催化剂在烧焦罐停留时间短，一般不会返混，在一定程度上也改善了尾燃的情况。RTC装置待生斜管和外循环斜管上未像2#催化装置设置流控阀控制输送风，只有待生斜管的船型分布器上设有流控阀控制松动风，日常生产中这路风的流量需要控制在一定的范围内。催化剂的偏流与催化剂密度密切相关，RTC 装置的烧焦罐里待生催化剂密度约为 100kg/m^3，而且一般老催化的催化剂循环量小、容易偏流，不过 RTC 装置的循环量很大，循环斜管有 5000t/h 循环量，待生斜管有 6000t/h 循环量，从设计上避免了偏流情况。但因为船型分布器的存在，在一定程度上阻塞了主风的流通，所以烧焦罐是否存在偏流情况还需要在实际运行中观察；在烧焦起始温度方面，烧焦主要是在烧焦罐底部，待生催化剂与主风刚接触时，大部分的烧焦完成，所以待生催化剂与主风刚接触时的初始温度要尽可能更高，故而 RTC 装置在设计上将外取热，取完热 550℃ 的催化剂返至烧焦罐上部，保证烧焦罐底部催化剂有 680～690℃，可以有效保证烧焦效果；在补烧焦方面，在烧焦罐上部设有补烧焦的一路风，若是烧焦不好，还可以通过加大这股风来补烧焦使催化剂的焦炭在稀相段再烧一把，确保进入再生器后的催化剂基本不再进行烧焦。

3.3 调节内循环量

调节内循环量从理论上讲可以通过加大外取的循环量提高催化剂返烧焦罐上部的温度、提高烧焦效果，在短时间可以降低尾燃问题但是增加外取循环量的同时发汽量也会增加，总体被取走的热量增加，从长久的操作来看，这样并不利于尾燃问题的解决，相反还有可能加剧尾燃。

依据 2#催化装置经验，因烧焦罐藏量小，为加大烧焦罐的烧焦强度，于上次停工时多加了一组外循环滑阀以提高内循环量，从而提高烧焦罐强度。正常运行工况下 2#催化为了保证烧焦罐的烧焦强度，保持外循环滑阀全开。但实际操作下内循环量的提高对于烧焦强度的影响并未有想象中的效果，主要可能是因为 2#催化装置再生器在二密相中仍需要烧焦，当烧焦罐烧焦强度提高时，二密相的藏量拉低，使主风的阻力变低，从而缩短了 CO 被氧化的时间，二密相的烧焦效果降低。对于 RTC 装置来说，从设计角度催化剂的烧焦 90%在烧焦罐中完成，剩余 10%的烧焦在稀相管中完成，再生器中的烧焦非常少，RTC 装置可以在保证烧焦罐密度维持在 100kg/m^{3}左右不发生返混的情况下，尽可能提高内循环量以求提高烧焦罐的烧焦强度，使烧焦尽可能在烧焦罐中完成。

3.4 操作调整

2#催化装置在发生尾燃稀密相温差 50℃时，及时提高主风流量至 247500Nm^3/h，尾燃情况得到缓解，稀密相温差回归正常数值。在正常生产中，RTC 装置若出现尾燃现象，主要还是通过加大主风量以及烧焦罐上部的鼓风量、提高氧分压、加快烧焦速度，同时加大 CO 助燃剂的注入量来控制。另外，RTC 装置的氧分析仪分析的氧中还包含了二密相的流化风以及外取气相返回线的这两路不参与燃烧的风的氧含量，存在氧分仪虽然显示的氧含量很高，但却出现尾燃或烧焦不充分的情况，所以 RTC 装置氧分析仪可加一组剔除这两路风的氧含量指示，可以帮助内操更精准地判断烧焦情况。

4 总结

① 装置生焦量与尾燃现象息息相关，在未来 RTC 装置的调整中，要关注原料油性质变化，及时做出相应的调整；

② RTC 装置在催化剂偏流、烧焦起始温度和补烧焦方面进行了避免尾燃的设计。2#催化装置发生尾燃的原因，在新装置原始设计上已经避免了，按理说新装置发生尾燃的情况也大概率不会有，如果新装置发生了尾燃的现象，那也一定是有在设计之初就没有考虑到的因素，还需要在日常操作中去摸索；

③ RTC 装置在正常运行工况中，在保证烧焦罐催化剂密度的前提下，尽可能提高内循环量可以提高烧焦强度；

④ 当发生尾燃时 RTC 装置可以通过增大主风量、调节加入 CO 助燃剂的量来改善尾燃情况。

参 考 文 献

[1] 钱堃，洪芙蓉. 催化裂解(DCC)装置再生器尾燃问题分析[J]. 天津化工，2022，36(5)：45-48.

[2] 王明胜. 催化裂化装置再生器尾燃原因分析及优化措施[J]. 石油炼制与化工，2017，48(8)：29-33.

[3] 燕青芝，彭玉洁，程振民. 催化裂化待生催化剂再生时产物中 CO_2/CO 比的研究[J]. 石油炼制与化工，2001(4)：56-58.

催化裂化烟汽轮机入口阀门故障分析及新型式高温蝶阀研究

李明楠　张　伊

（中国石化燕山石化公司　北京　102599）

摘　要　本文以某催化裂化烟机入口阀发生的阀门故障以及存在的密封泄漏问题为典型案例故障进行分析，通过故障原因分析探究针对入口阀门故障可采取的处理措施以及对新型式烟机入口蝶阀进行研究，讨论通过新型式阀门应用保证催化裂化装置烟机的长周期运行从而提高经济效益。

关键词　故障分析；断裂失效；密封失效；入口碟阀；长周期运行

1　前言

烟气轮机实质上是将压力能和热能转化为电能或机械能的机械，以具有一定压力的高温烟气推动烟机旋转，进而带动主风机和发电机做功，实现能量回收。催化裂化装置烟气能量回收系统流程为再生器出口烟气通过高温取热器以及高温取热过热器，降温后进入三级旋风分离器。烟气通过三旋细粉含量降低后进入烟气轮机膨胀做功，回收烟气压力能及热能。再生器压力由烟机入口碟阀、烟机旁路阀共同控制。一旦烟机入口阀门发生故障，将造成烟汽轮机被迫停机，并且入口蝶阀不严将造成烟机在故障状态下可能无法安全停机造成安全事故。本文针对某催化裂化烟汽轮机入口阀典型故障进行原因分析，讨论提升烟机入口蝶阀可靠性措施以及新型式入口蝶阀的可行性以及产生的长周期运行经济效益。

2　故障情况

2023 年 7 月 16 日 14 时 13 分 55 秒某炼油厂催化裂化装置烟机入口 60″切断阀回讯从 48%突升至 56.2%并持续上升，而切断阀给定值 48%未变化，为减小偏差切断阀持续自动关闭，再生器压力从 0.27MPa 升高至 0.35MPa，主风机防喘振阀自动开至 61%，主风流量由 4489Nm^3/min 降至 2963Nm^3/min。14 时 14 分 28 秒由于烟机入口切断阀持续关闭造成发电机逆功率运行，烟机联锁停机，烟机入口调节阀联锁全关，切断蝶阀关闭至 15%后呈台阶趋势关闭，旁路蝶阀联锁动作打开。切断阀、调节阀的阀位情况见图 1。

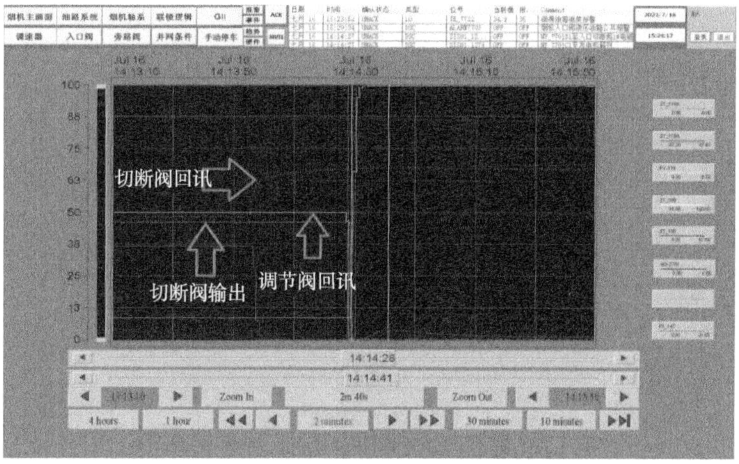

图 1　切断阀、调节阀的阀位情况

由于烟机停机及主风放空影响，导致反应温度下降，操作员通过降低处理量维持反应器与再生器平衡。

3 故障处理

烟机停机后，切断阀的阀位回讯为全开状态，与阀门实际关闭状态阀位不符合，对现场阀位回讯器、线路等进行检查。阀门回讯器采用位移传感器，固定在活塞上的反馈探针在回讯器腔体内移动，输出电压信号传输至控制器。检查回讯器0位置电压、50%位置电压、100%位置电压，并与备用回讯器进行比较。检查结果显示，两个回讯器输出信号稳定，同时电压值基本一致。通过进一步检查发现回讯器探针处于全开位置反馈点且现场无法调整探针位置(见图2)。

由于探针实际位置与回讯阀位不匹配，怀疑活塞连接部分存在问题或者活塞实际位置与阀门关闭时活塞应处的位置不匹配，随即安排对液压油缸进行拆卸检查。

切断阀执行机构共有4个油缸(见图3)，原设计油缸动力油连接在下侧两油缸上，通过南侧、北侧下油缸动力油的进出，满足阀门开关扭矩的要求，上侧两个油缸不通入液压油起到导向和反馈阀位的作用。拆检发现上侧2个油缸活塞与齿套的连接螺栓已经断裂，连接螺栓定位套与活塞配合存在间隙，活塞孔轻微变形，缸体中间齿套位置存有大量液压油，活塞体上的O形圈也有损坏现象(见图4)。

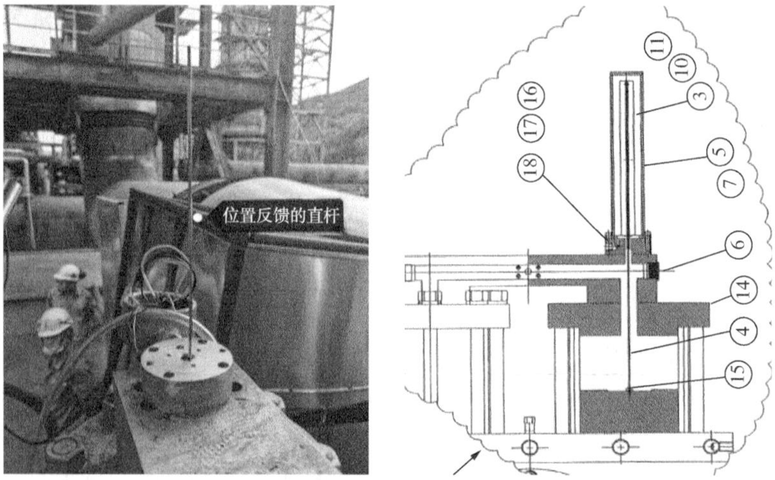

图2 切断阀回讯位置反馈的直杆

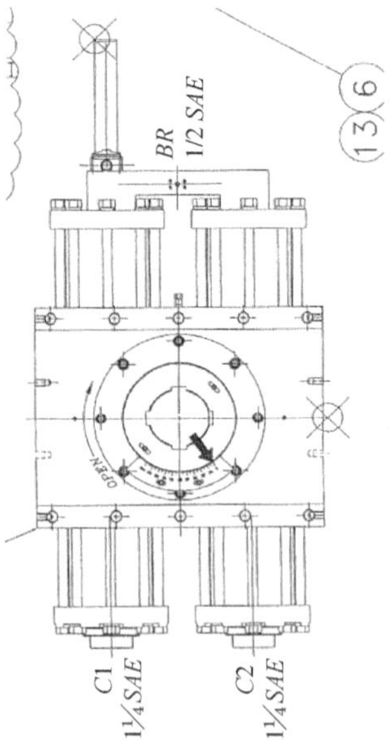

图3 液压油缸图

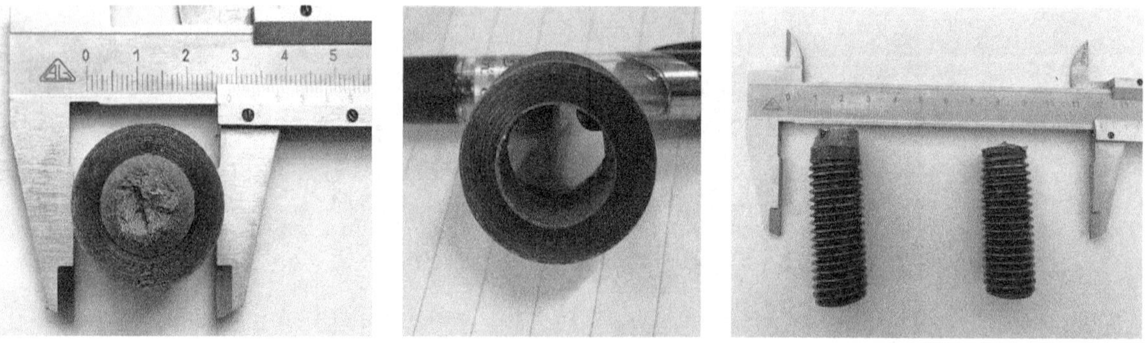
图4 液压油缸活塞紧固螺栓断裂情况

现场对全部活塞密封组件以及活塞连接螺栓进行更换，新制连接螺栓定位套，调整定位套与活塞间隙后进行回装，切断阀调试正常，烟机投用正常。

4 原因分析及结论

4.1 直接原因

烟机切断阀回讯异常突升，造成阀门为减小偏差持续关阀，直至逆功率联锁触发停机，是此次故障的直接原因。

4.2 间接原因(根原因)

切断阀回讯异常突升分析可能的原因为油缸活塞连接螺栓突然断裂。

4.2.1 螺栓断口分析

对油缸活塞断裂螺栓进行断口失效分析。断裂螺栓材质为4130钢，螺栓主要金属元素成分符合ASTM A29/A29M—2016标准要求(见表1)；金相组织为回火索氏体，基本正常；硬度383HBW偏高(见表2)。

表1 化学成分 %(质)

检测部位	测量元素	含量	标准(ASTM A29/A29M—2016 4130)	标准(ASTM A29/A29M—2016 4140)
螺栓	Cr	0.815	0.810~1.10	0.80~1.10
螺栓	Mn	0.499	0.40~0.60	0.75~1.00
螺栓	Mo	0.186	0.15~0.25	0.15~0.25
定位套	Cr	0.995	0.80~1.10	0.80~1.10
定位套	Mn	0.902	0.40~0.60	0.75~1.00
定位套	Mo	0.211	0.15~0.25	0.15~0.25

表2 硬度测量结果 HBW

检测部位	硬度	检测部位	硬度
螺栓	383	定位套	283

油缸南侧连接螺栓断口分析：瞬断区基本居中等形貌特征表明，螺栓的破坏应力主要为正向拉伸应力。瞬裂区外围的裂纹扩展的前缘线形貌为脆性材料疲劳断裂特征，表明螺栓承受交变拉伸载荷，螺栓断裂为脆性材料的疲劳应力断裂，应是低周疲劳断裂。端头机械加工纹路已比较平滑，是与定位套多次相互撞击的结果，是螺栓(螺栓拉长或者是活塞压溃)松动的结果。

油缸北侧连接螺栓断口分析：断口为轴向应力导致的剪切断裂，与常规螺栓相比较，断裂位置与断裂方式不正常，可能与原始设计、材料性能、螺栓结构、受力状态相关。

上部两个活塞连接螺栓断裂从断口上分析均为受力过载造成的断裂。

4.2.2 螺栓受力分析

烟机切断阀在阀门开启过程中，受P_5油压的推动，活塞向上运动，油缸南侧连接螺栓承受活塞摩擦力、活塞自重力、P_3作用力而产生向下的拉力；在阀门关闭过程中(活塞向下上运动)承受活塞摩擦力、活塞自重力、P_3作用力、克服油腔内油阻力而产生向下的拉力。

P_3作用力的大小与油缸下部活塞密封圈的完好有直接关系，密封圈完好，密封性能好，P_3远远小于P_5；密封圈损坏，密封性能不好，P_3将趋近于P_5，本次拆检发现北侧活塞密封圈损坏严重。活塞密封圈损坏时，活塞摩擦力、活塞自重力、P_3作用力、克服油腔内油阻力而产生向下的拉力应以P_3作用力为主。

油缸连接螺栓的外径为19mm，材质代号为4130，抗拉强度≥930MPa，活塞直径为183.6mm，上部活塞承受的P_3大于10MPa会出现螺栓拉断。P_5油压经调节阀节流后压力远远小于液压油站油泵出口压力16MPa，根据调节阀压力推测日常调节压力为2~3MPa，不会发生大于10MPa的情况。而在烟机联锁停机时，有P_5有可能达到泵出口压力16MPa。

结合螺栓断口、受力分析如图5所示，综合分析认为：切断碟阀油缸自2016年检修投入运行后，切断阀远程控制状态存在阀位波动(2%~3%)，油缸密封圈发生磨损、老化，在油压的作用下活塞与

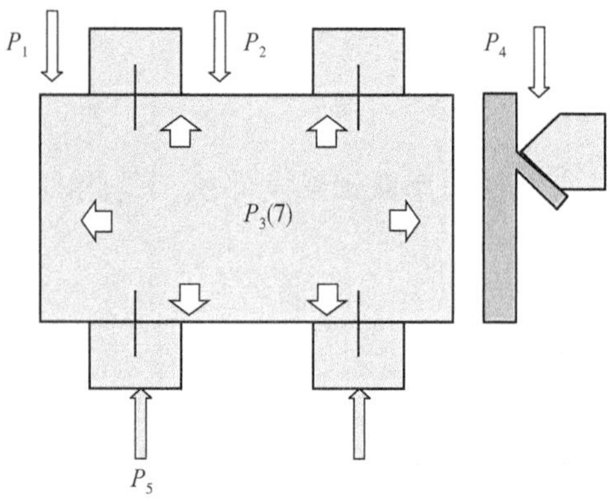

图 5　油缸、活塞、螺栓受力分析

P_1—活塞摩擦力、克服油腔内油阻力；

P_2—活塞自重力；

P_3—齿轮箱体充满液压油压力；

P_4—齿套受到齿轮向下力；P_5—液压油压力

连接螺栓存在轻微径向颤动，造成连接螺栓定位套与活塞配合止口磨损变形(事后检查上部活塞和缸套测量直径间隙为0.7mm，连接螺栓导向套与活塞内孔间隙为1.5~1.8mm)，轴向摆动逐渐增大，螺栓承受交变载荷，螺栓外部疲劳，产生裂纹，在 P_3 作用下发生断裂失效。

4.2.3　结论

切断阀执行机构油缸上部活塞与传动齿套连接螺栓断裂，导致切断阀回讯异常突升，造成阀门为减小偏差持续关阀，直至发电机逆功率联锁触发停机，是此次故障的根本原因。

4.3　间接原因(根本原因)

① 烟机入口切断碟阀检修维护执行强制性不足；

② 通过螺栓检测报告初步判断油缸南侧连接螺栓在生产加工过程中可能热处理工艺不到位，造成螺栓韧性不足。油缸北侧连接螺栓由于自身设计或加工尺寸偏差，造成螺栓与螺母连接位置抗拉强度不足。

5　应对措施

① 优化特阀的检修维护方案，特阀油站及执行机构油缸密封组件、O 形圈、连接螺栓、膜片等易损件一个大修周期或5年更换，活塞、缸体、齿轮、阀体、阀板、齿轮泵等视检查情况更换，运行周期不超过20年。日常每天检查执行机构及密封点的情况，发现泄漏及时在线处理。

② 梳理返厂维修设备的修复管理流程和过程质量、更换部件质量管控要求，进一步规范返厂维修设备的管理，确保返厂维修设备的质量控制。

③ 对切断阀油站进行国产化更新，将执行机构箱体增加泄压阀，对油缸增加压力监测，将阀位回讯由线性位移传感器改为角位移传感器。定制活塞连接螺栓，将螺栓与定位套配合位置螺纹取消，只保留与齿套紧固位置螺纹。

6　新型式烟机入口蝶阀研究

在本文上述案例入口蝶阀故障中提到，入口切断阀关闭后存在密封不严情况，而对于蝶阀而言，相比于平面密封的闸阀，内部的密封性能相对处于劣势。烟机入口阀门如果存在内漏情况，泄漏量小可能影响机组拆机检修，泄漏量大会造成机组解列后无法正常停机而造成安全事故。由于烟机入口阀一般参与机组联锁动作，所以阀门的可靠性制约着机组的稳定长周期运行以及催化裂化装置的经济效益。

目前，国内催化裂化装置烟机入口多采用高温平板闸阀+烟机入口调节蝶阀或烟机入口密封高温蝶阀+烟机入口调节蝶阀的形式，如图6所示，其中高温平板闸阀及烟机入口密封高温蝶阀为切断阀。烟机入口密封高温蝶阀目前还依靠进口，与高温平板闸阀相比结构紧凑，体积小、重量轻，直径可以做到1600mm以上。随着催化裂化装置的大型化及自动化水平的提高，高温平板闸阀已不能满足生产的需要，采用烟机入口密封高温蝶阀代替原来的高温平板闸阀已成必然趋势，但由于目前烟机入口密封高温蝶阀完全依赖进口，供货周期、采购成本、售后服务及维修受进口厂商制约。

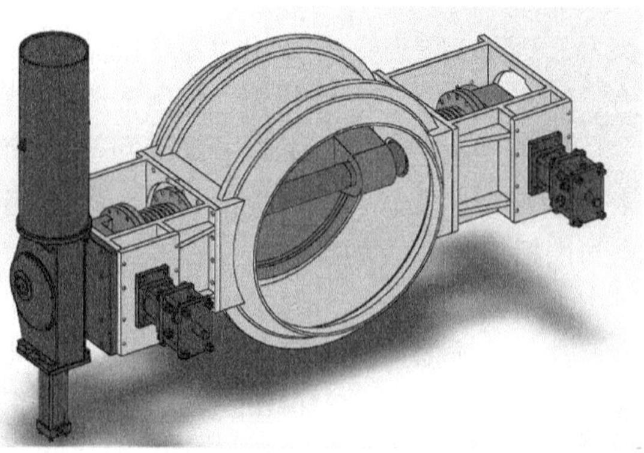

图 6　结构示意图

目前一些国内企业通过对引进的烟机入口密封高温蝶阀相关技术消化，并结合国内高温蝶阀和闸阀的实际制造及使用经验，以及高温蝶阀密封自补偿专有技术，在此基础上对烟机入口高温蝶阀进行了改进，研发了密封自补偿型高温蝶阀。

密封自补偿型高温蝶阀正常调节动作时阀板首先做水平运动脱离座圈，其次进行阀门正常调节动作。阀门紧急切断后阀门关闭，之后阀板向座圈内水平推进与座圈贴合密封，保证阀门密封性能。阀门安装在水平管线上，安装后必须使阀杆处于水平位置。阀门现场安装后对阀体筒体外部进行保温处理，保温层厚度及材料同设备管线保温层，如图 7 所示。

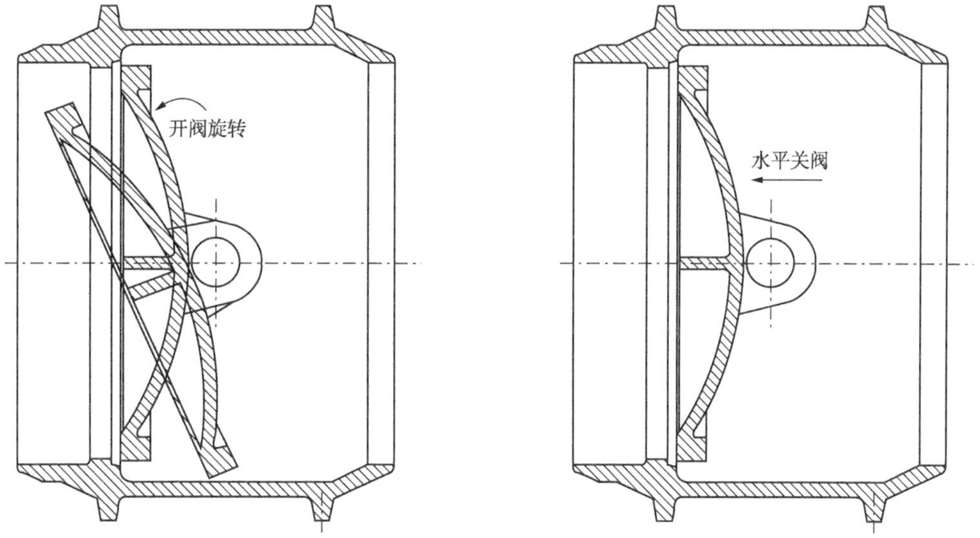

图 7　原理示意图

通过改进阀门阀板的密封形式，利用平面密封来减少烟气的泄漏量，而阀门整体的关闭动作依旧保留蝶阀的结构形式，使其可以适应联锁状态下的快速关闭需求，既满足了机组运行的安全可靠性，也减少了烟气的泄漏。而现阶段国内与蝶阀配套的液压系统技术已经具有一定的成熟度，在组装进行联动调试后运用到烟机入口既可以实现生产以及安全稳定运行，同时也降低了阀门内漏保证了机组在故障状态下停机的安全可靠，对催化裂化烟汽轮机的长周期运行以及维护保养检修都有一定积极作用。

催化装置烟机出口压力影响因素分析及对策研究

陈　恒

（中国石化高桥石化公司　上海　200137）

摘　要　催化装置烟机是通过高温烟气推动烟机叶轮旋转，实现能量回收，烟机出口压力的上升，对烟机能量回收不利。近年来，催化烟机出口压力的上升主要受烟气后路余热锅炉、烟气换热器、洗涤塔等影响。

关键词　催化裂化；烟机；余热锅炉；洗涤塔

1　催化烟机工作原理

烟机的工作原理为以具有一定压力的高温烟气推动烟机叶轮旋转，进而带动主风机做功或在带动主风机做功的前提下能量有富余，则带动电动机/发电机发电，实现能量回收，在烟气能量回收系统中，烟机是关键设备，直接影响着能量回收的经济效益。而烟机出口压力的上升，对烟机能量回收不利，造成发电量减少，能量回收的经济效益下降。

2　工艺流程说明

如图 1 所示，催化再生烟气经三旋出来后进入烟机做功，做功后烟气进入余热锅炉进行加热饱和蒸汽以及发汽，并进行脱硝单元处理，余热锅炉脱硝后的烟气经烟气换热器后进入洗涤塔进行除尘脱硫。

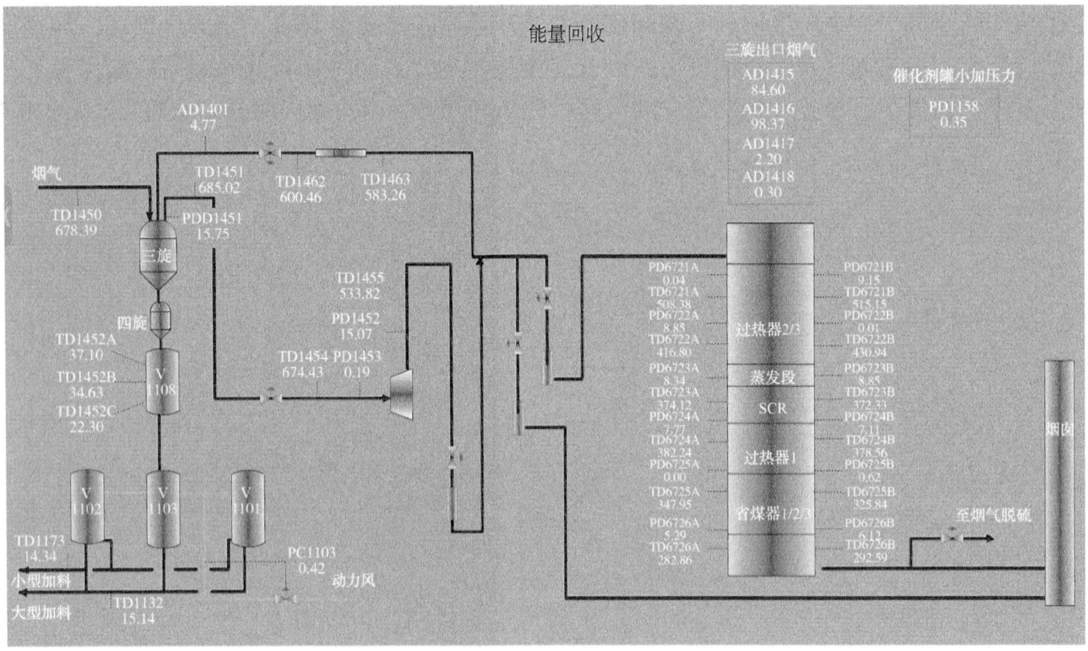

图 1　烟气流程图

3　烟机背压升高原因分析

3.1　余热锅炉压降升高

2021 年 11 月催化装置烟机出口压力（PD1452）从 12.75kPa 左右上升至 17kPa 左右，上升了 4.25kPa。余热锅炉压降由开工后的 2kPa 左右上升到 5.4kPa 左右（截至 2022 年 4 月 4 日），压降上升了 3.4kPa，较设计值上升了 1.4kPa。余热锅炉各段阻力情况见表 1。

表 1　余热锅炉烟气阻力计算汇总表　　kPa

序号	名　称	压力				压差	设计值
		入口		出口			
1	过热二、三段	PD6721B	11.6	PD6722A	11.1	0.5	0.6
2	蒸发段	PD6722A	11.1	PD6723A	10.8	0.3	0.6
3	脱硝反应器段	PD6723A	10.8	PD6724B	10.2	0.6	1.5
4	过热一段	PD6724B	10.2	PD6725A	9.6	0.6	0.3
5	省煤段	PD6725A	9.6	PD6726A	6.2	3.4	1
6	合计					5.4	4

由表 1 可知余热锅炉的压降主要集中在省煤器段。

原因分析：

① 催化装置自 2021 年大检修开工后脱前烟气中 NO_x 浓度波动较大，最高达到 490mg/Nm^3（见图 2），长时间超过脱硝催化剂进料烟气设计值≤300mg/Nm^3，装置为控制烟气外排合格，加大喷氨量，导致氨逃逸较高，长时间超过催化剂的设计指标≤3mg/kg。导致烟气中 SO_x 与氨反应生成的铵盐在余热锅炉省煤器段裹挟部分催化剂粉尘层层滞留在翅管外壁，形成结垢，导致余热锅炉压降上升，如图 3 所示。

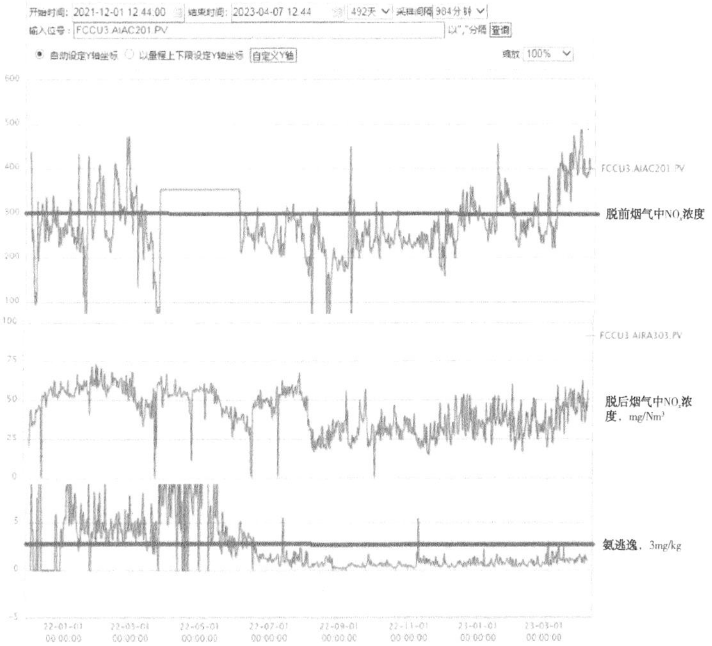

图 2　烟气中脱前、脱后 NO_x 浓度与氨逃逸趋势图

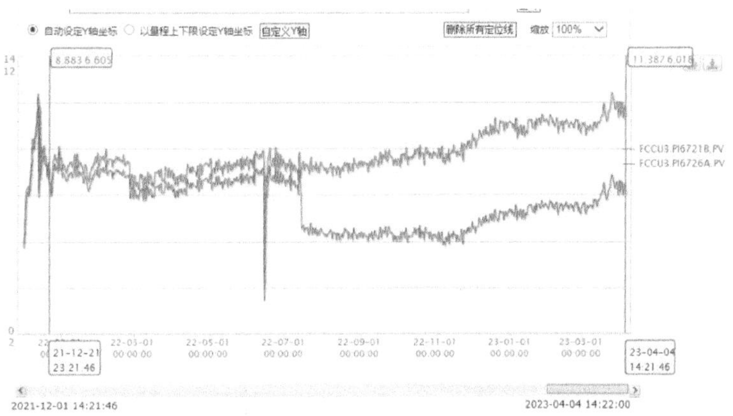

图 3　余热锅炉压降变化趋势

② 吹灰器效果不佳。在余热锅炉运行过程中，吹灰器故障率高，造成吹灰器效果不佳。56 台吹灰器，19 台处于故障中，均需检修时修理。

③ 催化装置余热锅炉脱硝模块存在缺陷。2014 年催化装置余热锅炉更新后由于取热负荷，脱硝反应器进口烟气温度存在超催化剂使用温度的情况，2018 年大检修，在喷氨格栅下方增加蒸发段管束，降低了脱硝反应器进口烟气温度。由于空间有限，蒸发段管束其支撑必须借用原整流格栅承重钢梁，将整流格栅拆除，造成烟气流速偏差由 15%上升到 20%，氨/氮摩尔比偏差由 5%上升到 10%，在相同的脱硝效率下，氨逃逸偏大。

3.2 烟气换热器压降升高

催化装置消白投用后，烟气换热器 E4302 自 12 月 3 日至 12 月 13 日投用 10 天，烟气换热效果变差；烟机出口压力从 12.75kPa 上升至 15.5kPa，见表 2。

表 2 消白相关重要参数表

项　目	12 月 3 日(投用前)	12 月 3 日(投用后)	12 月 13 日
烟机出口压力 PD1452/kPa	12.06	12.75	15.5

原因分析：

12 月 16 日前激波吹灰器一直处于调试期，无法正常投用，16 日装置要求将原设计的激波吹灰器用的动力风改成仪表风，吹扫风仍用动力风，17 日厂家调试投用正常后吹灰无效果，20 日装置投用后也没有效果且吹灰器响的不多，共 4 组，设置的每组响 5 次，但最好的也就响 3 次，最差的 1 次都没有响；12 月 24 日起安排班组进行扰动操作，扰动效果不明显，烟机出口压力不变，激波吹灰器现场操作项目过多，装置提出优化激波吹灰器操作；12 月 27 日才实现自动设置周期自动运行功能，现每 4h 进行吹灰一次，烟气换热器压降无明显变化；至 12 月 30 日装置烟机投用发电工况，为降低后路背压，装置将烟气换热器旁路挡板全开，停止扰动。

3.3 洗涤塔压降升高

催化装置 2023 年 11 月 6 日 15：30 左右，根据日常安排开始进行余热锅炉吹灰，持续时间 2h 左右，19：00 左右内操发现烟机出口背压上升，由 15.5kPa 逐步上升至 17kPa 左右。通过调取操作参数趋势，发现洗涤塔一级除雾器压力存在明显上升情况，吹灰过程中，烟气存在偏流，催化剂颗粒携带至除雾器造成压力上升，装置安排调整洗涤塔运行，增大洗涤塔进水量进行置换，并利用除雾器冲洗水对除雾器进行冲洗，一级除雾器下侧压力 PD4339A 由 4.5kPa 下降至 4.3kPa 左右，烟机出口背压由 17kPa 下降至 16.6kPa 左右，效果不明显。

后经判断认为第一级除雾器出现下水口堵塞，装置进行试验验证，除雾器冲洗水停用，一级除雾器下侧压力 PD4339A 由 4.3kPa 下降至 1.8kPa 左右，烟机出口背压由 16.6kPa 左右逐步下降至 14.4kPa 左右，整体下降 2kPa。压降下降后，装置再次投用除雾器冲洗水，一级除雾器下侧压力 PD4339A 以较快速度上升，10min 左右，由 1.8kPa 左右上升至 4kPa，得以验证。

4 整改措施

① 利用检修时间对蒸汽吹灰器进行修理。

② 烟气换热器增加喷淋设施。针对烟气换热器 E4302 结盐结垢问题，装置于 2023 年 5 月增加喷淋设施，可实现不改老烟囱的情况下，对其进行清洗。

③ 除雾器处置：

为避免除雾器出现泥结块现象，短时间内进行如下操作：锅炉吹灰结束后，开除雾器冲洗水 XV4332 A~H、XV4333 A~H，手动冲洗每个支路 10s，等 3min 后以及压力恢复后，再冲下一个。先洗下面，后洗上面，冲洗时间 10s。

对除雾器进行除盐水冲洗，拔出 4 根除雾器上升管。烟机出口背压恢复正常。

5 总结

近年来，催化烟机出口压力的上升主要受烟气后路余热锅炉、烟气换热器、洗涤塔等影响，余热锅炉省煤段结盐结垢、烟气换热器结盐结垢、洗涤塔除雾器下水不畅等造成系统压降上升，引起烟机出口压力上升情况。装置通过吹灰器修理、烟气换热器增设喷淋、拔除除雾器上升管等措施，基本解决烟机出口背压上升的问题。

北海炼化210万t/a催化裂化装置增加烟气脱硝设施应用总结

高建辉　徐祥龙　吴宣儒　叶吉宇　梁先耀

（中国石化北海炼化公司　广西北海　536017）

摘　要　本文介绍了北海炼化210万t/a催化裂化装置为了完成污染物减排责任目标，采用选择性催化还原技术（SCR），通过改造在余热锅炉增加烟气脱硝设施，将外排烟气NO_x降至$50mg/Nm^3$以下，全面优于国家及地方排放标准要求，达到了绿色低碳环保目标。

关键词　催化裂化；SCR；烟气脱硝设施；烟气NO_x；绿色低碳环保

1　前言

中国石化北海炼化公司（以下简称北海炼化）210万t/a催化裂化装置于2010年3月3日开工建设，2011年12月29日实现首次开工，2015年11月至2016年1月进行首次停工大检修，并对装置进行扩能改造，采用富氧再生技术，处理能力由170万t/a增至210万t/a。

根据《石油炼制工业污染物排放标准》对FCC催化剂再生烟气NO_x最高允许排放浓度规定：新建企业（从2015年7月1日起）及现有企业（从2017年7月1日起）催化裂化装置烟气排放$NO_x \leq 200mg/Nm^3$。

由于采用富氧再生技术，富氧中氧气浓度较高，富氧流量调整时，再生烟气过剩氧高会导致外排烟气NO_x产生波动，因此需要加注大量脱硝剂来保证装置NO_x稳定排放，同时再生烟气的过剩氧控制过低造成再生烟气携带氨和氢氰酸[1]，使得烟脱外排水中氨氮超标，因此烟气NO_x平均浓度在$100mg/Nm^3$左右。为满足装置NO_x排放总量控制的需要，装置于2023年2月停工改造消缺，对余热锅炉进行技术改造，增上烟气脱硝设施项目，采用由中石化（大连）石油化工研究院有限公司（FRIPP）开发的氨选择性催化还原技术（SCR），对余热锅炉烟气进行SCR脱硝处理。烟气经脱硝净化后，烟气中$NO_x \leq 50mg/Nm^3$（干基，$3\%O_2$）。该项目的实施对北海炼化完成污染物减排责任目标，实现可持续发展，建设创新环保友好型企业具有重要意义。

2　选择性催化还原脱硝技术（SCR）

当300~420℃的烟气通过催化剂床层时，NO_x、O_2和还原剂气体自烟气扩散到催化剂外表面，再进一步向催化剂中的微孔表面扩散；还原剂气体被催化剂表面活性中心吸附，然后与气相中的NO_x和O_2反应生成N_2和H_2O；N_2和H_2O从催化剂表面上脱附到微孔内，再由微孔内向外扩散到催化剂的外表面，最后N_2和H_2O从催化剂的外表面扩散到主流气体中被带走。在反应过程中，NH_3选择性地和NO_x反应生成N_2和H_2O，而不被O_2氧化，因此反应称为“选择性催化还原技术（SCR）”。SCR技术最为成熟，NO_x脱除率超过90%，应用最为广泛[2]。

选择性催化还原脱硝过程，是通过往烟气中喷射氨基还原剂，在一定的温度条件和催化剂作用下，将NO_x转化为N_2和H_2O（见图1）。主要化学反应方程式包括[3,4]：

$$4NO+4NH_3+O_2 \longrightarrow 4N_2+6H_2O$$

$$6NO_2+8NH_3 \longrightarrow 7N_2+12H_2O$$

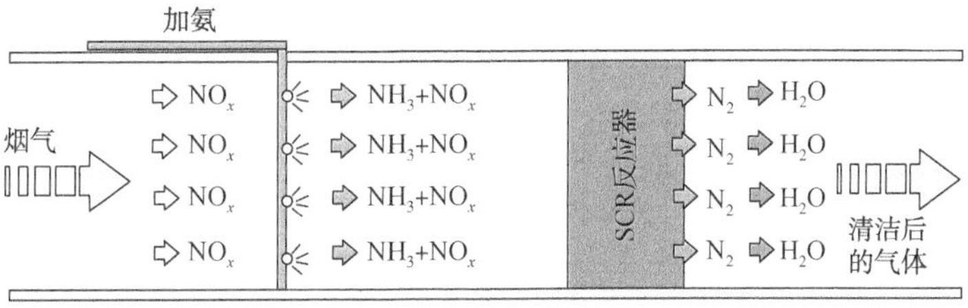

图 1　SCR 反应原理

3　脱硝工艺流程

北海炼化 210 万 t/a 催化裂化装置烟气脱硝装置如图 2 所示，烟气脱硝流程如图 3 所示。

① 液氨汽化：自液氨储罐来的液氨进入液氨蒸发器，由热水蒸发汽化后进入氨气缓冲罐稳压备用。

② 氨气稀释混合：风机来的稀释风将自氨气缓冲罐来的氨气经氨/空气混合器混合稀释后，由喷氨格栅喷入脱硝反应器入口烟道，实现氨气与烟气的均匀混合。

③ 烟气净化脱硝：氨气与烟气中的 NO$_x$ 在催化剂的作用下发生氧化还原反应，实现烟气脱硝净化，经脱硝净化后的烟气经回收热量后排入脱硫系统。

图 2　现场照片

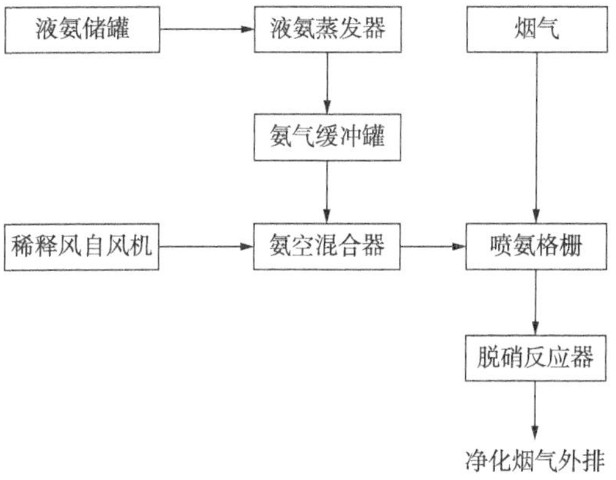

图 3　脱硝流程示意图

4　应用效果

脱硝项目改造完成后，于 2023 年 3 月投用试运行，6 月进行了标定。

4.1　标定数据

标定期间催化装置主要操作参数见表 1、表 2。

表 1　标定期间催化装置主要操作参数(在线表数据)

项　　目	仪表位号	第一天平均值	第二天平均值	第三天平均值	三天均值
反应器进料量/(t/h)	FI1205	206	208	209	208
提升管出口温度/℃	TI1104	526	525	526	526
再生器出口氧含量/%	AI8101	4. 35	4. 70	4. 30	4. 45
再生烟气至余热锅炉温度/℃	TI5218	480	485	486	485
烟气至过热段入口压力/kPa	PI5217B	6. 3	6. 5	6. 7	6. 5

续表

项　目	仪表位号	第一天平均值	第二天平均值	第三天平均值	三天均值
除氧器温度/℃	TI5201	102.5	102.0	102.3	102.3
省煤器出口除氧水压力/MPa	PI5204	5.15	5.15	5.13	5.14
过热段出口蒸汽温度/℃	TI5202	450	453	458	454
过热段出口蒸汽压力/MPa	PI5203A	3.74	3.69	3.63	3.69
过热段出口蒸汽流量/(t/h)	FI5207	74	72	69	72
省煤器出口除氧水温度/℃	TI5204	240	240	241	240
中压给水泵出口压力/MPa	PIC5202A	5.4	5.4	5.4	5.4
烟气至省煤段出口压力/kPa	PI5220B	5.1	5.2	5.4	5.2
余热锅炉烟气出口温度/℃	TI5223	196	196	195	196
V501 上水量/(t/h)	FIC5101	52	47	45	47
V502 上水量/(t/h)	FIC5103	34	33	35	34
V503 上水量/(t/h)	FIC5501	31	33	31	31
V501 压力/MPa	PIA5101A	3.84	3.80	3.75	3.80

表 2　标定期间脱硝单元主要操作参数(在线表数据)

项　目	仪表位号	第一天平均值	第二天平均值	第三天平均值	三天均值
烟脱入口流量/(Nm^3/h)	FI1012	203729	197318	195361	198802
喷氨格栅入口压力/kPa	01PI004A/B	6.08	6.35	6.43	6.29
脱硝反应器入口压力/kPa	01PI006A/B	5.88	6.15	6.22	6.08
脱硝反应器出口压力/kPa	01PI005A/B	5.43	5.68	5.75	5.62
脱硝反应器入口温度/℃	01TI002A/B	359	365	369	364
脱硝反应器出口温度/℃	01TI003A/B	357	363	366	362
脱硝反应器入口 NO 含量/(mg/Nm^3)	01AIA001	37.3	31.9	23.1	30.8
脱硝反应器出口 NO 含量/(mg/Nm^3)	01AIA003	17.2	16.7	18.7	17.5
脱硫外排烟气 NO_x 含量/(mg/Nm^3)	01AI10003	38.8	37.2	40.0	38.7
脱硝反应器入口氧含量/%(体)	01AI002	3.4	3.7	3.9	3.7
脱硝反应器出口氧含量/%(体)	01AIA005	3.6	3.5	3.8	3.6
脱硝反应器出口逃逸氨浓度/(mg/Nm^3)	01AIA004	0.03	0.02	0.02	0.02
氨气进氨空混合器流量/(Nm^3/h)	01FIC003	3.95	4.17	3.85	3.99
稀释风机出口流量/(Nm^3/h)	01FI001A/B	1942	1927	1923	1931
稀释风机出口压力/kPa	01PI003	11.6	11.5	11.6	11.6
氨气缓冲罐压力/MPa	03PIC003	0.17	0.18	0.17	0.17
液氨蒸发器出口温度/℃	03TI002	36	37	37	37
液氨蒸发器热水流量/(kg/h)	03FI002	60	58	53	57
稀释风机电流/A	现场	34.8	36.1	35.5	35.5
烟脱外排水氨氮含量	AI2006	0.17mg/L	0.17mg/L	0.20mg/L	0.18mg/L
	采样分析	<0.05mg/L	<0.05mg/L	<0.05mg/L	<0.05mg/L

4.2　标定结果

北海炼化 210 万 t/a 催化裂化装置增加烟气脱硝设施项目标定期间，对脱硫塔外排烟囱出口净化烟气的 NO_x 浓度小时均值进行采集，并对其作图如图 4 所示，标定期间净化烟气的 NO_x 浓度$<50mg/Nm^3$。

对脱硝反应器出口逃逸氨浓度小时均值进行采集，并对其作图如图 5 所示，标定期间净化烟气的逃逸氨浓度<0.15mg/Nm³。

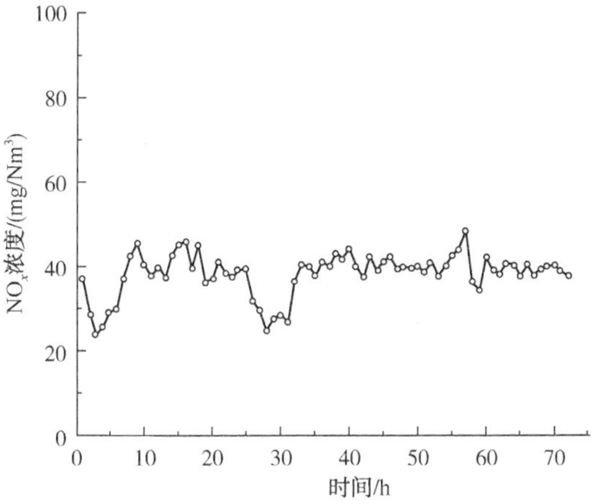

图 4　标定期间脱硫塔出口净化烟气 NO_x 浓度

(采样时间：2023.6.19~22)

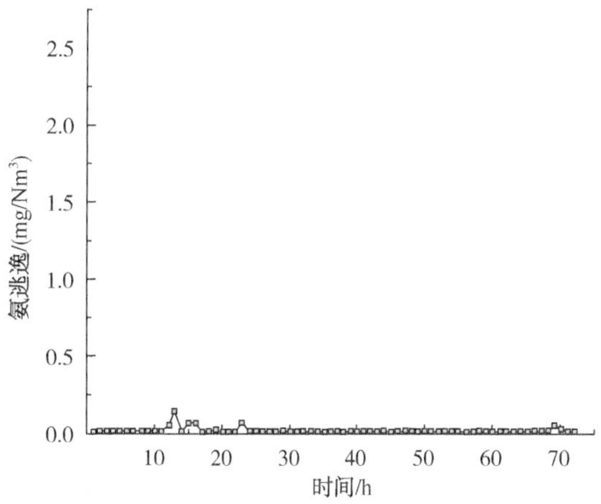

图 5　标定期间脱硝反应器出口逃逸氨浓度

(采样时间：2023.6.19~22)

4.3　性能考核

北海炼化 210 万 t/a 催化裂化装置增加烟气脱硝设施项目标定期间，对脱硝系统及余热锅炉性能指标进行考察，结果见表 3、表 4。

表 3　标定期间脱硝系统性能指标考核结果(在线表数据)

脱硝分析项目	考核指标	第一天	第二天	第三天	平均值
NO_x 浓度/(mg/Nm³)	≤50	38.8	37.2	40.0	38.7
逃逸氨浓度/(mg/m³)	≤2.5	0.81	0.76	0.66	0.74
脱硝系统压降/Pa	≤800	650	670	680	667
烟脱外排水氨氮含量/(mg/L)	≤8	0.17	0.17	0.20	0.18

注：①考核数据以在线表为主，NO_x 浓度采用脱硫外排烟囱处 CEMS 的数据。

②脱硝系统的压降包括喷氨格栅及脱硝催化剂，为 01PI004A/B 与 01PI005A/B 的差值。

表 4　标定期间余热锅炉性能指标考核结果

余锅性能分析指标	第一天	第二天	第三天	平均值
过热段出口蒸汽压力/MPa	3.74	3.69	3.63	3.69
V-501 压力/MPa	3.84	3.80	3.75	3.80
烟气至过热段入口压力/kPa	6.3	6.5	6.7	6.5
烟气至省煤段出口压力/kPa	5.1	5.2	5.4	5.2
省煤器出口除氧水温度/℃	240	240	241	240
V-501 上水量/(t/h)	52	47	45	47
V-502 上水量/(t/h)	34	33	35	34
V-503 上水量/(t/h)	31	33	31	31
过热段出口蒸汽温度/℃	450	453	458	454

从图 4、图 5 及表 1-表 3 可以看出，标定期间，在处理烟气规模 195361~203729Nm³/h(湿基)、反应温度 359~369℃条件下，净化后烟气 NO_x 浓度平均值为 38.7mg/Nm³，满足≤50mg/Nm³ 的指标要求；烟气中氨逃逸 0.02~0.03mg/Nm³，远低于≤2.5mg/Nm³ 的指标要求；SCR 脱硝系统压降(喷氨格栅+脱硝催化剂)为 650~680Pa，满足 SCR 压降≤800Pa 的指标要求；烟脱外排水氨氮含量为 0.17~0.20mg/L，远低于≤8mg/L 的指标要求。

从表 4 可以看出，标定期间，余热锅炉压降及汽水性能达到设计预期。过热段蒸汽出入口压降为

0.11MPa(汽包至过热段出口压差)，满足压降≤0.3MPa的指标要求；烟气从锅炉入口到锅炉出口的压降为1.3kPa，满足压降≤3kPa的指标要求；省煤器出口给水温度为240℃，满足给水温度≥204.7℃的指标要求；省煤器出口给水流量为108t/h(三个汽包上水量加和)，略高于给水流量95t/h的指标要求；过热段出口蒸汽温度为454℃，略高于400℃(-10~5℃偏差)的指标要求。

4.4 能耗计算

装置能耗计算见表5。

表5 210万t/a催化裂化装置增设烟气脱硝设施公用工程能耗指标

项目	每小时消耗量/kW	能源折算系数(kgEO)①	能耗/(kgEO/h)	单位消耗②/(kgEO/t原料)
电	21.03	0.23	4.837	0.0201

备注：①能耗计算方法按照GB 30251—2013规定；

② 催化裂化装置加工量按照210万t/a计算。

5 应用总结

① 在处理烟气规模195361~203729Nm³/h(湿基)、反应温度359~369℃的条件下，净化后烟气NO_x浓度平均值为38.7mg/Nm³，满足≤50mg/Nm³的指标要求；烟气中氨逃逸0.02~0.03mg/Nm³，远低于≤2.5mg/Nm³的考标要求；SCR脱硝系统压降(喷氨格栅+脱硝催化剂)为650~680Pa，满足SCR压降≤800Pa的指标要求；烟脱外排水氨氮含量为0.17~0.20mg/L，远低于≤8mg/L的考核指标要求。

② 余热锅炉在标定期间的工况下，汽水指标、压降指标均能达到设计性能。过热蒸汽温度偏高是因装置蒸汽过热炉停用，对中压蒸汽温度的控制有指标要求，因此高控至450℃左右。

③ 北海炼化210万t/a催化裂化装置增加烟气脱硝设施项目的能耗为0.0201kgEO/t原料，液氨(氨气)消耗量为3.03kg/h。

参 考 文 献

[1] 方明胜，李汉华，黄卿，等. 脱硫脱硝装置外排水氨氮超标原因分析[J]. 石油化工安全环保技术，2016，(04)：66-69，7-8.

[2] 刘伟，梁海军，郭孝伟，等. SCR-SNCR脱硝工艺对超低排放脱硝效果的提升[J]. 中国氯碱，2024，(2)：41-45

[3] 程文红，田凤杰，袁晓华，等. FCC烟气NO_x排放影响因素及控制措施分析[J]. 石油化工安全环保技术，2011，27(6)：5.

[4] 张斌，未艺超，孟达，等. SCR脱硝技术研究进展[J]. 冶金能源，2017，36(A2)：3.

S Zorb 装置吸附剂结块原因分析

柯载源

（中国石化茂名石化公司　广东茂名　525000）

摘　要　本文介绍了 S Zorb 装置在运行中再生器锥体和滑阀前短接吸附剂结块导致堵塞管道的原因进行分析，对吸附剂数据和生产状况进行跟踪分析，得出可通过工艺优化调整再生温度、压力和减少吸附剂带油来降低吸附剂结块，从而降低剂耗，减少废剂对环境的影响，对绿色环保、节能降耗生产具有重要意义。

关键词　S Zorb；吸附剂结块；硫含量

1　引言

自 2024 年 3 月以来，S Zorb 装置再生器吸附剂有结块迹象，结块的吸附剂沉降至再生器滑阀 HV2634 前短接形成堵塞，使吸附剂再生循环困难，在雨水天气吸附剂结块最为明显，使吸附剂循环中断最长达 1h 之久，必须拆卸滑阀短接，清理短接过滤漏斗内的块状物后才得到疏通。这严重地影响了反应器内的吸附剂置换速率和脱硫率，吸附剂结块是目前造成装置产品硫含量上升的最主要原因，同时也是影响装置吸附剂的损耗大的原因之一。

2　S Zorb 装置工艺技术特点和工艺路线

装置的工艺技术路线采用 S Zorb 专利技术。该技术基于吸附作用原理对汽油进行脱硫，通过吸附剂选择性地吸附含硫化合物中的硫原子而达到脱硫目的。与加氢脱硫技术相比，该技术具有脱硫率高（可将硫脱至 10mg/kg 之下）、辛烷值损失小和操作费用低的优点。装置主要工艺流程见图 1。

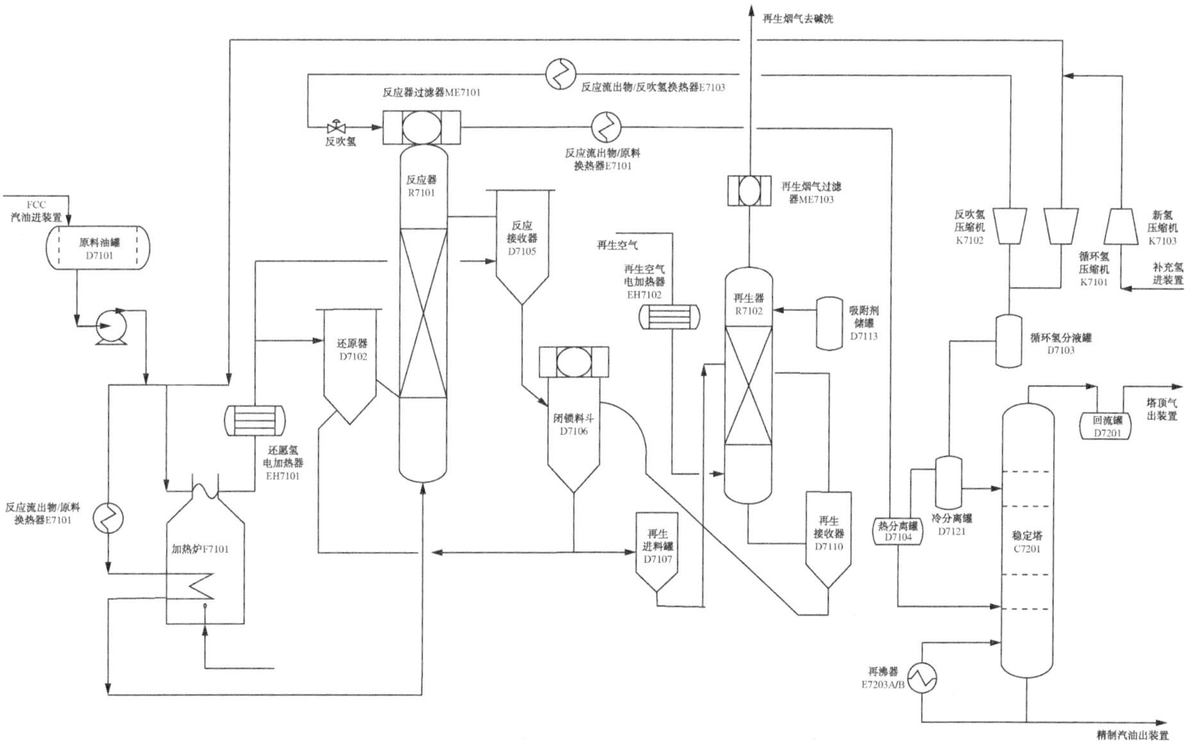

图 1　S Zorb 装置工艺流程图

3 结块原因分析

3.1 通过研究分析造成吸附剂结块的原因

(1) 吸附剂在再生器内再生时与水或蒸汽接触生成硅酸锌的反应(如反应1);

(2) 再生器氧含量过剩发生生成硫酸盐化合物的反应(如反应2、反应3):

反应1:$SiO_2+2ZnO+H_2O \longrightarrow Zn_2SiO_4+H_2O$;

反应2:$ZnO+SO_2+1/2O_2 \longrightarrow ZnSO_4$;

反应3:$3ZnS+11/2O_2 \longrightarrow Zn_3O(SO_4)_2+SO_2$

针对第(1)种原因,分析再生器内的水或水蒸气来源有以下几种可能:

① 再生器取热盘管漏水;

② 待生吸附剂带油;

③ 再生空气带水。

3.2 再生器取热盘管漏水

再生器取热盘管漏水必会造成再生器内温度的波动,但是通过观察对比结块前的1~2月份与结块后3-4月份的再生器操作温度时(见图2),没有发现再生器温度出现较大的偏差,基本都在510℃左右(只有一次温度异常走低是因为闭锁料斗更换程控阀,之后也没有明显地低于正常操作温度)。另外我们也在现场的再生器取热盘管返回至D123的六组入口管前逐个放空检查有无黑色吸附剂粉末。进一步说明有没有出现再生器取热盘管漏水现象。

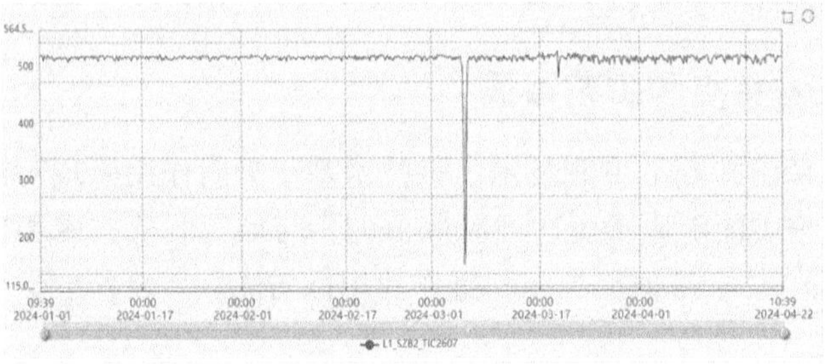

图2 再生器床层温度曲线图(1~4月)

1[#]S Zorb汽油原料硫含量为70~120mg/kg,2[#]S Zorb汽油原料硫含量为180~220mg/kg,硫含量不高且部分打回流。吸附剂吸附硫后,载硫量较少,所以再生系统烧硫烧碳量较少,放热量较少。再生器取热系统原设计采用除氧水或凝结水,由于上述原因使得取热介质除氧水用量较少,产生低压蒸汽量相对较少,且压力较低,增加了并入全厂低压蒸汽系统管网的难度。装置采用低压蒸汽直排,再生系统热量平衡操作难度加大,即装置低负荷运行时,除氧水用量少,不能保证除氧水流量是连续的;除氧水可能发生偏流或断流,从而增大了取热管烧穿的可能性。

3.3 待生吸附剂带油

待生吸附剂带油,在再生器发生再生反应时轻烃将会与再生空气反应生成水,反应方程式如下:

反应4:$CH_3—R—CH_3+O_2 \longrightarrow CO_2+H_2O$

装置自开工以来,1[#]S Zorb待生吸附剂偶尔有带油现象,闭锁料斗吹烃时间最高470s以上。在1~2月份就曾多次发生闭锁料斗过滤器ME110A/B堵塞,造成过滤器PDI2405/PDI2406压差高而联锁停闭锁料斗,带油稍多的是2月份,偶尔都发生带油问题,要联系仪表来清洗烃氧分析仪才能运行下去。但是在此期间没有出现吸附剂结块而堵塞再生器锥体跨线阀和原滑阀处短接的问题,这说明闭锁料斗吹烃效果还是可以的,没有导致太多的油气带到再生系统。只是自3月份后才出现吸附剂结块问题。通过图3的待生吸附剂含碳量曲线图可以看出,2月份待生吸附剂含碳量较其他月份最高,2月份出现一次碳含量高达1.99%,说明待生剂带油量最高,也没有出现再生器吸附剂结块问题。反观3月份至4月份后待生吸附剂含碳量逐渐减低,结块问题却变得严重起来。因此,待生吸附剂带油在再生反应生成水只是影响吸附剂结块的原因之一,但不是主要原因。表1化验数据采自1[#]S Zorb装置。

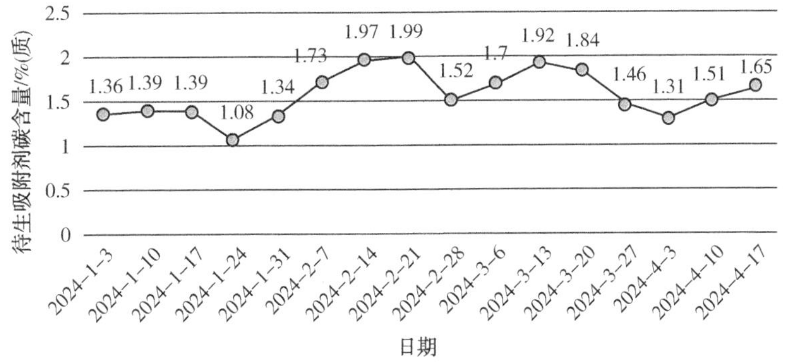

图 3　1~4 月待生吸附剂含碳量曲线图

表 1　1~4 月待生吸附剂含碳量化验数据表

日期	2024-01-03	2024-01-10	2024-01-17	2024-01-24	2024-01-31	2024-02-07	2024-02-14	2024-02-21
碳含量/%(质)	1.36	1.39	1.39	1.08	1.34	1.73	1.97	1.99
日期	2024-02-28	2024-03-06	2024-03-13	2024-03-20	2024-03-27	2024-04-03	2024-04-10	2024-04-17
碳含量/%(质)	1.52	1.7	1.92	1.84	1.46	1.31	1.51	1.65

3.4　再生空气带水

再生空气带水问题是目前造成吸附剂结块的主要原因，这在所有在建装置均已得到了证实。通过图 4 自 3 月份后才出现吸附剂结块，再生空气干燥系统 PA-103 在 3 月 1~3 日在线分析露点均能小于设计值-68℃，从 3 月 3~6 日期间一直在-65~-55℃高居不下。于是，在 3 月 6 日将在线露点分析仪引出管更换为铜管以后，空气露点下降了几日后，在 3 月 11 日又重新上升。在线分析露点上升至-65~-55℃，一直没有下降，远高于设计要求的-68℃。3 月 19 日厂家服务人员来现场检查后认为是 PA-103 的干燥剂罐的再生气量过小，更换了大一倍流量的再生气限流孔板后，在线分析露点仅降至-65~-59℃，再生空气含水量稍有减少，但吸附剂结块问题仍没有好转。3 月 23 日后露点又持续走高-63~-52℃。之前装置停工期间，厂家更换了 PA-103 的干燥剂罐内干燥剂，但露点没有明显的变化，说明干燥剂脱水能力没有起到作用，干燥效果差。因此，认为目前吸附剂结块的原因主要是再生空气含水量大造成的。

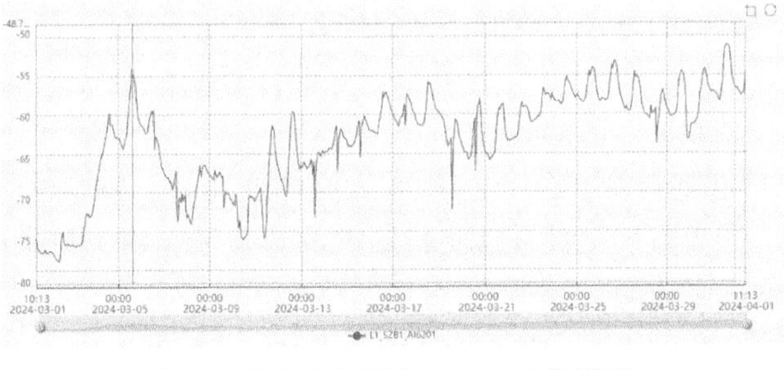

图 4　再生空气露点(AI6201)曲线图

注：①3 月开始出现吸附剂结块问题；②3 月 6 日更换 PA-103 在线露点分析仪 AI6201 的引出管；③3 月 19 日更换 PA-103 再生干燥罐的限流孔板。

3.5　生成硫酸盐化合物的反应

当再生氧气中的氧含量过剩(>2%)，才会发生生成锌的硫酸盐化合物的反应(如反应 2、反应 3)，装置在 1 月份的调整期再生烟气曾出现氧含量超标问题，但是没有出现吸附剂结块现象，仅是对吸附剂活性产生影响；3 月份后出现结块，再生烟气氧含量控制较为平稳(见图 5)，当吸附剂循环中断时，氧含量超标时间也均控制<30min 以内，因此生成硫酸盐化合物的量很少。

当吸附剂结块出现后，联系了吸附剂生产厂家的服务人员，他们认为结块的原因除了是生成硅酸盐造成，还有可能是生成了锌的硫酸盐化合物。因此，将装置结块的吸附剂、待生吸附剂和再生吸附剂交给化学公司分析。

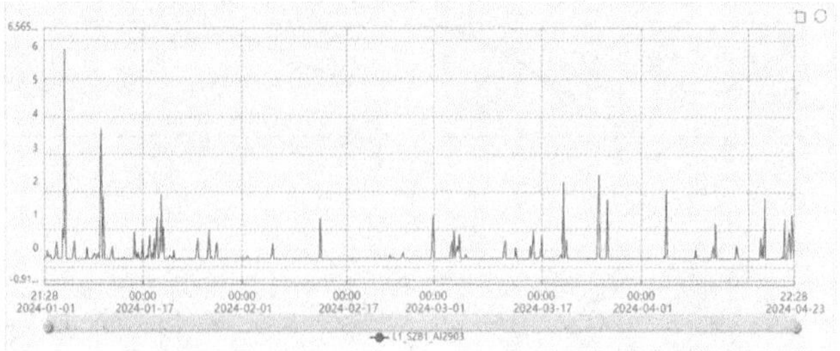

图 5 1~4 月再生烟气氧含量(AI2903)曲线图

从分析结果看，吸附剂没有发现硅酸锌。硫酸锌不好检测，实验室还在寻求更好的检测方法。结块的吸附剂 C%只有 0.03%(质)，一般再生剂上的 C%在 0.6%(质)左右，待生剂上 1%~2%(质)。0.03%(质)的 C 说明结块的吸附剂之前在反应器里没有参与反应。

4 处理措施

4.1 再生器取热盘管漏水

对于再生器取热盘管漏水问题，采取了以下措施：

① 每周定期在现场的再生器取热盘管返回至 D123 的六组入口管前逐个放空检查有无黑色吸附剂粉末，如果排出吸附剂要及时将泄漏的那组盘管切出，打开放空，等到装置大修才能处理；

② 保持再生器高料位，增加取热面积，多用除氧水，这样也可以减少冷氮的用量，另外使取热水泵出口全开尽量保持流量稳定且不会断流，降低除氧水发生偏流或断流概率，从而降低了取热管烧穿的可能性，另外保持流量的稳定也是保证不对内取热盘管造成冲刷，根据兄弟单位的教训，取热盘管漏大多数发生在再生器内取热弯头焊缝处；

③ 保持 TIC2607 串控 FIC3103 冷氮调节阀，利用冷氮来调节再生器温度的周期性波动，尽量减少调节取热水；

④ 严格控制再生风的用量，采取贫氧操作，一方面能保持吸附剂的活性在合理范围内防止精制汽油的辛烷值损失大，另一方面也可降低再生风的水汽进入到再生器内；

⑤ 取热水的用量变多，产汽量也相应变多可以适当地提高 D123 冷凝水罐的压力并入低压蒸汽系统管网，不用通过少量蒸汽直排的方式，将低压蒸汽回收至系统管网。

4.2 待生吸附剂带油

对于吸附剂带油问题，采取了以下措施：

① 提高反应器藏量，以起到料封 R101 与 D105 之间的连通管，减少油气进入 D105，但对于装置低含硫原油，现装置的反应器吸附剂藏量足以使精制汽油硫含量合格，再提高可能会导致产品辛烷值损失变大，这个是需要我们去平衡的；

② 提高 D105 的温度至 360℃以上，使油气充分汽化返回反应器 R101，不出现油气冷凝层积现象；

③ 缩短闭锁料斗从反应器的下料时间，由 25s 减至 10s，减少油气进入闭锁料斗的量，需要通过缩短闭锁料斗的循环时间平衡来满足生产；

④ 延长闭锁料斗的轻烃吹扫时间，将吸附剂内的油气尽量吹扫至火炬线排放。

4.3 再生空气带水

对于再生空气带水问题，采取了以下措施：

① 提高再生空气压力(PIC3101)，由 0.45MPa 提至 0.53MPa，利用干燥器高压吸收低压释放以增大 PA-103 的脱水效果；

② 设置 TIC2607 开度 100，让再生风走 TIC2607B 阀经过电加热器，提高电加热器 EH-102 出口再生空气温度(TIC3111)，由 30℃提至 250℃，使再生空气内的水充分汽化，避免水滴的存在；

③ 3 月 19 日更换 PA-103 的干燥罐的再生气限流孔板，使再生气量增大一倍，曾在 3 月 24 日换

为增大三倍气量的限流孔板；

④ 停工期间再进行更换 PA-103 吸水性更好的干燥剂。

4.4 原滑阀 HV2634 处的短接改为 Y 形过滤器

由于结块问题经常需要拆装原滑阀 HV2634 前的短接进行清积块，为了方便在线清理，缩短堵塞时间，将原滑阀 HV2634 处的短接改为 Y 形过滤器，当出现结块问题时，可将 Y 形过滤器切出，通过手阀排放结块吸附剂，方便快捷，达到有结块少堵塞。

5 结论

（1）针对以上的措施落实，通过两个月的观察，再生系统就再也没有过因吸附剂结块导致转剂中断的情况，也没出现精制汽油硫含量不合格的情况，效果明显。

（2）通过以上的措施，现装置运行平稳，吸附剂流化效果良好，保证了产品含硫量的稳定，增强了设备的可靠性，延长了设备的运行周期，也是对 S Zorb 装置长周期运行起到积极的作用。

（3）通过以上措施，不但解决了 S Zorb 装置低负荷运行时再生器取热操作不稳、不易调节的问题，还降低了调节的劳动强度。另外，取热水的用量变多，产汽量也相应变多，可以适当地提高 D123 冷凝水罐的压力并入低压蒸汽系统管网，不用通过少量低压蒸汽直排的方式，将低压蒸汽回收至系统管网，创造了经济效益。

参 考 文 献

[1] 陈尧焕．汽油吸附脱硫(S Zorb)装置技术问答[M]．北京：中国石化出版社，2015.

[2] 段玉亮，刘锋，尹威威．S Zorb 装置长周期运行分析[J]．石油炼制与化工，2015，46(11)46-51.

[3] 刘传勤．齐鲁 900kt/a 汽油吸附脱硫装置开工及运行总结[J]．齐鲁石油化工，2018，38(4)：276-280.

[4] 田金光，任锰钢．1.8Mt/a S Zorb 装置运行过程中存在的问题分析及应对措施[J]．石油化工应用，2015，34(3)：103-120.

[5] 刘琦．渗氮渗锌复合渗层在油井产出液中的抗蚀耐磨性能研究[D]．武汉：机械科学研究总院武汉材料保护研究所，2011.

S Zorb 装置影响汽油辛烷值损失的原因分析

冯伟亮　张海媚

（中国石化茂名石化公司　广东茂名　525000）

摘　要　本文主要是分析某 S Zorb 装置汽油辛烷值损失的影响因素，从进料处理量、反应温度、反应压力、氢油比、质量空速、循环氢流量的变化，分析其对汽油辛烷值损失的影响，增加操作工生产调整水平，减少汽油辛烷值的损失，从而提高产品汽油的经济效益。

关键词　S Zorb；辛烷值损失；加氢反应

1　引言

中国石化的某分公司一套 150 万 t/a S Zorb 装置经过正常检修维护后开工投产，该装置产品稳定汽油的硫含量控制在国Ⅵ标准以下，质量符合预期。经过一段时间运行后，由于生产过程中需要控制产品的硫含量，以及内操调整运行参数的习惯不同，导致汽油辛烷值损失波动较大，影响了装置的整体运行效率。因此，在分析生产数据后，分析各种参数对汽油辛烷值损失的影响，可以提高我们对产品质量的控制，也有利于提高装置的效率。

2　装置及工艺简介

中国石化的某分公司有着两套 150 万 t/a 的 S Zorb 装置，该装置的生产工艺采用 S Zorb 专利技术，基于吸附原理，通过使用吸附剂选择性地吸附汽油中含硫化合物中的硫原子来实现脱硫的目的，生产硫含量低的汽油，装置以改善汽油品质。以催化裂化直供的稳定汽油为原料、系统管网柴油加氢氢气及煤制氢氢气为氢源，在最大限度地减少辛烷值损失的前提下，生产低硫清洁汽油组分。经汽油调和后，使出厂汽油产品的硫含量满足国Ⅳ甚至更高标准的要求。装置主要包括进料与脱硫反应、吸附剂再生、吸附剂循环和产品稳定四个部分。

3　现状概述

该分公司 S Zorb 装置于 2023 年 9 月检修完按计划正常开工，恢复生产平稳后，产品精制汽油质量达到预期。

在开工生产运行一段时间后，该装置在约 70%的负荷下运行。由于原料汽油性质的波动和吸附剂吸附效果的变化，主操为了确保产品汽油的硫含量符合生产控制指标，通过各种生产参数的调整使硫含量维持在 8~12mg/kg，但与此同时，汽油辛烷值的损失也发生了变化，见表 1。

表 1　辛烷值损失变化

日期	催化汽油辛烷值	稳定汽油辛烷值	辛烷值损失	日期	催化汽油辛烷值	稳定汽油辛烷值	辛烷值损失
11/20	92.5	91.7	0.8	12/11	92.5	92	0.5
11/22	92.7	91.7	1	12/15	92.1	91.5	0.6
11/27	92.4	91.7	0.7	12/18	92.2	91.5	0.7
11/29	93.1	92	1.1	12/22	91.8	91.2	0.6
12/4	92.7	92	0.7	12/25	92.7	91.9	0.8
12/6	92.8	91.9	0.9	12/27	92.4	91.7	0.7

由表 1 可发现 2023 年 11 月 20 日至 12 月 27 日期间，原料催化汽油辛烷值在 91.8~93.1 波动，产

品稳定汽油辛烷值在91.2~92，辛烷值损失在0.5~1.1波动，不利于装置产品的效益性和稳定性。因此，对于各个参数对汽油辛烷值损失影响的分析是不可或缺的。

随即，取S Zorb装置2023年11月20日至2024年1月15日(多次分析每周取一个样)主要运行数据及辛烷值损失分析结果，绘制成表2。

表2 运行参数

项目	11/20	11/27	12/4	12/11	12/18	12/25	1/1	1/8	1/15
处理量/(t/h)	127.0	126.4	127.9	126.9	129.1	128.1	126.5	128.6	128.2
反应温度/℃	420.8	422.4	420.8	413.1	411.7	414.3	411.8	414.8	416.6
反应压力/MPa	2.62	2.65	2.59	2.48	2.32	2.39	2.37	2.43	2.50
氢油比	0.379	0.475	0.428	0.279	0.214	0.310	0.275	0.310	0.257
质量空速/h^{-1}	7.52	7.87	7.43	8.12	7.56	7.59	7.60	7.83	8.06
循环氢流量/(m^3/h)	13471	12692	12238	11100	8895	9883	9674	11000	11888
烯烃损失/%	3.6	3.9	3.1	2.4	1.5	2	1.9	4.3	2.5
辛烷值损失	0.8	0.7	0.7	0.5	0.7	0.8	0.6	0.8	0.8

由表2可以看出，2023年11月20日至2024年1月15日该装置生产参数变化较大，导致精制汽油辛烷值损失波动，至于各个参数对辛烷值损失的影响情况，还需要进一步分析讨论。

4 影响因素分析

S Zorb装置汽油中有辛烷值较高的烯烃，保持产品精制汽油中烯烃占有比例是保持辛烷值的关键。在S Zorb吸附脱硫技术中，除了吸附脱硫反应，还存在烯烃加氢饱和、烯烃异构化等反应。其中烯烃加氢饱和反应会产生烷烃，烷烃的辛烷值通常比烯烃的辛烷值低，从而导致产品精制汽油中的辛烷值损失增加；然而，在烯烃异构化反应中，内部有双键的烯烃的辛烷值高于边缘有双键的烯烃，这种类型的反应有助于减少烯烃加氢反应引起的辛烷值损失[1]。因此，降低S Zorb装置产品精制汽油辛烷值损失的关键是抑制烯烃加氢饱和反应，增加烯烃异构反应向高辛烷值组分的方向发展。

在S Zorb吸附脱硫技术中，影响产品精制汽油中烯烃含量的主要操作参数有进料处理量、反应温度、反应压力、氢油比、质量空速、循环氢流量等，结合表2数据及理论展开分析。

4.1 进料处理量的影响

中国石化某分公司有两套150万t/a的S Zorb装置，催化汽油原料约180t/h，两套S Zorb每套约90t/h催化汽油进装置，S Zorb装置的进料由两部分组成：氢气和汽油。装置降低汽油和氢气的进料量以氢油比作为参考，但是过低的进料量长周期运行会对设备造成以下影响：在装置低负荷运行期间，用于进料和反应产物的两组并联换热器(E101A/B/C和E101D/E/F)容易发生偏流。偏流会导致反应器进料总管温度波动或因局部高温而结焦、结垢，导致管程、壳程两路的温差较大。换热器E101换热效率降低、E101管程总管温度降低、加热炉负荷增大，能耗增加[2]；E101壳程总管温度升高，造成后路热高分罐D104的汽油温度升高，从而造成稳定塔总体温度升高，这将导致精制汽油中C_4组分的损失，稳定汽油蒸气压富裕度增大，使辛烷值损失增大和汽油收率降低，S Zorb装置油路系统在高温下运行，容易发生泄漏，影响各种设备的使用寿命。

4.2 反应温度的影响

由于烯烃加氢生成烷烃的反应是强放热反应，提高反应器内的温度可以抑制烯烃加氢反应的进行，因此，辛烷值的损失会随反应温度的提高而减少，从而减少产品精制汽油辛烷值的损失。要提高反应温度，需要结合反应器的温升情况，调整加热炉F101的出口温度，来达到既满足吸附剂吸附脱硫的效果，又减少辛烷值损失的目的。要注意的是反应温度的提高，可以使得汽油辛烷值损失逐渐减少和脱硫率增大，但在反应温度超过一定值后脱硫率会大幅降低。

4.3 反应压力的影响

影响反应压力的实际因素是氢分压。当氢气的纯度没有显著变化时，增加反应压力相当于增加系统中氢气的分压；在反应压力不变的情况下，增加氢气的纯度也会增加系统中氢气的分压。增加氢气分压可以增加反应深度和脱硫率，但也会促进烯烃加氢反应的进行，导致产品精制汽油辛烷值的损失增加。在操作过程中，需要根据产品的硫含量适当调整反应压力。当产品质量合格时，应使用尽可能低的操作压力来减少产品精制汽油辛烷值的损失。

4.4 循环氢流量(氢油比)的影响

氢油比的大小或循环氢量大小直接关系到系统氢分压。在进料量保持不变的情况下，氢纯度的增加或循环氢量的增加均可增大氢油比，随氢油比增加，烯烃加氢反应生成烷烃的反应速率也增加，在不改变反应压力的情况下，增大氢气在循环氢气中的比例，也将提高烯烃加氢反应的速率。因此，降低氢油比将降低烯烃加氢反应的速率，从而减少产品精制汽油辛烷值的损失。

4.5 质量空速的影响

S Zorb 装置质量空速是指反应器进料量与反应器中吸附剂藏量的比值，增大质量空速，即增大进料处理量或减少反应器中吸附剂藏量，会同时减缓脱硫反应和烯烃加氢反应，使汽油辛烷值损失减少，脱硫率也会相应减小[3]。所以说在满足脱硫率的前提下，增大质量空速有利于降低汽油辛烷值损失。

通过对汽油辛烷值损失影响因素进行分析，可以看出 S Zorb 装置汽油辛烷值损失大的主要原因是脱硫反应过程中，烯烃加氢反应的程度过大。而使烯烃加氢反应较强的原因是进料处理量较低、反应压力偏高、氢油比过大、反应温度偏低、质量空速偏低等生产情况。

5 结论

该分公司 S Zorb 装置针对在生产中遇到造成汽油辛烷值损失较大的问题，从进料处理量、反应压力、氢油比、反应温度、质量空速等控制参数来控制产品质量，在保证产品质量合格、装置正常运行的情况下，为了减少汽油辛烷值损失，可以通过以下方法[4]：

① 增大质量空速，适当提高进料处理量，减少反应器中的吸附剂藏量；

② 提高反应温度，抑制烯烃加氢反应(放热反应)的进行；

③ 适当降低反应压力，抑制烯烃加氢反应(加成反应)的进行；

④ 降低氢油比，减少循环氢流量。

该分公司 S Zorb 装置在产品硫含量满足控制指标的前提下，通过分析进料处理量、反应温度、反应压力、氢油比、质量空速等操作参数对汽油辛烷值损失的影响，从而加深了操作工对产品汽油性质的了解，提升操作工对装置产品汽油辛烷值损失的调整能力，使操作工在面对不同工况下，都可以选择更好的调整方法，减少汽油辛烷值的损失，提高产品汽油的经济效益。

参 考 文 献

[1] 田金光，任锰钢. 1.8Mt/a S Zorb 装置运行过程中存在的问题分析及应对措施[J]. 石油化工应用，2015，34(3)：103-107，120.

[2] 马强，赵昌明，马路，等. S Zorb 装置低负荷运行分析[J]. 化工设计通讯，2022，48(6)：58-60.

[3] 刘永才，刘传勤. S Zorb 装置汽油辛烷值损失偏大的原因分析与措施[J]. 齐鲁石油化工，2012，40(3)：5.

[4] 韩跃辉. 降低 S Zorb 装置汽油辛烷值损失优化措施探讨[J]. 中国石油和化工标准与质量，2017，37(6)：87-89.

催化裂化装置小型自动加料器加料不畅原因分析及优化措施

黄兆锋

（中国石化茂名石化公司　广东茂名　525000）

摘　要　小型自动加料器是催化裂化装置中定期对再生器补充新鲜催化剂的装置，对于维持反再两器催化剂正常循环，两器藏量平稳、重金属平衡具有重要作用。小型自动加料器长期使用后，会出现流化罐称重传感器失灵、加料不畅、进出料阀门失效等问题，容易造成两器催化剂藏量波动以及工况不稳等不利影响。本文从LPEC-5型催化剂自动加料器结构和工作原理出发，结合装置的实际运行工况，提出了优化措施。

关键词　催化裂化；催化剂；自动加料系统

1　背景

随着炼油技术不断发展，炼油工艺复杂程度逐渐提高，在常压蒸馏、减压蒸馏、延迟焦化以及渣油加氢等工艺中往往会得到大量的蜡油和重油组分[1]。催化裂化工艺以直馏减压馏分油、延迟焦化馏出油、常压渣油、减压渣油以及加氢重油等重油组分为原料[2]，在高温催化剂的作用下通过分解反应、氢转移反应、异构化反应、芳构化反应等反应，主要产品为干气、液化气、汽油、轻柴油以及油浆等。催化裂化工艺以传统石化工艺难以利用的重渣油为原料，生产具备较高经济效益的轻组分产品，对于提高石化原料利用率、提能降耗具有重要意义。

催化裂化装置通常分为以下部分：反应再生、产品分馏、产品吸收稳定、产品精制、再生烟气治理以及气体分馏。其中反应再生部分是催化裂化装置的核心部分。反应再生工艺在分子筛催化剂和一定工艺条件下，在提升管反应器中把重质原料油裂化为干气、液化气、汽油、轻柴油、油浆和焦炭等。经过反应的催化剂即待生催化剂在反应器汽提段汽提后经斜管进入再生器烧焦罐与主风接触完成催化剂烧焦再生。再生催化剂经再生斜管返回反应器提升管，实现催化剂循环使用。

催化裂化催化剂是由沸石均匀分散于基质载体中而形成的。催化剂为催化裂化反应提供了反应场所和活性中心，对于提高反应的转化率、反应深度等具备重要意义。理想状况下，催化剂在反应器和再生器间完成反应-再生的过程，实现不间断的循环。但在实际运行过程中，由于工况极端复杂，会不同程度地造成催化剂的跑损失活，大量催化剂跑损到再生烟气和外甩油浆中。催化裂化工艺中常见的催化剂跑损失活原因包括：

① 催化剂烧结或水热失活。

② 吸附毒物失活。

③ 结焦失活。

④ 催化剂受潮，湿度大。

⑤ 催化剂磨损系数较大，造成结构破坏。

⑥ 催化剂细粉含量较高。

⑦ 旋风分离器结构性损坏。

⑧ 催化剂遇水发生热崩。

⑨ 局部过热使催化剂破损。

⑩ 两器操作波动。

由于催化剂不断损失，两器藏量会持续降低，为了使两器催化剂正常循环，需维持催化剂的活性、选择性，将重金属含量维持在一定的水平[3]。同时由于蒸汽造成的水热失活、重金属中毒等原因，催化剂活性也会逐渐降低[4]，因此需要定期向再生器补充新鲜催化剂。再生器补充催化剂的方式主要有三类，一类是大型加料，一类是小型自动加料。大型加料通过催化剂罐底部的程控阀和闸阀，经过大型加料线向再生器加料。大型加料具备加剂量大、操作简便、成本较低等特点，但由于加剂量不易控制，只能间歇加剂，且加剂量过大易造成操作波动，因此在日常运行中较少使用，通常适用于装置开停工以及应急处置等场合。小型加料具备加剂量精确、能连续加剂和远程自动操作、操作弹性较大以及操作平稳等特点，可以维持两器催化剂稳定[5]，目前在全国催化裂化装置中得到广泛应用。部分装置还存在一种中型加料方式，当小型自动加料失灵时，可以现场手动加料。由于小型自动加料器结构复杂，在加料出料管线均装有程控阀门，在流化罐底部安装有数个精密的称重传感器。管线内大量的催化剂颗粒会对管线、仪表造成磨损，尤其对于程控阀、称重传感器等精密仪器会造成冲击磨损。长时间使用后，小型自动加料器往往会出现管线堵塞、风压不足、传感器失灵等问题，最后导致加料不畅。本文从小型自动加料器的结构出发，分析了小型自动加料器加料不畅的原因，并从装置实际运行出发提出优化措施。

2 LPEC-5 型催化剂自动加料器结构和工作原理

2.1 LPEC-5 型催化剂自动加料器结构

LPEC-5 型催化剂自动加料器由框架、流化罐、加料管线、流化风管线、出料管线、放空管线和控制系统七个部分组成。其中控制系统包括防爆控制器、流化罐内的称重传感器、吹扫风压力监测、流化罐压力监测、气动阀门、气路控制回路。典型的小型自动加料器结构示意图如图 1 所示[6]。小型自动加料器不同部分结构作用见表 1。

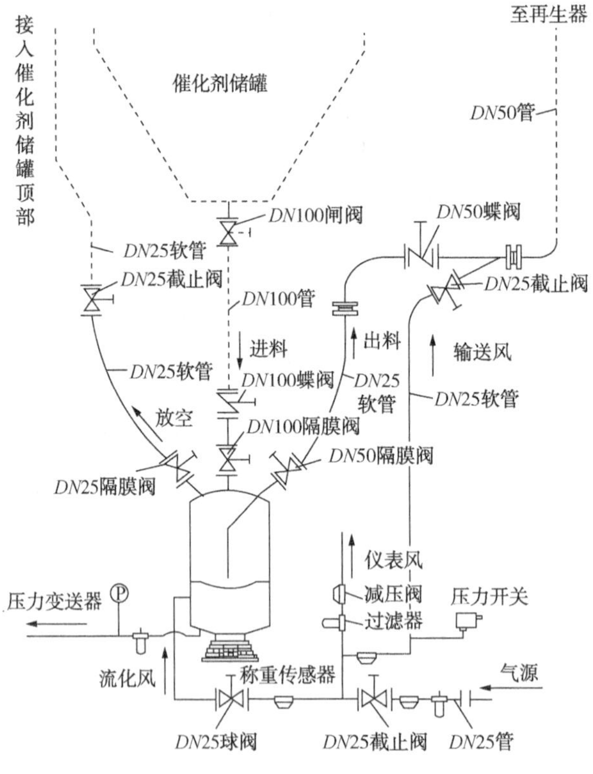

图 1 催化剂小型自动加料器结构示意图

表 1 LPEC-5 自动加料器各组分结构

结 构	作用特点
框架	为流化罐、各个出口管线、控制箱和其他器件提供支撑
流化罐	流化罐分为上下两部分，用法兰连接，流化罐内下部安装有三个称重传感器，流化罐上部内壁有环形密封槽。流化罐内的流化称重桶兼有称重和流化两个功能。桶底部由金属烧结丝网和骨架钢板构成
加料管线	经气动蝶阀、气动加料耐磨阀与催化剂罐连接。当阀门打开时，催化剂靠自重流入流化罐中，自动加料器工作时催化剂储罐不需要加压，保持常压即可

结　构	作用特点
流化风管线	接到流化罐下部，经过流化阀、过滤器、截止阀与现场的流化风管线相通。流化阀的开闭受程序控制。过滤器的作用是过滤掉压缩风中的水分和杂质，延长流化阀使用寿命
出料管线	经出料阀与再生器的催化剂加料管线连接，采用上出料方式。出料阀出口的三通短管从流化风管线接了一根输送管线。为了防止再生器中催化剂倒流，输送风管线首先接通后才能运行加料器，风压必须大于再生器的操作压力
放空管线	接到催化剂储罐顶部，管口对着筛网
控制系统	核心器件是防爆控制箱中的可编程序控制器，接受称重传感器和压力开关的信号，并依照设定的程序控制加料器工作
控制阀门	均为气动阀门，气动阀门的气路切换受防爆电磁阀控制

2.2 LPEC-5型催化剂自动加料器加料程序

自动加料器的自动工作程序分为待机、加料、流化、出料四个步骤。从上一个加料过程结束到设定的加料间隔周期达到的时刻即为待机阶段，在此阶段所有阀门都关闭。值得注意的是当加料器进入报警状态时，各个阀门也为关闭状态。到达设定的加料间隔周期后会开始一个新加料过程。程序先打开放空管线上的放空阀，使流化罐卸压，保持常压，延时10s后打开加料管线的加料阀。催化剂在自重作用下经加料管线落入流化称重桶内，称重传感器测量加入的催化剂质量，当达到设定的加料质量时，结束加料，关闭加料阀和放空阀。

3 LPEC-5型催化剂自动加料器加料不畅原因分析

某石化公司催化裂化装置安装有1#、2#以及3#三台自动小型自动加料器。目前自动加料周期为9min，设定加料质量为25kg。该装置催化剂小型自动加料器如图2所示。

3.1 LPEC-5型催化剂自动加料器运行存在问题

① 流化风中的催化剂逐渐累积堵塞在管道中，引起流化输送风压不够。当自动加料执行流化充压步骤时，由于风压不够，导致罐内压力达不到设定值，会导致催化剂无法加入再生器中。

② 催化剂引起管道和阀门磨损甚至泄漏，存在催化剂在现场扬散和泄漏的风险。

③ 催化剂冲击造成称重传感器失效，加料步骤中重量传感失效，造成加料或流化超时等问题。

图2 催化剂小型自动加料器现场结构

3.2 LPEC-5型催化剂自动加料器加料不畅原因分析

针对目前装置小型自动加料器存在的问题，本文从设备结构以及工艺等各方面进行了原因分析，原因分析如下：

① 小型自动加料器风管、出料管、加料管、流化管以及吹扫管本身存在大量催化剂，随着使用时间逐渐增加，管道中不可避免会积存大量粉尘，流化输送截面积逐渐减小，逐渐出现管道堵塞。

② 催化剂在高速流化风的吹动下，与管道和阀门产生摩擦，长年累月管道管壁减薄穿孔。同时各阀门气缸活塞密封圈、阀杆密封填料也会破损，引起阀门失效。

③ 管道、阀门泄漏，导致密封不严，气缸内压缩空气会进入阀腔，从而进入流化罐内，使罐内压力升高，放空步骤中流化罐内外压差过小，无法及时完全泄压，导致在规定时间内无法完成预设的下料质量，出现下料不畅报警，更无法达到工艺要求的总加料量。

④ 流化管内压力过高或压力波动，当压力高于流化管时，甚至会引发催化剂倒流[7]，延长了加料时间，使电磁阀可能长时间带电[8]，进一步损坏管线阀门。

⑤ 流化风带水，导致催化剂结块，加剧了管道堵塞。同时流化风中的水进入流化罐时，此时流化罐并未有催化剂进入，但称重传感器已经开始计算下料质量，导致实际并未有足够的催化剂在罐内，

导致后续出料不畅。

⑥ 流化风带水和催化剂冲击磨损导致流化罐内称重传感器失灵，会影响待机、加料、流化、出料四个步骤，长期的称重传感器失灵可能会导致流化罐满罐。

4 LPEC-5 型催化剂自动加料器现场优化设计

本装置 LPEC-5 型催化剂自动加料器相对于以往的 LPEC-2、LPEC-3 自动加料器进行了相应的优化，目前现场的优化设计如下：

① 由单点称重传感器改为三点称重传感器，增加测量精度[6]。

② 取消现场 PLC 系统，均改为远程 DCS 系统，系统通过建模运算，消除虚拟增加的质量值。远程控制更为精确，同时防止现场人员误操作，确保装置平稳运行。

③ 在各阀门前后设置输送风，保持对阀门前后有风吹扫，防止阀门堵塞。装置现场设置流化风如图 3 所示。

④ 各加料、出料、吹扫、流化管线使用全金属管线，防止软管因催化剂磨损而被磨穿。

⑤ 在催化剂储罐的顶部安装粉尘过滤系统的过滤器，带有粉尘的催化剂进入粉尘过滤系统后，经过滤后在真空泵的抽提下与蒸汽混合排入大气，回收的催化剂返回催化剂储罐。当系统运行到一定周期后，过滤器滤芯前后压差大于一定值时，系统自动执行反吹过程，稳压罐内的压缩气体在程控阀控制下对过滤器滤芯进行再生，且不会影响催化剂加剂和转剂操作[9]。

⑥ 在仪表风管线设置过滤器，防止输送风中过量的催化剂堵塞管道以及杂物进入流化罐内。装置仪表风过滤器如图 4 所示。

图 3 阀门前后输送风(方框内所示)

图 4 仪表风过滤器

⑦ 在流化罐底设置底放空，当输送风等可能存在带水等情况时，现场操作人员可打开底部放空口观察催化剂状态及脱水。流化罐底放空见图 5。

⑧ 在流化罐设置顶加料管线设置视窗，当催化剂满罐时，可根据视窗进行判断。流化罐顶视窗见图 6。

⑨ 出料、进料、吹扫、流化等程控阀采用耐磨阀，减轻阀门磨损程度。

尽管 LPEC-5 型催化剂自动加料器已经做出了一定的优化，但根据装置现场运行情况显示，小型自动加料器仍会出现管线堵塞、加料程序中断导致的加料不畅等问题。

5 结论及展望

本文通过对小型自动加料器加料不畅原因的分析，结合本装置运行工况，在原有自动加料器上进一步采取了以下优化措施，效果明显。具体如下：

图 5　流化罐底放空(方框内所示)

图 6　流化罐顶视窗

① 管道进料有杂物或管线衬里脱落堵塞管线是造成容器流化不畅的重要原因，在流化罐加料出料管线上设置过滤网，防止堵塞管线。

② 加料器各风管设置带上下游阀的限流孔板，控制进罐风量。

③ 优化小型自动加料器的频率，减小各阀门开关的次数，延长阀门寿命。同时提高吹扫的频率，减少流化罐内催化剂残留。

④ 小型自动加料器单独设置一条管线，避免与助剂共用管线，减轻管线堵塞程度，提高加料效率。

⑤ 将储罐内的管线由直口改为喇叭口，提高出料速度[6]。

⑥ 制定小型自动加料器定期拆修计划，定期对小型自动加料器进行管道疏通、阀门更换、罐体清洗等工作。

⑦ 为避免称重传感出现传感失灵失准等情况和反映罐内真实料位，为流化罐安装中部视窗及整合到 DCS 系统进行料位显示，必要时可以设置联锁控制，确保再生器小型自动加料器的平稳进行。

本文从设备、工艺等多个方面提出优化改造措施，提高了补充催化剂的效率，维持了两器藏量的稳定，减少了催化剂的损耗，为小型自动加料器的下一步改造升级提供了思路。

参　考　文　献

[1] 许友好，李宁，华仲炯．催化裂化工艺技术手册[M]．北京：中国石化出版社，2018.

[2] 陶旭海．催化裂化装置技术问答[M]．北京：中国石化出版社，2020.

[3] 苏秦豫，夏金法，刘丹．LPEC-2 型小型催化剂自动加料器的研制[J]．炼油设计，2002(9)：12-14.

[4] 李鸿雄，南云，宁攀龙，等．容积式自动加料器的设计思路[J]．中国石油和化工标准与质量，2012，33(13)：226.

[5] 徐振领．重油催化裂化装置降低催化剂消耗的方法[J]．工业催化，2004(8)：11-14.

[6] 陶志成，向刚伟．催化裂化小型自动加料器的改进[J]．化工自动化及仪表，2020，47(1)：88-90.

[7] 吴章柱，邹衡，王本铃，等．自动加料系统在 350 万吨/年催化裂化装置的应用[J]．化工技术与开发，2012，41(10)：52-54.

[8] 吕玉涛．二联合催化自动加料器长周期运行攻关[J]．河南化工，2012，29(13)：47-49.

[9] 陈来夫，于海鹏．粉尘过滤系统在催化剂加料系统中的应用与研究[J]．煤质技术，2019，34(3)：11-14.

S Zorb 停开工问题分析及应对措施

仵　档

（中国石化镇海炼化公司　浙江宁波　315207）

摘　要　2022 年 3 月中国石化镇海炼化公司 1.5Mt/a S Zorb 装置进行了为期 15d 的停开工检修。停开工过程中出现了反应器 R101 内吸附剂卸剂困难、混氢原料进加热炉 F101 两个支路法兰 2.8MPa 氢气气密微漏、再生下料滑阀 HV2634 无调节作用等严重影响停开工进度的问题。通过改变 R101 底部转剂流程，调整闭锁料斗 D106 在 1.2 步的运行参数；重新核算混氢原料进 F101 两个支路法兰力矩紧固值，并逐步增大紧固力矩进行紧固；拆除 HV2634 检查、对 HV2634 阀芯碎裂进行分析、及时更换 HV2634 等措施，有效保障了 S Zorb 装置的顺利停开。

关键词　S Zorb 装置；停开工；卸剂；法兰气密微漏；阀芯碎裂

1　前言

S Zorb 装置的建立是为了解决催化汽油中硫含量高的问题，基于吸附剂选择性吸附脱硫技术，可将催化汽油中的硫含量降低到 10mg/kg 以下[1]。中国石化镇海炼化公司 1.5Mt/a S Zorb（以下简称 1#S Zorb）装置于 2009 年建成运行，在 S Zorb 装置停开工方面积累了一定的经验。但停开工过程中涉及因素较多，仍会遇到一系列未知的、突发性的问题，解决不当将会严重影响整个停开工进程，带来诸多不利影响。2022 年 3 月 1# S Zorb 装置进行了为期 15d 的停开工检修，对停开工过程中出现的反应器 R101 内吸附剂卸剂困难、混氢原料进加热炉 F101 两个支路法兰 2.8MPa 氢气气密微漏、再生下料滑阀 HV2634 无调节作用的问题进行分析总结，并提出相应的应对措施。

2　反应器 R101 卸剂

2.1　R101 卸剂过程

R101 底部卸剂相关流程如图 1 中粗实线所示，R101 内吸附剂在混氢原料作用下流化，通过 R101 底部转剂线在提升氢 FI2002 流化下进入反应器接收器 D105，在 D106 步序控制 1.2 步时通过压差和自重进入 D106，然后在自重和压差下转入再生系统，通过再生系统完成卸剂。

2022 年 3 月 1 日，1#S Zorb 装置按停工计划反应进料量 FIC1101 逐步降量，反应系统同时卸剂，5：00 D106 在 1.2 步开始收不到剂，经过多次操作调整，10：12 D106 在 1.2 步开始逐步收剂正常。卸剂过程中循环氢量 FIC1102 在 13500m^3/h 左右，D105 内吸附剂压差 PDID105 在 6kPa 以下，FIC1101 由 125t/h 降至 100t/h，R101 床层压差 PDI2104 由 61.9kPa 降至 59.5kPa，此时 D106 在 1.2 步开始收剂困难，R101 内吸附剂无法转出。停工过程中首先要把反应器 R101 内吸附剂转出，R101 无法正常卸剂将会阻碍整个停开工进程。

2.2　R101 卸剂困难原因分析

2.2.1　R101 底部转剂线堵塞

由于 D105 内吸附剂压差 PDID105 较低，因此通过延长 D106 在 1.2 步的收剂时间 KI-102B 来增加 D106 收剂量，但无明显收剂。进一步判断 R101 底部转剂线可能堵塞，吸附剂无法从 R101 底部转至 D105，从而 D106 收不到剂，因此通过底部卸剂线提升氢气 FI2002 进行倒顶操作，多次尝试并逐步增大倒顶强度，D106 仍无法收到吸附剂。由于 FI2002 倒顶时流量正常，判断 R101 底部转剂管线并未堵塞。

2.2.2　R101 底部与 D105 压差不足

R101 底部与 D105 有一定的高度差，压差不足时无法克服吸附剂自重、与管线摩擦力等阻力，因

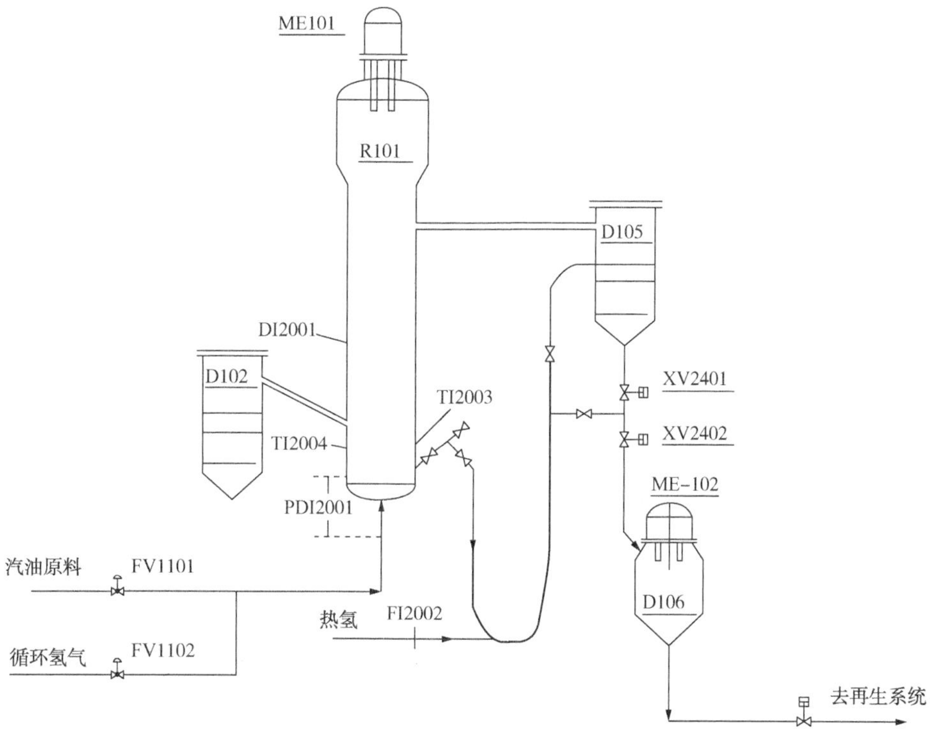

图 1　R101 底部卸剂相关流程

D102—还原器；R101—反应器；ME101—反应器过滤器；D105—反应器接收器；D106—闭锁料斗

此将 R101 底部转剂线从去 D105 改至去 D105 下料阀 XV2401、XV2402 之间直接进入 D106 进行卸剂，如图 1 中所示 R101 底部→D106，但 D106 仍无法收到吸附剂。

2.2.3　R101 底部转剂线区域发生偏流

如图 2(a)、(b)所示，反应降量过程中，R101 线速 FYXS 从 0.30m/s 逐渐降低至 0.25m/s 过程中，泡罩压降 PDI2001 从 14.80kPa 降至 0.03kPa 基本为零；R101 径向温度 TI2003、TI2004 差值在逐渐增大，正常运行时，径向温差一般≤2℃，而泡罩压差接近零时，TI2003 温度为 449℃(工艺卡片 450℃)、TI2004 温度为 416℃径向温差达到 33℃，明显超出正常范围，判断吸附剂在 TI2003 侧聚集，流化效果变差。综上所述，D106 在 1.2 步收不到剂可能是降量过程中吸附剂流化效果变差，吸附剂聚集而偏流所致。

R101 属于鼓泡流化床，底部转剂时为密相输送过程，吸附剂的输送靠的是压差推动[2]。如图 3 所示，正常流化时，吸附剂基团在重力、浮力、气体曳力作用下搅拌流动悬浮在反应器内；转剂时，由于转剂线压差的存在，吸附剂基团受到的重力、浮力、气体曳力流化平衡状态被打破，吸附剂基团在压差推动下随流化气体从低压区底部转剂线转出；进料量与反应器藏量不匹配或泡罩堵塞等因素会造成流化效果变差，吸附剂基团聚集而偏流，气体更容易从低压区底部转剂线流出，吸附剂基团则被流化气体挡在反应器内无法转出，此时需要更大的压差打破偏流状态，建立新的转剂流化平衡。

如图 2(c)所示，逐步增大 D106 在 1.2 步的收料压差 PDI2301 至 0.24MPa 时，D106 开始收到吸附剂，此时 FIC1101 已经降至 60t/h，FIC1102 增加到 16200m^3/h，这对吸附剂的流化效果有一定的影响。由于密相输送靠的是压差推动，发生偏流时增大 D106 在 1.2 步的收剂压差在 D106 收剂过程中起着关键作用。装置停工后对 R101 底部泡罩吸附剂进行清理，清理前 R101 底部卸剂线两侧均有明显的吸附剂堆积结块，这也与卸剂过程中发生偏流现象相符合。

为了保障停工过程中正常卸剂，需要找到一个与进料量和反应器内吸附剂藏量相关的参数作为参照。泡罩压力降除与泡罩设计本身阻力系数、开孔率相关，还与气体流速、床层压降有关[3]，因此泡罩压力降可以作为衡量停工过程中进料量和反应器藏量的一个参照。根据 Yang[4] 提出的理论，为了实现均匀的气体分布，泡罩压力降不能太低，应大于床层压力降的 30%。按此理论，1#S Zorb 正常运行时反应器床层压力降为 80kPa，理论泡罩压力降则为 24kPa，与实际操作泡罩压力降 24kPa 相符合。停工过程中，反应器床层压力降在 59kPa 时，泡罩压力降从 17kPa→15kPa→10kPa→0. 023kPa 与床层压力降相差较大，不利于气体均匀分布。

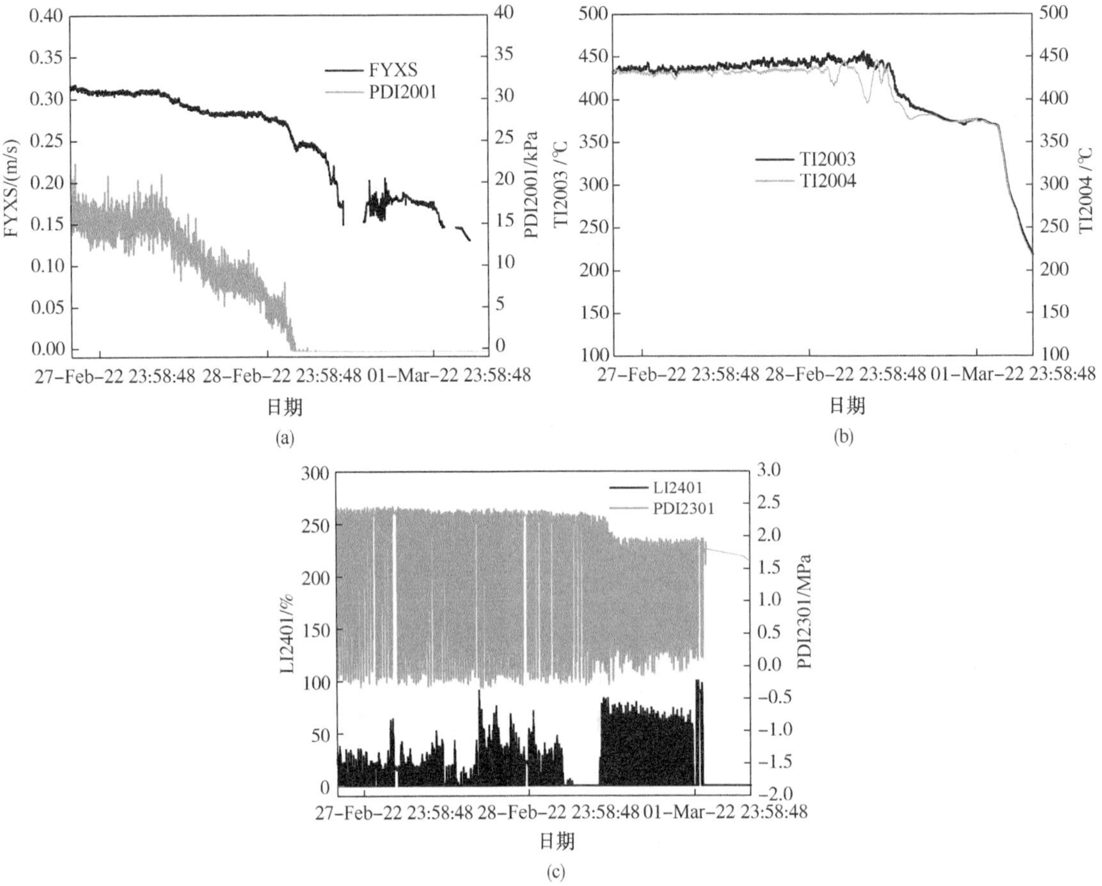

图 2 (a)泡罩压降 PDI2001、R101 线速 FYXS；(b)R101 床层温度 TE2003 和 TE2004；(c)D106 料位 LI2401，1. 2 步收料压差 PDI2301

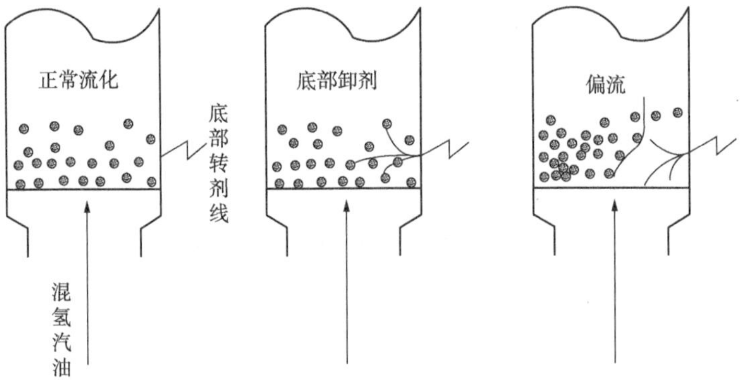

图 3 反应器底部三种流化状态

2.3 应对措施及建议

① 反应器底部卸剂时闭锁料斗 1. 2 步收不到剂可能原因有：转剂管线堵塞、转剂管线预热程度不够、压差不足、偏流、提升氢气量不足/过大、仪表故障等，要根据具体现象进行分析，采取对应措施。

② 停工过程中，可以泡罩压力降为床层压力降的 10%~30%或者更适合本装置的泡罩压力降与床层压力降的关系为参照，调整进料量和反应器藏量，保障吸附剂流化均匀正常卸剂。

③ 判断吸附剂流化质量方法：床层温度分布、床层径向压差、床层压差、用听棒听设备内声音、

泡罩压差等。有偏流现象发生时，及时调整进料量和反应器藏量，因此造成反应器底部卸剂过程中闭锁料斗 1.2 步收料困难时，适当增大闭锁料斗 1.2 步压差。

3 混氢原料进加热炉两支路法兰气密微漏

3.1 力矩紧固原理

力矩紧固是在螺栓紧固过程中使用液压、电动、气动等驱动控制系统精准可控制螺栓紧固力矩大小，提高螺栓连接的可靠性，降低螺栓疲劳断裂而造成的危险性，实现零泄漏的目标[5-6]。螺栓力矩紧固扭矩值是根据螺栓的参数结合现场实际工况，按照 ASME PCC-1-2019 中压力容器法兰螺栓的负荷计算得出的，螺栓屈服强度取值范围 40%~70%[7]。根据式(1)、式(2)精确计算法兰稳定工作所需要的螺栓载荷，从而设定螺栓紧固力矩值。

目标扭矩(螺母系数法)：

$$T=F\times D\times K/1000 \tag{1}$$

螺栓预紧力：

$$F=A_s\times\delta_y\times P \tag{2}$$

式中 T——紧固扭矩值，N·m；

F——螺栓预紧力，N；

D——螺栓公称直径，mm；

K——摩擦系数(综合螺纹摩擦系数和螺母与法兰面摩擦系数)；

A_s——螺纹应力截面积，mm^2；

δ_y——螺栓屈服极限值，MPa；

P——螺栓屈服百分比(ASME 默认值是 50%)，%。

两同步紧固模式如图 4 所示，可使螺栓有效率载荷趋于一致，法兰平行闭合。紧固步骤如下：

① 法兰对中，手动或用扳手预紧螺栓，调整螺栓露头 0~3 牙距，调整平行度；

② 调至 30%扭矩值，紧固螺栓组 1-2#，测量法兰间隙，调整法兰平行度；

③ 调至 60%扭矩值，紧固螺栓组 3-4#，测量法兰间隙，调整法兰平行度；

④ 调至 100%扭矩值，紧固螺栓组 5-8#，然后顺时针紧固 2 圈+3 颗螺栓。

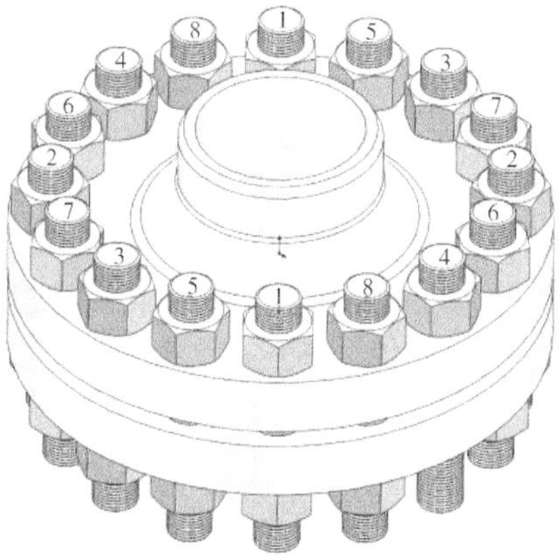

图 4 混氢原料进加热炉两个支路法兰螺栓两同步紧固编号

3.2 混氢原料进加热炉两支路法兰力矩紧固过程

混氢原料进加热炉两个支路法兰为氢气、油气介质，压力 3.0MPa，温度 370℃左右。法兰规格 *DN*250 *PN*11.0；螺栓数量 16、规格 M33、材质 25Cr2MoVA/35CrMOA；垫片规格 *DN*250 *PN*11、材质金属缠绕垫片+石墨层。为确保装置安全平稳运行，混氢原料进加热炉两个支路法兰均采用力矩紧固技术进行紧固。根据式(1)、式(2)计算，确定混氢原料进加热炉两个支路法兰稳定工作所需要的螺栓紧固扭矩值为 1550N·m，回装时均采用 PMX-4 型中空液压扳手，两同步紧固模式。装置开工前要对临氢系统进行 2.8MPa 氢气气密，用肥皂水检查过程中发现混氢原料进加热炉两个支路法兰均有连续微小气泡溢出，确定两处密封有问题。

3.3 混氢原料进加热炉两支路法兰气密微漏分析

混氢原料进加热炉两个支路法兰位于高处，脚手架平台小操作不方便，相比之下出口两个支路法兰操作时较方便，气密也正常；加热炉区域法兰通过夜间加班完成，回装紧固时间较紧张，视线也不好；工作人员处于疲劳状态，安全意识下滑等因素造成此两处法兰紧固过程出现问题，气密不合格。

首先通过外观检查两个支路法兰螺栓、垫片及测量平行度均正常，判断可能是力矩紧固不到位。

因此重新用 PMX-4 型中空液压扳手，按扭矩值 1550N·m 进行力矩紧固。其中一支路法兰紧固后，用肥皂水检查无明显气泡，确认密封正常。而另一支路法兰重新紧固后仍然有连续的微小气泡溢出。

对另一支路法兰进一步分析，判断可能是回装过程中有微小杂质进入密封面，导致密封效果变差；发现泄漏点处相邻的螺栓均为旧螺栓，螺栓上的铁锈可能未清理干净，造成螺栓螺母间摩擦系数、螺母与法兰面间摩擦系数比计算摩擦系数 K 值偏大，此时 1550N·m 的螺栓扭矩值并不能对法兰密封面起到稳定密封的作用。因此按照螺栓材质、规格、强度和操作工况结合式(1)、式(2)复核计算螺栓扭矩值为 2100N·m。按 2100N·m 扭矩值重新紧固后，用肥皂水检查无明显气泡，确认气密合格。

3.4 应对措施及建议

① 法兰回装除做好密封面检查，还要注意回装过程中保持密封面清洁干净，直到回装完成。

② 利旧螺栓要清洗干净与新螺栓交叉均匀对称使用，涉及高温、高压、危险介质关键法兰多备一些新的螺栓。

③ 涉及高处、空间操作不便、夜间等特殊环境的法兰回装，加强关注和检查。

4 再生下料滑阀 HV2634 阀芯碎裂

4.1 HV2634 阀芯碎裂

滑阀是利用阀芯在阀体密封面上做轴向滑动，改变流体进出口通道位置来控制流体流量的一种特殊阀门。与常规阀门相比，滑阀阀芯结构强度较高，适用于粉尘类固体输送用途。本装置再生下料滑阀 HV2634 阀芯材质采用钴铬钨整体烧结硬质合金，硬度可达 HRC65，可以抵抗固体颗粒对阀芯造成冲蚀。阀芯上开有 T 形槽，与阀杆的 T 形扣连接，保证阀芯始终处于浮动状态、提高阀门的密封性能。

装置开工过程中因再生器底部下料不畅，底部下料滑阀 HV2634 临时下线，工艺用短节连接，下料正常后 HV2634 复位投用。但调节过程中发现 HV2634 无调节作用，阀门开到最大依然无影响，通过多次开关调整仍无法解决。最终将阀门拆下进行检查，发现阀芯已经脱落碎裂。

4.2 HV2634 阀芯碎裂原因分析

HV2634 为气开阀，失气状态下阀门应为全关。在滑阀回装过程中，工作人员发现可以从 HV2634 法兰一端，通过阀座上的一个月牙形缺口看到法兰另一端，误认为阀门是半开状态便复位。阀座上的月牙形缺口其实是阀板脱落后没有完全关闭阀座形成的，说明阀门在复位前阀板已经脱落。根据阀板两端尖角断裂部位分析，判断阀板是在行程中碰到硬物卡住，在执行机构的动作过程中阀板尖角破碎，随后阀板凹槽再断裂，阀杆和阀板脱开，阀板掉落至导向槽，造成阀座直通阀门处于开启状态，失去调节作用。

4.3 应对措施及建议

① 做好阀门及阀内件、定位器等备件工作，确保阀门出现故障能及时修复，保障安全平稳生产。

② 做好阀门维护保养，跟踪调节阀的生命周期。对阀门的内漏、阀内件的使用磨损情况，做好台账记录，分析原因，积攒同类阀的苛刻环境使用经验，改进阀门的生命周期。

5 结论

① 停工过程中，反应器内发生偏流导致卸剂困难，通过增大 D106 在 1.2 步的压差，最终顺利卸剂。反应器底部卸剂困难时，要根据具体现象进行分析，采取对应措施；可以泡罩压力降为床层压力降的 10%~30%或者更适合本装置的泡罩压力降与床层压力降的关系为参照，调整进料量和反应器内吸附剂藏量；因偏流造成反应器卸剂困难时，逐步增大卸剂压差。

② 法兰回装除做好密封面检查，还要注意回装过程中密封面保持清洁干净，直到回装完成；利旧螺栓要清洗干净与新螺栓交叉均匀使用，涉及高温、高压、危险介质关键法兰多备一些新的螺栓；涉及高处、空间操作不便、夜间等特殊环境的法兰回装，加强关注和检查。

③ 针对使用环境苛刻易损坏的阀门，做好阀门、阀内件、定位器等备件工作，确保阀门出现故障可及时更换或修复；做好阀门维护保养，提高同类阀的苛刻环境使用经验，改进阀门的生命周期。

参 考 文 献

[1] 孙丽丽．汽油吸附脱硫工艺与工程[M]．北京：中国石化出版社，2019：7-8.

[2] 张玉鸽．燕山石化新建吸附脱硫装置研究及应用[D]．北京：北京化工大学，2016：22-49.

[3] 秦霁光，丛启明，陈洪生．流化床气体分布板的研究[J]．化学世界，1964(10)：54-55.

[4] Yang W C . Handbook of fluidization and fluid-particle systems[J]. China Particuology，2003，1(3)：137.

[5] 张伟．法兰螺栓定力矩紧固在工程施工中的应用[J]．化工管理，2020(19)：166-168.

[6] 李涛．螺栓紧固扭矩计算方法的探讨[J]．炼油与化工，2014，25(1)：19-22，61.

[7] ASME. 压力边界螺栓法兰连接装配指南：ASME PCC-1-2019. 标准网，2020：46-54.

S Zorb 装置闭锁料斗过滤器运行分析

仵　档

（中国石化镇海炼化公司　浙江宁波　315207）

摘　要　中国石化镇海炼化公司 120 万 t/a S Zorb 装置于 2014 年 7 月建成运行，截至 2021 年 5 月闭锁料斗过滤器 2ME102 共更换过 7 次，平均运行周期 1 次/12 个月。通过对 2ME102 的运行过程及压差变化进行分析，采取了调整闭锁料斗 2D106 运行参数、优化 2D106 操作过程、加强 2D106 运行管理的措施对 2ME102 的运行进行优化，使得 2ME102 运行 16 个月后仍能保持正常的运行性能。

关键词　S Zorb 装置；闭锁料斗过滤器；压差；运行周期

1　前言

闭锁料斗 2D106 是 S Zorb 装置连接反应系统和再生系统的关键设备，将反应系统待生吸附剂转运至再生系统进行氧化再生，同时将再生器内再生的吸附剂转运至反应器内进行吸附脱硫[1-2]。2D106 每循环一次需要经过多次吹扫、调压、泄压、装卸剂等过程，而 2D106 内气体和吸附剂粉末的分离均需要通过闭锁料斗过滤器 2ME102 来实现。

由于 2D106 运行环境复杂，2ME102 易出现故障，造成 2ME102 压差上升，过滤性能下降，导致 2D106 内吸附剂进入下游管线。中国石化镇海炼化公司 1. 2Mt/a S Zorb（简称 2#S Zorb）装置于 2014 年 7 月建成运行，截至 2021 年 5 月 2ME102 共更换过 7 次，平均更换周期 1 次/12 个月。2ME102 发生故障将会影响吸附剂的循环再生，甚至会造成吸附剂无法循环，因此进一步延长 2ME102 的使用寿命，可促进 2#S Zorb 装置的长周期平稳运行。

2　过滤器运行原理

过滤器正常过滤及反吹过程如图 1（a）所示，带有固体颗粒的气体经过过滤器，气体通过过滤介质，固体颗粒被过滤介质拦截，从而实现气固分离[3]。如图 1（b）所示，初始过滤时由于过滤介质的阻力，过滤器压差为过滤介质形成的静压差；随着过滤的进行，吸附剂颗粒在过滤介质上聚集，过滤器压差逐渐上升，当压差上升到一定值时，通过反吹可将一部分聚集在过滤介质上松散的固体颗粒吹除，多为大颗粒物质，称为非永久滤饼；而一些细小的微粒，黏附性较大，牢固地黏附在过滤介质表面，不易被反吹下来而形成永久滤饼。此时由于永久滤饼的存在，过滤器压差将永久滤饼和过滤介质共同形成的压差称为恢复压差，经多次过滤反吹，恢复压差逐渐上升稳定至一定值，此时永久滤饼建立完成[4]。

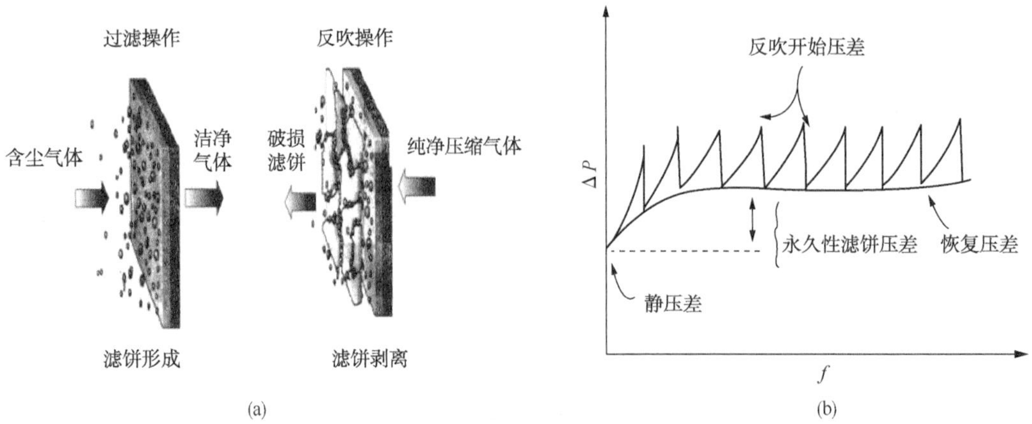

图 1　（a）过滤器正常过滤和反吹过程；（b）过滤器正常运行压差变化

过滤器总压差可由式(1)表示，由滤饼压差和过滤介质压差组成。滤饼的压差取决于过滤介质的组成及结构、流体通过介质的速度和固体颗粒的物性等因素，滤饼压差可用柯士尼方程式(2)表示，永久滤饼的建立对过滤性能有着重要影响，适宜厚度的永久滤饼可提高过滤精度，滤饼过厚则会造成过滤器压差过大，不利于过滤器平稳运行[5]。

$$\Delta P=\Delta P_f+\Delta P_c \tag{1}$$

$$\Delta P_c=5.0\frac{a^2(1-\epsilon)^2L\mu v}{\epsilon^3} \tag{2}$$

式中 ΔP——总压差，MPa；

ΔP_f——过滤介质压差，MPa；

ΔP_c——滤饼压差，MPa；

a——组成滤饼颗粒的比表面积，m^2/g；

ϵ——滤饼孔隙率,%；

L——滤饼厚度，μm；

μ——气体黏度，Pa·s；

v——气流速率，m/s。

3 2ME102 运行分析

2#S Zorb 装置自 2014 年建立，截至 2021 年 5 月已有 7×12 个月，期间 2ME102 共更换过 7 次，平均更换频率 1 次/12 个月。从图 2 中 2ME102 运行压差可以看出，2ME102 第①次运行周期最长为 20 个月，第②次运行周期最短为 8 个月，运行周期最大相差 12 个月，最近一次第⑦次 2020 年 4 月至 2021 年 5 月运行周期为 13 个月。2ME102 的 7 次更换运行周期长短不一，说明 2ME102 的使用寿命还有一定的提升空间。

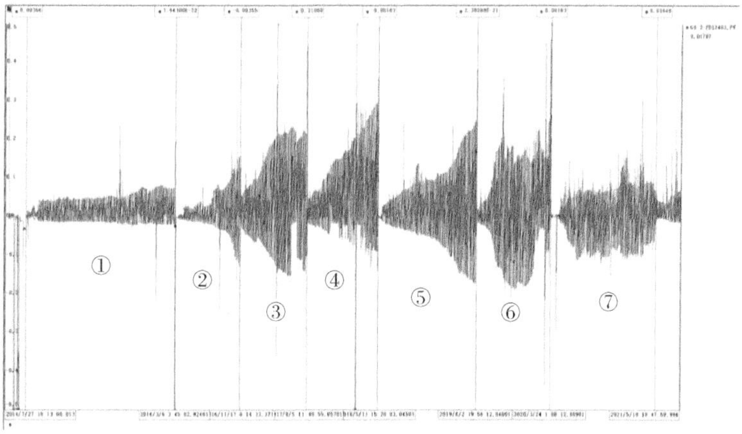

图 2 2ME102 运行压差

2#S Zorb 装置吸附剂颗粒粒径分布如图 3 所示，粒径在 0~140μm，呈正态分布，颗粒集中在 60μm 左右，20μm 以下颗粒占比 0.1%。过滤器上的滤饼粒径越小，颗粒比表面积越大，对过滤器压差影响也就越大。过滤器初次运行时要注意过滤器滤饼的建立，因为 2ME102 的过滤主要依靠滤饼的建立才能把更小的颗粒过滤下来，保证过滤器的精度及长周期运行[6-7]。

从图 2 2ME102 的运行压差可以看出，2ME102 的 7 次更换运行中第①次运行时压差波动较小，恢复压差基本上稳定在一定值，且运行周期较长，而第②~⑦次运行时 2ME102 压差呈线性或指数增长，同时恢复压差波动较大，这并不符合过滤器正常运行时恢复压差逐渐上升而后稳定在一定值或缓慢上升的规律，原因分析如下：

(1) 没有形成有效的永久滤饼，2ME102 初始投用时应有永久滤饼的建立过程，初始阶段永久滤饼还不稳定。反吹压力过大、反吹频次过高，使得初期永久滤饼还没有建立就被破坏，无法形成有效的

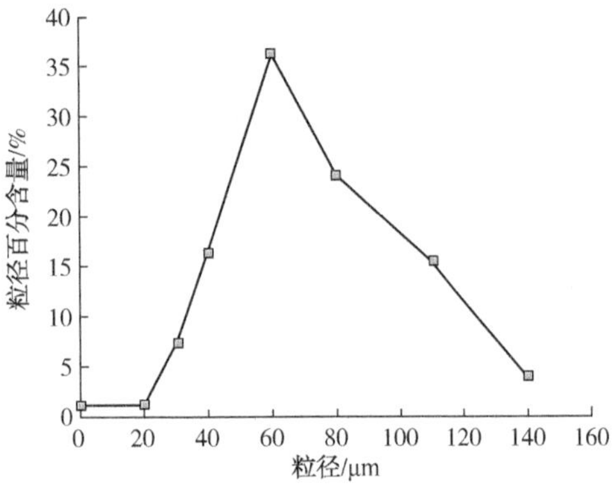

图 3　2#S Zorb 吸附剂粒径分布

永久滤饼对细小微粒进行截留，粒径小于金属滤芯孔径(1.3μm)的微粒进入到金属滤芯的孔道内部，堵塞金属滤芯孔道，导致 2ME102 压差波动越来越大。

(2) 2ME102 反吹过于频繁，2D106 每 20~30min 循环一次，2D106 步序每次运行至 8.0 步，闭锁料斗程控阀 2XV2422 都会打开反吹一次，反吹频次过高对滤芯和永久滤饼都具有破坏作用，不利于 2ME102 恢复压差的稳定。

(3) 2ME102 运行环境复杂，2D106 每次循环均有两次收料和排料过程，且处于压力(0~2.8MPa)、温度(250~370℃)、介质(氢气、油气、氮气)交变的环境，其中闭锁料斗步序 8.0、9.0、1.1 步处于高压氢气环境，1.2 步处于高温、高压、氢气、油气环境，2.1 步又从高温、高压、氢气、油气环境快速向高瓦系统泄压，最高泄压速率达 1900Nm^3/h，对滤饼和金属滤芯具有较大的冲击性，4.1、4.2、5.0、6.1、6.2 步又处于低压氮气环境，如此交替频繁运行，易使永久滤饼、金属滤芯遭到破坏，2ME102 恢复压差波动较大。

4　2ME102 运行优化

4.1　2D106 参数调整

调整 2D106 2.1 步泄压速率，2D106 调压和泄压过程要缓慢，以减少对金属滤芯的冲击，尤其是 2.1 步高瓦泄压时，气体流速较大，金属滤芯受到的压差和冲击较大。在满足正常生产的情况下，调整 2D106 泄压斜率来降低 2.1 步的泄压速率。特殊情况如原料油硫含量过高，需要增大吸附剂的循环量时，可适当提高泄压速率。

调整 2D106 8.0 步反吹，使 2ME102 恢复压差趋于稳定，建立有效的永久滤饼。恢复压差明显增大时，停止 2D106 运转，手动操作对 2ME102 进行反吹，使 2ME102 恢复压差趋于稳定或延缓恢复压差波动增加的趋势。

4.2　2D106 操作优化

为防止 2D106 收料过多，2D106 因短停或其他原因造成反应器接收器 2D105 压差 2-PDI2302 明显上升(大于 20kPa)，1.2 步收料前参数设定：1.2 料位设定 1%，压差设定 0.08MPa，收料时间设定 20s；若第一圈 1.2 步未收到料，第二圈 1.2 步收料时间设定 25s，以此类推，每圈 1.2 步收料时间增加 5s，当 2D105 压差恢复到 15kPa 左右时，1.2 步设定参数恢复正常。

4.3　加强 2D106 运行管理

(1) 严禁将 2D106 装满，2D106 运行过程中吸附剂料位过高会将 2ME102 金属滤芯埋没，造成金属滤芯堵塞和损坏，影响过滤性能。

(2) 2D106 因短停或其他原因造成 2D105 压差明显上升(大于 20kPa)，对控制 1.2 步 2D106 料位不大于 70%，且再生进料罐 2D107 收料大于 15%的操作，建立奖励机制。

(3) 提前做好更换 2ME102 的准备，以便 2ME102 出现故障时及时处理。

5　2ME102 优化后运行情况

自 2021 年 5 月 2ME102 检修更换后，经过多方面改进，2ME102 的压差趋势如图 4 所示，前期 2ME102 压差波动较小，运行 8 个月后压差有所增加，但 2ME102 的恢复压差基本在同一水平线，与②~⑦次相比恢复压差的稳定性有显著提高。2ME102 运行 16 个月仍能保持正常运行性能，与平均运行周期 12 个月相比，2ME102 的运行周期得到了改善。

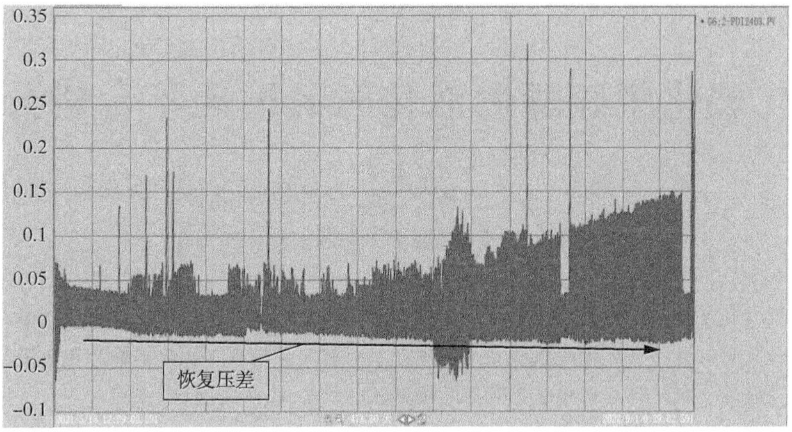

图 4　优化后 2ME102 运行压差

6　结语

2D106 运行环境复杂，2D106 料位、泄压速率，以及 2ME102 滤饼的建立、油气环境等因素均会对 2ME102 的运行有较大影响。通过一系列优化措施，2ME102 运行 16 个月仍能保持正常的运行性能，运行周期得到改善。运行过程中要加强关注 2ME102 的压差变化，压差明显波动时及时调整相关运行参数，采取措施减缓 2ME102 恢复压差波动，保障 2ME102 的长周期运行。

参　考　文　献

[1] 侯晓明，庄剑 . S Zorb 催化汽油吸附脱硫装置技术手册[M]. 北京：中国石化出版社，2013：12-15.
[2] 张文吉 . S Zorb 装置闭锁料斗常见故障分析及处理[J]. 炼油技术与工程，2016，46(12)：38-35.
[3] 刘松 . 论永久滤饼重新建立的可行性[C]//中国化工学会，中国石化出版社，2017.
[4] 冯小艳，徐西娥，魏涛 . S Zorb 装置反应器过滤器滤饼的建立[J]. 炼油技术与工程，2015，45(8)：33-35.
[5] 管国锋，赵汝溥 . 化工原理[M]. 4 版 . 化学工业出版社，2015：100-121.
[6] 李辉 . S Zorb 装置关键设备运行分析[J]. 石油炼制与化工，2012，43(9)：81-85.
[7] 吴国祥 . 陶瓷过滤器在 Shell 粉煤气化中的应用及运行维护[J]. 内蒙古石油化工，2011(15)：76-79.

催化裂化脱硫醇后液化气硫醇硫不合格分析

陈宋宇

（中国石化镇海炼化公司　浙江宁波　315000）

摘　要　镇海炼化2#催化裂化联合装置2022年3月份短停消缺后出现脱硫醇后催化裂化液化气硫醇硫间断超标情况。该文对可能造成硫醇硫超标的原因进行了分析，并采取了氧化塔非净化风管线水冲洗及催化剂循环碱液更换等措施，脱硫醇后催化裂化液化气硫醇硫指标合格，装置运行平稳。

关键词　催化裂化；液化气；硫醇硫；催化剂碱液；氧化塔注风

1　前言

镇海炼化2#催化裂化联合装置所产液化气经过流量调节后进入液态烃脱硫抽提塔脱除 H_2S，使液化气中的 H_2S 含量在 $10mL/m^3$ 以下。脱硫后液化气进入脱硫醇系统，首先进入预碱洗沉降罐，然后进入液态烃脱硫醇抽提塔，使总硫含量小于 $80mg/m^3$，硫醇硫含量小于 $15mg/m^3$。脱硫醇后液化气经过水洗罐和液液聚结器将其中夹带的微量碱液和杂质分离出来，达到净化的目的。

2#催化裂化联合装置脱硫醇后催化裂化液化气硫醇硫指标按 $\leqslant 15mg/m^3$ 控制，分析频率为每周一次，然而自2022年3月开工以来出现多次超标，表1为2022年3月21至5月10日脱硫醇后催化裂化液化气硫醇硫超标数据。

表1　脱硫醇后催化裂化液化气硫醇硫超标数据　mg/m^3

日期	硫醇硫含量	控制指标	日期	硫醇硫含量	控制指标
2022-03-21	26.5	≤15	2022-05-02	24.8	≤15
2022-03-28	27.5	≤15	2022-05-02	19.8	≤15
2022-04-04	22.8	≤15	2022-05-03	23.3	≤15
2022-04-11	23.8	≤15	2022-05-03	17.4	≤15
2022-04-25	25.4	≤15	2022-05-09	24.0	≤15
2022-04-25	30.5	≤15	2022-05-09	21.7	≤15
2022-04-26	18.4	≤15			

2　2#催化裂化联合装置液化气脱硫醇介绍

2.1　液化气脱硫醇原理

液化气脱硫醇原理是依据硫醇的弱酸性和硫醇负离子易被氧化生成二硫化物这两种特性[1]。首先氢氧化钠与油相的硫醇反应生成水相的硫醇钠，而硫醇钠可以溶于碱液，从而使得硫醇化合物从液化气中脱除；然后带有水相硫醇钠的碱液在磺化酞菁钴催化剂的催化作用下与氧气反应，将硫醇钠氧化为油相状态的二硫化物脱除硫醇，脱除硫醇后的氢氧化钠还可以再次循环使用，从而避免了大量碱渣的产生。

碱液脱除液化气中硫醇、硫化氢反应式：

$$RSH+NaOH \longrightarrow NaSR+H_2O$$

$$H_2S+2NaOH \longrightarrow Na_2S+2H_2O$$

碱液氧化再生反应式：

$$4NaSR+2H_2O+O_2 \longrightarrow 2RSSR+4NaOH$$

$$H_2S+2NaOH \longrightarrow Na_2S+2H_2O$$

$$2Na_2S+2O_2+H_2O \longrightarrow Na_2S_2O_3+2NaOH$$

2.2 2#催化裂化联合装置液化气脱硫醇工艺介绍

来自液化气胺液回收器的液化气，经液化气-碱液混合器与20%碱液混合后，进入液化气预碱洗沉降罐(V3302)，经沉降分离后，碱液循环使用，新鲜碱液由催化剂碱液循环泵间断补充，碱渣间断自压出装置至2#WAO(废碱液湿式氧化装置)处理。液化气至液化气脱硫醇抽提塔(T3301)，用溶解有脱硫醇助剂(服务商专利技术配套的除臭精制液功能助剂)的碱液进行液液抽提，脱硫醇后的液化气经过水洗罐(V3308)后再经预过滤器、液液聚结器，分离出碱沫、水雾后经过砂滤塔(T3302)送至气体分馏装置。

抽提塔底的催化剂碱液经碱液加热器(E3301)用低温热水加热至70℃，进入氧化塔(T3303)，用非净化空气再生、二硫化物分离罐(V3303)分离，并经碱液冷却器(E3302AB)冷却后，催化剂碱液经催化剂碱液循环泵循环使用；硫醇氧化所生成的二硫化物间断送至碱渣罐。V3303分离出的尾气送至尾气分液罐(V3111)，经V3111脱液后的尾气通过氮气喷射器(EJ3301-1/2)加压后送入再生器。

3 脱硫醇后液化气硫醇硫超标原因分析

3.1 混合原料硫含量的影响

液化气中的硫分为无机硫和有机硫。无机硫即硫化氢；有机硫主要为甲硫醇、乙硫醇，还有少量的二甲基二硫、二乙基二硫、甲基乙基二硫、丙硫醇、甲硫醚、羰基硫等。

从图1、图2可以看出，自3月份开工以来，2#催化裂化联合装置混合原料硫含量持续上升，甚至出现超标现象，脱硫后液化气硫醇硫含量同样处于高位。液化气脱硫醇单元的设计负荷是78t/h，目前装置处理量85t/h已超负荷运行。当脱前液化气中硫醇硫含量超出精制脱硫醇单元负荷时，极易造成脱硫醇液化气中硫醇硫含量超标，因此混合原料硫含量高是导致脱硫醇后液化气硫醇硫超标的原因之一。

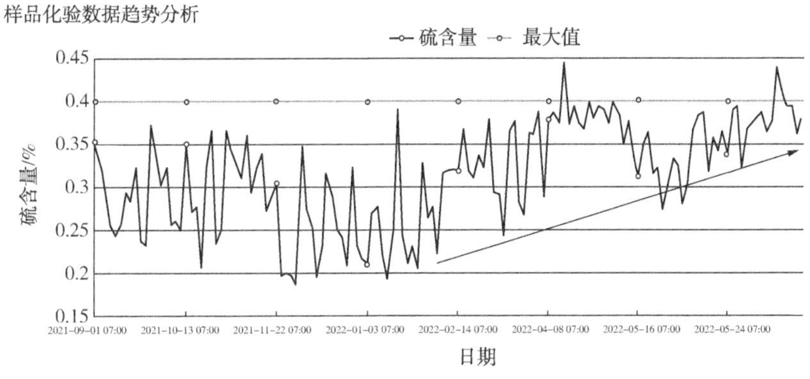

图1 混合原料硫含量

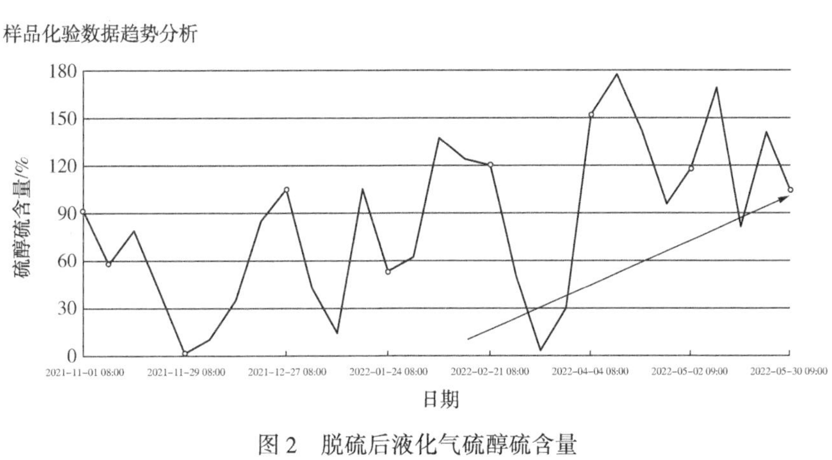

图2 脱硫后液化气硫醇硫含量

3.2 脱硫后液化气硫醇硫组分的影响

液化气中的无机硫通过胺洗很容易脱除，有机硫中的硫醇通过氢氧化钠碱洗脱除，羰基硫通过常温水解催化剂进行脱除。二硫化物、甲硫醚等通过胺洗、碱洗或常温水解催化剂则很难脱除，因此若脱硫后液化气中携带大分子硫醇硫会加大脱硫醇的难度。从表2可以看出，脱硫醇后液化气硫醇硫超标时，并未在脱硫后液化气中发现大分子硫醇，主要是甲硫醇和乙硫醇脱除率下降，导致脱硫醇后液化气中硫醇硫含量超过控制指标。

表2　脱硫后、脱硫醇后液化气硫醇硫数据　　mg/m³

化验项目	脱硫后液化气					
	2022-05-03 9：00	2022-05-09 9：00	2022-05-09 19：00	2022-05-10 8：00	2022-05-10 16：00	2022-05-16 9：00
COS	—	—	—	—	—	—
硫化氢	—	—	—	—	—	—
甲硫醇	198	243	170	159	168	119
乙硫醇	7.26	10.6	9	6.6	6.32	2.41
乙硫醚	—	1.26	—	—	—	—
硫醇硫	136	169	120	110	116	81
化验项目	脱硫醇后液化气					
	2022-05-03 9：00	2022-05-09 9：00	2022-05-09 21：40	2022-05-10 8：00	2022-05-10 16：00	2022-05-16 9：00
COS	—	—	—	—	—	—
甲硫醇	24.3	28.1	29.9	20.4	3.57	16.2
乙硫醇	2.19	9.94	3.2	2.56	1.22	1.28
二甲硫醚	—	—	—	—	—	—
硫醇硫	17.4	24	21.7	15	3.03	11.5

3.3 脱硫醇单元循环碱液浓度的影响

循环碱液是由碱液中添加功能强化助剂——GL除臭精制液配制而成的(醇相溶解磺化酞菁钴配制液)。除臭精制液是根据相似相溶的原理，利用分子结构与硫醇相近而水溶性远大于硫醇的物质，来提高硫醇在碱液中的溶解度，提高抽提剂中硫醇钠的溶解度，进而提高抽提剂与硫醇的反应活性；除臭精制液可降低循环剂的表面张力，提高剂风的混合效果，提高再生过程中溶剂的溶氧能力；提高催化活性，实现常温下的强化再生，加强硫醇钠向二硫化物的转变；提高脱硫醇溶剂对羰基硫的溶解性，促进羰基硫水解。

本次开工后，催化剂循环碱液流量和GL除臭精制液配比浓度均未发生变化，因此催化剂碱液浓度是最重要的影响因素。从图3可知，本次短停消缺开工后，催化剂碱液起始浓度较上周期要低，且碱液浓度下降速度较上周期要快。据厂家答复，催化剂循环碱液浓度宜控制在10%~15%，因此催化剂碱液浓度是导致此次脱硫醇后液化气硫醇硫不合格的主要原因。

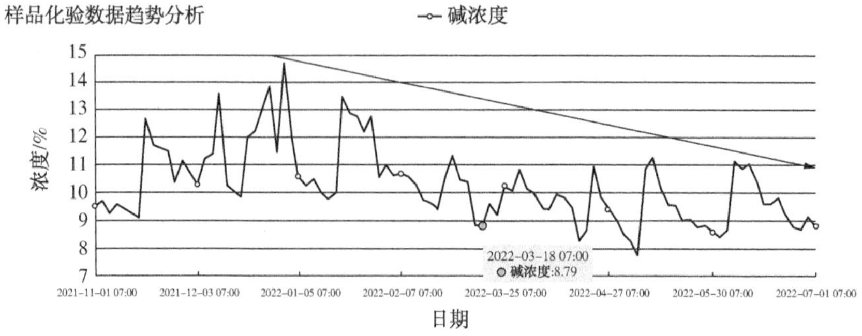

图3　催化剂碱液浓度

催化剂碱液浓度不足的主要原因有两方面：①配制催化剂碱液浓度低，造成催化剂碱液初始浓度不高。②再生碱液中的硫醇钠在氧化塔内未充分氧化造成碱液再生效果变差，从而导致催化剂碱液浓度下降过快。本次开工后配制催化剂碱液浓度并未发生变化，且碱液换碱频率比上周期高，因此考虑是再生碱液中的硫醇钠在氧化塔内未充分氧化造成碱液再生效果变差，从而导致催化剂碱液浓度下降过快。

正常情况下再生碱液中的硫醇钠在氧化塔内被氧化生成二硫化物与氢氧化钠，利用二硫化物与碱液互不相容的特性将它从碱液中分离出来。本次短停开工后与上周期最大的不同是引进系统非净化风供装置外取热器用风，从而停用 3[#]主风机以达到节电效果。

从图 4、图 5 可以看出，停用 3[#]主风机后，系统非净化风压力较之前下降明显。随着非净化压力的下降，氧化塔注风流量也下降明显(此时氧化塔注风控制阀及副线均已全开)。当系统非净化风用量变大时，系统非净化风压力下降，易造成氧化塔注风流量触发报警，注风流量下降明显。氧化塔注风流量下降，势必造成催化剂碱液氧化再生效果降低，催化剂碱液浓度下降。从表 3 可以看出，循环催化剂碱液中跟硫醇硫反应的氢氧化钠含量减少，导致硫醇钠含量降低。在较低的硫醇钠基础上，再生后催化加碱液中的硫醇钠含量并未降低，催化剂碱液浓度下降明显。

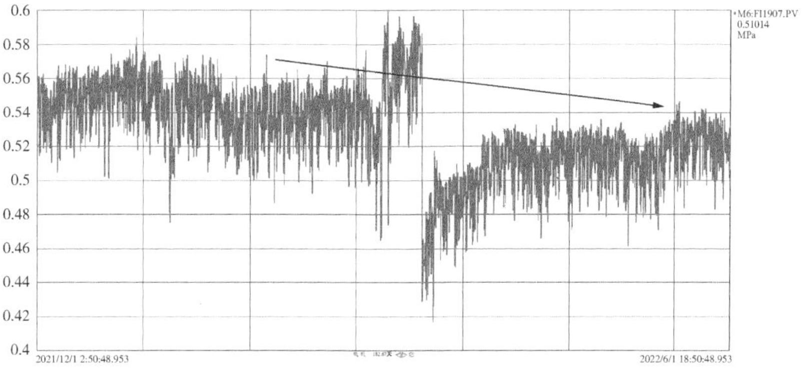

图 4　系统非净化风压力

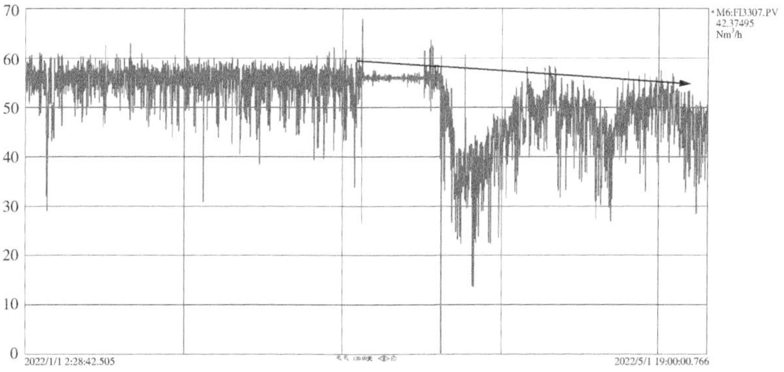

图 5　氧化塔注风流量

表 3　再生前后催化剂碱液硫醇钠含量　　mg/kg

时　　间	2022-01-10	2022-04-03	2022-05-02	2022-05-05
再生前催化剂碱液硫醇钠含量	626.8	205.7	201.8	274.1
再生后催化剂碱液硫醇钠含量	72	29.4	64.4	34.1

从图 6、图 7 可以看出，氧化塔注风随循环催化剂碱液一起进入主管中(此处催化剂循环碱液压力 0.45MPa，氧化塔 T3303 塔底压力 0.35MPa)，又进入 8 路支管，支管下方开孔，气液混合物从开孔处进入氧化塔，在此过程中持续进行催化剂碱液氧化再生。当系统非净化流量发生下降波动时，系统非净化风压力同步下降。精制脱硫醇单元催化剂循环碱液流量未变，此处产生的压力未变化，当系统非

净化风压力下降时，氧化塔注风流量发生下降波动，参与再生反应的氧含量下降，硫醇钠再生效果变差。与此同时，因非净化流量突然变小，易造成支管远端催化剂碱液无注风混合，长久下来存在结盐情况，进一步降低催化剂碱液氧化再生效果，从而导致催化剂碱液浓度下降。

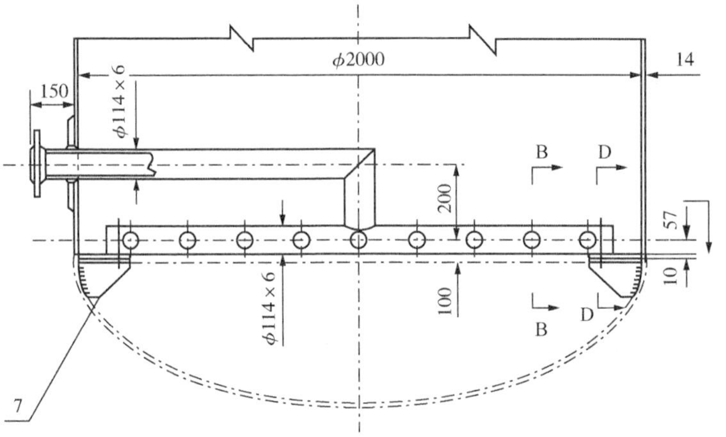

图 6　氧化塔注风分布管

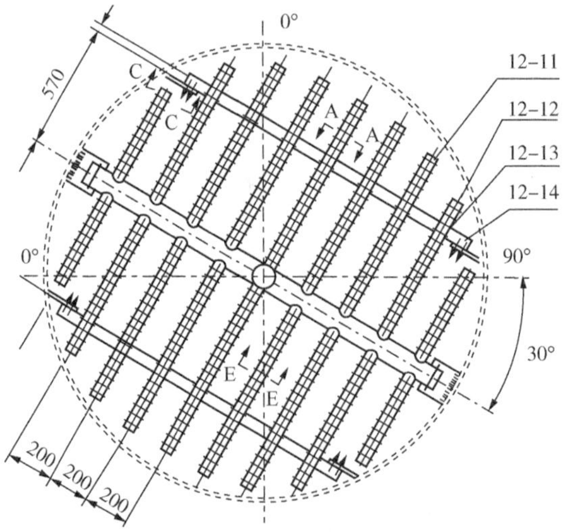

图 7　氧化塔气液入口管

4　调整及改进措施

4.1　对氧化塔非净化风管线进行疏通

5 月 7 日对非净化风管线进行水冲洗后，非净化风流量较之前上升约 10 个单位(见图 8)，控制阀从之前副线全开、控制阀全开到现在副线关闭、控制阀开度 70%左右，系统非净化风压力抗波动能力明显增强。从非净化风管线上的单向阀拆清情况来看(见图 9)，因非净化风管线带水且杂质较多，日积月累存在堵塞单向阀的情况，装置若有条件可考虑另接一路净化风管线至氧化塔使用。

4.2　提高催化剂碱液浓度

因本装置催化剂碱液换碱为部分换碱，即只更换二硫化物罐中碱液，并未更换液化气脱硫抽提塔中碱液，因此导致换碱后碱液被稀释浓度降低。随着碱液使用损耗，浓度逐渐降低，最后导致硫醇硫超标。为防止出现此情况，装置通过完全换碱或提高换碱频率有效提高碱液初始浓度，延长碱液使用寿命。

4.3　可采取的工程技术改进措施

4.3.1　扩大二硫化物罐，增加碱液停留时间

循环催化剂碱液中携带的硫醇钠不只在氧化塔中参与反应，在二硫化物罐中也会持续参与反应生

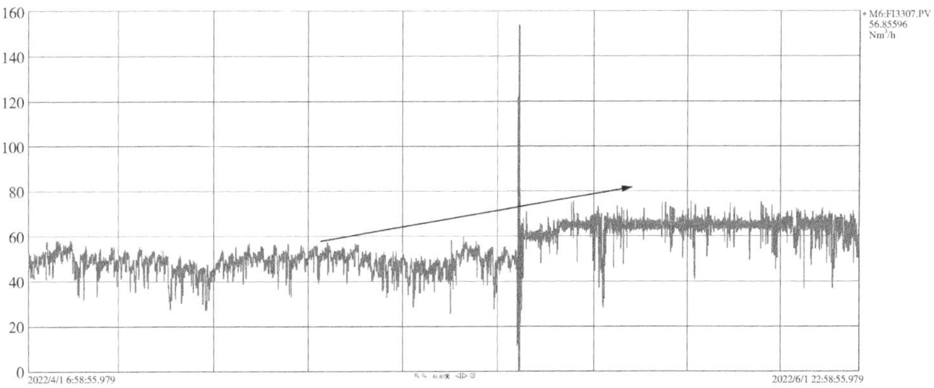

图 8　反冲洗前后非净化风流量对比

成二硫化物。根据其他企业的经验，如果碱液与二硫化物分离不好，二硫化物被循环碱液反抽提到塔中，也会造成碱液抽提效果变差，硫醇硫甚至总硫超标。查阅本装置设计数据，原先二硫化物分离罐的设计停留时间是 58min，在加了混合液化气脱硫之后实际操作时间只有 45min；氧化塔原来的设计停留时间是 48min，加了混合液化气脱硫之后实际操作时间只有 37min。从数据看本装置的停留时间偏短，可能会引起硫醇钠再生效果降低，碱液夹带二硫化物。因此，扩大二硫化物罐，提高碱液停留时间，有利于硫醇钠氧化再生为氢氧化钠，提高二硫化物和碱液分离效率，可有效降低碱液损害。

图 9　非净化风单向阀

4. 3. 2　采用纤维膜接触器技术

纤维膜接触器技术是通过具有传质作用的水相处理溶液将液化气中的杂质去除，将烃类中的杂质转移到水溶液中[2]，与传统的预碱洗加 Merox 液液抽提脱硫醇技术相比，具有如下优点：①单位体积内形成更多的传质面积。②通过缩短交换距离，延长内部接触时间，不断更新传质面积，使得传质更有效。在完成传质的同时没有相分散，避免了夹带问题。③减小了相分离停留时间，因此减小了设备尺寸，同时降低能耗。④具有更宽的相流量比率范围，获得最大的传质效率等[2]。

4. 3. 3　现有装置基础上的改进

① 本次非净化风管线水冲洗时发现管线内有较多铁锈等杂质，非净化风管线长时间运行有堵塞单向阀或支管开口的可能性，装置可考虑将非净化风管线替换为更为洁净的净化风管线。

② 催化汽油至 S Zorb 装置管线上引出一路至碱液和风线注入点后，用来反抽提氧化再生后生产的二硫化物，反抽提后的汽油返回到催化汽油至 S Zorb 管线上进入 S Zorb 装置进行脱硫处理。通过该措施，有效解决装置因二硫化物罐体积较小造成碱液与二硫化物分离不完全的问题。

③ 利用大修机会检查氧化塔（T3303）入口总管和支管工况，有堵塞的及时进行疏通。更换氧化塔填料，减少氧化塔压降。

5　2023 年大修期间氧化塔（T3303）验证

大修期间检查发现氧化塔（T3303）注风分配器分布管堵塞严重，氧化塔陶瓷填料破损严重，人孔及底部支撑板均堵塞，见图 10。

注风及碱液分布管堵塞严重，通风试验过程中除最中间的支管有风外，其余均无。分布管为一个整体，无连接法兰。本次检修将其切开后，拉至清洗场地清洗，支管内部结垢严重，且为硬质垢，较难清理，本次检修将其改造成可脱法兰拆卸分布管。

6　结论

① 2022 年 3 月份开工后，混合原料硫含量的上升及催化剂循环碱液浓度下降是导致本次液化气硫

图 10　2023 年大修拆检情况

醇硫间断超标的主要原因。

② 从分析数据看，液化气中的硫醇硫以甲硫醇和乙硫醇为主，可排除是大分子硫醇进入液化气中造成硫醇硫超标，且本装置脱硫醇单元对甲硫醇的脱除率大于乙硫醇。

③ 通过采取氧化塔非净化风管线水冲洗及催化剂碱液更换等措施后，脱硫醇后催化裂化液化气硫醇硫逐渐合格。装置平常要及时通过采取换碱等措施，将催化剂碱液浓度保持在 10%～15%，有利于脱硫醇单元的平稳运行。

④ 经 2023 年大修验证后，后续需考虑后期对 T3303 进行改进，替换现有陶瓷填料。

参 考 文 献

[1] 黄秀梅. 炼油厂气体及液化气脱硫工艺的探讨[J]. 石油化工环境保护，1998(2)：31-36.
[2] 蔡镇锋. 高硫液化气脱硫醇工艺的选择[J]. 中国石油和化工标准与质量，2020，40(11)：237-240.

S Zorb 装置反应器泡罩盘冲刷情况分析及处理

刘小锋

（中国石化镇海炼化公司　浙江宁波　315200）

摘　要　对某公司 150 万 t/a 的 S Zorb 装置脱硫反应器泡罩盘历年检修情况进行分析，随着使用年限的增加，泡罩齿牙外缘逐渐出现 1~2mm 莲花状凹坑，最后发展为 4~5cm 深坑。针对泡罩齿牙外缘冲刷越来越严重的情况，通过对检修冲刷部位结构分析并对泡罩堵塞物进行化学成分检测分析，得出堵塞物主要是原料汽油的结焦物，局部堵塞的泡罩未堵塞部位会出现高速冲刷，最终导致出现 4~5cm 的冲刷坑。本次检修通过割开泡罩顶盖板对泡罩内部进行高压水枪清洗并重新制作新盖板回装的方式解决了泡罩堵塞的问题。此次泡罩盘冲刷原因的分析及后续处理措施，不仅对同类装置的运行及检修有重要的指导意义，也为后续反应器泡罩盘优化提升提供了事实依据。

关键词　S Zorb；反应器；泡罩盘；冲刷；R101

1　概述

S Zorb 技术基于吸附作用原理对汽油进行脱硫，通过吸附剂选择性地吸附含硫化合物中的硫原子而达到脱硫目的，与加氢脱硫技术相比，该技术具有脱硫率高(可将硫脱至 10mg/kg 之下)、辛烷值损失小、操作费用低的优点。

某公司 150 万 t/a 的 S Zorb 装置于 2009 年 12 月 20 日开工投产，其中脱硫反应器(R101)是装置的核心设备。反应器中装有专用的吸附剂，混氢原料从反应器底部进入，底部入口设有入口分配器和配备 137 个泡罩的分配盘，混氢原料经过分配盘在反应器内部自下而上流动，通过吸附作用将其中的硫化物脱除。为了防止吸附剂带入后续系统，在反应器上部锥段设置锥形挡板，顶部设置高精度过滤器。脱硫反应器的操作温度为 430℃，操作压力为 2.63MPa，操作介质为氢气、吸附剂及含硫油气，设计温度为 470℃，设计压力为 4.26MPa。根据操作条件，反应器上部壳体材料选用 2.25Cr-1Mo，下部壳体进料部分采用 2.25Cr-1Mo+E347 单层堆焊，泡罩盘基层为 100mm 厚 2.25-Cr1-Mo 材质，上下表面各堆焊 4mm 厚 E347，共 108mm 厚，泡罩采用 0Cr18Ni10Ti 材质。

2　泡罩盘冲刷情况

该反应器泡罩盘除了 2012 年第一次停工检修未发现异常外，其余几次检修均出现不同程度的冲刷。2016 年停工大修发现每个泡罩周围均有不同程度的冲刷，深度 1~2mm，采取同种材质补焊的方式进行修复。2020 年停工检修时发现分配盘共 21 个泡罩，周围都有不同程度冲刷，深度 1~2mm 不等，和上周期相比，冲刷情况有很大改善，上周期的修复方案仍然有效，本次按原定方案进行了修复。2022 年停工消缺时发现分配盘上共 23 个泡罩，周围都有不同程度冲刷，其中有 4 个泡罩冲刷严重，深度约 5cm，其余泡罩冲刷 1~2mm 不等，冲刷程度低的泡罩按原定计划堆焊修复。对于 4 个严重冲刷的泡罩先堆焊 E309 打底再堆焊原材质修复。2023 年停工检修时发现分配盘上共有 4 个泡罩冲刷严重，深度 3~4cm，均分布在泡罩盘最外缘，因本次检修离上次检修刚过了 1a，泡罩盘就出现严重冲刷，不能盲目补焊投用，否则容易出现泡罩盘整体冲穿的情况，针对历年检修情况，本次检修对泡罩盘冲刷问题检修深入剖析，力图找到确切原因，开展针对性维修，避免发生次生故障。

3　泡罩盘冲刷原因分析

3.1　冲刷部位结构分析

分析冲刷部位可知，磨损区域和泡罩外侧的较严重磨损区域，泡罩外侧的磨损分布呈锯齿状，磨

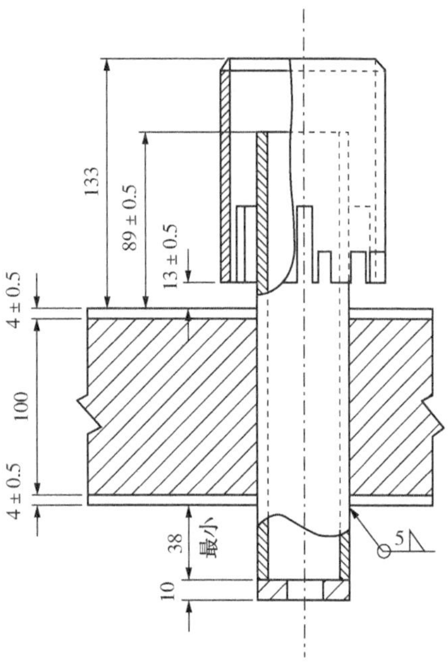

图 1　泡罩结构图

损严重的区域，也就是锯齿状磨损区域的凸起处，与泡罩出口的凹处是对应的，最大磨损区域呈圆环状，自分界线处沿径向向外延伸且只有约一半区域出现冲刷，因此有必要对泡罩内部进行检查，因泡罩取下检查较为困难，无法保证整个取下不发生破坏，本次采取割除泡罩顶部盖板的方式检查。初步对分配盘冲蚀严重部位相对应的泡罩及周围的泡罩共计 13 个进行检查，割除泡罩顶盖板后发现共 6 个泡罩与升气管之间环形通道存在堵塞问题，其中出现局部堵塞的泡罩流通部位对应的分配盘冲刷特别严重，说明部分泡罩盘冲蚀严重是由于泡罩与升气管局部堵塞后气体流速过大造成，泡罩结构如图 1 所示。

通过分析，泡罩周围的莲花状凹坑，是气相流体通过泡罩后，夹带吸附剂冲刷分配盘造成的，通过泡罩流体力学特征分析发现，这类冲刷是不可避免的。影响冲刷严重程度的因素有泡罩齿缝(即导流口)的高度以及通过泡罩的气体流量、流速。齿缝高于分配盘越多，气体与吸附剂颗粒接触点到分配盘的距离越大，吸附剂颗粒被加速的时间越长，吸附剂颗粒撞击分配盘表面的速度就越快。气体流量越大、流速越高，对分配盘的冲刷磨损越严重。若泡罩局部堵塞，会造成未堵塞部位流速加快，出现较大冲刷坑，且一旦出现冲刷就会不断扩大，不做干预就会造成泡罩盘冲穿的情况。

针对泡罩堵塞的问题，需要将泡罩内部堵塞物全部清理，而泡罩与分配盘间距只有 13mm，普通的清洗手段无法彻底去除该堵塞物，也无法验证清洗效果，为后续运行留下隐患。因此，本次检修对剩余的泡罩顶盖板全部割除并用高压水枪清洗泡罩内部，彻底去除堵塞物后，订购 6mm 厚的 321 钢板将泡罩顶盖板，到货后安排更换泡罩顶盖板。

3.2　冲刷部位物料分析

为了解堵塞物成分，判断堵塞物形成原因，需要对堵塞物进行采样分析。采用 XRF 全分析的方法对堵塞物进行组分分析，因 XRF 分析方法无法分析低分子量元素，因此，同时采用高频炉燃烧红外法对碳和硫进行分析，原始吸附剂成分及分析结果见表 1~表 3。

表 1　吸附剂化学成分表　%

组分	Al_2O_3	SiO_2	Cl	K_2O	CaO	TiO_2	Fe_2O_3	NiO	ZnO
含量	12.3	7.8	0.06	0.75	0.11	0.2	0.28	24.3	54.1

表 2　堵塞物 XRF 分析成分表　%

组分	Al_2O_3	SiO_2	P_2O_5	SO_3	K_2O	CaO	Cr_2O_3	MnO	Fe_2O_3	NiO	CuO	ZnO
含量	2.23	2.51	0.143	28.9	0.104	0.189	0.222	0.662	50.6	3.75	0.244	8.07

表 3　堵塞物高频炉燃烧红外法分析成分表　%

组　分	碳	硫
含量	92.83	2.13

从分析结果可以看出，泡罩堵塞物主要成分是碳，含量为 92.83%，其余成分中管道冲刷带来的 Fe 最多，但也有少量 Zn、Ni、Al 等吸附剂组分，其余组分含量较少。因此，可以判断此处的堵塞物主要是原料汽油的结焦物，有少量倒窜的吸附剂及磨损的铁屑。结合历年泡罩盘冲刷情况，第一个检修周期由于是新设备，泡罩内光洁度高，结焦物附着较少，未出现堵塞冲刷情况。但随着开停工过程吸附剂循环紊乱，部分吸附剂窜入泡罩内引发结焦物聚集，堵塞泡罩，但此处结焦物无法被常规手段发现，在不割除泡罩顶盖板的情况下也无法彻底去除，因此随着开停工次数的增多，堵塞越来越严重，

局部堵塞的泡罩未堵塞部位高速冲刷情况也越来越剧烈，最终导致使用一年就冲出 4～5cm 大坑的情况。

4 改进对策

① 针对泡罩内部堵塞的问题，后续装置检修时需对冲刷的泡罩顶盖板揭开检查，每个检修周期对全部泡罩顶盖板进行割除清理堵塞物，清理完成后顶盖板复位。

② 针对该结构容易造成泡罩盘冲刷的问题，后续考虑对该部位改进提升，主要有：a. 加长泡罩盘升气管，降低对分配盘的冲刷速度；b. 对分配盘表面尤其是泡罩齿牙外缘堆焊层材质升级为耐磨合金进行可行性论证，通过增加耐磨涂层提高其耐冲蚀能力。

③ 脱硫反应器(R101)是 S Zorb 装置的核心设备，底部泡罩是均匀分配混氢原料并阻止吸附剂倒窜的关键组件，泡罩盘的完好和泡罩的畅通直接影响反应器内流化床的分布和吸附脱硫反应的效果。

5 结论

通过对历年反应器泡罩盘冲刷情况、泡罩顶盖板割开检查清洗及泡罩堵塞物化学成分的分析，得出堵塞物主要是原料汽油的结焦物，而局部堵塞的泡罩未堵塞部位高速冲刷情况也越来越剧烈，最终导致泡罩盘严重冲刷。此次泡罩盘冲刷原因的分析及后续处理措施，不仅对同类装置的运行及检修有重要的指导意义，也为后续反应器泡罩盘优化提升提供了事实依据。

参 考 文 献

[1] 高腾飞. S Zorb 装置反应器分配盘穿透原因分析与处理[J]. 石油化工设备技术，2018，39(3)：49-51.

S Zorb 装置吸附剂管线冲刷分析及解决方案

刘小锋

（中国石化镇海炼化公司　浙江宁波　315200）

摘　要　某公司S Zorb装置自从投产以来，吸附剂冲刷的原因，局部吸附剂提升管线磨损严重，特别是斜插口、弯管及斜管等特殊部位，冲刷最严重部位仅用7个月就将13.49mm管线磨穿，贴板补强后经过4个月再度将8.56mm补强层磨穿，腐蚀速率达到24~26mm/a。通过对冲刷部位及冲刷原因进行分析，发现主要冲刷原因是在底部吸附剂与氮气相交处底部水平管段的上方及弯头弯管外侧部位，流体和颗粒会与管壁发生碰撞，导致底部水平管段上方、弯管外侧及弯管后部斜管部位容易发生冲刷腐蚀。采取壁厚加厚、测厚及涡流检测等监测手段方式能降低腐蚀穿孔速率，但无法从根本上解决问题。通过使用双金属复合管耐磨技术及高熵合金耐磨技术能从根本上提高管线耐磨性能，彻底解决吸附剂管线易冲刷磨损穿孔问题，有效保障装置长周期稳定运行。

关键词　S Zorb；吸附剂；P11；高熵合金；高铬铸钢

1　装置概述

催化汽油脱硫技术（S Zorb技术）是中国石化2007年从ConocoPhillips石油公司整体收购的专利技术，该技术采用吸附的原理脱除催化汽油中的硫，汽油产品含硫低、辛烷值损失小、液收高，技术比较先进而且该技术在世界上已有成熟的工业化装置运行经验，该技术具有脱硫率高（可将硫脱至10mg/kg之下）、辛烷值损失小、操作费用低的优点。

某公司第一套S Zorb装置（1#S Zorb）于2009年建成，设计规模为1.5Mt/a；第二套S Zorb装置（2#S Zorb）于2014年建成，设计规模0.9Mt/a，自从投产以来，吸附剂流化冲刷的原因，局部吸附剂提升管线严重冲刷，特别是斜插口、弯管及斜管等特殊部位，冲刷最严重部位仅用7个月就将13.49mm管线磨穿，贴板补强后经过4个月再度将8.56mm补强层磨穿，腐蚀速率达到24~26mm/a。

因吸附剂泄漏时会引起吸附剂循环中断，处理故障一般需要4h以上。但是，由于S Zorb装置的工艺特点，即便短时间处理好管道泄漏，完全恢复正常生产往往还需要4h或者更长的时间。若氢气提升的管线，泄漏造成的后果更为严重，由于氢气泄漏而着火停工，存在较大的安全隐患。因此，吸附剂管线冲刷腐蚀会严重影响装置安全生产和正常操作。

2　冲刷部位分析

通过对近年冲刷磨损情况进行分析，发现主要冲刷腐蚀的管线为再生器底部转剂线及再生器进料线，冲刷部位类似，均位于提升氮气与吸附剂连接的斜插口及提升后的弯管斜管部位，这些部位位于吸附剂循环方向的变化部位，斜插口冲刷部位为斜插口后部朝天方向，其余均位于弯管外缘及其连接斜管同一方向，目前两套装置在以往出现过泄漏的地方更换管线时都预防性贴好板，包括R102底部转剂线线斜插口及弯管，R102进料线斜插口及弯管，D110入口斜管等，但即使贴板使用时间一长依然会出现管线磨穿的现象。开工近年来吸附剂管线泄漏情况详见表1及图1（注：1#S Zorb装置2022年3月开工，2#S Zorb装置2020年4月开工）。

表1　吸附剂管线磨损情况

时　间	泄漏情况
2021-01-29	2#S Zorb R102底部提升线泄漏
2021-04-16	2#S Zorb R102进料线二层弯头涡流检测减薄处预防性贴板
2021-04-16	2#S Zorb R102底部提升线进2-D110八层斜管涡流检测减薄处预防性贴板

续表

时　间	泄漏情况
2021-05-16	2#S Zorb R102 底部提升线至 2D110 管线磨穿
2021-05-19	2#S Zorb R102 进料线涡流检测减薄处预防性贴板
2021-05-19	2#S Zorb R102 底部提升线涡流检测减薄处预防性贴板
2021-08-23	2#S Zorb R102 进料线减薄处预防性贴板
2021-08-05	2#S Zorb R102 进料线斜插口附近穿孔
2022-10-23	1#S Zorb R102 底部提升线进 2-D110 七层斜管部位磨穿
2023-02-12	1#S Zorb R102 底部提升线进 2-D110 七层斜管部位磨穿(同一部位)

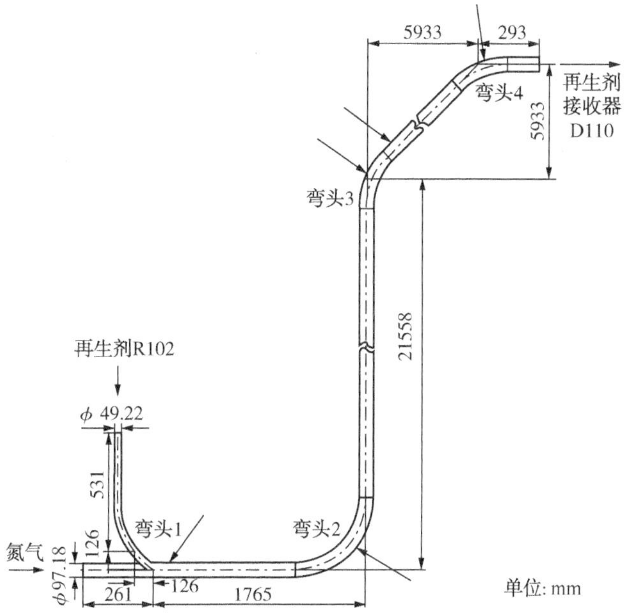

图 1　吸附剂管线冲刷部位示意图

3　冲刷原因分析

因吸附剂管线温度在 440℃上下，对管线材质的要求很高，在这种高温环境下，吸附剂管线采用 P11 低合金钢，硬度≤163HB，化学成分表见表 2，机械性能见表 3。吸附剂成分较为复杂，含有氧化铝、氧化镍等高硬度颗粒(见表 4)，高速冲刷下容易使管线磨损。而判断管线是否冲刷除了化学成分与机械性能，还与流体的流速及流动状态有关，根据相关研究[1]，在吸附剂与氮气相交处底部水平管段的上方，流速急剧降低，出现明显的低速区，而水平管段下方区域为高流速区，管道中各个弯头的内侧速度均较高，而弯头外侧的流速均稍低于弯头内侧处的流速。吸附剂底部水平管段下方的流体流动的速度方向几乎与管壁平行，流体和颗粒几乎不会与管壁发生碰撞，因此虽然水平管段下方流速较大，但是并不会导致底部水平管段下方的严重冲刷腐蚀。流体流经弯头时，几乎不与弯管内侧进行碰撞，而弯管外侧则直接受到来流方向流体的撞击，更容易发生冲刷腐蚀。

表 2　P11 合金钢化学成分表

组分	Si	C	Mn	P	S	Cr	Mo
含量/%	0.5~1	0.05~0.15	0.3~0.6	0.025	0.025	1~1.5	0.44~0.65

表 3　P11 合金钢机械性能表

抗拉强度/MPa	屈服强度/MPa	伸长率/%	硬度 HB
≥415	≥205	≥30	≤163

表 4　吸附剂化学成分表

组分	Al_2O_3	SiO_2	Cl	K_2O	CaO	TiO_2	Fe_2O_3	NiO	ZnO
含量/%	12.3	7.8	0.06	0.75	0.11	0.2	0.28	24.3	54.1

通过以上分析可知，吸附剂提升管线冲刷腐蚀，是由于材料表面与吸附剂颗粒碰撞造成的，一般情况下，吸附剂在流体输送下为层流状态，不会与管道发生碰撞，冲刷概率较低，但由于弯头、斜管及斜插口部位的存在，在这些部位流体方向发生变化，造成局部吸附剂在管线中撞击管线内壁，时间一长就出现冲刷穿孔现象。

4　防冲刷措施分析

4.1　管线壁厚监测

通过定期超声波在线测厚技术(探头发射的超声波脉冲信号通过被测物体到达材料分界面时，脉冲信号被反射回探头，通过精确测量超声波在材料中传播的时间来确定被测材料的厚度)及脉冲涡流技术(采用的激励电流是具有一定脉冲宽度的方波。在激励电流作用下，探头线圈中会产生一个快速衰减的脉冲磁场，变化的磁场在被测金属中感应出瞬时涡流，瞬时涡流又感应出一个与脉冲磁场反向的磁场，从而使线圈的等效阻抗发生变化。对于脉冲涡流探头，阻抗是被测金属厚度的单值函数，阻抗的变化直接对应着感应电压的变化，因此对得到的感应电压进行时域分析，就可以得到被测金属的厚度)，及早知悉管线壁厚减薄情况及趋势，在泄漏前予以干预，防止泄漏。

两项技术各有优缺点，超声波在线测厚技术只能精确测量局部一点的厚度，而冲刷腐蚀部位会发生漂移，导致定点测厚往往不能捕捉到最薄点，监测效果不理想；涡流检测给出的是检测线圈作用区域的平均壁厚值，而不是某一点的厚度值，因此检测精度低于超声波测厚，不适于局部腐蚀(尤其是点蚀或坑蚀)的测量，但非常适合检测 S Zorb 装置吸附剂管线的大面积冲刷腐蚀。因此在 S Zorb 装置通常采用两种技术结合的方式来了解管线冲刷腐蚀情况，预判管道穿孔时间，在腐蚀穿孔前进行预防性修补。

4.2　壁厚升级及提前贴板补强

对于冲刷腐蚀严重的管线进行壁厚升级，将壁厚等级由 Sch80 升级到 Sch160。公称直径 *DN*100 的管线，壁厚由 8.56mm 升级到 13.49mm；公称直径 *DN*80 的管线，壁厚由 7.62mm 升级到 11.12mm；公称直径 *DN*50 的管线，壁厚由 5.54mm 升级到 8.74mm。同时针对往年腐蚀部位，在更换管子时提前做好贴板补强，增加腐蚀余量，这些管线在停工检修期间全部予以更换，避免在运行阶段腐蚀穿孔。

通过提前干预，吸附剂管线腐蚀穿孔的频率大幅下降，但未能从根本上解决磨损问题。

4.3　采用双金属高铬铸钢复合管耐磨技术

高铬铸钢双金属复合管是一种新型耐磨管道，采用消失模真空吸铸复合工艺浇注。直管外层采用普通无缝钢管与通过离心成型工艺形成高铬铸钢内衬复合而成，外管可以根据工艺需求选择不同的材质，提升耐磨管的承压能力，内层耐磨管的线膨胀系数与外管相差不大，不会在温度变化时因为热膨胀而发生脱落。双金属高铬铸钢耐磨技术的耐磨材料主要是加入 Mo、Cr、Ni 等元素，通过热处理获得的马氏体基体的高铬铸钢材料。双金属复合钢管内衬采用耐磨铸钢，具有高合金铸钢的耐磨、耐腐蚀特性，又有较高的机械强度和较高的抗冲击性能(见表 5)，其主要优点如下：

(1) 耐磨性能好，充分发挥了高铬铸钢(KmTBCr26Mo3CuRe)的耐磨性能。

(2) 承压高，可适用于任意压力等级。使用内衬，同外层结合紧密，保证内外层不分离。

(3) 具有良好的抗机械冲击、热冲击性能。

(4) 安装连接方便，可任意切割、焊接。内管根据需求预留一定长度，外管可焊接、可法兰连接。

(5) 双金属的热敏性比陶瓷内衬更好，一般情况下不会脱落，即使脱落时也是局部小块脱落，不像非金属内衬一样大块脱落，容易堵塞后路。

表 5　双金属复合管机械性能表

抗拉强度/MPa	抗弯强度/MPa	冲击韧性/(J/cm^2)	硬度 HRC
415	610	5	≥55

但高铬铸钢双金属复合管相较于普通管线壁厚增厚一倍，管线重量也增加一倍，对装置管系承重量要求较高，且同样外径的情况下管线内径变小影响物料输送，为保证管线内径一致就需要扩大外径，从而导致管线重量更重。因此，该类管线只能在局部腐蚀极其严重的部位使用，无法大范围推广。

2#S Zorb 装置在 2022 年 10 月在再生器底部转剂线易冲刷部位使用了两处高铬铸钢双金属复合管，使用 1a 以来，因双金属层中间有空隙，无法监测内管磨损情况，通过对外管进行定点测厚，未发现减薄情况，说明该技术针对局部严重磨损效果显著。

4.4 采用高熵合金耐磨技术

高熵合金耐磨技术是将涂层通过高温融合在金属母材上，涂层本质上是一种特殊的冶金钎焊。与常规钎焊不同的是，涂层材料由两部分组成：一部分是低熔点固溶体多元合金粉末，该粉末成分属于 NiCoCrMoBCuAlSi 多元高熵固溶体合金粉末，其具有宽泛的固液相线（150℃宽度），它的熔化温度较低，通称低熔点组分；另一部分是熔点高的硬质合金粉末，其成分属于 WCrMoC 型复合金属碳化物高硬度粉末，通称高熔点难熔组分，它在涂层中不熔化，起着骨架耐磨作用。涂层经过高温 1000℃左右烧结炉处理后，其硬度可达到 HRC69，贴合强度为 400MPa，耐磨性能得到大幅提升，且高温下硬度和强度衰减较少（800℃开始出现衰减），涂层厚度一般为 0.4～1.0mm，较原管线重量变化不大，可全管线使用。

涂层组材料中既包括了耐蚀性优异的非晶固溶体金属的组分，保证了涂层在金属基体上充分地润湿和铺展，从而完成与基体的冶金结合，又包括了硬质合金组分，确保涂层具有优异的硬度和韧性匹配，具有非常优异的耐冲蚀性能，涂层材料与母材之间不存在热膨胀差距。另外，涂层采用烧结方式融合在母材上，较常规的内衬陶瓷环、喷镀陶瓷技术具有更高的抗冲击性。

但该技术无法在长管线上增加耐磨涂层，只能将管子截取成 1m 长的短管，分别增加耐磨涂层后再焊接使用，大大增加了管线焊缝数量，焊缝部位无耐磨涂层，使用中要重点关注焊缝部位，防止这些盲区出现腐蚀。

2#S Zorb 装置在 2021 年 10 月将再生器进料线更换为高熵合金耐磨管，使用两年以来累计经过六次涡流检测，均未发现任何减薄迹象，管线寿命大幅延长，有效解决了长期以来困扰 S Zorb 装置的吸附剂管线易磨损、泄漏难题。

5 结论

通过对近年来吸附剂管线冲刷磨损情况进行分析，发现主要冲刷腐蚀的管线为再生器底部转剂线及再生器进料线，且两条吸附剂管线冲刷部位类似，均位于提升氮气与吸附剂连接的斜插口及提升后的弯管斜管部位。在底部吸附剂与氮气相交处底部水平管段的上方及弯头弯管外侧部位，流体和颗粒会与管壁发生碰撞，导致底部水平管段上方、弯管外侧及弯管后方斜管部位容易发生冲刷腐蚀。

针对冲刷腐蚀，通常采用管壁加厚的方式增加腐蚀余量来应对冲刷腐蚀，在易腐蚀穿孔的部位提前贴板补强，但并不能从根本上解决问题。因此引入定点测厚及涡流扫查的方式来跟踪管线壁厚变化，提早干预，有效降低泄漏频次，但需要经常拆装保温，工作量较大，也有检测间隙泄漏的情况。

在 2#S Zorb 装置试用了两项新技术：双金属高铬铸钢复合管耐磨技术及高熵合金耐磨技术，这两项技术能大幅提高管线本身的硬度，抵抗吸附剂的撞击。通过长时间的使用，得出采用耐磨管线技术能真正提高吸附剂管线使用寿命，彻底解决管线易冲刷腐蚀穿孔的问题。但双金属高铬铸钢复合管较原管线重量增加较多，使用时要注意核算现有管系承重情况，通常不能全管线更换，只能在局部使用。高熵合金耐磨技术无法在长管线上增加耐磨涂层，只能将管子截取成 1m 长的短管，分别增加耐磨涂层后再焊接使用，大大增加了管线焊缝数量，焊缝部位无耐磨涂层，使用中要重点关注，防止这些盲区出现腐蚀。

通过采用双金属高铬铸钢复合管耐磨技术及高熵合金耐磨技术能有效解决吸附剂管线易磨损穿孔问题，从根本上保障装置长周期稳定运行。

参 考 文 献

毕兆吉 . S Zorb 装置吸附剂提升管线的冲刷腐蚀与防护［J］. 石油化工腐蚀与防护，2018，35（8）：21-26.

制氧系统吸附塔压实过程存在的问题和解决措施

欧兴稳

（中国石化广州石化公司　广东广州　510705）

摘　要　蜡油催化裂化装置采用臭氧氧化脱硝工艺控制外排烟气氮氧化物浓度。本文针对脱硝单元的真空变压吸附制氧系统吸附塔更换吸附剂后出现压实不充分导致跑剂的问题，进行了详细的原因分析，提出了整改措施，为吸附剂装填工艺和压实过程优化提供参考。

关键词　真空变压吸附制氧；吸附剂；吸附塔；跑剂；粉化

1　前言

中国石化广州石化公司蜡油催化裂化装置（简称轻催装置）于2014年12月建成脱硫脱硝除尘装置，该装置包括脱硝单元、除尘脱硫单元及脱硫废水处理单元三个部分。脱硝单元采用中石化宁波技术研究院开发的臭氧氧化技术，配套处理再生烟气中的 NO_x，保证烟气 NO_x 达标排放。由于脱硝单元的真空变压吸附制氧系统（简称 VPSA）吸附塔效率下降，无法稳定高效地为臭氧系统提供高纯度氧气，不能满足装置掺炼渣油时的环保要求，装置按计划开展更换吸附剂的工作。本文对换剂后压实过程中导致跑剂的原因进行了总结归纳，并提出了一些改善吸附塔装填和压实过程的建议和措施。

2　吸附塔的装填情况和工艺原理及流程

2.1　装填情况介绍

吸附塔是 VPSA 制氧系统的核心设备，分为南北排布的 C6201A 和 C6201B 两塔，它们的尺寸一致、功能相同。吸附塔是轴向吸附塔，塔径为1800mm，塔高为4800mm，从下到上依次是：进气口→钢丝网→氧化铝 HYAA300A→钢丝网→吸附剂 HYG10DA→钢丝网→吸附剂 HYGB100CA→压紧装置（含钢丝网和无纺布）→惰性瓷球→封头、人孔盖→进气口。

本次吸附塔换剂采用成都华西化工科技股份有限公司研制并生产的 VPSA 专用吸附剂。底层氧化铝（HYAA300A）规格为 ϕ2～3mm 球状，利用其吸水性能干燥进塔空气；中层 13X 分子筛（HYG10DA）规格为 ϕ1.8～2.5mm 球状，锂基分子筛（HYGB100CA）规格为 ϕ1.6～1.8mm 球状，利用它们良好的吸附性能分离出氧气；上层惰性瓷球规格为 ϕ13～20mm 球状，作为吸附塔中吸附剂的支撑和覆盖材料，可以避免在压实过程中压杆对吸附剂的冲击，保护吸附剂，改善吸附塔中气体的分布。吸附塔结构及装填方式如图1所示。

吸附剂装填全过程由人工完成，铺设钢丝网时需使其均匀平铺，装填底层氧化铝 HYAA300A 填料时须注意开始时倾倒速度不宜过快，保证氧化铝均匀分布并漫过钢丝网伸出部分，才可适当加快装料速度。倾倒填料一定量时，需人工进塔将其摊平，装填一种填料结束时，须用水平仪检测上表面平整后，再进行铺设钢丝网等下一步操作，每层填料的装填过程亦是如此。吸附剂装填完毕后，安装两层钢丝网并用压环固定，再均匀铺设2层无纺布，无纺布边缘要高于压板，安装好压架后亦须保证水平紧固。本次吸附剂更换装填方案见表1。

表1　吸附塔装填方案

型　号	堆密度/（t/m³）	装填高度/m	装填体积/m³	单塔用量/t	2塔总用量/t
HYAA300A	0.73	0.22	0.68	0.50	1.00
HYG10DA	0.66	0.24	0.76	0.50	1.00

续表

型　　号	堆密度/(t/m³)	装填高度/m	装填体积/m³	单塔用量/t	2 塔总用量/t
HYGB100CA	0.62	1.386	4.35	2.70	5.40
瓷球	1.80	0.41	1.29	2.325	4.65
合计		2.25	7.08	6.025	12.05

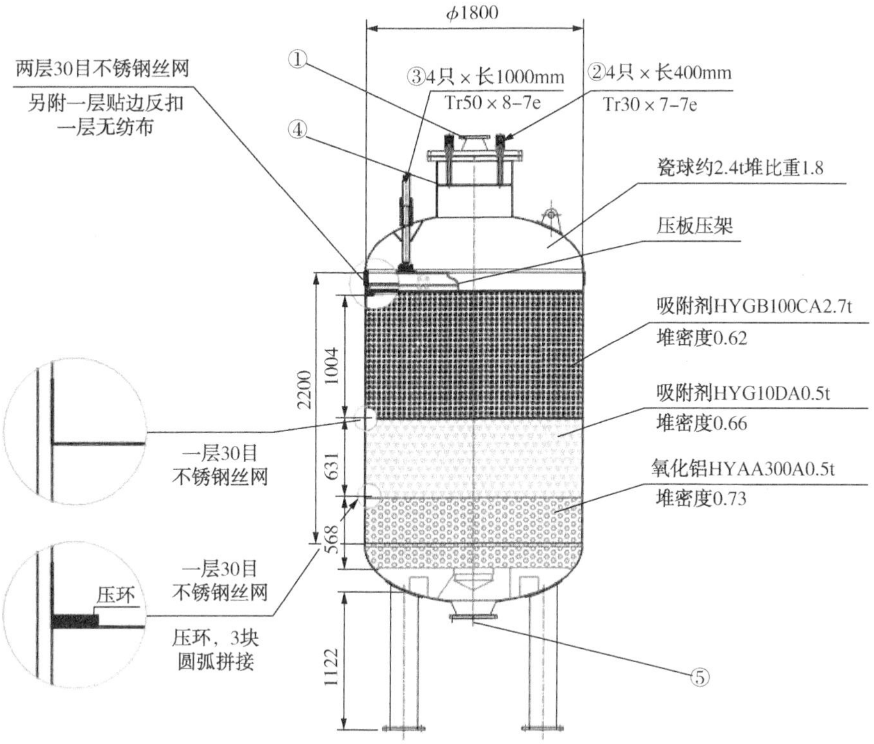

图 1　吸附塔装填示意图

①—封头、人孔盖、出气口；②—小压杆；③—大压杆；④—压板；⑤—进气口

2.2　工艺原理及流程

吸附塔底层的活性氧化铝吸取空气中的水分，空气干燥后依次经过 13X 分子筛和锂分子筛选择性去吸附空气中的氮气，让氧气附集在吸附塔顶部作为目标产品气输出。整个过程至少包含吸附(低压)和解吸(真空即负压)两个步骤，并循环重复操作。为了连续获得氧气产品，吸附系统配置有两个装有分子筛等吸附填料的吸附塔 C6201A 和 C6201B 两塔(简称 A 塔和 B 塔)。

除了吸附塔外，VPSA 制氧系统的主要设备还包括互为备用的鼓风机、真空泵各 2 台，用于冷却空气的水冷器 1 台以及执行 PLC 控制系统控制指令的程控阀 9 台，用于储存产品气的氧气缓冲罐 1 个，VPSA 系统的工艺流程图如图 2 所示。

空气为系统原料，经空气过滤器后由罗茨鼓风机升压，由水冷器冷却后，再送入已经完全处于再生状态的 A 塔中，当流经氧化铝层时，空气中的水分等极性分子被吸收，干燥后的空气再依次通过 13X 分子筛和锂分子筛的吸附剂层时，氮气、二氧化碳和水蒸气等被吸附，氧气通过吸附后汇集到 A 塔的顶部作为产品气体输出进入氧气缓冲罐，与此同时，通过罗茨真空泵对 B 塔进行抽真空，使 B 塔内的分子筛获得再生。完成一次吸附任务的 A 塔，在计算机 PLC 控制系统的控制下，出口和空气入口程控阀关闭，部分 A 塔富集的空气通过两塔之间的平衡线来到 B 塔，空气气源转而进入 B 塔中吸附产氧，A、B 两塔如此交替轮流、协作循环，实现连续制取氧气的目的。

3　存在问题及原因分析

吸附塔装填完成后，需要按照压实方案中的压塔序列，进行多次的压塔操作，尽量减少新吸附剂

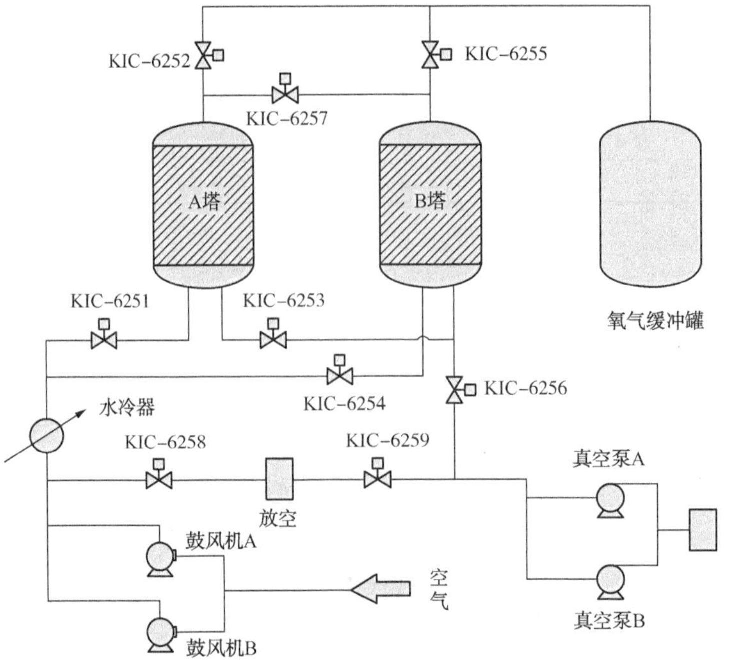

图 2　VPSA 制氧系统工艺流程图

间的空隙，使之逐渐趋于压实稳定的状态，压塔装置如图 3 所示。

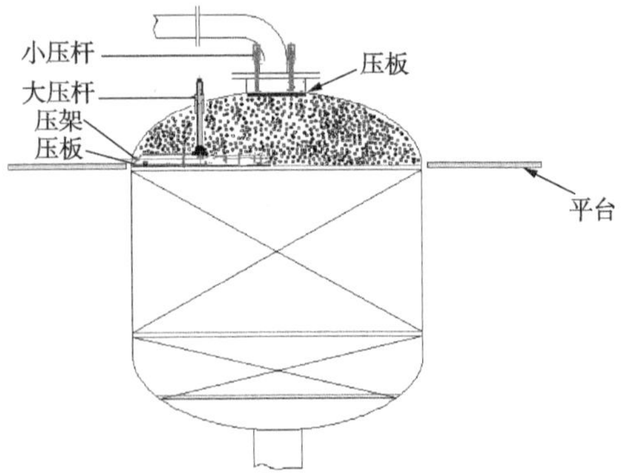

图 3　吸附塔压实装置示意图

由图 3 可知，锂基吸附剂装填完成后，铺设 2 层不锈钢丝网，再铺设 2 层无纺布将钢丝网覆盖，然后用拼接好的圆形压板将无纺布层压实，再将压架在压板上拼接紧固，最后将螺纹大压杆(共 4 根)底部顶在压架受力处，当大压杆在人力扭动下向下压紧时，压紧装置将压力传递到吸附剂层，使吸附剂得到密实。吸附剂层上方装填瓷球至吸附塔人孔下沿处，瓷球层顶部放置圆形压板，上方同样有 4 根螺纹小压杆用于压紧瓷球层。

VPSA 制氧系统运行 24h 按计划进行第六次压塔时，A、B 两塔大压杆下压行程较小，但发现 B 塔小压杆已无下压余量，压杆裸露的螺纹部分已不足 50mm，A 塔小压杆下降也较为明显，按方案需要重新开盖补充瓷球。拆开头盖后发现 B 塔塔壁有明显的细粉存在，A 塔塔壁细粉情况稍好。在吸附塔出现粉尘原因不明和吸附塔小压杆下压行程较大等情况下，制氧系统继续运行存在较大风险，决定停机检查。

在 B 吸附塔瓷球清理过程中，发现少量锂基分子筛穿透床层来到吸附剂压板上面，A 吸附塔未发现分子筛穿透床层情况。另外，当瓷球清理完毕检查吸附塔时，发现 B 吸附塔 4 根螺纹压杆与压架之间均被瓷球填充，压板、压架、丝网等内件完好，压板上有分子筛颗粒，部分分子筛存在破损现象。拆检 A 塔，发现有 1 根螺纹压杆与压架之间被瓷球填充，压环、压板、压架和丝网等内件完好。

通过检查发现 B 吸附塔内瓷球层出现锂基分子筛以及破损的瓷球，且 A 塔和 B 塔人孔壁均有白色粉末附着，可以判断 B 吸附塔已经出现跑剂现象。跑剂对 VPSA 制氧系统运行的危害非常大，一是吸附剂层松动，跑剂现象会逐步加剧，剂粒间碰撞摩擦粉化失效，最终导致产品氧气浓度不足；二是吸附剂细粉进入后路流程的氧压机或臭氧发生器，有可能导致发生氧压机密封磨损以及臭氧发生器电极烧坏等设备故障，危害脱硝系统运行安全。

为了确认细粉有无进入后路流程，首先开启了现场氧气缓冲罐人孔进行检查，发现氧气缓冲罐罐底已经有细粉存在，大小和半径约为 10cm 的圆相当。然后对现场氧压机入口过滤器进行拆解检查，该处没有发现细粉存在。最后对现场臭氧发生器前过滤器进行拆解检查，亦没有发现有细粉存在。初步判断吸附剂跑剂尚处于初期阶段，细粉附着在两吸附塔人孔壁上，部分沉积在氧气缓冲罐罐底，还未窜入后路流程。

吸附剂因装填不实或螺纹压杆和压架卡入瓷球会导致吸附剂不能压紧，吸附塔内气流在吸附和脱附两种状态切换时，吸附塔吸附剂就长期处于沸腾的状态，此状态时吸附剂相互之间的边角剪切应力最大，极易引起吸附剂粉化[1]。

结合本次螺纹压杆和压架卡入瓷球的情况分析，下层吸附剂还未严实，因此在不同的运行周期时，大压杆的下降情况不稳定，小压杆在正常情况下是与大螺杆呈一定比例下降的，因此在大压杆仍不稳定的情况下，小压杆的下降情况更加不稳定。厂家提供的压塔方案中前几次压塔时间间隔过长，南塔下层吸附剂沉降较多，导致压架和大压杆之间出现较大缝隙，瓷球填满其中，后续压塔无法对吸附剂层起到压实效果，从而出现跑剂现象。

另外，为了进一步探究本次跑剂原因，对比本次采用的厂家成都华西科技公司提供的吸附剂与旧吸附剂厂家昆山锦沪公司吸附剂的抗压碎力、堆积密度等关键指标，将两家公司的料样进行外委分析。分析结果见表 2。

表 2　新旧吸附剂检测数据对比

项　　目	检测数据	指标	检测数据	指标
平均粒径/mm	ϕ1.64	ϕ1.6~1.8	ϕ1.98	ϕ1.6~2.5
静态 N_2 吸附量/(mL/g)	8.47	≥24	8.26	≥32
N_2/O_2 分离系数	3.34	≥6.1	3.42	≥4.1
堆积密度/(g/mL)	0.61	0.62±0.02	0.66	≥0.62
抗压碎力/(N/颗)	10	≥12	24	≥25
磨耗率/%(质)	0.08	≤1.0	0.1	—
含水量/%(质)	—	≤0.5	6.63	—
指标	华西科技吸附剂实测结果	华西科技技术协议指标	昆山锦沪旧剂实测结果	昆山锦沪旧剂技术协议指标

如表 2 所示，据吸附剂分析结果对比情况初步分析如下：

① 华西科技吸附剂平均粒径、堆积密度和磨耗率符合技术协议指标要求；

② 华西科技吸附剂抗压碎力不符合技术协议指标要求，且与旧剂数据差别较大。换华西科技新剂后沿用旧剂厂家的装填和压塔方案，可能存在吸附剂压碎粉化和跑损等异常现象。

③ 华西科技吸附剂静态 N_2 吸附量、N_2/O_2 分离系数和旧剂的静态 N_2 吸附量、N_2/O_2 分离系数均达不到双方协议要求，且两者数据相似，可能与采样方式以及样品包装(是否真空等)有关，对吸附塔正常运行影响不大。

最后对本次吸附塔异常原因进行系统分析，根据分析的原因制定了相应的解决措施(见图 4)。

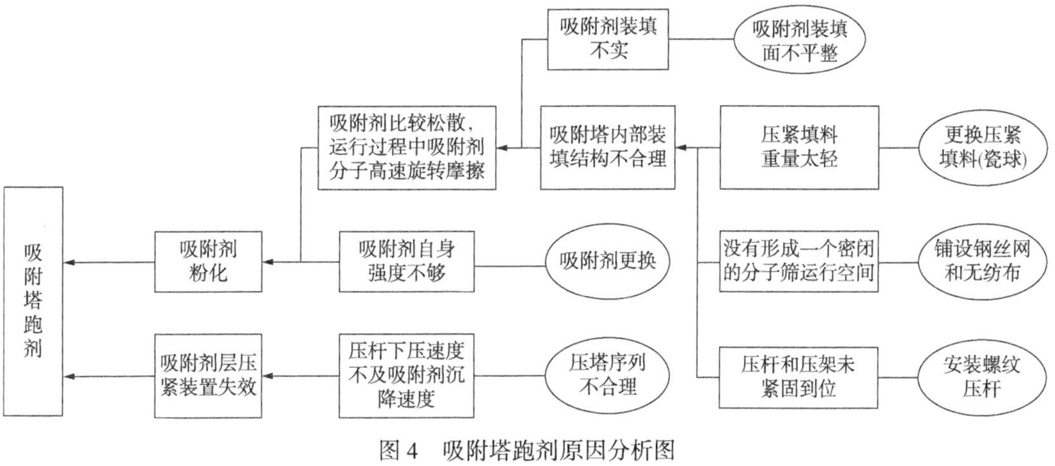

图 4　吸附塔跑剂原因分析图

4 解决方案

① 对于未发生跑剂的 A 吸附塔，使用吸尘器对白色粉末进行清理后，将瓷球全部掏出，对内件进行进一步检查后，调整压板、压架水平度至合格，按顺序依次为压紧装置、压杆进行紧固，重新填装瓷球，复位短节及装卸孔。对于出现跑剂的 B 吸附塔，清理瓷球和逃逸的分子筛后，将内件进行全部拆检，人工补充锂基分子筛至固定高度后将上表面平整，重新安装塔内件时，为 B 塔新增一层不锈钢丝网，重新按照不锈钢丝网、压环、无纺布、压紧装置、紧固压杆的顺序调整并调整压盘水平度合格（见图 5），重新填装瓷球，复位短节及装卸孔。

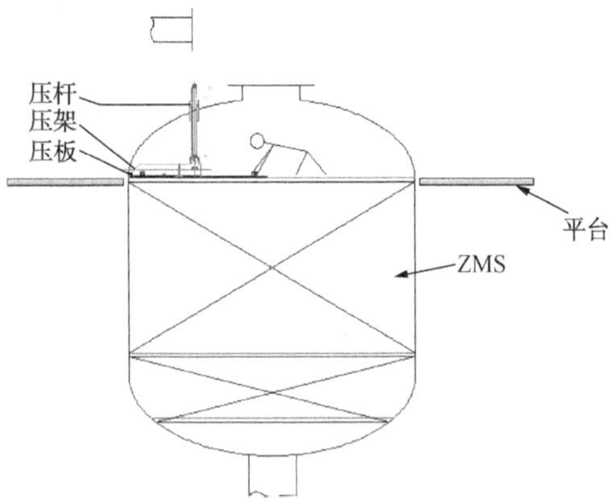

图 5 平整吸附剂及安装内件

② 针对吸附剂和瓷球强度不足的问题，在无法更换的情况下，与厂家进一步沟通，要求结合自身产品和吸附塔的结构，重新修订压塔方案，制定科学的压塔序列。

经过企业和吸附剂厂家重新确认，调整了压塔方案。停机压塔时间序列确定为 0.5h、1h、2h、4h、8h、12h、24h、72h、168h、360h、720h、1500h、3000h，较之前压塔方案增加了 0.5h、4h、8h 序列，希望通过前期更频繁的压塔频率，使下层吸附剂更快地趋于紧实状态，避免因压塔间期过长，吸附剂沉降过多导致压杆和压架间缝隙过大，瓷球乘虚而入的情况再次出现。

同时，还规定了下一序列进行的前提条件，若首次开车时大压杆行程≥5mm 或者小压杆行程≥45mm，则第二次开机时间仍与上次相同，即重复 0.5h 停机检查记录，直到大螺杆行程差控制在≤5mm 内且小螺杆行程≤45mm 内后才可执行下个停机序列时间；若首次开车时大螺杆行程≤5m，且小螺杆行程≤45mm，则下次开车停机时间可调整为上次开车停机时间的两倍。

另外还要求瓷球层压杆外露高度必须控制在≥105mm；若≤105mm，必须停车补加瓷球至法兰面 60mm 处。

③ 清理氧气缓冲罐罐底，设置特护点要求巡检人员定期检查氧气缓冲罐罐底放空，及时发现吸附塔跑剂现象；清理氧压机入口过滤器和臭氧发生器入口过滤器，并定期更换滤网。

④ 在压塔过程中必须有技术人员全程跟踪监督，大压杆保证在扳手加长套杆的情况下，采取三人合力的方式，按对角形式逐个将 4 根大压杆向下压紧。由于小压杆底下的多孔钢压板受力能力有限，只需用扳手将小压杆扭紧即可。

跑剂问题处理完成后，截至 3 月 23 日，目前经过 13 次压塔（执行至第 720h 工序）操作运行工况正常，氧气浓度 92%，氧气露点-69℃，压塔前后需记录前后压杆所剩余量，根据压杆下降行程判断吸附剂内部压实情况。A、B 两塔大压杆余量的变化情况分别如图 6、图 7 所示。

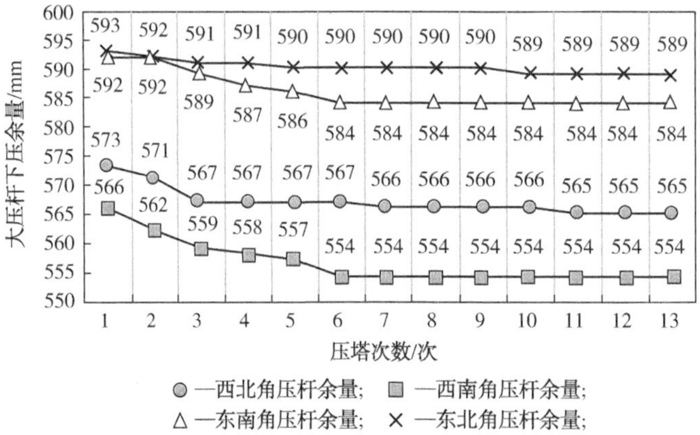

图 6 A 塔大压杆下压余量

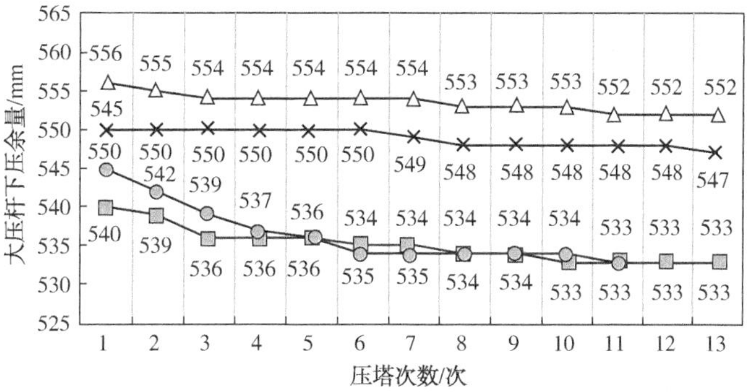

图 7 B 塔大压杆下压余量

重新装填吸附剂运行 1 个月后，进行到第 6 次压塔序列后基本趋于稳定状态，期间未发生跑剂和粉化现象。继续运行至 3 个月后，期间 5 次压塔大压杆基本无下降，吸附塔吸附剂已基本处于压实稳定状态。

5 结语

通过对 A、B 两吸附塔发生跑剂现象后的近 13 次压塔中大压杆的下压情况进行分析，可得出以下结论：

① 人工装填吸附剂存在一定的不均匀性，特别是在缺乏振动条件的情况下，前期运行一段时间后需对内部进行检查，发现跑剂及时处置，瓷球不足时及时补充。

② 随着运行周期的增加和压塔次数的增多，吸附剂逐渐趋于压实状态，运行 50h，跑剂前后共进行 11 次压塔操作后，吸附剂基本处于压实稳定的状态。

③ 重新对吸附塔内件进行整理和紧固，制定更为合理科学的压塔序列后，吸附剂跑剂问题得到解决，脱硝系统未发生因 VPSA 制氧系统异常而造成非计划停工。

参 考 文 献

[1] 王焰 . PSA 变压吸附分子筛粉化原因分析[J]. 中氮肥，2001(6)：27-28.

醚化反应器催化剂活性下降原因分析及对策

甘玉栋　周梓杨

（中国石化广州石化公司　广东广州　510705）

摘　要　介绍了MTBE/1-丁烯装置醚化反应器生产现状，分析了醚化催化剂失活的原因，并提出了对策。通过持续攻关，5月R-202A出口异丁烯含量由0.89%下降至0.74%，R-202B出口异丁烯含量由0.80%下降至0.77%，表明醚化催化剂活性下降趋势得到抑制，装置处理负荷也由3月13日的13t/h提高至14t/h。

关键词　醚化反应器；催化剂；活性；异丁烯；处理负荷

1　引言

中国石化广州石化公司甲基叔丁基醚（MTBE）装置于1993年5月建成投产，规模4万t/a。该装置采用齐鲁石化公司开发的MTBE合成技术，反应器为两个并联的筒式多段外循环反应器，以气体分馏装置的混合碳四和外购甲醇为原料。2000年10月装置进行了第一次扩能改造，新增乙烯抽余碳四作为装置的原料，装置规模由4万t/a增加到5.2万t/a。2008年5月对装置进行MTBE联产1-丁烯扩能改造，MTBE装置原来的醚化单元新增反应精馏塔T201A，即分馏塔T201的上塔，进行深度醚化反应，并同步新增碳四加氢单元及丁烯-1精制单元。装置规模由5.2万t/a增加到5.44万t/a，并产出1-丁烯1.82万t/a。

2021年10月大修改造后，MTBE-1装置原料总碳四最大处理量为16.5t/h，比上周期的13.5t/h提高3t/h，其中抽余碳四量4.0t/h，R-202A/B出口异丁烯含量为0.5%~0.6%，运行初期反应器催化剂活性较好。近期，固定床反应器R-202A/B催化剂活性下降，特别是R202A第一段床层部分催化剂出现明显失活现象，R-202A出口异丁烯含量提高至0.9%~1%，异丁烯转化率明显下降，过多的甲醇和异丁烯进入催化蒸馏塔，不仅降低MTBE产品的纯度和产量，更容易导致催化蒸馏塔出口异丁烯含量超标，1-丁烯产品纯度也会因为异丁烯含量过高而纯度下降。MTBE是高辛烷值汽油添加剂，可用于汽油调和，提高汽油抗爆性[1]；而1-丁烯是一种重要的聚合单体，可用于聚乙烯的生产，作为聚乙烯的第二单体使用，能有效改善聚乙烯的性能[2-3]；MTBE和1-丁烯均是高附加值产品，也是炼油二部的主要目标产品之一。本文主要介绍了醚化反应器R-202A/B的现状，分析了醚化催化剂失活的原因，以及采取的应对措施。

2　醚化反应器生产状况

2.1　醚化反应器主要流程

来自净化器的原料经过预热后进入醚化反应器R-202A和R-202B，两个反应器为并联使用，结构和流程相同，图1为反应器R-202A结构简图，碳四原料和甲醇首先进入一段床层并进行醚化反应，一段床层共有四个测温点，分别为TR104A，TR104B，TR104C和TR104D；PDI132是一段床层压差；原料在一段床层催化剂作用下反应后，反应产物一部分进入二段床层继续反应，另一部分作为外循环取热后回流至一段床层入口，作为控制一段床层温度的手段。二段床层流程和结构与一段床层相同，三段床层则没有外取热流程。

2.2　D006催化剂

醚化反应器中三段催化剂床层均为D006型醚化催化剂，其酸度与液体硫酸相当，它是以苯乙烯等十多种原料经过聚合等十三道工序加工成的具有特殊孔结构和比表面积的一种高交换容量强酸性阳离子交换树脂，均以散装的形式填充，D006 催化剂的活性基团是磺酸根，为强酸性基团，当原料携带重金属和碱性物质等杂质时，会改变磺酸根的性质，使醚化催化剂失活，其相关物化参数见表 1。

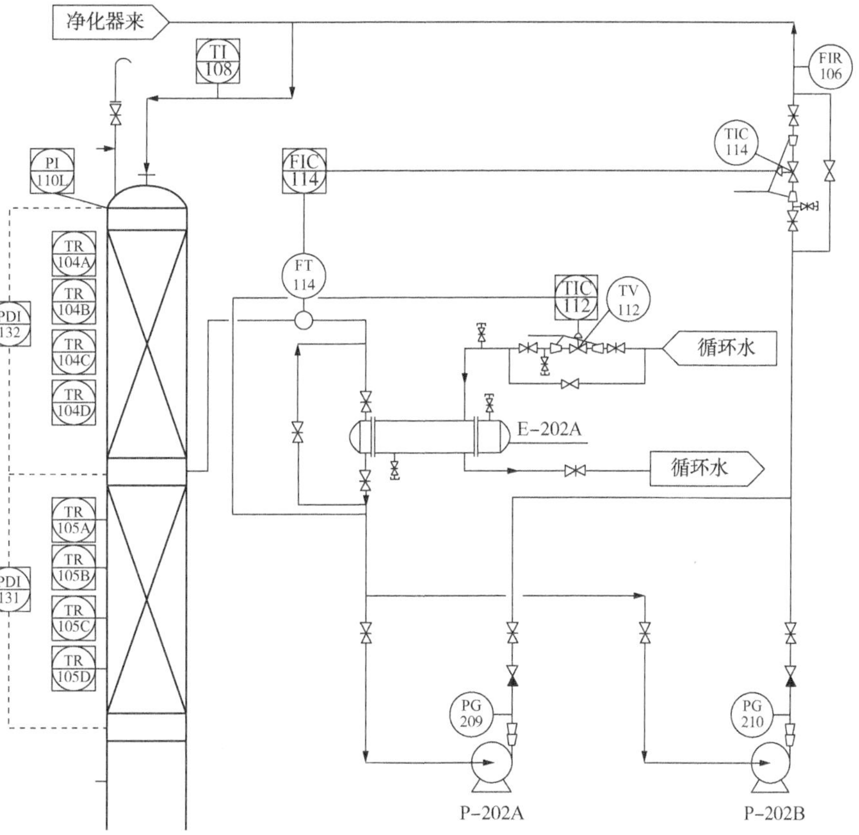

图 1　醚化反应器 R-202A 简图

表 1　捆包催化剂物化参数

项　目	参　数	项　目	参　数
平均孔径/nm	20～60	颜色	深灰色
堆积密度/(kg/L)	0.54	孔隙率/%	30～40
比表面积/(m^2/g)	40～50	膨胀率/%	25～30
粒度/nm	0.4～0.5		

3　催化剂活性下降原因分析

3.1　杂质堵塞催化剂床层和孔道

本周期由于上游气分装置加工焦化液化气，硫含量时常超标，此外焦化液化气携带部分焦粉进入气分装置，2023 年 2 月 8 日和 16 日，气分三 T105 底塔底泵 P107 连续出现进口过滤器堵塞的情况，经过拆检，过滤器几乎全部被黑色物质堵塞，黑色物质经过外委元素分析，大部分成分是 C 和 S。气分轻碳四携带焦粉和高含硫物质进入 MTBE 装置，有文献表明[4-5]，焦粉和单质硫极容易堵塞醚化催化剂微孔，从而降低醚化催化剂活性。图 2 为 2023 年 1 月 R-202A 一段床层压差数据，可以看到 1 月 22 日起 R-202A 一段床层压差从 12kPa 左右提高至 20kPa 左右，且压差波动明显增大，原因为焦粉等杂质堵塞了床层流通通道，同时醚化催化剂也因为

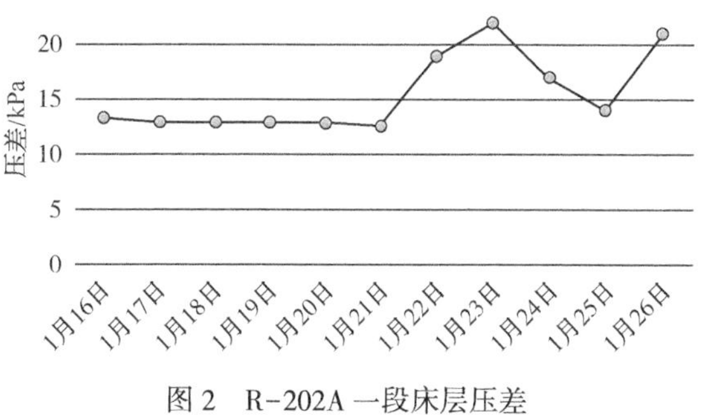

图 2　R-202A 一段床层压差

杂质覆盖使活性位点减少，随着杂质移动，床层压差波动幅度变大，一段床层上的催化剂活性位点也被间歇覆盖，使醚化反应极不稳定，导致一段床层第 2 点 TR104B、第 3 点 TR104C 和第 4 点 TR104D 温度也交替波动。

3.2 碱洗流程恢复的影响

由于气分二长期掺炼焦化液化气，MTBE/1-丁烯装置加氢单元的进料甲硫醇含量时常出现超标情况(指标为 $5mg/m^3$)。为了保证加氢催化剂的长周期运行，2022 年 8 月 5 日，MTBE/1-丁烯装置恢复碱洗流程，对原料碳四恢复一级碱洗，二级水洗。碱洗流程恢复后加氢催化剂活性和选择性明显提高，但同时也导致原料碳四夹带微量碱至醚化反应器中，降低强酸性的醚化催化剂活性。表 2 为水洗罐 V-103 底水样分析结果(注：底部采样口碱液不流动，浓度较高，一般 pH 值较高)，可以看到 pH 值均在 9 以上，表明原料携带碱性物质，容易破坏醚化反应器中磺酸根结构，导致部分醚化催化剂失活。

表 2　水洗罐 V-103 底水样 pH 值

时间	pH 值	时间	pH 值
2023 年 1 月 10 日	11.5	2023 年 2 月 16 日	11.0
2023 年 1 月 11 日	11.0	2023 年 3 月 5 日	9.8
2023 年 2 月 5 日	9.9	2023 年 3 月 17 日	9.3

3.3 处理量原因

2021 年 10 月大修对 T-201A 进行改造，使催化蒸馏塔床层汽液相流通阻力减少，T-201A 压差从 110kPa 降至 30kPa，装置处理量也由上个周期的 13.5t/h 提高至本周期的 16.5t/h，使反应空速增大，催化剂使用寿命相对缩短。

4 应对措施

针对醚化催化剂活性下降有三种原因，若要延长催化剂的使用寿命，必须对焦粉和碱性物质进行脱除，反应器床层上已存在的焦粉杂质难以脱除，只能加强水洗操作，并投用净化器，将焦粉隔绝于反应器前。工艺上可以调整两套 MTBE 装置加工比例，提高醚化反应器床层温度，优化后续催化蒸馏塔参数作为手段，防止加氢进料异丁烯含量超标(指标<0.2%)。

4.1 洗脱原料焦粉

针对原料焦粉含量高的难题，可通过加强水洗操作处理，目前二级水洗罐 V-102、V-103 界面由 20%提高至 30%，每天换水两次。

4.2 降低原料碱度

针对原料碱度高的难题，采取了两个措施，一是降低碱洗罐界位和碱洗液用量，碱洗罐 V-101 界面控制在 20%以下，碱液浓度降低至 6%左右；二是每班次用 pH 试纸人工检测 V-103 底水洗水 pH 值，必要时增加换水频率，确保水洗水 pH 值不高于 8。

4.3 投用备用净化器 R-201A

酸性阳离子交换树脂(为采购方便目前绝大部分装置上用催化剂)作净化剂，可投用备用净化罐 R-201A，使 C_4 在进醚化反应器之前先经过内装净化剂的保护床，使有害阳离子和碱性物质在保护器内先行脱除。

4.4 调整两套 MTBE 装置处理量

MTBE-1 装置将处理量从 16.5t/h 降至 13t/h，相应提高 MTBE-2 装置处理量，两套 MTBE 装置总处理量保持不变，后期视醚化催化剂活性恢复程度逐步提高处理量，截至 5 月，MTBE-1 装置处理量维持在 14t/h。

4.5 提高催化剂床层温度

提高催化剂床层温度可以提高醚化反应速率，催化剂越接近使用周期末期就越要提高床层温度，但床层温度不能超过 70℃，否则会使逆反应速度高于正反应速度，使醚化反应向逆反应方向进行，不利于提高异丁烯转化率。攻关期间，通过调整预热温度和一段外循环冷却水量，使两反应器床温控制在65~69℃。

4.6 优化催化蒸馏塔参数

催化蒸馏塔进料异丁烯含量增多时，为防止后续1-丁烯进料异丁烯含量超标，可以采取提高回流量、提高塔压和降低回流温度等措施，增加异丁烯和甲醇的反应接触停留时间，保持催化蒸馏塔床层灵敏板温度TI215高于58℃，可有效提高异丁烯总转化率。

5 效果分析

5.1 反应器R-202B

醇烯比和空速一定的情况下，催化剂活性越好，异丁烯转化率就越高，反应器出口异丁烯含量就越低，图3为今年以来醚化反应器R-202B出口异丁烯和甲醇含量的平均值，可以明显看出，1月至3月甲醇含量平均值由2.33%上升至2.50%，异丁烯含量平均值也从0.72%提升至0.77%，两者同时提高，说明醚化反应变差，催化剂活性下降。4月由于调整了醇烯比，反应器出口甲醇含量降低至2.37%，不利于异丁烯转化反应，异丁烯含量进一步提高至0.80%，但随着各项攻关措施的落地，4月底开始，及时抑制住了催化剂恶化的趋势，5月R-202B出口甲醇和异丁烯含量同时下降，甲醇平均值降低至2.28%，异丁烯平均值降低至0.77%，说明反应器R-202B工况恢复良好。

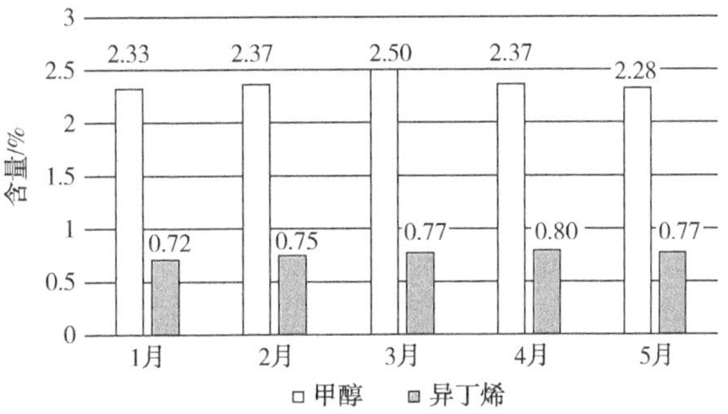

图3 R-202B出口异丁烯和甲醇含量的平均值

5.2 反应器R-202A

图4为今年以来醚化反应器R-202A出口异丁烯和甲醇含量的平均值，由于反应器A催化剂床层杂质较多，导致床层压差变大，焦粉杂质覆盖催化剂表面和微孔内活性基团，使醚化反应比较不稳定，导致催化剂床层各点温度交替波动，反应器出口甲醇和异丁烯含量数据变化规律也不如R-202B明显，但仍可看出1月至4月反应器R-202A出口异丁烯含量逐步由0.72%提高至0.89%，5月异丁烯含量下降至0.74%，说明此时反应器R-202A运行工况也在改善当中，但对比1月份，在甲醇含量大致相当的情况下，反应器R-202A出口异丁烯含量仍高于1月份，且反应器一段各点温度波动的难题仍未彻底解决。

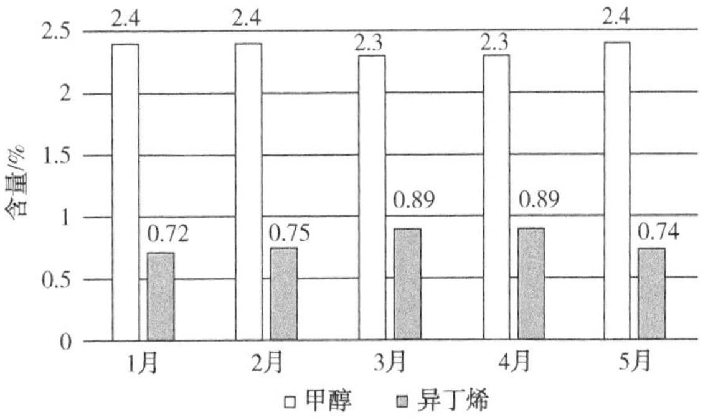

图4 R-202A出口异丁烯和甲醇含量的平均值

5.3 装置处理量

如图5所示，2023年1月装置处理量为16.5t/h，随着醚化催化剂活性下降，装置处理量逐步降低至3月的13t/h，即使处理负荷逐步下降，但R-202A/B出口异丁烯含量仍然显示出上升趋势，各项攻关措施落地以后，4月起装置处理量恢复至14t/h，5月两反应器工况明显改善，通过持续攻关优化，装置处理量仍有提高潜力。

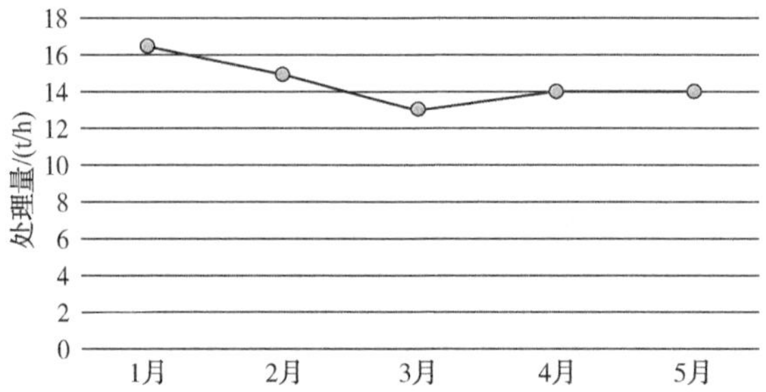

图5 MTBE-1装置处理量

6 结论

通过洗脱焦粉、降低原料碱度、调整装置处理负荷以及提高反应器床层温度等措施，抑制住了醚化催化剂活性下降趋势，5月R-202A出口异丁烯含量由0.89%下降至0.74%，R-202B出口异丁烯含量由0.80%下降至0.77%，装置处理负荷也由3月13日的13t/h提高至14t/h。

参 考 文 献

[1] 刘成军．MTBE装置转产叠合油工艺及优化措施[J]．中外能源，2021，26(10)：79-86.
[2] 刘尚清，张军．煤基混合碳四生产MTBE/1-丁烯的问题探索[J]．现代化工，2021，41(12)：222-225.
[3] 蔡世绵，涂建军，汪复．乙烯与1-丁烯共聚合的研究[J]．石油化工，1994(12)：776-782.
[4] 左学明．MTBE醚化催化剂失活原因及预防措施[J]．中国石油和化工标准与质量，2011(8)：32.
[5] 何宗华，刘淑芝，达建文．MTBE生产技术及醚化催化剂[J]．齐鲁石油化工，2012，40(4)：356-358.

S Zorb 装置辛烷值损失影响因素及措施

周　兴

（中国石化广州石化公司　广州广东　510705）

摘　要　从原料汽油性质，吸附剂载硫、载碳量和工艺操作 3 个方面分析了中国石化广州石化公司 S Zorb 装置精制汽油辛烷值损失大的原因，通过提高吸附剂的载硫、载碳能力，降低循环氢量，降低反应压力和提高反应温度来降低精制汽油辛烷值损失，经过优化调整，精制汽油辛烷值损失明显降低。

关键词　辛烷值损失；烯烃；吸附剂；硅酸锌

1　装置简介

1.1　原则流程

装置原则流程如图 1 所示。

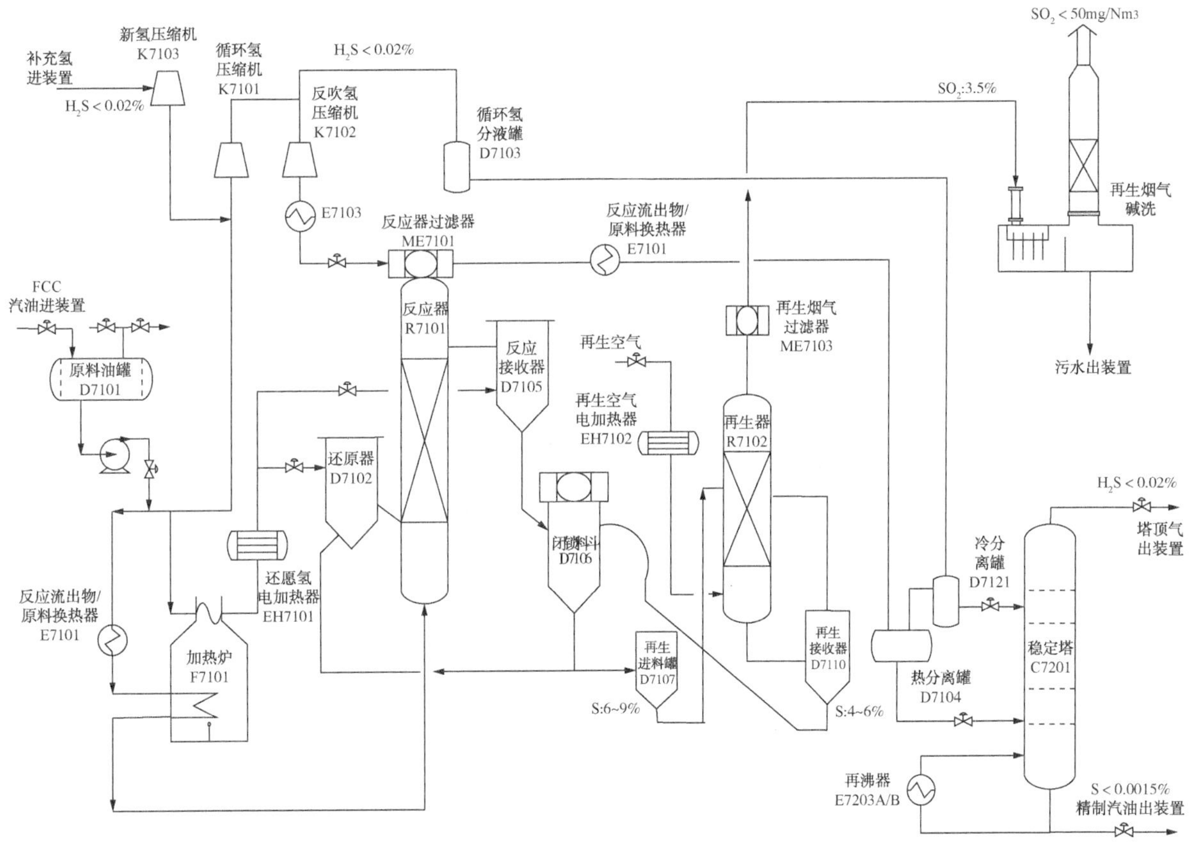

图 1　原则流程图

1.2　反应机理

（1）反应器内主要发生的反应。

① 硫的吸附反应：

$$R-S+Ni+H_2 \longrightarrow R-2H+NiS \quad NiS+ZnO+H_2 \longrightarrow Ni+ZnS+H_2O$$

② 烯烃加氢反应：

$$C—C—C—C=C+H_2 \longrightarrow C—C—C—C—C$$

③ 烯烃加氢异构化反应：

$$C=C-C-C-C-C+H_2 \longrightarrow C-C=C-C-C-C+H_2$$

$$C=C-C-C-C-C+H_2 \longrightarrow C-C-C=C-C-C+H_2$$

（2）再生器内主要发生的反应。

$$ZnS+1.5O_2 \longrightarrow ZnO+SO_2$$

$$3ZnS+5.5O_2 \longrightarrow Zn_3O(SO_4)_2+SO_2$$

$$H_2+0.5O_2 \longrightarrow H_2O$$

$$Ni+0.5O_2 \longrightarrow NiO$$

$$ZnO+SO_2+0.5O_2 \longrightarrow ZnSO_4$$

（3）还原器内主要发生的反应。

$$NiO+H_2 \longrightarrow Ni+H_2O$$

$$Zn_3O(SO_4)_2+8H_2 \longrightarrow 2ZnS+ZnO+8H_2O$$

$$ZnSO_4+4H_2 \longrightarrow ZnS+4H_2O$$

$$SiO_2+2H_2O \longrightarrow H_4SiO_4+2ZnO \longrightarrow Zn_2SiO_4+2H_2O$$

2 影响汽油辛烷值损失的因素分析

2.1 吸附剂对辛烷值的影响

2.1.1 吸附剂载硫量

再生剂上的硫含量主要取决于反应吸附的硫与再生烧掉硫的差值，再生剂上的硫越低，则其活性越高，烯烃加氢反应程度也越高，汽油辛烷值损失会越大；再生剂上的硫含量的高低也直接影响着脱硫率和产品硫含量。所以应在保证产品硫含量合格的前提下，尽量提高再生剂上的硫含量以降低汽油辛烷值损失。实际生产中，由于反应器中吸附剂载硫量低、活性偏高，加速了汽油烯烃饱和反应，增加了汽油吸附脱硫过程中的辛烷值损失。装置再生吸附剂载硫量经验值为 5%～7%（质）。需要根据吸附剂的硫含量调整再生操作和吸附剂的循环量。图 2 为辛烷值损失与再生剂硫含量变化关系。

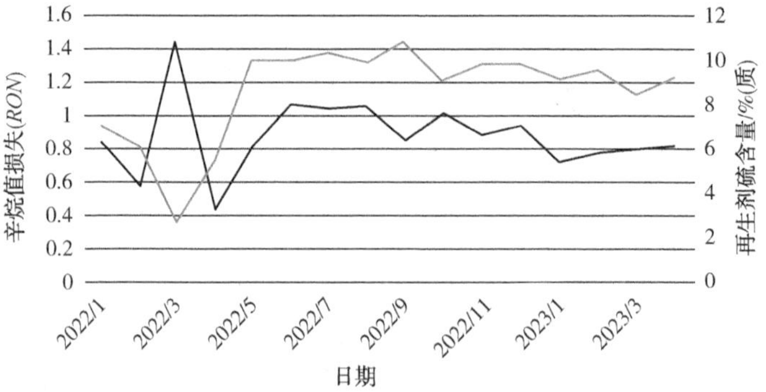

图 2　辛烷值损失与再生剂硫含量变化关系

2.1.2 吸附剂载碳量

再生剂上的碳含量主要取决于反应吸附的碳与再生烧掉碳的差值，再生剂上的碳越低，则其活性越高，烯烃加氢反应程度也越大，汽油辛烷值损失会越高。所以应在保证产品硫含量合格的前提下，尽量提高再生剂上的碳含量以降低汽油辛烷值损失。实际生产中，由于反应器中吸附剂载碳量低、活性偏高，加速了汽油烯烃饱和反应，增加了汽油吸附脱硫过程中的辛烷值损失。图 3 为辛烷值损失与再生剂碳含量变化关系。

2.1.3 吸附剂硅酸锌含量

S Zorb 装置是利用吸附脱硫原理，吸附剂中 ZnO 和 ZnS 为有效脱硫组分，在运行过程中，吸附剂上活性组分 ZnO 不断与载体中的硅源反应生成无活性的硅酸锌（$ZnSiO_4$），活性 ZnO 的大幅降低使吸附脱硫过程中硫转移困难，导致脱硫效率明显降低。此时，为保证精制汽油硫含量合格，需加大再生强度、提高吸附剂活性，同时提高反应氢油比以提高反应脱硫率，将导致反应烯烃加氢反应加速，因烯烃的辛烷值高于烷烃，故精制汽油辛烷值损失增加。表 1 为硅酸锌含量与辛烷值损失对比表。

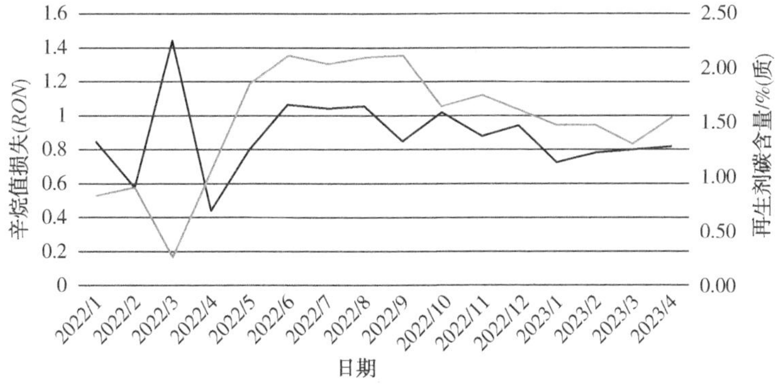

图 3　辛烷值损失与再生剂碳含量变化关系

表 1　硅酸锌含量与辛烷值损失对比表

序号	日期	硅酸锌含量/%(质)	辛烷值损失(*RON*)	序号	日期	硅酸锌含量/%(质)	辛烷值损失(*RON*)
1	2022. 1	14. 5	0. 84	9	2022. 9	14. 9	0. 85
2	2022. 2	14. 1	0. 58	10	2022. 10	15. 5	1. 01
3	2022. 3	13. 7	0. 43	11	2022. 11	14. 6	0. 88
4	2022. 4	14. 0	0. 44	12	2022. 12	15. 5	0. 93
5	2022. 5	15. 0	0. 81	13	2023. 1	14. 3	0. 72
6	2022. 6	15. 8	1. 06	14	2023. 2	14. 4	0. 77
7	2022. 7	15. 8	1. 04	15	2023. 3	14. 4	0. 79
8	2022. 8	15. 6	1. 05	16	2023. 4	14. 5	0. 81

2.2　原料性质影响

2.2.1　原料汽油硫含量

原料油的硫含量越高，达到相同的脱后汽油硫含量需要的条件就越苛刻，如高吸附剂活性、高氢分压等。因此原料油性质优化也成为降低汽油辛烷值损失的关键因素。优化催化装置原料，降低催化原料硫含量，减少催化稳定汽油中的硫含量，对于降低辛烷值损失作用明显，但是受到全厂物料平衡影响，原料调整很少在实际生产中应用。图 4 为辛烷值损失与原料硫含量变化关系。

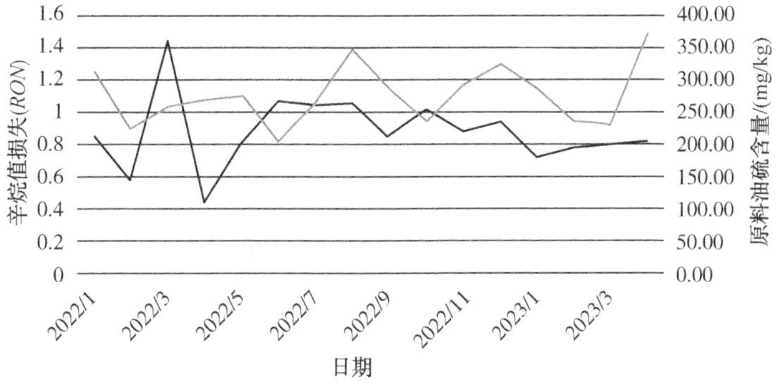

图 4　辛烷值损失与原料硫含量变化关系

2.2.2　原料汽油烯烃含量

烯烃含量高会使烯烃加氢饱和反应更剧烈，辛烷值损失增大。低碳数的烯烃相对于高碳数的烯烃更易加氢饱和，而汽油组分中 C_5、C_6 烯烃在辛烷值占据的比例最高，则加氢饱和后辛烷值损失会更大。不同类型的烯烃中，直链烯烃相比于支链以及环烯烃更易加氢饱和且生成的直链烷烃辛烷值较低，辛烷值损失最大。当其他操作条件不变时，图 5 为辛烷值损失与原料烯烃含量变化关系。

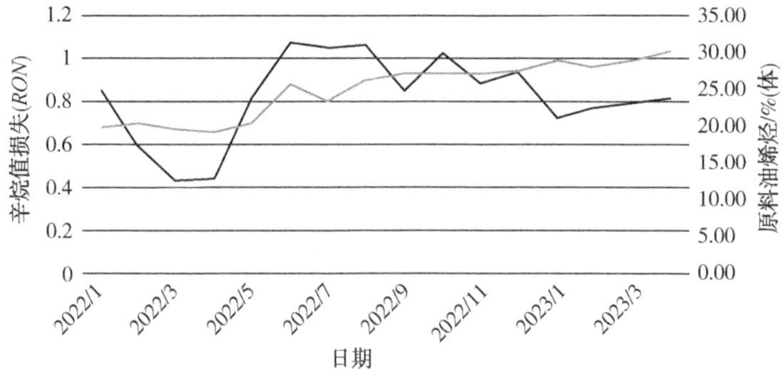

图 5　辛烷值损失与原料烯烃含量变化关系

2.3　反应温度的影响

反应温度是影响辛烷值损失的重要因素，因为烯烃加氢饱和反应是强放热反应，所以提高反应温度可以抑制烯烃饱和反应。在其他条件不变的情况下，随着反应温度的升高，产品的辛烷值损失会逐渐减小，而且产品脱硫率会随着反应温度的升高先增大后减小。因此，要达到低脱硫率、低辛烷值损失，需要维持反应温度在 420~430℃，抑制烯烃饱和反应，从而降低 S Zorb 过程中的辛烷值损失，但不能超过反应器材质要求的 441℃最高值。图 6 为辛烷值损失与反应温度变化关系。

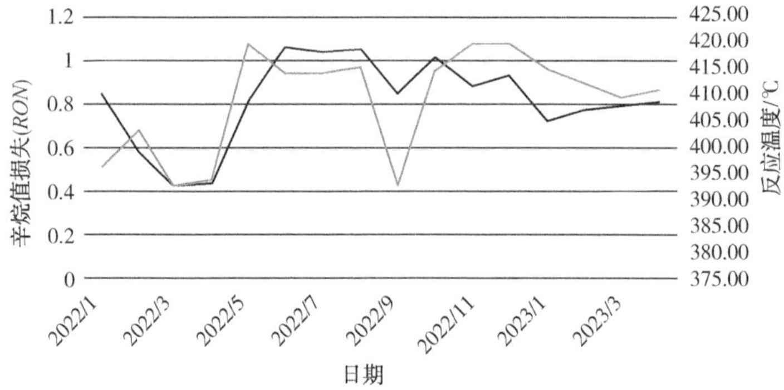

图 6　辛烷值损失与反应温度变化关系

2.4　反应压力、氢分压影响

烯烃加氢反应是体积减小的化合反应，从反应动力学讲，增大反应压力或提高氢分压，会加速烯烃加氢反应，造成烯烃含量降低、辛烷值损失增大，这是脱硫反应器中的不利反应；但增大反应压力或氢分压，会增大脱硫率，产品硫含量会降低，这又是脱硫反应器中的有利反应。所以应该根据要求的脱硫率和期望的辛烷值损失寻找平衡，即在确保脱硫后产品硫含量合格、不过剩的情况下控制合适的反应压力，考虑到反应压力主要是通过氢分压来影响反应进行的，因此，在考虑反应压力对辛烷值损失影响的同时，需要考虑氢气纯度和循环量的影响。图 7 为辛烷值损失与反应压力变化关系。

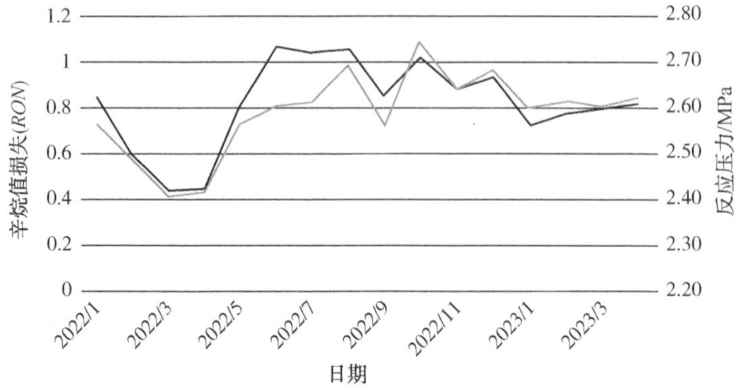

图 7　辛烷值损失与反应压力变化关系

2.5 循环氢纯度

随着装置的运行，原料/反应产物换热器结焦的情况也逐步出现，将导致反应产物换热后温度升高，在冷热高分罐冷却负荷无法有效提升的情况下，将造成循环氢中夹带部分油气影响循环氢纯度，在控制同等的反应氢油比时，循环氢纯度的高低决定了参与反应的纯氢量的多少，为避免产品质量超标，需要提高反应氢油比，将导致辛烷值损失增加。

表 2 为 S Zorb 装置原料换热器 E101 结焦前后温度对比，可以看出，结焦导致 E101 管程出口换热终温由平均 355℃降至 324℃，壳程出口温度由平均 140℃上升至 165℃，循环氢纯度随之下降。

表 2　原料换热器 E7101 结焦前后温度对比表

序号	日期	E7101 差压/MPa	E7101 管程入口温度/℃	E7101 壳程入口温度/℃	E7101 管程出口温度/℃	E7101 壳程出口温度/℃
1	2022.1	0.26	74.43	418.35	345.99	162.35
2	2022.4	0.35	73.25	410.30	324.32	140.21
3	2022.7	0.26	73.11	416.55	343.98	161.78
4	2022.10	0.34	72.59	413.87	328.91	142.84
5	2023.1	0.30	71.39	414.07	331.03	144.46
6	2023.4	0.21	77.51	424.05	354.54	165.14

3 降低辛烷值损失的措施

3.1 降低吸附剂的影响

3.1.1 提高吸附剂载硫载碳量

在脱硫能力足够的情况下，适当提高吸附剂上的载硫载碳，控制吸附剂载硫≥8%，载碳≥4%，使硫与碳包裹在吸附剂表面形成保护层，降低吸附剂的活性，通过降低反应器内烯烃加氢反应，来减少辛烷值的损失。

3.1.2 降低吸附剂硅酸锌含量

（1）定期补充新鲜吸附剂。

硅酸锌在系统中的生成是不可逆的，同时已生成的硅酸锌会促进新硅酸锌的生成，根据系统内硅酸锌含量变化情况，通过及时补充新鲜吸附剂置换的方式，将吸附剂中硅酸锌含量控制在 10%以内。S Zorb 装置补充新鲜吸附剂频率为 8t/a。

（2）控制系统带水。

在无水的情况下，硅酸锌生成的温度需达到 800℃，远超装置正常运行操作温度，但一旦有水在反再系统中生产，吸附剂易形成硅酸锌。

通过以下手段控制：

① 定期检查再生器取热盘管，若发现盘管内漏第一时间切出；

② 再生器保持贫氧操作，严格控制再生风量的提降；

③ 吸附剂在闭锁料斗中的循环速率控制在≤1.5t/h，有效减少还原器内水的生成；

④ 还原器内的温度控制≤280℃。

3.2 降低原料性质的影响

原料中的硫含量及烯烃含量影响装置辛烷值损失，通过联系调度及上游装置稳定进料量、硫含量和烯烃含量，从而保证产品硫含量及辛烷值损失合格。

3.3 优化操作

3.3.1 反应温度

根据原料硫含量的变化及时增补再生风量，在产品硫合格的前提下提高反应温度≤441℃，减少辛烷值损失。

3.3.2 降低反应氢油比

提高氢油比，可有效提高反应脱硫率，但也加剧了烯烃加氢反应。因此在精制汽油质量合格的前提下，可通过降低循环氢量来降低反应氢油比，达到减缓烯烃加氢反应的目的。循环氢量可在11000~14000Nm^3/h调整。

3.3.3 循环氢纯度

当循环氢纯度较低时，实际参与反应氢气量减少，将导致产品硫含量超标，但循环氢纯度过高时，过剩的氢气又将导致烯烃加氢反应加剧，辛烷值损失增加。因此将循环氢纯度控制在80%~85%，充分平衡脱硫率及辛烷值的损失。

4 结论

对于S Zorb装置，在满足脱硫率的前提下适当提高待生剂硫含量、降低循环氢量、提高反应温度、降低反应系统压力或氢分压、降低反应器中吸附剂藏量，可以减缓烯烃加氢反应、降低汽油辛烷值损失、提高装置的经济效益。

参 考 文 献

[1] 陈尧焕. 汽油吸附脱硫(S Zorb)装置技术问答[M]. 北京：中国石化出版社，2015：10-12.

[2] 刘宝，倪维起. S Zorb装置汽油辛烷值损失影响因素分析[J]. 齐鲁石油化工，2019，47(2)：102-104.

[3] 刘永才，李佳. 影响S Zorb装置汽油辛烷值损失因素分析[J]. 石油化工设计，2019，36(4)：12-15.

[4] 于善宝，郭宏，孙同根，等. 加强工艺管理降低S Zorb装置精制汽油辛烷值损失[J]. 石化炼制与化工，2018，49(10)：15-19.

柴油加氢改质装置蒸汽发生器中炉水及低压蒸汽的品质控制

陈　红

（中国石化广州石化公司　广东广州　510726）

摘　要　目前柴油加氢改质装置内有反应馏出物蒸汽发生器和精制柴油蒸汽发生器，均以除氧水为原料，生产出符合加热炉要求的低压蒸汽，控制好炉水和蒸汽的质量对于装置的生产平稳和设备防腐都具有重要的意义，本文将对如何控制质量进行一定的分析。

关键词　柴油加氢改质；炉水品质；蒸汽品质

1　引言

中国石化广州石化公司200万t/a柴油加氢装置于2012年4月投产，以轻催柴油、重催柴油、焦化柴油、加处柴油的混合油为原料生产满足欧Ⅴ柴油质量标准的车用柴油。

作为生产工艺中蒸汽产出的重要设备，汽包通过回收余热来产生蒸汽，由于加入汽包的给水总是带有一定的盐分，锅内进行加药处理后，炉水的结垢性物质转变为水渣，此外锅炉水(锅水)腐蚀金属也要产生一些腐蚀产物。因此，在锅水中含有各种可溶性和不溶性的杂质，在汽包运行中，这些杂质部分会被蒸汽带走，绝大部分留在锅水中，随着锅水的不断蒸发，这些杂质浓度逐渐增大。汽包炉水杂质浓度过高，不仅影响蒸汽品质，而且还可造成受热面的结垢与腐蚀，影响汽包安全运行。为了控制锅水品质，必须进行汽包排污，以排出部分被盐质和水渣污染的锅水，并以清给水进行补充。需要对炉水磷酸根、pH值和蒸汽的二氧化硅，钠离子，磷酸盐以及电导率进行控制。研究表明，汽包水汽质量的好坏将影响到设备和装置是否可以在长周期下安全运行。实践中，定期检测水质和蒸汽可以有效反映汽包设备的健康情况。

2　汽包炉水、蒸汽不合格对装置运行的危害

2.1　炉水不合格的危害

该装置0.5MPa蒸汽汽包炉水的控制指标为：pH值10~12，磷酸根10~30mg/L。当pH值保持在10~12时，在金属表面形成的一层致密Fe_3O_4保护膜比较稳定，所以不会发生腐蚀，当炉水pH值过低时会使汽包发生酸性腐蚀；当炉水pH值过高时，Fe_3O_4保护膜会被破坏分解，炉水中的胶体硅溶解度增大，即使加大排污也难以改变炉水含硅量，大部分硅被蒸汽带走影响蒸汽质量。锅炉结垢导致燃料增加，煤耗增高，锅炉受热面积变小，锅炉蒸发量降低，化学药剂消耗增大[1]，汽包炉水中磷酸根的作用是与炉水中的硅、钙、镁等离子反应生成容易被排污排出的沉积物，防止硅、钙、镁等离子在炉管等部位结垢影响传热效率及发生垢下腐蚀。当炉水磷酸根过低时，炉水中的硅、钙、镁等离子不能充分排出；当炉水中的磷酸根过高时，一方面造成磷酸钠消耗增加，另一方面造成排水中磷酸根过高污水厂处理难度增加。

炉水质量分析数据(其中SC-9401为E-9101炉水采样器，SC-9402为E-9202炉水采样器)如图1~图4所示。

通过近一年半炉水质量数据，由图1和图2可知两个锅炉pH值基本稳定合格，有过略低的情况，可能是药剂浓度或加药量波动导致；而由图3和图4可知，磷酸盐不合格的情况较多，应及时调整加药量并增加排污次数。

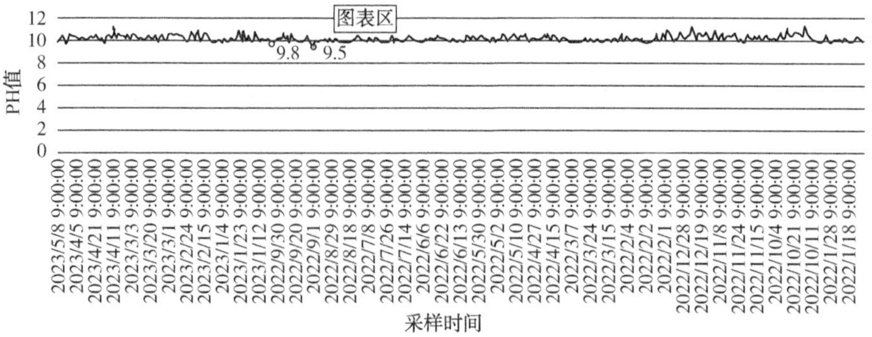

图 1　SC-9401 炉水 pH 值

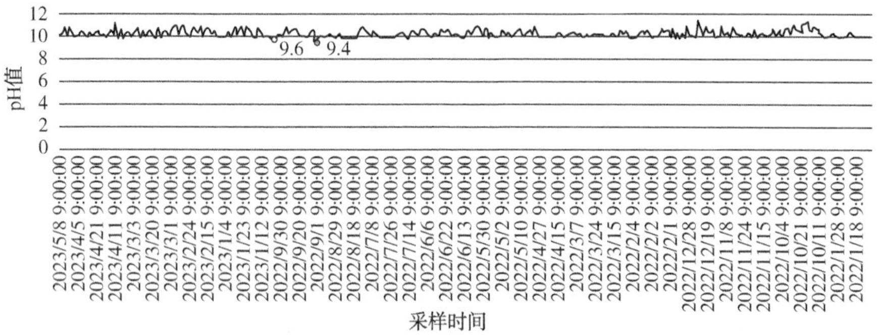

图 2　SC-9402 炉水 pH 值

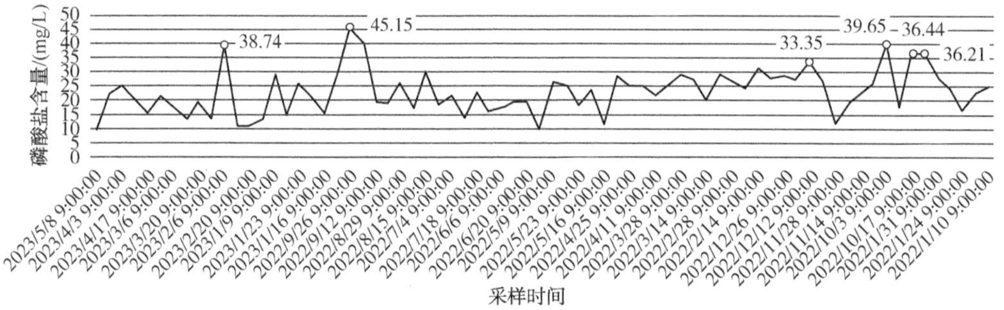

图 3　SC-9401 炉水磷酸盐含量

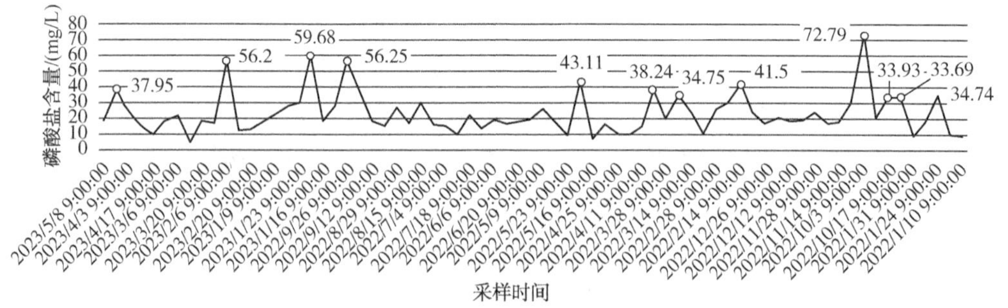

图 4　SC-9402 炉水磷酸盐含量

2.2　蒸汽不合格的危害

装置蒸汽汽包蒸汽主要的控制指标为：二氧化硅≤20mg/kg，钠离子≤15mg/kg。装置自产 0.5MPa 蒸汽主要通过加热炉 F9202 变为过热蒸汽出装置，由锅炉汽包送出的饱和蒸汽含有盐分，可能有一部分沉积在过热器中，这将影响蒸汽的流动和传热[2]，当蒸汽中二氧化硅和钠离子含量超标时会导致含有大量杂质成分的蒸汽进入过热器及在蒸汽管道、汽轮机中造成沉积，将迫使过热段金属管壁温度提高，降低金属材料的机械性能，严重时会使受热面管发生变形和破裂等失效事故，危及汽包设备的安全。

蒸汽质量分析数据如图 5~图 8 所示。

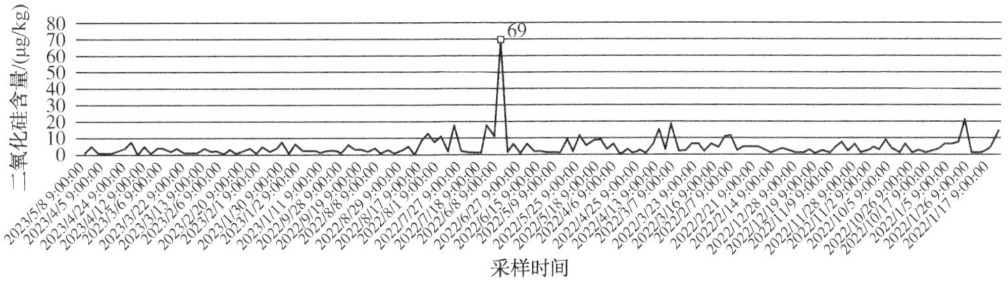

图 5　SC-9401 蒸汽二氧化硅含量

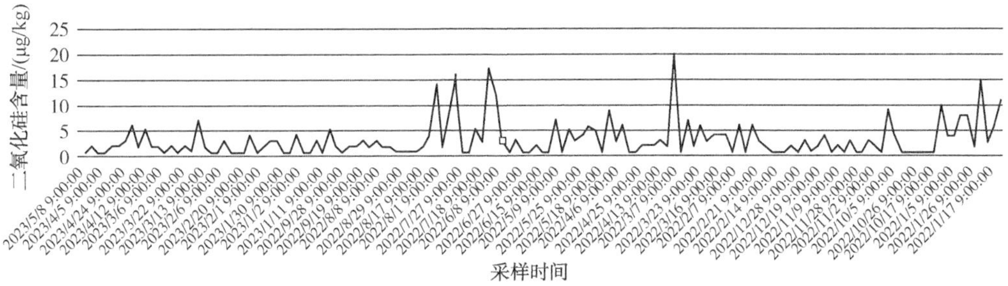

图 6　SC-9402 蒸汽二氧化硅含量

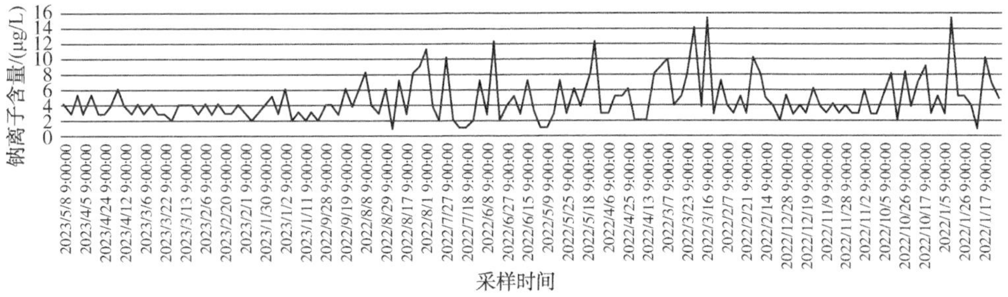

图 7　SC-9401 蒸汽钠离子含量

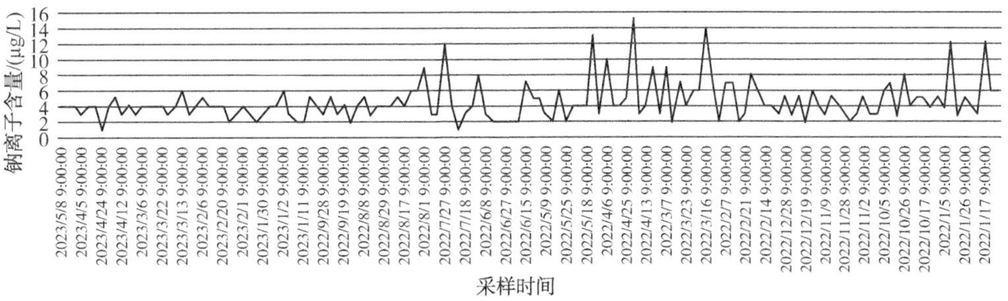

图 8　SC-9401 蒸汽钠离子含量

通过近一年半的蒸汽质量数据(图 5~图 8)可以看出，虽然炉水的质量偶尔有波动，但是蒸汽的质量基本都能保证合格，说明装置汽包的排污措施起到了较好的作用，图 7 中有一次二氧化硅严重超标的情况应该是采样不规范所致。

3　炉水及蒸汽质量不合格的可能原因

3.1　采样不规范

采样时操作不规范，器皿未润洗干净或器皿本身未清洗干净导致样品中含有杂质而分析不合格。

3.2 给水质量不合格

汽包的给水或多或少总含有杂质。给水进入锅炉后逐渐被加热并产生蒸汽，其杂质大部分留存到锅炉水中，因此锅炉水的杂质浓度要比给水高很多，杂质积累之后会导致炉水质量超标，此过程中蒸汽也会带走部分杂质，此种方式称为机械性携带，造成蒸汽的污染，因此给水的质量合格对整个汽包的设备保护和产品质量控制十分重要。

3.3 加药的浓度和加药量波动

各汽包加药用的是 $Na_3PO_4 \cdot 12H_2O$，磷酸三钠与较硬的水垢(钙、镁结垢物质)发生反应使其软化，即 $3Mg^{2+}+2PO_4^{3-} \longrightarrow Mg_3(PO_4)_2$ 和 $3Ca^{2+}+2PO_4^{3-} \longrightarrow Ca_3(PO_4)_2$，硫酸钙和磷酸镁不易附着在锅炉内形成二次水垢，可以随排污而排除。加药系统包括两个切换使用的 $1m^3$ 的药剂罐，药剂罐有加速药剂溶解的搅拌机，有三台加药泵，其中 1#加药泵加注 E9102 汽包，3#加药泵加注 E9202 汽包，2#加药泵作为备泵，可通过流程变更用作各汽包加药泵。配药液用的水为除氧水。加药量是影响炉水质量的直接因素，而影响加药量的因素包括：每次配药时药液罐剩余药液不尽相同；每次加药加水量也不同，配药时未开搅拌机，磷酸钠未充分溶解，药剂泵故障不上量未及时发现导致加入汽包的药液不足，从而导致加入汽包的药液浓度有波动。

3.4 汽包液位和发汽量波动

汽包液位过高或频繁波动会影响汽水分离效果，造成蒸汽带水，水中的钠离子和二氧化硅浓度很高，从而导致蒸汽品质不合格，如果汽包发汽量过大或频繁波动就会使汽水分离时间不够或汽包液位波动、旋流器工况不稳定影响汽水分离效果，也会影响蒸汽品质[3]。

4 炉水及蒸汽质量问题的分析及调整措施

4.1 操作规范问题

加强人员培训，在采样时注意操作细节，注意器皿是否润洗干净，采样期间不要加药[4]，避免因操作不规范导致样品分析不合格。

4.2 给水质量

给水的质量指标为硬度≤30μmol/L，pH 值≥7，Fe 铁含量≤30μg/g，通过对于过去近一年的数据分析，由图 9 和图 10 可知 pH 值，铁含量和硬度都未有过指标超标情况，因此可以得出给水的质量能够保持稳定，基本不会对炉水质量造成影响，若发生给水质量不合格情况，则联系调度通知上游装置进行调整。

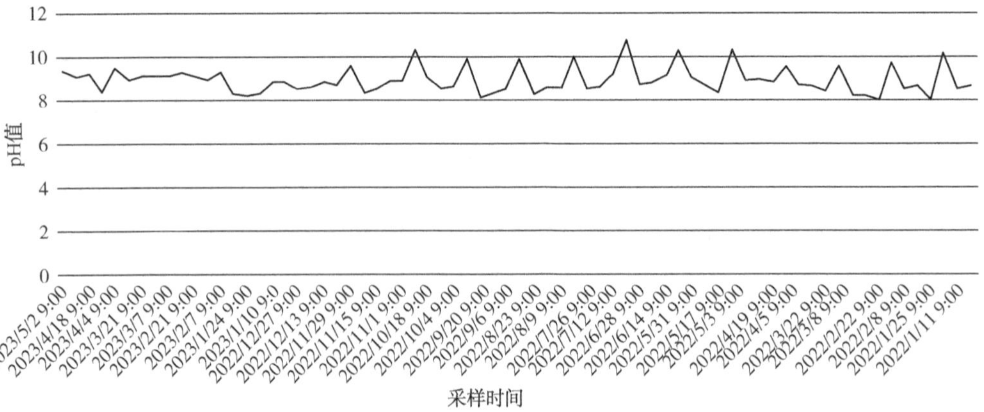

图 9 锅炉给水 pH 值

4.3 规范化加药

各汽包加药用的是 $Na_3PO_4 \cdot 12H_2O$，加药系统包括两个切换使用的 $1m^3$ 的加药罐，加药罐有加速药剂溶解的搅拌机，各汽包有各自独立的加剂柱塞泵，配药液用的水为除氧水。加药量是影响炉水质量的直接因素，而影响加药量的因素包括：配药时各位操作员计量磷酸钠药剂的不稳定；每次配药时

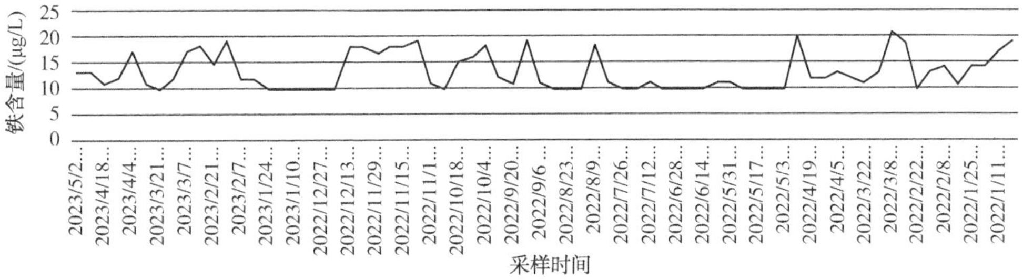

图 10　锅炉给水铁含量

药液罐剩余药液不尽相同；药剂泵故障不上量未及时发现导致加入汽包的药液不足；配药时未开搅拌机，磷酸钠未充分溶解，从而导致加入汽包的药液浓度偏低。所以要在加药罐液位低于 10cm 时切换至备用罐，并对空罐补加药剂，每次加入固定量的药剂并将液位加至 90cm 以上，充分搅拌溶解，减少因加药操作而造成的药液浓度波动。巡检时多注意加药泵压力是否正常，当炉水质量波动时，也可相应对泵的冲程进行调整。

4.4　加强排污管理

连续排污的主要目的是防止锅炉水的含盐量和含硫量过高，从而使炉水电导率在合格以内，排污部位多设在锅炉水浓缩最明显的地方，即汽包水位下 200~300mm 处，排除锅炉水中悬浮物，根据实际情况调整连续排放开度有利于炉水指标稳定。定期排污的目的是把汽包中与钙、镁离子和磷酸根结合生成的絮状物以及一些其他沉积物排出，每次排污阀的定期开启时间定为 0.5~1min，排污率不低于 1%。正常情况下每个班进行两次排污操作即可，若炉水指标超标，可适当增加排污次数以改善炉水质量。

4.5　保持生产平稳

汽包的液位过高和发汽量波动会影响水汽分离效果，影响蒸汽质量，所以保持装置总体生产平稳，保证汽包的给水和热源稳定，对于保证产出的 0.5MPa 蒸汽品质有着重要意义。

5　总结

综上，汽包炉水的 pH 值和磷酸盐过低、过高均对生产不利，要保持在合适的范围内，起到避免锅炉内钙、镁等盐类结垢的作用，同时保证送往下游装置的 0.5MPa 蒸汽质量合格。在炉水和蒸汽质量调整过程中，应加强规范化操作，合理控制磷酸三钠的加入量，及时调整排污量和排污频率。本文分析了影响炉水质量控制的主要因素和相应的调整措施，对防止汽包结垢保证产汽系统长周期运行具有一定的意义。

参　考　文　献

[1] 陈磊，杨爽．锅炉炉水二氧化硅超标原因分析及措施[J]．氮肥技术，2022，43(6)：26-28.

[2] 朱占伟．炼油厂蒸汽品质的控制及对策探讨[J]．中外能源，2007(1)：81-85.

[3] 闵正红．催化裂化装置汽包炉水和蒸汽质量的控制措施[J]．炼油与化工，2018，29(5)：22-24.

[4] 孙绍鹏，郭惠娟，李宗杰．催化装置取热汽包炉水质量控制影响因素分析和对策[J]．云南化工，2018，45(7)：243-244.

催化裂化锅炉泄漏原因分析及预防措施

袁志波

（中国石化镇海炼化公司　浙江宁波　315000）

摘　要　锅炉是催化裂化回收利用烟气余热，提高能源利用率的常用节能设备。随着环保问题异常突出，以及脱硫脱硝除尘设施的投用，锅炉运行的安全性和稳定性成为制约催化裂化长周期运行因素之一。2021年，某企业催化裂化装置因CO锅炉蒸发段管束发生泄漏需停炉检修，导致外排烟气环保指标无法控制合格，催化裂化装置被迫同停，造成经济效益损失。本文就锅炉腐蚀泄漏产生原因及预防措施展开讨论。

关键词　锅炉；激波吹灰器；管束；腐蚀

1　引言

随着我国经济迅速发展，各种污染物排放日渐严重，环保问题日益突出，催化裂化再生器产生高温烟气带有大量粉尘、二氧化硫、氮氧化物等污染物，锅炉+脱硫脱硝除尘设施已成为催化裂化回收热能及处理污染物必备设施。在实际生产中，锅炉一旦因受热管束积灰、磨损、露点腐蚀等问题发生泄漏，甚至爆管，则锅炉必须停炉检修，催化烟气只能直排大气，在当前环保形势下是不被允许的，导致催化裂化装置必须同时停工，造成较大经济效益损失。锅炉的腐蚀问题已经成为影响催化裂化长周期运行因素之一，因此，本文就某催化裂化锅炉腐蚀泄漏的情况进行详细分析，分析管束泄漏的原因，并提出预防措施[1]。

2　泄漏经过

2017年11月26日某催化裂化装置发现CO锅炉省煤器处烟气温度下降，同时锅炉省煤器底部烟道出口处排凝排放出较多水，怀疑省煤器出现泄漏，经排查后确认为高温省煤器(下)出现管束泄漏，后高温省煤器(下)给水切出改走副线。2018年5月再次发现低温省煤器(上)出现管束泄漏；同年9月左右发现低温过热段温度下降，低温过热器发生泄漏。

2018年10月催化裂化装置停工检修，分别对锅炉高温省煤器(下)、低温省煤器(上)、低温过热器进行了检查，发现低温过热器管束泄漏2根，高温省煤器(下)管束泄漏1根，低温省煤器(上)泄漏1根，泄漏管束均为激波吹灰器最后一级喷口下方，检修时对泄漏管束及周边管束进行了堵管或预防性堵漏作业(低省下堵管3列，低省上3列，高省上4列，低过堵管3列)。2020年大修时，装置对低温过热器及省煤器进行了更新，并对每个省煤器流程进行了完善，给水增设了跨线。

2021年4月20日装置发现锅炉蒸发段温度下降，且蒸发段炉墙发现有蒸汽呲漏，判断为蒸发段发生泄漏，装置紧急停工抢修。检修过程发现泄漏点为蒸发段一段管束，泄漏管束2根，亦为激波吹灰器最后一级喷口下方，随后对泄漏点附近3列管束进行封堵，同时对蒸发段二段管束进行预防性封堵。

3　泄漏原因分析

3.1　低温露点腐蚀

CO锅炉运行过程中，由于燃料气中的有少量的S存在，燃料后生成SO_2，以及催化再生器焦炭燃烧生产的SO_2，由于燃烧室中有过量的O_2存在，所以又有少量的SO_2进一步氧化成SO_3。另外由于新增了脱硝固定床反应器，脱硝催化剂中含有V，会促进烟气中SO_2转化为SO_3。在高温烟气中的SO_3气体不腐蚀金属，但当烟气温度降到一定温度以下，SO_3将与水蒸气化合生成硫酸蒸气。其反应式如下：$SO_3+H_2O \rightarrow H_2SO_4$，含有硫酸蒸气的烟气露点大为升高，当受热面的壁温低于露点时，含有硫酸的蒸气就会在受热面上凝结成含有硫酸的液体，对受热面产生严重腐蚀。因为它是在温度较低的受热面上发生的腐蚀，故称为低温腐蚀。由于只有在受热面上结露后才发生这种腐蚀，所以又称露点腐蚀。与此同时，这些凝结在低温受热面上的硫酸液体，还会黏附烟气中的灰尘形成不易消除的积垢，使烟气通道不畅甚至堵塞。

为了减少硫酸的露点腐蚀，通常采取提高排烟温度的方法，提高省煤器进水温度，控制上水温度高于烟气露点 10~20℃。

催化裂化装置 CO 锅炉露点温度通常在 135℃左右[2]，目前该装置排烟温度长期控制在 170℃以上，省煤器上水温度控制在 140~160℃，高于露点腐蚀温度，当然不排除个别区域存在烟气死区的可能。

检修检查换热管束发现管束表面存有较多积灰，但未有明显腐蚀的情况，且低温过热段及蒸发段处于高温段，理论上不存在露点腐蚀可能性，因此露点腐蚀并非是本次管束泄漏的主要原因。

3.2 垢下腐蚀

催化裂化的烟气带有大量的催化剂粉尘，粉尘粒度小，极易吸附在管束表面，形成积灰，尤其是省煤器管束为强化取热效果，管束采用翅片管，翅片管间隙极易积灰。另外催化裂化锅炉的 SCR 脱硝单元过量的氨逃逸在 320℃以下会产生硫酸氢铵，而省煤器中烟气的温度范围正好在 160~230℃。有研究结果显示硫酸氢铵的生成反应是气相反应，最初的状态是气态，随着温度降低凝结在换热管束表面，黏附烟气中的粉尘、管束表面的腐蚀产物对省煤器造成垢下腐蚀[1]。

2018 年检修时，发现激波喷口下方省煤器泄漏管束翅片上结有较多瘤状垢物，初步分析原因与激波反吹风带水、瓦斯带液与催化剂等形成污垢后糊在管束表面产生垢下腐蚀有关。但低温过热段泄漏管束表面未发现明显结垢物，当时认为可能管束制造存在缺陷。

2020 年大修时，对低温过热段、全部省煤器模块进行了整体更新，同时为防止激波造成垢下腐蚀，对激波保护风入口管线(*DN*15)扩径至 *DN*20；流程上改用催化主风机出口主风(200℃)作为激波保护风，减少带水；对激波喷口下方管束安装了保护瓦。

2021 年 4 月锅炉蒸发段再次发生泄漏，泄漏位置仍是激波喷口下方，可见泄漏原因不仅是垢下腐蚀，与激波吹灰器冲击也存在一定联系。

3.3 激波吹灰器冲击

锅炉使用的是燃气脉冲激波吹灰器，它是利用乙炔(煤气、天然气、液化气)等常用可燃气体和空气，经过各自的流量测控系统后，按一定比例进行均匀混合，然后送入燃烧室中燃烧。与常规的燃烧过程和燃烧方式有所不同，燃气脉冲燃烧是利用不稳定燃烧气体在高湍流状态下，产生压缩波，形成动能、声能、热能。这种燃烧速度较快，燃烧产生的气体压力被限制在一定的范围之内，在输出管的喷口处发射冲击波。通过冲击波的作用使受热面上的积灰脱落，将被污染受热面上的灰尘颗粒、松散物、黏合物及沉积物除去，达到降低锅炉尾部排烟温度，提高锅炉热效率。

装置采用的是长喷管式激波吹灰器，每个模块设置有 4 个脉冲罐，分别对应一根长喷管，伸入模块内部，每个喷管上开有四个喷口，设计时考虑脉冲波进入喷管后能量逐级衰减，4 个喷口从外向内长×宽分别为 7mm×16mm、7mm×32mm、7mm×65mm、7mm×129mm。

鉴于本次 4 个模块泄漏管束位置均为第四个喷口下方，分析认为激波吹灰器喷口脉冲波能量存在分布不均现象，末端喷口开口面积大有造成能量过大可能性。由于末端能量过大，对管束造成冲击过大，导致翅片管损坏。

据初步了解，其他炼化装置尚无激波吹灰器造成炉管泄漏的先例。初步分析，造成激波能量分布不均原因有以下两点：一是激波设计缺陷，长喷管喷口尺寸设计存在缺陷，实际使用过程能量分布不均；二是长期运行后，喷管内出现结垢堵塞，导致能量分布不均，省煤器喷管内发生烟气倒灌，催化剂与冷凝水形成大量垢物，导致喷口处结垢，喷口面积逐级缩小，导致末端喷口能量变大，对管束造成冲击。

激波吹灰器脉冲罐设置有反吹风(DN20 或 DN25)，防止烟气倒流入喷管，对于长喷管设计来说，管径大，反吹风量过小，没有起到反吹防止烟气倒流作用，喷管内烟气倒流导致结垢严重，进一步造成各喷口能量分布不均。

锅炉过热段及蒸发段出口设有两个热电偶，分别位于模块南北侧，见表1，南侧温度靠近激波喷口末端，南侧温度相对北侧温度偏低，说明南侧激波吹灰效果较好，一定程度上验证了能量分布不均的可能性是南侧喷口能量偏大。

表1　各模块温度分布 ℃

模块名称	南侧温度	北侧温度	温差
高温过热器	634	654	20
低温过热器	543	570	27
蒸发段	285	310	25

4　结论及建议

综合腐蚀原因分析可知，管束屡次泄漏原因为垢下腐蚀及激波冲击共同作用的结果。针对以上问题，提出以下解决措施：

① 激波吹灰器喷口附近管束安装保护瓦，可靠、固定，保护管束，减少直接冲击；

② 检修时对激波长喷管进行垢物检查清理，避免因结垢导致能量分布不均；

③ 短喷管激波更换为短喷管形式，但需考虑现场模块之间是否有足够空间；

④ 加强设备寿命管理，省煤器模块寿命一般为8年，蒸发段、过热段、水保护段寿命一般为10~15年，根据实际运行周期提前更新。

参　考　文　献

[1] 赵耀，张宝忠.FCC余热锅炉低温省煤器腐蚀原因分析[J].安全、健康和环境，2020，20(8)：6-9.
[2] 傅玉华，周汉平，周吐清，等.石油化工设备腐蚀与防治[M].北京：机械工业出版社，1997.

重油催化裂化装置处理喷气燃料组分油工业实践总结

李　顺

（中国石化金陵石化公司　江苏南京　210033）

摘　要　介绍了中国石化金陵石化公司3.5Mt/a重油催化裂化装置处理喷气燃料组分油的工业实践及效果。在确保重油催化裂化装置运行平稳的情况下，有效增产了汽油及丙烯等高价值组分。装置丙烯、液态烃、汽油收率显著提高，喷气燃料组分油的转化率达到89.44%，丙烯收率8.26%，汽油收率49.5%，液化石油气收率（不含丙烯）17.64%，干气收率6.24%，焦炭收率10.1%。除此之外，还考察了喷气燃料组分油处理量在20~40t/h时，重油催化裂化装置总体产品分布的变化。掺炼比在7%~8%范围内，综合产品分布达到最佳。在喷气燃料价格较低时利用催化裂化装置处理喷气燃料组分油经济效益可观。

关键词　重油催化裂化装置；喷气燃料组分油；LTAG喷嘴；经济效益

1　前言

中国石化金陵石化公司（以下简称金陵石化）3.5Mt/a重油催化裂化装置于2012年10月首次开工。反应部分采用中石化石油化工科学研究院有限公司（以下简称石科院）开发的MIP技术，再生部分采用中石化洛阳工程有限公司研发的快速床+湍流床烟气串联再生专利技术。2016年装置第二周期大修期间，在提升管原料喷嘴下方1m的位置，新增4台回炼喷嘴并配套相应的回炼流程。设计回炼原料主要是加氢后的催化裂化柴油组分（LCO），也可以根据装置需要处理喷气燃料、汽油等其他组分。

LTAG技术[1]是石科院开发的将LCO转化为高辛烷值汽油或轻质芳烃的专利技术。该技术利用加氢单元和催化裂化单元组合，将催化LCO馏分先加氢再进行催化裂化，通过设计加氢LCO转化区同时优化匹配加氢和催化裂化的工艺参数等，实现最大化生产高辛烷值汽油或轻质芳烃。该技术在中国石化多套催化裂化装置上得到应用并推广，均取得了较好的经济效益[2]。

自2020年初，受新冠肺炎疫情影响，国内国际油品市场出现前所未有的巨大变化，航空煤油价格暴跌，而丙烯价格增长显著。金陵石化考虑将喷气燃料组分油改进重油催化裂化装置处理，用喷气燃料组分油生产高价值的丙烯、汽油等产品，以解决全厂物料平衡，增加公司效益。

2　喷气燃料组分油掺炼方案

2.1　流程调整

LTAG工艺流程示意图及相应流程改造如图1所示。由于原设计LTAG工艺流程未配置掺炼喷气燃料组分油的流程，因此需要对系统流程进行改造，具体流程改动为：在原加氢柴油至催化回炼的管线上增加一股自喷气燃料组分油罐区来的管线，将罐区喷气燃料组分油输送至催化裂化装置提升管底部LTAG回炼油喷嘴，以实现催化裂化装置掺炼喷气燃料组分油的目的。

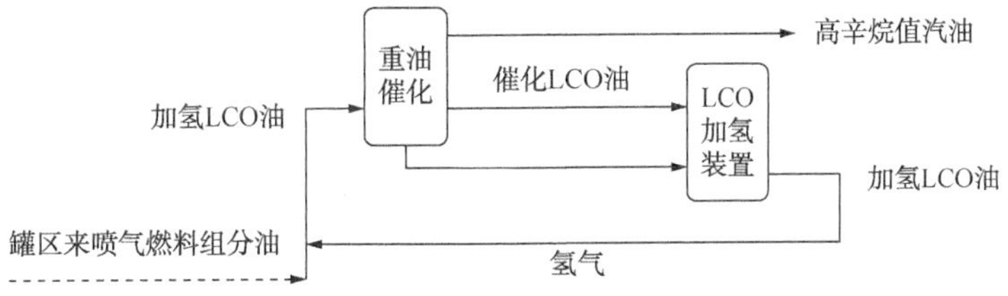

图1　LTAG工艺流程示意图及相应流程改造

2.2 喷气燃料组分油性质及催化原料性质

在掺炼期间，喷气燃料组分油的性质较为稳定。该喷气燃料组分油主要是常减压来轻组分油，不含终馏点 200℃以上的喷气燃料组分。掺炼期间喷气燃料组分油的性质见表 1。

表 1 喷气燃料主要性质

密度(20℃)/(kg/m^3)	770	773	90%馏出温度/℃	184	191
初馏点/℃	134	134	终馏点/℃	191	200
10%馏出温度/℃	158	161	总硫/(mg/kg)	1059	1190
50%馏出温度/℃	172	178			

空白数据为进行回炼前一个月重油催化裂化装置的典型原料数据。通过对比可知，在进行实验前后的原料密度维持在 930kg/m^{3}的水平，残炭 4%，原料馏程基本一致，硫质量分数从 0.48%提升至 0.5%，略有升高。原料中的金属铁的质量分数在 2~3mg/kg，镍+钒的质量分数稳定在 16mg/kg 的水平。总体可见，为保证实验物料数据可靠性，装置一直维持新鲜进料性质的平稳，掺渣率保持稳定。掺炼喷气燃料组分油前后，催化新鲜进料的性质见表 2。

表 2 喷气燃料掺炼前后催化原料主要性质

项目	掺炼前	掺炼后	项目	掺炼前	掺炼后
密度(20℃)/(kg/m^3)	928.0	930.5	500℃馏出量/%	69	68
残炭(微量法)/%	4.01	4.07	w(硫)/%	0.489	0.503
10%馏出温度/℃	302	303	铁/(μg/g)	2.1	2.7
50%馏出温度/℃	426	427	镍/(μg/g)	7.6	7.7
终馏点/℃	540	540	钒/(μg/g)	8.4	8.4

2.3 催化剂性质

主要调整：为保证掺炼喷气燃料组分油的转化效果，适当提高装置平衡催化剂活性，LTAG 工艺要求需要提高至 58 以上。因此装置在掺炼前适当提高了新鲜催化剂的消耗，催化剂单耗提高 0.1kg/t，每天多用约 1t 新鲜催化剂。平衡剂的活性由 55.9 提高至 58.5，比表面积相应由 81.8 提高至 84.5，平衡剂上的铁+镍+钒的质量分数由 11595μg/g 降至 11220μg/g。反应活性提高，重金属含量下降，平衡剂的性质略有好转。平衡剂性能达到了 LTAG 技术投用的相应要求。掺炼喷气燃料组分油前后，催化裂化平衡催化剂的性质见表 3。

表 3 喷气燃料掺炼前后催化平衡剂主要性能

项目	掺炼前	掺炼后	项目	掺炼前	掺炼后
w(碳)/%	0.02	0.02	镍/(μg/g)	3459	3344
微活指数	55.9	58.5	钒/(μg/g)	4736	4579
比表面积	81.8	84.5	锑/(μg/g)	1347	1252
孔体积	0.106		催化剂消耗/(kg/t)	1.3	1.4
铁/(μg/g)	3400	3297			

2.4 操作条件

掺炼喷气燃料组分油前后，反再部分主要操作参数基本未作大的调整，反应压力稳定维持在 260kPa 左右(设计值 260kPa)，反应温度控制在 530℃(设计值不大于 534℃)，再生温度控制在 703~704℃(设计值 690℃)，反再主要参数基本维持平稳。再生阀阀位开大约 1%，通过核算装置热平衡，催化剂循环量约增加 50~80t/h，主要原因是掺炼喷气燃料后虽然总加工量不变，但是由于喷气燃料组分油为轻质油品，其反应热有所增加，造成催化裂化总反应热增加。

主要调整：掺炼喷气燃料组分油时装置的重质油进料量相应降低。其主要原因：实验掺炼的喷气燃料组分油为轻质组分油，密度在700kg/m^{3}左右，馏分组成为130~200℃，其性质显著优于催化裂化重质原料。在提升管底部与700℃的催化剂接触发生反应，其瞬间的气化量及反应产气量很大，为保证提升管不超负荷，装置适当调整新鲜进料负荷。喷气燃料掺炼前后催化装置主要操作如表4所示。

表4　喷气燃料掺炼前后催化装置主要操作

项目	掺炼前	掺炼后	项目	掺炼前	掺炼后
重质油进料量/(t/h)	420	380	再生床温度/℃	703.8	704.5
喷气燃料组分油掺炼量/(t/h)	0	41.6	主风量/(m^3/min)	7428	7347
反应压力/kPa	259.7	261.4	再生阀阀位/%	56.3	57.1
反应温度/℃	531.4	530.6	分馏塔底气相温度/℃	327	328

3　喷气燃料组分油掺炼效果

3.1　产品分布

在实验期间，装置喷气燃料组分油掺炼量逐步提升至41.66t/h，新鲜进料量根据提升管负荷降低至380.7t/h，提升管总处理量实验前后维持满负荷运行。装置总体产品分布：干气收率4.88%，较空白试验数据上升0.21百分点；液态烃收率20.46%，较空白试验数据上升1.50百分点；汽油收率44.10%，较空白试验数据上升0.59百分点；丙烯收率6.20%，较空白试验数据上升0.23百分点，说明在主要高价值产品收率上均有明显的提升。表5为掺炼喷气燃料组分油前后装置的主要产品分布变化。

表5　喷气燃料掺炼前后催化装置主要产品分布变化

项目	掺炼前		掺炼后	
	负荷/(t/h)	收率/%	负荷/(t/h)	收率/%
原料：加氢渣油	360.68		320.08	
罐区蜡油	62.37		60.62	
烷基苯返油			41.66	
合计	423.05		422.36	
产品：干气	19.75	4.67	20.63	4.88
液态烃	80.21	18.96	86.40	20.46
汽油	184.07	43.51	186.25	44.1
柴油	80.56	19.05	72.28	17.11
油浆	26.76	6.33	25.04	5.93
焦炭+损失	31.70	7.49	31.77	7.52
合计	423.05	100.00	422.36	100.00
丙烯	25.27	5.97	26.17	6.20

为计算喷气燃料组分油其产品分布，将装置空白实验数据与掺炼喷气燃料后物料平衡数据进行处理。具体处理方法：假定掺炼喷气燃料组分油时，催化重质原料的转化率与空白标定时的重质原料转化率一致，则可以计算得到重质原料的产品分布。将掺炼喷气燃料组分油时的总物料平衡数据与装置重质原料产品物料平衡数据间的差值视为喷气燃料组分油的转化产物，最后用各产品的差值除以喷气燃料组分油的掺炼量即得到喷气燃料组分油的各裂解产品收率。因喷气燃料组分油收率为掺炼前后物料平衡差值所得，并考虑干气中非烃组分在掺炼前后基本无较大变化，为方便计算干气收率前后均按未扣非烃组分处理。喷气燃料组分油转化率及催化重质油转化率比较见表6。

表 6　喷气燃料组分油转化率及催化重质油转化率比较

项目	重质原料收率/%	喷气燃料组分油收率/%	项目	重质原料收率/%	喷气燃料组分油收率/%
干气	4.67	6.24	油浆	6.33	2.30(计入焦炭)
液态烃(不含丙烯)	12.99	25.90	焦炭+损失	7.49	7.80+2.30
汽油	43.51	49.50	丙烯	5.97	8.26
柴油	19.05	0	转化率	74.6	90.5

经过计算处理，喷气燃料组分油的产品分布：干气 6.24%，液态烃(不含丙烯)25.9%，汽油 49.5%，丙烯 8.26%。转化率达到 90.5%，汽油选择性达到 62.3%。考虑到喷气燃料组分油轻于柴油，进入提升管后应不生成柴油、油浆组分，计算的喷气燃料产品分布中柴油产率为 0，较为符合实际情况。而油浆产率 2.3%应为物料平衡误差所致，认为应计入焦炭产率中。高价值产品收率数据均超过重质油品的相应数据，说明喷气燃料组分油是优质的催化裂化原料。

由于喷气燃料组分油注入提升管最底部的预提升段，其反应条件极为苛刻，剂油接触温度近 700℃，剂油比超 60(装置催化剂循环量约 2500t/h)，其热裂化、催化裂化的反应都极为剧烈，反应深度很大，焦炭收率超 10%，干气收率超 6.2%，远高于催化重质原料的焦炭收率和干气收率。因此掺炼喷气燃料组分油时需要降低催化重质原料的进料量，其比例达到 1 : 1，即掺炼 1t 喷气燃料组分油需要降 1t 的重质原料进料，对全厂蜡油、渣油平衡有一定的影响。

装置同时考察了在不同喷气燃料组分油掺炼量时，催化裂化装置总体产品分布的变化情况。在喷气燃料组分油掺炼流量在 30t/h 左右时，汽油、丙烯收率达到最高，之后随着掺炼量继续增大，汽油、丙烯收率未见明显增加，汽油收率甚至出现下降趋势。主要是由于掺炼的喷气燃料组分油会先于催化重质原料油接触、发生反应，随着掺炼量的增加，其占用的再生催化剂的活性中心比例显著增加，造成催化剂总体活性下降，重质原料油的反应深度下降，从而影响了催化裂化装置总体产品分布。从本次实验的结果看，喷气燃料组分油掺炼量在 30t/h 左右时，即掺炼比(喷气燃料组分油流量/重质原料油流量)在 7%~8%左右时总体产品情况最佳。

3.2　产品性质

由于装置分馏塔顶温度与稳定塔底温度均维持稳定，汽油的馏程与蒸汽压均维持稳定，当汽油辛烷值上升 0.9 单位后，与其他单位掺炼喷气燃料后汽油辛烷值有所下降不同。主要原因分析是装置掺炼的喷气燃料组分油为常减压直馏喷气燃料组分，其终馏点在 200℃以内，较其他装置掺炼的喷气燃料组分油偏低 30℃，同时催化装置反应温度较其他装置高 5℃以上。由于更加苛刻的反应深度，较轻的喷气燃料组分油剧烈反应，产出大量烯烃，同时由于较高的反应温度，抑制了氢转移反应的发生，并有助于芳构化反应的发生，因此产出的催化裂化汽油中芳烃的质量分数上升 2.8 百分点，烯烃的质量分数上升 1 百分点，造成汽油辛烷值的提高。掺炼喷气燃料组分油前后，催化稳定汽油的性质见表 7。

表 7　掺炼前后汽油性质比较

项目	掺炼前	掺炼后	项目	掺炼前	掺炼后
密度(20℃)/(kg/m^3)	733.8	730.8	辛烷值(研究法)	92.1	93.0
初馏点/℃	27	23	蒸汽压/kPa	81	82
50%馏出温度/℃	90	88	ϕ(芳烃/烯烃)/%	23.1/19.2	25.9/20.2
终馏点/℃	205	204			

3.3　经济效益核算

从产品分布变化方面，对掺炼喷气燃料组分油的经济效益进行了核算(见表 8)。由表 8 可见，由于喷气燃料组分油较高的高价值产品收率及转化率，催化裂化装置掺炼时，在喷气燃料组分油按照

5400 元/t 计算，此时吨油效益仍有 94.8 元/t，此时经济效益没有催化裂化加工重质油的吨油效益好。但当喷气燃料价格在 5000 元时，喷气燃料进催化裂化加工的吨油效益达到 494 元/t，基本与催化加工重质油品的效益相当。

经过查询疫情期间喷气燃料价格，喷气燃料组分油疫情期间平均价格在 4290 元/t，此时吨油效益预计能够达到 1204 元/t 以上，效益凸显。按照全月连续掺炼，掺炼量 40t/h 计算，催化重质原料吨油效益按照 500 元/t 计，全月催化裂化装置将新增效益 2000 万元。

考虑疫情期间喷气燃料组分油最低价接近 2000 元/t 的情况，此时如果能够及时地将喷气燃料组分油改进催化裂化掺炼，其效益极为可观。

表 8 喷气燃料组分油掺炼经济效益计算

项目	收率/%	净价/(元/t)	价格/元
干气	6.24	1958	122.2
液态烃	25.9	5933	1536.6
汽油	49.5	6451	3193.2
丙烯	8.26	6885	568.7
生焦+损失	7.8	1054.6	82.3
收入合计			5503
喷气燃料组分油		5400	5400
加工费用			8.18
吨加工利润			94.8

4 结论

① 催化裂化装置利用 LTAG 流程掺炼喷气燃料组分油有效拓展了催化裂化装置的原料来源，工业实践显示，催化裂化装置通过适当调整重质原料的进料量，能够很好地加工喷气燃料组分油。每掺炼 1t 喷气燃料组分油需要同比降低 1t 催化重质原料的进料量。

② 喷气燃料组分油是优质的催化裂化原料，催化装置总体汽油收率提升 0.59 百分点，液化石油气收率提高 1.50 百分点，丙烯收率提高 0.23 百分点，催化裂化装置的主要高价值产品收率均得到明显提升，提升了催化裂化装置的经济效益。

③ 随着喷气燃料掺炼量的增加，会影响到催化重质原料的转化深度，与喷气燃料掺炼比例在 7%~8%时，催化装置总体产品分布最佳。

④ 经效益测算，当喷气燃料价格在 5400 元/t 时，催化裂化装置处理每吨喷气燃料效益为 94.8 元。若喷气燃料组分油价格按平均 4290 元/t 计算，此时吨喷气燃料效益预计能够达到 1204 元。全月催化裂化装置将新增效益 2000 万元。

参 考 文 献

[1] 龚剑洪，毛安国，刘晓欣，等. 催化裂化轻循环油加氢-催化裂化组合生产高辛烷值汽油或轻质芳烃(LTAG)技术[J]. 石油炼制与化工，2016，47(9)：1-5.

[2] 倪前银，黄波林. LTAG 技术在重油催化裂化装置的工业应用[J]. 石油炼制与化工，2017，48(11)：46-49.

[3] 刘天波. 双塔双器重油 LTAG 加工工艺回炼油高附加值利用分析[J]. 炼油技术与工程，2022，52(7)：18-21.

[4] 李明，刘子龙，王磊. 喷气燃料馏分进催化裂化 LTAG 喷嘴回炼的工业实践[J]. 石油炼制与化工，2022，53(3)：46-50.

[5] 刘天波. LTAG 工艺在双塔双器重油催化裂化装置的工业运用[J]. 炼油技术与工程，2019，49(12)：34-39.

[6] 李高峰，刘星火. LTAG 兼产国Ⅴ柴油加氢改质装置反应控制及优化[J]. 炼油技术与工程，2017，47(12)：24-27.

催化裂化循环油浆泵运行效率低原因分析及改进措施

朱梓文

（中国石化金陵石化公司　江苏南京　210000）

摘　要　中国石化金陵石化公司Ⅲ催化裂化装置循环油浆泵 P209A 在试运时发现运行效率低，负荷高，电流超过额定电流。判断与部件材质及运行介质的性质有关，导致该泵运行效率无法达到设计效率。根据故障原因及现象，对叶轮进行切削降低扬程和轴功率，以达到满足工艺要求的条件。

关键词　油浆；效率；材质；叶轮切削

1　引言

Ⅲ催化裂化装置（3.50Mt/a）是中国石化金陵石化公司（以下简称金陵石化）重要的二次加工装置，主要产品有：干气、液态烃、汽油、柴油及油浆。装置分为反应再生系统、烟气能量回收系统、分馏系统、吸收稳定系统、产汽及余热回收系统。

分馏单元的原理是根据在一定温度、压力条件下，气体混合物中各组分的相对挥发度不同（沸点不同）而进行气体分离的一种方法。由于各组分沸点不同，在受热时，低沸点组分优先汽化，在冷凝时，高沸点组分优先冷凝。

循环油浆泵为催化裂化装置分馏单元中的重要机泵，分馏塔底的油浆通过循环油浆泵出口后共分四路，分别为油浆上返塔、油浆下返塔、塔底搅拌油浆及外排油浆，主要起到洗涤油气中由反应器携带过来的催化剂颗粒、脱过热、发汽及作为其他装置原料的作用。

本装置共三台循环油浆泵，为一开两备状态，P209A 生产厂家为 Lawrence，P209B/C 生产厂家为嘉利特荏原，其中 P209A 自 2012 年开工就存出口流量尚未达到工艺操作需要的条件，运行电流超过额定电流的情况。

2　油浆循环泵基本状况

2.1　油浆循环泵简介

Ⅲ催化裂化装置油浆循环泵 P209A 为单级悬臂泵（OH2），是离心泵类型中常见的泵型，其具体性能参数见表 1。该泵中心线水平支撑，吸入管路水平布置，出口管路垂直向上布置，叶轮型式为单吸闭式；P209A 轴端密封采用机械密封及 Plan32+53A+62 的密封冲洗方式，轴承润滑方式为强制润滑，配备单独冷油器。

表 1　油浆循环泵 P209A 性能参数表

泵型号	FLS6000-10×12×27	介质	循环油浆
额定流量	1405m^3/h	密度	857kg/m^3
入口温度	350℃	转速	1491r/min
入口压力	0.3MPa	额定电流	38A
出口压力	1.33MPa	轴功率	501kW
扬程	118m	NPSH(r)	8.1m
效率	72%	电机功率	550kW

2.2　基本结构

催化油浆泵与普通离心泵不同的是，因催化裂化装置油浆内含有催化剂颗粒，所以增加了泵体衬里、泵盖衬里及入口短接衬里，避免了油浆在流动过程中对泵体及泵盖的直接冲刷，防止高温油浆外漏，保证设备安全运行的同时降低了维修成本。

3 循环油浆泵 P209A 使用情况

3.1 循环油浆泵 P209A 试运情况

离心泵有效轴功率及效率计算公式如下所示：

泵有效功率：

$$N_{有效}=\rho gQH$$

式中 $N_{有效}$——泵有效功率，kW；

Q——泵出口流量，m^3/s；

H——泵的扬程，m；

ρ——介质密度，kg/m^3；

g——重力加速度，m/s^2。

电机做功：

$$N=\sqrt{3}UI\cos\phi$$

式中 N——电机做功，kW；

U——电机电压，V；

I——电机运行电流，A；

$\cos\phi$——电机功率因数。

机泵效率：

$$\eta=N_{有效}/N$$

循环油浆泵 P209A 国产电机试运情况见表 2。

表 2 循环油浆泵 P209A 国产电机试运情况

试运参数	出口阀状态	电机单试电流	13A
国产电机运行工况	出口阀未开启	出口压力	1.55MPa
		电流	28A
	出口阀开启	出口压力	1.5MPa
		出口电动阀阀位	18%
		出口流量	610t/h
		运行电流	46A
电机额定电流		45A	
介质密度		$870kg/m^3$	
泵输出功率		223.978kW	
电机耗功		685.179kW	
机泵效率		32.68%	

循环油浆泵 P209A 进口电机试运情况见表 3。

为解决该泵存在的问题，在 2020 年装置大检修时将原来轴功率 550kW 的进口电机更换为轴功率 650kW 的南阳防爆电机。但在 2021 年 9 月 27 日机泵切换过程中，发现泵出口流量仅达到 610t/h 就发生超额定电流现象，运行状况见表 2。

为进行对比，将原进口电机回装进行试运，运行状况见表 3。发现在同等运行电流的情况下，进口电机作为驱动机能够适用更高的流量，而介质性质未发生变化，所以可以证明进口电机传递能量的效率更高。并且发现在按照介质密度 $870kg/m^3$ 计算时，泵效率未达到设计条件，实际仅有 42.58%，远低于设计效率 70%。

表 3　循环油浆泵 P209A 进口电机试运情况

试运参数	出口阀状态	电机单试电流	12A
进口电机运行工况	出口阀未开启	出口压力	1.6MPa
		电流	27A
	出口阀开启	出口压力	1.45MPa
		出口电动阀阀位	25%
		出口流量	850t/h
		运行电流	46A
电机额定电流		38A	
介质密度		870kg/m^3	
泵输出功率		298.531kW	
电机耗功		701.113kW	
机泵效率		42.58%	

3.2　效率偏低原因分析

单级悬臂离心泵运行效率低的原因主要有以下几点：

① 动静发生碰摩，主要在叶轮口环和壳体口环上，因两者之间间隙较小，且油浆含有固体颗粒，造成两者发生摩擦，形成机械耗功，降低了机泵效率，而通过现场盘车现象看，过程比较顺畅，无卡涩现象，认为无碰磨现象[2]；

② 轴承磨损造成运转不畅，耗功增加，但从盘车情况及运行时间来看，该因素可能性较低；

③ 叶轮口环与壳体口环间隙过大，造成容积效率降低重复做功，使得机泵效率降低[2]；

④ 过流部件特别是叶轮，因使用时间长，造成水力效率降低使得机泵运行电流高，但该泵超电流的现象在投用之初就已经出现，所以排除该因素；

⑤ 入口过滤器堵塞造成机泵效率降低，拆清入口过滤器，发现并无焦块堵塞过滤器，同样排除该因素；

⑥ 介质性质发生变化，油浆密度、固含量、黏度上升造成机泵耗功增加，通过观察 P209BC 运行情况发现，近两年油浆性质确实发生了变化，但两种泵型设计工况相近，P209B/C 可以正常运行，所以判断该因素不是造成机泵效率低的主要因素。

4　机泵拆修

4.1　设备拆卸情况

因从外观检查无法查出更多问题，怀疑叶轮口环和壳体口环间隙大造成机泵效率低的概率比较大，所以将该泵及随机配件外送至嘉利特拆修，随机配件包括叶轮、壳体衬里、泵盖衬里及入口短接衬里，具体拆件状况如下：

① 泵体衬里过流面冲刷严重；②泵盖衬里过流面冲刷严重。

从此次拆解情况来看，主轴、泵体及泵盖均完好，磨损主要集中在各衬里及叶轮上。

对比 P209B/C 检修时衬里情况，B/C 泵运行时间平均在 24 个月，仅存在局部磨损，无整体磨损现象，而 P209A 从投用开始起仅运行 120h 左右，但衬里及叶轮所有过流部件均发生严重磨损。

通过拆解情况来看，机泵运行效率低的原因主要为叶轮对介质做的功大部分被消耗在衬里上，同时因叶轮磨损造成叶轮本身效率降低，导致该泵整体运行效率下降，泵出口流量尚未达到工艺操作需要，电机电流就超过额定电流。

4.2　原因分析

通过对比 A 泵与 B、C 泵的叶轮及衬里材质来进行分析，见表 4。

表 4　油浆循环泵 A 泵与 B、C 泵零部件材质

零部件	叶轮	衬里
材质(P209A)	CA69NM	CA69NM
材质(P209B/C)	KmTBCr15Mo2	KmTBCr15Mo2

嘉利特所采用的 KmTBCr15Mo2，为抗磨高铬合金铸铁，布氏硬度为 494~618，而 Lawrence 采用的 CA69NM 为马氏体不锈钢材质，布氏硬度为 160，在耐蚀性和韧性上更好。

从表 5 对比来看，嘉利特采用的材质 C、Si、Mn、Cr 及 Mo 等元素含量均高于 Lawrence 的材质，这些元素都有利于提高钢的硬度和高温强度，所以从元素组成来看，KmTBCr15Mo2 在硬度和强度上也是优于 CA69NM。

表 5　材质对比情况

牌号	化学成分/%(质)								
	C	Si	Mn	Cr	Mo	Ni	Cu	S	P
KmTBCr15Mo2	2.0~3.6	≤1.2	≤2.0	14.0~18.0	≤3.0	≤2.5	≤1.2	≤0.06	≤0.06
CA69NM	≤0.05	≤0.60	0.5~1.0	11.5~14.0	0.5~1.0	3.5~5.5	—	≤0.03	≤0.03

通过查阅文献，泵的抗磨蚀寿命受过流介质、泵的材料和水力特性的制约，与油浆颗粒、泵的转速和扬程有关，且与材料硬度成正比[3]。

因 P209A 与 P209B/C 在介质性质、转速、扬程等方面均相近，所以最终得出结论，Lawrence 设计的衬里及叶轮材质不适用于本装置油浆系统，易发生磨损，在 P209A 的衬里和叶轮磨损严重的情况下，导致 P209A 泵壳内部的结构发生变化，导致容积损失增加，特别是泵壳衬里和叶轮配合间隙处磨损，会引起内回流增加，泵输送效率下降[1]。

经过换算，本装置目前油浆的密度在 $960kg/m^3$ 左右，远高于设计值 $857kg/m^3$，主要原因是由于近年来装置原料掺渣率超装置设计值，油浆密度升高会使机泵耗功增加，电机电流升高。

4.3　机泵试运

4.3.1　对设计参数进行检验

对旧叶轮进行测量，外径为 657.5mm，将新叶轮切至 657mm 后做清水试验，并按照设计密度 $857kg/m^3$ 换算，见表 6。

表 6　原叶轮试验参数

$Q/(m^3/h)$	0.000	898.5	1029	1161	1301	1647	1301
H/m	144.8	135.9	131.9	126.4	120.0	102.2	119.5
P/kW	219.0	417.4	444.8	465.6	483.6	526.7	483.6

由表 6 可看出，在清水试验中，原叶轮在流量达到 $1647m^3/h$ 时，轴功率仅需要达到 526.7kW，低于电机 550kW，所以在设计上符合工艺操作要求。

4.3.2　叶轮切削

因配件加工时间较长，为保证装置安全生产，使用现有的原厂随机配件，并将叶轮进行切削，使出口压力降低以达到降低轴功率、减缓衬里及叶轮冲蚀的目的，在满足工艺操作的前提下将扬程由 118m 降至 113m。

按照叶轮切割定律：

$$D_1/D_2=(H_1/H_2)^2$$

$$D_2=D_1/(H_1/H_2)^2=637mm$$

式中　D_1——切削前叶轮直径，mm；

D_2——切削后叶轮直径，mm；

H_1——切削前泵的扬程，m；

H_2——切削前泵的扬程，m。

将叶轮切至637mm，按照介质实际密度960kg/m³进行换算试运，见表7。

表7　叶轮切削后试验参数

$Q/(m^3/h)$	0.000	899.7	1030	1160	1299	1649	1300
H/m	136.0	127.9	123.5	118.8	112	92.32	111.7
P/kW	224.4	428.6	457.6	482.7	505.3	550.4	501.3

按照工艺操作上对流量的要求，流量在1030m³/h时轴功率仅需457.6kW，低于电机功率550kW，换算成运行电流在31A左右，决定现场回装试运。

试运数据见表8。

表8　现场回装后运行参数

<table>
<tr><th colspan="4">试运参数</th></tr>
<tr><td rowspan="6">运行工况</td><td rowspan="2">出口阀未开启</td><td>出口压力</td><td>1.55MPa</td></tr>
<tr><td>电流</td><td>22A</td></tr>
<tr><td rowspan="4">出口阀开启</td><td>出口压力</td><td>1.3MPa</td></tr>
<tr><td>出口电动阀阀位</td><td>100%</td></tr>
<tr><td>出口流量</td><td>1020t/h</td></tr>
<tr><td>运行电流</td><td>37A</td></tr>
<tr><td colspan="2">电机额定电流</td><td colspan="2">38A</td></tr>
<tr><td colspan="2">介质密度</td><td colspan="2">960kg/m³</td></tr>
<tr><td colspan="2">泵输出功率</td><td colspan="2">277.536kW</td></tr>
<tr><td colspan="2">电机耗功</td><td colspan="2">563.939kW</td></tr>
<tr><td colspan="2">机泵效率</td><td colspan="2">49.2%</td></tr>
</table>

经现场运行后，流量达到1020t/h后可满足工艺操作要求，但电流接近额定电流，且运行效率与切削后的特性曲线相比相差20%左右，对比P209B的56%运行效率相差较多。

5　结论

Ⅲ催化裂化装置循环油浆泵为工艺生产中的重要机泵，因所输送介质性质特殊的原因，衬里及叶轮易磨损，在后续运行及检修中应注意几点：

① 在泵正常运行中加强监控机泵出口流量及出口压力，及时对入口过滤器进行清理。

② 加强机泵状态监测，发现振动异常及时分析，保证设备平稳运行。

③ 订购衬里及叶轮，并将材质升级为KmTBCr15Mo2材质。

④ 加强反再部分操作平稳，加强监控油浆的化验成绩，保证油浆系统的固含量不超标。

参　考　文　献

[1] 雷细根，易拥军，何玉杰，等．新型油浆泵在炼厂催化裂化装置中的应用[J]．排灌机械，2005，23(2)：1-3.

[2] 尚伟，吴艳萍．重油催化裂化装置油浆泵过流部位磨蚀机理及应对措施[J]．化工机械，2018，45(4)：474-477.

[3] 张玉峰，易捷，张银，等．影响催化裂化主塔底泵耐磨蚀寿命诸使用因素探讨[J]．水泵技术，2009，(4)：17-19.

大机组状态监测与故障诊断技术应用

李　群

（中国石化金陵石化公司　江苏南京　210046）

摘　要　大机组是炼化企业的核心设备，其状态的稳定直接影响装置的长周期运行，因此对于大机组的管理是设备管理的重点工作之一。为了能够实时掌握大机组的运行状态，判断异常根源，配备机组 SG8000 诊断系统。本文主要阐述该系统的结构与功能，大机组常见的故障频谱以及故障诊断实例。通过对大机组运行状态实时在线监测数据的处理与分析，以及不同时期数据变化的对比，掌握设备运行状态及异常状况的发展程度及趋势，对比分析结果为预防事故、指导检修提供有力依据。

关键词　大机组；状态监测；频谱分析；故障诊断

1　概述

炼化装置中大机组作为核心设备，其状态的稳定与否直接影响装置的连续、安稳、长周期运行。传统以人工为主的状态监测，不仅花费较高的人力成本和浪费较多的时间，而且很多潜在故障无法及时发现，不利于机组设备的稳定和可靠运行。

状态监测采用电涡流传感器、加速度传感器等测量仪器，采集设备运行状态信号，经过滤波、放大等转化处理，模拟信号转换成数字信号，用于判断设备运行是否正常、报警或是故障。故障诊断是在状态监测的基础上，运用系统平台的各类分析方法，例如频谱分析、时域波形、轴心轨迹等，分析判断机组的故障问题、原因，并给出维修建议。

通过状态监测与故障诊断技术能够及时地掌握设备运行状态，发现早期故障征兆，分析设备异常的原因，采取相应的处理措施，避免或减少重大事故的发生，提高设备管理水平。

2　SG8000 系统结构与功能

SG8000 系统框架结构如图 1 所示，主要分为设备数据采集、运行状态监测、故障分析诊断和人机操作平台四部分。

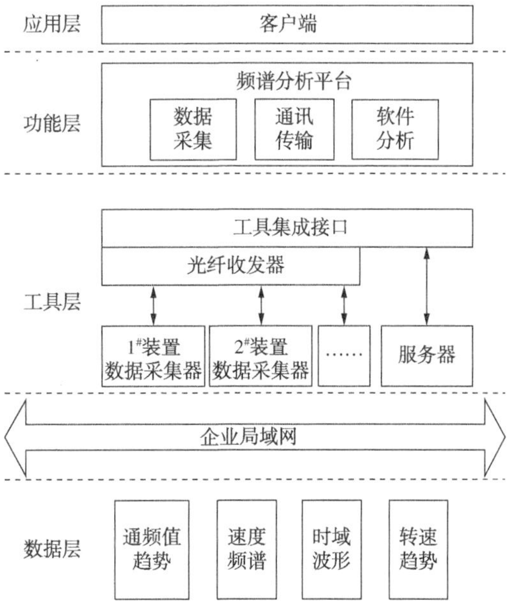

图 1　系统框架结构图

系统的主要功能：

① 设备数据采集。现场监测分站 DA8000 负责对机组键相、振动、过程量等信号进行实时采集、分析。对采集到的数据进行滤波、放大等处理，然后利用 A/D 转换器将模拟信号转换成数字信号，将数据传送给中心服务器 DS8000。

② 运行状态监测。对采集后转换的数字信号，可进行趋势观察，并设置相应的报警或联锁值。若机组运行过程中，振动、位移等数据有较大变化或超报警值，可提醒技术人员及时发现故障，并做出相应的处理。

③ 故障分析诊断。中心服务器 DS8000 是整个系统的核心，中心服务器 DS8000 负责对各现场监测分站 DA8000 所传送的数据进行深入处理，并承担数据存储、管理、发布等功能，以便用户进行状态监测及故障诊断。

④ 人机操作平台。SG8000 操作系统。中心服务器 DS8000 通过 Internet 将现场实时监测数据发送给 SG8000 操作系统。提供用户管理、数据库管理等基础功能，可供用户登录、查询设备相关信息。

3 大机组常见故障诊断

3.1 转子不平衡

转子不平衡主要分为初始性不平衡、渐变性不平衡、突发性不平衡。

① 初始性不平衡：是由于转子制造误差、装配误差或是使用材质不均等原因造成的，投用之初，就会产生较大的振动。振动表现为：随转速变化较为敏感。

② 渐变性不平衡：是由于工艺方面的原因，在机组运行过程中，转子结垢、不均匀积灰，或是工作介质对转子的磨蚀。振动表现为：随运行时间的延长逐渐增大。

③ 突发性不平衡：是由于转子上零部件脱落或叶轮流道有异物附着、卡塞造成的。振动表现为：突然显著增大后稳定在一定水平。

信号特征如图 2 所示：

① 频谱以 1 倍频为主，伴有部分谐波成分。振动能量主要集中在 1 倍频上，其他倍频成分幅值相对较小。

② 时域波形近似等幅正弦波。

③ 轴心轨迹为一个比较稳定的圆或者偏心率较小的椭圆。

④ 不平衡振动是由大力引起的横向振动，径向振动较大。

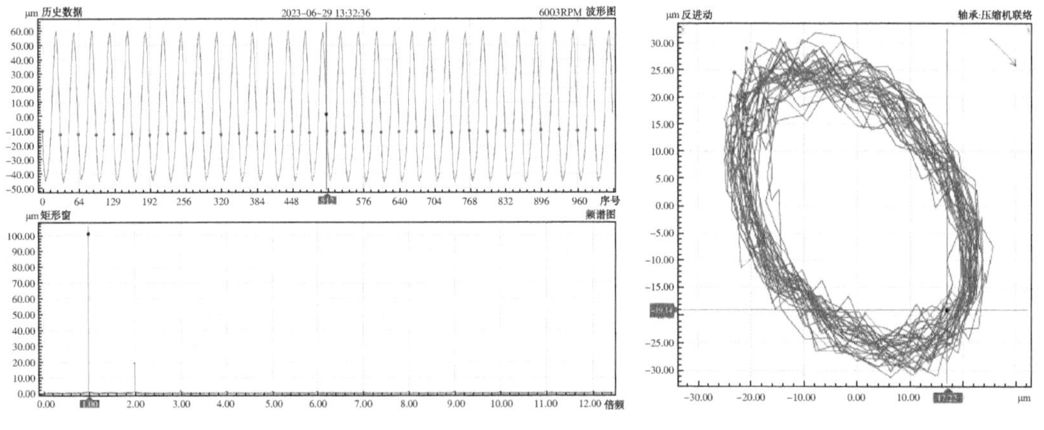

图 2 转子不平衡时域波形(左上)、频谱(左下)、轴心轨迹(右)

3.2 转子弯曲

转子弯曲分为永久性弯曲和临时性弯曲两种类型。

① 永久性弯曲：是指转子的轴呈永久性的弓形。是由于转轴结构不合理、材质性不均匀等设计制造缺陷、长期停放方法不当、热态停机时未及时盘车或遭凉水急冷所致。振动表现为：在机组升速的过程中，在低速下就有较大的振动值。

② 临时性弯曲：是可恢复性的弯曲。是由于预负荷过大，开机时暖机不充分、升速过快使得转子热变形不均匀所致。振动表现为：升速过程中振动逐渐增加。

信号特征：

① 存在转子不平衡信号特征，如图 2 所示。

② 转子不论发生永久性弯曲还是临时性弯曲，都会产生与质量偏心情况相类似的旋转矢量激振力，但是与质量偏心情况不同的是，轴弯曲会使轴两端产生锥形运动，所以在轴向还会有较大的工频振动。

③ 临时性弯曲可通过 BODE 图观察，如图 3 所示，1X 幅值突然出现大幅上涨，但在降转速过程中，振值并没有按启机时振动幅值回落，仍保持在较高的振动水平，直至接近停机时振动才有所降低。

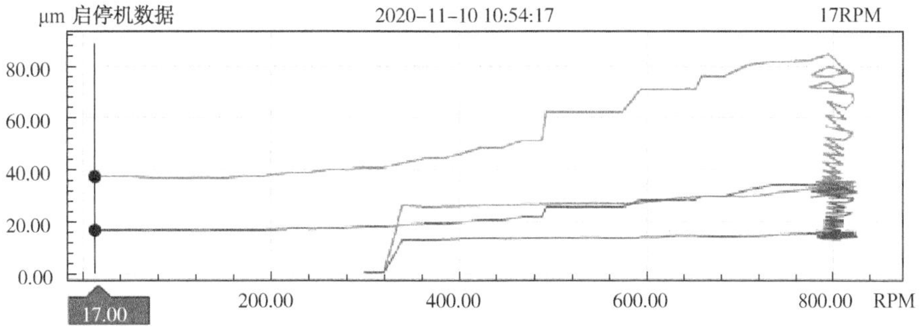

图 3　临时性弯曲 BODE 图

3.3　不对中

转子不对中可分为轴承不对中和轴系不对中。

① 轴承不对中：是指轴颈在轴承中有偏斜，包括偏角不对中和标高变化两种情况。轴承不对中主要是影响油膜。振动表现为：振动变化在时间上要比负荷的改变滞后一段时间。

② 轴系不对中：是指机组各转子之间采用联轴器连接后不处在同一直线上。可分为平行不对中、角度不对中和综合不对中。振动表现为：振动值随着负荷的增加而升高。

信号特征：

① 频谱以 2 倍频为主，若不对中情况较为严重时，会出现 0. 5X 及 1X、3X 等谐频，如图 4 所示。

② 时域波形呈畸变的正弦波，在工频正弦波上存在 2 倍频次峰，如图 4 所示。

③ 轴心轨迹图为月牙状(见图 4)、香蕉状(见图 5)、8 字状(见图 5)。

④ 涡动方向为同步正进动。

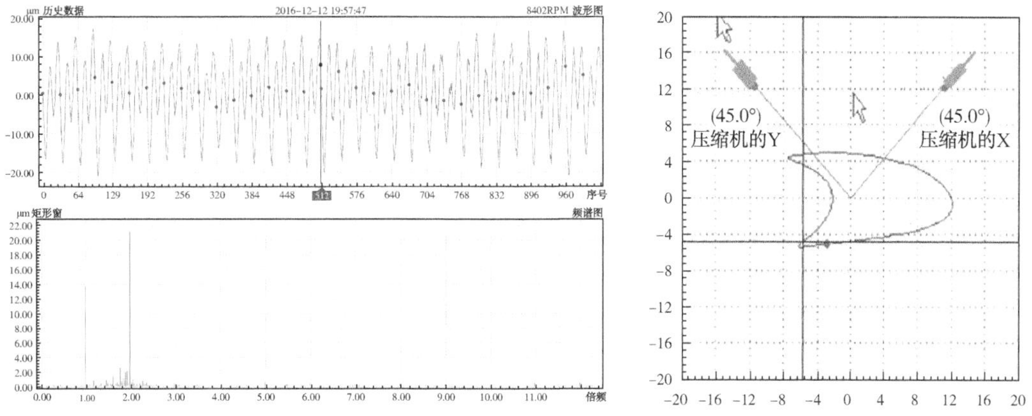

图 4　转子不平衡时域波形(左上)、频谱(左下)、轴心轨迹月牙状(右)

3.4　动静碰磨

当设备的旋转部件接触到静止部件时，就会产生动静碰磨。为了提高机组效率，通常把密封间隙控制得较小，以减少气体的泄漏，同时为了满足生产工艺的需要，机组转速会高。由于某些原因振动

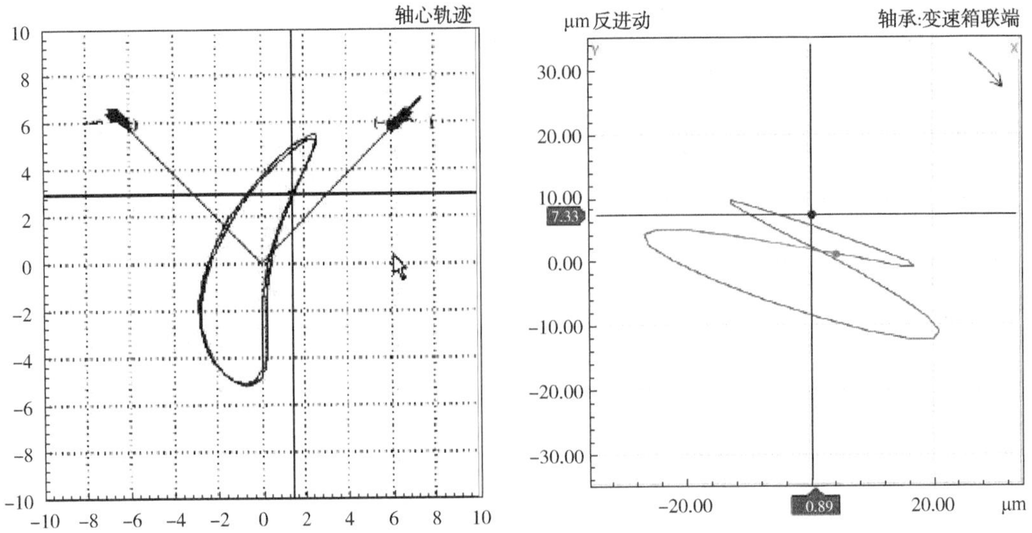

图 5　轴心轨迹香蕉状（左）、轴心轨迹 8 字状（右）

变大时，动静碰磨就极难避免。

① 频谱特征：

a. 局部摩擦时，频谱图中仍然以 1 倍频成分为主，可能会伴随幅值不高的 2 倍频、3 倍频，如图 6 所示。

b. 严重全周摩擦时，频谱图中频率成分较为丰富，除工频成分外，通常还会伴随较为丰富的 2X、3X 高次谐波，以及 0. 5X、1. 5X 分数谐波，如图 7 所示。

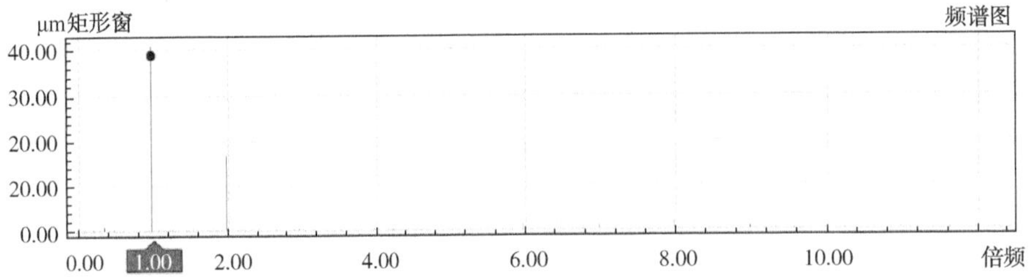

图 6　局部摩擦频谱图

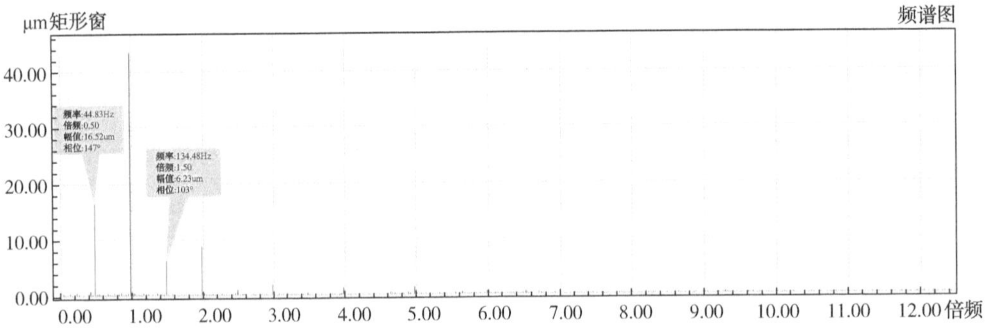

图 7　严重全周摩擦频谱图

② 时域波形特征：

波形图的波峰或波谷处，存在“毛刺”或“削波”的现象；摩擦越严重，“削波”越明显，如图 8 所示。

③ 轴心轨迹特征：

a. 当发生局部摩擦时，轴心轨迹会呈现凸凹状，或直线形过渡，如图 9 所示。

b. 若发生单点局部碰摩故障，轴心运动轨迹呈内“8”字形，如图 10 所示。

c. 若发生多点局部碰摩故障，轴心运动轨迹呈花瓣形，如图 11 所示。严重摩擦时，涡动方向变为反进动。

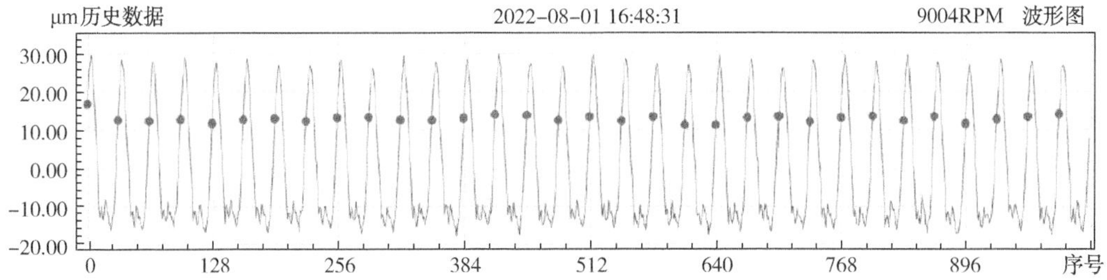

图 8 时域波形图

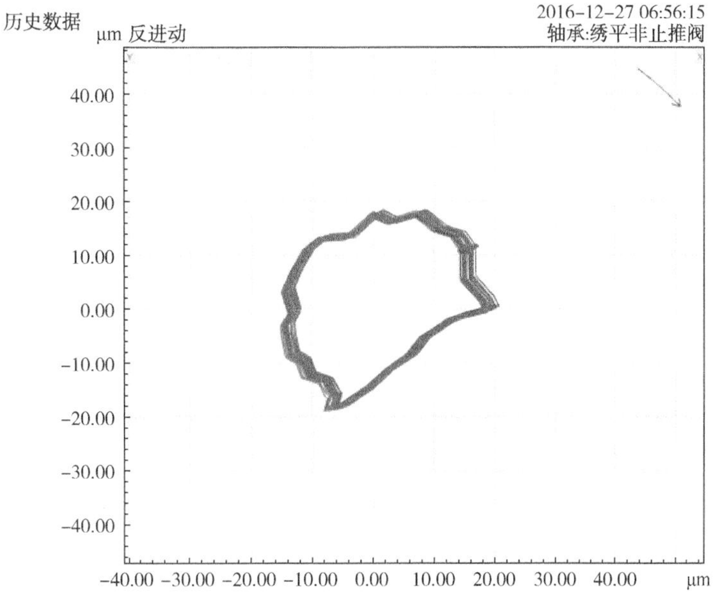

图 9 局部摩擦轴心轨迹图

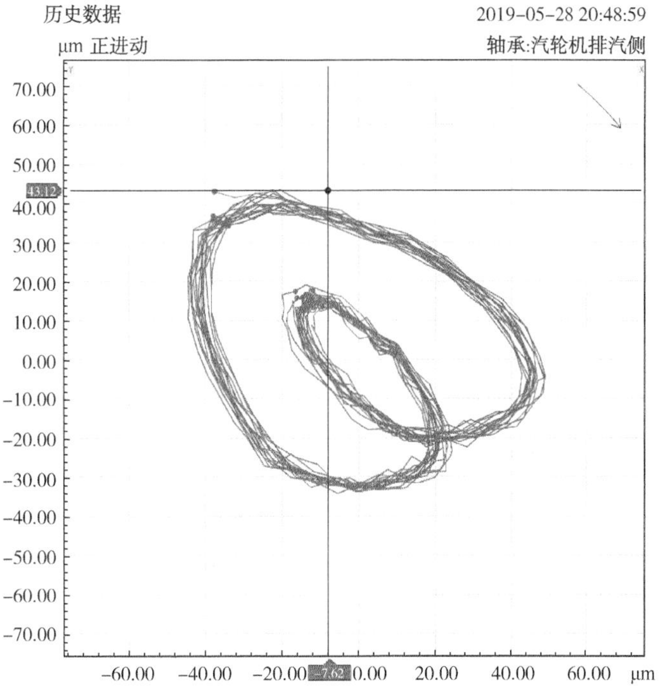

图 10 单点局部碰摩轴心轨迹图

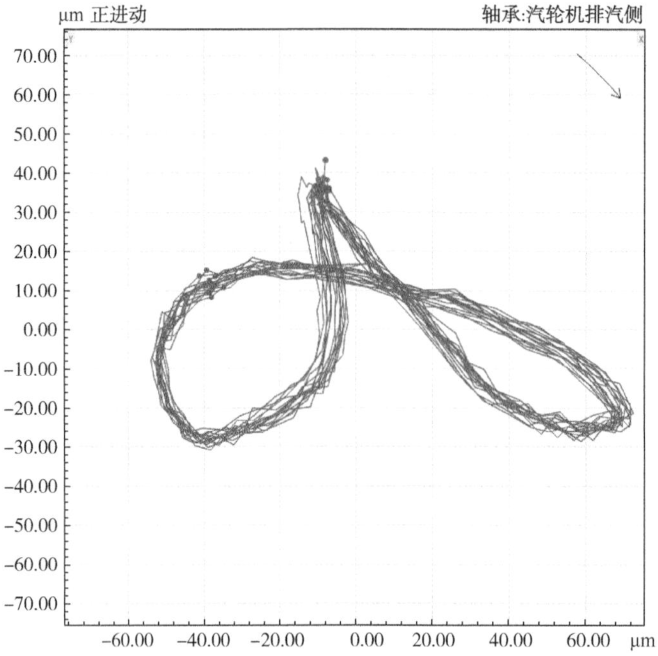

图 11 多点局部碰摩轴心轨迹图

3.5 油膜涡动、油膜振荡

轴颈受到扰动而偏离原平衡位置后，油膜力会产生一个与轴颈位移方向相垂直的切向分力，使轴颈产生绕着原平衡位置的涡动而失稳，此即油膜涡动。当轴颈在轴承中的涡动频率等于转子的固有频率时，就会发生油膜的自激振动，即油膜振荡。

① 振动趋势：油膜涡动的出现具有突发性、跳动性、间歇性，如图 12 所示。

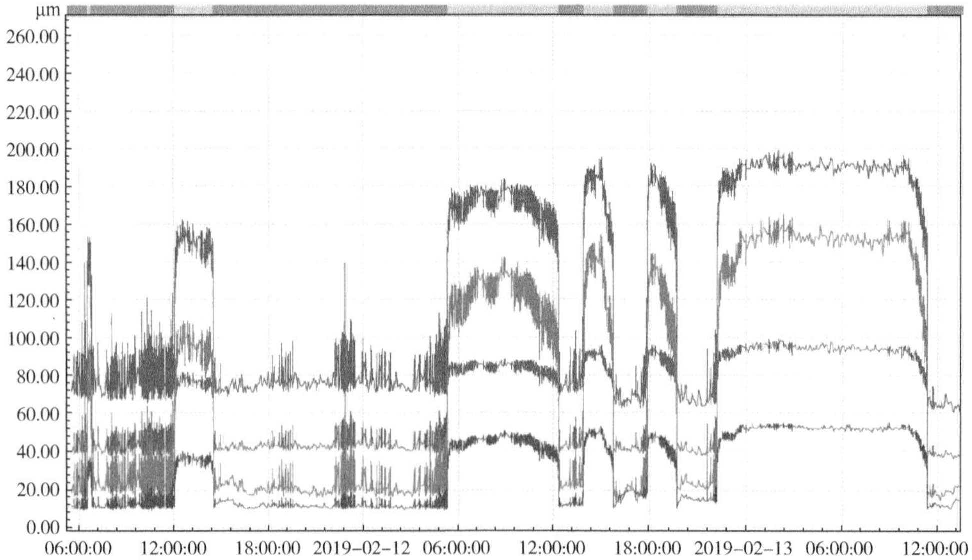

图 12 油膜涡动振动趋势

② 频谱特征：除工频外，低频成分较多，但一般会有某一频率占主导成分，这一特征频率为 (0.38～0.48)X，尤其以 0.41X/0.44X 居多，如图 13 所示。

③ 时域波形：时域波形发生畸变，表现为不规则的周期信号，通常是在工频的波形上面叠加了幅值很大的低频信号，如图 14 所示。

④ 轴心轨迹：转子的涡动方向与转子转动的方向相同，为同步正进动；轴心轨迹图中形态一般较

为混乱，呈双环椭圆形或蜂窝状，如图 15 所示。

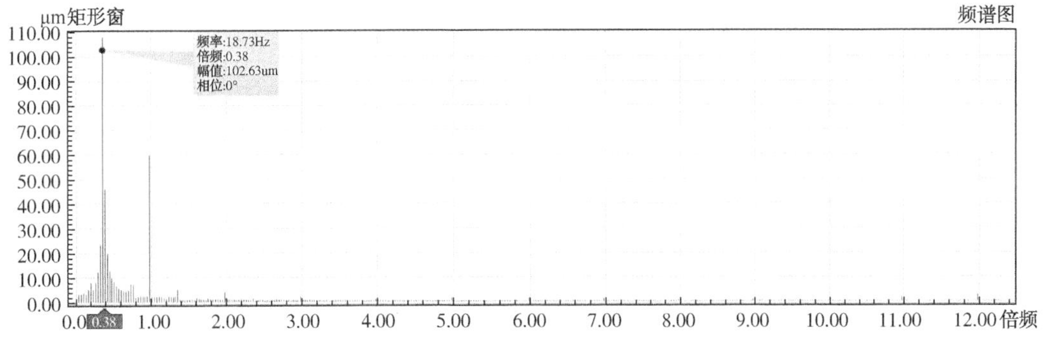

图 13　油膜涡动频谱图

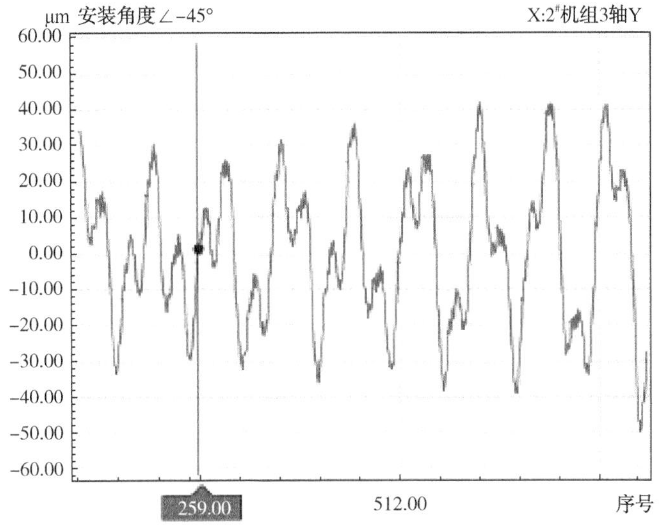

图 14　油膜涡动时域波形图

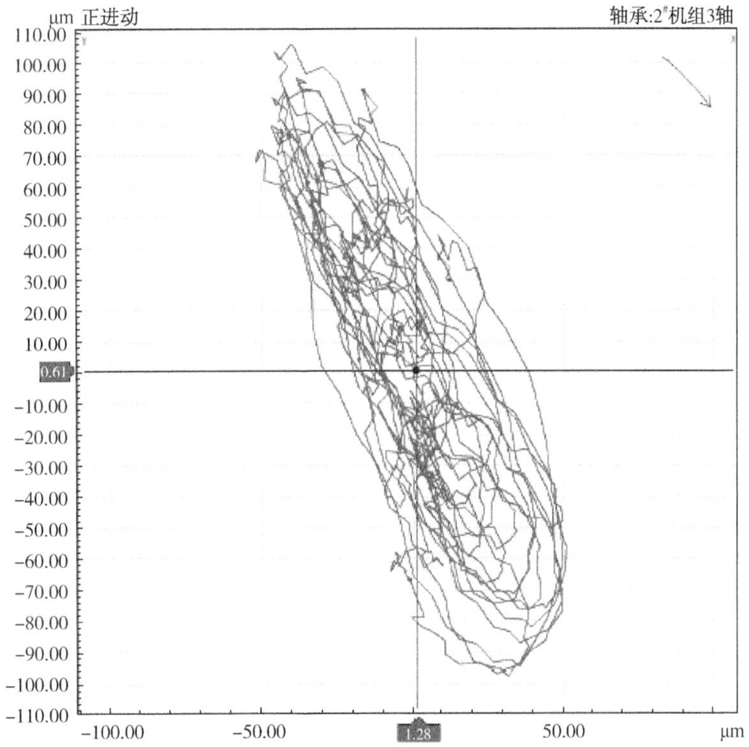

图 15　油膜涡动轴心轨迹图

3.6 滑动轴承磨损

滑动轴承磨损主要是由于轴承承载能力不足，转子轴颈上抬量不够，容易导致轴颈与轴承巴氏合金之间摩擦；润滑油中有杂质、油温偏高、油膜较薄；测温线因素限制瓦块自由摆动；轴电流腐蚀或其他原因导致机组长期在高振动下运行等。

信号特征：

① 振动传感器仪表 GAP 电压(绝对)值呈缓慢变大的趋势。

电涡流位移传感器的工作原理：传感器探头与被测轴之间的距离 δ 与输出电压(绝对)值成正比。探头与转子之间的距离与输出的 GAP 电压(绝对值)成正比。机组在停机时，仪表人员会调校电涡流位移传感器的位置，一般会将传感器的 GAP 电压值调整到-10V 左右(线性中点)。机组在启机过程中，随着转子被油膜托起，GAP 电压值会稍有变化；正常运行时，传感器的 GAP 电压值会始终稳定在某一数值，其波动范围一般不会很大。

② 处于磨损状态的轴承，其轴心位置图中轴心呈持续下沉的现象，如图 16 所示。

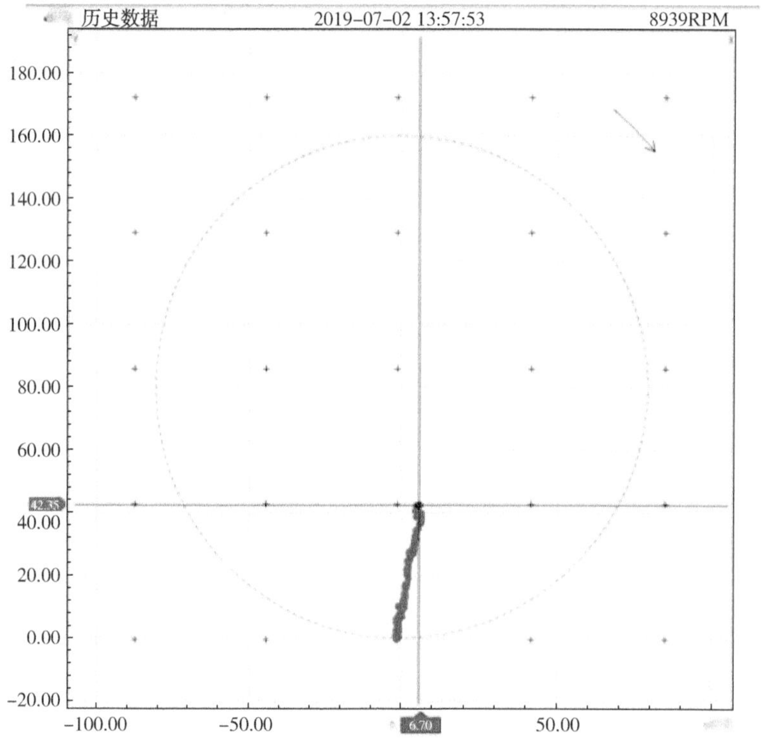

图 16 轴承磨损轴心位置图

3.7 流体激振

低频成分(低于工频)一般对应流体激振类故障。特征频率表现为低于 0.5X 的次谐波，如图 17 所示；振动强烈时，主要频率发生在转子一阶固有频率附近，且频带较宽，形成振荡。

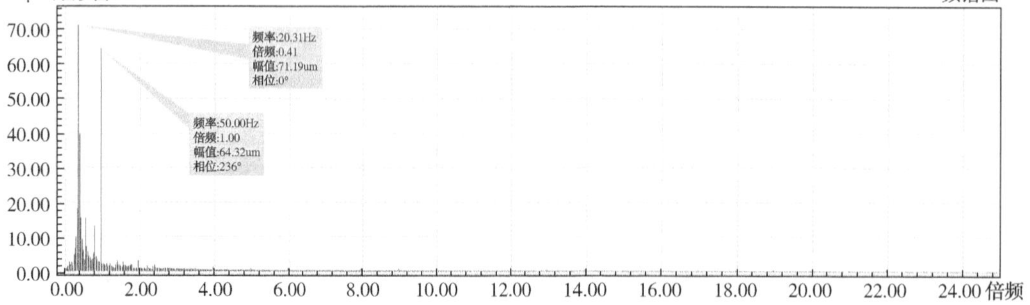

图 17 流体激振频谱图

时域波形图内显示为含有低频成分的叠加波形，如图 18 所示。

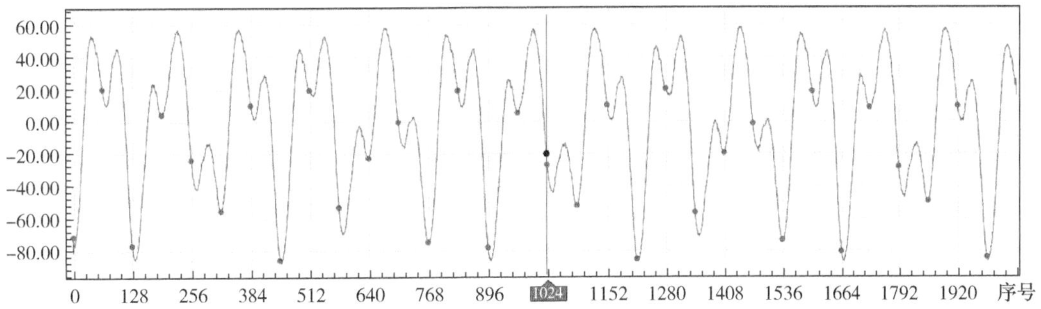

图 18 流体激振时域波形图

4 诊断分析实例

I 催化裂化装置中的大机组 C101/C107 采用烟机-轴流式压缩机-齿轮箱-电机的机组配置形式，其中烟机 C107 型号为 TP18-110，机组配置形式如图 19 所示。

4.1 故障经过

2023 年 6 月 2 日装置检修完成，烟机开机运行重载瓦 XI941A 振动为 36μm，XI941B 振动 42μm，轻载瓦 XI942A 振动为 49μm，XI942B 振动为 59μm。7 月 3 日 XI942B 振动达到 71μm，控制润滑油总管温度 T920 在 34℃±0.5℃。7 月 26 日 XI942B 振动达到 76μm(超报警值 75μm)。由于夏季环境温度高，油冷器循环水调整到最大循环量，并在冷却器外部加装冷却水喷淋冷却，直至 11 月，润滑油温度按 32℃±1℃控制。11 月 27 日 XI942A 振动达到 76μm，调整润滑油温度 T920 按不低于 30℃控制。12 月 12 日 XI942A 振动达到 81μm，切换备机运行，大机停运，烟机消缺。机组测点布置图如图 20 所示。振动与油温趋势如图 21 所示。

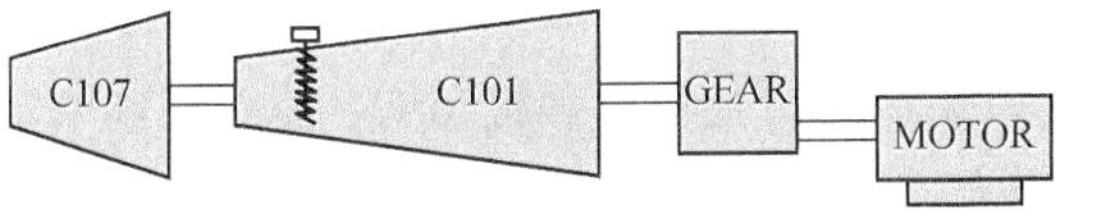

图 19 机组配置形式

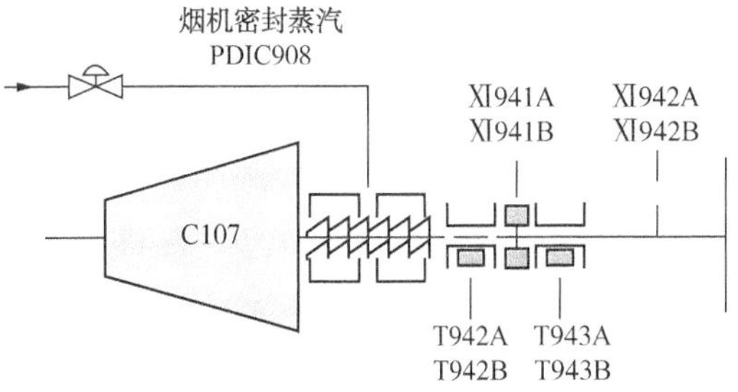

图 20 机组测点布置图

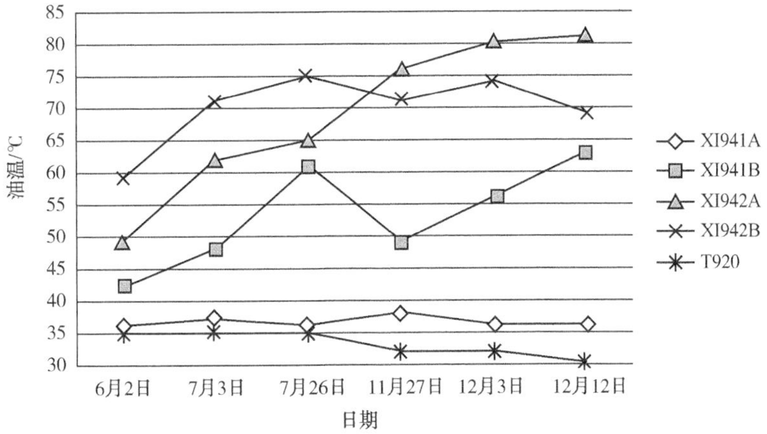

图 21 振动与油温趋势图

4.2 诊断分析

自 2023 年 6 月检修烟机开机运行进行状态监测，跟踪其振动变化趋势，并进行分析诊断，确定可能存在的故障，制定维修计划。

结合图谱分析查看烟机各振动测点分频趋势，如图 22 所示，可见烟机 1 倍频幅值成分波动占比较高，且变化趋势与通频变化吻合，2 倍频、0.5 倍频存在一定小幅幅值成分，但总体趋势相对平稳。烟机幅值波动主要来自 1 倍频变化，说明存在转子不平衡特征。

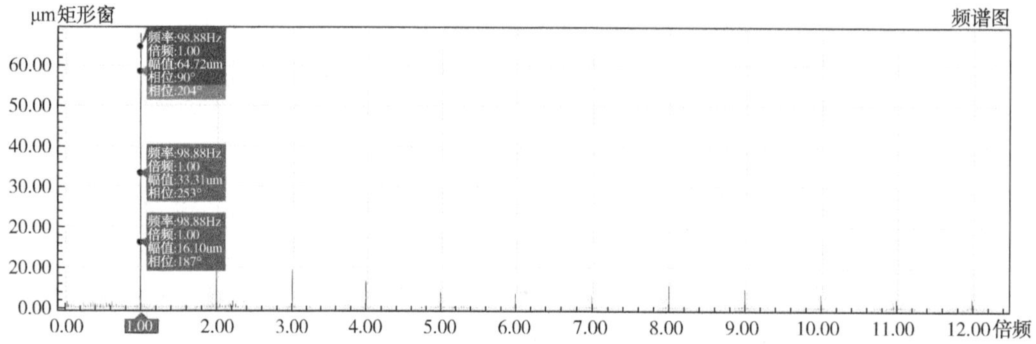

图 22 轻载瓦 XI942 频谱图

查看烟机时域波形图，如图 23 所示，在时域波形图的波谷处，存在"削波"的现象，说明存在动静碰磨特征。

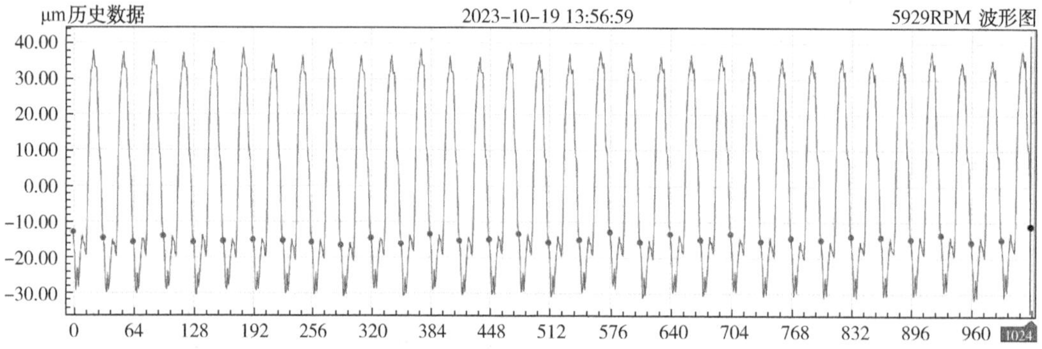

图 23 轻载瓦 XI942 时域波形图

根据烟机运行时两端轴心轨迹图，如图 24 所示，可见运行时烟机重载瓦 XI941 轴心轨迹未呈规则图形，烟机轻载瓦 XI942 轴心轨迹转子涡动范围明显增大，且运行时存在正反进动情况。轴心轨迹呈现凸凹状，部分直线形过渡，说明存在局部摩擦特征。

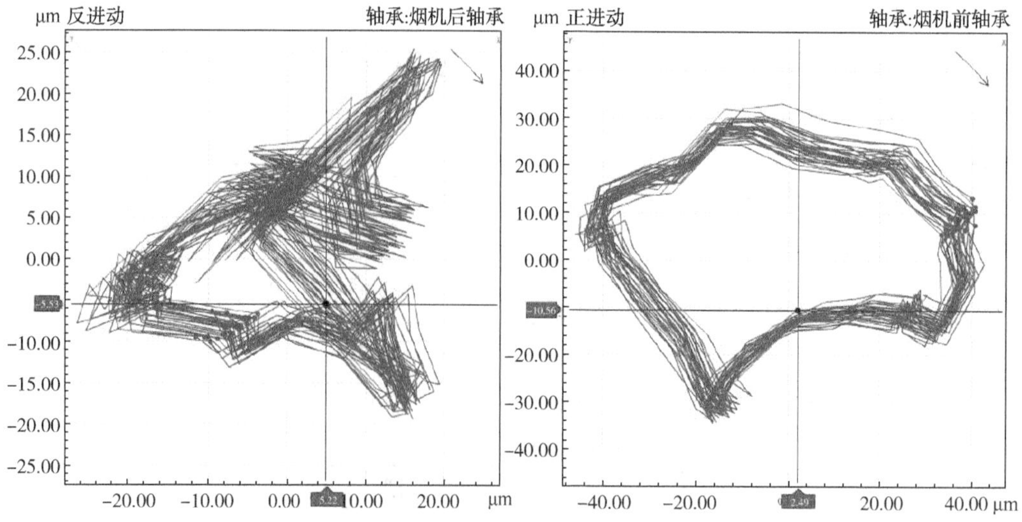

图 24 烟机重载瓦 XI941(左)轻载瓦 XI942(右)轴心轨迹图

查看烟机前、后轴承轴心位置图，如图 25 所示，可以看出，从 2023 年 6 月份启机运行至目前，烟机重载瓦XI941 轴心位置存在升高情况，烟机轻载瓦XI942 轴心位置存在下沉情况，说明转子存在偏载情况。

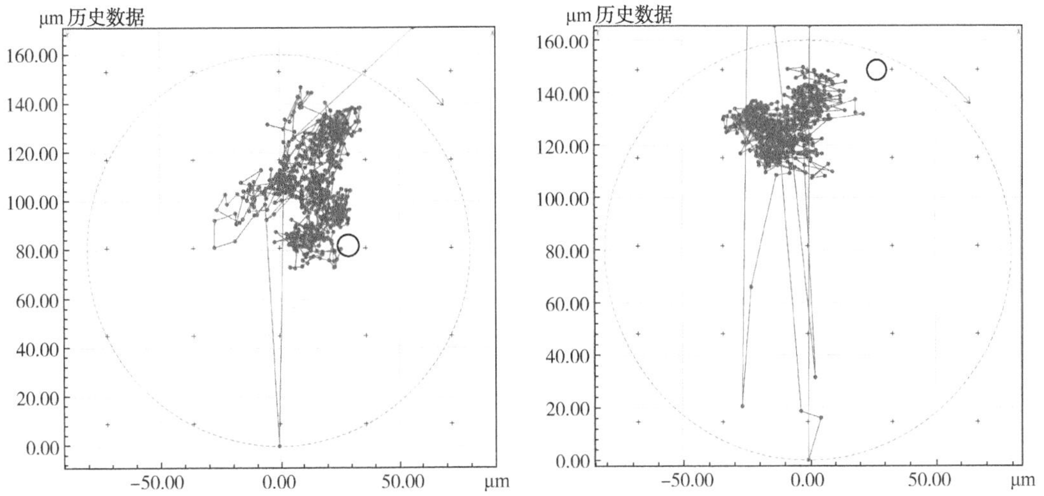

图 25　烟机重载瓦 XI941(左)轻载瓦XI942(右)轴心位置图

查看运行过程中长周期各测点电涡流探头 GAP 电压趋势，四通道 GAP 电压值趋势均有不同程度变化。烟机重载瓦XI941 两通道 GAP 电压从-11. 51V 至-11. 02V，绝对值呈变小趋势，表明转子向靠近传感器探头方向移动。烟机轻载瓦XI942 两通道 GAP 电压从-9. 27V 至-9. 63V，绝对值呈变大趋势，表征转子向远离传感器探头方向移动。

结合以上图谱，分析判断轻载瓦XI942 存在轴瓦磨损情况，烟机存在动静碰磨、转子不平衡和结垢现象。

4.3　拆解验证

2023 年 12 月 12 日，烟机停运拆解后，发现转子确有结垢现象，在蒸汽封严环与转子背面之间存在垢层。轻载瓦XI942 采用的可倾瓦轴承，下瓦有两组瓦块，上瓦有三组瓦块，下瓦块有磨损痕迹。验证了轻载瓦XI942 轴心位置存在下沉，转子向远离传感器探头方向，轻载瓦XI942 存在轴瓦磨损的分析结果。

4.4　解决措施

① 更换备用转子：

备用转子与在役转子结构上有些许不同，备用转子平衡配重段周长为 1200mm，在役转子平衡配重段周长为 1150mm，平衡配重段长度 746mm。通过计算可得备用转子约重 55kg。作为悬臂式转子，平衡配重段略重，有利于转子的平衡性。

② 严控检修质量：

检修质量卡片中，关于重载瓦 XI941 瓦顶间隙标准范围在 0. 24~0. 28mm，轻载瓦XI942 轴瓦间隙标准范围在 0. 22~0. 26mm。瓦隙小，有利于振动值，但不利于轴瓦润滑油温度。因此根据烟机历史检修间隙记录，通过测量法、抬轴法、压铅法三种方法分别对备用转子的瓦隙进行测量，最终确定备用转子重载瓦 XI941 瓦隙 0. 28mm，轻载瓦XI942 瓦隙 0. 25mm。

③ 加强轮盘蒸汽品质：

蒸汽封严环(气封)作用是隔绝烟气，避免或减少烟气进入到转子背面产生催化剂结垢。蒸汽封严环中有四排孔洞，从叶片侧到轴承侧依次是蒸汽、气体冷凝防空、空气 1、空气 2。对蒸汽封严环管线进行吹洗，确保干净、通畅。

此外烟机轮盘冷却蒸汽是从装置汽轮机处引的背压蒸汽，此处温度 280℃左右，经过管道输送损失，到烟机入口烟道处经过两路盘管加热后，再作为轮盘蒸汽，温度仅有 260℃。为加强轮盘蒸汽品质，增加一路盘管进行蒸汽加热，目前轮盘冷却蒸汽达到 280℃。

5 总结

随着科技的进步，炼化企业大机组的日常管理向信息化、智能化转型是必然趋势。状态监测系统具有直观的用户界面，全新的数据库管理诊断。通过状态监测，掌握动设备的运行状态及故障征兆等信息；利用故障诊断，准确判断故障类型、性质和裂化程度；根据分析结果，合理安排设备的运行和检修，避免或减少故障的发生及其损失，确保设备安全可靠运行，为企业安、稳、长、满、优运行提供保障。

参 考 文 献

[1] 蔡广斌，温宾江．状态检测、故障诊断技术在离心压缩机上的应用[J]．风机技术，2000，42(2)：42-45.

[2] 张睿．振动监测与诊断技术在离心压缩机故障处理的应用[J]．化工管理，2022，(32)：136-139.

[3] 刘春庆，张哮，吴世奇．炼化厂大型机组在线状态监测与故障诊断[J]．设备管理与维修，2022，(24)：139-140.

[4] 张赛．烟机振动异常的诊断与处理[J]．科技与企业，2014(7)：314.

催化裂化装置油浆动态与静态组合过滤技术的工业实践

胡龙旺

（中国石化金陵石化公司　江苏南京　210046）

摘　要　动态与静态二级组合过滤技术在某公司催化裂化装置油浆过滤单元进行工业实践。该组合技术一级过滤系统采用动态过滤技术，二级过滤系统采用静态过滤技术。控制一级过滤系统净化油浆收率不大于85%，并辅以一级自清洗及二级反冲洗膜管再生技术，有利于系统的长周期运行。加工外购油浆试验期间，一级过滤器压差出现明显上升，为提高装置平稳运行水平，需加强对外购油浆性质的分析。工业标定数据表明，在进料量25t/h、外购油浆掺炼比例为45%的条件下，该装置总净化油浆收率95.29%，净化油浆灰分小于100μg/g，灰分脱除率高达99.8%。长周期运行数据表明，在高负荷条件下连续运行，装置净化油浆产品质量与收率均可满足指标要求，两级过滤器压差平稳，管道未见明显磨损减薄，可以满足长周期工业运行的要求。

关键词　催化裂化；油浆；净化；动态过滤；静态过滤；过滤器压差；管道磨损；陶瓷膜

1　引言

催化裂化(FCC)是现代炼化企业重要的原油二次加工过程之一，是重油轻质化的重要工艺技术[1]。油浆是催化裂化装置的副产品，产率一般为5%~8%，研究表明，FCC油浆富含大量稠环芳烃，是生产针状焦等高附加值产品的优质原料，但其中固体颗粒物含量较高，影响了其高价值的利用[2]。工业上脱除油浆中固体颗粒的方法主要有自然沉降分离法、过滤分离法、静电分离法和离心分离法等，其中过滤分离法应用更为成熟、广泛[3,4]。过滤分离法可以脱除油浆中的催化剂粉末，降低灰分含量，得到净化油浆。不同灰分含量的滤后油浆，可分别用于生产优级品CBO、石墨电极与高端石墨等高价值产品[3]。

根据过滤机理不同，过滤技术分为静态过滤与动态过滤，静态过滤又被称为“盲端”过滤，是一种传统过滤技术，随着过滤的进行，滤饼层逐渐变厚，为维持过滤过程的持续进行，需周期性对滤饼进行清洗；动态过滤，又称为错流过滤，作为一种新型固液过滤方法，具有过滤速度快、过滤周期长的优势[5]。

为了生产用于高端炭材料的原料，金陵石化将两种不同机理的过滤技术进行结合，建成投产0.2Mt/a的油浆过滤装置，并开展一系列工作，以期实现该过滤装置的平稳高效运行。

2　油浆过滤单元装置

2.1　主要工艺流程

0.2Mt/a的油浆过滤单元采用湖南中天元环境工程有限公司开发的油浆过滤技术，原料为1#催化裂化装置自产油浆与外购油浆，其简要工艺流程见图1。由图1可见装置由一级过滤与二级过滤系统组成，一级过滤系统产生的浓缩油浆进入二级过滤系统，一级与二级净化油浆作为主产品直供下游装置进行进一步加工，二级过滤后超浓缩油浆与外装置来减压渣油混合冷却后直供下游焦化装置。

2.2　技术原理

2.2.1　技术原理

油浆中固体颗粒主要为催化裂化催化剂，为硅酸铝晶体，平均粒径为20μm、粒径范围为1~70μm、堆积密度为0.8~0.9g/cm^3。由于催化剂颗粒微小，且比重与油浆接近，要求所使用过滤材料具有较高的分离精度，并能适应颗粒粒径的变化[6]。为满足过滤精度要求，一级过滤系统以高温特种陶瓷膜作为过滤元件，二级过滤系统以烧结金属复合膜作为过滤元件，可以实现油浆的高效过滤。

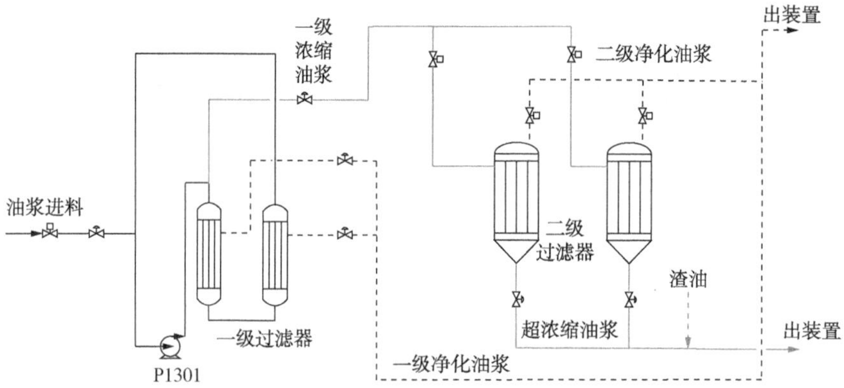

图 1　油浆过滤系统工艺流程简图

随着过滤过程的进行，浓缩油浆中催化剂粉末高度富集，以固体颗粒含量为 5g/L 的油浆为原料，固体颗粒含量为 50mg/kg 的净化油浆为产品，对净化油浆收率与浓缩油浆固体颗粒含量进行模拟，模拟数据如图 2 所示。由图 2 可见，随着净化油浆收率的提高，浓缩油浆固体颗粒含量逐步升高，净化油浆收率超过 85%后，浓缩油浆固体颗粒含量呈现快速上升趋势。

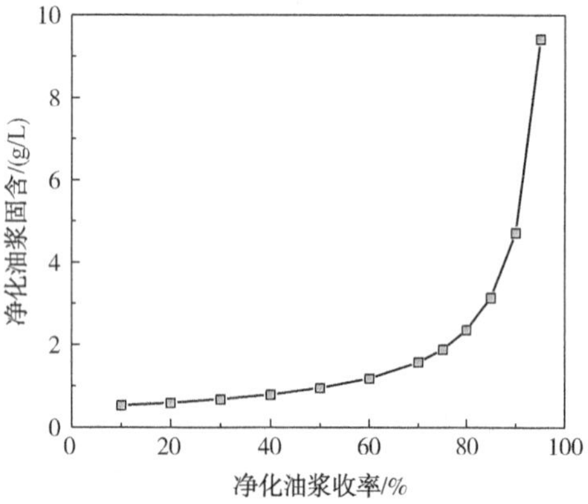

图 2　浓缩油浆固含与净化油浆收率关系图

一级过滤系统采用错流过滤技术，在压力驱动下，介质在膜管内侧膜层表面高速流动，小分子物质沿与之垂直方向透过微孔膜，大分子物质(或固体颗粒)被膜截留并被高速流动的循环液带走，通过高油浆循环量与连续排浓缩油浆的方式，可以实现连续生产的目的，由于随着净化油浆收率提高，凝缩油浆固体颗粒含量快速增加，因此在循环液高速流动的条件下，为保证过滤系统与油浆循环系统的稳定运行，净化油浆收率按不大于 85%运行。

二级过滤系统以一级滤后浓缩油浆作为进料，处理量较低，其原料具有沥青质含量、灰分含量高和黏度高等特点，如选用错流过滤技术，易造成膜管表面污损，有效通量持续下降等问题。因此二级过滤系统采用“盲端”过滤技术，可以满足过滤需求。但由于过滤精度高，随着过滤过程的进行，膜管表面会快速形成“滤饼”，随着“滤饼”层厚度增大，膜管通量下降。因此，二级过滤系统设置两台过滤器，以“同时投用、错时清洗”的方式，达到连续过滤的目的。

综上所述，动态过滤技术适用于处理量大的一级过滤系统，静态过滤适用于处理量低、滤渣含量高的二级过滤系统，动态与静态过滤相结合可以实现高处理量、高收率的目标。

2.2.2　膜清洗再生过程

随着过滤过程的进行，沉积物会停留在过滤膜表面形成一个垢层，垢层的形成会导致膜管通量下降，进而使膜管堵塞，逐步失去过滤能力。为保证油浆过滤的稳定性，需采取有效的清洗技术以延长运行周期。

研究认为[7]，膜通量衰减的两个最主要因素是浓差极化和膜污染，浓差极化是指在料液分离过程中小分子的物质在一定压力的驱动下透过膜层，较大的分子溶质被截留，靠近膜面区域的溶质浓度越来越高。如图 3 所示膜污染是指溶液中的大颗粒、胶体颗粒和大分子溶质由于与膜的物理或化学作用而吸附、结晶并沉积在膜表面或膜孔中，导致膜孔径减小或堵塞的过程，直接表现为膜通量衰减与分离特性变化。分析认为，一级过滤器膜管通量下降主要原因为浓差极化现象所致，而膜污染是二级过滤器通量下降的主要原因。

一级过滤器过滤管置于油浆循环液中，循环液在过滤管表面均匀流动，液体因为压力能和动能会产生两个方向的力：压力能会产生垂直于过滤管表面的法向力(压力)，使液体透过过滤管；动能会产生平行于过滤管表面的切向力(剪切力)，冲刷过滤管表面的截留物[8]。一级过滤系统设置有自动清洗

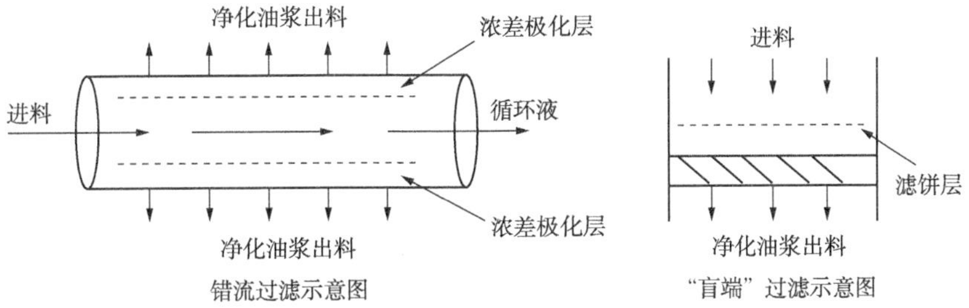

图 3　膜通量衰减示意图

程序，抑制浓差极化现象产生，从而确保过滤器长周期平稳运行。

二级过滤系统随着过滤时间的延长，过滤截留下来的颗粒将在过滤管表面形成滤饼层，过滤阻力持续增加，在操作压力不变的情况下，过滤管的通透率下降，影响处理效率。因此，装置二级过滤设置有反冲洗程序，反冲洗介质为净化油浆，反冲洗期间，浓缩油浆停止进料，净化油浆停止出料，净化油浆从净化油浆出料侧注入过滤器，经过二级过滤膜管后从二级浓缩油浆侧排出。反冲洗可以将堵塞在膜管内部与沉积在膜管表面的滤饼层清洗干净，达到膜管在线再生的效果，以保障过滤器的长期运行。

3　外购油浆过滤试验

油浆过滤单元设计规模为 0.2Mt/a，其中 1#催化裂化装置年产油浆约为 0.1Mt，每年需外购至少 0.1Mt 的油浆。装置建成后，开展了掺入外购油浆的过滤试验。外购油浆进料工艺流程如图 4 所示，外购油浆进装置后，与返塔上口循环油浆混合后一起进入分馏塔塔底，与高温油浆接触加热后，自产油浆与外购油浆一起作为油浆过滤单元进料，装置自产油浆与外购油浆主要性质(数据来自油浆过滤单元 2023 年 2 月 21～24 日工业标定)见表 1。由表 1 可知，与自产油浆相比，外购油浆固体颗粒含量与重金属含量低，但残炭、黏度、沥青质含量高，如其储存时间过长，还容易氧化变质。

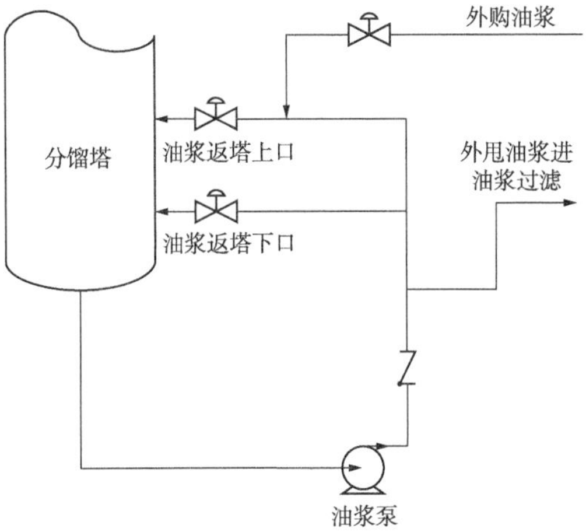

图 4　外购油浆进料工艺流程简图

表 1　原料油浆性质

项目	装置油浆	外购油浆	项目	装置油浆	外购油浆
密度/(kg/m^3)	1087.1	1082.9	Fe/(mg/kg)	13.5	2.5
5%馏出温度/℃	298	374	Ni/(mg/kg)	4.6	1
10%馏出温度/℃	355	398	Cu/(mg/kg)	0.1	0.1
30%馏出温度/℃	394	421	V/(mg/kg)	8.7	0.7
50%馏出温度/℃	417	446	Pb/(mg/kg)	0.1	0.1
70%馏出温度/℃	448	485	Na/(mg/kg)	3.9	2.6
90%馏出温度/℃	516		Ca/(mg/kg)	13.3	8.2
终馏点/℃	540	540	饱和烃/%	6.24	7.93
全馏/℃	/	/	芳烃/%	83.73	82.19
500℃馏出/%	87	77	胶质/%	9.75	9.17
残炭/%	11.28	12.62	沥青质/%	0.29	0.71
黏度(50℃)/(mm^2/s)	200	456.9	固体颗粒含量/(g/L)	2.6066	0.7641
黏度(100℃)/(mm^2/s)	12.89	22.35			

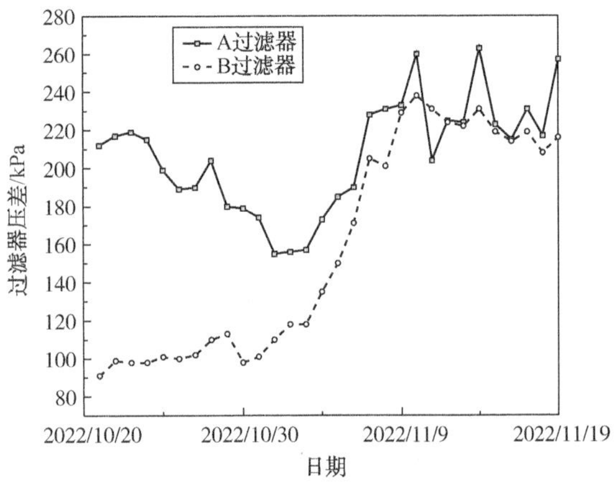

图5 一级过滤器跨膜压降变化趋势图

2022年10月30日装置开始掺入外购油浆，掺入外购油浆试验期间一级过滤器跨膜压降变化趋势如图5所示。由图5可知，A过滤器压降由150kPa最高上升至260kPa，B过滤器压降由110kPa最高上升至238kPa，一级过滤器膜管均出现一定程度的堵塞现象。陈强等[9]提出：过滤管堵塞的根本原因是油浆中的胶质、沥青质、稠环芳烃与催化剂颗粒交互作用，形成了具有较强内聚力和黏附力的胶团，滤芯被胶团堵塞。史载锋等研究表明[10]，不同的颗粒分布所引起的阻塞方式不同，会引起阻力的不同和通量的变化，颗粒对膜污染产生的阻力是随着分布的变宽而增大的。

由表1可知，外购油浆胶质与沥青质含量高，催化剂粒径分布与自产油浆可能不同，因此掺入外购油浆易导致过滤装置膜管压降升高；此外试验期间外购油浆中含有大分子沉降剂，沉降剂的凝聚效应使粒子间产生吸附，进而使得粒子增大并加剧了过滤器膜管的堵塞。通过试验可知在掺入外购油浆时，需要及时分析外购油浆性质、监控过滤器膜管压差及通量的变化。

4 装置运行情况

4.1 工业标定

2023年2月21~24日进行了0.2Mt/a油浆过滤单元工业标定，标定期间的物料平衡数据见表2。由表2可见油浆过滤单元进料量为25t/h，其中外购油浆占比约45%，加工量达到国内油浆过滤单元最大处理量。一级过滤净化油浆收率为89.14%，一级过滤与二级过滤结合的总净化油浆收率为95.25%。

表2 油浆过滤单元物料平衡

物料名称	标定数据	
进料组成	流量/(t/h)	比例/%
油浆总进料	25.0	
外购油浆	11.2	44.64
装置油浆	13.8	55.36
产品分布	流量/(t/h)	跨膜收率/%
一级净化油浆	22.3	89.14
二级净化油浆	1.5	56.12
总净化油浆	23.8	95.25

标定期间一级净化油浆、二级净化油浆、总净化油浆和一级浓缩油浆主要性质见表3。由表3可见，装置净化油浆灰分<100mg/kg，灰分脱除率高达99.8%，族组成无明显变化，尤其是芳烃质量分数维持在80%以上，该净化油浆是生产橡胶填充油、针状焦等高附加值产品的优质原料[11]。

表3 油浆过滤单元产品性质

项目	一级净化油浆	二级净化油浆	总净化油浆	一级浓缩油浆
密度/(kg/m^3)	1080.17	1078.43	1076.97	
5%馏出温度/℃		323.67		310.33
10%馏出温度/℃		367.00		364.33
30%馏出温度/℃		398.67		395.00

续表

项目	一级净化油浆	二级净化油浆	总净化油浆	一级浓缩油浆
50%馏出温度/℃		422.33		420.00
70%馏出温度/℃		455.33		451.00
90%馏出温度/℃		528.67		523.33
终馏点/℃		540.00		540.00
全馏/℃				
500℃馏出/%	84.33			86.00
残炭/%	9.96	9.99		11.14
黏度(50℃)/(mm^2/s)	216.70	204.93	185.10	
黏度(100℃)/(mm^2/s)	13.29	13.13	12.31	
Fe/(mg/kg)	1.20	1.57		56.47
Ni/(mg/kg)	0.60	0.57		25.83
Cu/(mg/kg)	0.10	0.10		3.87
V/(mg/kg)	0.63	0.63		43.20
Pb/(mg/kg)	0.13	0.10		0.70
Na/(mg/kg)	3.87	3.57		11.27
Ca/(mg/kg)	7.33	8.13		52.50
饱和烃/%	8.72	7.40		7.79
芳烃/%	83.15	84.41		82.93
胶质/%	7.75	7.84		8.56
沥青质/%	0.37	0.34		0.72
固体颗粒含量/(g/L)	0.043	0.047		13.01
灰分/(mg/kg)			37.33	12027.67

2023年2月21~24日满负荷标定期间，装置的能耗见表4。由表4可知，按油浆过滤单元原料油浆进料计算能耗为11.28kgEO/t，按催化裂化装置进料计算为1.84kgEO/t，油浆过滤单元电耗占比为11.8%，蒸汽扣除凝结水能耗占45.1%，油浆取热扣除蜡油回收热量能耗占比为41.57%，油浆过滤单元能耗主要来自于油浆取热、蒸汽耗能与电能消耗。

表4 油浆过滤单元能耗

项目	处理量 总耗量	1801t			11160t
		吨处理量单耗/(t/t)	能耗系数	油浆过滤单位能耗/(kgEO/t)	装置单位能耗/(kgEO/t)
循环水	4680t	2.6	0.06	0.16	0.03
电	10474t	5.82	0.23	1.34	0.22
1.0MPa蒸汽	130t	0.07	76	5.49	0.89
凝结水	130t	0.07	-5.5	-0.4	-0.06
仪表风	0.5t	0	0.038	0	0
氮气	0.54t	0	0.15	0	0
蜡油回收热	-99144MJ			-1.32	-0.21
油浆取热	453247MJ			6.01	0.97
能耗合计		11.28kgEO/t			1.84kgEO/t

4.2 长周期工业运行

2023 年 1~3 月，油浆过滤单元连续运行 3 个月，工业运转过程中，主要操作条件见表 5。由表 5 可知，油浆过滤单元运行期间，装置负荷较高，过滤温度 300~310℃，一级、二级过滤器差压正常。

表 5 主要操作条件

项目	数据	项目	数据
一级过滤		过滤器压差/MPa	≤0.2
进料流率/(t/h)	17~25	二级过滤	
进料负荷/%	84	进料流率/(t/h)	2~5
过滤温度/℃	300~310	过滤温度/℃	290~300
循环比(油浆循环流率与新鲜进料流率比)	35~45	过滤器压差/MPa	≤0.10

2023 年 1~3 月长周期运行期间，装置进料流率、净化油浆收率、原料油浆及净化油浆灰分含量变化趋势如图 6 所示。由图 6 可知，2023 年 1~3 月，装置平均进料流率为 21t/h，净化油浆平均收率 88%，原料油浆平均灰分 4.4g/L，净化油浆灰分<100mg/kg；其中，2023 年 3 月进料量均值为 23t/h，净化油浆收率最高时达 95%以上，原料油浆灰分高于 6.0g/L 期间，净化油浆灰分<100mg/kg，净化油浆产品质量均满足指标要求。

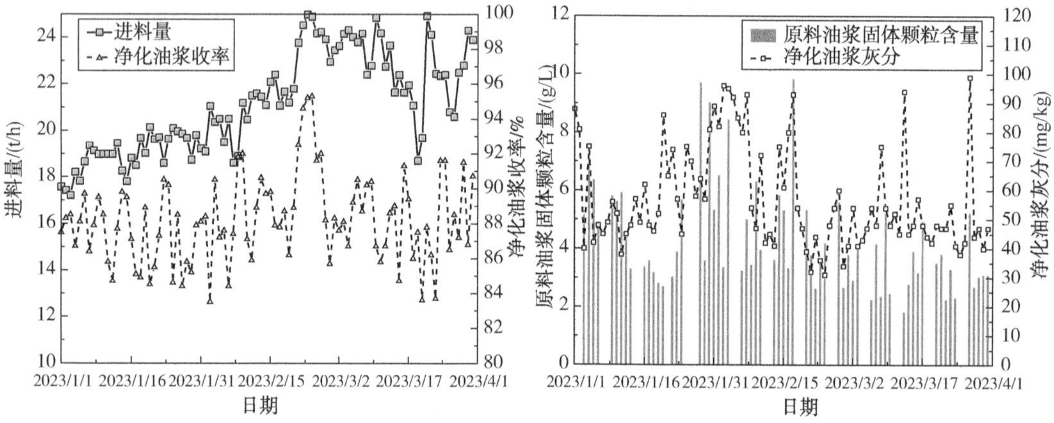

图 6 长周期运行情况分析

运行期间过滤器压差的变化如图 7 所示。由图 7 可知，一级过滤系统单台过滤器净化油浆流率约为 8~11t/h，过滤器压降 140~160kPa，过滤器压降与净化油浆流率呈明显正相关关系，净化油浆流率增加，过滤器压降升高；二级过滤器平均压降约为 20kPa，反冲洗后过滤器压降可降至 0。工业运行结果表明，油浆过滤器压差控制合理，装置可以实现长周期平稳运行。

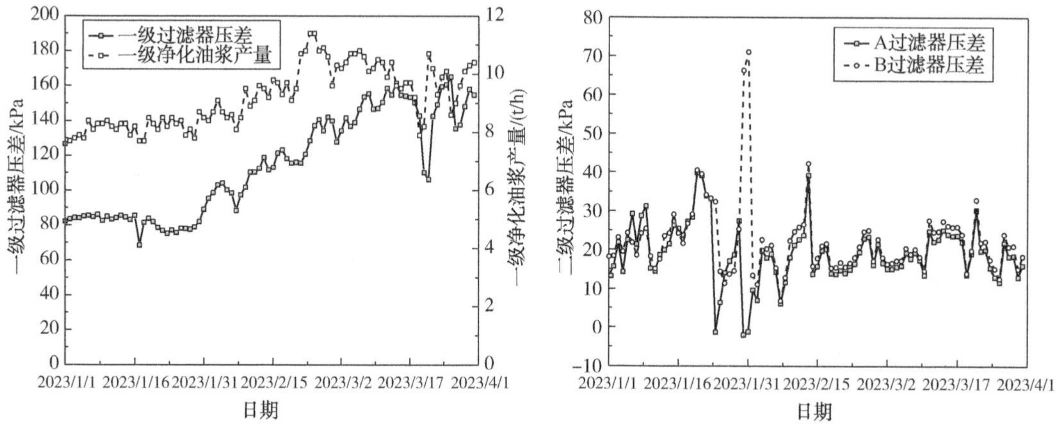

图 7 过滤器压差变化趋势

4.3 管道磨损分析

一级过滤系统正常运行操作温度为300℃、油浆循环量800m^3/h、循环油浆灰分超过12000mg/kg，管道与设备材质为12Cr5Mo合金钢，一级过滤系统循环油浆管线测厚部位如图8所示，其中，部分直管段及管头处(1#、5#、6#、7#、11#)测厚数据见表6。由表6可知，5#测厚点管道壁厚有所减薄，6个月内减薄约0.5mm，其余部位管线未出现明显减薄，根据管道磨损分析数据认为，循环油浆管线可满足长周期运行的要求。

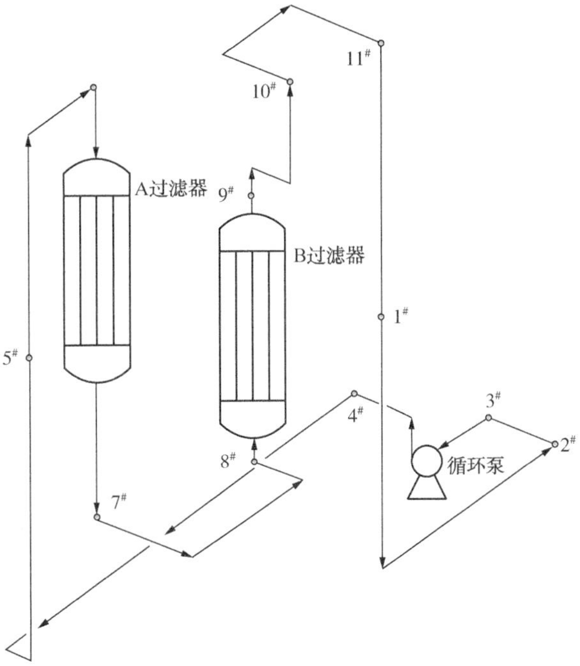

图8 管线测厚部位示意图

表6 管线测厚数据 mm

项目	1#	5#	6#	7#	11#
2022年10月	21	12.8	11.5	12.1	12.2
2022年11月	21	12.7	11.7	12	12.2
2022年12月	21.1	12.6	11.7	12	12.3
2023年1月	21.1	12.4	11.7	11.9	12.3
2023年2月	21	12.4	11.7	12	12.3
2023年3月	21.1	12.3	11.7	11.9	12.3

5 结论

① 油浆过滤单元采用静态与动态过滤组合的技术，并配套在线膜管清洁技术，装置处理量可达25t/h、净化油浆收率可达95%，净化油浆产品灰分低于100μg/g。

② 催化油浆性质、组成复杂，外购油浆胶质、沥青质含量高，与自产油浆混合后固体颗粒粒度分布可能变宽，需及时分析外购油浆性质，以利装置平稳运行。

③ 工业标定结果表明，油浆过滤单元综合能耗11.28kgEO/t，长周期运行结果表明油浆过滤器再生性能良好、管道未见明显磨损减薄，可以满足长周期工业运行要求。

参考文献

[1] 杨朝合，陈小博，李春义，等. 催化裂化技术面临的挑战与机遇[J]. 中国石油大学学报：自然科学版，2017，41

(6)：171-177.
[2] 刘晓丽．催化油浆净化技术的研究进展[J]．山东化工，2019，48(5)：71-73.
[3] 邱洪卫，任万忠，曾涛．催化裂化油浆液固体系分离技术探讨[J]．山东化工，2015，44(23)：48-51.
[4] 唐课文，刘磊，古映莹，等．催化裂化油浆的过滤分离研究及利用[J]．现代化工，2007(S1)：340-343.
[5] 谢明强，魏晓伟．陶瓷分离膜的制备、过滤机理和应用研究[J]．山东陶瓷，2006(6)：29-34.
[6] 刘喜峰，李冬怀，张利锋，等．重油催化油浆过滤技术概述[J]．四川化工，2007(4)：12-15.
[7] 刘光华．碟式陶瓷膜处理不同体系料液的膜分离过程及膜污染研究[D]．景德镇：景德镇陶瓷大学，2022.
[8] 陈强，蔡连波，盛维武，等．浆态床动态错流过滤技术的研究[J]．炼油技术与工程，2021，51(12)：15-18.
[9] 陈强，蔡连波，盛维武，等．催化油浆固液分离新技术[C]//中国石油学会．2017 年中国石油炼制科技大会论文集．北京：中国石化出版社，2017，300-304.
[10] 史载锋，范益群，徐南平，等．颗粒体系错流过滤过程的数学模拟[J]．高校化学工程学报，2000(6)：535-540.
[11] 陈庆岭，王宁．催化裂化油浆膜过滤技术工业应用研究[J]．石油炼制与化工，2020，51(9)：45-49.

重油催化裂化装置一再尾燃异常分析及优化措施

许邹宏

（中国石化金陵石化公司　江苏南京　210046）

摘　要　针对中国石化金陵石化公司1.0Mt/a催化裂化装置一再尾燃严重的情况，结合烧焦理论，从装置生焦量、再生器内氧分压、催化剂流化状态和料位控制、主风及外取热风量设置等方面对产生尾燃的原因进行分析，并通过调整再生器藏量分布、控制主风及外取热风量等措施，有效缓解了一再尾燃现象。

关键词　催化裂化；二段再生；再生器；尾燃

1　引言

催化裂化装置中再生器的尾燃又叫作二次燃烧，定义为烟气流经再生器密相床层后温度的上升。这种现象常表现为再生器稀相、三旋入口、烟机入口等部位的温度超温及再生器稀密相温差的扩大[1]。短时且剧烈的尾燃可能会导致再生器结构部件发生变形、断裂以及衬里损坏。长时间的尾燃超温则会造成再生器和三旋的分离效率下降，三旋出口催化剂粉尘浓度上升。烟机入口超温则会烧坏烟机内构件，影响装置的长周期运行[2]。本文主要立足于生产实际，从二段再生的角度，结合生焦和烧焦理论，从相应的化验分析数据和主要的工艺参数变化趋势等方面进行剖析，探寻尾燃现象产生的根源，找到有效的改进方法。

2　装置概况和再生工艺

2.1　装置概况

金陵石化Ⅱ催化裂化装置设计处理能力为1.0Mt/a，采用美国Stone-Webster公司的RFCC技术，以常压重油或减压渣油与蜡油的混合物为原料，生产高辛烷值汽油、轻柴油、液化气、干气和产品油浆等产品。装置由中国石化炼化工程洛阳公司负责工程设计，于1991年4月投产，装置历经多次改造，目前提升管反应器为内提升管，出口采用中国石油大学的s-VQS旋流快分系统，再生器仍采用重叠式两段再生技术，一再设有一台外取热器，二再外旋风器改为内旋风器，并增加了内取热盘管，通过调整内、外取热器的取热量，以达到维持反应再生系统热平衡的目的。

2.2　再生工艺特点

重叠式两段再生技术为两个再生器重叠布置，即一段再生器位于二段再生器之下。一再贫氧操作，二再为过剩氧操作。如图1所示，沉降器来的待生催化剂经待生阀后进入一再进行不完全逆流再生，烧去约65%的碳和全部氢，然后在提升风的作用下通过塞阀将半再生催化剂经内提升管输送到二再进行完全并流再生，烧去约35%的碳，使再生催化剂含碳小于0.05%。一再和二再烧焦用的主风分别由两台主风机供给，一再烟气经三组两级旋风分离器分离后，排出的烟气经三旋进一步分离催化剂后进入烟气轮机膨胀做功，回收能量后进入CO焚烧炉烧去剩余的CO，与二再排出的烟气（经四组两级旋风分离器分离）混合进入余热锅炉，回收烟气余热。二再的再生催化剂（平衡剂）经脱气罐脱气后，经再生阀进入反应提升管底部与原料油相接触进行反应，完成一次催化剂的再生循环。通常一再温度控制在650~670℃，烧焦强度在80~150kg/（t·h），二再温度控制在720~750℃，烧焦强度为30~80kg/（t·h）。

3　一再尾燃现象

正常生产时一再的稀密相平均温差一般在5~20℃，若进料性质变重，外取热相应取热和产汽量变大，稀密相平均温差会逐渐扩大至30℃，但一般最大不超过45℃。

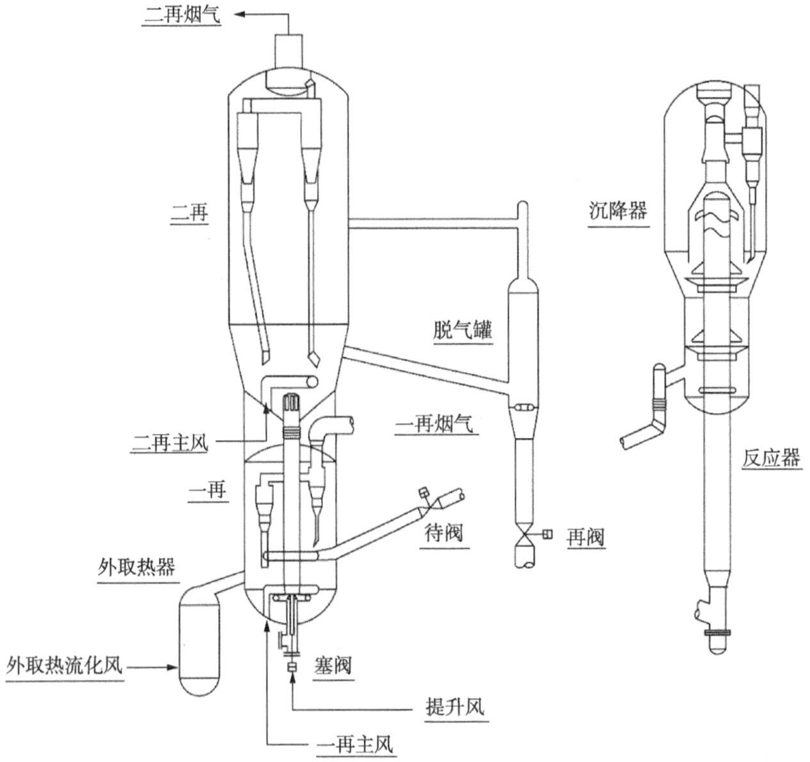

图 1　Ⅱ催化裂化装置反应再生系统示意图

但如图 2 所示，2023 年 1 月中旬到下旬，随着工况变化，一再密相温度(主要参考 TI174A)略微下降，但一再稀相温度(主要参考 TI184C)迅速上升，在 1 月 26 日前后接近 720℃，一再稀密相温差也逐步扩大，从正常工况下的 10℃左右逐步扩大到 50~60℃，最高接近 70℃。同时，如表 1 所示，在此期间烟气的三旋入口温度和烟机入口温度也均有明显上升，并与一再稀相温度趋势相符。这些参数变化都佐证了一再尾燃现象发生，也大大制约了装置加工负荷以及掺渣能力，影响了装置技经指标的提升，对装置的长周期运行产生不利因素。

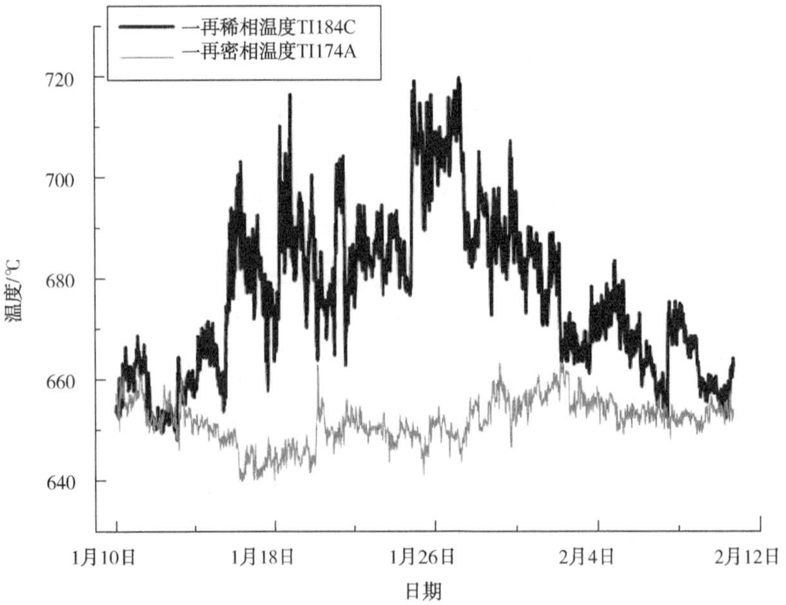

图 2　Ⅱ催化一再稀密相温度变化

表 1　尾燃发生时相关温度变化　℃

日期	一再密相	一再稀相	三旋喷嘴前	烟机烟气入口
2023-01-10	656.3	653.6	643.7	543.4
2023-01-18	641.2	672.2	646.0	548.2
2023-01-26	652.0	716.4	669.7	571.0
2023-02-03	655.5	663.1	649.0	550.0
2023-02-10	655.0	656.8	645.8	547.6

4　一再尾燃原因分析

4.1　尾燃机理

待生催化剂焦炭组分中约含 93%的碳、7%的氢及痕量硫和有机氮化合物，确保这些焦炭在催化剂密相床层中的燃烧至关重要[3]。在燃烧过程中氢被氧化成水，关于碳的初次氧化，众多学者认为同时有 CO 和 CO_2 生成，CO 再和 O_2 反应生成 CO_2，其中氢的燃烧速度比碳快很多。

CO 生成 CO_2 的反应是温度的函数，在 560℃以下反应速度很慢，在温度高于 690℃或有 CO 助燃剂的情况下燃烧速率大大加快[4]。

无论是完全再生还是部分再生模式，尾燃仅在 CO 和 O_2 逸出床层时才会发生。对于完全再生模式，烧焦过程中生成的 CO 如果不能在密相床燃烧成 CO_2，进入富氧环境的稀相中遇到高温的 O_2 即发生剧烈燃烧，由于稀相中催化剂浓度低、热容量小，稀相温度会迅速升高。稀密相温差是 CO 在稀相、密相燃烧程度的一个反映，运行良好的再生器，CO 应该在密相床燃烧成 CO_2，再生器稀密相温差很小[5]。对于部分再生模式，一再采取贫氧操作，焦炭燃烧不充分，烟气中本就存在较多的 CO 和微量的氧，不具备二次燃烧的条件，正常工况下，稀相温度应该比密相温度低。若密相中由于烧焦不充分，生成过多的 CO 扩散到稀相区域，而稀相中氧分压过高则易造成尾燃。因此，再生器藏量过低或催化剂循环量过大会使主风或催化剂在再生器内停留时间过短而影响烧焦，催化剂流化状态不佳或主风分布不均会造成局部氧过剩从而产生尾燃。

4.2　烧焦效果不佳

自 2023 年以来，为解决公司蜡、渣油平衡问题，Ⅱ催化裂化装置一直以多掺减渣为工作重心，原料性质较重，同时为了降汽油烯烃含量，反再操作一直维持较大催化剂循环量与剂油比，这对再生器烧焦负荷和待生催化剂的汽提效果提出了较高要求。同时催化剂活性也控制较高，不可汽提焦的增加也导致汽提效果变差，待生催化剂会携带部分烃类组分进入再生系统，进一步增加再生烧焦负荷。通常工况下，一再料位控制在 48%~60%，参考原料性质、产品收率和化验分析中的平衡剂数据，通过日常工作中的加卸剂操作来完成催化剂的部分置换与活性控制。经工艺参数分析，1 月中旬以来一再频繁尾燃问题多发生在卸剂之后，如图 3 所示，每次卸剂之后，一再稀相温度都呈现一个突升趋势，升温幅度在 20~50℃不等，较为明显。

分析认为，卸剂量过大，一再催化剂藏量在较短时间内下降过低，主风量相对富余，主风在密相中的停留时间变短，影响烧焦效果，在密相中的焦炭燃烧不充分，部分氧扩散到稀相区域，如图 4 所示，一再烟气的化验分析数据也能证实该点，在尾燃期间一再烟气中的 O_2 和 CO 含量有较明显上升；正常工况下，密相中的烧焦放热可以被催化剂充分吸收，而一再藏量低，催化剂的吸热有限，密相床层温度也会相应偏低，如图 2 所示，在尾燃期间，一再稀相温度升高的同时，一再密相温度反而有所降低，低于平时工况平均值 5~10℃。CO 相较于焦炭的燃烧速度本就处于劣势，密相床层温度过低，使得 CO 在床层中的氧化燃烧反应速率受限，未经床层充分反应和充分吸热的高温烟气从床层逸出到上方稀相，在过剩氧存在下造成尾燃。

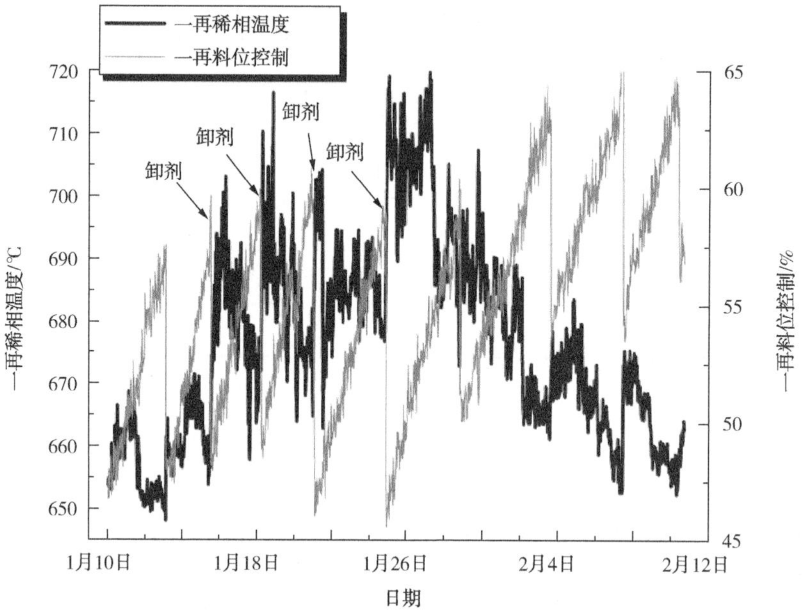

图 3　一再卸剂前后稀相温度对比

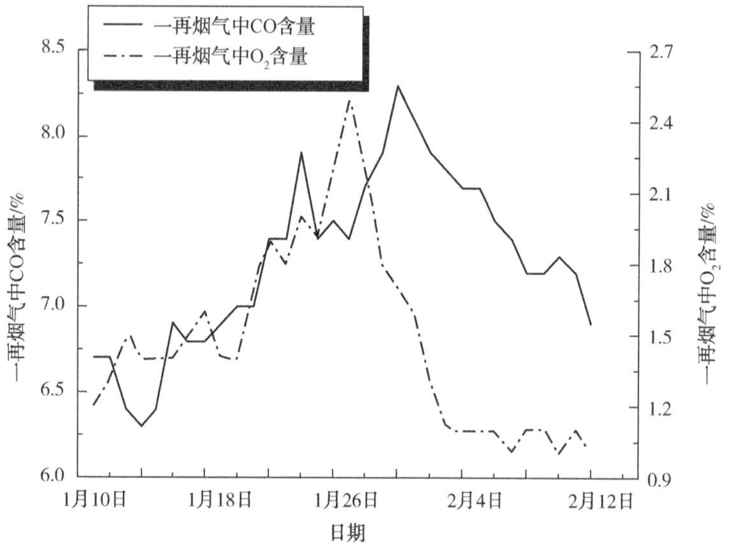

图 4　一再烟气中 CO 和 O_2 含量变化趋势

4.3　稀相局部氧过剩

对于该装置的部分再生工艺，稀相局部氧过剩的原因主要有两点：一是烧焦配风或外取热流化风设置不合理，二是催化剂流化状态不佳导致的主风分布不均。

主风量与焦炭量的匹配至关重要，如果主风量增加过多，会降低气相在床层的停留时间，若停留时间不足以使 O_2 完全被消耗掉，那 O_2 就会穿过床层，造成稀相空间的氧过剩[6]。卸剂过程中，随着料位的降低，一部分半再生催化剂裹挟着热量与焦炭离开一再系统，如果一再主风量本就处于高位或调整不及时不恰当，便有可能造成风量过剩。

本装置的外取热器是典型的气控串联式外取热器，该形式的取热器仅在上部供剂管路部分设置催化剂循环，换热区采用无循环方式，形成上下串联结构，催化剂流化风用量较少，但在再生器的催化剂入口处返混较为严重。若低料位控制时的外取热流化风量过大，催化剂返回温度也较低且为未烧焦状态，不可避免地对床层稳定性和烧焦效果造成影响。

催化剂的理化性能与反再系统的流化状态息息相关，近期由于一再卸剂阀微量泄漏及多次贯通造成细粉跑损，系统平衡剂的筛分组成有所变化。如表 2 所示，1 月份一再尾燃期间，平衡剂的活性保持在 70 以下，重金属污染也在可控制范围内，但可以明显发现，筛分组成中细粉含量明显减少，而催化剂密度在逐步上升，并于1月26日前后到达最大值。平衡剂中关键细粉含量不断减少，会造成一再料位的波动和床层偏流、短流现象发生，待生催化剂无法均匀分布，主风也无法均匀通过床层，导致了局部过剩氧现象和尾燃发生。

表2 平衡剂理化性能分析

日期	微活指数	Ni+V+Fe/(μg/g)	筛分(Φ)/%			沉降密度/(g/cm³)
			<40μm	40~80μm	>80μm	
2023-01-18	68.2	13513	7.8	45.0	47.2	0.82
2023-01-26	70.6	11493	4.0	30.6	64.4	0.88
2023-01-30	69.9	10694	8.0	44.1	47.9	
2023-02-02	70.0	10364	10.3	49.6	40.1	0.85

5 措施

自2023年1月中旬Ⅱ催化裂化装置发现一再尾燃现象后，结合以上再生器稀相尾燃超温的原因分析，采取了以下调整措施。

一是控制一再藏量，分析发现一再料位卸至偏低时，稀相温度会有明显上升。故有意识提高一再料位，并且避免卸剂过程中导致一再料位偏低，如图3所示，后期一再料位控制在52%~65%。经过调整，2023年2月3日13：35至14：35进行卸剂，一再料位从63%降至54%，一再稀相温度从663℃上升至673℃，没有大幅上升造成尾燃现象。

二是加强催化剂管理和置换。现场对催化剂罐V103、V102进行充压，且操作层面上对一再卸剂方式上进行了更改，不允许非卸剂状态下的管线贯通，以减少因卸剂阀内漏导致催化剂细粉跑损，并进一步加强对催化剂置换，以期调整平衡剂筛分组成。

三是优化配风及催化剂循环量。调整期间视原料组成和烟气氧含量变化及时适当地调整一再主风流量，一再主风入口流量阀位从59.7%降低至57.3%，风量从最高的51000Nm³/h降至48000Nm³/h。并相应调整催化剂循环量，降低掺渣比，外取热风量从1050Nm³/h降低至980Nm³/h，以延长CO在密相床层中氧化燃烧时间，减少烟气中CO含量生成。

目前一再工况良好，一再稀相温度稳定在650~670℃。

6 小结

正常工况下，尾燃通常发生在二再，一再贫氧操作，尾燃概率较小，本文主要从工艺方面对一再尾燃的原因进行了简要分析，关于设备方面，例如内构件损坏，像一再主风分布环损坏、待生分配管或格栅破损等原因也不可忽视。

事实证明，通过控制装置生焦量、规范一再卸补剂改变其内部流化状态、控制合适的催化剂藏量和循环量，调节主风配风和外取热器流化风量等方法可有效控制一再生尾燃现象。

参 考 文 献

[1] 张利国，张燕文，李刚，等．重油催化裂化装置再生器尾燃原因分析及应对措施[J]．中国化工贸易，2020，12(17)：211-213.

[2] 钱堃，洪芙蓉．催化裂解(DCC)装置再生器尾燃问题分析[J]．天津化工，2022，36(5)：45-48.

[3] 雷扎·斯德博格．流化催化裂化手册[M]．3版．石油炼制与化工编辑部译．北京：石油工业出版社，2018.

[4] 曹汉昌，郝希仁，张韩．催化裂化工艺计算与技术分析[M]．北京：石油工业出版社，2000.

[5] 张启东，景录昌，陈忠基．Ⅲ催化再生器尾燃问题分析及解决办法[C]//中国石化2016年催化裂化技术交流会论文集．北京：中国石化出版社，2016：122-129.

[6] 万峰，张金诚．催化裂化再生器尾燃原因及对策[J]．金陵科技，2004，11(5)：50-58.

S Zorb 装置再生器取热盘管泄漏原因分析及技术改造

姚文博

（中国石化金陵石化公司　江苏南京　210046）

摘　要　本文详细描述了某石化 S Zorb 装置再生器取热盘管泄漏的异常状况，并对其产生的原因进行了分析。之后对取热盘管的维修方案进行了详细介绍，最后介绍了再生器内取热系统的技术改造，对取热后氮气的用途进行了设想。

关键词　S Zorb；再生器；取热盘管；泄漏

1　再生器取热盘管的检修

1.1　取热盘管泄漏位置及情况

某石化 S Zorb 装置投产后的 2 年内，先后发现 8 组取热盘管有 7 组渗漏，在工艺上进行了切出处理。剩余一组取热盘管已经达到其取热能力的极限，再生器温度已无调节余量，可能会导致再生系统无法运行，进而导致整个 S Zorb 装置会因吸附剂的再生中断而停车。S Zorb 装置再生器 R102 内部半径仅为 990mm，且其中均匀排布了 8 根规格为 ϕ48mm×2235mm 的内取热盘管，因而属受限空间作业。专业人员从再生器上部人孔进入后检查了再生器 8 根取热盘管，发现存在 5 组靠近再生器壁的回水管道焊接处存在一定程度的裂缝，其余 2 组 U 形管下部的焊缝有一定程度的裂缝。因时间紧迫，下面两组漏点在这次检修期间暂时不做处理，检修措施是对上部泄漏的 5 组盘管进行了补焊处理。图 1 为五组盘管漏点位置。

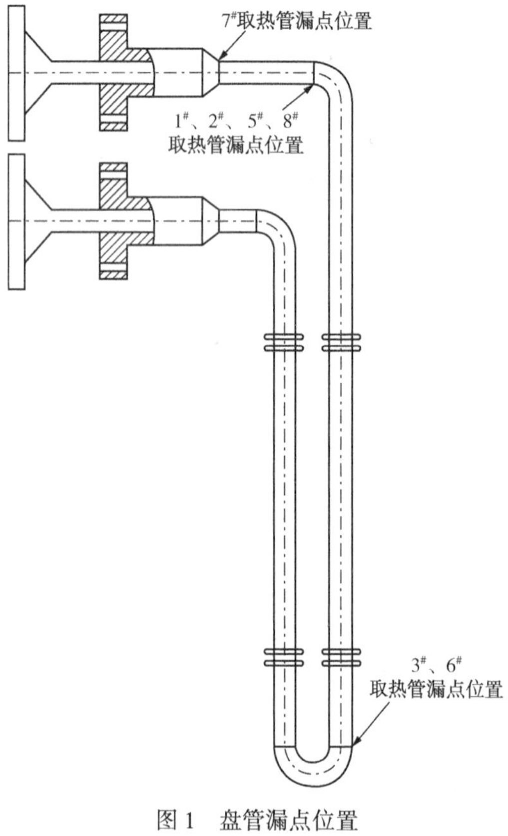

图 1　盘管漏点位置

1#、2#、5#、7#、8#取热管漏点位于取热管出口上弯头处，其中 7#取热管漏点位于出口大小头变径处；3#、6#取热管漏点位于下方 U 形管外弯焊缝处。4#盘管不漏。由于 3#、6#取热管漏点位置位于盘管底部 180°弯头处，施工难度较大本次消缺暂不处理，取热管出入口堵盲板停用；1#、2#、5#、7#、8#盘管漏点进行补焊消漏。

1.2　原因分析

根据现场情况进行分析，取热盘管发生泄漏的部位有四处在弯管的焊缝处，并且存在大量结块的硅酸锌与硫酸锌固体。在剥除焊缝处的硅酸锌颗粒后，可以看到肉眼可见的裂缝。检测发现，所有发现裂纹的盘管的泄漏部位均位于焊接的熔合线。

从盘管泄漏的部位以及特征进行分析，盘管的失效是以下三种原因导致：一是施工人员在焊接时存在质量问题进而导致盘管在使用过程中焊缝产生裂纹。二是在焊接工作结束后，热处理工艺存在疏漏，导致盘管焊缝处仍有残余应力，进而产生裂纹。三是笔者认为某石化企业 S Zorb 装置原料为催化裂化装置汽油和罐区汽油，原料硫含量为 100～350μg/g，硫含量分布范围较广。当原料硫含量低于 250μg/g 时，吸附剂在反应器中脱硫后载硫量较低，待生的吸附剂在再生器中发生的氧化反应较少，放热量有限，因此取热介质除氧水用量较小且间断流动，增加盘管局部受热而烧穿的风险。当上游装置生产调整原料汽油硫含量较高为250～350μg/g时，待生的吸附剂氧化反应放出的热量较多，需投用多根取热盘管进行取热。由于原料硫含量波动，再生器内产生的热量变化较大，为了保持再生吸附剂的活性，需将再生器温度维持在520℃±10℃，因此需要频繁调整取热水量控制温度，造成了盘管水击现象严重，盘管与套管之间的环向焊缝处受应力易产生裂纹而泄漏。

1.3 修复方案

有两种方案可以解决再生器中的取热盘管泄漏问题：一是整体更换再生器筒体和取热盘管；二是只修复再生器内取热盘管，焊接取热盘管的泄漏处。

1.3.1 再生器下部筒体与取热盘管及其附属配件的整体更换

该方案可以省略本体切割焊接后存在的一系列繁琐工序，如整体焊接后24小时热处理、热处理后的无损检测和水压试验。但该方案工期较长、成本高，现场组装与施工困难，并不适合在设备短时间维护期间更换。由于时间检修紧迫，某石化企业S Zorb装置内取热盘管的修复是采取第二种方法。

1.3.2 再生器的内取热盘管修复

焊接取热盘管的泄漏处方案工作时间较短并且耗费成本较低，但是此方案的缺点是再生器内部焊接空间有限，施工难度较大。并且将取热盘管焊接修复完成后，需要对焊接部分进行焊后热处理、无损检测及水压试验。施工过程为：

① 焊工从再生器下部人孔进入，对泄漏的内取热盘管进行焊接修复，焊后进行热处理。

② 热处理完成后，首先对焊接部位进行渗透检测，之后对盘管进行水压试验。

1.4 焊接修复

取热盘管材质为1.25Cr0.5Mo-Si合金材质，焊条使用镍基焊条。在焊接之前对盘管泄漏点表面进行打磨，直至肉眼看不到缺陷后再进行着色检查，确保盘管原有缺陷彻底清除掉。焊接时盘管表面预热温度≥150℃，控制焊接电流70～100A、焊接电压22～24V，避免焊接时管线局部过热而烧透。为保证焊接质量及焊缝均匀，控制焊接速度为10～16cm/min。焊后为避免冷却速度过快导致焊缝开裂，用50mm厚硅酸铝棉毯覆盖在焊接部位表面冷却至常温。冷却后对焊接部位进行100%渗透检查，达到I级合格标准。

盘管漏点补焊后，再次将盘管打压至2MPa并保压2h。1#、2#、7#、8#盘管不漏，5#盘管漏点转移至器壁和料腿夹缝处，空间狭小无法施工，决定出入口加盲板切出系统。

1.5 小结

本节介绍了取热盘管发生泄漏的几种原因及施工方案。在面对具体问题时，还需要进行研究和讨论，要考虑施工过程中遇到的各种影响因素及突发情况，才能科学合理地完成再生器取热盘管的修复。

2 再生器内取热系统的技术改造

2.1 再生器内取热系统简介

为了维持吸附剂的活性，装置可以持续脱硫，S Zorb装置配备了吸附剂连续再生系统。再生器内的操作温度控制在540℃以下，工作压力控制在0.15MPa左右。为了维持床层温度，采用了抵消吸附剂再生期间释放的热量的取热水循环系统。

2.2 再生器内取热系统主要问题

某石化企业S Zorb装置再生器盘管介质为除氧水，在取热水系统运行过程中，除氧水可能会部分偏流或断流，增加了盘管烧穿的概率，容易导致内漏的发生。水进入再生系统，加快了吸附剂生成硅酸锌与硫酸锌的速率，增加了吸附剂的损耗，也容易造成再生滑阀的堵塞。

2.3 技术改造

为了降低吸附剂的消耗，现将再生器R-102四根取热盘管介质由比热容较大的除氧水[4200J/(kg·℃)]改为比热容相对较小的氮气[1.038J/(kg·℃)]，取热后氮气接至高处消音器放空；四根取热盘管介质由除氧水改为蒸汽[2100J/(kg·℃)]，取热后蒸汽接至稳定塔塔底重沸器热源蒸汽线上。

根据现场不同情况需要，两种取热介质分开投用，投用时用盲板隔离。

2.4 工艺设计内容

根据设计委托，某石化企业 S Zorb 装置再生器 R-102 共八根取热盘管，其中四根取热介质改为氮气，氮气就近从反应框架西侧管接至再生器 R-102 西侧 XV-3446、XV-3447 阀后，接头处设置双阀、盲板和导凝，取热后氮气接至反应框架顶层新增的消音器 XY-2601 放空，消音器低点排凝接至框架地面排水沟。另外四根取热介质改为蒸汽，蒸汽自管廊蒸汽总管接至再生器 R-102 东侧 XV-3444、XV-3445 阀后，接头处设置双阀、盲板和导凝，取热后蒸汽接至稳定塔塔底重沸器热源蒸汽线管，接头处设置切断阀、止回阀和导凝。

2.5 存在问题及建议

再生器 R-102 取热介质由热水改造为氮气和蒸汽后，理论计算取热量无法达到原热水设计值。故实际操作中可逐步切换取热介质，试验取热效果。当装置原料硫上升或处理量增加时，若取热效果较差，可将取热盘管取热介质由氮气更改为除氧水。

D123 顶 0.35MPa 蒸汽无用户，直接接至高处放空。因热量未被利用，可以减少再生器的保温等级来减少取热水的用量，在极端条件下，为维持生产，在做好防护的前提下，可以去除保温。

3 总结

本文描述了某石化企业 S Zorb 装置的再生器取热盘管泄漏的异常状况及产生原因，并对取热盘管的维修方案进行了详细介绍，得到以下结论：

① 为避免盘管干烧，可通过氮气保护的方式来保护盘管，可以减少再生器的保温等级来减少取热水的用量。在取热盘管无法投用的情况下，在做好防护的前提下，可以去除保温。

② 在大修期间通过再生器下部筒体与取热盘管及其附属配件的整体更换来彻底解决缺陷。

③ 在抢修期间由于再生器内部焊接空间有限，施工难度较大，对施工人员身材有要求，需选择身材娇小的焊工来操作。同时焊接难度也较高，施工前需要做好焊接方案。

④ 正常生产过程中，可以采取大水汽比(10：14)，通过调节再生器料位来控制取热量，避免水汽比变化频繁，导致水击，延长取热盘管的使用寿命。

参考文献

[1] 王可悦 . S Zorb 再生器内取热盘管修复更换及故障分析[J]. 中国战略新兴产业，2019(34)：161.

[2] 杨惠谷，董济明，许留关 . 催化裂化装置再生器取热盘管焊接材料的选用[J]. 化工装备技术，2004(1)：45-46.

[3] 张礼敬，巩建鸣，涂善东，等 . 再生器内取热盘管失效原因分析[J]. 炼油设计，1999(1)：27-29.

[4] 丁丁 . 催化再生器内取热盘管破裂原因及对策[J]. 石油化工安全技术，1996(2)：24-25.

[5] 葛世功 . 内取热盘管的制造与安装[J]. 石油化工设备，1989(3)：43-44.

[6] 史耀武，党耀星，樊培丽 . 再生器中奥氏体不锈钢取热盘管失效原因分析[J]. 中国腐蚀与防护学报，1988(3)：258-266.

[7] 齐凯 . 再生器内取热盘管的使用寿命问题[J]. 石油化工设备，1988(6)：30-32.

[8] 陈锦祥，杨宝康，涂仁强 . 再生器水平内取热盘管在工业应用中若干问题的探讨[J]. 燕山油化，1987(1)：34-38，30.

[9] 陈锦祥，杨宝康，涂仁强 . 再生器水平式内取热盘管在工业应用中若干问题的探讨[J]. 石油炼制与化工，1987(5)：1-5.

[10] 赖周平 . 催化裂化装置内取热器的设计[J]. 石油炼制与化工，1987(5)：6-13.

S Zorb 装置运行问题分析及优化

张 胜

（中国石化金陵石化公司 江苏南京 210033）

摘 要 通过对某石化企业S Zorb装置运行过程中出现的反应器过滤器差压上升、再生器取热盘管内漏、再生器下料不畅、闭锁料斗故障等问题进行分析，分别提出相应的应对措施及改进建议，有助于推动S Zorb装置的长周期稳定运行，为同类装置的运行管理提供指导意义。

关键词 S Zorb装置；反应器过滤器；再生器取热盘管；闭锁料斗

1 前言

催化汽油吸附脱硫（S Zorb）技术主要基于吸附作用原理对原料汽油进行脱硫，通过专用吸附剂选择性地吸附汽油中的硫原子而达到脱硫目的[1]，然后通过对吸附剂再生，使S变为SO_2进入再生烟气，烟气再去硫黄或碱洗单元处理。

在整个吸附脱硫过程中，吸附剂中的镍及氧化锌在脱硫过程中先后发挥作用，氧化锌与硫原子的结合能力大于镍，因此，镍将汽油中的硫原子"拽"出来后生成硫化镍，硫化镍在氢气作用下被还原成镍以及硫化氢，自由的镍原子再从汽油中吸附出其他硫原子，在足够氧化锌存在情况下，硫化氢迅速与氧化锌发生反应，生成硫化锌，从而避免了硫化氢的存在而达到完全脱硫的效果。

某石化企业于2012年建成投产了1.50Mt/a的S Zorb装置，为了进一步提高清洁汽油的产能，该炼油厂于2014年将装置产能扩大至3.00Mt/a。然而，在S Zorb装置经过多年的运行后，陆续出现了一系列问题，严重影响了装置的长周期安全运行。

2 S Zorb装置流程

原料汽油与循环氢混合后与反应产物换热，再经加热炉进一步加热后从反应器底部进入反应器，与反应器内吸附剂发生脱硫反应，反应产物从反应器顶部离开反应器与原料换热后依次经过热、冷产物气液分离罐后液相进入稳定塔，经过稳定塔处理后，塔底精制汽油出装置。为了保持较高的脱硫活性，反应器内吸附了硫的待生吸附剂经过闭锁料斗转运至再生系统，待生吸附剂与再生空气在再生器内进行氧化反应再生，再生后的吸附剂经闭锁料斗返回反应系统继续进行脱硫反应。装置流程示意图如图1所示。

3 S Zorb装置运行过程中的问题及对策

3.1 反应器过滤器差压升高

3.1.1 问题现象

S Zorb装置的反应器内部处于气、固两相流化床状态，其顶部装有高精度的反应器过滤器（ME101）。ME101的滤芯由126根高精度金属烧结粉末滤芯组成，主要用于分离反应后的含吸附剂颗粒的油气。经过滤芯过滤后，油气从反应器顶部流出，而携带的吸附剂颗粒则被过滤下来并附着在滤芯表面。随着滤芯表面附着的吸附剂颗粒的增加，过滤器前后差压不断上升。ME101设有自动反吹系统，当差压达成或时间到达设定值后，反吹系统将进行自动反吹。反吹系统对ME101的六个分区逐一进行高压脉冲式反吹，反吹后部分吸附剂颗粒脱离滤芯表面，从而ME101差压得以降低。随着装置运行周期的延长，ME101滤芯表面的永久滤饼厚度不断增加，从而导致ME101的差压不断上升，当

ME101 的差压上升至接近联锁值时，装置需停工进行更换，以确保装置的安全稳定运行。

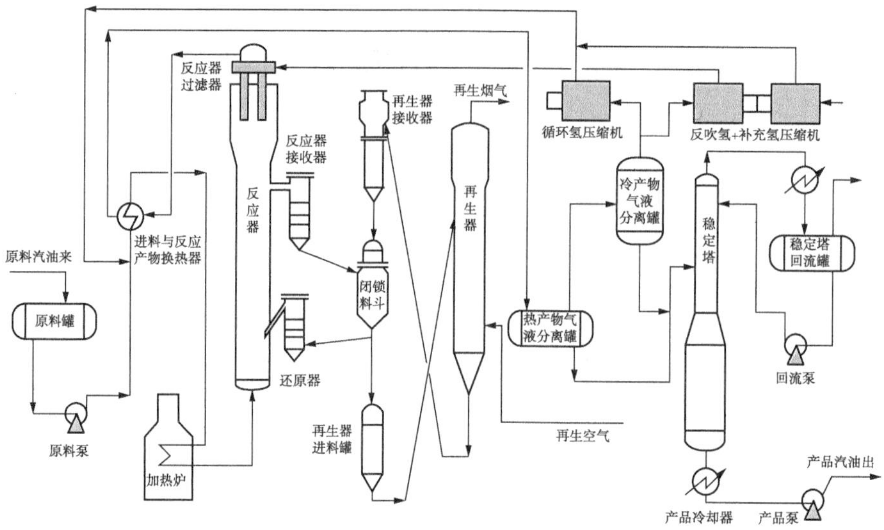

图 1　S Zorb 装置流程示意图

3.1.2　ME101 差压升高的危害

当 ME101 的差压上升至一定程度后，可能会对装置产生以下不利影响：

① 随着 ME101 差压的升高，反应系统总压降增加，这会导致循环氢压缩机的出入口压缩比增加，从而使循环氢压缩机存在超电流风险。

② 随着 ME101 差压的升高，反吹频次会逐步提升。由于反吹系统采用的是高压(反吹压力为反应系统压力 2.2 倍)脉冲式反吹，随着反吹频次的增加，反应器顶部法兰可能会出现泄漏，同时也会增加滤芯断裂的风险。

③ 如果 ME101 的差压过高，可能会损坏过滤器滤芯，并在滤芯根部与管板连接处出现裂纹。一旦出现这种情况，反应器内的吸附剂会随着反应产物进入后续的设备和容器，尤其是吸附剂进入原料/反应产物换热器后，会导致换热器壳程压差增加、换热效果变差。

3.1.3　ME101 差压影响因素及改进措施

影响 S Zorb 装置 ME101 压差控制的主要因素有：永久滤饼的建立、反应进料量的控制、反应器操作参数、吸附剂细粉含量及反吹系统运行等。

① 永久滤饼的建立：

在 S Zorb 装置的 ME101 运行初期，首先需要建立永久滤饼，其建立的质量对 ME101 的长周期运行有重要影响。因此，在建立永久滤饼的过程中，必须严格遵循过滤器厂家的指导意见进行操作。当永久滤饼建立完成时，需要设定反吹间隔时间以及反吹脉冲时间等关键参数。

② 反应进料量的控制：

反应进料量的大小直接影响着滤芯的过滤负担，进料量过大可能会使滤芯过载，从而导致差压上升。图 2 为装置反应进料量波动与 ME101 差压变化情况。由图 2 可以看出：当反应进料量由正常控制的 190t/h 降低至 165t/h，之后再恢复到 190t/h 进料量时，在提量过程中，更容易导致过多的细粉颗粒被携带至反应器顶部，造成 ME101 差压出现“跳跃”式上涨过程，可见保持反应进料量相对稳定，对 ME101 的长周期稳定运行非常重要。

为了避免反应进料量大幅波动导致 ME101 差压异常上升，操作上要平稳控制反应进料量。如果原料量出现大幅波动，可以采取将部分产品汽油返回原料罐的方式，以保持反应进料量的稳定。

③ 反应器操作参数：

S Zorb 装置反应器内吸附剂呈流化态，油气离开吸附剂床层时会携带部分吸附剂颗粒离开床层。其中终端速度大于床层表观气速的颗粒经过一定的分离高度后会陆续返回床层，随着远离床层距离的增加，固体颗粒浓度逐步下降，当达到一定距离后，固体颗粒浓度将不再下降，此时的高度与床层的最小距离即为输送分离高度(*TDH*)[2]，如图3所示。在*TDH*以上的空间，吸附剂颗粒浓度不再降低，而床层表面至TDH之间的空间被称为自由沉降空间。

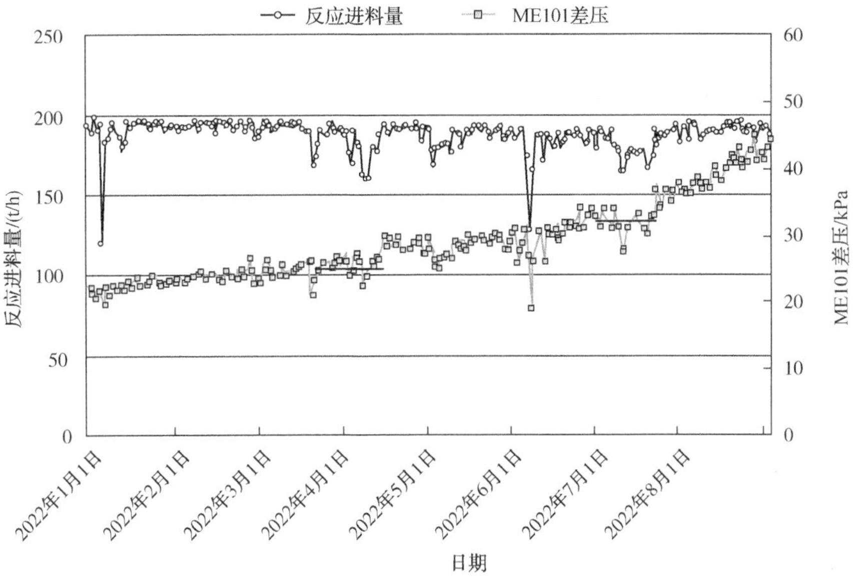

图2　反应进料量波动与ME101差压变化情况

在正常操作过程中，为了降低反应器顶部颗粒浓度，需要控制好反应器内吸附剂床层料位高度，确保尽量多的吸附剂颗粒在抵达ME101之前能够实现自由沉降。否则，大量的吸附剂颗粒即将进入ME101，导致差压升高。因此，在日常操作过程中，需要注意以下调整措施：

a. 降低反应器内吸附剂藏量。在确保反应器接收器横管正常收料及正常脱硫率的情况下，按照通过控制反应器接收器底、顶差压在20~40kPa的原则，将反应器内的吸附剂藏量由34t降低至24~26t。通过降低吸附剂藏量，可以相应地降低反应器内吸附剂床层高度，增加了吸附剂床层至反应器顶部的高度。这样有助于确保更多的吸附剂颗粒能够自由沉降下来。

b. 降低反应线速。反应线速的大小会直接影响到*TDH*。因此，通过调整反应系统压力与进料量的匹配关系，将反应线速由0.40m/s降低0.37m/s来降低*TDH*，从而确保更多的吸附剂颗粒能够自由沉降下来。

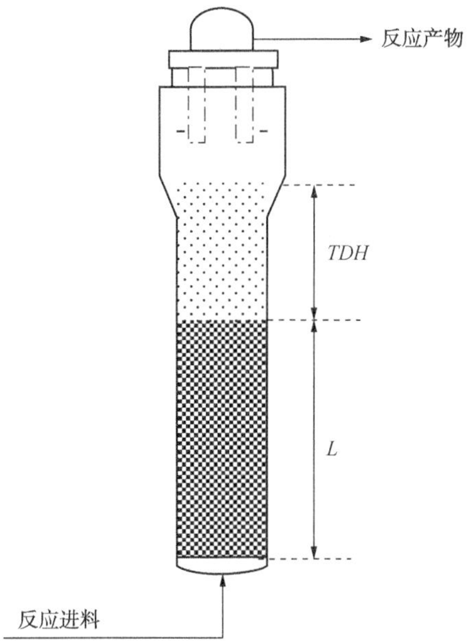

图3　反应器物料分布示意

④ 吸附剂细粉含量：

由于吸附剂细粉含量较高时会增加ME101的负荷，导致ME101差压上升。因此，在吸附剂的使用过程中，除了关注吸附剂活性等性能指标外，也要关注吸附剂的筛分情况。正常情况下，吸附剂的平均粒径应控制在60~80μm。当细粉含量有明显上升时，可以通过调整再生器操作的方法，增加细粉的外排。同时，需排查细粉产生原因，并采取针对性的调整措施。

⑤ 反吹系统运行：

在ME101的运行过程中，反吹系统各参数设定情况以及反吹阀的运行情况对ME101的长周期运行具有重要的影响。设定反吹参数时应注意：a. 通过控制反吹前后差压变化在2~3kPa来设定反吹等待周期；b. 反吹氢压力按照反应压力的2.0~2.2倍设定；c. 当差压升高时，应及时调整反吹差压设定值，以避免系统频繁启动快速反吹造成系统紊乱。

此外，还需要关注反吹阀运行情况。对于开启或关闭不及时的阀门，可以进行风压调节或更换，以确保该区域的反吹效果。

3.1.4 效果

通过对影响 ME101 运行周期的各个因素进行深入分析，并针对性地采取措施，取得了显著的效果。2020 年 4 月措施实施后，ME101 的运行周期得到了明显的延长(见表 1)。

表 1　S Zorb 装置 ME101 运行周期统计

开始时间	结束时间	周期/月
2014 年 9 月	2017 年 5 月	33
2017 年 6 月	2020 年 3 月	33
2020 年 3 月	2023 年 4 月	37

3.2 再生取热盘管内漏

3.2.1 问题现象

S Zorb 装置能够保持较高的脱硫率，主要得益于其采用的吸附-再生工艺。在反应器内，汽油组分里的硫被吸附到含硫的待生吸附剂上。随后，待生吸附剂经过闭锁料斗被送至再生单元。在再生器内，含硫及部分积炭的待生吸附剂与空气中的氧在 500~530℃ 的条件下进行氧化反应。在此过程中，待生吸附剂上的硫、碳被部分烧掉，变成硫、碳含量相对较低的再生吸附剂，并经闭锁料斗运至反应单元，继续进行吸附脱硫反应。在再生器内，待生吸附剂进行氧化反应过程中会放出大量的热。为了维持再生器的温度正常，再生器内部设置了取热盘管，用来取出待生吸附剂再生过程中释放的热量。

2021 年 5 月，在再生器正常操作时，突然出现再生烟气过滤器 ME103 差压大幅度升高并在短时间内满量程的情况。经过分析排查，最终发现 4#取热盘管内漏，并立即并将其切出。

3.2.2 原因分析

在装置运行过程中，由于再生取热水流量控制阀的选型较大，导致在再生取热所需水量较小时，调节不稳定，取热水会大幅度波动，进而导致取热盘管发生水击现象。在这种情况下，盘管与套管之间的环向焊缝在应力作用下容易产生裂纹并导致泄漏。此外，由于再生器属于流化床，吸附剂在再生器内不断流化、返混会对取热盘管造成摩擦冲刷作用。这种持续的摩擦冲刷可能会导致取热盘管连接处出现裂缝并导致泄漏。

3.2.3 改进措施及效果

在再生器取热盘管发生内漏后，必须立即将其切出，否则取热水会漏至再生器内，导致吸附剂大量生成硫酸锌与硅酸锌，最终导致吸附剂失活。为了防止取热水的大幅波动而产生水击现象，操作人员优化了再生温度控制方案，将原先通过调整取热水流量改为通过调整再生料位高度来实现对取热量的调控，从而杜绝取热水量的大幅度调整。

2022 年 1 月通过上述措施的实施，S Zorb 装置运行至今未再出现再生器取热盘管内漏问题。

3.3 再生器底部下料不畅

3.3.1 问题现象

2021 年 10 月 20 日 10：28，装置内操盯表发现再生器接收器 D110 料位长时间未上升，再生器料位持续升高，再生转剂线压差 PDI2607 波动范围偏低，再生滑阀压差 PDI2606 数值明显偏高。内操调整后再生转剂线运行状况未见好转，外操至现场反吹再生下料线，发现吹扫不通畅，判断为再生滑阀 HV2634 堵塞。

3.3.2 原因分析

通过拆解再生器底部下料管线，发现再生滑阀前堵有黄绿色结块，导致下料不畅。经检查和分析，发现该结块物质的主要成分为硫酸锌[3]。在再生器内，如果氧含量控制较高，氧化锌、二氧化硫与氧会反应生成硫酸锌。而如果再生器内有水存在的情况下，会导致硫酸锌聚集成块，最终堵塞下料管线。

3.3.3　改进措施及效果

为了避免再生器底部下料不畅，保证吸附剂正常循环，主要采取以下措施：

① 为了抑制硫酸锌的生成，再生器采用贫氧再生的原则进行操作，严格控制再生烟气氧含量不大于0.5%(体)；

② 为了降低再生器内的水含量，装置再生风由非净化风改为净化风，同时通过严格监控空气干燥系统的正常运行，将再生风的露点温度降至≤-70℃；

③ 将再生器下料流程由再生器底部下料改为侧线下料。

然而，即使采取了上述措施，侧线下料仍然经常出现下料不畅的现象。拆开管线后并没有发现结块。经过深入分析和排查，发现主要是因为在侧线下剂管线上并没有补气点。吸附剂细小颗粒在管线流动过程中，会产生静电吸附而产生挂壁现象。为了解决这一问题，操作人员在下剂管线上增加了补气点，从而使吸附剂在管线中的流动达到充气流动状态。通过这种方式，吸附剂颗粒被气膜包裹，从而防止了接触摩擦而产生的静电吸附。2022年1月经过这一改进后，再生器底部下料不畅问题得到了彻底解决。

3.4　闭锁料斗故障

S Zorb装置闭锁料斗的主要作用是实现吸附剂在反应系统与再生系统之间的循环。具体来说，它可以将反应系统的待生吸附剂经过泄压和吹扫处理后，输送至再生单元进行再生。同时它也可以将再生单元的再生吸附剂经过吹扫和升压处理后，输送至反应单元进行反应。如果闭锁料斗无法正常运行，会导致吸附剂无法正常循环，从而影响最终产品的质量。

3.4.1　程控阀故障

闭锁料斗在正常情况下是由31个程控阀的程序控制自动运行。程控阀的故障主要表现在两方面：首先，由于回讯器故障或阀门卡涩，程控阀的开关操作会延时。其次，程控阀可能会发生内漏。

针对上述问题，可以采取以下应对措施：

① 适当增加设计吸附剂管线程控阀间开关延迟时间，改善程控阀工作环境。

② 加强相关程控阀部件的备件，以备出现相关部件损坏时能够及时进行更换。

通过采取这些措施，可以有效地提高程控阀的可靠性和稳定性，从而保障闭锁料斗的正常运行，为S Zorb装置的稳定运行提供有力支持。

3.4.2　过滤器ME102泄漏

闭锁料斗在进行吸附剂循环过程中，为了防止吸附剂的跑损，在闭锁料斗顶部设有过滤器ME102。然而，由于吸附剂的冲刷和磨损，滤芯与管板之间的丝扣连接可能会出现松动，导致吸附剂泄漏。一旦ME102发生泄漏，大量吸附剂跑损不仅会造成吸附剂的损耗，还会堵塞闭锁料斗后续的瓦斯管线，严重影响装置的正常生产。

针对这一问题，可以采取以下应对措施：

① 强化ME102滤芯的固定强度。在原有的丝扣连接基础上，对连接处进行点焊加固，以避免吸附剂流化蠕动时导致滤芯连接松动而造成吸附剂泄漏的情况。

② 规范操作方法。控制好闭锁料斗在收料时的差压，避免出现差压过大而对滤芯造成冲击。同时，还应控制闭锁料斗的装填料位不超过75%。

通过采取这些措施，可以有效地防止ME102滤芯连接处的松动，减少吸附剂的泄漏，并避免堵塞后续的瓦斯管线，确保装置的正常生产。

4　结语

总结了S Zorb装置在运行过程中先后出现了反应器过滤器差压上升、再生取热盘管内漏、再生器下料不畅以及闭锁料斗故障等问题。从永久滤饼的建立、反应进料量控制、操作参数、吸附剂细粉以及反吹系统运行等方面进行优化，延长了反应器过滤器运行周期；通过调整再生温度控制方案，避免再生水击从而保证再生取热盘管正常运行；从再生器氧含量、再生风露点温度控制方面进行优化，减少再生吸附结块，同时对再生下料流程进行优化改造，从而解决了再生器下料不畅的问题；通过规范闭锁料斗操作、强化 ME102 滤芯固定等措施，解决了 ME102 漏吸附剂的情况，确保装置的正常生产。

参考文献

[1] 徐相伟，张伟，崔永刚，等 . S Zorb 装置长周期优化运行分析及问题处理[J]. 炼油技术与工程，2020，50(4)：15-19.

[2] 谢裕生，秦霁光，李琪，等 . 流化床输送分离高度的新关联[J]. 化工学报，1988(1)：11-19.

[3] 郭晓亮 . S Zorb 装置长周期运行影响因素及对策[J]. 炼制技术与工程，2013，43(1)：5-9.

二、工艺技术与优化

原料中铁对重油催化裂化装置增产丙烯的影响分析

郭 伟 李 宁

(中国石化海南炼化公司 海南洋浦 578101)

摘 要 随着原料重质化、劣质化，尤其是重金属Fe含量增高达12.25mg/kg，中国石化海南炼化公司重油催化裂化装置在高铁污染环境下增产液化气、丙烯的三个阶段，第一阶段为空白标定阶段，第二阶段在采用CMT催化剂体系相同操作条件下，通过提升管不同位置回炼汽油，液化气中丙烯浓度约增加1.0%(体)。第三阶段在相同回炼汽油量的情况下，通过改变操作条件、控制催化剂活性对比增产液化气、丙烯效果，液化气中丙烯浓度增加3~4%(体)，最终得到回炼粗汽油且进入提升管靠下的喷嘴，结合增加装置剂油比，丙烯收率可达8%(质)以上，达到降油增化目的。

关键词 催化裂化；粗汽油；回炼；丙烯；铁污染

1 前言

受新冠肺炎疫情影响，国内乃至世界成品油消费大幅下滑，炼油企业汽、煤、柴油出厂困难，库存大幅上涨，医用聚丙烯材料价格飙升，中国丙烯行业已连续多年产量、当量消费全球第一[1]。为了进一步贴近市场，降低对效益的影响，调结构增产丙烯尤为重要。

中国石化海南炼化公司(简称海南炼化)重油催化裂化装置(280万t/a)采用串联变径提升管的多产低烯烃汽油、异构烷烃和丙烯的MIP工艺，该工艺通过设置第二反应区，通过床层反应、催化剂中的Y形分子筛及略低的反应温度强化氢转移反应；将一次反应汽油产物中所含烯烃分别走氢转移和裂化成低碳烯烃的两条路线，实现降汽油烯烃并增产丙烯的效果。

由于新型总流程中没有规划焦化装置，重质原料中的Fe大概率会进入到催化原料中，导致催化剂可接近性下降，重油裂解能力下降，影响活性及选择性，从而影响汽油、液化气收率。海南炼化催化裂化装置针对原料中Fe含量高，选用了具抗Fe功能的催化剂，采用高活性稳定性的分子筛，并增加非稀土性金属捕集组元[2]，进而增强催化剂活性。在置换为抗Fe专用剂后产品分布得到改善，汽油收率上升，LCO及油浆产率降低；但液化气中丙烯浓度下降，与增产丙烯的预期存在偏差。之后在CMT催化剂体系下，通过回炼适量汽油，实现了既兼顾反应深度，又增产丙烯的目标。

本文以海南炼化试用CMT催化剂前后的三个阶段为例，第一阶段为空白标定，第二阶段在采用CMT催化剂体系下，维持相同的反应条件，通过提升管不同位置回炼汽油，对比增产液化气、丙烯效果。第三阶段在相同回炼汽油量的情况下，通过改变操作条件、控制催化剂活性对比增产液化气、丙烯效果。确定了最佳回炼汽油位置和最佳反应条件，在高铁环境下实现了提升转化率、增产丙烯、降油增化的多重目标。

2 原料高铁环境下对装置的影响

2.1 原料及催化剂

对比饱和烃、芳烃、胶质、沥青质、重金属含量等参数，见表1，原料中重金属铁含量均较高，最高达12.25mg/kg，铁以亚铁状态存在于催化剂表面上，低熔点相的形成使催化剂中的氧化硅易于流动，从而堵塞和封闭催化剂孔道，使催化剂表面形成一层壳，降低催化剂的可接近性，从而降低了渣油裂化能力。铁污染严重时造成的转化率损失可达10%[3]。饱和烃含量均偏低，最低达38.95%，原料性质偏差，重金属含量Fe含量偏高，增产丙烯过程中影响反应活性进一步影响产品分布。

表 1 原料性质对比

项　目	平均值	项　目	平均值
w(残炭)/%	5.15	w(四组分)/%	
		饱和烃	38.95
w(硫)/%	0.42	芳烃	47.98
		胶质+沥青质	13.07
w(氮)/(μg/g)	2432	w(金属)/(mg/kg)	
密度(20℃)/(kg/m^3)	927.52	铁含量	12.25
		镍含量	9.35
350℃馏出量/%	1.57	钒含量	5.05
500℃馏出量/%	38.49	镍+钒	14.4

三个阶段平衡剂上铁含量平均达9252μg/g，铁中毒对于海南炼化催化裂化装置影响为催化剂堆比降低，流化性能改变，导致一、二再间催化剂下料不畅，二再进一再催化剂量增加，二再风量逐渐降低；催化剂可接近性下降，表现为转化率下降，重油收率上升，干气收率上升，氢利用率下降，影响剂油比，导致产品分布变差。

2.2 抗铁型催化剂应用

如表2所示，CMT-1HN催化剂较专用催化剂比表面积增加17m^2/g、初始活性增加1个单位，有利于重油转化提高选择性；平均粒径增加5.3μm，提高孔体积0.1mg/L，优化孔分布增加大孔。因此，采用CMT-1HN催化剂有利于提高催化剂抗金属污染能力。

表 2 催化剂性能对比

项　目	专用剂	CMT-1HN	项　目	专用剂	CMT-1HN
堆比/(g/mL)	0.77	0.74	筛分组成/%(质)		
			0~20μm	1.6	0.4
总比表面积/(m^2/g)	281	298	0~40μm	14.9	11.3
孔体积/(mg/L)	0.32	0.42	0~80μm		
微反活性指数(800℃，4h)	75	76	0~149μm	93.5	90.5
Na_2O 含量/%(质)	0.13	0.13	平均粒径/μm	72.1	77.8
			磨损指数/(%/h)	0.59	1.7
Al_2O_3 含量/%(质)	50.6	51.1	灼烧减量/%(质)	12.2	12.1

如表3所示，根据细物料平衡，在高铁环境下专用剂与CMT-1HN标定期间，应用CMT-1HN催化剂后产品分布较好，该剂具有干气收率低、汽油产率高、生焦少，重油裂化能力强的优点。

表 3 标定期间产品分布

项　目	专用剂	CMT-1HN	项　目	专用剂	CMT-1HN
氢气/%(质)	0.21	0.1	反丁烯/%(质)	1.69	1.63
甲烷/%(质)	1.17	0.89	顺丁烯/%(质)	1.24	1.12
乙烷/%(质)	1.15	0.8	C_5~221℃馏分/%(质)	40.62	44.68
乙烯/%(质)	1.09	0.75	硫化氢/%(质)	0.2	0.09
丙烷/%(质)	2.02	2.11	221~360℃馏分/%(质)	16.98	16.24
丙烯/%(质)	7.22	6.83	360+/%(质)	6.38	5.48
异丁烷/%(质)	6.2	5.75	焦炭/%(质)	8.68	8.91
正丁烷/%(质)	1.38	1.34	损失/%(质)	0.06	0.04
正丁烯/%(质)	1.46	1.63	合计/%(质)	100	100
异丁烯/%(质)	2.24	1.6	转化率/%	76.57	78.24

3 高铁环境增产液化气、丙烯措施

3.1 回炼汽油

3.1.1 回炼汽油增产液化气、丙烯基本原理

催化裂化汽油特点为烯烃主要集中在轻馏分中，而芳烃主要集中在重馏分中[4]。因此粗汽油中的 $C_5 \sim C_8$ 烯烃可进一步裂化为小分子烯烃，是液化气、丙烯增产的关键。根据 MIP 工艺的特点，第一反应区强化裂化反应，参与裂化反应的时间越长，越有利于丙烯前身物的形成。

海南炼化重油催化裂化装置提升管一反段设置喷嘴共分四层，自下而上依次是原料油喷嘴、回炼油(油浆)喷嘴、启动蒸汽喷嘴、急冷水(油)喷嘴。本次粗汽油回炼工业实践分为回炼油/油浆喷嘴、急冷水/油喷嘴进行。

3.1.2 原料性质对比

如表 4 所示，原料重金属偏高，尤其是重金属 Fe 含量均超过 12mg/kg，重金属 Ni+V 超过设计值 15mg/kg，饱和烃越高，裂化性能越好，负离子反应越容易发生[5]，而饱和烃含量低于设计值 61%，原料性质整体偏差。

表 4 原料性质对比

项　　目	回炼前	进回炼油喷嘴	进急冷油喷嘴
w(残炭)/%	5.12	5.21	5.08
w(硫)/%	0.46	0.45	0.42
w(氮)/(μg/g)	2535	2742	2616
密度(20℃)/(kg/m³)	928.17	929.3	926.67
w(四组分)/%			
饱和烃	38.22	37.34	39.34
芳烃	48.72	49.46	46.36
胶质+沥青质	13.08	13.21	14.32
w(金属)/(mg/kg)			
铁含量	12.46	12.05	14.05
镍含量	9.56	10.44	8.39
钒含量	5.14	5.32	4.92
镍+钒	14.69	15.76	14.31

3.1.3 催化剂性能对比

三种工况下，催化裂化新鲜催化剂均使用 CMT-1HN 抗重金属污染催化剂。如表 5 所示，平衡剂上铁含量均高，最高达 9094μg/g；平衡剂上镍含量均高，最高达 8216μg/g。催化剂单耗均维持在 1.16kg/t，平衡剂活性维持在 58~59。在控制催化剂单耗，降低重金属污染影响的情况下，保证催化剂活性，从而确保高铁环境下的单程转化率，进一步通过回炼粗汽油，达到多产低碳烯烃的目的。

表 5 平衡剂对比

项　　目	回炼前	进回炼油喷嘴	进急冷油喷嘴
平衡剂定碳/%	0.07	0.07	0.06
w(金属)/(μg/g)			
铁含量	9094	8692	9155
镍含量	8216	6583	6043
钠含量	1036	1846	1594
钒含量	5160	5833	5218

续表

项　　目	回炼前	进回炼油喷嘴	进急冷油喷嘴
钙含量	1207	1462	1534
微反活性指数	59	58	58
催化剂单耗/(kg/t)	1.16	1.06	1.05

3.1.4　操作参数对比

如表6所示，回炼前新鲜进料量为379.5t/h，其余两种工况，新鲜进料量与回炼量总和均在375t/h以上，可认为进入提升管的物料量基本一致。因在原料高铁环境下，平衡剂堆比降低，流化性能改变，导致一、二再催化剂下料不畅，从而导致二再风量进一步减少约500Nm^3/min。在保证催化剂置换情况下，二再风量并未明显变化，总主风流量进回炼油喷嘴比回炼前高134.4Nm^3/min，进急冷油喷嘴比回炼前高126.6Nm^3/min。主要因为反应温度提高，导致生焦量增加，烧焦负荷增加。

如表6所示，催化裂化反应温度控制为提升管出口温度，三种工况下，提升管出口温度均维持在508.5℃，而一反出口温度进回炼油喷嘴比回炼前高10.1℃，进急冷油喷嘴比回炼前高12.0℃。主要因为回炼粗汽油后，外取热发汽量增加，二再温度上升，均说明生焦量增加，根据热量平衡，再生器提供较高的温度更加有利于裂化反应进行，利于液化气组分的生成。

表6　操作参数对比

项　　目	回炼前	进回炼油喷嘴	进急冷油喷嘴
新鲜原料量/(t/h)	379.6	334.1	330.4
回炼粗汽油/(t/h)	0	45	45
总主风流量(Nm^3/min)	5012.1	5187.5	5179.7
二再主风流量/(Nm^3/min)	2014.5	2105.4	2052.3
一反出口/℃	527.5	539.6	541.5
提升管出口温度/℃	508.5	508.5	508.5
二再密相温度/℃	693.3	697.7	698.1
反应压力/MPa	0.249	0.246	0.246
再生器压力/MPa	0.266	0.273	0.269
外取热发汽量/(t/h)	161.2	164.3	167.2

3.1.5　产品分布对比

如表7所示，干气收率进回炼油喷嘴比回炼前高0.43%，进急冷油喷嘴比回炼前高0.47%；液化气收率进回炼油喷嘴比回炼前高1.83%，进急冷油喷嘴比回炼前高1.89%；汽油收率进回炼油喷嘴比回炼前低2.51%，进急冷油喷嘴比回炼前低2.45%；柴油收率进回炼油喷嘴比回炼前低0.18%，进急冷油喷嘴比回炼前低0.20%；油浆收率基本维持不变；生焦进回炼油喷嘴比回炼前高0.40%，进急冷油喷嘴比回炼前高0.51%；丙烯进回炼油喷嘴比回炼前高0.90%，进急冷油喷嘴比回炼前高0.82%。表明在原料重金属铁含量高的情况下，控制好催化剂活性，保证重油裂化能力，回炼粗汽油对提升管内汽油烯烃裂化为液化气、丙烯有促进作用，但会造成干气、生焦量的上升。

表7　产品分布对比　　%

项　　目	回炼前	进回炼油喷嘴	进急冷油喷嘴
干气	3.63	4.06	4.10
液化气	20.57	22.46	22.40
汽油	43.19	40.68	40.74
柴油	18.64	18.46	18.43
油浆	5.51	5.56	5.31

续表

项　目	回炼前	进回炼油喷嘴	进急冷油喷嘴
生焦	8.27	8.67	8.77
损失	0.19	0.17	0.18
丙烯	6.56	7.45	7.38

3.1.6　产品质量对比

如表8所示，液化气中丙烯含量进回炼油喷嘴比回炼前高0.90%，进急冷油喷嘴比回炼前高0.82%。回炼前后，液化气中异丁烷、正丁烷含量下降，液化气中正异丁烯含量上升。主要因为第一反应区裂化反应增强，第二反应区氢转移反应减弱。

表8　液化气组成对比

项　目	回炼前	进回炼油喷嘴	进急冷油喷嘴
C_2	0.02	0.02	0.01
丙烷	10.42	9.47	9.62
丙烯	40.52	42.89	42.50
异丁烷	18.93	17.96	18.17
正丁烷	4.26	3.79	4.06
正异丁烯	13.99	14.27	14.33
反丁烯	6.84	6.71	6.63
顺丁烯	4.94	4.81	4.61
C_5	0.08	0.14	0.12
硫化氢	0.08	0.07	0.07
总计	100	100	100

3.2　增加剂油比

3.2.1　调整操作条件

以正十二烷为模型化合物进行实验发现氢转移反应为放热反应，较低的反应温度会对氢转移反应有利，而且氢转移反应会将烯烃转化为烷烃、芳烃或者焦炭等其他产物[6]。相较于常规FCC，采取MIP工艺催化裂化增产液化气、丙烯，一方面应增加剂油比进一步增加裂化深度，提高液化气中烯烃的浓度，另一方面既要保证高铁污染环境下催化剂活性在合理区间，又要保证不会因活性过高导致干气、生焦大幅上升，且兼顾二反区氢转移反应。总的来说，在考虑铁中毒情况下，需保证高剂油比，适当降低催化剂活性，保证增产液化气、丙烯。如表9所示，在保证回炼量相等的情况下，预提升介质干气+蒸汽量由12.1t/h提高至14.5t/h，改善预提升段的流化效果，改善催化剂与原料的接触，改善剂油比；原料预热温度由206℃降至200℃，反应温度由504℃提高至508.5℃，增加催化剂循环量；将汽提蒸汽总量由10.5t/h提高至13.5t/h，以降低未汽化油，减少生焦降低二再温度，通过以上措施增加剂油比，增加装置反应苛刻度。同时根据装置工况在不影响重油转化率的基础上，新鲜剂加注量由14t/h降至10t/h，降低催化剂活性。

表9　操作参数对比

项　目	回炼前	进回炼油喷嘴	进急冷油喷嘴
新鲜原料量/(t/h)	375.5	330.1	330.4
回炼粗汽油/(t/h)	0	45	45
预提升干气流量/(t/h)	4.9	5.9	5.9
提升蒸汽总量/(t/h)	10.5	13.5	13.5
预提升蒸汽量/(t/h)	7.2	8.6	8.6

续表

项　　目	回炼前	进回炼油喷嘴	进急冷油喷嘴
原料预热温度/℃	206	200	200
提升管出口温度/℃	504	508. 5	508. 5
一再密相温度/℃	702. 3	701. 1	703. 9
二再密相温度/℃	696. 5	690. 7	690. 1
反应压力/MPa	0. 248	0. 246	0. 246
再生器压力/MPa	0. 268	0. 273	0. 269
外取热发气量/(t/h)	161. 2	164. 3	167. 2
新鲜剂加注量/(t/h)	14	10	10
催化剂循环量/(t/h)	2565. 2	2812. 3	2835. 6
剂油比	6. 83	7. 50	7. 55

如图 1 所示，三个阶段主风量维持在 5100Nm^3/min 左右，二再藏量维持在 110t 左右，二再风量维持在 2000Nm^3/min 左右，说明在原料高铁污染下，在保证催化剂置换的基础上，回炼粗汽油虽造成催化剂循环量提高，剂油比升高，但并未造成铁污染加剧，从而影响催化剂的正常流化。

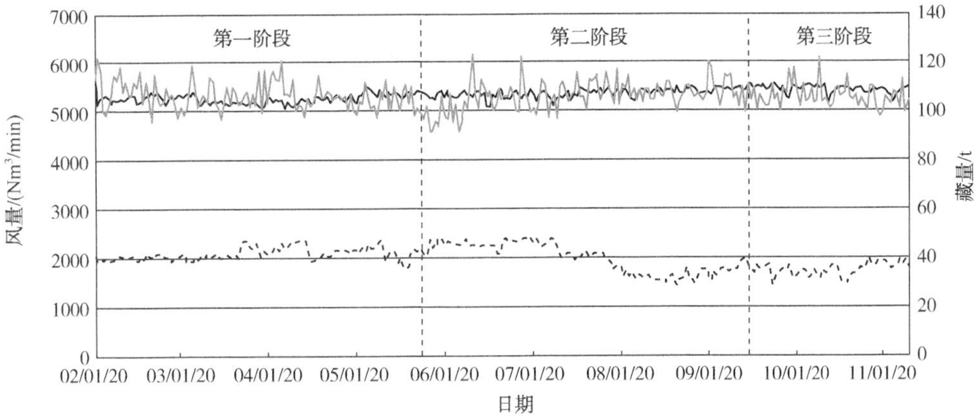

图 1　催化总风量、二再风量、二再藏量变化趋势

3. 2. 2　液化气丙烯浓度变化

如图 2 所示，第一阶段丙烯浓度为 38. 38%(体)，第二阶段进回炼油喷嘴丙烯浓度为 41. 22%(体)，第三阶段进急冷喷嘴丙烯浓度为 42. 76%(体)。由此可见在增加剂油比的情况下，进行粗汽油回炼，适当降低活性，可增加液化气中丙烯浓度。

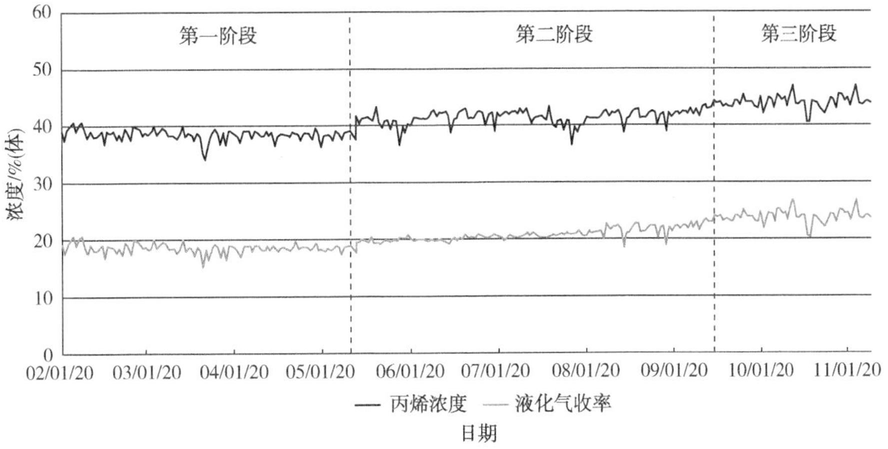

图 2　液化气中丙烯浓度变化趋势

3.2.3 产品分布变化

如表 10 所示，在第三阶段中回炼汽油量不变、增加剂油比情况下，进入回炼油喷嘴后液化气收率达 23.53%，丙烯收率最高达 8.23%。

表 10 产品分布对比 %

项目	回炼前	进回炼油喷嘴	进急冷油喷嘴
干气	3.68	4.06	3.85
液化气	20.65	23.53	23.42
汽油	43.10	39.98	40.42
柴油	18.59	18.43	18.38
油浆	5.21	4.94	4.89
生焦	8.56	8.90	8.88
损失	0.22	0.15	0.23
丙烯	6.56	8.23	8.09

4 结论

① 催化裂化原料高铁环境下，采用抗铁型催化裂化催化剂，且控制好新鲜催化剂置换量进行汽油回炼有利于增产液化气、丙烯，但相对于采取 MIP 工艺催化裂化需控制好催化剂活性，既要保证重油转化率，但又不能因活性过高而发生氢转移反应，影响产品分布，是原料劣质化背景下控制的关键。

② 回炼粗汽油可达到多产液化气、丙烯目的，结合调整反应温度、原料预热温度、预提升介质、汽提蒸汽等手段增加剂油比，可进一步增加液化气收率，丙烯产率达到 8%(质)以上，但气压机及吸收稳定负荷增加，催化裂化装置满负荷时需根据实际工况进行回炼。

③ 回炼粗汽油进入提升管靠下的喷嘴更有利于裂化反应进行，但可能造成汽油苯含量增加，需根据全厂汽油调和选择合适流量进行回炼。

参 考 文 献

[1] 陈永利，陈浩，郭振宇．丙烯产业发展现状及趋势分析[J]. 炼油与化工，2019(12)：1-2.

[2] 李宁，任飞，刘守军，等．CMT-1HN 催化剂在高含量铁污染条件下的工业应用[J]. 石油炼制与化工，2019(2)：63-67.

[3] 陈俊武，许友好．催化裂化工艺与工程[M]. 3 版．北京：中国石化出版社，2015：563.

[4] 许友好，李宁，华仲炯．催化裂化工艺技术手册[M]. 北京：中国石化出版社，2018：227.

[5] 李宁，汪加民，张琰彬．催化裂化装置加工常三线直馏柴油的工业实践[J]. 炼油技术与工程，2016(2)：79-83.

[6] 张秋剑．利用正十二烷研究催化裂化中的氢转移指数[J]. 石油炼制与化工，2013(6)：6-11.

S Zorb 催化汽油吸附脱硫装置反应加热炉低氮燃烧器的改造与调试

周锦巧

（中韩(武汉)石化公司　湖北武汉　430082)

摘　要　NO_x 是造成大气污染的主要污染物之一，危害人身健康和大气环境，工业加热炉烟气排放量巨大，烟气中 NO_x 的排放指标达标是企业必须遵守的法律规范，是我们燃烧技术控制和钻研的重点。通过 NO_x 生成机理，采用先进、环保、节能的低氮燃烧器仍是我们降低炼厂加热炉 NO_x 排放的主要手段。针对我厂 S Zorb装置加热炉 F101 烟气偶尔出现排放异常情况进行原因分析，及时调整，本文通过 S Zorb 加热炉燃烧器选型、改造及操作情况进行介绍、分析，找出烟气 NO_x 超标的原因，并进行调整，确保加热炉运行安全、环保、节能。

关键词　S Zorb；NO_x；燃烧器；加热炉；瓦斯

1　S Zorb 装置加热炉运行概况

中韩(武汉)石化 S Zorb 催化汽油吸附脱硫装置(以下简称 S Zorb 装置)设计处理量 150 万 t/a，采用康菲(ConocoPhillips)S Zorb 脱硫专利技术包，于 2016 年建成投产。装置主要由进料与脱硫反应、吸附剂再生、吸附剂循环和产品稳定四个生产单元组成，进料与脱硫反应单元设置进料反应加热炉 1 座，工艺位号为 F101，用于加热混氢汽油后进入加氢反应器。

F101 设计热负荷 7.9MW，炉型为对流+辐射立管立式圆筒炉，配套烟气余热回收系统，设置强制通风与自然通风。加热炉设计 8 台底烧圆火焰低氮气体燃烧器，单台功率 2.0MW，燃料为炼油装置系统瓦斯+稳定塔回流罐气相部分，主要成分见表 1。

表 1　S Zorb 装置 F101 设计燃料组分

燃料气组成/%(摩)	H_2	O_2	N_2	CO	CO_2	CH_4	C_2H_6	C_2H_4	C_3H_8	C_3H_6	C_4H_{10}	C_5H_{12}	H_2S	H_2O
	14.05	0.32	29.28	0.32	0.17	48.18	4.69	2.14	0.89	0.08	0.18	0	0	0

F101 设计炉膛温度 659℃，新建装置设计时烟气排放要求：NO_x<100mg/Nm^3，CO<40mg/kg。

加热炉燃烧器选用某公司第二代低氮燃烧器，单台功率 2.0MW，采用分级燃烧+烟气回流组合技术结构，见示意图 1，一级气枪与二级气枪的燃料比例为 20∶80，不带比例调节，主要通过一级中心枪富氧燃烧降低中心枪火焰温度、二级外围气枪的贫氧燃烧和烟气回流降低火焰温度来控制 NO_x 生成。正常运行 NO_x 排放在 65～90mg/Nm^3，符合 2015 年 7 月国家颁布《石油炼制工业污染物排放标准》(GB 31570—2015)新的环保要求。

随着中国石化持续深化 NO_x 减排工作，烟气 NO_x 的排放指标近几年逐步调整。2020 年 9 月，中国石化制定《臭氧污染防治专项行动方案》，对重点企业、重点区域 NO_x 排放浓度制定了控制目标，中韩(武汉)石化列为重点企业范围，NO_x 排放浓度指标为 60mg/Nm^3。排放指标的调整对加热炉的燃烧控制提出更高的要求，推进燃烧器设计制造不断更新换代。

2020 年大修期间，针对 S Zorb 加热炉 F101 排放 NO_x 浓度不满足新要求问题，对 8 台燃烧器进行了更新，选用某公司设计制造的低氮燃烧器，采用分级燃烧+浓淡燃烧技术组合结构，内外气枪采用 45∶55 的燃料比例，且带比例调节阀组，如图 2 所示，设计指标为烟气 NO_x 排放指标≤60mg/Nm^3。

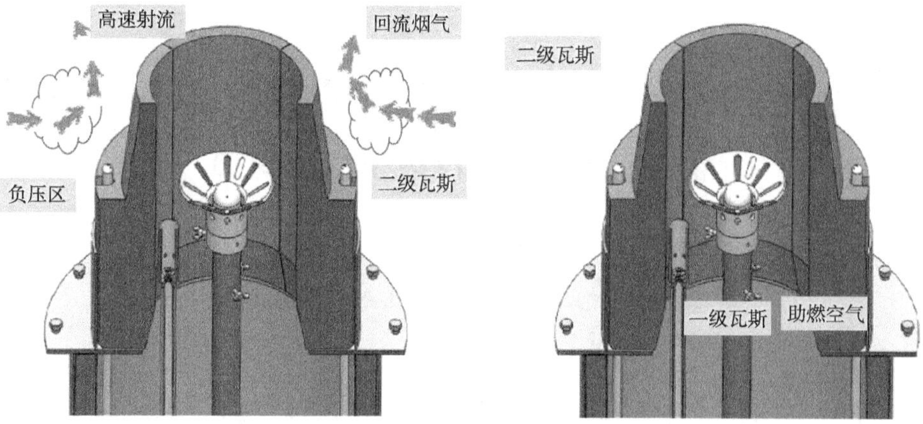

(a) (b)

图 1　低氮燃烧器结构示意图

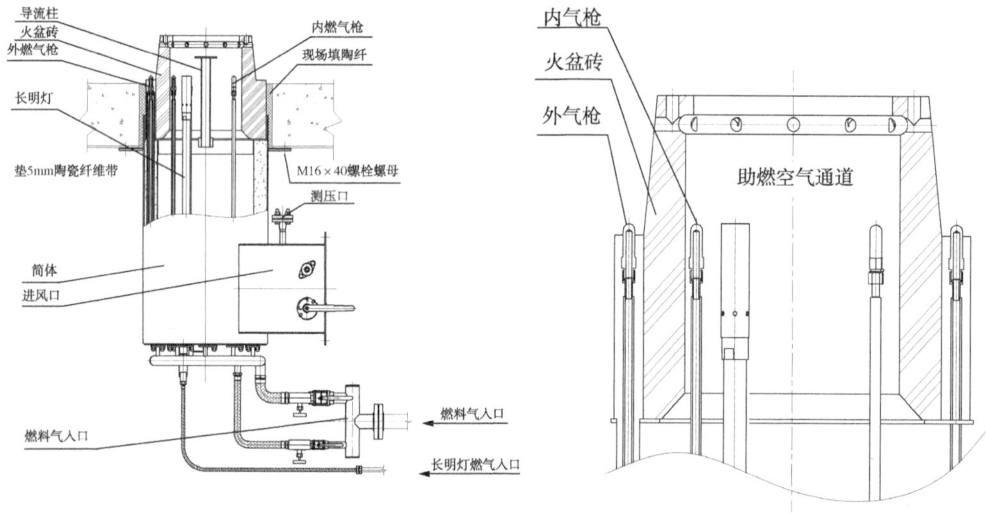

(a) (b)

图 2　更新后的低氮燃烧器结构示意图

2　低氮燃烧器简介

2.1　氮氧化物产生机理[2]

本文仅考虑燃烧产生的氮氧化物。燃烧过程中所产生的氮的氧化物主要为一氧化氮(NO)和二氧化氮(NO_2)，一般把这两种氮的氧化物称为氮氧化物(NO_x)。引用大量实验结果，燃烧时产生的 NO_x 主要为 NO，平均约占 95%，而 NO_2 占 5%左右。

化学反应为：$N_2+O_2 \longrightarrow NO$，$NO+O_2 \longrightarrow NO_2$

燃烧时 NO_x 的生成机理通常有三种：

① 瞬发型，指在低温、富燃料条件下，燃料较短停留在火焰时，N_2 氧化成 NO，化学反应为 $CH+N_2 \longrightarrow HCN+N$，$N+0 \rightarrow NO$。

② 燃料转化型，燃料中的含氮元素物质(NH_3、HCN 等)燃烧时氧化生成。

③ 热力型，指参与燃烧空气中的 N_2 在高温下与 0_2 反应生成 NO_x。热力型 NO_x 是炼厂加热炉产生 NO_x 主要机理。

热力型 NO_x 的生成量和燃烧温度高低有关，在温度足够高时，热力型 NO_x 的生成量可占到 NO_x 总量的 90%，随着反应温度的升高，其反应速率按指数规律增加，根据实验数据，12500K(约 1300℃)为热力型 NO_x 急剧增加的温度起点，温度每增加 100℃，NO_x 反应速率增大 10 倍以上[5]。

工业上通过改进燃烧技术，通常采用的方法为分级燃烧、贫氧燃烧、浓淡燃烧和烟气循环等，通过降低氧含量、加大烟气回流，降低火焰温度来减少 NO_x 的形成和排放，以上方法均基于热力型 NO_x 机理。

炼化企业所用加热炉或者锅炉，均由风机将大气空气送入炉膛进行燃烧，燃气型燃烧器燃料多采用炼厂自产干气，主要以含 H_2、C_1~C_5 烃类为主，所以，控制氮氧化物的生成，主要还是从燃烧器入手，通过控制火焰燃烧的温度，使其在较低温度下进行燃烧，减少氮氧化物的产生。

2.2 我厂低氮燃烧器使用情况

按照《石油炼制工业污染物排放标准》(GB 31570—2015)的要求，中韩石化对全厂加热炉进行了低氮燃烧器的改造。主要分 2 个批次进行改造，在 2016 年停工大检修期间，完成了第一批加热炉低氮燃烧器的改造，对加氢裂化、2#常压、1#常压、重整等装置 11 台加热炉共计 168 台燃烧器进行改造；第二批改造在 2017 年上半年进行，对 1#加氢、2#加氢、3#加氢、2#常压、1#焦化、2#焦化等装置 11 台加热炉进行了改造，共计更换瓦斯枪 200 套、更换燃烧器 124 台。

改造后，2017 年下半年全厂加热炉 SO_2 均值为 7mg/Nm^3，NO_x 均值为 67mg/Nm^3，烟尘均值为 6.8mg/L，部分加氢装置加热炉烟气 CO 超过 100mg/kg，经过运行发现，改低氮后火嘴堵塞和 CO 的排放超标是比较突出的问题。

3 F101 运行问题及原因分析

3.1 第一个运行周期

新装置于 2016 年建成投产，F101 运行正常，但外排烟气 NO_x 处于 65~90mg/Nm^3 波动，存在部分时段数据超标的情况，通过现场仔细观察发现，现场燃烧器共计点火 4 个燃烧器，燃烧器的火焰发散，外围二级瓦斯气枪基本处于未点燃状态，与设计有差别，如图 3、图 4 所示，中心一级气枪无法点燃二级枪。

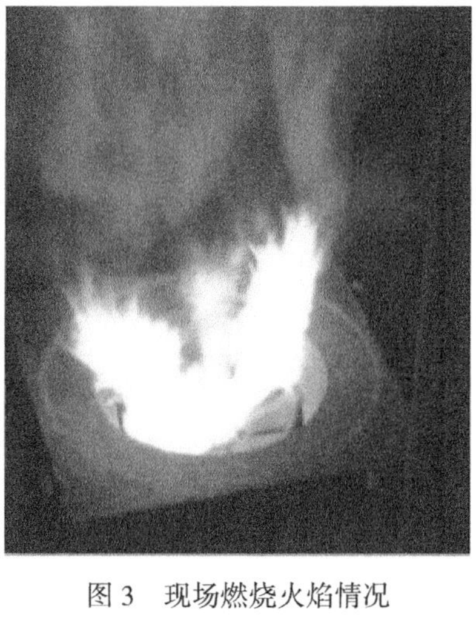

图 3 现场燃烧火焰情况

图 4 原设计火盆砖

根据 NO_x 产生机理来逐项分析，主要从热力型和燃料型两个方面分析，根据现场观察情况，分析 NO_x 较高的主要原因为：

① 燃烧器火盆砖安装不合理，不符合设计要求，二级枪未点燃，加热炉热量靠瓦斯中心枪提供，中心枪瓦斯负荷较大，又处于富氧燃烧环境，使火焰温度较高，产生了 NO_x。

② 燃烧器选型不符合工况要求，根据装置运行负荷特点，S Zorb 加热炉 F101 燃气流量 400m^3/h，约 4MW 热负荷，加热炉长期只点了 4 个燃烧器，工作的燃烧器单个负荷较大，导致单个燃烧器火焰温度高，加剧 NO_x 生成。

针对以上问题，在 2018 年 S Zorb 短暂抢修期间，对 F101 燃烧器的火盆进行了更换，后面监测

NO_x 浓度为 65~85mg/Nm^3，满足指标要求。但是燃烧器选型偏大的问题没有得到解决，在清理火嘴、切换燃烧器时对加热炉平稳运行和指标控制影响较大，造成炉温波动，NO_x 排放浓度卡边，仍存在超标风险。

3.2 第二个运行周期

由于中国石化对 NO_x 排放浓度进一步控制，在 2020 年 12 月，利用全厂停工大检修机会，对 S Zorb 加热炉 F101 更新 8 台燃烧器，重新设计选型时，考虑到第一个周期的运行参数和工况，选用了 1.5MW、1.0MW 两套瓦斯枪切换使用。在开工期间，因为温升要求，使用 1.5MW 瓦斯枪进行开工，在平稳运行初期，切换至功率较小的 1.0MW 瓦斯枪使用，在运行末期，由于换热器效果变差，再逐步切换功率较大的 1.5MW 瓦斯枪使用。让加热炉可以满足工艺要求，又可以多火嘴运行，使炉膛温度分布均衡，单个燃烧器负荷降低，减少 NO_x 产生。

另外，参考上一个周期运行数据，发现 F101 平均炉膛温度仅为 605℃，较设计温度偏低。此时，F101 处于低炉膛温度的工况，又必须考虑低氮燃烧器现阶段 CO 排放超标的问题。

针对上述条件，此次更新低氮燃烧器采用某厂设计制造的分级燃烧+浓淡燃烧技术组合结构，内外气枪采用 45∶55 的燃料比例，且带比例调节阀组，目的是平衡 CO 和 NO_x 排放问题。

开工运行后，在炉膛氧含量 1.0%左右时，烟气 NO_x 一直处于 70~90mg/Nm^3 波动，频繁出现超标报警，带来巨大环保压力。且氧含量无法再调高，波动到 1.4%时 NO_x 浓度快速上升 100mg/Nm^3 以上，致使加热炉操作弹性降低。

面对超标情况，我们立即展开技术攻关，收集现场燃烧器操作情况、加热炉运行参数、燃料瓦斯成分等数据如下：

① 现场一级、二级燃料比例调节阀组上压力表均显示 0.18MPa，表示内外枪的燃料还未尝试调节。

② 8 台燃烧器只点了 5 台，不利于炉膛温度均衡运行。

燃烧器火焰刚直有力，火焰速度较快，说明瓦斯压力偏高。5 台燃烧器工作负荷较大。

③ 进炉瓦斯流量处于 360~400m^3/h，瓦斯来源为系统管网瓦斯，但是在进炉前，稳定塔塔顶气跨入主瓦斯管线进炉。稳定塔顶气流量 1250m^3/h，而加热炉瓦斯耗量为 380m^3/h，加热炉 F101 的燃气全部为稳定塔顶自产干气，而非系统管网瓦斯。

④ 查询稳定塔顶自产干气 lims 分析数据，见表 2。对比表 1 和表 2 的瓦斯组分，H_2 和 C_3 以上的烃类比例差别很大，计算单位体积瓦斯低位热值，通过图 5 趋势可以看出，当瓦斯重组分烃类(C_{3+})含量越高时，瓦斯低位热值越高，燃烧越剧烈，NO_x 生成量越多。

表 2 炉前燃气分析数据

时间	H_2/%(体)	C_1~C_3/%(体)	C_{3+}/%(体)	NO_x/(mg/Nm^3)	低热值/(MJ/Nm^3)
2021.1	50.6	15.9	18.0	44.8	33.71
2021.2	46.2	13.5	22.6	52.9	37.24
2021.3	47.9	12.5	21.3	51.5	35.63
2021.4	44.8	15.1	21.1	70.5	36.27
2021.5	36.3	12.4	38.9	70.5	55.26

4 F101 烟气 NO_x 调整措施

在今年 5 月份，F101 外排 NO_x 多次报警，极不稳定，根据以上分析的情况，做出相关调整：

① 充分利用一级、二级瓦斯气枪的调节比例阀组，将内枪阀门逐渐关小，在关阀过程中，在线监测的 NO_x 浓度并没有像预期的逐步降低，拆开一套燃烧器气枪，经过测绘发现内枪的喷孔直径比原设计要大，内外枪喷孔面积比例达到 55∶45，回装后继续关小内枪瓦斯至 0.05MPa，外枪压力有上升，达 0.25MPa，内外枪瓦斯比例约 15∶85，将燃烧器数量增至 6 个，将 6 个燃烧器瓦斯量调下来，瓦斯

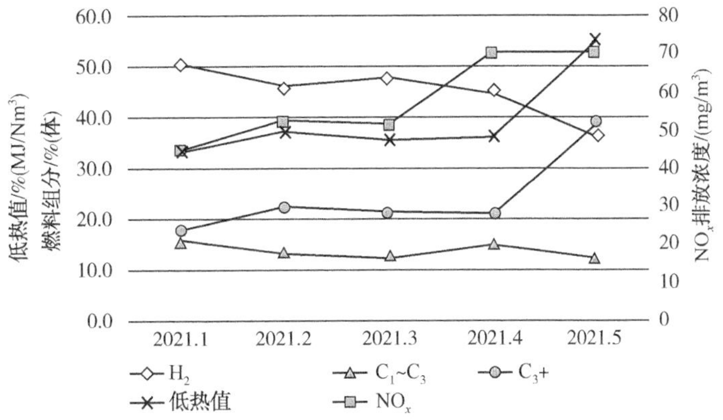

图 5　NO_x 浓度与瓦斯组分关系

压力降至 0.2MPa 以内。经过调整后，6~8 月的实时监测数据显示 NO_x 排放浓度已处于 55~65mg/Nm^3 范围，未发生超标。

② 利用 S Zorb 加热炉 F101 对流室 CO 在线分析仪表，尽量在保证 CO 不超标的情况下，降低一级枪的比例，降低炉膛氧含量，但是前提是要确保火嘴火型良好，防止脱火、熄火发生。

③ 燃料组分与设计偏差较大，H_2 含量较高，C_{3+}以上组分偏高，N_2 含量也波动较大，轻重组分都偏高，燃烧器火焰传播速度快，火焰温度较高，利于 NO_x 生成。经过了解，兄弟企业 S Zorb 装置加热炉烟气 NO_x 排放均较难控制，与燃料采用自产干气有较大关系，由于自产干气的流量和组分随生产也有波动，对加热炉平稳运行存在一定安全风险，建议工艺上对自产干气进行相关流程改造处理后再进炉燃烧。

④ 由于分级燃烧造成瓦斯枪喷孔均较小，对于瓦斯系统的定期清理是非常有必要的预防性措施。

5　结论

在 2016—2020 年，逐步完成全厂加热炉低氮燃烧器的改造工作，全厂加热炉外排烟气 NO_x 均达标。经过近几年的运行情况及 S Zorb 加热炉 F101 两次燃烧器调整经验总结如下：

① 炼油厂低氮燃烧器绝大部分设计制造依据降低火焰温度、抑制热力型 NO_x 生成的机理，可以忽略其他因素的影响。调整时多通过降低一级瓦斯枪比例、减小喷孔面积增加喷枪数量、降低氧含量来实现 NO_x 排放降低。

② 2016—2017 年的低氮燃烧器均处于第一代到第二代低氮燃烧器水平，即 NO_x 控制指标在 80mg/Nm^3 以下，且对于加氢装置等一些低炉膛温度的加热炉，贫氧燃烧造成的 CO 排放偏高问题凸显，且未考虑分级燃料比例调节功能，大部分加热炉未设置 CO 在线分析仪表，给加热炉安全运行、热效率均带来影响。

近两年由于排放指标压缩，许多制造厂家设计时进一步降低中心枪的燃料比例，通过结构调整，强化烟气回流，可将 NO_x 降至 60mg/Nm^3 以下，部分加热炉可降至 40mg/Nm^3 以下，和 CO 排放弹性调节也可以实现。我们可以在后期改造中逐步淘汰第一批安装的低氮燃烧器，确保更环保、高效。

③ 炼油厂在选用燃烧器时，对于现场的工艺参数一定要选用合理，偏差过大会造成燃烧器达不到预期性能。因燃烧不好造成的脱火、回火及排放不达标，均属于安全、环保隐患。对于类似临氢装置的反应加热炉，可以参照 S Zorb 加热炉的改造方法，配两套不同功率的瓦斯枪，以适应不同工况下的需求。

④ S Zorb 装置普遍存在 NO_x 排放浓度偏高的问题，可做进一步技术攻关，有必要通过优化燃料来源及组分来提高安全环保指标达标率。

⑤ 低氮燃烧器的设计制造及操作是一个精细的过程，对我们的安装质量和操作习惯有很高的要求。安装质量是保证燃烧器稳定燃烧，达到性能要求的基础。枪头角度的安装、耐火砖的位置摆放都对燃烧器的整体性能有很大的影响。枪头和耐火砖都是一对一相互匹配的，若两者中的任一种有问题

或安装错误截断了空气与燃料充分混合、烟气循环及燃料均匀喷射等反应过程，从而都将导致燃烧器的整体性能无法达到预期效果。

在燃烧器初次安装验收时，一定要根据设计图纸配对好火盆砖和枪头。在日常加热炉运行管理时，由于低氮燃烧器喷孔变小，堵塞的风险增大，需加强阻火器、火嘴清理等预防性工作的落实和质量验收，避免回装时方向安装错误等问题。

⑥ 低氮燃烧器的进一步升级改造，远远不只停留在燃料分级方面，燃烧器风道的设计、喷孔的角度、火盆砖的结构均能影响燃烧器的使用性能。如何进一步抑制 NO_x 产生，同时 CO 生成少，且保持火焰的刚性，安全、环保、节能仍是燃烧器今后的研究方向[4]。

参 考 文 献

[1] 夏隽，毛哲．加热炉燃烧器改造降低 NO_x 排放[J]．油气田环境保护，2019，29(3)：19-21.

深度催化裂化装置主风机组启动方式分析与比较

赖灵瑞

（中国石化镇海炼化公司　浙江宁波　315000）

摘　要　主风机机组为催化裂化装置关键核心设备，机组的启动问题关系到装置能否正常开工。由于各厂的实际情况不同，用户对机组启动方式的选择也不尽相同，如何选择最合适的启动方式来保证主风机机组的平稳启动得到越来越多的关注。本文结合某炼油厂新建项目深度催化裂化装置主风机机组选型，对全压启动和变频软启动两种启动方式的优劣势进行了对比分析。总结出了催化裂化装置主风机机组启动方式的选择思路，为催化裂化装置类似机组启动方式的选择提供了参考。

关键词　主风机机组；备用风机机组；电动机；直接启动；变频启动

1　引言

随着20世纪90年代国民经济的迅速发展，对重要化工原料乙烯、丙烯等气体烯烃的需求量日益增长。在石油炼化行业中，常规催化裂化装置在生产汽油及轻柴油的同时也副产气体烯烃，但产量较低。国内外主要采用管式裂解炉从石油烃类中制取乙烯、丙烯。采用裂解方法制取烯烃，技术复杂、反应条件苛刻、投资高、能耗大、原料供应有限，因此为了满足国民经济发展对气体烯烃的需求，探索新的气体烯烃生产工艺提高气体烯烃产量已成为迫切需要解决的现实课题。中石化石油化工科学研究院有限公司探索应用催化剂，以催化裂解方法制取气体烯烃的可行性，并走出了一条我国独创的催化裂解制取气体烯烃的新路子。

某炼油厂新建项目为增加丙烯产量，计划筹建两套300t/a深度催化裂化装置。在催化裂化装置中，主风机机组是催化裂化装置的核心设备，通过主风机可以将压缩增压后的空气输入到催化再生器当中，为催化剂再生烧焦提供所需氧气并同时为催化剂流态化提供动力风。主风机机组（能量回收三机组）通常由烟机+主风机+齿轮箱+电动/发电机组成，高温废烟气通过烟气轮机（简称烟机）膨胀做功可回收大部分的烟气能量以达到节能降耗的目的。

2　机组配置介绍

2.1　主风机机组配置

因深度催化裂化装置反应深度更深，原料裂解更彻底，反应压力相对流化催化裂化（FCC）装置更低，与同规模的FCC装置相比，烟气体积流量相对更大。该装置所产生的烟气体积流量已超过目前国内最大的烟气轮机的处理能力。

综合考虑诸多因素后，机组设置采用以下方案：

两套烟气能量回收机组并联操作+一套备用风机机组。能量回收机组采用两套机组并联的操作方式，正常操作时，每套风机提供的风量为50%。两套能量回收机组参数相同。

即每套300万t/a深度催化裂化装置，设置2套主风机机组，机组配置形式：主风机+烟机+齿轮箱+电动/发电机，如图1所示；1套备用风机机组，机组配置形式：备用风机+齿轮箱+电机，如图2所示。轴流风机的型号为AV63-11，轴功率10083kW，转速5200r/min；烟机的轮盘直径为φ960mm，输出功率约11000kW；齿轮箱，传递功率16000kW；电机容量为10kV，16000kW。

2.2　主风机机组电动机介绍

为满足装置开工时所需的风量，除启动备用风机机组外，还必须开启一台主风机机组（能量回收三机组）向装置供风。主风机机组的异步电动机启动特性必须考虑主风机、齿轮箱及烟机的启动阻力矩。

保证电动机启动转矩超过负载的阻力矩(图 3 为机组厂家计算的启动参数)。

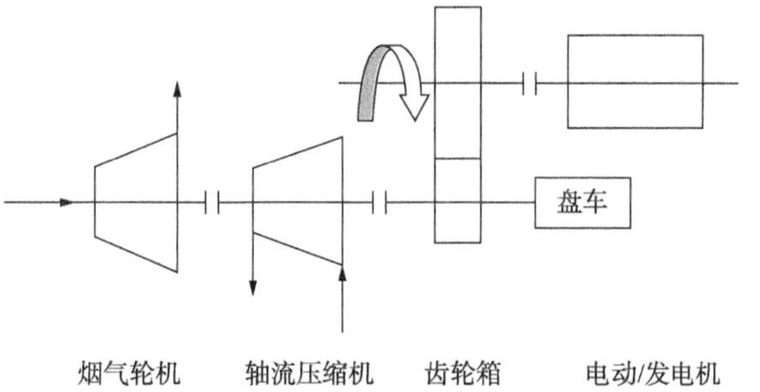

图 1 能量回收三机组

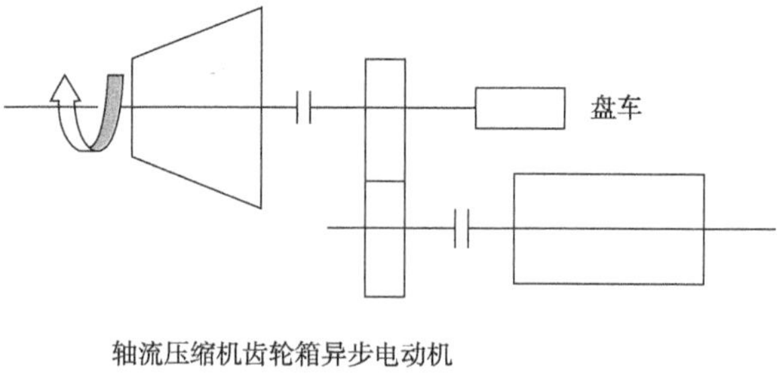

图 2 备用风机机组

压缩机本体启动参数及曲线
(第一级静叶片开度22°)

额定转速:	5200	r/min	
起动力矩:	5767	N·m	
静力矩:	1124	N·m	
转子GD²:	1602	kg·m²	

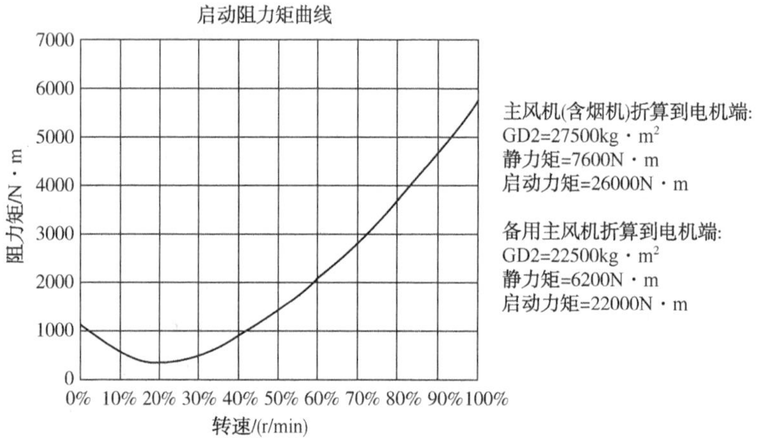

图 3 某厂主风机机组启动参数及曲线

催化主风机电机启动需满足以下三点要求:

① 电动机启动过程,两端电压稳定在一定范围,实现有效的启动转矩带动负载,电机启动转矩曲线(启动端电压下)大于负载阻力矩曲线 10%,同时保证对配电系统电压的冲击不能影响用电设备正常运行。

② 生产装置的大功率电机,因其电气特性,启动时将对所在电力系统电压造成冲击,拉低母线电压,对其他送电负荷正常运行构成威胁。根据 SH/T 3038—2017《石油化工装置电力设计规范》,要求电机频繁启动时,母线电压不低于 90%,不频繁启动时,不低于 85%。

③ 电机启动热容量满足启动时间要求,即完成启动时间小于该条件下的电机运行启动时间。

因此,常采用高压变频软启动、线变组单独母线直接启动(简称直启)、降压软启动、液态软启动等启动方式,完成启动后切换至工频运行。

3 主风机自启动流程介绍

通常在国内催化裂化装置主风机机组配置为一开一备。开工时,先启动备用风机机组,待三旋出口烟气合格进入烟气轮机,驱动主风机,最后启动电机拖动机组至额定转速运行。然而本次深度催化裂化装置主风机机组配置为两开一备,当只启动备用风机机组 K102 时,风量只有 50%,达不到催化剂装剂流化需求风量，因此必须启动一台主风机机组 K101A(或 K101B，暂按 K101A 描述)来提供装置需求的剩余 50%风量。此过程中装置无达标烟气，K101A 烟机无烟气进入，烟机状态为通入少量冷盘冷却蒸汽进行冷却，出口放空。在 K101A 启动过程中，烟机不仅不做功，而且还是一个比较大的负载。催化剂装剂流化、升温、喷油、烧焦至三旋出口烟气达标至少需三天时间，烟气达标之后，再将烟气引入 K101A 烟机；此时可以根据需要将烟气引入 K101B 烟机进行冲转，带动 K101B 主风机启动，机组运行正常后，可以将备用风机机组 K102 切出装置，装置正常运行。当主风机机组异常需要切出时，备用风机机组投入运行。因此，烟机需保证在冷态下短时达到全转速启动及无烟气进入情况下长时间空转的性能。表 1 为主风机机组两种配置方法启动流程的过程对比。

表 1　启动流程比较

启动流程比较	步骤一	步骤二	步骤三	步骤四	步骤五
一开一备配置启动流程	启动备用风机机组	风量足够，待烟气达标	烟气达标，烟机冲转，启动主风机机组	备用风机机组切换至主风机机组	—
两开一备配置启动流程	启动备用风机机组	电机直接启动主风机机组 K101A(带烟机)，提供足够风量，待烟气达标	烟气达标，烟气缓慢并入主风机机组 K101A 的烟机	烟气进入主风机机组 K101B 的烟机，进行冲转，启动 K101B 主风机机组	备用风机机组切换至主风机机组 K101B

4　电动机启动方式介绍

催化主风机机组启动力矩较大，稳定运行要求高，并且需满足在启停过程中具备短时间内再次启动的要求。

目前大电机启动的方式主要有：降压软启动；液态软启动；高压变频软启动；全压直接启动；其他方式，如采用拖动电机或汽轮机拖动。

降压软启动是通过降低电压牺牲启动转矩的一种软启动方式；液态软启动装置液阻箱的电阻值在不同环境下并不相同，导致其稳定性较差，另外由于一次启动完成后，电解液处于高温状态，不能实现连续启动，必须等电解液的温度降低到一定范围内才能再次启动。因此目前催化主风机机组常用启动方式采用高压变频软启动或线变组单独母线直启，部分装置采用汽轮机驱动。

通过调研国内近十年共 90 台套催化裂化装置主风机机组启动方式，采用变频软启动方式的有 74 台套，汽轮机驱动的有 4 台套，直启的有 12 台套；其中 4 台为烟机启动后再启动电机，6 台为备用风机机组直接启动，带烟机直启的电机机组仅有 2 台套。结合前期咨询烟汽轮机厂家，确认烟机在无烟气进入情况下允许直接启动与运行，以下对变频软启动、线变组直启两种方式进行分析。

4.1　变频启动方式分析

4.1.1　基本原理

通过采用变频器，改变加在主风机机组电机上的电源电压、频率，实现平滑无冲击的启动。

变频器主要由整流、滤波、逆变、制动单元、驱动单元、检测单元及微处理单元组成，智能化程度高，功能齐全，但成本高。它把电压和频率固定不变的工频交流电变换为电压或频率可变的交流电提供给电动机，达到限制启动电流、降低启动压降的目的。可以使启动电流从零开始变化，最大值不超过额定电流，减轻了对电网的冲击和对供电容量的要求，也可以延长设备的使用寿命。

主风机机组若采用一拖二变频软启动，单独母线选用 35kV/10kV 即可。因变频器软启动装置电压和频率都能连续可调，可保持主风机机组的电动机具有较小的转差率。变频软启动装置可保证启动转矩足够大(超过阻力和负载转矩之和)，启动电流从零开始变化，且最大电流不超过额定电流，以减轻对电网的冲击。

4.1.2　综合分析

① 维护成本：高压变频器属于电力电子设备，需要定期预防性维护，常规检修周期为4年左右，检修时需要更换风扇、交直流电容等元器件。其中，功率模块无法通过预防性维护提高使用寿命，推荐定期更换，然而更换功率模块成本很高(如PX ABB ACS2000功率模块20万/个，专业厂家人员费用8000元/d左右)，4年平均需更换功率模块2个。

② 维护难度：高压变频器故障发生具有突发性和隐蔽性，并且维护技术难度高、核心技术开放程度低，复杂故障需厂家技术人员支持。

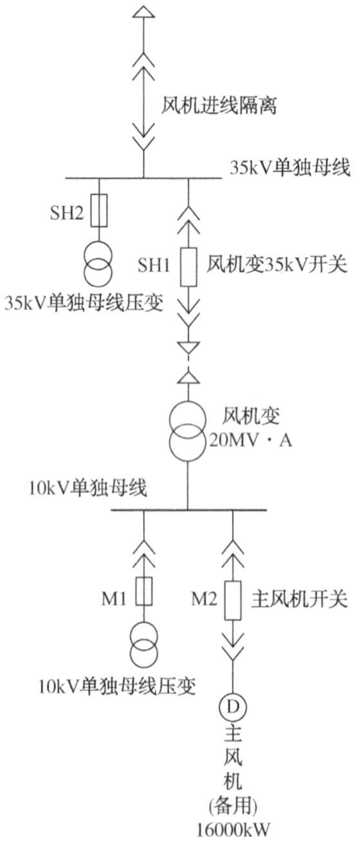

图4　直接启动方案图

③ 主要优点：调节容量范围大、调速范围大和调速精度较好，能够适应比较严苛的调速要求；调节效率高，具有一定的节能效果；采用35kV变压器组带电动机+高压变频方式启动设计，能保证大转动惯量的主风机平稳启动，同时对电网的冲击较小，启动完成后变频器退出运行长期备用，机组两开一备。

④ 主要缺点：使用寿命较短，维护要求高，一般高压变频器稳定运行周期为5~8年；运行环境要求高，对温度、湿度、粉尘非常敏感；维护成本高，高压变频器功率模块稳定运行周期一般为4年左右，且模块无法通过预防性检修提高寿命(需要定期更换)，后期更换模块成本高；可靠性不如线变组直启；备品备件储备困难、价格高、无法做到一一储备，且电力电子元件的寿命也有限。

4.2　直接启动方式分析

4.2.1　基本原理

直接启动又称全压启动，其连接方式较简单，通过电动机定子绕组接线柱直接与额定电压连接启动。该启动方式所需启动电流非常大，达到额定电流的5~7倍，全压启动的转矩约为额定转矩的0.5~2.0倍，增加了机械结构的磨损，甚至损坏设备[1]。主风机机组选用10kV电动机，采用35kV/10kV或110kV/10kV变压器带单独母线直接启动电机(见图4)。上级系统电压因变压器阻抗，将电压降限制在允许范围，确保对运行负荷无较大影响。

4.2.2　异步电动机启动特性

机组的飞轮转矩及电机转速的平方与电机启动时间成正比，电机的额定功率与电机启动时间成反比，并且电机的加速转矩(电机转矩与负载阻力矩的标幺值之差)越小，电机启动时间越长。若选用直接启动方式，主风机机组的飞轮力矩越大，电机加速转矩越小，电机启动时间越长。

当导条和端环等效电阻、质量和比热容都一定时，启动电流越大，启动电压越小，则启动电阻越小，导条电阻越小，等效电阻越大，从而温升越大。主风机电机启动过程中电流越大，启动时间越长，则电机转子绕组温升越大，增加电机烧坏的风险。

4.2.3　直接启动应用情况

经过对国内石化行业调研了解到通过电机直接驱动能量回收三机组启动的使用厂家目前仅有两家，一家为由美国引进的设备，另一家机型略小，为AV56-10；某石化厂于1994年对催化裂化主风机机组进行了扩容改造，因机组功率匹配失误的原因无法直接带动烟机与主风机启动，后续经过多次检修改造。机组功率匹配失误是因机组理论计算值与实际运行值偏差较大，无法精准计算启动过程机组阻力矩，导致电机选型偏小[2]。

4.2.4　综合分析

① 维护成本：投运后结合检修周期进行检修，依托检修作业指导书、维保单位进行定时性维护，维护成本较低。

② 主要优点：启动时间短、启动形式简单、成本较低；设备维护简单，实际影响运行的故障率低。

③ 主要缺点：电流过大发热严重，容易损坏电动机绕组，引发火灾；转矩变化过快容易损伤电动机轴承和变速齿轮，长期运行将导致机械性能不断降低；启动过程可能导致电网电源骤然快速降低，可能触发其他电网内设备低电压保护装置，以至于发生跳闸现象；若为了克服大功率电机的冲击，电网电源增大配电变压器的装载容量，会导致成本投入加大，也会使变压器运行中铜损和铁损加剧，进而消耗更多电能；无法准确计算主风机机组及烟机启动过程中的阻力矩，存在实际启动过程中无法启机的风险。

5 启动方式对比分析

根据项目计算分析情况，总结出部分数据及结果，见表2。

表2 启动方式对比

序号	比选项		高压变频软启动(一拖三)	线变组直启(三台主变)
1	单独母线		35kV/10kV	110kV/10kV
2	启动功率		小功率启动	正常功率启动
3	启动风险		无	存在无法启动风险
4	启动电流		较小	大
5	电机(变压器)容量		20MV·A	40MV·A
6	变压器空间		8.5m×9m	9m×12m
7	电缆		三芯	单芯
8	维护成本		人员1.6万/次；功率模块约20万元/个；风扇5万/个	无
9	维护难度		后期故障率高、维护成本高	后期故障率低、维护简单
10	维护方案		4年换风扇，8年换50%模块，12年整体更新	定期检修
11	预计寿命		不超过12年	20年以上
12	启动时对系统的冲击影响		无影响	骤然拉低系统电网压力
13	故障可预见性及后果		不可预见性，故障一般突发，影响全部主风机开启	一般无故障，变压器故障后不影响其他风机直启
14	故障恢复速度		备件完好情况下2h恢复	未遇故障
15	设备占用空间		5400mm×2400mm×1400mm加开关柜	—
16	投资总价		1700万元	1527万元
17	投资预估费用分解	10kV开关柜	253万元	216万元
18		110kV开关柜	0	287万元
19		35kV开关柜	36万元	0
20		110kV/10kV变压器	0	660万元
21		35kV/10kV变压器	321万元	0
22		110kV电缆	0	205.2万元
23		110kV电缆头	0	72万元
24		35kV电缆	86.4万元	0
25		35kV电缆头	4.2万元	0
26		高压变频器	进口1000万元	0
27		电容	0	60万元

① 采用变频软启动方式，优势在于可选取电压略低的单独母线，实现小功率启动，启动电流较小，对系统无冲击影响，可选用容量较小的变压器。但投资相对较大，且后期维护成本与难度相对较大。

② 采用直接启动方式，优势在于操作简单，故障率低，后期维护成本及难度较小。但直启所需母线电压较大，启动时存在拉低电网压力的风险，启动电流较大，对电网冲击较大，并且在无法准确计算主风机机组启动阻力矩的情况下，存在机组启动过载、无法启机风险。备用风机机组可计算机组启动阻力矩，采用直接启动方式。

6 备用风机机组电机直接启动计算验证

① 备用风机机组电机参数核算(见表3、表4)。

表3 备用风机机组电机参数

项目	功率/kW	电压/V	转速/(r/min)
备用风机机组电机	16000	10000	1488

表4 高、低速轴启动参数

项目	质量/kg	GD_2/(kg · m^2)	静阻力矩/(N · m)
高速轴	657	25.5	177.06
低速轴	4428	2371.95	1424.56

备用风机机组电机根据如下负载阻力矩及转动惯量参数，进行启动核算：

折算到电机端力矩参数：

折算到电机端(不含电机)启动阻力矩：22000N · m；

折算到电机端(不含电机)静阻力矩：6200N · m；

折算到电机端 GD_2：22500kg · m^2。

② 电机启动过程曲线计算分析：

经核算备用风机机组电机在端电压保持在73%额定电压启动时，电机最低加速转矩可达到电机满载转矩的18%，符合API 541标准要求的电机加速力矩需不低于电机额定转矩的10%要求。

当电机端电压保持在100%额定电压下启动时，启动时间约17 s，当端电压保持在73%额定电压启动时，启动时间约39 s；在端电压不低于73%额定电压下，电流-加速时间曲线均与电机热态及冷态热限制曲线保有足够的安全裕度。

综上，经计算分析确定本项目备用风机机组电机可以满足直接启动条件。

7 结论

① 能量回收三机组启动方式：直接启动虽接线简单，启动灵活，操作维护方便，对长周期运行有保障，但考虑到直启存在开工过程中能量回收三机组无法直接启动的风险，变频软启动具有业绩多、经验丰富、操作成熟的优势，最终选择能量回收三机组采用变频软启动的方式。

② 备用风机机组的启动方式：当两台运行中的烟机有一台因缺陷需要切出检修时，要求备用风机机组能直接启动，不会因变频器或PLC故障而受影响。考虑备用风机机组需要的启动转矩相对较小(与主风机机组相比缺少烟机转轴)，直接启动安全性高，因此备用风机机组按电动机/变压器组直接启动方式设计，以实现二开一备不停工切机的目标。

综上，为保证装置长周期可靠运行，主风机机组启动方式选择“变频一拖二软启动”两台主风机/烟机机组，线变组直接启动备用风机机组。

通过对深度催化裂化装置主风机机组启动方式的综合分析与比较，确定本次项目催化主风机机组的启动方式。待后续项目建成，机组投入运行，将结合主风机机组实际启动运行过程进一步总结提升，为设计院所以及用户正确选择主风机机组电机启动方式提供参考，促进行业内催化主风机机组启动方式及过程的不断优化完善，推动深度催化裂化装置的健康快速发展。

参考文献

[1] 宁国云，袁佑新，黄声华，等．大型电动机软启动装置性能分析与比较[J]．电气传动，2011，41(8)：6.
[2] 童仲轩．催化裂化主风机组启动试验和改造失误分析[J]．炼油设计，1999(9)：18-22.

智能管控数字化平台在催化裂化装置上的工业应用

陈　林　丁志远

（中国石化齐鲁石化公司　山东淄博　255400）

摘　要　文章基于智能管控数字化平台在催化裂化装置中的应用，研究了其在设备监控、节能减排、操作优化及结焦预测等方面的工业应用，有助于解决催化裂化加工工艺复杂、操作控制难度高等问题。应用结果表明：该平台涵盖安全、工艺、设备、应急等方面，能够辅助操作人员及时发现工艺、设备异常等信息，并提供相应的操作培训和指导，促进装置安全、高效、平稳运行，避免非计划停工及人身事故的发生。该技术具有较好的市场推广和应用前景。

关键词　催化裂化装置；数字化转型；操作优化

1　前言

催化裂化装置是石油化工企业最为重要的生产装置之一，在汽油、柴油、液化气等轻油产品生产中占有重要地位[1]。对于催化装置生产运营中存在的问题，炼化企业一直采用传统工艺技术及操作经验进行分析研究解决，但是随着科技的发展，企业经营水平的改善，企业对工艺生产精益化要求也越来越高，传统的手段在定量化解决问题方面遇到了瓶颈，已经无法满足企业人员日益减少的现状，也对信息化、智能化提出了更高要求[2]。

催化裂化装置的生产工艺较为复杂，根据企业已建成的报警信息统计，催化装置的报警数量较其他炼油装置报警数量超出很多。因此，如何提高催化裂化装置的安全性和稳定性，促进装置安全、高效、平稳运行，已成为催化裂化装置面临的一个紧迫问题。另外，根据资料显示，在 2023 年中国石化的统计中催化裂化装置的非计划停工问题也比较突出。

在石油石化领域，信息化已经成为影响企业创新增长的首要因素[3]。在国外，壳牌、埃克森美孚、陶氏化学等国际知名公司已经开始进行数字化转型建设的试点，利用云计算、物联网、人工智能等数字化技术进行全产业链业务转型[4]。近年来，中国石化提出了“数据+平台+应用”的建设模式，自主建设了“石化智云”工业互联网平台，用以打破不同平台和系统间的壁垒[5]。此外，中国石化自上而下推进的智能工厂建设已经为各企业打造了数据吞吐量庞大的数据资源中心，同时在九江石化、金陵石化、镇海炼化等企业先行开展大数据试点项目，为此次催化智能管控数字化平台的开发应用提供了有力指导与技术支撑。

2　催化裂化智能管控数字化平台概述

中国石化齐鲁石化公司 3#催化裂化装置是重要的创效装置，但由于工艺机理复杂、运行条件苛刻，导致装置在绿色低碳高效运行方面存在较大压力。基于中国石化在企业层级数字化转型中积累的经验，以装置运行综合风险感知、监测、预警和处置为研究目标，采用“机理模型+专家经验+大数据分析”的技术路线[6]，选取齐鲁石化 3#催化裂化装置作为示范应用装置，研发了催化裂化装置绿色平稳高效运行智能管控平台。

催化裂化装置绿色平稳高效运行智能管控平台利用过程机理、生产数据和三维模型的深度融合，开发了工艺平稳、设备完整、环保管控、风险预警和操作处置 5 大核心功能模块，并设置了预警中心模块，对预警信息进行集中展示与综合处置，以提升对各类异常的快速感知与及时关联处理能力，实现从报警管理、异常工况监测、风险预警到应急处置的一体化管控，实现智能工厂从厂级到装置级的突破。该平台的功能结构如图 1 所示。

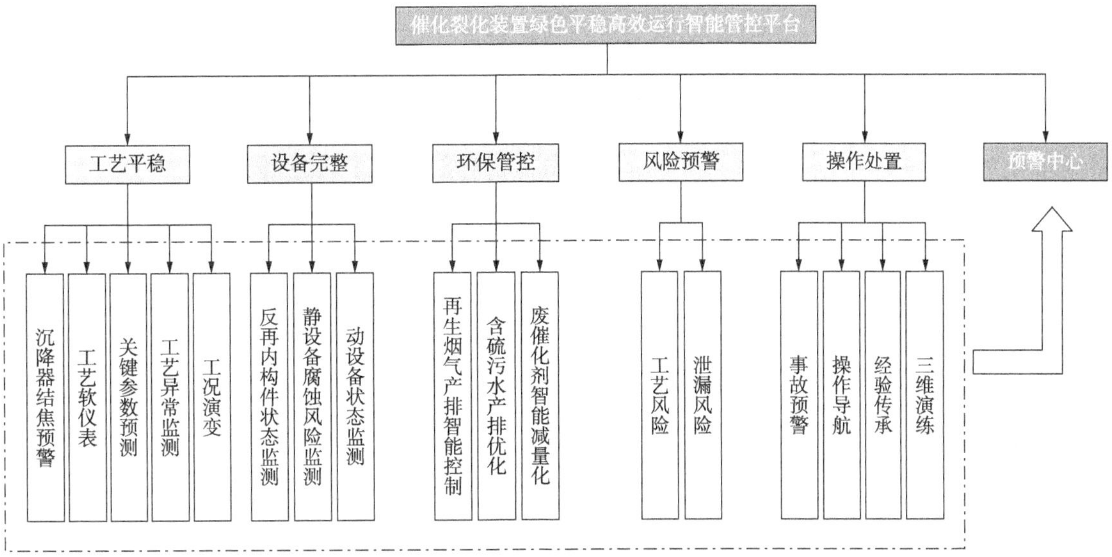

图1　催化裂化装置绿色平稳高效运行智能管控平台功能结构

根据资料统计(见图2)，催化裂化装置非计划停工问题比较突出，其中的结焦问题、跑剂问题和内构件问题几乎各占1/3。因为沉降器结焦、装置跑剂和内构件损坏都属于不可测量的中间量，这就加大了对装置的监管难度。催化智能管控平台针对这些常见的问题和瓶颈，通过实施工艺、设备、操作、环保和应急等风险管控技术攻关，降低了装置非计划停工概率。

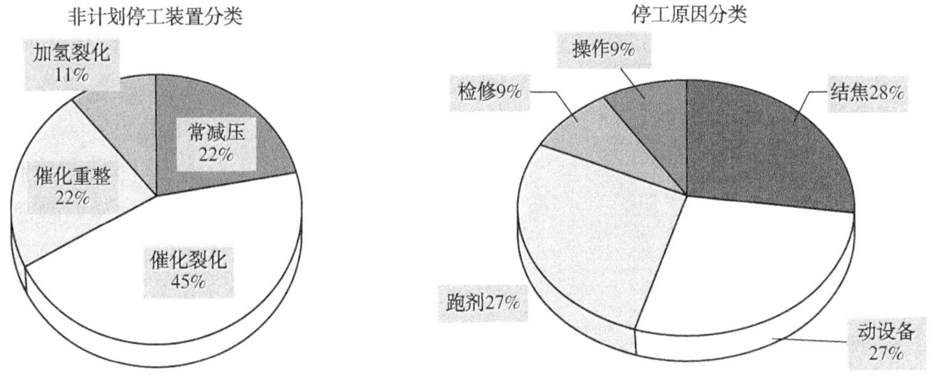

图2　某集团主要装置非计划停工及原因统计

2.1　沉降器关键部位防结焦技术

通过对原料油和催化剂的性质进行分析，开展重油组分相态分析，形成液相重组分在油气中所占比例的关联模型，计算油浆的汽化率。绘制沉降器高精度三维几何模型，模拟双流体模型的沉降器流动，建立多相流动与传递CFD模型，针对不同操作工况，模拟沉降器内部的流动、传热、传质情况，量化其速度、温度、压力及浓度等分布。通过油品和催化剂实验分析得到的冷凝率和生焦率模型，以及通过CFD模拟得到的捕获率模型，形成沉降器的结焦速率计算模型，可以对一段时间内沉降器内的平均结焦速率进行准确计算。分析重油液滴的运动轨迹，找到沉降器空间内容易捕获重油液滴的位置，实现结焦位置的准确定位，进而对不同位置分设不同的结焦速率阈值，当局部位置结焦速率超过设定阈值时，即发出结焦速率超限报警，提示工程师关注操作条件，实现对沉降器结焦的有效预防。

2.2　关键设备失效识别与预警技术

分析不同工况下翼阀开关声音特性，研究声纹特征有效提取方法；基于显著特征提取和状态比较方法，建立基于翼阀开关声纹特征的典型故障识别模型，在再生器翼阀和旋分器吊挂处布置8个声学监测点，再生滑润和待生滑阀各布置1个声学监测点，通过监测翼阀运行过程的声波信号监测翼阀开闭情况，计算得到反应器、再生器内翼阀的开闭周期和流量占比；针对外取热器泄漏难以定位的问题，结合外取热器结构特点和运行工况，利用声发射信号和AIC算法，在外取热器封头布置4个声学监测点，监测 22 根管束的泄漏情况，研发管束泄漏识别定位模型。若发生管束泄漏，通过 4 个传感器可以监测到的泄漏声波信号能量值和到达时间，即可计算出泄漏点坐标位置，对应给出泄漏管束编号，精准定位故障管束。

2.3 催化剂智能添加技术

针对催化剂跑剂和减量化的问题，研究催化剂反应活性与原料的性质参数、汽柴油、液体烃产品分布、反应器、分馏塔等的工艺控制参数间的相关性，运用显著性分析确定变量之间关联关系，建立催化剂微反应活性智能预测模型，实时预测当前工况下催化剂的微反应活性，根据原料性质、产品分布情况及当前状态下的催化剂微反应活性值，计算新鲜催化剂添加量及平衡剂的卸出量，建立催化剂的物料平衡；同时，基于现有催化剂添加方案和催化剂微反应活性的实时预测数据，修正新鲜催化剂的添加频次、添加量和卸剂量，形成催化剂自动添加推荐方案，指导催化剂添加量与卸剂量精准控制，实现 FCC 废催化剂的减量化。催化剂反应活性预测精度达到 96.6%，在确保催化剂活性满足工况要求的前提下，每月可减少新鲜催化剂添加量约 3%。

3 催化裂化智能管控数字化平台的工业应用

3.1 软仪表应用

催化裂化智能管控数字化平台应用后，将 45 个工艺软仪表模型组态至 DCS 中(见图 3)，可实时计算生产过程中 31 个不可测中间变量参数，准确率≥95%，其中剂油比、催化剂循环量、停留时间、汽提效率、能耗、收率等关键不可测变量作为对装置工业生产的指导，为工艺人员提供参考；在保证安全运行的前提下，提供雾化蒸汽流量、防焦蒸汽温度等 19 个结焦关联变量的操作建议，结焦速率可降低约 14%；实现再生器顶压力、二密床温度等 30 个装置关键参数未来 30min 趋势预测，准确率≥92%，在装置低负荷或生产方案切换时实现快速调整到位；可计算反再、分馏、吸收稳定 3 个单元的工艺实时运行状态值，当运行状态值超过报警限时提示发生工艺异常，随即触发异常溯源功能，给出异常可能的发生路径；建立了汽油、柴油、丙烯 3 种产品产量优化模型，可提供不同生产方案下的优化操作参数组合，以实现目标产品收率的最大化，汽油收率增加约 0.5%，年增产汽油增效 = 年加工量×增产汽油比例×(汽油价格 - 柴油价格 - 加工成本) = 273.86×10^4t×0.5%×656.5 = 898.95(万元)。

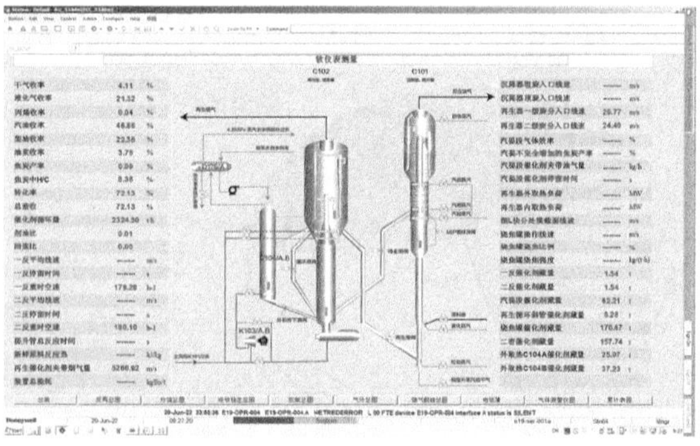

图 3　软仪表测量

3.2 设备监控运行

安装了含硫污水四合一分析仪、腐蚀探针、油浆密度仪以及在线测厚仪等设备

设置了 28 处腐蚀监测报警部位，发现油气系统高腐蚀风险，预测换热器内漏可能，根据现场检查对富气水冷器管束进行更换，含硫污水分析频次可达 1 次/15min，关键腐蚀速率预测准确度达 97.1%，值预测结果与实测值偏差小于 6%；增加 41 台 VOCs 检测仪，实现重点泄漏区域探测覆盖率大于 90%。将装置现场进行分区，对泄漏进行网格化检测预警，并准确溯源定位，准确率大于 95%，监测灵敏度优于 0.005mg/L(萘)，成功检测并报警提示两次现场异常泄漏；安装 21 处声学传感器及导波结构，实现了反再系统翼阀运行状态监控，翼阀启闭模拟信号识别准确率 99.31%，外取热器故障管束定位准确率 97.06%；在烟机壳体处安装 3 处烟机叶片高温加速度传感器，接入关键机组共 36 个轴振动、位移测点，实现对机组状态的实时监测，可实现关键机组转子不平衡、轴系不对中等典型故障的早期预警。

3.3 环保排放减量化

构建原料性质、核心工艺控制参数(再生温度、进料量、主风量、氧含量等)、治理设施运行参数与废气排放污染物浓度间的响应关系模型图(见图 4)，可提前 15min 进行浓度预测，经测试，预测精度分别达到93.2%和95.4%，根据污染物排放预测浓度，智能调节烟气脱硫脱硝设施操作参数，在确保废气污染物稳定达标排放的前提下，节约脱硫脱硝剂用量。

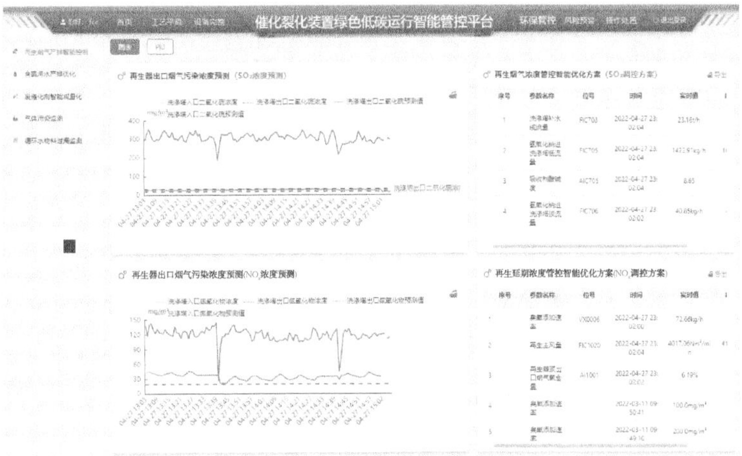

图4　再生器烟气排放智能控制

每月可减少氢氧化钠投加量约25.2t，并确保烟气污染物中二氧化硫平均排放浓度在约20mg/m^3以下；每月可减少臭氧注入量约4.1t，并确保烟气中氮氧化物平均排放浓度在25mg/m^3以下；根据催化裂化装置原料性质及工艺参数，建立蒸汽用量预测模型，实现了工艺蒸汽用量和工艺注水量的动态调整，根据汽提段汽提效率和含硫污水多参数分析仪结果，动态调节工艺环节汽提蒸汽用量、提升蒸汽用量，以及注水量，优化各环节蒸汽用量及含硫污水回用量，减少蒸汽消耗和含硫污水产生量。可节约汽提蒸汽0.7t/h，柴油汽提塔蒸汽0.6t/h，每月可减少含硫污水排放量约920t，含硫污水单排放量下降3.2%。可节约蒸汽1.3t/h，年节约蒸汽1.09万，增效约265万元/a；通过节约蒸汽用量实现碳减排，节约碳排放4528.8t/a，节约成本约53万元/a。

3.4　事故演练及培训

完成了齐鲁石化$3^{\#}$催化裂化装置高精度三维建模，部署了6台桌面演练训练终端，实现了计算机三维仿真模拟应急演练，将应急预案数字化，可多人协同应急处置与动态演练(通过多感知体感训练舱实现6自由度震动、烟雾、水雾、热风、座椅加热等沉浸式体感训练效果)(见图5)。完成了反应-再生系统催化剂跑剂、吸收稳定系统液化气泄漏2项典型情景，操作及演练角色动作库85个，设置了20个典型事故训练场景，形成集生产工艺量化表征、灾害演化、应急处置等全要素融合、多人协同的三维演练技术与装备，创新三维数字化应急预案的管理方式，截至目前，累计培训演练350余人次，对提高员工安全生产和应急处置能力具有良好的支撑作用。

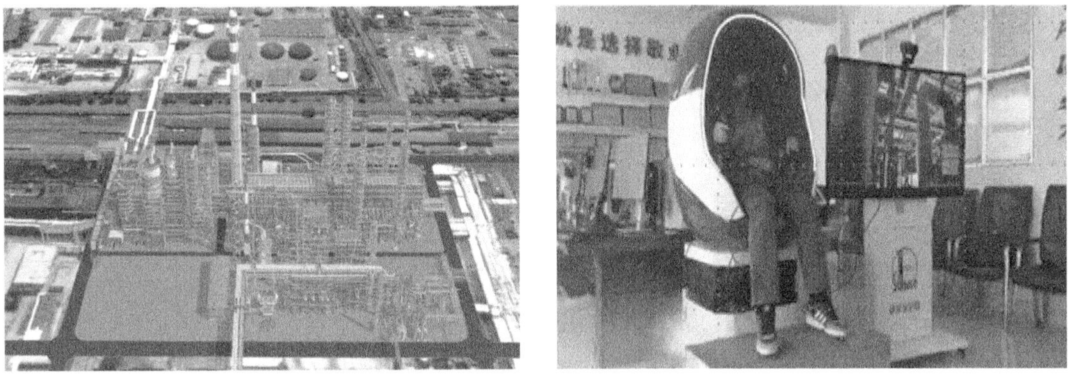

图5　高精度三维模型与多功能体感训练舱

4　结论

“催化裂化装置绿色低碳平稳高效运行智能管控平台”在齐鲁石化胜利炼油厂$3^{\#}$催化裂化装置运行

后，表明在增产催化汽油、降低蒸汽和催化剂用量、避免非计划停工和事故损失等方面发挥了重要作用，依托智能管控平台开展现场应用，预计新增纯经济效益1100万元/a。根据2018~2020年中国石化所属52套催化裂化非计划停车事件分析，综合考虑预警技术准确率等因素，技术应用后，预计将减少由于监控部位故障造成的装置非计划停工80%以上，即降低装置平均非计划次数为0.14×80%=0.112次/(套·a)，平均降低催化裂化装置非计划停工21.35h/(套·a)。

"催化裂化装置绿色低碳平稳高效运行智能管控平台"涵盖环保再生烟气产排、含硫污水减排、催化剂减量化等方面，能够辅助操作人员及时发现环保排放未来一段时间的指标变化趋势，避免发生超标现象等信息，并提供相应的脱硫脱硝剂、蒸汽用量和催化剂添加量方案，实现了催化裂化装置的再生烟气、含硫废水和废催化剂的源头削减，探索了工业互联网+环保在装置级的应用，有效减少企业能耗物耗的同时，实现了"三废"的大幅削减，不断支撑企业节能、降耗、减污、增效。此外，本项目的实施助力了地方"无废城市"的建设，是中国石化持续深入打好蓝天、碧水、净土保卫战的具体案例，树立了中国石化炼化企业的形象，促进了企地关系和谐发展，产生了显著的社会效益。

参 考 文 献

[1] 李鹏，任晔，陈学峰．中国石化催化裂化装置运行状况分析[J]．石油炼制与化工，2022，53(1)：53-59.

[2] 周图南．大数据技术应用于提升催化裂化装置生产运行水平研究[D]．武汉：武汉工程大学，2020.

[3] 吴锦云．"大数据"助力油气勘探开发更高效[J]．石化技术，2018，25(8)：119.

[4] 李剑锋．中国石化数字化转型发展的路径与策略[J]．中国石化，2019(11)：67-70.

[5] 张玉卓．以数字化转型促进能源化工产业高质量发展[J]．中国产经，2021(2)：58-60.

[6] 凌逸群．催化裂化装置绿色平稳高效运行数字化转型实践与展望[J]．石油炼制与化工，2023，54(5)：1-6.

探索降低 S Zorb 精制汽油烯烃含量的措施

刘 娜

（中国石化扬子石化公司 江苏南京 210048）

摘 要 为了加快推进我国车用汽油质量升级，实现清洁汽油的标准化和规范化，国Ⅵ B 汽油标准要求汽油烯烃含量≤15%（体），根据扬子石化公司汽油调和组分情况，S Zorb 精制汽油烯烃含量需按≤20%（体）控制。通过分析影响 S Zorb 装置精制汽油烯烃含量的各个因素，分别讨论了原料汽油性质、反应温度、氢油比、质量空速和吸附剂活性等操作参数对 S Zorb 装置精制汽油烯烃含量的影响，提出了具体优化方向，即在保证辛烷值损失可控的情况下，适当调整 S Zorb 装置操作参数来降低产品汽油烯烃含量，同时优化上游装置操作条件，降低原料汽油烯烃含量来降低产品汽油的烯烃含量，减少汽油调和成本，为公司降本增效作出相应贡献。

关键词 降烯烃；催化裂化；S Zorb；汽油

1 前言

汽油中烯烃是热不稳定的物质，容易氧化聚合形成胶质和沉淀，导致汽油喷嘴堵塞、进气门积炭，从而降低发动机效率[1]。此外汽油中的烯烃含量高，会使尾气中含有过多的氮氧化合物，进而加速产生以臭氧为主的有毒烟雾，加剧大气污染问题。汽油低烯烃、低硫、高辛烷值已成为世界燃料发展的趋势。根据国家发改委和国家质检总局要求，自 2023 年 1 月起全国开始执行汽油国Ⅵ B 标准，要求控制汽油烯烃含量≤15%（体）[2,3]。

扬子石化 S Zorb 精制汽油烯烃含量最高达到 29%（体），在调和方案中占比 40%～50%，而在炼油结构调整项目开工后，这一比例将超过 60%。调和池中的烯烃几乎全部来自 S Zorb 精制汽油，由于汽油中的烯烃组分辛烷值高于烷烃，降低烯烃组分必然会增加汽油辛烷值损失，增加成品汽油的调配难度。因此在保持 S Zorb 汽油辛烷值的同时进一步降烯烃，已成为实现汽油产品质量持续升级的关键[4,5]。

2 现状概述

扬子石化 S Zorb 装置是由康菲公司开发的用于催化汽油脱硫的生产工艺，该工艺是生产超低硫清洁汽油的核心技术之一。该技术利用专用吸附剂，在临氢工况下通过吸附反应原理，将产品汽油的硫含量降至 10μg/g 以下，具有脱硫深度高、氢耗低、辛烷值损失小等优点。装置主要由进料与脱硫反应、吸附剂再生、吸附剂循环和稳定系统四个部分组成[6]。

S Zorb 汽油吸附脱硫精制技术中，反应器内主要涉及吸附脱硫反应、烯烃加氢反应和异构化反应，烯烃作为催化汽油辛烷值的主要贡献组分，若在反应器内发生大量的烯烃加氢反应，虽可有效降低产品汽油的烯烃含量，但会导致汽油辛烷值损失增大，增加了成品汽油的调配压力。因此要在辛烷值损失较小的情况下调整装置操作参数，最大化地降低汽油烯烃含量。扬子石化 2023 年 1#S Zorb 装置原料和精制汽油的相关性质见表 1，2#S Zorb 装置刚刚投产，无可收集数据。由表 1 可知，2023 年 1#S Zorb 装置的原料硫含量在 168～295μg/g，脱硫率达到 95.64%～98.4%，因烯烃加氢饱和反应精制汽油中烯烃含量下降 1.48～4.66，导致辛烷值损失 0.54～0.77。

表 1 1#S Zorb 装置原料和精制汽油性质

日期	原料汽油		精制汽油		辛烷值损失	烯烃损失	脱硫率/%
	硫含量/(μg/g)	烯烃含量/%(体)	硫含量/(μg/g)	烯烃含量/%(体)			
2023/1 月	184.65	21.09	6.63	17.56	0.77	3.53	96.41
2023/2 月	168.61	19.85	7.35	17.76	0.57	2.09	95.64

续表

日期	原料汽油		精制汽油		辛烷值损失	烯烃损失	脱硫率/%
	硫含量/(μg/g)	烯烃含量/%(体)	硫含量/(μg/g)	烯烃含量/%(体)			
2023/3 月	195. 07	19. 42	6. 68	17. 94	0. 58	1. 48	96. 58
2023/4 月	226. 90	19. 56	5. 69	17. 78	0. 60	1. 80	96. 76
2023/5 月	290. 49	21. 83	5. 78	18. 79	0. 68	3. 04	98. 01
2023/6 月	279. 39	26. 44	5. 12	23. 50	0. 55	2. 94	98. 17
2023/7 月	260. 81	26. 61	5. 34	22. 93	0. 64	3. 69	97. 95
2023/8 月	272. 71	23. 80	6. 04	21. 05	0. 57	2. 76	97. 79
2023/9 月	236. 91	24. 54	6. 97	22. 04	0. 54	2. 50	97. 06
2023/10 月	238. 68	21. 89	5. 84	19. 43	0. 66	2. 46	97. 55
2023/11 月	294. 91	34. 25	8. 17	29. 59	0. 76	4. 66	97. 23
2023/12 月	205. 45	20. 71	3. 28	19. 16	0. 58	1. 55	98. 40

3 精制汽油烯烃含量的影响因素

3.1 反应温度

在 S Zorb 反应器中，吸附脱硫是一个微放热反应，烯烃加氢饱和反应是强放热反应，根据热力学分析，温度升高可以抑制烯烃饱和反应的进行。一般来说，当反应温度在 399~427℃时，脱硫率随反应温度的下降呈下降趋势，这会促进烯烃加氢反应的进行，但若反应器发生大量烯烃饱和反应，反应器的温度将显著上升，随着反应器出口温度的升高，又会反过来抑制烯烃加氢反应，形成一种自我调节的反馈机制。因此需要在控制产品汽油硫含量合格的情况下，适当降低反应温度达到降低产品汽油烯烃含量的目的[8-10]。

由图 1 可知，烯烃损失较大时，反应温度也较高。7 月份汽油烯烃损失较上月增大时，反应温度却降低，这可能是由于 7 月份原料油中烯烃含量较高(26. 61%)，硫含量中等水平(260. 8mg/kg)，因此装置调低加热炉出口温度，使得整体反应温度较低促进了烯烃饱和反应，烯烃损失增大。而 3 月份和 9 月份加热炉出口温度控制较高，反应温度较高抑制了烯烃饱和反应，汽油烯烃损失呈现下降趋势。同时这可能还与吸附剂的活性有关，7 月份再生吸附剂硫含量为 5. 82mg/kg，而 3 月份和 9 月份再生吸附剂硫含量为 8. 09mg/kg 和 8. 47mg/kg(见图 2)，吸附剂硫含量越高，吸附剂活性越弱，烯烃损失越少。

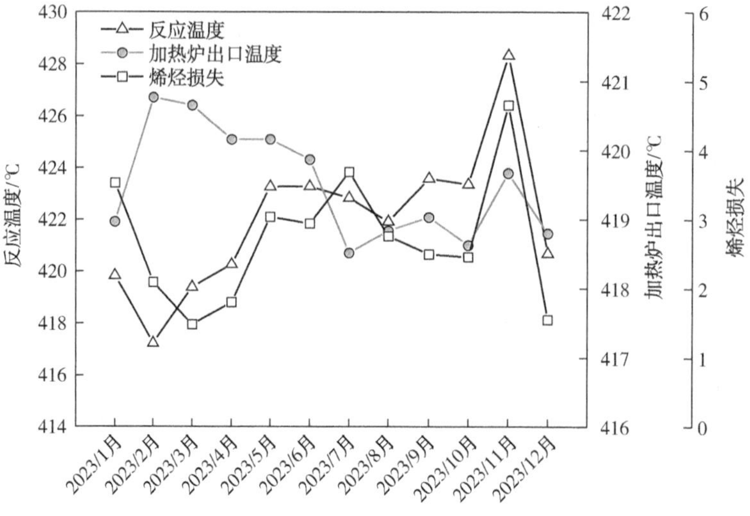

图 1　2023 年 1#S Zorb 装置反应温度、加热炉出口温度和烯烃损失情况

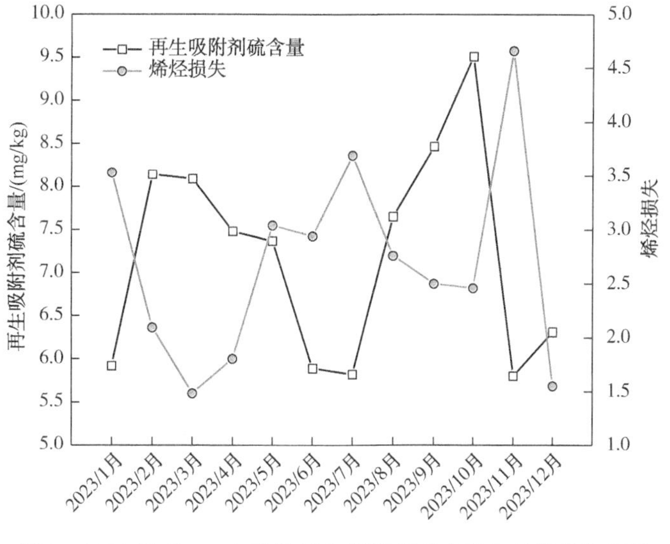

图 2　2023 年 1#S Zorb 装置再生吸附剂硫含量和烯烃损失情况

3.2　氢油比

氢油比是指装置循环氢中氢气组分和进料汽油的体积比，在正常的反应温度范围内，提高氢油比即是提高系统内氢分压来提高反应压力。高氢油比能提高加氢反应的深度，降低催化剂的积炭速度。另外，由于烯烃加氢饱和反应是体积缩小的反应，提高氢油比有利于烯烃发生加氢反应，降低了精制汽油中的烯烃含量。但是，压力也不宜过高，过高的氢分压会造成二烯烃和单烯烃的过度加氢，造成辛烷值损失过大。实际操作过程中，脱硫反应器压力的波动会造成反应器过滤器（ME101）压差波动，考虑反应器过滤器（ME101）长周期运行问题，氢油比主要根据进料量相应调整循环氢纯度。由图 3 可知，氢油比基本与烯烃损失呈正相关。

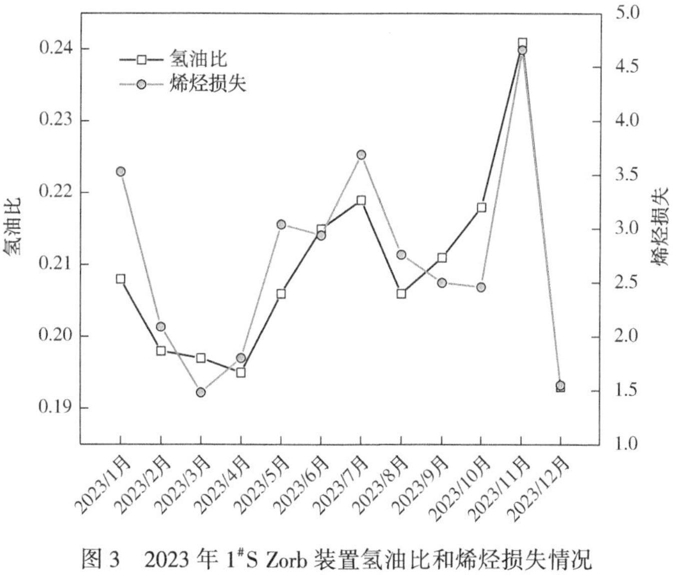

图 3　2023 年 1#S Zorb 装置氢油比和烯烃损失情况

3.3　质量空速

质量空速是指反应器进料量与反应器内吸附剂藏量之比。通过调整反应器内吸附剂藏量或原料汽油进料量，可以控制质量空速，进而改变烯烃加氢反应速率，降低产品汽油烯烃含量。在实际生产中，质量空速对烯烃加氢反应的影响相对较小，相比之下对硫吸附的影响更为显著。由于反应器内吸附剂藏量调整受限，进料量需要统一部署，因此在正常生产过程中，质量空速通常维持在稳定范围内，不作为常规调整措施[12]。由图 4 可知，烯烃损失大致随着质量空速的增加而减小，其中 8 月份、9 月份和 10 月份呈现相反趋势，可能与吸附剂活性有关。

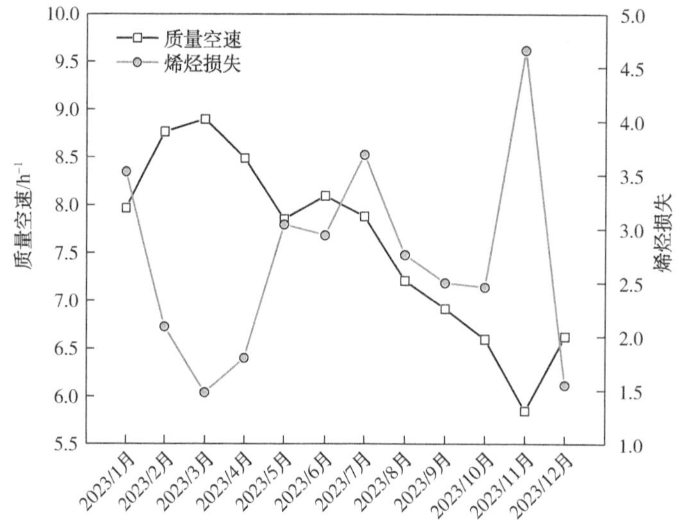

图 4　2023 年 1#S Zorb 装置质量空速和烯烃损失情况

3.4　原料性质

S Zorb 装置正常生产过程中，当烯烃饱和率超过 25%时，产品汽油辛烷值损失会有显著增加。从经济效益角度综合考虑，在要求 S Zorb 产品汽油烯烃含量低于 20%时，若烯烃饱和率按≤20%计，需要进一步对 S Zorb 装置原料汽油相关指标进行优化调整，控制原料汽油烯烃含量≤25%。如图 5 所示，精制汽油烯烃含量随着原料汽油烯烃含量的增大而增大。因此上游催化裂化汽油中烯烃含量的变化不仅会对装置的工艺调整产生影响，还会影响装置产品质量的提升。

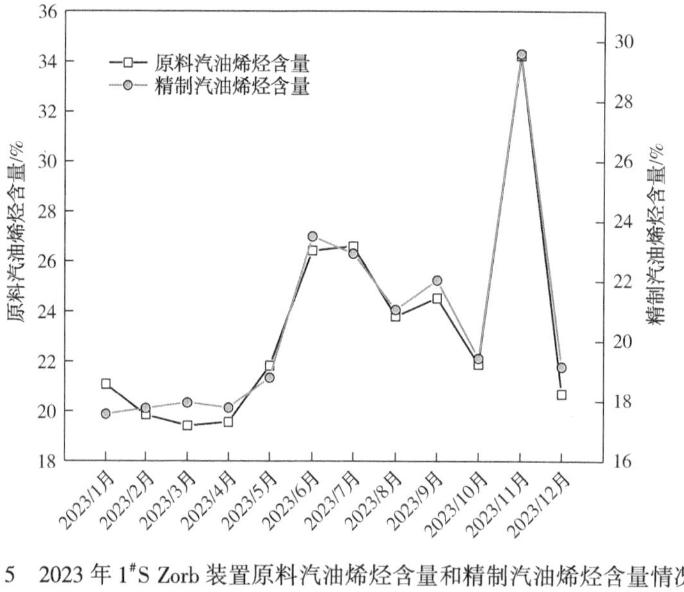

图 5　2023 年 1#S Zorb 装置原料汽油烯烃含量和精制汽油烯烃含量情况

催化裂化反应过程中，原料油裂化反应过程涉及双分子负氢离子转移和 β 键断裂的碳正离子反应机理，以负氢离子转移为基础的双分子反应，在原料油转化率较低时，双分子裂化反应起主导作用，此时汽油组分中烯烃含量快速增加；随着原料油转化率上升，双分子氢转移反应逐步占据主导地位，焦炭产率先缓慢增加，达到临界值后会迅速增大，而汽油组分中烯烃含量会先增加后持续降低。因此相关研究提出定向调控汽油组分烯烃含量的技术，即提高反应温度、降低催化剂活性有利于 Ⅰ 型氢转移反应。催化剂活性降低，表面酸中心密度减小，Ⅱ 型氢转移反应受到严重抑制，降低了焦炭产率，而且 Ⅱ 型氢转移反应在高反应温度下随转化率的增幅远小于在低反应温度下随转化率的增幅，因而可以大幅降低催化剂的消耗量、稳定汽油烯烃含量和焦炭产率，显著提高汽油产率和辛烷值[15-17]。某公司对重油催化裂化装置进行改造，应用定向调控汽油馏分组成的催化裂化技术，产物汽油馏分的烯烃含量降低 7.2%，产品汽油辛烷值增加 1，大幅度提高了装置经济效益[18]。

3.5 吸附剂活性

再生吸附剂的活性主要表观数值是吸附剂的硫含量，在实际生产操作中，主要通过调整再生风量来调整再生器的烧焦强度来实现。在保证产品硫含量合格的前提下，吸附剂的硫含量越高，其活性就越低，导致汽油脱硫效果变差，烯烃加氢反应程度减小，从而减小辛烷值的损失[14]。如图 2 所示，烯烃损失基本随着再生吸附剂上硫含量的增加而减少。其中 7 月份再生吸附剂硫含量较低，而烯烃损失增大较多，这主要受当月加热炉出口温度影响。

研究表明[14]烯烃加氢饱和反应会导致辛烷值的大幅损失，但如果部分反应烯烃尽可能多地发生异构化和芳构化反应，可以一定程度上弥补辛烷值的损失。此外，在一定的催化条件下，汽油中的正构烷烃也可以发生异构化和芳构化反应，从而增加辛烷值。中石化石油化工研究院有限公司开发了新一代 S Zorb 吸附剂 FCAS-MF，在保证高脱硫效果的同时优化了吸附剂结构组成，结合催化材料进行研究，开发出与金属活性中心协同作用良好的酸性材料，制造了金属-酸双功能催化剂。该催化剂应用在 S Zorb 工艺中，有助于促进汽油烯烃和正构烷烃发生异构化和芳构化反应，实现深度脱硫、降烯烃和改善辛烷值的目标。中国石化某炼油厂进行 FCAS-MF 工业应用试验，结果显示 FCAS-MF 替代系统中约 40%的 FCAS-R09 吸附剂时，产品汽油烯烃损失提高了 2%~3%，同时减少了 0.3~0.6 的辛烷值损失[3,14,19]。

4 总结

国 VI B 标准要求汽油烯烃含量≤15%(体)，当前 S Zorb 装置面临降低精制汽油烯烃含量的巨大挑战。本文探讨了影响 S Zorb 装置产品汽油烯烃含量的因素，包括反应温度、氢油比、质量空速、原料性质和吸附剂活性等。这些因素对汽油烯烃含量具有直接影响，需要在生产过程中加以控制和优化。针对当前公司面临的汽油烯烃含量较高的问题，需要综合考虑 S Zorb 装置的工艺优化、流程优化和新技术应用等方面，以实现汽油产品质量持续升级，满足国家标准要求的目的，同时降低生产成本，提高经济效益。

参 考 文 献

[1] 李杰，田东，王何伟 . S-Zorb 汽油精制装置降烯烃操作[J]. 山东化工，2023，52(18)：188-190.

[2] 李江波，贾佳，宋晓路，等 . S-Zorb 装置降烯烃工艺技术试验 [J]. 山东化工，2023，52(5)：191-197.

[3] 王珊珊，张建兵，刘朝国，等 . S Zorb 装置产品汽油降烯烃的技术探索 [J]. 中外能源，2024，29(1)：90-94.

[4] 姚永杰 . 催化汽油烯烃降幅对炼油厂经济效益的影响分析[J]. 炼油与化工，2017，28(1)：11-13.

[5] 张国祥，杨文斌 . 车用汽油烯烃含量的控制[J]. 化学工程与装备，2023(8)：29-31.

[6] 吴军，黄军相，聂兵权 . S Zorb 装置原料换热器结焦原因分析及对策 [J]. 石油炼制与化工，2023，54(6)：120-125.

[7] 刘永才，李佳 . 影响 S Zorb 装置汽油辛烷值损失因素分析[J]. 石油化工设计，2019，36(4)：12-20.

[8] 周欢，齐万松，李宏勋 . S Zorb 装置辛烷值损失大原因的分析与措施[J]. 云南化工，2019，46(9)：90-95.

[9] 武砚成 . S Zorb 装置汽油辛烷值损失偏大原因分析及优化措施 [J]. 中国石油和化工标准与质量，2013，33(14)：28-29.

[10] 包江滔 . S Zorb 装置生产国Ⅵ(B)汽油措施及建议 [J]. 化工设计通讯，2023，49(05)：7-8，50.

[11] 方东，何怡，齐建勋 . 降低吸附脱硫工艺汽油产品的辛烷值损失 [J]. 石化技术与应用，2023，41(1)：41-44.

[12] 刘丛林，林坤 . S Zorb 装置适应国Ⅵ B 汽油升级生产优化探讨 [J]. 山东化工，2023，52(13)：50-58.

[13] 杜佳楠 . 催化裂化汽油烯烃含量对 S Zorb 装置长周期运行影响分析 [J]. 炼油技术与工程，2023，53(3)：38-42.

[14] 谈程炜 . S Zorb 装置运行情况分析及建议 [J]. 中外能源，2022，27(11)：75-80.

[15] 许友好，王新，林伟，等 . 支撑我国车用汽油质量持续升级的核心技术开发与技术路线创建 [J]. 石油炼制与化工，2021，52(10)：126-135.

［16］许友好，王新，张登前，等．支撑我国汽油质量持续升级的核心技术及技术路线开发与应用 2. 催化裂化汽油降烯烃与脱硫分步集成工艺路线创建、深度开发与工业应用［J］. 石油炼制与化工，2022，53(10)：1-8.
［17］许友好，阳文杰，王新．支撑我国汽油质量持续升级的核心技术及技术路线开发与应用 1. 催化裂化汽油烯烃含量控制理论基础与工业实践［J］. 石油炼制与化工，2022，53(9)：1-9.
［18］周亚堃，刘彬，马明亮．300×10^4t/a 重油催化裂化装置的 MIP 工艺技术改造［J］. 石油与天然气化工，2020，49(4)：32-36.
［19］徐莉，孙钢，林伟，等．多功能 S Zorb 吸附剂 FCAS-MF 在汽油吸附脱硫装置的工业应用［J］. 石油炼制与化工，2021，52(9)：1-6.

催化裂化反-再系统模拟优化软件的工业应用

王　慧　孙世源　闫鸿飞　杨　鑫　王龙延　孟凡东

（中石化炼化工程公司　河南洛阳　471003）

摘　要　基于反应和再生动力学模型，开发了催化裂化反-再系统模拟优化软件。该软件包含自适应、预测、优化等功能，适用于单提升管、双提升管和并列式两段再生、重叠式两段再生的催化裂化装置。该软件在 WH 炼油厂 1#催化裂化装置进行了工业应用，分别以提高汽油+液化气和总液收收率为目标，根据软件计算推荐的操作条件对装置进行优化调整和标定，结果表明：汽油+液化气和总液收收率分别提高 1.50%(质)和 1.22%(质)，装置经济效益提升显著。

关键词　催化裂化；反-再系统；动力学模型；模拟优化；工业应用

1　前言

据 2021 年统计，中国石化共有 52 套催化裂化装置，总加工量 8130 万 t/a，占炼油能力的 27.3%。催化汽油占汽油池的 60%，催化柴油占柴油池的 30%，液化气占 90%，是炼油厂效益的主要来源，承担着为企业创造更大效益的职责[1-2]。目前国内外开发的催化裂化模拟优化软件主要有 Aspen 公司的 Aspen FCC 和 AspenRefSYSCatCracker，KBC 公司的 FCC-SIM，Shell 公司的 SHARC 等以及国内洛阳技术研发中心的 FCCLK、FCCM 和 FCCSW，辛孚能源的 SP-FCC 等[3-5]。虽然国内 FCC 过程模拟软件的发展取得了长足进步，但与国外模拟软件相比，在技术水平、实际应用范围以及商品化程度上均存在较大差距。为实现炼油企业 FCCU 的提效增效，非常有必要应用先进精确的 FCCU 模拟优化软件对其装置进行优化。

2　反-再系统模拟优化软件的开发

催化裂化反应-再生系统的数学模型是催化裂化反应工程的重要组成部分，其开发及应用对催化裂化的工艺研究、工程设计和装置操作优化都具有重要意义。基于反应-再生系统数学模型开发的催化裂化反-再系统模拟优化软件(SORARS)，可指导炼化企业在操作安全区内优化装置操作，改善产品分布和产品性质，强化再生效果，提升经济效益，实现催化裂化装置的数字化管理，同时可辅助工程公司优化装置设计。

反应系统模型基于催化裂化反应机理和物料平衡方程、能量平衡方程、压力平衡方程建立，包括预提升与油剂混合模块、提升管模块和汽提分离模块，同时可根据工艺类型对各模块进行灵活调整，对不同的反应器形式具有较强适应性。

反应系统模型的反应部分为提升管模块，该模型的数学模型为 17 个集总动力学模型[4-5]。该模型将原料油按馏程范围分成柴油层(L)、蜡油/回炼油层(M)和减渣/油浆(H)。每层按结构族组成划分为烷基碳(CP)、环烷碳(CN)和芳香碳(CA)。考虑到柴油层中的多环芳烃的裂化性能与单环芳烃有显著区别，将其单独成一个集总(LHA)。渣油层中胶质、沥青质中的芳香碳多以稠环芳香碳存在，将其单独作为一个集总(FA)。为了建立既能预测催化裂化产品分布，又能预测关键产品性质的模型，该模型将汽油划分为链烷烃、烯烃、环烷烃和芳烃 4 个集总，气体和焦炭分别集总。这样原料和产品共划分为 17 个集总[6-7]，反应网络如图 1 所示。

再生系统模型以烧焦反应动力学模型和再生器模型为基础建立[8-9]。失活催化剂表面附着的焦炭是一种混合物，主要包含碳元素和氢元素。在燃烧反应过程中碳元素被氧化生成 CO 和 CO_2，氢元素被氧化生成 H_2O。在描述烧焦反应动力学时，忽略焦炭中的氮、硫等元素，将焦炭看作是氢碳摩尔比为

q 的碳氢化合物 CH，其反应方程如式(1)-式(3)。

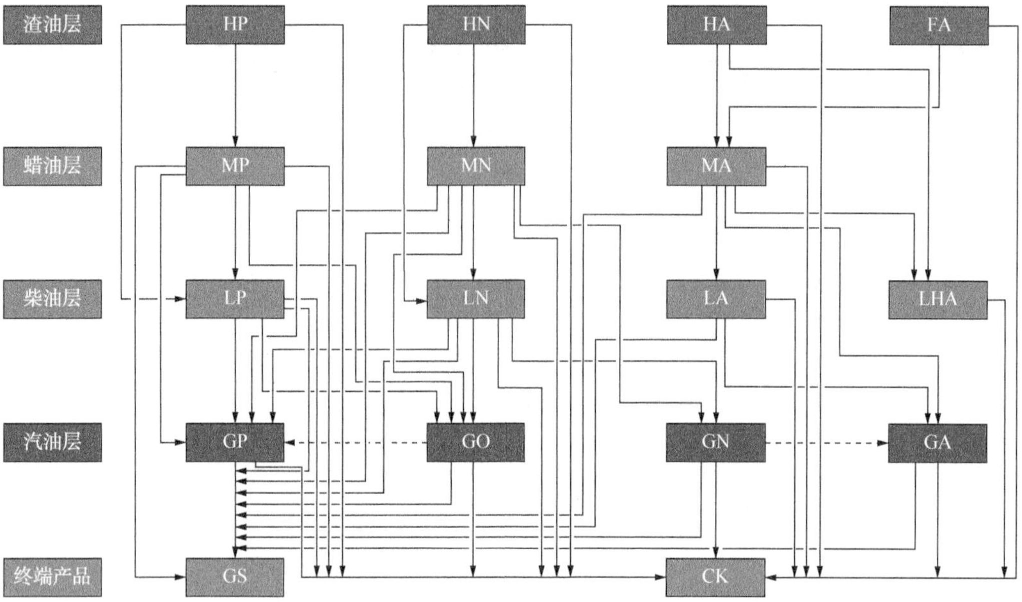

图 1　17 集总反应网络

$$2C+O_2 \xrightarrow{r_1} 2CO \tag{1}$$

$$C+O_2 \xrightarrow{r_2} CO_2 \tag{2}$$

$$4H+O_2 \xrightarrow{r_3} 2H_2O \tag{3}$$

式中，r_1、r_2、r_3 分别为 C 氧化生成 CO、CO_2 以及 H 氧化成 H_2O 过程的反应速率，其单位均为 $kmol/(m^3 \cdot s)$。再生系统详细建模过程见参考文献[8]。

以待生催化剂和再生催化剂为纽带，根据物料平衡、压力平衡、热量平衡对催化裂化反应系统模型和再生系统模型进行集成，建立反-再系统数学模型，模型示意如图 2 所示。基于试验结果，结合工业装置生产运行数据及装置标定数据进行反应系统和再生系统模型的参数求解和校正[10]，完成反应和再生系统的建模。

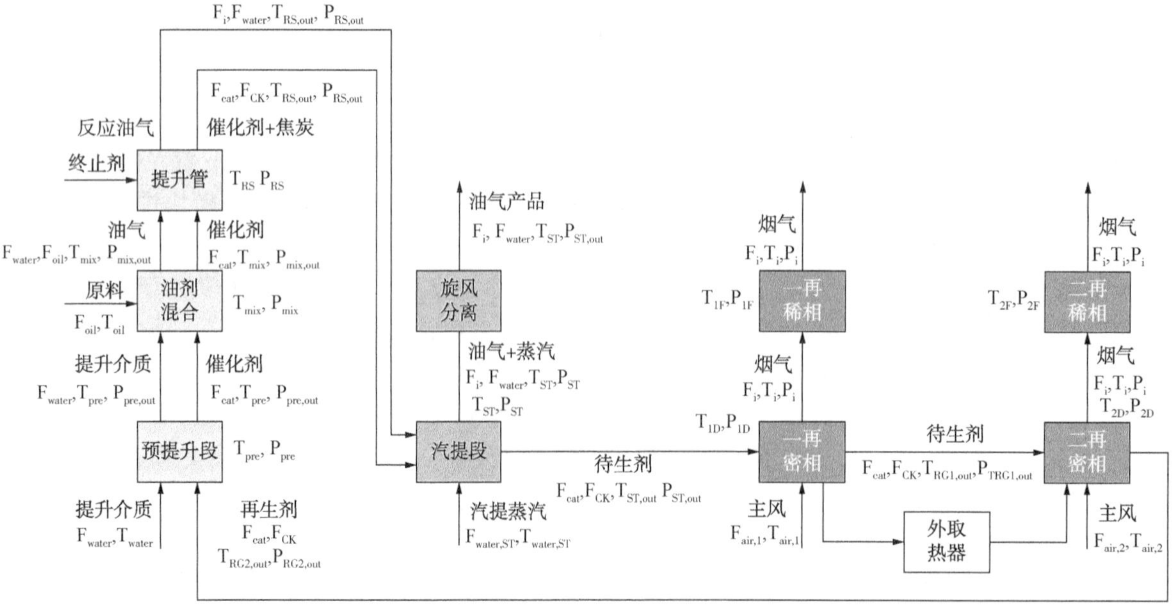

图 2　催化裂化装置反-再系统模型示意图

3 SORARS 软件验证

根据工业装置运行数据对 SORARS 软件模拟精确度进行了验证。为了尽量减小每日原料和装置操作波动对物料平衡的影响，采用武汉炼厂近两年 1#催化裂化装置月报数据，对软件预测精度进行验证。产品分布实际值与软件预测值的对比如图 3 所示。

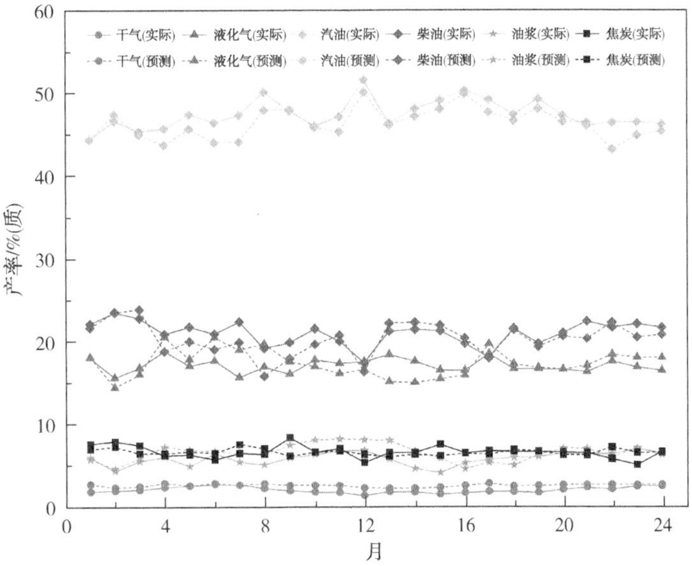

图 3 产品分布实际值与软件预测值对比

由图 3 可知，在两年的考核验证期间，虽然原料油性质、操作条件、催化剂性能等参数有一定变化，催化反-再系统模拟优化软件对装置物料平衡的预测是比较准确的，预测的各产品产率的变化趋势与实际情况大致相同，其中液化气、汽油、柴油的平均绝对误差分别为 1.39%、1.22%、1.17%，能够满足工业装置模拟预测的需要。

4 SORARS 软件工业应用

基于反-再系统模型开发的 SORARS 软件在 WH 炼油厂 1#催化裂化装置上进行了工业试验和应用。1#催化装置设计加工量 100 万 t/a，提升管为高低并列式，再生器为两段并列再生，无取热设施，反-再系统自热平衡。应用 SORARS 软件对 1#催化装置操作条件进行优化，可在装置限制条件约束下，提高装置高附加值产品产率，进而提升装置经济效益。

为适应不同生产模式，软件工业应用试验分别以提高汽油+液化气收率和提高总液收(液化气+汽油+柴油)为目标进行了两次标定，根据软件计算推荐的操作条件，对装置操作进行调整，并对调整后的装置运行状况进行标定。

4.1 标定阶段Ⅰ(提高汽油+液化气收率)

以提高汽油+液化气收率为目标，开展第一阶段的优化标定Ⅰ和空白标定Ⅰ试验。空白标定Ⅰ在 1#催化装置日常操作模式下进行，原料加工量 125t/h 左右(设计加工负荷 125t/h)，提升管出口温度为 525℃左右，一再密相温度为 650℃左右，二再密相温度为 690℃左右，平衡剂微反活性为 66 左右。优化标定Ⅰ根据 SORARS 软件优化预测结果结合装置实际现状进行。

4.1.1 操作条件优化方案

SORARS 软件可优化的操作条件包括提升管出口温度、终止剂类型、终止剂用量、平衡剂活性、再生剂温度、回炼油量等。为了确定待优化的操作条件，在其他操作条件不变的前提下，分别预测上述操作条件对汽油+液化气收率的影响，如图 4 所示。

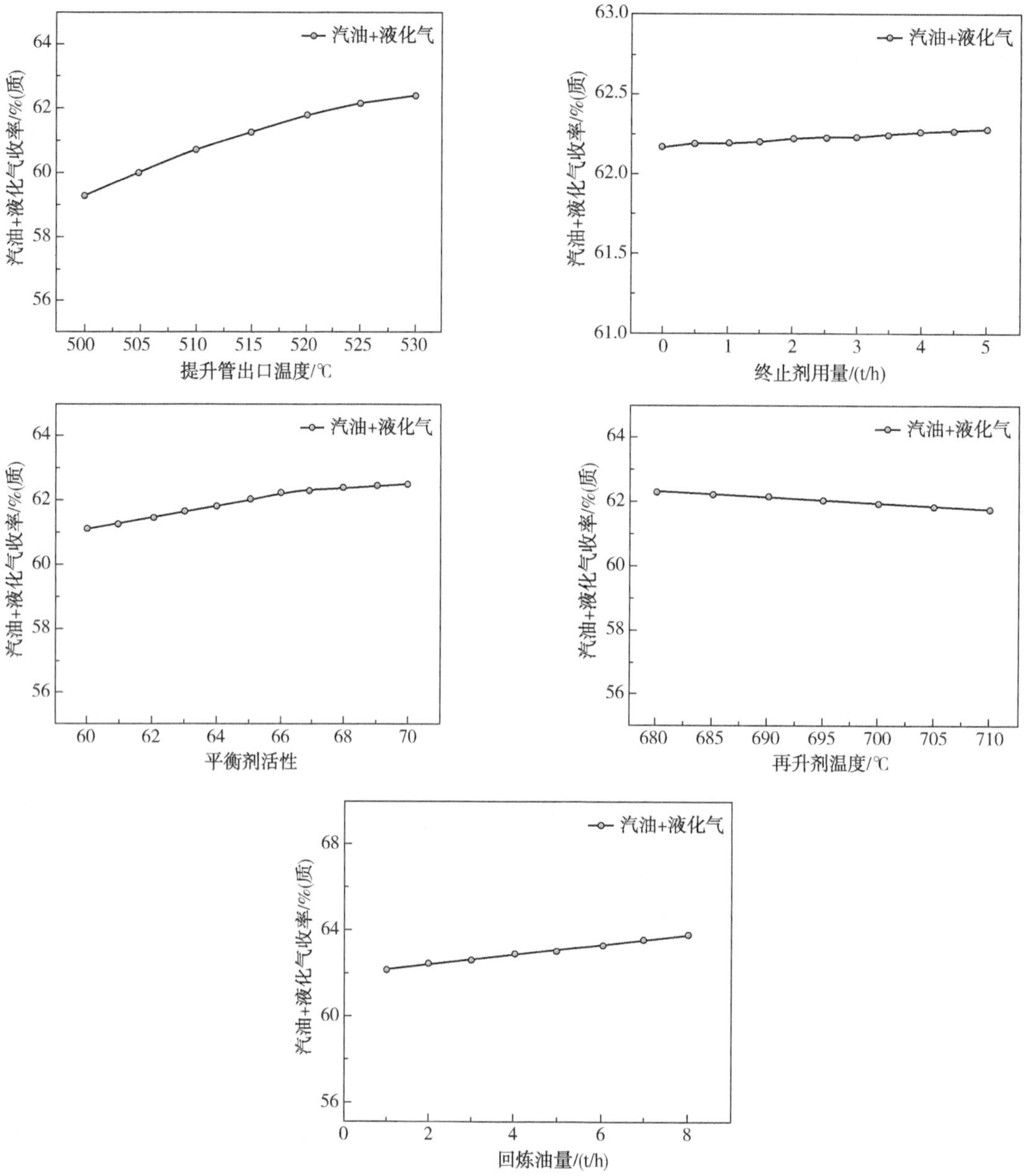

图 4　操作条件对汽油+液化气收率的影响

由 SORARS 软件预测结果可知，提高提升管出口温度，降低再生剂温度，提高平衡剂活性，增大回炼油量，增大终止剂量都会使汽油+液化气收率增加。考虑到 $1^{\#}$催化裂化装置为自热平衡，提高提升管出口温度会使装置烧焦量增大，再生温度升高，当以提高提升管出口温度为待优化参数时，再生剂温度不作为待优化参数。回炼操作虽然能提高装置汽油+液化气收率，但是会影响装置操作负荷，考虑到 $1^{\#}$催化裂化装置尚有较大的挖潜空间，因此优化标定 Ⅰ 暂不采用回炼操作模式。

通过分析，在不影响装置平稳运行的前提下，考虑到主风机、气压机以及再生器负荷的约束，推荐优化条件以提升管出口温度、终止剂用量、平衡剂活性为可调节参数，其他操作条件与空白标定 Ⅰ 相同。提升管出口温度调节范围为 500~530℃，终止剂用量调节范围为 0~3.5t/h，平衡剂微反活性调节范围为 65~67。原料性质、催化剂性质和其他主要操作条件参考装置日常运行数据。预测结果见图 5。

由图 5 可知，预测的最优提升管出口温度为 528℃，终止剂量为 3.5t/h，平衡剂微反活性为 67。根据软件预测结果，与空白标定 Ⅰ 相比，优化操作宜采用较高的提升管出口温度，同时使用含硫污水作为终止剂。

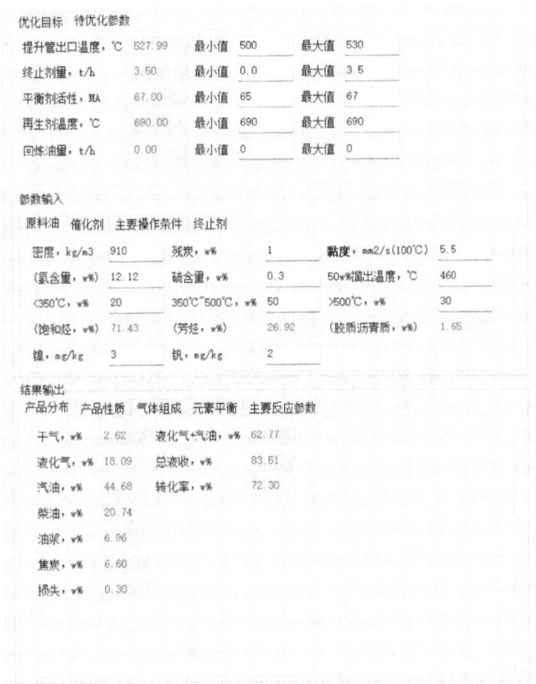

图 5 以提高汽油+液化气收率为目标的优化与预测结果

4.1.2 优化方案实施

在装置日常操作模式下，开展空白标定Ⅰ试验。在软件预测的优化操作条件下，开展优化标定Ⅰ试验。优化标定Ⅰ与空白标定Ⅰ操作条件及产品分布对比见表 1。

表 1 优化标定Ⅰ与空白标定Ⅰ操作条件及产品分布对比

	空白标定Ⅰ	优化标定Ⅰ
催化剂和原料油主要性质		
平衡剂 MA	66	66
原料油密度/(kg/m^3)	910.8	915.8
原料油残炭/%(质)	1.09	1.03
主要操作条件		
提升管出口温度/℃	525	530
终止剂温度/℃	—	35
原料油加工量/(t/h)	124.8	125.2
终止剂量/(t/h)	—	3.6
剂油比	8.0	8.8
反应时间/s	2.29	2.33
一再密相温度/℃	650	653
二再密相温度/℃	688	692
一再主风流量/(Nm^3/h)	45790	48381
二再主风流量/(Nm^3/h)	17506	15774
产品分布/%(质)		
干气	2.44	2.93
液化气	15.86	18.90
汽油	46.32	44.78
柴油	22.67	19.85
油浆	6.09	6.77
焦炭	6.33	6.47
损失	0.29	0.30
汽油+液化气	62.42	63.92
合计	100	100
经济效益变化/(元/t)		+119.36

从表 1 数据可知，优化标定 Ⅰ 与空白标定 Ⅰ 相比，液化气产率增加 3.04w%，丙烯产率增加 1.63w%，丙烯在液化气中占比从 35.91w%增大至 38.72w%，柴油产率降低 2.82w%，汽油+液化气收率增加 1.50w%。通过提高提升管出口温度，使用终止剂，增大一再主风量等措施，汽油+液化气收率显著增加，柴油收率明显降低，加工催化原料经济效益提升 119.36 元/t。

4.2 标定阶段Ⅱ(提高总液收)

以提高总液收为目标，开展第二阶段的优化标定Ⅱ和空白标定Ⅱ试验。空白标定Ⅱ在 1#催化装置日常操作模式下进行，优化标定Ⅱ根据 SORARS 软件优化预测结果结合装置实际现状进行。

4.2.1 操作条件优化方案

以提高总液收为目标，对 1#催化装置操作条件进行软件预测和优化。为了确定待优化的操作条件，在其他操作条件不变的前提下，使用 SORARS 软件分别预测提升管出口温度、再生剂温度、平衡剂活性、回炼比、终止剂用量等操作条件对总液收的影响，如图 6 所示。

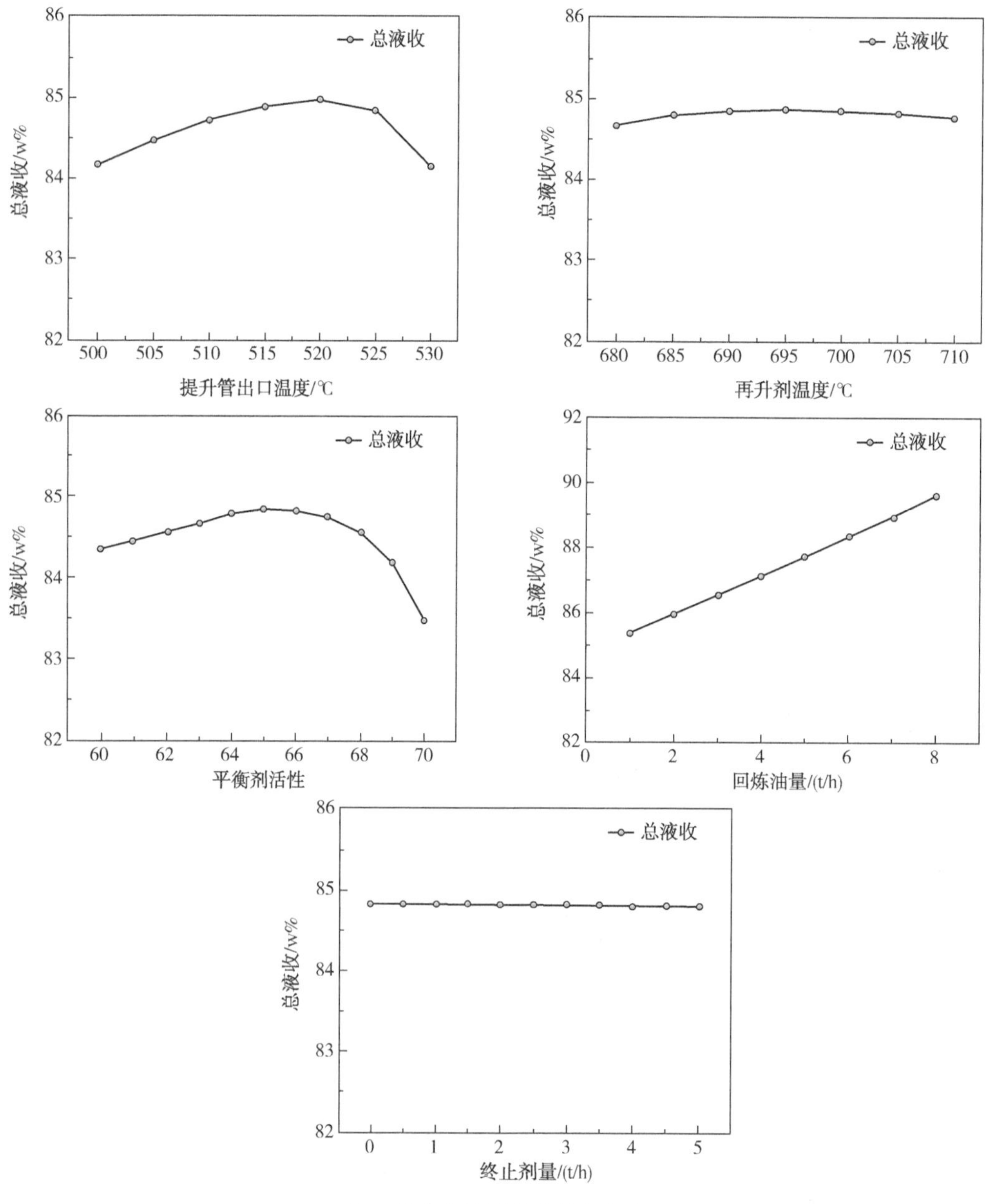

图 6　操作条件对总液收的影响

通过分析，在不影响装置平稳运行的前提下，考虑到主风机、气压机以及再生器负荷的约束，推荐优化条件以提升管出口温度、再生剂温度、回炼油量、平衡剂微反活性为可调节参数，其他操作条件与空白标定Ⅱ相同。日常操作模式与 SORARS 软件优化预测的主要操作参数见表 2。

表 2　日常操作模式与 SORARS 软件优化预测模式对比

主要操作参数	日常操作模式	软件优化预测
原料油加工量/(t/h)	125	130
平衡剂 MA	66	67
提升管出口温度/℃	525	520
回炼油量/(t/h)	—	5
再生剂温度/℃	690	685

4.2.2　优化方案实施

在 1#催化装置日常操作模式下，开展空白标定Ⅱ试验。根据软件预测的优化操作条件，开展优化标定Ⅰ试验。根据预测结果，优化标定Ⅱ相对于空白标定Ⅱ，催化剂活性更高。为了提高催化平衡剂活性，根据 1#催化装置实际情况，结合软件预测结果，在总体主风量不变的条件下，采用增大一再主风量，减小二再主风量的操作模式，使催化剂烧焦再生更为充分，进而提高平衡剂活性。

优化标定Ⅱ与空白标定Ⅱ主要操作参数和产品分布对比见表 3。

表 3　优化标定Ⅱ与空白标定Ⅱ操作条件及产品分布对比

	空白标定Ⅱ	优化标定Ⅱ
催化剂和原料油主要性质		
平衡剂 MA	66	66
原料油密度/(kg/m³)	914.2	916.8
原料油残炭/%(质)	0.74	0.77
主要操作条件		
原料油加工量/(t/h)	130.5	130.7
提升管出口温度/℃	527	522
回炼油量/(t/h)	0	4.6
剂油比	8.5	7.9
反应时间/s	2.48	2.40
一再密相温度/℃	650	652
二再密相温度/℃	700	704
一再主风流量/(Nm³/h)	46078	47175
二再主风流量/(Nm³/h)	17145	16900
产品分布/%(质)		
干气	2.57	2.41
液化气	17.53	16.92
汽油	46.22	46.68
柴油	20.51	21.88
油浆	6.79	5.65
焦炭	6.10	6.16
损失	0.28	0.30
总液收	84.26	85.48
合计	100	100
经济效益变化/(元/t)		+51.63

从表 3 数据可知，优化标定Ⅱ与空白标定Ⅱ相比，干气产率降低 0.16%(质)，液化气产率减小

0.61%(质)，催化汽油产率增加 0.46%(质)，催化柴油产率增加 1.37%(质)，油浆产率降低 1.14%(质)，焦炭产率增加 0.06%(质)，总液收提高 1.22 个百分点。

在不影响原料加工量的前提下，通过采用回炼操作、适当降低提升管出口温度、增大一再主风量等措施，催化油浆产率显著降低，干气产率略有降低，焦炭产率几乎不变，总液收明显提高。根据该炼厂内部价格核算，加工催化原料经济效益提升 51.63 元/t。

5 结论

(1) 催化裂化反-再系统模拟优化软件反应和再生模型以机理模型为基础建立，其模型遵循催化裂化反应和烧焦反应规律，因此软件经过校正后对于不同的催化裂化装置都具有较强的适应性，是一款通用的催化裂化模拟优化软件。

(2) 根据工业装置运行数据对 SORARS 软件模拟精确度进行了验证，软件对装置物料平衡的预测是比较准确的，预测的各产品产率的变化趋势与实际情况大致相同能够满足对工业装置模拟预测的需要；

(3) 根据模拟优化软件计算推荐的操作条件，分别以提高总液收和提高汽油+液化气收率为目标对1#催化装置进行优化调整和标定，总液收和汽油+液化气收率分别提高 1.22 个百分点和 1.50 个百分点，装置经济效益提升显著。

参 考 文 献

[1] 费华伟，高振宇．中国炼油工业“十三五”回顾及“十四五”展望[J]. 国际石油经济，2021，29(5)：39-46.

[2] 李明丰，吴昊，李延军，等．我国炼油行业低碳发展跨径分析[J]. 石油炼制与化工，2023，54(1)：9.

[3] 高立兵，吕中原，索寒生，等．石油化工流程模拟软件现状与发展趋势[J]. 化工进展，2021，40(s2)：1-14.

[4] 孙世源，孟凡东，闫鸿飞，等．重油催化裂化 14 集总动力学模型研究[J]. 河南化工，2017，34(7)：29-34.

[5] 闫鸿飞，孙世源，孟凡东，等．催化裂化模拟优化软件的工业应用[J]. 当代化工，2018，47(6)：5.

[6] Sun S Y, Chemical Engineering & Technology[J]. 2020, 43(12)：2493-2500.

[7] 中国石油化工股份有限公司，中石化炼化工程(集团)股份有限公司．一种催化裂化反应过程建模方法及装置：CN202110497186.6[P]. 2021-08-06.

[8] 孙世源，王龙延，孟凡东，等．催化裂化装置重叠式两段再生系统建模[J]. 石油炼制与化工，2022，53(3)：85-90.

[9] 中国石油化工股份有限公司，中石化炼化工程(集团)股份有限公司．催化裂化两段再生系统的建模方法及装置：CN202111072082.7[P]. 2021-12-03.

[10] 中国石油化工股份有限公司，中石化炼化工程(集团)股份有限公司．一种用于催化裂化动力学模型的参数估值方法及装置：CN202010756805.4[P]. 2020-10-30.

S Zorb 装置高通量金属滤芯的使用及优化

甘胜才

（中国石化安庆石化公司　安徽安庆　246002）

摘　要　中国石化安庆石化公司 150 万 t/a S Zorb 装置 ME7101 过滤器技改项目已经顺利完成。为了提升过滤器的处理能力，采用了韶关贝瑞公司的高通量金属粉末滤芯组件。初步使用证明该滤芯组件相对传统的金属粉末滤芯具有通量大、结构强度更高以及反吹效果更好的优势。优化后过滤器处理量可稳定工作在 200t/h，处理量可达 170 万 t/a。由于高通量滤芯与传统滤芯存在一定差异，本文同时进行了高通量滤芯的使用中过滤器的压差回复值、反吹气体压力及反应器温度等使用参数的优化工作。

关键词　S Zorb 装置；过滤器；高通量滤芯；吸附脱硫；催化裂化汽油

1　技改项目及 S Zorb 装置简介

S Zorb 装置原则工艺流程如图 1 所示。原料汽油和氢气混合气被加热到 420℃左右，从底部进入反应器与吸附剂接触并发生吸附反应，反应后的混合油气在过滤器的顶部经过金属滤芯将油气中的吸附剂拦截下来，转变为滤芯表面滤饼层，实现油气和吸附剂的分离。滤芯表面的滤饼通过定期的反吹重新转变为松散的吸附剂颗粒循环参与油气的脱硫反应。吸附剂绝大部分在反应器底部呈沸腾状进行脱硫反应，吸附了硫的吸附剂进入到反应器上部的吸附剂接收器，依次通过闭锁料斗、再生器进行再生，经过闭锁料斗、还原器得到还原态的吸附剂，然后自流到反应器重新参与脱硫反应。形成一个完整的循环过程。

吸附剂在不断的循环过程中大部分的吸附剂是通过吸附剂接受器转走，仍有少量吸附剂伴随油气进入过滤器的顶部，需要滤芯进行分离。由于技改项目要求处理量大幅度地提升，同时过滤器尺寸本身不能更改，这样按照技改后设计最大产量运行时，油气的线速度从之前的 0. 28 ~ 0. 34m/s 提高到了 0. 35 ~ 0. 39m/s。过滤器由于处理量提高引起压差上升，同时还由于油气线速度的提高携带的吸附剂量变多导致过滤器压差上升，两者的叠加效应使得普通金属粉末过滤器滤芯组件很难满足技改项目的处理量要求，必须选用压差阻力更小、反吹效果更好的高通量金属滤芯组件。

高通量金属滤芯是过滤器的核心组件，安装于如图 1 所示左侧反应器的上部。

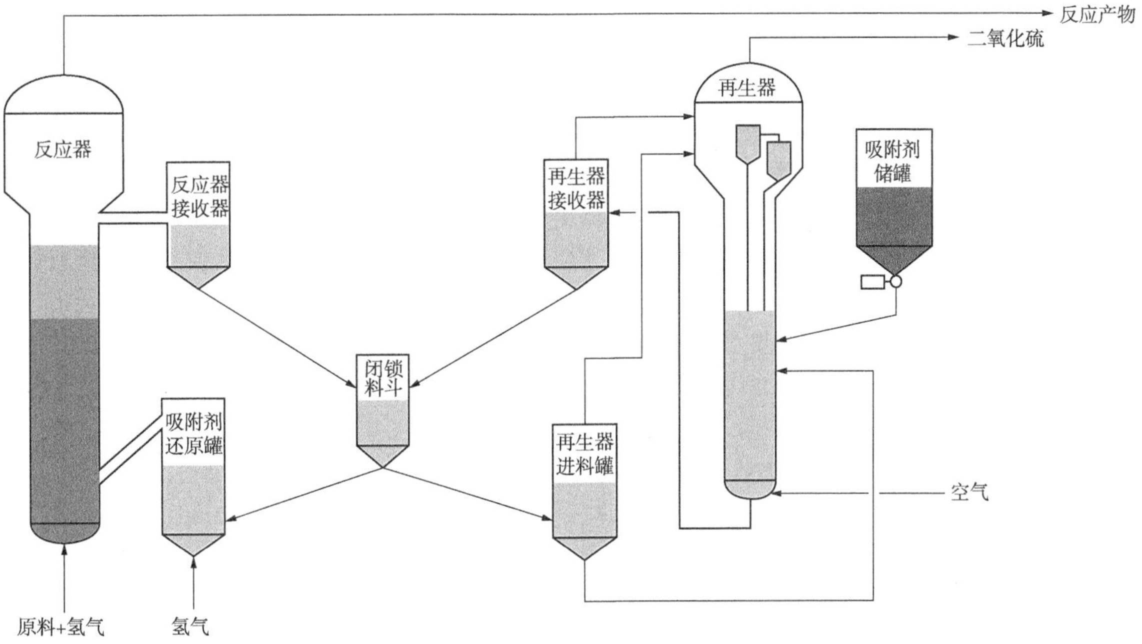

图 1　S Zorb 装置整体流程图

2 高通量金属粉末滤芯的技术原理及简介

高通量金属滤芯(见图2)提高过滤通量的根本原理是采用非对称加工工艺。传统金属粉末滤芯为了保证滤芯过滤层的强度，在设计上滤芯控制层厚度达到2~3mm，而高通量金属粉末滤芯使用非对称技术，基底金属粉末层采用大颗粒金属粉末进行烧结，表层过滤控制层使用细金属粉末烧结。整体厚度仍然为2~3mm，但控制层的厚度却大大降低。根据Darcy流体理论，透过滤膜的流量与膜的过滤精度、厚度成反比。因此具有非对称结构的高通量金属滤芯由于表面精密过滤层厚度的降低达到了提高过滤通量的目的。由滤芯压差计算公式[见式(1)]可以看出，在其他条件不变的条件下，减少过滤器过滤控制层的厚度能够有效地降低过滤器的压差，或者在压差不变的条件下，通过减少过滤控制层的厚度来提高过滤器的通量。

$$\Delta P=\frac{V\cdot d\cdot \eta}{S\cdot \alpha} \tag{1}$$

式中 V——流量，m^3/s；

d——滤层厚度，mm；

η——液体黏度，$Pa\cdot s$；

S——过滤面积，m^2；

α——透过系数。

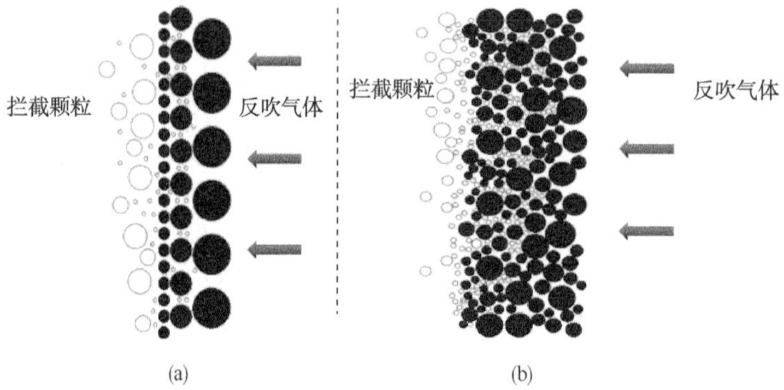

图2 高通量金属滤芯(a)和传统滤芯(b)的结构示意图

3 高通量滤芯在安庆石化的使用效果

3.1 高通量金属滤芯在高处理量的性能

高通量金属在安庆石化S Zorb装置开工运行以来取得了良好的运行效果。在相同的处理量条件下压差明显低于同等类型的传统金属粉末滤芯。在160t/h处理量条件下，高通量金属滤芯的平均压差仅14kPa左右。而传统金属粉末滤芯压差为18~20kPa。由于技改项目要求滤芯处理量在200t/h以上运行，传统金属粉末滤芯由于处理能力的限制，尚无此处理量时的数据。因此，单独测量了高通量滤芯在高处理量的性能参数。

从图3中可以看出高通量滤芯在200t/h的反吹后压差16~17kPa，压差回复值3~4kPa，其优异的性能表现得非常明显。高通量金属滤芯在200t/h处理量的压差数据同普通滤芯在160t/h的处理量压差数据相近。

3.2 高通量金属滤芯在变化工况下抗衰减能力的性能

S Zorb装置在运行过程中要求工况尽可能的稳定，一旦发生系统原因导致的迅速提升产量或者降低产量等，往往都会出现压差值的突然跳跃性上升。这种剧烈变化的工况每发生一次就会导致压差值上升0.5~2kPa。在滤芯的使用过程中由于多次异常工况和滤芯使用过程中逐步衰减导致的压差上升是滤芯压差值过高超过连锁值并最终报废的根本原因。为了考察高通量滤芯对异常工况压差上升的敏感性，实验过程中跟踪了异常工况下高通量滤芯的压差上升的幅度。当处理量快速波动时，高通量滤芯的压差几乎不受影响。而传统滤芯面对这种的不稳定工况压差值会快速地升高。

4 高通量滤芯工作环境对工作稳定性的影响

尽管高通量金属滤芯在变化工况下具有优异的性能。但是生产过程中为了保证高通量金属滤芯能够在高负荷条件下长期平稳地运行，发挥出最大经济效益，仍需要对过滤器工作的各项参数进行优化。影响过滤器使用的主要参数包括：反应器反应温度、反吹管反吹压力、反吹间隔时间、压差回复值等。

4.1 反应器温度对高通量滤芯使用的影响

过滤器进行脱硫操作的反应温度一般为 410~425℃。实际操作过程中由于加热器、换热器工作的异常可能出现温度超出正常使用温度范围。尤其是操作温度低于 400℃以后，由于温度的降低引起油气的黏度系数升高。在 Darcy 流体理论方程中透过系数 α 的升高，引起滤芯压差增大。在其他操作参数不变条件下滤芯的压差回复值会明显的升高，见表 1。

表 1 反应器温度对过滤器压差的影响

时间	压差回复值/kPa	反吹前压差/kPa	反吹后压差/kPa	反应器温度/℃
17：42	3.24	15.35	11.91	425
18：12	3.54	15.44	11.76	428
18：42	3.50	15.26	11.67	415
19：12	4.07	15.74	12.32	409
19：42	3.91	15.63	12.10	406
20：12	4.21	16.31	12.28	402
20：43	4.61	16.90	12.12	392
21：13	4.21	16.33	12.11	406
21：43	3.88	15.98	12.21	416
22：13	3.87	16.07	12.25	414

从以上表格中可以看出随反应器温度的降低，过滤器反吹前的压差值升高非常明显，反吹后压差值略有上升。这是因为随滤芯的工作，滤芯表面滤饼层不断地增厚，增厚的这部分滤饼由于反应器温度的降低，引起的压差上升非常明显。同时滤芯本身及永久滤饼层压差在降温后也略有升高。两者的差值导致压差回复值的升高。

4.2 反吹压力对高通量滤芯稳定使用的影响

过滤器工作过程中需要不断将形成的临时滤饼通过反吹管吹掉，同时又不破坏永久滤饼层。滤芯表面形成滤饼结构示意如图 3 所示。传统滤芯的使用反吹压力设置方法为反应器压力的 2.26 倍。通过不断的测试发现，高通量滤芯适合的反吹压力的合适范围值为 $P_{反吹}=(1.89\sim1.93)\times P_{反应}$，其中 $P_{反吹}$代表反吹压力，$P_{反应}$代表反应器压力。为了保证滤芯长期稳定地工作，反吹压力的设置要在合理的范围内。

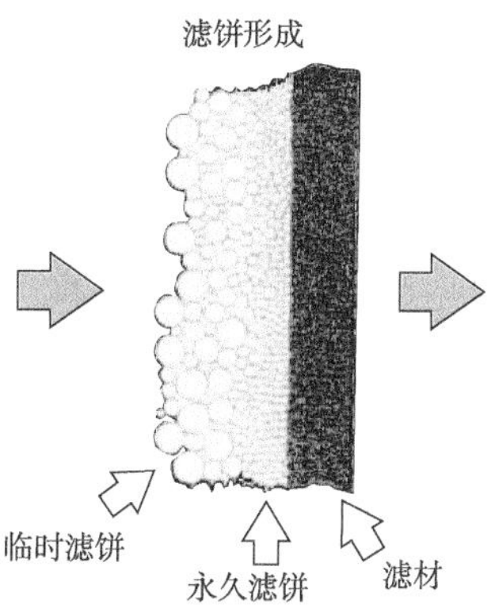

图 3 滤饼结构示意图

4.3 反吹压力设置不当对滤芯使用性能的影响

当反吹压力过低时，由于反吹压力不能将两次反吹时间内形成的临时滤饼完全地吹去，导致临时滤饼不断增厚，最终会导致部分增厚的临时滤饼转变成永久滤饼。随使用时间的延长，表现为滤芯的使用压差不断地升高，一旦使用压差超过系统连锁值，只能被迫停车。

反之，如果反吹压力过高时，会发生永久滤饼层的组织结构发生变化、滤饼组织细化。表现为滤芯的压差回复值不断地升高。同时永久滤饼层的颗粒组织细化会在不断的反吹过程中导致吸附剂颗粒中的细颗粒通过滤芯的空隙不断地进入滤芯内部，导致滤芯性能的快速衰减。图 4 是正常使用状态反吹压力 5.0MPa 下的滤饼组织成分，可以看出此时滤饼的比表面积为 1.614m^2/g，滤饼组织中粗颗粒部分较多存在一个小的平台。而当反吹压力调整到 5.2MPa 时(见图 5)，颗粒比表面积增大至 2.343m^2/g，粗颗粒的平台基本消失。体现为提高反吹压力时，颗粒组织成分细化。

浓度: 0.004 %Vol 一致性 1.202 S.S.A 1.614m^2/g D(3, 2) 3.719μm D(4, 3) 9.384μm
D10 1.681μm D25 2.842μm D50 5.380μm D75 11.226μm D90 24.208μm

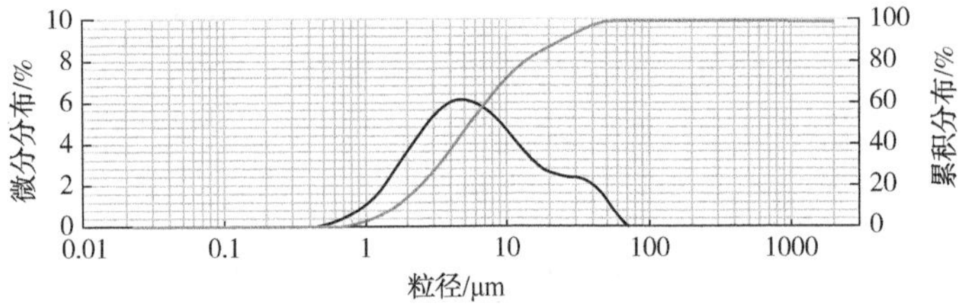

图 4 反吹压力为 5.0MPa 时的滤饼组成

浓度: 0.002 %Vol 一致性 1.624 S.S.A 2.343m^2/g D(3, 2) 2.561μm D(4, 3) 10.510μm
D10 0.964μm D25 1.872μm D50 5.113μm D75 11.213μm D90 23.651μm

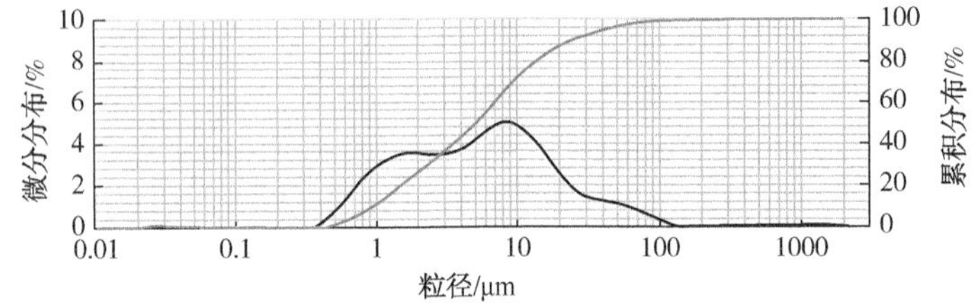

图 5 反吹压力为 5.2MPa 时的滤饼组成

由图 4、图 5 提高反吹压力时颗粒组织细化，理论上可以推测滤饼的阻力会升高。为此，实验中测试了不同反吹压力条件的反吹前后的压差值以及压差回复值。结果见表 2。

表 2 提高反吹压力对滤芯压差计压差回复值的影响

时间	压差回复值/kPa	反吹前压差/kPa	反吹后压差/kPa	反吹压力/MPa
1：17	3.23	20.00	14.88	5.0
2：02	3.40	20.28	15.09	5.0
2：48	3.73	20.82	15.24	5.0
3：33	4.12	20.88	15.56	5.0
4：18	4.54	20.10	14.70	5.0
5：03	5.79	20.48	15.15	5.2
5：48	5.56	20.71	15.31	5.2
6：33	6.14	21.46	15.35	5.2
7：18	5.34	20.69	15.50	5.3
8：03	5.50	21.00	15.17	5.3
8：48	5.85	21.02	14.93	5.3
9：34	5.75	20.68	15.07	5.4
10：19	5.64	20.71	15.18	5.5
11：04	8.02	23.20	15.05	5.5
11：49	7.23	22.27	15.72	5.8

续表

时间	压差回复值/kPa	反吹前压差/kPa	反吹后压差/kPa	反吹压力/MPa
12：34	6.81	22.52	15.69	5.8
13：19	6.88	22.57	15.36	5.8
14：04	7.65	23.01	15.40	6.0

表2中正常使用的滤芯初始反吹压力为5.0MPa，通过提高反吹压力来观察高反吹压力对滤芯反吹前后的压差及差压回复值的影响。将反吹压力提高后发现反吹前后压差及压差回复值不断地升高。以上结果充分说明了反吹压力的提高引起滤饼组织结构的改变，进而影响过滤器的反吹前后压差值及压差回复值。

4.4 反吹间隔时间对高通量滤芯使用的影响

滤芯在工作过程中其他设置参数不变的情况下压差回复值也同样受反吹时间间隔的影响。当操作过程中随着使用时间的延长或产量的变化，滤芯的压差回复值会发生相应的变化。为了使得滤芯能够工作在合理压差回复值范围内，需要对反吹间隔时间设置进行调整。当压差回复值大于3.5kPa，需缩短反吹等待时间，直到压差回复值为3~3.5kPa。反之，当压差回复值小于3kPa，需延长反吹等待时间，直到压差回复值为3~3.5kPa。

4.5 压差回复值的调整

通过各项测试，发现高通量滤芯需要将压差回复值控制在3~3.5kPa的范围内。一旦超出此范围容易引起永久滤饼的破坏，引起过滤器工作的异常以及滤芯组件性能的快速衰减。影响到压差回复值的参数包括温度、处理量、反应器压力、反吹压力、油气的线速度等。上述参数存在相互关系，互相影响。因此，在实际操作过中要时刻关注压差回复值的变化，一旦压差回复值长时间偏离上述范围，就应该分析导致压差值变化的基本原因作出相应的调整。

5 总结

在不改变现有设施的基础上通过使用高通量滤芯组件能够提高目前石化企业S Zorb装置处理量，达到提高产量及节能降耗的目的，同时大幅提高石化企业的经济效益。生产数据证明高通量金属滤芯能够完全满足过滤器在更高处理量条件下的使用要求，但也需要根据高通量金属滤芯的特点进行参数优化。优化方案主要包括反应器温度、反应器压力反吹气体压力、反吹间隔时间、压差回复值等参数的调整。

参考文献

[1] 刘进平，白永涛，宋红燕. S Zorb装置的生产优化[J]. 石油炼制与化工，2014，45(12)：50-53.
[2] 段玉亮，刘锋，尹威威. S Zorb装置长周期运行分析[J]. 石油炼制与化工，2015，46(11)：47-51.
[3] 吴德飞，庄剑，袁忠勋，等. S Zorb技术国产化改进与应用[J]. 石油炼制与化工，2012，43(7)：6-10.
[4] 朱云霞，徐惠. S Zorb技术的完善与发展[J]. 炼油技术与工程，2009，39(8)：7-12.
[5] 林伟，王磊，田辉平. S Zorb吸附剂中硅酸锌生成速率分析[J]. 石油炼制与化工，2011，42(11)：1-4.

螺旋折流板与常用折流板形式对比分析

陈昱州

（中国石化镇海炼化公司　浙江宁波　315207）

摘　要　折流板可以提高壳程内流体流速、传热效率，但由于其结构较为简单往往被忽视，本文介绍了换热器折流板的几种形式，对其结构和工作方式进行了解释并总结了其优缺点，其中着重讲解了螺旋折流板，为折流板换热器的选型和研究提供参考。

关键词　折流板；传热效率；螺旋折流板

1　引言

管壳式换热器是化工行业应用最广泛的换热器形式，拥有处理各类高温高压介质的能力，换热器折流板可以改变壳程介质流向、提高传热效率和支撑管束。折流板的形式多种多样，目前行业内普遍应用的是弓形折流板换热器，但由于其自身结构限制，有许多缺陷，因此需要改变这种传统折流板形式，寻求更加高效节能的折流板形式。

2　弓形折流板

弓形折流板是最常见的折流板，其又分为单弓形、双弓形、三弓形。弓形折流板缺口大小应使流体通过缺口时的流速与横向过管束的流速相近，对于单弓形折流板缺口高度一般为0.2~0.45倍壳程圆筒直径，缺口高度太小会导致压降较大，缺口高度太大会导致流体滞留区变大，当缺口高度为0.2倍壳程圆筒直径时传热效果最好。若要获得更高的传热效率，就需要减小折流板间隙，必然会伴随着较高的振动概率和流动阻力，要以增加泵功率为代价。因此可以选用双弓形或三弓形折流板，这两种折流板把通过壳程的流体分为多段，以此达到降低压降、减小折流板间距的目的，而且多弓形折流板允许流体接近与管束平行流动，降低了振动的可能性。但是无论单弓形还是多弓形折流板都无法避免地存在死区，增加结垢的概率，为了解决此问题，必须使用其他形式的折流板。

3　折流杆

折流杆式换热器是一种壳程流体纵向流动的管壳式换热器，由多个折流圈相隔一定距离焊接或用定距管固定于拉杆上，而每一个折流圈又是由很多根折流杆相互平行相隔一定距离焊接在外环上形成的。这种形式能够改善弓式折流板引起的流体振动，折流杆与换热管之间几乎不存在间隙，管束中每根换热管的上、下、左、右都得到了可靠的支撑，而且从根本上改变了流体的流动状况，从弓形折流板换热器的横向流动变为平行于管子的轴向流动，从而消除了流体产生振动的根源。与弓形折流板相比，它的传热效率更高、压力损失更少、有效换热面积更大，流体在经过折流杆时产生文丘里效应对管壁有强烈的冲刷作用，而且由于平行流动，避免了死区，也使得污垢难以形成。

4　螺旋折流板

螺旋折流板是采用连续的扇形板相连代替曲面，在壳程沿轴线形成螺旋结构，使换热器壳程流体呈连续的螺旋状流动，螺旋折流板换热器彻底改变了弓形折流板换热器的流体流动方式和流场分布，流向稳定、流速稳定，可以消除壳程流动死区、降低壳程流动压力损失、减小换热器能耗，并且强化壳程传热。

当流体在管道中流动时，在管道壁附近，始终有一层层流的边界层，流体流动的湍动程度只能改变边界层的厚度（见图1），但这个边界层始终存在。而边界层的厚度影响着热阻，当边界层越薄，热阻就越小，传热系数就越大，所以换热器为了强化传热需要尽可能地削减边界层厚度。在螺旋折流板换热器的壳程流道中，从圆心至筒壁上存在着较大的速度梯度，壳程非均匀流速的流体斜向冲刷换热管，使边界层减薄及分离，这种设计可以在较小的泵功率下产生较高的传热效率。

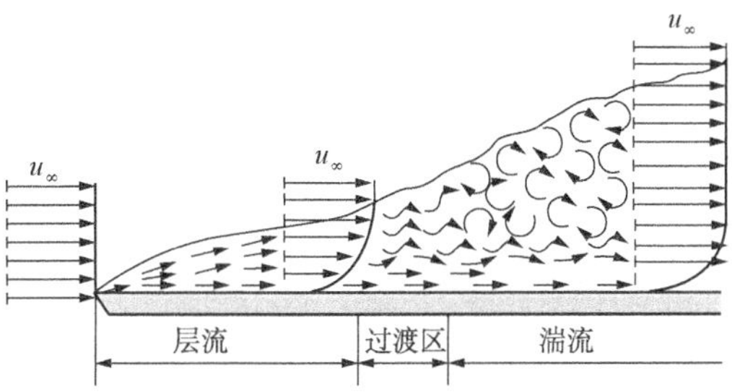

图 1　层流与湍流

进行一个简单计算，例如 3[#]催化的轻柴油冷却器，其采用的就是单弓形折流板，壳程介质为轻柴油，用雷诺数 $Re=\rho vd/\eta$ 来定义其换热性能，轻柴油密度为 930.7kg/m^3，动力黏度为 0.001848Pa · s，d 为 0.6m，最小横截面积处平均速度 $v=q/\rho A_{\min}$，质量流量 q 为 8.33kg/s，最小横截面积 $A_{\min}$ 为 0.05534m^2。

则其雷诺数为：

$$Re_1=\rho vd/\eta=81452$$

若采用螺旋折流板，其他设计值不变的情况下，最小横截面积 $A_{\min}$ 为 0.045m^2。

则其雷诺数为：

$$Re_2=\rho vd/\eta=100168$$

而雷诺数可以表明湍流程度，进而影响换热效果，简单计算可以得出螺旋折流板换热性能明显优于单弓形折流板，但实际情况下还需要考虑单弓形折流板间距小，而螺旋折流板因为结构限制、间距稍大，以及螺旋折流板的角度大小等综合因素。

因为螺旋折流板由多个扇面组成，相邻两块板之间采用交错搭接形式，此时流体的流动并不完全为螺旋形，因为相邻两板之间一定有一个三角形的缝隙，如果焊接一个三角形的阻流板将其堵上，换热性能是否有所改善？根据西安交通大学的实验结果表明，加阻流板后，与不加阻流板的同一试件相比，在相同的壳侧流体进口流量下，换热性能提高 20%，而壳侧流体沿程压降增加大约一倍。但对换热性能和压降综合评价后结论为不加阻流板优于加阻流板的试件。即虽然加阻流板后，其换热性能有一定改善，但要以更高的压降为代价，因为加阻流板后，通过相邻折流板间的三角形区域的流量减小，壳侧流体被迫沿着螺旋通道流动，使流体有效流速提高，有利于换热效果的增强，但由于阻流板平面与流体流动方向几乎垂直，流体几乎垂直冲击阻流板，造成较大压降，因而使其换热与阻力的综合性能反而下降。

虽然螺旋折流板有很多优势，但螺旋折流板结构的原因，其制造加工比较复杂，成本高，制约了它的大规模推广。

5　总结

换热器折流板型式是多种多样的。折流板的型式对换热器的换热效率、压降及换热管的振动均有很大影响，选型的正确与否及合理性对该台换热器起到关键作用。传统的弓形折流板管壳式换热器具有结构简单、适用性广、制造成本低等优点，但这种换热器的主要缺点是换热效率较低、壳程压力损失较大、存在流动死区、容易结垢等。近年来人们研究和改进了许多种类型的折流板，我所说的几种结构就在其中，希望本文所提到的一些内容对折流板的选型有所帮助。

参　考　文　献

[1] 王良，罗来勤，王秋旺，等．螺旋折流板换热器中阻流板对换热及沿程压降的影响[J]．工程热物理学报，2001(S1)：173-176.

[2] Yong-Gang Lei，Ya-Ling He，Rui Li，et al. Effects of baffle inclination angle on flow and heat transferof a heat exchanger with helical baffles[J]. ScienceDirect，2008，47(12)：2336-2345.

催化装置反再两器衬里质量提升措施介绍

邓连水

（中国石化镇海炼化公司　浙江宁波　315207）

摘　要　反再两器是催化装置反应系统的核心设备，其催化剂流化要求两器具有耐磨性能，内表面的衬里质量起着关键作用。事实上，反再两器设备出问题，多数与衬里质量相关。本文从衬里材料、衬里结构设计、衬里施工三方面进行阐述，从根本上提升两器衬里质量。

关键词　催化装置；反再两器；衬里；质量提升

1　前言

催化裂化(催化裂解)装置(以下简称催化装置)通常以四年为一个运行周期，其长周期的运行，对催化设备尤其以反应器-再生器系统(以下简称反再两器)为核心设备要求更高，其中反再两器衬里的质量对装置长周期运行起决定性作用。

由于反再两器运行条件较苛刻，催化剂流化运输流速高达10~30m/s，操作温度在500~750℃，而且催化剂颗粒本身细小而坚硬，流化状态下对设备冲刷磨损尤为严重，因此反再两器壳体及与其相连斜管、烟道内壁均采用隔热耐磨衬里，确保器壁表面温度在合理范围的同时能抵御催化剂的冲蚀。

2　衬里质量提升措施

衬里的损坏有多种形式，比如衬里裂纹、隔热衬里掏空、耐磨衬里脱落以及龟甲网的鼓包变形等，都容易造成两器壳体局部超温“发红”，甚至高温催化剂向外泄漏。影响衬里质量的主要因素包括衬里材料、结构设计以及施工等，本文从这三个方面来加强衬里的质量管理和控制，从根本上提升衬里的质量。

2.1　衬里材料进场前的检查

衬里材料是衬里质量的关键因素，因此进厂施工前应严格把控衬里的质量关。以AA级高耐磨衬里为例，根据GB 50474—2008《隔热耐磨衬里技术规范》，其性能指标必须达到表1的指标。对于进入施工现场的衬里材料，按同名称牌号、同生产批号每50t现场抽样复检一次，不足50t亦为一批进行取样复检，复检必须在具有相应检测资质的单位进行，检测项目应为规范中的指定内容，且应满足规定的指标要求，表2为某公司的衬里出厂前的检测结果。衬里材料检验合格后，方可进行施工。

表1　AA级高耐磨衬里性能指标

衬里类别	热面温度/℃	体积密度/(kg/m^3)	耐压强度/MPa	抗折强度/MPa	线变化率/%	导热系数/[W/(m·K)]	Al_2O_3含量/%	Fe_2O_3含量/%	常温耐磨性/cm^3
AA级高耐磨	110	≤3100	≥80	≥10	—	—			
高耐	540	≤2950	≥80	≥10	0~0.3	—	≥85	≤1	≤6
磨815	≤2950	≥80	≥10		—	—			

表2　出厂前第三方检测AA级高耐磨衬里性能指标

序号	检验项目	检验结果	检测方法及标准
1	体积密度(110℃，24h)/(g/cm^3)	3.05	YB/T 5200—1993
2	体积密度(540℃，3h)/(g/cm^3)	2.94	YB/T 5200—1993

续表

序号	检验项目	检验结果	检测方法及标准
3	体积密度(815℃，3h)/(g/cm^3)	2.94	YB/T 5200—1993
4	耐压强度(110℃，24h)/MPa	87.5	GB/T 5072—2008
5	耐压强度(540℃，3h)/MPa	90.5	GB/T 5072—2008
6	耐压强度(815℃，3h)/MPa	102.5	GB/T 5072—2008
7	抗折强度(110℃，24h)/MPa	13.5	GB/T 3001—2017
8	抗折强度(540℃，3h)/MPa	16.5	GB/T 3001—2017
9	抗折强度(815℃，3h)/MPa	18.5	GB/T 3001—2017
10	加热永久线变化(540℃，3h)/%	0.15	GB/T 5988—2007
11	耐磨性/cm^3	4.52	GB/T 18301—2001
12	Al_2O_3/%	91.08	GB/T 6900—2006
13	Fe_2O_3/%	0.31	GB/T 6900—2006

根据 GB/T 201—2015《铝酸盐水泥》规定，AA 级高耐磨衬里需使用至少 CA80 类型水泥，其中 Al_2O_3含量≥85%，Fe_2O_3≤1%。Al_2O_3含量的要求能保证衬里的耐压强度、抗折强度、最高使用温度，随着 Al_2O_3含量的增加，衬里的最高使用温度也将增加。对 Fe_2O_3含量有要求，是因为 Fe_2O_3是一种碱性氧化物，在一定条件下会与其他物质发生反应[1]。

比如：沉降器内存在反应产物 H_2，在高温下 H_2与衬里中的 Fe_2O_3将发生如下反应：

$$Fe_2O_3+3H_2 = 2Fe+3H_2O$$

不完全燃烧的一再内，有副产物 CO 存在，在高温下与衬里中的 Fe_2O_3将发生如下反应：

$$Fe_2O_3+3CO = 2Fe+3CO_2$$

衬里中的 Fe_2O_3参与了以上 2 个反应，会破坏了衬里的组织结构，因此对 Fe_2O_3含量≤1%，提出了严格要求。

2.2 衬里材料初凝时间和终凝时间的测定

根据 GB 50474—2008《隔热耐磨衬里技术规范》要求，施工过程中隔热耐磨混凝土的运输、浇注、模板支设等全部时间不超过衬里混凝土的初凝时间。同环模板中，隔热耐磨混凝土应分层连续均匀浇注，并应在下层隔热耐磨混凝土初凝前将上层的隔热耐磨混凝土浇筑和振捣完毕，因此有必要确定衬里的初凝时间。衬里厂家应该在出厂前确定其初凝时间以及终凝时间，为后期衬里施工提供时间参考。

根据 GB/T 201—2015《铝酸盐水泥》规定，以 AA 级高耐磨衬里为例，CA80 的初凝时间必须大于 30min(详见表 3)，但实际初凝时间需要用维卡仪进行测定，方法见 GB/T 201—2015《铝酸盐水泥》附录 A.6.2 初凝时间测定。

表 3 衬里凝结时间 min

类型		初凝时间	终凝时间
CA60	CA50	≥30	≤360
	CA60-Ⅰ	≥30	≤360
	CA60-Ⅱ	≥60	≤1080
	CA70	≥30	≤360
	CA80	≥30	≤360

在加水后 20min 开始按 GB/T 1346 规定的操作进行凝结时间的测定。测初凝时间应用 JC/T 727 规定的初凝用试针，当试针沉入深度距底板 4mm±1mm 时为初凝状态，从加水开始至达到初凝状态所需

时间为初凝时间，用分钟来表示，测定应重复 2 次，以下落深度大的为准。

规定要求衬里终凝后方可进行下瓣施工或衬里的养护，用维卡仪按照 GB/T 201—2015《铝酸盐水泥》附录 A. 6. 3 进行终凝时间的测定。当测试完初凝时间后即将圆模反过来放在玻璃板上，用 JC/T 727 规定的终凝用试针测定终凝时间。当试针下沉在浆体表面没有外圈压痕只留下针眼时为达到终凝状态，从加水开始至达到终凝状态所需时间为终凝时间。用分钟来表示，测定应重复 2 次，以下落深度大的为准。

2.3 弓形钢纤维的使用

耐热不锈钢纤维在衬里中的作用包括三个方面，即增强、增韧和抗裂。钢纤维的弹性模量比衬里高，因此钢纤维上所承受的应力比基体大，提高了粗裂强度。在衬里内的应力集中部位，裂纹极易产生，加入钢纤维后，当裂纹尖端扩展到钢纤维与衬里的界面处时，由于界面黏结作用，钢纤维对基体将产生一反作用力，因此便约束了裂纹的扩展[2]。

催化衬里经常用到熔抽式钢纤维(见图 1)和弓形钢纤维(见图 2)两种类型。因钢纤维加工方式不一样：熔抽式钢纤维是通过钢水与高速旋转辊轮轮缘接触，以 103~105℃/s 的速度快速冷凝，并受离心力作用被甩出，形成了直径为 0. 4~0. 6mm，且有一定长度的钢纤维。而弓形钢纤维采用冲压钢丝方法生产，可以保证化学成分和机械性能。加入弓形钢丝纤维的单层衬里的抗裂性是加入熔抽式钢丝纤维的 4 倍，韧性是熔抽式钢丝纤维的 2 倍。因此从实际性能来对比，应使用弓形钢纤维。

图 1　熔抽式钢纤维

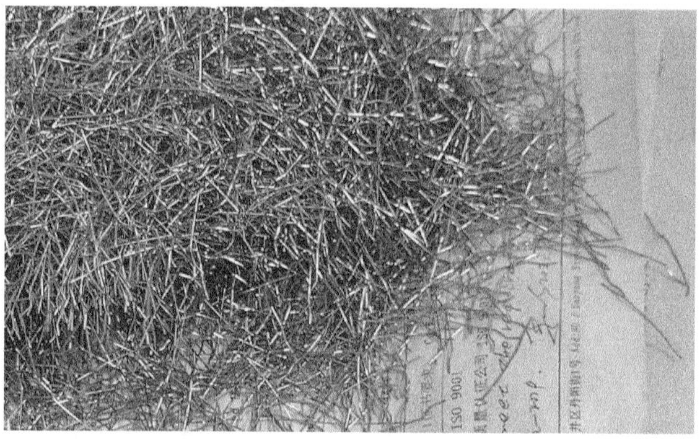

图 2　弓形钢纤维

从强化理论上得知钢纤维的长径比越大越好，但从实际施工考虑，长径比≥100 时，钢纤维搅拌时容易结团，不但施工困难，而且因钢纤维分布不均会对衬里产生弱化作用。因此较合适的钢纤维长度为 20~35mm，直径为 0. 4~0. 6mm，长径比为 50~87 为宜。

另外，钢纤维衬里的强度和韧性，与钢纤维的含量成正比，在钢纤维与衬里重量比为 1%以下时，增强效果是不明显，根据实际成本，重量比应为 2%~3%[2]。

2.4 长直管段隔热层设置串气阻挡圈

提升管、斜管、烟道衬里隔热层应设置串气阻挡器(见图 3、图 4)。提升管、斜管、烟道直管部分设置串气阻挡器，可有效防止因局部的衬里损坏，催化剂不断对其流化冲刷，沿着气流掏空附近强度更低的隔热衬里引起大面积发红。阻挡器阻断了其气路，因此局部衬里损坏不会引起大面积衬里损坏。串气阻挡器一般沿轴向每间隔 2000~2500mm 设置一道，埋在隔热层内部，高度应比隔热层低约 15mm，另外阻挡器与器壁的焊接应迎着气流一侧为连续焊，另一侧为间断焊。如遇开口接管，可断开挡圈，并将端面与开口接管焊接。

2.5 舌板、龟甲网条、锚固板等锚固钉使用，提高衬里结合强度

反再两器内件如沉降器 VQS、主风分布管、再生器快分头、旋风分离器等转角处，容易出现衬里脱落，在转角处合理使用 U 形(见图 5)、L 形(见图 6)、可变角度舌板(见图 7)，然后再施工 AA 级高耐磨衬里，使得边角处衬里在金属壁有较大附着力，增加衬里的结合强度，可防止安装磕碰，烟气气流冲刷损坏衬里。另外，对于外径≤168mm 的管子外壁衬里应采用环形锚固板结构(见图 8、图 9)，

其舌形开口数量，与管径有对应关系，详见表4。

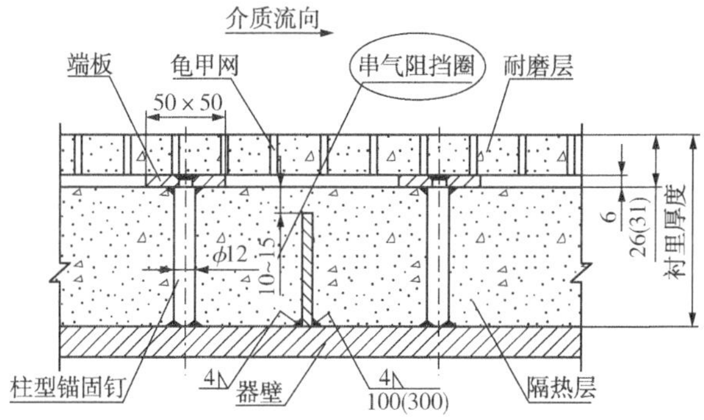

图3 串气阻挡圈示意图

图4 串气阻挡圈

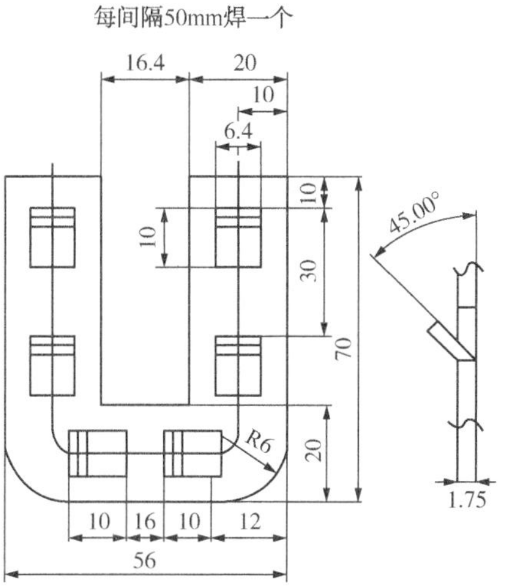

图5 U形舌板

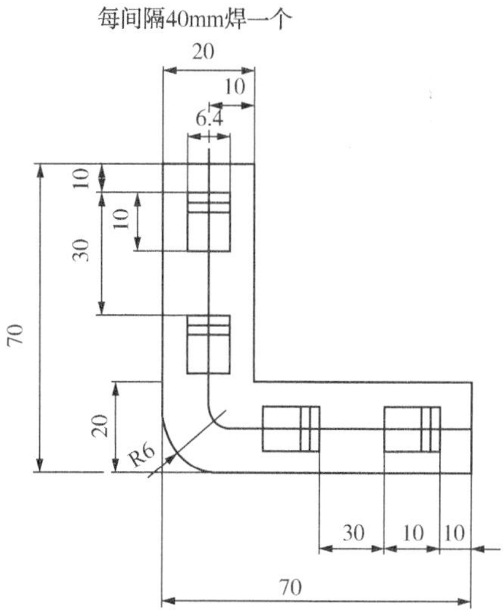

图6 L形舌板

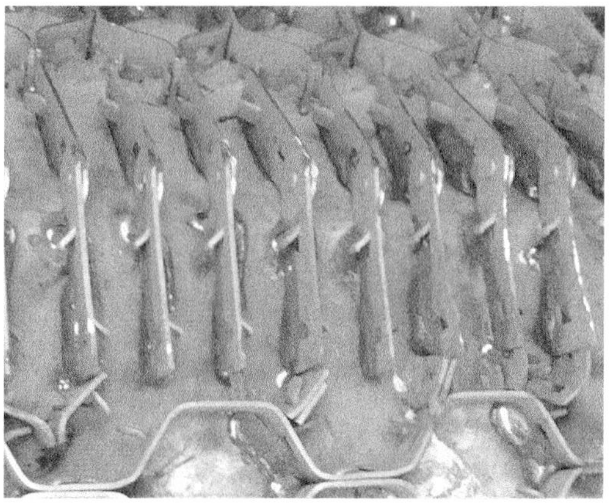

图7 可变角度舌板

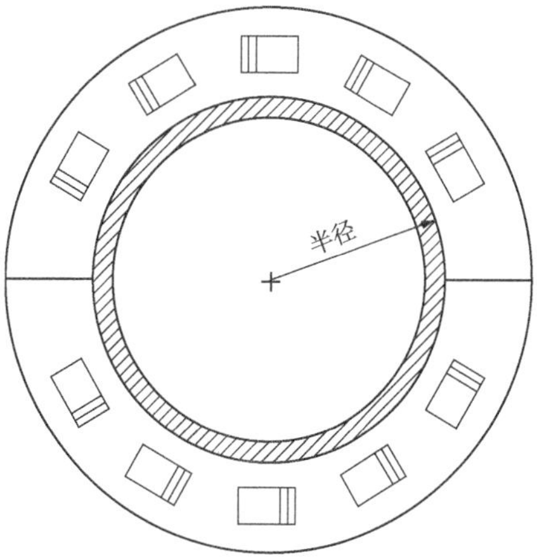

图8 半圆形锚固板

表4 半圆形锚固板舌形开口数与管外径对应关系

管外径/mm	≤27	27~48	48~76	76~114	114~168
舌形开口数/个	2	3	4	6	8

外径在159~426mm的管子外壁衬里采用龟甲网条结构(见图10)，以上所述的环形锚固板、龟甲网条，其作用与V形锚固钉一致。舌板、龟甲网条、锚固板的使用，提高了衬里的结合强度，应作为

与Ω形锚固钉、龟甲网等标准锚固件，批量生产和使用。

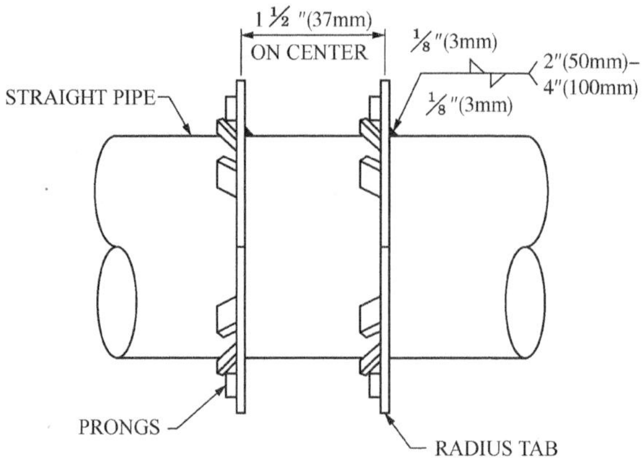

图9 半圆形锚固板使用示意图

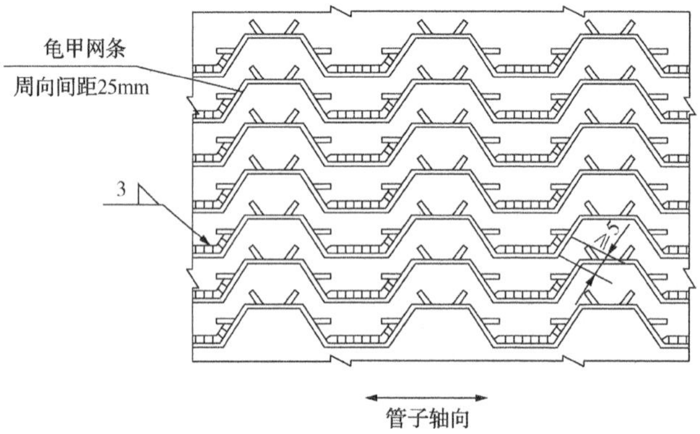

图10 龟甲网条结构

2.6 承插衬套衬里结构的使用

对于衬后内径≤500mm的设备或管道，接缝无法进入施工，采取分段施工，且分段接口处采用承插结构，设置承插衬套(见图11、图12)。承口和插口拼接前需填充耐火陶瓷纤维纸，保证正常投用时衬里和挡板间留有伸缩空间，通常，环焊缝设在插口上。

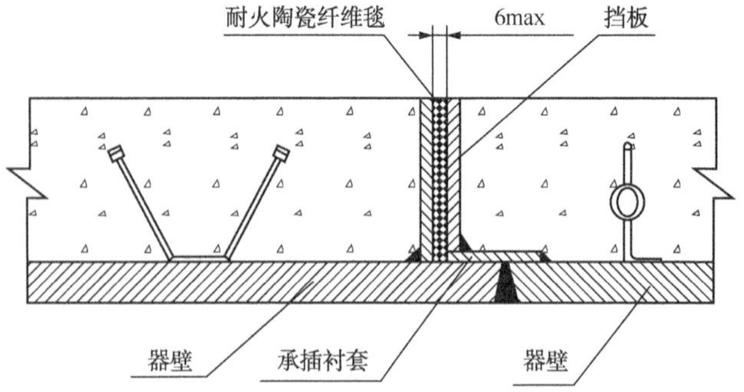

图11 承插衬套示意图

图12 二级旋分的插口

2.7 衬里管道工厂化预制，预烘衬里出厂

350℃烘干可脱除游离水及80%左右的结晶水。反再两器中的循环斜管、再生烟道、油气管道等管道工厂化预制，出厂前衬里350℃预烘好，现场只有接口衬里拼接。当然，此种方法主要适用于新建催化项目或停工检修斜管整体更换。以循环斜管整体更换为例，若在现场施工，存在工期短、空间狭小、施工环境差等问题，使得衬里质量难以保证。另外，开工使用辅助燃烧室烘衬里，存在烘衬热量不足，难以按照烘衬曲线的温度、时间点进行控制，使得衬里质量大打折扣。相反，工厂化预制，不

会受气候、工期、人力资源等因素的影响，方便衬里施工质量管控，同时出厂前衬里进行 350℃预烘，强度得以保证，斜管安装时也不会出现衬里脱落等问题。因此为保证衬里质量，尽量满足衬里管道工厂化预制，预烘好出厂。衬里管道预烘一般采用管道内部通热风的形式，可避免金属管道与衬里热膨胀不同而导致衬里损坏。

2.8 侧拉圆环形隔热耐磨双层衬里支模浇注的应用

支模浇筑一般只能用于 Ω 钉隔热耐磨单层衬里的施工，而对于双层衬里，耐磨层和隔热层均为手工涂抹施工。但支模浇注，较手工涂抹，提高了衬里的密实度和强度，详见表 5。

表 5 手工涂抹和支模浇注隔热衬里工程试块数据

项目	110℃烘衬后	540℃烘衬后	815℃烘衬后
手工涂抹法			
体积密度/(g/cm^3)	1.15	1.10	1.09
抗折强度/MPa	3.1	2.3	2.1
耐压强度/MPa	11.9	9.6	8.7
支模浇注法			
体积密度/(g/cm^3)	1.19	1.13	1.12
抗折强度/MPa	3.4	2.6	2.4
耐压强度/MPa	14.1	10.9	10.2

表 5 为手工涂抹和支模浇注隔热衬里工程试块数据比较(注明：隔热衬里材料体积密度为 1.20g/cm^3)。从表 5 数据[3]可以看出，采用支模浇注的隔热层衬里，较手工涂抹，各温度烘衬后，衬里的体积密度提高 3%~4%，抗折强度提高 9%~14%，耐压强度提高 13%~25%。

侧拉圆环形隔热耐磨衬里传统上隔热和耐磨均为手工涂抹，柱形螺栓为外螺纹。焊好柱形螺栓后，涂抹隔热衬里，再安装环帽，点焊住环帽后涂抹耐磨衬里，如图 13 为其示意图。经改进后的侧拉圆环形隔热耐磨衬里，隔热层为支模浇注，耐磨层为手工涂抹，柱形螺栓为内孔螺纹。先焊好柱形螺栓，在螺栓高度上支模浇筑隔热衬里，拆模后找到内孔螺栓，拧上环帽，点焊住环帽后再涂抹耐磨衬里，如图 14 为改进后的结构示意图。改进后的侧拉圆环形双层衬里，较隔热耐磨单层衬里，提高了抵抗应力变形和裂纹能力，延长了衬里使用寿命。

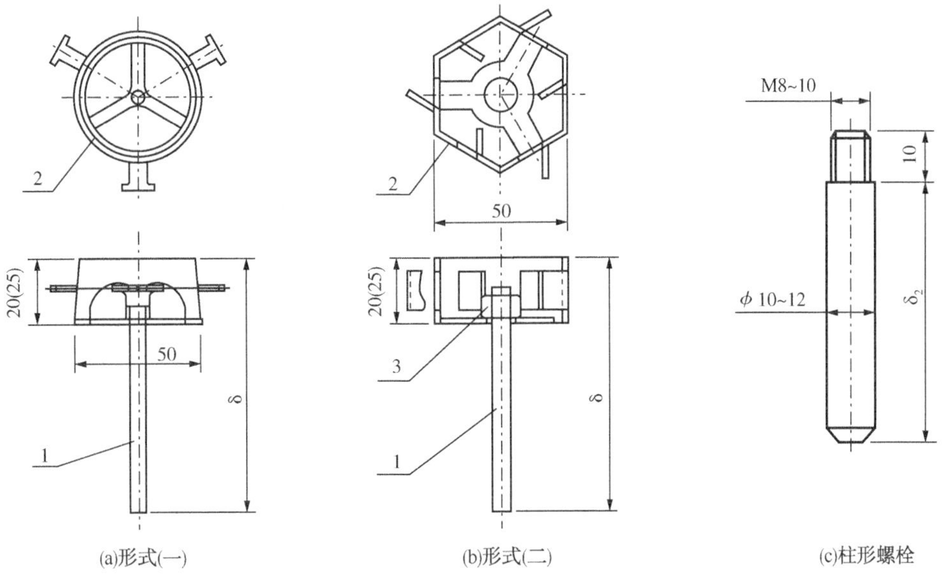

图 13 侧拉圆环形的结构

1—柱形螺栓；2—环帽；3—螺母；σ—隔热耐磨衬里总厚度；σ_2—衬里总厚度减环帽厚度

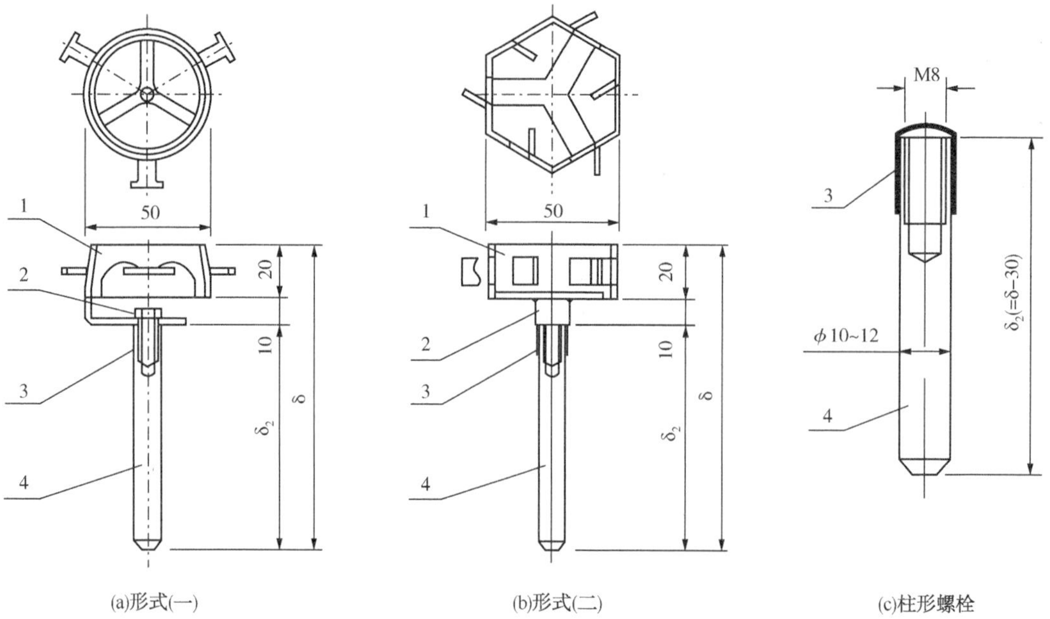

图 14　改进后的侧拉圆环形结构

1—环帽；2—螺钉；3—弹性软橡胶帽；4—柱形螺栓

σ—隔热耐磨衬里总厚度；σ_2—隔热层衬里厚度

某炼油厂催化装置 2014 年检修更换了的再生立管，使用传统的侧拉圆环形双层衬里，运行 4 年后出现多处器壁发红甚至催化剂泄漏，停工检查发现部分圆环外耐磨衬里损坏且呈连续线状，催化剂流化时穿过损坏的耐磨层，进而掏空隔热层，磨穿钢板导致泄漏。2018 年停工检修采用改进后的衬里结构，该衬里运行至 2023 年 9 月，红外成像检查未发现任何发红点。新型侧拉环隔热耐磨双层衬里，耐磨层可采用更高强度的水硬性材料，兼顾隔热及耐磨两方面的要求，可有效解决单层衬里耐磨性不足的问题。

2.9　单层衬里整模器外振动浇注新工艺的应用

Ω 形隔热耐磨单层衬里适用于支模浇注施工，一般从下往上逐层进行。其衬里支模有以下要求：

① 保证衬里结构和各部尺寸符合设计要求；

② 模板具有足够的强度和稳定性；

③ 模板结构简单，方便装卸；

④ 模板表面光滑及拼接处不漏浆；

⑤ 模板长度以≤900mm 为宜，不应超过 1200mm；

⑥ 模板应先预组装成型，确定尺寸符合要求后并进行编号，支模时按编号安装；

⑦ 模板表面应均匀涂油，以防止衬里粘模。

衬里浇注有以下要求：

① 应均匀连续浇注；

② 衬里每层浇注高度≤300mm，装入模板应均匀摊开；

③ 振捣棒应直插、快插慢拔，插入深度至下一层衬里 50~100mm，以保证上下层衬里的衔接；

④ 插棒间隔 150~200mm，每次振捣时间应使衬里混凝土表面呈现浮浆和不再沉落，不漏振、不过度振捣、不发生离析现象；

⑤ 支模振捣应连续进行，当支模振捣因故中断时，接缝做成阶梯形；

⑥ 为防止各层模板交接面上产生接缝，上层模板的安装和衬里振捣应在下层混凝土初凝前完成。

以上的支模浇注为逐层浇注，在该层整体性能较好，密实度较高。但下层浇注完后，上层支模需要时间，因此上下层之间整体性能较 UOP 规范要求设备整体支模浇注较差些。根据 UOP 施工规范，每次浇注前所有模板应全部支好，浇注施工应连续无中断，避免衬里料内部产生接缝，浇注按圆周方向以相同的速度一层一层向上浇注，使用振动器进行振动，不得使用插入式的振动棒。针对直径较小的提升管、斜管、外取热器等设备，可以将该设备所有层模板支好，并在中部位置预留好若干个衬里浇注口，器外同一标高一圈间隔 1.5~2m 均匀安装气动振动器，高度上间隔 4~4.5m 再安装一层振动器。对于较难排气或衬里难以自重流动的异形部位，应安装振动功率较大的表面振动器进行器外振动。此种方式的支模浇注整体性能较好，强度更高，值得推广运用。

另外，对于提升管 Y 形段、循环斜管与两器的相贯段等形状特殊，催化剂流速快且突然转向，衬里在该处经常出现脱落问题，以上特殊部位锚固钉应加密，拆模后形成的棱角使用砂轮机打磨成圆滑过渡，以保证高线速、易磨损冲刷部位的衬里质量。

3 结语

催化装置反再两器衬里的好坏直接影响整个装置的操作和运行周期，因此衬里的质量要从合格的衬里材料进厂、合适的衬里结构设计、高标准的衬里施工三方面严格要求，环环相扣。当然，衬里施工之后的烘衬方式、正常运行时反再两器平稳操作等方面也要严格管控，衬里质量有保证，才能实现催化装置长周期平稳安全运行。

参 考 文 献

[1] 房家贵，黄荣臻．催化裂化装置衬里技术的现状和展望[J]．石油化工设备技术，2006，27(4)：7.
[2] 王一禾，刘文能．用于增强耐火浇注料的熔抽耐热钢纤维[J]．工业加热，1991，99(1)：36-37.
[3] 张世成．新型侧拉环型锚固钉隔热耐磨双层衬里结构的应用[J]．炼油技术与工程，2016，46(1)：37.

苯乙烯焦油回炼对催化裂化装置的影响

姜　珊　刘　伟　刘小刚　李新华

（中国石化青岛炼化公司　山东青岛　266500）

摘　要　随着我国苯乙烯消费能力的大幅提升，苯乙烯的产能也逐渐增加，随之而来的是大量的苯乙烯废弃物—焦油的产生。本文提供了一种新的处理苯乙烯焦油的思路，将苯乙烯焦油外送至催化裂化装置进行回炼，通过绿色环保的手段解决苯乙烯焦油的回收问题。

关键词　苯乙烯焦油；焦油回炼；催化裂化；DNBP；终止剂

1　引言

随着经济社会的发展，我国基本有机化工原料的产能和产量增速较快，其中，苯乙烯就是这样一种重要的有机化学品。在生产这些有机化学品的同时，伴随着大量有机废弃物的产生。近年来，随着我国苯乙烯消费能力的大幅提升，苯乙烯的产能也逐渐增加，随之而来的是大量的苯乙烯焦油的产生。传统的处理方式是将苯乙烯焦油出售给一些有资质的燃料公司燃烧处理[1]。苯乙烯焦油是苯乙烯精馏提纯时产生的残渣，其主要成分是苯乙烯聚合物及其衍生物等大分子物质[2]，但由于苯乙烯焦油中含有阻聚剂4，6-二硝基-2-仲丁基苯酚(以下简称为DNBP)，未经处理直接燃烧，不仅会造成环境污染，还会造成资源浪费，苯乙烯焦油没有得到充分、有效的利用。

随着国内绿色企业的发展需求不断攀升，以及国内外化工废物利用行业的快速发展，苯乙烯焦油也逐渐地被合理利用起来，本文在分析苯乙烯焦油组成的基础上，提出了将苯乙烯焦油输送至催化裂化装置进行回炼的处理思路，并分析了回炼过程对催化裂化装置的影响。

2　苯乙烯焦油回炼对催化裂化装置的影响及意义

2.1 苯乙烯装置及焦油简介

某企业苯乙烯装置以苯和催化干气中的稀乙烯为原料，经烷基化、烷基转移反应制备乙苯，再经脱氢反应得到产品苯乙烯。乙苯装置采用气相法干气制乙苯技术(SGEB)，苯乙烯装置采用乙苯负压脱氢制苯乙烯技术，而焦油为乙苯脱氢工艺中得到的副反应产物。

苯乙烯焦油是苯乙烯装置生产的粗产品经过精馏提纯后得到的残油，是一种黄色有刺激性气味液体，不溶于水，可溶于苯、乙苯等有机溶剂中，常温下是一种高度黏稠的物质。苯乙烯焦油主要成分包括乙苯高沸物及苯乙烯聚合物、DNBP阻聚剂等，其中DNBP阻聚剂为剧毒性物质，可通过食入、吸入、经皮吸收直接作用与能量新陈代谢过程，使细胞氧化过程增强、磷酰化过程抑制而发生急性中毒；此外，DNBP也是第Ⅰ类爆炸品，遇火种、高温、摩擦、振动或接触碱性物质、氧化剂时均易引起爆炸，对生产环境及工作人员都有极大的危害。

苯乙烯焦油典型组成见表1。

表1　苯乙烯焦油成分

项目	组成/%(体)	项目	组成/%(体)
苯乙烯	6.6	二苯异丙烷	9.10
异丙苯	3.69	二苯代乙烯	10.65
丙烯基苯	1.52	蒽	6.29
二乙苯	3.02	苯基萘	2.04

续表

项目	组成/%(体)	项目	组成/%(体)
烷基苯	17.96	二苯基丁二稀	1.47
萘	1.26	DNBP	2.14
联苯	1.72	其他	26.26
二苯甲烷	4.18		

2.2 苯乙烯焦油回炼对催化装置运行的影响分析

苯乙烯焦油进入催化装置反应器提升管部分进行反应，由外补蒸汽喷嘴进入提升管回炼，如图 1 所示，位于提升管中上部，相当于“冷流”进入了提升管，从而起到了终止剂的作用。在我国 80%以上的催化裂化装置使用终止剂技术[3]，解决催化裂化反应末端的过度裂化而导致的结焦问题，同时终止剂的使用间接提高了提升管反应时的剂油比，从而达到优化产物分布的目的。

王敏等[3]的研究结果表明，终止剂的注入使得作于区域入口附近油气速度大幅提升，油气停留时间缩短，催化剂浓度有所降低。低温终止剂与油气和催化剂接触换热使得作用区域内温度降低，受以上变化的综合影响，终止剂的注入减少了裂化反应，有利于二反区的二次反应，提高了中间产物汽油、柴油的产率。

在催化裂化反应后期，二次反应逐渐增加，其反应主要包括氢转移反应、缩合反应、异构化反应等，刘香兰[4]等的实验结果证明二次反应主要发生在提升管上部区域，在提升管出口及沉降器内部降低热裂化反应强度，对降低干气和生焦炭有明显作用，而苯乙烯焦油回炼恰恰削弱了裂化反应的强度。

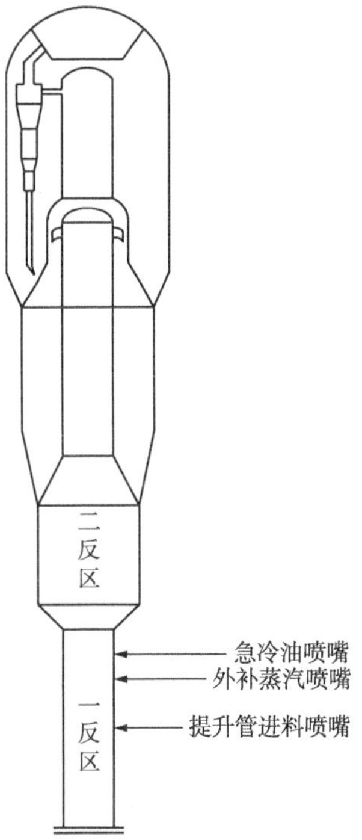

图 1 反应提升管示意图

苯乙烯焦油的主要成分多为乙苯、联苯、丁苯等芳烃化合物，苯环不易发生裂化，但可以发生缩合反应。苯乙烯焦油中含有一定量的苯乙烯，进行回炼后，相当于回收了其中部分的汽油组分，且其作为“冷流”终止剂的作用，影响了催化裂化反应的反应温度及反应深度，变相降低了轻油组分发生的热裂化反应的强度、提高了轻油组分的收率，同时由于苯乙烯焦油自身的性质，易发生缩合反应且焦油黏度大，回炼后，焦油成分主要进入了油浆，也会使油浆收率有所提高。

2.3 回炼苯乙烯焦油对催化裂化装置产品的影响

2.3.1 汽油、柴油产率上升

回炼苯乙烯焦油，苯乙烯焦油作为终止剂，对于催化裂化装置产品分布起到一定的优化作用，小幅度地提高了汽油、柴油的产率，如图 2 和图 3 所示。

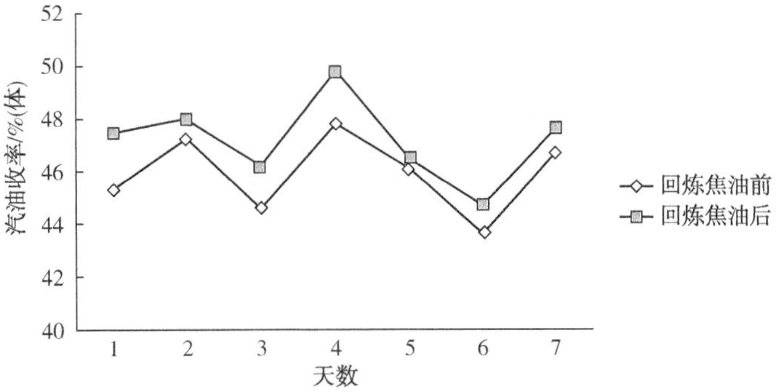

图 2 回炼焦油前后汽油产率对比

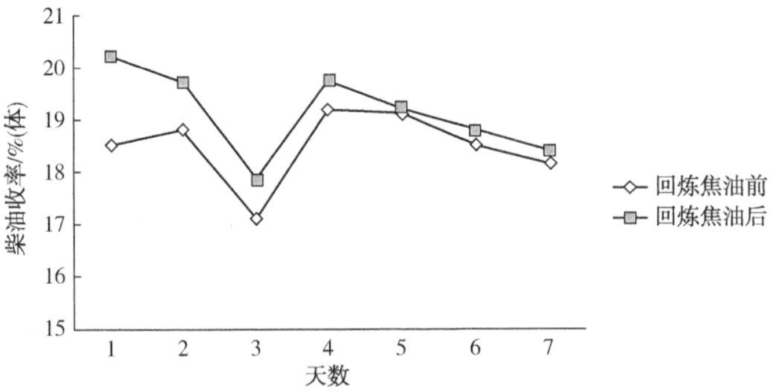

图 3　回炼焦油前后柴油产率对比

回炼苯乙烯焦油后，催化装置的汽油及柴油收率都有所提高，汽油收率可提高 0.5%～1.5%，柴油收率可提高 0.2%～0.5%，验证了苯乙烯焦油作为"冷流"终止剂的优化产品分布的作用。

以上数据采集过程中，原油性质、粗汽油干点、稳定汽油蒸气压的调整反而对汽、柴油收率产生的影响较小，苯乙烯焦油回炼可认为是影响装置运行的单一变量。因此，苯乙烯焦油回炼对催化装置生产汽油及柴油存在影响，使其收率都有一定的提高。

2.3.2　稳定汽油苯含量升高

回炼苯乙烯焦油，苯乙烯焦油作为终止剂，对于催化裂化装置产品分布有一定的优化作用，但其对产品的性质存在一定的影响，其中对稳定汽油的影响最为明显，如图 4 所示。

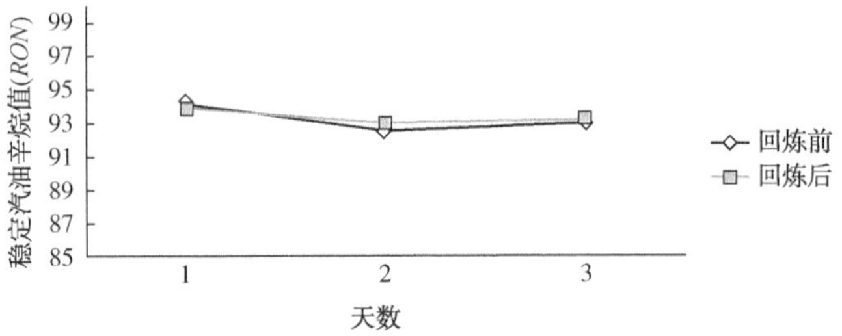

图 4　回炼焦油前后稳定汽油辛烷值(*RON*)对比

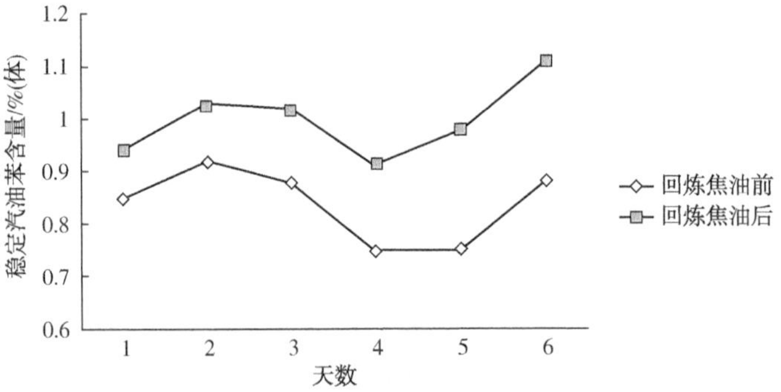

图 5　回炼焦油前后稳定汽油苯含量对比

由图 4 和图 5 分析可知，回炼苯乙烯焦油后，对稳定汽油的辛烷值、抗爆性来说，化验数据显示没有太大影响，保持在一个较高的辛烷值水平；对稳定汽油中的苯含量有一定的影响，采集的数据中，回炼焦油后稳定汽油中苯含量有 10%～30%的增长，说明苯乙烯焦油被裂化了一部分，大部分聚合物等大分子进入了油浆组分，但少部分苯环进入稳定汽油，影响了稳定汽油的苯含量，是回炼焦油对催化装置产品的最大不利部分。

针对上述现象，既要解决苯乙烯焦油危废处理的问题，又要削弱对催化产品的不利影响，研究出以下应对措施：

① 回炼苯乙烯焦油时，降低苯乙烯焦油回炼流量，维持在 1～2t/h，缓慢进行回炼，防止焦油中的苯含量过高发生稳定汽油苯含量不合格的现象；

② 回炼苯乙烯焦油时，适当降低催化装置的反应温度，防止过高的反应温度导致焦油裂化加剧，产生较多的苯环，降低苯环进入稳定汽油的比例，更多的变成聚合物进入油浆中，降低回炼对汽油质量带来的不利影响。

如图6和图7所示，采取上述应对措施后，苯乙烯焦油回炼对稳定汽油苯含量的影响有所减弱，苯含量的增幅下降至5%~20%，取得了较好的应用效果。

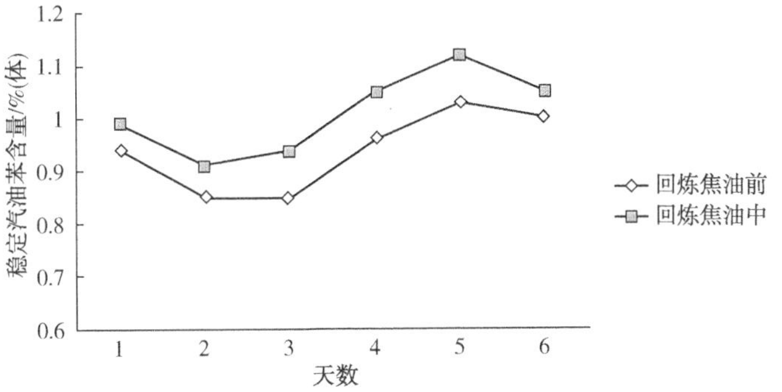

图6　回炼焦油前后稳定汽油苯含量对比

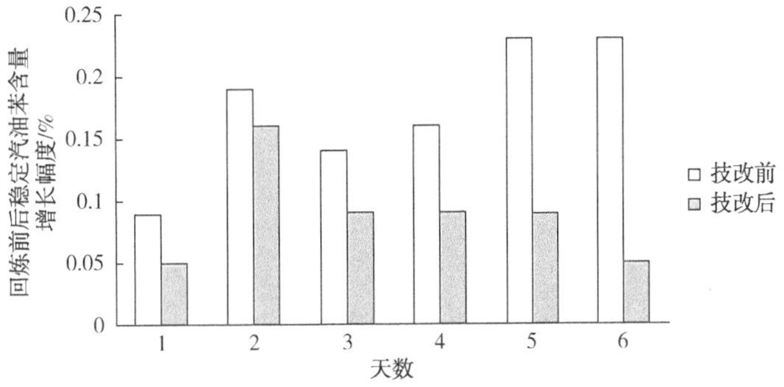

图7　技术改造前后稳定汽油苯含量增长幅度对比

2.4　苯乙烯焦油回炼对炼化企业的重要意义

苯乙烯焦油属于危废化学品，随着日趋严格的环保要求，危废处理越来越困难。石化企业的加工损失管理，涉及生产、统计、设备、环保、计量及运销等各个部门，加工损失是体现企业综合管理水平的一个重要标志，对企业的经济效益有直接影响[5]，处理危废，需支付约2000元/t，而回炼苯乙烯焦油后，每吨苯乙烯焦油可促进产生少量的汽油及柴油，苯乙烯装置每天约产生4t苯乙烯焦油，每年将产生约1500t焦油，刨除汽柴油收率小幅提高所带来的收益，苯乙烯焦油回炼在危废处理方面可节约300万元/a，将苯乙烯焦油管线输送至催化裂化装置进行回炼，既降低了加工的损失，又绿色环保地处理了危废化学品，对炼化企业的经济效益有直接影响，同时有益于打造良好的绿色企业形象。

3　结论

① 将苯乙烯焦油进行回炼，解决了其作为企业危废化学品需要进行处理的问题，同时做到了苯乙烯生产废物的绿色环保处理，打造良好的绿色企业形象；

② 苯乙烯焦油作为终止剂，对催化装置的产品汽油及柴油的收率都有一定的提高，同时对主要产品的质量影响较小；

③ 苯乙烯焦油回炼降低了企业的加工损失，提高了炼化企业的经济效益，将苯乙烯焦油进行回炼，为炼化企业处理类似副产品提供了新的思路和经验，对炼化企业的高效转型发展具有深远意义。

参 考 文 献

[1] 徐涛. 苯乙烯焦油组分分析及基磺化反应研究[D]. 合肥：合肥工业大学，2018.

[2] 关颖. 苯乙烯焦油的综合利用[J]. 化工科技，1994(2)：13-16.

[3] 王敏，吴迎亚，蓝兴英，等. FCC 提升管反应器中终止剂注入对裂化反应的影响[J]. 化工学报，2016，67(8)：3191-3201.

[4] 李凯，孙浩，张苡源. 催化裂化装置加氢石脑油回炼对产品分布的影响[J]. 炼油技术与工程，2018，48(1)：29-32

[5] 黎华明. 降低炼油加工损失技术经济分析[J]. 广州化工，2012，40(16)：222-224.

DSC 画面优化在 S Zorb 装置的应用

张　伟　王秀凡　蔡德彬　杜佳楠　邸晓磊

（中国石化青岛炼化公司　山东青岛　266500）

摘　要　本文针对 S Zorb 装置部分关键控制点在 DCS 画面中不能直接显示从而无法进行趋势监控的问题，充分发挥现代化手段优势，建立便于监控关键控制参数和核心设备的计算模型，并集成于 DCS 画面，从而在 DCS 画面优化的同时实现问题的可追溯分析。某公司 S Zorb 装置实施上述优化后，第二个运行周期关键控制点管控效果显著提升，装置在连续两个周期内运行平稳，最终实现了“四年一修”目标。

关键词　DCS；优化；关键控制；监控

1　引言

S Zorb 吸附脱硫技术已成为国内生产超低硫清洁汽油的最主要技术之一[1]，总加工能力 52Mt/a，占国内催化裂化汽油脱硫市场份额的 65%以上。该装置操作难度大、设备故障率高，确保其长周期运行是石化工作者面临的永恒课题。操作人员在装置运行过程中发现 DCS 有时不能直观显示关键控制点，需进一步优化完善，主要存在以下问题：一是有些控制参数需要几个仪表进行计算而定，每次调整或检查都要重新计算；二是有些参数在问题分析时需要几个仪表进行计算方能得出，但不能显示趋势，给分析、判断造成一定困难；三是虽然重点强调的关键控制点操作人员能理解，但由于没有在线显示，往往容易忽略。

2　优化工作内容

鉴于以上问题，充分发挥现代化手段优势，对 DCS 画面进行了优化，主要优化工作如下：一是对关键控制参数联合 DCS 系统工程师在后台做计算公式，显示于醒目位置，可以实时指导操作调整，如再生配风系数、反应器过滤器反吹系数及循环氢压缩机出入口压差等；二是对关键监控点做计算公式后显示于 DCS 画面，以实时监控设备运行情况，如根据原料换热器 E101 两列出口温度，可以判断结焦情况，根据反应器与冷高分压力差，可以判断冷却系统是否存在堵塞等；三是对新增加的虚表均进行趋势显示，以实现问题分析可追溯。

2.1　进料加热系统优化

S Zorb 装置原料为催化装置催化汽油，当发现硫含量变化时再进行调整，为了保证产品硫含量合格，需加大配风量，对吸附剂正常运行造成威胁，使吸附剂使用寿命大大缩短。为了在保证产品硫含量合格的同时保护吸附剂不受损害，需提前掌握原料硫含量变化趋势，以逐步调整再生系统配风量及吸附剂循环量，使吸附剂活性逐步适应原料硫含量变化。某企业为单系列加工路线，催化裂化原料一般来自蜡油加氢，即将加氢尾油硫含量在线表引至 S Zorb 装置进料系统，即可实现提前掌握原料变化。并根据“硫转移系数”的概念，可得出进 S Zorb 装置原料硫含量的变化范围。

S Zorb 装置进料换热器 E101 由于原料原因随着运行累积易结焦[2]，在 DCS 画面上增加 E101 两列管程出口温差和壳程出口温差显示，用于监控 E101 结焦及偏流情况，以确保及时发现异常并正确调整，偏流严重时需要切除清洗，使换热器正常运行。增加进料加热炉 F101 炉管进出口压差总表显示，用于监控加热炉 F101 炉管结焦堵塞情况，以确保及时发现异常，从而在操作过程中对进料量、压力及炉膛温度等参数进行及时调整，使加热炉正常运行。

2.2　反应系统优化

反应器过滤器（ME101）为 S Zorb 装置核心设备，其运行状态直接决定着装置的运行周期，反应器过滤器设置反吹系统，反吹系统的正常运行是保证过滤器压差正常的重要因素之一[3]，一般过滤器厂家给定反吹比的控制范围，通过反吹比来决定反吹系统的压力控制[4]，但 DCS 画面上没有该表显示，需要经常计算，当调整反应进料量时易忽略反吹压力的调整。所以增加 ME101 反吹比显示 PDD_2105_1，即反吹压力和反应系统的压力比（PIC2105/PI2101）。当过滤器压差波动需要调整反吹参数时，可以参考该表，避免频繁手动计算，以防调整反吹压力时失控，确保过滤器正常安稳长运行。

2.3 再生系统优化

再生系统为反应系统吸附硫的待生剂提供了再生活化的场所，再生操作过程中再生风量的控制是一项重要指标，水可导致 S Zorb 脱硫吸附剂生成硅酸锌[5]，一旦吸附剂中有硅酸锌生成则会成倍增长，其中再生操作为控制水生成的重要一环，根据原料硫含量控制合理的配风量，防止过氧操作。引入“配风系数”概念，根据配风系数调整再生风量，配风系数 = （再生风量/原料硫含量 × 进料量）× 料量）× 1000。在再生 DCS 操作画面上增加配风系数显示（见图 1），起到指导和提醒的作用，同时也可实现趋势检查分析，以确保再生系统操作稳定，保证吸附剂安稳运行。

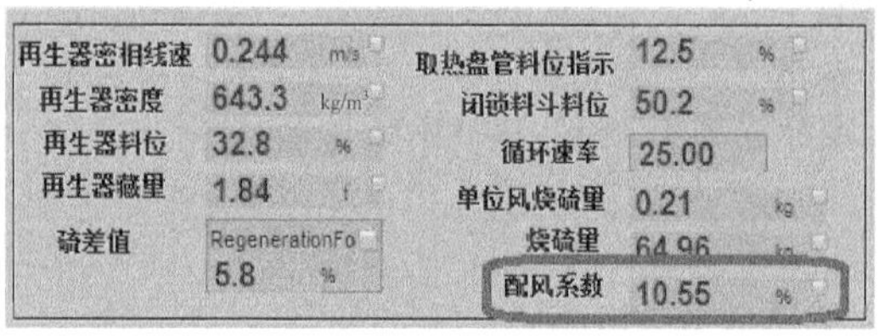

图 1　再生系统配风系数 DCS 优化图

2.4 产品分离及氢气系统

S Zorb 装置由于氢源的不同，个别装置出现空冷处堵塞等问题，为了方便监控反应冷却系统的安稳运行，增加热高分（D104）至冷高分（D121）压差显示及反应器（R101）至 D121 压差显示，用于监控空冷 A101、换热器及所处管线的结垢堵塞情况，以确保及时发现异常并对其进行切换、切出等处理，保证装置平稳安全运行。①D104 至 D121 压差显示 PDI_1208［（PI_1201-PIC_1202）∗1000］，②R101 至 D121 压差显示 PDI_2108［（PI_2101-PIC_1202）∗1000］。

2.5 压缩机气路系统

为了便于监控压缩机运行情况和压缩机出口压力控制是否合理，增加 S Zorb 装置循环氢压缩机（K101A/B）压缩机出入口压差表 PDI_ K101A/B，主要考虑 K101 正常运行需控制其出入口压差在一定范围内，以确保系统内正向流动，一是防止吸附剂倒窜，二是确保 D106 运转给予推动力，同时保证系统流化正常，尤其装置开停工期间得严格监控；增加反吹氢压缩机（K102A/B）出入口压比表 PDD_K102A/B，设置压比显示，主要考虑当调整反吹力过大时，超过压缩机设计压比，导致出口温度高，严重时损坏设备，所以监控压比。增加新氢压缩机（K103A/B）出入口压比表 PDD_K103A/B。主要考虑 K103 运行与外界氢气管网系统稳定关系密切，一旦超过压缩机压比设计值，势必会导致压机出口温度升高，严重时损坏设备，所以当发现压比升高时需检查系统运行，若是管网压力较低，需及时汇报调度协调提高管网压力，若暂无法保证，则需及时降量，以保护设备。

3 结论

通过对 DCS 画面的优化，一是对关键控制点进行了有效的指导和监控；二是通过对关键参数实时显示的监控确保了关键控制方案的有效实施；三是对装置关键设备运行状态进行了有效的监控。以上优化为装置开展精益管理提供了保障，为装置安、稳、长、满、优运行打下坚实基础，核心设备反应器过滤器连续安稳运行四年（大检修时压差 56kPa），进料换热器未发生过泄漏，吸附剂性质稳定，装置非计划停工为零，使装置连续两个运行周期实现了“四年一修”目标。

参 考 文 献

［1］于磊．S Zorb 装置运行情况调研与分析［J］．炼油技术与工程，2021，51（12）：23-28.

［2］徐相伟，张伟，崔永刚，等．S Zorb 装置长周期优化运行分析及问题处理［J］．炼油技术与工程，2020，50（4）：15-19.

［3］包材保．S Zorb 装置过滤器差压高的处理方法［J］．炼油技术与工程，2014，44（6）：38-41.

［4］李永强，史元杰，冯建华．S Zorb 装置低负荷运行出现的问题及对策［J］．炼油技术与工程，2021，51（2）：26-29.

［5］林伟，王磊，田辉平．S Zorb 吸附剂中硅酸锌生成速率分析［J］．石油炼制与化工，2011，42（11）：1-4.

关于 2[#] S Zorb 装置提高转剂线使用寿命的探究

郝文渊

（中国石化燕山石化公司　北京　102500）

摘　要　2[#]S Zorb 装置反再部分吸附剂采用氮气进行输送及松动，不仅氮气消耗量很大，而且由于氮气带动高温、高速吸附剂在系统内高速流动，造成管线尤其是弯头、法兰、阀门等内部流体流向发生急剧变化部分磨损速度很快，引起穿孔泄漏，不得不频繁停车补焊。通过对历次泄漏现象及漏点处破坏具体情形对比分析，探讨了通过主动控制输送氮气量从根本上降低高温高速吸附剂对管线薄弱点的冲刷强度，进而达到延长管线寿命的目的，取得了明显成效。

关键词　氮气；转剂线；寿命

1　概述

2[#]S Zorb 装置采用 S Zorb 专利技术，该技术是 ConocoPhillips 石油公司为汽油脱硫专门开发的新技术，它基于吸附作用原理对汽油进行脱硫，通过吸附剂选择性地吸附含硫化合物中的硫原子而达到脱硫的目的，与加氢脱硫技术相比，该技术具有脱硫率高（可将硫脱至 10mg/kg 之下）、辛烷值损失小、操作费用低的优点。该装置建成投产于 2013 年 10 月，主要由原料区、反再区、稳定区、加热炉区、压缩区及管带区组成。反再区的吸附剂在各台设备之间的流转，除了依靠相关设备之间的高度差流转外，其余都是依靠氮气携带着在各台设备之间的转剂线内进行流转的。

由于热氮气（0.5MPa）携带的高速流动的吸附剂温度达 230℃，使得转剂线 C-2501 上的弯头长期被冲刷，壁厚减薄速度很快，经常产生穿孔，不得不停闭锁料斗 D106，装置空转来补焊破损管道。

而冷氮气（0.3MPa）携带的高速流动的吸附剂温度超过 500℃，并且该管线较长，使得转剂线 C-2601 内的吸附剂流速远超 C-2501，因此该条管线的破损频率要高得多，基本上 7 天左右就需要停再生补焊一次下料线弯头，生产及维保人员工作量很大。

2　缺陷调查

针对该类管线穿孔故障频发的实际状况，对涉及的管线进行登记建档，并委托专业机构，对各条管线上容易发生冲刷减薄的重点部位进行编号定期测厚，见图 1、表 1。

表 1　2[#]汽油装置 R102 至 D110 转剂线检测数据记录表

检测部位编号	检测部位位置	材质	规格（外径×壁厚）/mm	检测最大值/mm	检测最小值/mm	减薄率/%	8.16 检测最小值/mm
1	1 号阀体	—	—	19.88			
2	2 号短节	P11	ϕ89×7.5	7.60	7.30	2.67	7.30
3	3 号弯头	P11	ϕ89×7.5	7.74	7.32	2.40	7.32
4	4 号短节	P11	ϕ89×7.5	7.71	6.90	8.00	6.90
5	5 号阀体	—	—	19.00	18.20	—	18.20
6	6 号短节	P11	ϕ89×7.5	7.94	7.10	5.33	7.60
7	7 号短节	P11	ϕ89×7.5	8.70	7.90	—	7.90
8	8 号短节	P11	ϕ34×6.5	6.50	5.50	15.38	--
9	9 号阀体	—	—	18.0	17.50	—	17.50

续表

检测部位编号	检测部位位置	材质	规格(外径×壁厚)/mm	检测最大值/mm	检测最小值/mm	减薄率/%	8.16 检测最小值/mm
10	10 号弯头	P11	ϕ60×5.5	6.34	5.50	—	11 月更换旧管
11	11 号短节	P11	ϕ89×7.5	6.25	4.00	46.67	
12	12 号阀体	—	—	19.70	19.67	—	
13	13 号短节	P11	ϕ89×7.5	7.90	7.20	4.00	7.20
14	14 号导淋	P11	ϕ89×7.5	6.34	5.67	16.13	5.67
15	15 号弯头	P11	ϕ34×6.5	8.6	6.84	—	7.80

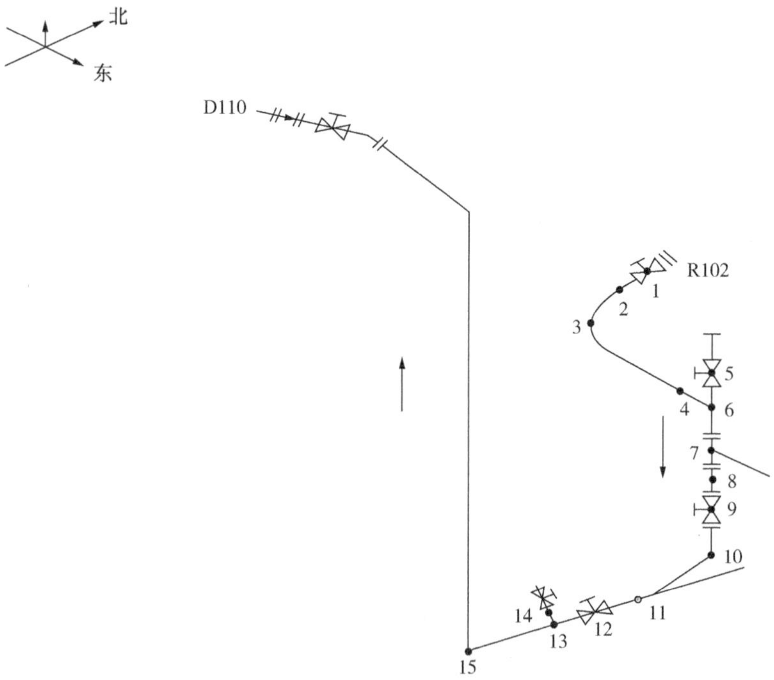

图 1　2#汽油装置 R102 至 D110 转剂线检测示意图

结果发现，最先穿孔的位置都是转剂线上的弯头外侧、管线内部流体流向发生明显变化的位置优先减薄，并且呈片状、两端有沟槽，尤其在吸附剂来料方向最明显。

3　成因分析

如上所述，通过对泄漏点的解剖、观察以及对减薄失效处进行局部测厚，结合管线内物料成分(吸附剂、氮气)可以确定转剂线破损穿孔的首要原因是氮气携带高温、高速吸附剂长期冲刷所致。

4　应对措施

由于转剂线负责在再生系统内各台设备之间流转吸附剂，如果发生管道穿孔泄漏，只能停再生系统来消缺，造成装置空转，生产成本会大幅增加，另外由于涉及现场动火作业，使得风险很高，多年来生产人员苦不堪言，维保压力也很大，这已经成为困扰 2#S Zorb 装置安全稳定长周期运行的一块心病。

为了确保装置安全稳定长周期运行，就应该先入为主，首先根据投产以来的历次故障发生的时间、部位、破损状况梳理出转剂线最容易发生冲刷破损的部位，并编号登记；定期(1~2 次/月)对该类管道上的编号内的高危点进行测厚，以便及时掌握冲刷减薄情况，为预知维修提供支持，见表 2。

表 2　2#汽油装置转剂线检测布点统计表

序号	管线/设备名称	管线/设备编号	规格		起始位置		处	布点数量/个
			直径/mm	壁厚/mm	起点	终点		
1	R-101 底部转剂线	50C2002_50C2001	57	8.5	R-101	D-105	10	30
2	R-101 中部转剂线	50C20021_80C20011	89	7.5	R-101	D-105	7	21
3	D-107 底部转剂线	50C2501	48	7.1	D-107	R-102	5	15
4	D-105 至 D-106 输送线	80C2301	89/32	7.5/6.5	D-105	D-106	7	21
5	D-106 至 D-102 输送线	80C2401	89/18	7.5/4	D-106	D-102	5	15
6	R-102 底部转剂线	80C2601	89	7.5	R-102	D-110	6	18
7	还原器至反应器线	D-102～R101	420	47.5/95	D-102	R-101	4	12
8	反应器至反应器接收器线	R101～D-105	440	46.5	R-101	D-105	4	12

其次，应该主动探讨如何能够有效减小高温高速吸附剂对管线设备的冲刷强度，才是根治转剂线过快穿孔失效的根本途径。该篇主要从这一角度进行了卓有成效的探索，并取得了明显成效。

为了准确控制吸附剂流速流量，参考了 2#S zorb 装置操作法在冷氮气总线 50-NG-3206 上的自立式调节阀 PCV-3201 后安装了 1 块 1MPA 的压力表(PID 图上有位置，现场压力表位号是 PG3201，但是 2013 年上项目时没有安装)。

新表安装就位后，按照预先的设想开始调节氮气储罐 D130 来气线上的自立式调节阀 PCV3202 开度，使其后现场压力表 PG3202 压力比 D130 供气压力低 50%(约为 0.6MPa)，再调节冷氮气总管上的自立式调节阀 PCV3201 开度，使其后的压力比 PG3202 低 50%(约为 0.3MPa)，经过这一段生产运行检验可以确定该方法可行。

通过此次调整在目前这个处理量(116t/h)下。

另外，经过一年多来的实际检验，本装置吸附剂线发生磨损穿孔泄漏频率明显降低，对比见表 3。

表 3　调整前后故障对比表

管线号	调整前故障频率/(次/年)	调整后故障频率/(次/年)
C2601	10	<2
C2501	4	<1
PV2501	4～6	<1

5　经济效益评估

根据该项工作实施前后氮气流量变化趋势可以看出节省氮气用量约 200m^3/h，按 0.93 元/m^{3}计算，每小时可以节约氮气费用 186 元，每天可以节约氮气费用 4464 元，每年可节约氮气费 1607040 元。

另外，由于吸附剂输送氮气压力、流量比以前明显降低，转剂线的磨损速度也会明显降低，采用这种方法自 2021 年 6 月来仅发生 2 次转剂线穿孔故障，有的原来频繁穿孔的管线也没有出现明显减薄(<20%)，较以前的使用寿命得到了大幅增加，进一步提高了装置安全稳定运行工况。

灵活满足市场需求的催化裂化操作调整与改造策略

余龙红

(中国石化工程建设有限公司　北京　100101)

摘　要　为灵活满足市场需求，在当前的实际条件下，催化裂化装置(FCC、MIP、MIP-CGP)由生产汽油或汽油+丙烯为主的产品方案调整为进一步增产丙烯的方案，催化裂解装置(DCC、DCC-Plus、RTC)由以生产丙烯为主的产品方案调整为兼顾生产汽油的方案，以及采取对催化裂化(解)装置提高掺渣比的生产方案等，从而达到效益最大化。通过使用专用催化剂或催化剂掺混，以及对装置处理量、反应温度、反应压力、注汽量、回炼比等操作调整与优化，确定控制的关键因素，以满足产品质量合格、回收率高、装置能耗基本合理以及安全稳定长周期生产为前提，提出相应的最小范围内主要工程改造措施和方向。

关键词　催化裂化；市场需求；操作调整；改造

1　概述

催化裂化(解)装置是在催化剂的作用下，在合适的工艺条件下(反应温度、反应压力、注汽量、C/O 比等)，裂化大分子重油以生产汽油、柴油或液化气(丙烯)等小分子产品的重要二次加工装置，在全厂加工链中起着承上启下的作用，而且，当前市场需求灵活多变，在一定的范围内灵活满足市场需求，适时调整操作，将对提高全厂的综合经济效益产生重要的影响。

当前，催化裂化装置多以 MIP、MIP-CGP 为主，反应温度及压力适中，490~530℃，0.18~0.25MPa(表)，其主要特征是采用串联提升管，形成两个反应区，第一反应区：短反应(停留)时间，约 1.3s，高催化剂活性，以裂化反应为主，较高的反应强度；第二反应区：扩径，待生催化剂循环，降低空速，降低温度，适当的催化剂活性，较长的反应(停留)时间，约 5s，对第一反应区的“产品”加强氢转移与异构化反应，适度控制二次裂化反应，降低汽油烯烃而辛烷值不降低。通过优化一次反应和二次反应，避免过裂化，减少干气、焦炭产率。第二反应区上部提升管虽停留时间较长，但由于在第二反应区反应充分，催化剂因附着焦炭、重金属等，活性大幅降低，也不会发生过度裂化。催化裂解装置以增强型催化裂解(DCC-Plus)、新型高效催化裂解(RTC，Residue to chemicals)为代表，DCC-Plus 工艺提出双提升管+床层组合反应器的理念，根据原料反应行为特点，将反应系统分成三个反应区：其中第一反应区为主提升管，进料为新鲜原料油和回炼裂解重油，以最大量生产高烯烃含量裂解石脑油为目的，同时为第三反应区提供原料；第二反应区也为提升管，进料为装置自产的或外来的富含烯烃的 C_4组分和轻石脑油，同时将热的低定炭再生催化剂输送至第三反应区，为床层反应创造适宜的条件；第三反应区为密相床层，第一提升管反应区和第二提升管反应区的反应油气以及汽提段的蒸汽一起进入第三反应区，第三反应区床层重时空速较低，为 2~4h^{-1}，通过控制反应油气在床层的停留时间，在相应的反应条件下最大化生产丙烯。一般主要操作条件为：主提升管温度为 545~565℃，第二提升管温度为 600~630℃，第三反应区温度为 555~580℃，反应器稀相压力为 0.14MPa(表)，C_4回炼比为 0.05~0.12(对新鲜进料)，轻石脑油回炼比 0.03~0.06(对新鲜进料)。

RTC 工艺创造性地采用锥形快速床反应器，具有拟全浓相、拟匀速、拟均一温度等特征，气-固接触良好，对流化传质发挥主导作用，轴向温度变化小，强化了催化反应，在裂化反应的竞争条件下，热裂化反应得到抑制。主反应器以新鲜重油为进料，反应温度为 560~585℃，反应压力为 0.085~0.12MPa(表)，床层重时空速为 8~12h^{-1}，快速床出口采用提升管+VQS(快速分离系统)结构，将快速床出口的油气及催化剂提升后快速分离。回炼反应器为全提升管，以回炼 C_4、轻石脑油为进料，反应温度为600~630℃，反应压力与主反应相同，C_4回炼比为0.1~0.2(对新鲜进料)，轻石脑油回炼占0.08~0.15(对新鲜进料)。

催化裂化(解)提高掺渣比的生产方案，在选择耐重金属、耐高生焦仍维持较高转化活性、高选择性催化剂的情况下，更多的是围绕提高再生器的烧焦效果和外取热能力，在20世纪末进行了广泛研究，开发了多种再生器结构。当前，随着装置规模的增加，再生压力提高，烧焦氧分压相应提高，采用"量体裁衣"的再生器型式，并配合大型化、超大型化的气体和催化剂双重分布器的开发，再生器烧焦强度提高，杜绝了完全再生的尾燃超温现象，达到再生剂定炭≤0.05%(质)。

2 控制因素

催化裂化装置是多变量、多因子的综合体，不管是装置设计，还是生产调整，都表现出一定程度的复杂性，主要体现在多变量、多因子，及其之间的相互影响、相互制约，当某一变量发生变化时，牵一发而动全身，对其他变量也产生影响，有些是正面的、有利的，有些是矛盾的、不利的。针对现有装置进行操作调整时，为实现某种生产目标，控制因主要有以下几个方面：

① 旋风分离器入口线速，u_i，m/s：其取值一般范围为17~23m/s，维持旋风分离器的线速，是保证气-固分离、减少催化剂损失的首要条件，其综合了介质流量(kg/h)、分子量、温度、压力等因素。当油气体积流量发生变化时，可以卡线速上限值或下限值操作。旋风分离器入口线速取值范围也体现了其上下游如反应器、分馏塔，再生器、烟气第三级旋风分离器等主体设备规格也能满足要求。

② 主风负荷，V，Nm^3/min：其取值一般范围为正常值的90%~110%，相比于正常值，当风量降低时，要求出口压力(或再生压力)也降低，当再生器需要主风量增加时，出口压力也需提高。实际生产中，主风机的操作负荷变化是不大的，即通过机组风量多少，就进入再生器多少，因为一有反飞动，即出口放大气，造成显性的"浪费"，在管理上不允许。另外，即使在下限操作时，考虑再生器旋风分离器入口线速下限，也不允许进再生器风量(Nm^3/min)很低。需要说明的是，风量与装置处理量(烧焦量)是相对独立的，即当提高装置处理量，或烧焦量增加时，主风机尽可能卡上限操作，同时，对完全再生干烟气过剩氧可以控制最低，如2%(体)(干基)；如果降量运行，或烧焦量降低，主风机尽可能在最低负荷、最低出口压力(深度理解机组曲线，或联系机组供货商协助调整操作)下运行，干烟气的过剩氧可以适当控制得高一些，如6%~8%(体)(干基)，此种情况下，装置能耗一定会增加，因为余热锅炉外排烟气量增加，外排温度约为~180℃。

③ 富气压缩机负荷，V，Nm^3/min：一般地，表征富气压缩机的负荷有标准体积流量Nm^3/min，质量流量(kg/h)，实际体积流量(m^3/h)和轴功率(kW)等，对催化裂化装置，习惯上用标准体积流量(Nm^3/min)来表征，对于操作变化来说，如装置处理量、入口气体组成(分子量)、入口压力等，都会发生单项或多项组合变化，仅用标准体积流量(Nm^3/min)来表征不能完全体现这些参数的综合变化，用轴功率(kW)表征更科学一些，即压缩能力，与透平功率也相关。

当多产气，或有轻组分回炼时，富气压缩机尽可能发挥上限操作的潜能；当处于下限操作时，需要打反飞动，可以打到提升管的预提升段，采用干气预提升，可以起到减少蒸汽消耗、钝化重金属、填充气体的多重正向作用。

④ 某一单项物料的全流程影响，比如，增加C_4组分回炼时，除了少部分(约30%)转化为气体和汽油外，其自身的增加量是显著的，跟原有的C_4相比，增加的比例更大，其贯穿的流程长，包括反应器、分馏塔及塔顶冷却、分液、压缩及冷凝冷却、脱吸、稳定塔顶、气体分馏装置的脱丙烷塔底，再经过汽化、过热回炼等，全流程均要充分考虑，尤其是在最后纯C_4组分时，成为主要控制点。

⑤ 产品质量。生产方案的调整，确保产品质量合格也是一项必然的限制因素。催化裂化装置产品质量包括：油浆密度d_{20}^{4}及固含量；汽油蒸气压、干点；干气中C_3+C_4含量；烟气排放指标合格也含在产品质量之内；气体分馏装置中丙烯达到聚合级要求等。对于下游仍有处理、指标控制的中间产品等，可不作为催化裂化装置的控制指标，如汽油中液化气含量，液化气中C_2含量，催化柴油的十六烷值，外排含硫氨污水等。为了达到多产汽油的目的，对于汽油蒸气压，可以有冬夏之分，冬天可以将汽油

蒸气压控制得高一些，压入一部分 C_4组分，灵活调整。

⑥ 装置能耗。装置能耗在一定程度上是决定装置运行成本的直接因素，在主操作模式条件下，操作与设计均力求将能耗降至最低。但在生产方案变化时，在追求产品目标和受装置客观限制的影响下，可能不是最节能的，这也是客观存在的。比如，催化裂解装置按兼顾生产汽油模式运行，即使经过各项计算和优化之后，油气总量(m^3/s)会有一定程度的减少，原本设计合适的大油气管线线速降低，散热增多，使得装置能耗增加。工艺回流(比)是满足工艺分离或取热过程的重要变量，同时也是能耗的主要存在，如分馏塔各中段回流、补充吸收剂、稳定塔顶回流等，流量大且调节范围宽，观察各循环回路调节阀的开度，根据已有的实施经验，可通过切消泵叶轮，从而降低泵的功耗。

⑦ 综合效益测算，某炼油厂将装置能耗利用即时公式进行计算，可以观察能耗前后的变化，以及比较各项因素对能耗影响的权重，也可以根据权重而加以重点关注与调整，做到精细管理。同理，也可以设计一个综合效益适时测算公式，综合原料、产品、回炼、公用工程消耗及其取价，在生产和调整过程中加以观察和比较，从而达到操作优化的目的，也为调整提供实际依据。

3 催化裂化装置(FCC、MIP、MIP-CGP)增产丙烯

3.1 降低装置处理量，提高转化深度

如前所述，催化裂化装置(FCC、MIP、MIP-CGP)的工艺特点与催化裂解装置(DCC、DCC-Plus、RTC)相差悬殊，最终综合体现在产品的气体量(m^3/s)上也相差较多，因此，催化裂化装置严格受设备规格所限，首先是，更换多产丙烯或丙烯+丁烯的中孔分子筛催化剂，降低装置处理量，反应压力稍降低，提升管反应注汽量不变甚至降低，主要工艺操作参数向催化裂解靠近，如提高反应温度，第一反应区温度由 520℃提高至 545℃，第二反应区温度由 505℃提高至 530℃，增加轻汽油回炼。

以某 MIP-CGP 装置为例，原料油 d_4^{20}为 0.9338，残炭为 4.02%(质)，氢含量为 12.16%(质)，在原料性质不变的条件下，按增产丙烯方案，相关变化对比见表 1。

表 1 MIP-CGP 装置按增产丙烯方案操作相关变化对比一览表

序号	项目	MIP-CGP(300 万 t/a)		增产丙烯方案(210 万 t/a)		备注
1	第一反应区温度/℃	505～530		530～560		
2	第二反应区温度/℃	490～520		520～540		
3	反应压力/MPa(表)	0.25		0.20		
4	轻汽油回炼	—		0.15		对进料
5	C/O 比	6.8		12.5		
6	物料平衡	产率/%	产量/(万 t/a)	产率/%	产量/(万 t/a)	
	H_2～C_2	3.30	9.9	4.90	10.29	
	C_3～C_4	22.70	68.1	30.0	63.00	
	C_{5+}汽油	38.50	115.5	32.50	68.25	
	轻柴油	21.00	63.0	17.60	36.96	
	油浆	6.20	18.6	6.20	13.02	
	焦炭	8.30	24.9	8.80	18.48	
	乙烯	1.0032	3.01	2.84	5.96	+98%
	丙烯	7.945	23.835	13.8	28.98	+22%
7	反应器出口油气总物质的量①	1.0		0.89		相对值
8	反应器出口汽油总量	1.0		0.86		相对值
9	富气压缩机入口负荷②	1.0		0.94		相对值

①油气不包括水蒸气，为纯烃气。

②按反应器出口中全部干气、液化气及 C_{5+}汽油的 35%计。

从表 1 可以看出，装置处理量按 70%操作，丙烯净产量由 23.835 万 t/a 增至 28.98 万 t/a，增加 22%，油气总物质的量减少，可以由增加注汽量、提高操作温度来填补油气的体积流量使其不变，或略有增加，可卡旋风分离器线速上限操作。对于再生系统，烧焦量降低至原来的 74.2%，可尽可能降低主风量(Nm^3/min)，如减至 MIP-CGP 操作正常风量的 90%甚至更低，降低烟气中 CO/CO_2(体积比)，适当降低再生温度等，以减少再生烟气带走的烧焦热量，多为反应系统供热，满足提高的剂油比；同时再生压力适当降低(相应，再生滑阀压差也降低)，满足再生器旋风分离器入口线速卡低限操作。

工程上，需在第二反应区增加轻汽油回炼措施，在吸收稳定区增加轻重汽油分离塔，改造量小，乙烯利用的余量需充分。另外，MIP、MIP-CGP 的 10~12m 高的第一提升管对于重油高效转化是恰如其分的，如在上部增加破“气团”的内件，加强剂-气接触，可进一步提高转化效果。

3.2 MIP-CGP 装置处理量及操作模式不变，增加回炼措施

如果维持装置处理量不变，或小幅降低，即反应温度、压力不变，增设 C_4、轻汽油回炼反应器，其反应压力与主反应压力相同，卡反应器、再生器旋风分离器线速、主风负荷及富气压缩机功率等上限运行，改造量最低。

对于催化裂化装置，汽油收率约为 44%，轻汽油(基本上为 C_5、C_6组分，多为异构烷烃)占 15%，对应切割点为 70~72℃。

采用提升管反应器，回炼 C_4、轻汽油及外引加氢柴油，经拆分后，各自单程转化的一般产率见表 2。在通常的 C_4回炼比为 0.15，轻汽油回炼比为 0.1 的情况下，通过表 2 可以计算出双烯产率增加 4.574 个百分点，实际生产中较难达到。

表 2 提升管回炼 C_4、轻汽油及加氢柴油一般产率对比一览表

序号	组成	回炼 C_4/%	回炼轻汽油/%	外引加氢柴油/%	备注
1	干气	8.89	8.51	1.80	
	其中：乙烯	4.19	3.90		
2	液化气	78.78	26.90	13.60	
	其中：丙烯	14.15	14.33		
	C_4	62.80	—		
3	汽油	10.01	59.65	48.70	
4	柴油	0.00	2.73	29.90	
5	油浆			1.50	
6	焦炭	2.32	2.23	4.50	

以 300 万 t/a MIP-CGP 装置为例，假设 C_4、轻汽油的回炼比均取 0.0375(对新鲜进料)，回炼量为 22.5 万 t/a，则综合产品及相关代表物流的变化见表 3。

表 3 MIP-CGP 装置增设 C_4、轻汽油回炼相关变化对比一览表

序号	项目	MIP-CGP(300 万 t/a)		回炼转化(22.5 万 t/a)		备注
		产率/%	产量/(万 t/a)	回炼产量/(万 t/a)	综合总产量/(万 t/a)	
1	物料平衡：					
	H_2~C_2	3.30	9.9	1.96	11.86	+19.8%
	C_3~C_4	22.70	68.1	11.89	68.74	
	C_5+汽油	38.50	115.5	7.84	112.09	

续表

序号	项目	MIP-CGP(300万t/a)		回炼转化(22.5万t/a)		备注
		产率/%	产量/(万t/a)	回炼产量/(万t/a)	综合总产量/(万t/a)	
	轻柴油	21.00	63.0	0.31	63.31	
	油浆	6.20	18.6	0.00	18.60	
	焦炭	8.30	24.9	0.50	25.40	
	乙烯	1.0032	3.01	0.91	3.92	+30.2%
	丙烯	7.945	23.835	3.20	27.035	+13.4%
2	反应器出口油气总物质的量	1.0		1.13		相对值
3	反应器出口汽油总量	1.0		1.07		相对值
4	反应器出口液化气总量	1.0		1.17		相对值
5	富气压缩机入口负荷	1.0		1.16		相对值

从表3可以看出，增加C_4、轻汽油提升管回炼在总回炼比为0.0375时，丙烯增加13.4%，乙烯增加30.2%，汽油减产3%，各单项参数增加量均低于20%，全流程中塔、机泵、换热器等基本不必进行改造。

工程上，需增加C_4、轻汽油回炼反应器，在吸收稳定区增加轻重汽油分离塔、C_4汽化器及过热器等，改造工程量低。

更进一步地，催化裂化C_4中烷烯质量比一般约为40%：60%，为了提高回炼反应的单程转化率和增加低碳烯烃的选择性，对于C_4组分，可以增加C_4烷-烯分离，只将易转化的C_4烯烃回炼，或者，即使简化一下，增加轻-重C_4分离塔，仅将重C_4的n-C_4H_{10}、t-C_4H_8-2和c-C_4H_8-2回炼，其烯/烷比比轻C_4高，比混合C_4更高，使得C_4催化转化更有针对性，减少丁烷尤其是异丁烷的无效循环。而且，从表2可以看出，C_4、轻汽油的单程转化率分别为37.2%和40.35%(即用100%减去产品中的反应物占比)，双烯贡献率及生焦率等基本相当，轻汽油的转化效果略优于C_4，新增能耗低，故优选只采用轻汽油回炼，或轻汽油占有较高的回炼比例。

对于小分子(C_4及轻汽油)的催化转化或热裂化，要比大分子难得多，按照一直以来采用提升管转化及其相关理念，已不能满足要求，有进一步优化和提升的空间，以提高其单程转化率和降低回炼能耗。

由于增加了轻组分回炼，反应器出口油气体积流量(m^3/s)增加，自然会增加催化剂夹带和跑损，增设或扩大油浆过滤系统，其过滤负荷最好大于外甩油浆的产品量，这样，剩余的过滤后澄清油返回油浆循环系统，可以降低系统的固含量，减少油浆泵及阀门的磨损，延长其使用寿命。此外，过滤后的反冲洗渣浆(可注入回炼油冲洗)注回汽提段，在增加烧焦的同时，也通过再生器回收了大颗粒催化剂，减少了运行剂耗。当前，油浆过滤技术较10年前，在长周期生产方面取得了长足的进步。适当降低分馏塔1#板下气相温度，控制油浆的d_4^{20}为1.05~1.08，尤其适用于反应苛刻度高、转化深度大的操作。

4 催化裂解装置(DCC、DCC-Plus、RTC)兼顾生产汽油

催化裂解DCC-Plus、RTC工艺均加工重油，以生产丙烯、乙烯及BTX等化工品为主，产品主要为气体产品为主，产品其共同的特点是反应温度高、反应压力低、注汽量高(即油气分压低)，采用C_4、轻石脑油回炼等，与催化裂化MIP-CGP装置对比见表4。

表 4　DCC-Plus、RTC 装置与 MIP-CGP 装置规模基准对比一览表

序号	比较基准	MIP-CGP 装置	DCC-Plus 装置	RTC 装置
1	反应器出口气体体积流量(以 m^3/s 计)	1.0	2.93	3.67
2	再生器出口气体体积流量(以 m^3/s 计)	1.0	2.01	2.11
3	反应器稀相直径/m	1.0	2.74	3.37
4	再生器稀相直径/m	1.0	1.66	1.39
5	压缩机富气量，(以 Nm^3/min 计)	1.0	2.56	2.85
6	压缩机富气量(以 m^3/s 计)	1.0	4.75	5.66

表 4 表明，以反应器出口气体体积流量(m^3/s)为比较基准，300 万 t/a RTC 装置相当于 1100 万 t/a MIP-CGP 装置的规模，220 万 t/a DCC-Plus 装置反应器稀相与 603 万 t/a MIP-CGP 装置等直径(注：不表明 220 万 t/a DCC-Plus 装置的反应器直径是同等规模的 MIP-CGP 装置的 2.74 倍)，因此，DCC-Plus、RTC 装置与催化裂化装置相比，工程规格差异是巨大的，投资增加显著。同等规模的 RTC 装置与 DCC-Plus 装置相比，两器气体量是增加的，但稀相直径是减小的。

操作上，不可能完全按催化模式或准催化模式运行，只能介于催化裂化与催化裂解之间且仍偏向于催化裂解模式运行。为了兼顾汽油的生产，气体产品量减少，即使在处理量不变的情况下，反应器出口油气量(m^3/s)会降低，旋风分离器入口线速卡下限操作，如果条件允许，可预先对 2~4 组旋风分离器进行封堵，以平衡反应器总蒸汽量减少和反应温度降低造成的体积流量减少；需要降低反应苛刻度，包括：掺混低转化深度的催化剂，降低反应温度等，反应器尽可能按最低操作压力运行，处理量不降低或提高，主提升管(包括 RTC 快速床稀释汽)注汽量可适当降低，但要考虑因线速降低再生催化剂线路阻力增加，使得再生滑阀压差减小，降低了生产灵活性；可加大干气预提升，可以弥补提升管减少的蒸汽，而且，也填充了从反应器至富气压缩机入口之间的气体。

表 5　RTC 装置按兼顾生产汽油方案操作相关变化对比一览表

序号	项目	RTC(313 万 t/a)		兼顾生产汽油方案(313 万 t/a)		备注
1	反应温度/℃	586		约 520		
2	反应压力，MPa(表)	0.12		0.12		
3	C_4回炼比	0.15		0.075		对进料
4	轻石脑油回炼比	0.10		0.05		对进料
5	外引加氢柴油比	—		50		
6	物料平衡	产率/%	产量/(万 t/a)	产率①/%	产量②/(万 t/a)	
	H_2~C_2	9.98	31.24	8.50	27.51	
	C_3~C_4	35.29	110.46	30.00	100.70	
	裂解石脑油	27.38	85.70	32.50	126.08	
	裂解轻油	14.48	45.32	17.60	70.04	
	裂解重油	4.58	14.34	3.60	12.02	
	焦炭	8.29	25.95	7.80	26.66	
	乙烯	4.49	14.05	2.84	8.89	-36.7%
	丙烯	18.44	57.72	13.8	43.19	-25.2%
7	反应器出口油气总物质的量	1.0		0.92		相对值
8	反应器出口石脑油总量	1.0		1.21		相对值
9	反应器出口轻油总量	1.0		1.55		相对值
10	富气压缩机入口负荷(以 Nm^3min 计)	1.0		0.85		相对值

①为 313 万 t/a 规模对应 C_4、轻石脑油回炼的新鲜原料产率。

②为对应 363 万 t/a 总进料的产量。

从表5可以看出，对于C_4、轻石脑油回炼提升管，回炼比分别为0.15、0.10的情况下，回炼按各降一半操作，蒸汽注入量不降低，补入50万t/a加氢柴油，其中单程约70%转化掉，核定反应器出口油气中回炼提升管转化生成的石脑油与回炼轻石脑油，加上主反应生成的裂解石脑油由117万t/a增加为141.73万t/a，即表5中增加21%，石脑油系统包括粗汽油泵、重石脑油泵等更换或增加1台，轻重石脑油分离塔系统需重新核算；回炼提升管中仍有30%的柴油与主反应裂解轻油一起，即由45.32万t/a增加为70.04万t/a，其总量增加55%，因此，裂解轻油汽提塔底泵、一中段回流泵及其换热系统需扩能；反应器出口油气（不含蒸汽）总物质的量是原来的92%，但质量流量是增加的，由365.31万t/a增至375.46万t/a；富气压缩机入口气量减少，由增加的预提升干气弥补上。

对于此操作模式，能耗增加是不可避免的，体现在：外引加氢柴油在高温的回炼提升管转化，其新增的生焦量不能满足自热平衡，再生器将减少发汽量；因线速降低或略降低，散热加大；富气压缩机反飞动量增加；因分馏塔各循环系统热量分配变化，部分循环系统机泵将偏离设计点运行等。

5 催化裂化（解）装置提高掺渣比

催化裂化（解）装置提高掺渣比是优化操作、提高效益的一个主要方向，也是老生常谈的问题，相比以前，催化裂化（解）装置规模大幅增加，再生压力提高，且工程上对主风分布与催化剂分布的重点关注，使得烧焦再生不再发生尾燃、再生剂定炭高或有“夹沙”的现象。

催化裂化（解）装置提高掺渣比，烧焦量增加，在一定的范围内是可行的。受主风量所限，可以通过降低干烟气过剩氧浓度，提高空气利用率，通过增加催化剂循环量，即烧焦罐的催化剂通量，加强烟气-再生催化剂的良好接触，或者提高床层料位，增加气-剂接触时间。如果需要进一步增加烧焦量，注入纯氧（或绿氧），实施富氧再生，是一个不错的选择，提高了再生系统的氧分压，也就提高了烧焦强度，另外，没有了是注入纯氧量3.76倍的余热锅炉省煤段出口高温（约180℃）氮气的排放，对装置节能有利。

不管是提高现有空气的利用率，还是注入纯（绿）氧，都会使再生系统过剩热增加，对外取热系统进行复核或扩能改造是必要的。

6 结语

市场需求是灵活多变的，虽然风光电等新能源的发展如火如荼，但用能也是逐年增加的，在未来一定的时期内，传统能源将一如既往地发挥着重要作用，催化裂化（解）装置是炼化企业生产汽油和丙烯等化工品的主要装置，增加操作可变的灵活性是非常必要的。装置规模增大以后，产品还可以细分，如在轻重汽油分离塔上部侧线抽富苯汽油以回收利用苯，以及对重汽油分出C_{9+}芳烃和C_{9+}非芳烃等，以增加产品的附加值，C_{9+}非芳烃可回主提升管回炼，做到物尽其用。诚然，以市场为导向调整生产方案也不是一蹴而就的事，装置规模大，催化剂置换就需要较长的周期。操作参数也需要不断摸索和优化，为此，将重要的，或操作调整易变化的线速（如旋风分离器入口、富气压缩机入口线速等），主要公用工程消耗，装置能耗及综合效益测算等计算公式设计入DCS，适时监测和阶段性前后综合比较、分析，作为优化运行的依据。另外，增加对反应系统转化效果的关注与考察，增加气-固采样，考察回炼提升管的转化效果，从而确定更合适的轻石脑油与C_4回炼占比等。

原料乳化技术在催化裂化装置的工业应用

蔡王智

（中国石化中科炼化公司　广东湛江　524000）

摘　要　重油催化裂化原料重，不易于雾化，更难以完全汽化，使重油催化裂化过程成为复杂的气液固三相反应体系，给油剂有效接触带来困难；同时原料重还表现在胶质、沥青质、残炭含量高，增加焦炭产率，给催化剂的汽提和再生带来困难。通过引入原料乳化技术到催化裂化中，根据重油乳化燃烧过程的“微爆”理论和“分子聚集和解聚”理论，齐鲁石化公司研究院开发了原料乳化技术，进一步减小雾化液滴的粒径，提高液滴的传热速率，缩短汽化时间，提高进料的汽化率，便于原料与催化剂的充分接触，进行传质、传热和反应，强化催化反应，削弱热裂化反应，从而提高反应的转化率和选择性。工业应用结果表明：总液体收率增加 1.82 个质量百分点，油浆产率降低 1.65 个质量百分点，焦炭产率降低 0.14 个质量百分点。

关键词　催化裂化；原料乳化；总液收；雾化效果

1　装置概况

中科（广东）炼化公司东兴分部Ⅰ重油催化裂化装置设计规模为 50 万 t/a，其前身是 1954 年设计的凯洛格正流式流化催化裂化装置，1979 年由床层裂化改为提升管裂化。1980 年从加拿大圣博尼费斯炼油厂拆迁到湛江。2001 年对两器等设备进行了更新改造，处理量由 30 万 t/a 提高至 40 万 t/a。2005 年根据炼油改扩建方案，对装置进行改造，处理量提高至 50 万 t/a，减渣掺炼比例 40%。两器结构形式为高低并列式，再生器采用前置烧焦罐形式，外设一个取热器。

2　原料乳化反应机理[1]

原料油催化裂化反应过程中，尤其是重油催化裂化，原料油雾化对整个反应起着十分重要的作用。由于劣质渣油组分重、黏度大，原料经雾化后液滴粒径约 60～120μm，所需汽化时间长。通过特有专利设备乳化装置注入一定量的乳化介质，使原料油与乳化介质形成稳定均一粒径的纳米级乳化油液滴。经乳化后的油滴内包含着许多 0.5～5μm 的微粒液滴，喷入提升管，每个小液滴被油相包围着，当油滴喷出被加热时，乳化油被一次雾化，由于水和油的沸点相差较大，水率先汽化，体积急剧膨胀，产生了巨大的压力，瞬间把油滴爆开，变成许多小油滴，这一过程称之为“微爆”或二次雾化（见图 1、图 2）。二次雾化可以使油滴雾化粒径降低到 5～10μm，大大提高催化裂化进料的分散性，增加了原料油和催化剂的接触面，提高热传递效率和汽化速度，显著提高重油的雾化效果，强化催化裂化反应，削弱热裂化反应，使油气混合更充分，从而提高反应转化率和选择性，达到提高轻质产品收率、改善产品分布的目的。

原料油乳化进料技术，将“射流均匀分散理论”应用于重油的乳化混合，采用微纳米技术将乳化水切割成微纳米级液滴与原料油充分混合，从而制备微纳米级均质稳定的乳化原料油。乳化技术以“微爆”理论和“分子聚集与解聚”理论为指导，在设计特定的操作条件下，经过核心专有设备乳化装置，形成稳定充分的乳化油包水型（W/O）乳液，不改变现有催化裂化装置操作条件，进入提升管反应器。乳化重油进料之所以可以提高雾化效果和它的“微爆作用”密不可分。雾化液滴粒径最小可达 1μm，显著增加了油滴和催化剂接触面积，提高了进料分散性和雾化效果，大幅度降低了油滴粒径，从而提升了催化裂化反应效率，改善了产品分布。

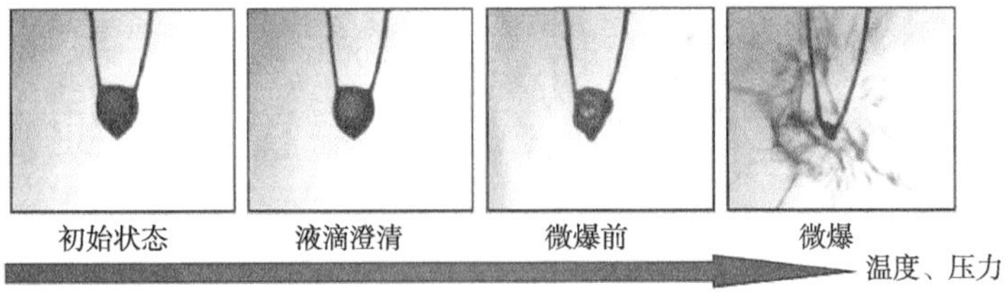

图 1　液滴微爆过程

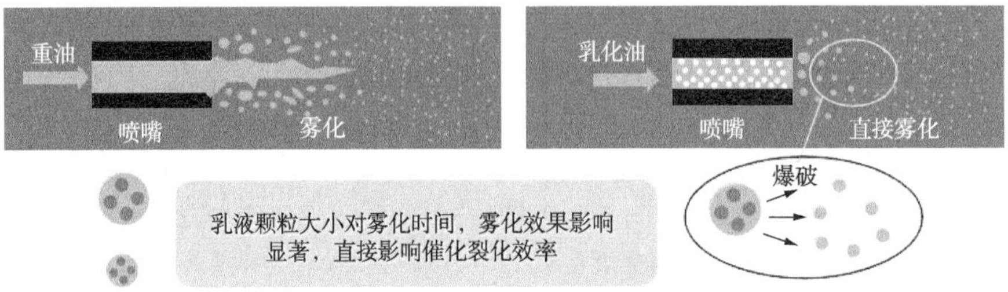

图 2　重油乳化高效雾化示意图

3　原料乳化流程说明

从系统外来的 5.5MPa、105℃的除氧水，经流量调节阀流量调节并减压后与来自乳化剂注入系统的乳化剂一同进入静态混合器混合，混合后含有乳化剂的除氧水直接注入原料油泵出口的催化原料管线中，含有除氧水、乳化剂的催化原料油随即进入预混合器混合，预混合和器设置差压指示。预混后催化原料进入催化原料专有乳化设备重油乳化机进行终端乳化，每台重油乳化机入口设置有过滤器，过滤精度为 5 目，目的是防止系统的机械杂质损坏重油乳化机，乳化后催化原料与油浆换热升温后进入提升管反应器。

4　原料乳化技术工业应用

4.1　原料油性质

本次试验催化裂化装置重质原料油由直馏蜡油和渣油等组成，装置操作平稳，参数在工艺指标控制范围，反应温度控制在 518~528℃，平衡催化剂活性 58~62，标定前停止污油回炼，处理量维持在 60t/h 左右。重质原料油性质见表 1。

原料油的掺渣量大约为 40%，由表 1 可以看出，从原料油的密度、残炭、金属含量来看，符合典型的蜡油和渣油混合油的特性。原料油的金属镍含量比钒含量高，但在正常范围内，不会对催化剂性能产生过多影响。但是，该原料油的氢含量测量值可能偏高，与重质原料油氢含量计算值和查表图得到的 12.45%有一定差量[2]；原料油氢含量反映其轻重程度和烃族组成，与裂化产物分布和转化率直接相关；氢含量被一些炼油厂用作原料油质量的“标志”，对每一种原料质量“标志”，都有其最佳操作条件和最大经济效益。

表 1　原料油性质

分析组分	空白标定	乳化标定
密度(20℃)/(kg/m^3)	917.0	915.2
黏度(100℃)/(mm^2/s)	12.59	11.85
残炭值/%	4.34	4.32
元素质量分数/%		
C	86.20	86.38
H	12.80	12.76
S	0.5683	0.5828

续表

分析组分	空白标定	乳化标定
N	0.1610	0.1496
金属质量分数/%		
Fe	2.8	2.4
Ni	7.9	7.8
V	4.5	4.3
Na	0.3	0.2
常压馏程/℃		
初馏点	331	329
5%馏出温度	353	352
10%馏出温度	374	373
30%馏出温度	431	426
50%馏出温度	489	478
500℃馏出量/%	53.3	56.8
538℃馏出量/%	63.1	66.7

4.2 催化剂性质

由表 2 可见，标定期间的平衡剂筛分组成在正常范围；平衡剂的微反活性为 62 左右；碳质量分数小于 0.1%，说明烧焦效果不错。另外，空白标定和乳化标定的待生催化剂的碳质量分数分别为 1.13% 和 1.17%。

表 2 平衡剂性质

分析项目	空白标定	乳化标定
平衡剂活性	62	62
堆密度/(g/mL)	0.80	0.80
碳质量分数/%	0.0341	0.0624
硫质量分数/%	0.0811	0.0805
筛分质量组成/%		
0~20m	0	0
0~40m	8.0	11.4
0~80m	68.0	68.9
0~105m	88.7	87.9
0~149m	99.1	98.7
平均粒径/μm	66.9	65.1

4.3 装置操作条件

本次装置标定期间，油浆未回炼，轻污油停止回炼，外来尾气停进装置。反应温度为 519℃，重油预热温度为 213℃，再生器顶压力 0.273MPa，再生器密相温度 703℃，主风量 1000Nm^3/h 左右，原料油喷嘴前压力控制在 1.3MPa，提高喷嘴前压力防止乳化后原料汽化严重。主要的反应器-再生器操作数据列于表 3。

表 3 主要操作条件

项目	空白标定	乳化标定
重油进料流量/(t/h)	59.54	59.33
原料油喷嘴前压力/MPa	0.66	1.3

续表

项目	空白标定	乳化标定
回炼油流量/(t/h)	1.8	1.8
重油预热温度/℃	213	213
重油雾化蒸汽/(t/h)	3.5	3.5
提升管出口温度/℃	519	519
沉降器顶部表压力/kPa	262	262
再生器顶部表压力/kPa	276	276
二密相温度/℃	707	707
再生器稀相温度/℃	704	703
主风标准体积流量/(Nm^3/min)	1020	1009
预提升蒸汽量/(t/h)	1.3	1.3
外取热器发生蒸汽量/(t/h)	16.65	16.72
汽提蒸汽流量/(t/h)	3.7	3.7
分馏塔顶温度/℃	125	126
分馏塔底温度/℃	339	339

4.4 平衡核算

4.4.1 物料平衡

催化裂化装置的物料平衡可以用来衡量装置的运行水平，相同的原料生产出的目的产品越多，说明运行水平越高。催化裂化反应部分的物料平衡又是催化裂化装置众多平衡中最为重要的。从表4物料平衡表可以看出，乳化标定试验与空白试验相比较的干气产率减少0.03个百分点；液化气收率增加0.55个百分点；汽油收率增加1.47个百分点，焦炭产率降低0.14个百分点，总液体收率为80.90%，乳化标定的总液体收率为82.72%，即乳化标定的总液体收率比空白标定的增加约1.82个百分点；相较于空白标定，乳化标定的油浆产率降低约1.65个百分点，焦炭产率降低约0.14个百分点。

从结果可以看出，原料乳化后可明显提高汽油收率，降低油浆收率和焦炭产率，并且可显著提高轻质油收率和总液收。这是由于催化裂化原料乳化后改善了雾化效果，使油剂接触更加充分，从而加深了催化裂化反应程度，使得产品分布得到改善，达到了提高轻质油收率、降低焦炭产率的目的。

表4 物料平衡表

粗物料平衡	空白标定/%	乳化标定/%
干气	3.12	3.09
液化气	13.65	14.20
汽油	41.97	43.44
柴油	25.28	25.08
油浆	7.34	5.69
焦炭	8.38	8.24
损失	0.26	0.26
合计	100.00	100.00

4.4.2 氢平衡

氢平衡可以用于校验物料平衡数据的合理性，研究催化裂化过程的氢平衡，有助于深入研究氢的合理利用。石油加工尤其是重油加工，概括起来就是由低H/C的重油生产高H/C的轻油，这个过程不外乎两种途径，一是脱碳，二是加氢。对于催化裂化过程，没有低H/C的焦炭、油浆的生成，就不可能产生高H/C的汽油和液化气，最终达到氢平衡。

根据表5氢平衡数据可以看出，原料乳化后液化气、汽油的氢质量分布分别增加0.085和0.261个百分点，说明原料乳化后液化气和汽油是氢的受益者，干气、柴油、油浆和焦炭的氢分布均减少，说明是氢的提供者，由此可见，原料乳化后促进了催化反应，使反应深度增加。

表 5　标定期间氢平衡 %

产物分布	空白标定			乳化标定		
	收率	氢含量	氢产率	收率	氢含量	氢产率
干气	3.12	22.55	0.703	3.09	22.13	0.684
液化气	13.65	15.41	2.103	14.20	15.41	2.188
汽油	41.97	13.56	5.691	43.44	13.7	5.952
柴油	25.28	10.29	2.602	25.08	10.18	2.553
油浆	7.34	9.78	0.718	5.69	9.27	0.527
焦炭	8.38	6.51	0.535	8.24	6.59	0.535
损失	0.26	12.45	0.032	0.26	12.45	0.032
合计	100.00		12.383	100.00		12.472

4.5　能耗核算

能耗计算采用国标 GB/T 50441—2007 进行，通过计算得到，空白标定和乳化标定装置实际能耗分别为 69.71kgEO/t 原料和 68.34kgEO/t 原料，即乳化标定实际能耗比空白标定实际能耗低 1.37kgEO/t 原料。表 6 为标定期间装置的实际能耗。

表 6　实际能耗表

项目	空白标定			乳化标定		
	合计	用量/(t/h)	能耗(kgEO/t 原料)	合计	用量/(t/h)	能耗(kgEO/t 原料)
1.0MPa 蒸汽	-6.327	-0.13	0.17	-19.825	-0.41	0.53
3.5MPa 蒸汽供出	918.799	19.14	-28.29	935.915	19.50	-29.22
1.0MPa 氮气消耗	368.094	7.67	0.02	366.391	7.63	0.02
除氧水	1627.69	33.91	1.31	1617.81	33.70	1.32
循环水	208734	4348.63	7.30	208774	4349.46	7.41
净化风	50113.8	1044.04	0.67	50122.7	1044.22	0.68
非净化风	24000	500.00	0.24	24000	500.00	0.24
凝结水	177.852	3.71	0.06	170.328	3.55	0.06
含硫污水	621.688	12.95	0.24	622.876	12.98	0.24
电耗	104235	2171.56	8.39	107670	2243.13	8.78
生焦		4.99	79.61		4.84	78.28
能耗/原料加工量	2858	59.54	69.71	2819	58.73	68.34

4.6　产品组成与性质

4.6.1　干气

从表 7 中可以看出，催化原料油乳化后，H_2 含量和 H_2/CH_4 比值均降低，说明催化裂化原料乳化后促进了催化反应，抑制了热裂化反应。

表 7　干气组成 %(体)

名称	组成	
	空白标定	乳化标定
硫化氢	1.40	1.00
氢气	23.11	22.87
甲烷	22.14	22.51

续表

名称	组成	
	空白标定	乳化标定
乙烷	13.52	11.82
乙烯	12.5	12.78
丙烷	0.31	0.26
丙烯	1.37	1.27
异丁烷	0.12	0.12
正丁烷	0.03	0.03
异丁烯	0.06	0.06
正丁烯	0.05	0.04
反丁烯	0.06	0.05
顺丁烯	0.04	0.04
异戊烷	0.08	0.08
正戊烷	0	0.01
碳五以上	0.15	0.14
氧气	0.32	0.34
一氧化碳	0.65	0.65
二氧化碳	1.67	1.93
氮气	22.42	24.00
H_2/CH_4	1.04	1.02

4.6.2 液化气

从表8可以看出，催化原料油乳化后液化气中的丙烯含量略有增加。

表8 液化气组成 %(体)

名称	组成	
	空白标定	乳化标定
乙烷	0.11	0.11
乙烯	0	0
丙烷	9.94	10.30
丙烯	37.53	38.86
正丁烷	17.86	18.12
异丁烷	4.47	4.25
正丁烯	7.20	7.08
异丁烯	9.34	9.14
顺丁烯	8.15	7.24
反丁烯	5.21	4.74
异戊烷	0.03	0.03
正戊烷	0	0
1,3-丁二烯	0.15	0.09
碳五以上	0.01	0.03

4.6.3 稳定汽油

从表9可以看出，稳定汽油烯烃体积分数为37.6%左右，研究法辛烷值为90.4~91.4；汽油馏程处于 33~200℃。初步判断，乳化标定稳定汽油的性质稍优于空白标定。

表 9　稳定汽油分析数据

项目	空白标定	乳化标定
密度(20℃)/(kg/m^3)	744.0	732.3
元素质量分数/%		
C	86.66	86.46
H	13.34	13.54
S	0.0576	0.0422
族组成体积分数/%		
饱和烃	—	43.0
烯烃	—	37.6
芳烃	—	19.4
蒸汽压/kPa	49.6	60.7
PONA 质量分数/%		
n-P	4.05	4.25
i-P	27.77	29.54
O	31.92	31.94
N	7.64	7.46
A	28.05	26.38
辛烷值		
RON	90.4	91.4
馏程/℃		
初馏点	38	33
10%馏出温度	59	50
50%馏出温度	110	102
90%馏出温度	179	179
终馏点	199	199

4.6.4　催化柴油

从表 10 可以看出，标定期间柴油密度为 919.0~922.2kg/m^3，十六烷指数为 29.3~29.7。从空白标定和乳化标定期间柴油的密度、十六烷指数、氢含量、闪点和芳烃含量可以看出，乳化标定柴油的性质稍差于空白标定柴油。

表 10　柴油分析数据

项目	空白标定	乳化标定
密度(20℃)/(kg/m^3)	919.0	922.2
凝固点/℃	-8	-7
十六烷指数	29.7	29.3
元素质量分数/%		
C	89.71	89.82
H	10.29	10.18
S	0.5133	0.5367
闭口闪点/℃	83	87
酸度/(mgKOH/100mL)	0.56	0.42

续表

项目	空白标定	乳化标定
多环芳烃含量/%	45.2	48.4
总芳烃含量/%	67.9	70.4
常压馏程/℃		
初馏点	194	196
10%馏出温度	233	235
50%馏出温度	284	286
90%馏出温度	353	355
95%馏出温度	366	368

4.6.5 催化油浆

从表 11 可以看出，标定期间油浆密度为 1031～1053kg/m^3。从空白标定和乳化标定期间油浆的密度、残炭值、氢含量和运动黏度可以看出，乳化标定油浆的性质相比空白标定油浆的性质变差。

表 11 油浆分析数据

项目	空白标定	乳化标定
密度(20℃)/(kg/m^3)	1031.3	1052.8
残炭值/%	13.17	18.46
元素质量分数/%		
C	88.73	89.08
H	9.78	9.27
S	1.001	1.111
固含量/(g/L)	3.7	3.5
运动黏度(100℃)/(mm^2/s)	43.05	83.91
馏程/℃		
初馏点	213.5	211.5
350℃馏出量	6.1%	6.3%

5 结论

① 从物料平衡得出，空白标定的总液体收率为 80.90%，乳化标定的总液体收率为 82.72%，即乳化标定的总液体收率比空白标定增加约 1.82 百分点；相较于空白标定，乳化标定的油浆产率降低约 1.65 百分点，焦炭产率降低约 0.14 百分点。

② 从氢平衡核算结果来看，空白标定相对误差为 0.54%，乳化标定相对误差为 0.17%，核算结果相对误差较小，说明物料平衡数据比较准确。

③ 空白标定和乳化标定装置实际能耗分别为 69.71kgEO/t 原料和 68.34kgEO/t 原料，即乳化标定实际能耗比空白标定实际能耗低 1.37kgEO/t 原料。

④ 催化原料乳化后所得干气中氢气含量和氢气/甲烷比值均下降，所得液化气中丙烯含量增加，所得稳定汽油中研究法辛烷值提高 1 个单位。

参 考 文 献

[1] 陈树宝．重油乳化技术的开发[J]．江苏化工，1990(4)：34-36.

[2] 张洪滨．原料油预混乳化技术在催化裂化装置中的应用[J]．石化技术与应用，2019，37(5)：349-351.

[3] 曹汉昌．催化裂化工艺计算与技术分析[M]．北京：石油工业出版社，2000.

液化石油气脱硫技术改造

白 雷 李舒蕤 刘钰松

（中国石化茂名石化公司 广东茂名 525000）

摘 要 中国石化茂名石化公司四套催化裂化装置年产液化石油气约46万t，液化石油气脱硫单元采用常规工艺。改造前，该单元超负荷运行导致液化石油气总硫含量超设计值，为保持在负荷不变的情况下控制总硫含量，降低装置新鲜碱耗量、碱渣排放量，采用河北精致科技有限公司提供的工艺技术对常规脱硫流程进行了改进。改进内容包括增加预碱洗罐和脱硫醇塔，两级纤维膜脱硫醇由串联改为并联，采用固定床再生催化剂和三相混合再生的反抽提工艺。改造后，液化石油气总硫含量均小于10mg/m^3，脱硫单元每月降低碱液消耗量5t；经过运行150d且未更换过碱液的情况下，再生碱液中游离氢氧化钠浓度为9.41%且能满足液化石油气脱硫要求。

关键词 液化石油气；脱硫；改造

1 背景

随着原油重质化、劣质化程度增加以及加工深度不断提高，液化石油气脱硫的难度日益增加，环保节能等问题也日益突出。国家对炼油企业提出清洁燃料标准的同时，也提出了清洁生产的要求，液化石油气无论作为民用、化工组分还是后续装置加工原料，都要进一步降低总硫含量，同时减少能耗和排渣。然而许多传统工艺和老装置不适应要求，急需改进。茂名分公司四催化液化石油气脱硫醇装置采用纤维膜脱硫醇工艺，设计处理量为38.8t/h，精制后液化石油气总硫控制指标≤20mg/m^3，为下游气体分馏装置提供原料。目前装置进料量为55t/h（超负荷42%），精制后总硫平均23mg/m^3。由于该脱硫醇装置的碱液氧化再生单元未投用，为保证精制后总硫合格，工艺上只能频繁换碱。另外，由于液化石油气进料量超负荷，水洗水中含有较高浓度的COD和碱，不能进入污水处理，只能进碱渣处理装置，导致装置碱耗和排渣量大大增加，生产成本与碱渣处理费用增加。即使如此，当原料或操作波动时精制液化石油气总硫含量也很难满足指标要求。

针对以上问题，结合目前严峻的环保压力等因素，公司决定采用河北精致科技有限公司提供的深度脱硫技术对该套液化石油气脱硫醇装置进行改造。

2 工艺原理及技术改进

2.1 工艺原理

脱硫醇技术原理依据硫醇的弱酸性和硫醇负离子易被氧化生成二硫化合物这两个特性，反应方程式如下：

$$RSH(油相)+NaOH \rightleftharpoons RSNa(水相)+H_2O \quad (从油品中脱除硫醇硫)$$

$$2RSNa(水相)+1/2\ O_2+H_2O \rightleftharpoons RSSR(油相)+2NaOH \quad (从碱中脱除硫醇负离子)$$

在液化石油气抽提工序中，首先硫醇与溶剂反应，生成溶于溶剂的硫醇钠，携带硫醇负离子的循环剂送入再生工序，在催化剂作用下硫醇负离子被氧化生成不溶于溶剂的二硫化物，进而脱除，溶剂再生后循环使用。

2.2 液化石油气脱硫醇单元

本单元改造目的是改善因超负荷导致液化石油气总硫偏高的状况。原有液化石油气脱硫醇为两级纤维膜脱硫醇，本次改造将原本串联的两级纤维膜脱硫醇改为并联，并且作为第二级脱硫醇使用。为了保证脱硫醇效果，在纤维膜脱硫醇之前，新增预碱洗罐和脱硫醇塔。

原料胺脱液化石油气先与预碱洗罐底来的预碱洗碱液经预碱洗混合器混合后进入预碱洗罐下部，经过沉降分离之后，经过预碱洗的液化石油气从预碱洗罐顶部流出进入脱硫醇塔下部。脱硫醇塔顶部流出的液化石油气分为两股，并联进入原有的一级液膜脱硫醇反应器和二级液膜脱硫醇反应器。液化石油气在液膜脱硫醇反应器中与贫碱液接触继续脱硫醇之后，分别经过一级脱硫醇分离罐和二级脱硫醇分离罐静置分离其中夹带的碱液，液化石油气自流而出，合流为一股后进入后面的液化石油气水洗。改造前及改造后的脱硫醇单元工艺流程分别如图 1(a)和图 1(b)所示。

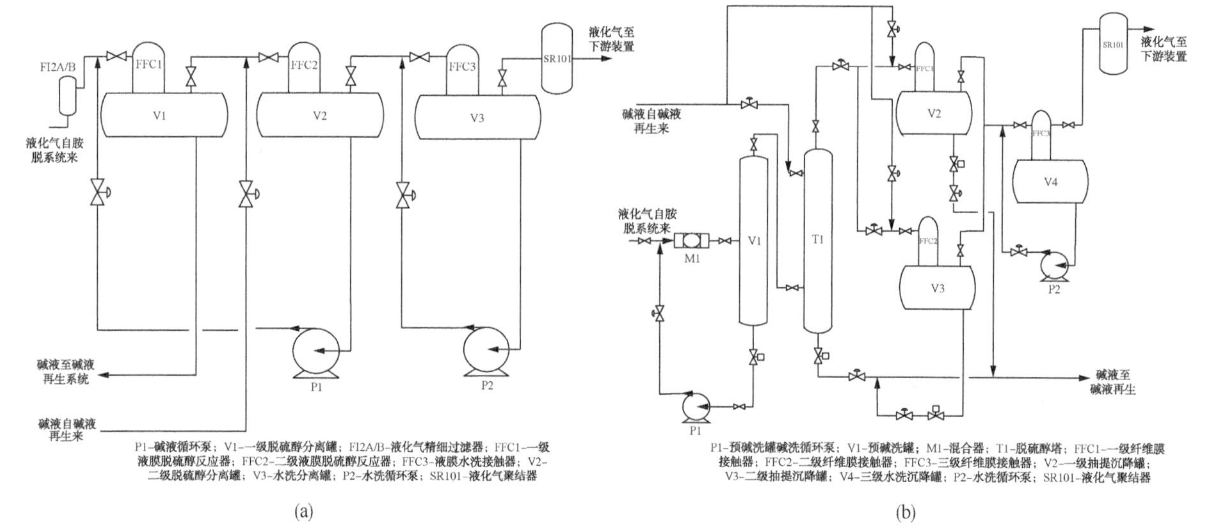

图 1　改造前(a)和改造后(b)4#催化裂化装置液化气脱硫醇工艺流程

2.3　碱液氧化再生单元

本次对碱液氧化再生单元进行改造，新增氧化再生塔、三相分离罐、脱氧塔等设备。该单元将溶于碱液中的硫醇盐，在催化剂作用下，通风氧化成二硫化物，然后将生成的二硫化物用反抽提油抽提出去，碱液得到再生，以达到循环利用、减少碱液用量的目的。同时为了降低脱硫醇的副反应，增加碱液脱氧流程。

自脱硫醇塔底、一级液膜脱硫醇反应器底、二级液膜脱硫醇反应器底来的富碱液和反抽提油及氧化风混合，经过氧化再生混合器混合之后，进入氧化再生塔底部。混合溶液与氧化再生塔内催化剂逆流接触，富碱液中的硫醇钠被氧化成二硫化物，并溶解于反抽提油中。再生后的贫碱液、富反抽提油和少量尾气，流入三相分离罐，经过静置，贫碱液、富反抽提油和尾气分离开来。贫碱液混合氮气进入脱氧塔上部，自上而下经过塔内填料催化剂，由塔底送至液化石油气脱硫醇工段。来自氧化再生塔、三相分离罐和脱氧塔顶的三路尾气汇合后进入尾气分液罐，然后送外装置处理。反抽提油使用催化裂化稳定汽油，富反抽提油一部分作为循环反抽提油循环，另一部分与酸性水混合之后送入催化裂化粗汽油罐。详细工艺流程如图 2 所示。

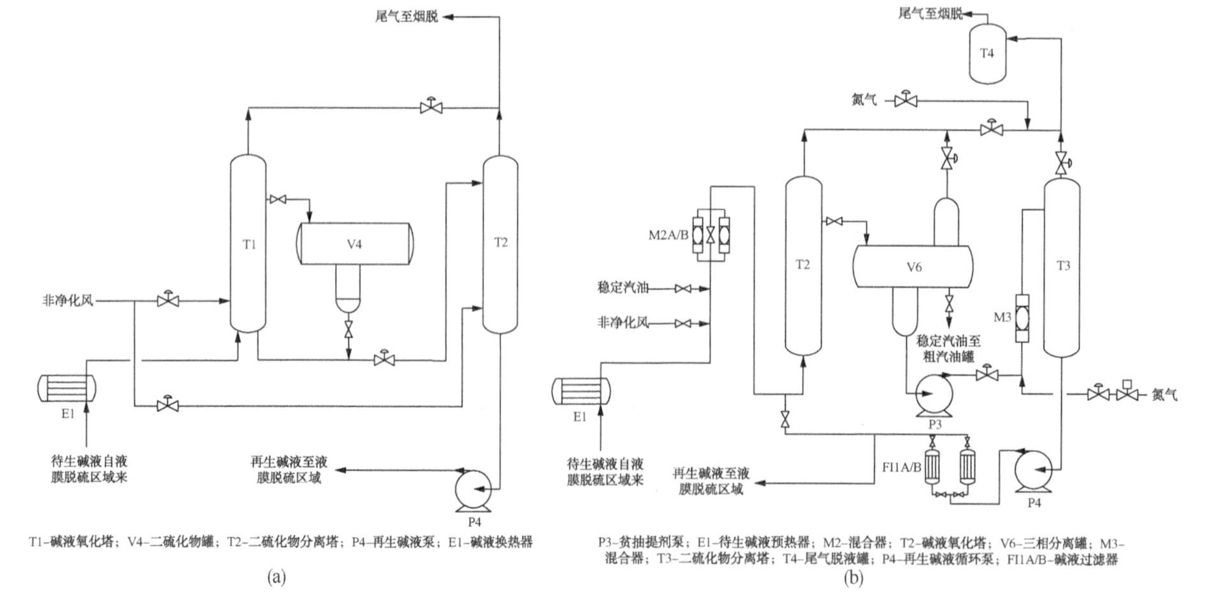

图 2　改造前(a)和改造后(b)4#催化裂化装置碱液再生工艺流程

3　运行效果分析

本次效果分析选取改造前 5 个月(2023 年 2~6 月)，与改造后 5 个月(2023 年 10 月~2024 年 2 月)的数据进行比对。

3.1　质量分析

由图 3(a)可知原料油中硫含量整体呈现上升趋势，改造前 4 个月硫含量维持在 0.4%，2023 年 6 月上升至 0.43%，改造后硫含量在 0.43%上下浮动，2024 年 2 月硫含量相较于改造前升高了 0.08%。原料油中硫含量的升高势必造成液化石油气中总硫上升，根据图 3(b)中所显示数据，胺洗液化石油气中总硫含量总体也呈现上升趋势，改造前总硫含量最高值为 89.95mg/m^3，最小值为 54.78mg/m^3，改造后最小值与最大值分别为 94.23mg/m^3、114.55mg/m^3。液化石油气中总硫的上升带给液化石油气精制单元更大的压力。

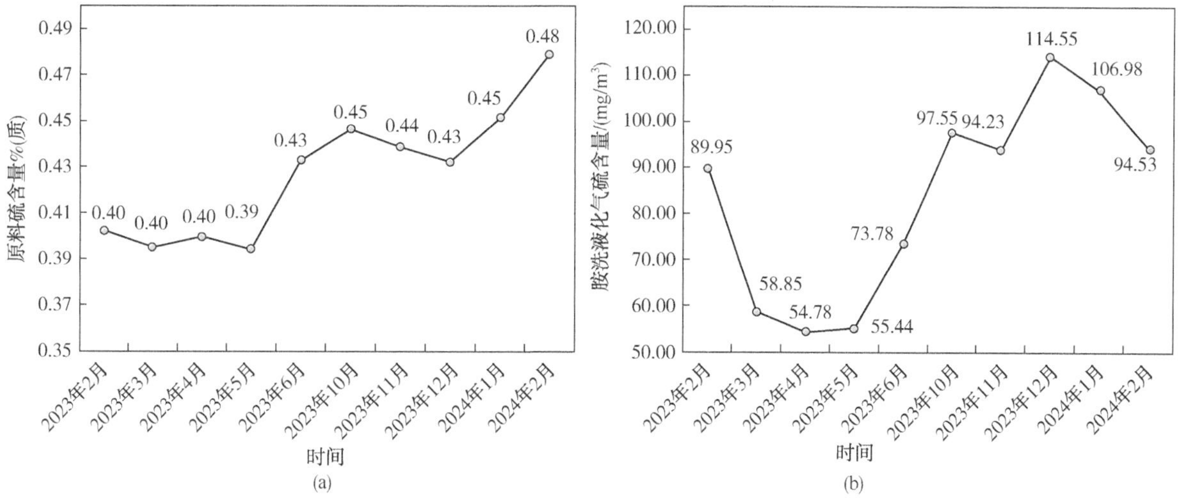

图 3　(a)原料油和(b)胺洗液化气硫含量

精制液化石油气总硫含量如图 4 所示，改造前液化石油气中总硫均超过精制后液化石油气总硫控制指标 20mg/m^3，最小值与最大值相较于控制指标高 8.31mg/m^3、20.48mg/m^3。由图 4 可知改造后精制液化石油气总硫即使在胺洗液化石油气总硫为最高值 114.55mg/m^3 时仍然低于 10mg/m^3。由此可见脱硫技术改造因增加改善了预碱洗流程，改串联两级纤维膜脱硫醇为并联在工艺过程上改善了液化石油气脱硫效果。

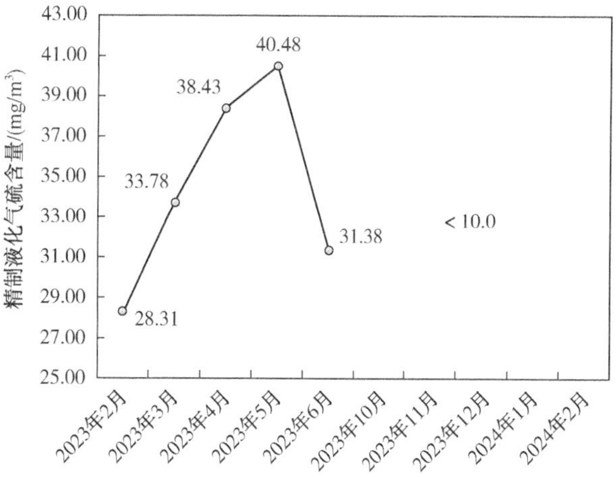

图 4　精制液化气硫含量

根据表 1 和表 2 数据对比可知，改造前再生碱液中二硫化物含量是改造后的 8~10 倍，这证明使用稳定汽油作为反抽提剂提高了对二硫化物的溶解性，这有利于碱液的再生。改造前再生碱液中硫醇钠的最高含量为 12995.83mg/kg，改造后再生碱液中硫醇钠的最高含量仅为 1688.90mg/kg，且改造前再生碱液中的硫醇钠含量均远高于改造后的数值，这为改造后的碱液再生效果优于改造前提供了有力的证据。2023 年 2~6 月再生碱液中游离氢氧化钠浓度在 8.64%~13.38%，平均为 10.24%；改造后再生碱液中氢氧化钠浓度从 29.00%下降至 9.41%，平均为 22.3%，浓度下降的原因是改造后约 150d 未更换过碱液，碱液在长时间运行中再生能力受到了影响，但平均值依然高于改造前。而改造前虽然频繁更换碱液但仍然不能补偿碱液再生能力且液化石油气中总硫多次超控制指标。以上数据对比表明，此次技术改造成功改善了碱液的再生能力与脱硫效果。

表 1　改造前再生碱液质量

改造前	2023 年 2 月	2023 年 3 月	2023 年 4 月	2023 年 5 月	2023 年 6 月
二硫化物含量/(mg/kg)	1483.14	1278.06	859.25	665.20	619.00
NaSR/(mg/kg)	8230.30	12995.83	10798.75	7390.78	5074.70
游离氢氧化钠/%	8.77	8.64	9.60	13.38	10.82

表 2　改造后再生碱液质量

改造后	2023 年 10 月	2023 年 11 月	2023 年 12 月	2024 年 1 月	2024 年 2 月
二硫化物含量/(mg/kg)	207.86	141.00	17.68	68.73	59.38
NaSR/(mg/kg)	1688.90	554.33	555.30	422.95	230.70
游离氢氧化钠/%	29.00	28.97	28.56	15.56	9.41

3.2　化工原材料消耗

2023 年 2~6 月液化石油气脱硫醇系统换碱液 15 次，平均每个月换碱 2.5 次，共计使用新鲜碱液 118.5t，每次换碱需要加注新鲜碱液 8.5t。装置改造后，系统共计一次性加新鲜碱液 80t，装置开工喷油以来约 150d 未进行换碱操作。开工初期液化石油气精制单元一次性加注了 12t 除臭精制液，每月溶剂消耗 2t。在保证精制后液化石油气总硫不大于 20mg/m^3 的条件下，碱液消耗量由 0.7t/d 降低到 0.53t/d。另外碱渣处理量下降，降低了对污水处理场的影响，环保效益明显。精制液化石油气的硫含量由改造前的 34.47mg/m^{3}下降至<10mg/m^3，再生碱液氢氧化钠浓度由改造前的 9.5%左右提升至目前的 29.00%，且在不补充碱液的情况下运行 150d 后系统内氢氧化钠浓度仍有 9.4%左右。改造后，液化石油气脱硫效果和碱液再生系统再生效果提升明显。根据目前运行情况，系统内再生碱液氢氧化钠浓度在不低于 12%时，均不需要进行换碱操作。以上数据说明，在保证精制液化石油气硫含量符合指标要求的前提下，脱硫技术改造明显降低了碱液消耗量。

4　结论与展望

① 此次改造通过增加预碱洗罐和脱硫醇塔，两级纤维膜脱硫醇由串联改为并联，精制中液化石油气中总硫含量得到改善，即使在胺洗液化石油气总硫最高值 114.55mg/m^{3}时精制液化石油气总硫仍然低于 10mg/m^3，抗干扰能力得到提高。

② 采用固定床再生催化剂和三相混合再生的反抽提工艺以及增加强化助剂消除了副反应，提高了碱液再生能力，在不补充碱液的情况下运行 150d 后系统内氢氧化钠浓度由 29.00% 只降低至 9.4%左右，且仍能满足脱硫要求。同时降低了碱液消耗量和班组劳动强度。

③ 三相分离罐液位波动较大，并且存在碱液带入汽油当中进入到分馏系统的风险，希望后续能够在汽油返回分馏系统线路中增加一个中间缓冲罐以降低操作风险。

④ 当前液化石油气性质稳定、硫含量可控，但是随着装置满负荷生产和胺洗液化石油气硫含量升高后，液化石油气硫醇含量增加导致二硫化物含量升高，碱液的再生能力可能会受到影响，则需要优化方案来解决二硫化物增多的问题。

参 考 文 献

[1] 周建文．催化裂化装置液化石油气精制系统工艺改进[J]．炼油技术与工程，2014，44(10)：11-14.

[2] 王涛，马庆鲁，仝保田，等．液化气深度脱硫及尾气零排放技术的原理与应用[J]．节能与环保，2019，(6)：113-115.

[3] 蔡镇锋．高硫液化气脱硫醇工艺的选择[J]．中国石油和化工标准与质量，2020，(11)：237-240.

[4] 曹祺风．液化气深度脱硫技术原理及其应用[J]. 化工管理，2019(3)：2.
[5] 王军，杨彬，张勋，等．液化气深度脱硫系统对液化气脱后硫含量的影响[J]. 石油和化工设备，2022，25(2)：34-36.
[6] 郝天臻，李艳珍，胡同雨，等．催化汽油抽提加氢组合脱硫工艺[J]. 石化技术，2016，23(1)：21-23.
[7] 丁泳之，刘帅．液化气深度脱硫及碱渣零排技术应用[J]. 当代化工，2024，5(1)：205-209.
[8] 黄毅，李兴建．酞菁钴磺酸铵催化剂在液膜脱硫装置中的应用[J]. 广东化工，2007，34(8)：4.
[9] 余昌斌，李建，谭耀．液化石油气脱硫方法及技术的研究进展[J]. 茂名学院学报，2008，18(4)：12-15.
[10] 李倖禄，南锐花．液膜脱硫塔在液态烃脱硫装置的应用[J]. 科技信息，2010(35)：2.

连续自加仪在催化裂化装置上的应用

李振刚

（中国石化镇海炼化公司　浙江宁波　315207）

摘　要　目前催化裂化催化剂通过自动加料仪间断加入再生器，极易产生再生器稀密相温差增大，进而造成烟机入口温度较高甚至超温，外排烟气中 NO_x、SO_x 等环保指标较易出现峰值等异常工况。通过改进催化剂加入方法，能够实现催化剂的连续均匀投加，进而优化催化裂化装置再生器烧焦工况，稀密相温差下降约 5℃，避免出现烟气尾燃等异常工况，实现装置的平稳、安全运行。

关键词　催化裂化；再生器；稀密相；外排烟气；催化剂加入

1　前言

催化裂化装置催化剂经小型自动加料仪（间歇式，PLC 程序控制）加注到再生器中，以保持再生催化剂的活性稳定、循环及流化正常。因 2017 年 7 月 1 日国家发布、实施催化裂化再生烟气排放指标，为控制再生烟气达标排放，装置于 2015 年建成并投用了烟气脱硫脱硝环保装置，其中脱硝单元采用选择性催化还原技术（SCR），脱硫单元采用新型湍冲文丘里除尘脱硫技术（钠碱法），环保装置的投用造成催化裂化装置余热锅炉严重结盐、外排再生烟气夹带烟羽。

为降低脱硫脱硝单元入口烟气中氮氧化物、二氧化硫（三氧化硫）含量，从而降低脱硫脱硝单元运行负荷，实现联合装置的长周期、环保运行，催化裂化装置于 2016 年开始使用烟气脱硫脱硝助燃剂（有脱硫、脱氮氧化物、助燃三项功能），以实现将再生烟气中氮氧化物转化为氮气，二氧化硫（三氧化硫）转化到催化裂化产品中的目的。烟气脱硫脱硝助燃剂的使用达到了预期目的，使用后再生烟气中氮氧化物、二氧化硫（三氧化硫）含量有明显下降，外排烟气各项指标小时平均值远低于国家指标，但外排烟气氮氧化物、二氧化硫（三氧化硫）数据存在峰值，波动幅度较大，装置实际运行数据表明，脱硫脱硝单元外排烟气氮氧化物、二氧化硫含量波动峰值最高可达 $200mg/Nm^3$、$60mg/Nm^3$；又因外排烟气中氮氧化物、二氧化硫数据存在峰值，为控制其小时平均值低于国家环保指标，操作上存在向 SCR 反应器过量注氨情况，也造成了催化裂化装置余热锅炉省煤器等低温部位大量结盐，锅炉压降、排烟温度急剧上升，给装置长周期运行带来非常不利的影响。分析认为，波动的主要原因是催化裂化催化剂（配有烟气脱硫脱硝助燃剂）通过自动加料仪间断加入再生器时，烟气脱硫脱硝助燃剂浓度波动造成氮氧化物、二氧化硫脱除效率变化。同时，因间断加剂，也造成了催化裂化装置再生器烧焦工况恶化，极易造成稀密相温差拉开，给装置安全生产埋下隐患。

为确保装置再生烟气各项环保指标达标，且实现平稳控制，兼顾装置安全、长周期运行，需要采用新的方法解决催化剂（烟气脱硫脱硝助燃剂）的稳定加入难题。

2　现有技术情况及主要存在的问题

2.1　手动间断加入

通过手工操作，人工将催化剂［含约 2%（质）的助燃剂（烟气脱硫脱硝助燃剂），下同］加入可充、放压的容器中，通过加压输送到再生器中，实现向再生器间断加入催化剂的目的。

2.2　通过程控阀间断加入

在加剂管道上设置程序控制的两位阀，经 PLC 程序设置每次催化剂的加入时间、间隔时间等参数，实现向再生器间断加入催化剂的目的。

2.3　采用自动加料仪加入

自动加料仪加催化剂的方式较为常见且普遍使用，主要是通过 PLC 控制程序，实现自加仪的加料、称重、充压、流化、输送、泄压等步骤，可设定单次加剂重量、加剂周期，实现自动、间断式向再生器加入催化剂。通过调整加料速度再乘以加料时间来计算单次加料量，控制比较复杂。此发明使用流化介质作为输送动力，瞬时加入量大，整个过程无法做到催化裂化装置需要的少量均衡加入。

从总体上看，现有催化剂加入方式通过 PLC 控制程序(即经过加料、称重、充压、流化、输送、泄压等步骤完成一次输送过程，然后按程序进入下一次输送)，每个输送周期虽是连续的，但属间断脉冲式，即加入再生器中催化剂流量是不均匀的，时有时无，呈现周期性波动，从而造成再生器内催化剂活性、助燃剂浓度也呈现周期性变化，再生器烧焦工况波动，极易产生再生器稀密相温差增大，再生烟气中 NO_x、SO_x 等浓度波动等生产问题，进而造成烟机入口温度较高甚至超温，外排烟气中 NO_x、SO_x 等环保指标较易出现峰值等异常工况。

3 装置采取的改进方法

3.1 新型催化剂加料设备

为克服现有技术存在的问题，装置采用了一种新型加料设备——连续自加仪，见图 1；现场设备总貌图，见图 2。该设备包括进料阀 HV-101、压送罐、出料阀 HV-102 以及变频固体输送泵、进气阀 HV-103、输送阀 HV-104、排气阀 HV-105。

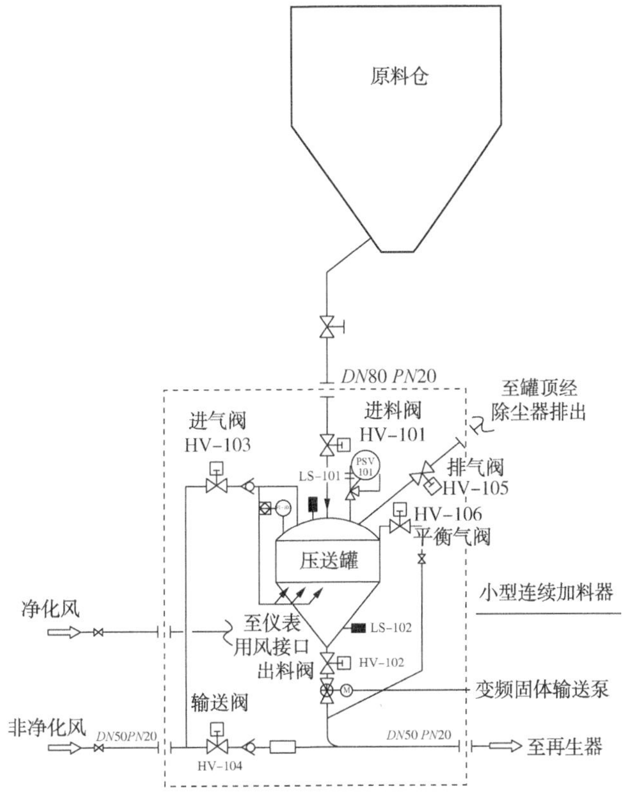

图 1　连续自加仪示意图

连续自加仪运行原理如下：催化裂化催化剂由槽车正压输送至原料仓，配入一定比例的助燃剂(烟气脱硫脱硝助燃剂)后混合均匀。原料仓在常压条件下，催化剂在自重作用下，经罐底连续下料至加料器，通过 PLC 控制程序。工作时，压送罐排气阀 HV-105 打开，平衡气阀 HV-106 关闭，延时打开进料阀 HV-101，催化剂从现新鲜剂储罐自流至压送罐；当进料到高料位 LS101 报警时(控制柜报警灯闪烁)，进料阀 HV-101 关闭，排气阀 HV-105 关闭；之后，平衡气阀 HV-106 打开，压送罐保证一定的气压平衡；打开输送阀 HV-104、出料阀 HV-102。当压送罐低料位 LS-102 达到下限报警时，进气阀 HV-103、出料阀 HV102 及平衡阀 HV106 关闭，再次打开排气阀 HV105，重新开始新一轮下料。从压送罐下来的催化剂经变频固体输送泵均匀送出，通过粉末喷射器加速后输送至再生器。

图 2　现场设备总貌图

3.2　新加料方法的特点

① 改进催化剂加剂设施流程，催化剂至加料仪加剂管线由原料仓底下抽出，改为原料仓底锥体段侧向抽出，可有效防止因催化剂压实后松动效果不佳、杂物堵塞等情况，可较好地改善催化剂管线流通效果，避免催化剂流通中断。

② 催化剂在自重作用下，经原料仓连续下料至加料器，通过PLC控制程序，自动关闭进料阀和排气阀，打开平衡阀、输送阀、出料阀，物料靠自重下流至变频固体输送泵入口，经调速器控制固体输送泵转速，进而控制催化剂加入量。由于增加了变频固体输送泵，实现催化剂从原料仓内连续、均量加入再生器中，确保了催化剂加入量稳定。变频固体输送泵又称卸料器、旋转给料器、锁气阀，通常由带有数片叶片的转子叶轮、壳体、密封件及减速器、电动机等组成。

当上部压送罐的物料靠自重落下充填在叶片之间的空隙中时，随叶片的旋转而在下部卸出，因此变频固体输送泵可以定量而连续地送料。

变频固体输送泵常用在气力输出系统中。对于压力输出系统或负压输出系统，变频固体输送泵可以均匀、连续地向输料管供料，以保证气力输出管内的气、固体比较稳定，从而使气力输送能正常工作，同时又能将变频固体输送泵的上、下部气压隔断而起到锁气作用。

③ 催化剂的加剂速度通过变频调速器改变旋转给料阀的转速进行控制。通过设定调速器转速数，改变变频固体输送泵的转速，从而起到调整催化剂的加剂量的作用。

4　新方法使用效果

装置利用检修改造机会，实施了催化剂连续加料工艺和技术改造，增加了由原料仓底部锥体段引出的催化剂下料线，增设变频固体输送泵作为稳流设备，确保了催化剂均衡、连续加料。催化剂连续加料仪投用后，再生器烧焦工况明显好转，烧焦温度波动减少，烧焦过程产生的 NO_x、SO_x 也随之稳定，为脱硫、脱硝系统运行创造了条件，进而确保外排烟气 NO_x、SO_x 浓度稳定，且平均值下降。

4.1　改善催化裂化装置再生器烧焦工况

新方法投用后，再生器稀密相温差(监控烟气尾燃的依据，<10℃说明尾燃控制较好，符合生产要求)波动幅度由 15℃下降至 10℃，稀密相温差由 15℃下降至 10℃以下，基本可稳定控制在 5℃以下，低温差也说明了再生器烧焦充分或基本实现完全燃烧，进入稀相的可燃气(CO)量较低，避免出现烟气尾燃等异常工况，实现了装置的平稳、安全运行，见图 3(纵轴为稀密相温差，横轴为时间)。

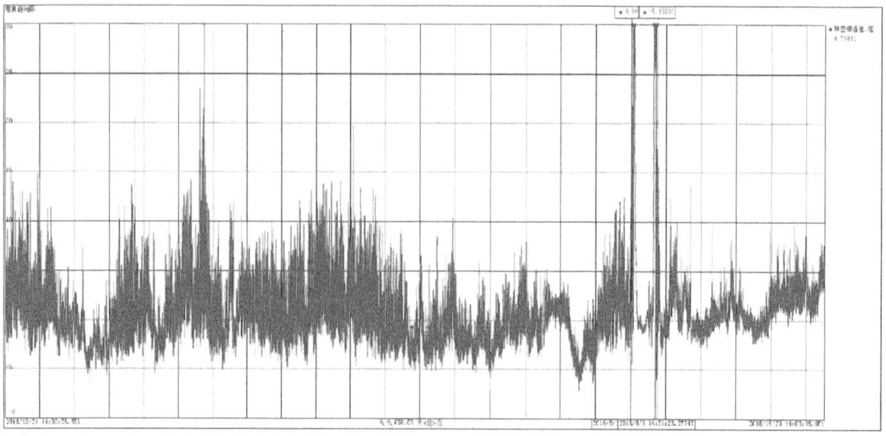
图 3　再生器稀密相温差趋势图

4.2 外排烟气污染物下降

催化裂化再生烟气及外排烟气中 NO_x、SO_x 含量波动幅度明显下降，NO_x 含量由最高 200mg/Nm^3 下降至最高 100mg/Nm^3 左右，SO_x 含量由 60mg/Nm^3 下降至 35mg/Nm^3 左右，且波幅明显下降，说明了催化剂连续加入后，再生器烧焦工况非常平稳，由焦炭燃烧产生的 NO_x、SO_x 浓度也趋于稳定。由于烟气中 NO_x 控制稳定，烟气在余热锅炉脱 NO_x 过程中可以减少氨气注入，锅炉省煤器硫酸氢铵结盐减少，排烟温度下降。NO_x、SO_x 浓度数据如图 4(纵轴为 NO_x 值，横轴为时间)、图 5(纵轴为 SO_x 值，横轴为时间)所示，数据源于在线 CEMS 监测分析仪表(标况值)。

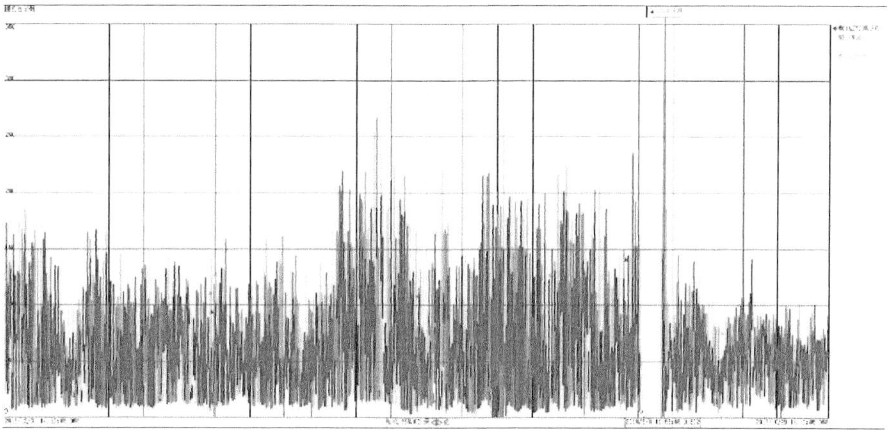

图 4　外排烟气 NO_x 趋势图

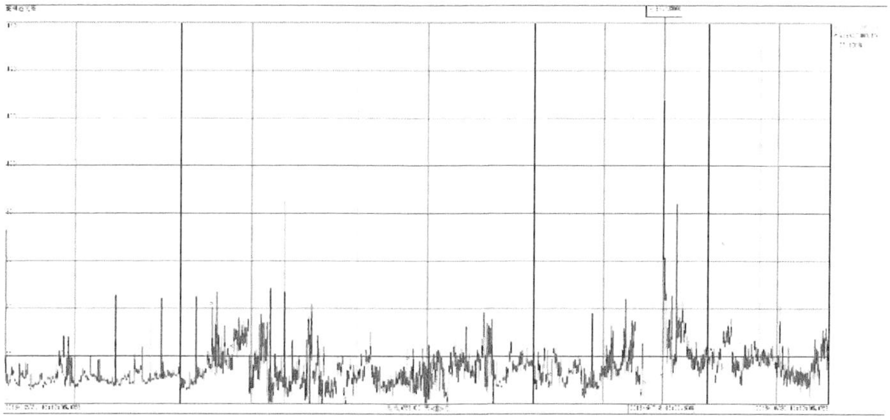

图 5　外排烟气 SO_x 趋势图

5　结论

① 经催化剂加入流程和加入设备改进，再生器烧焦工况可明显趋稳，稀密相温差由 15℃ 下降至 10℃ 以下，基本可稳定控制在 5℃ 以下。催化裂化再生烟气中 NO_x、SO_x 含量波动幅度下降，NO_x 含量由最高 200mg/Nm^3 下降至最高 100mg/Nm^3 左右，SO_x 含量由 60mg/Nm^3 下降至 35mg/Nm^3 左右，实现了催化裂化联合装置的长周期环保运行。

② 再生烟气中 NO_x 产生浓度稳定，利于烟气脱硝单元气氨注入量的平稳控制，减少了过量氨的产生，降低了烟气中 SO_x 与气氨反应生成的(亚)硫酸铵盐量，进而极大地降低了余热锅炉换热模块(省煤器)外面因黏结铵盐造成的排烟温度上升及换热模块表面腐蚀的速率，确保了装置的长周期运行。

参 考 文 献

[1] 李改云. 催化剂小型自动加料器的开发与应用[J]. 炼油设计，1992(5)：52-55.

[2] 邓立雄，崔自成. 催化剂自动加料器的应用[J]. 炼油化工自动化，1993（1）：8-12.
[3] 周世军，王新强. 浅谈 LPEC-2 型催化剂自动加料器[J]. 中国高新技术企业，2008（19）：90-94.
[4] 吴章柱，邹衡，王本铃，等. 自动加料系统在 350 万吨/年催化裂化装置的应用[J]. 化工技术与开发，2012（10）：52-54.
[5] 陈俊武，曹汉昌. 催化裂化工程与工艺[M]. 北京. 中国石化出版社，1995：321-323.
[6] 苏秦豫，夏金法，刘丹. LPEC-2 型小型催化剂自动加料器的研制[J]. 炼油设计，2002（9）：12-14.

MTBE-1 装置 T-201A 改造效果分析

侯睿丰　李乃印

(中国石化广州石化公司　广东广州　510705)

摘　要　MTBE-1 装置处理量长期受限于催化蒸馏塔 T-201A，为解决生产瓶颈，为公司增产效益，对催化蒸馏塔进行技术改造。此次改造是在原催化蒸馏塔催化剂床层上进行，改造内容主要是对 T-201A 的液体分布器和升汽管进行升级改造。改造目标为提高装置处理量及产品产量和纯度。

关键词　改造；扩能增效；负荷；催化蒸馏塔

1　改造背景分析

2021 年大修前 MTBE-1 装置原料总碳四最大处理量为 13.6t/h，其中抽余碳四量为 4.0t/h，T-201A 压差为 105kPa 左右，压差偏高，T-201A 催化剂床层有局部堵塞现象，当原料碳四处理量偏大时，异丁烯总转化率达不到要求，塔 T-201A 顶馏出物中异丁烯含量超过 0.2%，会造成下游产品 1-丁烯纯度不合格。表 1 为历年更换 T-201A 催化剂后，装置开工碳四处理量和塔压差的对比表。

表 1　历年 T-201A 更换催化剂后碳四处理量和塔压差对比表

T-201A 装剂时间	碳四处理量/(t/h)	T-201A 压差/kPa
2008 年 6 月	15~16	50~53
2011 年 3 月	13.8~14.6	45~73
2013 年 5 月	12.4~13.6	50~84
2014 年 11 月	12.6~13.5	50~89
2016 年 6 月	15.5~16	15~31
2017 年 7 月	14~14.5	56~110
2019 年 11 月	13~13.5	80~115

除首次投产和 2016 年 6 月更换为不锈钢塔内件后开工初期，装置碳四处理量能达到设计值外，其他均达不到设计要求(设计值为 15.46t/h)，碳四处理量最高为 13.6t/h。表 2 为醚化反应和催化精馏塔反应后分析数据，从中可看出，T-202 进料异丁烯含量较高，异丁烯转化率低，1-丁烯产品中异丁烯含量高，纯度偏低。

表 2　醚化反应和催化精馏塔反应后分析数据

项目	大修前			
	R-202A 底	R-202B 底	T-202 进料	加氢前碳四进料
甲醇/%(质)	2.5~3.0	2.5~3.0	2.5~4.2	
异丁烯/%(质)	0.68~0.75	0.68~0.74	0.07~0.13	0.09~0.14
异丁烯总转化率/%	99.48~99.75			
进料异丁烯含量/%	18.6~21.2			
1-丁烯产品纯度/%	99.25~99.57			

当原料碳四处理量进一步提升时，异丁烯总转化率下降，T-201A 顶馏出物异丁烯含量偏高，超过

0.2%，造成下游单元1-丁烯产品纯度不合格，装置提升加工量困难。

为了彻底解决催化蒸馏塔T-201A压差偏高问题，改善T-201A操作条件，提高MTBE/1-丁烯装置加工负荷，增加MTBE和1-丁烯产量，装置在2021年大修期间，将T-201A进行改造，同时将催化蒸馏塔到期的捆包催化剂进行更换。

2 改造方案

① 利用现有的304SS液体分布器，保持其结构不变，布液孔数量不变，仍为404个，布液孔直径扩大为ϕ6.5。

② 升汽管数量仍为16只不变，把升汽管直径由原来的ϕ110扩大为ϕ160。

③ 增大不锈钢波纹丝网波峰高度为10mm，将催化层气相流通面积较原来提高15%左右，从而进一步降低反应段的阻力。

④ 加粗不锈钢波纹丝网丝径至0.32mm，并采取措施提高不锈钢波纹丝网刚性，从而提高D006捆包轴向抗压变形能力。

根据厂家承诺改造后：

① 主反应器、催化蒸馏塔等主要设备催化剂转化率、选择性等各项指标不低于改造前运行指标。

② 醚后碳四中异丁烯含量≤0.16%；MTBE纯度≥98%。

③ T-201A压差≤50kPa，且稳定运行。

④ 装置进料负荷≥15.5t/h；原料碳四异丁烯含量最低允许值18.50%；操作弹性为60%~120%。

⑤ 催化剂供货后，先使用，装置运行标定达到上述①~④条款要求后再付款。

2.1 投资费用

① 改造费用估算：共9套液体分布器，改造费用0.25×9=2.25(万元)；

拆装费用估算：按4人5天完成，400×4×5=0.80(万元)；

不可预见费：2.00万元；

合计：技改费用=2.25+0.80+2.00=5.05(万元)。

② 催化蒸馏塔捆包催化剂31m^3，单价29600元/m^3，共计：91.76万元。

2.2 效益测算

按改造后120%负荷，即18.6t/h装置进料，与当前工况(装置进料13.6t/h)对比，可增产0.68t/h1-丁烯，每年可增产1-丁烯约5712t，按5900元/t计算，增效3370万元。

3 改造效果分析

催化蒸馏塔改造后，装置大修后开工，气液相流通阻力大大减少，压差从110kPa下降至30kPa，制约装置提高处理负荷的关键因素得到有效解决。大修改造以后，对工艺参数进行了不断摸索和调整，工艺参数调整见表3。

催化蒸馏塔改造后，T-201A压差下降，装置最大处理量从13.6t/h左右提高至16.5t/h，超过原设计值。从表3可以看出，T-201床层温度TI215和TI216均下降，这是因为气液相流通阻力减少，原本积聚在催化剂床层的MTBE浓度下降所致。

表3 催化蒸馏塔改造前后主要工艺参数

项目	工艺参数		
	设计值	改造前	改造后
T-201A顶压PIC203/MPa	0.68	0.6	0.63
T-201A压差PDI203/kPa	70	90~110	18~38
原料碳四处理量FIC103L/(t/h)	15.46	13~13.6	14~16.5
抽余碳四处理量FIC201A/(t/h)	3.36	3.0~4.0	2.5~4.0

续表

项目	工艺参数		
	设计值	改造前	改造后
T-201 底温 TI225/℃	137	129~131	132~133
T-201A 回流量 FIC202/(t/h)	11.3	6.5~7.5	7.5~9.5
T-201A 回流温度 TI484/℃		<37	36~40
中段回流量 FIC206/(t/h)	12.4	7.5~8.6	8~10
T-201A 床层温度 TI214/℃		54~56	56.7~57.7
T-201A 床层温度 TI215/℃		59.2~60.6	57.5~58.5
T-201A 床层温度 TI216/℃		59.5~62	56.8~58.1
R-202A 床层温度 TR104/℃		59~64	59~64

由于催化蒸馏塔压差降低，催化剂床层比较通畅，为防止部分异丁烯和甲醇走短路，直接穿过捆包催化剂的间隙，没有经过 T-201A 催化剂床层，引起异丁烯和甲醇在 T-201A 床层反应接触停留时间不足，反应深度不够，造成异丁烯转化率偏低，同时过量的异丁烯进入 1-丁烯单元，引起 1-丁烯产品纯度不合格，因此通过优化将塔压从 0.6MPa 提高至 0.63MPa，T-201A 回流量也从 6.5~7.5t/h 提至 7.5~9.5t/h，同时将 T-201A 底温控高至 132~133℃，提高催化蒸馏塔气液相负荷，以增加异丁烯和甲醇在催化剂床层的反应接触停留时间，提高异丁烯和甲醇反应深度，进而提高异丁烯转化率。经过以上一系列调整，在维持较高处理量的同时，装置的异丁烯转化率已从改造前的 99.41% 提高至 99.79%，MTBE 和 1-丁烯的产量均有所提高。

3.1 装置处理量

经过升汽管、布液孔以及捆包催化剂的改造后，催化蒸馏塔气液相流通阻力明显降低，T-201A 压差由 110kPa 下降至 30kPa 左右，4 月份更是低至 20kPa 左右，说明制约装置提高处理量的主要因素得到有效解决。如图 1 所示，催化蒸馏塔改造前，装置日均处理量 324.8t/d，且从未超过 327t/d，即 13.6t/h，这是因为当处理量超过 13.6t/h 时，异丁烯转化率会异常降低，甚至出现液泛现象，说明已经达到最高处理负荷。而催化蒸馏塔改造以后，日均加工量提升至 336.4t/h，而且处理负荷仍能进一步提高，如从 2022 年 4 月 24 日起，装置加工负荷提升至 350t/d 左右，即 14.6t/h，比催化蒸馏塔改造前的日加工量高出 1t/h。从催化蒸馏塔运行工况来看，装置加工负荷仍有提高余量，经优化调整，装置最高处理量可达 16.5t/h，超过原设计处理负荷，经济效益十分明显。由于受下游 1-丁烯装置加氢催化剂的选择性和活性下降影响制约，MTBE 一装置未能长时间持续保持 16.5t/h 运行。

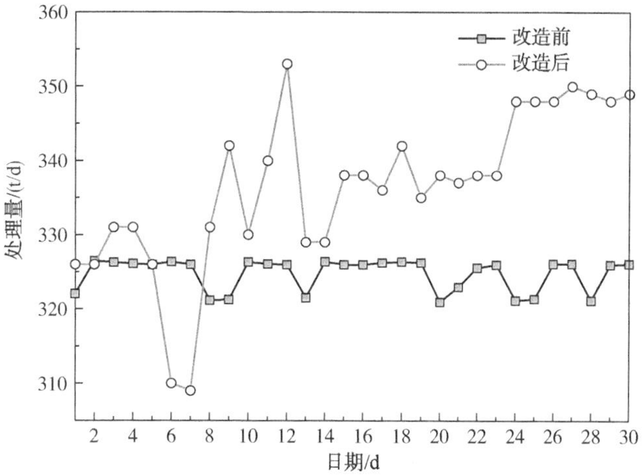

图 1　改造前后装置的处理量对比

3.2 异丁烯转化率

随着处理量加大，空速增大，理论上异丁烯的反应深度会下降，导致转化率降低[5]。但是如图 2 所示，催化蒸馏塔改造后，异丁烯转化率却从 99.41%提高至 99.79%。归因于两点，一是升汽管、布液孔以及捆包催化剂的改造，使催化蒸馏塔床层介质偏流现象减少，避免了异丁烯因偏流走短路，增加了异丁烯与甲醇的反应深度，提高了异丁烯转化率；二是由于经过开工后 4 个月不断工艺摸索和调整，提高了催化蒸馏塔床层灵敏点温度至 58℃，同时控高了催化蒸馏塔顶压至 0.63MPa，回流量控高至 9t/h，增加了异丁烯和甲醇在催化剂床层的反应接触停留时间，从而增加了异丁烯反应深度，进一步提高了异丁烯转化率。

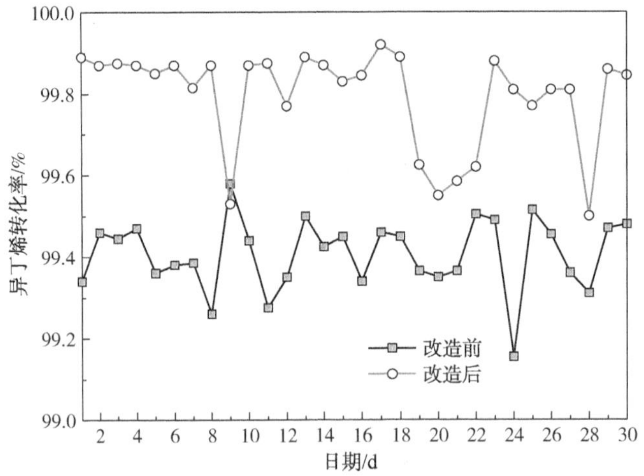

图 2 改造前后装置异丁烯转化率情况

3.3 MTBE 产量

在原料异丁烯含量相对平稳的情况下，处理量的提高，可直接提高 MTBE 的产量；同时，异丁烯转化率的提高，也能增产 MTBE。如图 3 所示，催化蒸馏塔改造后以后，装置的处理量以及异丁烯转化率均得到提高，MTBE 日均产量也从 99.5t/d 增加至 103.8t/h。但是 2022 年 4 月与 2021 年 9 月相比，1~8 日的 MTBE 产量反而有所减少，这是因为 2022 年 4 月原料异丁烯含量降低所致。从转化率来看，与大修前同期相比，此段时间异丁烯的转化率更高，均达到 99.80%以上。

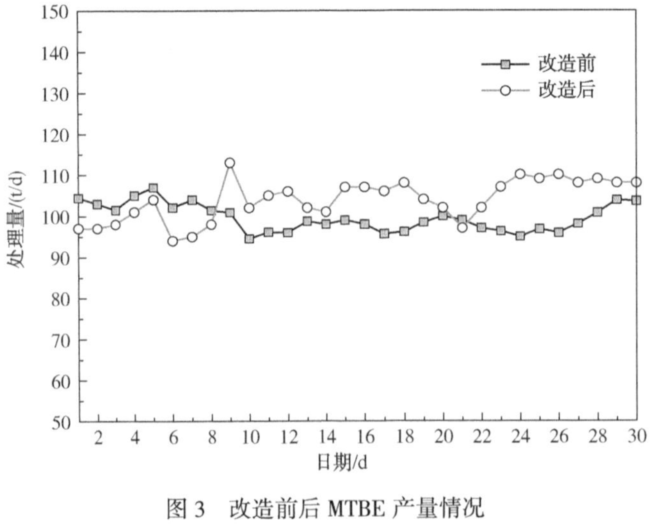

图 3 改造前后 MTBE 产量情况

若改造后按照 MTBE 一装置最大处理负荷 16.5t/h，与改造前装置进料 13.6t/h 对比，在异丁烯含量相对平稳情况下，每小时可增产 0.87t MTBE，每年约可增产 7600t MTBE，效果十分明显。

3.4 催化蒸馏塔出口异丁烯含量

加氢反应进料异丁烯浓度指标为低于 0.2%，异丁烯含量越大，1-丁烯产品纯度就越低，故催化蒸馏塔出口异丁烯含量应尽可能低。如图 4 所示，催化蒸馏塔改造前，T-201A 出口异丁烯含量平均值为 0. 14%。2021 年 9 月 24 日，T-201A 出口异丁烯含量则达到 0. 28%，高于考核指标，降低了后续 1-丁烯产品纯度。2022 年 4 月，经过催化蒸馏塔改造和工艺参数优化后，T-201A 出口异丁烯含量明显降低，平均值仅为 0. 05%，且长时间维持在 0. 03%左右的低水平，未出现超标情况，有效提高了后续 1-丁烯产品纯度。大修以来，1-丁烯产品纯度从 99. 3%左右提高至 99. 7%左右。

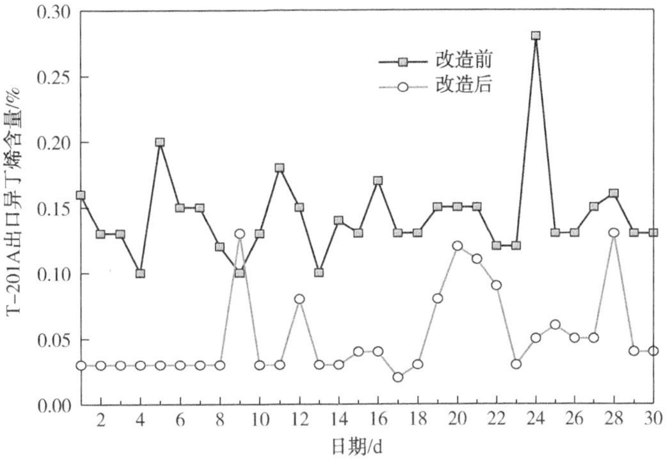

图 4　催化蒸馏塔出口异丁烯含量情况

3.5　1-丁烯产量

由于改造前的 2021 年 9 月原料 1-丁烯含量为 16. 2%，而改造后的 2022 年 4 月原料 1-丁烯含量仅为 15. 2%，且目前 1-丁烯装置加氢催化剂活性和选择性差，1-丁烯装置加氢单元 1-丁烯损失大，影响了 1-丁烯的产量，因此这两时段的 1-丁烯产量数据无法进行直接对比。

1-丁烯装置加氢催化剂更换后，在原料 1-丁烯含量相对平稳的情况下，处理量的提高亦可直接提高 1-丁烯的产量。改造后按照 MTBE-1 装置最大处理负荷 16. 5t/h，与改造前装置进料 13. 6t/h 对比，在 1-丁烯含量相对平稳情况下，每小时可增产 0. 37t1-丁烯，每年可增产 1-丁烯约 3240t。

4　结论

T-201A 经过改造后，催化蒸馏塔上塔压差从 110kPa 下降至 30kPa 左右，气液相流通阻力明显减少。装置运行状况表明：工艺优化调整后，异丁烯转化率从 99. 41%提高至 99. 79%，催化蒸馏塔出口异丁烯含量降低至 0. 05%，1-丁烯纯度提高至 99. 7%；装置处理负荷从最高的 13. 6t/h 提至 16. 5t//h，MTBE 和 1-丁烯产量均有所提高，经济效益十分明显。

参　考　文　献

[1] 刘成军 . MTBE 装置转产叠合油工艺及优化措施[J]. 中外能源，2021，26(10)：79-86.
[2] 刘尚清，张军 . 煤基混合碳四生产 MTBE/1-丁烯的问题探索[J]. 现代化工，2021，41(12)：222-225.
[3] 张桂生 . MTBE 装置催化蒸馏塔的优化分析[J]. 化工管理，2019(06)：43-44.
[4] 徐慧杰 . 优化 MTBE 反应器工艺提高异丁烯的转化率[J]. 化工管理，2017(11)：67.

污水汽提五装置蒸汽耗量影响因素及节汽优化

沈善鸿

（中国石化广州石化公司　广东广州　510705）

摘　要　广州石化污水汽提五装置2022年3月起处理低盐原料水后，污水处理量大幅度减少，间接影响到了装置的蒸汽单耗，为降低蒸汽使用量，节约蒸汽单耗，从工艺、设备以及产品质量等方面出发寻求节约能耗的有效方法。经优化调整后，蒸汽实物单耗由最高期间的0.2221t/t下降至0.1644t/t，蒸汽节能取得了良好效果。

关键词　污水汽提；蒸汽；节能；优化；降耗

1　污水汽提工艺技术原理

炼油高含硫含氨污水中，H_2S、NH_3和CO_2是以硫氢化铵（NH_4HS）、碳酸氢铵（NH_4HCO_3）的状态存在的，这种弱酸弱碱盐在水溶液中进行着水解，形成游离NH_3、H_2S及CO_2。通过加热汽提，从气相中得到NH_3、H_2S及CO_2，污水便得到了净化；同时，利用NH_3、H_2S及CO_2在不同温度下的溶解度差异，分离H_2S及NH_3，达到回收利用的目的。

整个汽提过程可用如下综合反应式表示。

$$2(H^++OH^-+NH_4^++HS^-) \rightleftharpoons (NH_3+H_2S+H_2O)\text{液}+(NH_3+H_2S+H_2O)\text{气}$$

$$2(H^++OH^-+NH_4^++HCO_3^-) \rightleftharpoons (NH_3+CO_2+2H_2O)\text{液}+(NH_3+CO_2+2H_2O)\text{气}$$

$$NH_3+HCO_3^- \rightleftharpoons NH_2COO^-+H_2O$$

实现本工艺的关键在于建立并维护适宜的汽-液平衡条件以制取高纯度的NH_3和H_2S。酸性水是H_2S-NH_3-H_2O的三元水溶液，H_2S和NH_3都具有挥发性，又易溶于水，其中氨在水中的溶解度大于硫化氢，同时产生电离，因此酸性水是具有挥发性的弱电解质溶液，其电离过程和化学反应与温度密切相关。

NH_3、H_2S和H_2O都是挥发性弱电解质，在低温时起化学电离反应，生成硫氢化铵固定在水中，在高温时水解反应生成NH_3、H_2S和H_2O。温度大于125℃时出现气液相平衡共存的复杂体系。氨溶于水后一部分以游离氨存在，一部分被电离成NH_4^+和OH^-。氨溶解于水是放热的，故温度升高，电离常数K_A降低。

$$NH_3+H_2O \rightleftharpoons NH_4^++OH^-$$

H_2S在水中也有少许电离，H_2S在水中的电离常数K_s也受温度影响，但与K_A不同，温度对K_s的影响有两种情况：温度低于125℃时，K_s随温度升高而升高，温度高于125℃时，K_s随温度升高而降低，且K_s值比K_A还小，所以H_2S在水中几乎全部以游离的H_2S分子存在。

$$H_2S \rightleftharpoons H^++HS^-$$

在汽提操作条件下，气相H_2S和NH_3是分子态的，液相中的H_2S和NH_3呈离子和分子两种状态，离子不能挥发可称为固定态，分子可以挥发可称为自由态或游离态。NH_3和H_2S在水中主要是以离子态还是以分子态存在，与温度、压力及其在水中的浓度有关。

2　污水汽提五装置工艺流程

污水汽提五装置采用单塔加压侧线抽出工艺，具体流程见图1。

来自上游装置或罐区等单元的酸性水在装置外合并后进入原料水脱气罐，脱出的轻油气送至工厂火炬系统。脱气后的酸性水进入原料水罐（V-8302A）旋流、沉降除油，再经原料水增压泵加压进入原料水除油器进一步除油后进入原料水罐(V-8302B)；除油后的酸性水经原料水泵加压后分为两路：一路经冷进料冷却器(E-8301AB)冷却后进入主汽提塔(T-8301)顶(填料段上部或顶部)作为冷进料；另一路经原料水-净化水一级换热器(E-8303)、一级冷凝冷却器(E-8305)及原料水-净化水二级换热器(E-8304A～D)，分别与净化水、侧线气换热后，进入汽提塔(T-8301)的第1层塔盘作为热进料。塔底用低压蒸汽通过重沸器(E-8309AB)加热汽提。汽提塔顶酸性气经酸性气冷凝冷却器冷却、酸性气分液罐分液后送至新建硫黄回收装置或现有14万t/a硫黄回收装置；汽提塔侧线气由第17(或19、23)层塔盘抽出，经过三级冷凝冷却和三级分凝后，得到浓度高于99%(体)的粗氨气，送至汽提三氨精制系统或新建硫黄回收装置；汽提塔底净化水与原料水换热后，经净化水空冷器(E-8310A～D)和净化水冷却器(E-8311AB)冷却至40℃并经净化水泵(P-8303AB)加压，送至下游装置(蒸馏三和蒸馏一)回用，剩余部分排至高浓度污水管网，送至高浓度污水厂处理。

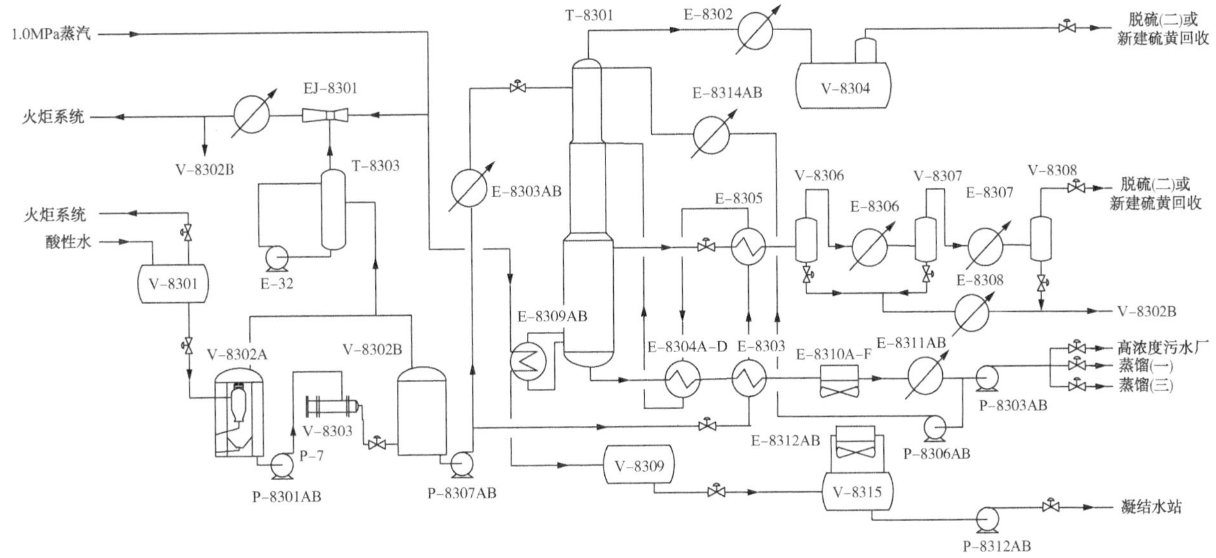

图1 污水汽提五装置工艺流程图

3 污水汽提装置能耗分析

污水汽提五装置设计指标污水进料180t/h，1.0MPa蒸汽耗量36.343t/h，设计蒸汽单耗0.2019t/t。根据公司《关于高低盐含硫污水分质处理方案建议的报告》，自2022年3月21日起实施处理低盐原料水方案，净化水直排低浓度处理不再向高浓度污水场排放，受此影响汽提五装置污水处理量大幅度减少，蒸汽单耗开始上升(见图2)，期间最高蒸汽单耗0.2221t/t。

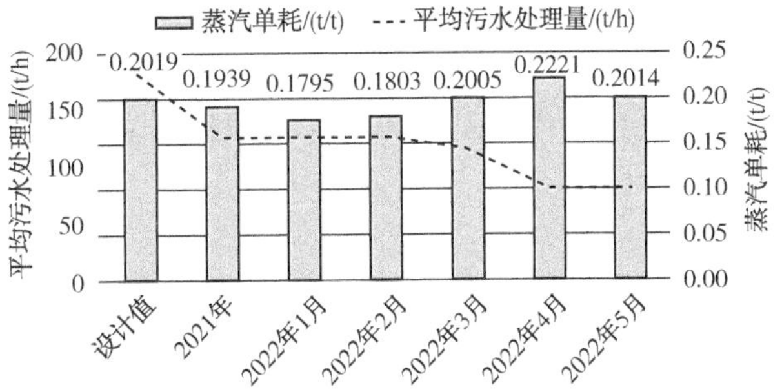

图2 污水汽提五装置蒸汽单耗情况

调查发现，污水汽提五装置自处理低盐原料水开始，净化水排入低浓度污水管网需使用10#污水提升池的提升泵进行送水，受制于污水提升泵处理能力不足，双泵运行最高流量仅为60m^3/h，而该泵设计是间歇性运行，长时间运行导致此类型的提升泵送水能力下降，到2022年底输送污水流量仅为56m^3/h左右，同时该污水提升泵还负责输送溶芳区域日常1.5～2.0m^3/h的常规污水；此外净化水送蒸馏一装置回用量间歇性波动($25\sim35m^3/h$)，蒸馏三装置停用汽提五装置的净化水，装置处理后的净化水因高低浓度污水场处理费用及减排影响，调度要求装置不排高浓度污水管网，受此影响汽提五装置外送净化水能力受限，制约了装置提量处理。

净化水无法提量外送，汽提塔处理负荷低，且按照设计最低负荷(操作弹性60%~110%，最低进料量108t/h)运行，装置还需将部分净化水进行循环处理，若按实际低负荷运行汽提塔侧线粗氨气抽出量不足(设计酸水中氨含量1.0%，而实际仅为0.8%左右)，影响侧线氨气三级冷凝操作，同时顶上气相不足，填料段偏流严重，塔盘温度易出现波动。对比该装置设计值与近期实际运行参数数据(见表1)可知，2022年4~5月装置蒸汽单耗已经远超设计指标，若污水汽提五装置处理低盐原料水期间不对蒸汽耗量进行优化调整的话，按2022年4~5月的参数运行，装置蒸汽耗量将增加八千多吨，造成能源浪费。从节能角度出发，装置必须把控蒸汽耗量，尽量减少汽提塔的蒸汽耗量，节约蒸汽，降低蒸汽消耗。

表1　污水汽提塔设计参数与实际运行参数对比

序号	名称	设计值	2021年	2022年4~5月	2022年12月	2023年1~3月
1	冷进料量/(t/h)	33.78	22.77	20.11	19.83	23.70
2	冷进料温度/℃	36	34.20	34.36	33.28	36.13
3	热进料量/(t/h)	158.77	120.29	90.94	88.53	87.25
4	热进料温度/℃	150	136.19	143.33	140.51	137.36.
5	热/冷进料比	4.70	5.28	4.52	4.46	3.68
6	汽提塔顶压/MPa	0.50	0.486	0.495	0.469	0.456
7	汽提塔顶温/℃	49.6	38.46	37.37	37.18	39.73
8	汽提塔顶回流量/(t/h)	9.0	5.42	4.36	3.5*	0*
9	汽提塔顶回流温度/℃	35	33	33	33.28*	36.13*
10	回流/进料	0.049	0.038	0.039	0.032	—
11	侧线抽出温度/℃	149.1	158.30	154.93	155.09	151.94
12	侧线抽出量/(Nm^3/h)	25343	19305	15788	14657	14097
13	汽提塔塔底温度/℃	161.4	163.12	163.68	162.28	160.15
14	蒸汽单耗/(kgEO/t)	15.34	14.73	16.48	13.11	12.49

注：2002年12月起停塔顶回流泵，改由从冷进料线上引少部分进料污水回塔顶部。

4　节能操作调整分析

为降低污水汽提五装置蒸汽耗量，装置从以下几个生产操作调整出发，探讨影响污水汽提蒸汽耗量因素，以便对汽提塔进行操作优化。

4.1　原料水量的影响

污水汽提装置进料量是决定总蒸汽耗量的最主要因素[1]。但由于目前汽提五装置处理低盐原料水后，制约其处理量的是外送净化水量，按照此前实验(《汽提五装置单独处理低盐原料水试验报告》)以及4~5月运行后的净化水数据对照，汽提五装置净化水转送低浓度污水管网仍有水量提升空间(见表2，主要是有其余来水对汽提五装置污水进行稀释，已达到进低浓度污水场总进的指标浓度)，重催装置含硫污水大概有$15m^3/h$可直接进入汽提五装置处理，因此在未解决净化水送低浓度污水管网水量问题前，净化水排低浓度水量在$55\sim58m^3/h$，已无法再提量处理。因此原料水量对汽提五装置的制约并不明显，不是关键因素。

目前汽提五装置净化水泵出口管线接入低浓度污水管网流程即将开始施工，届时可将重催装置污水改入汽提五装置来提高污水处理水量，减轻目前低负荷运行且部分污水循环的困境。

表 2　汽提五装置净化水与低浓度污水场总进数据对比(2022 年 4~5 月)

序号	名称	低浓度污水场总进设计值	低浓度污水场总进	汽提五外排数据
1	COD/(mg/L)	500	274.29	785.67
2	氨氮/(mg/L)	30	6.14	10.08
3	总氮/(mg/L)	40	14.52	47.49
4	进口水量/(t/h)	400	165	58
5	pH 值		8.2	9.30
6	电导率/(μS/cm)		—	708.12

4.2　侧线抽出量和循环氨凝液量的影响

由于氨的物理特性，常温常压下，一体积的水能溶解 700 体积的氨。目前侧线粗氨气为三级冷凝(见图 1)，将氨气冷却至 40℃出界，由于侧线抽出粗氨气含有水蒸气，在冷却过程中不可避免地会有部分氨溶于水中作为分凝液被打回原料水罐进行循环处理，因此侧线氨凝液量越多，造成的热量损失越多，单塔汽提侧线抽出工艺的降低循环氨液量的关键操作手段就是控制侧线抽出条件[2]。由于在汽提塔的操作中，侧线抽出气体的温度较高(目前在 150℃左右)，因此侧线粗氨气的供热量对整个汽提塔的热负荷占比较大，有部分外厂的污水装置的侧线抽出负荷甚至占整个汽提塔负荷的 50%以上[3]，侧线抽出量越大侧线带出的能量越多，蒸汽消耗越高。但是侧线抽出量对塔底净化水氨氮浓度有影响，一般来讲抽出量多，净化水氨氮值低；抽出量小，净化水氨氮值上升；若抽出量过多导致汽提塔中下部汽提强度减弱也会导致净化水水质变差。有鉴于此，汽提五装置在保证底部净化水水质合格的情况下尽量减少侧线抽出量。

2022 年 3 月份处理低盐原料水后，因水质的氨氮含量不高，装置调整了侧线抽出量，从此前的 18000Nm^3/h 下调至 16000Nm^3/h，减少了底部蒸汽损耗，四季度开始降底温操作后再次下调至 15000Nm^3/h，同时装置结合汽提塔提降量操作(污水罐液位高时，调度同意部分水走高浓度污水管网，装置提量操作拉低罐容后又恢复低处理量的常规操作)，在汽提塔提量时提高侧线抽出，降至日常处理量水平时下调侧线抽出量，同时在净化水氨氮指标满足低浓度排水指标时，减少抽出量进行节汽操作。

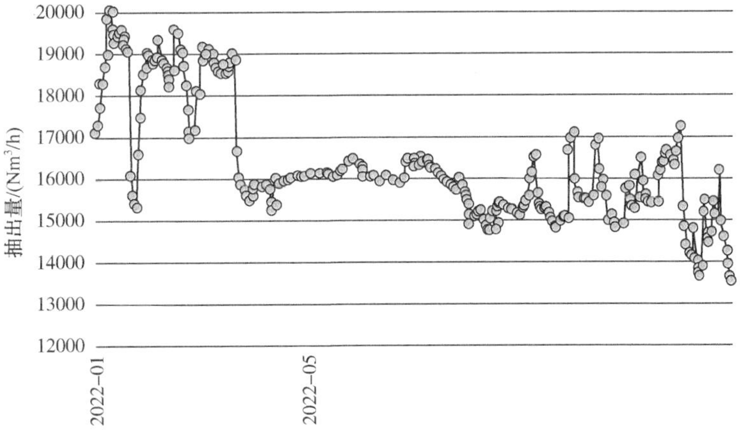

图 3　2022 年污水汽提五装置汽提塔侧线抽出量曲线

从图 3 可看出 2022 年第一季度因汽提塔处理量高原因侧线抽出量同步提高(其中 2022 年 1 月 20 日 9：25 时至 1 月 24 日进行低盐原料水处理实验原因是侧线抽出量下调)，4~5 月份低负荷生产时侧线抽出量跟随粗氨气产量下调，通过净化水氨氮指标可以看出仍有下调空间。可以从表 3 观测到，该段时间的净化水较整年的数据都是偏低的，因此 2022 年下半年开始对侧线抽出量再逐步下调处理(由于 8 月份开始上游来水量偏多，受罐容影响，调度同意装置少部分走高浓度污水管网，待罐容下降后再恢复，因此可以看到图 3 曲线后部因提降量原因出现侧线波动)。通过侧线抽出下调后可以看出相比较4~5月的蒸汽/进料的比值在下降，这对装置降低蒸汽耗量的调整较为关键。

表3 汽提五装置净化水氨氮与侧线抽出数据(2022年)

月份	汽提塔进料量/(t/h)	侧线抽出量/(Nm³/h)	净化水氨氮/(mg/L)	蒸汽/进料比
1月	149.9318	18336	24.57	0.1549
2月	146.2574	18454	22.1	0.1579
3月	141.3334	17731	17.49	0.1641
4月	111.1482	15889	12.8	0.1697
5月	110.9422	15987	18.84	0.1577
6月	111.0074	15878	20	0.1587
7月	111.4142	15414	19.2	0.1567
8月	107.8192	15614	20.2	0.1575
9月	114.9875	15373	27.2	0.1533
10月	112.3365	15448	24.72	0.1569
11月	119.9667	15524	21.4	0.1559
12月	111.8723	14357	25.24	0.1513

4.3 进料温度与热冷进料比的影响

汽提塔的进料主要分为两股，一股为填料段中上部的冷进料，另一股为汽提段顶部的热进料。这两股进料的作用各不相同，由于NH_3和H_2S在水中的溶解度随温度升高而降低，NH_3在水中的溶解度远大于H_2S在水中的溶解度，因此冷回流回收填料段中上升气相中的NH_3，避免顶部的H_2S酸性气含NH_3过多。

当冷进料比例较小时酸性气中的NH_3含量较高，影响酸性气质量，但随冷进料比例的增加，可以吸收更多的NH_3，但当冷水量达到可以吸收上升气相中的NH_3时，冷进料的增多对产品质量无影响，但是会使底下蒸汽耗量增多[4]。目前冷进料进塔前通过水冷控制在35℃左右(见表1)，冷进料温度低，冷热进料比例调节范围越宽，装置操作弹性越好[5]。

汽提塔热进料设计控制在150℃，热进料的主要作用是减轻污水在汽提段进行闪蒸解吸的热量供应，其主要换热源于塔底净化水温度和侧线抽出氨气温度。有实验表明热进料温度对蒸汽用量有影响，但是影响程度相对较小[6]，理论上将提高热进料温度，减少汽提塔下部净化水的蒸发段的热量需求，从而减轻蒸汽消耗(见图4)，但是对净化水氨氮质量有很大影响，因热量需求不同而导致净化水氨氮值上升，若要保持净化水氨氮指标不升高，需要注入更多的碱来调低净化水的氨氮水平。

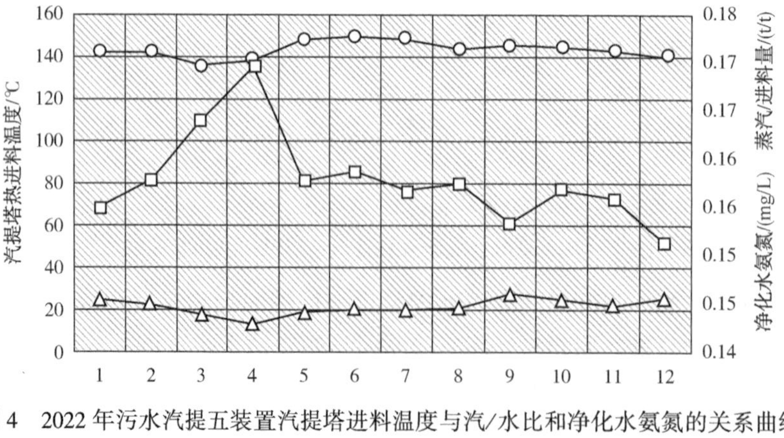

图4 2022年污水汽提五装置汽提塔进料温度与汽/水比和净化水氨氮的关系曲线

汽提五装置2021年因原料水与净化水换热器E-8304内漏切出时，热进料温度降低汽提塔塔底蒸汽用量上升，从2022年开始(3月份时切出，4月份更换新管束)，E-8304四组换热器全部投用后进料温度开始上升，底部气相需求减少，蒸汽用量下降，但提高热进料温度引起塔底净化水氨氮值上升，为保证氨氮不超标装置提高了注碱，汽提塔热进料温度控制在140~145℃有利于降低塔底蒸汽用量，但热进料温度受塔底温度影响较大，塔底降温后热进料温度也会随之下降；同时侧线抽出量下调也影响热进料温度，抽出量下降热进料温度下降。

汽提五装置的设计热/冷进料比为4.7∶1，处理低盐原料水的低负荷生产期间，热/冷进料比提高控制不如减侧线抽出控制来得明显(见图5)。同时在低负荷运行期间该热/冷进料比值提高后，进料换热量需求不足也降低了进料温度。现行各外厂对热冷进料比一般控制在4~5[7,8]。2022年底污水汽提热/冷进料比4.46左右，从实际运行效果上看在保证产品质量的前提下增大热/冷进料比有助于减少蒸汽耗量，由于低负荷运行期间冷进料量少，填料段至汽提段间的温度因填料段凝液减少而导致偏流经常发生，使得频繁出现温度波动报警，因此该比值未再往上调整。

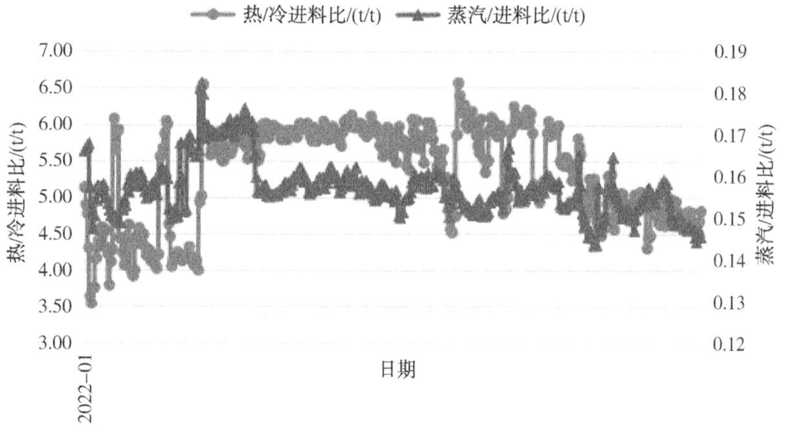

图5　污水汽提五装置热/冷进料比和蒸汽/进料比的关系曲线

4.4　汽提塔塔压控制对蒸汽能耗的影响

汽提五装置使用单塔侧线加压工艺进行污水汽提处理，因此对于顶部酸性气及侧线粗氨气的压力都有一定要求，同时因管道传输影响，至下游处理装置需有一定压差才能使气体产生流动如表4所示。

表4　汽提塔压力数据对比

序号	名称	设计值	工况1	工况2	工况3
1	汽提塔顶压力/MPa	0.5	0.495	0.463	0.442
2	酸性气出界压力/MPa	0.47	0.495	0.462	0.442
3	侧线氨气出界压力/MPa	0.31	0.206	0.217	0.225
4	汽提塔顶温度/℃	49.6	41.6	36.7	43.55

汽提塔压力的控制对塔内温度有影响，降压后各物料沸点下降，塔底蒸汽再沸器热负荷相应减少[9]，因此理论上在维持进料温度跟其余参数不变的情况下降压操作有利于节省蒸汽耗量。但是降压操作在塔底蒸汽量不变的情况下，H_2S和NH_3质量会下降[10]。由于目前汽提塔塔顶压力下调通常与其他操作同步进行，实际降耗效果无法测算，同时因两气往下游装置供应，其操作压力调整幅度不能过低以防供应不畅，因此对汽提塔塔压通过下调压力控制来降低蒸汽能耗的效果不明显。

4.5　汽提塔塔顶回流对蒸汽能耗的影响

汽提五装置设计引一股净化水回流至填料段顶部，是为了得到较高质量的H_2S酸性气，同时控制汽提塔顶部温度不超温，也为了防止NH_3会过早拔出影响酸性气质量。而这股净化水冷回流温度与冷进料温度相差不大(见表1)，但是净化水回流需一路从塔底161.4℃降温至35℃从塔顶进去再在塔内加热至161.4℃，这期间必须吸收足够的热量进行循环，因此从降低蒸汽消耗的角度上讲在满足塔顶气相产品质量的情况下应尽量降低塔顶回流，但由于汽提五装置设计处理量较高，现行的操作工况仅为设计的一半不到，出于设备运行安全角度考虑汽提塔塔顶回流泵不能长时间低流量运行。

经过调查对比，采用原料水回流是另一种降低蒸汽耗量的有效方法，部分汽提装置甚至未设置顶部回流(类似汽提四装置)，由于处理低盐原料水后原料水氨氮含量不高，作为回流来讲对酸性气的氨洗涤是足够的。因此汽提五装置采用提高冷进料量，再引少部分进顶部回流。停止净化水回流泵，在节电节循环水的同时也节约了蒸汽消耗，从实际处理效果上看，节汽效果明显(见表5)。

表5　汽提塔压力数据对比

序号	名称	工况1	工况2	工况3*	工况4*
1	冷进料量/(t/h)	19.48	21.48	23.03	25.00
2	顶部回流量/(t/h)	4.64	4.24	0	0
3	热进料量/(t/h)	88.81	103.86	82.78	103.01
4	总进料量/(t/h)	108.29	125.34	105.81	128.01
5	热进料温度/℃	143.29	142.09	140.32	135.49
6	侧线抽出量/(Nm^3/h)	15471	16441	14184	15175
7	蒸汽耗量/(t/h)	17.15	19.22	16.20	18.91
8	蒸汽/进料比	0.158	0.153	0.153	0.148

注：工况3、4顶部回流从冷进料引进，阀门开度不变，由于未经流量计故流量无指示。

4.6　汽提塔塔底温度调节影响

污水汽提五装置汽提塔塔底温度是控制净化水氨氮含量的主要影响因素，提高塔底蒸汽用量来提高底温有助于降低净化水氨氮含量。污水汽提装置在正常生产时，考虑氰化物水解影响[11]，塔底温度应控制在160℃左右。

从表1可以看到2023年第一季度汽提五装置的汽提塔塔底温度已由此前的163.68℃降至160.15℃，较往常总体下降3.53℃，可节约大概0.9t/h的蒸汽用量，同时塔底降温操作也影响装置其他操作调整使得汽提塔整体蒸汽用量同步下降。但汽提塔底温下降后从净化水的氨氮分析可以看出自2022年10月至2023年3月降底温后的净化水氨氮数值呈整体上升趋势(见图6)。

由于汽提五装置净化水氨氮控制指标为≤50mg/L，而现今降温至160℃左右后，该分析指标已接近控制指标上限，同时净化水直排低浓度污水管网，氨氮数值上升后也对总体低浓度污水管网水质有一定影响，需要合理协调直排净化水量问题。

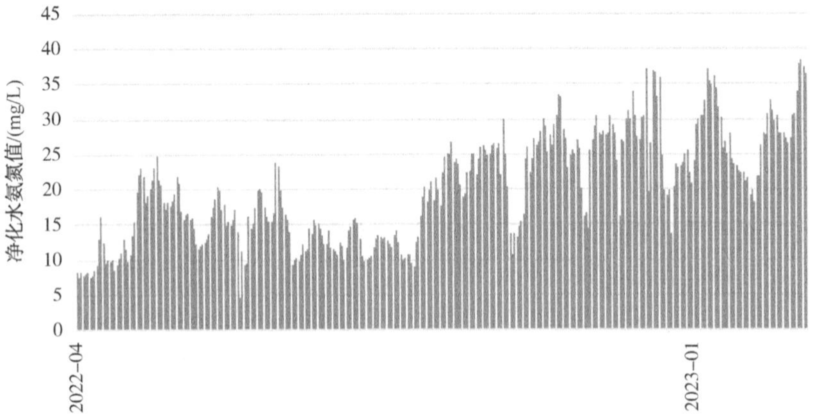

图6　净化水中氨氮分析数据曲线(2022年4月~2023年2月)

4.7　重沸器与换热器使用效果影响

汽提五装置塔底使用两台低压蒸汽重沸器进行加热，四台原料水与净化水换热器给热进料提供热源。2021年年底因原料水与净化水换热器内漏，仅两台换热器投入使用，热进料温度偏低，对能耗有很大影响，2022年3月更换新管束后才使热进料温度提高至145℃来节约蒸汽耗量。由于污水汽提装置来水复杂，管束容易结垢造成热效率下降，因此重沸器与换热器使用一段时间后必然会使换热效率下降，造成蒸汽耗量上升。

另外由于原料水有较强的腐蚀性，2019 年 9 月开工至今，4 台原料水与净化水换热器管束均出现腐蚀泄漏，造成热进料换热温度下降，塔底蒸汽用量增多。与同样该材质(08Cr2AlMo)管束的重沸器在 2023 年年初也出现腐蚀泄漏导致蒸汽耗量上升。08Cr2AlMo 材质的换热器管束是否适合汽提装置生产有待研究，但该材质在过量水及溶液含氧时会影响腐蚀效率以及溶液温度偏高会加剧腐蚀[12]，因此为保证汽提装置长周期运行及降低蒸汽损耗应尽量更换更高材质的管束，预防腐蚀泄漏。

5 实施后节汽效果

从 2022 年 3 月份开始至 2023 年年初，汽提五装置实施了降低侧线粗氨气抽出量、提高热进料温度、提高热/冷进料比、降低汽提塔塔顶压力、停净化水回流、降低汽提塔塔底控制温度以及更换两台原料水与净化水换热器等手段，将汽提五装置在处理低盐原料水的低负荷运行期间最高的蒸汽实物单耗 0.2221t/t 下降至 2023 年 3 月的 0.1644t/t，蒸汽单耗由 16.48kgEO/t 下降至 12.49kgEO/t。以目前 90t/h 的污水处理量计算，可节约蒸汽 5.193t/h，按目前 1.0MPa 蒸汽的价格 256 元/t 计算，可节约费用 1329 元/h，按每年 8400h 计算，每年可节汽 4.36 万 t，创效 1117 万元。

6 结论

① 提高净化水出料量有助于汽提五装置提高污水处理负荷降低蒸汽单耗；

② 降低侧线粗氨气抽出量有利于减少氨凝液循环量，减少蒸汽消耗；

③ 提高热进料温度有助于节汽，但对净化水氨氮有影响，同时提高热/冷进料比能够降低蒸汽耗量；

④ 汽提塔塔压调整幅度较小，未能对蒸汽耗量产生影响；

⑤ 停止净化水回流，对降低塔底蒸汽用量有利；

⑥ 降低汽提塔塔底控制温度，有利于减少蒸汽用量；

⑦ 提升换热器管束材质，有利于装置长周期运行减少蒸汽泄漏及用量。

180t/h 污水汽提五装置是广州石化的环保装置之一。污水汽提装置采用 1.0MPa 的低压蒸汽作为热源使用，因此蒸汽耗量占据了污水汽提装置的绝大部分能耗。2022 年受广州石化污水分质处理影响，装置污水处理量大幅度减少，间接影响了污水汽提五装置的蒸汽单耗，为节约装置蒸汽耗量，从工艺、设备，以及产品质量等方面出发寻求节约能耗的有效方法。从目前实施效果上看，经过多轮优化操作后，汽提五装置蒸汽节能取得不错的效果，蒸汽实物单耗由最高的 0.2221t/t 下降至 2023 年 3 月的 0.1644t/t。

参 考 文 献

[1] 鲁勋．影响污水汽提蒸汽耗量因素的探讨[J]．江西石油化工，1999(1)：6-10.

[2] 齐慧敏．炼厂含硫污水汽提技术分析[J]．当代化工，2006，35(5)：356-370.

[3] 林霄红．单塔侧线污水汽提装置的节能实践[J]．能量工程，1999(1)：33-34.

[4] 魏志强，吴升元．污水汽提双塔工艺流程模拟分析与用能改进[J]．石油炼制与化工，2012，4(43)：80-86.

[5] 杨忠梅．采用流程模拟技术优化污水汽提装置运行[J]．齐鲁石油化工，2015，43(4)：313-316.

[6] 陈群峰．污水汽提装置蒸汽单耗原因及对策[J]．化工管理，2021(1)：177-178.

[7] 王颖杰．120 万吨/年污水汽提装置节能降耗之优化[J]．化工管理，2016(10)：103-104.

[8] 彭建立，等．污水汽提装置模拟优化及改造[J]．化学工业与工程，2004，6(21)：467-470.

[9] 闫洪金．酸性污水单塔汽提装置模拟与优化[J]．内江科技，2015(7)：52-53.

[10] 周洋．利用 AspenPlus 对污水汽提装置进行优化分析[J]．炼油与化工，2021，1(32)：56-60.

[11] 杨先义，杨普江．废水中氰化物加压水解反应动力学及工艺条件的优化[J]．山东化工，2003，5(32)：11-14.

[12] 胡猛，等．08Cr2AlMo 换热器管束腐蚀失效分析[J]．石油化工腐蚀与防护，2015，6(32)：56-60.

最佳重整反应深度选择及控制措施

罗天航

（中国石化广州石化公司　广东广州　510725）

摘　要　重整反应深度对产氢量、汽油辛烷值、裂解反应和积炭反应具有重要的影响，本文通过研究反应过程得出以重整汽油 C_8 烷烃含量作为定量指示重整反应深度的参数。当重整汽油 C_8 烷烃含量在 1.5%～2.3%时，重整反应深度最佳，此时产氢量最大，同时裂解反应和积炭反应深度维持较低水平。重整反应温度和催化剂氯含量是控制重整反应深度的主要手段。

关键词　重整反应深度；产氢；芳烃转化率

1　前言

广州石化 100 万 t/a 催化重整联合装置采用国产 SLCR 技术[1]，属于芳烃汽油型重整装置，以直馏石脑油和加氢裂化重石脑油为主要原料，生产苯、混二甲苯和高辛烷值汽油并副产氢气。因全厂供氢紧张，重整维持高负荷(117%)和高反应深度生产，导致裂解产物 C_5^-组分产量偏高。受石脑油短缺影响，原料石脑油终馏点长期维持在 175℃接近工艺卡片上限，二甲苯塔底 C_9^+组分原设计全部用于调汽油，导致重整调和汽油终馏点超标。为实现产氢最大化目标，同时减少裂解 C_5^-组分产量、积炭和重质芳烃产量以降低调和汽油终馏点，需要精确控制重整反应深度。

2　重整反应深度指示参数

随着重整反应深度提高，环烷烃脱氢芳化、链烷烃环化脱氢、异构化、加氢裂化和积炭反应深度相应升高[2]，氢气收率、芳烃转化率、裂解产物收率、催化剂碳含量随之变化。由此根据反应过程可知，可用于指示反应深度的参数有：反应温降、循环氢纯度、氢气收率、芳烃转化率、液收率、裂解产物收率、催化剂碳含量、汽油辛烷值、混二甲苯非芳含量、重整汽油 C_8 烷烃含量等。

2.1　反应温降

重整反应是强吸热反应，随着反应深度提高，反应温降相应提高。原料环烷烃含量越高，脱氢芳化吸热反应越剧烈，反应温降越大，因此反应温降不可单独作为指示重整反应深度的参数。

2.2　循环氢纯度

重整反应深度越高，裂解反应越剧烈，产生的轻烃含量越高，导致循环氢中轻烃含量升高、纯度降低，但是原料芳潜高或气温偏低时，循环气纯度相应升高。因此，循环气纯度受原料和天气影响较大，不可作为定量指示重整反应深度的参数。

2.3　氢气收率

随着反应深度提高，环烷烃脱氢芳化、链烷烃环化脱氢反应深度提高，氢气收率相应提高，但氢气收率受原料芳潜影响较大，因此不能单独作为定量指示重整反应深度的参数。

2.4　芳烃转化率

随着反应深度提高，链烷烃芳构化程度加深，芳烃转化率升高。通常汽油芳烃含量比较稳定，原料芳烃潜含量变化直接影响芳烃转化率数值，因此不能单独作为定量指示重整反应深度的参数。

2.5　液收率和裂解产物收率

随着反应深度提高，裂解反应越来越剧烈，液收率下降、裂解产物升高。但原料 C_6 以下组分比例升高时，裂解产物收率相应升高，因此不能单独作为定量指示重整反应深度的参数。

2.6 催化剂碳含量

随着反应深度提高，积炭反应越来越剧烈，催化剂碳含量升高。但催化剂碳含量受原料终馏点影响较大，原料越重催化剂碳含量越高，因此不能单独作为定量指示重整反应深度的参数。

2.7 汽油辛烷值

随着反应深度提高，芳构化反应程度越高，汽油辛烷值越高。但原料 C_6 烷烃和 C_7 烷烃芳化反应程度低，会降低汽油产品辛烷值，因此不能单独作为定量指示重整反应深度的参数。

2.8 混二甲苯非芳含量

随着反应深度提高，芳构化反应程度越高，混二甲苯非芳含量越低。但受脱庚烷塔设计分离精度限制，非芳烃在脱庚烷塔塔顶和塔底的馏出比例并不固定，因此不能单独作为定量指示重整反应深度的参数。

2.9 重整汽油 C_8 烷烃含量

随着反应深度提高，芳构化反应程度越高，链烷烃转化为芳烃比例越高。受反应热力学和动力学限制，芳烃转化率随碳原子数增加而增加。C_9 以上组分芳烃转化率几乎可达 100%，C_7 烷烃芳化率约 50%，C_6 烷烃几乎不转化为芳烃，C_8 烷烃芳化率随反应深度升高而升高。因此，重整汽油 C_8 烷烃含量可作为定量指示重整反应深度的参数。

3 最佳重整反应深度的界定

结合广州石化生产实际，重整反应以最大化产氢为目标，同时尽量减少裂解 C_5^- 组分产量、积炭和重质芳烃产量以降低调和汽油终馏点。结合“2.9 重整汽油 C_8 烷烃含量”，将其作为重整反应深度指示参数，关联其与产氢、裂解、积炭反应的关系见图 1。

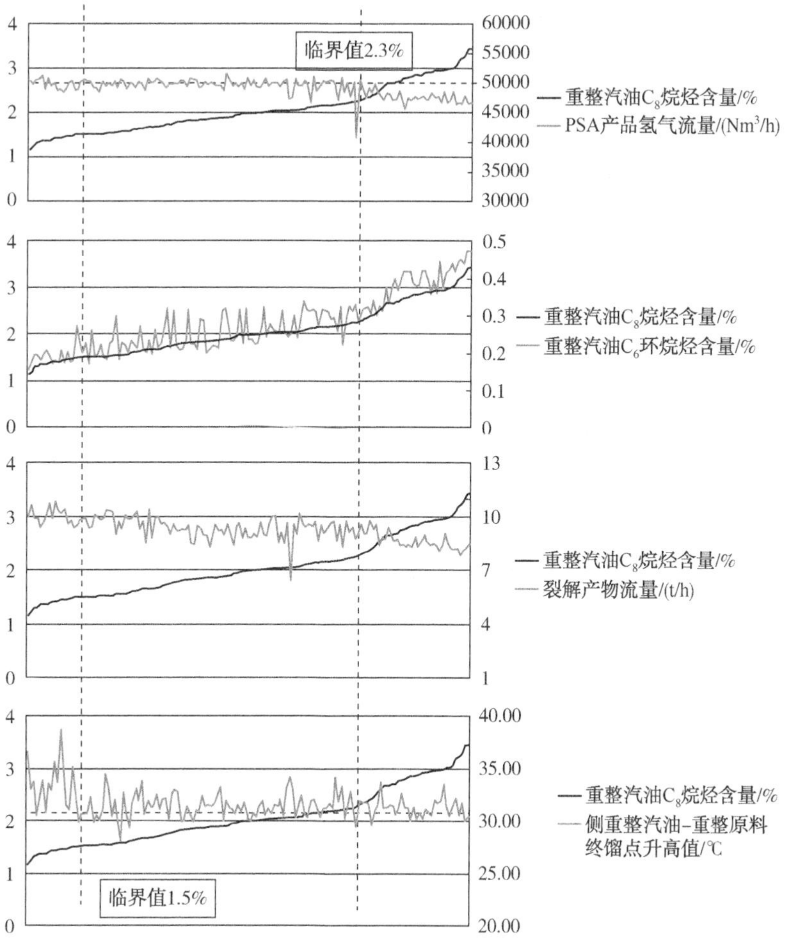

图 1 重整汽油 C_8 烷烃含量与产氢、裂解及汽油终馏点关系

由图 1 可知，当重整汽油 C_8 烷烃含量>2.3%时说明反应深度不足，产氢明显下降，但重整汽油对比重整原料终馏点升高值没有明显变化，裂解反应深度明显下降，T202 进料流量明显下降。

当重整汽油 C_8 烷烃含量<1.5%时，说明反应深度偏高，继续提高反应深度对提高芳烃转化率有利，但对于增加产氢没有影响，同时 T202 进料流量增加、重整汽油对比重整原料终馏点升高值由 31℃提高至 34℃，对调和汽油终馏点、T202 馏出口产品质量造成冲击。

因此，重整汽油 C_8 烷烃在线数据应控制在 1.5%~2.3%，以满足最大化产氢需求，同时降低裂解和积炭反应剧烈程度，保证 T202 馏出口指标和调和汽油终馏点合格。

4 最佳重整反应深度的控制

影响重整反应过程的主要参数有反应温度、压力、空速、氢油比。通常反应压力和氢油比在设计时已经确定，一般不作为调控手段；空速主要受进料量影响，进料量受生产需要控制，一般不作为调整重整反应深度的手段。实际生产中，以重整反应温度作为调整重整反应深度的主要手段。催化剂的酸性功能由氯提供，过高的酸性功能会导致裂解反应加剧，因此需控制催化剂氯含量在 1.1%~1.3%[3]。

5 结论

① 随着重整反应深度提高，反应温降升高、循环氢纯度下降、氢气收率提高、芳烃转化率提高、液收率下降、裂解产物收率提高、催化剂碳含量提高、汽油辛烷值提高、混二甲苯非芳含量下降、重整汽油 C_8 烷烃含量下降，这些参数都可以作为判断重整反应深度的参考。

② 芳烃转化率随碳原子数增加而增加，其中 C_8 烷烃转化程度受重整反应深度影响最大，因此重整汽油 C_8 烷烃含量可作为定量指示重整反应深度的参数。

③ 重整汽油 C_8 烷烃在线数据应控制在 1.5%~2.3%，以满足最大化产氢需求，同时裂解和积炭反应程度较低，降低调和汽油终馏点和裂解产物产量。

④ 以重整反应温度作为调整重整反应深度的主要手段，同时控制催化剂氯含量在 1.1%~1.3%，避免酸性功能过强导致裂解反应加剧。

参 考 文 献

[1] 中石化洛阳工程有限公司．国产连续重整技术(SLCR)大型化[C]//2016 年催化重整年会．中国石油天然气集团公司，2016.

[2] 徐承恩．催化重整工艺与工程[M]．中国石化出版社，2006.

[3] 刘淑敏，马爱增．水氯失衡对连续重整催化剂性能的影响[J]．石油炼制与化工，2013，44(2)：8-13.

重油催化裂化装置掺炼高钙含量渣油的工业实践

李　顺　周建文

（中国石化金陵石化公司　江苏省南京市　210033）

摘　要　为了保证单套渣油加氢检修期间催化裂化装置的满负荷运转，中国石化金陵石化公司在3.5Mt/a催化裂化装置进行了掺炼低硫高钙渣油的工业实践。结果表明，短期内装置通过及时调整原料掺渣和催化剂使用，装置的转化率可有所提升，液态烃收率提高0.03个百分点、汽油收率提高0.94个百分点、转化率提高0.51个百分点。但平衡催化剂上的钙含量由1772μg/g上升至3708μg/g，催化剂出现粘连现象，催化剂平均粒径由73μm增大到81μm。长时间运行可能会出现旋风器、烟机结垢，催化剂流化失常等问题。需要采取优化原油品种、加强原油脱盐、提高催化剂置换量等措施来保证装置长周期运行。

关键词　催化裂化；高钙含量；渣油

1　引言

中国石化金陵石化公司(简称金陵石化)3.5Mt/a催化裂化装置于2012年10月投产，设计以加氢渣油、加氢蜡油配合少量减压渣油为原料，生产液化石油气、汽油、柴油等产品。反应部分采用中国石化石油化工科学研究院(简称石科院)开发的MIP技术，再生部分采用中石化洛阳工程有限公司的快速床+湍流床烟气串联再生专利技术。公司近期加工了一批高钙含量的原油，对催化裂化装置产生了一定的影响。

2　催化装置原料性质

2.1　催化装置原料来源

3.5Mt/a催化裂化装置为公司1800万吨油品质量升级的主要装置之一，配套建设有两套渣油加氢装置。当两套渣油加氢装置同时运行时，催化裂化装置的原料为加氢渣油、加氢蜡油，为全加氢进料。

但是固定床渣油加氢装置由于其催化剂寿命的原因，一般仅能运行16~20个月。因此当其中一套渣油加氢装置检修换剂时，仅有的另一套渣油加氢装置为催化裂化装置供应原料，无法满足催化裂化装置满负荷运行。此时为保证物料平衡并控制好催化原料硫含量，会采购部分低硫原油，用其减压渣油向催化裂化装置提供剩余的掺渣需求。此时催化裂化装置原料为加氢渣油、加氢蜡油、直馏低硫减压渣油。具体比例见表1。

表1　催化装置各工况时原料比例

各路进料比例/%	减压渣油	加氢渣油	加氢蜡油
两套渣油加氢运行	0	78	22
单套渣油加氢运行	11.1	51.7	37.2

2.2　各原料油性质

单套渣油加氢工况时催化裂化装置各分支原料油性质见表2。进入催化提升管反应器的混合原料性质见表3。

渣油经加氢后重金属元素脱除率一般在80%以上，其钙含量能够稳定控制在5μg/g以内。加氢蜡油中重金属含量更低，钙含量一般在1μg/g以内。

由表3可见，掺炼高钙减压渣油后，钙含量达到21.33μg/g的水平。但总体混合原料的密度、500℃馏出量，饱和烃含量等指标略有好转，原料的裂化性能较好。

表 2　催化装置各路原料性质

项目	减压渣油	加氢渣油	加氢蜡油
密度(20℃)/(kg/m^3)	986.2	927.1	907.2
硫含量/%(质)	0.7	0.39	0.13
残炭(微量法)/%(质)	14.2	4.3	0.06
铁/(μg/g)	18.9	2.7	0.4
镍/(μg/g)	36.1	5.7	0.6
钒/(μg/g)	14.6	8.5	0.1
钠/(μg/g)	2.7	1.4	0.4
钙/(μg/g)	82.7	4.8	0.6
胶质/%		12.9	
沥青质/%	3.3	2.1	
馏程			
5%馏出温度/℃		305.9	274.0
10%馏出温度/℃		339.4	318.8
30%馏出温度/℃		414.3	348.1
50%馏出温度/℃		471.7	420.9
70%馏出温度/℃		531.9	441.7
终馏点/℃		540	495.6
全馏量/mL		69.6	527.7
500℃馏出量/%	6.5	59.3	91.1

表 3　掺炼高钙减压渣油前后混合原料性质对比

项目	催化混合原料性质		项目	催化混合原料性质	
	掺炼前	掺炼后		掺炼前	掺炼后
密度(20℃)/(kg/m^3)	929.70	923.20	胶质/%	8.10	12.76
硫含量/%(质)	0.48	0.34	沥青质/%	1.29	1.33
残炭(微量法)/%(质)	4.11	4.19	馏程		
黏度(100℃)/(mm^2/s)	14.43	16.17	5%馏出温度/℃	294.17	292.00
铁/(μg/g)	2.35	3.53	10%馏出温度/℃	330.20	325.00
镍/(μg/g)	5.51	8.40	30%馏出温度/℃	403.27	396.00
铜/(μg/g)	0.10	0.10	50%馏出温度/℃	456.23	441.67
钒/(μg/g)	8.11	7.00	70%馏出温度/℃	525.45	516.00
铅/(μg/g)	0.10	0.10	终馏点/℃	540.00	540.00
钠/(μg/g)	1.44	1.33	全馏量/mL	73.80	77.83
钙/(μg/g)	4.87	21.33	500℃馏出量/%	63.50	66.00
饱和烃/%	61.03	67.21	UOP/Watson *K* 值	11.67/11.61	11.7/11.65
芳烃/%	23.40	24.88			

3 钙对催化裂化装置运行的影响

3.1 主要操作条件

掺炼高钙减压渣油后的主要操作参数见表4。主要调整在于掺炼减压渣油温度较低，造成混合原料的温度下降，原料预热温度下降21℃，在同样反应温度下，剂油比提高，转化率提高。

表4 掺炼高钙减渣前后主要操作条件对比

项目	掺炼前	掺炼后	项目	掺炼前	掺炼后
新鲜原料进料量/(t/h)	410	407	沉降器集气室出口温度/℃	518	517
回炼油回炼量/(t/h)	0	0	原料预热温度/℃	227	206
回炼油浆量/(t/h)	0	0	再生器顶部压力/kPa	292	292
急冷剂量/(t/h)	18	18	再生器密相温度/℃	698	700
沉降器顶部集气室压力/kPa	260	260	主风量/(m^3/min)	7240	7360
提升管一反出口温度/℃	530	531			

3.2 平衡催化剂性能

掺炼高钙减压渣油后的平衡剂主要性质见表5。平衡剂上的钙含量由1772μg/g大幅上升至3708μg/g，催化剂的活性和比表面积略有下降。催化剂的筛分组成有较为显著的变化：20~40μm的细粉含量由12.2%下降至7.4%；40~80μm的细粉含量由54.3%下降至49.2%；80~110μm的细粉含量由20.2%上升至25%。催化剂颗粒度显著增加，流化性能受到影响。

表5 掺炼高钙减渣前后平衡剂性质对比

项目	掺炼前	掺炼后	项目	掺炼前	掺炼后
碳含量/%(质)	0.01	0.02	钙/(μg/g)	1772	3708
微活指数	53.5	53.2	重金属污染指数	7248	8078
比表面积/(m^2/g)	68.1	64.5	筛分(<20μm)/%(体)	0.3	0.2
铁/(μg/g)	2629	3280	筛分(20~40μm)/%(体)	12.2	7.4
镍/(μg/g)	3446	3949	筛分(40~80μm)/%(体)	54.3	49.2
铜/(μg/g)	12	18	筛分(80~110μm)/%(体)	20.2	25
钒/(μg/g)	5398	5550	筛分(>110μm)/%(体)	13	18.2
锑/(μg/g)	1214	1319	平均粒径/μm	73	81
钠/(μg/g)	1838	2352	沉降密度/(g/cm^3)	0.87	0.84

装置对掺炼减压渣油前后的平衡剂进行显微观察发现，掺炼前催化剂颗粒度较为均匀，催化剂表面光泽正常。掺炼高钙渣油后，催化剂失去光泽，同时出现了较为明显的催化剂黏连情况。[1,2]

在操作上也出现了一些流化异常现象。在反应系统侧提升管一反出口的温度波动情况显著变大，在再生器系统侧外取热器中压蒸汽汽包液位波幅也较掺炼前出现了较为明显增大的情况。

3.3 产品分布情况

掺炼高钙减压渣油后的产品分布情况见表6。可以看出，虽然减压渣油中钙含量大幅提升，但装置通过及时地调整掺渣率及催化剂使用量，装置转化率有所提高，液态烃、汽油收率分别上升0.03、0.94个百分点。催化柴油、油浆及生焦分别下降0.32、0.19、0.27个百分点。

表 6　掺炼高钙减渣前后产品分布对比　%

项目	掺炼前	掺炼后	项目	掺炼前	掺炼后
脱前干气	4.04	3.85	烧焦	8.14	7.87
脱前液态烃	19.27	19.3	损失	0.15	0.15
汽油	42.44	43.38	总液收	82.96	82.68
柴油	20.29	19.97	转化率	74.04	74.55
油浆	5.67	5.48			

4　原因分析及对策

4.1　钙对催化裂化催化剂裂化性能的危害

钙对催化裂化催化剂裂化性能的影响一般认为是钙在再生过程中可能转变成了相对不活泼的氧化物，此外，钙可能被分子筛吸附并转移到结构内部而减少了活性。一般认为催化剂上钙的质量分数高于1%时，会破坏分子筛结构。原理是碱土金属可以在催化剂的酸性中心上吸附、分解、沉积，从而降低催化剂的活性[3]。

此次掺炼过程中，掺炼高钙减渣比例达 11%，原料中的钙含量提升 4.4 倍，而平衡剂上的钙含量提升 2.1 倍，但未超过 1%，催化剂总体裂化性能未受影响。主要由于装置在掺炼前已经预见到高钙渣油可能对装置催化剂性能产生影响，催化剂使用单耗提高了 0.4kg/t 原料。

从装置产品分布上看，高钙渣油虽然钙含量较高但其总体裂解性能较好，同时装置总的掺渣也预先做了一定程度的降低，因此装置总体产品分布仍略有上升，短期效益明显。

4.2　钙对催化裂化催化剂流化性能的危害

侯典国、汪燮卿分别研究了天津石化和乌鲁木齐炼油厂反再系统内的垢样后，均发现了硫酸钙的存在，认为沉积在催化剂上的钙会与再生器中的含硫氧化物反应生成硫酸钙，沉积有硫酸钙的平衡催化剂进入反应系统后，水蒸气和硫酸钙作用会导致催化剂结块，轻则影响催化剂的流化性能，重则造成反应器堵塞[4]。

从此次掺炼前后催化剂筛分组成的变化、平均粒径、催化剂显微观察及装置反应温度波动幅度增大等现象上看，装置催化剂流化性能受到了较大的影响。另外催化剂出现了显著的粘连，装置油浆固体含量也由之前平均 3g/L 下降至 1g/L 左右。

因此，掺炼高钙渣油后对催化裂化装置的影响主要在于催化剂上产生硫酸钙，造成催化剂颗粒粘连，催化剂流化性能显著下降，粘连的催化剂是造成再生器结垢、烟机结垢的重要影响因素。

4.3　预防钙对催化裂化影响的对策

① 降低催化原料中的钙含量。从常减压装置开始应进行深度脱盐，必要时使用脱钙助剂。在渣油加氢装置针对性地增加脱除钙金属的催化剂，长岭炼化公司 1.7Mt/a 渣油加氢装置已经实现了加工高铁钙原料的长周期运行[5]。实时调整催化裂化装置掺渣，根据装置实际原料和操作情况调整装置掺渣，从源头控制好催化原料的总体性质。

② 增大催化剂置换量。适当多用新鲜催化剂是维持平衡剂活性和降低重金属含量的重要手段。但催化剂直接影响装置运行成本，过度使用催化剂也会对烟机的运行产生不利影响，因此需根据实际情况合理使用催化剂。如新鲜催化剂的加注应遵循少量多次的原则，有条件的装置可以增加低磁剂使用量。

③ 油浆不回炼。有文献表明金属钠会大量富集在油浆中，当平衡剂上的 Na_2O 质量分数为 1.2%时，油浆中的 Na 含量高达 25~30μg/g，是混合原料中 Na 含量的 1.5 倍以上。钙金属同样如此，因此这种油浆回炼只能加速催化剂重金属中毒[6]。

5　结论

① 高钙渣油加工比例达 11%后，催化裂化装置原料油中钙含量上升明显。但装置通过及时调整掺

渣与优化催化剂的使用，产品分布仍有所提升，液态烃收率提高0.03个百分点、汽油收率提高0.94个百分点，转化率提高0.51个百分点。

② 平衡催化剂上的钙含量由1772μg/g大幅上升至3708μg/g，催化剂颗粒度由73μm增大到81μm，流化性能受到影响。长期运行会造成旋风器和烟机结垢等问题。需要有针对性地采取优化原油品种、加强常减压脱盐能力、优化渣油加氢装置级配，提高催化裂化装置催化剂置换量等方式，及时消除钙含量上升对装置生产的影响，保证装置长周期运行。

③ 加工高钙渣油是为了应对单套渣油加氢装置检修期间的特殊工况，拓宽了公司原油加工品种，保证了催化裂化装置的满负荷运行，提高了公司的整体经济效益。

参 考 文 献

[1] 周复昌，刘存柱．建立催化剂显微图库诊断催化裂化操作[J]．炼化世界，2005，2：16-17.

[2] 张学军，徐亚荣．利用显微分析技术优化催化裂化装置操作[J]．炼油技术与工程，2006，36(3)：36-38.

[3] 陈文良，廖有贵，宋慧娟．原油加工对催化裂化装置的影响[J]．企业技术开发，2009(7)：93-94，96.

[4] 侯典国，汪燮卿．钙对催化裂化催化剂活性的影响及抗钙助剂的研究[J]．石油学报，2000，16(4)：13-18.

[5] 邵志才，贾燕子，戴立顺，等．高铁钙原料渣油加氢装置长周期运行的工业实践[J]．石油炼制与化工，2015，46(9)：20-23.

[6] 吴凯，刘怀元．钠钙污染对催化裂化生产的影响[J]．石化技术与应用，2001，19(5)：311-313.

三、催化剂和助剂使用

MIP 工艺专用催化剂 CRMI-2 在某催化裂化装置的应用

李剑敏

（中国石化催化剂有限公司销售公司西北销售中心　陕西西安　710000）

摘　要　本文介绍了 CRMI-2 催化剂在某公司 MIP 催化裂化装置上应用后与原使用 A 公司裂化剂期间的产物分布及产品质量对比情况，综合对比表明：在该装置应用 CRMI-2 催化剂期间，在原料油残碳升高、金属含量大幅增加、原料油性质整体变差及加工量同比增加 4.74%的工况下，催化汽油研究法辛烷值提高了 0.15 个单位，液化气质量收率同比增加 1.20 个百分点，丙烯质量浓度同比增加 1.40 个百分点，碳四烯烃质量浓度同比增加 2.18 个百分点，对催化加工量的丙烯收率同比提高了 1.68 个百分点，对催化加工量的碳四烯烃收率同比提高了 2.61 个百分点，生焦率同比降低了 1.18 个百分点，综合商品收率同比增加了 1.18 个百分点，产品分布改善和产品质量整体提升后，装置综合效益提升明显。

关键词　MIP；专用催化剂；催化裂化；应用

1　引言

中国石化催化剂有限公司生产的 MIP 工艺专用催化剂 CRMI-2，配方设计时在采用重油裂化能力更好、焦炭选择性好的新稀土超稳 Y 沸石基础上，优选具有高丙烯选择性以及良好异构化性能的择形沸石新材料以增加丙烯产率并维持汽油辛烷值，生产制造中采用催化剂组装技术优化催化剂载体孔结构和制备流程，突出各催化组元在新工艺条件下不同反应区的催化作用，满足多产高辛烷值汽油及多产丙烯等要求。某公司的一套催化裂化装置设计以低硫石蜡基类常压渣油为原料，采用中石化石油化工科学研究院有限公司开发的多产异构烷烃的专利技术 MIP 工艺，原使用 A 公司生产的裂化剂；在 2023 年的生产运行周期中，结合装置特点及目标产物产量和产品质量等需求，选用了中国石化催化剂有限公司生产的牌号为 CRMI-2 的 MIP 工艺专用催化剂，本文就 CRMI-2 催化剂使用效果进行了总结和分析，为客观评价不同催化剂对装置的适应性及产品质量的差异，选用非开停工工况且气候相当的 7~8 月份的生产统计数据作对比研究。

2　原料油性质对比

从表 1 装置所加工催化原料油性质分析数据来看，2023 年使用 CRMI-2 催化剂期间，与 2020 年同期相比，原料油性质整体变差，主要体现在原料油密度和残碳略高，铁含量增加了 113.33%，镍含量增加了 71.33%以上，钒含量增加了 321.51%，钠和钙同比略降。有文献表明，铁[1]、镍[2]、钒[3]含量大幅增加对催化剂的裂化性能影响较大。

表 1　催化原料油性质

项目	A 公司裂化剂	CRMI-2 催化剂	差值
	2020.7.1~2020.8.31	2023.7.1~2023.8.31	
密度/(kg/m³)	908.10	909.17	1.07
盐含量/(mg/L)	2.52	1.49	-1.03
残炭/%	5.26	5.47	0.21
铁/(μg/g)	2.98	6.35	3.37
镍/(μg/g)	2.93	5.02	2.09

续表

项目	A 公司裂化剂	CRMI-2 催化剂	差值
	2020.7.1~2020.8.31	2023.7.1~2023.8.31	
钒/(μg/g)	0.86	3.63	2.77
钠/(μg/g)	5.30	4.84	-0.46
钙/(μg/g)	3.82	3.18	-0.64

3 产物分布变化对比研究

表 2 中列出了使用 A 公司裂化剂和使用 CRMI-2 催化剂生产统计数据，因两个周期中 6 月份均为装置开工月份，2020 年 9 月装置停车，故采用不同年份的 7 月 1 日~8 月 31 日数据作对比。另外，装置未回收外来物料，所有物料均采用相同计量表计量，数据均采用生产统计数据。

表 2 装置加工量及产物分布对比

项目	A 公司裂化剂 (2020.7.1~2020.8.31)		CRMI-2 催化剂 (2023.7.1~2023.8.31)		差值
	数量/t	收率/%	数量/t	收率/%	
渣油	88925.70	100.00	93144.00	104.74	4.74
液化气	12808.60	14.40	14536.23	15.61	1.20
汽油	42439.81	47.73	43269.00	46.45	-1.27
柴油	19086.00	21.46	20085.26	21.56	0.10
干气	2929.11	3.29	3341.93	3.59	0.29
油浆	1517.40	1.71	2387.00	2.56	0.86
生焦	9771.32	10.99	9133.39	9.81	-1.18
加工损失	373.46	0.42	391.19	0.42	0.00
汽油+液化气	55248.41	62.13	57805.23	62.06	-0.07
总液收	74334.41	83.59	77890.49	83.62	0.03
综合商品收率	78780.92	88.59	83619.42	89.77	1.18

从表 2 数据来看，2023 年使用 CRMI-2 催化剂期间，在同比渣油残碳升高、金属(铁、镍、钒)大幅升高和渣油加工负荷同比高 4.74 个百分点的工况下，液化气收率同比高 1.20 个百分点，汽油收率同比低 1.27 个百分点(汽油收率降低还与汽油质量控制指标中降低汽油蒸气压等有关)，柴油收率同比增加 0.10 个百分点，干气收率同比增加 0.29 个百分点，油浆收率同比增加 0.86 个百分点，生焦率同比降低 1.18 个百分点，总液收(汽油+液化气+柴油)同比增加 0.03 个百分点，综合商品收率同比增加 1.18 个百分点，产物分布改善也体现了 CRMI-2 催化剂优异的重油裂化性能，汽油、液化气和柴油等目的产物收率高，焦炭选择性好，在大幅降低生焦率的同时也提高了装置加工量。

4 产品质量变化对比

4.1 催化干气

表 3 列出了催化干气性质对比情况，在 2023 年使用 CRMI-2 催化剂期间，干气中氢气含量略高，氢气与甲烷比值升高了 0.06，这与表 1 催化原料油性质中镍、钒等金属含量同比大幅升高有关，在镍含量同比增加 71.33%和钒含量增加 321.51%的情况下，氢甲比升幅小，体现了 CRMI-2 催化剂在金属增加工况下仍具有较好的裂化能力。另外，干气中硫化氢含量同比增加了 1.5 倍，这与原料油中硫含量升高等因素有关。

表 3 催化干气性质

项目	A 公司裂化剂	CRMI-2 催化剂	差值
	2020.7.1~2020.8.31	2023.7.1~2023.8.31	
氢气/%(体)	29.27	31.09	1.81
空气/%(体)	18.78	17.83	-0.95
甲烷/%(体)	27.25	27.48	0.23
乙烷/%(体)	11.78	11.11	-0.67
乙烯/%(体)	9.41	9.69	0.27
丙烷/%(体)	0.51	0.45	-0.06
丙烯/%(体)	1.84	1.74	-0.09
C_4/%(体)	1.04	0.54	-0.5
C_{5+}/%(体)	0.11	0.08	-0.03
硫化氢/(mg/m^3)	2289	5661	3372
氢甲比	1.07	1.13	0.06

4.2 催化液化气

表 4 列出了催化液化气性质对比情况，在 2023 年使用 CRMI-2 催化剂期间，液化气中丙烯体积浓度同比提高了 1.18 个百分点(换算为质量浓度，同比提高了 1.40 个百分点)，碳四烯烃同比提高了 1.59 个百分点(换算为质量浓度，同比提高了 2.18 个百分点)。结合表 2 中液化气质量收率提高 1.20 个百分点可计算出，对催化装置总加工量的丙烯收率同比提高了 1.68 个百分点，碳四烯烃收率同比提高了 2.61 个百分点，体现了 CRMI-2 催化剂具有较好的多产丙烯、碳四烯烃的性能。

表 4 液化气性质

项目	A 公司裂化剂	CRMI-2 催化剂	差值
	2020.7.1~2020.8.31	2023.7.1~2023.8.31	
丙烷/%(体)	11.29	10.77	-0.53
丙烯/%(体)	34.99	36.17	1.18
异丁烷/%(体)	23.56	20.50	-3.06
正丁烷/%(体)	4.84	4.84	-0.01
正异丁烯/%(体)	12.18	13.16	0.99
顺反丁烯/%(体)	12.36	12.98	0.60
C_{5+}/%(体)	0.41	0.33	-0.07
硫化氢/(mg/m^3)	86.71	491.07	404.36

4.3 催化汽油

表 5 列出了催化稳定汽油性质对比情况，在 2023 年使用 CRMI-2 催化剂期间，稳定汽油初馏点升高了 4.21℃，终馏点降低了 1.69℃，蒸气压降低了 7.6kPa，研究法辛烷值提高了 0.15 个单位，汽油烯烃提高了 5.99 个百分点。汽油初馏点升高、蒸气压降低主要是为了满足国ⅥB 车用汽油标准对蒸气压指标的要求，汽油烯烃增加是因增产高辛烷值汽油需要而动态调整控制。另外，汽油馏程收窄会引起汽油收率略降，这也与表 2 中汽油收率降低的趋势相一致。

4.4 催化柴油

表 6 列出了催化柴油性质的对比情况，在 2023 年使用 CRMI-2 催化剂期间，催化汽油初馏点降低了 8.69℃，终馏点同比提高了 12.1℃，密度增加了 11.47kg/m^3，柴油馏程拓宽后有利于增产柴油。

表 5　催化稳定汽油性质

项目	A 公司裂化剂	CRMI-2 催化剂	差值
	2020.7.1～2020.8.31	2023.7.1～2023.8.31	
初馏点/℃	38.12	42.33	4.21
10%馏出温度/℃	51.66	54.17	2.51
50%馏出温度/℃	91.87	93.63	1.76
90%馏出温度/℃	165.74	165.12	-0.62
终馏点/℃	191.93	190.23	-1.69
蒸气压/kPa	64.85	57.25	-7.60
苯/%(体)	0.26	0.30	0.05
芳烃/%(体)	19.15	18.63	-0.52
烯烃/%(体)	23.50	29.49	5.99
辛烷值	88.38	88.53	0.15

表 6　催化柴油性质

项目	A 公司裂化剂	CRMI-2 催化剂	差值
	2020.7.1～2020.8.31	2023.7.1～2023.8.31	
初馏点/℃	175.17	166.48	-8.69
50%馏出温度/℃	263.48	265.59	2.11
90%馏出温度/℃	329.34	339.35	10.02
95%馏出温度/℃	340.92	353.03	12.10
闪点/℃	73.46	71.92	-1.54
凝点/℃	-14.78	-9.11	5.67
密度/(kg/m^3)	903.64	915.11	11.47

4.5　催化油浆

表 7 列出了催化油浆性质的对比情况，在 2023 年使用 CRMI-2 催化剂期间，催化油浆密度增加了 14.18kg/m^3，油浆密度增加也体现了重油裂化深度有所增加，体现了 CRMI-2 催化剂重油裂化能力较强。

表 7　催化油浆性质

项目	A 公司裂化剂	CRMI-2 催化剂	差值
	2020.7.1～2020.8.31	2023.7.1～2023.8.31	
密度/(kg/m^3)	1056.86	1071.70	14.84
固含量/(g/L)	5.35	6.09	0.75
初馏点/℃	222.30	208.12	-14.18
10%馏出温度/℃	425.76	436.79	11.03
30%馏出温度/℃	446.70	463.35	16.65
50%馏出温度/℃	477.68	>471.02	-6.66
70%馏出温度/℃	492.0 以上	492.0 以上	492.0 以上

5　结论

CRMI-2 催化剂在某公司催化裂化装置上应用期间，装置生产正常并实现了安全稳定运行，生产统计数据表明，应用该催化剂后，装置生焦率大幅降低，汽油、液化气和柴油等目的产物收率增加；汽油和液化气等产品质量大幅提升，液化气中的丙烯浓度和碳四烯烃浓度提升明显，体现了 CRMI-2 催化剂优异的重油裂化性能和产品选择性。与装置使用 A 公司裂化剂时相比，在应用 CRMI-2 催化剂期间：

① 产物分布改善：在原料油性质变差(原料油残碳升高、金属含量大幅增加)及加工量同比增加 4.74%的工况下，液化气收率同比增加 1.20 个百分点，汽油收率同比降低 1.27 个百分点，柴油收率同比增加 0.10 个百分点，干气收率同比增加 0.29 个百分点，油浆收率同比增加 0.86 个百分点，生焦率同比降低 1.18 个百分点，综合商品收率同比增加 1.18 个百分点。

② 产品性质提升：催化汽油研究法辛烷值提高了 0.15 个单位，液化气中丙烯质量浓度增加 1.40 个百分点，碳四烯烃质量浓度同比增加了 2.18 个百分点。

③ 丙烯和丁烯收率提高：丙烯收率同比增加了 1.68 个百分点(对催化装置总加工量)，碳四烯烃收率同比增加了 2.61 个百分点(对催化装置总加工量)。

④ 经济效益增加：装置生焦率降低后可增加装置加工量，加工量增加后可带来装置效益的提升；高价值的丙烯和丁烯产率增加后，经济效益提升明显；总液收及综合商品收率提高后也有利于装置经济效益的提升等。综合来看，产品分布改善和产品质量提升后，可使该装置的综合经济效益得到大幅提升。

参 考 文 献

[1] 崔守业，沈海军，何晓京，等. 催化裂化装置催化剂铁中毒现象分析与对策[J]. 炼油技术与工程，2019，49(11)：37-40.

[2] 袁程远，李中付，李蛟，等. 镁改性 FCC 催化剂抗镍污染性能和机理[J]. 石油学报：石油加工，2022，38(1)：169-174.

[3] 许明德，赵文，张杰潇，等. 新型 FCC 抗钒催化剂在茂名分公司的工业应用[J]. 炼油技术与工程，2022，52(3)：47-53.

RMI-2裂化剂在某100万t/a催化裂化装置的应用研究

杜建文[1]　郭　阳[2]　方斐霞[1]

(1. 中国石化催化剂有限公司　北京　100029;
2. 陕西延长石油(集团)有限责任公司延安炼油厂　陕西延安　727406)

摘　要　本文研究了CRMI-2催化剂在某公司100万t/a催化裂化装置上的应用情况，对比研究表明：该装置原料油性质稳定，在应用CRMI-2催化剂期间，装置加工量最大增加了14.03%。在该工况下，剂耗同比降低20%时，平衡剂活性和比表面积仍明显增加；液化气产率提高了2.12个百分点；汽油产率增加了0.37个百分点；柴油产率降低1.74个百分点；液化气+汽油产率最高提升了2.49个百分点，实现了装置增产汽油和液化气的目标；液化气中丙烯体积浓度同比降低7.12个百分点，碳四烯烃同比提升了9.63个百分点，在液化气收率增加的情况下，实现了少产丙烯、多产碳四烯烃的目标；稳定汽油研究法辛烷值同比略有提高，烯烃含量稳中有降。产品分布改善和产品质量提升后，年增效在2591万元以上。

关键词　催化裂化；催化剂；应用研究

1　引言

某公司催化裂化装置于1998年建成投产，原设计规模为80万t/a，2003年改造为100万t/a，2017年采用石油化工科学研究院开发的MIP(Maximizing Iso-Paraffins)技术对装置实施了改造。装置设计选用低硫中间-石蜡基类常压渣油为原料，以多产低碳烯烃、高辛烷值汽油为主，适当兼顾柴油和液化气生产工况。近年来，结合装置增产富含低碳烯烃液化气及高辛烷值汽油并压减柴油的需求，该公司优选了中石化催化剂有限公司生产的CRMI-2[1]催化剂替代某公司的裂化剂在装置上进行使用，为对装置应用CRMI-2催化剂前后的产物分布及产品质量变化情况进行客观评价，结合装置生产情况开展了相关研究。

2　CRMI-2催化剂特征及主要性质

CRMI-2催化剂是属于MIP工艺专用催化裂化催化剂之一，适用于对重油转化能力、多液化气和产汽柴油有较高要求的重油催化裂化装置，可最大化生产低碳烯烃和高辛烷值汽油。催化稳定汽油中烯烃含量可在15%~35%(体)范围内调节，可显著提高催化汽油产率和降低干气产率，增强重油转化能力并提高总液收，增强液化气中碳四含量最高可达40%左右，可配合工艺进一步降低催化汽油烯烃含量的同时增加丙烯产率，是加工中间基原料MIP工艺的理想专业催化剂。该催化剂还可适当调整配方，适用企业在多产丙烯、碳四烯烃、多产汽油、多产柴油等不同产品方案的个性化需求等。表1列出了该催化剂的质量指标及某批次产品实测值。

表1　CRMI-2催化剂质量指标及实测值

项目	质量指标	实测值(某批次)	试验方法
氧化铝/%(质)	≥45	49.9	Q/SH 361 906—2023
氧化稀土/%(质)	/	2.3	Q/SH 361 906—2023
氧化钠/%(质)	≤0.30	0.20	Q/SH 361 906—2023
灼烧减量/%(质)	≤13.0	11.6	Q/SH 361 902—2023
比表面积/(m^2/g)	≥240	274	Q/SH 361 914—2023
孔体积/(mL/g)	≥0.32	0.36	Q/SH 361 907—2023
表观松密度/(g/mL)	0.65~0.80	0.73	Q/SH 361 908—2023

续表

项目	质量指标	实测值(某批次)	试验方法
磨损指数/%(质)	≤3.0	1.4	Q/SH 361 909—2023
粒度分布/%(体)			
0~20μm	≤3.0	0.8	Q/SH 361 911—2023
0~40μm	≤18.0	15.4	Q/SH 361 911—2023
0~149μm	≥89.0	91.2	Q/SH 361 911—2023
平均粒径/μm	65.0~80.0	74.4	Q/SH 361 911—2023
微反活性指数(800℃/4h)/%(质)	≥74	79.0	Q/SH 361 912—2023

3 装置加工负荷及产物分布变化研究

该催化裂化装置在2022年7月底开始使用CRMI-2催化剂，2022年7~12月处于催化剂置换期，因装置2023年5~7月检修和开工，为减少催化剂置换及检修停开工对装置产物收率的影响，在进行对比研究中按应用CRMI-2催化剂前四个自然月(2022.1.1—2022.4.30)和应用CRMI-2催化剂后相同季节的四个自然月(2023.1.1—2023.4.30)及检修开车后的四个自然月(2023.8.1—2023.11.30)共三个周期进行对比研究。表2列出了使用某公司裂化剂和使用CRMI-2催化剂期间两个不同阶段的相关数据。

表2 装置加工量及产物分布对比

项目	某公司裂化剂	CRMI 催化剂(一阶段)	CRMI 催化剂(二阶段)
	2022.1.1~2022.4.30	2023.1.1~2023.4.30	2023.8.1~2023.11.30
加工量/(t/d)	2613	2979	2892
加工负荷/%	91.45	104.28	101.21
液化气/%(质)	18.47	19.44	20.59
汽油/%(质)	46.67	46.59	47.04
柴油/%(质)	22.50	21.56	20.76
总液收/%(质)	87.64	87.60	88.38
干气+烧焦+损失/%(质)	12.36	12.40	11.62
液化气+汽油/%(质)	65.14	66.03	67.63

根据表2数据对比研究可发现，2023年使用CRMI-2催化剂同比使用某公司裂化剂期间：在装置加工量分别增加14.00%、10.67%的工况下，液化气收率增幅较大，分别增加了0.97个百分点、2.12个百分点；汽油产率在液化气大幅升高的同时稳中有升，一阶段仅降低了0.08个百分点，二阶段提高了0.37个百分点；柴油收率下降，一阶段下降了0.94个百分点，二阶段下降了1.74个百分点；装置油浆全回炼不外甩，干气+焦炭+损失在二阶段同比下降了0.74个百分点。

长周期生产运行数据统计分析表明，装置使用CRMI-2催化剂后，装置实现了满负荷生产，一阶段装置实际运行负荷提高到104.28%，二阶段装置实际运行负荷为101.21%；汽油+液化气增加明显，一阶段液化气+汽油增加了0.89个百分点，二阶段液化气+汽油增加了2.49个百分点，实现了增产汽油和液化气目标。另外，从一阶段和二阶段产物分布变化对比来看，二阶段加工量接近设计负荷，一阶段汽油+液化气和总液收均比二阶段要高，也可反映出装置在超设计负荷运行时对提高装置总液收等有一定负面影响。

4 原料油及产物性质对比研究

4.1 原料油性质对比研究

从表3装置所加工催化原料油性质数据对比来看，统计期间原料油性质整体变化小，但盐含量呈上升趋势，可认为装置原料油性质变化对产物分布变化影响较小。

表 3　催化原料油性质

项目	某公司裂化剂	CRMI 催化剂(一阶段)	CRMI 催化剂(二阶段)
	2022. 1. 1~2022. 4. 30	2023. 1. 1~2023. 4. 30	2023. 8. 1~2023. 11. 30
密度/(kg/m^3)	896. 56	893. 95	896. 73
盐含量/(mg/L)	5. 72	9. 29	7. 22
残炭/%(质)	3. 88	3. 64	3. 66
300℃馏出量/mL	278. 76	279. 69	279. 94
350℃馏出量/mL	1. 88	1. 94	2. 11

4.2　干气性质对比研究

表 4 列出了不同阶段催化干气性质对比情况，在 2023 年使用 CRMI-2 催化剂期间，干气中氢气含量略低，氢气与甲烷比值略降，较好地体现了 CRMI-2 催化剂对加工该原料油的适应性；干气中 C_{3+}略增，与装置加工负荷增加后，吸收解吸系统负荷加大后效率降低有关；干气中硫化氢含量变化较小，也可反映出原料油中的硫含量变化小。

表 4　催化干气性质

项目	某公司裂化剂	CRMI 催化剂(一阶段)	CRMI 催化剂(二阶段)
	2022. 1. 1~2022. 4. 30	2023. 1. 1~2023. 4. 30	2023. 8. 1~2023. 11. 30
非烃/%(体)	22. 35	23. 54	26. 14
氢气/%(体)	19. 70	19. 65	15. 95
甲烷/%(体)	26. 78	26. 39	28. 04
乙烷/%(体)	13. 27	12. 66	12. 54
乙烯/%(体)	15. 08	14. 28	14. 02
丙烷/%(体)	0. 64	0. 64	0. 54
丙烯/%(体)	1. 79	2. 37	2. 30
碳四烃/%(体)	0. 39	0. 46	0. 48
C_{3+}/%(体)	3. 21	3. 93	3. 78
硫化氢/(mg/kg)	2784	3298	2634
氢甲比	0. 74	0. 74	0. 57

4.3　液化气性质对比研究

表 5 列出了不同阶段液化气性质对比情况，因 2023 年丙烯价格普遍走低，在设计 CRMI-2 催化剂配方时考虑了降低丙烯、多产碳四烯烃(生产 MTBE 和醋酸仲丁酯等高附加值化工产品等)的生产需求，两个阶段中，液化气丙烯体积浓度同比降低了 2. 69 个百分点和 7. 12 个百分点，碳四烯烃同比之前提高了 4. 45 个百分点和 9. 63 个百分点，结合表 1 产物分布中液化气收率增加的情况，实现了少产丙烯、多产碳四烯烃的目标。

表 5　液化气性质

项目	某公司裂化剂	CRMI 催化剂(一阶段)	CRMI 催化剂(二阶段)
	2022. 1. 1~2022. 4. 30	2023. 1. 1~2023. 4. 30	2023. 8. 1~2023. 11. 30
丙烷/%(体)	12. 82	11. 23	8. 77
丙烯/%(体)	42. 88	40. 19	35. 76
异丁烷/%(体)	19. 19	18. 43	19. 76
正丁烷/%(体)	4. 54	5. 12	5. 57
正丁烯+异丁烯/%(体)	10. 71	11. 73	13. 35

续表

项目	某公司裂化剂	CRMI 催化剂(一阶段)	CRMI 催化剂(二阶段)
	2022. 1. 1~2022. 4. 30	2023. 1. 1~2023. 4. 30	2023. 8. 1~2023. 11. 30
反丁烯/%(体)	5. 71	7. 59	9. 54
顺丁烯/%(体)	4. 05	5. 61	7. 22
碳五/%(体)	0. 08	0. 10	0. 03
硫化氢/(mg/m^3)	25. 59	17. 09	24. 64
C_4 烯烃/%(体)	20. 48	24. 93	30. 11

4.4 稳定汽油性质对比研究

表 6 列出了不同阶段稳定汽油性质对比情况，2023 年使用 CRMI-2 催化剂期间，稳定汽油初馏点和终馏点同比之前均有所降低，研究法辛烷值同比之前分别提高了 0. 31 个单位和 0. 11 个单位，汽油烯烃稳中有降，稳定汽油性质整体变化不大。

表 6 催化稳定汽油性质

项目	某公司裂化剂	CRMI 催化剂(一阶段)	CRMI 催化剂(二阶段)
	2022. 1. 1~2022. 4. 30	2023. 1. 1~2023. 4. 30	2023. 8. 1~2023. 11. 30
密度(20℃)/(kg/m^3)	721. 95	721. 83	720. 93
研究法辛烷值	90. 35	90. 66	90. 46
蒸气压/kPa	59. 19	64. 14	60. 20
芳烃含量/%(体)	17. 66	17. 90	17. 09
烯烃含量/%(体)	31. 45	31. 90	30. 53
水含量/(mg/kg)	112. 12	113. 00	105. 12
初馏点/℃	39. 28	31. 58	35. 09
10%蒸发温度/℃	52. 09	47. 59	52. 16
50%蒸发温度/℃	87. 08	84. 61	90. 50
90%蒸发温度/℃	168. 05	166. 24	169. 35
终馏点/℃	199. 49	195. 58	196. 57

4.5 催化柴油性质对比研究

表 7 列出了催化柴油性质的对比情况，2023 年使用 CRMI-2 催化剂期间，催化柴油初馏点同比降低了 2. 23℃、3. 22℃，终馏点同比提高了 8. 05℃、10. 77℃，在柴油馏程拓宽的情况下，柴油收率同比有较大幅度降低，说明该催化剂对重油裂化能力好，尽可能地将重油转化为液化气和汽油等高价值产品。

表 7 催化柴油性质

项目	某公司裂化剂	CRMI 催化剂(一阶段)	CRMI 催化剂(二阶段)
	2022. 1. 1~2022. 4. 30	2023. 1. 1~2023. 4. 30	2023. 8. 1~2023. 11. 30
密度(20℃)/(kg/m^3)	900. 53	895. 45	911. 65
初馏点温度/℃	197. 48	195. 25	194. 22
10%回收温度/℃	232. 32	229. 67	228. 90
50%回收温度/℃	274. 10	276. 37	271. 33
90%回收温度/℃	334. 47	339. 56	341. 04
95%回收温度/℃	346. 33	354. 38	357. 10
闪点(闭口)/℃	82. 45	84. 87	85. 17
凝点/℃	-4. 32	-4. 22	-8. 12

4.6 催化油浆性质对比研究

表 8 列出了催化油浆性质的对比情况，2023 年使用 CRMI-2 催化剂期间，催化油浆密度和固含量变化不大，在催化柴油收率降低的情况下油浆密度无明显变化，也体现了 CRMI-2 催化剂对该装置的适应性较好。

表 8　催化油浆性质

项目	某公司裂化剂	CRMI 催化剂(一阶段)	CRMI 催化剂(二阶段)
	2022. 1. 1~2022. 4. 30	2023. 1. 1~2023. 4. 30	2023. 8. 1~2023. 11. 30
密度(20℃)/(kg/m^3)	1051. 83	1058. 25	1046. 99
固含量/(g/L)	2. 39	2. 68	3. 36

5　平衡剂性质对比研究

表 9 列出了装置平衡剂性质的对比情况，2023 年使用 CRMI-2 催化剂期间，在新鲜剂剂耗同比下降的情况下，平衡剂活性整体高于原使用的催化剂，一阶段同比高 1. 61 个百分点，二阶段高 2. 19 个百分点；平衡剂比表面积同比稳步上升，一阶段同比增加了 17. 78m^2/g，二阶段同比增加了 23. 50m^2/g；金属含量整体变化不大；筛分分布和平均粒径逐渐趋于合理，如 0~40μm 含量从 9. 75%(体)提高至 16. 53%(体)和 18. 61%(体)，平均粒径从 77. 60μm 分别降至 66. 20μm 和 66. 42μm，这也反映出使用 CRMI-2 后，平衡剂中细粉跑损量同比有所降低。

表 9　新鲜剂剂耗及平衡剂相关性质

项目	某公司裂化剂	CRMI 催化剂(一阶段)	CRMI 催化剂(二阶段)
	2022. 1. 1~2022. 4. 30	2023. 1. 1~2023. 4. 30	2023. 8. 1~2023. 11. 30
新鲜剂剂耗/(kg/t)	0. 73	0. 68	0. 57
活性/%(质)	61. 50	63. 11	63. 69
比表面积/(m^2/g)	92. 50	110. 22	116. 00
铁/(μg/g)	10827	9348	6891
镍/(μg/g)	5222	5169	4051
钠/(μg/g)	1683	2563	2706
钒/(μg/g)	1723	1843	1886
钙/(μg/g)	1987	1970	1711
碳/(μg/g)	0. 05	0. 03	0. 04
0~20μm/%(体)	0. 25	0. 59	2. 34
0~40μm/%(体)	9. 75	16. 53	18. 61
0~80μm/%(体)	52. 35	64. 56	63. 76
0~105μm/%(体)	72. 75	82. 59	81. 68
0~149μm/%(体)	91. 35	96. 09	95. 78
平均粒径/μm	77. 60	66. 20	66. 42

因 CRMI-2 新鲜剂性能较好，第一阶段的新鲜剂添加量同比低 7%的情况下，平衡剂活性和比表面积同比仍增加较多，产物分布往多产碳四烯烃及高辛烷值汽油方向变化；第二阶段新鲜剂添加量同比低 20%左右时，平衡剂活性和比表面积同比仍稳步上升，产物分布进一步改善；使用 CRMI-2 催化剂后，筛分分布中 0~40μm 比例。整体来看，CRMI-2 可较好地促进重油往液化气、汽油等目的产物转化，液化气和汽油产率得以提高，进一步降低了柴油和焦炭产率等。

6　经济效益测算对比研究

在装置使用 CRMI-2 催化剂后，经济测算条件发生了变化，主要有：装置产物分布有所变化，各产物价格各有不同，加工负荷发生了变化，催化剂使用费用降低等；经济效益按各产物价格及不同阶段产物分布等测算。效益测算时，产品分布均按 100 万 t/a 规模的不同产率为基准，价格按 2023 年不含税均价计取，表 10 列出了产物分布变化的效益测算情况。由此测算，按使用 CRMI 催化剂(一阶段)的产率计算同比可增效 250 万元，按使用 CRMI 催化剂(二阶段)的产率计算可增效 2591 万元，另外，汽油辛烷值增加、剂耗降低、同比加工负荷带来的增量等因素也可带来一定的增效。

表 10 经济效益测算

项目	单价/(元/t)	某公司裂化剂 2022.1.1~2022.4.30		CRMI 催化剂(一阶段) 2023.1.1~2023.4.30		CRMI 催化剂(二阶段) 2023.8.1~2023.11.30	
		收率/%(质)	金额/万元	收率/%(质)	金额/万元	收率/%(质)	金额/万元
液化气	4498	18.47	52505	19.44	57632	20.59	65043
丙烯	5633	6.80	38287	6.63	37330	6.13	34528
汽油	4450	46.67	207682	46.59	207326	47.04	209328
柴油	3856	22.5	86760	21.56	83135	20.76	80051
干气+烧焦等	1000	12.36	18775	12.4	18836	11.62	17651
合计			404009		404259		406601
同比增效					250		2591

7 结论

① CRMI-2 催化剂在此 100 万 t/a 催化裂化装置使用后，液化气+汽油收率大幅增加，柴油和生焦率下降明显，总液收提高了 0.74 个百分点；汽油烯烃下降，研究法辛烷值上升，液化气收率增加，丙烯浓度降低，碳四烯烃浓度提升明显，实现了少产丙烯、多产碳四烯烃的生产目标，也充分体现了该催化剂在不同生产方案期间产物分布的灵活调变性。

② 在应用 CRMI-2 催化剂期间，新鲜剂剂耗同比下降了 20%左右；一阶段和二阶段装置加工量同比增加了 14.00%、10.67%，实现了装置的满负荷生产，其中：一阶段装置实际运行负荷达到了 104.28%，二阶段的装置实际运行负荷达到了 101.21%。

③ 在应用 CRMI-2 催化剂期间，一阶段液化气+汽油增加了 0.89 个百分点，二阶段液化气+汽油增加了 2.49 个百分点；一阶段和二阶段丙烯体积浓度同比降低了 2.69 个百分点和 7.12 个百分点，碳四烯烃同比提高了 4.45 个百分点和 9.63 个百分点。

④ 产品分布改善和产品质量整体提升后，有助于装置综合效益的提升，结合相关产品价格测算可增效 2591 万元/a 以上。

参 考 文 献

[1] 权亚文，刘培军，陈菲，等 . CRMI-2 催化剂在催化裂化装置上的工业应用[J]. 化学工程与装备，2013(1)：45-47.

TUD-DNS3 助剂在催化裂化装置的工业应用

宁佐强

(中国石化湖南石化公司　湖南岳阳　41400)

摘　要　TUD-DNS3 助剂在××公司 1[#]催化裂化装置进行了工业应用，结果表明：当助剂占催化剂总藏量兑比 1.8%~2.0%时，烟脱入口烟气中 SO_2 含量有较大幅度的降低，注碱量下降；定向去除烟气中 SO_3 的功能性明显，外排蓝色烟羽现象明显改善；助剂实现一定的助燃作用，但未达到稳定停加助燃剂状态；同时脱硝率低，未到达要求。

关键词　助剂；脱硫；脱硝；助燃

1　引言

××公司 120 万 t/a 催化裂化装置再生工艺采用同轴单段逆流再生技术；烟气脱硝采用选择性催化还原法 SCR 脱硝技术；烟气脱硫采用湿法脱硫技术。外排烟气中 NO_x、SO_2 和颗粒物现阶段可达到环保限值要求，但随着 2019 年湖南省对 NO_x 浓度严控≤100mg/Nm^3，装置烟气排放存在超标的风险，为此，经充分的技术论证，1[#]催化裂化装置选择试用天津市拓得石油技术发展有限公司生产的烟气脱硝助燃除酸雾助剂 TUD-DNS3，旨在进行技术储备，在使用助剂时达到：

① 确保外排烟气中 NO_x≤80mg/m^3 并保持稳定，同时减少 SCR 反应器脱硝负荷，降低注氨量；

② 靶向去除烟气中的 SO_3，大幅削减外排酸雾，解决蓝色烟羽及酸沉降(烟坠)问题；

③ 替代 CO 助燃剂，确保系统助燃烧焦平稳，无尾燃现象出现。

2　助剂的理化指标和作用机理

2.1　助剂的理化指标

TUD-DNS3 烟气脱硝助燃除酸雾助剂由天津市拓得石油技术发展有限公司生产，其主要理化指标见表 1。

表 1　TUD-DNS3 助剂理化指标

项目	指标	分析检测方法
外观	颗粒	目测
表观松密度/(kg/m^3)	872	Q/TSH 3360 207—2011
比表面积/(m^2/g)	114	GB/T 5816
磨损指数/%	2.0	Q/TSH 3490 909
粒度分布/%(体) 0~40μm 0~149μm	 20 85	Q/TSH 3490 911

2.2　作用机理

利用再生烟气中所含的包括 CO 和碳氢化合物在内的还原性气体，在再生器 700℃左右的高温及 TUD-DNS3 助剂(氧化铈基，含改性 Pd 族)作用下使得 NO_x 发生还原反应(即催化还原作用)，转化为无害的 N_2 和水，与此同时 CO 被还原消耗，控制适宜的稀密相温差，避免偏烧和尾燃现象，达到替代铂基 CO 助燃剂的目的。

$$焦炭氮化物+O_2 \longrightarrow NH_3+HCN$$

$$HCN+O_2 \longrightarrow NO+H_2O+CO_2$$

$$NH_3+O_2 \longrightarrow NO+H_2O$$

$$HCN+O_2 \longrightarrow N_2+H_2O+CO_2$$

$$2NO+2CO \longrightarrow N_2+2CO_2 \quad （脱氮主要反应）$$

$$C+2NO \longrightarrow N_2+CO_2$$

$$2CeO_2+CO \longrightarrow Ce_2O_3+CO_2$$

$$2Ce_2O_3+2NO \longrightarrow 4CeO_2+N_2$$

$$2Ce_2O_3+O_2 \longrightarrow 4CeO_2$$

TUD-DNS3 助剂的优势在于即使 CO 还原介质浓度较低，亦能起到明显的催化还原作用，部分配伍成分亦具备直接脱氮作用。

3 工业应用情况

3.1 助剂加注方案

① 初始快加期：为期 30d，助剂添加量 180~200kg/d。快加期结束，助剂达到催化剂总藏量(含 30d 内每天新鲜剂补充量)的 1.5%~2.0%。

② 稳定加剂期：45d 或以上，助剂添加量由快加期的 180kg/d，按 180kg/d—120kg/d—80kg/d—60kg/d 梯度下调，优化至催化剂剂耗(即新鲜水每天补充量)2.0%左右的添加量(60~80kg/d)。

3.2 助剂加注和调整情况

装置自 2019 年 5 月 22 日开始添加 TUD-DNS3 助剂，至 2019 年 8 月 22 日累积添加量 15t，标定期间，助剂添加量 100~120kg/d。稳定加入期，助剂占催化剂总藏量兑比 1.8%~2.0%，达到了标定要求的 1.5%~2.0%的兑比，见图 1。

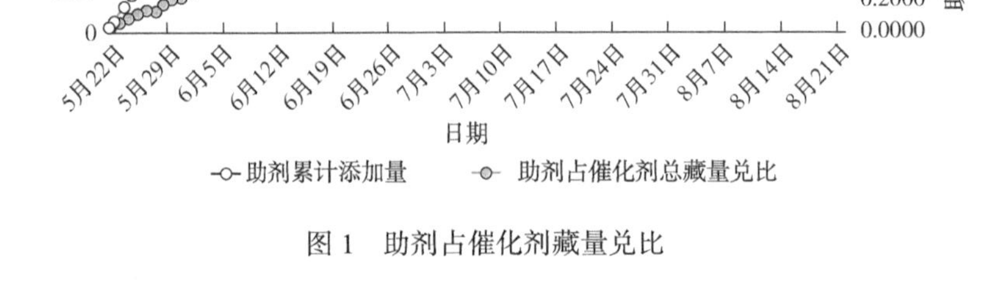

图 1　助剂占催化剂藏量兑比

4 应用效果及分析

4.1 助剂的脱硝效果

见表 2，空白标定期间余热锅炉入口烟气氮化物现场测量平均值为 129mg/m³，试用标定期间余热锅炉入口烟气氮化物现场测量平均值为 116mg/m³；空白标定烟气中携带 NO_x 中的氮占原料氮比例为 1.566%，试用标定烟气中携带 NO_x 中的氮占原料氮比例为 1.324%，氮化物削减率为 15.43%。

表 2　试用助剂后氮化物削减情况

项目	重油进料量/(t/h)	原料中氮/(mg/kg)	烟气量/(Nm^3/h)	烟气中 NO_x 含量/(mg/m^3)	烟气中 NO_x 中的氮占原料氮比例/%
空白标定	130	2758	143000	129	1.566
试用标定	126.7	2894	137500	116	1.324
氮化物削减率/%	—	—	—	10.08	15.43

注：烟气中 NO_x 按 100% NO_2 计算其中氮的含量。

见表 3，试用助剂前、后虽然排放烟气中 NO_x 浓度略有下降，从 62.97mg/m^3 下降至 50.15mg/m^3，但是注氨量也大幅提升，从 0.69m^3/h 提高至 1.05m^3/h，因此总体来说助剂未能达到烟气氮化物小于 100mg/m^3，进而 SCR 停止注氨的效果，主要原因为：

① 装置再生跑剂波动较大工况下，助剂跑损量随之较大，且助剂无法均匀加入，在短时加入有一定的脱硝效能，但停止加入后，有效组分随着催化剂的快速跑损，脱硝效果明显变差；

② 同样受再生跑剂波动较大工况影响，系统频繁补剂，处于连续扰动状态，助剂未能稳定发挥持续"释放"CO 以还原 NO 的功能性作用，表现为加剂操作时烟气中 NO_x 有效下降，但持续时间有限。

表 3　注氨量与烟气中 NO_x 浓度分析

空白标定			助剂试用标定		
日期	注氨量/(m^3/h)	排烟 NO_x 浓度/(mg/m^3)	日期	注氨量/(m^3/h)	排烟 NO_x 浓度/(mg/m^3)
5月2日	0.88	65.4	8月1日	0.87	55.0
5月3日	0.83	66.7	8月2日	0.82	50.9
5月4日	0.78	60.6	8月3日	0.93	57.0
5月5日	0.63	62.9	8月4日	1.05	53.9
5月6日	0.61	62.9	8月5日	0.94	57.1
5月7日	0.64	60.4	8月6日	0.90	51.5
5月8日	0.65	64.9	8月7日	0.98	46.2
5月9日	0.67	62.4	8月8日	1.00	43.1
5月10日	0.77	66.5	8月9日	0.95	40.4
5月11日	0.70	67.8	8月10日	0.89	40.1
5月12日	0.71	70.3	8月11日	0.86	43.0
5月13日	0.53	72.7	8月12日	0.96	40.7
5月14日	0.69	62.5	8月13日	0.99	50.5
5月15日	0.69	57.4	8月14日	1.26	51.5
5月16日	0.69	59.2	8月15日	1.16	49.0
5月17日	0.74	63.6	8月16日	1.14	49.7
5月18日	0.78	60.5	8月17日	1.13	43.4
5月19日	0.75	60.9	8月18日	1.11	50.7
5月20日	0.64	59.9	8月19日	1.37	61.9
5月21日	0.58	57.2	8月20日	1.30	58.8
5月22日	0.53	57.5	8月21日	1.32	58.6
平均值	0.69	62.96		1.04	50.14

4.2 助剂的脱硫效果

从图 2 和图 3 可以看出，助剂加入平稳期，SCR 入口烟气中 SO_2 含量有较大幅度的降低，从 500mg/m^3 削减至 120mg/m^3 左右，削减率 76%，注碱量也大幅降低，从空白试验中的平均值 0.31m^3/h 降至 0.22m^3/h，日均降碱量达 2.1m^3，合计节约用碱 2.8t/d。

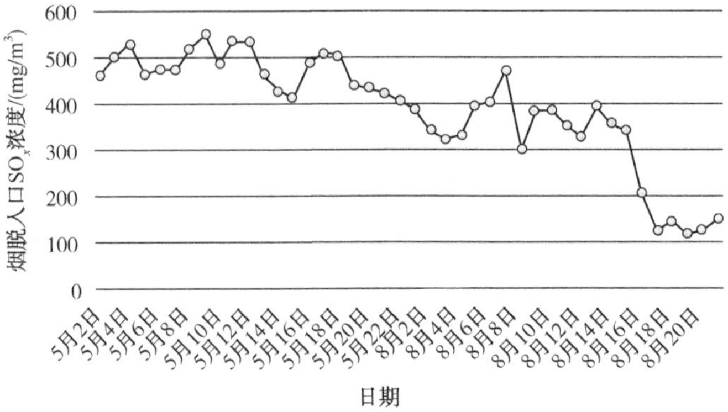

图 2 烟脱入口 SO_x 浓度图

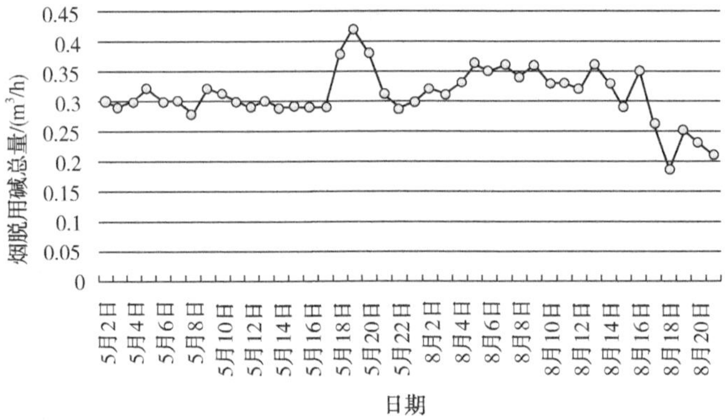

图 3 烟脱用碱总量图

4.3 助剂定向去除 SO_3 效果

助剂具备定向去除 SO_3 的功能性作用。至加剂平稳期，烟气中 SO_3 由 82.69mg/m^3 下降至 13.97mg/m^3，(见表 4)外排蓝色烟羽现象明显改善，无烟坠状况。

表 4 烟脱入口 SO_3 浓度分析

项目	5.17	8.20 上午	8.20 下午	8.21 上午
烟脱入口 SO_3/(mg/m^3)	82.69	14.04	13.65	11.45

4.4 助剂的助燃效果

图 4 为助剂使用前后，再生稀相温度(TI3122-2)曲线图(横线位置为 740℃)，试用前期(5 月 3 日~5 月 22 日)稀相温度均值为 739.8℃，并且波动幅度在 35℃；进入稳定期后(8 月 1 日至 8 月 22 日)，稀相温度均值下降至 736℃；并且从 8 月 12 日以后稀相温度均值下降至 732℃，助剂波动幅度在 10℃；可见稀相温度整体有下降趋势，同时波动减少。试用前期稀相温度均值为 686℃，并且波动幅度在 20℃；进入稳定期后，稀相温度均值下降至 678℃，波动幅度在 15℃；可见稀相温度整体大幅下降，同时波动减少。

助剂使用前期，由于装置再生跑剂波动较大，助剂跑损大，兑比较小，助燃效果不够平稳，8 月份助剂兑比达到 1.8%后，助燃效果逐渐稳定，再生稀相温度、烟机入口温度波动均值下降，波动减少，但是再生器稀相温度 TI3122-2 仍有偶尔超过 740℃的情况，需要补入助燃剂控制稀相尾燃，未达到稳定停加助燃剂状态。

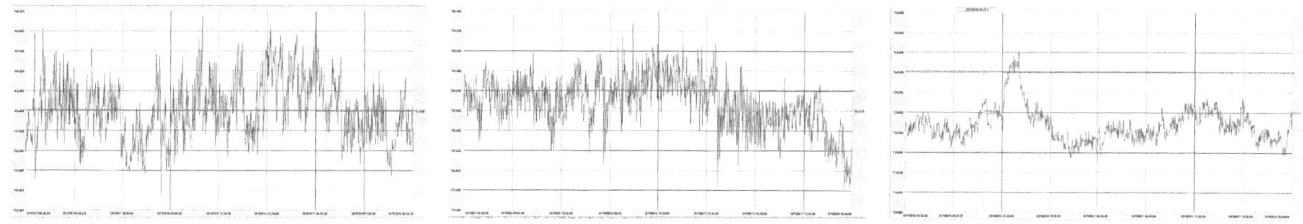

(a)空白标定中稀相温度T13122-2　(b)试用稳定期间稀相温度T13122-2　(c)试用标定期间稀相温度T13122-2

图4　再生稀相温度(TI3122-2)曲线图

5　结论

① 1#催化裂化装置试用催化裂化烟气脱硝助燃除酸雾剂TUD-DNS3，试用标定期间余热锅炉入口烟气氮化物现场测量平均值为116mg/m^3；试用标定烟气中携带NO_x中的氮占原料氮比例为1.324%，氮化物削减率为15.43%，脱硝率不理想，未达到要求。

② 助剂加入平稳期，SCR入口烟气中SO_2含量有较大幅度的降低，削减率达76%；装置注碱量也有所降低，以标定期间计算，日均降低碱耗量达2.8t。

③ 助剂实现定向去除SO_3的功能性作用。至加剂平稳期，烟气中SO_3由82.69mg/m^{3}下降至13.97mg/m^3，外排蓝色烟羽现象明显改善，无烟坠状况。

④ 助剂加剂比例达催化剂总藏量兑比的1.8%时，助剂实现一定的助燃作用，稀相温度及烟机入口温度整体下降，并且波动范围减小。但同样因跑剂波动较大的工况，存在助剂加入过程中稀相温度异常上涨的情况，同时再生器稀相温度TI3122-2仍有偶尔超过740℃的情况，需要补入助燃剂控制稀相尾燃，未达到稳定停加助燃剂状态。

Min-coke 催化剂在金陵Ⅲ催化裂化装置上的应用分析

孙　刚　杨辰思　谢宇琛

（中国石化金陵石化公司　江苏南京　210046）

摘　要　介绍了催化裂化催化剂 Min-coke 在金陵石化公司Ⅲ催化裂化装置上工业应用的情况，并与使用的 RCJP-VJL 型号催化剂进行对比，试用期间 Min-coke 催化剂占系统比例 16.92%，在原料重金属钒含量升高 2mg/kg 的情况下，装置总液收上升 0.55%，油浆收率下降 0.62%，产品分布得到改善。其抗镍抗钒性能提高，提升管新鲜催化剂单耗降低 0.2kg/t 原料，试用期间装置流化正常，催化剂跑损量在正常范围，各产品质量合格，达到了预期试用效果。

关键词　催化裂化；催化剂；转化率；催化剂单耗

1　前言

金陵石化公司Ⅲ催化裂化装置 2012 年 10 月建成投产，设计规模 3.5Mt/a，反应部分采用中国石化石油化工科学研究院的 MIP 专利技术，再生部分采用中石化洛阳工程有限公司的快速床+湍流床烟气串联再生专利技术。2023 年 1 月起，Ⅲ催化裂化装置面临着原料重金属含量持续升高及生产国ⅥB 标号汽油的双重压力，装置催化剂消耗不断上升。截至 2023 年 5 月底，装置新鲜剂催化剂单耗已高达 1.92kg/t 原料，平均每月催化剂用量达到 561t。为减少催化剂的消耗及改善产品分布，经与公司技术部沟通，装置试验性加注 Min-Coke 催化剂，对比分析使用效果。

2　装置应用情况

2.1　应用时间

Min-Coke 催化剂于 2023 年 6 月 16 日开始加入系统，至 6 月 30 日，216t Min-Coke 催化剂全部加入系统，系统占比约 16.92%。

本次对比分析选取数据为：试验前数据 6 月 10~15 日（未加注 Min-Coke 催化剂）、试验中数据 6 月 16~30 日（Min-Coke 催化剂加注期间），试验后数据 7 月 11~15 日（Min-Coke 停用后）。其中七月初因装置低负荷运行，偏离正常工况，所以生产数据未采用。

2.2　原料性质

Ⅲ催化裂化装置原料由加氢精制渣油和加氢精制蜡油组成，使用 Min-Coke 催化剂期间原料油性质如表 1 所示，期间原料残炭值、密度没有明显变化，重金属钒含量上升 2mg/kg，原料油特性因数 Watson *K* 与 *API* 度较使用前略有降低，表明原料性质变差，原料残炭值及重金属增加。

表 1　原料油性质

项目	RCGP-VJL（6 月 10~15 日）	Min-Coke（6 月 16~30 日）	改进后 RCGP-VJL（7 月 11~15 日）
密度（20℃）/（kg/m³）	928.6	928.9	928.1
残炭（微量法）/%（质）	4.15	4.29	4.48
硫含量/%（质）	0.438	0.429	0.429
铁含量/（mg/kg）	2.0	2.2	2.0
镍含量/（mg/kg）	8.0	7.4	8.0
钒含量/（mg/kg）	9.0	11.0	9.2

续表

项目	RCGP-VJL (6月10~15日)	Min-Coke (6月16~30日)	改进后 RCGP-VJL (7月11~15日)
钙含量/(mg/kg)	7.0	8.0	8.0
特性因数 Watson *K*	11.54	11.48	11.53
API 度	20.54	20.26	20.35

2.3 催化剂性质

2.3.1 新鲜催化剂性质

两种催化剂的性质对比见表2，Min-Coke催化剂孔体积和比表面积略低，活性略低。物理性质上，磨损指数及粒度分布无较大变化，两种催化剂磨损指数相同，说明抗磨损强度相当，加入系统后两种催化剂不会产生磨损破碎情况。

表2 新鲜催化剂性质

项目	RCGP-VJL	Min-Coke	改进的 RCGP-VJL
氧化铝/%(质)	48.6	48.4	47.2
氧化钠/%(质)	0.11	0.084	0.061
灼烧减量/%(质)	12.4	12.3	12.3
孔体积/(mL/g)	0.36	0.33	0.36
比表面积/(m^2/g)	268	253	268
表观松密度/(g/mL)	0.8	0.8	0.8
磨损指数/[%(质)/h]	1.5	1.5	1.5
活性/%(质)	79	78	82
筛分(0~20μm)/%(体)	1.6	1.3	1.1
筛分(0~40μm)/%(体)	16.2	15.2	14.4
筛分(0~149μm)/%(体)	91.2	90.8	92.1

2.3.2 平衡催化剂性质

加入Min-Coke催化剂后，平衡催化剂性质见表3，比表面积及活性较使用Min-Coke催化剂前基本维持一致，镍含量及钒含量分别上升294mg/kg和304mg/kg，综合计算重金属污染指数由7808mg/kg上升至8345mg/kg。污染指数上升主要由原料中的金属含量上升导致。

表3 平衡催化剂性质

项目	RCGP-VJL (6月10~15日)	Min-Coke (6月16~30日)	改进后 RCGP-VJL (7月11~15日)
活性/%(质)	52.5	52.0	53.0
比表面积/(m^2/g)	65.5	65.0	67.0
铁含量/(mg/kg)	3548	3581	3571
镍含量/(mg/kg)	3617	3911	3722
钒含量/(mg/kg)	5966	6270	6378
钙含量/(mg/kg)	2143	2104	2070
筛分(<20μm)/%(体)	0.20	0.33	0.20
20≤筛分<40μm/%(体)	8.85	9.97	7.30

续表

项目	RCGP-VJL（6月10~15日）	Min-Coke（6月16~30日）	改进后RCGP-VJL（7月11~15日）
40≤筛分<80μm/%(体)	54.20	53.70	52.20
80≤筛分<110μm/%(体)	21.75	21.23	23.60
筛分(≥110μm)/%(体)	15.00	14.77	16.70
提升管催化剂消耗/(kg/t)	1.79	1.59	1.80

2.3.3 催化剂显微分析

Min-Coke催化剂试用前和试用期间，平衡催化剂显微分析如图1所示，因其系统藏量占比为16.92%(质)，综合占比较低，催化剂显微分析未见明显变化。

加入Min- coke催化剂前　　加入Min- coke催化剂后

图1 平衡剂显微分析图

2.3.4 主要操作条件

试验前后装置主要操作条件见表4，装置进料均为全加氢后精制油品，反应温度均在517~518℃，装置加工量未有较大变化，提升管掺炼加氢LCO油量有所降低，加入Min-Coke催化剂后，由于装置转化率提高，装置适当提高掺渣率。

表4 主要操作条件

项目	RCGP-VJL（6月10~15日）	Min-Coke（6月16~30日）	改进后RCGP-VJL（7月11~15日）
反应温度/℃	518	518	518
再生器床温/℃	694	697	695
沉降器压力/kPa	254	256	255
再生器压力/kPa	288	288	288
原料预热温度/℃	217	216	217
加氢渣油流量/(t/h)	288.35	305.58	282.44
加氢蜡油流量/(t/h)	110.27	109.9	135.6
外购汽油流量/(t/h)	16.4	9.65	1.23
加氢石脑油流量/(t/h)	5.88	5.37	5.39
蜡加LCO油流量/(t/h)	16.79	7.34	9.88
总处理量/(t/h)	437.69	437.84	434.54
提升管处理量/(t/h)	415.41	422.82	427.91
提升管掺渣率/%	44.51	46.15	44.08

3 应用效果

3.1 产品分布

试验前后提升管产品收率及关键操作参数对比情况见表5(以下产品收率均已将掺炼的LCO油按标定转化比例扣除)。

表5 产品分布变化情况

项目	RCGP-VJL期间	Min-Coke期间	与试验前差值	改进后RCGP-VJL	与试验中差值
干气收率/%(质)	4.02	3.89	-0.13	3.97	0.08
液态烃收率/%(质)	19.51	20.59	1.08	18.02	-2.57
汽油收率/%(质)	40.88	42.5	1.62	40.18	-2.32
轻柴收率/%(质)	21.8	19.79	-2.01	23.03	3.24
油浆收率/%(质)	6.62	6.00	-0.62	6.39	0.39
生焦率+损失率/%(质)	7.18	7.23	0.05	8.41	1.18
轻油收率/%(质)	62.67	62.14	-0.53	63.21	1.07
液相收率/%(质)	82.18	82.73	0.55	81.23	-1.5
转化率/%(质)	71.43	74.21	2.78	70.43	-3.78
丙烯收率/%(质)	5.69	5.97	0.28	5.49	-0.48
再阀开度/%	56.01	57.44	1.43	55.12	-2.32
反应压力/kPa	253.95	253.47	-0.48	253.46	-0.01
一反温度/℃	520.2	520.05	-0.15	520.52	0.47
再生压力/kPa	289.24	288.76	-0.48	286.58	-2.18
再生床温/℃	696.75	693.71	-3.04	695.51	1.8

从产品分布可以看出，加入Min-Coke催化剂后，干气收率下降0.13%、液态烃收率上升1.08%、汽油收率上升1.62%、柴油(含重柴)收率下降2.01%、油浆收率下降0.62%，提升管丙烯收率增加0.28%。

换用改进RCGP-VJL催化剂后，产品分布整体变差，干气收率上升0.08%，液态烃收率下降2.57%，汽油收率下降2.32%，柴油收率上升3.24%，油浆收率上升0.39%，提升管丙烯收率5.5%属于装置正常水平。

使用Min-Coke催化剂期间，在反应深度未做大幅度调整的前提下，转化率增加达到2.78%，液态烃和汽油收率增加均超1%，柴油收率下降，生焦率+损失率在掺渣率升高的情况下未发生明显变化。停用Min-Coke催化剂后，在原料性质未发生明显变化的情况下，汽油、液态烃收率及原料转化率均出现下降，柴油收率增加，生焦率+损失率在掺渣率降低2.07%的情况下仍增长1.18%。根据Min-Coke催化剂使用前、使用中、停用后的产品分布变化，Min-Coke催化剂表现出了较好的重油裂化能力和较好的选择性。

图2为加注Min-Coke催化剂前后装置中压饱和蒸汽产量趋势图。

试验前后装置再生器床温控制在695℃左右，使用Min-Coke催化剂前产汽量维持在270t/h左右。使用Min-Coke催化剂后，在掺渣率提高了1.64%的情况下，中压饱和蒸汽产量降低约10t/h，说明使用Min-Coke催化剂后，装置生焦率降低，该催化剂有助于抑制生焦。

3.2 产品质量

3.2.1 干气产品质量

试验加注Min-Coke催化剂前后干气产品质量见表6。

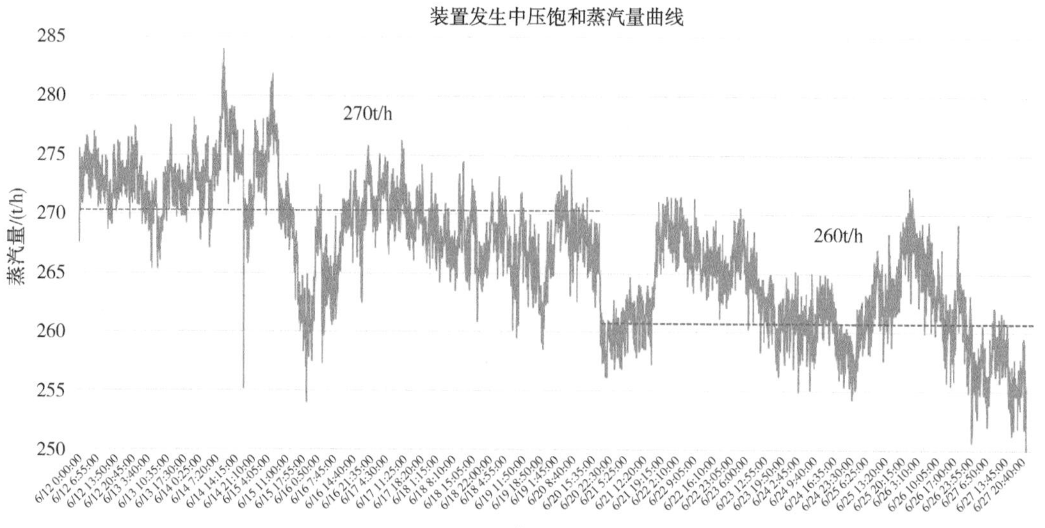

图 2　装置发生中压饱和蒸汽量曲线

表 6　干气产品质量

项目	试验前	试验中	试验后
空气/%(体)	17.92	15.38	14.84
甲烷/%(体)	24.67	26.95	23.04
二氧化碳/%(体)	3.79	3.81	4.35
乙烯/%(体)	9.53	9.86	9.27
乙烷/%(体)	10.88	11.45	10.05
硫化氢/%(体)	0.26	0.60	2.32
丙烯/%(体)	0.09	0.14	0.10
丙烷/%(体)	0.01	0.04	0.05
异丁烷/%(体)	0.15	0.11	0.12
正异丁烯/%(体)	0.11	0.09	0.08
正丁烷/%(体)	0.07	0.06	0.05
反丁烯-2/%(体)	0.06	0.03	0.02
顺丁烯-2/%(体)	0.04	0.02	0.01
丁二烯/%(体)	0	0	0
碳五/%(体)	0	0	0.01
碳三及以上组分/%(体)	0.52	0.50	0.44
氢气/%(体)	32.45	31.46	35.69
密度(15℃)/(kg/m^3)	0.75	0.75	0.73
氢气/甲烷	1.32	1.17	1.55

使用 Min-Coke 催化剂期间，装置钝化剂加注量未做调整，从表 6 可以看出，干气中氢气/甲烷比由 1.32 降低至 1.17，干气中氢气含量降低说明 Min-Coke 催化剂抗镍能力较原催化剂有所提升，能有效抑制重金属脱氢作用。

3.2.2　液态烃产品质量

Min-Coke 催化剂使用前后，产品液态烃中丙烯潜含量对比数据见表 7。

表 7 液态烃产品质量

项目	试验前	试验中	试验后
空气/%(体)	0	0	0
甲烷/%(体)	0	0	0
二氧化碳/%(体)	0	0	0
乙烯/%(体)	0	0	0
乙烷/%(体)	0.17	0.17	0.20
硫化氢/%(体)	0.38	0.47	0.05
丙烯/%(体)	44.95	43.51	42.35
丙烷/%(体)	14.85	14.47	14.80
异丁烷/%(体)	18.78	19.47	19.90
正异丁烯/%(体)	9.27	9.79	9.85
正丁烷/%(体)	4.63	4.72	5.15
反丁烯-2/%(体)	3.90	4.10	4.30
顺丁烯-2/%(体)	2.93	3.13	3.30
丁二烯/%(体)	0	0	0
碳五/%(体)	0.15	0.17	0.10
密度(15℃)/(kg/m^3)	541.35	542.98	545.70

可以看出丙烯潜含量下降 1.44%(体)，但因 Min-Coke 催化剂使用时间较短，化验数据量不足，整体丙烯潜含量仍处于装置正常范围内。

3.2.3 汽油产品质量

试验加注 Min-Coke 催化剂前后汽油产品质量见表 8。

表 8 汽油产品质量

项目	试验前	试验中	试验后
密度(20℃)/(kg/m^3)	733.80	/	733.90
初馏点/℃	32.25	34.23	/
10%馏出温度/℃	49.50	51.00	/
50%馏出温度/℃	92.10	90.40	/
90%馏出温度/℃	179.40	174.90	/
终馏点/℃	204.83	202.77	/
全馏量/%	96.00	96.50	/
残留量/%	1.00	1.00	/
总硫/(mg/kg)	192.50	173.21	168.15
蒸气压/kPa	64.46	62.39	62.85
烯烃含量/%(体)	26.75	26.74	23.50

使用 Min-Coke 催化剂期间，汽油烯烃含量未见明显变化，产品汽油能够满足质量要求，因辛烷值与芳烃含量化验数据不足，无法进行对比分析。

3.2.4 油浆固体含量及烟气粉尘含量

试验加注 Min-Coke 催化剂前后油浆、烟气对比见表 9。

表 9　油浆固体含量及烟气粉尘含量

项目	试验前	试验中	试验后
密度/(kg/m^3)	1102.80	1134.60	1096.50
固含(灼烧法)/(g/L)	2.23	2.83	3.92
烟气粉尘含量/(mg/m^3)	131	126.6	140

由表 9 可以看出 Min-coke 加入后，油浆固体含量未见明显升高，处于<6g/L 的指标范围内。烟机入口粉尘含量为 126.6mg/m^3，未见明显升高，处于正常范围(<150mg/m^3)，说明未发生两种催化剂因机械强度不同而生成细粉情况，反再两器催化剂流化和操作未受影响。

4　结论

① 使用 Min-Coke 催化剂促进了原料的转化，提高了目的产品收率，尤其是在增加液态烃和汽油产率方面效果明显，同时可以抑制焦炭生成，原料转化整体向高价值产品方向倾斜。

② Min-Coke 催化剂抗钒、抗镍能力高于 RCJP-VJL 催化剂，在较高金属污染程度条件下能够保持更好的理化性能，在保证产品方案同时能够降低催化剂损耗，提升管催化剂单耗由 1.79kg/t 原料降低至 1.59kg/t 原料，符合使用预期。

③ 在 Min-Coke 催化剂占系统比例 16.92%的情况下，反再单元流化正常，烟气中粉尘含量未有明显上升，烟机振动值平稳，油浆中固体含量控制在指标范围内。加入系统内未影响装置正常操作，可以进行后期的大规模加入。

四、设备材料与防腐蚀

催化裂化顶循系统在线脱盐防腐技术应用

郭 伟 汪加民

（中国石化海南炼化公司 海南洋浦 578101）

摘 要 针对海南炼化催化裂化装置顶循系统结盐腐蚀严重的问题，本文采用了一种适用于催化顶循系统的在线除盐防腐新技术。该技术采用湍流分散-顺流萃取-油水深度分离的组合脱盐防腐方法，通过注水混合萃取将油品中腐蚀性介质洗脱至水中，并将洗后水从回流油/循环油中进行深度分离，实现在线脱盐防腐的功能。运行标定结果表明，该成套技术能有效脱除塔顶循环油中的盐类介质，且脱盐后的平均腐蚀速率可降低至0.0131mm/a，运行压降稳定在215kPa。设备经过长周期运行后，对催化裂化装置长期安全、经济高效运行有着重要的意义。

关键词 催化裂化装置；分馏塔顶循环油；在线脱盐；腐蚀速率

1 前言

石油炼制过程中分馏塔可以将反应后的油气混合物根据不同的馏程分馏为富气、汽油、轻柴油、重柴油、回炼油和油浆等馏分，分馏工艺常见于常减压、催化裂化和焦化等过程。分馏塔顶部循环系统是为了取走分馏塔顶部的过多热量，通过循环系统的换热量来控制顶部抽出物料的温度，从而确保分馏产品的纯度合格。分馏塔顶部循环的物料以液相状态经过换热和顶循泵加压后返回分馏塔顶部，该循环系统中的腐蚀越来越被人们所关注。催化裂化装置作为炼化厂内最重要的二次加工装置之一，在石化企业的物料平衡、产品升级、热量平衡等方面发挥巨大作用[4]。如今，面对高硫高酸值原油劣质化趋势，原油本身质量较差，密度大，硫含量、盐含量、水含量、重金属含量、酸值相对增加[5]，原油本身并不腐蚀设备，但原料加工过程中产生含硫、氮、氯的化合物等，在催化裂化反应中，随着温度的升高，这些腐蚀物质受热分解，而在塔顶冷凝过程中，随着温度的降低，腐蚀性气体溶解在水中，形成综合腐蚀环境[6]。分馏塔顶循系统的腐蚀主要是由腐蚀介质引起的 $HCl-H_2S-NH_3-HCN-H_2O$ 型露点腐蚀[7]。当环境温度低于氯化铵的分解温度337.8℃时，就会有铵盐存在，铵盐极易吸潮结块，并腐蚀黑色金属[8]，表现为孔蚀。催化裂化顶循系统主要发生 $HCl-H_2S-NH_3-HCN-H_2O$ 型腐蚀与氯化铵垢下腐蚀[9]，使装置的安全运行面临腐蚀性介质含量增加导致腐蚀程度加剧的严峻挑战。

海南炼化550t/h催化裂化装置由于进料油品中的硫、氯等多种杂质的存在，导致分馏塔顶循环油系统盐含量过高，随着运行时间的增长，含盐量不断增加，更多盐类的结晶堵塞塔盘、加压泵和管线，使得冲塔可能性加大，而且结晶颗粒增大了设备冲刷磨损，危及安全生产和增加了操作难度。同时，分馏塔顶部循环油系统中的换热器、加压泵、管线等发生腐蚀现象，如图1所示。相应的泄漏、紧急停工可能性加大，设备材料更换周期缩短，日常维护更加困难。针对此难题，本研究工作采用了一种在线除盐防腐工艺及设备，该技术采用湍流分散-顺流萃取-油水深度分离的组合脱盐防腐方法，通过注水混合萃取将油品中腐蚀性介质洗脱至水中，并将洗后水从塔顶回流油/循环油中进行深度分离，实现在线防腐的功能。该成套技术在海南炼化公司催化裂化装置中投入运行，效果优良，显著降低了分馏塔顶循系统的腐蚀速率。

2 背景和工艺流程

海南炼化公司为保证催化裂化装置在后续生产周期内安全平稳运行，于2017年选用华东理工大学在线除盐防腐技术，降低常顶腐蚀速率，保证催化裂化装置顶循系统安全稳定运行。

图1　分馏塔顶循环油系统塔盘的腐蚀结盐

根据海南炼化 550t/h 催化裂化装置顶循的操作参数，提出的分馏塔顶循在线除盐工艺流程示意如图2所示，框线中为改造部分。分馏塔顶循环油经过冷却器后，在调节阀前分出 40t/h 顶循回流油进入除盐成套设备，与 4t/h 净化水在湍旋混合器进行深度混合，该过程水滴分散粒径控制为 10~30mm；之后微旋流萃取器中净化水再快速深度溶解顶循油中的盐，完成深度萃取过程；最后通过 NCT 深度油水分离器进行油水分离，脱盐后的顶循油汇合顶循回流返塔，含盐污水进入装置酸性水系统去下游污水汽提装置处理，该过程油相出口夹带水量不大于 300μg/g(进口 50000~100000μg/g)，水相出口带油不超过 200μg/g。

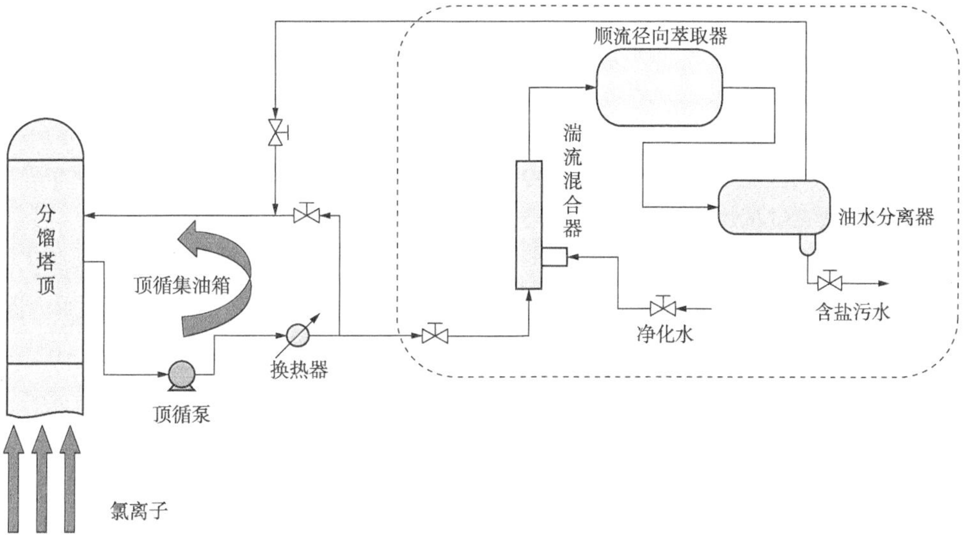

图2　分馏塔及在线洗盐设备流程

本套在线除盐设备顶循回流油抽出量为 40t/h。分馏塔正常操作压力为 1.37MPa(表)。操作条件见表1。

表1　操作条件

项目	操作参数	设计参数	备注
温度/℃	80~110	260	温降不大于 2℃
压力/MPa(表)	1.37	2.0	压降不大于 0.1MPa

分馏塔顶循环油油品性质见表2。

表2　分馏塔顶循环油油品性质

项目	参数	项目	参数
顶循环油抽出量/(t/h)	40	顶循环油抽出温度/℃	105
顶循环油返回量/(t/h)	40	顶循环油黏度(100℃)/cP	0.478
顶循环油密度(100℃)/(kg/m³)	760.2	顶循环油含水量/(μg/g)	1000~20000

如表2所示，炼油厂催化裂化分馏塔顶循环油抽出量为40t/h，返回量为40t/h，抽出温度为105℃，返塔温度105℃，采用换热后的10%循环油量即40t/h进行在线除盐防腐处理，然后再返回分馏塔顶部，以将整个顶循系统腐蚀速率维持在一个较低水平。分馏塔顶循环油过冷却器后，分出40t/h循环油进入除盐成套设备，与4t/h净化水或电脱盐注水混合，注水量为5%~10%顶循油分出量。注水在顺流径向萃取器内快速溶解顶循油中的盐，经油水分离器将溶解了盐类的废水除去后的顶循油与另一部分顶循油汇合回流返回常压塔顶，含盐污水进入装置酸性水系统去下游污水汽提装置处理。在线洗盐设备及改造流程如图2所示，框线中为改造部分。除净化水注入管线外，增设除盐水单独进混合器管线，在净化水异常时，采用除盐水注入，以保证设备正常运行。注入净化水条件见表3，其中净化水为新鲜自来水，氨氮、氯离子按0mg/L计，pH值为7~8.5。

表3 净化水指标

序号	指标	指标要求	序号	指标	指标要求
1	温度/℃	40	3	pH值	7~8.5
2	压力/MPa(表)	2.61			

3 成套设备技术原理

2017年正式投用分馏塔顶循系统在线洗盐设备，全部水洗分馏塔顶循系统，流量为40t/h，净化水注水量为5%~10%顶循油分出量，水洗顶循系统运行稳定，满足最小能耗的目标，其中关键技术是使用高效的液液萃取和分离技术。

分馏塔顶循油在线除盐设备主要由湍旋混合器、顺流径向萃取器和油水分离器三部分组成。技术原理如图3所示，首先通过湍旋混合器将水均匀分散到循环油中，油中的水溶性盐溶解到水中；然后经顺流径向萃取器深度捕获盐类离子；最后油水分离器利用粗粒化聚结模块、波纹板强化沉降模块以及亲疏水纤维聚结分离模块，快速高效地实现油水分离，水溶性盐溶于水中被带出，达到顶循油在线脱盐防腐的目的[10]。

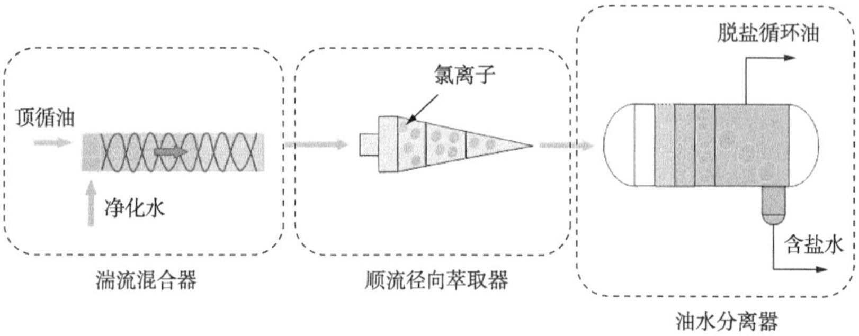

图3 在线除盐设备技术原理

在顺流径向萃取器中并联有多根萃取-分离芯管，该芯管是依靠两种互不相溶液体的密度差，利用进口特殊结构使液体产生高速旋转，分散在油中的水滴螺旋迁移到芯管边壁，此过程增大了水滴与部分未萃取盐离子的接触，实现了油中分散的盐类离子二次深度的萃取分离。顺流径向萃取技术是一种紧凑式的高效萃取方式，使用螺旋形混合元件产生高速的旋转流动，这样的流动促进了水滴的破碎，并且内部的变径结构产生多区域小尺寸涡流，强化了径向混合萃取。由于水滴产生高速自转，水滴自转表面的离子交换速度大大提高，宏观上表现出优秀的萃取能力[11]。另外，旋流场是一个动态平衡的流场，液滴不断破碎和长大，可以增加表面更新率，提高传质系数，同时可以细化液滴尺寸，均化主体浓度差，从而强化传质，并且液滴聚结长大在一定程度上也强化了相分离的过程。

油水分离器通过入口分布管及整流分布器，对液体流态进行均匀分布，保持平稳，使油水由紊流变为层流态，扩大主分离区域；然后采用多层波纹板沉降分离技术，使之前聚结的大油滴通过波纹板上直径 3~10mm 的小孔迅速上升到上一层波纹板，并逐级上升，有效地提高了分离速度和效率，并且波纹板采用亲水疏油材料，使油水混合物在波纹板上流动过程中保持一定的角度，可加速油相上浮速度和水相沉降速度，最终油相进入油水分离器的上部，水相(含油)进入油水分离器的下部，实现了油水的高效快速分离过程。除盐后的净化油返回分馏塔，含盐水去污水汽提装置，实现了分馏塔顶循环油的高效在线除盐效果[3]。

4 工业运行结果及标定

4.1 系统脱盐效果

在线除盐设备运行稳定后，分馏塔顶部循环系统总流量为 550t/h，分馏塔循环油注入量为 40t/h，注水量为 4t/h，顶循分出量约为总循环量的 10%，注水量为顶循油分出量的 10%，装置运行稳定后油水分离器界位分层清晰，切水不带油，返塔脱盐油不带水。现场开工标定后，每周取一组除盐装置水洗水出口水样进行分析，检测除盐水中腐蚀介质的变化，以评估除盐装置的洗涤萃取效果，并为外排水的回用或处理提供指导。为此采用硝酸银滴定法(GB 11896)测量经过在线除盐设备后净化水中的氯离子含量；采用纳氏试剂分光光度法(HJ 535—2009)测试了经过在线除盐设备后净化水中的氨氮含量；采用红外分光光度法(HJ 637—2018)测试了经过在线除盐设备后净化水中的油含量；采用亚甲基蓝分光光度法(HT 1226—2021)测定了经过在线除盐设备后净化水中的硫化物含量；采用玻璃电极法(GB 6920—86)测试了经过在线除盐设备后净化水的 pH 值。含盐水出口氯离子含量检测结果如图 4 所示。

由图 4 可以看出，经过除盐装置后，除盐水中的腐蚀介质含量有了明显上升，通过除盐装置将循环油中的氯、硫、氨氮萃取至除盐水中。装置出口的除盐水平均氯含量为 14.62mg/L、平均硫含量为 7.17mg/L、平均氨氮含量为 19.04mg/L、平均油含量为 184.43mg/L、平均 pH 值为 8.4。排水与处理前净化水中氯离子差值为 14.62mg/L，氨氮含量差值为 19.04mg/L，相当于油中的部分盐类(NH_4Cl)溶解在水中被洗掉，排水中油含量除个别排水数据超指标外，整体排水满足环保要求，也满足在线洗盐污水中石油类含量不超过 200mg/L 的设计要求。除盐水中的盐类含量有明显的上升，水洗除盐效果较好。腐蚀探针是目前分馏塔顶循环系统长期运行的主要监测手段，该装置在顶循系统换热器入口处设置的腐蚀探针可监测整个顶循系统的腐蚀速率。一般认为控制腐蚀速率在 0.2mm/a 以下时则表明防腐措施使用得当，腐蚀速率在可接受范围内。该炼油厂使用在线除盐装置后，一年内平均腐蚀速率为 0.0131mm/a，且平均压降稳定在 215kPa，说明在线除盐装置运行情况稳定、处理效果良好，有效地将顶循系统内腐蚀性介质和盐类带出系统，缓解了塔顶腐蚀，提高了装置运行的安全性和稳定性。由此可以表明该在线除盐装置长期运行仍可将分馏塔顶循油中的腐蚀介质带出，可减缓系统内设备腐蚀的发生。

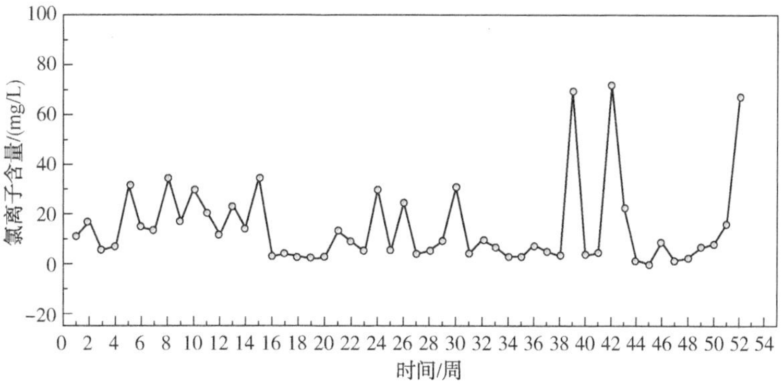

(a)水中氯离子含量

图 4 除盐水腐蚀含量测试

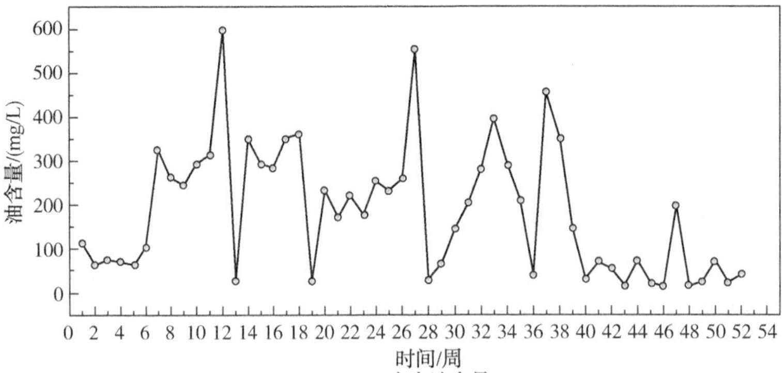

(b)水中油含量

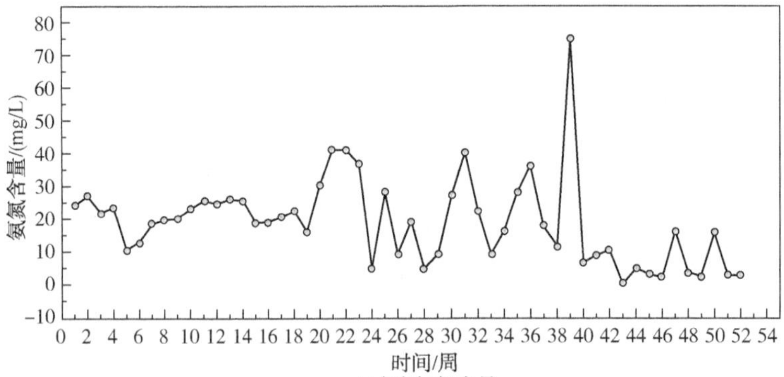

(c)水中氨氮含量

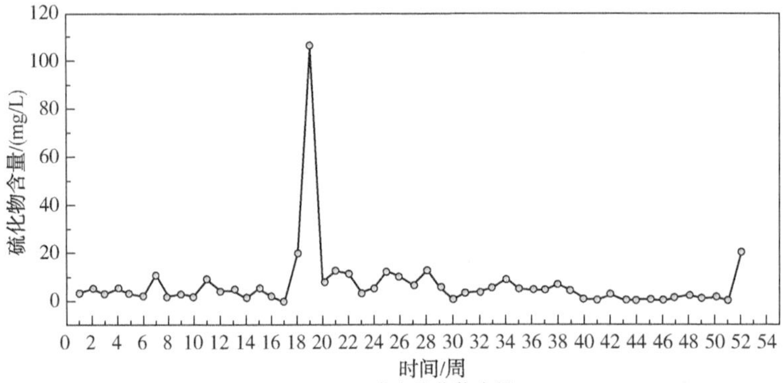

(d)水中硫化物含量

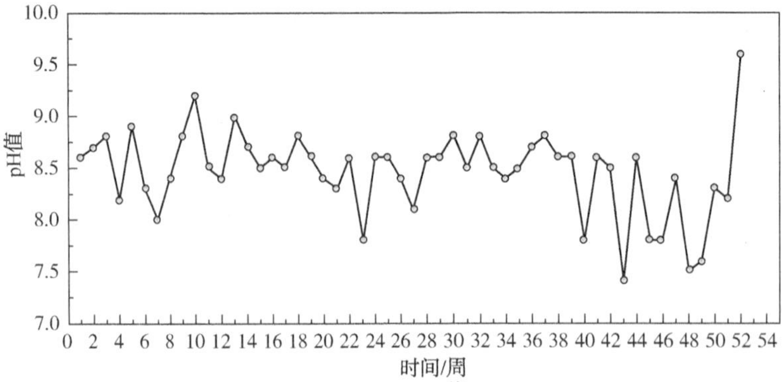

(e)pH值

图 4　除盐水腐蚀含量测试(续)

4.2　系统优化及建议

2017 年 11 月对催化裂化装置分馏塔进行检修，发现分馏塔器壁整体情况良好，上部塔盘损坏以腐蚀为主，下部塔盘损坏以冲蚀为主，分馏塔顶部塔盘腐蚀初步分析为 $H_2S+HCl+NH_3+CO_2+H_2O$ 型腐蚀，油品馏分中含有的以及催化反应中生成的 HCl、NH_3 和 H_2S，会反应生成 NH_4Cl 和$(NH_4)_2S$ 或硫氢化铵，在低温下结晶形成盐垢，在塔顶塔壁和塔盘等处沉积，铵盐的结垢和水解所形成的 $HCl+H_2S+$

H_2O 环境是造成塔顶部位腐蚀的直接原因，腐蚀形貌表现为均匀腐蚀。针对该情况在后续加装顶循除盐设施，连续运行一年后从除盐水结果来看除盐水中的盐类含量有明显的上升，水洗除盐效果较好。长期运行仍可将分馏塔顶循油中的腐蚀介质带出，可减缓系统内设备腐蚀的发生。同时，为了后续长期稳定运行减少成本与堵塞情况，建议：①将混合净化水改为除氧水，同时与除盐水交替使用，以减少水耗。②设备需设置吹扫口，在线吹扫，每天吹扫时间 8h。

5 结语

在线除盐防腐成套设备在催化裂化装置顶循系统投用后，运行安全平稳，在原先顶循系统氯离子含量一直超标的情况下持续将常顶循油中的盐类转移到净化水中带出系统，在极大程度上降低了油中氯离子含量和塔顶腐蚀速率。

该成套技术设备流程简单，改造方便，能耗低，投资少，减少了传统的"三注"工序以及水洗塔作业产生的轻污油、污水，降低了顶循系统因结盐腐蚀而带来的材质升级费用和运行维护成本，提高了顶循系统长期运行的安全稳定性。

参考文献

[1] 潘从锦，张兴明，杨启宁，等．催化裂化装置顶循油低温热水换热器泄漏分析[J]．石油化工腐蚀与防护，2014，31(4)：38-41.
[2] 吴新颖，吕敬源，艾松柏，等．催化装置分馏系统的主要腐蚀形式与防护[J]．石油和化工设备，2012，15(1)：59-61.
[3] 侯继承，许萧．延迟焦化分馏塔除盐新技术的工业应用[J]．炼油技术与工程，2014，44(9)：13-16.
[4] 刘军衡．重油催化裂化装置腐蚀在线监测数据优化与寿命预测技术研究与应用[D]．北京：北京化工大学，2023.
[5] 赵敏．催化裂化装置腐蚀原因分析及防护建议[J]．石油化工设备，2017，46(5)：70-6.
[6] 达小蓉，王利鹏，马明亮．重油催化裂化装置分馏系统腐蚀机理及防腐工艺研究[J]．山东化工，2023，52(14)：45-50.
[7] 张向阳．重油催化裂化装置的典型腐蚀及防护措施[J]．石油化工腐蚀与防护，2019，36(2)：16-21.
[8] 王军平．浅谈复杂地质条件下巷道支护技术[J]．陕西煤炭，2018，37(6)：175-176，1.
[9] 张宪宝．催化分馏塔塔顶结盐原因分析及措施[J]．齐鲁石油化工，2017，45(1)：36-40.
[10] 杨强，刘洛新，吕文杰，等．延长分馏塔顶循环油系统运转周期的方法. CN：103194258B[P]．2013-07-10.
[11] 杨强，卢浩，许萧，等．一种油品深度脱水的方法及装置. CN：103980934B[P]．2015-07-01.

重油催化裂化顶循环系统腐蚀机理及除盐设备效果分析

刘凯琪

（中国石化济南炼化公司　山东济南　250101）

摘　要　在重油催化裂化装置内，腐蚀相对较为严重。其中分馏塔顶循油除盐系统的腐蚀情况尤为突出。针对重油催化裂化装置因顶循油腐蚀和结盐导致的设备故障和运行周期缩短问题，增加了顶循油除盐设施。该设施通过降低油中的含盐量，有效解决了腐蚀和结盐问题。实际运行数据显示，设施投用后氯离子脱除率超过80%，外排水中氯离子含量显著上升。设施运行稳定，氯离子含量在运行一段时间后达到平稳状态。这一举措显著提高了装置的运行效率和经济效益，为分馏系统的长周期稳定运行提供了坚实保障，并为相关领域的技术进步提供了支持。

关键词　催化裂化装置；顶循环系统；除盐设备；腐蚀；结盐

1　前言

近年来，中国石化济南炼化公司加工原油性质变化较大，原油高硫高酸的现象尤为突出，造成常减压装置电脱盐设备多次出现故障，原油中盐无法正常脱除，进而导致常减压及后续生产装置设备出现故障，在重油催化裂化装置，表现为分馏塔顶循油腐蚀和结盐，进而导致设备故障和运行周期缩短。第二套重油催化裂化装置(以下简称：二催化)由中国石化工程建设公司设计，设计的初始规模为140万t/a，装置于1996年建成投产。装置内涉及顶循油的设备有多台压力容器和多条压力管道，其中顶循环系统换热器有E-202、E-205，现运行阶段顶循油还作为吸收稳定区域再吸收油使用，涉及压力容器有C-304、E-204、E-210，迫切需要对顶循油进行除盐处理。

2　运行阶段腐蚀现状

近几年，二催化因顶循油腐蚀或结盐，导致多台设备出现不同程度的故障。分馏塔因结盐多次洗塔；2020年2月停工调整检修时发现贫富吸收油换热器E-204/2壳体内侧靠近出口的部位腐蚀严重，出现大面积坑蚀，最小厚度约5mm(原始壁厚12mm)，且壳程出口短节也出现局部坑蚀减薄情况，最小厚度为3.5mm(原始壁厚7mm)。在此次检修期间将E-204两台换热器均原样更新管束，但在2021年2月大检修期间，发现E-204/1、2管束仅用一年时间就出现不同程度的腐蚀泄漏情况，E-204/1堵管8根，E-204/2堵管3根，堵管后打压合格回装投用；2020年12月14日排查发现顶循除盐水换热器E-205/1、E-205/2内漏，将E-205/1、E-205/2换热器整体切出，管束抽出清洗后发现，管束外表面有大面积坑蚀现象，后头盖大量的锈蚀物中包含NH_4Cl白色晶体，清理出的杂物含有硫化亚铁等腐蚀介质。

3　腐蚀机理分析

分馏塔顶循系统(低温部分)的运行环境存在$H_2S-HCl-NH_3-H_2O$类型腐蚀工况，在酸性环境下铁与其他酸性物质反应极易产生硫化物，并产生该类型的应力腐蚀。其中氯化铵(NH_4Cl)主要是由原料油中的氮氧化物和氯离子生成，在重油催化裂化装置中，在高温和催化剂的作用下，原料油会分解出可挥发的氨和氰化物(XCN)，腐蚀产物中的S和Cl主要来源也是原料油。顶循环系统中，在反应产物得到冷却达到铵盐结晶温度时，固体铵盐就会从气相结晶出来(先是氯化铵，其次为硫氢化铵)该反应过程为：

水与硫化氢反应：$H_2O+H_2S \longrightarrow H_2SO_4$

氯化铵生成：$NH_3+HCl \longrightarrow NH_4Cl$

硫氢化铵生成：$NH_3+H_2S \longrightarrow NH_4HS$

硫酸与氯化铵反应：$NH_4Cl+H_2SO_4 \longrightarrow NH_4HS+HCl$

4 应对腐蚀措施

从以往的检修中发现，分馏塔整体运行情况良好，但塔顶部塔盘、降液管等位置发现结盐现象，严重时会带来腐蚀问题。虽然日常运行中，优化塔顶操作条件可以缓解结盐发生，但并不能从根本上解决结盐和腐蚀的问题。在装置运行后期，结盐问题会比较严重，不仅影响安全生产，也会导致分馏塔顶部塔盘分离效率下降，汽柴油分离效果变差，造成较大的经济损失。想要从根本上解决重油催化裂化装置顶循环系统腐蚀结盐的问题，主要的做法就是将油中的含盐量降低，对催化裂化装置原料油进行脱盐处理，此时需要用到电脱盐设备，但此方法会增加装置运行成本，增加操作工的操作量，且增加多处易腐蚀泄漏点，对整个装置安全平稳运行产生一定负面影响。因此为实现对顶循油脱氯脱盐、减少塔顶氯离子对设备腐蚀、降低结盐风险，2022 年增加顶循除盐设施，该套设备具有见效快、油中盐脱除率高等特点。顶循除盐设施于 2022 年 5 月 17 日建成交付，5 月 25 日投用运行。

4.1 顶循除盐设备工作原理

湍流混合器、微萃取分离器和高效分离器，是组成分馏塔顶循油成套除盐装置的关键三部分，工作原理见图 1。除盐水经过湍流混合器后被均匀分散喷入至顶循油中，同时也将油品中的部分无机盐充分溶解到水中；利用微萃取分离器对盐类离子进行深度捕获，从而达到对油水初步预分离的效果。最迅速而有效的油水分离过程是在高效分离器中实现的，其运用粗粒化及波纹强化沉降原理，水溶性盐被带出[1][2]，实现了顶循油在线脱盐的目的。

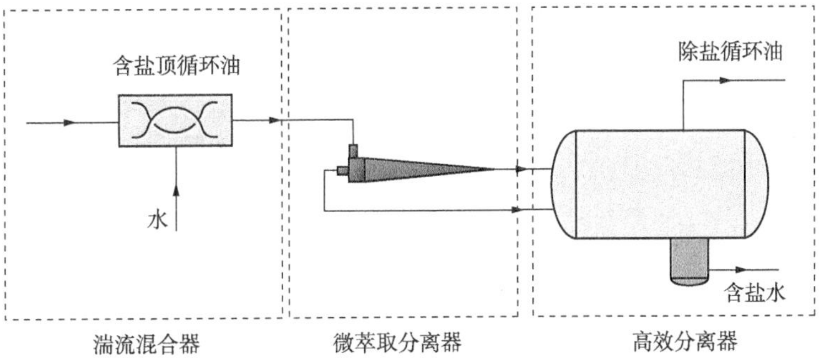

图 1　分馏塔顶循油在线除盐工作原理

在湍流混合器中，水以液丝的形式通过喷头进入微旋流萃取分离器(简称微萃取分离器)。微萃取分离器内并联多根萃取-分离芯管，以实现对油中分散的 Cl^- 和 CN^- 的二次深度萃取分离，其工作原理为：分离器进口的特殊结构可使液体产生高速旋转，并且由于萃取-分离芯管内两个互不相容液体的密度差，使得分散在油中的水滴螺旋迁移到芯管边壁，从而增大了水滴与部分未萃取盐离子的接触。含盐水滴聚结后经由芯管的底流口排出，实现了油水的预分离过程，其萃取-分离原理如图 2 所示[3]。

旋流萃取-分离芯管内流体萃取分离原理为：旋流场内任意一点流体的速度都可以被分解为切向分量、径向分量和轴向分量，三个分量均存在剪切应力：切向剪切应力、径向剪切应力和轴向剪切应力。高进口流速形成了很大的剪切应力，液滴粒径在强剪切应力作用下迅速减小，使传质表面积大大增加。水滴经迁移碰撞长大，随后经过超重力离心沉降作用被分离出来。旋流场为动态平衡流场，液滴在旋流场中不断破碎和长大[3,4]。

表面更新率随液滴不断破碎和长大得以增加，传质系数被提高，液滴尺寸得到细化，使主体浓度差均匀化，从而实现传质的强化，并且油水相分离的过程也随着聚结长大得到强化[3]。

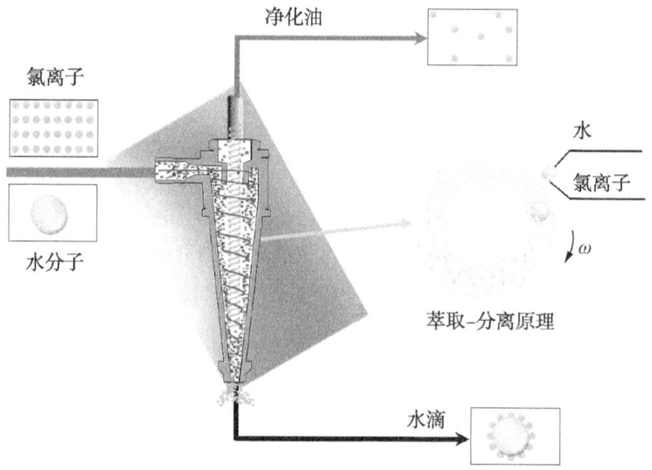

图 2　萃取-分离原理示意图

经萃取-分离器后，含油水相进入高效分离器的下部，油相出口进入高效分离器的上部，为了减少入口射流对流场的干扰，高效分离器设置了入口分布管对流场进行分布；随后油水整流器将紊流油水的流态进行均匀分布，使其保持平稳，变为层流态，扩大主分离区域；最后采用能够有效提高分离速度和效率的多层折板，折板上开有直径 4~12mm 的小孔，之前聚结的大油滴通过小孔迅速上升到上一层折板，并逐级上升。折板采用了亲油、疏水材料，使油水混合物在折板上流动过程中保持一定的角度，即在较小的空间中，油相上浮速度和水相沉降速度可以加快，实现了油水高效快速的分离。经过萃取后，净化后的循环油返回分馏塔顶部，通过内回流洗涤塔顶的多层塔盘，有效避免顶部系统结盐，从而实现分馏塔顶循油的高效在线除盐，同时降低顶循环系统的腐蚀速率[3,4]。顶循油在线除盐设施流程见图 3。

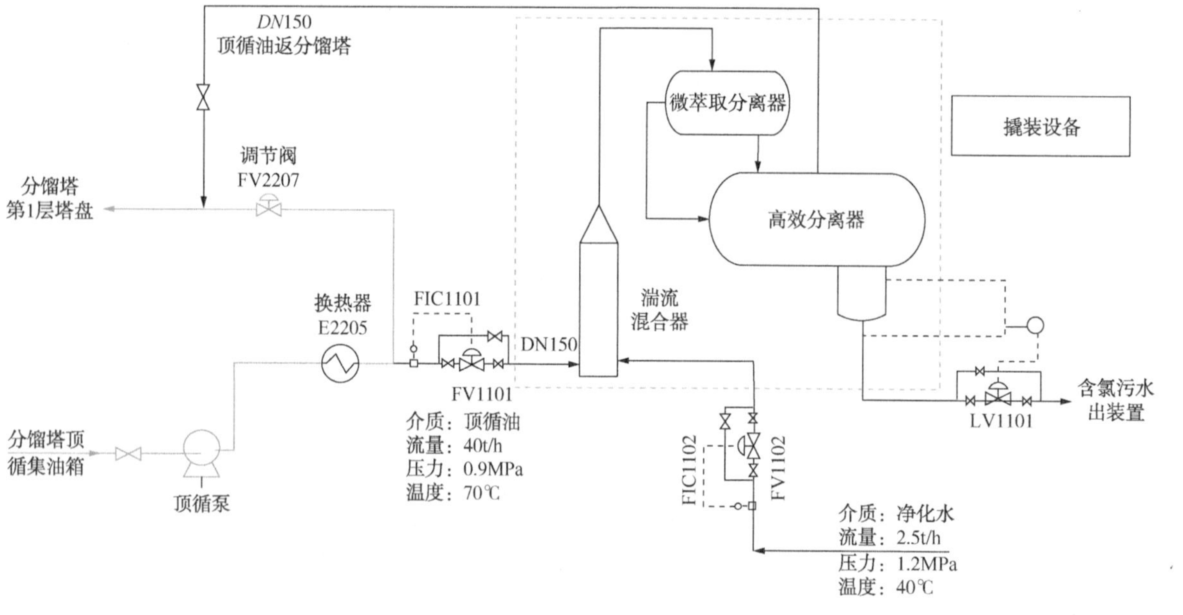

图 3　顶循油在线除盐设施流程图

4.2　顶循除盐设施技术指标

按照该重油催化裂化装置顶循油增设在线除盐设施技术协议的要求，顶循除盐脱氯撬装设备建成投用后不影响催化裂化装置规模和年操作时数，且达到以下指标可参考表 1：

① 年腐蚀速率：设备运行稳定(不超过 1 个月)后，分馏塔顶循环系统腐蚀速率小于 0.2mm/a；

② 脱后油中水含量小于 400μg/g，水相出口带油小于 200μg/g；

③ 氯离子脱除率：稳定运行后，无机态氯离子脱除率>80%或油中氯离子含量小于 2μg/g。

表 1　顶循除盐设施物料表

序号	名称	数量	来源与去向
1	顶循油/(t/h)	40(8FIC207 的 20%)	8FIC207 前，前手阀后
2	除盐水/(t/h)	油量的 3%~7%	P-208/1，2

4.3　顶循除盐设备试验结果

顶循除盐设备自 2022 年 5 月 25 日投用，如表 2 所示，除盐设备油路入口量一直在摸索中增加，设备用除盐水量也根据每天油、水的化验结果进行调整。

表 2　顶循除盐物料变化调整明细

日期	顶循除盐入口油/(t/h)	除盐水量/(t/h)	除盐水占顶循除盐入口油比值/%	进入除盐系统油占顶循油比值/%
05.25-05.26	20	1	5.00	16.77
05.26-05.30	22.5	1.2	5.33	18.75
05.30-05.31	25	1.2	4.80	20.83
05.31-06.06	30	1.5	5.00	25
06.06-06.20	34	2.1	6.18	27.20
06.20-06.22	33.5	1.7	5.07	19.70

经过近一个月的试验摸索，在对油路流量和除盐水量多次调整后，得到数据见表 3。从表 3 中数据可以得出，氯离子的脱除率基本上可以达到 80%，符合本装置顶循油增设在线除盐设施技术协议的要求。

表 3　运行至今较合理的顶循除盐入口油与出口油数据

样品名称	日期	氯含量/(μg/g)	水分/(μg/g)	氯离子脱除率/%
顶循除盐入口油	2022-05-30	1.9		47.37
顶循除盐出口油	2022-05-30	1	870	
顶循除盐出口油	2022-06-06	1.8	910	90.58
顶循除盐入口油	2022-06-06	19.1		
顶循除盐入口油	2022-06-09	165		99.39
顶循除盐出口油	2022-06-09	1	666	
顶循除盐入口油	2022-06-13	68		72.06
顶循除盐出口油	2022-06-13	19	935	
顶循除盐入口油	2022-06-15	44	629	85.45
顶循除盐出口油	2022-06-15	6.4	1279	
顶循除盐入口油	2022-06-21	32.3	2280	95.98
顶循除盐出口油	2022-06-21	1.3	860	

由图 4 可知，即便抽取较合理的数据，但是因未设计采样口，前期利用 8FIC207 前后入顶循除盐设施与顶循除盐设施返回油的放空进行采样，采样油中有明水存在，样品数据有波动，进而导致化验数据波动。因无原料油氯离子含量数据，尚不清楚是否是因为原料中氯离子含量的波动引起的波动。

表 4 为二催化柴油经罐区去柴油加氢精制装置加样数据，二催化柴油为全抽出，一定程度上可以反映出原料中氯离子的波动情况，二催化柴油中氯离子含量较平稳，但是二催化柴油经过罐区有静置时间，而顶循油存在氯离子富集，且顶循环流量越大，其中的水分停留时间越长，富集越多。即便原料油氯离子含量较平稳，顶循油中氯离子含量依然有波动的可能。

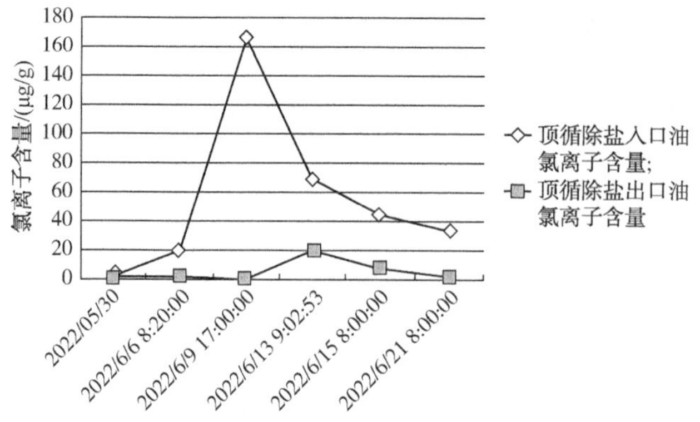

图 4　顶循除盐入口油与出口油中氯离子含量

表 4　二催化柴油经罐区去柴油加氢精制装置加样数据

样品名称	日期	氯离子含量/(μg/g)
二催化柴油	2022-06-10	0.9
二催化柴油	2022-06-13	0.5
二催化柴油	2022-06-14	0.8
二催化柴油	2022-06-17	0.4
二催化柴油	2022-06-20	0.6

前期采样的问题以及后期数据的波动，给氯离子脱除率带来了些许不确定，但是从顶循除盐外排水中氯离子含量图(见图 5)中可以看出，外排水中氯离子含量较高，证明一直有氯离子被洗出，且 2022 年 6 月 6 日开始陡然上升，与调整顶循除盐设施入口油流量和增加除盐水注入量的比例有直接关系，入除盐系统油占顶循油比值达到 27.2%，除盐水占顶循除盐入口油比值为 6.18%，加大了洗盐力度。以上化验数据分析可知，该顶循除盐设备运行效果良好，且除盐效果优于设备原设计参数。

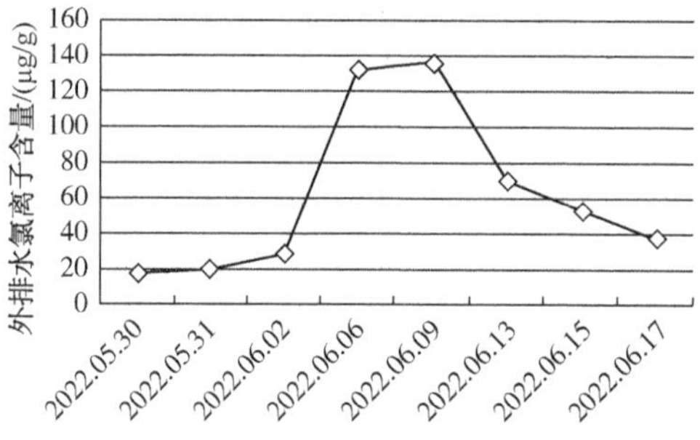

图 5　顶循除盐设施外排水中氯离子含量变化

从图 5 可以看出，在运行达到一定条件后，氯离子在外排水中的含量先是突升，在运行一段时间后达到平稳状态。外排水中氯离子含量能证明其洗盐效果，且如表 3 中化验数据表明也可以达到≥80%的氯离子脱除率。

4.4　其他防腐蚀措施

除顶循除盐设备之外，在分馏塔顶注入缓蚀剂和将材质升级也是顶循系统防腐的有效手段。在顶循系统内，换热器管束是腐蚀最为明显的设备，故除使用顶循除盐系统外，提高管束材质也是行之有效的方法之一。行业内企业试用证明，材质为 09Cr2A1MoRe 的稀土合金钢做成的管束在应对 H_2S 应力腐蚀情况时有明显的效果，在应对类似顶循系统低温硫腐蚀介质设备腐蚀情况效果明显。另外，如超级奥氏体不锈钢(如 904L)或高镍合金(如 Alloy 20 或 Alloy C-276)等特殊不锈钢，具有更好的耐氯化物腐蚀性能，适用于含有高浓度氯离子的环境。

5 结论

① 重油催化裂化装置在运行过程中，由于顶循油腐蚀和结盐问题，导致设备故障频发，严重影响装置的长周期稳定运行。顶循油除盐设施具有见效快、油中盐脱除率高等特点。济南炼化公司应用表明：当入除盐系统油占顶循油比值达到27.2%，除盐水占顶循除盐入口油比值为6.18%时，洗盐力度加大，设备接近设计工况，效果更佳。

② 顶循除盐设施投入运行后，外排水中氯离子含量显著上升，证明了氯离子被有效洗出。氯离子脱除率可以达到80%以上。此外，氯离子在外排水中的含量在运行达到一定条件后会先突升，然后逐渐达到平稳状态，这一现象进一步证明了顶循除盐设施在实际运行中的稳定性和可靠性。

③ 顶循除盐设备运行期间无需任何助剂，只需要在滤芯达到规定使用寿命后更换即可，可简单高效解决分馏塔顶循环系统腐蚀严重的问题。这一成果的取得，不仅提高了装置的运行效率和经济效益，也为相关领域的技术进步和产业升级提供了有力支撑。

参 考 文 献

[1] 郭辉．常压蒸馏装置塔顶系统腐蚀机理分析及措施[J]．石油化工腐蚀与防护，2017，34(4)：62-64.

[2] 陈俊．大榭石化常减压顶循油除盐脱氯设施运行分析[J]．价值工程，2018，37(22)：141-143.

[3] 侯继承，许萧．延迟焦化分馏塔除盐新技术的工业应用[J]．炼油技术与工程，2014(9)，13-16.

[4] 范利．在线除盐技术在常压塔顶循流程的应用[J]．石化技术，2020(10)：77-79.

[5] 张新昇，远继福．塔顶注水除盐系统在渣油加氢的应用[J]．炼油与化工，2021(4)：45-48.

[6] 束润涛，朱启鹏．耐 H_2S 腐蚀的09Cr2A1MoRe钢研制总结[J]．全面腐蚀控制，2001(5)：36-41.

催化裂化装置腐蚀分析及控制策略

包振宇[1]　佘　锋[2]　王　宁[1]　段永锋[1]

（1. 中石化炼化工程集团洛阳技术研发中心　河南洛阳　471003；
2. 中国石化工程建设公司　北京　100101）

摘　要　催化裂化装置作为重要的二次加工装置，其安全稳定运行直接关系到重油的充分利用和企业经济效益的提高。本文针对催化裂化装置运行过程中出现的腐蚀问题，系统分析了各个系统存在的主要腐蚀损伤机理及相应的应对措施，并提出了涵盖高温部位选材、低温部位腐蚀控制回路、设备设计及管道布置等方面的腐蚀控制策略。通过将腐蚀控制策略进行工业应用，催化裂化装置的腐蚀问题得到了有效改善，设备/管道的使用寿命得以明显提高。本研究为催化裂化装置的防腐蚀工作提供依据和参考，有助于企业提高装置的运行周期。

关键词　催化裂化；损伤机理；选材；工艺腐蚀；控制策略

1　引言

随着国内炼化企业生产装置服役时间的延长，以及原料劣质化、重质化的加剧，催化裂化装置的正常运行经受着日益严峻的考验。催化剂磨蚀与高温硫腐蚀、高温氧腐蚀同时发生、相互促进，对高温设备和管道造成破坏；低温部位的碱式酸性水腐蚀、氯化铵腐蚀等也使得减薄穿孔问题时有发生。本文基于催化裂化装置的典型工艺流程，综合分析了各部位可能发生腐蚀的损伤机理及应对措施，阐述了高温部位的选材依据，建立了重点部位的腐蚀控制回路，形成了关键参数的控制指标和腐蚀控制措施，旨在为装置的安稳长满优运行提供参考和借鉴作用。

2　催化裂化装置主要腐蚀损伤机理及分布

2.1　反应-再生系统

反应-再生系统是高温、多相流、高流速区共存的环境，腐蚀的主要类型包括高温氧化、催化剂及固体的冲蚀磨蚀、耐火材料退化、热应力引起的焊缝开裂、蒸发管的高温水浓缩应力腐蚀开裂和热应力腐蚀疲劳等。

2.1.1　高温氧化

主要发生在再生器内。应对措施包括：

① 合理选材：铬是影响耐氧化能力的主要合金元素，选材时铬含量需满足温度使用要求。硅和铝等其他合金元素也有同样效果，但因其对力学性能不利，添加量应控制。用于加热炉支架、烧嘴喷口和燃烧设备部件的特殊合金常添加这些元素。

② 保护层：涂敷耐氧化的表面保护层。

2.1.2　冲蚀磨蚀

包括催化剂及固体的冲蚀磨蚀。主要发生在提升管预提升蒸汽喷嘴、原料油喷嘴及再生器主风分布管、提升管出口快速分离设施、旋风分离系统、烟气和油气管道上的弯头、塞阀的阀头和滑阀的阀板、外取热器壳体及取热管、伸入设备内部的热电偶套管等。某企业沉降器翼阀舌形挡板因冲蚀磨蚀导致穿孔的形貌如图 1 所示。

应对措施包括：

① 优化设计：增加管道直径降低介质流速，采用流线型弯头，增加易冲蚀部位壁厚，设置易更换的防冲板等；

② 降低固含量：催化油浆中催化剂含量不应大于 6g/L[1]；

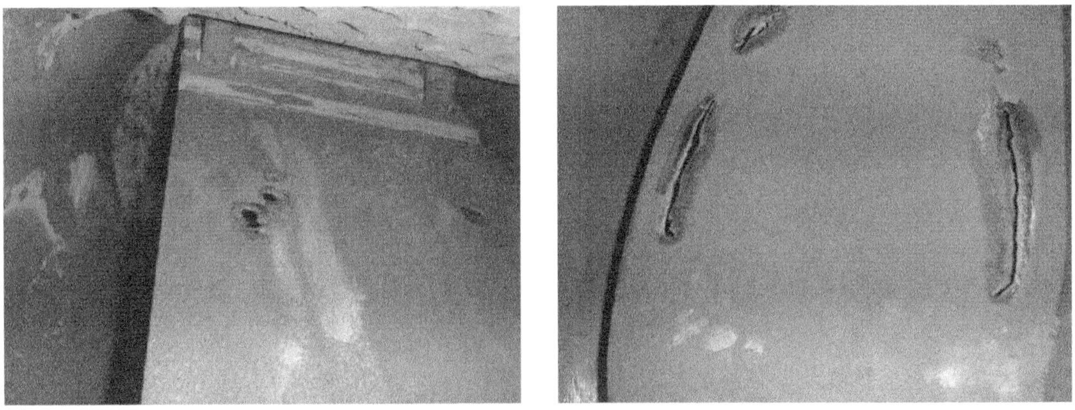

图 1　沉降器翼阀舌形挡板冲蚀磨蚀穿孔形貌

③ 合理选材：提高基体金属的硬度，采用耐蚀金属或合金，除气、注冷凝剂或添加缓蚀剂，增设耐磨衬里或进行表面强化处理[2]。

2.1.3　耐火材料退化

主要发生在反应-再生系统高温部位使用耐火材料的设备及管线、滑阀、内构件。某企业第二再生器再生催化剂出口斜管高温耐磨衬里因材料退化导致局部破损、脱落形貌如图 2 所示。

应对措施：选择合适的耐火材料、锚固件、填充物，并按照设计要求安装和使用。

2.1.4　热应力引起的焊缝开裂

主要发生在反应器和再生器罐体周围的管道，旋分料腿拉杆以及两端焊接固定的松动风管、测压管等[3]。某企业旋分挡板拉筋因热应力导致脱焊，形貌如图 3 所示。

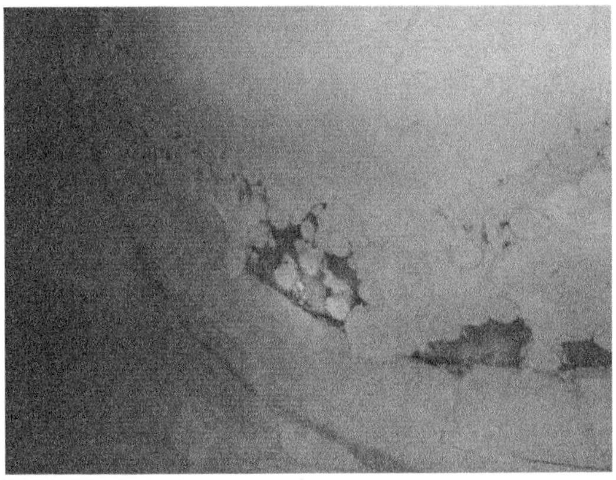

图 2　再生催化剂出口斜管高温耐磨衬里破损形貌

图 3　旋分挡板拉筋脱焊

应对措施包括：

① 优化设计，稳定操作：保证温度分布均匀，受力均匀；

② 异种金属焊接要求：选取适宜的焊料金属，使焊接接头热膨胀差异减小。

2.1.5　高温水浓缩应力腐蚀开裂和热应力腐蚀疲劳

主要发生于外取热器的蒸发管。应对措施包括：

① 控制水质：降低高温水中的 Cl^- 含量，并保证呈中性；

② 合理选择水温：设计时应充分考虑水的汽化问题，减少汽液两相同时出现的概率；

③ 添加衬里：选择耐高温、耐蚀衬里。

2.1.6　硝酸盐应力腐蚀开裂

主要发生在壁温低于露点温度的烟道及外取热器。应对措施包括：

① 保证设备工作温度在露点温度以上；

② 控制烟气中的水含量和 NO_x 含量；

③ 使用具备转硫、脱氮、助燃三种功能的催化剂。

2.2 分馏系统

分馏系统的腐蚀主要为高温硫腐蚀、油浆中固体的磨蚀、氯化铵腐蚀、碱式酸性水腐蚀、湿硫化氢损伤、碳酸盐应力腐蚀开裂等。其中，高温硫腐蚀也可出现在反应-再生系统的提升管反应器及再生斜管、吸收稳定系统的稳定塔底再沸器；油浆中固体的磨蚀参照 2. 1. 2 节。

2. 2. 1 高温硫腐蚀

主要发生在分馏塔中下部、高温换热器和高温管道。应对措施：确保材料中铬含量满足修正的 McConomy 曲线要求(见 3. 1. 2 节)，避免超温。

2. 2. 2 氯化铵腐蚀

主要发生在分馏塔顶循至塔顶区域的塔内壁，以及顶循系统换热器和相应连接管道。某企业分馏塔顶循附近塔盘和塔内壁发生氯化铵腐蚀后的形貌如图 4 所示。应对措施包括：

① 原料及工艺控制：根据原料氯和氮含量，计算氯化铵结晶温度，塔顶操作温度应高于该结晶温度，否则应降低原料氯和氮含量[4]；

② 顶循除盐：增设顶循除盐设施，移除顶循油中携带的氯化铵盐[5]。

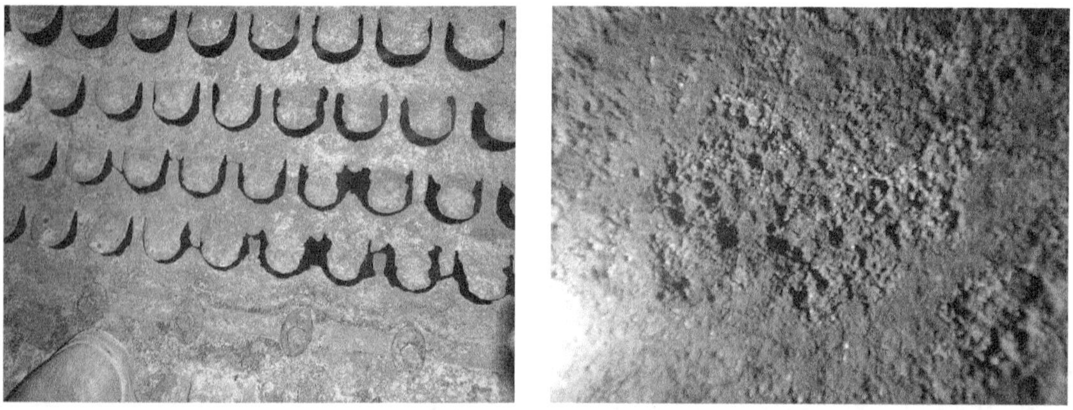

图 4　分馏塔顶循附近塔盘及塔内壁氯化铵腐蚀形貌

2. 2. 3 碱式酸性水腐蚀及湿硫化氢损伤

主要发生在分馏塔顶冷凝冷却系统的设备和相应连接管道。某企业分馏塔顶油气/热媒水换热器管束的腐蚀形貌如图 5 所示。应对措施包括：

① 合理选材：根据介质环境，选用合适的抗 HIC 钢，提高材质纯度，并控制焊缝和热影响区的硬度不超过 HB200，对焊接接头部位进行焊后热处理，也可设置防腐涂层或升级材质为 400 系列不锈钢；

② 注水：稀释腐蚀性介质的浓度，尤其是氢氰酸；

③ 注缓蚀剂：选用成膜型缓蚀剂，减少氰化物的影响[6,7]。

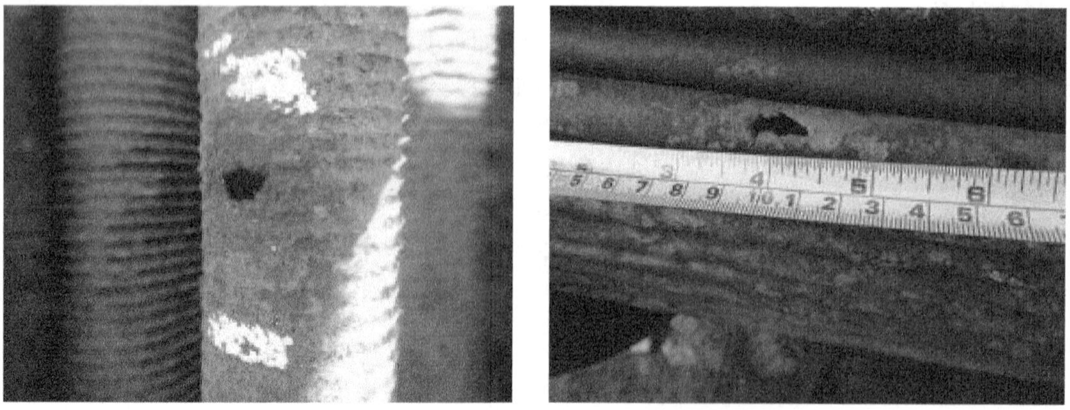

图 5　分馏塔顶油气/热媒水换热器管束腐蚀穿孔

2.2.4 碳酸盐应力腐蚀开裂

主要发生在分馏塔顶冷凝冷却和回流系统的设备和相应连接管道。应对措施包括：

① 材料处理：对焊接接头（包括补焊接头，内、外部构件焊接接头）进行消除应力热处理，在材料内部涂覆有效的阻隔涂层；

② 合理添加缓蚀剂：选用偏钒酸盐可防止开裂，但应注意用量和氧化变质情况。

2.3 吸收稳定系统

吸收稳定系统的腐蚀损伤机理主要包括：碱式酸性水腐蚀、湿硫化氢损伤、碳酸盐应力腐蚀开裂、热应力腐蚀疲劳。其中，碱式酸性水腐蚀和湿硫化氢损伤主要发生在富气压缩及冷凝系统、吸收塔和脱吸塔筒体及相应连接管道、稳定塔顶及冷凝冷却系统设备及管道；碳酸盐应力腐蚀开裂主要发生在富气压缩冷凝系统；热应力腐蚀疲劳主要发生在稳定塔再沸器。上述腐蚀损伤机理参照2.1和2.2节。

某企业吸收塔下部筒体（Q245R+06Cr13）内壁腐蚀形貌如图6（a）所示，脱吸塔底封头（Q345R）内壁腐蚀形貌如图6（b）所示。

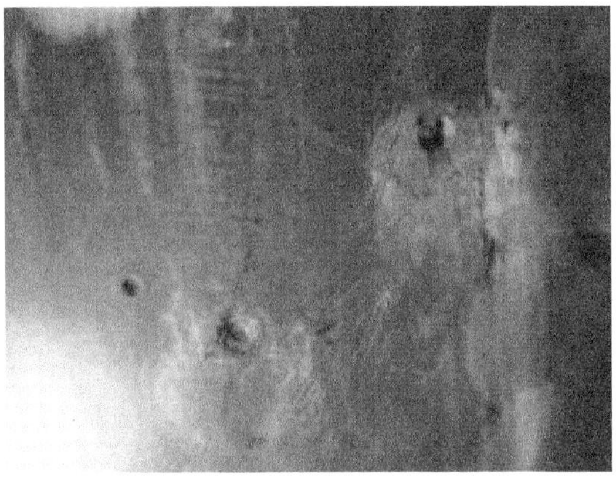

(a)吸收塔底部筒体内衬蚀坑

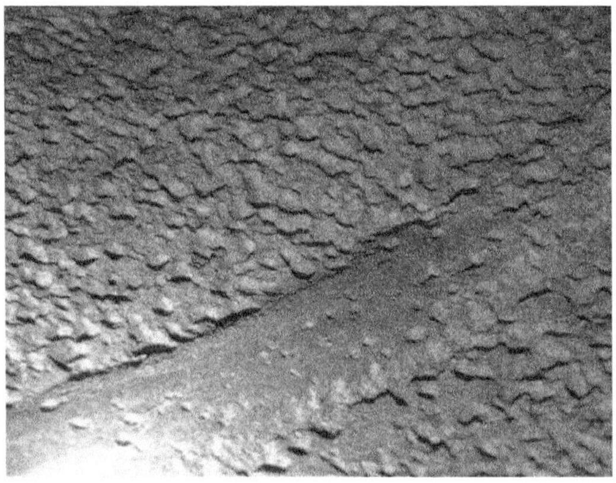

(b)脱吸塔底封头蚀坑

图6 吸收稳定系统碱式酸性水腐蚀案例

2.4 能量回收系统

能量回收系统的腐蚀主要是高温烟气中催化剂及固体的冲蚀磨蚀、烟气露点腐蚀以及Cl^-引起的奥氏体不锈钢应力腐蚀开裂。

2.4.1 烟气露点腐蚀

主要发生在再生烟气余热回收设备及烟囱。应对措施包括：

① 温度：保证锅炉和加热炉的金属壁温高于硫酸露点温度；

② 材料：使用碳钢时应增加壁厚，在露点腐蚀严重区域添加耐蚀衬里[8]。

2.4.2 氯化物应力腐蚀开裂

主要发生在膨胀节的波纹管。某企业304不锈钢波纹膨胀节出现贯穿性裂纹，如图7所示。

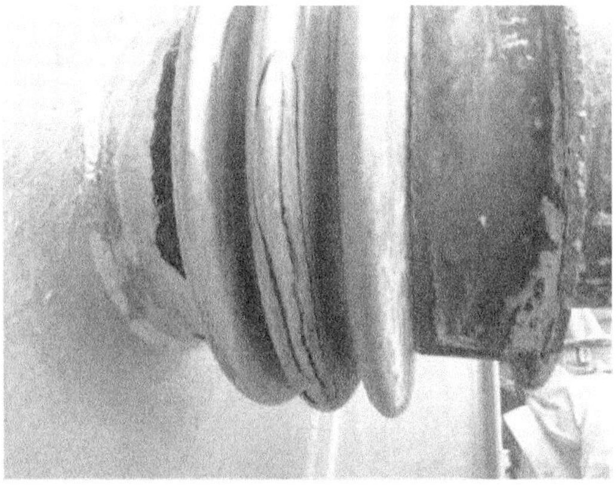

图7 余热锅炉波纹管膨胀节开裂形貌

应对措施包括：

① 材质：选用耐氯化物应力腐蚀开裂能力较强的合金；

② 结构设计：对于易出现氯化物应力腐蚀开裂的部位，尽量避免出现介质流动的死角或低流速区；

③ 应力：对300系列不锈钢制作的部件进行固溶处理，对稳定化奥氏体不锈钢进行稳定化处理消除残余应力，但应注意热处理可能引起的敏化会增大材料的连多硫酸应力腐蚀开裂敏感性、变形以及再热裂纹；

④ 表面处理：降低材料表面粗糙度，防止机械划痕、擦伤和麻点坑等，减少氯化物聚集，或在材

料表面涂覆耐蚀涂层。

3 催化裂化装置腐蚀控制方法

3.1 高温部位选材

为避免催化裂化装置高温部位出现腐蚀或损伤，需要依照相关标准合理选材。本节主要讨论高温氧化和高温硫腐蚀。

3.1.1 高温氧化

高温氧化在482℃以下基本不发生或可忽略，不同金属材料在高温下的氧化腐蚀速率如图8所示[9]。对于催化裂化装置的高温部位，如再生器内构件，选用300系列不锈钢(如304)可以取得较好的耐高温氧化效果。

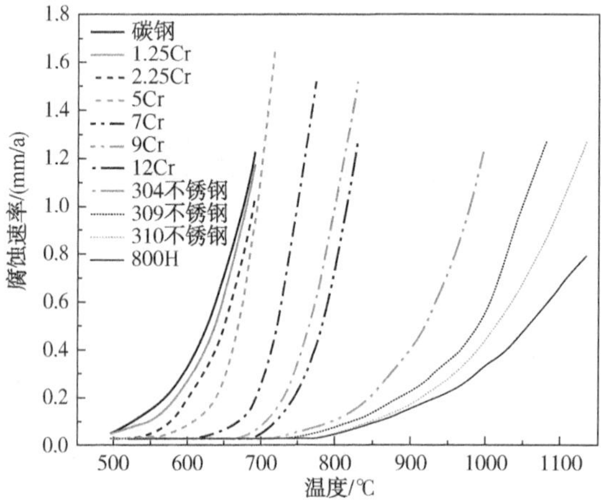

图8 金属在不同温度下的高温氧化速率

3.1.2 高温硫腐蚀

普遍认为发生高温硫腐蚀的临界温度为260℃[10]。催化裂化装置的高温硫腐蚀严重程度主要与原料油中硫化物的种类和活性有关，并且在分馏塔汽提效果不理想时，会增大塔底的高温硫腐蚀程度。目前选材的主要依据为修正的McConomy曲线，如图9所示，但对于分馏塔底系统的实际腐蚀程度而言，其预期腐蚀速率较为保守[11,12]。

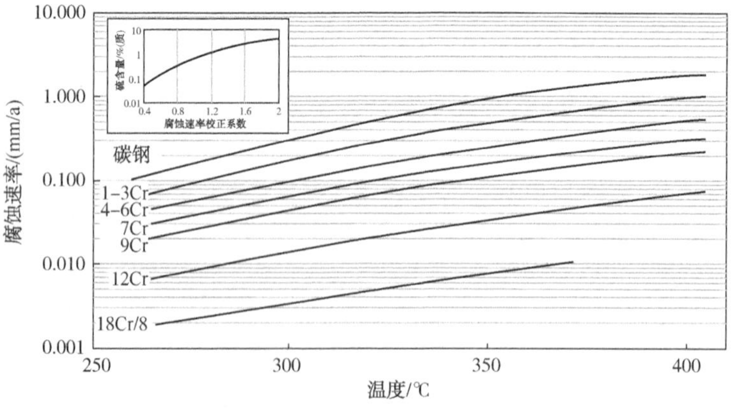

图9 修正的McConomy曲线

(图中曲线为硫质量分数0.6%，其他硫含量见校正系数图)

3.2 典型腐蚀控制回路

低温部位的腐蚀控制，主要依赖于工艺防腐实现。本节基于腐蚀回路和完整性操作窗口的理念，建立典型低温部位的腐蚀控制回路，形成包括设备/管道信息、操作参数和工艺防腐参数等在内的管控清单，将其集成在同一操作窗口内进行管理，便于腐蚀状态的监控和工艺防腐措施的有效实施。

3.2.1 分馏塔顶冷凝冷却系统

分馏塔顶冷凝冷却系统的腐蚀以碱式酸性水腐蚀和氯化铵腐蚀为代表。腐蚀控制手段为注水、注缓蚀剂，以及增设顶循除盐设施等。腐蚀控制回路图如图 10 所示。

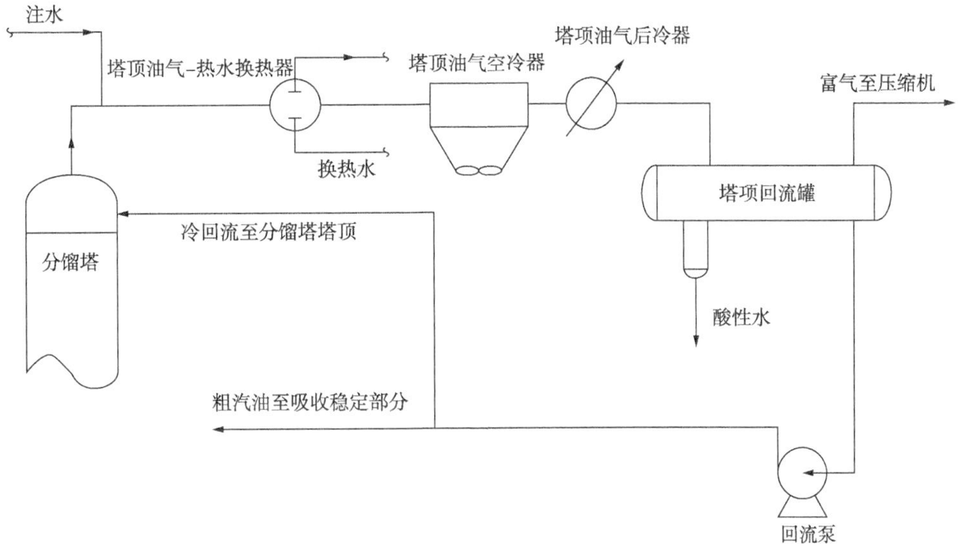

图 10 分馏塔顶系统腐蚀控制回路

3.2.1.1 相关设备管道

系统主要设备如表 1 所示，主要管道如表 2 所示。

表 1 分馏塔顶系统主要设备

设备名称	材质(示例)	设备名称	材质(示例)
分馏塔	筒体：16MnR+0Cr13 塔盘：0Cr13	塔顶油气空冷器	管束：09Cr2AlMoRE
		塔顶油气冷却器	壳体及管箱：20R 管束：10(波纹管)
塔顶油气-热水换热器	壳体及管箱：20R 管束：09Cr2AlMoRE(波纹管)	塔顶回流罐	筒体：20R

表 2 分馏塔顶系统主要管道

管道名称	材质
分馏塔顶油气自分馏塔至塔顶油气-热水换热器前总管	20#
分馏塔顶油气自塔顶油气-热水换热器后总管至空冷器前总管	20#
分馏塔顶油气自塔顶油气空冷器后总管至塔顶油气冷却器前总管	20#
分馏塔顶油气自塔顶油气冷却器后总管至塔顶回流罐	20#
酸性水自塔顶回流罐来	20#
富气自塔顶回流罐来	20#
粗汽油自塔顶回流罐至回流泵	20#
粗汽油自回流泵至吸收塔	20#

3.2.1.2 工艺防腐措施

① 核算塔顶油气中水露点温度，控制塔顶内部操作温度高于水露点温度 14℃以上。

② 注水：

注入部位：分馏塔顶出口管线。

注水水质：本装置含硫污水、净化水或除盐水，水质具体指标要求见表 3。

表 3　注水水质指标

成分	最高值	期望值	分析方法
氧/(μg/kg)	50	15	HJ 506
pH 值	9.5	7.0~9.0	GB/T 6920
总硬度/(μg/g)	1	0.1	GB/T 6909
溶解的铁离子/(μg/g)	1	0.1	HJ/T 345
氯离子/(μg/g)	100	5	GB/T 15453
硫化氢/(μg/g)	—	小于 45	HJ/T 60
氨氮/(μg/g)	—	小于 100	HJ 535 HJ 536 HJ 537
CN^-/(μg/g)	—	0	HJ 484
固体悬浮物/(μg/g)	2	0.2	GB 11901

用量：控制排水 pH 值小于 8.5。

注入方式：采用可使注剂分散均匀的喷头，喷射角度以不直接冲击管壁为宜。

③ 必要时可加注缓蚀剂。

注入部位：塔顶油气管线。

用量：推荐不超过 20μg/g(相对于塔顶总流出物，连续注入)。

注入方式：采用可使注剂分散均匀的喷头，喷射角度以不直接冲击管壁为宜。若为油溶性缓蚀剂，可采用石脑油作为溶剂。

分馏塔顶回流罐中冷凝水的控制指标：总含铁量≤3mg/L。

3.2.1.3　关键控制参数

分馏塔顶冷凝冷却系统关键参数及推荐控制范围如表 4 所示，关键参数超标后的相关推荐措施见表 5。

表 4　分馏塔顶冷凝冷却系统关键参数

参数名称	推荐上限值	推荐下限值
分馏塔顶温度/℃	—	露点温度+14
塔顶回流罐排水铁离子/(μg/g)	3	—
塔顶回流罐排水氯离子/(μg/g)	30	—

表 5　关键参数超标后推荐操作

参数名称	超标状态	推荐操作
分馏塔顶温度	超下限	升高塔顶温度至露点温度+14℃以上
塔顶回流罐排水铁离子	超上限	核算并注入适宜水量，增加缓蚀剂注入量
塔顶回流罐排水氯离子	超上限	控制注水水质

3.2.2　富气压缩机冷凝冷却系统

富气压缩机冷凝冷却系统的腐蚀损伤以碱式酸性水腐蚀和湿硫化氢损伤为代表。腐蚀控制手段为注水，必要时可加注缓蚀剂。为了更好地对工艺防腐进行管理，建立富气压缩机冷凝冷却系统腐蚀控制回路，如图 11 所示，实时监控各工艺操作参数。

3.2.2.1　相关设备管道

富气压缩机冷凝冷却系统涉及的主要设备如表 6 所示，主要管道如表 7 所示。

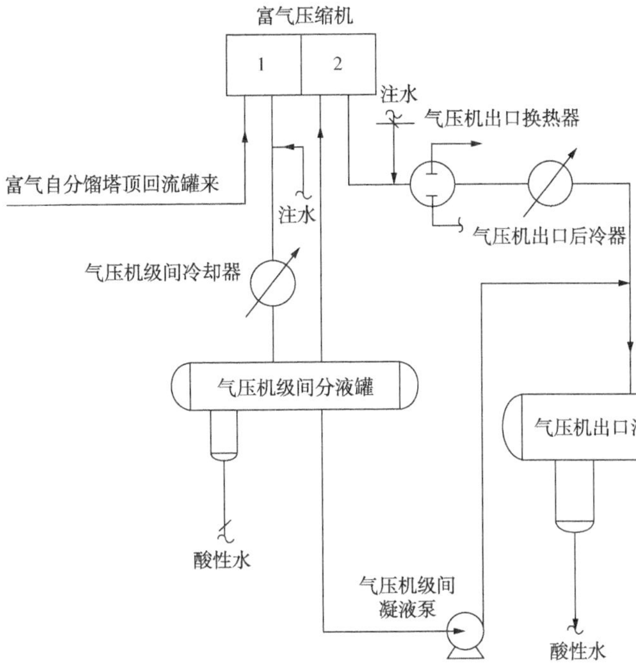

图 11　富气压缩机冷凝冷却系统腐蚀控制回路

表 6　富气压缩机冷凝冷却系统主要设备

设备名称	材质	设备名称	材质
气压机级间冷却器	壳体及管箱：Q345R 管束：10#	气压机出口后冷器	壳体及管箱：Q245R 管束：09Cr2AlMoRE
气压机级间分液罐	筒体：Q345R(R-HIC)	气压机出口油气分离器	Q345R
气压机出口换热器	壳体及管箱：Q245R 管束：09Cr2AlMoRE		

表 7　富气压缩机冷凝冷却系统主要管道

管道名称	材质
富气自塔顶回流罐至压缩机	20#
富气自压缩机至级间冷却器	20#
富气自级间冷却器至级间分液罐	20#
富气自级间分液罐至压缩机	20#
富气自压缩机至压缩富气-除盐水换热器	20#
富气自压缩富气-除盐水换热器至压缩富气冷凝冷却器	20#
富气自压缩富气冷凝冷却器至气压机出口油气分离器	20#
富气自气压机出口油气分离器至吸收塔	20#

3.2.2.2　工艺防腐措施

① 注水：

注入部位：富气压缩机出口管线。

注水水质：本装置含硫污水、净化水或除盐水，水质符合规定要求。

用量：控制排水 pH 值小于 8.5。

注入方式：采用可使注剂分散均匀的喷头，喷射角度以不直接冲击管壁为宜。

② 必要时注缓蚀剂：

注入部位：富气压缩机出口注水线。

类型：建议选用成膜性缓蚀剂。

注入方式：随注水一同注入，可预先在注水罐中混合均匀。

3.2.2.3　关键控制参数

富气压缩机冷凝冷却系统关键参数及推荐控制范围如表8所示，关键参数超标后的相关推荐措施见表9。

表8　富气压缩机冷凝冷却系统关键参数　μg/g

参数名称	推荐上限值	推荐下限值
气压机出口油气分离器排水铁离子	3	—
气压机出口油气分离器排水氯离子	30	—

表9　关键参数超标后推荐操作

参数名称	超标状态	推荐操作
气压机出口油气分离器排水铁离子	超上限	增加注水量或使用缓蚀剂
气压机出口油气分离器排水氯离子	超上限	控制注水水质

3.3　其他腐蚀控制措施

3.3.1　换热设备结构设计

分馏塔顶油气-热水换热器，主要腐蚀位置集中在介质入口部位，形成严重结垢以及腐蚀问题，采用防冲板能够有效地减缓腐蚀。光管比螺纹管/波节管/缠绕管等形式的换热管能够减缓结垢，从而降低腐蚀概率。

稳定塔底重沸器常因介质汽化导致振动，增大换热管直径和换热管间距，能够提高管子的固有频率，可减少振动问题。采用间距较小的折流杆或增大折流板的缺口面积，能够有效降低换热管的诱导振动问题。换热管和管板的连接形式采用强度胀加密封焊，或者强度胀加强度焊，能够提高管接头的连接强度，减少管接头的泄漏风险[13]。

3.3.2　管道布置方式

催化裂化装置分馏塔顶管道布置上，宜采用对称布置，尽可能降低偏流的影响；分馏塔顶油气-热水换热器前注水点宜设置在支管上，确保注入量均匀。

3.3.3　金属表面处理

高温硫腐蚀环境且伴有冲刷时，可考虑采用化学镀的方法，提高金属的耐蚀能力，如镍磷合金镀层，硬度可达HV500左右，采用重铬酸盐对镀层进行钝化处理，可进一步提高其耐蚀能力。

4　腐蚀控制应用效果验证

4.1　高温部位选材

A企业催化裂化装置2006年装置投用，设计硫含量0.5%(质)，实际控制在0.38%~0.49%(质)。

分馏塔底油浆管线、回炼油管线以及其他高温(280℃)管线，全部选用Cr5Mo，运行18年没有发现明显腐蚀减薄。

B企业催化裂化装置1978年投用，装置硫含量设计值1.0%(质)，实际控制在0.80%~0.95%(质)。设计之初，分馏塔底材质采用Q245R，2004年分馏塔整体更换，筒体采用Q345R+410S，塔盘采用304，运行20年没有发现明显腐蚀减薄。

4.2　低温部位工艺控制

C企业共有两套催化裂化装置，其中Ⅰ催化采用双提升管技术，主副分馏塔顶冷凝冷却系统发生严重腐蚀，12台一级换热器8台发生泄漏；Ⅱ催化采用单提升管技术，分馏塔顶未发生腐蚀。分析发现，Ⅱ催化分馏塔顶温度高于水露点温度25℃，且实际注水量满足注入点25%液态水要求；而Ⅰ催化主、副分馏塔均不符合工艺防腐蚀要求。

按照3.2.1节的腐蚀控制方法，通过控制Ⅰ催化主、副分馏塔顶温度高于水露点温度14℃，并将一级换热器管程入口的注水量提高至满足注入点25%液态水要求，腐蚀泄漏再也没有发生。具体工艺防腐蚀数据如表10所示。

表10　两套催化裂化装置分馏塔顶工艺防腐数据

设备名称	塔顶水分压/kPa	露点温度/℃	塔顶温度控制/℃	实际注水量/(t/h)	25%液态水注水量/(t/h)
Ⅰ催化主分馏塔	125	106	120	5	7.1
Ⅰ催化副分馏塔	153	112	126	2.5	5.2
Ⅱ催化分馏塔	104	101	126	10	9.2

5　结论

① 催化裂化装置的腐蚀和损伤主要分为：高温部位的高温氧化、高温硫腐蚀、冲蚀磨蚀、热应力开裂等，主要通过合理的选材、优化结构设计和规范焊接工艺进行防范；低温部位的碱式酸性水腐蚀、氯化铵腐蚀、湿硫化氢损伤、烟气露点腐蚀等，主要通过温度控制、注水等工艺防腐蚀手段进行缓解。

② 通过对高温部位进行选材适应性研究，在低温部位建立腐蚀控制回路，形成了针对催化裂化装置的腐蚀控制方法。工业实践证明，腐蚀控制方法能够有效缓解装置的腐蚀问题，对于保障装置安稳长满优运行具有重要意义。

参　考　文　献

[1] 高春杰，胡阳国，张宏伟．油浆系统堵塞原因分析及改进措施[J]．四川化工，2012(4)：24.

[2] 王海，吴艳萍．重油催化裂化装置卸剂线腐蚀分析及改造[J]．化工管理，2020(9)：161.

[3] 张俊猛，肖扬，孟令栋，等．浅析渣油催化裂化装置腐蚀与防护[J]．装备环境工程，2020，17(11)：45-50.

[4] 马赟．重油催化裂化装置分馏塔结盐原因分析及对策[J]．化工机械，2023，50(3)：427-432.

[5] 闫学旭．重油催化裂化分馏塔顶循氯化铵的腐蚀控制措施及效果分析[J]．中外能源，2021，26(5)：81-82.

[6] 谢晓东，熊卫国．催化裂化分馏系统腐蚀分析及控制[J]．石油化工腐蚀与防护，2016，33(6)：63-64.

[7] 李凤宇，李超，崔问师，等．催化裂化装置分馏系统腐蚀分析及对策[J]．石油和化工设备，2020，23(8)：110.

[8] 许兰飞，刘希武，崔新安．催化裂化烟气湿法脱硫装置的腐蚀问题及防护对策[J]．腐蚀与防护，2021，42(1)：75-77.

[9] API. Risk-based inspection methodology：API RP 581[S]. Washington D.C.：American Petroleum Institute，2020：2.B68-2.B70.

[10] API. Guidelines for avoidingsulfidation(sulfidic)corrosion failures in oil refineries：API 939C[S]. Washington D.C.：American Petroleum Institute，2019：1-9.

[11] 朱俊峰．催化裂化装置油浆系统腐蚀分析与防护措施[J]．石油化工腐蚀与防护，2021，38(6)：31.

[12] 余锋，宗瑞磊，张迎恺．催化裂化装置分馏塔底系统高温部位腐蚀和选材分析[J]．安全．健康和环境，2020，20(11)：65-68.

[13] 余锋．催化裂化装置稳定塔底重沸器管束腐蚀和选材分析[J]．石油化工设备技术，2023，44(1)：31-34.

汽油吸附脱硫装置腐蚀问题分析及预防对策

李晓炜[1]　宗瑞磊[2]　王　宁[1]　段永锋[1]

（1. 中石化炼化工程集团洛阳技术研发中心　河南洛阳　471003；
2. 中国石化工程建设有限公司　北京　10010）

摘　要　随着国家环保要求的不断提高，对车用燃油中的有害物及相关的质量控制指标提出了更高的要求，S Zorb 脱硫技术已成为提高燃油产品质量的主流。近年来国内炼化企业新建的多套 S Zorb 装置，陆续出现反应系统吸附剂颗粒冲刷腐蚀泄漏、原料换热器结焦堵塞、循环氢系统结盐等问题，通过梳理 S Zorb 装置典型腐蚀失效案例，分析问题的主要原因，提出内壁烧结刚玉耐磨内衬层、适当降低气速减少冲刷腐蚀，降低原料油胶质含量、引入抗氧、防焦、阻聚能力的原料阻垢剂避免结焦，减少重整氢源、加强临停水洗避免氯化铵结盐等改进措施及建议，为装置的长周期稳定运行提供技术保障。

关键词　汽油吸附脱硫装置；腐蚀分析；冲蚀；结焦；氯化铵

1　前言

随着汽车工业的发展和汽车保有量的增加，汽车尾气排放的有害物（SO_x、CO、NO_x、VOC 和 PM）对大气的污染日益为人们所重视，各国对车用汽油规格如氧含量、蒸气压、苯含量、芳烃总含量、沸点、烯烃含量及硫含量等指标的要求日益提高。降低成品车用汽油的硫和烯烃含量，可有效地减少汽车尾气中有害物的排放量。因此，我国不仅制定了日益严格的《汽车尾气排放标准》，并对车用燃油（汽油、柴油）中的有害物（硫、烯烃、芳烃/多环芳烃）及相关的质量控制指标提出了更高的要求。汽油中的硫和烯烃基本上都来自催化裂化汽油组分，其特点是硫含量高，烯烃含量高，且随着催化裂化加工原料的重质化，将使其汽油中的硫和烯烃含量进一步提高，从而导致成品车用汽油中的硫含量提高，直接增加汽车尾气中的 SO_x 排放，使汽车尾气转化器中催化剂中毒，并导致汽车尾气排放出的 CO、NO_x 和 VOC 增加[1,2]。

S Zorb 脱硫技术基于吸附作用原理对汽油进行脱硫，通过吸附剂选择性地吸附含硫化合物中的硫原子达到脱硫目的，脱硫后的汽油产品能够满足排放标准的要求[3]。近年来国内炼化企业新建的多套 S Zorb 装置，陆续出现反应系统吸附剂颗粒冲刷腐蚀泄漏、原料换热器结焦堵塞、循环氢系统结盐等问题，严重影响装置的安全稳定运行，影响企业经济效益。通过梳理 S Zorb 装置典型腐蚀失效案例，分析问题的主要原因，提出改进措施及建议，为装置的长周期稳定运行提供技术保障。

2　S Zorb 装置的工艺流程

S Zorb 装置主要包括进料与脱硫反应、吸附剂再生、吸附剂循环和产品稳定四个部分。进料与脱硫反应系统是将原料汽油和氢气混合加热后汽化送入反应器进行脱硫反应；吸附剂再生系统是将吸附了硫的待生吸附剂在再生器内氧化再生，恢复其脱硫活性；吸附剂循环系统是装置的关键和核心部分，通过闭锁料斗的操作，将反应器内的待生吸附剂送往再生器，再将再生器内的再生吸附剂送往反应器，完成吸附剂的反应———再生循环；产品稳定系统是将脱硫后的汽油产品通过稳定塔，将液化气和轻烃组分从塔顶排出，得到稳定后的合格汽油产品，并送出装置。

3　S Zorb 装置腐蚀流程分析

炼化装置涉及的材料损伤形式通常包括 63 种，编号①到63[4]。S Zorb 装置涉及的材料损伤形式共有 11 种，如表 1 所示。图 1 为 S Zorb 装置工艺流程图上标出相关材料的损伤形式。其中进料与脱硫反应单元高温部位材质主要采用不锈钢、铬钼钢或不锈钢堆焊层，主要损伤模式包括高温硫腐蚀、蠕变、高温氢损伤、高温氧化、回火脆化、氢脆、过热、脆断、再热裂纹，发生部位包括进料换热器、进料加热器、脱硫反应器及其相连管道。吸附剂再生单元和吸附剂循环单元主要损伤模式包括高温氢损伤、冲蚀、氢脆，发生部位包括反应器接收器、再生器接收器、再生器及其相连管道。产品稳定单元主要损伤模式为循环水腐蚀，发生部位包括稳定塔顶后冷器、产品冷却器及其相连管道。

表1　S Zorb 装置主要损伤机理及分布

序号	损伤机理	代码	影响部位
1	高温硫腐蚀	①	进料换热器、进料加热炉、脱硫反应器及其相连管道
2	蠕变	③	进料加热炉及其相连管道
3	高温氢损伤	⑩	进料换热器、反应器接收器及其相连管道
4	高温氧化	⑪	进料加热炉及其相连管道
5	回火脆化	⑯	脱硫反应器及其相连管道
6	冲蚀	⑳	反应器接收器、再生器接收器、再生器及其相连管道
7	氢脆	㉕	进料换热器、进料加热炉、脱硫反应器、反应器接收器、再生器及其相连管道
8	过热	㉚	进料加热炉及其相连管道
9	脆断	㉛	脱硫反应器及其相连管道
10	再热裂纹	㉟	脱硫反应器及其相连管道
11	循环水腐蚀	㊾	稳定塔顶后冷器、产品冷却器及其相连管道

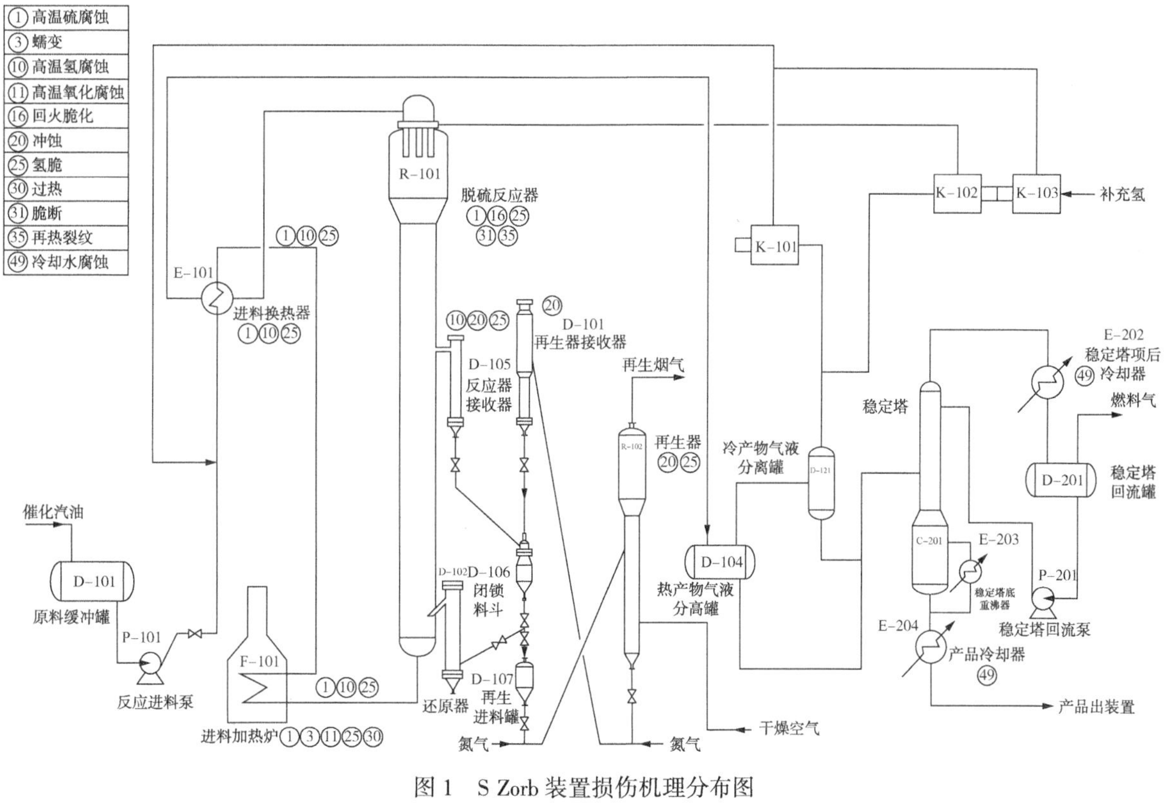

图1　S Zorb 装置损伤机理分布图

4　腐蚀案例分析

4.1　反应器气相返回管线腐蚀泄漏

某石化企业新建 S Zorb 装置投产连续运行 11 个月后，位于反应器与接收器之间的反应器返回管线发生腐蚀泄漏，且之后半个月内同一管线的其他 2 个弯头部位也相继发生腐蚀泄漏。该管线内介质主要为油气、氢气和吸附剂，运行温度为 410℃、压力 3. 1MPa，管线材质为 P11，原始壁厚 14mm。图 2 所示为管线失效部位宏观形貌，腐蚀减薄和泄漏部位均位于管道外弯侧，呈冲蚀坑洞状，直管段和弯头内弯侧冲蚀较轻微。气相返回管线腐蚀原因主要是由于介质中含有大量的吸附剂固体颗粒，在压力输送过程中固体颗粒会对管道内壁造成较为严重的冲蚀，相对于直管段，弯头部位的磨损率高达 50 倍以上，冲蚀受气速、固体颗粒粒径、弯径比等多种因素共同影响。固体颗粒流经弯头部位时会出现频繁的碰撞反弹，冲蚀部位基本位于外弯中心侧 70°范围内，呈现典型的区域性分布，最终在外弯侧发生腐蚀泄漏[5-7]。

4. 2 原料换热器结焦

某石化企业 S Zorb 装置开工运行半年后，原料换热器管程压差呈现快速增长趋势，由最初的 70kPa 增长至 320kPa，且管程出口温度大幅度下降，由开工初期的 372℃下降至 342℃，初步推断为换热器管程内部结焦导致，如图 3 所示。通过对垢样进行化学分析，其主要成分为焦炭，质量分数高达 65%以上，其余为铁、硫、氧等元素组成的化合物。原料换热器结焦原因主要包括以下几个方面：①催化稳定汽油中胶质、二烯烃在换热高温部位发生缩合、聚合反应，导致积炭；②换热器灌输在线清洗不彻底，垢物累积导致系统压降增大；③原料过滤器精度不足导致原料中携带的杂质吸附在管束内壁，成为生焦载体[8,9]。

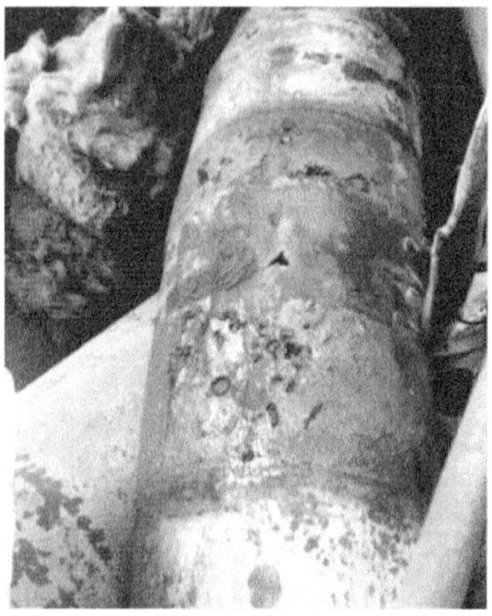

图 2　气相返回管线失效部位宏观形貌

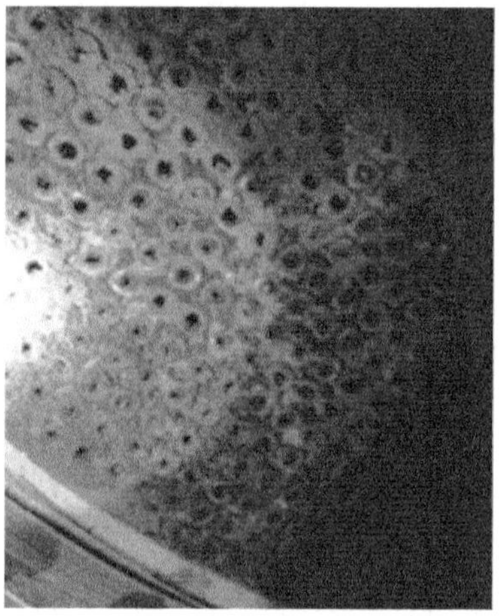

图 3　原料换热器管束结焦堵塞宏观形貌

4. 3 氢气管线结盐

S Zorb 装置循环氢系统结垢导致反应所需氢气及用于硫化转剂氢气均受到影响，会严重危及装置的正常生产。某石化企业 S Zorb 装置生产运行过程中循环氢流量由 5800Nm³/h 下降至 4170Nm³/h，采取控制阀开度增大等措施后效果不明显，拆开控制阀后发现阀体内部堵塞严重，套筒内存在大量白色垢物，送样化验分析结果显示：白色垢物易溶于水，其中氨氮含量 287mg/L、硫化物含量 0. 401mg/L、氯离子含量 2600mg/L，初步确定白色垢物主要为 NH_4Cl 盐。通过对装置原料油及循环氢分析可知，原料油中氮含量为 45mg/kg、氯含量<0. 5mg/kg，装置循环氢中氯化氢含量为 1. 4mg/kg，此时氢源重整氢气中氯化氢含量高达 0. 78mg/kg，切换氢源为制氢装置氢气后循环氢中氯化氢含量降为 0. 38mg/kg，因而推断 NH_4Cl 盐的形成源自重整装置氢源。其主要原因为重整装置采用含氯型催化剂四氯乙烯，氯化过程中氯流失进入循环氢系统，最终导致 S Zorb 装置循环氢中氯化氢积聚并在降温过程中与 NH_3 结晶生成 NH_4Cl 盐[10,11]。

5　措施及建议

① 针对反应器气相返回管线冲刷腐蚀问题可采用弯头内壁烧结刚玉耐磨内衬层、适当降低气速（维持在 900~1000m³/h 为宜）、增大管径提升吸附剂运行空间从而降低吸附剂之间的碰撞动能等措施，

同时加强管道特别是弯头部位壁厚的日常检测工作。

② 针对原料换热器结焦堵塞问题可采用合理控制焦化汽油进入催化装置掺炼比例、降低罐区汽油停留时间等措施降低催化汽油胶质含量；提高换热器管束清洗压力(由原来的40MPa提高至60MPa)确保清洗效果；采用具有抗氧、防焦、阻聚能力的原料阻垢剂避免胶质聚集以及烯烃发生缩合反应达到抑焦阻垢的目的。

③ 针对氢气管线结盐问题建议采用减少重整氢源的用量，及时关注循环氢流量、过滤器压差等异常情况，必要时采取临停消缺水洗等措施。

参 考 文 献

[1] 宁玮，彭晨，张学恒，等.S Zorb汽油精制脱硫装置运行常见问题分析及解决方法[J]. 石油炼制与化工，2018，49(3)：6.

[2] Yu S，Yang W，Hongjun Y，et al. Failure Analysis of Weld Cracks of Flue Gas Elbow of S-Zorb Unit[J]. Corrosion & Protection in Petrochemical Industry，2015，32(1)：54.

[3] 胡跃梁，孙启明.S Zorb吸附脱硫装置运行过程中存在问题分析及应对措施[J]. 石油炼制与化工，2013，44(7)：4.

[4] GB/T 30579—2014. 承压设备损伤模式识别[S].

[5] 张学恒，竺家培. 催化汽油吸附脱硫装置反应器气相返回线腐蚀与防护[J]. 石油化工腐蚀与防护，2018，35(3)：4

[6] 毕兆吉.S Zorb装置吸附剂提升管线的冲刷腐蚀与防护[J]. 石油化工腐蚀与防护，2018，35(6)：6.

[7] Zhe Xinxin. Cause analysis on adsorbent deactivation in gasline desulfurization in S zorb unit[J]. Petrochemical Industry Technolcgy，2016，23(11)：38.

[8] 吴军，黄军相，聂兵权.S Zorb装置原料换热器结焦原因分析及对策[J]. 石油炼制与化工，2023，54(6)：120.

[9] 申仁俊.S Zorb装置长周期运行问题分析及应对措施[J]. 炼油技术与工程，2022，52(2)：41

[10] Ma J. Maintenance of reactor in S Zorb unit and analysis[J]. Petroleum Refinery Engineering，2018，49(1)：36

[11] 于晓玲.S Zorb装置氢气管线结盐问题分析及对策[C]//2020国际石油石化技术会议(2020IPPTC). 西安石油大学成都理工大学陕西省石油学会，2020.

催化裂化装置解析塔底重沸器腐蚀原因分析

朱梓文

（中国石化金陵石化公司　江苏南京　210046）

摘　要　本文针对催化裂化装置解析塔底重沸器多次泄漏的现象，通过腐蚀的现象和腐蚀的位置进行分析，并通过化验室分析来分析介质的组分进行判断，得出主要是由于重沸器内靠近两端的区域内存在死区现象，且存在 $HCN-H_2S-H_2O$ 腐蚀体系，在蒸发过程中随着腐蚀物质浓度不断增加导致的管束腐蚀穿孔，并提出相关的解决措施。

关键词　解析塔；重沸器；腐蚀

1　引言

350 万 t/a 催化裂化装置是中国石化金陵石化公司（简称金陵石化）年处理量最大的一套催化裂化装置，主要产品有：干气、液态烃、汽油、柴油及油浆。反应部分采用中国石化石油化工科学研究院的 MIP 专利技术，再生部分采用中国石化洛阳工程有限公司的快速床和湍流床烟气串联再生专利技术，具有极大的经济效益。在催化裂化装置的吸收稳定部分，其中解析塔底的重沸器为卧式热虹吸式重沸器，其作用是为塔底提供热源，解析出塔内的 C_1、C_2 组分，保留 C_3 以上组分，解析出来的 C_1、C_2 返回到气压机出口。解析塔的目的是防止稳定塔的操作难度大，压力不平稳，造成液态烃带 C_1、C_2 不合格，稳定汽油的蒸气压不合格。

热虹吸式再沸器是利用再沸器中气-液混合物和塔底液体的密度差为推动力，和管程介质进行热交换。该重沸器参数见表 1。

表 1　重沸器参数

项目	参数	项目	参数
型号	TBJS1800-2.0-1378-9/25-2I	管程入口温度	250℃
管程介质	1.0MPa 蒸汽	管程出口温度	178℃
壳程介质	脱乙烷油	壳程入口温度	135℃
换热面积	1378m^2	壳程出口温度	156.8℃
壳体材质	Q345R	管程压力	1.0MPa
管板材质	16Mn 锻	壳程压力	1.45MPa
管束材质	10#钢		

由于解析塔底重沸器壳程压力高于管程压力，如果发生管束腐蚀穿孔，脱乙烷油会进入装置的凝结水系统，造成除氧器带油，油进入汽包会造成蒸汽带油，蒸汽不合格，如果脱乙烷油泄漏过多，会造成气阻，蒸汽不能进入重沸器，最明显的是管程 1.0MPa 蒸汽的流量突然下降，产品质量不合格。若除氧器内带油严重会造成装置除氧水泵抽空，汽包液位迅速下降，严重甚至会造成汽包干锅，使装置停工。

由于该重沸器为热虹吸式重沸器，没有出入口阀门，不能够单独切出处理漏点，需同解析塔同时切出。这样会造成装置降量运行，增加操作难度，使产品不合格率上升，对生产造成很大的影响。由于切出解析塔后装置需降量运行，同样会造成较大的效益损失，所以解析塔底重沸器内漏危害比较严重，且处理过程比较复杂，故对该重沸器泄漏原因进行分析总结，并提出改善建议，以期提高重沸器的使用寿命，维持装置的平稳生产。

2 工艺流程及腐蚀概况

解析塔底的脱乙烷油从重沸器壳程下部进入，从重沸器壳程上部返塔，管程的 1.0MPa 蒸汽对脱乙烷油加热后，凝结水返回至除氧器，工艺流程如图 1 所示。

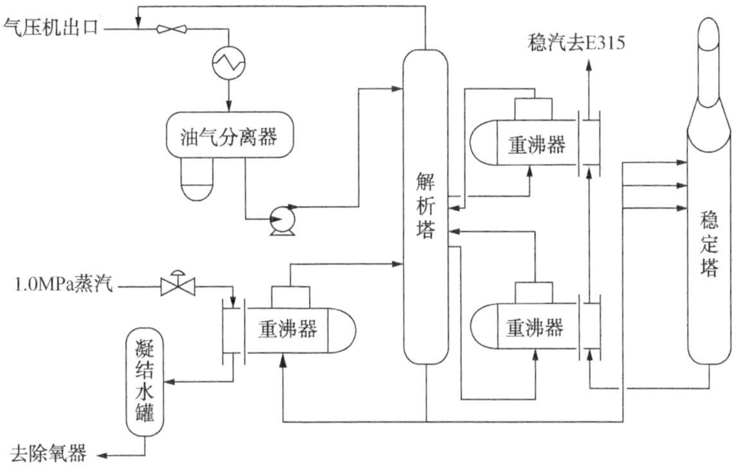

图 1 解析塔流程

该重沸器自 2012 年正式投用以来，多次发生管束内漏现象，检修记录见表 2。

表 2 E310 检修记录

时间	泄漏现象	检修情况
2015. 06. 15	E310 管程蒸汽流量迅速下降，凝结水罐带油	抽芯、试压、堵漏
2015. 11. 25	管束内漏，凝结水罐带油	抽芯、试压、堵漏
2016. 01. 19	管束内漏，凝结水罐带油	更换管束、垫片
2016. 12	在装置检修期间，在材质为 Q345R 壳体内的下部发现腐蚀坑洞，约 $5cm^2$	对坑洞进行补焊打磨，并进行 PT 检查
2017. 12	管束内漏，凝结水罐带油	堵管 1 根，试压回装正常
2018. 10	管束内漏，凝结水罐带油	堵管 1 根，将底部两排管束做预防性堵管
2020. 01	管束内漏，凝结水罐带油	更换管束，做预防性堵管，旧管束试压发现 6 根管束内漏
2023. 01	管束内漏，凝结水罐带油	更换管束

由表 2 可知，解析塔底重沸器泄漏较为频繁，管束基本不超过 1 年就会出现泄漏情况，凝结水中出现带油现象，使用寿命较短，对装置的长周期运行造成一定的影响。

从 2015 年 6 月和 2020 年 1 月的堵漏情况可看出发生内漏的管束都是在换热器的底部，特别是从 2020 年 1 月的腐蚀情况来看，在管束底部已经做了两排预防性堵管的基础上，在底部仍然存在了 6 根内漏的管子，同样也是在换热器的底部，这说明在该换热器底部腐蚀程度较为严重。且之前几次所发现的发生泄漏的管束也都是在换热器的底部，故对解析塔底重沸器底部腐蚀原因进行分析。

3 腐蚀原因分析

3.1 介质分析

对解析塔塔底介质中的硫含量进行分析，由于无法直接采集解析塔底的脱乙烷油进行分析，但由于解析塔塔底的脱乙烷油为稳定塔的进料，所以对稳定塔内液态烃和稳定汽油的 H_2S 含量和总硫量进行分析，可以用来作为脱乙烷油含硫情况的参考。

由分析可知，液态烃中硫化氢含量基本在 0.50%以上，稳定汽油中总硫含量平均在 170mg/kg 以上，所以可以判断出脱乙烷油中是含有硫化氢的，且含硫量比较高，所以初步判断为含硫介质造成的管束腐蚀。

3.2 腐蚀原因分析

由于壳程介质是从脱乙烷塔底重沸器底部中间进入的，而蒸汽从上部进入下部流出，最后变成凝结水流出到凝结水罐，最后进入除氧器。所以在该重沸器的管程部分底部管束中的介质为凝结水，所以底部管束的温度应该是比较低的。由于反再、分馏系统需要用到蒸汽，在粗汽油罐中不能得到足够时间的静置，所以会有一部分的蒸汽随着气压机进入吸收稳定单元，会导致脱乙烷油中携带水汽。由于重沸器底部温度相对于上部温度较低，脱乙烷油中携带的水汽会有一部分蒸发出去，也会有一部分冷凝沉积在重沸器的底部。由于重沸器的结构、进料的位置会导致其底部特别是靠近两端的地方有死区的存在，更易造成有水冷凝沉积在重沸器的底部。而经过反应生成的硫化氢会溶解在冷凝水中，而随着壳程中介质不断地蒸发，会有部分腐蚀介质 H_2S 停留在壳程底部，使得溶解于水中的硫化氢浓度越来越高，腐蚀介质浓度越来越高，最终形成了典型的湿 H_2S 腐蚀环境。

湿 H_2S 腐蚀的反应机理为：

H_2S 在水中溶解：

$$H_2S \longrightarrow H^+ + HS^-$$

$$Fe \longrightarrow Fe^{2+} + 2e$$

$$Fe^{2+} + S^{2-} \longrightarrow FeS$$

或：

$$Fe^{2+} + HS^- \longrightarrow FeS + H^+$$

$$2H^+ + 2e \longrightarrow 2H \longrightarrow H_2$$

且由于催化裂化装置的原料问题，虽然通过渣油加氢会脱去一部分的 N，但原料中仍然会存在氮化物，在催化剂的作用下，也会发生反应，约有 1%~2%会转化为 CN^-，CN^-会随着油气进入吸收稳定系统中。对在重沸器底部形成的 FeS 进行溶解生成 $Fe(CN)_6^{4-}$离子，进而生成 $Fe_2\{Fe(CN)_6\}$。这样在重沸器的死区会形成 $HCN+H_2S+H_2O$ 的典型腐蚀环境，进一步加剧了管束的腐蚀。

由于在湿硫化氢腐蚀环境下有氢原子的生成，且由于 $Fe(CN)_6{}^{4-}$会阻碍氢原子变成氢分子，使得介质中氢原子浓度升高，氢原子会渗入碳钢内部，发生应力集中，造成氢致开裂，造成管束内漏。

脱乙烷塔底重沸器管束材质为 10#钢，通过查找 GB/T 699—1999 得出 10#钢是低碳钢，化学成分见表 3。

表 3　10#钢成分表 %

元素	数量	元素	数量
C	0.07~0.13	P	≤0.035
SI	0.17~0.37	Cr	≤0.15
Mn	0.35~0.65	Ni	≤0.25
S	≤0.035	Cu	≤0.25

由表 4 可知，10#钢中 Ni、Cr 等成分较少，所以抗腐蚀能力较差，造成管束腐蚀穿孔，塔底脱乙烷油流入凝结水系统。所以解析塔底重沸器管束腐蚀泄漏主要为 $HCN-H_2S-H_2O$ 腐蚀体系。

4　改善建议

① 加强切水，减少脱乙烷油携带的水分，减少壳程内凝结水的存在，从 2020 年 1 月换热器泄漏情况来看，重沸器底部腐蚀强烈，所以应加强重沸器的切水工作。自 2020 年 1 月重新将解析塔及塔底重沸器投用后，将脱乙烷塔底重沸器入口的退油线常开，尽量减少壳程中冷凝水的存在。

② 减少重沸器中死区的存在，将入口改为横向分布管的形式，减少死区的存在。

③ 对管束材质进行防腐处理，通过在管束表面涂 SHY99 防腐涂料，来防止管束被 H_2S 腐蚀，SHY99 是新型换热设备专用防腐涂料，由改性耐热、防蚀高分子合成树脂和耐热、耐蚀性、填料及特

种添加剂，经特殊生产工艺加工而成的单组分新型换热设备专用防腐涂料，该涂料具有优异的耐酸、耐碱、耐油、耐有机溶剂和盐、水溶液等特性，能延长设备使用寿命3倍以上，同时具有良好的导热性能，保证了稳定的换热效果，提高了换热设备运行状态，涂料使用温度、工作温度≤260℃，正好符合脱乙烷塔底重沸器的工作环境。

④ 将管束材质升级，将10#钢换成09Cr2AlMoRe，该材质适用于湿 H_2S 环境，通过GB 101253—1984《金属材料试验室均匀腐蚀全浸试验方法》，可证明09Cr2AlMoRE的抗腐蚀能力是10#钢的耐腐蚀性能的近6倍，更适用于作为脱乙烷塔底重沸器的管束。

参 考 文 献

[1] 孙家孔．石油化工装置设备腐蚀与防护手册[M]．北京：中国石化出版社，1996.

[2] 付强，李慎文．重催装置解吸塔底重沸器泄漏分析[J]．化学工程与装备，2009，(5)：78-79.

[3] 谭勇，陈旺，丁书林，等．解析塔重沸器腐蚀原因及对策[J]．安全、健康和环境，2011，11(10)：17-20

[4] 叶志伟，原欣．催化装置脱乙烷塔底重沸器腐蚀原因分析[J]．石油化工设备，2006，(35)：75-76.

五、烟气脱硫脱硝与循环再生

基于非氨脱硝剂对催化裂化装置烟气 NO_x 排放的研究

郭　伟

（中国石化海南炼化公司　海南儋州　578101）

摘　要　催化裂化装置CO余热锅炉采用一体化设施及技术服务，试验喷入非氨生物基无触媒脱硝还原剂YH-DN50（非氨脱硝剂），非氨脱硝剂用量与外排烟气 NO_x 呈较好线性关系，线性关系为 $y=2.75x^2-30.95x+126.45$（$R^2=0.9973$）。在SCR不注氨的前提下，试验结果显示：加剂量为108L/h能满足2023年6月将要执行的外排 NO_x 限值指标（≤100mg/m³）的要求；加剂量为140～150L/h能满足对应该限值的内控指标要求（≤80mg/m³），进一步提高加剂量为196～200L/h，可达到≤50mg/m³的超净排放值。该技术能够有效地避免氨逃逸带来的二次污染，给装置运行带来了极大的经济效益和环境效益，在实现外排净化烟气中 NO_x 浓度≤80mg/m³内控指标下，采用非氨脱硝剂可节约费用192万元/a。

关键词　非氨脱硝剂；CO余热锅炉；NO_x 浓度；加剂；排放指标

1　引言

中国石化海南炼化公司280万t/a催化裂化装置由反应再生、分馏、吸收稳定、烟气能量回收机组、燃烧式CO余热锅炉和再生烟气净化系统等组成，再生烟气量40～43万m³/h，初始 NO_x 浓度峰值180mg/m³。

再生烟气净化系统包括中温SCR脱硝系统（未注氨）和EDV除尘脱硫综合塔，净化后外排烟气中的 NO_x 浓度要求自2023年6月开始执行≤100mg/m³（内控80mg/m³）的排放指标。现阶段在SCR未注氨的情况下，该外排 NO_x 控制≤180mg/m³，如要达到80mg/m³以下的限值指标，需开启注氨，势必引致氨逃逸现象，基于催化烟气中含有 SO_3 的特性，易在低温段和逃逸氨生成 NH_4HSO_4 铵盐积垢腐蚀，逃逸氨携带至烟脱综合塔，还会导致外排废水氨氮超标，该两项影响不利于装置的长周期安全、环保运行[1]。经过技术交流，为规避氨逃逸的“副作用”，决定试验非氨基SNCR技术，以净化后烟气 NO_x ≤80mg/m³为目标，余热锅炉装置于2023年1月6日至1月14日试用湖北元亨新材料科技有限公司生产的非氨生物基无触媒脱硝还原剂YH-DN50（非氨脱硝剂），开展包括一体化加注撬和烟气监测的工业试验。

2　非氨脱硝剂及作用机理

非氨脱硝剂为非危化品（非易燃液体、非腐蚀品等），技术指标见表1，在锅炉或烟道550～1150℃的烟温区间内（无须催化剂等载体）喷入该非氨脱硝剂，高温下及烟剂接触（覆盖）时间0.2s内，非氨脱硝剂裂解成多种单链或短链的C、H、O化合物——高还原性自由基团，该自由基团与烟气中 NO_x 优先还原反应，生成 N_2、CO_2 和 H_2O 等无害物质，从而达到深度脱硝的作用[2-4]。

表1　非氨脱硝剂技术指标

项目	指标	试验方法
外观色泽	黄至褐色液体	目测法
气味	无味	
相对密度（水=1）	1.02～1.12	GB/T 4472
pH值（10%水溶液）	≤10.5	GB/T 9724
运动黏度（40℃）/（mm²/s）	≤40	GB/T 265
溶解性	溶于水	溶解性试验

3 试验方案

3.1 分阶段试验及排放指标要求

① 先选择 CO 余热锅炉 B 炉，利用 B 炉炉膛中部热电偶套管作为插入喷枪的临时加剂孔（2 个），试用（喷射）非氨脱硝剂，保证净化后烟气 NO_x 排放浓度≤80mg/m^3（余热锅炉 B 炉出口检测），且不对洗涤塔外排废水 COD 和氨氮浓度造成增量负面影响。

② 在 B 炉试用效果满足指标要求的前提下，A/B 两炉同时试用，即同时利用 A 炉炉膛中部热电偶套管作为插入喷枪的临时加剂孔（2 个），喷射非氨脱硝剂，在 SCR 全停注氨的情况下，保证洗涤塔外排 NO_x 浓度≤80mg/m^3（及进一步实现≤50mg/m^3），且不对洗涤塔外排废水 COD 和氨氮浓度造成增量负面影响。

3.2 加剂设施及流程

非氨脱硝剂一体化加注撬及加剂流程见图 1，加剂主要设施包括：一体化加注撬（含非氨脱硝剂储罐和计量加剂泵）、分配器和双流体喷枪等。非氨脱硝剂（液体）为吨桶包装，用隔膜泵打入储罐；计量泵（泵出口压力最大值 1.2MPa）将脱硝剂由储罐抽出，并在泵出口与除盐水混合为脱硝剂溶液（水剂比 3∶1）至分配器；另一路压缩风也至分配器，模块之间以金属软管连接。脱硝剂溶液和压缩风经过分配器，再进入双流体喷枪混合后，喷入 CO 余锅炉膛中部及对称两侧烟区，与烟气垂直接触。

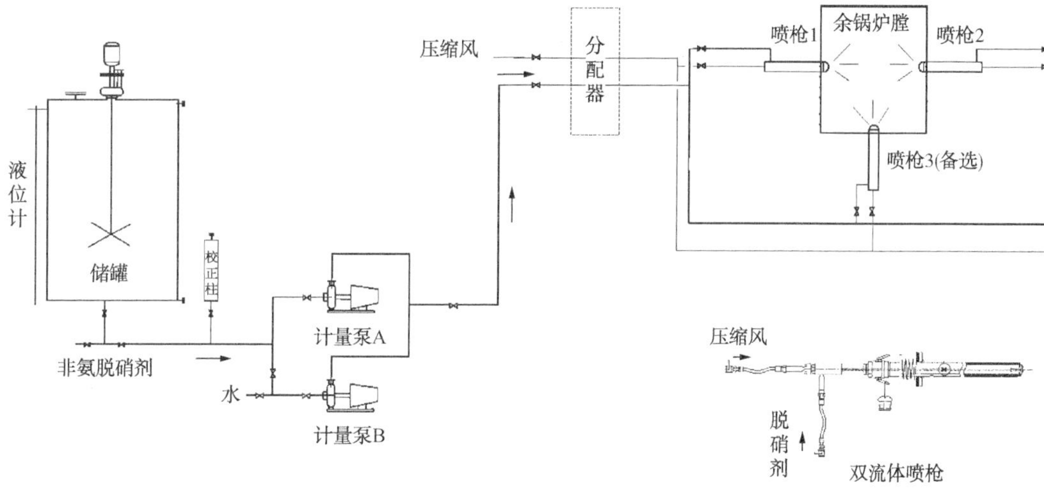

图 1 非氨脱硝剂一体化加注撬及加剂流程

（以 B 炉为例，A/B 两炉加剂流程一样）

3.3 加剂临时孔及双喷式双流体喷枪

本次试验，第一阶段利用 CO 余热锅炉 B 炉炉膛（5240×6500mm）中部口径较大的热电偶套管作为插入喷枪的临时加剂孔［见图 2(a) 中，圆圈所示］，余热锅炉 B 炉炉膛中部之东西两侧各选 1 个 *DN*40 的热电偶套管为加剂孔（共 2 个），以法兰连接方式插入喷枪［见图 2(b)］，插入深度 1.8m。喷枪采用特别设计的双喷式双流体喷枪，提升覆盖面，见图 2(c)。

第二阶段在 B 炉试用效果满足指标要求的情况下，A/B 两炉同时试用，A 炉临时加剂孔与 B 炉一致。

4 加剂操作、脱硝效果及分析

4.1 加剂操作

加注撬之储罐用隔膜泵配好剂，集成电源控制柜送上电，于 2023 年 1 月 6 日 16 时 B 炉开始实施加剂，先开启压缩风贯通至加剂点 2 支喷枪；再开启加注撬之计量泵，并控制水剂比为 3∶1，将脱硝剂溶液分 2 路喷入炉膛，过程中视脱硝效果和控制指标要求通过校正柱标定流量。

(a) (b) (c)

图 2　加剂临时孔及双喷式双流体喷枪

(a)东西侧利用热偶套管作为临时加剂孔；(b)热偶处插入外径 25mm 的双喷式喷枪；

(c)特别设计的双喷式双流体喷枪，材质 310S、耐高温 1200℃

B 炉烟气脱硝效果达到指标要求，试验进入第二阶段，装置于 2023 年 1 月 9 日 11 时 A/B 两炉同时加剂，A/B 两炉各 2 路喷入非氨脱硝剂，根据外排烟气 NO_x 浓度不同的指标要求，调整、优化加剂量。

2023 年 1 月 12 日 16 时改为 B 炉单加剂，2023 年 1 月 13 日 11 时改为 A 炉单加剂，考察单炉加剂后该炉出口 NO_x 小于 $50mg/m^3$ 的加剂量。

4.2　工艺操作数据

见表 2，2023 年 1 月 2 日至 5 日为空白期，1 月 6 日至 1 月 14 日为加剂期。1 月 2 日～14 日原料硫含量平稳维持在 0.39%，A/B 两炉烟气量均在 20 万 m^3/h 左右，两炉炉膛温度在 750～800℃，空白期和加剂期原料和生产工况相近。

表 2　装置工艺操作数据

日期	处理量/(t/h)	原料硫含量/%	原料氮含量/(mg/kg)	烟气量/(m^3/h)		炉膛出口温度/℃				备注
				A 炉	B 炉	A 炉		B 炉		
						TI0603A1	TI0603A2	TI0603B1	TI0603B2	
1/2	315	0.402		203874	204874	773	773	768	768	
1/3	315	0.381		206948	207948	775	775	777	777	
1/4	315	0.379		212053	212553	777	777	777	777	
1/5	315	0.392		206885	207885	773	773	769	769	
空白期均值	315	0.3885		207440	208315	774.5	774.5	772.75	772.75	
1/6	315			197851	198851	776	775	774	775	1 月 6 日 16 时开始加剂
1/7	315	0.394		195326	196556	774	775	771	772	
1/8	315	0.392		196471	197471	778	779	772	772	
1/9	314	0.381	2233.8	196251	197249	771	772	769	768	
1/10	317	0.388		196257	197249	777	778	771	770	
1/11	321			198621	197610	789	791	795	795	
1/12	321			198910	199749	788	790	798	797	

续表

日期	处理量/(t/h)	原料硫含量/%	原料氮含量/(mg/kg)	烟气量/(m^3/h)		炉膛出口温度/℃				备注
				A 炉	B 炉	A 炉		B 炉		
						TI0603A1	TI0603A2	TI0603B1	TI0603B2	
1/13	324			199012	200029	786	788	788	788	
1/14	325			199329	200423	763	766	750	749	1 月 14 日 17：00 停止加剂
加剂期均值	318.56	0.3875	2233.8	197558.667	198354.111	778	779.33	776.44	776.22	

4.3 脱硝效果及分析

如表 3 和图 3 所示，通过实施单炉加剂和两炉同时加剂，该非氨脱硝剂用量与外排烟气 NO_x 呈较好线性关系，线性关系为 $y=2.75x^2-30.95x+126.45(R^2=0.9973)$，反应灵敏度高。

表 3 空白期检测、加剂量及加剂期检测数据

日期	德图 340 分析(检测)/(mg/m^3)				在线值	外排烟气(在线监测)		加剂量/(L/h)(水：剂=3：1)	备注
	A 炉出口		B 炉出口						
	O_2 含量/%	NO_x 浓度折氧后	O_2 含量/%	NO_x 浓度折氧后	NO_x 浓度	O_2 含量/%	NO_x 浓度折算/(mg/m^3)		
1/4	2.6	160.2	2.7	133.3	136.1	3.3	145.8		未加剂
1/5	2.6	158	2.5	132.5	137.3	3.3	146.2		
1/6	2.7	156.1	2.4	51.2	60.5	3.3	110.3	86	16 时 B 炉开始加剂
1/7	2.7	154.3	2.4	52.2	64.7	3.3	109.6	86	
	2.5	158.0	3.0	63.5	75.2	3.3	114.0	80	
	3.0	154.3	2.9	57.0	70.3	3.2	112.2	80	
1/8	2.7	162.4	3.0	64.0	77.8	3.2	112.5	80	
	2.3	158.0	2.9	52.2	64.0	3.4	109.4	86	
	2.8	153.0	2.8	45.3	64.6	3.3	107.3	96	满足单炉加剂 该炉后 NO_x≤50mg/m^3
1/9	2.9	155.2	3.0	44.8	62.3	3.4	106.0	96	
	3.1	119.7	2.4	67	82.7	3.2	97.8	108	11 时 A/B 两炉同时加剂，满足外排 NO_x≤100mg/m^3
	3.0	122.2	2.5	63.2	80.6	3.3	95.8	108	
	3.1	100.8	2.4	50.3	64.7	3.3	75.6	146	满足外排 NO_x≤80mg/m^3
1/10	2.8	100.8	2.8	55.8	67.3	3.2	76.9	146	
	2.6	84.3	2.3	30.8	45.4	3.1	55.9	185	满足外排 NO_x≤60mg/m^3
	2.6	110.7	2.3	11.3	24.9	3.0	57.0	180	
1/11	2.9	94.7	2.9	24	32.1	3.0	59.1	180	
	2.5	111.2	2.9	44	55.3	2.7	78.5	140	满足外排 NO_x≤80mg/m^3
	2.9	114.5	2.8	39.5	49.4	2.8	77.1	140	
1/12	2.9	103.6	2.8	48.8	61.0	2.8	75.9	140	
	2.9	141	3.0	47.1	62.3	3.0	97.2	98	16 时 B 炉单加剂并满足该炉后 NO_x≤50mg/m^3
1/13	2.7	149.6	2.9	43.4	60.8	3.1	96.2	98	
	2.9	154.8	2.9	75.6	94.5	3.0	109.5	80	
	2.8	47.6	2.8	141.2	187.5	3.0	95.9	102	11 时 A 炉单加剂，并满足该炉后 NO_x≤50mg/m^3

续表

日期	德图 340 分析（检测）/（mg/m^3）				在线值	外排烟气（在线监测）		加剂量/（L/h）（水：剂=3：1）	备注
	A 炉出口		B 炉出口						
	O_2 含量/%	NO_x 浓度折氧后	O_2 含量/%	NO_x 浓度折氧后	NO_x 浓度	O_2 含量/%	NO_x 浓度折算/（mg/m^3）		
1/14	2.7	96.5	2.4	49.9	62.4	3.0	71.7	150	13 日 17 时 30 分 A/B 炉同时加剂
	2.6	95.1	2.6	51.3	64.2	2.9	74.7	150	
	2.9	108.2	2.9	10.2	15.6	3.5	58.3	182	

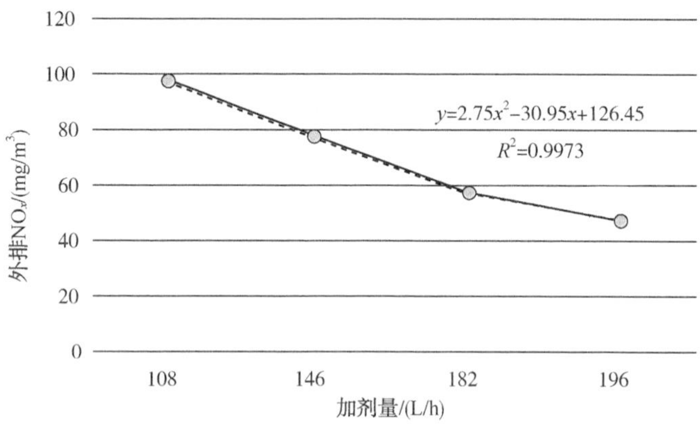

图 3　加剂量与外排 NO_x 线性关系

如图 5 所示，外排 NO_x>100mg/m^3［见图 4(a)］，未加剂；外排 NO_x>100mg/m^3［见图 4(b)］，加剂量 86L/h。通过调整加剂量，满足不同指标的加剂量分别为：

满足外排 NO_x≤100mg/m^3［见图 4(c)］，加剂量 108L/h；

满足外排 NO_x≤80mg/m^3［见图 4(d)］，加剂量 140~150L/h；

满足外排 NO_x≤60mg/m^3［见图 4(e)］，加剂量 180~185L/h；

满足外排 NO_x≤50mg/m^3［见图 4(f)］，按单炉加注换算，加剂量 196~200L/h。

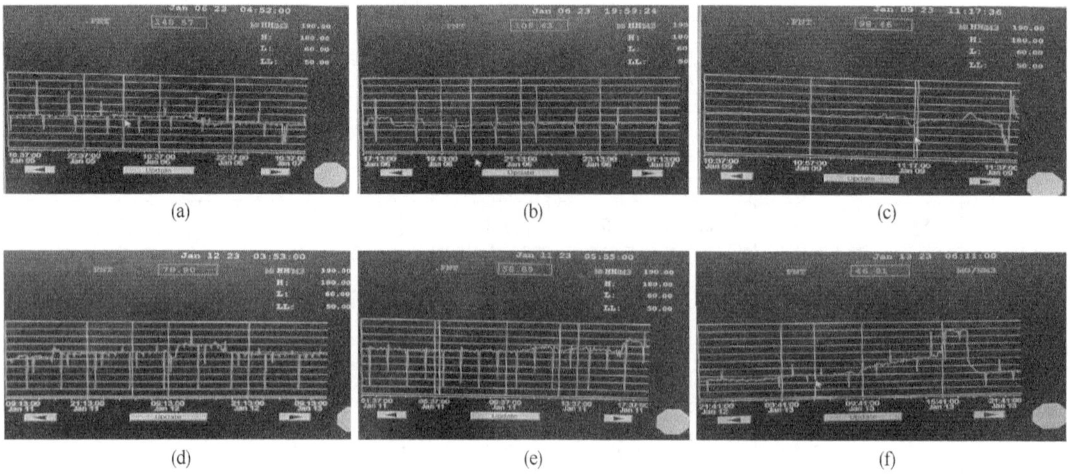

图 4　加剂量与外排 NO_x 变化

(a)试验前综合塔出口 NO_x；(b)单炉加注量 86L/h 综合塔出口 NO_x；

(c)双炉加注量 108L/h 综合塔出口 NO_x；(d)双炉加注量 140L/h 综合塔出口 NO_x；

(e)双炉加注量 185L/h 综合塔出口 NO_x；(f)单炉加注量 96L/h 余锅 B 炉出口 NO_x

4.4 考察对余锅烟压和综合塔外排废水的影响

加剂期间考察对外排废水的影响，对比综合塔加剂外排废水前后污水 COD 和 NH_3-N 浓度，如图 5 与图 6 所示，COD 在 20mg/L 以下(指标≤60mg/L)，NH_3-N 浓度小于 1mg/L(指标≤8mg/L)，可见两项指标较空白期皆无增量，无不良影响。

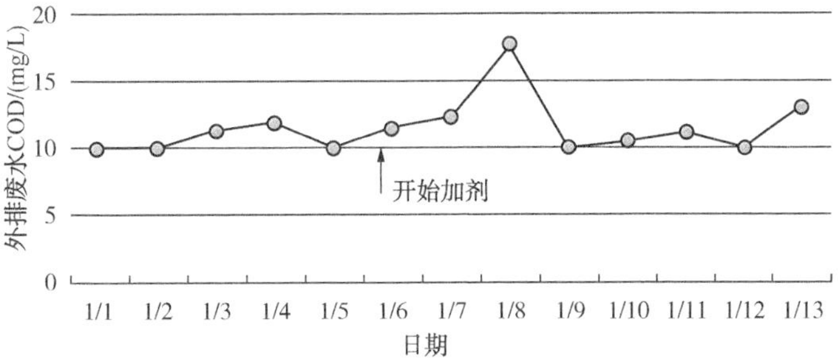

图 5　加剂前后外排废水 COD 分析

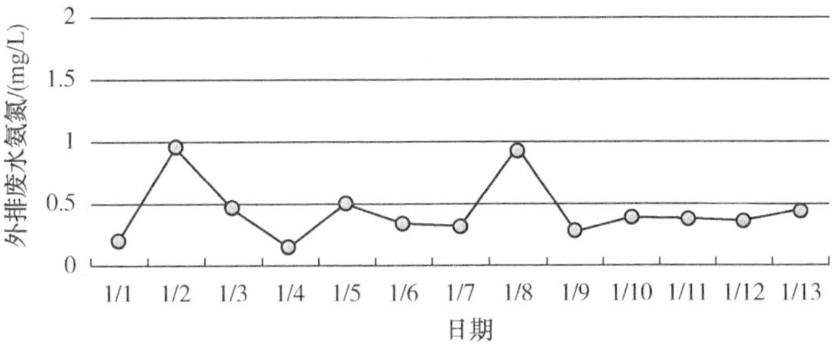

图 6　加剂前后外排废水氨氮分析

如图 7 所示，加剂期间对比余热锅炉烟气压降的变化，烟气压降与加剂前无明显变化，判断该助剂在余热锅炉受热面结垢方面无明显影响。

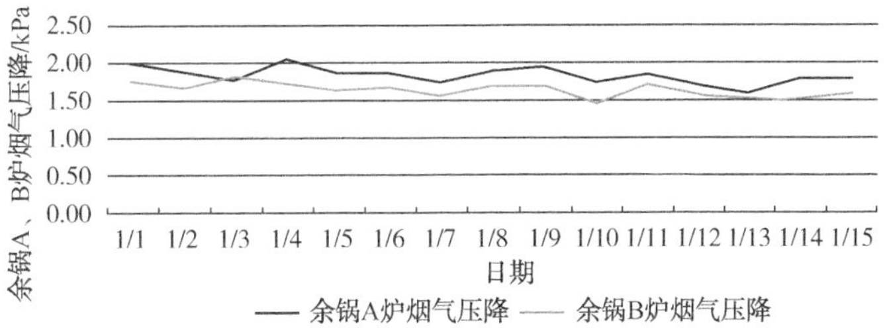

图 7　加剂前后余锅烟气压降

5　经济测算

通过采取非氨生物基无触媒脱硝还原技术，装置可在 SCR 不注氨的情况下，稳定实现外排净化烟气中 NO_x 浓度≤80mg/m³，加大剂量可进一步达到 NO_x 浓度≤50mg/m³。用剂成本见表 4，加剂量为 140~150L/h 可实现外排净化烟气中氮氧化物浓度≤80mg/m³，与现有注氨技术相比，总节约费用为 192 万元/a，一是减少 SCR 脱硝催化剂费用 100 万元/a：SCR 脱硝催化剂成本 400 万元左右，按 4 年一更换，每年折旧费用为 100 万元；二是减少 SCR 注氨成本 92 万元/a：采取 SCR 深度脱硝，须注氨 30kg/h(263t/a)，单价 3500 元/t。

对比实现深度脱硝的技术方案，控制外排 NO_x 在 100mg/m³ 以下，采用非氨脱硝剂的成本与采用 SCR 的费用相当，更重要的是完全规避了使用 SCR 深度脱硝时因氨逃逸所引致的设备安全、环保风险，有利于长周期运行。在不用注氨的情况下，可拆除 SCR 催化剂，大量减少 SO_2 在 SCR 转化为 SO_3 的量，有助于协同解决外排烟气蓝色烟羽现象。

表 4 用剂成本

外排 NO_x 实现指标/(mg/m^3)	非氨脱硝剂用量		费用预算(不含税)/(万元/a)
	t/d	t/a	
≤100	2.6	940	480
≤80	3.4	1240	630
≤50	4.6	1680	860

6 结论及建议

在该装置 CO 余热锅炉，采用一体化设施及技术服务，试验喷入非氨脱硝剂，耗剂用量与外排烟气 NO_x 呈较好线性关系，线性关系为 $y=2.75x^2-30.95x+126.45$($R^2=0.9973$)，反应灵敏高。在 SCR 不注氨的前提下，试验结果显示：加剂量为 108L/h 能满足 2023 年 6 月将要执行的外排 NO_x 限值指标(≤100mg/m³)的要求；加剂量为 140~150L/h 能满足对应该限值的内控指标要求(≤80mg/m³)，进一步提高加剂量为 196~200L/h，可达到≤50mg/m³ 的超净排放值。与现有注氨技术相比，在实现外排净化烟气中氮氧化物浓度≤80mg/m³ 内控指标下，注入非氨脱硝剂节约费用可达 192 万元/a。

通过此次试验，在转入正式工业应用前，需要对相关设备设施进行必要的改进：

① 非氨生物基无触媒脱硝双喷式双流体喷枪容易堵塞、覆盖率不足，建议增加喷枪数量、改进喷枪喷射效果，增大喷剂在炉膛内的覆盖面。

② 双炉试验时频繁出现试剂偏流现象，进各炉的流量不均，建议加剂泵设置单炉双泵，选用离心泵(一开一备)，最大流量 400L/h。

③ 出口加设调节阀和流量计，并引入 DCS，实现自动控制。

④ 脱硝剂储罐设 2 个(设远程液位计)，各 20~30m³，并考虑槽车卸剂要求。

参 考 文 献

[1] 胡劲逸. 基于氨逃逸浓度场的 SCR 喷氨协调优化控制[D]. 杭州：浙江大学，2015.

[2] 湖北元亨新材料科技有限公司. 一种非氨基还原剂、制备方法及在 SNCR 深度脱硝中的应用. CN：114713017A[P]. 2022-07-08.

[3] 沈伯雄，韩永富，刘亭. 氨选择性非催化还原烟气脱硝研究进展[J]. 化工进展，2008(9)：1323-1327.

[4] 刘海山，邱振波. 联合循环机组余热锅炉 SCR 脱硝系统氨逃逸率高原因分析及处理[J]. 锅炉技术，2023(6)：76-80.

催化裂化烟气硫转移助剂的工业应用

刘 状 刘加强

（中国石化扬子石化公司 江苏南京 210048）

摘 要 烟气硫转移助剂在中国石化扬子石油化工有限公司 2.0Mt/a 的催化裂化装置上进行了工业应用。应用结果显示，当硫转移助剂在系统内的催化剂总藏量达到3.0%(质)时，再生烟气蓝羽现象基本消除，再生烟气 SO_2 脱除率达 83%，总 SO_x 脱除率达到 87%，碱液用量降幅达到 73%，装置增效 300 万元/a，脱硫效果显著，且硫转移助剂对催化裂化产品分布、两器流化和烟机运行情况无不良影响。

关键词 硫转移助剂；催化裂化；烟气；蓝羽

1 引言

近年来，随着环保法规的指标升级，催化裂化装置作为石油加工行业的主要工艺，其排放的大量再生烟气一直都是石油加工过程中的污染物排放的来源之一[1]。目前针对再生烟气污染物排放的控制方法主要是末端治理，其中对于硫化物的治理方法一般为湿法脱硫，包括钠碱洗涤法、钠钙双碱洗涤法，都是利用酸性 SO_x 能被碱液吸收的方法进行脱硫。但是对污染物 SO_x 的来源识别不清，不能明确污染物产生的机理。此外，湿法脱硫后的烟气会出现蓝色烟羽和拖尾现象，这是因为烟气中的 SO_3 遇到急冷洗涤水后会形成硫酸烟雾，其粒度是亚微米级的[2]。虽然经过湿法脱硫的烟气中的 SO_x 和颗粒物含量能满足现行环保法规的排放要求，但是烟气的蓝羽和拖尾现象并未消除[3]。

中国石化扬子石化公司(简称扬子石化)2#催化裂化装置设计加工量为 200 万 t/a，以渣油加氢处理装置(ARDS)尾油为原料，采用的是中石化石油化工科学研究院有限公司(简称石科院)开发的 MIP-CGP 工艺技术；催化烟气脱硫脱尘采用美国贝尔格(BELCO)技术公司 EDV®湿法碱洗工艺，烟气脱硝则选用贝尔格基于 EDV®脱硫技术的臭氧低温氧化的 LoTOx™技术，净化后烟气中颗粒物浓度不大于 20mg/Nm³，SO_2 含量不大于 50mg/Nm³，NO_x 含量不大于 100mg/Nm³。催化裂化装置再生烟气中含有 SO_x(主要为 SO_2)，对装置周围环境有较大影响，因此降低烟气中 SO_2 含量，能有效降低环境污染。扬子石化催化裂化装置再生烟气中 SO_2 的浓度高，平均在 500mg/m³ 左右，虽经烟气湿法脱硫处理，符合环保要求排放，但也存在烟气脱硫单元运行成本高，烟气蓝羽、拖尾及外排废水盐含量高等问题。

为了有效解决以上问题，扬子石化催化裂化装置在 2023 年 9 月在 200 万 t/a 催化装置上开展由石科院开发、中国石化催化剂有限公司齐鲁分公司生产的增强型 RFS09 硫转移助剂的工业应用试验，用于降低再生烟气中 SO_2 及脱硫塔碱液消耗，控制外排水盐含量。

2 硫转移助剂的技术原理

RFS09 硫转移助剂是一种物化性质与常规 FCC 催化剂相近的固体微球形催化助剂。图 1 为硫转移助剂降低 FCC 装置 SO_x 排放的作用机理示意图。硫转移助剂在 FCC 再生器内，在富氧条件下通过关键组分 MgO 与 SO_x 反应，高选择性地催化氧化烟气中的 SO_2 继而生成 SO_3，并吸附 SO_3 形成金属硫酸盐 $MgSO_4$；已负载金属硫酸盐 $MgSO_4$ 的硫转移助剂随 FCC 再生催化剂进入提升管反应器后，在反应器的还原条件下，金属硫酸盐 $MgSO_4$ 中的硫被还原、水解，生成 H_2S 并转入 FCC 气体产物中，经分离后由硫黄回收装置回收 H_2S，从而避免硫排入大气中。硫转移助剂自身也得以还原再生，随着附着焦炭的 FCC 待生催化剂循环进入再生器中，重新发挥降低 SO_x 排放的作用。此外，石科院优化了硫转移助剂的制备工艺，提高了其在烟气较低氧含量(包括贫氧)条件下的 SO_3 脱除效率，还提高了硫转移助剂的耐磨性能，以满足催化裂化装置对助剂磨损指数要小的指标，从而减少助剂的跑损，提高助剂的脱硫效率和经济环保效益[3]。

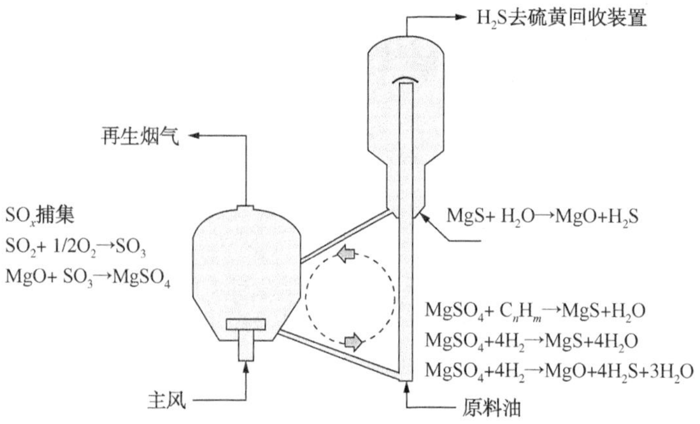

图 1　硫转移助剂的技术原理图

3　硫转移助剂的试用过程

3.1　工艺条件

扬子石化 2#催化裂化装置硫转剂助剂工业试用期间原料主要性质及化验指标要求见表 1，工艺操作的主要条件见表 2。

表 1　原料油主要性质及化验指标要求

项目	原料性质	指标要求
密度/(kg/m^3)	930	910~942
硫/%(质)	0.4	≤0.6
残炭/%(质)	4.5	3~6
氮/(mg/kg)	1940	≤2200
氯/(mg/kg)	<0.5	≤0.5
Fe/(mg/kg)	2.8	≤3
Na/(mg/kg)	0.5	≤3
Ca/(mg/kg)	0.3	
Ni+V/(mg/kg)	14.6	≤20

表 2　试用期间装置主要操作条件

项目	平均	试用期间要求范围
处理量/(t/h)	225	
沉降器压力/kPa	250.7	
再生器压力/kPa	289.0	
第一反应区温度/℃	523.2	505~535
第二反应区温度/℃	515.8	
再生密相温度/℃	680.8	670~715
烧焦罐出口温度/℃	690.1	
原料油预热温度/℃	220	170~240
烟气脱硫塔下部温度/℃	53.5	
烟气脱硫塔塔底 pH 值	6.8	6~9

续表

项目	平均	试用期间要求范围
烟气脱硫过滤模组 pH 值	6.9	6~9
烟气脱硫塔塔顶压力/kPa	2.08	
主风量/(Nm^3/h)	245633	
过剩氧含量/%(体)	3.99	
三旋入口烟气粉尘/(mg/Nm^3)	455	

3.2 加注过程

RFS09 硫转移助剂通过装置助剂加注系统加注到再生器中，将助剂加入助剂罐中，利用压缩空气将助剂送入再生器密相床层。由 2023 年 9 月下旬开始首周快速加注，直至 10 月底快速加注结束，硫转剂助剂占系统藏量约 2.7%~3.0%(质)，后续进入稳定加注阶段。硫转剂助剂占系统藏量的质量分数见表 3。

表 3　烟气硫转剂助剂在系统总藏量的质量分数　　%(质)

日期	数据	日期	数据
9.20	0	10.22	2.5
9.28	0.8	10.29	3.0
10.12	1.6		

4 硫转移助剂的试用数据分析

4.1 烟气中 SO_x 含量

试验过程中，以 2023 年 6 月 21 日 2#催化装置稳定运行阶段现场监测数据作为空白数据，以 2023 年 10 月 31 日[硫转移剂占反再系统催化剂藏量约 3.0%(质)]硫转剂加注稳定阶段装置运行数据作为比对数据。表 4 列出烟气组成标定数据，使用硫转移助剂前，烟气中 SO_2 的质量浓度为 1038mg/m^3，SO_3 质量浓度为 532mg/m^3，总 SO_x 质量浓度为 1570mg/m^3；使用硫转移助剂后，烟气中 SO_2 的质量浓度为 174.46mg/m^3，SO_2 脱除率达到 83%，SO_3 质量浓度为 31.4mg/m^3，SO_3 脱除率达到 94%，总 SO_x 质量浓度为 205.86mg/m^3，SO_x 脱除率达到 87%。数据表明烟气中的 SO_x 含量大幅下降，烟气硫转剂助剂的脱硫效果显著。

表 4　硫转移助剂使用前后烟机出口烟气组成

项目	2023 年 6 月 21 日	2023 年 10 月 31 日	脱除率/%
O_2/%(体)	3.4	4.0	
CO_2/%(体)	14	15	
NO_x/(mg/m^3)	53	49.9	
SO_2/(mg/m^3)	1038	174.46	83
SO_3/(mg/m^3)	532	31.4	94
SO_x*/(mg/m^3)	1570	205.86	87

*以 SO_2 计。

4.2 脱硫塔碱液消耗量

由图 2 可知，烟气硫转剂助剂未加注前，脱硫塔的碱液消耗量在 2023 年 9 月份达到最大值为 729056kg，脱硫剂加注后，脱硫塔的碱液消耗量开始显著降低，10 月份的注碱量为 401064kg，月均碱液耗量环比降低了 45%。烟气硫转剂助剂加注前后对比，月均注碱量大幅降低。

由图3可知，烟气硫转剂助剂加注后，随着烟气硫转剂助剂在系统内的藏量逐步提升，脱硫塔的注碱量逐步下降，由2023年10月9日的22192kg下降至2023年10月29日的6552kg，碱液消耗量环比降低70.5%。由此可知，随着脱硫剂藏量的提升，脱硫效果逐渐增强，在系统藏量达到2.5%(质)以上时，碱液消耗量没有明显降低，此时脱硫效果已达到最佳。为了兼顾脱硫剂的脱硫效果和降低脱硫剂的损耗，提高装置经济效益，扬子石化2#催化装置烟气硫转移助剂按照占统藏量达到3%(质)进行加注。

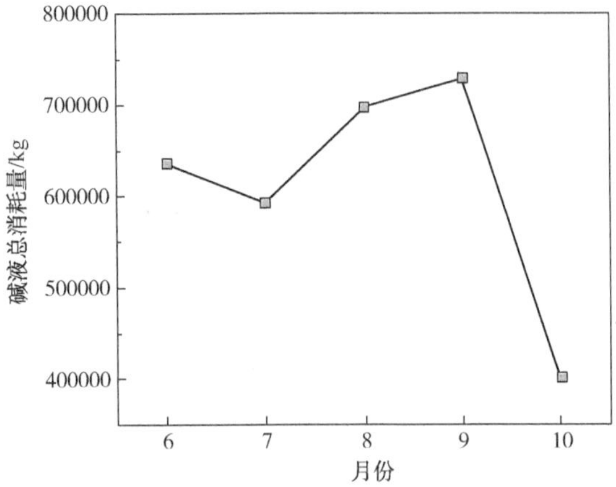

图2 烟气硫转剂助剂加注前后脱硫塔月碱液消耗量

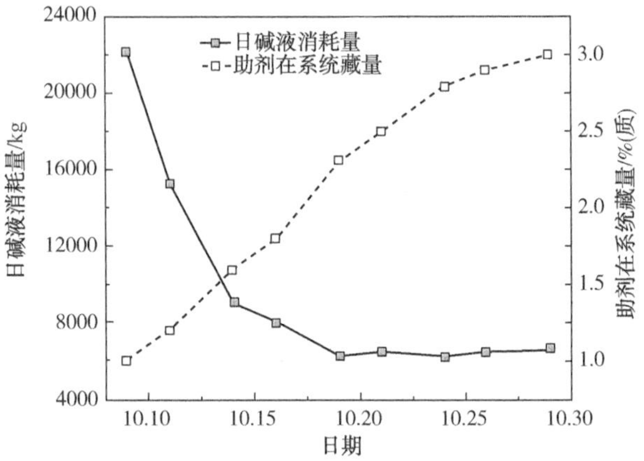

图3 日碱液消耗量与硫转剂助剂藏量对比图

4.3 烟气排放中蓝羽拖尾情况

图4为烟气硫转移剂试用前后脱硫塔烟气排放情况照片，从试用前后两张烟气排放情况照片来看，烟气蓝羽拖尾现象明显减轻。脱硫塔烟气烟羽接近直立排放，烟气无拖尾下坠现象。

图4 烟气硫转剂助剂加注前后脱硫塔烟气排放图

4.4 脱硫塔外排含盐水的变化

图5为硫转移助剂使用前后2#催化装置脱硫塔外排含盐污水中，化学需氧量COD和溶解性固体(简称溶固)含量的变化情况。由图5可知，使用硫转移助剂之后，含盐污水中的COD含量大幅度下降，由使用前最高268mg/L下降至使用后最低50.3mg/L，COD降低幅度高达81.23%；月均COD含量也由使用前2023年9月的最高值235mg/L下降至使用后2023年11月的最低值69.15mg/L，COD降低幅度高达70.6%，使用硫转移助剂之后，含盐污水外排COD全部达标，COD降幅显著，日均降幅最高为81.23%，月均降幅最高为70.6%。这是因为含盐污水的COD主要来源就是亚硫酸盐的氧化，含盐污水中亚硫酸盐减少，化学需氧量降低，更有利于含盐污水COD指标的控制。

此外，从图5可以看出，使用硫转移助剂之后，含盐污水中的溶固含量总体呈下降趋势。其中，溶固含量最高日均降幅是从使用前24.5g/L下降至使用后14g/L，降幅为42.85%；溶固含量最高月均降幅是从使用前2023年9月的22.7g/L下降至使用后2023年11月的19.6g/L，降幅为13.66%。溶固含量降低的现象表明，烟气中 SO_x 总量下降之后，烟气脱硫塔碱液耗量降低的同时，脱硫塔含盐污水中的盐含量也同步降低。在含盐污水 COD 和溶固含量合格的前提下，可降低烟气脱硫塔新鲜水的注入量，节约装置能耗。

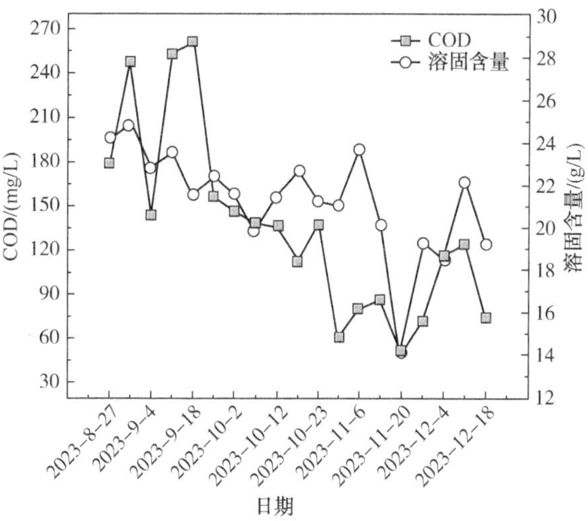

图 5　脱硫塔外排含盐水的 COD 和溶固含量的变化

4.5　装置运行情况分析

由表 5 可知，硫转移剂加注前后催化裂化装置主要产品的组成与分布无明显变化；在装置运行过程中，再生器稀密相温度，烟气粉尘含量等未明显增加；使用烟气硫转移剂后，反应器和再生器流化状态正常，烟机运行工况良好，余热锅炉运行正常。表明硫转移剂的应用对裂化产物产品分布及性质无负面影响，助剂无明显跑损问题，烟气硫转移助剂的添加对于 2#催化裂化装置长周期运行无不良影响。

表 5　硫转移助剂使用前后的产品分布及主要操作参数变化情况

项目	使用前		使用后	
	2023 年 8 月	2023 年 9 月	2023 年 10 月	2023 年 11 月
干气/%(质)	3.8	3.7	3.9	4.3
液化气/%(质)	16.2	15.4	19.5	17.9
汽油/%(质)	43.8	44.7	44.2	43.3
柴油/%(质)	21.1	21.3	17.6	17.3
油浆/%(质)	6.5	6.4	6.2	8.2
焦炭/%(质)	8.3	8.2	8.3	8.7
再生器稀相温度/℃	705.6	702.8	699	697
再生器密相温度/℃	685	686	680	682
三旋入口催化剂浓度/(mg/m^3)	358	365	345	352
烟机入口温度/℃	679	682	672	664
烟机出口温度/℃	485	477	474	466
余热锅炉排烟温度/℃	164.4	164.2	163.5	164

4.6　效益计算

烟气硫转移助剂在扬子石化 2#催化裂化装置工业试用之后，催化裂化烟气中的硫有 80%以上转移至反应产品之中，碱洗脱硫塔用碱量下降 700kg/h，碱液价格按 990 元/t，则碱液费用下降约为 600 万元/a；反应产品的价值按照硫黄计算，根据硫平衡计算，硫黄增产约 600t/a[3]，硫黄价格约 860 元/t，效益增长约为 51.6 万元/a；硫转移助剂的成本约为 350 万元/a；最终合计效益增长约为 300 万元/a。此外，因为催化裂化烟气脱硫含盐污水中盐含量也有一定程度的降低，外排污水 COD 稳定性提高，所以烟气脱硫新鲜水补水量也有一定的优化空间，有利于催化裂化装置脱硫脱硝单元的节能减排。

5　结语

① 扬子石化 2#催化裂化装置在操作条件及催化剂等基本不变的情况下，RFS09 型硫转移助剂占系统藏量 3%(质)、按新鲜剂补充量 3%(质)稳定加注时，再生烟气 SO_2 脱除率达 83%，总 SO_x脱除率达到 87%，碱液用量降幅达到 70%，烟脱含盐污水和 COD 都有一定程度的降低，脱硫效果显著。

② 助剂稳定加注后，2#催化裂化装置烟气蓝羽现象得到了有效消除，烟气外观清净、消散迅速，

碱洗脱硫塔烟气拖尾现象显著改善。

③ 助剂使用后未影响催化剂的正常流化，产品分布及产品质量无明显改变。

④ 硫转移助剂应用后，每年可增加效益约 300 万元。具有良好的社会环境效益和可观的经济效益。

参 考 文 献

[1] 胡敏，郭宏昶，刘宗余．催化裂化烟气蓝色烟羽形成原因分析与对策[J]．炼油技术与工程，2015，45(11)：7-12.

[2] 齐建勋，黄艳，赵志飞，等．钠法催化裂化烟气脱硫浓盐水处理方案探讨[J]．炼油技术与工程，2016，46(8)：20-22.

[3] 王强．增强型 RFS09 硫转移助剂在催化裂化装置的工业应用[J]．石油炼制与化工，2021，52(7)：44-48.

催化裂化烟气循环再生技术对再生器的影响分析

闫鸿飞　王　慧　孙世源　杨　鑫　王龙延　孟凡东

（中石化炼化工程集团洛阳技术研发中心　河南洛阳　471003）

摘　要　催化裂化烟气循环再生技术以部分循环再生烟气和纯氧作为再生器助燃介质，可将再生烟气中的CO_2浓度提高至95%（体）以上，有利于CO_2的捕集和利用。通过模拟计算分析了烟气循环再生技术对再生器热平衡、旋风分离器和再生效率等方面的影响，提出应考虑的影响因素，为烟气循环再生技术的工业示范应用提供技术参考。

关键词　FCC；烟气循环；再生；再生器；影响

1　引言

随着全球经济发展，大量资源和能源的消耗带来了CO_2排放持续增加，CO_2温室效应不断加剧导致的气候变化问题引起了全球关注。为了应对温室气体排放造成的各种严重后果，体现大国担当，2021年3月15日习近平总书记在中央财经委员会第九次会议中提出我国力争2030年前实现“碳达峰”、2060年前实现“碳中和”的目标。据统计，全球CO_2排放总量的4.6%来自炼化企业，催化裂化装置的CO_2排放总量约占炼化企业的25%[1]，降低催化裂化装置CO_2的排放并进行捕集回收，对于控制炼化企业碳排放具有重要意义。

目前国内外对于控制催化裂化（FCC）装置CO_2排放和捕集回收技术主要有降低反应生焦、化学链燃烧CO_2捕集、燃烧前CO_2捕集、燃烧中CO_2和燃烧后CO_2捕集等[2-5]，而烟气循环再生技术作为燃烧中CO_2捕集技术的代表，具有较好的发展应用前景。

2　催化裂化烟气循环再生技术介绍

洛阳技术研发中心牵头组织开发的催化裂化烟气循环再生技术采用部分循环再生烟气与空气分离获得的O_2代替空气作为燃烧时的氧化剂，可将再生烟气中的CO_2浓度提高至95%（体）以上。该技术可实现低成本CO_2捕集，是一种能够降低FCC装置碳排放的新型再生技术。该技术的原理示意见图1。

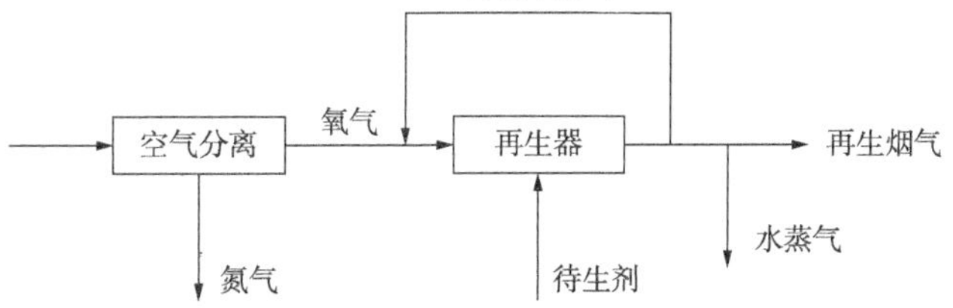

图1　催化裂化烟气循环再生技术示意图

催化裂化待生剂的再生过程通常采用空气来提供再生反应所需要的氧，待生剂上的焦炭与空气中的氧反应生成CO_2和H_2O，而空气中的惰性气体N_2并不参加反应。由于空气中约含有79%（体）的N_2，因此再生烟气中的CO_2含量通常只有10%~20%（体），难以实现富集，所以从再生烟气中捕集CO_2就比较困难，只有当CO_2浓度较高时，才可能进行有效的捕集和利用。

催化裂化烟气循环再生技术将部分再生烟气循环返回至再生器，以再生烟气中的CO_2代替空气中的N_2，同时通入纯氧，即采用O_2/CO_2燃烧方式，这样就能使烟气中CO_2浓度大幅提升至95%（体）以上，烟气中富集的CO_2可以采用低温分馏提纯工艺进行捕集，使CO_2浓度达到99%（体）以上，降低CO_2捕集和提纯成本。因部分烟气循环返回至再生器，因而大幅降低了FCC装置的排烟量和排烟导致的热量损失，显著提高装置的热效率。发电厂半工业的 O_2/CO_2 燃烧试验表明，这种燃烧方式在实现 CO_2 富集的同时，还可获得较高的脱硝和脱硫效果，与未采用 O_2/CO_2 燃烧方式相比，脱硝和脱硫效率分别可达到70%和90%以上，综合控制温室气体和污染物排放效果显著。

3　催化裂化烟气循环再生技术对再生器的影响分析

烟气循环再生技术可实现催化裂化待生剂的良好再生，相对于常规空气再生，烧焦效率和烧焦强度都有明显的提高，从烧焦效果来讲，烟气循环再生完全可取代常规空气再生[6]。但由于 O_2和 CO_2 混合气的性质与空气有较大的不同，因此对再生器的热平衡、旋风分离器和再生效率等方面会有一定的影响，下面通过模拟计算来考察烟气循环再生对再生器各方面的影响。

3.1　烟气循环再生对再生器热平衡的影响

表 1 为再生器热平衡核算表。因烟气循环再生与反应系统各参数无关，因此模拟定性计算时两种再生形式与反应相关的参数都相同。由表 1 可知，焦炭燃烧热、焦炭脱附热、焦炭升温热、散热损失均与反应过程中的焦炭产率直接相关，因此两种再生形式下这几项热量不变。水蒸气升温热相对较小，主要为吹扫、松动蒸汽及待生剂携带蒸汽，可视为不变。循环催化剂带走热与反应系统剂油比相关，因此也相同。主风升温热与主风量和烧焦介质比热相关，因此需进行模拟定量计算，进而可判断由常规空气再生变为烟气循环再生时外取热器取热量的变化。

表 1　再生器热平衡核算表

项目	常规空气再生	烟气循环再生	项目	常规空气再生	烟气循环再生
入方			出方		
焦炭燃烧热	基准	基准	焦炭脱附热	基准	基准
			主风升温	基准	增大
			焦炭升温	基准	基准
			水蒸气升温	基准	基准
			散热损失	基准	基准
			循环催化剂带走热	基准	基准
			循环催化剂带烟气带走热	基准	基准
			外取热器取热	基准	减小
合计	基准	基准	合计	基准	基准

由再生器热平衡计算可知：

$$主风升温热=主风量\times流化气体比热\times(再生器温度-主风入口温度)$$

再生器温度-主风入口温度可视为不变，烟气循环再生时，当主风量不变，由于烟气循环混合气体介质比热[7]（见表 2）增加，因此主风升温热上升。由表 1 可知，当采用烟气循环再生代替常规空气再生时，外取热器取热负荷将降低。若外取热器要维持满负荷操作，可提高装置加工量或掺渣比以提高生焦量，从而可提升装置效益。

表 2　空气、氧气与二氧化碳混合物的物性

项目	空气	氧与二氧化碳混合物				
氧含量/%(体)	21	21	23	25	27	29
密度/(kg/m^3)	1.27	1.82	1.81	1.80	1.79	1.78
分子量/(g/mol)	28.96	41.48	41.24	41.00	40.76	40.52
定压热容 453~973K/[kJ/(kmol·K)]	31.25	45.39	45.06	44.74	44.42	44.10
黏度/(Pa·s×10^{-5})	4.10	3.85	3.86	3.88	3.90	3.92

而当主风量减少时，则需根据具体减少比例，并结合比热变化进行详细计算来判断外取热器取热负荷变化。

3.2 烟气循环再生对再生器旋风分离器效率的影响

在常规空气再生条件下，若再生温度(T)为 973K，再生压力 3.5atm(绝)，主风机出口温度为 453K。在 973K 条件下 O_2、CO_2、N_2 等纯气体的黏度系数(μ)可由 Thodos 公式[8]计算得到：

$$\mu = 17.78 T_C^{-1/6} P_C^{2/3} M^{1/2} (458T/T_C - 1.67)^{0.625} \times 10^{-5}$$

式中 μ——纯气体的黏度，mPa·s；

T_c——物质的临界温度，K；

P_c——物质的临界压力，atm；

M——相对分子质量；

T——再生温度，K。

混合气体黏度(μ_m)用下式计算：

$$\mu_m = \sum y_i \mu_i M_i^{1/2} / \sum y_i M_i^{1/2}$$

式中 μ_m——混合气体的黏度，Pa·s；

μ_i——常压下纯 i 组分的黏度，Pa·s；

M_i——混合物中 i 组分的相对分子质量；

y_i——混合物中 i 组分的物质的量分数。

表 2 列出了常规再生条件下(973K，3.5atm)空气、O_2与 CO_2 混合物的物性对比。

根据斯托克斯定律及离心力计算公式可以得出：$u_p \propto \frac{1}{\mu_g}$[9]，其中 u_p为固体粒子在旋风分离器内的沉降速度，μ_g为气体黏度。气体的黏度越小，越有利于固体粒子的分离。由表 2 数据可知，O_2/CO_2 混合物的黏度较空气有一定程度的降低，因此采用 O_2/CO_2 代替空气再生时，固体粒子在旋风分离器内的沉降速度会有所提高，因此更有利于旋风分离器的气固分离。

3.3 烟气循环再生对再生器输送分离高度的影响

再生器输送分离高度计算公式[10]如下：

$$TDH/D_T = (2.7 D_T^{-0.36} - 0.7) \times \exp(0.7 u_f \cdot D_T^{-0.23})$$

式中 TDH——输送分离高度，m；

D_T——床层直径，m；

u_f——床层线速，m/s。

再生器床径通常不变，而当主风量即烧焦气体线速不变时，由公式可知，再生器输送分离高度 TDH 将不会发生变化。

因烟气循环再生烧焦效率高，当烧焦负荷不变时，主风量通常会有一定的下降，因此气体线速会有所降低，结合公式可知，再生器输送分离高度 TDH 将会有一定程度的下降。

3.4 烟气循环再生对再生效率的影响

在催化裂化装置主风量一定的情况下，根据再生器焦炭燃烧化学反应式可知，与常规空气再生相比，烟气循环再生时再生器烧焦能力增加的比例(R_C)与 O_2/CO_2 混合气体中氧气的体积分数有如下关系：

$$R_C = \frac{Y}{21} - 1$$

式中 Y——烟气循环再生时混合气体中氧气的体积分数,%。

据此可以计算出烟气循环再生时混合气体中不同氧气含量时的烧焦能力增加比例，见表 3。

表 3　不同氧气含量时的烧焦能力变化

O_2浓度/%(体)	烧焦能力增加比例/%	O_2浓度/%(体)	烧焦能力增加比例/%
23	9.52	27	28.57
25	19.04	29	38.10

如果催化裂化装置再生器烧焦负荷一定，那么与常规空气再生相比，烟气循环再生时再生器线速降低的比例(R_V)与 O_2/CO_2 混合气体中氧气的体积分数有如下关系：

$$R_V=1-\frac{21}{Y}$$

式中　Y——烟气循环再生时混合气体中氧气的体积分数,%。

据此可以计算出烟气循环再生时混合气体中不同氧气含量时的再生器线速减少比例，见表 4。

表 4　不同氧气含量时的再生器线速变化

O_2浓度/%(体)	线速降低比例/%	O_2浓度/%(体)	线速降低比例/%
23	8.70	27	22.22
25	16.00	29	27.59

根据表 3、表 4 数据可知，采用烟气循环再生可以明显提高再生器的效率。在主风机风量限制的情况下，可提升再生器烧焦能力，因此可提高装置处理量或掺渣比，进而提高装置效益；在装置烧焦负荷一定的情况下，可适当降低主风机负荷，起到节能降耗的作用。

4　结语

催化裂化烟气循环再生技术可将再生烟气中的 CO_2 含量富集至 95%(体)以上，有利于 CO_2 的捕集和利用。但烟气循环再生技术燃烧介质的变化会对再生器操作造成一定的影响，在进行工业应用时应根据再生器实际核算情况进行相应的设备或操作调整，以保证在降低催化裂化装置碳排放的同时，实现装置安全、平稳长周期运行。

参　考　文　献

[1] 李秋芝，陈曼桥，孟凡东，等. 催化裂化实现 CO_2 捕集的技术探讨[J]. 现代化工，2012，32(12)：82-84

[2] M Stockle，T Bullen. Integrating refinery CO_2 reduction strategies into your refinery[J]. Brussels，Belgium：Proceedings of ERTC sustainable refining conference，2008：111002884.

[3] S Ferguson. Investment roadmap：Planning for carbon capture and storage Reducing emissions can be approached the same way as any other new capital project[J]. Hydrocarbon Processing，2011，90(12)：43-49.

[4] 闵剑，加璐. 我国碳捕集与封存技术应用前景分析[J]. 石油石化节能与减排，2011，1(2)：21-27.

[5] 饶甦，高正平，沈来宏，等. 二氧化碳减排及利用的现状及发展[J]. 现代化工，2011，31(7)：1-5.

[6] 周璇，闫鸿飞，李秋芝，等. 氧燃烧-二氧化碳捕集催化裂化技术研究[J]. 现代化工，2013，33(10)：96-98.

[7] 房鼎业，应卫勇，朱炳辰. 加压下含甲醇混合气体定压热容、黏度与导热系数[J]. 化肥设计，1989(6)：31-38，41.

[8] 田立楠. 纯气体、混合气体及液体黏度的计算[J]. 化肥设计，1997，35(6)：9-13.

[9] 钱付平，章名耀. 基于边界层理论旋风分离器分离效率的改进模型[J]. 中国电机工程学报，2007，27(5)：71-75.

[10] 陈俊武. 催化裂化工艺与工程[M]. 2 版. 北京：中国石化出版社，2005：584-585.

催化裂化氧再生烟气循环捕集 CO_2 技术

孙世源[1]　江盛阳[2]　王龙延[1]　孟凡东[1]　段　丹[2]　闫鸿飞[1]　杨　鑫[1]

（1. 中石化炼化工程集团洛阳技术研发中心　河南洛阳　471003；
2. 中国石化工程建设有限公司　北京　100101）

摘　要　为了降低催化裂化装置 CO_2 的排放，开发了催化裂化氧再生烟气循环捕集 CO_2 技术（Oxy-Reg）：一部分再生烟气采用烟气再循环方式，利用空分装置分离出来的氧气，与循环烟气混合后一起进入再生器内烧焦；另一部分再生烟气去 CO_2 回收系统利用，从而实现 CO_2 的捕集。中试试验结果表明，要实现 CO_2 高浓度的捕集，合理控制 O_2 流量和烟气循环比例是关键。基于此，开发了烟气循环控制系统，可以合理调节 O_2 流量和再生烟气循环比例，实现再生烟气中 CO_2 富集至95%（体）以上。

关键词　催化裂化；烟气循环；CO_2；捕集；氧燃烧

1　引言

炼化企业排放的 CO_2 总量占全球 CO_2 排放总量的4.6%，其中25%来自催化裂化装置，控制催化裂化装置 CO_2 的排放，对催化裂化装置排放的 CO_2 进行捕集回收，符合石化行业绿色低碳发展战略[1]。

在降低 CO_2 排放的策略上，无外乎控制 CO_2 的产生和回收处理。催化裂化作为炼化企业实现重油轻质化的关键手段之一，其核心反应机制在于脱碳过程。为了满足生产液化气和汽油等低碳氢比产物的需求，生成焦炭不仅是一个必然环节，而且生成的焦炭还需经过再生器进行烧焦处理，以恢复催化剂的活性并为其反应过程提供必要的热量。然而，这一环节不可避免地会产生 CO_2。因此，对于催化裂化装置而言，碳减排的关键在于 CO_2 的捕集回收。目前国内外对于催化裂化装置 CO_2 的减排和捕集回收技术主要有降低焦炭产率[2]、化学链燃烧 CO_2 捕集[3]、燃烧前 CO_2 捕集[4]、燃烧后 CO_2 捕集[5]和燃烧中 CO_2 捕集[6]等技术。

国内，燃烧后 CO_2 捕集技术和燃烧中 CO_2 捕集技术分别在煤制气装置[7]和电站锅炉[8]上得到了工业应用，但均未在催化裂化装置上进行工业应用。研究表明[9]，燃烧中 CO_2 捕集技术比燃烧后 CO_2 捕集技术的投资成本低20%左右（利用炼油厂现有空分装置），运行成本低60%左右，具有显著的经济优势。在能耗方面，常规有机胺工艺捕集 CO_2 技术的能耗为8.25MJ/m^3 CO_2（4.20GJ/tCO_2）[10]。燃烧中 CO_2 捕集技术的能耗为4.35MJ/m^3 CO_2，主要构成包括空分装置能耗2.05MJ/m^3 O_2（0.569kW·h/m^3 O_2）[11]，CO_2 低温分馏装置能耗0.94MJ/m^3 CO_2（0.48MJ/kgCO_2）[12]，其他新增能耗1.36MJ/m^3 CO_2。燃烧中 CO_2 捕集技术比燃烧后 CO_2 捕集技术的能耗更低。

中石化炼化工程（集团）股份有限公司洛阳技术研发中心对燃烧中 CO_2 捕集技术（即氧再生烟气循环捕集 CO_2 技术）进行了研究[13]，在固定流化床上开展了催化裂化待生催化剂的再生试验，考察了氧燃烧气氛对烧焦过程的影响，验证了氧燃烧技术替代常规再生的可行性[14]；通过对再生动力学研究，验证了氧燃烧再生技术相对于常规再生的优越性[15]；对烟气循环再生系统模型进行了研究[16]，并通过仿真模拟分析了采用氧再生烟气循环技术的再生装置的运行特性。本工作采用提升管中试试验装置，考察氧燃烧气氛下不同操作条件对再生烟气组成的影响规律，获取富集烟气中 CO_2 的操作方法，开发烟气循环控制系统，为氧再生烟气循环捕集 CO_2 技术的工业应用提供了技术支撑。

2　催化裂化氧再生捕集烟气循环捕集 CO_2 技术介绍

Oxy-Reg 技术的工艺流程如图1所示，在常规催化裂化装置的基础上增设空分系统、烟气循环系

统和 CO_2 回收系统，利用空分系统分离得到的 O_2 与烟气循环系统的高浓度 CO_2 烟气代替空气作为再生主风参与待生催化剂的再生烧焦；通过烟气循环控制系统调节 O_2 与高浓度 CO_2 烟气的比例，使再生烟气中 CO_2 含量达到95%(体)以上；高浓度 CO_2 烟气进入 CO_2 回收系统实现 CO_2 高效、低能耗捕集。

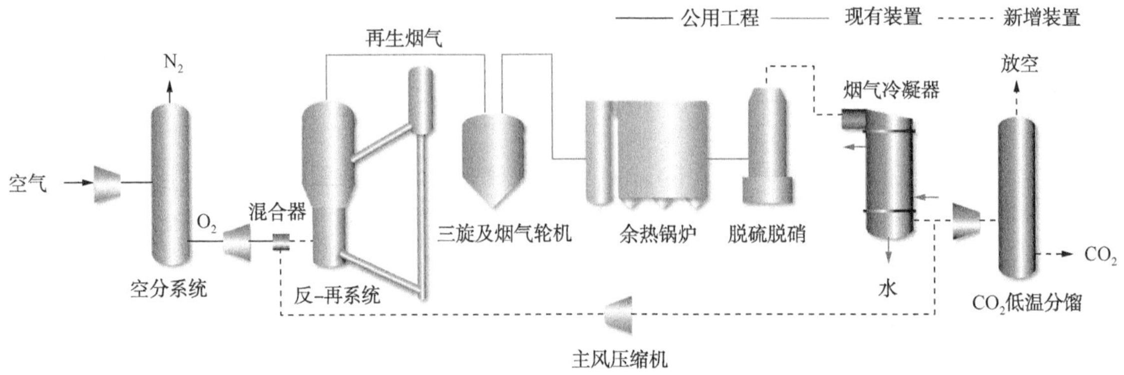

图1 Oxy-Reg技术流程示意图

3 试验部分

3.1 原料和催化剂

试验所用原料和平衡催化剂取自某炼油厂，详细性质分别见表1、表2。

表1 原料油性质

项目	数值	项目	数值
密度(20℃)/(kg/m^3)	924.1	氢含量/%(质)	11.57
残炭/%(质)	2.92	硫含量/%(质)	0.483
胶质+沥青质/%(质)	11.1		

表2 平衡剂性质

项目	数值	项目	数值
SiO_2/%(质)	59.90	孔体积/(cm^3/g)	0.138
Al_2O_3/%(质)	28.96	表观松密度/(g/cm^3)	0.83
微反活性指数/%	68	平均粒径/μm	63
比表面积/(m^2/g)	136		

3.2 试验装置

催化裂化中试试验装置见图2。该装置提升管总高约3m，两器为高低并列式。装置标定期间，通过对裂化气、烟气和生成油的计量、分析计算物料平衡。

3.3 分析方法

烟气使用烟气流量计计量体积，采用 Agilent 6890 型气相色谱仪对烟气进行离线分析，测定烟气组成。

4 结果与讨论

4.1 氧燃烧再生试验

通过 O_2/CO_2 混合气再生试验，考察不同主风量、CO_2/O_2 比例、原料加工量、再生温度对再生烟气中 CO_2 含量的影响，获取富集烟气中 CO_2 的操作方法。主风量和再生温度对再生烟气中 CO_2 含量的影响如图3所示。主风量、原料油加工量对再生烟气中 CO_2 含量的影响如图4所示。O_2 流量、CO_2/O_2 比例对再生烟气中 CO_2 含量的影响如图5所示。由图3可知，在完全燃烧情况下，随着主风量降低，由于单位时间供氧量减小，再生烟气中 CO_2 含量增大；随着再生温度升高，烧焦强度增大，再生烟气中 CO_2 含量增大。由图4可知，随着原料加工量升高，单位时间生焦量增大；烧焦量增大，再生烟气中 CO_2 含量增大。但当原料油加工量增加到0.8kg/h，再生烟气中 CO_2 含量随主风量波动较大，这是由于原料量增加导致生焦量增加，在主风供氧不足的情况下，因燃烧不完全而产生了较多的CO。由图5可知，随着 CO_2/O_2 比例升高，再生烟气 CO_2 含量增大；O_2 流量对烟气中 CO_2 含量无显著影响。

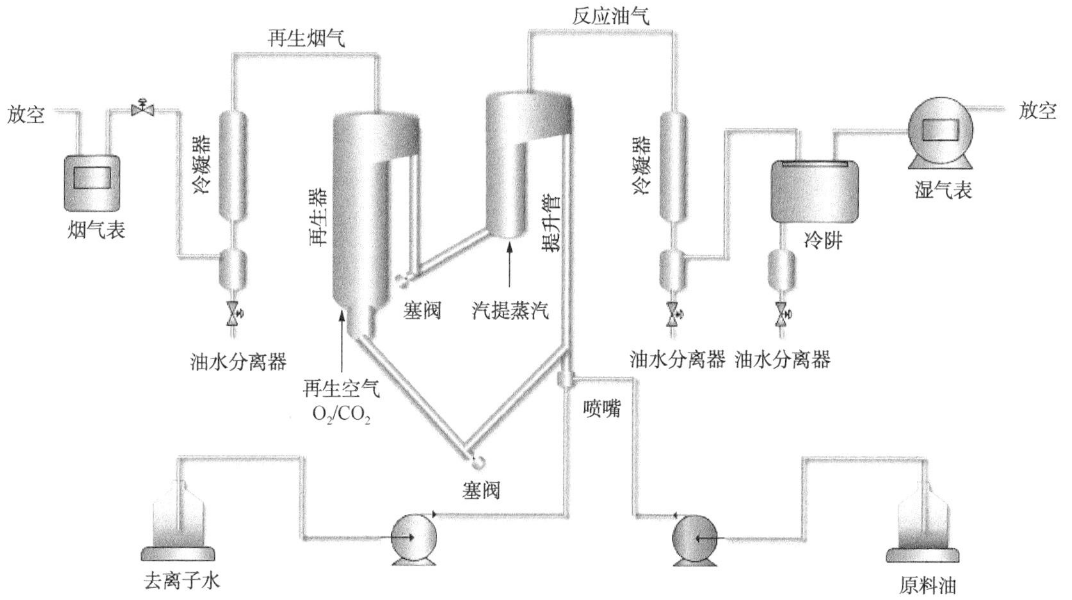

图2 提升管中试试验装置

由于中试装置反吹风使用高纯 N_2，再生烟气中有一定的 N_2；中试装置再生器尺寸较小，主风在再生器内停留时间较短，烧焦效率较工业再生器偏低，因此即使在较高的 O_2 含量下，烟气中的CO燃烧仍不完全，中试试验的再生烟气 CO_2 含量普遍在85%~90%(体)。考虑到工业装置反吹风及松动风中的 N_2 占主风量的比例可以忽略，而且工业催化裂化再生器采用完全再生方式或添加CO助燃剂，再生烟气中基本不含CO，因此工业装置的再生烟气 CO_2 含量相对于中试试验数据可以显著提高。根据开发的烟气循环再生系统模型[16]仿真结果，再生烟气 CO_2 含量可富集至95%(体)以上。

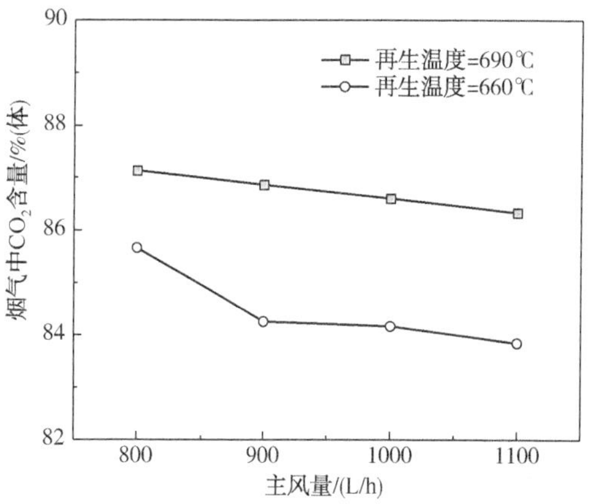

图3 主风量、再生温度对烟气中 CO_2 含量的影响

(原料油加工量=0.7kg/h，CO_2/O_2=4)

通过分析可知，提高再生温度和 CO_2/O_2 初始比例，可以提高烟气中 CO_2 含量。原料油加工量和主风量影响生焦量和供氧量，一般而言随着生焦量增大、供氧量降低，烟气中 O_2 含量降低，CO_2 含量增大，但是随着 O_2 含量进一步降低，会导致烟气中CO含量增大，CO_2 含量降低。

对于催化裂化工业装置，原料加工量一般保持稳定，原料性质和操作条件影响生焦量。为了使催化剂充分再生，要保证相对充足的供氧量。可见，富集烟气中的 CO_2，需要根据提升管反应器加工条件，合理控制 O_2 流量和循环烟气流量。O_2 流量和循环烟气流量的合理控制，是实现Oxy-Reg技术的一个关键。为此，笔者开发了烟气循环控制系统。

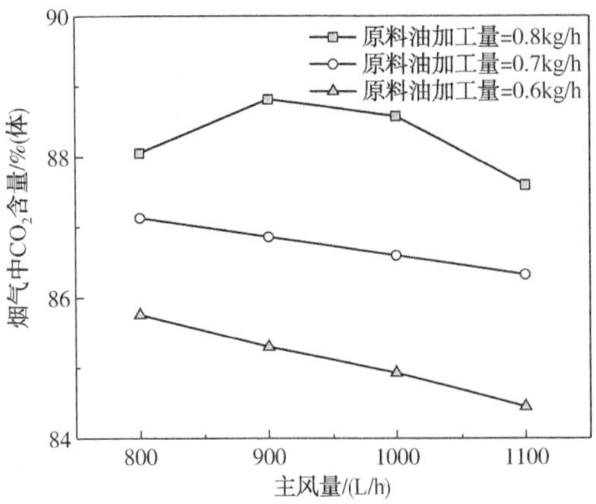

图 4　主风量、原料油加工量对烟气中 CO_2 含量的影响

（再生温度 = 690℃，$CO_2/O_2=4$）

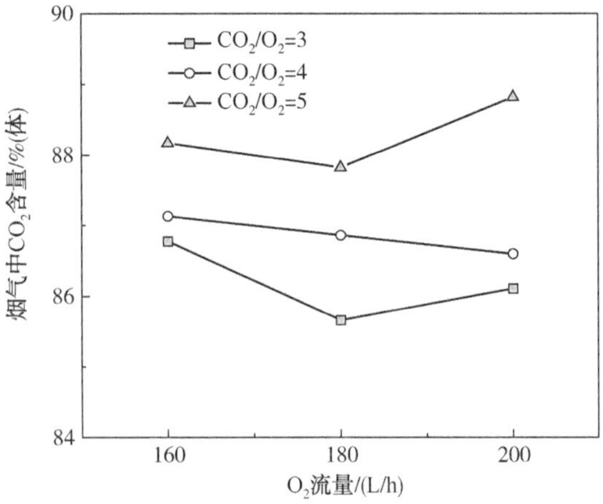

图 5　O_2 流量、CO_2/O_2 比例对再生烟气中 CO_2 含量的影响

（原料油加工量 = 0.7kg/h，再生温度 = 690℃）

4.2　烟气循环控制系统开发

烟气循环控制系统工作原理如图 6 所示。该系统通过在线监控烟气流量及组成，合理调节 O_2 流量和再生烟气循环比例，实现再生烟气中 CO_2 的富集。烟气循环控制系统包括再生烟气在线分析仪和流量控制系统，再生烟气在线分析仪用于分析烟气组成，流量控制系统用于控制 O_2 流量和再生烟气循环比例。

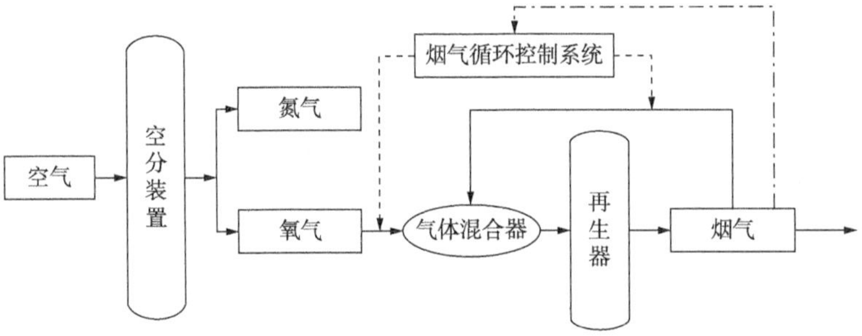

图 6　烟气循环控制系统工作原理示意图

流量控制系统的核心是再生器模型。笔者在文献[17]和文献[16]中，分别建立了烧焦反应动力学模型、再生器模型和 O_2/CO_2 气氛下催化裂化烟气循环再生系统模型。通过该模型，可以根据待生催化剂流量、定碳和 O_2 流量、再生烟气循环比例，计算再生剂流量、定碳和再生烟气流量及组成。对于催化裂化工业装置，待生剂的实时定碳是未知的。根据再生烟气循环比例、再生烟气流量及组成，可以计算得到烧焦量。计算公式如下：

$$F_{烧焦}=12(n_{CO_2}^{出口}-n_{CO_2}^{入口})+12(n_{CO}^{出口}-n_{CO}^{入口})+2(n_{H_2O}^{出口}-n_{H_2O}^{入口})$$

式中　$F_{烧焦}$——烧焦量，kg/s；

$n_{CO}^{出口}$、$n_{CO_2}^{出口}$、$n_{H_2O}^{出口}$——分别为再生器出口 CO、CO_2、H_2O 流量，kmol/s；

$n_{CO}^{入口}$、$n_{CO_2}^{入口}$、$n_{H_2O}^{入口}$——分别为再生器入口 CO、CO_2、H_2O 流量，kmol/s。

$n_{CO}^{出口}$、$n_{CO_2}^{出口}$、$n_{H_2O}^{出口}$可以根据再生烟气流量和再生烟气组成计算得到[18]，$n_{CO}^{入口}$、$n_{CO_2}^{入口}$、$n_{H_2O}^{入口}$可以根据循环烟气流量和再生烟气组成计算得到。

根据剂油比和烧焦量，可以计算得到待生催化剂的实时流量和定碳。计算公式如下：

$$F_{催化剂}=\varphi_{C/O}F_{原料油}$$

$$w=F_{烧焦}/F_{催化剂}$$

式中　$F_{催化剂}$——待生催化剂流量，kg/s；

$F_{原料油}$——原料油加工量，kg/s；

$\varphi_{C/O}$——剂油比；

w——待生剂定碳，%(质)。

流量控制系统根据待生催化剂的实时流量和定碳，以及再生催化剂定碳的目标值[例如 0.1%(质)]和烟气中 CO_2 含量的目标值[例如95%(质)]，计算得到所需的 O_2流量、再生烟气循环比例，从而根据计算值实时调节 O_2流量、再生烟气循环比例。该计算过程为一参数寻优过程，其中 O_2流量、再生烟气循环比例为待估值参数，再生剂定碳和烟气中 CO_2 含量的计算值与目标值的误差平方和为目标函数。目标函数计算公式如下：

$$\Phi=(w^{set}-w^{cal})^2+(y_{CO_2}^{set}-y_{CO_2}^{cal})^2$$

式中，上标 set 表示设定值，上标 cal 表示计算值，y 表示百分含量,%(体)。

参数寻优过程参考文献[17]所述方法，在此不做赘述。

根据寻优结果，对于单段再生，再生催化剂定碳质量分数设为 0.1%，再生烟气中 CO_2 体积分数最高可达到98%，此时，再生器入口氧气体积分数为 25%，烟气循环率为 80%，即出再生器烟气的80%返回再生器入口，另外 20%出催化裂化装置。对于并列式两段再生，再生催化剂定碳质量分数设为0.1%，二再烟气中 CO_2 体积分数最高可达 96%，此时，二再入口氧气体积分数为 18%，二再烟气循环率为 85%。对于重叠式两段再生，再生催化剂定碳质量分数设为 0.1%，一再烟气中 CO_2 体积分数最高可达 97%，此时，一再入口氧气体积分数为 29%，一再烟气循环率为 60%。对于前置烧焦罐式再生，再生催化剂定碳质量分数设为 0.1%，二再烟气中 CO_2 体积分数最高可达 97%，此时，烧焦罐入口氧气体积分数为 26%，二再烟气循环率为 80%。

4.3 工业应用的技术重点

Oxy-Reg 技术目前暂未进行工业示范应用，尚有以下工程化问题需要在进一步的工作中进行合理解决：

① 再生烟气中水含量较高，在循环回再生器前，需要脱除再生烟气中的水蒸气，降低再生器内水蒸气对催化剂水热失活的影响。低成本脱除再生烟气中的水蒸气，是本技术工业化必须要考虑的问题。

② 为了降低 Oxy-Reg 技术改造投资，在进行技术改造时，需要根据催化裂化工业装置情况，优化工艺流程，充分依托现有公用工程，除脱水系统外，尽量控制额外设备的投资成本。

③ 催化裂化装置反再系统的两器压差是控制催化剂流化的关键，Oxy-Reg 技术需要实时调节烟气循环比例和流量，在日常操作中要尽量降低烟气流量调节的频率和幅度，保障装置平稳运行。

5 结论

催化裂化氧再生烟气循环捕集 CO_2 技术(Oxy-Reg)采用烟气再循环方式，利用空分装置分离出来的氧气，与循环烟气混合后一起进入再生器内烧焦，再生烟气经过余热回收、脱硫脱硝脱水后，一部分循环回再生器，另一部分去 CO_2 回收系统利用，从而实现 CO_2 的捕集。合理控制 O_2 流量和烟气循环比例是该技术工业化应用的关键。基于再生器模型开发的烟气循环控制系统，可以通过在线监控烟气流量及组成，合理调节 O_2 流量和再生烟气循环比例，实现再生烟气中 CO_2 的富集和高效捕集。Oxy-Reg 技术可为降低炼油厂碳排放提供一种技术选择，具有较好的应用前景。

参考文献

[1] 韩恒文，韩伟，程薇．石化行业 CO_2 排放核算与减排技术进展[J]．石油化工，2023，52(12)：1754-1764.

[2] 杨轶男，吴昊，赵晓敏，等．催化裂化装置碳排放特征及减排措施分析[J]．石油炼制与化工，2023，54(3)：90-95.

[3] 金红光，洪慧，韩涛．化学链燃烧的能源环境系统研究进展[J]．科学通报，2008，53(24)：2994-3005.

[4] P. Mores，N. Scenna，S. Mussati. CO_2 capture using monoethanolamine (MEA) aqueous solution：Modeling and optimization of the solvent regeneration and CO_2 desorption process[J]. Energy，2012，45(1)：1042-1058.

[5] 张伟清．UOP 公司技术将用于大型碳捕获和存储项目[J]．石油炼制与化工，2021，52(8)：1.

[6] Lee Yaverbaum. Fluidized bed combustion of coal and waste materials[J]. NASA STI/Recon Technical Report A, 1977, 78: 33803.

[7] 刘芳芳. 齐鲁石化构筑多元化绿色低碳产业集群[J]. 中国石化, 2022(3): 58-59.

[8] 郭军军，张泰，李鹏飞，等. 中国煤粉富氧燃烧的工业示范进展及展望[J]. 中国电机工程学报，2021，41(4): 1197-1208，1526.

[9] Fatih Gülec, Will Meredith, Colin E Snape. Progress in the CO_2 capture technologies for fluid catalytic cracking (FCC) units—areview[J]. Frontiers in Energy Research, 2020, 8: 62.

[10] 陆诗建，高丽娟，王家凤，等. 烟气 CO_2 捕集热能梯级利用节能工艺耦合优化[J]. 化工进展，2020，39(2): 728-737.

[11] 阎维平，赵文娟，鲁晓宇. 适合富氧燃烧发电系统的空分制氧能耗分析[J]. 低温工程，2011，(2): 19-24.

[12] 徐钢，田龙虎，杨勇平，等. 新型 CO_2 分离液化提纯一体化系统[J]. 工程热物理学报，2011，32(12): 1987-1991.

[13] 李秋芝，陈曼桥，孟凡东，等. 催化裂化实现 CO_2 捕集的技术探讨[J]. 现代化工，2012，32(12): 82-84.

[14] 周璇，闫鸿飞，李秋芝，等. 氧燃烧-二氧化碳捕集催化裂化技术研究[J]. 现代化工，2013(10): 96-98，100.

[15] 孙世源，王龙延，孟凡东，等. O_2/CO_2 气氛催化裂化催化剂再生动力学研究[J]. 石油炼制与化工，2023，54(1): 104-108.

[16] 孙世源，王龙延，闫鸿飞，等. O_2/CO_2 气氛下催化裂化烟气循环再生系统模型[J/OL]. 石油学报(石油加工)，1-10[2024-07-02]. http://kns.cnki.net/kcms/detail/11.2129.TE.20240417.0957.003.html.

[17] 孙世源，王龙延，孟凡东，等. 催化裂化装置重叠式两段再生系统建模[J]. 石油炼制与化工，2022，53(3): 85-90.

[18] 华东石油学院炼制系炼油专业. 催化裂化的工艺核算(Ⅰ)反应器和再生器的物料平衡和热平衡[J]. 石油炼制与化工，1977(1): 55-65.

浅析影响催化烟气中 NO_x 含量的因素

火来赞　黄位刚　许　华　周李学

（中国石化青岛炼化公司　山东青岛　266500）

摘　要　为了对催化裂化烟气中氮氧化物（NO_x）含量进行有效控制，本文通过研究催化裂化反应过程中氮的转化途径，并从原料性质、产品质量、一氧化碳、剩余氧、臭氧、助剂使用方面分析其对烟气中 NO_x 含量的影响，结合装置运行的实际情况提出了操作调整，确保外排烟气中 NO_x 含量符合环保要求。

关键词　催化裂化；再生烟气；氮氧化物；影响因素；调整建议

1　引言

国内某炼化公司 290 万 t/a 催化裂化装置采用的是北京石油化工研究院开发的适应“欧Ⅲ”排放标准需要汽油组分并多产丙烯的技术（MIP-CGP 技术）。该装置以脱硫精制后的高硫直馏蜡油与焦化蜡油为原料并进行油浆回炼，生产干气、液化气、稳定汽油、催化柴油等产品，同时外甩部分油浆。再生部分采用外循环管高效烧焦罐+床层完全再生技术（烧焦罐设计烧焦比 85%～100%），具有高温、高氧、高线速和高烧焦强度等特点。在日常生产中，该装置添加固态硫转移剂及铂基 CO 助燃剂，控制再生烟气中的硫氧化物含量和再生器稀相温度。

为进一步控制外排烟气中污染物含量，上述装置增设烟气脱硫脱硝系统，这一系统采用美国杜邦贝尔哥公司（BELCO®）的 LoTOxTM 臭氧氧化工艺技术和 EDV®湿法洗涤工艺技术，将含有酸性气体和催化剂粉尘的烟气与氢氧化钠溶液逆向充分接触反应，除去烟气中的硫氧化物（SO_x）、氮氧化物（NO_x）并洗涤烟尘等污染物，实现烟气净化达标排放的目的。

催化烟气中的 NO_x 主要有两种来源：一是原料中元素氮的转化，二是氮气（N_2）与氧气（O_2）在热力的作用下生成 NO_x。通过对催化裂化装置中氮元素的转化过程进行分析，存在于烟气中的 NO_x 是氮转化中的一个中间产物。其中，原料中氮的含量以及烧焦罐、再生器中碳、一氧化碳（CO）、氧气（O_2）的含量对 NO_x 的生成有着极大的影响。研究表明[1]，N_2 与 O_2的反应在过氧条件下温度高于 1760℃时才会比较显著，而烧焦再生系统温度只有 650℃，故氮气与氧气在热力的作用下生成 NO_x 可忽略不计。为降低外排烟气中 NO_x、SO_x及粉尘含量，使之达标排放，单元还增设烟气脱硫脱硝装置，通过加注臭氧（O_3），促使烟气中 NO_x 氧化，进而降低外排烟气中 NO_x 的含量。

2　NO_x 的形成过程

2.1　氮的来源

催化裂化装置主要以加氢处理后的焦化蜡油为原料。催化混合原料油中的氮主要存在于原料油中胶质、沥青质等较重的馏分中，以吲哚、咔唑（中性氮化物）、吡啶、喹啉、吖啶（碱性氮化物）等形式存在，原料油中的氮化物是烟气中 NO_x 的主要来源。在日常生产中，催化裂化装置还在进行油浆回炼，而较重的油浆又是氮化物的集聚之所，油浆回炼又会将较多的氮化物带入到反应器中，成为烟气中 NO_x 的另一来源。

2.2　氮的转化

研究表明[1]，在以重油为原料的催化裂化反应过程中，原料中的氮 5%～25%进入液体产品中，而且一般都聚集在重油馏分中，原料中 75%～95%的氮会进入焦炭中。原料中碱性氮化物会吸附在催化剂的活性中心上，使该活性中心失活而形成一个结焦点，形成焦炭附着在催化剂上。而非碱性氮在反应过程中也会变成碱性氮，重复上述过程。附着在催化剂上的焦炭随待生斜管进入烧焦罐中进行裂化、氧化、水解等反应生成 N_2、NO_x、HCN、NH_3，其中90%为 N_2，而 NO_x 中主要为NO，NO_2、N_2O 的生成可以忽略不计。还原态的HCN、NH_3 可以进一步与 NO_2 反应生成NO，NO又可以被焦炭以及焦炭不完全燃烧产生的CO还原生成 N_2 与 CO_2。详见图1。

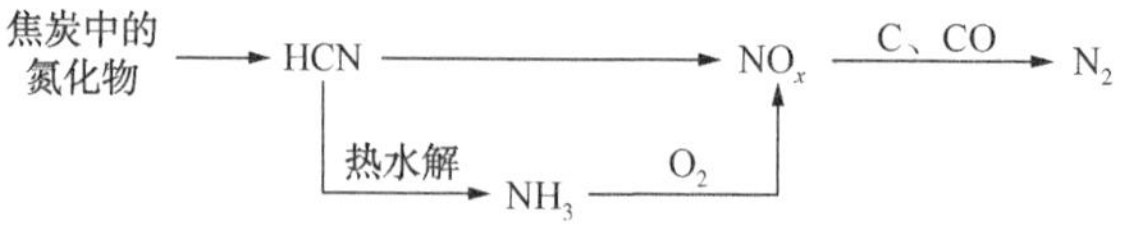

图1　焦炭中氮的转化途径

3　影响烟气中 NO_x 含量的因素及控制

3.1　原料中氮含量的影响

原料中的氮含量是整个装置中氮的来源，控制好原料中的氮含量，对烟气中的 NO_x 有着直接的影响。对原料进行加氢预处理，可以有效降低原料中的硫、氮含量，对降低烟气中的 NO_x 起着至关重要的作用，也是最优先的手段。但在日常生产过程中，原料自加氢来时已成定局，加氢处理效果本装置无法决定，对于本装置内操作来说，可以适当降低油浆回炼量以减少反应器中氮的含量，从而减少 NO_x 的生成。

3.2　产品中氮含量的影响

原料中的氮主要有两个去向，一是以有机氮的形式进入产品中，二是吸附到催化剂上随着焦炭被带入烧焦罐，此两者间存在着此消彼长的关系。据资料表明[2]，在给定催化剂时，相同的原料进行催化裂化反应，原料中的氮含量会随转化率的降低而升高。在日常生产过程中，当发现催化烟气中 NO_x 含量超高时，我们可以通过降低反应温度、降低剂油比等手段来略微降低转化率让原料中的氮更多地转移至产品中去，减轻烟气中的 NO_x 含量。但是通过此手段，会导致轻质油产率降低，稳定汽油产量减少，外甩油浆过大，造成资源浪费。

3.3　CO含量的影响

从氮的转化过程可知，CO含量的多少决定着 NO_x 的消耗。在催化裂化装置烧焦与再生的过程中，催化剂上的焦炭在烧焦罐中发生完全燃烧反应与不完全燃烧反应：

$$C+O_2 = CO_2\text{（完全燃烧）}$$

$$2C+O_2 = 2CO\text{（不完全燃烧）}$$

$$2CO+2NO = N_2+2CO_2$$

由以上反应式知，当烧焦罐中焦炭燃烧不完全燃烧时会产生CO，而CO又可以将 NO_x 还原成 N_2，从而降低烟气中 NO_x 的含量。

需要注意的是，CO遇 O_2 后会进一步发生氧化反应：$2CO+O_2 = 2CO_2$，释放出大量热量，因为本文所述装置高温、高氧、高线速的特点，烟气中剩余 O_2 含量较高，若是剩余CO含量较高，极易发生稀相燃烧，严重时会造成再生器、烟机等设备超温，严重时可造成生产事故。

当CO含量过高，有二次燃烧倾向时，通常会添加CO助燃剂，本文所述装置所用的CO阻燃剂为重金属铂基阻燃剂，其主要机理是通过促进CO与 O_2 反应生成 CO_2 来降低CO含量。鉴于日常生产过程中积累的经验，每次加注CO助燃剂后在线分析仪表显示的外排烟气 NO_x 数值会上升，便是基于CO还原 NO_x 的原理。CO助燃剂的加注，促进了CO的消耗，阻碍了 NO_x 的还原，导致外排烟气中 NO_x 含量的升高。在实际生产过程中，在保证稀相温度的基础上，可以适当减少CO助燃剂的加注量，减少烧焦罐中CO的消耗量。若稀相温度过高，烟气中 NO_x 也较高时，可以考虑引进低 NO_x 燃烧促进剂。相关研究表明[2]，低浓度 NO_x 燃烧促进剂可以促进CO与 NO_x 生成 CO_2 与 N_2 的反应。低浓度 NO_x 燃烧促进剂与在降低CO的同时消耗 NO_x。

在日常操作调整过程中，当外排烟气中 NO_x 含量过高时，在保证再生烟气不超温的前提下，可以略微降低烧焦强度（开大外取滑阀或关小外循环滑阀来降低起始烧焦温度、降低主风量来降低氧含量等)来增加烧焦过程中 CO 的生成量，促进其还原 NO_x 为 N_2，进而降低外排烟气中 NO_x 的含量。

3.4 O_2含量的影响

从氮的转化过程可知，O_2含量的多少决定着 NO_x 的生成，较低的氧含量可以阻碍 HCN、NH_3 氧化生成 NO_x，进而降低外排烟气中的 NO_x。相关资料显示[3]，当催化裂化烟气中过剩氧含量>1.8%时，烟气中会生成大量的 NO_x，而烟气中过剩氧含量<1.5%时，烟气中 NH_3 会增加。由此可见，控制较低的氧含量有利于外排烟气中 NO_x 含量的减少。这种方法可适用于贫氧再生装置，过低的氧含量不仅可以阻碍 NO_x 的生成，同时还可以提高 CO 的生产量，增加 NO_x 的消耗。而本文所述装置烧焦具有高温、高氧、高线速和高烧焦强度等特点，通过调整氧含量来阻碍 NO_x 的生成不具有可操作性。在日常生产过程中，再生器剩余氧含量降低而外排烟气中 NO_x 在线分析仪数值在线也随之降低，这是因为烧焦过程中氧含量降低，不完全燃烧反应增大，CO 含量增加，还原更多的 NO_x，使外排烟气中的 NO_x 降低。在这个过程中依然是 CO 起着决定性作用。

3.5 O_3注入量的影响

本文所述装置烟气脱硫脱硝系统是采用的 LoTOxTM 臭氧氧化工艺技术，将臭氧注入洗涤塔中与催化烟气接触，将不溶于水的 NO_x 氧化成为 N_2O_5，生成的 N_2O_5溶于水形成 HNO_3，HNO_3又在脱硫脱硝塔被碱洗，形成硝酸盐进入催化废水中外排出装。该技术的脱硝效率在 75%~92%，而且稳定性良好。

NO_x 在脱硫脱硝塔中发生的反应方程式：

$$2NO+3O_3 = N_2O_5+3O_2$$

$$2NO_2+O_3 = N_2O_5+O_2$$

$$N_2O_5+H_2O = 2HNO_3$$

$$HNO_3+NaOH = NaNO_3+H_2O$$

由以上反应可知，在日常操作中适当提高 O_3注入量(提高臭氧发生器功率)，可以促进 NO_x 的氧化反应，进而降低外排烟气中 NO_x 的含量，但当烟气脱硫脱硝塔的入口烟气中 NO_x 含量超高时，即使脱硝效率达到最高，剩余的 NO_x 依然可能会导致外排烟气中 NO_x 超标，在日常操作中，发现通过提高 O_3 注入量无法有效降低外排 NO_x 浓度时，应该及时通过另外的调整手段，降低烟气脱硫脱硝塔的入口烟气中 NO_x 含量，保证外排质量符合环保要求。

3.6 硫转移剂的影响

在日常生产过程发现，烟气脱硫脱硝塔排出口外排烟气在线分析仪中 NO_x 与 SO_x成反相关趋势，特别是每次在加入硫转移剂后短时间内会出现外排烟气中 NO_x 上升，而 SO_x下降的现象。特别是在原料性质恶化，烟气中 NO_x 与 SO_x含量都偏高时，加入硫转移剂便易造成外排烟气 NO_x 超高。

通过研究硫在反应中的转化过程及硫转移剂的作用原理可知，焦炭中的硫化物在烧焦过程中几乎全部转化为 SO_x，其中 SO_2 占比 90%左右，SO_3 占比 10%左右。硫转移剂的加入会促进 SO_2 与 O_2的结合，生成 SO_3。在此反应过程中产生的夺氧作用，会消耗掉大量剩余氧。剩余氧的减少势必会影响 HCN 与 NH_3 的氧化反应，过剩的 HCN 与 NH_3 进入三旋、余锅等后路装置后继续发生氧化反应生成 NO_x，则造成了烟气中 NO_x 含量的上升。

当处于上述工况时，SO_x与 NO_x 的控制处于一个矛盾点，加硫转移剂引起 NO_x 含量上升，而提高剩余氧含量促进 HCN 与 NH_3 的氧化反应却会因氧含量的升高而降低 CO 含量，阻碍 NO_x 的还原，依然会造成烟气中 NO_x 含量的上升。面对这种情况，最好的方法是采用某种助剂同时降低烟气中的 NO_x 与 SO_x。经查相关资料[4]，有公司通过加注 NO_x 助剂来降低烟气中 NO_x 的含量，天津市拓得石油技术发展有限公司还生产一种脱硫脱硝助燃的三效助剂，经天津石化试用，脱硫脱硝助燃效果显著。结合本装置实际情况，可以引进 NO_x 助剂与硫转移剂，同时使用或者直接使用脱硫脱硝助燃三效助剂，来解决烟气中 NO_x 与 SO_x含量都同时偏高的问题。

4 结论

① 通过协调上游装置加强原料预处理过程，调整烧焦强度、剩余氧含量、CO 助燃剂加注量，O_3

注入量，可有效降低外烟气中的 NO_x 含量，

② 在原料性质恶化严重时，还可以考虑引进新的助剂以有效控制外排 NO_x 含量。对于本文所述装置的运行状况，通过生产操作调整来降低烟气中 NO_x 含量具有滞后性、不确定性。而助燃剂的加注则具有显著的效果，可以考虑引进低 NO_x 燃烧促进剂取代铂基 CO 助燃剂；当烟气中的 NO_x 含量较高时，添加低 NO_x 燃烧促进剂来有效降低烟气中的 NO_x。

③ 在日常生产操作中，需要密切关注与 NO_x 含量变化相关参数，并针对异常参数做出及时调整，有利于保障排外烟气符合环保要求。

参 考 文 献

[1] 于道永，徐海，阙国和．催化裂化过程中含氮化合物及其转化[J]．炼油设计，2000，30(6)：16-19.

[2] 于道永，徐海，阙国和．催化裂化催化剂再生过程中的氮化学进展[J]．化工进展，2009，28(12)：2146-2159.

[3] 郭伟，李宁，白锐，等．影响催化裂化烟气 NO_x 浓度的因素及控制方法[J]．石油炼制与化工，2020，51(1)：97-100.

[4] 郭祥，张瑞寰，冯李杨．催化装置烟气中氮氧化物偏高的原因及解决措施[J]．化工管理，2019(14)：197-198.

SCR脱硝工艺对外排烟气颗粒物含量的影响分析及对策

龙广煌　张晓国　汪　洋

（中国石化湖南石化公司　湖南岳阳　414000）

摘　要　某催化裂化装置烟气脱硝单元装置采用抚顺石油化工研究院和中石化宁波工程有限公司共同开发的SCR烟气脱硝工艺技术，脱硫单元装置采用引进美国贝尔哥(BELCO)技术公司的EDV® 5000湿法烟气脱硫工艺技术，生产过程中，因两组脱硝反应床层烟气偏流，一组床层温度偏低，影响脱硝反应速率，为了控制外排烟气颗粒物合格，增大脱硝反应器注氨，导致余热锅炉省煤段生成铵盐，使外排烟气颗粒物含量异常增大。

关键词　催化裂化；SCR；烟气颗粒物；烟气偏流；注氨量

1　引言

某催化脱硝单元装置工艺采用抚顺石油化工研究院和中石化宁波工程有限公司共同开发的SCR烟气脱硝工艺，处理来自280万t/a催化裂化装置余热锅炉排放的烟气，处理量为316000Nm³/h，NO_x脱除率大于71.4%。脱硫工艺技术引进美国贝尔哥(BELCO)技术公司的EDV® 5000湿法烟气脱硫，该系统由洗涤吸收系统和废水净化处理系统两部分组成，其中洗涤吸收系统设计常规处理规模303200Nm³/h，烟气经洗涤塔脱硫除尘，净化烟气经吸收塔烟囱高空排放，环保指标达标。生产运行中，外排烟气颗粒物显示主要受烟气中催化剂浓度、洗涤塔浆液品质、塔底和滤清模块泵运行状况、洗涤塔浆液喷嘴运行状况、仪表失灵波动和脱硝注氨量过大生成铵盐等影响。

催化再生烟气首先进入余热锅炉过热段，与3.5MPa蒸汽换热，烟气温度从475℃下降至320℃，在余热锅炉出口过热段出口注入氨气，烟气和氨气混合后，进入脱硝反应器反应，在催化剂的作用下，还原剂氨气与烟气中的氮氧化物反应生成无害的氮和水，从而去除烟气中的NO_x(见图1)，脱硝反应后的烟气进入余热锅炉省煤段与除氧水换热，温度下降至170℃左右，换热后的烟气通过烟气管道进入洗涤塔，烟气经过洗涤塔脱硫除尘后排入大气(见图2)。

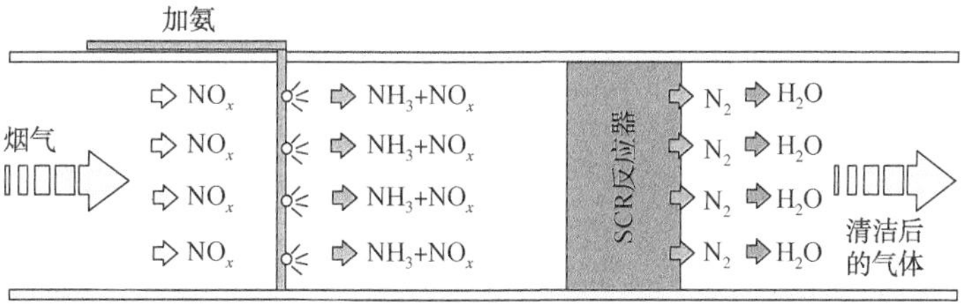

图1　SCR反应原理

主要反应：

$$4NO+4NH_3+O_2 \longrightarrow 4N_2+6H_2O$$

$$6NO_2+8NH_3 \longrightarrow 7N_2+12H_2O$$

副反应：

$$2SO_2+O_2 \longrightarrow SO_3$$

2　注氨对外排烟气颗粒物含量的影响机理分析

2.1　生产运行概况

2022年8月30日~9月8日期间，催化裂化装置主风机备机运行，烟机更换转子。由于备机运行

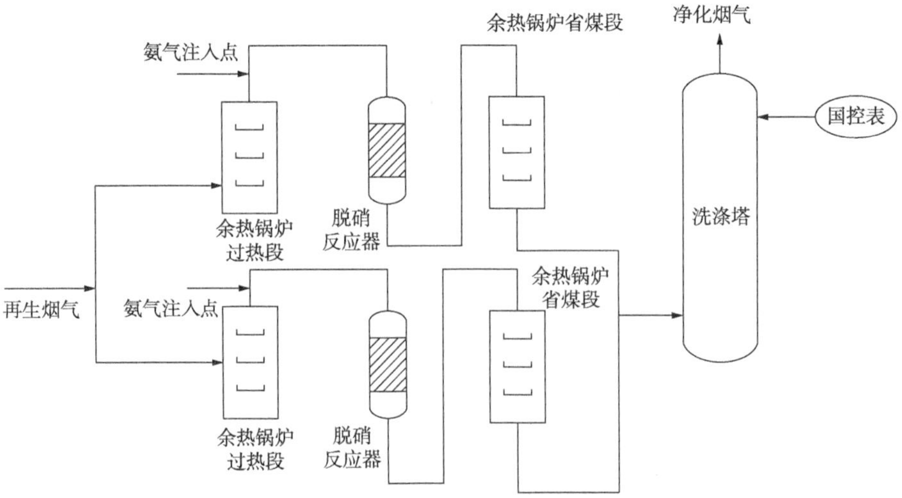

图 2　催化再生烟气流程图

期间，装置加工负荷较低，主风量从 251kNm³/h 下降至 208kNm³/h，两台余热锅炉偏流情况会显现的更加明显，再加上低负荷运行期间，加工原料性质波动频繁、系统对产汽的需求调整多，再生烧焦波动较大，再生器烧焦情况对烟气中的 NO_x 含量影响较大，从而脱硝注氨量调整幅度也较大。备机运行期间，A 炉脱硝注氨量明显增大，调整频次和幅度明显高于主机运行工况。9 月 8 日切换到主机后，同等主风量的工况下，烟机出口压力较检修前增加 3kPa 左右。

9 月 14 日 A 炉注氨量维持在 32Nm³/h 左右，14：00 点粉尘含量在 28～35mg/m³ 波动，加大洗涤塔新鲜水置换，粉尘含量没有明显变化，小时均值超 30mg/m³，15：00～17：00 校表两次，检查发现仪表无异常，18：00 和 19：00 外排烟气颗粒物再次超小时均值(30mg/m³)，后降低 A 炉注氨量，颗粒物浓度有小幅度下降。

2.2　原因分析

脱硝催化剂会促使部分 SO_2 氧化为 SO_3，还原剂 NH_3 在 SCR 脱硝设备中无法全部与 NO_x 反应，未反应部分 NH_3(逃逸氨)会与 SO_3、H_2O 发生反应，生成 $(NH_4)_2SO_4$、NH_4HSO_4 等硫酸铵盐，注氨量越大，生成的铵盐越多。NH_4HSO_4 的形成温度在 235～260℃，且是反应物浓度乘积的函数，随反应物浓度乘积的增大而升高，$(NH_4)_2SO_4$ 在 280℃以下才开始分解，在低温省煤器的操作温度下 $(NH_4)_2SO_4$ 为固体粉末状，NH_4HSO_4 的沸点是 350℃，熔点为 147℃，并且在 147～350℃的温度范围内生成的 NH_4HSO_4 是液态物质，拥有很高的黏性，促使大量催化剂颗粒附着在省煤器表面，增大烟机背压[1]。

随着铵盐的聚集，烟气量波动时会携带铵盐颗粒的浓度升高，进入烟气中，细小的盐颗粒进入外排烟气中，从而造成外排烟气颗粒物含量高。张玉华、史雅娟通过实验发现，硫酸铵盐可形成亚微米级细颗粒[2]。

备机运行期间，外排烟气颗粒物波幅开始变化较大，有时出现较低的情况，这与硫酸氢铵的性质有关。硫酸氢铵的熔点为 147℃，在低温省煤段这个温度区间内，硫酸氢铵会以液体形式在物体表面聚集或以液滴形式分散于烟气中。液态的硫酸氢铵具有强酸性和吸湿性，是一种黏性很强的物质，会吸附烟气中的颗粒物，故有的时段在线国控指标颗粒物极低，查看 LIMS 分析数据，开备用主风机期间，塔底浆液和滤清模块循环浆液悬浮物明显低于正常值(见表 1)，也反向说明，此期间有大量硫酸氢铵生成。

表 1　脱硫塔浆液悬浮物分析　　mg/L

日期	时间	3#烟脱洗涤塔浆液，悬浮物	3#烟脱滤清模块泵循环浆液，悬浮物
2022-08-01	10：00	1188	422
2022-08-03	10：00	1830	649
2022-08-08	10：00	1210	574

日期	时间	3#烟脱洗涤塔浆液，悬浮物	3#烟脱滤清模块泵循环浆液，悬浮物
2022-08-10	10：00	2052	1088
2022-08-15	10：00	1974	459
2022-08-17	10：00	1677	608
2022-08-22	10：00	1218	998
2022-08-24	10：00	1495	1060
2022-08-29	10：00	1146	331
2022-08-31	10：00	1948	316
2022-09-05	10：00	456	96
2022-09-07	10：00	326	132
2022-09-13	09：00	624	208
2022-09-14	10：00	448	162
2022-09-19	10：00	1223	218
2022-09-21	10：00	959	504

2.3 形成原因的验证

外排烟气颗粒物异常后，仪表维护单位现场排查问题，拆开仪表，发现测量室组件里有白色晶体，分析组分为铵盐，说明余热锅炉低温省煤段的氨盐被烟气携带进入洗涤塔，由于颗粒物微小，无法被洗涤塔全部吸收，铵盐吸入测量仪器，导致颗粒物浓度高。

根据B炉低温省煤段单次水洗期间的相关参数变化情况(见图3)，给水在线清洗期间，烟机背压明显下降，另外，9月16日~9月23日分别对A、B炉进行了三次在线水洗，水洗期间，外排污水pH值低，且分析中硫酸根离子有17900mg/L，水洗后外排烟气颗粒物可稳定控制在10mg/m^{3}以内，烟机出口压力在13.8kPa左右，较水洗前下降3kPa左右(主风量270kNm^3/h左右)，说明铵盐对外排烟气颗粒物有直接影响。

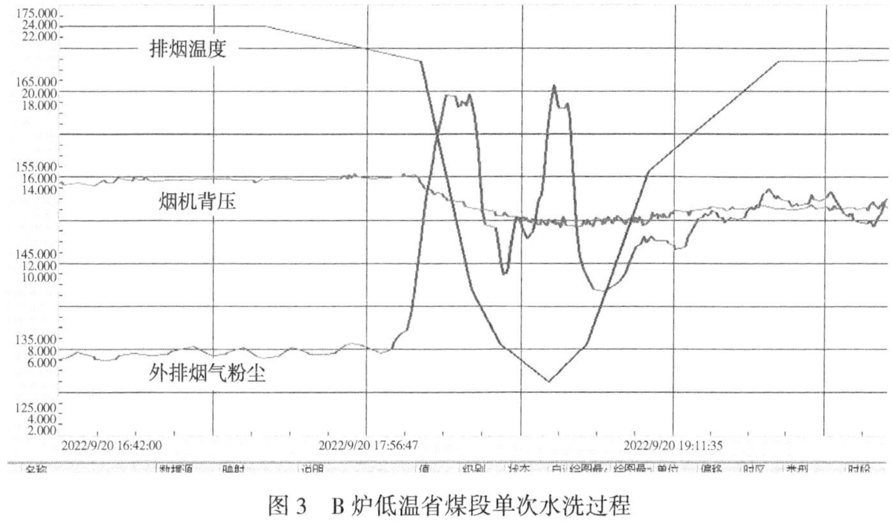

图3 B炉低温省煤段单次水洗过程

3 避免粉尘波动的运行对策

3.1 合理控制的注氨量

3.1.1 外排烟气NO_x控制在30~60mg/m^3

外排烟气中NO_x含量间接说明脱硝注氨量大小，通过多次摸索和人工分析，外排烟气NO_x控制>

30mg/m^3 时，烟气中 NH_3 含量低于工艺指标(≤3mg/kg)。

3.1.2 监控好氨逃逸表

氨逃逸表是脱硝注氨量大小的直接显示，逃逸量大说明注氨比实际需要量大，由于烟气系统运行环境复杂，烟气中的颗粒物对仪表有一定干扰，有时候由于仪表灵敏度不好，加减注氨时仪表显示变化不明显，误认为是正确数据，操作上影响注氨量调整，生产运行中需要加强维护该仪表。

3.2 减少烟气中 NO_x 含量

优化工艺参数，主要是控制烧焦效果，适当的 CO 可以将 NO_x 还原成 N_2，通过操作经验，再生烟气温度控制≥685℃，可以减少 SCR 的注氨量。

3.3 在线化学清洗省煤器

余热锅炉结盐，烟机背压明显上涨，严重影响到生产安全运行，同时，主风量不能进一步提高，加工量无法增加，为了消除隐患，需对余热锅炉省煤段进行在线化学清洗。

清洗前，在余热锅炉省煤段模块间加临时喷管，喷管长度 2.4m，喷管上有均匀小孔，专业清洗公司将设备运至现场，将清洗液通过泵升压至 0.6MPa，清洗液从喷管出来呈喷射状，将炉管上的铵盐清洗干净。

3.4 其他措施

生成运行中，关注脱硝床层吹灰、余热锅炉的吹灰情况，及时发现和处理仪表电气故障导致吹灰终止的问题，余热锅炉激波吹灰器瓦斯罐定期脱液，防止瓦斯带液引起激波吹灰故障。低负荷生成运行时，主风量偏小，两台余热锅炉烟气容易偏流，对应的脱硝反应器注氨量控制难度大，氨气容易出现过剩现象，可通过余热锅炉烟气入口蝶阀调整烟气量。

4 结论

① 催化 SCR 注氨量长时间过大，会引起后部余热锅炉省煤器 NH_4HSO_4 的生成聚集，导致烟机背压增加，影响安全运行，同时大量的 NH_4HSO_4 聚集会导致外排烟气颗粒物浓度超标，影响环保和企业正常生产经营。

② SCR 生产过程中要严控注氨量，将外排烟气 NO_x 含量控制在 30~60mg/m^3，防止氨逃逸量过大引起 SCR 后部余热锅炉低温段生成铵盐。

③ 生产过程中，维护好脱硝反应床层的声波吹灰、蒸汽吹灰和余热锅炉激波吹灰，减缓脱硝反应催化剂活性的降低，减少余热锅炉换热管束上聚集的氨盐和其他颗粒。

④ 如出现因注氨过量导致余热锅炉省煤器结铵盐严重、烟机背压上涨明显，要及时采取在线化学清洗，防止铵盐聚集过多导致外排烟气颗粒物浓度超标。

参 考 文 献

[1] 张强 . SCR 控制 NO_x 排放技术在我国应用前景[C]//全国 NO_x 治理研讨会论文集中国环境科学学会，2004.

[2] 张玉华，束航，范红梅，等 . 商业 $V_2O_5-WO_3/TiO_2$ 催化剂 SCR 脱硝过程中 $PM_{2.5}$ 的排放特性及影响因素研究[J]. 中国电机工程学报，2015，35(2)：383-389.

硫黄回收装置烟气 SO_2 减排措施探讨

何北文　郑佳都

（中国石化广州石化公司　广东广州　510725）

摘　要　随着污染物排放标准的日益提高，为降低装置排放尾气中的 SO_2 浓度，本文以广州石化 14 万 t/a 硫黄回收装置为例，分析和探讨了烟气 SO_2 的来源及影响因素，并制定了相应的减排措施，实现了烟气 SO_2 减排目标，获得了良好的环保和经济效益。

关键词　SO_2；硫黄回收装置；减排

1　引言

硫黄回收装置是大型天然气净化厂、炼油厂、石油化工厂加工含硫天然气、含硫原油时不可缺少的资源回收和环保装置。大型硫黄回收装置通常采用克劳斯工艺，而尾气处理装置则以还原吸收工艺为主，净化尾气一般通过焚烧炉焚烧排向大气。由于 H_2S 的毒性远比 SO_2 大且有恶臭，因此硫黄回收装置尾气均应通过焚烧将净化尾气中微量的 H_2S 和其他硫化物氧化为 SO_2 后排放。

随着石油加工业的发展，重质原油在世界石油产量中的份额正在逐渐增大，因此，高硫原油的加工已成为石油炼制工业的突出任务。对高硫原油中硫的回收，已成为石油炼制工艺急需的解决问题，是关系到石化行业可持续性发展的关键。所以，对硫黄回收装置的平稳运行及硫回收率的要求逐步提高，是当前石油化工领域发展的必然要求。

近年来，随着环境污染日益严重，国家对 SO_2 的排放要求越来越严。国家环保部发布了新的 GB 31570—2015《石油炼制工业污染物排放标准》，自 2015 年 7 月 1 日起执行，规定硫黄回收烟气 SO_2 的排放指标限制为：新建企业不大于 400mg/Nm^3，特定地区不大于 100mg/Nm^3[1]。因此为了使硫黄回收尾气达标排放，应采用新工艺技术或对现有工艺进行优化。

2　装置简介

2.1　装置工艺流程

14 万 t/a 硫黄回收装置分为硫黄回收Ⅰ和硫黄回收Ⅱ两套 7 万 t/a 的系列。进装置酸性气按照烃类完全燃烧和 1/3 硫化氢生成二氧化硫来控制风量。燃烧后高温过程气进入废热锅炉冷却并发生 4.0MPa 蒸汽后进入一级冷凝冷却器，冷凝回收液硫后的过程气经蒸汽加热器加热后进入一级反应器，反应后过程气进入二级冷凝冷却器，冷凝回收液硫后的过程气经蒸汽加热器加热后进入二级反应器，反应后过程气进入三级冷凝冷却器回收液硫，尾气再经捕集器进一步捕集硫雾后，进入尾气处理系统。

Claus 尾气在气-气换热器中用加氢反应器出口尾气进行换热，外补富氢气混合后经电加热器加热后进入加氢反应器，加氢反应后的过程气经气-气换热器换热后进入急冷塔，急冷后的尾气进入尾气吸收塔再到碱洗塔，从碱洗塔顶出来的净化尾气进入尾气焚烧炉焚烧，两套尾气焚烧炉排出的烟气排入同一个烟囱排空。

硫黄回收装置流程如图 1 所示。

2.2　装置工艺原理

Claus 系统：是由 H_2S 与空气部分燃烧的热反应段及两级常规 Claus 催化反应段组成，两级 Claus 反应后，硫回收率可达 94%。

热反应：

$$H_2S+1.5O_2 \longrightarrow SO_2+H_2O+Q$$

$$2H_2S+SO_2 \longrightarrow 3/x S_x+2H_2O+Q$$

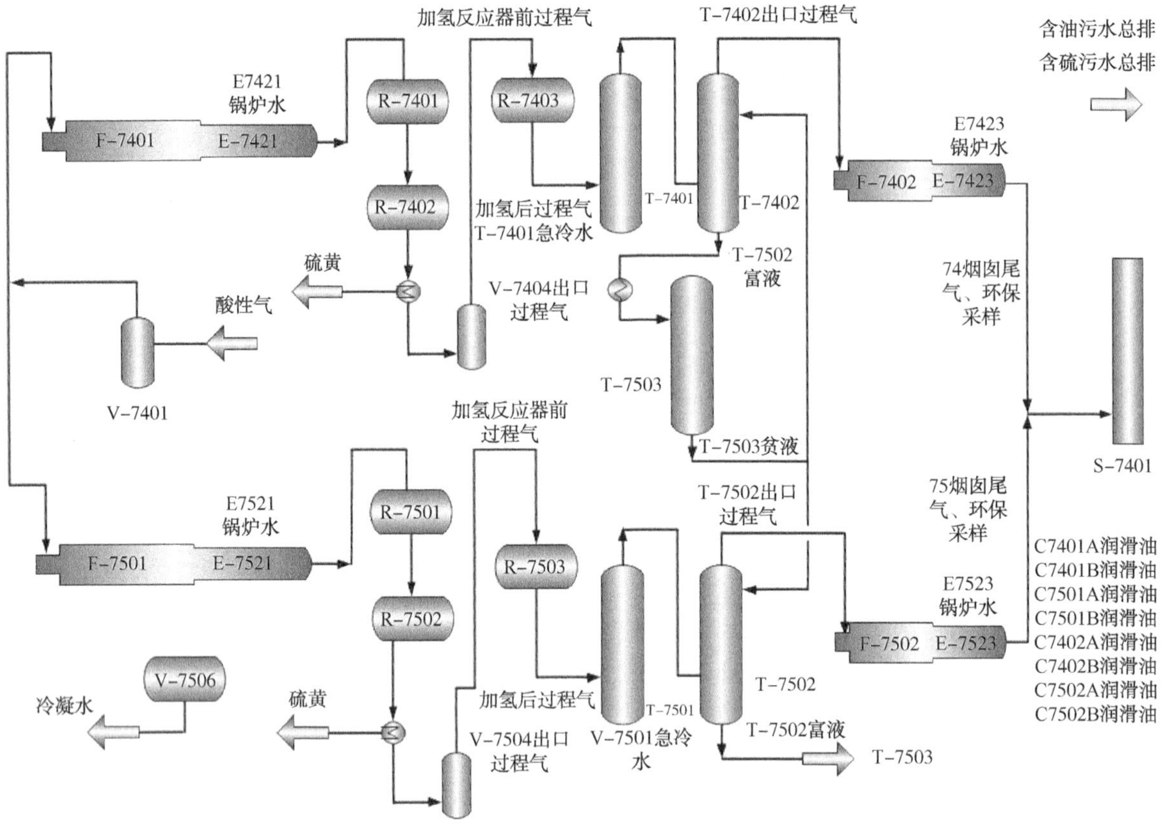

图 1　14 万 t/a 硫黄回收装置流程简图

催化反应：　　　　　　　$2H_2S+SO_2 \longrightarrow 3/xS_x+2H_2O+Q$

基本工艺看起来是简单的，但工艺的控制却是复杂的。主要原因是原料中杂质的存在、原料组成及流量的变化、反应炉及催化剂床层中副反应的发生、控制仪表的精确度等。所有上述影响都可以减小，但不可能完全消除。试验工作显示，在原料组成和流量相对稳定的情况下，过量空气量控制在±0.5%的范围内是可以接受的。由此造成的总硫损失，对二级 Claus 装置来说为 0.1%，对三级 Claus 装置来说为 0.2%。原料组成不稳定或控制不当将引起很大的硫损失，由于化学计量控制不合适造成的硫损失可达 10%～20%。因此只有将过程气中 H_2S/SO_2 的比率控制在 2∶1，才能获取最大转化率。

尾气处理系统：硫黄尾气与富氢气混合，经加氢反应器在钴钼加氢催化剂作用下，尾气中的二氧化硫、元素硫被加氢还原成硫化氢，有机硫被水解转化成硫化氢。尾气中的 H_2S 及部分 CO_2 被甲基二乙醇胺溶液吸收。吸收后的净化尾气采用热焚烧将剩余的硫化合物转化为 SO_2，经由烟囱排放至大气；吸收 H_2S 的富液经再生后，贫液返回尾气吸收塔循环使用。同时，再生脱出的 H_2S 及 CO_2 返回到 Claus 系统。经尾气处理后，总硫回收率可达 99.9%以上。

2.3　SO_2 排放量

为满足广州地区 SO_2 排放量小于 100mg/Nm^3 的指标，广州石化 14 万 t/a 硫黄回收装置结合实际生产需要，对相关工艺进行了尾气达标改造，实现了 SO_2 减排的目标。2022 年标定期间酸气量及烟气 SO_2 数据见表 1。

表 1　2022 年标定期间酸气量及烟气 SO_2 数据

项目	1 月 26 日	1 月 27 日	1 月 28 日
实测/(μL/L)	11	12	10
折算/(mg/Nm^3)	12	12	11
CEMS 分析数据/(mg/Nm^3)	20	25	22

可见，烟气二氧化硫人工采样分析平均为 11mg/Nm^3，二氧化硫在线分析数据在 18～30mg/Nm^3 范围内，达到排放标准。

3 硫黄回收烟气中 SO_2 的来源

3.1 酸性气中未转化的硫

原料酸性气中 H_2S 经过反应炉高温转化和 Claus 反应器二级催化转化后，过程气经加氢还原和尾气净化，残余的含硫化合物最终进入尾气焚烧炉，焚烧后生成 SO_2，这是硫黄回收装置烟气中 SO_2 的主要来源[2]。

净化尾气中的含硫物质主要是 H_2S 和 S。净化尾气 H_2S 的含量主要取决于单程总硫回收率和胺液的净化度，有机硫的含量主要取决于催化剂的有机硫水解活性。

3.2 液硫脱气的废气

液硫中一般含有质量分数 300～500mg/kg 的 H_2S 及 H_2S_x，在出厂前需要进行脱气处理。液硫脱气的方式主要有：鼓泡、喷淋、循环脱气和蒸汽抽射器等，不同脱气方式产生的废气组成不同。在液硫脱气时，如果废气不进行处理，直接进入焚烧炉，废气中所带的硫化物燃烧转化为 SO_2，会给烟气 SO_2 排放浓度带来较大影响。

镇海炼化和金陵石化烟气 SO_2 数据见表 2。

表 2 液硫脱气废气对烟气 SO_2 的影响

装置名称		焚烧炉进液硫脱气数据 SO_2/(mg/Nm^3)	焚烧炉不进液硫脱气数据 SO_2/(mg/Nm^3)	差值/(mg/Nm^3)
镇海炼化	1 硫黄	756	616	140
	2 硫黄	222	60	162
	3 硫黄	261	185	76
金陵石化	1 硫黄	476	318	158
	2 硫黄	805	664	141
	3 硫黄	748	615	133

由表 2 可以看出，如果液硫脱气废气不进焚烧炉，能够明显降低烟气 SO_2 排放量。

3.3 脱硫醇尾气

自液化气脱硫醇而来的尾气含有甲硫醇、乙硫醇、二甲基二醚等气相硫化物，若直接通入硫黄装置尾气焚烧炉进行燃烧，会转化为 SO_2，从而使尾气排放超标；同时，脱硫醇尾气中也很有可能少量夹带液化气系统中的丙烷、丙烯等可燃气体，经焚烧炉燃烧后会产生焚烧炉超温的问题。

3.4 跨线阀门内漏的过程气

硫黄回收装 Claus 单元跨线和尾气处理单元开工线上的阀门腐蚀内漏，会有少量未处理的过程气直接进入焚烧炉燃烧生成 SO_2。

4 影响 SO_2 排放浓度的因素

4.1 酸性气质量

进硫黄回收装置酸性气的质量是影响总硫回收率的主要因素，酸性气流量大幅度波动以及酸性气带烃、带胺液、带水都会给硫黄回收装置带来较大冲击。上游酸性气、富溶剂的流量、组分等波动是引起硫黄回收装置烟气 SO_2 含量超标的主要原因。

广州石化 14 万 t/a 硫黄回收装置原料主要来自溶剂再生装置和酸性水汽提装置。其中溶剂再生装置主要处理上游加氢、柴改、焦化以及干气液化气脱硫来的富胺液，尤其是受制于加氢工艺影响，富胺液容易含油，带烃较为严重；而且富液进入再生装置没有缓冲罐，再生处理量极易受上游装置波动影响，造成酸性气产量波动剧烈，进而引起制硫系统进料波动，配风困难，造成 SO_2 排放超标。

4.2 配风比

国内大型炼化企业的硫黄装置大多数采用工艺路线成熟的高温热反应和两级催化反应的 Claus 硫回收工艺。按照酸性气中 H_2S 含量，采用部分燃烧法，将全部原料气引入制硫燃烧炉，在炉中按制硫所需的 O_2 量严格控制配风比，使 H_2S 燃烧后生成 SO_2 的量满足 H_2S/SO_2 接近于 2，H_2S 与 SO_2 在炉内发生高温反应生成气态硫黄。未完全反应的 H_2S 和 SO_2 再经过转化器，在催化剂的作用下，进一步完成制硫过程。配风不足或是配风过量，都会导致进入尾气处理部分的 H_2S 含量增多，最终造成烟气 SO_2 排放超标。受酸性气组成变化影响，单纯采用酸性气流量的前馈调节配风，必定会造成配风不合适。

4.3 尾气净化效率

脱硫溶剂的吸收效果和选择性是影响 SO_2 排放浓度的主要因素，目前已开发出多种用途、满足不同使用要求的脱硫溶剂，普通脱硫剂在处理高 CO_2/H_2S 比的原料气时，净化度与选择性分离的要求将会产生矛盾，造成在吸收 H_2S 的同时，对 CO_2 的吸收也有较好的选择性，这样就会造成大量的 CO_2 在反应系统内循环，降低了对 H_2S 的吸收效果。

随着吸收塔温度的升高，净化气体中 H_2S 的含量呈先减小后增加的变化趋势。这是因为以 MDEA 为主剂配制的脱硫剂与气体中 H_2S 的反应是吸热反应，温度的升高不利于 H_2S 的脱除，从而导致净化气中 H_2S 含量较高，对烟气 SO_2 排放浓度的影响较大；但温度升高，脱硫剂的黏度变小、表面张力降低，有利于在喷雾时形成更小、更细的液珠，有利于脱硫剂在填料表面铺展，使气液接触更加充分、反应进行得更快。

4.4 操作温度

一级反应器除了发生主反应，生成单质硫以外，更主要的是发生 COS 和 CS_2的水解反应。一方面，低温有利于主反应向正方向进行，提高硫转化率；但是另一方面，高温又有利于水解反应的进行，降低过程气的有机硫含量，从而确保加氢反应器中对 COS 和 CS_2更充分的还原，最终降低通过尾气焚烧而排入大气的 SO_2 含量。

4.5 催化剂性能

在制硫转化器中使用的典型催化剂是氧化铝基或二氧化钛基催化剂，目的是促进制硫反应和有机硫的水解反应[3]。如果催化剂失活，则不能使制硫反应及水解反应达到平衡，将直接影响装置的总硫转化率。第一反应器催化剂失活对装置的效率影响较大，因为第一反应器除了进行制硫转化反应外，主要进行 COS 和 C_2S 的水解反应，催化剂失活将导致水解反应不完全，由此造成总硫转化率下降，进而影响尾气排放。

5 降低烟气 SO_2 排放浓度的措施

5.1 提高酸性气质量

进硫黄回收装置酸性气的质量是影响总硫回收率的主要因素，应尽可能稳定上游装置的操作，保证硫黄回收装置平稳运行，提高总硫回收率，降低 SO_2 的排放。应设置上游装置酸性气出装置边界条件考核指标，防止酸性气流量大幅度波动以及酸性气带烃、带胺液、带水对硫黄回收装置的冲击；干气脱硫塔贫液入塔温度一般应高于气体入塔温度 5~7℃，避免凝缩油进入胺液；污水汽提装置要加强隔油，防止酸性气带烃。因上游脱硫装置波动引起硫黄回收装置酸性气进料异常时，应先稳定上游操作，以保证硫黄回收装置平稳运行。

广州石化 14 万 t/a 硫黄回收装置酸性气进料性质见表 3。

原料酸性气 H_2S 浓度在 94%时高于 72%的设计值，CO_2 和烃、NH_3 的含量均低于设计值，酸性气性质优于设计值，保证了装置平稳运行，提高了总硫回收率，降低了 SO_2 的排放。

表 3　原料酸性气组成

项目	设计值	2018. 8. 21	2018. 8. 22	2018. 8. 23	平均
H_2S 含量/%(体)	72	95. 61	93. 71	94. 02	94. 45
COS 含量/%(体)		0. 96	0. 81	0. 87	0. 88
CO_2 含量/%(体)	20. 9	3. 07	4. 82	4. 34	4. 08
烃含量/%(体)	1. 7	0. 12	0. 02	0. 04	0. 06
NH_3/(mg/Nm^3)	1. 5%	75	170	85	110

5.2　改善在线仪表配风

硫黄回收装置是企业内部最末端的环保装置，任何一套装置产生的含 H_2S 的酸性气都必须无条件接收，并且上游任何一套装置的波动都会引起硫黄回收装置操作波动，若在线分析和配风不能及时跟上就容易导致 SO_2 排放超标。因此，硫黄回收装置的稳定操作困难重重，操作波动大，人工调节严重滞后，只有完善并用好在线仪表，才是硫黄回收装置稳定运行的前提和保障。

广州石化 14 万 t/a 硫黄回收装置在捕集器出口安装有 H_2S/SO_2 比值仪 AIC7401/7501，并反馈给主炉配风。主燃烧炉配风量按照烃类完全燃烧和 1/3 硫化氢生成 SO_2 来控制 80%的主风量，以及按尾气中 $H_2S/SO_2=2$ 来控制 20%的微风量。

5.3　提高尾气净化效率

硫黄回收装置 SO_2 排放浓度首先取决于尾气处理单元的尾气净化度，如果能够在尾气处理单元把尾气中的 H_2S 尽可能地吸收掉，那么烟气中 SO_2 的排放浓度将大幅减少。

广州石化 14 万 t/a 硫黄回收装置尾气吸收塔采用亨斯迈 MS-300 脱硫剂，浓度控制为 30%～35%，进塔温度控制在 35℃以下，能有效提高尾气净化能力。硫黄装置设有单独的溶剂再生系统，大修更换脱硫剂后，通过加大蒸汽量来提高再生效果，改善贫液品质。硫黄再生系统液分析数据见表 4。

表 4　硫黄贫液分析数据

项目	时间(2022 年)		
	1 月 26 日 9：00	1 月 27 日 9：00	1 月 28 日 9：00
浓度/%(质)	33. 78	33. 48	34. 31
CO_2/(g/L)	<0. 3	<0. 3	<0. 3
H_2S/(g/L)	0. 13	0. 18	0. 18
发泡高度/mm	10	10	10
消泡时间/s	<1	<1	<1

5.4　液硫脱气尾气处理改造

广州石化 14 万 t/a 制硫装置硫池通过氮气鼓吹，含硫尾气用蒸汽喷射器送至加氢反应器入口，经加氢转化为 H_2S，并通过胺液吸收返回制硫单元回收元素硫，避免了该废气进入焚烧炉引起的排放影响。

5.5　合理安排脱硫醇尾气处理方式

脱硫醇尾气主要来自脱硫一、脱硫二的液化气脱硫醇装置，主要含有各种有机硫、氧气以及少量烃。广州石化 14 万 t/a 硫黄回收装置通过改造工艺流程，选取不锈钢管线将脱硫醇尾气引至主燃烧炉燃烧，并增加切断阀、流量控制阀和阻火器。考虑到 75 单元酸性气进料有调节阀，为了方便控制，正常生产时脱硫醇尾气只引入 75 单元主燃烧炉。

将脱硫醇尾气引入主燃烧炉进行燃烧，使其转化为液硫产品，降低硫黄装置尾气中的 SO_2 浓度，可取得良好的经济效益和环保效益。

5.6　跨线阀门防漏处理

硫黄回收装置尾气处理跨线和开停工跨线上的阀门应选择泄漏等级高的阀门，并采用双阀控制，避免过程气泄漏导致烟气 SO_2 排放浓度增加，并设置吹扫线。

广州石化 14 万 t/a 硫黄装置利用主燃烧炉风机提供密封空气给跨线阀门吹扫，有效降低了阀门内漏造成排放超标的风险。

5.7 适当提高反应温度

根据 H_2S 转化为硫的平衡转化率与温度的关系可知，控制反应炉温度在 1100~1350℃（火焰区）较为合适；当装置处于低负荷运行造成反应炉温度偏低时，需投用酸性气预热器及空气预热器，或采取补燃料气、氢气等方法，提高反应炉炉膛温度，确保 H_2S 有较高转化率。

COS 水解反应需要较高温度，通常控制一级转化器床层温度在 300~330℃，COS 在一级反应器中被水解掉。二级转化器温度较低，对 COS 水解率贡献较小，从 Claus 部分逃逸出来的 COS，可进一步在加氢反应器中进行加氢反应。

5.8 选用高效催化剂

2021 年大修后，装置反应器催化剂装填情况为：一级反应器为山东骏飞环保科技有限公司型号为 SDJF-31 的钛剂和 SDJF-31 的多功能催化剂；二级反应器为山东骏飞环保科技有限公司 SDJF-41 的抗氧化剂；加氢反应器催化剂利旧一半撇头，另外一半为山东骏飞环保科技有限公司型号为 SDJF-61 的加氢催化剂。反应器床层温升情况见表 5。

表 5　反应器床层温升表　　℃

项目	一级反应器		二级反应器		加氢反应器	
	R-7401	R-7501	R-7402	R-7502	R-7403	R-7503
进口温度	231	231	227	228	274	272
40 床层温度	317	315	247	244	314	317
温升	86	84	20	16	40	45

从以上温度数据看，反应器床层温升正常，催化剂满足生产需求。

6　结语

硫黄回收装置尾气中 SO_2 的来源比较复杂，影响尾气 SO_2 达标排放的因素较多，可通过采取相应措施加以解决：提高酸气质量、改善配风、提高尾气净化效率、改造液硫尾气和脱硫醇尾气流程、跨线阀门密封处理、适当提高反应温度以及选用高效催化剂。

广州石化 14 万 t/a 硫黄回收装置通过操作改善和技术升级，尾气排放达到了新的石油炼制工业污染物排放标准，硫黄回收装置 SO_2 排放质量浓度小于广州地区环保要求的 100mg/Nm^3，改善了周边地区的大气环境，取得了良好的环境效益、经济效益和社会效益。

参 考 文 献

[1] 符宁．降低硫磺装置尾气中 SO_2 排放的措施分析与探讨[J]．化工管理，2018(9)：33.

[2] 李鹏，刘爱华．影响硫黄回收装置 SO_2 排放浓度的因素分析[J]．石油炼制与化工，2013，44(4)：75-79.

[3] 禹晓伟，王百森，黄福泉．硫黄回收联合装置技术问答[M]．北京：中国石化出版社，2010：181-192.

催化裂化装置EDV烟气脱硫塔滤清模块结垢原因分析及改进措施

李　顺　李建鹏　黄佳能　周纪武

（中国石化金陵石化公司　江苏南京　210033）

摘　要　中国石化金陵石化公司3#催化裂化装置配套烟气处理单元采用贝尔格EDV的湿法烟气脱硫脱硝技术。在运行期间滤清模块出现了严重的结垢问题，威胁装置的环保达标排放。从工艺操作和设备运行两方面分析了结垢原因，介绍了处理过程和后续预防措施，保证了烟气脱硫脱硝单元的平稳运行。

关键词　EDV烟气脱硫；滤清模块；结垢

1　前言

中国石化金陵石化公司（以下简称金陵石化）Ⅲ催化裂化装置设计规模350万t/a，由中石化洛阳工程有限公司设计，中石化南京工程公司施工建设，装置于2012年10月初建成投产。

装置包括反应-再生部分、主风机及烟气能量回收部分、分馏部分、吸收稳定部分、产汽及余热回收部分、气体分离部分和烟气脱硫脱硝部分。

装置配套烟气脱硫脱硝单元采用美国BELCO的钠法EDV®脱硫工艺+臭氧LoTOx™（罗塔斯）脱硝技术。包括一套洗涤塔、一套清洗处理单元（PTU）和一套LoTOx™（罗塔斯）脱硝系统。洗涤塔使用EDV®5000上流式设计，包括喷淋塔、过滤模块、Cyclolab分滴器和烟气处理烟囱，清洗处理单元（PTU）包括沉降器、三个氧化罐、过滤器等。

烟气脱硫脱硝工艺流程概述如下[1]：

来自余热锅炉的热烟气通过喷淋塔（T701）处的水平入口进入EDV®湿式洗涤系统，烟气洗涤器中采用喷嘴对烟气进行急冷，并使其饱和至约62.7℃。此时通过在急冷区入口注入臭氧，对烟气中的NO_x进行氧化；再将30%的氢氧化钠溶液分别注入T701的吸收段和过滤模块中，以达到脱硫目的。

烟气转而向上进入喷淋吸收段，喷射的循环浆液由T701底浆液循环泵提供动力。烟气在喷淋区域经过五个级别的喷淋，分阶段清除SO_2之后，被分配到38个滤清模块文丘里管中，再将水雾细粉尘清除。烟气经过整理后流进烟囱的底部降低流速分离冷凝水后从烟囱排出。

底部废水进入后部PTU水处理单元，经过净化后的含盐水排至公司净水装置。

其烟气处理能力达497070m^3/h，最大546777m^3/h，催化烟气进脱硫脱硝单元按照SO_2浓度1063mg/m^3、NO_x浓度400mg/m^3、粉尘200mg/m^3设计，设计脱硫效率90%，设计脱硝效率90%，除尘效率67%，Ⅲ催化裂化装置烟气经过处理后，目前排放烟气指标平均在$SO_2$20mg/m^3，NO_x40mg/m^3，粉尘浓度10mg/m^3，均低于设计值指标，满足江苏省废气环保排放的要求（江苏省排放指标为$SO_2 \leq 50$mg/m^3、$NO_x \leq 100$mg/m^3、粉尘浓度≤30mg/m^3）。图1为烟气脱硫单元流程简要示意图。

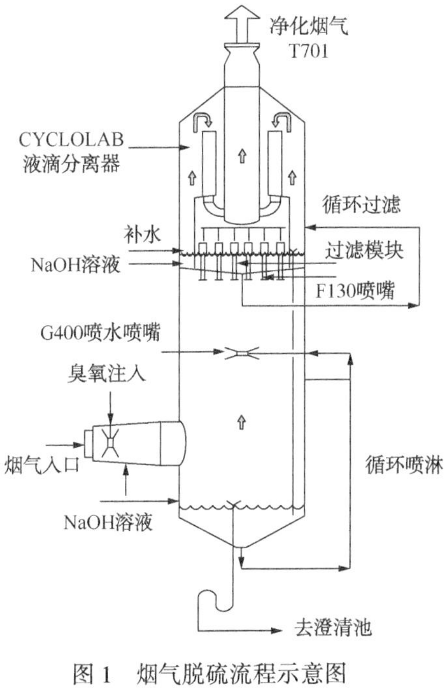

图1　烟气脱硫流程示意图

该烟气脱硫脱硝技术的原理是采用碱性溶液（一般为32% NaOH）作为脱硫吸收剂，与进入反应塔的烟气接触混合，烟气

中 SO_2与 NaOH 反应，生成亚硫酸钠，亚硫酸钠经曝气进行氧化反应，生成硫酸钠。

脱硝原理是利用臭氧的强氧化性，将不溶于水的 NO 氧化成溶于水的 NO_2和 N_2O_5，然后与注入吸收塔内的碱性溶液反应，生成亚硝酸钠等物质。

钠法烟气脱硫脱硝反应方程式如下：

脱硫反应：

$$2NaOH+H_2O+SO_2 \longrightarrow Na_2SO_3+H_2O$$

$$Na_2SO_3+O_2 \longrightarrow Na_2SO_4$$

脱硝反应：

$$NO+O_3 \longrightarrow NO_2+O_2$$

$$2NO_2+O_3 \longrightarrow N_2O_5+O_2$$

$$N_2O_5+2NaOH = 2NaNO_3+H_2O$$

2 滤清模块循环量下降现象

III 催化裂化装置第二周期运行 3 个月后，滤清模块液位出现缓慢下降的趋势，期间多次校验仪表，确认液位测点没有问题。滤清模块液位正常为溢流操作，液位计显示液位应一直在 93%左右，多余的水通过滤清模块溢流管溢流至塔底。起初滤清模块液位下降趋势较为缓和，装置通过密切监控滤清模块循环泵 P702 出口压力及机泵电流，维持装置运行。运行 7 个月后，机泵 P702 的出口压力及电流下降速度明显提高，P702 出口压力下降至 0. 6MPa 以下(正常 0. 8MPa 以上)，电流降至 90A(正常 120A)，滤清模块喷嘴前压力由正常的 0. 5MPa 下降至 0. 3MPa。

通过机泵出口的压力及电机电流(见表 1)，判断滤清模块循环量明显降低，严重影响了滤清模块的正常运行。长期持续这种工况，将导致滤清模块循环中断，净化烟气 SO_2、NO_x指标超标，威胁催化裂化装置的正常运行。

表 1 III 催化裂化装置烟气脱硫滤清模块主要运行参数

时间	pH 值	液位/%	P702 出口压力/MPa	P702 出口电流/A
运行 1 个月	7	93	0. 9	125
运行 2 个月	8	93	0. 8	120
运行 3 个月	8. 5	92	0. 8	120
运行 4 个月	8. 5	90	0. 78	118
运行 5 个月	8. 5	80	0. 7	110
运行 6 个月	8. 5	75	0. 65	105
运行 7 个月	8. 5	70	0. 63	100
运行 8 个月	8. 5	50	0. 62	100
运行 9 个月	8. 5	10	0. 61	95
运行 10 个月	8. 0	0	0. 6	90

3 滤清模块循环量下降原因分析

3.1 机泵因素

由于机泵的出口压力及电流呈持续下降趋势，因此装置首先从设备着手，当拆开备用滤清模块循环泵后，发现机泵及浆液管线上出现严重结垢情况，管壁上附着的垢层厚度超 1cm。

装置通过多次拆清 P702 出入口管线，甚至对拆卸下的泵出入口管线进行酸洗，发现并不能解决 P702 不上量的问题，机泵电流和出口压力在刚启运时能够达到 100A、0. 8MPa，但是机泵的出口压力和电流一直处于缓慢下降的状态。因此判断机泵不是造成滤清模块循环量下降的主要原因。

3.2 工艺操作分析

从装置工艺调整上看，烟气脱硫单元的主要工艺参数调整为将滤清模块的浆液 pH 值由之前的 7 左右提高至 8~9。

该调整的主要目的是：

① 减轻烟气脱硫塔顶部腐蚀。由于装置在第一周期烟气脱硫塔的运行时，检测发现烟气脱硫塔顶排放烟气中水滴的 pH 值在 4 以下，酸性较强。为了减轻烟气脱硫塔顶的腐蚀，第二周期开工后，装置将滤清模块 pH 值控制在 8~9（设计浆液 pH 值控制范围为 6~9）。未超设计 pH 值控制范围。

② 强化浆液对烟气中 SO_2、NO_x 的吸收效果。烟气中的 SO_2、NO_x 溶于水后均生成酸性物质，较高的浆液 pH 值可以显著提高吸收效果，有利于装置的环保达标排放。

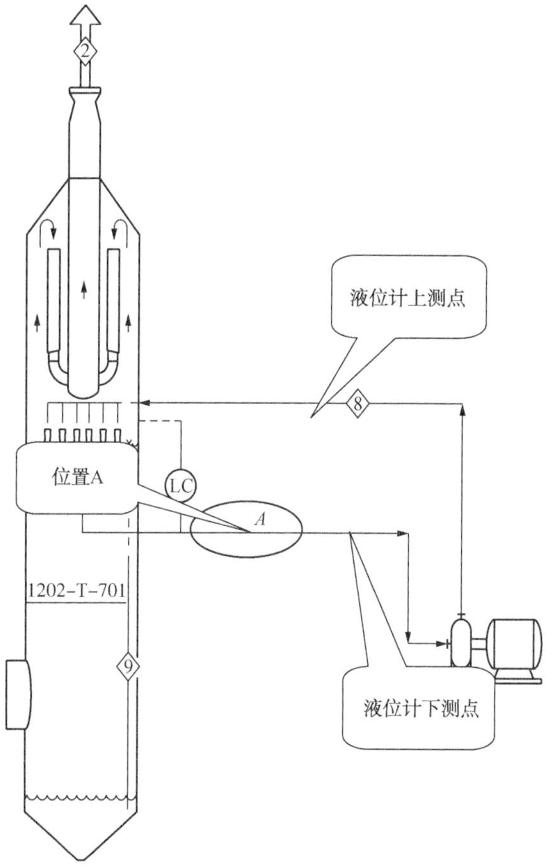

图 2 滤清模块液位测点示意图

3.3 仪表原因分析

对滤清模块液位测点进行检查，滤清模块液位计上、下测点的位置如图 2 所示，其下测点位置设置在 P702 入口管线上。

至现场打开液位下测点的导凝后，发现无水流出，反而出现抽负压的情况。之后安排将浆液循环泵 P702 停运，泵停后，滤清模块液位迅速恢复至 93% 的正常液位。

3.4 滤清模块循环量下降原因

基于以上两个现像分析，再结合滤清模块液位下测点处于 P702 入口管线上这一情况，得出导致滤清模块循环量不断下降的直接原因是滤清模块抽出口管线严重结垢，P702 入口抽不上量所致。

滤清模块的液位计采用双法兰差压式液位计，显示的液位是根据上下测点之间测得的压力差值计算得到。其计算公式为[2]：

$$H=(P_2-P_1)/\rho$$

式中 H——测量液位高度，m；

P_1——液位上测点静压，MPa；

P_2——液位下测点静压，MPa；

ρ——浆液密度，kg/m^3。

判断结垢最严重的地方应在图 2 位置 A 处。A 点为滤清模块抽出口立管段后第一处弯头，滤清模块内的结垢极易在此堵塞，恰好滤清模块液位下测点设置在 A 位置之后。

当滤清模块正常运行时，液位上测点及下测点处的静压测量值正常，测量液位值 H 为真实的实际液位高度，而当滤清模块结垢后，随着 P702 入口通量的减小，P702 入口压力缓慢下降，下测点处静压值 P_2 逐步下降，导致计算液位值 H 也随之缓慢下降；随着结垢继续恶化，P702 入口管线开始抽负压，测量液位值回零。

而当停运 P702 后，管线内液位迅速充满，滤清模块液位下测点处的压力恢复至正常，测量液位值恢复正常。

4 处理过程

针对结垢现象，经过与贝尔格公司沟通联系，认为当循环浆液的 pH 值超 7.5 后，碱性的浆液会将烟气中的CO_2脱除并且导致碳酸盐(CO_3^{2-})的形成，形成难以去除的硬垢。

对P702拆清时的垢样进行分析，其主要成分为碳酸盐，与理论吻合。为此III催化裂化装置采取以下措施。

4.1 降低滤清模块pH值

图3为滤清模块pH值及滤清模块注碱流量趋势图，在2015年1月初期，装置开始降低滤清模块注碱量，由之前的400kg/h逐步降低至100kg/h，滤清模块pH值由8降至7左右。1月26日后进一步降低至50kg/h，滤清模块pH值按6.5~7控制。由于在线pH值测量仪不准，要求班组每小时巡检时必须携带pH试纸至现场实测烟气脱硫各部位的pH值，并做好记录工作，严格按照要求控制pH值。

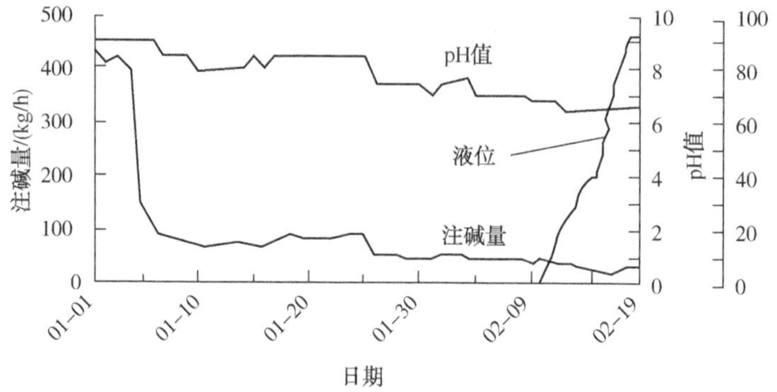

图3 操作调整期间滤清模块注碱量、液位及pH值变化趋势

4.2 拆清P702出入口管线，频繁切换机泵运行并安排间断双泵运行

由于管路结垢严重，自2015年1月下旬开始，装置开始连续对机泵出入口管线进行清垢作业，并频繁切换机泵，改变管线内的流动状态，希望能够将结垢带出。

4.3 P702A入口管线接消防水后新增新鲜水线补水

2015年1月底为了改善滤清模块浆液泵的工况，P702A入口新增新鲜水接头，以提高滤清模块循环泵入口流量。该流程投用后滤清模块浆液泵的出口压力及电流均明显提高，电流稳定维持在105A，出口压力0.8MPa。滤清模块浆液循环量得到明显改善。

通过以上的操作处理后，滤清模块液位指示值开始缓慢提高，P702出口压力及电流也随之逐步提高。

至2015年2月中旬，滤清模块液位上升至93%并稳定维持，说明经过以上处理管线内的结垢现象得到抑制，且管线内位置*A*处的严重结垢现象得到消除，P702入口流量得到保证，管线内液位恢复正常，P702出口压力及电流相应上升至122A，出口压力达到0.92MPa。装置停用P702A入口补新鲜水流程后，P702出口压力及电流仍能稳定维持。

目前，滤清模块液位一直稳定在93%左右，P702出口压力0.92MPa电流122A。滤清模块结垢堵塞的情况在前期多重处理措施的共同作用下得到解决。

5 结语

催化裂化装置的烟气脱硫脱硝单元滤清模块结垢的根本原因为浆液pH值控制偏高。在浆液pH值超7.5后，浆液将烟气中的CO_2吸收下来，并与水中的Ca^{2+}等物质形成硬质结垢，附着在浆液管线的管壁上，当垢层厚度达到一定程度后，影响浆液循环泵入口吸入量，浆液循环量明显下降。通过降低滤清模块PH值，清理浆液循环泵出入口垢物后，烟气脱硫脱硝单元恢复正常。

参 考 文 献

[1] 龚望欣．催化裂化烟气脱硫除尘脱硝技术问答[M]．北京：中国石化出版社，2015.

[2] 陈俊武．催化裂化工艺与工程[M]．北京：中国石化出版社，2005.

六、节能与环保排放

催化裂化装置双脱废水单元废渣减重措施及效果

刘嘉俊　宁佐强

（中国石化湖南石化公司　湖南岳阳　414000）

摘　要　本文介绍了催化裂化装置双脱废水单元废渣减重的措施及效果。该废渣主要源于本装置烟气中携带的催化剂粉尘及聚丙烯装置产生的废碱，经双脱废水单元处理后，形成一定含水量的滤饼落入废渣运输车运出厂区做后续处置，日处理量约为 0.85t。为了减少废渣产量，降低装置环保设施处置污染物成本，通过采取改造优化老旧设备设施与提升班组操作意识水平等措施，控制催化剂日跑损量≤2t、废渣含水率≤45%，全年可减少废渣产量30%以上，节省处置费用 13.28 万元。

关键词　废渣；催化剂粉尘；废水单元；废渣运输车；日跑损量；含水率

1　装置存在的问题

1.1　废渣概况

废渣的主要来源为 1#催化裂化装置(以下简称催化装置)经再生器一、二级旋风分离器、三级旋风分离器离心分离后烟气中携带的催化剂粉尘、双脱单元部分用水及脱硫装置、聚丙烯装置产生的废碱液。其产生过程如图 1 所示，脱硫装置与聚丙烯装置产生的废碱液随塔底浆液由逆喷泵打入急冷塔，对来自余热锅炉的烟气进行降温和洗涤，洗涤下来的粉尘进入综合塔底。逆喷泵出口部分浆液流入浆液缓冲池 U-501，通过浆液缓冲泵打入高效沉降罐 T-503 与絮凝剂混合凝聚沉降，每隔 120min 高效沉降罐下料阀自动打开 12s 后关闭，物料随即进入渣浆缓冲罐进一步沉降分层。每日启动真空脱水机 S-9501 与蠕动泵 P-9504A/B，全开渣浆缓冲罐 T-9501A/B 下料手阀，物料缓慢均匀地落在真空脱水机滤布上开始抽真空脱水，形成含一定水分的泥饼即废渣经过末端刮刀与滤布分离落入废渣运输车，被抽出的水分返回浆液缓冲池。据统计，每月废渣的处理量在 25.47t，以处理费用 1448 元/t 计算，全年费用为 44.26 万元。

1.2　问题概述

为缓解催化装置催化剂跑损过大增加废渣产量及处理成本的问题，湖南石化一区催化装置于 2023 年 3~4 月利用检修的机会，对再生器二级旋风分离器升气筒格栅段加装环板，并将三级旋风分离器进行整体更新，催化剂日跑损量由 3t 降至 2t 以内。同时催化装置废渣含水率长期高出 50%，未达到真空脱水机设计脱水能力，使得水分占据废渣较大比重，分摊废渣处理费用。其一方面由于真空脱水机故障频发，滤布跑偏、褶皱、破损情况时有发生，不仅造成来自综合塔的浆液处置进度延后，为完成原处理量需增加单位时间渣浆缓冲罐下料量，无形中加大了真空脱水机处理负荷，而且脱水真空度明显下降，造成大量水分无法从废渣中脱除，一同进入废渣运输车；另一方面由于真空脱水机每日间歇投用，人为操作意识及水平不一，也会影响废渣含水率，因此通过一段时间的摸索，将操作经验固化并在班组进行了分享。废渣平均含水率可控制在 32.7%左右。

2　改进措施

2.1　旋分升气筒改造及三旋整体更新

2023 年 3 月 22 日~4 月 17 日，装置利用检修的机会，对同轴式沉降器-再生器二级旋风分离器升气筒进行改造，如图 2 所示：其主要是在 PLS2 旋分升气管内，内插 ϕ456mm×8mm，长度 500mm 的内套管，上、下分别连接生根环板和支撑环板，并与升气管焊接。内套筒安装完成后，升气管内径缩小至 ϕ456mm，遮挡住了原升气管第一段焊缝。

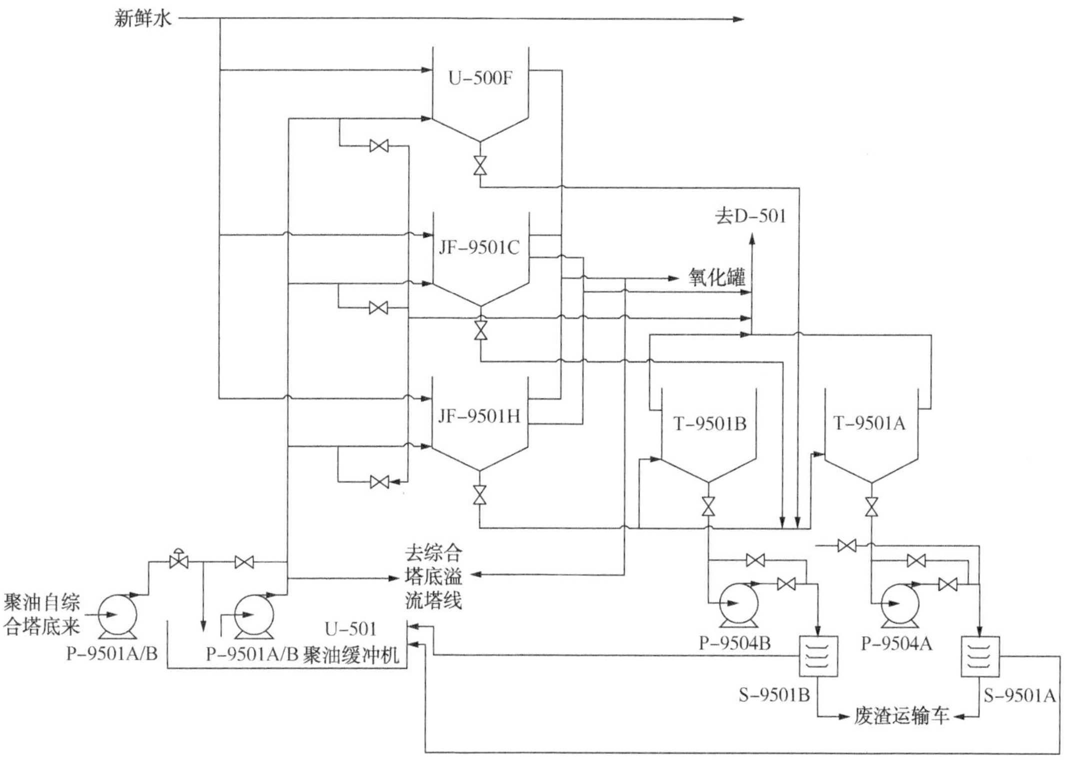

图1　双脱废水单元原则流程图

同时，催化装置旧三旋分离器自1997年使用至今，内部构件磨损严重，衬里多次维修，旋分器分离精度变差，存在严重安全隐患，无法保证装置长周期运行，在此次检修期间对其进行整体更新，新三旋分离器除旋风管、膨胀节、中心管上过渡段、中心管、锥形吊筒等部件优化设计和制造外，其他部分的尺寸与旧三旋分离器一致。

根据催化剂罐检尺数据算出，经过改造和更新后，催化剂的跑损量可控制在2t/d以内，下降幅度达30%~50%。

图3为二级旋分升气筒改造前后平衡剂筛分变化图，改造前选取2022年9月~2023年2月数据，改造后选取2023年7月~2023年12月数据。从图3中可以看出，改造后平衡剂筛分0~80μm间的含量比重除个别月份外，其余均高于改造前比重，且比重从改造前65.92%上涨至69.22%，增加3.3个百分点，说明细粉跑损降低。

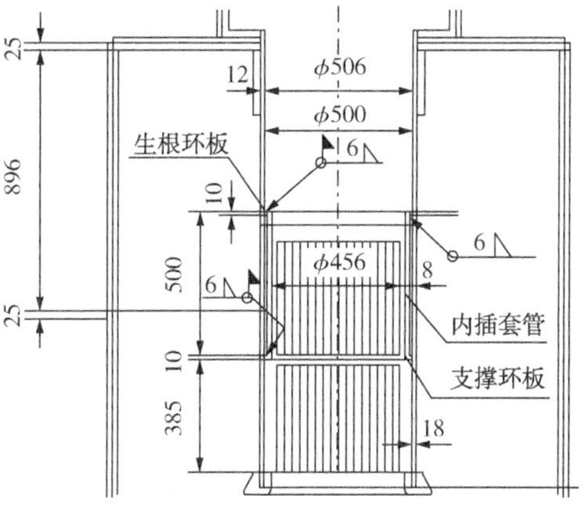

图2　二级旋分升气筒改造示意图

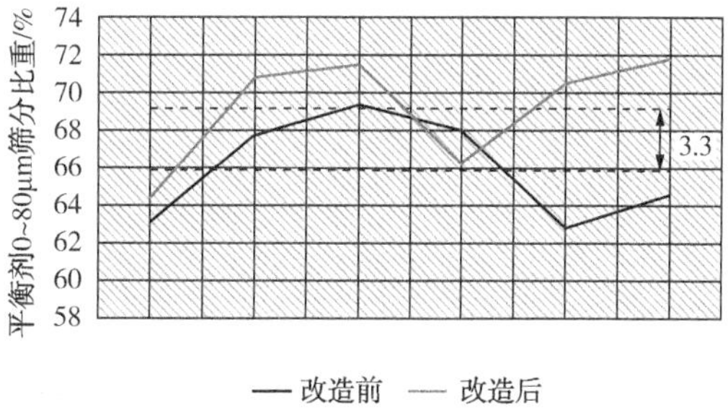

图3　二级旋分升气筒改造前后平衡剂筛分变化图

图 4 为三级旋风分离器整体更新前后出口颗粒浓度变化图，数据选取时间段同图 3。从图 4 中可以看出，三旋更新前出口颗粒浓度最高超 150mg/m^3，其余时刻平均颗粒浓度不低于 130mg/m^3，而三旋更新后出口颗粒浓度平均值仅为 100mg/m^3，较更新前下降 33%左右，据采样分析数据计算，三旋的效率从 82.36%提升至 88.49%。

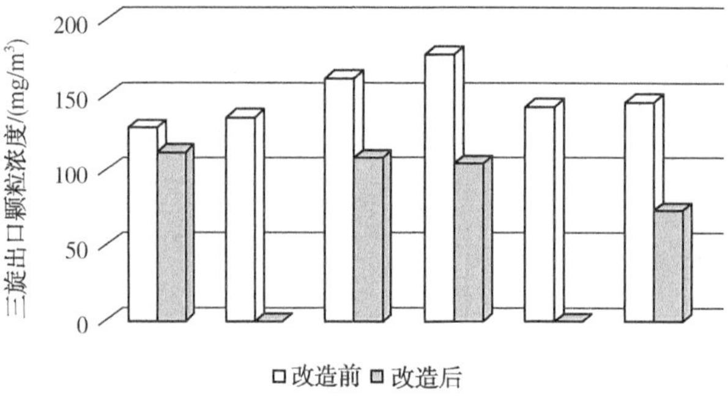

图 4　三旋更新前后出口颗粒浓度变化图

因此，可以判断再生烟气携带粉尘进入双脱废水单元的来源减少，有助于废渣减重。

2.2　真空脱水机维修及配件更新

一方面，真空脱水机的滤布长期出现跑偏、褶皱、破损等异常情况[1]，使得滤布同滤布机的贴合度下降，抽真空效果减弱，半个月至 1 个月需要联系相关单位对滤布进行纠正和修复；另一方面，真空箱密封水管裂纹、滤布托辊卡涩等配套部件出现损坏和运行故障，不但增加了废渣的含水量及运输和处理成本，也增加了维护成本和时间，操作工劳动量加大，废渣处理能力和效率降低。

为了提高真空脱水机运行稳定性和有效性，减少费用支出及人工、操作成本，2023 年 6 月份对真空脱水机及相关配件进行维护维修，包括对主、从动辊用红外线水平仪找正，调整张紧装置，更换聚丙烯材质滤布，以解决滤布真空度的问题，同时更换滤布托辊组件、托辊轴承、真空箱连接管及真空箱密封水管[2]，以解决配件损坏或可能导致运行故障的问题。

目前，真空脱水机运行可靠，滤布出现异常情况的频次下降至 3~4 月/次，通过维持滤布的真空度，大大提高了废渣脱水效率。

2.3　操作优化

2.3.1　控制真空脱水机运行时长

建立真空脱水机下料远传画面，随时关注其运行情况，如图 5 所示。

图 5　真空脱水机下料示意图

当下料见清水后，立即停用真空脱水机，既避免清水过多进入废渣运输车，增加废渣重量，也能减少设备损耗与电耗，保持设备完好率，为装置降本创效。目前真空脱水机运行时长在 3~5h，较以往缩减 37.5%以上，且自 2023 年 6 月对真空脱水机维修更新以来，长达 11 个月的时间内，仅更换过一次滤布，大大节省了人力物力。

2.3.2　细化絮凝剂加注操作

装置使用 XN324 复合絮凝剂，主要成分为两性聚丙烯酰胺、聚季铵盐及助剂，用于凝聚高效沉降罐浆液中的微小颗粒，将固液进行有效分离，形成易于沉淀的大絮体，并且固液分离效果越好，废渣中的含水率越低。总的来说，絮凝剂的加配方式、用量与浓度控制以及絮凝剂注入的连续性等，都会对废渣含水率产生影响，因此做出以下调整：

① 絮凝剂罐补水补剂条件由液位低至 25%提高到 30%，以避免其他客观因素造成补水补剂不及时，引发罐液位低于 20%触发絮凝剂泵联锁停泵的情况，导致絮凝剂稀释液供给中断(图 6 为絮凝剂罐液位趋势图)；

② 絮凝剂罐补水必须补剂，改变以往每补两次水补一次剂的操作，保证絮凝剂稀释液浓度稳定均衡，以避免未补剂批次下，絮凝剂稀释液浓度偏低的情况，导致絮凝效果差甚至无法实现絮凝作用；

③ 通过在絮凝剂大桶做上标记，如图 7 所示，严格规定每次絮凝剂加注剂量，并试验加注量 1～4 格的絮凝效果，最终确定每次加注 2 格为最佳，达到指标要求的情况下，可以尽量减少絮凝剂的消耗；

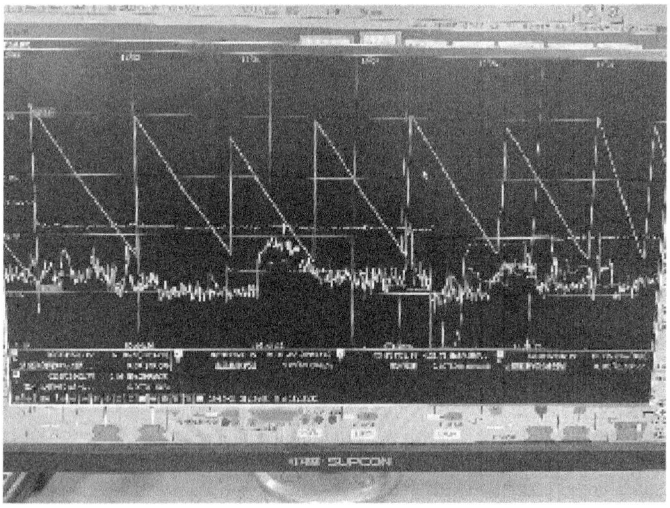

图 6　絮凝剂罐液位趋势图

图 7　带有标记桶装絮凝剂示意图

④ 规定絮凝剂罐补水补剂时，首先用新鲜水补充罐液位至 60%以上，随后再进行絮凝剂的加注，以避免液位低时加注絮凝剂致絮凝剂泵出入口管线堵塞、不上量的情况，造成絮凝剂稀释液进入高效沉降罐的量减少，弱化絮凝效果。

2.3.3　提高操作人员意识及水平

① 通过对不同含水量的废渣进行分析，整理出不同含水率状态示意图，如图 8 所示(左上图含水率 30%，右上图含水率 40%，左下图含水率 50%，右下图含水率 60%)，以方便操作人员用肉眼粗略判断真空脱水机在运行状态下的废渣含水率，及时进行操作调整；

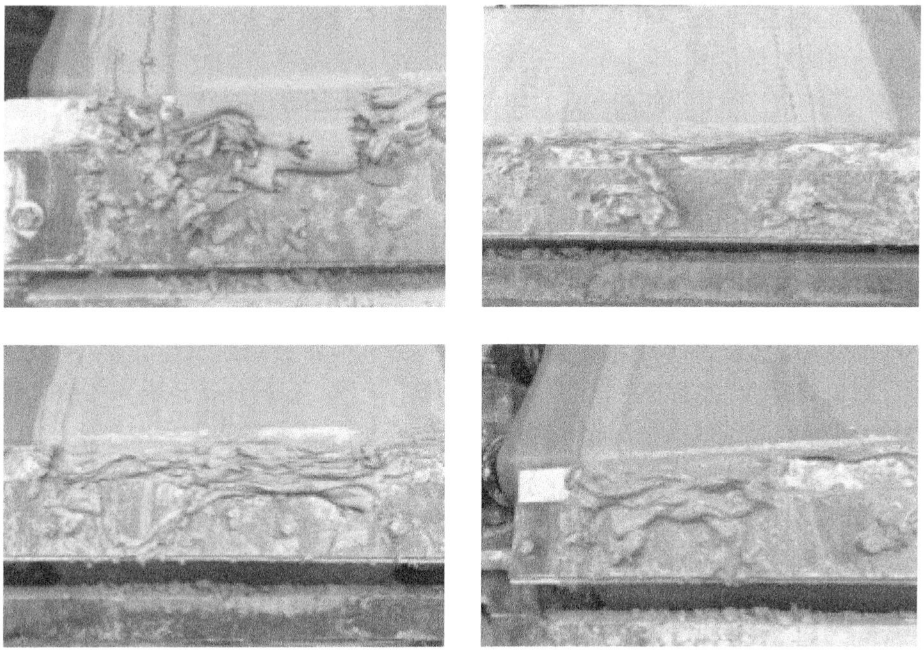

图 8　废渣不同含水率状态示意图

② 判断废渣含水率较大时，要求操作人员降低蠕动泵频率(一般最低在 15Hz)，控制渣浆缓冲罐下料去真空脱水机的速度，保证处理量在设计范围内，或通过真空脱水机控制柜的黄色按钮，如

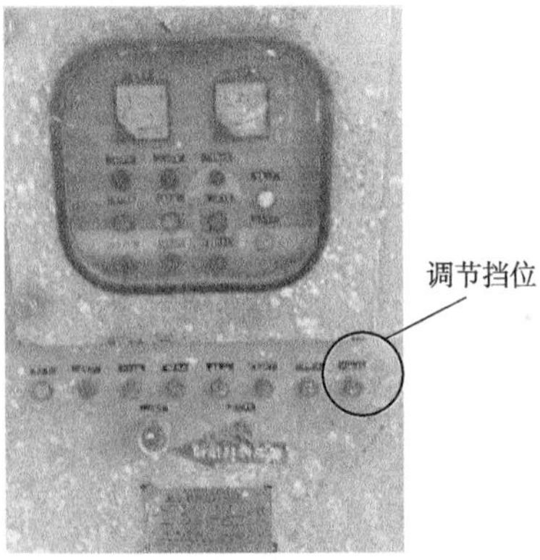

图 9　真空脱水机控制柜

图 9 所示，调节辊轴运转档位，控制滤布的运行速度，保证浆液在真空脱水机上的停留时间，同时检查滤布是否存在跑偏、褶皱、隆起的情况以及絮凝剂泵的运行状态是否正常。

2.3.4　其他操作

① 平稳操作，减少催化剂跑损：控制再生器压力波动在 5kPa 以内，依据气温变化及加工量波动缓慢调整主风，确保催化剂下料均匀且能维持床层藏量，减少床层波动；

② 加强对废渣运输车司机的管理，严禁用新鲜水冲洗废渣溜槽口及对车辆灌水，减少非必要废渣总量。

3　废渣减重效果

从 5 月开始废渣减重的工作并采取相关措施，至 9 月措施基本全部实施。除 3 月、4 月装置停工检修外，废渣含水率每月检测分析频次为 3~5 次，表 1 为废渣减重前后的含水率比较，以平均含水率≤50%为基本目标、平均含水率≤45%为奋斗目标，反映出废渣减重工作取得了良好的进展。

表 1　2023 年废渣含水率

月份	平均含水率/%	最大含水率/%	月份	平均含水率/%	最大含水率/%
2023-01	47.6	49.3	2023-07	37.9	48.0
2023-02	39.3	47.7	2023-08	34.1	45.9
2023-03	41.3	54.4	2023-09	39.2	49.4
2023-04	44.9	44.9	2023-10	33.5	47.0
2023-05	40.3	45.1	2023-11	26.7	47.1
2023-06	42.4	46.6	2023-12	15.0	48.5

从表 1 可以看出，1 月废渣平均含水率为 47.6%，未达奋斗目标，3 月废渣含水率最大达到 54.4%，超基本目标，未采取措施前(1~4 月)废渣含水 45%合格率为 75%。采取措施后(5 月以后)，废渣月平均含水率均能控制在奋斗目标以内，废渣含水 45%合格率为 100%，且未有单个样品超 50%的情况，同时随着多举措并施及工作的深入，废渣平均含水率呈逐步下降的趋势，自 7 月开始废渣平均含水率可超奋斗目标 5%以上，12 月甚至达到了 15%，说明废渣含水率得到了较为有效的控制和解决。

4　结论及展望

本文一方面通过比对二级旋风分离器改造与三级旋风分离器整体更新前后催化剂跑损情况、再生器平衡剂筛分组成变化及烟机入口粉尘浓度变化，另一方面通过及时维修更新真空脱水机运行配件，确保关键设备设施长周期稳定可靠高效运行，人工维修、操作及运行成本均有所下降，说明改造优化设备设施有效地减少了再生烟气携带至除尘脱硫单元的粉尘含量，降低了真空脱水机处理浆液负荷，提升了真空脱水机处理浆液实效。同时，针对废渣含水率偏高的问题，采取优化真空脱水机操作、细化絮凝剂加注操作、提高操作人员意识水平等措施，废渣平均含水率可长期控制在公司规定的奋斗目标范围以内。

相关结论如下：

① 催化剂日平均跑损量下降至 2t，据生产调整与装置状况，最高水平可达 1.2t 以下，较二级旋风分离器改造前可降低日平均跑损量 30%以上；

② 再生器平衡剂筛分 0~80μm 以下粉尘占比从改造前 65.92%增加至 69.22%，二级旋风分离器回收细粉的能力得到提升；

③ 三级旋风分离器整体更新后，烟气出口粉尘平均浓度从 149.00mg/m^3 降至 100.25mg/m^3，三旋的效率高达 88.49%，较改造前提高约 6%，烟气携带粉尘含量下降 32.88%；

④ 真空脱水机从单日运行 5~8h 减少至 3~5h，故障频次由大约两个月 3 次减少至半年 1 次，能耗与操作修理成本下降；

⑤ 废渣平均含水率 45%合格率由 75%上升至 100%，且未出现单个样品超 50%的情况；

⑥ 废渣外运量由每月 25.47t 减少至 17.83t，下降幅度达 30%，处置费用全年可节省 13.28 万元。

目前，废渣减重实施效果良好，在设备设施正常运行的情况下，比较依赖操作人员的责任心及操作水平，废渣含水率无法实时掌握做到稳定低控。在将来有条件且必要时，可考虑自动化与智能化领域的应用。

参 考 文 献

[1] 张衍河，张婧锐，韩毅，等．燃煤电厂脱硫真空带脱水机系统常见问题分析[J]．社会综合，2023：203-204.

[2] 杨斌超，等．火电厂脱硫皮带脱水机滤布纠偏系统改造及滤布跑偏处理方法[J]．电力设备管理，2021(5)：95-96.

烟气脱硫废水处理单元排料程序的设定问题及处理

韩正雅

（中国石化济南炼化公司　山东济南　250101）

摘　要　烟气脱硫废水处理系统在运行过程中，出现胀鼓式过滤器压降大、滤袋堵塞、COD超标等情况，对装置运行情况和废水成分进行检查后，发现新增渣浆缓冲罐和胀鼓自动运行程序不匹配，扰乱了正常排料节奏，造成废水处理负荷增大，因此对排料程序进行合并和调整，将胀鼓排料和沉降时间进行优化，恢复了胀鼓的正常处理节奏，完成了颗粒物的处理指标。

关键词　烟气脱硫；废水处理；胀鼓；联动程序；COD

1　前言

随着工业的发展，雾霾、酸雨等环境污染问题加剧，其来源为工业和生活中产生的粉尘、氮氧化物、VOC等，因此工业废气和废水需采取物理或化学方式进行治理，防止对环境产生危害。近年来原油劣质化倾向明显，含水量和含盐量增加，为催化裂化带来了困难，也给外排废气和废水处理增加了难度。催化烟气中含有颗粒物、氮氧化物、硫氧化物等污染物，直接通过烟囱排入大气会污染空气质量，2014年济南炼化公司新上烟气脱硫装置，采用中石化洛阳工程有限公司自主研发的可再生湿法烟气脱硫(RASOC)技术，对催化烟气中的硫氧化物、颗粒物和废水COD进行处理，保证外排口指标合格。

2　装置概况

催化烟气经过锅炉燃烧后，依次经过烟气脱硫塔、胀鼓式过滤器(以下简称胀鼓)、氧化罐进行处理，污水输送至下游处理装置，泥浆经过渣浆缓冲罐(以下简称渣浆罐)和真空式脱水机进行浓缩，制成滤饼外运。催化烟气进入烟气脱硫塔，在急冷喷头和过滤模组喷头的淋洗作用下，烟气中的颗粒物下沉进入塔底浆液系统，硫氧化物溶解于水中生成硫酸和亚硫酸溶液，塔底注碱对溶液进行中和。塔底浆液泵送至胀鼓，在絮凝剂的作用下，颗粒聚集并下沉，经过滤膜的过滤作用，清液自胀鼓上方管道流入氧化罐，颗粒物附着于滤袋表面，经过反冲洗作用，颗粒物下沉进入污泥管进行浓缩，将颗粒物压缩成滤饼外运，实现颗粒物的脱除。清液进入氧化罐脱除还原性物质，保证外排水COD合格。各塔、器设置溢流口，浆液溢流或临时排放可汇入滤液池，滤液池内液体间歇泵送至胀鼓入口再次进行处理，保证系统内部废水全处理不外排。

由于原处理工况较小，因此对废水处理系统进行升级改造，将原有的两台胀鼓过滤器更新为三台，并联使用，原污泥罐改为渣浆罐和真空脱水机，实现污泥浓缩效果。胀鼓底部颗粒物反冲洗排入渣浆罐，进行一段时间的沉降，颗粒物聚集于底部，清液自上清液和下清液两个排液口流入滤液池，渣浆罐底部污泥进入真空式脱水机，过滤为含固量约40%的泥饼，过滤产生的清液排入滤液池。废水处理系统流程如图1所示。

废水处理系统升级改造后，经过一段时间的运行，发现胀鼓压降升高，过滤较差，胀鼓内水质变浑，伴有臭味，需频繁更换滤袋。

3　问题排查

胀鼓排料为浑浊液体，其中的颗粒物在絮凝剂作用下易形成絮团，形成沉积界面，沉积之后进行排水和沉积[1]，沉积效果越好，越有利于下一步脱水。胀鼓和渣浆罐受容量和处理量限制，需定时进行切换，因此增设自动切换程序。本装置三台胀鼓(两用一备)，两台胀鼓按照运行程序间歇排料至渣浆罐，排料程序见图2。

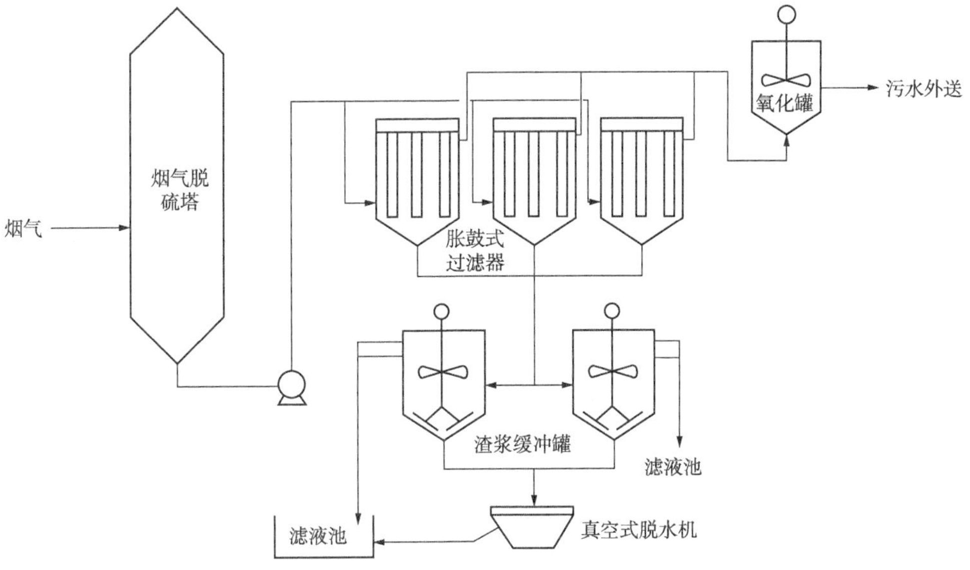

图1　烟气脱硫废水处理系统流程图

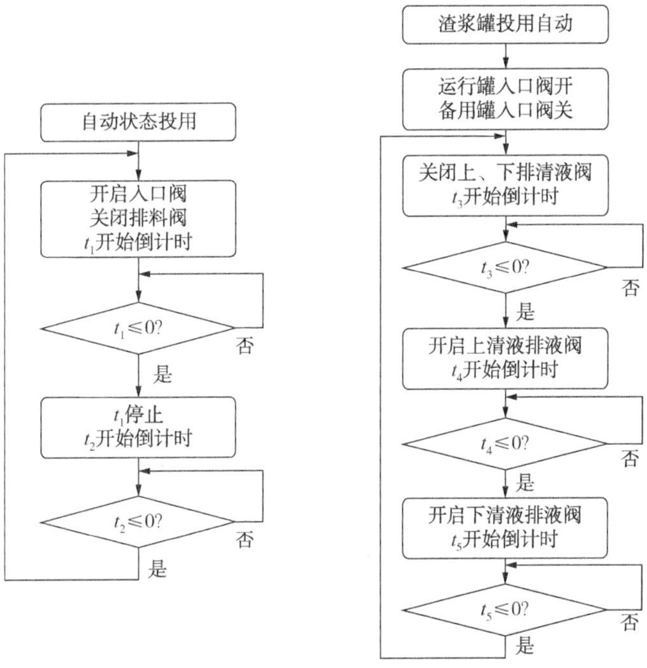

图2　胀鼓(左)、渣浆罐(右)运行程序图

如图2所示，胀鼓运行依次经过设置自动状态→入口阀开启，进料时间t_1→关闭入口阀，开启排料阀，排料时间t_2→再次进料/排料进行循环。渣浆罐进料程序为设置自动状态→开启入口阀接液并沉降t_3→上清液排液t_4+t_5→下清液排液t_5→连续沉降/排液循环。胀鼓和渣浆罐运行周期参数见表1。

表1　胀鼓和渣浆罐运行周期参数表

项目	变量	参考值	项目	变量	参考值
胀鼓进料时间/s	t_1	7200	渣浆罐排上清液时间/s	t_4+t_5	1300+300
胀鼓排料时间/s	t_2	10	渣浆罐排下清液时间/s	t_5	300
渣浆罐沉降时间/s	t_3	3600			

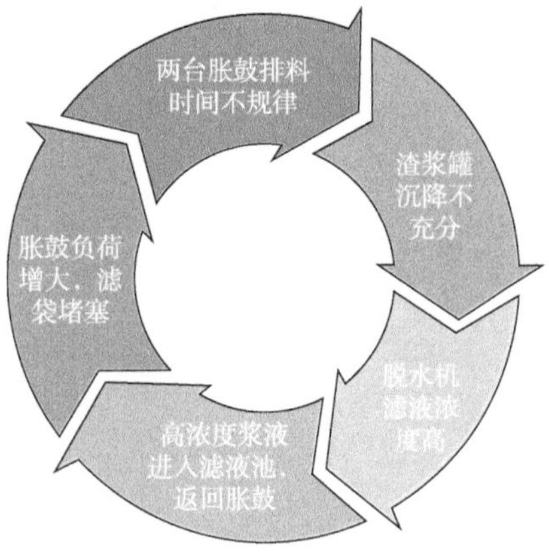

图 3　胀鼓运行说明图

对胀鼓进行排查，发现胀鼓滤袋堵塞，排料困难，处于超负荷运行状态，根本原因为胀鼓排料与渣浆罐沉降时间不匹配，问题传导链如图 3 所示。

具体分析如下：

① 胀鼓两用一备，以胀鼓 A、B 运行为例，胀鼓 A 水浑后，切换至胀鼓 C，胀鼓 C 投用时，如果与胀鼓 B 排料时间接近，会造成两台胀鼓相继排料入渣浆罐。胀鼓排液时对渣浆罐内原有液体有冲击作用，底部沉降物被冲散形成浑浊体系，减弱了原有的沉降效果。渣浆罐容量较小，两台胀鼓相继排料，未留出充分的沉降和排上清液时间，使得渣浆罐满液位溢流，只剩部分浆液在渣浆罐内沉降，其余部分溢流入滤液池。

② 出于环保要求，滤液池内浑浊液体经泵打回胀鼓入口，再次进入胀鼓进行处理，重复在胀鼓—渣浆罐—滤液池—胀鼓内进行循环，由于渣浆罐未进行充分沉降，这部分浆液在胀鼓内重复过滤，增加了胀鼓的运行负荷，滤袋很快堵塞，且固体颗粒和絮凝剂在胀鼓滤袋内大量聚集，导致厌氧菌生长增快，分解产生 H_2S 和其他代谢产物，胀鼓变黑发臭，造成堵塞情况加剧，废水 COD 增加[2,3]。

③ 由于渣浆罐上部浆液直接溢流入滤液池，使得底部沉积泥浆减少，渣浆罐底浆液含固率低，其作为脱水机的进料，不符合浓度 10%～20%的要求，后续脱水机处理困难增大，难以排出固体滤饼，大部分浆液穿过脱水机滤布继续排入滤液池，又会增加胀鼓运行负荷。胀鼓堵塞后频繁更换滤袋，胀鼓再次进行切换，造成胀鼓运行混乱，打乱了浆液处理节奏，废水处理单元未能发挥正常处理作用，持续恶化循环，运行效果差。

4　问题解决

为调控沉降效率，将胀鼓与渣浆罐进行联动编程：为解决多台胀鼓排料时间不规律问题，加设胀鼓投用前等待时间 t_0，即投用胀鼓后，开启入口阀，先等待 t_0，再进入正常排料循环。运行程序如图 4 所示。以胀鼓 A、B 运行举例，胀鼓每次进料/排料循环为 7200s，若胀鼓 A 切换为胀鼓 C 运行，在胀鼓 C 投用前，胀鼓 B、C 同时摘除排料程序，并为胀鼓 B 设立等待时间 10s，为胀鼓 C 设立等待时间 3610s。那么胀鼓 B 在 10s 后进入正常进料/排料循环，3600s 后（半个进料/排料周期）胀鼓 C 进入循环，就可以使得两台胀鼓平均分配排料周期，渣浆罐能分别沉降两个胀鼓的排料，降低了胀鼓排料之间的相互影响。胀鼓和渣浆罐运行周期更新参数表见表 2。

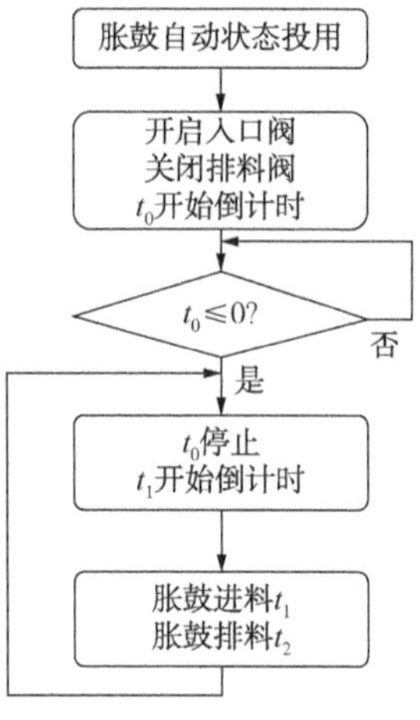

图 4　多台胀鼓进料/排料循环图

表 2　胀鼓和渣浆罐运行周期更新参数表

项目	变量	参考值	项目	变量	参考值
胀鼓开启前等待时间/s	t_0	10/3610	渣浆罐排上清液时间/s	t_4+t_5	1300+300
胀鼓进料时间/s	t_1	7200	渣浆罐排下清液时间/s	t_5	300
胀鼓排料时间/s	t_2	10			

渣浆罐的底层浆液排入脱水机进行过滤，为提高脱水机运行效率，渣浆罐底部浆液浓度越高越好，因此需保证较长的沉积时间，并将上清液及时排出。在设计排料程序时，渣浆罐按照接受胀鼓排料→沉降→排上清液→排下清液→接受下一次胀鼓排料的顺序依次进行，可以使得沉降时间最长。因此将胀鼓排料和渣浆罐开发程序结合，重新分配时间，设计程序如图 5 所示。由于渣浆罐为一用一备，在

每次开阀排清液前，先程序判断哪台渣浆罐处在运行状态中，再进行相应的开阀操作。

胀鼓排料后，胀鼓开始新一轮进料，t_1 开始倒计时，渣浆罐接收的胀鼓排料则开始沉降，沉降时间为 $t_1-t_4-t_5$，实现渣浆罐底溶液浓缩，渣浆罐开阀排清液(t_4+t_5)后，渣浆罐内液面下降，为接收胀鼓排料提供了空间，此时 t_5 倒计时完成，胀鼓进行排料，完成进料/排料循环。改进后的程序取消了渣浆罐沉降时间设定，利用胀鼓排料和渣浆罐排清液的时间差自动将沉降时间最大化，且胀鼓错峰投用后，渣浆罐根据每个胀鼓错峰排料时间进行沉降，避免了胀鼓排料间相互干扰，底部液体浓缩度增大，脱水机运行效率增加，废水处理系统能有效脱除来自烟气的颗粒物，实现处理目标。

渣浆罐只设置切罐操作，程序如图 6 所示，班组每天只需定期对渣浆罐进行手动切换操作，排料利用胀鼓程序来完成，既节约了班组工作量，又合理规划了联动排料和沉降效率。每日白天对罐底沉淀物进行处理，需手动对两个渣浆罐进行切换，为方便班组操作，每日 0：00 和 12：00 设置 DCS 报警提示，防止操作遗漏情况的发生，确保渣浆罐规律运行。

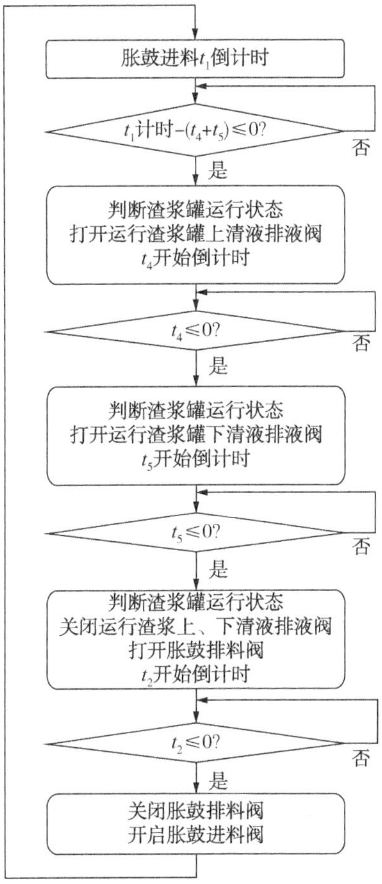

图 5　胀鼓排料程序图

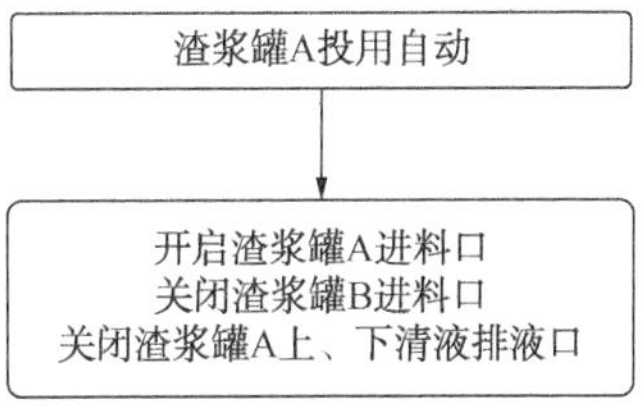

图 6　渣浆罐运行程序

5　效果评价

通过对胀鼓和渣浆罐程序进行修改，胀鼓排料和渣浆罐沉降联动，运行一段时间后，胀鼓和渣浆罐的运行程序更加匹配，减少了浆液在系统内的重复循环，胀鼓运行情况有改善，胀鼓上清液清澈，滤袋运行周期增长，原胀鼓压降一周内由 0.001MPa 增加至 0.1MPa，更新程序后可延长至一个月，缓解了胀鼓压降增加过快的问题。如图 7 所示，胀鼓的过滤效率提高，废水中颗粒物排入渣浆罐，避免了滤袋堵塞，滤袋外观也改善明显。同时渣浆罐对浆液进行充分沉降，有效浓缩了浆液，提高了胀鼓、渣浆罐及真空式脱水机的运行效率，有效脱除废水中的硫氧化物和颗粒物，消除了设备运行故障，提高了操作运转效率，有利于环保指标的完成。

图 7　胀鼓压降较高时的滤袋：运行较差(左)和运行改善后(右)

6　改进建议

烟气脱硫废水处理单元仍有 COD 较高的问题，且原料、工况变化也会影响烟气脱硫单元的运行效率，对工艺和设备问题进行梳理，目前仍存在下列运行问题，需要进一步改善：

① 渣浆罐容量偏小，与胀鼓运行不匹配，沉降效果较低，建议进行扩容改造；

② 渣浆罐沉降效果较差，脱水机入口浆液固含量较低，未达到设计值，真空式脱水机效率偏低；

③ 本装置氧化罐采用空气作氧化剂，无法解决有机物和细菌代谢引起的还原性，仍存在 COD 偏高的问题。

参 考 文 献

[1] 王维，李绍武．黏性泥沙絮网结构形成过程研究[J]．泥沙研究，2014(1)：68-73.

[2] 李宁．催化裂化烟气脱硫脱硝装置废水 COD 超标原因分析及应对措施[J]．石油炼制与化工，2021，52(1)：126-130.

[3] 颜军文．催化裂化装置烟气脱硫脱硝运行问题及对策[J]．齐鲁石油化工，2022，50(2)：121-125.

S Zorb 装置节能减排提效优化措施

王见霞　陈　果　冯振君　林　坤　董涵潇

（中国石化济南炼化公司　山东济南　250101）

摘　要　中国石化济南石化公司1.80Mt/a S Zorb催化汽油吸附脱硫装置（S Zorb由两个900kt/a系列组成，分别简称Ⅰ-S Zorb和Ⅱ-S Zorb）继上周期检修改造后，两套装置的平均加工负荷仅为设计的66.45%，相对来说装置能耗较高，通过对S Zorb装置的能耗进行深入分析，并采取了一系列优化措施，在降低辛烷值损失的同时，也有效地降低了蒸汽、氮气、循环水的用量，不仅达到了节能减排的目的，还取得了一定的经济效益。

关键词　S Zorb；节能减排；辛烷值；优化；经济效益

1　前言

济南炼化公司S Zorb装置于2021年检修开工后，综合能耗相对较高，随着国家政策的收紧，济南炼化作为黄河流域中心城市型炼厂，企业综合能耗需要进一步降低。近年来，随着车用汽油质量不断升级，S Zorb装置的反应深度逐渐增加，提高脱硫率的同时也带来了辛烷值损失的增加，而S Zorb装置精制汽油辛烷值过低将直接影响经济效益及全厂汽油调和[1]，为此根据济南炼化S Zorb装置辛烷值损失变化及综合能耗，制定了相关优化调整方案，在降低辛烷值损失与综合能耗上取得了显著成效。

2　辛烷值损失的降低

济南炼化S Zorb装置产品汽油辛烷值损失较系统内兄弟装置平均高出大约1个单位，根据装置不同工况下的操作条件及辛烷值损失变化，分析出影响因素及规律，并制定了两条降低辛烷值损失的措施：一是把加氢装置低分气作为装置补充氢使用，降低反应氢分压；二是实施在线实时优化（RTO）。

2.1　辛烷值损失的影响因素分析

济南炼化S Zorb装置汽油辛烷值损失[2,3]的影响因素主要可以从原料、反应、吸附剂和循环氢系统等方面进行分析。

2.1.1　原料烯烃含量

目前S Zorb装置的原料汽油主要来自催化汽油，因为高烯烃含量的原料汽油会使烯烃加氢饱和反应更剧烈[4]，从而造成辛烷值损失增大，所以从降低系统辛烷值损失方面考虑，上游装置来的原料汽油烯烃含量相对较低，大约控制在20%（体）。

2.1.2　原料罐D101液位控制

当原料汽油进装置偏少时，会造成D101液位低，此时有两种控制手段：一方面可以适当降低装置的进料量；另一方面可以将稳定塔的产品汽油通过开工循环线去D101打回流来稳定液位。但是产品汽油返回D101以后会继续进入反应系统进行二次反应，这就会导致烯烃饱和反应深度的进一步增加，从而使辛烷值损失继续增大。所以济南炼化S Zorb装置对D101的液位控制为优先调整进料量，非必要不用产品汽油打回流来控制液位。

2.1.3　反应温度

反应温度、反应压力、氢分压和质量空速对辛烷值损失都会产生较大的影响。其中只有反应温度在调整过程中既能降低辛烷值损失又能降低产品硫含量。在其他条件不变的情况下，随着反应温度的升高，烯烃饱和反应也得到了抑制，而产品脱硫率随着温度的升高先增大后减小，综合考虑，最佳反应温度在427℃左右。

2.1.4　吸附剂活性

在保证产品硫含量合格的前提下，提高待生吸附剂上的硫、碳含量，可以降低吸附剂的活性，从而降低汽油辛烷值损失[5]。根据装置以往运行经验，待生吸附剂硫含量≥7%(质)时，精制汽油硫含量较稳定，即使原料硫含量短时间内升高，但由于该状态下的吸附剂脱硫能力弹性大，也不会造成精制汽油硫含量超标，同时辛烷值损失也较低。

2.1.5　循环氢纯度

济南炼化S Zorb装置使用的补充氢为管网普通氢气(普氢)，氢纯度(φ)达到90%以上，循环氢纯度也较高，并且正常生产时循环氢流量在4500Nm^3/h左右。在保证产品汽油硫含量合格的前提下，可以考虑降低新氢纯度，进而降低反应器氢分压，如此能够有效抑制烯烃加氢饱和反应，降低反应温升，从而有效降低汽油辛烷值损失。

2.2　降低汽油辛烷值损失的优化措施

2.2.1　新氢切换低分气

济南炼化氢气管网由三部分组成：纯氢、普氢、低分气，其中低分气的纯度为80%(体)，氢纯度远远低于纯氢和普氢。而低分气补入了普氢管网，拉低了普氢管网氢纯度，这部分普氢对于S Zorb而言氢纯度过剩，但是对用氢装置，即160万t/a柴油加氢精制装置(以下简称三加氢)、80万t/a柴油加氢改质装置(以下简称二加氢)而言纯度不够。低分气直接补入S Zorb装置可以降低新氢纯度[6]，流程如图1所示，借用原重整PSA氢气去S Zorb管线，实现低分气补入S Zorb装置。

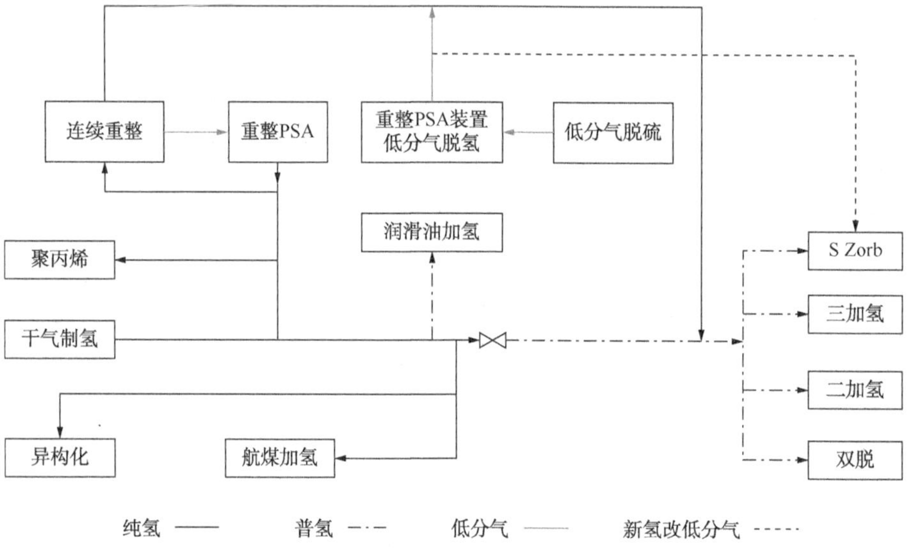

图1　低分气改进新氢流程图

新氢切换低分气后各装置氢纯度变化见表1。

表1　各装置氢纯度变化

项目	烟气氮氧化物/(mg/m^3)	新氢/%			循环氢/%			辛烷值损失
		S Zorb	三加氢	二加氢	S Zorb	三加氢	二加氢	
切换前	60	98	94.67	95.11	93.5	86.52	82.44	1.3
切换后	41	85	96.42	97.19	80.1	90.1	89.58	1.1

由表1可以看出，低分气改进S Zorb装置后，烟气氮氧化物含量降低，辛烷值损失降低0.2个单位。

氢气管网纯度的提高使得离心式循环氢压缩机负荷降低，三加氢3.5MPa蒸汽单耗从8.6kg EO/t降低至8.3kg EO/t，降低0.3个单位；二加氢装置1.0MPa蒸汽单耗从10.7kg EO/t降低至6.96kg EO/t，降低3.74个单位。

2.2.2 在线实时优化技术应用

济南炼化在线实时优化(RTO)系统于2022年9月1日投入Ⅱ-S Zorb使用(目前此技术只应用于Ⅱ-S Zorb单套装置), RTO系统模型输入参数里原料硫含量、循环氢流量、反应器藏量、床层密度等参数直接从DCS系统取值，使得RTO系统能够及时准确地收集数据并做出优化。在线实时优化前后辛烷值损失变化趋势见图2。

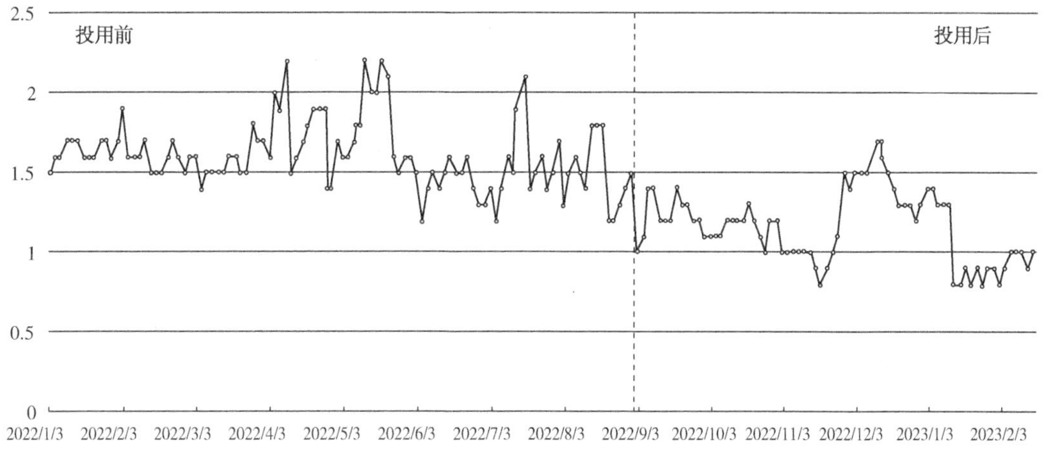

图2 在线实时优化前后辛烷值损失

在满足工艺过程和设备约束的条件下，在保证脱硫效果的同时不增加装置能耗、剂耗的情况下，装置辛烷值损失得到了有效降低。济南炼化Ⅱ-S Zorb优化后辛烷值损失及效益统计见表2。

表2 济南炼化Ⅱ-S Zorb优化效益统计

项目	2022年1月1日~4月30日	2022年9月1日~2023年2月28日	
	对比基准	RTO投用	与基准对比
催化汽油进料			
原料流量/(t/h)	69.48	68.06	(1.42)
原料硫含量/(μg/g)	351.46	397	45.54
产品			
硫含量/(μg/g)	4.262	4.935	0.673
辛烷值损失	1.6423	1.1589	0.4834
装置总能耗/(kg EO/t)	3.64	3.58	
降低辛烷值损失效益/(万元/a)			3500

由表3可以看出，与2022年相同工况条件下(1~4月)Ⅱ-S Zorb辛烷值损失统计平均值降低0.48个单位。其中根据2022年9月~2023年2月投用效果系统上线已累计为装置带来1790万元效益，折合年经济效益为3500万元。

3 节能减排

济南炼化S Zorb装置燃料气使用点单一，同时机泵等用电设备较少，因此在装置平稳运行的状态下能耗可调节余地较小，可以考虑适当降低蒸汽、氮气、循环水的用量，从而达到节能减排的目的。

3.1 稳定塔底蒸汽优化

根据S Zorb装置长期运行的经验可知，稳定塔调节产品蒸气压的能力较弱，产品汽油的蒸气压主要由上游催化装置进行控制，S Zorb装置稳定塔作用降低，仅起到分离产品汽油中的溶解氢和水分的作用，因此在日常操作中可适当降低稳定塔底温度，不仅能降低稳定塔底蒸汽用量，还能减少塔顶瓦斯中的烃含量，提高产品汽油收率及辛烷值。

通过不断优化，现阶段将稳定塔底温度控制在 143℃，既降低了稳定塔底蒸汽用量，同时能确保产品汽油质量合格，消除了塔顶瓦斯对加热炉造成的影响。

S Zorb 稳定塔底温度降至 143℃ 时，I-S Zorb 稳定塔底蒸汽量由 1.3t/h 降至 1.0t/h，节约蒸汽 0.3t/h；Ⅱ-S Zorb 稳定塔底蒸汽量由 1.9t/h 降至 1.6t/h，节约蒸汽 0.3t/h，两套装置共节约蒸汽 0.6t/h。

3.2 氮气使用量调整优化

济南炼化 S Zorb 装置氮气主要用于再生系统吸附剂的流化和输送，以及闭锁料斗程序运行波动时使用。现阶段运行 I-S Zorb 氮气用量平稳时在 540Nm³/h 左右，Ⅱ-S Zorb 氮气用量平稳时在 480Nm³/h 左右。

再生系统氮气主要用于吸附剂流化、输送以及各容器锥体松动，经过吸附剂流态化计算分析，发现再生器 R-102 至再生器接收器 D-110 转剂线输送氮气、再生器接收器 D-110 底部流化氮气用量相对于吸附剂输送和流化的最小流量有较大的降幅空间，因此将两处氮气进行优化调整，降低氮气用量。

S Zorb 装置现场也进行了优化调整，对再生系统的 D-108、D-109、D-112、D-113 等各容器底部锥体松动氮气手阀进行调节，氮气用量有所降低。S Zorb 装置定期进行氮气使用检查，现场各氮气松动点开度较小，优化空间较小，因此现场调整后氮气使用量降低较小。综合来看，氮气使用量调整前后的对比见表 3。

表 3 氮气优化前后对比

项目	优化前/(Nm³/h)	优化后/(Nm³/h)	降低量/(Nm³/h)
Ⅰ-S Zorb	550	470	80
Ⅱ-S Zorb	470	400	70
合计	1020	870	150

通过 DCS 参数调节以及现场松动点氮气流量调节后，I-S Zorb 氮气的使用量由 550Nm³/h 降至 470Nm³/h，Ⅱ-S Zorb 氮气的使用量由 470Nm³/h 降至 400Nm³/h，两套装置共节约氮气 150Nm³/h，优化效果较为明显。

3.3 其他优化措施

① 催化汽油热直供，减少上游装置的冷却能耗和本装置的加热能耗。

② 两套 S Zorb 共用一台原料泵；反吹氢及补充氢联合压缩机有余隙调节并优先使用；再生空气电加热器 EH102 在正常工况下停运；冬季停用稳定汽油出装置空冷器 A202，节约电能。

③ 氢气去加热炉对流段旁通阀的阀位开度维持在 2%，减少冷氢量，降低氢气电加热器功耗，节约电能，同时更多地回收烟气余热，提高加热炉热效率。

④ 优化稳定塔塔压，降低塔底温度，节约 1.0MPa 蒸汽。

⑤ 两套 S Zorb 鼓引风机、I-S Zorb 再生取热水循环泵 P105/A、B 均用变频进行调节，节约电能。

⑥ 夏季高温天气来临之前清洗空冷翅片管，提高空冷冷却效果。

⑦ 两套 S Zorb 循环氢罐 D103 切液去稳定塔，减少装置损失及能耗。

3.4 效果分析

济南炼化 S Zorb 装置能耗主要集中在循环水、电、1.0MPa 蒸汽和燃料气的用量上，装置扩能改造完成后投产，由于上游催化裂化装置提供原料汽油不足，S Zorb 装置加工负荷长期处于设计符合的 65%左右，较低的加工负荷使装置能耗较多，2021 年大检修节能提升项目完成后，装置能耗显著降低。2023 年采取的节能减排优化措施，使得装置能耗进一步降低，装置主要能耗见表 4。

由表 4 可以看出，济南炼化 S Zorb 装置 2021 年节能改造完成后能耗较 2020 年改造前下降 1.66kg EO/t，特别是 2023 年装置处于检修末期能耗较大，通过装置优化调整，能耗降低 0.88kg EO/t，节能减排取得了显著的成效。

表 4 S Zorb 装置能耗对比分析

项目名称	2020 年(检修前)		2021 年(检修后)		2023 年(优化调整后)	
	实物量/t	能耗/(kg/t)	实物量/t	能耗/(kg/t)	实物量/t	能耗/(kg/t)
装置加工量	1120395		1092686		1288049	
循环水	3675882	0.2	4375563	0.24	5267226	0.25
除氧水	10784	0.06	8705	0.05	5156	0.03
凝结水	-29929	-0.14	-81392	-0.41	-96228	-0.34
电	12612822	2.59	10939172	2.30	11290792	2.02
1.0MPa 蒸汽	30571	2.07	25366	1.76	15251	0.90
工艺炉燃料气	2715	2.3	2346	2.04	2925	2.16
热进(出)料(kg EO)	-843376	-0.75	-1436239	-1.31	-1575135	-1.22
能耗合计	7089	6.33	5108	4.67	4876	3.79

参 考 文 献

[1] 刘永才，李佳. 影响 S Zorb 装置汽油辛烷值损失因素分析[J]. 石油化工设计，2019，36(4)：12-15.

[2] 东方，何怡，齐建勋. 降低吸附脱硫工艺汽油产品的辛烷值损失[J]. 工业技术，2023，41(1)：41-44.

[3] 李文杰. FCC 汽油辛烷值的影响因素及改进方法[J]. 催化裂化，1997，16(1)：39-40.

[4] 刘琪. S Zorb 装置降低汽油烯烃含量的探索[J]. 中外能源，2020，25(1)：75-80.

[5] 于善宝，郭宏，孙同根，等. 加强工艺管理降低 S Zorb 装置精制汽油辛烷值损失[J]. 石油炼制与化工，2018，49(10)：15-19.

[6] 许凯. 柴油加氢装置低压分离气中氢气回收方案的优化[J]. 石化技术与应用，2018，36(4)：261-263.

催化裂化装置节能优化探究

易　蒙

（中国石化镇海炼化公司　浙江宁波　315207）

摘　要　镇海炼化2#催化裂化装置通过优化分馏塔二中取热流程，3.5MPa饱和蒸汽发生量增加2.45t/h；通过停运增压机、优化再生器供风可降低1000kW电耗；水封罐内筒开孔，降低烟机背压及增加烟机发电量，可增加烟机发电60kW；将催化裂化装置湿式空冷置换水回用至脱硫脱硝单元，可节约新鲜水5t/h。

关键词　催化裂化；节能；增压机；水封罐；水回用

1　装置概况

在“碳达峰”以及“碳中和”的大背景下，炼化企业需要发力攻坚，做好源头上的减排降碳，也要加快技术创新，开发减排新技术，通过生产过程中的精细管理，引领低碳运行[1]。中国石化镇海炼化公司2#催化裂化装置为联合装置，包括传统的催化裂化部分，另外还包括产品精制、气体分馏、凝结水回收站、空气压缩站、含油污水预处理等部分。装置处理能力为3.4Mt/a，采用MIP-CGP工艺，原料主要为直馏蜡油、加氢蜡油以及减压渣油。原料中硫质量分数约为0.35%，氮质量分数约为0.1%，再生器采用前置烧焦罐+二密相的形式，完全再生操作。烧焦用风由轴流式风机(一开一备)+一台离心式增压机提供，另外空分装置提供部分氧气，主风氧含量约为23.5%(体)，生焦率为5.5%(质)左右。烟脱单元采用中国石化宁波工程有限公司的双循环新型湍冲文丘里除尘脱硫技术。

2　装置节能优化分析

2.1　二中循环流程介质改为回炼油

该装置催化主分馏塔一共包括四个取热流程，分别为塔顶循环、一中循环、二中循环以及油浆循环流程。其中二中循环及油浆循环流程可产3.5MPa饱和蒸汽。因分馏塔二中抽出无集油箱，当二中流量大幅波动时易造成二中循环泵运行工况差甚至抽空。装置通过自回炼油泵出口新增一路流程至二中循环泵出口，停用二中循环泵，通过部分回炼油走二中循环流程，解决了二中循环泵易抽空的隐患，同时因回炼油泵流量更大，提高了二中循环流程取热量，增加了蒸汽发生器的产汽量，在增加高温位热量利用的同时，消除了一中循环取热量不足的问题，增加了装置产汽能力。改造前后流程见图1。

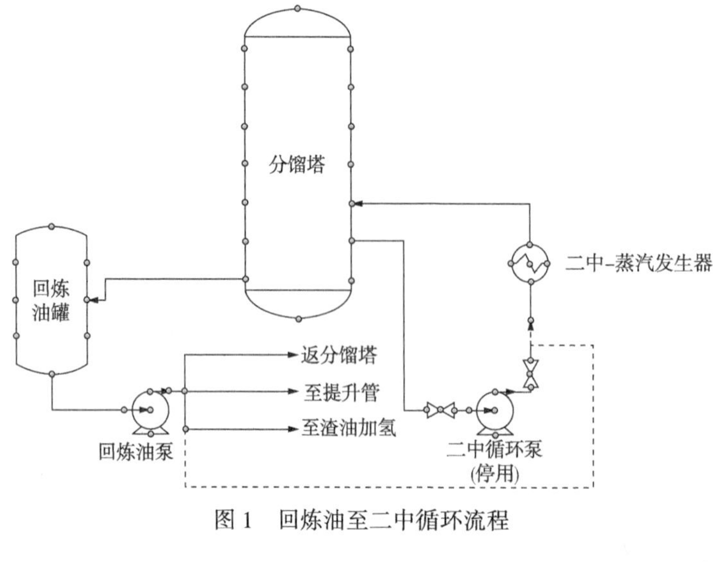

图1　回炼油至二中循环流程

因回炼油泵额定流量为199t/h，远大于二中泵额定流量119t/h，流程投用后，多产3.5MPa饱和蒸汽2.45t/h，且可停用二中循环泵，节约电耗55kW，同时解决了一中循环取热受限的问题。

2.2 停用增压机

该装置于2019年12月份投用富氧流程，日常控制主风氧含量为23.5%(体)左右。在同样的烧焦负荷下，主风量可减少15%左右，因此主风机负荷余度较大。停用增压机前，装置供风模式如图2所示。

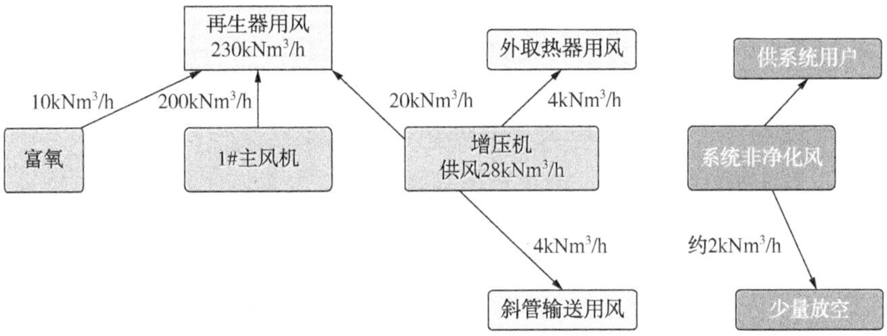

图2 装置用风模式(增压机停用前)

其中再生器用风所需压力达到0.3MPa即可，增压机的“增压”功能主要贡献给外取热器用风，为保证外取热器流化稳定，此部分风压需维持0.35MPa。但这部分增压风仅占增压机总风量的15%左右，其余部分的增压风供给再生器用风，存在浪费的情况。并且，从主风机、增压机以及空压机的单位供风量耗能情况来看，主风机的能耗最低(见图3)，用足主风机的余度可以达到节能的目的。

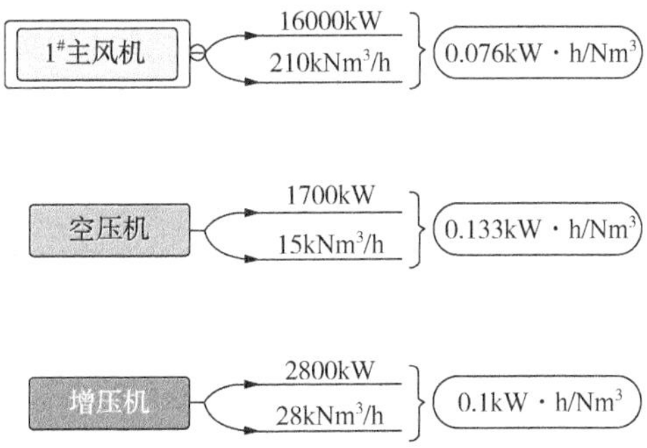

图3 各机组单位供风效能能耗

由图2可知，系统上存在少量非净化风放空的情况。系统非净化风压力为0.55MPa左右，可以满足外取热器流化用风。因此，该装置通过流程优化，将系统非净化风引至外取热器，一是解决了非净化风放空的问题，二是此部分风可用来替代增压机所供的增压风，其余增压机供至再生器的用风，通过提高主风机负荷得以解决。综上，增压机供风已完全由系统非净化风和主风机供风所替代，实现了增压机的停用，停用后装置供风模式如图4所示，各机组用能变化情况如图5所示。

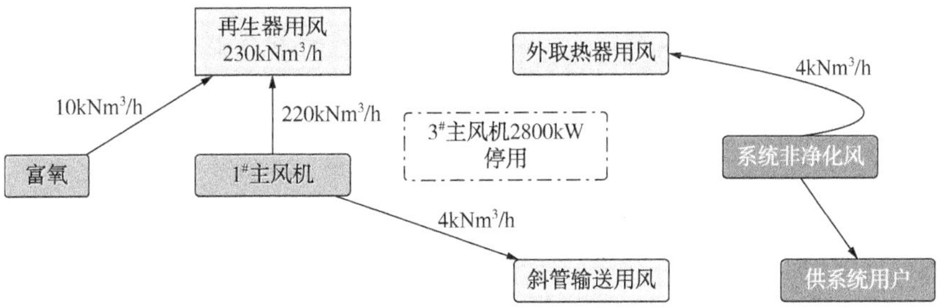

图4 装置用风模式(增压机停用前)

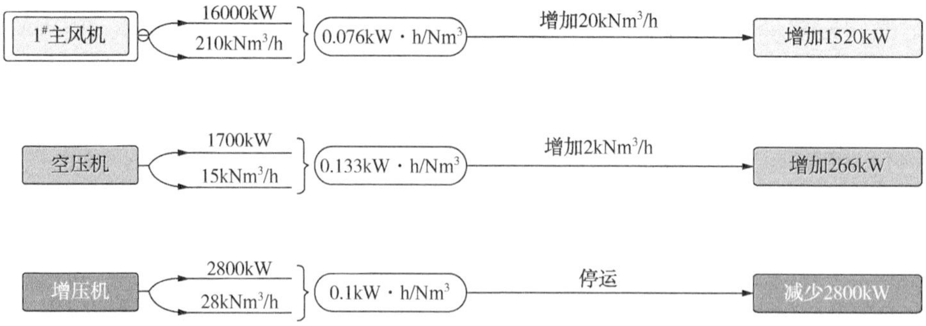

图 5 各机组用能变化情况

由图 5 可以得出，供风模式优化后，可节约电耗 1000kW 左右。该装置于 2022 年 2 月下旬成功停用增压机，实际节电为 1000kW 左右，与计算值基本一致。该项目实施后，装置电耗明显下降，2022 年 4 月份装置电耗仅为 4.365kgEO/t 原料，创下历史新低。2022 年装置电耗较上一年度相比明显降低，详见图 6。

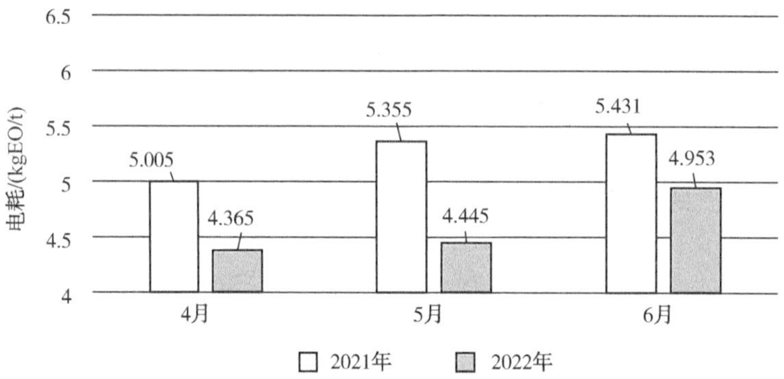

图 6 增压机停运前后电耗对比

2.3 湿式空冷置换水回用

该装置稳定塔及精丙烯塔均设置 6 台复合湿式空冷，为防止设备腐蚀，湿式空冷置换水的氯离子、铁含量、浊度以及 pH 值等参数需满足一定指标，因此湿式空冷需维持一定的除盐水置换比例，置换水均就地排放。另外，对于烟脱单元，因部分水随烟气带出，为维持综合塔液位，需补充新鲜水 20~25t/h。

通过现场施工配管，将 12 台湿式空冷置换水回用引流至烟脱单元事故池，通过事故池泵输送至综合塔。改流程投用后，可节约新鲜水约 5t/h。目前，已考虑利旧系统管线，将附近常减压及催化重整等装置湿式空冷置换水回用至烟脱单元，进一步优化水资源的利用。

2.4 水封罐改造

通过降低烟气背压，可以提高烟机的回收功率，按照经验值，烟气背压每降低 1kPa，烟机回收功率可多增加 120kW[2]。该装置烟气线路上一共有 3 个水封罐，其中，烟机出口水封罐内筒前期已割除，压降下降 5kPa[2]；余热锅炉入口水封罐为浮筒式，正常情况下基本不存在局部阻力压降，因此不需改造；烟脱单元入口水封罐为常规水封罐，烟气需经过 270°的转向(见图 7)再进入烟气脱硫单元，存在一定的压降。

根据相关环保要求，目前催化裂化装置烟气已不再允许进入旁路烟囱中，因此烟脱单元入口水封罐已无实际作用。2022 年 3 月，利用装置抢修机会，对此水封罐进行了改造，即对内筒顶部开孔，改变烟气流向(见图 8)，从而降低烟气流动局部阻力，烟气背压降低约 0.5kPa，即烟机回收功率增加约 60kW。

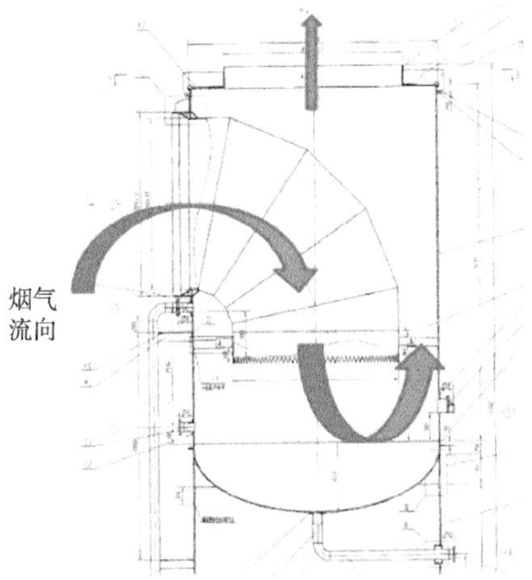

图 7　水封罐改造前烟气流向

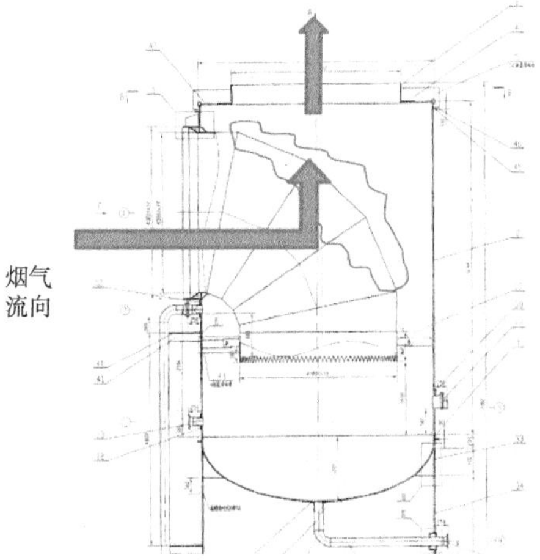

图 8　水封罐改造后烟气流向

3　总结

近两年来，镇海炼化 2#催化裂化装置利用小型技术改造项目，每年可节电 9.77MW・h，节水 0.044Mt，3.5MPa 饱和蒸汽多发 0.021Mt，合计约 5600t 标煤，通过充分发掘装置现有条件，使装置的能耗水平得到了进一步提升。

参　考　文　献

[1] 吴玉超，史军军，王辉国，等．炼化企业在“双碳”背景下的技术探讨[J]．石油炼制与化工，2022，53(1)：1-6.
[2] 周通，王群，金强．催化裂化烟机发电的探索与实践[J]．中国设备工程，2008(9)：28-30.

多级气量余隙调节系统在 S Zorb 装置循环氢压缩机上的应用

刘小锋

（中国石化镇海炼化公司　浙江宁波　315200）

摘　要　某石化公司 S Zorb 装置循环氢压缩机采用机组出口多余的气体通过旁路调节系统返回压缩机入口的方式调节流量，能量浪费严重。在 K-101B 上采用多级气量余隙调节系统后，实现了压缩机容积流量在 65%~90%负荷范围内最高 16 级调节，大幅关小了返回阀，改善了压缩机运行环境。经实践应用和标定，该节能技术改造简单、操控方便、自身能耗低、运行和维护费用少，节能效果显著，每年可节电 26.9 万 kW·h。

关键词　催化汽油脱硫；S Zorb；循环氢压缩机；余隙调节

1　概述

S Zorb 装置以催化裂化装置的稳定汽油为原料，经吸附脱硫后的产品硫含量不大于 10mg/kg，可满足国Ⅴ及以上排放标准对硫含量的严格要求，装置运行操作弹性为 60%~100%，S Zorb 技术基于吸附作用原理，通过吸附剂选择性地吸附含硫化合物中的硫原子而达到脱硫目的，与加氢脱硫技术相比，具有脱硫率高、辛烷值损失小、氢耗低、操作费用低的优点。因硫的吸附反应需要在一定氢分压的临氢环境下进行，因此循环氢压缩机是该装置的关键设备。

某石化公司 2#S Zorb 装置设有两台循环氢压缩机组 K-101A/B，由沈阳远大压缩机制造有限公司生产，机型 2D10-8.57/26.188-38.05，固定水冷对称平衡型、二列单级往复式活塞压缩机。该压缩机设计之初有一定的富裕量，当用气量小于压缩机的排气量时，便需要对压缩机进行气量调节，以使压缩机的排气量适应用气量的要求，来保持管网中的压力稳定[1]。由于飞轮的存在，往复式压缩机无法利用变频的方式调节流量，因此，正常生产时，循环氢压缩机 K-101A/B 原采用的是旁路节流调节方法，即机组出口多余的气体通过旁路调节系统返回压缩机入口，这种调节方法虽然简单可靠，但是能量浪费严重，使得压缩机做了大量无用功，影响了机组的稳定性和使用寿命，造成了极大的能耗浪费，需要进行节能改造。为此，公司决定对该压缩机的气量调节方式进行优化并同步进行相应改造，并将改造前、后机组运行情况做了对比。压缩机的性能参数见表 1。

表 1　压缩机的性能参数

装置名称	2#S Zorb	介质名称	氢气
设备名称	循环氢压缩机	介质温度	75℃
容积流量	8.57m^3/min	压缩机转速	424r/min
额定功率	192kW	额定电压	6000V
传动方式	异步电机直接传动	入口压力	2.32MPa
设备制造厂家	沈阳远大压缩机制造有限公司	出口压力	2.99MPa
设备型号	2D10-8.57/26.188-38.05	设备投用时间	2014 年 7 月

2　多级气量调节技术介绍

2.1　多级气量调节技术原理

图 1 是压缩机示功图，横坐标 V 为活塞运动时气缸的体积变化，纵坐标 P 为气缸内的压力变化，

P_1为压缩机进气压力，P_2为压缩机排气压力。因气缸有余隙容积，活塞从止点位置 3 向右移动时，因余隙容积内的压力大于进气压力，进气阀无法打开，当活塞运行至位置 4 时，气缸容积增加至 V_4，气缸内压力由 P_2降低至进气压力 P_1，进气阀打开吸气，活塞继续向右移动至止点位置 1，完成吸气，线段 3—4 为膨胀过程，4—1 为吸气过程。当活塞向左移动至位置 2 时，气缸内压力由 P_1升高至排气压力 P_2，排气阀打开排气，活塞继续向左移动至止点位置 3，完成排气，线段 1—2 为压缩过程，2—3 为排气过程。线段 1—2—3—4 所围成的面积为压缩机一个往复运动所做的功。余隙增大时，气量减少，能耗降低。

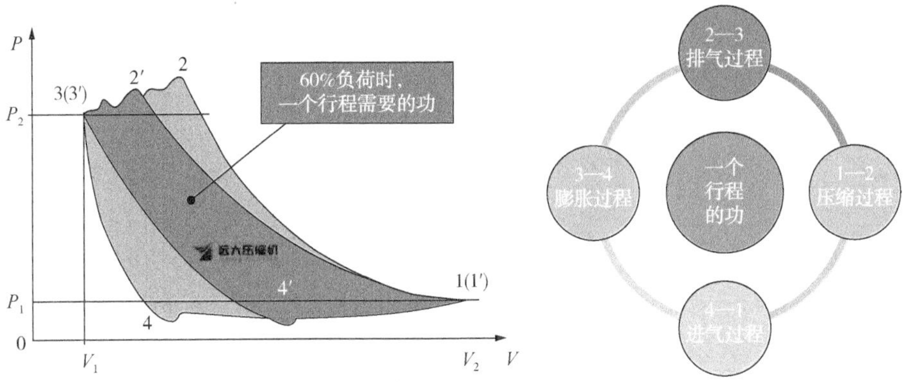

图 1　压缩机示功图

气动多级气量调节是在气缸盖侧设置多个容积不同的余隙腔和对应的多个余隙阀，通过气动控制不同余隙阀的开关组合改变气缸余隙容积实现改变气量和能耗，是固定余隙调节的扩展，节能效果显著。调节范围最高能达到 40%，满足大部分气量调节需求，一般是在 60%～100%调节，调节灵敏度最高能达到 1%，使用时仅在调节气量时才开关 1 个或多个余隙阀，需要的动力风气量小，执行机构几乎静态工作，易损件少，余隙阀是弹簧常闭结构，故障状态气量保持最大状态，对生产影响小。

2.2　多级气量调节技术结构及特点

气动多级气量余隙调节系统由控制结构及执行机构两部分组成，控制结构由接线箱和气动电磁阀组成，气源为仪表风，控制信号可接至 DCS 系统或者由 PLC 控制。执行机构由截止阀、余隙缸、弹簧、阀杆、气动活塞、气缸及密封圈组成。执行机构内设置有不同大小的若干个囊腔，打开囊腔可增加一定的余隙容积，通过不同大小的囊缸的组合可实现一定范围内余隙容积的调节，调节通过电磁阀的开关来实现，电磁阀得电打开，失电关闭。如图 2、图 3 所示。

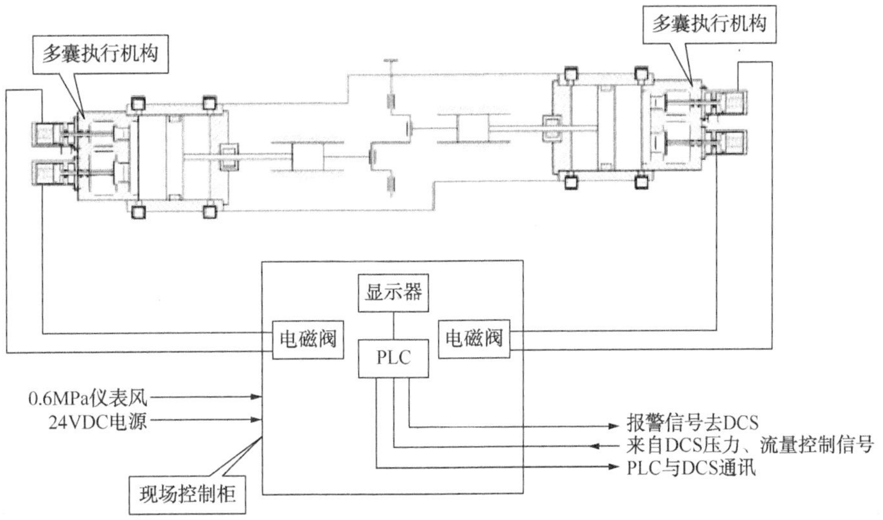

图 2　多级气量调节技术原理图

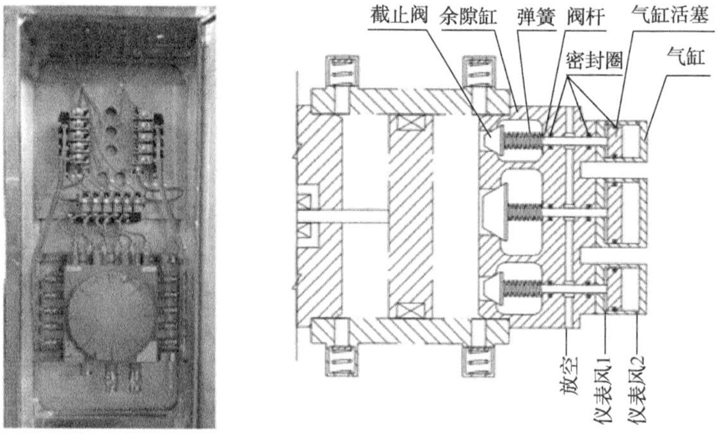

图 3　多级气量调节技术余隙腔及控制机构图

该技术具有以下特点：

(1) 每个气缸设置 1 套执行机构，安装在气缸盖侧。由多个气动、蝶形弹簧复位常闭式截止阀控制不同容积余隙腔开关组成，接近静态工作，没有余隙活塞密封圈，只有阀杆密封，介质几乎无外漏 (阀杆有微漏)。最大限度延长无故障运行时间，极限故障时恢复到最大流量只需调节流量个别余隙阀开或关。

(2) 动力源为仪表风，需要改变流量才消耗动力，耗能少，采用气动通用元件，减少维护工作量和降低维修成本。采用气动驱动，没有液压油站，不需要三相动力电源。最大限度减少现场电缆和管线、现场油污污染。

(3) 仅更换缸盖、不更换气阀、不改变压缩机主体结构及控制系统，控制系统逻辑简单，可在已有的 DCS 上组态或在现场新增设通用 PLC 控制。

(4) 每个气缸设置 1 根多路仪表风管线和 1 根放空管线。只有拆卸缸盖时才需要拆卸管线。现场管线极少且布置在执行机构下方。现场安装、维护简单快捷。

(5) 节能效果较好。由于没有多余气量反复进出进气阀，气阀阻力损失小。

(6) 执行机构相当于多个不同余隙容积传统余隙阀组合，是成熟技术，对压缩机的反向角影响较小，有效降低机组振动。

在实际使用中该技术也有一定的局限性：

(1) 由于余隙容积的存在，余隙调节技术对高压比的压缩机效果好，低压比的压缩机需要更大的余隙腔才能实现同样的调节比例，因此，受尺寸限制，调节范围较小，本装置循环氢压缩机压比只有 1.29，只能做到 65%~90%可调。

(2) 使用过程中阀杆处会有少量漏气，漏气需要通过回收排放至低瓦或者高点放空，因低瓦存在倒流的情况，会影响设备使用，因此，优先选用高点放空。

(3) 余隙调节会影响机组反向角，设计时必须要核算反向角，要求按每一级调节幅度对反向角校核，确保反向角大于 60°。

3　改造前后效果分析

经过技术调研并结合装置实际，决定对 K-101B 进行改造，并对改造前后的运行参数进行对照分析，见表 2。

表 2　改造前后参数对比

改造前后	装置负荷/(t/h)	排气量/(Nm^3/h)	运行功率/kW	出口压力/MPa	出口温度/℃	返回阀开度/%
改造前	92	11675	122	2.99	48	65
改造后	92	7589	90	2.99	48	28

投用余隙调节系统后，统计装置负荷、排气量、运行功率、出口压力、出口温度及返回阀开度等参数见表 2，对比看出投用多级气量余隙调节系统后，在装置负荷不变的情况下，出口压力及出口温度基本不变，排气量由 11675Nm^3/h 下降至 7589Nm^3/h，返回阀开度由 65%下降至 28%，运行功率由 122kW 下降至 90kW。按每年运行超过 8400h、0.6 元/(kW·h)计算，每年可节电 26.9 万 kW·h，节约电费 16.1 万元，节能效果显著。

4 结论

多级气量余隙调节系统在循环氢压缩机 K-101B 上的改造投用，实现了压缩机负荷在 65%~90% 16 档调节。在装置负荷不变的情况下，返回阀大幅关小，有效降低了机组的运行功率，节能效果非常明显，预计年节省电费 16.1 万元。综上所述，本次循环氢压缩机多级气量余隙调节系统改造达到了预期技术要求。

参 考 文 献

[1] 郁永章，姜培正，孙嗣莹．压缩机工程手册[M]．北京：中国石化出版社，2012.